UTB FÜR WISSENSCHAFT

Eine Arbeitsgemeinschaft der Verlage

Wilhelm Fink Verlag München
Gustav Fischer Verlag Stuttgart
Francke Verlag Tübingen
Paul Haupt Verlag Bern und Stuttgart
Dr. Alfred Hüthig Verlag Heidelberg
Leske Verlag + Budrich GmbH Opladen
J. C. B. Mohr (Paul Siebeck) Tübingen
R. v. Decker & C. F. Müller Verlagsgesellschaft m. b. H. Heidelberg
Quelle & Meyer Heidelberg · Wiesbaden
Ernst Reinhardt Verlag München und Basel
F. K. Schattauer Verlag Stuttgart · New York
Ferdinand Schöningh Verlag Paderborn · München · Wien · Zürich
Eugen Ulmer Verlag Stuttgart
Vandenhoeck & Ruprecht in Göttingen und Zürich

Ibrahim Elmadfa
Claus Leitzmann

Ernährung des Menschen

2., überarbeitete Auflage
137 Abbildungen
und 269 Tabellen

Verlag Eugen Ulmer Stuttgart

Ibrahim Elmadfa, geb. 1943 in Jaffa. Studium der Lebensmitteltechnologie und Ernährungswissenschaft in Assiut (Ägypten) und Gießen, Promotion 1970, Habilitation 1975. Seit 1973 Lehrtätigkeit im Rahmen der Ausbildung von Oecotrophologen. Von 1980–90 Professur »Ernährung des Menschen« am Institut für Ernährungswissenschaft der Universität Gießen. Seit Mai 1990 Ordinariat für Ernährungswissenschaften an der Formal- und Naturwissenschaftlichen Fakultät der Universität Wien. Forschungsschwerpunkte: Stoffwechsel und Bedarf von Nährstoffen des gesunden und kranken Menschen (Fette, fettlösliche Vitamine), Antioxidantien, Emulgatoren/Fettemulsionen, Proteinqualität, Ernährungs- und Konsumverhalten.

Claus Leitzmann, geb. 1933 in Dahlenburg. Studium der Biochemie und Promotion (1967) in den USA. Gastdozent an der Mahidol University, Bangkok, (1969–71), Leiter der Laboratorien des Anaemia and Malnutrition Research Centers in Chiang Mai, Thailand (1971–74). Seit 1974 am Institut für Ernährungswissenschaft der Universität Gießen. Habilitation 1976, seit 1979 Professur »Ernährung in Entwicklungsländern«. Forschungsschwerpunkte: Ernährungsprobleme in Entwicklungsländern, Ballaststoffe, Ernährungsgewohnheiten, alternative Ernährungsformen.

CIP-Titelaufnahme der Deutschen Bibliothek

Elmadfa Ibrahim:
Ernährung des Menschen / Ibrahim Elmadfa; Claus Leitzmann. –
2., überarb. Aufl. – Stuttgart: Ulmer, 1990
(UTB für Wissenschaft: Große Reihe)
ISBN 3-8001-2614-1
NE: Leitzmann, Claus:

Wollgrasweg 41, 7000 Stuttgart 70 (Hohenheim)
Printed in Germany
Lektorat: Dr. Steffen Volk
Herstellung: Otmar Schwerdt
Einbandentwurf: Alfred Krugmann
Gesamtherstellung: Wilhelm Röck, Weinsberg

Vorwort

Seit der Einrichtung der ersten Professur für Humanernährung 1956 und der Einführung des Studienganges Oecotrophologie 1962 (beide an der Universität Gießen) wird dieses Studium in der Bundesrepublik Deutschland an insgesamt 5 Universitäten und 7 Fachhochschulen angeboten. Parallel zu dieser Entwicklung hat das Interesse an der Ernährung des Menschen auch in verwandten Disziplinen, staatlichen Stellen, Schulen und der Bevölkerung allgemein stark zugenommen.

Im deutschsprachigen Raum mangelt es an geeigneten Lehrbüchern auf dem Gebiet der Ernährung des Menschen, nicht so jedoch im englischsprachigen Raum. Die Studierenden der Ernährungswissenschaft orientieren sich deshalb bisher an englischsprachigen Lehrbüchern sowie, neben einem großen Handbuch, auch an Monographien in deutscher Sprache. In diesen Monographien werden die Diätetik im allgemeinen und die Ernährung bestimmter Patientengruppen im besonderen hervorgehoben.

Es war ein Anliegen der Autoren, ein Lehrbuch zu verfassen, in dem die Grundlagen der Ernährung des Menschen in einem klar umrissenen Rahmen den Schwerpunkt bilden. Dieses Lehrbuch soll eine Basis sein, auf der Studierende der Ernährungswissenschaft und verwandter Gebiete anhand weiterer vertiefender Quellen auf den Gebieten Biochemie/Physiologische Chemie, Pathobiochemie, Krankenernährung und Diätetik ihr Wissen ausbauen und vertiefen können.

Möge dieses Lehrbuch das gesteckte Ziel, für den Studierenden ein Leitfaden zu sein, erreichen.

Die Autoren danken allen Mitarbeiterinnen und Mitarbeitern, die bei der Anfertigung von Teilen des Manuskripts und beim Lesen der Korrekturen geholfen haben. Dank gebührt auch den Mitarbeitern des Verlages für die stets gute Zusammenarbeit.

Gießen, Januar 1988 Die Autoren

Zur 2. Auflage

Die erfreulich gute Aufnahme des Buches machte schon nach kurzer Zeit eine Neuauflage erforderlich. Wir nahmen das zum Anlaß, eine Reihe von Fehlern zu korrigieren. Für die uns zugegangenen Hinweise und Verbesserungsvorschläge sind wir sehr dankbar. Wir hoffen, daß unser Lehrbuch weiterhin allen von Nutzen ist, die an den Fragen der Ernährung des Menschen interessiert sind.

Wien und Gießen, Frühjahr 1990 Die Autoren

Inhaltsverzeichnis

1 Allgemeine Aspekte

1.1 Das Studium der Ernährungswissenschaft

Es gibt zwei kurze gleich wichtige Definitionen der Ernährungswissenschaft:

- Das Studium der Nahrung in Beziehung zum Menschen.
- Das Studium des Menschen in Beziehung zur Nahrung.

Die Ernährungswissenschaft ist ein sehr breites, interdisziplinäres Fachgebiet. Die Ernährung des Menschen reicht von der Arbeit auf dem Feld bis zur Molekularbiologie und beinhaltet einen großen Teil der Aktivitäten des Menschen (Abb. 1).

Ein großer Teil des Studiums der Ernährungswissenschaft befaßt sich mit den Lebensmittelwissenschaften, die mit der Lebensmittelproduktion beginnen. Der Ernährungswissenschaftler ist zwar kein Landwirt, aber er hat ein direktes Interesse an Art und Umfang der Lebensmittelproduktion. Er sollte über die Arbeitsweisen, Methoden und Grundlagen der Pflanzen- und Tierzüchtung (Genetik) unterrichtet sein, damit er die hier vorhandenen Zusammenhänge versteht und beratend Einfluß nehmen kann auf Züchtung verbesserter Kulturpflanzen und Tiere, um die Nahrungsproduktion nicht nur quantitativ, sondern besonders qualitativ zu optimieren. Die produzierten Lebensmittel müssen sachgemäß gelagert, verarbeitet, konserviert und vertrieben werden. Kenntnisse der Lebensmittelkunde, -technologie und -vermarktung sind erforderlich, um die komplexen Prozesse der Nahrungskette vom Anbau über die Vermarktung bis zum Stoffwechsel zu verstehen (Abb. 2).

Die eigentliche Tätigkeit des Ernährungswissenschaftlers beginnt jedoch mit der Lebensmittelauswahl und der Nahrungszubereitung. Er trägt die Verantwortung für die Bestimmung und Empfehlung von Art, Menge und Form der Nährstoffe, die der Mensch unter verschiedenen Lebensbedingungen benötigt (Alter, Gesundheitszustand, Schwangerschaft, Stillzeit, Berufsschweregrad, Klima u.a.m.). Um diese Aufgabe zu erfüllen, greift der Ernährungswissenschaftler auf Grundlagen der Naturwissenschaften zurück, die auch eine Zusammenarbeit mit den Medizinern unerläßlich machen. Besonders bei Fragen der Mangelerscheinungen, Intoleranzen und Allergien ist eine Kooperation geboten.

Die breite Palette der Verhaltenswissenschaften trägt zum Verständnis der Eßgewohnheiten des Menschen bei. Traditionen, Kultur, Tabus und das soziale Umfeld sind entscheidende Einflußgrößen. Um diese multifakatoriellen Interaktionen zu verstehen, ist ein Studium dieser Gebiete notwendig.

Trotz ausreichenden Wissens ernähren sich viele Menschen falsch. Sie meiden bestimmte Lebensmittel, obwohl diese wichtig und auch vorhanden sind. Dieses Verhalten wird weltweit beobachtet. In unseren Regionen wird in hohem Maße stark verarbeitete und damit nährstoffarme Nahrung (Weißmehl, Zucker) verzehrt, obgleich Vollkornprodukte zur Verfügung stehen. In tropischen Gebieten leiden besonders Kinder unter Nachtblindheit (Vitamin-A-Mangel), obwohl viele an Carotin (Provitamin A) reiche Früchte vorhanden sind. Bei bestimmten Küstenbewohnern herrscht Proteinmangel, obwohl der vorhandene Fischreichtum genutzt werden könnte. Diese Beispiele zeigen die Bedeutung der Verhaltenswissenschaften für eine erfolgreiche Ernährungsberatung.

Wichtige Determinanten für eine vernünftige Lebensmittelauswahl sind wirtschaftliche Gegebenheiten der jeweiligen Bevölkerung. Verfügbarkeit von Nahrungsmitteln, Kaufkraft und Preise sind bedeutende Einflußfaktoren. Einige der Ungereimtheiten bzw. Unsicherheiten des Ernährungsverhaltens des Menschen zeigen folgende Fragen auf:

- Warum essen wir bestimmte Pflanzen (Kohl, Spinat) und andere (Löwenzahn) nicht?
- Warum haben wir so viele übergewichtige Bürger?
- Warum schlagen viele Ernährungsaufklärungs- und Beratungsversuche fehl?
- Warum herrscht trotz Nahrungsüberschuß weitverbreitet Hunger auf der Erde?

Wenn der Ernährungswissenschaftler präzise herausfinden will, warum Menschen essen, was sie essen, oder wenn er erfolgreich ungünstige Eßgewohnheiten ändern möchte, dann wird er sich der Erkenntnisse der Soziologie und Psychologie bedienen müssen. In diesem Zusammenhang ist es wichtig zu erkennen, daß Ernährungserziehung schon in der frühen Kindheit beginnt. Außerdem hat die Werbung verschiedener Medien für Nahrungsprodukte einen bisher nicht bekannten Einfluß auf unsere Ernährungsgewohnheiten, der wahrscheinlich erheblich größer ist als Ernährungsberatung und Ernährungswissenschaft gemeinsam. Sicher lassen sich auch viele Menschen, insbesondere Kinder, durch Eßgewohnheiten bestimmter, z.T. temporärer Idole mehr als durch wissenschaftliche Ratschläge beeinflussen.

Diese vielfältigen Einflüsse, Rückwirkungen und Interaktionen zeigen, daß für den Ernährungswissenschaftler eine breite Ausbildung erforderlich ist, die nicht nur sein spezielles Fachgebiet, sondern auch angrenzende Disziplinen beinhaltet. Trotzdem ist später eine Spezialisierung möglich und notwendig, da meist nur der Experte bei den heutigen, genau festgelegten

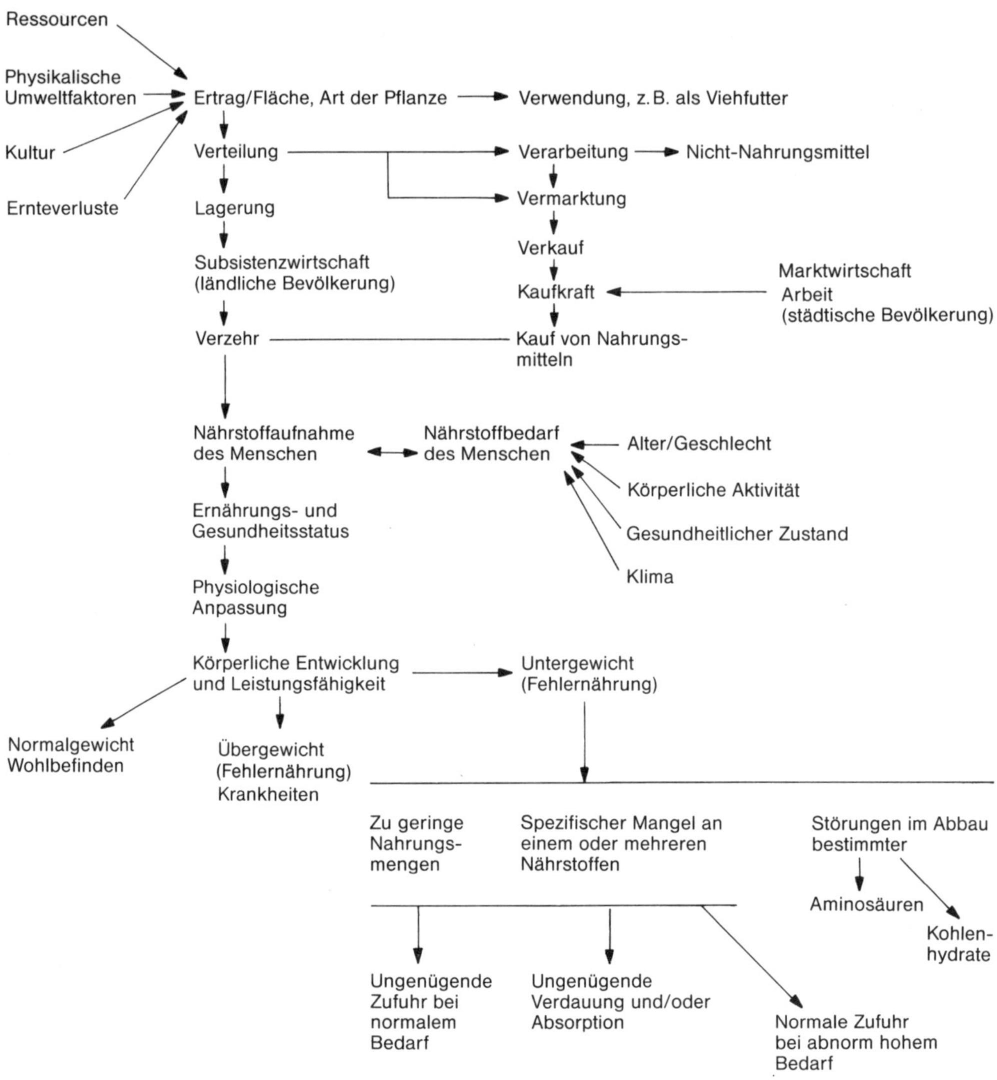

Abb. 1. Nahrungskette vom Acker bis zum Stoffwechsel

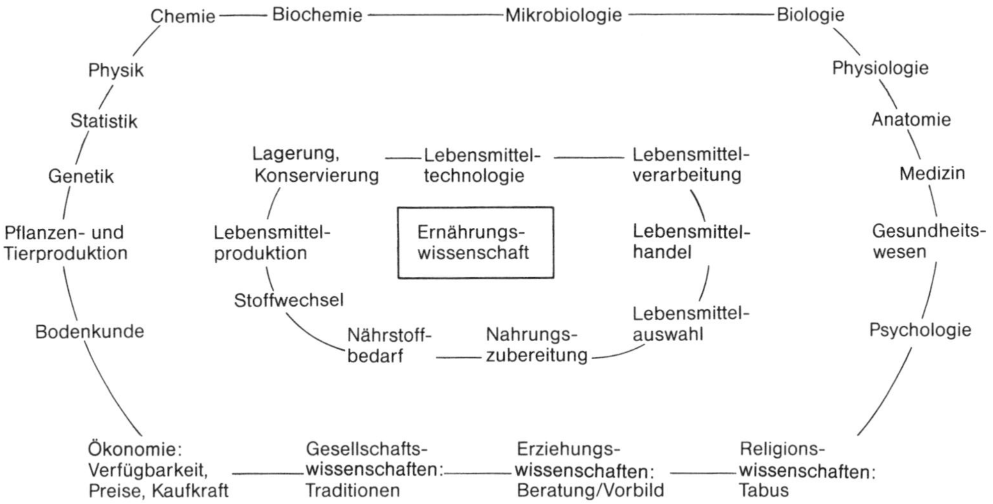

Abb. 2. Ernährungswissenschaft und verwandte Gebiete (modif. nach BENDER 1975).

Fachgebieten einen sinnvollen Beitrag leisten kann. Die gezielte Spezialisierung erfolgt erst am Ende oder nach dem Studium der Ernährungswissenschaft, wenn Talente und Interessen des Betreffenden und Erfordernisse des Marktes genauer erkennbar werden.

1.2 Entwicklung des Menschen

Um zu klären, welche Ernährungsform der menschlichen Natur am ehesten entspricht und welche daher als artgemäße Ernährung des Menschen angesehen werden kann, ist es erforderlich, die Entwicklungsgeschichte des Menschen und seiner Ernährung sowie die anatomischen und physiologischen Gegebenheiten des menschlichen Verdauungssystems zu untersuchen. Eine Bestandsaufnahme der sehr verschiedenen Ernährungsformen der heute lebenden Bevölkerungsgruppen zeigt, daß der Mensch in der Lage ist, sich mit sehr unterschiedlicher Nahrung – sogar extrem unterschiedlicher – zu ernähren. Daraus ist ersichtlich, daß der Mensch in bezug auf die von der Natur gebotenen Lebensmittel im Rahmen sehr langer Zeiträume ein großes Anpassungsvermögen besitzt. Wie sich die Ernährungsweise des Menschen bzw. seiner Vorfahren seit der Urzeit entwickelt hat, wird nicht einheitlich beschrieben. Aus den unsicheren und teilweise widersprüchlichen Aussagen klare Schlüsse zu ziehen, ist schwierig. Dennoch können bei der historischen Betrachtung grob fünf Entwicklungsphasen unterschieden werden.

1. Im Zeitraum *bis vor etwa 14 Millionen Jahren* lebte der älteste Vorfahr des Menschen, der »Ramapithecus«, auf Bäumen und ernährte sich rein pflanzlich, hauptsächlich von Blättern.

2. *Vor etwa 14 Millionen Jahren* fand eine Erweiterung des Blatt-Verzehrs durch Kräuter, Wurzeln, Früchte und Samen statt.

3. *Vor etwa 4 Millionen Jahren* verzweigte sich der rein pflanzlich lebende Stamm »Australopithecus« in einen weiterhin ausschließlich Pflanzen verzehrenden Stamm, der nach ca. 2 Millionen Jahren ausstarb, und einen zweiten Stamm, aus dem sich die Gattung »Homo« (Mensch) entwickelte.

Die Meinungen über die Ernährung dieser ersten Menschen gehen weit auseinander. Der überwiegende Teil der Forscher ist der Ansicht, daß der Urmensch in dieser Phase zunehmend und hauptsächlich tierische Nahrung verzehrt habe, wobei aber auch immer pflanzliche Nahrung in der Kost vorhanden gewesen sei. Für diese Epoche entstand der Begriff des »Jägers und Sammlers«.

Derzeitige Interpretationen besagen jedoch, daß die Tierjagd in damaliger Zeit ein viel zu aufwendiges, gefährliches und unsicheres Unterfangen gewesen sei, um als Basis für die Ernährung zu dienen. Dagegen sei das Sammeln von Pflanzenteilen wesentlich einfacher, erfolgversprechender und ungefährlicher durchführbar gewesen, da Pflanzen immer ausreichend zur Verfügung gestanden hätten. Daraus wird geschlossen, daß das Sammeln pflanzlicher Nahrung immer die Ernährungsgrundlage gebildet habe. Auch Rückschlüsse von Knochenfunden auf überwiegend tierische Ernährungsweise werden angefochten, da Überreste pflanzlicher Nahrung zersetzt würden und heute nicht mehr auffindbar seien.

Ernährungsstudien an heute lebenden »steinzeitlichen« Stämmen zeigen ebenfalls, daß Sammeln als Basis der Ernährung und Jagen mehr als Luxus anzusehen ist. Auch die zahlreichen Höhlenmalereien mit Tierdarstellungen seien keineswegs als Beweis für eine überwiegend tierische Ernährung dieser Entwicklungsphase anzusehen. Denn zum einen sei die Jagd das Vorrecht der Männer gewesen und hätte in weit höherem Ansehen gestanden, weshalb Jagdszenen – anders als Sammelszenen – auch in Wandmalereien auftauchten. Zum anderen hätten die Tierzeichnungen auch mythologische und religiöse Bedeutung. Danach sei der Mensch auch in dieser Entwicklungsphase überwiegend Pflanzenesser gewesen. Es ist aber auch nicht auszuschließen, daß in Abhängigkeit von klimatisch bedingten Vegetationsgebieten auf der Erde überwiegend Fleisch verzehrende Menschen sowie überwiegend Pflanzen verzehrende Menschen gleichzeitig in verschiedenen Breiten gelebt haben.

4. *Vor etwa 10 000 Jahren* erfolgte die systematische Einleitung des Ackerbauzeitalters (Neolithische Revolution). Diese Entwicklung hatte sich bereits in den Jahrzehntausenden davor allmählich angebahnt. Die pflanzlichen Lebensmittel wurden nun endgültig die überwiegende Komponente, besonders in den letzten Jahrtausenden dieser Phase. Die Einführung des Ackerbaus war eine hohe kulturelle Leistung. Mit der Landwirtschaft konnte der Mensch die Natur gezielt nutzen, erreichte eine größere Unabhängigkeit von den äußeren Bedingungen und konnte seßhaft werden.

Die Entwicklungsgeschichte der Ernährung des Menschen über Millionen von Jahren zeigt, daß sich die Menschen (bzw. ihre Vorfahren) über fast alle Entwicklungsphasen hinweg ausschließlich oder stark überwiegend von pflanzlicher Kost ernährt haben – abgesehen von möglichen Ausnahmen während der sog. Jäger- und Sammlerzeit (s. o.). Die Menschen sind aber auch fähig, tierische Nahrung zu verwerten. Sie können deshalb von Natur aus weder als reine Pflanzenesser (Herbivoren), noch als reine Fleischesser (Karnivoren) angesehen werden, sondern als Gemischtkost- oder Allesesser (Omnivoren) mit überwiegend pflanzlicher Komponente. Die Menschen adaptierten sich im Laufe der Jahrtausende an die für ihre jeweilige Region typischen Nahrungsmöglichkeiten. Die evolutionsgemäße Kost bedeutet heute für fast alle Menschen der Erde eine gemischte, jedoch stark überwiegend pflanzliche Kost, die somit als natürliche Ernährung des Menschen angesehen werden kann. Für einige große Bevölkerungsgruppen besteht die Kost aber auch heute noch fast ausschließlich aus pflanzlicher Nahrung (z. B. Südasien), wohingegen nur relativ kleine Gruppen ausschließlich tierische Nahrung (z. B. Eskimos, Massai) verzehren.

Der *anatomische Vergleich* mit der Tierwelt zeigt, daß der Mensch zwischen beide Extreme, also als Allesesser, eingestuft werden kann, aber mehr mit der Betonung zum Pflanzenesser. Typische Herbivoren haben Mahlzähne und einen langen Darm, typische Karnivoren Reißzähne und einen kurzen Darm. Der menschliche Dickdarm gleicht dem eines Pflanzenessers. Einige Forscher kommen beim Gebißvergleich sogar zu dem Schluß, daß der Mensch ein reiner Pflanzenesser sei, genauer sogar ein Früchte- und Wurzelesser (Fructivore).

Die Aussage, daß der Mensch überwiegend ein Pflanzenesser ist, wird auch durch die Tatsache unterstützt, daß der Mensch nicht in der Lage ist, Vitamin C zu synthetisieren. Außer dem Menschen können nur reine Pflanzenköstler (Affen, Kaninchen, Meerschweinchen) Vitamin C *nicht* selbst synthetisieren – offenbar weil die pflanzliche Kost ausreichende Mengen an Vitamin C enthält und daher eine Eigensynthese nicht erforderlich ist.

Das Fehlen eines Harnsäure-abbauenden Enzyms beim Menschen gilt als weiteres Argument für den überwiegenden Verzehr von pflanzlicher Nahrung – ähnlich wie bei allen typischen Pflanzenessern im Gegensatz zu den typischen Fleischessern. Beim Menschen steigen die Stickstoffverluste durch Harnsäureausscheidung mit der Menge des zugeführten Proteins (Stickstoff). Unser Stoffwechsel konnte sich in den Jahrhunderten nicht an die hohe Aufnahme purinreicher Lebensmittel (besonders Innereien, Leguminosen, Einzeller) adaptieren, so daß hohe Blut-Harnsäure-Konzentrationen mit der Folgekrankheit Gicht auftreten konnten (Kap. 5.7).

5. *In den letzten 100 bis 200 Jahren* – seit Beginn der Industrialisierung bis heute – haben sich in einem äußerst kurzen, also erdgeschichtlich unbedeutsamen Zeitraum die Ernährungsgewohnheiten und auch die körperliche Aktivität in den Industrieländern in einem Umfang geändert wie nie zuvor. An die Stelle der voluminösen, kohlenhydratreichen, vorwiegend pflanzlichen und weitgehend unbearbeiteten und daher ballaststoffreichen Nahrung trat eine konzentrierte, protein- und fettreiche, durch einen hohen tierischen Anteil gekennzeichnete und z.T. stark verarbeitete, ballaststoffarme Nahrung. Diese schnelle Nahrungsänderung stellt ein Risiko für die Gesundheit dar und könnte erst, wenn überhaupt, im Laufe vieler tausend Generationen durch Anpassung abgefangen werden.

Verschiedene Ernährungsformen mit vorwiegend pflanzlicher Nahrung haben sich jedoch bis heute gehalten und werden aus unterschiedlichen Gründen praktiziert. Diese als Vegetarismus bezeichnete Ernährungsweise kann in verschiedene Durchführungspraktiken unterschieden werden (Kap. 4.5).

Als Gegenstück zu der vorwiegend pflanzlichen Kost steht die vorwiegend tierische Kost. Diese Ernährungsform wird heutzutage von nur sehr wenigen Menschengruppen praktiziert. Als Beispiel wären die Massai, ein Vollnomaden-Volk aus Ostafrika, zu nennen, dessen Hauptnahrung aus Kuhmilch besteht, die durch Rinderblut ergänzt wird. Auch die wenigen noch ursprünglich lebenden Eskimos des arktischen Nordens, die auf Jagd- und Fischfang eingestellt sind, versorgen sich fast ausschließlich mit tierischer Nahrung. Nur während der kurzen Sommermonate wird diese Kost durch pflanzliche Nahrung, besonders durch Beeren, ergänzt.

Zwischen diesen beiden Extremen steht die von der Ernährungswissenschaft empfohlene und vertretene vollwertige Kost, eine Mischkost, deren überwiegender Teil aus pflanzlichen Lebensmitteln bestehen sollte.

Zusammenfassend sollten bei der Beurteilung der artgemäßen Ernährung des Menschen sowohl die anatomischen und physiologischen Voraussetzungen des menschlichen Körpers als auch seine jeweiligen Lebens- und Arbeitsbedingungen berücksichtigt werden. Aus diesen Überlegungen lassen sich Empfehlungen für eine vernünftige Lebensmittelauswahl und sinnvolle Ernährungsweise ableiten.

1.3 Historischer Überblick zur Ernährungswissenschaft

Die Ernährungswissenschaft ist als eigenständiges Teilgebiet der Naturwissenschaften zwar erst in den letzten Jahrzehnten entstanden, über ernährungsphysiologische Fragen wurde aber schon lange vorher und z.T. auch sehr intensiv nachgedacht und geforscht.

Aus den Schriften Homers (8. Jh. v. Chr., GR) geht hervor, daß Zusammenhänge zwischen Ernährung und Gesundheit bekannt waren; so galt übermäßiger Weingenuß als schädlich. Zu Zeiten Hippokrates (460–377 v. Chr., GR) stand die Ernährung im Mittelpunkt der Behandlung von Krankheiten. Diese umfaßte nicht nur eine gesunde und vollwertige Kostform, sondern beschrieb eine »ganzheitliche« gesunde Lebensführung. Die Auswirkungen von Fehlernährungen wurden beschrieben und ihre Ursachen teilweise erkannt. In dem bekannten Werk »Corpus Hippocraticum« ist nachzulesen, daß Dicke früher sterben als Dünne. Ebenso wird auf übermäßigen Fleischverzehr und Alkoholgenuß als Ursache der Gicht hingewiesen. Die Ärzte der damaligen Zeit bezogen ihr Wissen aus Beobachtungen und Lebenserfahrungen, denn genaues Wissen über die Bedeutung von Verdauung und Stoffwechsel war nicht vorhanden.

In den folgenden Jahrhunderten bestand im Abendland wenig Interesse an der Ernährung als Wissenschaft. In den Schriften arabischer und islamischer Wissenschaftler (7.–11. Jh.) wurde jedoch dokumentiert, daß sie sich auch mit ernährungswissenschaftlichen und -therapeutischen Fragen beschäftigten.

Paracelsus (1493–1541, CH) beschäftigte sich mit der Verwertung der aufgenommenen Nahrung. Nach seiner Vorstellung trennt ein Geist im Körper die Nahrung in gute Bestandteile, die vom Organismus verwertet werden und in schlechte Bestandteile, die in den Exkreten erscheinen.

Sanctorius (1561–1636, I) führte erste Stoffwechselversuche durch, indem er Gewichtsveränderungen während der Mahlzeiten registrierte. Ein wichtiges Ergebnis seiner Forschungen war die Entdeckung der »unmerklichen Transpiration«. Er stellte fest, daß der Organismus außer über den Urin und die Fäzes auch noch über die Atemluft weitere Körpersubstanzen abgeben kann.

Atmung und Energiewechsel
(s. auch Kap. 3.1)
Schon sehr früh wurde die Bedeutung der Atmung für die Aufrechterhaltung des Lebens erkannt. Lange dagegen dauerte die Erforschung ihrer Funktion im gesamten Stoffwechselablauf. Der Chemiker STAHL (1660–1734, D) entwickelte die Phlogistontheorie der Verbrennung, die davon ausging, daß jeder brennbare Stoff eine Substanz enthält – von STAHL Phlogiston genannt – die bei der Verbrennung in die Atmosphäre entweicht. Voraussetzung für STAHLS Überlegungen war die Annahme, daß Luft ein Feststoff sei. Von den Wissenschaftlern seiner Epoche wurde die Phlogistontheorie akzeptiert.

BLACK (1728–1799, GB) entdeckte 1757 das Gas Kohlendioxid. CAVINDISH (1731–1810, GB) glaubte bei der Entdeckung des Wasserstoffs, STAHLS Phlogiston gefunden zu haben. RUTHERFORD (1749–1810, GB) entdeckte 1772 den Stickstoff. SCHEELE (1742–1786, D) und PRIESTLEY (1733–1804, GB) wiesen unabhängig voneinander den Sauerstoff nach. Die Funktion und Bedeutung dieses Elements wurde von den damaligen Forschern noch nicht richtig gedeutet.

Erst die Studien LAVOISIERS (1743–1794, F) lieferten Aufschluß über die Vorgänge bei Atmung und Verbrennung, welche die Grundlage der modernen Kalorimetrie bilden. Mit Versuchen an Meerschweinchen wies er nach, daß die Atmung im wesentlichen eine Sauerstoffaufnahme und eine Kohlendioxidabgabe ist und somit einem Verbrennungsvorgang entspricht. Er untersuchte ebenfalls die Zusammenhänge zwischen Atmung und Körpertemperatur. Bei seinem Assistenten SEGIUN als Versuchsperson führte er Messungen des Sauerstoffverbrauchs, der CO_2-Abgabe und der Wärmeabgabe durch und konnte aufzeigen, daß ein Zusammenhang zwischen Wärmeproduktion und Sauerstoffaufnahme besteht. SEGUIN war auch bei verschiedenen Grundumsatz-Studien LAVOISIERS Versuchsperson. Die Sauerstoffaufnahme und Wärmeabgabe wurden bei völliger Ruhe und ohne Nahrungszufuhr gemessen.

Weitere Versuche zeigten, daß bei einem Absinken der Außentemperatur die Sauerstoffaufnahme und somit die Wärmeproduktion ansteigt. Körperliche Betätigung und Nahrungsaufnahme erhöhten den Sauerstoffverbrauch ebenfalls. Der Sauerstoffverbrauch bei Nahrungsaufnahme wurde später von RUBNER (1854–1932, D) genauer untersucht und von ihm als die »spezifisch-dynamische Wirkung« von Nährstoffen bezeichnet. Die Bedeutung der Nährstoffe für den Energiewechsel des Organismus wurde von LAVOISIER nicht erkannt. Er ging davon aus, daß elementarer Kohlenstoff und Wasserstoff in den Lungen zu Kohlendioxid und Wasser oxidiert werden. LAGRANGE (1736–1813, F) widerlegte diese Aussage LAVOISIERS, und SPALLANZANI (1729–1799, I) postulierte, daß die Oxidationsvorgänge in den Geweben stattfinden müssen.

Der Physiologe MAGENDIE (1783–1855, F) entdeckte die drei Hauptnährstoffe Kohlenhydrate, Fette und Proteine. In verschiedenen Versuchen an Hunden konnte er aufzeigen, daß die Tiere weder mit einer Kost ausschließlich aus Stärke noch aus Fett längere Zeit überlebten. Die Funktion der Nährstoffe für die Energiebilanz des Körpers konnte er aber nicht erklären. Später beobachtete REGNAULT (1810–1878, F), daß das Verhältnis von eingeatmetem Sauerstoff und ausgeatmetem Kohlendioxid von der Nahrung beeinflußt wird. Dieser Effekt ist heute als »Respiratorischer Quotient« bekannt.

JUSTUS VON LIEBIG (1803–1873, D) arbeitete ebenfalls am Energiewechsel und erkannte, daß die Hauptnährstoffe im Körper oxidiert werden und als Energielieferanten dienen. Er nahm eine Einteilung in plastische und respiratorische Nahrungsmittel vor (Tab. 1). Plastische Nahrungsmittel enthalten Stickstoff und dienen dem Aufbau von Körpersubstanzen; respiratorische Nahrungsmittel sind stickstofffrei und dienen der Aufrechterhaltung der Atmung. Im Gegensatz zu den plastischen Nahrungsmitteln

Tab. 1. Einteilung der Nahrungsmittel nach JUSTUS VON LIEBIG (FELDHEIM 1970)

Plastische Nahrungsmittel	Respiratorische Nahrungsmittel
Pflanzliches Fibrin	Fett
Pflanzliches Albumin	Stärke (Amylon)
Pflanzliches Casein	Zucker
Fleisch	Pektin
Blut	Biere
	Branntwein

können respiratorische Nahrungsmittel nicht ins Blut übergehen.

LIEBIG glaubte jedoch, daß Sauerstoff den Abbau von Kohlenhydraten und Fetten bewirkt und daß alle vitalen Tätigkeiten durch die Wechselwirkung zwischen dem Sauerstoff der Luft und den Bestandteilen der Nahrungsmittel bedingt sind. Er berechnete außerdem den Energiegehalt verschiedener Nahrungsmittel und erhielt erstaunlich genaue Ergebnisse (Tab. 2).

Tab. 2. Wärmewert von Stärke und Fett nach JUSTUS VON LIEBIG (FELDHEIM 1970)

100 Liter O_2 verbinden sich mit	und erwärmen eine Wassermenge (in l) von 0° auf 37° C	berechnet auf Cal/g
120,2 g Stärke	14,18	4,36
48,8 g Fett	13,32	10,09

LIEBIG beschäftigte sich weiterhin mit der Fettspeicherung im Körper und erkannte, daß sie einen Teil der Energiereserven darstellt. Er wies darauf hin, daß körperliche Betätigung vor Fettablagerungen schützt und bereits vorhandene Fettpolster abbaut. Mit Hilfe von Tierversuchen konnte er zeigen, daß im Körper eine Umwandlung von Kohlenhydraten in Fett erfolgt. Aus der Tatsache, daß nur Proteine Stickstoff enthalten, schloß er, daß der im Urin ausgeschiedene Stickstoff aus körpereigenem Protein stammt.

Zeitgenossen LIEBIGS waren ebenfalls an der wissenschaftlichen Erforschung der Stoffwechselvorgänge interessiert. BOUSSINGAULT (1802–1887, F) führte erste Ernährungsbilanzversuche durch. Er verglich die Menge des mit der Nahrung aufgenommenen Stickstoffs mit derjenigen, die über Urin und Fäzes ausgeschieden werden, um die Höhe des ausgeatmeten Stickstoffs indirekt zu bestimmen. Er ging bereits davon aus, daß diese Versuchsanordnung für junge Tiere ungeeignet ist, da der wachsende Organismus Körpersubstanz aufbaut und folglich die Stickstoffaufnahme die Stickstoffabgabe übersteigen muß.

CARL VON VOIT (1831–1908, D), ein Schüler LIEBIGS, trug zusammen mit MAX VON PETTENKOFER (1818–1901, D) dazu bei, daß München zu einem »Mekka« der Stoffwechselforschung wurde. PETTENKOFER entwickelte einen Respirationsapparat, den er zusammen mit VOIT verbesserte. Dieser war groß genug, um die Stoffwechselvorgänge eines Menschen über mehrere Tage beobachten zu können. So konnten die respiratorischen Quotienten für Protein, Fett und Kohlenhydrate bestimmt werden. Es gelang VOIT, zwei Fehleinschätzungen seines Lehrers LIEBIG zu korrigieren. Zum einen zeigte er, daß nicht die Sauerstoffaufnahme Stoffwechselvorgänge auslöst, sondern daß der Zellstoffwechsel die Ursache der Sauerstoffaufnahme ist. Zum anderen konnte er zeigen, daß der Proteinstoffwechsel nicht vom Umfang der Muskelarbeit abhängig ist.

Bekannt wurde VOIT besonders durch seine Empfehlungen für die Nährstoffzufuhr, das »Voitsche Kostmaß«. Grundlage hierfür waren verschiedene Bilanzversuche und Beobachtungen, aus denen er eine tägliche wünschenswerte Zufuhr von 118 g Protein, 500 g Kohlenhydraten und 56 g Fett für einen Mann ableitete. Der Energiegehalt des Voitschen Kostmaßes betrug 12,780 MJ (3055 kcal). Er vermutete auch, daß ein dynamisches Gleichgewicht in allen Geweben des Körpers existiert.

VOITS Schüler setzten seine Arbeit fort. MAX RUBNER (1854–1932, D) bestimmte den Energiegehalt von Urin und Fäzes bei verschiedenen Ernährungsweisen und verbesserte so die Berechnung des Energiegehaltes der Nahrung. Er konstruierte ein Respirationskalorimeter und konnte zeigen, daß die Wärmeabgabe mit der Energiemenge übereinstimmt, die bei der Oxidation der Nahrung entsteht. Damit konnte er beweisen, daß das Gesetz von der Erhaltung der Energie auch bei lebenden Organismen seine Gültigkeit hat. Der Zusammenhang zwischen Wärmeabgabe im Ruhezustand und Körperoberfläche – bereits von REGNAULT vermutet – wurde von RUBNER experimentell bestätigt. Sein Gesetz von der Isodynamie der Nährstoffe besagt, daß Fett und Kohlenhydrate auf der Basis ihrer Energieäquivalente weitgehend austauschbar sind, fur Protein gilt dies nur in begrenztem Maß. Die spezifisch-dynamische Wirkung der Nährstoffe wurde ebenfalls von RUBNER entdeckt. Er beobachtete, daß ein Hund nach Fleischverzehr mehr Wärme abgibt, als nach Kohlenhydrat- oder Fettverzehr. Der kalorische Nutzeffekt von Protein ist daher geringer als von Kohlenhydraten oder Fetten.

ATWATER (1844–1907, USA) leistete einen wichtigen Beitrag zur Entwicklung der Ernährungswissenschaft. Zusammen mit RUBNER arbeitete er bei VOIT in München, bevor er in die USA zurückkehrte. Dort entwickelte er ein Respirationskalorimeter, das so ausgestattet war, daß länger andauernde Versuche durchgeführt werden konnten. Er zeigte, daß der Organismus Alkohol als Energielieferanten nutzen kann und, wie bereits vor ihm VOIT, daß Muskelarbeit den Proteinstoffwechsel nicht belastet, sofern der Energiebedarf gedeckt ist.

Letzteres zeigten FICK (1829–1901, CH) und WISLICENUS (1835–1902, CH) bereits 1866 im Selbstversuch. Sie bestiegen das 1656 m hohe Faulhorn und nahmen jeweils 17 h vor und 7 h nach der Besteigung nur Kohlenhydrate und Fette zu sich; ihre Stickstoffausscheidung im Urin war kaum höher als normal. Dem Ergebnis wurde jedoch seiner Zeit wenig Beachtung geschenkt, erst die Ergebnisse ATWATERS fanden Anerkennung.

LUSK (1866–1932, USA) war ein weiterer Schüler VOITS. Wie ATWATER arbeitete er vorübergehend in München, um dann in den USA weiterzuforschen. Neben dem Energiewechsel galt sein Interesse dem intermediären Stoffwechsel. Er veröffentlichte 1906 ein Ernährungslehrbuch »The Science of Nutrition«, das viel Beachtung fand.

Verdauung und Absorption
(s. auch Kap. 2.2)

Neben den Vorgängen der Atmung und des Energiewechsels lag ein weiterer Interessenschwerpunkt früherer Naturwissenschaftler in der Erforschung der Verwertung aufgenommener Nahrung. GALEN (131–201, GR) führte erste Verdauungsversuche an Schweinen durch und kam zu dem Ergebnis, daß im Magen eine Auflösung der Nahrung in kleinere Partikel erfolgt, die dann vom Organismus aufgenommen werden.

Viel später folgten dann die berühmten Studien RÉAUMURS (1683–1757, F); durch seine Untersuchungen wollte er nachprüfen, ob es sich bei der Magenverdauung um eine mechanische Zerkleinerung, eine Fermentation oder eine andere Aufschlußform handelt. Dazu mischte er Vögeln, die unverdauliche Nahrungsbestandteile wieder erbrechen, offene Metallhülsen ins Futter, die verschiedene Nahrungsmittel enthielten. Es zeigte sich, daß die Metallhülsen nach Erbrechen keine Nahrungsmittel mehr enthielten. Damit hatte RÉAUMUR bewiesen, daß im Magen keine mechanische Zerkleinerung der Nahrung stattfindet. In weiteren Versuchen stellte er fest, daß Nahrungsmittel im Magensaft schneller aufgelöst werden als im Wasser und er beobachtete, daß die Verdauung ohne Fäulnisgeruch abläuft. RÉAUMUR führte auch erste Verdauungsversuche in vitro durch und beobachtete die Fleischverdauung.

SPALLANZANI (1729–1799, I) setzte RÉAUMURS Versuche fort. Auch er arbeitete mit Greifvögeln, führte aber auch Selbstversuche durch. Es gelang ihm, nachzuweisen, daß bei der Magenverdauung eine chemische Auflösung der Nahrung stattfindet. YOUNG (1782–1804, USA) legte 1803 eine Dissertation vor, die sich mit Verdauungsvorgängen befaßte. Er stellte fest, daß der Magen Säure sezerniert und die Magenazidität nicht auf der Existenz saurer Spaltprodukte beruht. Seiner Meinung nach handelte es sich bei der Magensäure um Phosphorsäure.

Weitere Erkenntnisse über Verdauungsvorgänge lieferten dann die Studien BEAUMONTS (1785–1853, F). Mehrere Jahre behandelte er ALEXIS ST. MARTIN, der nach einer Schußverletzung eine Magenfistel behielt. Dies verschaffte dem Forscher die Möglichkeit, Verdauungsvorgänge beim Menschen über längere Zeit zu beobachten. Durch die Fistel führte er verschiedene Nahrungsmittel ein und registrierte, daß Nahrungsmittel in unterschiedlichem Maß gespalten werden. Er identifizierte die Magensäure als Salzsäure und lieferte präzise Schilderungen der Magenmotilität und -sekretion. Trotz seiner weitreichenden Kenntnisse glaubte BEAUMONT wie HIPPOKRATES, daß trotz der verschiedenen Nahrungsmittel nur ein einziger Nährstoff existiere.

Die Arbeiten BEAUMONTS veranlaßten BERNARD (1813–1878, F), bei Versuchstieren künstliche Magenfisteln zu legen. Es gelang ihm, größere Mengen Magensaft zu gewinnen und Versuche in vitro durchzuführen. BERNARD kam im Laufe seiner Arbeiten auch zu dem Schluß, daß der Stoffwechsel aus Auf- und Abbauvorgängen besteht.

SCHWANN (1809–1885, D) entdeckte 1833 das Enzym Pepsin und trug so zum weiteren Verständnis der Verdauungsvorgänge bei. Die Endprodukte der *Protein*-Verdauung durch Pepsin wurden von LEHMANN (1812–1863, D) als Peptone bezeichnet.

Die Spaltung von Albumin durch Pankreassaft wurde 1825 von TIEDEMANN (1781–1861, D) und GMELIN (1788–1853, D) entdeckt. Versuche, Zwischenprodukte der Proteinverdauung zu isolieren und zu identifizieren, waren wenig erfolgreich. KÜHNE (1837–1900, D) entdeckte die Unterschiede zwischen Pepsin- und Trypsinverdauung und konnte zeigen, daß durch Trypsin Aminosäuren freigesetzt werden. In-vitro-Versuche mit Enzymen waren meist nicht erfolgreich, da die entstehenden Reaktionsprodukte eine Hemmung der Enzymaktivität bewirkten.

Der Erforschung der *Fett*-Verdauung wurde weniger Aufmerksamkeit geschenkt, da führende Naturwissenschaftler, wie LIEBIG, DUMAS (1800–1884, F) und BOUSSINGAULT davon ausgingen, daß Fett ungespalten vom Körper aufgenommen würde. Sie kamen zu dieser Schlußfolgerung, weil Nahrungsmittel Fette und Öle enthielten, die auch im tierischen Organismus zu finden waren.

BERNARD konnte dann zeigen, daß Nahrungsfette durch die Entwicklung des Pankreassafts verändert werden. Er ging davon aus, daß eine Spaltung in Glycerin und freie Fettsäuren erfolgt. Durch eine anschließende Verseifung könnten die Fettsäuren in eine wasserlösliche Form überführt und absorbiert werden.

LEUCHS (1800–1857, D) gelang es 1831 nachzuweisen, daß durch die Sekrete der Mundspeicheldrüsen *Stärke* in Zucker gespalten werden kann. Das hierfür verantwortliche Enzym wurde 1845 aus der Speichelflüssigkeit isoliert. PAYAN (1795–1871, F) und PERSOZ (1805–1868, F) entdeckten 1833 die enzymatische Spaltung der Stärke durch Diastase. KIRCHOFF (1824–1887, D) gelang es, aus Stärke durch Kochen mit verdünnter Schwefelsäure Zucker zu gewinnen.

Die Erkenntnisse über verdauungsphysiologische Abläufe wurden durch die Arbeiten des Physiologen PAWLOW (1849–1936, SU) entscheidend erweitert. Bekannt sind vor allem seine Scheinfütterungsversuche mit Hunden. Die Versuchstiere hatten zwei Fisteln am Oesophagus, das gefressene Futter konnte durch die obere Fistel wieder entfernt werden und durch anderes Futter über eine tiefliegende Fistel ersetzt werden. Er konnte zeigen, daß Fleisch die Magensaftsekretion mehr anregt als Kohlenhydrate. Es gelang ihm auch, aufzuzeigen, daß die Sekretion von Magensaft die Sekretion von Pankreassaft auslöst.

PAWLOW entdeckte 1899 das Enzym Enterokinase und stellte fest, daß es die proteolytische Aktivität des Pankreassaftes erhöht. In weiteren Versuchen beschäftigte er sich mit nahrungsbedingten Reflexen. Neben dem Fressen bewirkte bei seinen Hunden bereits das Riechen des Futters oder dessen Anblick eine Sekretion des Magensaftes; dies entspricht einem unbedingten Reflex. Bei einer anderen Gruppe von Hunden ertönte regelmäßig bei der Fütterung ein akustisches Signal. Später konnte allein durch das Ertönen des Signals die Magensaftsekretion ausgelöst werden. Eine geringfügige Veränderung der Tonlage führte dazu, daß der bedingte Reflex ausblieb. PAWLOWS Erkenntnisse spielen noch heute eine wichtige Rolle in der Ernährungsphysiologie; 1904 erhielt er den Nobelpreis.

Proteine und essentielle Aminosäuren
(s. auch Kap. 3.2.1.3)

MAGENDIE (1783–1855, F) wies als erster auf die Bedeutung der Proteine als essentielle Nahrungsbestandteile hin. Auch LIEBIG hatte die Bedeutung der Proteine erkannt. Der Chemiker MULDNER (1802–1880, NL) schlug dann die Bezeichnung Proteine vor. LIEBIG hielt die Stickstoffausscheidung im Urin als geeigneten Maßstab für den Proteinumsatz des Körpers. Erste Untersuchungen zur Bestimmung der Proteinwertigkeit (= Proteinqualität) wurden 1854 von LAWES (1814–1900, GB) und GILBERT (1817–1901, GB) durchgeführt. Sie fütterten 2 Schweine mit unterschiedlichem Futter; das eine wurde mit Linsenmehl, das andere ausschließlich mit Gerstenschrot gefüttert. Eine ausführliche Interpretation der Ergebnisse fand jedoch nicht statt.

OSBORNE (1859–1929, USA) und CHITTENDEN (1856–1943, GB) zeigten zu Beginn dieses Jahrhunderts, daß Nahrungsmittel nicht nur aus einem Protein, sondern aus einer Mischung verschiedener Proteine bestehen. Auf Anregung RUBNERS beschäftigte sich THOMAS (1883-1969, D) mit dem physiologischen Wert verschiedener Proteine, er prägte den Begriff »**biologische Wertigkeit**«. In zahlreichen Stoffwechselversuchen gelang es ihm, die biologische Wertigkeit verschiedener Proteine zu ermitteln.

Die Verbesserung der Labortechnik ermöglichte es OSBORNE, isolierte Proteine zu gewinnen und im Tierversuch zu verfüttern. Durch die Entdeckung essentieller Aminosäuren wurde dann ein weiterer Beitrag zum Verständnis der Bedeutung von Proteinen geleistet. Die Isolierung aller bis jetzt bekannten Aminosäuren dauerte mehr als 100 Jahre. BRACONNOT (1780–1855, F) entdeckte 1820 die beiden Aminosäuren Glycin und Valin. Die Entdeckung der letzten essentiellen Aminosäuren Threonin gelang ROSE (1887, USA) 1932. Darauf folgten zahlreiche Versuche mit Aminosäuregemischen zur Ermittlung des genauen Bedarfs. ROSE und seine Mitarbeiter veröffentlichten auch Bedarfszahlen für den Menschen, die noch heute gültig sind.

KOFRANYI (1908, D) und JEKAT (1929, D) zeigten, daß neben der Höhe der Zufuhr einzelner Aminosäuren dem Verhältnis der Aminosäuren zueinander eine entscheidende Bedeutung zukommt.

Anorganische Nährstoffe
(s. auch Kap. 3.3.1)
Die mineralische Struktur der Knochen und Zähne war schon lange bekannt, bevor 1808 das Element Calcium entdeckt wurde. HAMMARSTEN (1841–1932, S) stellte 1879 fest, daß Calcium die Blutgerinnung fördert; später wurde gezeigt, daß Calcium ein essentieller Faktor der Blutgerinnung ist. MCCOLLUM (1879–1967, USA) zeigte 1908, daß Symptome einer Tetanie durch Calciumgaben behoben werden.

SYDENHAM (1624–1689, GB) empfahl bereits Eisen zur Behandlung von Anämien. BOUSSINGAULT (1802–1887, F) veröffentlichte erste Zahlen über den Eisengehalt der Gewebe und äußerte die Vermutung, Eisen sei ein essentieller Nährstoff. LIEBIG vermutete, daß der Sauerstofftransport im Blut gebunden an Eisen stattfindet.

LIEBIG stellt 1847 fest, daß Natrium und Kalium im Körper unterschiedlich verteilt vorliegen; Blut und Lymphe enthalten überwiegend Kalium, während in den übrigen Flüssigkeiten Natrium überwiegt. BOUSSINGAULT verfütterte an Hunde salzfreies Futter und stellte fest, daß Tiere, die ein NaCl-freies Futter erhielten, eher starben; daraus leitete er ab, daß Natrium und Chlor essentielle Nährstoffe sind.

RINGER (1835–1910, GB) beschäftigte sich ausgiebig mit der Verteilung der Elektrolyten im Körper. In einer Lösung aus Ionen von Natrium, Chlorid, Kalium und Calcium gelang es ihm, die Funktion tierischer Gewebe aufrecht zu erhalten. Weitere Arbeiten auf diesem Gebiet zeigten, daß die Anwesenheit eines einzelnen Elektrolyts die Muskeltätigkeit lähmt, daß die Anwesenheit aller Elektrolyte dagegen den toxischen Effekt eines einzelnen Elements aufhebt.

Die Bedeutung des Magnesiums als essentieller Nahrungsbestandteil wurde erst 1920 entdeckt, als Magnesium im Plasma nachgewiesen wurde. Wesentlich früher als das Mengenelement Magnesium wurde das Spurenelement Jod entdeckt, nämlich 1811. BAUMANN (1846–1896, D) konnte 1896 zeigen, daß Jod hauptsächlich in der Schilddrüse vorkommt. BOUSSINGAULT konnte bereits nachweisen, daß jodhaltiges Salz einer Kropfentstehung vorbeugt.

Die intensive Erforschung und Entdeckung weiterer Spurenelemente erfolgte etwa ab 1920. Zwischenzeitlich galt das Hauptinteresse von Medizin und Ernährungswissenschaft der Vitaminforschung.

Vitamine (s. auch Kap. 3.3.2)
Vitaminmangelkrankheiten waren bereits in der Antike bekannt, ihre Ursachen konnten jedoch erst in diesem Jahrhundert geklärt werden. Trotzdem war teilweise eine erfolgreiche Behandlung auf der Grundlage einer Erfahrungsmedizin möglich. Der Schiffsarzt LIND (1716–1794, GB) veröffentlichte 1753 sein berühmtes Buch »Treatise on Scurvy«. Bei einem Experiment mit skorbutkranken Seeleuten konnte er durch die Gabe von 2 Apfelsinen und 1 Zitrone pro Tag eine Heilung bewirken.

Auch Beriberi wurde bereits 1887 durch Kleiegaben behandelt. Obwohl schon frühzeitig bekannt war, daß es sich um eine ernährungsabhängige Krankheit handelt, verging viel Zeit, bis die Krankheitsursache erkannt war. Die sprunghafte Verbreitung der Beriberi in Asien fiel nicht nur mit der Entwicklung gründlich arbeitender Reisschälmühlen zusammen, sondern auch mit den erfolgreichen Arbeiten der Mikrobiologen PASTEUR (1822–1895, F) und KOCH (1843–1910, D). Es wurde vermutet, daß es sich um eine bakteriell bedingte Infektionskrankheit handelte; außerdem wurde noch an eine Vergiftung gedacht.

Die niederländische Regierung schickte eine Kommission in ihre südostasiatischen Kolonien. Neben einem Bakteriologen und einem Neurologen arbeitete der Militärarzt EIJKMANN (1858–1930, NL) mit; ihm war es bereits gelungen, bei Vögeln Beriberi zu erzeugen. Da unter strengen hygienischen Bedingungen gearbeitet wurde, konnte die Möglichkeit einer Infektionskrankheit bald ausgeschlossen werden.

EIJKMANN konnte beobachten, daß nach Verzehr von ungeschältem Reis die Symptome zurückgingen oder gar nicht erst auftraten; er war bald davon überzeugt, daß die Ursache der Beriberi im Verzehr von geschältem Reis lag. Der

Versuch, aus der Reiskleie einen wirksamen Faktor zu isolieren, schlug fehl. Trotzdem wurde EIJKMANN für seine Arbeit 1929 mit dem Nobelpreis ausgezeichnet. GRIJUS (1865–1944, NL), EIJKMANNS Nachfolger, stellte fest, daß es sich bei dem gesuchten akzessorischen Faktor um eine hitzelabile Substanz handelt. JANSEN (1884–1962, NL) und DONATH (1889–1956 NL) gelang 1926 die Isolierung des antineuritischen Vitamins B_1, das heute Thiamin genannt wird. Die Synthese gelang wenige Jahre später und die biochemische Funktion des Thiamins konnte 1937 erklärt werden.

Der Name »Vitamine« geht auf Casimir FUNK (1884–1967, PL) zurück, der diese Bezeichnung für die akzessorischen Nahrungsfaktoren in seinem Buch »Die Etiologie der Mangelkrankheiten« vorschlug. Auch er arbeitete an der Isolierung des Thiamins und wußte, daß dieser Faktor lebenswichtig ist (vita), außerdem war ihm bekannt, daß Thiamin eine Aminogruppe enthält. Mit den Vitaminen Riboflavin (B_2), Pyridoxin (B_6) und Biotin wurden 1933 weitere Vitamine des B-Komplexes isoliert. Vitamin B_{12} und Folsäure folgten.

Bei der Erforschung der Ursache der Pellagra kam GOLDBERGER (1874–1929, USA) zu dem Ergebnis, daß es sich um eine ernährungsbedingte Krankheit handelt, doch die Isolierung des Antipellagra-Faktors gestaltete sich als schwierig. GOLDBERGER konnte zeigen, daß Tryptophan eine erfolgreiche Therapie der Pellagra ermöglichte. Das Niacin wurde dann 1937 von ELVEHJEM (1901–1962, USA) isoliert.

Zwischen der Veröffentlichung LINDS »Treatise on Scurvy« und der Isolierung des Vitamin C durch SZENT-GYÖRGYI (1893, H) 1932 liegen fast 180 Jahre. Die meisten Vitamine wurden in der Zeit zwischen 1920 und 1940 entdeckt, die Vitamin-Ära in der Wissenschaft begann mit der Isolierung des Vitamin A. Auch hier wurde nach der Ursache eines Mangelsymptoms gesucht. Die synthetische Herstellung gelang als erstes 1935 für Vitamin B_2 (KUHN et al.), dann folgten Thiamin, Retinol, Tocopherol, Calciferol, Phyllochinol und die anderen. Als letztes wurde Vitamin B_{12} synthetisiert (WOODWARD 1972). Die Entdeckung der Vitamine war erst durch die Verbesserung chemischer Methoden möglich geworden. Durch die Isolierung von Nahrungsbestandteilen konnten im Tierversuch Mangelsymptome erzeugt und behoben werden. Bereits Ende des letzten Jahrhunderts konnte LUNIN (1853–1937) bei Ratten, die eine Futtermischung bestehend aus den Hauptnährstoffen erhielten, eine Mangelkrankheit auslösen und schloß auf die Existenz unbekannter Nahrungsfaktoren.

Der Nachweis und die Isolierung der Vitamine waren Voraussetzung für Versuche, um den Vitaminbedarf zu ermitteln und Empfehlungen für die Höhe der Zufuhr zu geben. Bis heute existiert allerdings für fast kein Vitamin eine einheitliche Zufuhrempfehlung; am stärksten weichen Empfehlungen über die optimale Zufuhr von Vitamin C voneinander ab.

Essentielle Fettsäuren (s. auch Kap. 3.2.1.1)
In die Zeit der Vitaminentdeckungen fällt auch die Identifizierung der essentiellen Fettsäuren. BURR (1896, USA) ernährte Mäuse fettfrei aber mit Vitaminen; dabei traten typische Mangelsymptome, wie Wachstumsverzögerungen, Nierenschäden und Dermatitis auf; durch Linolsäuregaben konnten diese Symptome vermieden werden.

Neuere Aspekte in der Ernährungsforschung
Der Entdeckung von essentiellen Nahrungsbestandteilen folgten Untersuchungen über Funktion und Wirkungsmechanismus sowie die Ermittlung von Bedarfszahlen.

Mit der Verbesserung der Lebensmittelversorgung nach dem Zweiten Weltkrieg wurden die Ernährungswissenschaft und die Medizin mit neuen Problemen konfrontiert, Übergewicht und ernährungsabhängige Krankheiten nahmen sprunghaft zu. Die Erforschung der Ursachen ernährungsbedingter Krankheiten und Entwicklung präventiv-medizinischer Maßnahmen zur Krankheitsverhütung sind heute ein wichtiger Teil der Ernährungsforschung. Die Steigerung der Lebensmittelproduktion durch verbesserte Anbaumethoden und den Einsatz von Bioziden hat zusätzliche Probleme geschaffen. Die Erfassung von Rückständen an Bioziden und Schwermetallen in Lebensmitteln und ihre Auswirkungen auf die Gesundheit ist zu einem eigenständigen Gebiet der Ernährungsforschung geworden. Weltweit steht dem Nahrungsüberfluß in Industrieländern der Nahrungsmangel in Entwicklungsländern gegenüber. Die Erforschung der Ursachen und die Erarbeitung von Modellen zur Beseitigung des Welthungers fällt ebenfalls in den Bereich der Ernährungswissenschaft, die sich mehr und mehr als ein selbständiger, interdisziplinärer Zweig verschiedener Wissenschaften etabliert.

2 Physiologische Grundlagen der Ernährung

2.1 Körperzusammensetzung

Allgemeines

Die Körperzusammensetzung ist festgelegt und unterscheidet sich bei gleichem Alter, Geschlecht und Ernährungsstatus unter normalen Bedingungen nicht wesentlich. Ernährung hat bei Körpergewichtskonstanz Erwachsener nur einen geringen, körperliche Aktivität dagegen *kann* einen bedeutsamen Einfluß auf die Körperzusammensetzung ausüben.

Menschen früherer Zeiten glaubten, daß sie durch Verzehr bestimmter Tierarten in den Besitz der für das Tier charakteristischen Eigenschaften gelangen. So sollte z.B. der Verzehr von Löwenherzen dem Menschen Tapferkeit verleihen, während das Herz eines Schakals ihn feige und schüchtern macht. Konsum von Rehfleisch sollte schnellfüßig, Bärenfleisch dagegen unbeholfen und schwerfällig machen. Bei uns wird heute nur selten die Ansicht vertreten, daß *physische* Eigenschaften des Menschen durch die Nahrung erworben werden. So schreibt RECKEWEG über Schweinefleisch u.a.: Wer viel Schweinefleisch verzehrt, muß mit einem Schweinenacken, Dickhäutigkeit und Falten rechnen.

Nicht alle Annahmen dieser Art sind unsinnig. So ist bekannt, daß die Griechen der Antike glaubten, das Trinken von Wasser, in welchem ein Schwert rostete, zur Stärkung des Körpers führe. Heute ist bekannt, daß für anämische Menschen eine positive Wirkung durch Trinken eisenhaltigen Wassers erwartet werden kann, so daß sich hier überlieferte Gebräuche und Erkenntnisse der modernen Ernährungswissenschaft decken. Inwieweit diese Gebräuche tatsächlich auf empirischen Beobachtungen beruhten, kann nicht eindeutig geklärt werden. Sie sind jedoch ein Beweis dafür, daß der Mensch schon seit langer Zeit in seiner Nahrung Faktoren vermutete, die Teil seiner Körpersubstanz werden und die ihm spezifische Eigenschaften verleihen. Die häufig propagierte Aussage: »Der Mensch ist, was er ißt« (FEUERBACH) zeigt, daß diese Überlieferungen bis heute Bestand haben, wenn sie auch tatsächlich in sehr viel differenzierter und begrenzter Weise anwendbar sind.

Eine exakte Bestimmung der Körperzusammensetzung scheint einleuchtend und unmöglich zugleich. Einleuchtend deshalb, weil im Labor nahezu alle biologischen Substanzen analysiert werden können; unmöglich, da die Zerteilung des lebenden menschlichen Körpers nicht durchführbar ist, die Leiche aber bereits Veränderungen aufweist und die komplexe Zusammensetzung analytische Probleme aufwirft. Die Erfassung der Zusammensetzung des Körpers führte in den letzten Dekaden zur Entwicklung verschiedener Meß- und Analysemethoden. Einige dieser Methoden sind indirekt; sie erlauben über eine momentane Erfassung des dynamischen Zustandes des Stoffwechsels eine Schätzung der Körperzusammensetzung. Die Bewertung der Brauchbarkeit einer indirekten Methode ist nur durch den Vergleich mit der chemischen Analyse möglich.

Chemische Analyse

Die chemische Zusammensetzung des Tierkörpers, die analytisch keine Schwierigkeiten aufwirft, kann nicht auf den Menschen übertragen werden. Eine chemische Analyse des menschlichen Körpers, die an Kadavern durchgeführt wird, liefert zwar zuverlässige Informationen über den untersuchten Körper, jedoch wurden bisher nur wenige komplette Analysen durchgeführt, so daß Aussagen über alle Variationen von Menschen verschiedenen Alters und/oder Geschlechts nicht vorliegen. Trotz dieser Einschränkungen gibt es Angaben, die zumindest für den gesunden »Durchschnittsmenschen« als repräsentativ gelten können (Tab. 3).

Der größte Teil der aufgeführten Komponenten ist essentielle Körperstruktur, aber in unterschiedlichem Maße. Während 80% des Körperproteins essentiell sind, sind vom Fett nur 10% essentiell. Bis auf etwa 200 g Kohlenhydrate kann der Körper seine Kohlenhydratreserven verlieren, erst dann werden die benötigten Kohlenhydrate aus Proteinen und Fetten neu gebildet. Der Körper kann etwa 10% seines Gesamtwassergehaltes und mindestens ein Drittel seiner Skelettmineralien verlieren, ohne ernsthafte Schäden zu erleiden. Bei Frauen liegt der Fettanteil – besonders auf Kosten des Wassergehaltes – durchschnittlich um 10% höher als beim Mann.

Tab. 3. Chemische Zusammensetzung eines gesunden 65 kg schweren Mannes (modif. nach PASSMORE, EASTWOOD 1986)

Komponente	Anteil		davon essentiell (%)
	absolut (kg)	relativ (%)	
Protein	11	17,0	80
Fett	9	13,8	10
Kohlenhydrate	1	1,5	20
Wasser	40	61,6	90
Mineralien	4	6,1	60

Die Veränderungen der Zusammensetzung des Körpers von Geburt bis zum Erwachsenenalter sind erheblich (Tab. 4); diese Entwicklung muß bei der Extrapolation von einer Altersgruppe zur anderen, etwa bei den Empfehlungen für die Nährstoffzufuhr (Kap. 3.4.3), entsprechend berücksichtigt werden.

Tab. 4. Änderungen der Zusammensetzung des Körpers im 1. Lebensjahr im Vergleich zum Erwachsenen (modif. nach PIKE und BROWN 1975)

Alter (Jahre)	0	½	1	35 *
Körpergewicht (kg)	3,5	7	10,5	65,4
Protein (%)	11,4	11,4	14,3	16,4
Wasser (%)	74,3	60,0	59,0	62,6
Fett (%)	11,4	24,3	21,9	15,3
Mineralstoffe (%)	2,9	4,3	4,8	5,7

* GRANDE und KEYS (1980)

Der Körper setzt sich aus Zellmasse, extrazellulärem Gewebe und Fett zusammen. Die Zellmasse ist aktives Gewebe und verantwortlich für alle physiologischen Funktionen des Körpers. Das extrazelluläre Gewebe ist tragendes und versorgendes Gewebe der aktiven Zellmasse; diese besteht aus extrazellulärer Flüssigkeit, welche die Lymphe, die Suspensionsflüssigkeit, in der die Blutzellen sich bewegen, und das Blutplasma umfaßt, sowie Mineralien und Proteinfasern des Skeletts und anderer Versorgungsgewebe. Das Skelett des Menschen ist ein zelluläres Organ, das auch als Mineralstoffreserve des Körpers dient. Fett ist – außer den Strukturlipiden, deren Anteil etwa 10% des Körperfettes ausmacht – als Depotfett unter der Haut und um die inneren Organe lokalisiert; es stellt den Energiespeicher des Körpers dar.

Im gesunden Körper kann die Zellmasse bis zu 55% des Körpergewichtes betragen, während die extrazellulären Gewebe etwa 30% und das Depotfett etwa 15% des Körpergewichtes ausmachen. Diese Proportionen können bei adipösen Menschen, bei Krankheiten oder im Hungerzustand stark verändert sein. Im fortgeschrittenen Hungerzustand wird das Depotfett fast gänzlich aufgebraucht, während sich das extrazelluläre Gewebe wenig verändert. Bei adipösen Menschen ist das Fettgewebe stark vermehrt und kann bis zu 70% der Körpermasse ausmachen.

Eine vorübergehende Nahrungskarenz, die einen Verlust des Körpergewichtes von 25% zur Folge hat, führt zu Veränderungen der Körperkomponenten unterschiedlichen Ausmaßes (Tab. 5). Es zeigt sich, daß die größte Abnahme die Körperflüssigkeit, insbesondere die intrazelluläre Flüssigkeit, sowie das Körperfett betrifft. Geringere Abnahmen erfahren die Körperproteine und -mineralstoffe.

Tab. 5. Änderungen der Körperzusammensetzung eines 65 kg schweren Mannes durch zeitweilige Nahrungskarenz (PASSMORE, EASTWOOD 1986)

Komponenten	Ausgangslage (kg)	Nach dem Fasten (kg)
Protein	11,5	8,5
Fett	9,0	2,5
Kohlenhydrate	0,5	0,5
Wasser:		
extrazellulär	15	15
intrazellulär	25	19
Mineralstoffe	4	3,5
Körpergewicht	65	49

Bestimmung einzelner Körperkomponenten

Körperflüssigkeit. Der größte Teil der brauchbaren direkten Methoden zur Bestimmung der Körperflüssigkeit ist aufwendig, kostspielig und zeitraubend, so daß sie nur in wenigen dafür ausgerüsteten Laboratorien durchgeführt werden können. Volumina verschiedener Körperkomponenten können aber auch indirekt gemessen werden; so wird die Gesamtkörperflüssigkeit (total body water = TBW) mit Markersubstanzen nach dem Verdünnungsprinzip ermittelt.

Zur Berechnung dient folgende Formel:

$$V = \frac{Q}{C}$$

V = Volumen der Körperflüssigkeit
Q = Quantität einer Meßsubstanz, die sich mit der Körperflüssigkeit homogen vermischt
C = Konzentration der Meßsubstanz in der Körperflüssigkeit

Die Meßsubstanz wird oral oder intravenös verabreicht, und ihre Konzentration wird nach entsprechender Wartezeit, nach der ein Austausch der Markersubstanz zwischen den verschiedenen Körperkomponenten und somit ein Gleichgewicht der Verteilung erreicht worden ist, im Blutplasma gemessen. Korrekturen für mögliche Ausscheidung sowie Stoffwechsel der Markersubstanz sind erforderlich. Früher wurden Harnstoff, Antipyrine oder auch Ethanol für diesen Zweck verwendet. Heute werden schweres Wasser (Deuterium ^{2}H und Tritium ^{3}H) bevorzugt. Zahlreiche vergleichbare Angaben wurden mit verschiedenen Testsubstanzen ermittelt; es besteht weitgehend Übereinstimmung der Meßergebnisse mit Harnstoff und Deuterium. Als normal gelten 40 l Gesamtkörperflüssigkeit, entsprechend 50–65% des Körpergewichtes.

Extrazelluläre Flüssigkeit. Das Volumen der Körperflüssigkeit, in der sich bestimmte Substanzen wie Saccharose, Inulin, Na-Thiocyanat, Na-Thiosulfat und Bromid nach einer Injektion verteilen, ist geringer als die gesamte Körperflüssigkeit. Dieses Volumen wird als extrazelluläre Flüssigkeit bezeichnet. Thiocyanat erlaubt eine brauchbare Messung der extrazellulären Flüssigkeit; da es teilweise in die Erythrozyten eindringt, ist eine entsprechende Korrektur erforderlich. Normalerweise macht die extrazelluläre Flüssigkeit 18–24% des Körpergewichtes aus. Bei Patienten mit Ödemen (Hunger, Protein-Energie-Malnutrition = PEM) kann sie bis zu 50% des Körpergewichtes erreichen. Bei Dehydration sinkt sie allerdings nicht unter 18% des Körpergewichts.

Intrazelluläre Flüssigkeit. Flüssigkeit in den Zellen kann nicht direkt gemessen werden; das

Tab. 6. Mittelwerte der Gesamtkörperflüssigkeit, extra- und intrazellulärer Flüssigkeit in Abhängigkeit vom Alter, angegeben in % des Körpergewichts (FRIIS-HANSEN 1961)

Alter	Gesamtkörperflüssigkeit	Extrazelluläre Flüssigkeit	Intrazelluläre Flüssigkeit*
1 Tag	78,4	44,5	33,9
1–30 Tage	74,0	39,7	31,8
1– 3 Monate	72,3	32,2	43,3
3– 6 Monate	70,1	30,1	42,1
6–12 Monate	60,4	27,4	35,2
1– 2 Jahre	58,7	25,6	33,6
2– 3 Jahre	63,5	26,7	38,3
3– 5 Jahre	62,2	21,4	(45,7)
5–10 Jahre	61,5	22,0	(42,3)
10–15 Jahre	57,3	18,7	(46,7)
Erwachsene (Durchschnittswerte)	61,5	23,1	38,4

* Gesamtkörperflüssigkeit minus extrazelluläre Flüssigkeit ergibt nicht immer den Wert für intrazelluläre Flüssigkeit, da die Untersuchungen beider unabhängiger Variablen nicht bei jedem Individuum der angegebenen Gruppen erfolgte. Werte (in % des Körpergewichtes) repräsentieren teilweise Messungen an Einzelpersonen.

Tab. 7. Normalwerte (absolut, bezogen auf das Körpergewicht) für Fett, Gesamtwasser und die Zellmasse des Körpers in Abhängigkeit von Geschlecht, Alter und Körpergewicht Erwachsener (Moore et. al. 1963)

Körpergewicht (kg)	Fett (kg)				Gesamtkörperwasser (1)				Zellmasse (kg)			
	Alter (J)				Alter (J)				Alter (J)			
	25	45	65	85	25	45	65	85	25	45	65	85
Männer												
60	9,6	12,0	14,5	17,0	36,9	35,1	33,3	31,5	27,3	24,6	22,1	19,8
80	18,1	21,3	24,5	27,8	45,3	43,0	40,6	38,2	33,5	30,1	27,0	24,0
100	29,1	33,2	37,2	41,3	51,9	48,9	46,0	43,0	38,3	34,3	30,6	27,1
120	42,8	47,6	52,5	57,3	56,5	53,0	49,4	45,9	41,8	37,3	32,9	28,9
140	59,1	64,7	70,3	76,1	59,2	55,1	51,0	46,8	45,7	38,7	33,9	29,4
Frauen												
60	17,9	19,8	21,8	23,5	30,8	29,4	28,0	26,7	21,2	19,6	18,3	16,8
80	29,5	32,0	34,6	37,1	37,0	35,1	33,2	31,4	25,6	23,4	21,7	19,8
100	44,0	47,1	50,3	53,4	41,0	38,7	36,4	34,1	28,2	25,7	23,8	21,4
120	61,3	65,1	68,9	72,6	43,0	40,2	37,4	43,7	29,6	26,8	24,5	21,8
140	81,4	85,8	90,3	94,6	42,9	39,7	36,4	33,2	29,6	26,4	23,8	20,8

Volumen wird aus der Differenz Gesamtkörperflüssigkeit minus extrazelluläre Flüssigkeit errechnet. Für eine männliche Referenzperson mit einem Körpergewicht von 65 kg ergeben sich, bei 40 l Gesamtkörperflüssigkeit und 15 l extrazellulärer Flüssigkeit, 25 l intrazelluläre Flüssigkeit.

Die Gesamtkörperflüssigkeit und die extrazelluläre Körperflüssigkeit wurde an Kindern im Alter von einem Tag bis zu 15 Jahren nach Injektion von Thiosulfat und Deuterium bestimmt und das Volumen der intrazellulären Flüssigkeit errechnet. Im Vergleich zu den für Erwachsene bekannten Werten zeigen sich erhebliche Unterschiede (Tab. 6).

Der Flüssigkeitsgehalt älterer Menschen ist etwas geringer als der junger Erwachsener aufgrund von Austrocknung der Zellen und Verminderung der extrazellulären Flüssigkeit mit zunehmendem Alter. Am Anfang treten diese Änderungen schnell ein, dann werden sie langsamer und pendeln sich auf ein gleichbleibendes Niveau ein.

Zellmasse (= fettarme Körpermasse = Lean Body Mass, LBM). Der Wassergehalt der Zellen variiert stark. Muskelzellen enthalten etwa 75% Wasser, Erythrozyten, Gehirn- und Bindegewebszellen erheblich weniger. Im Durchschnitt beträgt der Wassergehalt aller Körperzellen 70%, so daß sich für eine männliche Refe-

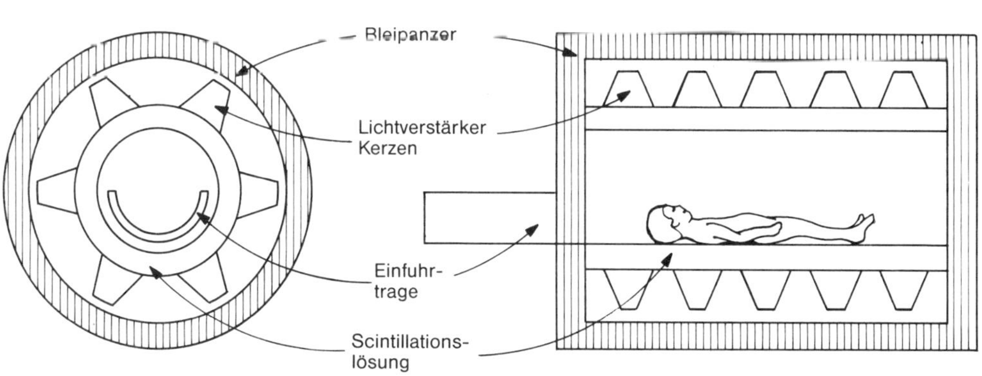

Abb. 3. Schematische Darstellung eines Ganzkörperzählers (Reba, Leitnaker, Woodward 1968).

renzperson (65 kg) eine Zellmasse von 35,7 kg errechnet (intrazelluläres Wasser × $\frac{100}{70}$).

Diese Zellmasse macht bei der Referenzperson ca. 55% des Körpergewichtes aus. Demnach liegt der Anteil stoffwechselaktiver Gewebe bei einem gesunden Mann bei etwas über der Hälfte seines Körpergewichtes. Bei Übergewichtigen liegt dieser Anteil niedriger (Tab. 7). Ausnahmen bilden die Athleten, bei denen die Gewichtszunahme größtenteils auf eine Vermehrung der stoffwechselaktiven Zellmasse zurückzuführen ist.

Eine weitere Möglichkeit zur Messung der Zellmasse ist die Messung der abgegebenen Strahlen natürlichen radioaktiven Kaliums (^{40}K) im Körper. Dazu wird ein sogenannter Ganzkörperzähler eingesetzt, der die Menge des radioaktiven ^{40}K mißt (Abb. 3).

Elektrolyte des Körpers. Die intrazelluläre Flüssigkeit ist in erster Linie eine Kaliumlösung, während die extrazelluläre Flüssigkeit primär eine Natriumchloridlösung ist (Tab. 8).

Tab. 8. Normale Ionenverteilung zwischen intra- und extrazellulärer Flüssigkeit (mEq/1) (PASSMORE, EASTWOOD 1986)

Ionen	intrazellulär	extrazellulär
Kationen:		
Na^+	10	145
K^+	150	5
Ca^{2+}	2	2
Mg^{2+}	15	2
	177	154
Anionen:		
Cl^-	10	100
HCO_3^-	10	27
SO_4^{2-}	15	1
Protein }		19
organ. Säuren }	142	5
PO_4^{3-} }		2
	177	154

Dieser Unterschied in der Zusammensetzung und der Ionenkonzentration intra- und extrazellulärer Flüssigkeit wird durch einen relativ hohen Energieverbrauch der Zelle konstant gehalten. Der größte Teil des Energieverbrauchs (ca. 90% des Grundumsatzes) wird in Form von chemischer Energie für die Aufrechterhaltung dieses osmotischen Elektrolytengleichgewichtes und für die Neusynthese von Körpersubstanzen benötigt.

Anthropometrie

Schon der Laie kann mit bloßem Auge die ungefähre relative Körperzusammensetzung einer Person feststellen, wenn das Verhältnis Fettgewebe in Relation zum Gesamtkörper stark von der Norm abweicht. Für genaue Bestimmungen der Menge einzelner Körperbestandteile sind präzise und standardisierte Methoden erforderlich, die die Beschaffenheit des Skeletts, Stärke bzw. Menge des subkutanen Fettgewebes und andere Körpereigenschaften berücksichtigen. Diese Methoden können in vereinfachter Form zur Erfassung von Körpergröße, -gewicht und Hautfaltendicke bei Studien über den Ernährungsstatus angewandt werden.

Die Erfahrungen bei der Bestimmung des Körperfettes finden ihren Ursprung in Musterungen wehrpflichtiger Männer, die militärischen Bedürfnissen und Standards genügen. Bereits 1908 wurde berichtet, daß Übergewichtige häufiger erkranken als Normalgewichtige.

BEHNKE et al. beobachteten 1935, daß die Löslichkeit von Stickstoff in Fett fünfmal höher ist als in Wasser. Ferner verdoppelt sich der Stickstoffgehalt flüssigen Fettes bei jeder Steigerung des Druckes um etwa 1 Bar.

Die Ergebnisse waren bedeutsam für Piloten und Tiefseetaucher, da rasche Änderungen des atmosphärischen Druckes zu stärkeren Beschwerden und Anfällen (Knoten- bzw. Dekompressionskrankheiten) bei adipösen Männern führten als bei normalgewichtigen. Für einen 125 kg schweren Mann endete das Flugtraining bei einer schnell erreichten Höhe von 12 km tödlich. Ferner traten während des Trainings in einer Höhenkammer oder T-33-Maschine bei 4 von 5 Männern, die 10% über den Körpergewicht-Körpergrößen-Standards lagen, Lungenembolien auf. Häufigkeit und Intensität dieser Abnormalität waren bei Übergewichtigen unter körperlicher Belastung und speziell bei einer Steigerung des Kohlendioxidanteils in der Atemluft besonders hoch.

Aus diesen Gründen war es in der US-Armee zu Beginn der 1940er Jahre üblich, Personen, die mehr als 15% über dem Körpergewicht-Körpergrößen-Standard lagen, auszumustern. Auf diese Weise wurden junge Männer nicht eingezogen, die ein »zu hohes« Körpergewicht aufwiesen, obgleich der prozentuale Fettanteil bei ihnen im Normalbereich lag.

Diese Entwicklung veranlaßte WILHAM und BEHNKE 1942 ihre nunmehr berühmt gewordenen Untersuchungen an 25 Footballspielern – Körpergewicht 85 bis 130 kg – durchzuführen. Nach dem damaligen Körpergröße-Körpergewicht-Standard der US-Armee wurden 17 Spieler als »zu fett« eingestuft. Bei einer Beurteilung der Tauglichkeit für den Militärdienst nach Körperfett und nicht pauschal anhand von Körpergewicht, wären mindestens 11 der 17 Spieler für die Armee geeignet gewesen. Auch die Lebensversicherungsgesellschaften hätten diese Sportler zu niedrigen Sätzen versichert, denn die Messung des spezifischen Körpergewichts ergab einen niedrigen, im Normalbereich liegenden Körperfettgehalt.

Körpergröße/Körpergewicht. Die Ermittlungen von Größe und Gewicht des Körpers sind die am häufigsten angewandten anthropometrischen Parameter; beide Messungen sind einfach durchführbar. Fehler ergeben sich bei vergleichender Anwendung genetisch heterogener Populationen mit unterschiedlichem Ernährungsstatus. Trotzdem liefern Größe und Gewicht brauchbare Informationen, insbesondere über Unterschiede zwischen verschiedenen Bevölkerungsgruppen. Der Vergleich erfolgt auf der Basis von Body Mass Index (BMI = Körpergewicht in kg / Quadrat der Körpergröße in m). Der BMI-Wert für Männer liegt bei 22–24, für Frauen bei 21–22.

Die Anwendbarkeit anthropometrischer Messungen bei Kindern in verschiedenen Teilen der Welt stieß auf Schwierigkeiten, wenn das Alter der Kinder nicht bekannt war. Aus dieser Erfahrung wurden altersunabhängige anthropometrische Parameter entwickelt, die auf dem Verhältnis ernährungsabhängiger Organe und Gewebe basieren. Bewährt haben sich Muskelmasse bzw. subkutanes Fettgewebe und einige Parameter, die durch kurzfristig veränderte Ernährungssituationen entweder nicht oder nur in geringem Maße betroffen sind, wie z. B. Körpergröße, Kopfumfang, die Länge einzelner Skeletteile u. a.

Das Verhältnis Körpergewicht/Körpergröße allein reicht zur Beurteilung der Körperzusammensetzung nicht aus, weil vorhandene Wachstumsfehler dadurch maskiert werden können. Daher wird allgemein ein Vergleich mit dem jeweiligen Altersstandard sowie die Erfassung mehrerer anthropometrischer Parameter empfohlen, wie Körpergröße, -gewicht, Armlänge,

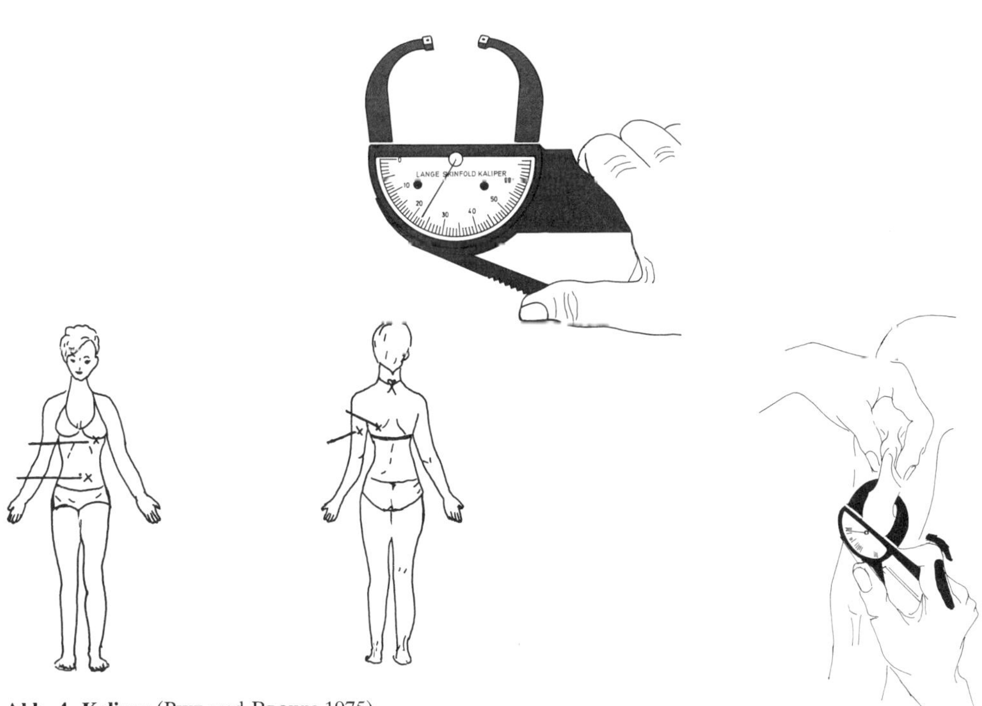

Abb. 4. Kaliper (PIKE und BROWN 1975).

Oberarmmuskelumfang und Messung der Hautfaltendicke an mehreren Körperstellen. Die einfache Durchführung anthropometrischer Messungen und der relativ geringe Arbeitsaufwand erklärt ihren häufigen Einsatz in Feldstudien zur Ermittlung des Ernährungszustandes (Kap. 2.4.3), insbesondere zur Bestimmung von Körperfett und Muskelmasse sowie zur Ermittlung der fettarmen Körpermasse (Lean Body Mass, LBM).

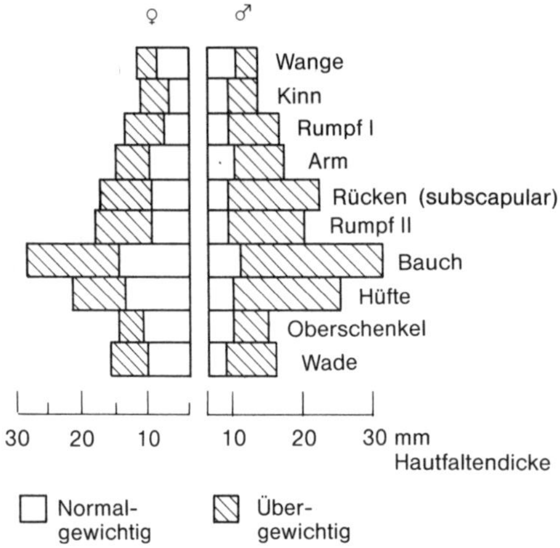

Abb. 5. Unterschiede in der Hautfaltendicke an verschiedenen Körperteilen bei normal- und übergewichtigen Jungen und Mädchen (PIKE und BROWN 1975).

Hautfaltendicke-Messung. Das subkutane Fett macht etwa 50% des Depotfettes aus und kann daher zur Beurteilung der Körperfettmenge herangezogen werden. Die Hautfaltendicke-Messung ist im Prinzip leicht und schnell durchführbar, obgleich nur erfahrenes Personal reproduzierbare und vergleichbare Ergebnisse erzielt. Die Standardisierung der Meßmethode kann über die jeweils zu messende Hautfalte sowie den bei der Messung geübten Druck erreicht werden. Die im Gebrauch befindlichen Kaliper (Abb. 4) wirken konstant mit einem Druck von etwa 10 g/mm^2 auf einer Kontaktfläche von 20–40 mm^2.

Hautfalten, gemessen an verschiedenen Körperteilen, weisen erhebliche Unterschiede auf (Abb. 5). Die Hautfaltendicke am Trizeps gibt eine schnelle Orientierung über den Körperfettgehalt, Messungen unter dem Schulterblatt (subscapular) dagegen korrelieren eng mit dem Körpergewicht. Zur Bestimmung des Körperfettes mit Hilfe der Hautfaltendickemessung wird die Messung an Trizeps, Thorax und Abdomen vorgenommen. Die erhaltenen Werte können hierzu in der folgenden Formel nach MÖHR verwendet werden:

$$\text{Körperfett}(\%) = -20.9 + 19.305 \times \lg x_1 + 12.012 \times \lg x_2 + 6.293 \times \lg x_3$$

Wobei x_1 = Hautfaltendicke über dem Trizeps (mm),
x_2 = Summe der Hautfaltendicke an Thorax und subscapular (mm),
x_3 = Hautfaltendicke am Abdomen (mm) bedeuten.

Körperdichte. Wie oben erwähnt, wurden während des Zweiten Weltkrieges bei amerikanischen Soldaten Ungenauigkeiten bei dem Körpergewicht/-größe-Quotienten beobachtet, obwohl die Männer nicht stark übergewichtig waren. Diese Feststellung führte zur Messung der Körperdichte, um variierende Mengen des Körperfettes zu erfassen und zur Definition der LBM, welche sich aus Körpergewicht minus nicht-essentiellem Speicherfett errechnet (BEHNKE et al. 1942). Da die Zellmasse des Körpers durchschnittlich etwa 70% Wasser enthält, berechnet sich das prozentuale Körperfett als: 100 – %Körperwasser/0,732. LBM schließt das Strukturfett ein, welches etwa 2% der Zellmasse ausmacht. Die Körperdichte (D) oder das spezifische Gewicht errechnet sich aus $\frac{\text{Gewicht (w)}}{\text{Volumen (V)}}$ Die Dichte wird nach dem Archimedes-Prinzip der Wasserverdrängung mit Hilfe einer Unterwasserwaage gemessen. Das Körpervolumen (V) ist die Differenz zwischen dem Gewicht an der Luft und dem Gewicht unter Wasser. Bei dieser Methode muß das Lungenvolumen berücksichtigt werden, das unabhängig ermittelt wird. RATHBUN und PACE (1945) entwickelten nach Messungen der Körperdichte rasierter Meerschweinchen (mit und ohne Eingeweide) Formeln, mit denen sie das Körperfett errechnen konnten (Tab. 9). Der Fettgehalt läßt sich anhand der Körperdichte berechnen:

$$\%\text{Fett} = 100 \times \left(\frac{5{,}548}{\text{spez. Gewicht}} - 5{,}044\right)$$

$$\text{z. B.} \quad 100 \times \left(\frac{5{,}548}{1{,}050} - 5{,}044\right) = 24\%$$

Für die Werte beim Menschen gilt folgende korrigierte Formel:

$$\%\text{Fett} = 100 \times \left(\frac{5{,}548}{\text{spez. Gewicht}} - 5{,}004\right)$$

$$\text{z. B.} \quad 100 \times \left(\frac{5{,}548}{1{,}050} - 5{,}004\right) = 28\%$$

Die Berechnung des Körperfettgehaltes auf der Basis des spezifischen Körpergewichts ist anhand dieser Formel möglich. Werte für spezifische Körperdichte und Körperfettgehalt sind für Männer und Frauen gültig (Tab. 9).

In jüngster Zeit wurden zur Messung des spezifischen Körpergewichts Gaskammern entwickelt, die gegenüber der Unterwasserwiegemethode weniger belastend, schneller und mindestens so genau sind.

Tab. 9. Werte für spezifische Körperdichte und Körperfettgehalt (modif. nach Rathbun und Pace 1945)

Spezifische Körperdichte	Körperfett-gehalt (%)
1,000	50,4
1,010	44,9
1,020	39,5
1,030	34,2
1,040	29,1
1,050	24,0
1,060	19,0
1,070	14,1
1,080	9,3
1,090	4,6
1,100	0,0

Simultane, mehrfach Isotopen-Verdünnungsmethode

Der große Aufwand bei der Kadaveranalyse sowie die relativen Ungenauigkeiten anthropometrischer und densitometrischer Methoden lassen sich durch Berücksichtigung physikalisch-chemischer Eigenschaften bestimmter Körperbestandteile umgehen. Mit der Gleichung von Ruthbun/Pace kann anhand einfacher Kalkulationen Gesamtkörperfett (total body fat = TBF) und fettfreie Substanz (fat-free-solids = FFS) berechnet werden.

1. $\% \text{ Fett} = 100 - \frac{\% \text{ Wasser}}{0,7}$
2. $\text{TBF (kg)} = \% \text{ Fett} \times \frac{\text{Körpergewicht (kg)}}{100}$

Die Gesamtkörpertrockensubstanz (total body dry substance = TBS) läßt sich folgendermaßen berechnen:

3. TBS (kg) = Körpergewicht (kg) − TBW
4. FFS = TBS − TBF

Die Körperzellmasse (KZM) läßt sich durch Messung des gesamten austauschbaren Zellkaliums (K) unter Verwendung von ^{42}K erfassen. Die KZM ist die chemisch homogene Gewebemasse im Körper, die alle zellulären Bestandteile umfaßt und die für Respiration, physikalische und chemische Arbeit sowie für die mitotische Aktivität verantwortlich ist (Moore et al. 1963). Damit sind alle Körperzellen erfaßt, die in der Lage sind, chemische Energie der Nahrung zu transformieren oder überhaupt zu verwerten.

Die Definition schließt die extrazelluläre Flüssigkeit und alle anderen Körperbestandteile außerhalb der Zellmembran nicht ein. Die Körpermasse besteht aus O_2-verbrauchenden, CO_2-produzierenden, Glucose-metabolisierenden Körperzellen, die 35–45% des Körpergewichtes eines gesunden erwachsenen Mannes (30–40% einer Frau) ausmachen. Die KZM unterscheidet sich sowohl vom »fettfreien Körper« der chemischen Analyse als auch von der »LBM«, die beide sowohl in ihrer chemischen Struktur als auch in ihrer Fähigkeit zum Energiewechsel heterogen sind. Neben den metabolisierenden Zellen sind auch Zellen von Skelett, Knorpel, Kollagen und nichtfett- sowie nichtstoffwechselaktive, jedoch in ihrer Masse konstante Bestandteile eingeschlossen.

Alle Zellen enthalten Kalium (etwa 150 mEq/kg Zellflüssigkeit). Kalium kommt in extrazellulärer Flüssigkeit nur in sehr geringer Konzentration vor. Die Gesamtkaliummenge im Körper ist demnach eine lineare Funktion der Körperzellmasse:

$$\text{KZM (g)} = K_a \times 8{,}33$$

K_a = austauschbares Kalium

2.2 Verdauung und Absorption

Allgemeines

Die Versorgung des Organismus mit Energie und Nährstoffen setzt voraus, daß die zugeführte Nahrung im Gastrointestinaltrakt verdaut und damit absorptionsfähig gemacht wird. Die hierzu erforderlichen physikalischen, chemischen sowie enzymatischen Prozesse unterliegen nervalen und humoralen Regulationsmechanismen.

Mund

Im Mund wird die Nahrung zunächst mechanisch zerkleiert, mit **Speichel** vermischt und dadurch schluckfähig gemacht. Die Speichelproduktion wird reflektorisch durch Geruch, Geschmack und Aussehen der Nahrung ausgelöst. Zudem erhöhen die Kaubewegungen sowie die mechanischen Reizungen der Mundschleimhaut die Speichelsekretion. Von herausragender Bedeutung ist des weiteren der Wasserbestand des Organismus (Kap. 2.1).

Von Glandula sublingualis, submandibularis und parotis sowie den zahlreichen kleineren Mundschleimhautdrüsen werden insgesamt etwa 1–1,5 l/d Speichel sezerniert. Die Speichelzusammensetzung variiert in Abhängigkeit vom Produktionsort. So enthält das Sekret der Glandula parotis entgegen dem der übrigen Speicheldrüsen kein Mucin, das den Speisebrei für die Oesophaguspassage gleitfähig macht. Die Elektrolytzusammensetzung und -relation des Speichels wird durch die Sekretionsgeschwindigkeit bestimmt; die Osmolarität nähert sich mit vermehrtem Speichelfluß immer mehr plasmaisotonen Werten (Abb. 6).

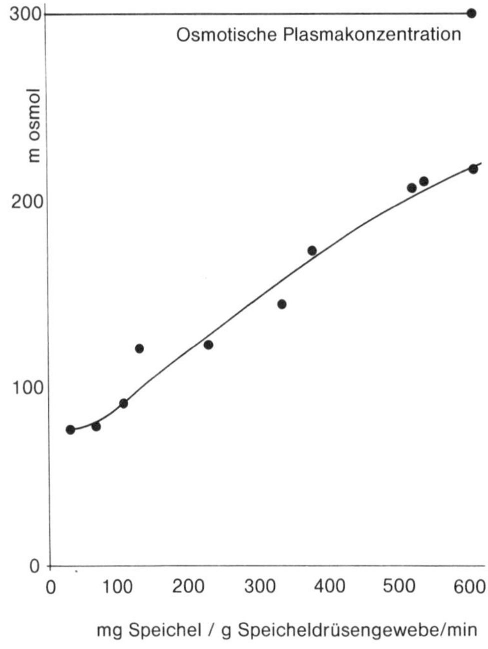

Abb. 6. Osmotische Konzentration des Speichels in Abhängigkeit von der Bildungsgeschwindigkeit und im Vergleich zur osmotischen Konzentration des Plasmas (nach Pichotka 1985).

Ein wichtiger Bestandteil des Speichels ist die α-Amylase **Ptyalin** (pH-Optimum etwa 7), durch deren Einwirkung die Kohlenhydratverdauung bereits im Mund beginnen kann. Dabei werden Stärke, Glykogen und Dextrine aufgrund der relativ kurzen Verweildauer der Nahrung im Mund sowie der geringen Enzymaktivität des Ptyalins lediglich zu verzweigten Oligosacchariden und zu einem geringen Teil zu Maltoseeinheiten abgebaut (Tab. 10). Außerdem enthält der Speichel u. a. Blutgruppensubstanzen, Fluoride und Rhodanidionen; letztere haben eine desinfizierende Wirkung.

Magen

Der Speisebrei wird im Magen durch peristaltische Bewegungen mit dem **Magensaft**, dessen Bestandteile von den in der Magenmukosa gelegenen Drüsen gebildet werden, durchmischt: Die Drüsen der Fundus- und Korpusmukosa enthalten im Gegensatz zu den rein mukoiden Drüsen der übrigen Magenregionen 3 unterschiedliche Zelltypen.

- Die **Hauptzellen** produzieren **Pepsinogene,** die im sauren Milieu des Magens sowie mittels bereits vorhandenen Pepsins als Katalysator in die aktiven Endopeptidasen gespalten werden. Durch **Pepsine** werden Peptidbindungen, an denen aromatische Aminosäuren beteiligt sind, besonders leicht hydrolysiert.
- Die **Nebenzellen** bilden Mucin, dessen wesentliche Aufgabe im Schutz der Mukosa vor Selbstverdauung besteht.
- Die **Belegzellen** sind Produktionsort der Salzsäure, die infolge der Aufrechterhaltung des pH-Wertes des Magensaftes im Bereich von 2–4 die Aktivierung der Pepsine und die Anquellung der Proteine ermöglicht. Des weiteren wirkt Salzsäure bakterizid. Von den Belegzellen wird auch der **Intrinsic-Factor** produziert, ein für die Vitamin-B_{12}-Absorption erforderliches Glykoprotein (Kap. 3.3.2. 3.4).

Die Magensaftsekretion (etwa 1,5–3 l/d) wird sowohl reflektorisch (Nahrungsaufnahme) als auch humoral über das Enterohormon Gastrin reguliert. Infolge Dehnung und Berührung der Antrummukosa, Vagusreizung, pH-Werten von über 2,5 im Antrum sowie Peptiden aus bereits erfolgter Proteinverdauung wird Gastrin an die Blutbahn abgegeben, gelangt so zu den Belegzellen des Fundus und stimuliert hier die Salzsäureproduktion.

Inhibiert wird die Gastrinsekretion durch die Enterohormone Sekretin und Cholezystokinin-Pankreozymin sowie durch ein Absinken des

Tab. 10. Herkunft und Funktion der Verdauungsenzyme und Gallensalze

Ort der Sekretion	Enzym- oder Sekretionsprodukt	Funktion Ausgangspunkt	→	Endprodukt
Mund				
Speicheldrüsen	Ptyalin (α-Amylase)	Glykogen, Stärke, Dextrin	→	verzweigte Oligosaccharide und wenig Maltose
Magen				
Magendrüsen	HCl	Pepsinogen	→	Pepsin
		Fe^{3+}	→	Fe^{2+}
		Anquellung von Proteinen		
		Antibakterielle Wirkung		
	Mucin	Säurebindend, Mukosaschutz		
	Intrinsic Factor	Essentiell für B_{12}-Absorption		
	Pepsin	Hydrolisiert Peptidbindungen	→	große Polypeptide und Aminosäuren
	Gelatinase	Verflüssigung von Gelatine		
	Tributyrase	Tributyrin	→	freie Fettsäuren
	Rennin	Casein	→	Paracasein
Pankreas				
Exokrine Sekretion	Trypsin	Proteine und Polypeptide	→	Oligopeptide
	Carboxypeptidase A	Polypeptide mit freier COOH-Gruppe → kleinere Peptide und aromatische Aminosäuren		
	Carboxypeptidase B	Polypeptide mit freier COOH-Gruppe → kleinere Peptide und dibasische Aminosäuren		
	Elastase	hydrolisiert fibröse Proteine		
	Ribonuclease	Ribonucleinsäure	→	Nucleotide
	Desoxyribonuclease	Desoxyribonucleinsäure	→	Nucleotide
	α-Amylase	Stärke	→	Dextrin und Maltose
	Lipasc	Fette	→	Monoglyceride, FS, Glycerin, benötigt Gallensalze
	Phospholipase A	Lecithin	→	Lysolecithin
	Cholesterinesterase	Cholesterinester	→	Cholesterin und Fettsäuren, benötigt Gallensalze
Dünndarm				
Enzyme der Mikrovilli	Aminopeptidasen	Polypeptide	→	kleinere Peptide und freie Aminosäuren
	Dipeptidasen	Dipeptide	→	Aminosäuren
	Nucleotidase	Nucleotide	→	Nucleoside und H_3PO_4
	Nucleosidase	Nucleoside	→	Purine, Pyrimidine, Pentose
	Alkalische Phosphatase	organisches Phosphat	→	freies Phosphat
	Monoglyceridlipase	Monoglyceride	→	Fettsäuren, Glycerin
	Lecithinase	Lecithin	→	Fettsäuren, Glycerin, Phosphorsäure, Cholin
	Disaccharidasen			
	Saccharase	Saccharose	→	Glucose, Fructose
	Maltase	Maltose	→	Glucose
	Lactase	Lactose	→	Glucose, Galactose
Gallenblase				
Leber	Gallensalze	emulgieren Fett, stabilisieren die Emulsion, neutralisieren sauren Chymus, erhöhen Wirkung der Pankreaslipase, Medium zur Ausscheidung von Cholesterin und fettlöslichen Substanzen		

Tab. 11. Beteiligung gastrointestinaler Hormone an den Funktionen der Verdauungsorgane (Grossmann 1970)

Hormon	Funktionen			
	Magen H^+	HCO^-_3	Pankreas Enzyme	Gallenblase Entleerung
Sekretin	– –	+ +	+	+ mit CCK
Gastrin	+ +	+	+ +	+
Cholecystokinin/Pankreozymin (CCK/PZ)	(+ mit Gastrin)	+	+ +	+ +

+ stimuliert, + + stimuliert stark
– inhibiert, – – inhibiert stark

pH-Wertes im Antrum unter 2,5. Das in Duodenum und Jejunum gebildete gastric inhibitory polypeptide (GIP) wird bei Vorhandensein von Fett und/oder Glucose an die Blutbahn abgegeben und bewirkt eine Sekretions- und Motilitätshemmung des Magens bei parallel verlaufender Stimulation der Insulinsekretion.

Dünndarm

Über den Pylorus gelangt der Chymus schubweise in das Duodenum. Hier münden auch Choledochus (galleableitender Kanal) und Pankreasgänge in den Dünndarm. Der Chymus wird mit dem duodenalen Verdauungssaft, der sich aus Pankreassaft, Gallenflüssigkeit und Duodenalsaft zusammensetzt, vermischt. Im Dünndarm wird die Nahrung zu Ende verdaut und die gebildeten Spaltprodukte absorbiert.

Die Regulation der Pankreassekretion erfolgt wie die Magensaftsekretion humoral durch Sekretin und Cholezystokinin. Während beide Enterohormone jedoch die Magensaftproduktion inhibieren, wirken sie stimulierend auf die Ausschüttung von Pankreassaft. Sekretin bewirkt sowohl eine Volumenerhöhung als auch eine Steigerung des Bicarbonatgehalts des Pankreassekrets. Die Cholezystokinin-Ausschüttung führt neben einer Stimulation der Enzymsekretion des Pankreas zu Kontraktionen der Gallenblase sowie vermehrter Gallenproduktion der Leber (Tab. 11).

Die Absorption der **Kohlenhydrate** setzt voraus, daß Poly-, Oligo- und Disaccharide sowie Abbauprodukte der bereits im Mund erfolgten Kohlenhydratverdauung (Dextrine, Maltotriose, Maltose) bis zur Stufe der Monosaccharide gespalten werden. Der Abbau der Polysaccharide beginnt mit der Einwirkung der Pankreas-α-Amylase. Die entstehenden Spaltprodukte werden mittels an der Außenseite der Bürstensaummukosa lokalisierter Saccharase, Lactase, Maltase und Isomaltase weiter hydrolysiert. Die Fructose wird aktiv transportiert, z. T. auch nach Umwandlung zu Glucose. Die Absorption von Glucose und Galactose erfolgt über einen Natrium-abhängigen, Carrier-vermittelten Transport (Kap. 3.2.1.2).

Im Duodenum wird die im Magen durch Pepsine begonnene **Protein**verdauung aufgrund der hier herrschenden pH-Verhältnisse unterbrochen. Die weitere Proteinverdauung erfolgt unter Einwirkung der pankreatischen Endopeptidasen Trypsin und Chymotrypsin sowie der Carboxypeptidasen A und B. Sie werden in Form ihrer inaktiven Vorstufen sezerniert; die Aktivierung von Trypsinogen erfolgt mittels einer mukosalen Enterokinase, das aktivierte Trypsin wiederum bewirkt die Umwandlung von Chymotrypsinogen in Chymotrypsin sowie die Aktivierung der Procarboxypeptidasen. Ergänzend werden von der Mukosa Amino- und Dipeptidasen bereitgestellt.

Durch die kombinierte Einwirkung der genannten proteolytischen Enzyme werden die Proteine zu den absorptionsfähigen Aminosäuren abgebaut, die mit Hilfe verschiedener spezifischer Absorptionsvorgänge über die Mukosazellen in die Blutbahn gelangen. Dabei benutzen L- und D-Aminosäuren dasselbe Transportsystem, wie aus der gegenseitigen Hemmung der Absorption hervorgeht. Die Geschwindigkeit des Transportes bei den L-Aminosäuren ist wesentlich größer als bei den D-Aminosäuren, da letztere wahrscheinlich eine geringere Affinität zum Carrier haben.

Im Vergleich zu einzelnen Aminosäuren werden viele Di- und Tripeptide schneller absorbiert. Hierbei besteht die Möglichkeit der Peptidspaltung an der Oberfläche der Mukosazelle mit nachfolgender Aminosäureaufnahme oder der Aufnahme von Di- und Tripeptiden in die Mukosazelle mit nachfolgender intrazellulärer Spaltung. Diese Absorptionsmechanismen werden bei Defekten der Aminosäuretransportsysteme (Hartnup-Krankheit, Cystinurie etc.) sowie bei der Sondenernährung wirksam. Die Absorption der Aminosäuren erfolgt bei normalen mechanischen und enzymatischen Darmverhältnissen vollständig. Markierte Aminosäuren können 1,5–2 h nach oraler Zufuhr von Proteinen im Serum nachgewiesen werden.

Für die Verdauung und Absorption der **Fette** ist die Anwesenheit von Pankreaslipase und Gallensäuren obligat. Durch die Pankreaslipase werden von den Triglyceriden freie Fettsäuren abgespalten. Dabei entstehen primär β-Monoglyceride und zu einem geringen Anteil auch Diglyceride und Glycerin.

Aufgrund ihrer Hydrophobie können die Fette nicht ohne weiteres mit den Mukosazellen in Kontakt treten. Daher kommt den β-Monoglyceriden sowie den Gallensäuren für die Fettabsorption eine besondere Bedeutung zu. Als amphiphile Substanzen sind sie befähigt, Mizellen zu bilden. In diesen Mizellen können weitere wasserunlösliche Substanzen (Cholesterin, fettlösliche Vitamine, langkettige Fettsäuren) transportiert werden.

Die absorbierten β-Monoglyceride werden zum größten Teil innerhalb der Mukosazellen weiter aufgespalten. In den Mukosazellen erfolgt eine Reveresterung der freien Fettsäuren mit α-Glycerophosphat, das aus der Glykolyse stammt. Aus den gebildeten Triglyceriden werden zusammen mit Proteinen, Phospholipiden, Cholesterin sowie Cholesterinestern Chylomikronen aufgebaut, die an die Lymphe abgegeben werden. Chylomikronen enthalten hauptsächlich Triglyceride (85%), wenig Phospholipide (etwa 8%) und Cholesterin (etwa 5%) und sind von einer dünnen Proteinschicht (etwa 2%) umhüllt. Etwa 2 h nach der Fettaufnahme erreicht die Chylomikronenkonzentration im Blut ihren Höhepunkt.

Mittelkettige Fettsäuren werden im Gegensatz zu langkettigen nicht in Chylomikronen eingebaut und über die Lymphe abtransportiert, sondern gelangen als freie Fettsäuren und auch z. T. ungespalten als mittelkettige Triglyceride (MCT) in das Pfortaderblut. Die Absorption von mittelkettigen Fettsäuren erfolgt deshalb schneller und ist auch in Abwesenheit von Gallensäuren möglich (Kap. 3.2.1.1).

Eine Übersicht zu Form, Ort und Mechanismus der Absorption sowie Absorptionsraten der Vitamine findet sich in Tab. 12 (Details über Absorption von Mineralstoffen und Vitaminen in Kap. 3.3.1 und 3.3.2).

Colon

Täglich gelangen etwa 500 ml Chymus in das Colon, wo Elektrolyte und Wasser entzogen und reabsorbiert werden. Nichtabsorbierbare Nahrungsbestandteile (Cellulose, bestimmte Proteine u. a.) werden teilweise durch Darmbakterien abgebaut und als Bestandteile der Fäzes ausgeschieden. Die ernährungsabhängige Bakterienflora ist nicht nur für den Abbau dieser Substanzen von großer Bedeutung, sondern auch für die Synthese der Vitamine Biotin, Nicotinsäure, Folsäure, Vitamin K u. a. Diese werden jedoch entweder nicht bzw. nur z. T. absorbiert, da die Voraussetzung zur Absorption am Syntheseort nicht gegeben sind (Vitamin K) oder sie sind absorbierbare, physiologisch aber nicht aktive Vitamere (Biotin, Pantothensäure), da die wirksamen Formen in der Bakterienzelle gebunden bleiben.

Als bakterielle Abbauprodukte unverdaulicher Kohlenhydrate (Ballaststoffe: Kap. 3.2.1.2) können unter Gasbildung (Kohlendioxid, Methan, Wasserstoff) flüchtige niedermolekulare Säuren (Lactat, Acetat, Butyrat) entstehen, die bis zu 50% absorbiert werden können und dem Körper daher energetisch zur Verfügung stehen.

Die Produkte, die durch den bakteriellen Abbau der Proteine bzw. Aminosäuren entstehen, sind biogene Amine, die in höherer Konzentration teilweise blutdruckwirksam oder toxisch sind (Cadaverin, Agmatin, Putrescin, Histamin, Tyramin, Indol, Skatol, u. a.).

Nicht absorbiertes Cholesterin wird zu Koprosterin, Gallenfarbstoffe zu Sterkobilinogen und Bilifuszin umgewandelt. Außerdem enthalten die Fäzes abgeschilferte Epithelzellen und Bakterien, die bis zu 50% der Trockensubstanz ausmachen können.

Tab. 12. Absorption der Vitamine

Vitamin	Absorptionsform	Absorptionsrate	Absorptionsort	Absorptionsmechanismus	notwendige bzw. absorptionsfördernde Faktoren
A, Retinol	freies Retinol, Carotinoide, z. B. β-Carotin	bis 80% 30%	Duodenum und Jejunum	ATP-abhängiger, aktiver Transport, mukosale Reveresterung (primär mit Palmitat)	Fett in der Nahrung, Pankreaslipasen, Gallensäuren
D, Cholecalciferol	Cholecalciferol	bis 99%	Jejunum und Ileum	passive Diffusion, nicht sättigbar	
E, Tocopherole	freie Tocopherole	bis 30% (60%) dosisabhängig, proportional der Dosis	proximale Dünndarmabschnitte	passive Diffusion, nicht sättigbar	Pankreaslipasen, Gallensäuren Esterase bei Vit.-A- und Vit.-E-Estern
K: K_1, Phyllochinon		ca. 60%	Jejunum und Ileum	energieabhängig, sättigbar	Gallensäuren
K_2, Menachinon		bis 60%	unteres Ileum und Dickdarm	passive Diffusion, nicht sättigbar	Polyenfettsäuren
K_3, Menadion				passiver, nicht Carrier-vermittelter Transport	K_3-Absorption ist unabhängig von Gallensäuren
B_1, Thiamin	freies Thiamin, in geringer Menge in phosphorylierter Form	max. 5 mg/d	zu 80% in Duodenum und Jejunum	ATP- und Na^+abhängiger, aktiver Transport; Mischkinetik	Pyrophosphatasen
B_2, Riboflavin	freies Riboflavin	max. 25 mg/d, bei Gaben bis 20 mg/d werden 50–60% absorbiert; Nierenschwelle bei 0,18 mmol	Jejunum Ileum	trägervermittelter, Na^+-abhängiger, aktiver Transport; Mischkinetik	Gallensalze, Nahrungspräsenz
B_6, Pyridoxin	freies Pyridoxin, bei geringen Dosen auch phosphoryliert	proportional der Dosis bei Gaben bis 100 mg	primär Jejunum Duodenum	passive Diffusion; mukosale Phosphorylierung	
B_{12}, Cobalamin	B_{12}-Intrinsic-Factor-Komplex; (in geringem Umfang als freies Cobalamin)	max. 2 µg/d	Ileum	energieabhängig, Freisetzung von B_{12} durch Releasing factor; Mischkinetik	Intrinsic factor, Releasing factor, Ca^{2+}-Ionen

Niacin	Nicotinsäure Nicotinsäureamid?	hoch effizient	Magen, Dünndarm	passive Diffusion angenommen	
Folsäure	freie Folsäure, konjugabel (als Monoglutamat)	ca. 50%	Duodenum, Jejunum	Na^+-abhängiger, aktiver Transport, Mischkinetik vermutet	ph-Wert, Konjugasen
Pantothensäure	freie Pantothensäure, Ester	?	gesamter Dünndarm	passive Diffusion	Verdauungsenzyme
Biotin	freies Biotin	durch Versorgungszustand bestimmt	proximaler Dünndarm	Na^+-abhängiger Transport vermutet	Biotinase
C, Ascorbinsäure	freie Ascorbinsäure	70–80%; dosisproportional bei Gaben bis zu 180 mg	Duodenum und oberes Jejunum	Na^+-abhängiger, Carrier-vermittelter Transport; ähnlich dem der Monosaccharide; Phosphorylierung im Darmlumen; einfache Diffusion	

2.3 Regulation der Nahrungsaufnahme

2.3.1 Feste Nahrung

Vorbemerkung

Unter normalen Bedingungen ist die Nahrungsaufnahme eines Organismus seinem Energiebedarf angepaßt. Viele Menschen sind in der Lage, ohne laufende Gewichtskontrollen und trotz eines gleichbleibend hohen Nahrungsangebots ihr Körpergewicht über lange Zeit konstant zu halten. Diese Beobachtungen sprechen für die Genauigkeit von Regulationsmechanismen, welche die Nahrungsaufnahme langfristig dem jeweiligen Energieverbrauch des Körpers anpassen.

Diese Regulation ist in biologischen Reaktionsläufen verankert, die beim Tier als Instinkt bezeichnet werden. Beim Menschen spielen zusätzlich externe psychosoziale Komponenten eine Rolle, die in unserer komplexen Umwelt die internen Mechanismen überdecken. Tierexperimentelle Untersuchungen zeigen, daß die biologische Steuerung von Sättigung und Hunger im Hypothalamusbereich des Gehirns lokalisiert ist. Diese erfolgt in einem vernetzten metabolischen System, in dem neurale und humorale Vorgänge zusammenwirken.

Bisher kann der Grad von Hunger und Sättigung beim Menschen anhand biochemischer Parameter nicht quantifiziert werden. Doch der Mensch kann vermitteln, wann er einen bestimmten Appetit spürt und wie stark seine Hunger- und Sättigungsgefühle sind. In Tierversuchen können Hunger und Appetit lediglich anhand des Futterverzehrs abgeschätzt werden. Nebenwirkungen, wie Unwohlsein und Übelkeit, die durch experimentelle Eingriffe hervorgerufen werden können, lassen sich bei Tieren nur schwer erfassen und können so zu Fehlschlüssen führen. Deshalb sind bei Tieren nur begrenzte Aussagen möglich, deren Gültigkeit beim Menschen immer in Frage gestellt werden muß. Trotzdem kann auf Daten aus Versuchen mit Labortieren nicht verzichtet werden, da Informationen über grundlegende Vorgänge nur auf diese Weise gewonnen werden können.

Hunger- und Sättigungsmechanismen

Die Regulation der Nahrungsaufnahme wird von sehr vielen Komponenten bestimmt, von denen der Hypothalamus eine Schlüsselstellung einnimmt, da er neurale und metabolische Signale aufnimmt und integriert. Die weiteren wichtigen Sensoren und Vermittler des Energiestatus sind Neurotransmitter, Hormone, Nucleoside, die Orosensorik, der Verdauungstrakt

Tab. 13. Physiologische Regulation der Nahrungsaufnahme

Orosensorik:	Aussehen, Geruch, Geschmack, Textur, Speichelfluß, Füllung des Verdauungstraktes	
	Rezeptoren im Verdauungstrakt, Leber, Fettgewebe	
Neurotransmitter:	Adrenalin Noradrenalin	Dopamin Acetylcholin Serotonin
Hormone:	Insulin-Glucagon Östrogen-Progesteron Somatotropin Norepinephrin Prolactin	Cortisol Thyroxin Enterogastron Cholecystokinin GIP
Metaboliten:	Glucose (arterio-venöse Differenz) freie Fettsäuren Glycerin	 Aminosäuren Nucleoside
Körpertemperatur:	(Umgebungstemperatur)	
Rezeptoren im Hypothalamus u. a. Gehirnstrukturen		

Tab. 14. Untersuchungen am Hypothalamus der Ratte (LEITZMANN 1978)

Eingriff	Ventromedialer Hypothalamus (VMH)	Lateraler Hypothalamus (LH)
1. Läsion (elektrisch, physisch)	Hyperphagie (Freßsucht)	Anorexie (Appetitlosigkeit)
2. Stimulation (chemisch, elektrisch)	Anorexie	Hyperphagie
Bezeichnung	Sättigungszentrum	Hungerzentrum

und seine Hormone, Chemo- und Osmorezeptoren (Tab. 13).

Bei den höheren Tieren übernimmt der Hypothalamus die Aufgabe, Homöostase und Stoffwechsel zu regulieren. Der Hypothalamus ist der zentrale Teil des Zwischenhirns; er koordiniert die Tätigkeiten des autonomen Systems und übernimmt die Rolle eines Mittlers zwischen höheren Zentren und dem autonomen System. Besondere efferente Ausgänge besitzt der Hypothalamus zur Hypophyse: Ausschüttung von Hypophysenhormonen [Gonadotropin, Adrenocorticotropes Hormon (ACTH), Thyreotropes Hormon (TST), Wachstumshormon (STH), Oxytocin, Antidiuretisches Hormon (ADH)]. Durch die von der Hypophyse ausgeschütteten Hormone werden fast alle hormonproduzierenden Drüsen in der Peripherie geregelt (Schilddrüse, Gonaden, Nebennieren).

Begrenzte Eingriffe bei Versuchstieren zeigen, daß der laterale und ventromediale Hypothalamus bei der Regulation der Nahrungsaufnahme wichtige Funktionen innehaben. Während es nach Läsionen im Nucleus ventromedialis zur Hyperphagie und Ausbildung einer ausgesprochenen Fettsucht kommt, führt eine Zerstörung der mehr lateral gelegenen Gebiete umgekehrt zu einer starken Senkung der Nahrungsaufnahme, ja sogar zu Anorexie und zum Hungertod. Aus diesem Grund wird der ventromediale Hypothalamus (VMH) als Sättigungszentrum und der laterale Hypothalamus (LH) als Hunger-, Freß- oder Appetitzentrum bezeichnet (Tab. 14).

Bisherige Untersuchungen zeigen, daß die Nahrungsaufnahme durch den Antagonismus der beiden Hypothalamusregionen reguliert wird. Neben diesen klassischen Zentren konnten weitere Gehirnregionen identifiziert werden, die Funktionen in der Regulation von Hunger und Sättigung haben. Da einzelne Gehirnregionen meist nicht scharf voneinander abgegrenzt sind, sondern sich überlappen, kann auch bei der Zerstörung eng umgrenzter Bezirke nicht ausgeschlossen werden, daß andere Regulationsmechanismen ebenfalls lädiert werden, die sich sekundär auf die Nahrungsaufnahme auswirken. Da manche Läsionen reversibel sind bzw. die zerstörten Funktionen stufenweise von anderen Gehirnzentren nach einer gewissen Zeit übernommen werden, wird angenommen, daß nicht nur der Hypothalamus die Nahrungsaufnahme reguliert.

Neurotransmitter wie die Catecholamine Noradrenalin, Adrenalin und Dopamin sowie Acetylcholin und Serotonin, die im Gehirn wichtige Neurotransmitterfunktionen haben, wirken auf Hunger- und Sättigungszentren. Es wird vermutet, daß die Synthese der einzelnen Neurotransmitter von der Konzentration ihrer Vorstufen im Blut abhängig ist, wobei Tryptophan die Vorstufe für Serotonin, Tyrosin die für die Catecholamine und Cholin die für Acetylcholin ist.

Es gibt Hinweise aus Tierversuchen, daß das Gehirn und insbesondere der Hypothalamus Rezeptoren besitzen, die auf Konzentrationsänderungen von **Hormonen** oder anderen Metaboliten ansprechen. Durch **Insulin**-Injektionen kann ein Anstieg der Nahrungsaufnahme und eine Körpergewichtszunahme hervorgerufen werden. Hyperphagie und Gewichtszunahme können einmal durch indirekte Wirkung des Insulins erklärt werden, indem dieses eine periphere Hypoglykämie hervorruft. Der erniedrigte Blutglucosespiegel signalisiert dem Hungerzentrum, Nahrung aufzunehmen. Zum anderen kann die Wirkung des Insulins auch durch direkte Beeinflussung des Hungerzentrums im Gehirn entstehen.

In der Mobilisierung der Nährstoffe spielt **Glucagon** eine wichtige Rolle. Glucagon beeinflußt die Nahrungsaufnahme, indem die Magenperistaltik und sonstige Verdauungsvorgänge verlangsamt werden. Untersuchungen am Menschen zeigten, daß bei täglicher Glucagoninjektion die Nahrungsaufnahme gesenkt wird. Ob die verminderte Nahrungsaufnahme auf eine periphere Hyperglykämie nach der Glucagongabe zurückzuführen ist, oder ob das Glucagon direkt zentrale Mechanismen beeinflußt, ist nicht genau bekannt.

Die **Sexualhormone** sind ebenfalls an der Kontrolle der Nahrungsaufnahme und des Körpergewichts beteiligt. Östrogene bewirken einen hemmenden Einfluß auf den Appetit und eine Senkung des Körpergewichts, während Progesteron gewissermaßen als Antagonist die Wirkung des Östrogens z. T. aufhebt. Es gibt auch Hinweise dafür, daß Progesteron unabhängig von den Östrogenen auf die Nahrungsaufnahme wirkt. Ovarektomie (operative Entfernung eines Eierstocks) weiblicher Ratten bewirkt eine Gewichtszunahme, wobei sich der Anteil des Körperfetts erheblich erhöht. Sexualhormone männlicher Ratten oder Östrogengabe hatten einen Gewichtsverlust zur Folge. Auch Somatotropin (STH) kann an der Regulation der Nahrungsaufnahme beteiligt sein.

Die **Orosensorik** ist eine der Voraussetzungen für das Erreichen des Sättigungszustandes bei Mensch und Tier. Sondennahrung, unmittelbar in den Magen appliziert, stillt das Nahrungsverlangen schneller als orale Aufnahme. Bei einer Untersuchung des Sättigungseffektes einer flüssigen Diät beim Menschen nach gleichzeitig oraler und intragastrischer verglichen mit der nach oraler Einnahme per se, zeigte es sich, daß die Verdauungsrate und die Orosensorik wichtige Determinanten für die Mahlzeitengröße sind. Schnelle Verdauung und geringe orale Sättigung können aber dazu führen, daß Menschen ständig zu viel Nahrung zu sich nehmen. Diese Personen können jedoch die überhöhte Nahrungszufuhr durch Reduzierung der Mahlzeitengröße und -häufigkeit kompensieren und so ihr normales Gewicht aufrechterhalten.

Mit zunehmendem Alter nimmt die Sensibilität für süß und salzig stärker ab als für sauer und bitter. Der Ernährungszustand ist ebenfalls für das Geschmacksempfinden von Bedeutung: Zinkmangel führt zu einer stark verringerten Geschmacksempfindung.

Der **Magen** ist dem eigentlichen Verdauungstrakt vorgeschaltet. Seine Funktionen sind: Nahrungsspeicherung, langsame Abgabe des Speisebreis in den Darm und Vorverdauung bestimmter Nahrungsbestandteile. Die schubweise Entleerung des Magens gewährleistet, daß trotz diskontinuierlicher Nahrungsaufnahme ein relativ konstant fließender Strom von Nährstoffen ins Blut gelangt und die Homöostase erhalten werden kann. Der Magen stellt ein Reservoir des Körpers dar. Sein Füllungszustand kann als ein grober Maßstab für den Ernährungszustand betrachtet werden.

Die **Magenentleerung** ist über nervale und humorale Mechanismen geregelt. Nach Vagotomie (komplette oder teilweise Durchtrennung des die Magenmuskulatur und -schleimhaut versorgenden Nervus vagus) ist die Magenentleerungsrate erhöht, deshalb gelangt schon nach kurzer Zeit die gesamte Nahrung zur Absorption in den Dünndarm. Dies führt, ähnlich wie bei einer Magenresektion, zu einer unkontrollierten Abgabe des Mageninhaltes in den Dünndarm (Dumping-Syndrom). Durch plötzliche Überdehnung des Dünndarms treten Gefühl der Völle, Schwitzen, Übelkeit u. a. auf.

Kohlenhydrate und Triglyceride in der Versuchskost verlangsamen die Magenentleerungsrate (g/t). Je höher die Konzentration der Kohlenhydrate oder Triglyceride, desto langsamer ist auch die Magenentleerung. Diese Regulation der Magenentleerung hängt von den intraduodenalen Konzentrationen der Verdauungsprodukte ab, wobei Monosaccharide durch ihren osmotischen Druck wirken. Salze und Fettsäuren wirken auf Duodenalrezeptoren. Die einzelnen Kohlenhydrate beeinflussen die Magenentleerung unterschiedlich: Den stärksten Einfluß auf eine Verlangsamung hat Glucose, danach folgen Galactose und Fructose. Angaben über die Magenentleerungsgeschwindigkeiten bei verschiedenen Lebensmitteln schwanken zwischen einer Halbwertszeit von 30 Min. für Stärke (0,58 kJ/ml) und 80 Min. für Glucose (3,35 kJ/ml).

Die Energieaufnahme des Menschen ist bei verdünnter Kost geringer als bei einer konzentrierten Kostform. Mit steigender **Energiedichte** des Mageninhalts verlangsamt sich die Magenentleerungsrate. Genauere Analysen haben jedoch gezeigt, daß durch diese Art der Steuerung die Energieabgabe in den Dünndarm bei unterschiedlicher Energiedichte nicht gleich ist. Die verlangsamte Abgabe von Speisebrei kann die größere Energiemenge, die ins Duodenum gelangt, nicht auffangen, so daß der Magen schneller leer ist, d.h. die Verlangsamung der Magenentleerung reicht nicht aus, um die größere Energieabgabe zu verhindern. Die Folge davon ist, daß nach dem Konsum hochenergetischer Nahrung die energieliefernden Nahrungsbestandteile signifikant schneller in den Dünndarm gelangen, als wenn niederkalorische Kost verzehrt wird.

Im Magen-Darm-Kanal befinden sich **Rezeptoren,** die auf Dehnung und chemische Veränderungen reagieren und somit an der Regulation der Nahrungsaufnahme beteiligt sind. Die Regulation erfolgt über afferente, parasympathische Fasern (Nervus vagus), die von den Dehnungsrezeptoren in der Magenwand ausgehen und auch einen Einfluß auf die Magenentleerungsrate haben. Sensorische Nervenendigungen liegen in den verschiedenen Schichten der Magen-Darm-Wand, größtenteils im Bereich der Cardia und des Pylorus. Eine Dehnung des Magens bewirkt eine Steigerung der Magensaftsekretion und Aktivierung des Sättigungszentrums über zentripetal zum Gehirn verlaufende Nervenfasern des Nervus vagus, der über den Nucleus vagus im Gehirn mit dem Hypothalamus in Beziehung steht. Eine Denervation des Magens beeinträchtigt die normale Nahrungsaufnahme nicht.

Magendehnung mittels eines Ballons verringert die Nahrungsaufnahme. Magendehnungsreize könnten auch eine Schutzfunktion gegen eine Überdehnung des Magens haben. Der Darm reagiert möglicherweise ähnlich wie der Magen. Es zeigt sich, daß die Nahrungsaufnahme durch die Füllung des Darms gehemmt wird und direkt mit Menge und Konzentration der zugeführten Nahrung korreliert.

Die **Verdauungshormone,** die nach Eintritt der Nahrung ins Duodenum ausgeschüttet werden, vermitteln eine kurzzeitige Sättigung. Cholezystokinin (CCK) wird von der Duodenalschleimhaut gebildet. Polypeptide, Lipide und Fettsäuren stimulieren die Freisetzung des Hormons, welches die Sekretion von Pankreassaft und HCl sowie die Kontraktion der Gallenblase fördert. Daher kommt es als Sättigungshormon in Betracht, das auf die für die Regulation der Nahrungsaufnahme maßgeblichen zentralnervösen Strukturen einwirkt.

Gastric inhibitory polypeptide (GIP) hemmt die Sekretion der Magensäure und stimuliert die Ausschüttung von Insulin. Die Konzentration von GIP wird durch die Nahrungsaufnahme beeinflußt.

Chemorezeptoren in der Darmschleimhaut werden durch Aminosäuren und Glucose erregt; dadurch, daß sie das Zentralnervensystem über die Anwesenheit von Nährstoffen im Verdauungstrakt informieren, können sie für die Regulation der Nahrungsaufnahme von Bedeutung sein. Diese Rezeptoren stehen über Fasern des Nervus splanchnicus mit dem Zentralnervensystem in Verbindung. Weitere Chemorezeptoren sind im gesamten Oropharyngeal- und Gastrointestinaltrakt lokalisiert. Die Magenentleerung wird vor allem durch Chemo- und Osmorezeptoren des Duodenums gesteuert, die durch Nahrungsbestandteile erregt werden, welche bei der Fett-, Protein- und Kohlenhydratverdauung anfallen.

Hunger- und Sättigungstheorien

Die Hunger- und Sättigungsregulation wird durch mehrere Hypothesen erklärt, die aufgrund der Anwesenheit unterschiedlicher Stoffwechselmetabolite entstanden sind (Tab. 15). Da die Nahrungsaufnahme kurzfristig vom Wärmebedarf des Organismus bestimmt ist, wurde die **thermostatische Theorie** entwickelt. Die Nahrungsaufnahme wird sowohl durch die bei Stoffwechselvorgängen erzeugte Wärme als auch durch die Umgebungstemperatur beeinflußt. Es ist noch ungeklärt, wie diese Thermorezeptoren im Detail funktionieren. Bei unserer modernen Lebensweise (Kleidung, Heizung) ist dieser Faktor sicher nicht bedeutend.

Die **glucostatische Theorie** besagt, daß die Kurzzeitregulation der Energieaufnahme über

Tab. 15. Periphere Signale für Nahrungsaufnahme (Leitzmann 1978)

A. kurzfristige Signale:	thermostatisch	Brobeck (1948)
	glucostatisch	Mayer (1953)
	aminostatisch	Mellinkoff (1956)
	glykogenstatisch	Friedman (1976)
B. langfristige Signale:	lipostatisch	Kennedy (1953)

den Kohlenhydratstoffwechsel bzw. Glucose erfolgt. Diese Hypothese wird durch mehrere Untersuchungsergebnisse unterstützt. Injektionen von Insulin oder Cortison erhöhen die Nahrungsaufnahme, da hierdurch der Blutglucosegehalt erniedrigt wird; durch Prolactin- und Glucoseinjektionen wird ein Zustand von Sättigung hervorgerufen. Eine geringe arterio-venöse Blutzuckerdifferenz korreliert eng mit dem Auftreten eines Hungergefühls, eine Differenz von mehr als 15 mg/dl mit dem Gefühl der Sättigung. Es wird postuliert, daß sich im VMH Glucoserezeptoren befinden, die auf Veränderungen des Blutglucosegehalts reagieren.

Die **aminostatische Theorie** geht davon aus, daß Proteingehalt und Aminosäurezusammensetzung der Nahrung Einfluß auf die Nahrungsaufnahme und -auswahl haben können, da der Organismus zur Aufrechterhaltung seines Stoffwechsels auf eine kontinuierliche Zufuhr von essentiellen Aminosäuren angewiesen ist. Bei imbalanzierter Aminosäurenzusammensetzung in der Versuchskost zeigt sich eine verringerte Nahrungsaufnahme. Nach einer Injektion der fehlenden Aminosäuren in die Carotis-Arterie ist die Nahrungsaufnahme nicht verringert. Eine gleiche Menge in die Jugularvene injiziert kann eine Verringerung der Nahrungsaufnahme nicht verhindern. Rezeptoren, die den Aminosäurengehalt kontrollieren, scheinen im Gehirn, aber nicht im VMH lokalisiert zu sein.

Die **glykogenostatische Regulation** der Nahrungsaufnahme kann mit Veränderungen im oxidativen Stoffwechsel der Leber erklärt werden. Die Leber koordiniert Informationen über den Zustand der energetischen Homöostase und leitet spezifische Hungersignale ans Gehirn weiter. Die Leberfunktionen sind durch die Nahrungsaufnahme stark beeinflußbar und lassen eine schnelle Rückkopplung für die Beendigung des Hungergefühls zu. Bisherige Modelle, die mit der Regulation der Nahrungsaufnahme erklärt werden, gehen meist von getrennten Hunger- und Sättigungszentren im Gehirn aus.

Die Tatsache, daß das Körpergewicht bei Mensch und Tier oft über längere Zeiträume konstant bleibt, läßt vermuten, daß es einen Langzeitregulationsmechanismus gibt, der über exakte Kenntnisse der Energievorräte, die hauptsächlich aus Fett bestehen, verfügt. Dies führte zur Formulierung der **lipostatischen Theorie,** die davon ausgeht, daß die Nahrungsaufnahme langfristig über die Körperfettmenge reguliert wird. Da die Konzentration der freien Fettsäuren im Blut im Tagesverlauf zwischen den Mahlzeiten in Abhängigkeit der Glucose- und Insulinkonzentrationen sehr stark schwankt, könnten diese Stoffwechselmetaboliten als Regulativ in Frage kommen. Auch das Glycerin, das bei der Hydrolyse der Triglyceride entsteht, könnte über Glucoserezeptoren der Leber oder direkt den Hypothalamus über den Zustand der Energievorräte informieren.

Aufgrund der Unverdaulichkeit und des Wasserbindungsvermögens der **Ballaststoffe** wird die mit der Nahrung aufgenommene Energiemenge vermindert und die Energiedichte herabgesetzt. Ballaststoffe dürften somit als »natürliche Barriere« gegenüber einer erhöhten Energieaufnahme gelten. Beim Verzehr energiekonzentrierter Lebensmittel wird bis zur Erreichung der Sättigung bereits mehr als der Energiebedarf aufgenommen.

Ballaststoffhaltige Lebensmittel benötigen längeres und intensiveres Kauen und einen damit verbundenen größeren Speichelfluß, bis ein Bissen schluckreif wird. Durch das längere Verweilen der Nahrung im Mund und durch verstärkte Kauarbeit wird die Verzehrslust (Appetit) gedämpft und eine Sättigung tritt früher ein. Im Magen rufen Ballaststoffe aufgrund ihrer Wasserbindungskapazität und ihres Quellvermögens eine Volumenerhöhung des Speisebreis und damit verbunden eine erhöhte Magensaftsekretion und längere Verweildauer hervor. Die dadurch bedingte stärkere Magen-Darm-Füllung und -Dehnung unterstützt die intestinale Sättigung und dämpft den Appetit.

Für eventuelle Zusammenhänge zwischen **Vitamin**- und **Mineralstoff**-Gehalt der Kost und der Nahrungsaufnahme beim Menschen finden sich kaum Hinweise. Bei Zinkmangel werden Anorexie sowie Geruchs- und Geschmacksverluste beschrieben. Die Geschmackspapillen sind pathologisch verändert. Aus dem Speichel der Ohrspeicheldrüse des Menschen wurde ein zinkhaltiges Protein isoliert. Dieses »Gustin« genannte Protein scheint ein Wachstumsfaktor der Geschmackspapillen und an der Aufrechterhaltung dieser Papillen beteiligt zu sein. Bei Zinkmangel ist die Gustinausscheidung verringert. Der Geschmacksdefekt könnte von der Bindung des Gustins an die Membranen der Geschmackspapillen abhängen.

Appetitzügler (Anorexika, Anorektika) bewirken in therapeutischen Dosen Anorexie, d.h. einen Zustand, bei dem unter physiologischen Voraussetzungen ein Hungergefühl auftreten müßte, bei dem aber kein Verlangen nach Nahrung besteht. Die meisten Anorexika sind Derivate der sympathomimetischen Amine Amphetamin und Ephedrin. Es handelt sich dabei chemisch gesehen um Phenylalkylamine und ihre ringförmigen Derivate. Appetitzügler können zentral und peripher wirken. Bei zentraler Wirkung wird die Appetithemmung durch direkte Beeinflussung der hypothalamischen Regulationszentren für die Nahrungsaufnahme erreicht. Die periphere Wirkung beruht meist auf einer Erhöhung des Gewebestoffwechselumsatzes.

2.3.2 Flüssigkeit

Allgemeines

Die Gesamtkörperflüssigkeit ist in abgrenzbare Räume unterteilt, deren anatomische Anordnung und unterschiedlicher Elektrolythaushalt von entscheidender biologischer Bedeutung sind (Kap. 3.3.1.1). Durch seine besonderen, auf der Dipolstruktur und der Fähigkeit, Wasserstoffbrücken zu bilden, beruhenden chemischen und physikalischen Eigenschaften, ist das Wassermolekül prädestiniert, Lebensprozesse zu ermöglichen und zu erhalten.

Fast alle Stoffe können nur in gelöster Form die Zellmembran passieren. Hierfür ist Wasser das universelle Lösungsmittel, das alle Substanzen nicht zuletzt aufgrund seines inerten Verhaltens weder in ihrer Struktur noch in ihren chemischen Eigenschaften verändert. Auf der Wasserstoffbrückenbildung beruht die für die Strömungsdynamik in kleinsten Gefäßen bedeutende Kapillarkraft. Durch die hohe spezifische Wärmekapazität und Verdunstungswärme des Wassers wird der Organismus gegen Temperaturschwankungen gepuffert und vor Wärmeverlusten bzw. Überhitzung geschützt. So kann dem Körper bei steigender Umgebungswärme wie auch bei intensiver Muskelarbeit nur auf dem Weg der Wasserverdunstung zusätzliche Wärme entzogen werden, und zwar 2436 kJ (= 580 kcal/l Wasser).

Flüssigkeitsaufnahme

Die tägliche Flüssigkeitszufuhr gesunder Erwachsener beträgt 2,1–2,8 l mit einem Durchschnitt von etwa 2,6 l (Tab. 16). Sie ist von Durst, Trinkgewohnheiten, Körpertemperatur und Klima sowie enteralen und renalen Flüssigkeitsverlusten abhängig.

Flüssigkeit wird dem Körper auf folgenden Wegen zugeführt:

1. Über Trinkwasser und Getränke werden 1200–1500 ml Wasser zugeführt (präformiertes Wasser).
2. Unter physiologischen Ernährungsbedingungen wird mit der festen Nahrung etwa 700–1000 ml Flüssigkeit aufgenommen (präformiertes Wasser).
3. Das bei der mitochondrialen Oxidation der Nahrungsenergieträger entstandene Wasser ist dem Körper verfügbar und geht in die Flüssigkeitsbilanz ein. Mit der üblichen Mischkost stehen dem Körper somit 200–300 ml Oxidationswasser zur Verfügung (Tab. 17).

Das aufgenommene Wasser wird zu 65% im Dünndarm und zu 35% im Dickdarm absorbiert, und zwar in geringem Umfang über osmotische Wasserbewegungen, größtenteils aber im Gefolge der Glucose- und Natriumchloridabsorption.

Tab. 16. Durchschnittliche tägliche Flüssigkeitszufuhr und -abgabe Erwachsener (Williams 1986)

Aufnahme (Ersatz)	ml/d	Abgabe (Verlust)	obligat ml/d	fakultativ ml/d
präformiert		Lunge	350	
Getränke	1200–1500	Haut		
Speisen	700–1000	Diffusion	350	
Oxidationswasser	200– 300	Schweiß	100	± 250
		Nieren	900	± 500
		Fäzes	150	
gesamt	2100–2800	gesamt	1850	± 750
durchschnittlich	~2600	durchschnittlich	~2600	

Tab. 17. Oxidationswasser im Stoffwechsel der Hauptnährstoffe (g H_2O/100 g Nährstoff)

Nährstoff (100 g)	Oxidationswasser (g) NEWBURGH et al. (1930)	PETERS et al. (1933)
Protein	41	40
Kohlenhydrate	60	56
Fett	107	107

Flüssigkeitsausscheidung

Die Flüssigkeitsabgabe erfolgt über Nieren, Haut, Lunge und Darm (Tab. 16).

1. Der minimale Flüssigkeitsverlust über die **Niere** beträgt auch in stärkster Antidiurese etwa 700 ml/d. Diese Menge errechnet sich aus dem Verhältnis der täglich anfallenden Harnfixa Harnstoff, Natriumchlorid, Kalium und begleitenden Anionen, zur maximalen Konzentrationsfähigkeit der Niere; die Angabe erfolgt in Milliosmol/l (mosmol/l). Etwa 15 g Wasser werden pro g dieser löslichen Substanzen benötigt. So kann die Niere einen sehr stark konzentrierten (osmotische Konzentration ca. das 4fache der Konzentration von Blutplasma) bis sehr stark verdünnten (osmotische Konzentration nur ⅙ der Konzentration von Blutplasma) Urin bilden.

Die Zusammensetzung der Nahrung hat einen entscheidenden Einfluß auf die Wasserabgabe. So hat eine erhöhte Kochsalz- und Proteinzufuhr eine drastische Erhöhung der Wasserausscheidung zur Folge. Das Trinken von etwa 500 ml Meerwasser verursacht einen zusätzlichen Wasserverlust von ungefähr 300 ml, da zur Ausscheidung der in dieser Flüssigkeitsmenge gelösten Salze ungefähr 800 ml Wasser benötigt werden (Abb. 7).

Über die Ausscheidung des restlichen Wassers wird der Flüssigkeitsbestand den Bedürfnissen des Organismus entsprechend angepaßt, indem über die fakultative Reabsorption in den unter hormoneller Kontrolle stehenden distalen Tubuli und Sammelröhren der Niere Wasser eingespart bzw. Überschüsse abgegeben werden. So beträgt die fakultativ renal ausgeschiedene Wassermenge etwa 500 ml/d.

2. Über die **Fäzes** gehen täglich etwa 150–200 ml Wasser verloren; dies ist die Bilanz größerer Wasserverschiebungen in den inneren Orga-

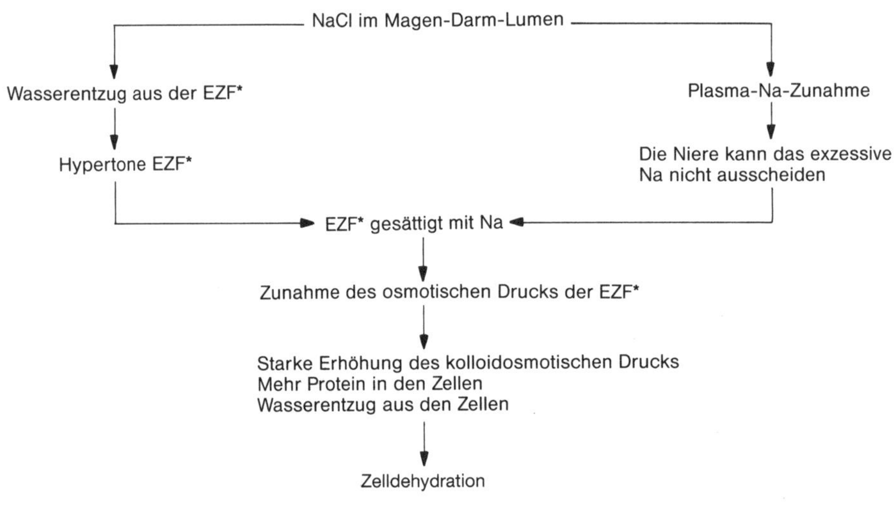

*EZF = Extrazelluläre Flüssigkeit

Abb. 7. Zelldehydration durch Aufnahme von Meerwasser.

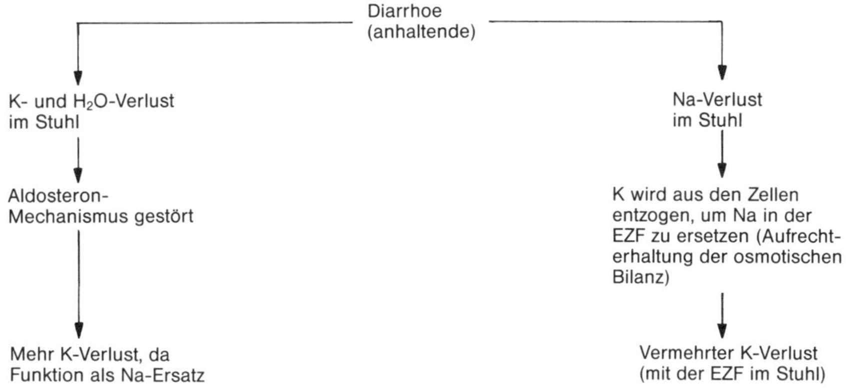

Abb. 8. Kalium-Mangel als Folge anhaltender Diarrhoe.

nen. Täglich werden etwa 8 l Verdauungssekrete sezerniert (Tab. 18). Unter physiologischen Bedingungen wird das darin enthaltene Wasser bis auf ungefähr 150 ml wieder reabsorbiert, welches nicht in die Flüssigkeitsbilanz eingeht.

Tab. 18. Gesamtvolumen an Verdauungssekreten eines durchschnittlichen Erwachsenen (GAMBLE 1954)

Sekret	l/d)
Speichel	1,5
Magensaft	2,5
Galle	0,5
Pankreassaft	0,7
Darmsaft	3,0
Gesamt	8,2

Unter besonderen Situationen wie Durchfall, wird mehr Wasser ausgeschieden (Abb. 8). Ähnliches gilt bei Erbrechen und nach operativen Eingriffen (Abb. 9). In diesen Fällen müssen die über der physiologischen Menge liegenden Wasserverluste zusätzlich berücksichtigt werden, wobei das Leitungswasser wegen seiner niedrigen Osmolarität für diesen Zweck nicht geeignet ist (Abb. 10).

3. Etwa 350 ml Wasser/d diffundieren über die **Haut** als Wasserdampf (Perspiratio insensibilis). Diese Flüssigkeitsabgabe verringert sich auch kaum bei hohen Wasserverlusten wegen ihrer Bedeutung für die Wärmeregulation. Die Wasserabgabe über den Schweiß beträgt zusätzlich 100–350 ml/d und ist mit hohen Elektrolytverlusten verbunden. Starkes Schwitzen (durch hohe Temperaturen und/oder körperliche Arbeit) kann zu einem Wasserverlust bis zu 4000 ml/d führen. In diesen Fällen kann die Aufnahme von Kochsalztabletten erforderlich werden (Abb. 11). Auch bei Verbrennungen sind die Wasserverluste über die Haut sehr hoch. Insgesamt können über die Haut unter normalen Bedingungen 450–700 ml/d ausgeschieden werden.

4. Die Abgabe von Flüssigkeit als Wasserdampf aus der **Lunge** über die Atmungsluft beträgt etwa 350 ml/d. Sie ist abhängig von der Luftzirkulationsgröße (Ventilationsgröße), dem Wasserdampf- und Sauerstoffdruck und der Umgebungstemperatur. Die geringste Abgabe erfolgt bei hoher und feuchter Umgebungstem-

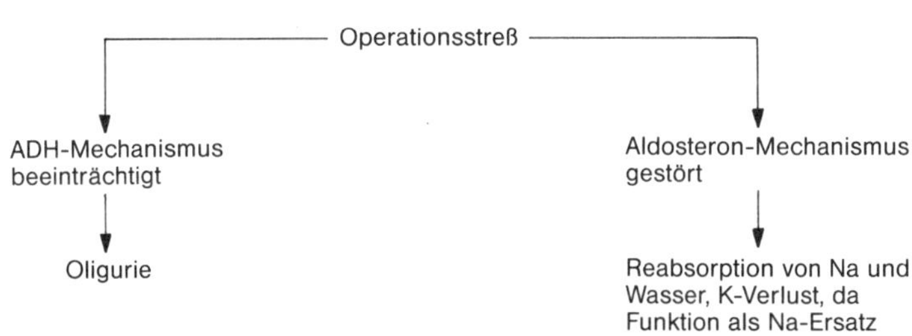

Abb. 9. Oligurie und K-Mangel nach operativen Eingriffen.

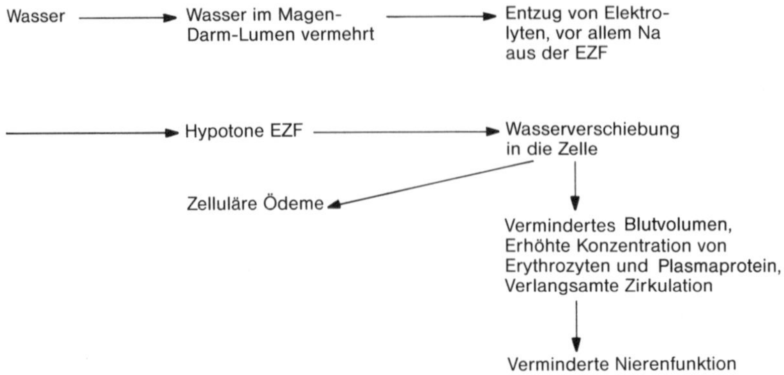

Abb. 10. Folge der Versorgung von Diarrhoe-Patienten mit Leitungswasser.

peratur und die höchste bei niedrigen Temperaturen.

Flüssigkeitsbilanz

Die Flüssigkeitsbilanz ist die Differenz zwischen Flüssigkeitszufuhr (präformiertes Wasser in Getränken und Speisen, metabolisches Wasser) und Flüssigkeitsabgabe über Niere, Darm, Haut und Lunge. Unter physiologischen Bedingungen ist die Wasserbilanz ausgeglichen (Tab. 16).

Empfehlenswerte Zufuhr an Trinkflüssigkeit

Die von der DGE angegebenen Werte beinhalten nur die wünschenswerte Zufuhr an Trinkflüssigkeit. Sie schließen den Wassergehalt der festen Nahrung, jedoch nicht das metabolische Wasser (Oxidationswasser) ein (Tab. 19).

Tab. 19. Empfehlenswerte Höhe der Zufuhr an Wasser (DGE 1985)

Gruppe	Alter, Jahre	ml Wasser*/ kg Körpergewicht/d
Säuglinge	0 – 0,5	130–180
	0,5– 1	120–145
Kinder	1 – 3	115–125
	4 – 6	100–110
	7 – 9	90–100
	10 –12	70– 85
	13 –14	50– 60
Jugendliche	15 –18	40– 50
Erwachsene inkl. Schwangere und Stillende		20– 45

* einschließlich des Wassergehalts der festen Nahrung, aber ohne Wasserbildung bei der biologischen Oxidation

Wasserhaushalt

Unter normalen Lebensbedingungen übersteigt die Wasseraufnahme den Bedarf. Die Bilanz wird jedoch durch Ausscheidung des Überschusses aufrechterhalten. Wird die Wasseraufnahme eingeschränkt, halten die obligaten Wasserverluste weiterhin an. Wasserverluste über Lunge, Haut, mit den Fäzes und in Form sehr konzentrierten Urins führen nach relativ kurzer Zeit zur Dehydratation, einem Zustand verringerten Körperwassers. Abnahmen der Gesamtkörperflüssigkeit um ca. 3% führen bereits zu einem Rückgang von Speichelsekretion und Harnproduktion. Bei einer Austrocknung um 5% treten Tachykardien und Temperaturanstiege auf. Wasserverluste von etwa 10% Gesamtkörperflüssigkeit führen u.a. zu Verwirrungszuständen. Ein Wasserdefizit von mehr als 20% ist mit dem Leben nicht mehr vereinbar, wobei Geschwindigkeit und Dauer der Dehydration für den Eintritt des Todes entscheidend sind. Unter günstigen klimatischen Bedingungen kann der Mensch allenfalls 11–20 Tage ohne Wasseraufnahme überleben.

Regulation des Wasserhaushalts

Die Regulation des Wasserhaushaltes findet auf intrazellulärer und extrazellulärer Ebene statt. Die Regulierung der Flüssigkeitsaufnahme durch den Durst ist eine Grobregulation, diejenige über Haut, Lunge, Leber, Interstitium und besonders über die Niere eine Feinregulation, in der über verschiedene Reglerkreise die Homöostase erhalten bleibt.

Extrarenale Flüssigkeitsregulation

Bei erhöhtem Wasserbestand des Körpers steigt die extrarenale Flüssigkeitsabgabe über Haut

Starke Hitze oder große körperliche Belastung

↓

Starke Wasser- und Na-Verluste im Schweiß

↓

Durst

↓

Zufuhr großer Mengen Leitungswasser

↓

Weitere Verminderung der Na-Konzentration in der EZF

↓

Wasserverschiebung in die Zelle

↓

Zelluläre Ödeme

Abb. 11. Folgen von Schweißverlusten durch Zufuhr von Leitungswasser.

und Lunge früher an als die Diurese, wobei die Perspiration mit einsetzender Diurese wieder abnimmt.

Die enterale Wasserabsorption ist mit einer Abgabe von Elektrolyten aus dem Pfortaderblut in den Darm gekoppelt, wodurch die Plasmaosmolarität im Pfortaderbereich sinkt. Dies führt zu einer osmotischen Quellung des Lebergewebes mit Abgabe von Mineralien an das Leberblut. Durch diesen Reglerkreis (Abb. 12) werden über die Leber Osmolaritätsveränderungen im arteriellen Blut verzögert. Bei Expansion des intravasalen Volumens durch Flüssigkeitszufuhr wird die überschüssige Flüssigkeit infolge eines Anstiegs des hydrostatischen Drucks so lange in das Interstitium abgepreßt, bis die Hypervolämie (erhöhtes Plasmavolumen) durch einen Anstieg der Diurese wieder ausgeglichen ist. Somit erfüllt das Interstitium die Funktion eines Überlaufgefäßes der Blutbahn. Bei akutem Blutverlust, nach profusem Erbrechen und/oder starken Durchfällen strömt andererseits so lange Körperwasser aus dem Interstitium in die Blutbahn, bis der erniedrigte intravasale hydrostatische Druck und das verminderte Blutvolumen wieder ausgeglichen sind.

Renale Flüssigkeitsregulation

Die Niere ist das Hauptregulationsorgan des Wasserhaushaltes. Die renale Flüssigkeitsausscheidung unterliegt der Steuerung von zwei Reglerkreisen, in die Osmo- und Barorezeptoren sowie das ADH (Antidiuretisches Hormon, Adiuretin, identisch mit Vasopressin) eingeschaltet sind (Abb. 13).

ADH, ein Oktapeptid, wird im vorderen Hypothalamus in den Zellen des Nucleus supraopticus und Nucleus paraventricularis gebildet, wandert axonal an den Fasern des Tractus supraopticohypophysialis in den Hypophysenhin-

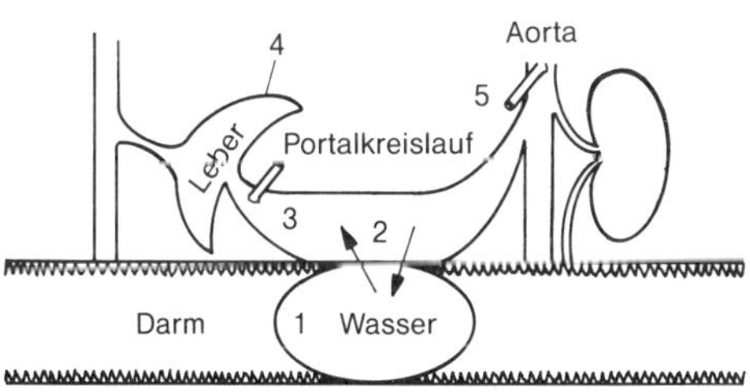

1 = Wasser im Darm verursacht
2 = eine Abgabe von Elektrolyten (Na^+, Cl^-, HCO_3^-) und eine Aufnahme von Wasser
3 = Folge: Abfall der Osmolarität im Portalblut
4 = Reaktionen der Leber: Osmotische Quellung Osmorezeptorische Funktion
5 = Wirkung:
1. Verhinderung oder Verzögerung von Osmolaritätsänderungen im arteriellen Blut
2. Erste Auslösung der Diurese

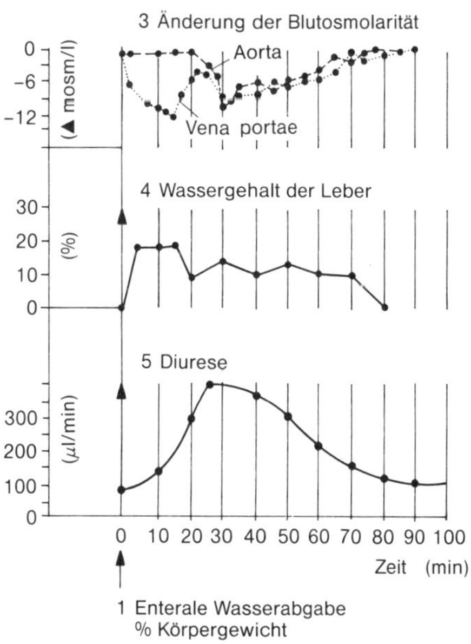

Abb. 12. Die Reabsorption von Wasser im Körper (HABERICH 1968).

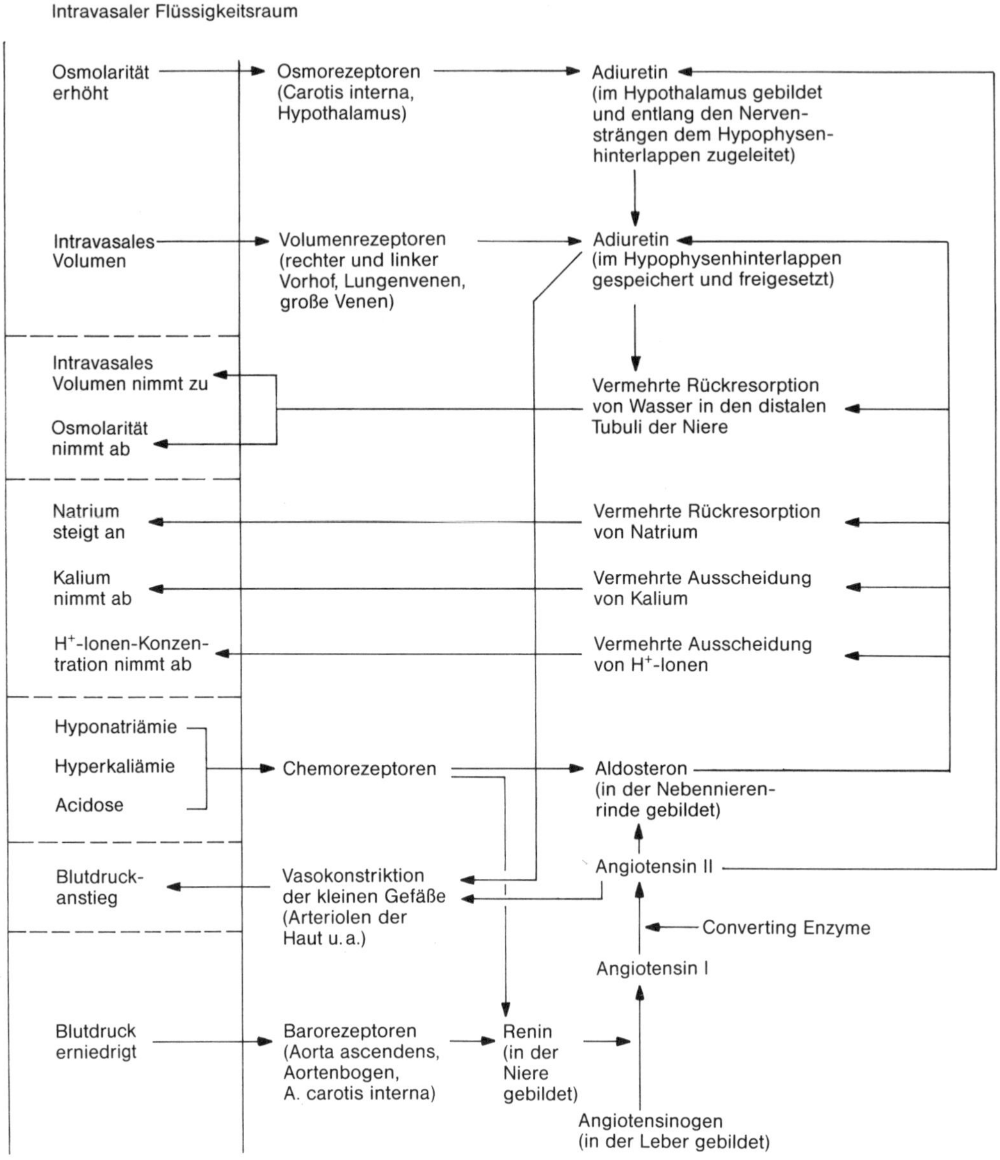

Abb. 13. Regulation von Osmolarität, Flüssigkeitsvolumen, Elektrolyten, H^+-Ionenkonzentration und Blutdruck über das Adiuretin- und das Renin-Angiotensin-Aldosteron-System (SCHLEY 1981).

terlappen und wird dort, an Neurophysine gebunden, gespeichert. ADH fördert in den distalen Tubuli und den Sammelröhren der Nieren die fakultative Wasserabsorption, indem es die Zellpermeabilität steigert, so daß das Wasser in das Niereninterstitium dringen kann und nicht ausgeschieden wird (Antidiurese).

Im linken Herzvorhof befinden sich Volumenrezeptoren im Einmündungsgebiet der Pulmonalvenen. Eine Dehnung des linken Herzvorhofs bei Zunahme des Blutvolumens führt zu einer Steigerung der Impulsfrequenz der zentripetalen Herzvagusfasern. Hierdurch wird die Freisetzung des ADH aus dem Hypophysenhinterlappen gehemmt und eine Diurese ausgelöst (HENRY-GAUER-REFLEX). Umgekehrt wird bei Hypovolämie durch erhöhte Freisetzung von ADH durch Antidiurese Wasser eingespart.

Weiterhin wird die ADH-Freisetzung durch die Osmolarität der Plasmaflüssigkeit gesteuert.

Tab. 20. Inhibierende und stimulierende Faktoren der ADH-Sekretion (KLEEMAN, FICHMAN 1967)

	stimulierend	inhibierend
osmotisch:		
Osmolarität der EZF	Hyper-	Hypo-
nicht osmotisch:		
Blutdruck in A. carotis und Aorta (Barorezeptor)	erniedrigt	erhöht
Wandspannung im linken Herzvorhof und Pulmonalvenen	vermindert	erhöht
Körperposition	ruhig stehend	liegend
Bluttemperatur	erhöht	erniedrigt
Drogen	Acetylcholin Morphin Barbiturate Nicotin Streß, Schmerz erniedrigtes Plasmavolumen bzw. Extrazellulärflüssigkeit	Diphenylhydantoin Atropin Aldosteron Alkohol

Im Ausbreitungsgebiet der A.carotis interna befinden sich Osmorezeptoren, die im Nucleus supraopticus und Nucleus paraventricularis lokalisiert sind. Ein Anstieg der Plasmaosmolarität führt zur Steigerung der ADH-Sekretion.

Eine Erhöhung der Flüssigkeitszufuhr bewirkt eine Zunahme der intravasalen Flüssigkeit bei gleichzeitigem Abfall der arteriellen Plasmaosmolarität. Die Barorezeptoren im linken Herzvorhof und die Osmorezeptoren im Zwischenhirn registrieren die Volumen- und Osmolaritätsveränderungen und bewirken den Rückgang der ADH-Sekretion so lange, bis durch die vermehrte Ausscheidung niedrig konzentrierten Harns Hypervolämie und Hypoosmolarität normalisiert sind.

Schmerz, Furcht und Ohnmacht bewirken ebenso wie Narkotika, Barbiturate, Nicotin, Adrenalin, Histamin und Acetylcholin einen Rückgang der Diurese durch die Freisetzung von ADH. Demgegenüber beruht die diuretische Wirkung von Alkohol unter anderem auf einer Hemmung der ADH-Sekretion. Weitere die ADH-Sekretion stimulierende und inhibierende Faktoren sind bekannt (Tab. 20).

Endokrine Regulation des Flüssigkeitshaushalts über die Regulation des Natriumgehalts

Das **Renin-Angiotensin-System** mit seiner Wirkung auf Produktion und Ausschüttung von Aldosteron reguliert den Natriumhaushalt und damit verbunden den Wasserhaushalt über den Einfluß auf die Natriumretention in den distalen Tubuli der Niere. **Renin** wird primär in der Niere gebildet, und zwar im juxtaglomerulären Apparat. Dieser ist am Gefäßpol eines jeden Glomerulums lokalisiert und umfaßt die afferente und efferente Arteriole, das dazwischenliegende Gebiet mit reninhaltigen granulierten Zellen (extraglomeruläre Mesangiumregion), sowie auch die eng benachbarten Zellen der Macula densa des frühdistalen Tubulus. Renin ist ein proteolytisches Enzym, das von dem in der Leber gebildeten Angiotensinogen (Reninsubstrat) das Dekapeptid Angiotensin I abspaltet.

Struktur und Aktivierungsmechanismus des Renins konnten bisher nicht vollständig geklärt werden. In der Literatur liegen zahlreiche Einzelergebnisse vor, die jedoch noch nicht zu einheitlichen Aussagen führen.

Angiotensin I ist ein Dekapeptid mit pressorischer Wirkung, jedoch in dieser Form inaktiv. Das auf der luminalen Oberfläche der Lungenepithelzellen lokalisierte chlorid-aktivierte »Converting Enzyme« spaltet von Angiotensin I ein Dipeptid ab, woraus das hochaktive Angiotensin II entsteht, das neben seiner allgemeinen vasokonstriktorischen Wirkung den stärksten Stimulus für die Aldosteronproduktion und -ausschüttung darstellt.

Aldosteron ist ein in der Zona glomerulosa der Nebennierenrinde aus Cholesterin über mehrere Schritte synthetisiertes Mineralocorticoid. Seine Hauptwirkung besteht in der Beschleunigung des Natriumeinstroms in die Zelle, die sich besonders an den distalen Nierentubuli entfaltet. Über den Wirkungsmechanismus existieren 2 Theorien, die sich wahrscheinlich ergänzen. Die »Enzymtheorie« besagt, daß Aldosteron die Bildung von Enzymproteinen induziert, die den Übergang des Natriums in das Gewebe erleichtern. Nach der »Energietheorie« stimuliert Aldosteron die Enzyme des Citrat-Zyklus in der Reaktionskette zwischen Acetyl-CoA und α-Ketoglutarat, wodurch energieliefernde Prozesse induziert werden. Neben dieser direkten Wirkung auf den Natriumhaushalt bewirkt Angiotensin aufgrund seiner vasokonstriktorischen Eigenschaften die Verminderung der Durchblutung der Nieren. Dadurch sinkt die glomeruläre Filtrationsrate und die damit verbundene Natriurese und Diurese.

Beeinflussung des Renin-Angiotensin-Systems
Als Erklärung der intrarenalen Kontrollmechanismen werden die Barorezeptorentheorie und die Chemorezeptoren- oder Macula-densa-Theorie diskutiert. Die **Barorezeptorentheorie** besagt, daß die Reninsekretion durch Druckrezeptoren in den Vasa afferentia der Nieren kontrolliert wird. Ein Absinken des Drucks in den Nierenarterien bewirkt über die Erregung dieser Rezeptoren die Stimulation der Reninsekretion. Da Papaverin, ein krampflösendes Alkaloid des Opiums, das speziell auf diese Gefäße wirkt, diese Reninsekretion verhindert, wird angenommen, daß die Rezeptoren in den Arteriolen lokalisiert sind. Ob die Rezeptoren als Dehnungsrezeptoren wirken oder den transmuralen Druck registrieren, ist bisher nicht endgültig geklärt.

Nach der **Chemorezeptorentheorie** wird die Reninausschüttung durch Veränderungen der Konzentration des Tubulusharns im Macula-densa-Bereich reguliert. Dabei wird dem Natrium größte Bedeutung beigemessen. So soll eine Konzentrationserhöhung des Natriums suppressiv auf die Reninfreisetzung wirken. Eine primäre Rolle der Macula densa für die Reninregulation ist jedoch bisher nicht überzeugend belegt.

Weiterhin unterliegt die Reninausschüttung der neuralen Kontrolle. Eine Elektrostimulation des zentralen Nervensystems oder renaler sympathischer Nerven hat Veränderungen der Reninausschüttung zur Folge, die nach Durchtrennung der Nerven unterbleiben. Verschiedene Untersuchungen zeigen, daß die Reninsekretion β-adrenerg gesteuert ist, und zwar über in den Membranen des juxtaglomerulären Apparats lokalisierte β-Rezeptoren. Ob es sich um β_1- oder β_2-adrenerge Rezeptoren handelt, ist aufgrund fehlender pharmakologischer Differenzierungsmethoden noch nicht entschieden.

Zwischen Renin und ADH scheint ein negativer Rückkopplungsmechanismus zu bestehen. Nach Infusion von Renin und Angiotensin kann ein deutlicher Anstieg des ADH nachgewiesen werden; ADH-Gaben hingegen wirken suppressiv auf die Reninsekretion. Daher wird ein Renin-Angiotensin-Adiuretin-System postuliert.

Zusammenspiel der Regulationsmechanismen des Wasser- und Elektrolythaushalts
Werden Wasserverluste des Körpers nicht ausreichend ersetzt, kommt es über den Anstieg der Plasmaosmolarität zur ADH-Ausschüttung, die eine verminderte Wasserausscheidung bewirkt. Bei Wasserüberschuß, z. B. durch Aufnahme größerer Mengen hypotoner Flüssigkeit, sinkt die Plasmaosmolarität, die ADH-Sekretion wird gehemmt, und es wird vermehrt hypotoner Urin ausgeschieden.

Salzmangel durch zu geringe NaCl-Aufnahme bei normaler Wasserzufuhr wirkt durch die herabgesetzte Plasmaosmolarität hemmend auf die ADH-Ausschüttung und damit erhöhend auf die Wasserausscheidung. Durch die folgende Verminderung des Plasmavolumens und evtl. des Blutdrucks wird der Renin-Angiotensin-Aldosteron-Mechanismus aktiviert. Durch die Hemmung der Natriumausscheidung erhöht sich die Plasmaosmolarität, so daß sich die zunächst erhöhte Wasserausscheidung beim Salzmangel normalisiert.

Bei Salzüberschuß hat die erhöhte Plasmaosmolarität die vermehrte Freisetzung von ADH zur Folge. Die Wasserretention führt zur Erhöhung des Plasmavolumens, wodurch der Renin-Angiotensin-Aldosteron-Mechanismus und die Natriumretention gehemmt werden. Das Plasma wird hypoton, die ADH-Sekretion verringert sich und die Plasmaosmolarität normalisiert sich. Zusammenspiel und Wirkungen des Adiuretin- und des Renin-Angiotensin-Aldosteron-Systems sind komplexe Vorgänge (Abb. 13).

Störungen des Wasser- und Elektrolythaushalts
Über den Wasser- und Natriumhaushalt werden Isovolämie und Isotonie im Organismus erhalten. Störungen führen zu erheblichen Beeinträchtigungen der Stoffwechselfunktionen. Sie treten entweder als Überwässerung (Hydratation, Hyperhydratation) mit einer Zunahme des Extrazellulärraums oder als Flüssigkeitsmangel (Dehydratation, Hypohydratation) mit einer Abnahme des Extrazellulärvolumens auf. Bei beiden Formen kann die Plasmaosmolarität normal, erniedrigt oder erhöht sein.

Hydratation
1. Bei der **isotonen Hydratation** ist das Extrazellulärvolumen erhöht; die Plasmaosmolarität ist normal bis leicht erhöht. Sie ist die Folge einer überhöhten Zufuhr isotoner Flüssigkeit, z. B. bei langandauernder Infusion von Kochsalzlösung.

2. **Hypotone Hydratation** ist durch einen extrazellulären und intrazellulären Flüssigkeitsüberschuß gekennzeichnet, wobei die Osmolarität in beiden Flüssigkeitskompartimenten erniedrigt ist. Dieses auch als Wasserintoxikation bezeichnete Krankheitsbild ist Folge einer übermäßigen Wasserzufuhr, wenn bei Infusion isotoner Glucoselösung die Glucose metabolisiert wird und das freie Wasser übrigbleibt.

3. Bei der **hypertonen Hydratation** ist das Extrazellulärvolumen vergrößert, wobei aufgrund der gleichzeitig erhöhten Osmolarität Wasser vom Intra- in den Extrazellulärraum fließt und die Zellen bis zur zellulären Exsikkose an Flüssigkeit verarmen. Sie beruht meist auf der Infusion hypertoner Kochsalzlösung oder folgt auf übermäßige Kochsalzzufuhr bei der Sondenernährung bewußtloser Patienten.

Dehydratation
1. Die **isotone Dehydratation** ist durch eine Verkleinerung des Extrazellulärraums bei normaler Osmolarität gekennzeichnet. Das Volumen des Intrazellulärraums wird nicht verändert, da keine Konzentrationsänderungen auftreten. Diese Störung kann durch Erbrechen bzw. Durchfall oder durch Plasmaverluste als Folge von Verbrennungen oder Blutungen bedingt sein.

2. Bei der **hypotonen Dehydratation** ist der Extrazellulärraum verkleinert; aufgrund der erniedrigten Osmolarität kommt es durch den Wassereinstrom in den Intrazellulärraum zu einer Quellung der Zellen. Diese Form der Dehydratation ist Folge eines gesteigerten renalen (z. B. bei Niereninsuffizienz) oder extrarenalen, durch gehäuftes Erbrechen, Durchfall oder starkes Schwitzen bedingten Natriumverlustes, der den des Wasserverlustes übersteigt.

3. Bei **hypertoner Dehydratation** durch Wassermangel kommt es über eine erhöhte Natriumkonzentration zu einer Steigerung der Osmolarität im Extrazellulärraum. Aufgrund des osmotischen Gradienten strömt Wasser aus dem Intra- in den Extrazellulärraum, wobei die intrazelluläre Konzentration ansteigt. Das intrazelluläre Volumen nimmt stärker ab als das extrazelluläre. Diese Störung ist die Folge einer zu geringen Wasseraufnahme z. B. bei gestörtem Durstempfinden und/oder einer gesteigerten Wasserabgabe z. B. beim Diabetes insipidus. Bei dem hier vorliegenden ADH-Mangel durch Störungen der ADH-Sekretion (z. B. durch Hirnadenom oder -trauma) sind große Wasserausscheidungen (viele Liter pro Tag) zu beobachten.

Klinische Symptome
Hydratation und Dehydratation führen zu verschiedenen biochemischen Veränderungen. Allgemeine Störungen wie zerebrale Symptome mit Übelkeit, Erbrechen, Kopfschmerzen und Verwirrtheit bis zur Bewußtlosigkeit sind beiden Formen gemeinsam. Zeichen der **Hydratation** sind generalisierte Ödeme sowie akutes Hirnödem und Husten durch Überwässerung der Lunge. **Dehydratation** zeigt sich durch starkes Durstgefühl, Gewichtsabnahme, Austrocknung der Haut und Schleimhäute, verminderte Speichelproduktion und Oligurie mit hohem spezifischen Gewicht des Harns.

Physiologie des Durstes
Schon im 18. Jahrhundert befaßte sich A. von HALLER (1708–1777) auf wissenschaftlicher Basis mit den Ursachen für das Durstgefühl. Seine Folgerungen wurden später als die »Theorie des trockenen Mundes« bekannt. Danach soll der Durst durch ein Gefühl der Trockenheit in Mund und Kehle ausgelöst werden. Aufgrund dieser Theorie nahmen noch zu Beginn dieses Jahrhunderts Wissenschaftler an, daß die Stärke des Durstgefühls im Mund in direkter Beziehung zum Wasserverlust des Körpers steht.

Diese Theorie wurde später verworfen, als der Durst als Sensation allgemeinen körperlichen Ursprungs verstanden wurde. Danach soll Durst vor allem eine allgemeine körperliche Empfindung sein; sie könne nicht nur mit der Trockenheit in der Kehle in Verbindung gebracht werden, denn Durst wird nicht lokal empfunden wie Hunger. Inhaltlich wurde diese Theorie von anderen Wissenschaftlern des 19. Jahrhunderts unterstützt. Sie zeigten, daß die Trockenheit des Mundes durch die Abnahme der Speichelsekretion bedingt ist. Diese reflektiert den Wassermangel und ist nur ein Begleitsymptom des generellen Durstgefühls.

Die Theorie des trockenen Mundes wurde endgültig durch die Versuchsergebnisse von NOTHNAGEL (1841–1905) widerlegt. Von ihm stammt die Erkenntnis, daß Durst durch ein im Hinterhirn befindliches Durstzentrum gesteuert wird. Spätere Untersuchungen über das Verhältnis zwischen Dehydratation und dem Durstgefühl ergaben, daß das Zentralnervensystem nur das Steuerzentrum für die nervösen Impulse ist, die aus den dehydrierten Zellen kommen. Durch mikroskopisch erkennbare Veränderungen, verursacht durch einfache Punktion der parainfundibulären Region des Hypothalamus, wird eine Polyurie ausgelöst, die sich in den ersten 2 Tagen nach dem Eingriff zeigt. Bekanntlich kann eine Polyurie dem Durst vorausgehen. Obwohl es gegenwärtig keine Beweise gibt, daß Verletzungen in der Hypothalamus-Region auf die Hypophyse wirken, kann nicht länger bezweifelt werden, daß Teile des Großhirns eine Rolle bei der Kontrolle der Flüssigkeitsaufnahme spielen.

Ursachen des Durstes

Durst, ein subjektives Gefühl. Der Wassergehalt des erwachsenen menschlichen Körpers (etwa 60%) wird mit großer Genauigkeit konstant gehalten; er schwankt normalerweise nur um ±0,22% des Körpergewichtes, bei einem Mann von 70 kg also nur um rund ±150 ml. Verliert der Körper mehr als 0,5% seines Gewichtes an Wasser, entsteht Durst. In der Hierarchie der physiologischen Triebe, die das Verhalten lenken, kann Durst nur durch starke Schmerzen oder Luftnot verdrängt werden. Durst ist ein subjektives Gefühl, das ein Bedürfnis des Körpers nach Flüssigkeit ausdrückt.

Primäres und sekundäres Trinken. Beim primären Trinken besteht ein relativer oder absoluter Bedarf in einem der Flüssigkeitskompartimente

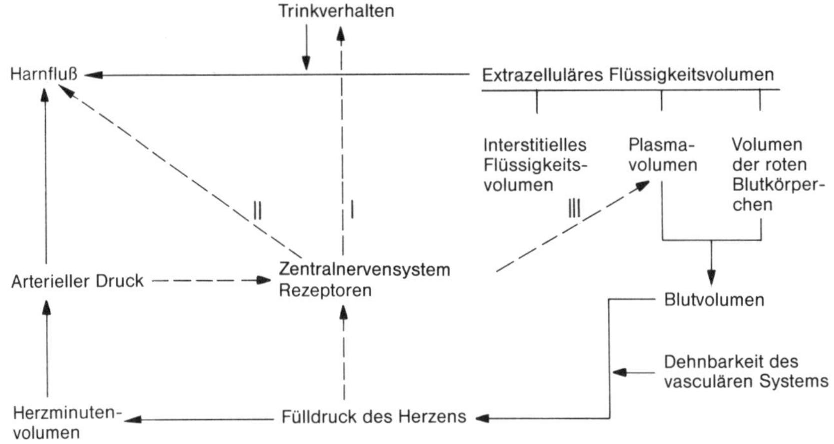

Abb. 14. Regulation des extrazellulären Flüssigkeitsvolumens und des Plasmavolumens durch mechanische Rückkopplung (GAUER und HENRY 1976).

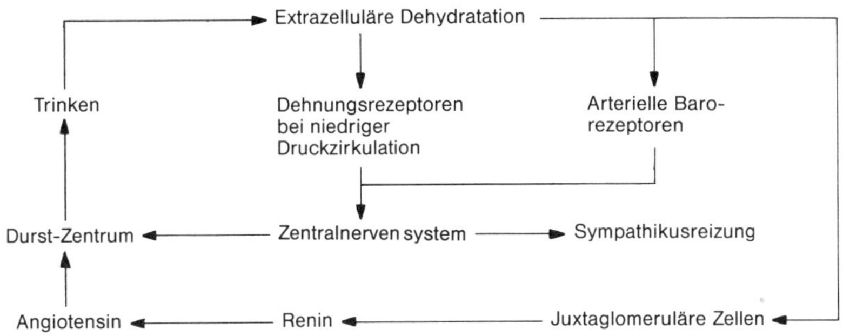

Abb. 15. Möglicher Mechanismus des Trinkens, verursacht durch extrazelluläre Dehydratation (FITZSIMONS 1979).

des Körpers an Wasser. Dagegen ist beim sekundären Trinken der unmittelbare Bedarf des Körpers an Flüssigkeit nicht vorhanden, d. h. das Trinken erfolgt ohne offensichtliche Notwendigkeit der Wasserzufuhr. Die Menge des aufgenommenen Wassers ist eine individuelle Größe und hängt von der Nahrungszusammensetzung und der körperlichen Aktivität ab. Während das primäre Trinken durch einen existierenden Wasserbedarf (Notfallreaktion) ausgelöst wird, steht das sekundäre Trinken in direktem Bezug zum zu erwartenden Wasserbedarf (Normalfall). Beim primären oder bedürfnisinduzierten Trinken gibt es zwei Hauptsignale. Ein Signal geht von den zellulären Kompartimenten aus, das andere von der extrazellulären. Zelluläre Dehydratation wird von Osmorezeptoren angezeigt. Es ist aber auch möglich, daß ein natriumsensibler Rezeptor für die zelluläre Wasserkontrolle verantwortlich ist. Extrazelluläre Flüssigkeitsdefizite werden von »Dehnungs«-Rezeptoren angezeigt, die in den größten Blutgefäßen des Thorax und möglicherweise auch an anderer Stelle zu finden sind (Regulation des Wasserhaushalts).

Der Mechanismus des sekundären Trinkverhaltens ist unbekannt, scheint aber die Charakteristika eines autonomen zirkadianen Rhythmus zu besitzen. Sekundärer Durst kann auch pathologische Ursachen haben. Desweiteren können viele der Experimente, die dazu dienen, Durst zu erzeugen, z. B. durch die elektrische Reizung von Gehirnteilen oder die Injektionen von bestimmten pharmakologischen Substanzen ins Gehirn, beim Tier ein Trinkverhalten auslösen, obwohl kein Flüssigkeitsdefizit vorhanden ist.

Die zelluläre Dehydratation als Ursache des Verlangens nach Flüssigkeit. Die zelluläre Dehydratation stellt einen wichtigen Trinkanreiz für Säugetiere dar. Nur wenige Untersuchungen wurden unter diesem Aspekt an Menschen und Tier durchgeführt. Nach Versuchen mit verschiedenen Tierspezies gilt es als sehr wahrscheinlich, daß das Verlangen nach Trinkflüssigkeit infolge der Verabreichung hypertoner Lösungen auf zellulärer Dehydratation beruht und nicht auf einer gesteigerten Osmolarität im Zellinneren. Kommt es zu einer zellulären Dehydratation, so versucht der Körper durch das Zusammenwirken verschiedener Osmorezeptoren – deren Struktur weitgehend ungeklärt ist (z. B. »ADH-releasing«-Osmorezeptoren im Nucleus supraopticus sowie Osmorezeptoren im basalen Vorderhirn) – das zelluläre Wasser zu halten und zu normalisieren.

Auch der Verlust an extrazellulärer Flüssigkeit führt zu unmittelbarem Durst. Der Hauptstimulus für diesen Durst extrazellulären Ursprungs ist die Hypovolamie. Sie wird durch Rezeptoren, die hauptsächlich im linken Atrium und/oder an den Wänden der großen Gefäße lokalisiert sind, angezeigt. Impulse aus diesen Rezeptoren werden an die Vagus-Nerven weitergeleitet und üben einen Inhibitor-Effekt an den Durst-Neuronen aus. Die Regulation des extrazellulären Flüssigkeitsvolumens und des Plasmavolumens erfolgt durch mechanische Rückkopplung (Abb. 14).

Die physiologische Rolle des Renin-Angiotensin-Systems beim Durst extrazellulären Ursprungs. Am hypovolämischen Durst sind endokrine und nicht-endokrine Mechanismen beteiligt. Die endokrine Komponente bildet Angiotensin II, das die Durstsysteme im Gehirn sensibilisiert und auf den reduzierten sensorischen Input der nicht ausreichend gefüllten großen Blutgefäße reagiert. Der reduzierte sensorische

Input bewirkt selbst die nicht-endokrine Komponente des hypovolämischen Durstes. Hypovolämie und zelluläre Dehydratation treten gleichzeitig infolge von Wasserverlusten aus zellulären und extrazellulären Kompartimenten auf. Diese doppelte Flüssigkeitsmangel-Situation bedingt einen additiven Effekt der zellulären und extrazellulären Mechanismen auf die Flüssigkeitsaufnahme (Abb. 15).

Pharmakologie des Trinkens

Verschiedene pharmakologische Substanzen stimulieren das Trinken. Einige wirken direkt aktivierend auf die Mechanismen, andere verursachen einen Verlust an Körperflüssigkeit, der normalerweise ein vermehrtes Trinken zur Folge hat. Viele Substanzen beeinflussen die Nahrungs- und Flüssigkeitsaufnahme: eine cholinerge Stimulation steigert das Durstgefühl, β-adrenerge Substanzen lösen Hunger und Durst aus, Serotonin verursacht Durst und Zerstörung von dopaminergischen Neuronen führt zu Adipsie und Aphagie.

Es ist erwiesen, daß eine Reihe pharmakologischer Substanzen Durst stimulieren oder unterdrücken können. Viele dieser stimulierenden Substanzen kommen natürlicherweise im Körper vor. Werden sie direkt in das Gehirn injiziert, lösen sie Reaktionen aus, die dem normalen Trinkverhalten entsprechen. Werden sie dagegen peripher injiziert, beruht ihre Wirkung oft auf anderen Mechanismen. Eine wichtige Komponente des β-adrenergen Trinkens bei einigen Tierspezies ist die Aktivierung des Renin-Angiotensin-Systems. Andere Substanzen, z. B. Histamin, Serotonin und hypertonische Mittel, die den Blutdruck senken oder eine vorgetäuschte Hypovolämie verursachen, aktivieren das Renin-Angiotensin-System reflektorisch und lösen so ein Trinkverhalten aus. Eine weitere Gruppe pharmakologischer Substanzen kann Durst durch Wirkung auf die hohen zirkulumventrikulären Strukturen des Gehirns erzeugen. Dieser Gehirnteil scheint besonders empfindlich auf die intrakranialen Dipsogene zu reagieren. Beispiele: Angiotensin, Eldosin beim Schwein; Prostaglandin E der Ziege; ADH, Katecholamine, Histamin, Serotonin und eine Anzahl anderer Substanzen bei Menschen und verschiedenen Tierarten.

Die Substanzen, die das Trinken verhindern können, sind spezifische Antagonisten von Neurotransmittern, Hormonen und anderen natürlich vorkommenden Substanzen, die normalerweise am Durst beteiligt sind. Beispiele: die Hemmung des cholinergen Trinkens durch Antropine, die in den Tractus diagonalis injiziert werden, des β-adrenergen Trinkens durch Propanol und die Hemmung des angiotensininduzierten Trinkens durch Saralasin.

Klinische Aspekte des Durstes

Aus klinischer Sicht kann zwischen symptomatischem Durst, pathologischem Durst und Hypodipsie unterschieden werden.

1. **Symptomatischer Durst** resultiert aus einem Verlust an Körperwasser und Elektrolyten. Typische Beispiele finden sich beim schweren Erbrechen (z. B. Pylorusstenose), schwerer Diarrhoe (z. B. Cholera), echtem Diabetes insipidus (Mangel an ADH), nephrogenem Diabetes insipidus, Diabetes mellitus, bestimmten Formen eines chronisch renalen Natriummangels, Kaliummangel und Hypercalcämie. In allen diesen Fällen funktioniert der Durstmechanismus normal. Die Polydipsie ist eine physiologische Reaktion auf die Dehydratation. In keinem dieser genannten Beispiele führt die Aufnahme von Wasser zu Ödemen, obgleich in den meisten Fällen neben einem Bedarf an Wasser auch ein Bedarf an Elektrolyten besteht.

2. Beim **pathologischen Durst** ist der Patient durstig, obwohl der Körper normal mit Wasser versorgt ist oder sogar zuviel Wasser enthält. Beispiele für den pathologischen Durst sind: Primäre neurogenetische Polydipsie, verursacht durch kontinuierliche Irritation der Durstneuronen (Tumor, Trauma, Entzündungen); zwanghaftes Wassertrinken durch ständige Stimulation der neuralen Durstsysteme mit hohen Plasmaangiotensin-Konzentrationen; Stimulation der Durstneuronen durch einen hohen ADH-Spiegel; mögliche direkte Stimulierung der Durstzentren durch Hypercalcämie oder durch Hypokaliämie.

3. **Hypodipsie** liegt vor, wenn der Durst beeinträchtigt und die Kapazität der Nieren zur Wasserretention überschritten ist. Hypovolämie und Hypernatriämie sind die Folgen beim dehydrierten Patienten.

2.4 Ernährungsstatus

2.4.1 Nährstoffbedarf/Empfehlungen für die Nährstoffzufuhr

2.4.1.1 Nährstoffbedarf

Die Ermittlung und Überprüfung des Nährstoffbedarfs des Menschen (und verschiedener Tierspezies) unter verschiedenen Lebensbedingungen ist zentraler Bestand ernährungswissenschaftlicher Forschung in Industrie- und Entwicklungsländern. Der Nährstoffbedarf wird als diejenige Menge eines Nährstoffs definiert, die aus objektivierbaren, naturwissenschaftlichen Gründen für die Aufrechterhaltung aller Körperfunktionen des Organismus und somit für optimale Gesundheit und Leistungsfähigkeit benötigt wird (KETZ 1984).

Gesundheit ist nach der Definition der WHO ein »Zustand vollständigen körperlichen, geistigen und sozialen Wohlbefindens und nicht nur das Freisein von Erkrankungen und Gebrechen«. Gesundheit ist aber nicht absolut quantifizierbar und daher keine objektive Meßgröße. Eine vollkommene Trennung zwischen Gesundheit und Krankheit ist nicht möglich; beide Größen lassen sich nicht immer eindeutig auf einen bestimmten Einflußfaktor wie z. B. veränderte Nährstoffzufuhr zurückführen.

Der Nährstoffbedarf für eine Bevölkerungsgruppe ist kein Einzelwert, sondern gibt einen Versorgungsbereich mit einem Nährstoff an, der aus drei Komponenten besteht: dem Grundbedarf oder Mindestbedarf (= minimum requirement), einem Mehrbedarf sowie einem Sicherheitszuschlag.

Der **Grundbedarf** ist die niedrigste Zufuhr an einem Nährstoff, die erforderlich ist, um Mangelerscheinungen zu verhüten, die durch klinische Merkmale und Symptome und/oder durch Meßgrößen biochemischer und physiologischer Funktionen nachzuweisen sind. Der Grundbedarf ist im Einzelfall nur schwer zu ermitteln, denn er weist erhebliche Streubreiten auf und kann nur für definierte experimentelle Verhältnisse bestimmt werden.

Die Steigerung des Grundbedarfs wird als **Mehrbedarf** bezeichnet. Unter verschiedenen physiologischen Bedingungen (Wachstum, Schwangerschaft, Lactation) sowie der Wirkung von Umwelteinflüssen (Erkrankungen, Streß, körperliche Aktivität) und durch die Interaktion von Nahrungsbestandteilen mit einem Nährstoff erhöht sich der Bedarf an diesem Nährstoff.

Der **Sicherheitszuschlag** berücksichtigt die bis zum Verzehr eines Lebensmittels auftretenden Verluste an dem betreffenden Nährstoff durch Zubereitungsmaßnahmen.

Einflußfaktoren auf den Nährstoffbedarf

Der Nährstoffbedarf eines Menschen wird von vielfältigen Faktoren beeinflußt, die für jede Person unterschiedlich sein können und zu dem relativ breiten Bereich des Nährstoffbedarfs führen. Als Empfehlung für eine Bevölkerungsgruppe wird jeweils der höchste Bedarf von Einzelpersonen angegeben, damit alle Individuen sicher versorgt sind. Die wichtigsten Einflußfaktoren zeigen die jeweiligen Gründe für die teilweise beachtlichen Abweichungen:

Essentialität und Funktion eines Nährstoffes. Nicht alle Funktionen der Nährstoffe im Körper sind ausreichend bekannt. Dadurch wird zwar die Essentialität eines Nährstoffes nicht grundsätzlich in Frage gestellt, aber der Grundbedarf wird mehr als Schätzung und weniger mittels naturwissenschaftlich begründeter Erkenntnisse festgelegt. Daß der festgelegte Nährstoffbedarf eine dynamische Größe ist, die auch von den jeweils zur Verfügung stehenden wissenschaftlichen Arbeitsmethoden abhängt, belegen folgende Beispiele.

Mitte des 19. Jahrhunderts stellten VOIT und ATWATER Ernährungsstandards auf, die auf Beobachtungen von Art und Menge verzehrter Nahrungsbestandteile der gesund erscheinenden Bevölkerungsgruppen beruhten. Mit diesen epidemiologischen Methoden wird der Bedarf an einzelnen Nährstoffen auch heute noch ermittelt.

Die in den ersten drei Dekaden des 20. Jahrhunderts entdeckten Wirkungen der Vitamine, klinische Mangelsymptome zu heilen bzw. diesen vorzubeugen, führten ab 1930 dazu, den Bedarf an diesen Vitaminen zu quantifizieren. Durch die Erkenntnisse in der Pathophysiologie und Pathobiochemie ernährungsbedingter Vitaminmangelerscheinungen wurde festgestellt, daß die Mangelsymptome die Folge einer Kette von Reaktionen sind, die verschiedene Stadien der Unterversorgung durchlaufen. Ein bestimmter Nährstoff zeigt eine abnehmende Konzentration zunächst im Blut und dann in den Speicherorganen, begleitet von einer verminderten Ausscheidung des Nährstoffs und seiner Metaboliten, besonders im Harn. In den 1950er Jahren wurden biochemische Methoden entwickelt, die es erlaubten, den Gehalt an

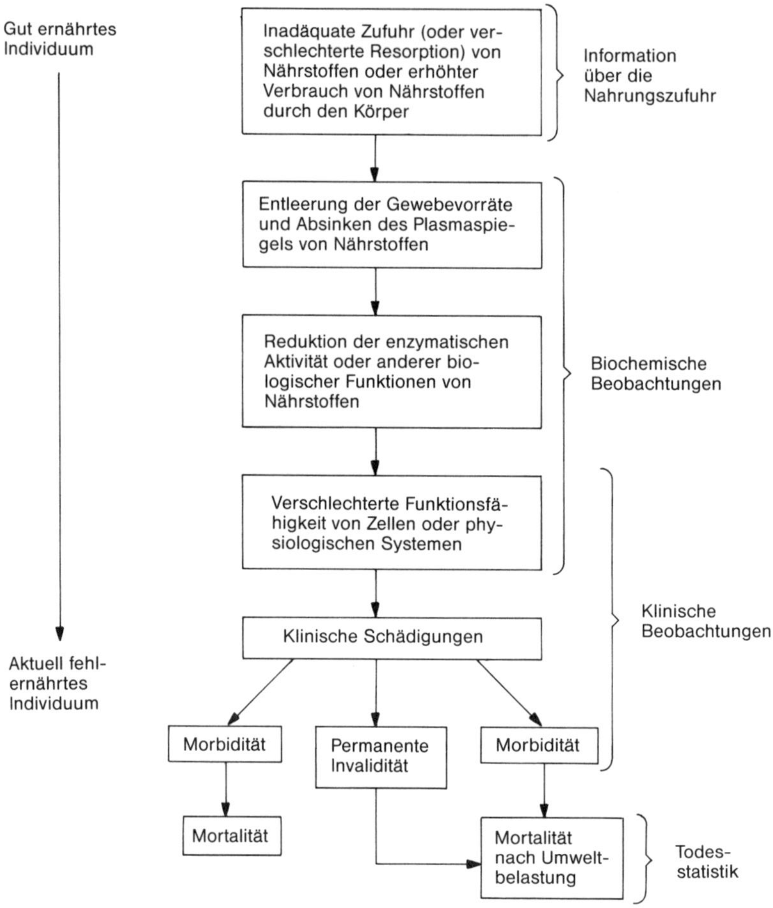

Abb. 16. Stadien der Fehlernährung und damit verbundene Beobachtungen (BEATON und PATWARDHAN 1976).

Nährstoffen und ihrer Metaboliten sowie die Aktivität verschiedener Enzymsysteme in Blut, Gewebe und Exkrementen zu messen. Mit ihrer Hilfe konnten der Nährstoffbedarf und der Ernährungsstatus exakter als mit den übrigen epidemiologischen Methoden erfaßt werden; ferner machten sie eine Früherkennung eines unzureichenden Versorgungszustandes mit einem bestimmten Nährstoff möglich. Mit der Weiterentwicklung einzelner Untersuchungsmethoden konnte mit den biochemischen Parametern der Ernährungsstatus des Menschen erstmals in differenzierteren Stadien ermittelt werden (Abb. 16).

Auch den derzeitigen Bemühungen zur Ermittlung des Nährstoffbedarfs liegen in erster Linie biochemische Methoden zugrunde (Abb. 16). Für die Zukunft ist zu erwarten, daß mittels weiterer verfeinerter Methoden auf molekularer Ebene, z. B. immunologischer Reaktionen, die Stadien der Fehlernährung noch früher erkannt und differenzierter festgestellt werden können.

Individueller Unterschied. Der Nährstoffbedarf ist in erster Linie eine individuelle Größe, abhängig von Alter, Geschlecht, Körperkonstitution, physiologischem Status und der genetischen Ausstattung. Er unterscheidet sich von Person zu Person und unter verschiedenen Lebensbedingungen. Messungen des Energiebedarfs bei Personen gleichen Geschlechts, Alters und physiologischen Status ergaben eine Normalverteilung mit einer Standardabweichung von $s = \pm 12{,}5\%$ (10%–15%). Für Protein beträgt die Standardabweichung $s = \pm 15\%$, für andere Nährstoffe liegen wenig fundierte Erkenntnisse vor. Üblicherweise wird eine Standardabweichung von s = ± 20% zugrundegelegt.

Die Empfehlungen für die Nahrungsenergiezufuhr liegen wegen der Gefahr der Überversorgung nicht über dem durchschnittlichen Bedarf der Bevölkerung (Abb. 17). Bei allen Nährstoffen wird ein Sicherheitszuschlag von 2 × Standardabweichung berücksichtigt; statistisch sind damit 97,5% der Bevölkerung sicher versorgt.

Einfluß von Umweltfaktoren. Umweltfaktoren wie körperliche Aktivität, Zufuhr anderer Nährstoffe und Nichtnährstoffe, Klima und Höhenlage können den Bedarf beeinflussen. Der jeweilige Mehrbedarf durch Umweltbelastungen muß zum Mindestbedarf hinzugefügt werden, um eine optimale wünschenswerte Zufuhr zu sichern. Die Ermittlung des Mehrbedarfs ist um so dringlicher, je mehr Menschen gleichen oder vergleichbaren Umweltbedingungen ausgesetzt sind und deshalb ähnliche Abweichungen vom Grundbedarf aufweisen. Besonders empfindlich reagieren sog. Risikogruppen (Säuglinge, Schulkinder, Schwangere, Senioren) und Patienten, denen die Einnahme bestimmter Medikamente für längere Zeit verordnet wird.

Informationen über den Nährstoffbedarf des Menschen allgemein, aber auch für den Mehrbedarf an verschiedenen Nährstoffen sind sehr schwierig zu gewinnen. Sie sind nur möglich mit aufwendigen, langfristigen und damit kostspieligen Untersuchungen, die meist aus ethischen Gründen gesetzlich verboten sind. Aus diesen Gründen werden Bedarfsschätzungen durchgeführt; sie basieren auf Ergebnissen statistisch oft nicht gesicherter Experimente, die in Untersuchungen mit kleinen Kollektiven gesammelt wurden. Häufiger werden Extrapolationen von Ergebnissen aus Tierexperimenten zugrundegelegt. Folgende Auswahl von Beispielen ver-

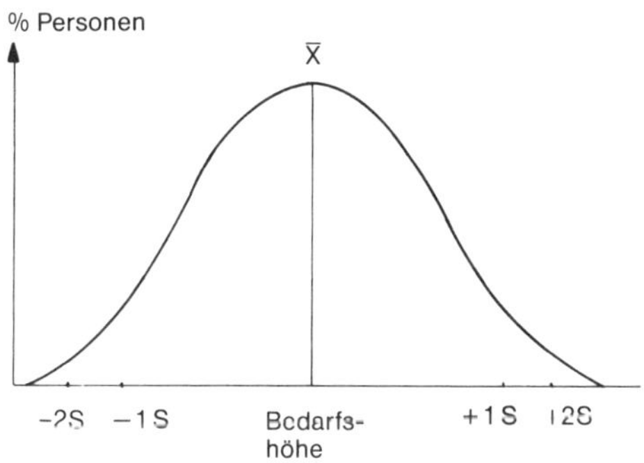

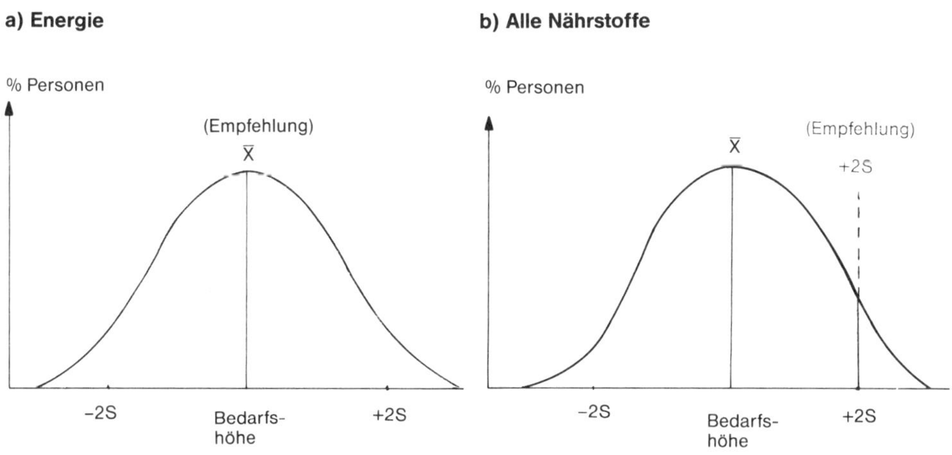

Abb. 17. Verteilung des Energie- und Nährstoffbedarfs und die Höhe der jeweiligen Empfehlung (BEATON und PATWARDHAN 1976).

deutlicht den Einfluß der Umgebungstemperatur auf den Nährstoffbedarf bei Tier und Mensch:

- Ratten wachsen bei einer Proteinzufuhr von 5% oder 10% besser bei einer Umgebungstemperatur von 6 °C als bei Zimmertemperatur. Menschen, die hohen Temperaturen ausgesetzt werden, scheiden vermehrt Stickstoff im Schweiß aus, was auf einen höheren Proteinbedarf hindeutet. Dagegen sind die N-Verluste über den Schweiß bei Menschen, die an die Hitze adaptiert sind, nicht oder nur geringfügig erhöht.
- In einer Umgebungstemperatur von 1 °C weisen Ratten einen um etwa 50% höheren Tocopherolbedarf auf als bei Zimmertemperatur.
- Teilnehmer einer Polarexpedition zeigten bei einer Zufuhr von 100 mg Vitamin C/d deutliche Mangelerscheinungen. Verschiedene Autoren empfehlen für diese Personengruppe bis zu 300 mg Vitamin C täglich (DGE 75 mg/d unter Normalbedingungen). Bei der gleichen Personengruppe wurden auch erhöhte Ausscheidungsraten an B-Vitaminen und ihren Metaboliten festgestellt: Prophylaktisch wird eine zusätzliche Vitaminversorgung empfohlen.
- Hohe Umgebungstemperaturen wie auch schweißtreibende körperliche Arbeiten erhöhen vor allem den Bedarf an Mineralstoffen und einigen Vitaminen, die vermehrt über die Haut ausgeschieden werden. Auch hier gehen die Verluste merklich zurück, wenn langfristige Adaptationen erfolgen (z.B. Marathonläufer).

Adaptation an die veränderte Nahrungszufuhr – ihr Einfluß auf den Nährstoffbedarf. Veränderte Umweltbedingungen rufen im lebenden System Anpassungsmechanismen hervor, die dazu dienen, den Folgen solcher Umweltveränderungen entgegenzuwirken. Auch der Umweltfaktor Ernährung führt unter veränderten Bedingungen zu gewissen Anpassungsmechanismen, die verschiedene Stoffwechselvorgänge betreffen. Als **kurzfristige Adaptation** wird die individuelle Reaktion auf temporäre Veränderungen der Nahrungszufuhr bezeichnet. Kurzfristige Adaptationen sind meist reversibel und lassen sich mit biochemischen Methoden erfassen. Das Auftreten klinischer Symptome ist ein Zeichen dafür, daß der Körper die Grenzen seiner individuellen Anpassungsfähigkeit erreicht hat. Das Anpassungsvermögen des Körpers ist um so größer, je weniger fortgeschritten die angeborene Adaptationsfähigkeit ist. Beispiele für kurzfristige Adaptationen des Körpers wurden wiederholt festgestellt:

- Bei quantitativer und qualitativer Unterversorgung mit Protein bleibt die Produktion proteolytischer Pankreas- und Leberenzyme gedrosselt.
- Labiles Protein wird bei allgemeiner Unterversorgung mit Protein reduziert.
- Unter Protein-Energie-Malnutrition (PEM) ist die Intensität der Stoffwechselvorgänge für Energietransformation und/oder Syntheseprozesse aufgrund verminderter Produktion und Aktivität von Enzymen herabgesetzt.
- Die Oxidation der Palmitinsäure im Gewebe von Ratten, die an hohe Zufuhren von Cholin und Fett gewöhnt waren, erfolgt schneller, während die Verwertung von Glucose deutlich langsamer abläuft als im Gewebe von Ratten, die an kohlenhydratreiches Futter gewöhnt sind.
- Die Calciumbilanz im Körper zeigt eine Abhängigkeit von der Calciumaufnahme, wobei die Anpassungskapazität und -geschwindigkeit sehr starken individuellen Schwankungen unterliegt.
- Die Eisenabsorption ist deutlich erhöht, wenn die Eisenvorräte im Körper erschöpft oder stark vermindert sind; sie ist hingegen herabgesetzt bei großen Eisenvorräten in der Leber. Auf diese Weise kann sich der Körper über einen gewissen Zeitraum gegen Mangel und Überladung schützen.

Unter **langfristiger Adaptation** werden Stoffwechselmodifikationen verstanden, die sich über Generationen entwickelt haben und die eine inhärente Anpassung an die veränderte Nahrungszufuhr darstellen, die für eine Population typisch ist. Langfristige Adaptationsmechanismen stellen keine akuten enzymatischen Modifikationen dar, da sie zu ihrer Entwicklung und möglichen Rückbildung viele Generationen benötigen. Beispiele aus der früheren und jüngeren Entwicklungsgeschichte des Menschen belegen die Möglichkeit der langfristigen Adaptation:

- Die Entwicklung der Ernährungsweise des Menschen von der des altsteinzeitlichen Wildbeuters (protein- und fettreich) zur kohlenhydratreichen des seßhaft gewordenen Acker- und Hackfruchtbauern läßt sich heute noch erkennen, anhand der Existenz beider Extreme: Die Eskimos in Alaska und die

Massai und Bantus in Afrika einerseits sowie die Vegetarier Südindiens andererseits.

– Menschen, die in eine andere Umwelt mit neuen Ernährungsbedingungen umsiedeln, zeigen nach wenigen Generationen nachweisbare Veränderungen somatischer Konstanten gegenüber ihren zurückgebliebenen Verwandten auf. Viele Beispiele, wie japanische Einwanderer in Hawaii und Kalifornien, mexikanische und italienische Einwanderer in die USA, verdeutlichen den Einfluß der Umwelt auf die allmähliche Veränderung des Organismus.

Das beste Beispiel für eine langfristige Anpassung an die Nahrungsumwelt ist die genetisch bedingte Lactose-Intoleranz bei der Mehrzahl der Weltbevölkerung. Nach dem Säuglingsalter geht zunehmend die Fähigkeit zur Synthese von Lactase verloren, so daß Milchzucker nicht mehr gespalten werden kann, und der Konsum von bereits geringen Mengen Milch zu saurer Diarrhoe führt. So sind in Afrika über 70% der schwarzen Bevölkerung lactose-intolerant. Auch unter schwarzen Amerikanern, deren Ursprung Afrika ist, zeigen bis zu 70% der Erwachsenen diese Lactose-Intoleranz. Demgegenüber sind von der weißen amerikanischen Bevölkerung – wie bei Kaukasiern allgemein – nur etwa 10% lactose-intolerant.

Zwischen kurzfristiger und langfristiger Adaptation besteht ein weites Übergangsspektrum, so daß bestimmte Adaptationsmechanismen nicht leicht einzuordnen sind.

Grundlagen zur Bestimmung des Nährstoffbedarfs

Anhaltende quantitative und qualitative Unterversorgung mit Nährstoffen führt zur Beeinträchtigung verschiedener Körperfunktionen, die sich schon während oder erst am Ende der Depletionsperiode in charakteristischen klinischen Symptomen äußert. Die Mangelsymptome sind oft die Folge einer Kette von Reaktionen, die in den verschiedenen Stadien der Unterversorgung ablaufen. Sie lassen sich für einen bestimmten Nährstoff durch abnehmende Konzentration im Blut und in Speicherorganen und durch verminderte Ausscheidung des Nährstoffes und seiner Metaboliten im Urin nachweisen. Bei Nährstoffmangel treten zunächst typische metabolische Veränderungen auf; wenn ein kritisches Stadium erreicht ist, treten die typischen Mangelsymptome in Erscheinung.

Die Entwicklungsstadien einer Mangelversorgung werden am Beispiel des Thiamins bei freiwilligen Probanden deutlich (Abb. 18). Bei thiaminfreier Kost treten innerhalb der ersten 5 bis 10 Tage keine Veränderungen auf. Nach dem 10. Tag der Unterversorgung werden metabolische Veränderungen festgestellt und vom 200. Tag an treten die klassischen anatomischen Symptome des Vitamin-B_1-Mangels auf. Zwischen der Phase der biochemischen Veränderungen und dem Auftreten der klassischen Symptome verschlechtert sich der allgemeine Zustand der Versuchspersonen zunehmend. Ferner werden unspezifische Symptome wie

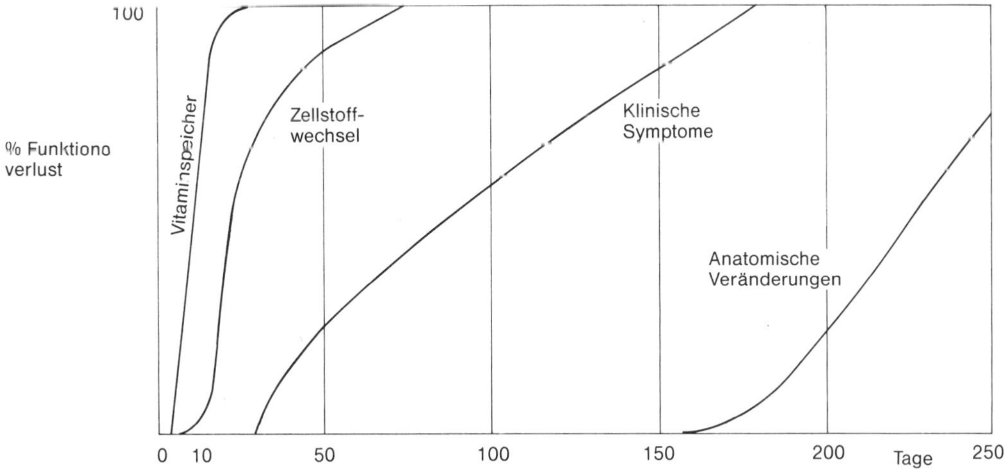

Abb. 18. Entwicklungsstadien von Vitaminmangel am Beispiel der Thiaminunterversorgung bei freiwilligen Probanden. Bei vollen Speichern Funktionsverlust = 0% (nach Marks 1975).

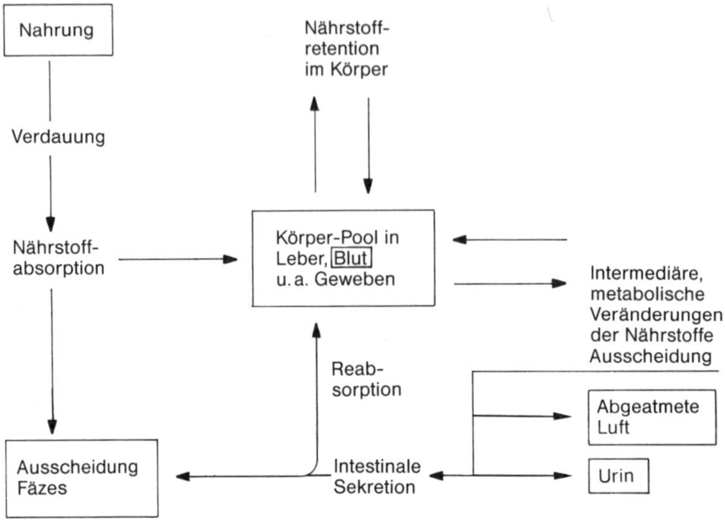

Abb. 19. Stoffwechsel der Nährstoffe, Eckdaten für die Ermittlung des Nährstoffbedarfs (ALTMAN und DITTMER 1964).

Gewichtsverlust, Appetitlosigkeit, Unwohlsein, Schlaflosigkeit und zunehmende Reizbarkeit beobachtet.

Die Ermittlung des Nährstoffbedarfs setzt Kenntnisse der Grundlagen der Ernährungsphysiologie wie Verdauung und Absorption der Nährstoffe, Transport in die Zellen, Stoffwechsel, Retention und Ausscheidung voraus (Abb. 19). Diese Parameter sind für einzelne Nährstoffe sehr unterschiedlich und können nicht für jeden Nährstoff bestimmt werden.

Die Mechanismen der **Absorption** und die Absorptionsrate geben Auskunft über das Verhältnis zwischen zugeführter und tatsächlich aufgenommener Menge an einem Nährstoff und somit über seine Bioverfügbarkeit in der aufgenommenen Nahrung. Die Absorptionsrate weist auch innerhalb derselben Spezies große individuelle Unterschiede auf. Die exakte Bestimmung der Nährstoffabsorption ist schwierig und nicht immer möglich, da sie von verschiedenen Faktoren beeinflußt wird. Zu diesen zählen die Bindungsform des Nährstoffs, die Dosisabhängigkeit, die zuständigen Transportmechanismen u. a. (s. Absorption einzelner Nährstoffe).

Die **Retention** der Nährstoffe erfolgt in zentrale Nährstoffspeicher oder diffus. Zentral gespeichert werden z. B. die fettlöslichen Vitamine, Vitamin B_{12} sowie die Mineralstoffe. Wichtigste zentrale Speicherorgane sind Leber, Skelett und Fettgewebe. Die meisten wasserlöslichen Vitamine werden in Form diffuser Retention als Coenzyme oder physiologisch wirksame Metaboliten in den Zellen gespeichert. Der Bestand des Körpers des erwachsenen Menschen an essentiellen Nährstoffen ist unterschiedlich groß. Wird der für einen bestimmten Nährstoff bekannte Speicher in Relation zum jeweiligen Nährstoffbedarf gesetzt, so läßt sich die sog. Reservekapazität des Körpers an diesem Nährstoff errechnen, die zwischen wenigen Tagen und mehreren Jahren liegt (Tab. 21). Die jeweilige Reservekapazität soll nicht zu der falschen Annahme verleiten, daß der Körper die angegebene Zeit ohne Zufuhr des Nährstoffs auskäme.

Die Bestimmung der Konzentration eines Nährstoffes im Blut sowie seiner Ausscheidung im Urin erlaubt die Berechnung der »Turnover rate« des Nährstoffs. Die Ausscheidung von Nährstoffen über Urin und Galle ist unter Bedingungen eines ausgeglichenen Fließgleichgewichtes ein Teil der Umsatzgröße. Durch die Ausscheidung sind die unterschiedlichen Umsatzraten der Nährstoffe bestimmbar (= Tagesprofil). Die renale Clearance von Aminosäuren, wasserlöslichen Vitaminen und Glucose nimmt bei höheren Plasmakonzentrationen zu. Die Nährstoffe verhalten sich scheinbar als renale Schwellensubstanzen, daher der Begriff der Gewebesättigung. Die Nierenschwelle der Nährstoffe verhindert erhöhte Geweberetention. Durch die Clearance wird die Aufnahme und Absorption eines Nährstoffes mitreguliert.

Tab. 21. Körperspeicher und errechnete Reservekapazität an Nährstoffen im menschlichen Körper (modif. nach PASSMORE 1965)

	Gesamt-Körper-gehalt	zulässiger Gesamtverlust	zulässiger tägl. Verlust	Reserve-kapazität
Fett (g)	9000	6500	150[a]	6–7 Wochen
Protein (g)	11000	2400[b]	60[c]	6–7 Wochen
Kohlenhydrate (g)	500	150	–	wenige Stunden
Wasser (g)	40000	4000	1000[d]	4 Tage
Natrium (mEq)	2600	800[e]	320[f]	2–3 Tage
Kalium (mEq)	3500	300	260[g]	1–2 Tage
Calcium (g)	1500	500[h]	0,1[i]	10–20 Jahre
Eisen (mg)	4000	3000[j]	23[k]	4–5 Monate
Vitamin A (µg Ret. Eq)	151000		300[l]	1–2 Jahre
Vitamin B_{12} (µg)	5000		1[m]	10–20 Jahre
Vitamin B_1 (mg)	25[n]		0,35[o]	2–3 Monate

Die Angaben der gesamten Körpergehalte sind repräsentativ für einen normallebenden, gut ernährten Menschen. In vielen Teilen der Welt, in denen die Ernährung ungenügend ist, können diese Körperreserven wesentlich geringer sein. Die Werte für den zulässigen täglichen Verlust entsprechen denen bei Nahrungsrestriktion oder bei verschiedenen Krankheiten, wie in den Fußnoten erwähnt. Die Angaben für die Reservekapazität schwanken sehr stark, aber die angegebenen Größenordnungen sind zutreffend.

[a] Dieser Wert entspricht 1400 kcal.
[b] Gewebeverlust, besonders in Muskeln, kann bis zu 20% des Gesamtproteins betragen.
[c] Bei Versorgung mit 240 kcal. Zusammen mit 150 g Fett stellt diese Menge an Protein 1640 kcal zur Verfügung, genug für einen hungernden Menschen.
[d] Unter optimalen Bedingungen verliert ein Mensch bei fehlender Wasserzufuhr 800 g Wasser über die Haut und Lungen und 400 g mit dem Urin. Demgegenüber müssen 200 g Wasser im Metabolismus ausgeglichen werden.
[e] Eine Verringerung der Extrazellularflüssigkeit von 15 l (Na 140 mEq/l) auf 13 l (Na 123 mEq/l) und ein Verlust von 300 mEq Na aus den Knochen.
[f] Verlust von 4 l Schweiß/d mit einem Gehalt von 80 mEq Na/l.
[g] Schwere Diarrhoe und Erbrechen.
[h] Unter der Annahme, daß klinische Osteoporose erst dann eintritt, wenn ⅓ der Knochenmineralien abgebaut sind.
[i] Ein wesentlicher Ausdruck einer andauernden negativen Calciumbilanz.
[j] Verlust bei Hämoglobin von 20% und von 1 g Eisen aus den Ferritinspeichern.
[k] Angenommen wird ein täglicher Verlust von 50 ml Blut durch eine chronische Blutung und ein physiologischer Verlust von 1 mg Fe/d, der zum Teil durch eine gesteigerte Absorption von 3 mg/d ausgeglichen wird.
[l] Eine hoch angesetzte Schätzung. Viele Menschen in Südostasien leben mit einer viel geringeren Zufuhr über die Nahrung ohne Anzeichen eines Vitamin-A-Mangels.
[m] Diese Vitaminmenge kann bei Patienten mit perniziöser Anämie eine Besserung herbeiführen; der tägliche physiologische Bedarf kann geringer sein.
[n] Davon werden 0,5 µg/g im Skelettmuskel und 1,0 µg/g in den wichtigsten Verdauungsorganen angenommen.
[o] Unter der Annahme eines täglichen Mindestbedarfs von 0,7 mg und einer Kost aus poliertem Reis, die nur 0,35 mg liefert.

Möglichkeiten zur Messung/Schätzung des Nährstoffbedarfs

In quantitativer Hinsicht ist der Bedarf des Körpers an einem Nährstoff praktisch der additive physiologische Bedarf einzelner Zellen und Gewebe an diesem Nährstoff, folglich ändert sich der Bedarf eines Individuums unter verschiedenen Lebensbedingungen, z.B. während der Wachstumsphase, der Schwangerschaft, der Stillperiode etc.

Nährstoffbedarfswerte, auf denen die Empfehlungen für die Nährstoffzufuhr basieren, können auf verschiedenen Wegen ermittelt werden. Die frühen Ansätze zur Bestimmung des Nährstoffbedarfs von Tieren basierten auf Studien der Körperzusammensetzung, in der An-

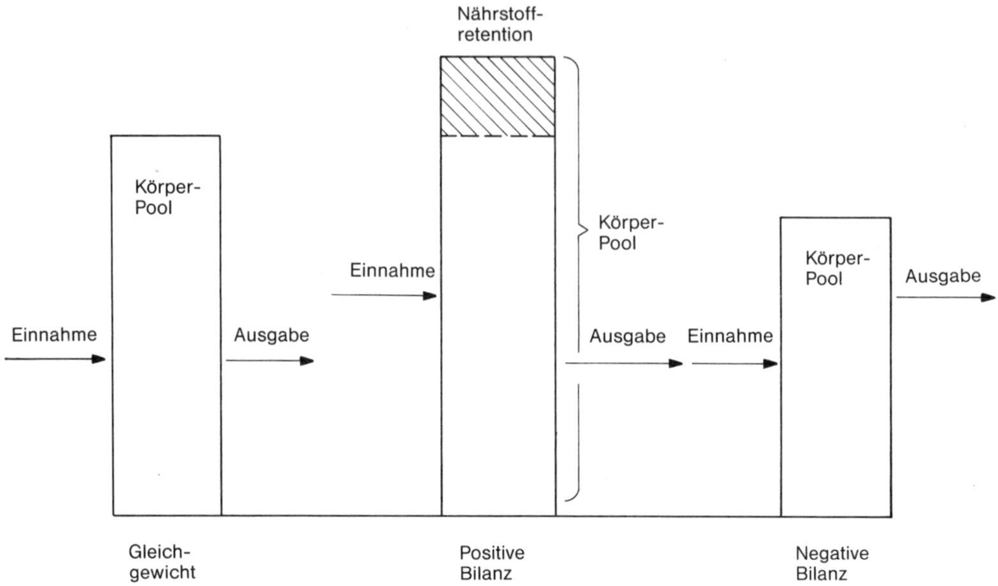

Abb. 20. Bilanzversuche zu den Beziehungen zwischen Aufnahme und Abgabe von Nährstoffen (PIKE und BROWN 1975).

nahme, daß die Stoffe, welche im Körper vorkommen, auch vom Körper benötigt werden. Heute ist bekannt, daß allein aus dem Vorkommen einer Substanz im Körper kein begründeter Bedarf an dieser Substanz abgeleitet werden kann, da Nahrungskomponenten in den Zellen synthetisiert sowie mit der festen Nahrung oder dem Trinkwasser als Kontaminanten dem Körper zugeführt werden.

Erhebungen der Nährstoffaufnahme ermöglichen eine akzeptable Schätzung des Bedarfs des Menschen an einigen Nährstoffen. So lieferten vergleichende Studien der Nahrungs- und Nährstoffaufnahme einer Gruppe gesunder Individuen eine grobe Orientierung über das Ausmaß der Nährstoffbedarfsdeckung von Personen, bei denen ernährungsbedingte Krankheiten endemisch waren. Auf dem gleichen Prinzip beruhen die Schätzungen des Nahrungsenergiebedarfs von Kindern; hier wird die ermittelte Energieaufnahme normal wachsender Kinder herangezogen. Erhebungen der Nährstoffaufnahme allein reichen jedoch nicht aus, um den Nährstoffbedarf genau zu bestimmen. Sie bedürfen der Ergänzung (Verfeinerung) durch kontrollierte Untersuchungen, in denen die Reaktion des Körpers – mittels biochemischer und/oder klinisch-chemischer Beurteilungskriterien – auf eine möglichst genau definierte Nährstoffaufnahme ermittelt wird.

Biochemische Untersuchungen. Mangelexperimente an Menschen, die früher an »freiwilligen« jungen Erwachsenen, überwiegend Männern, durchgeführt wurden und heute weltweit verboten sind, lieferten in den 1940er Jahren die zuverlässigsten Angaben über den Nährstoffbedarf. Experimente an Menschen, in denen biochemische Parameter auf zell- bzw. auf molekularbiologischer Ebene zur Beurteilung des Versorgungszustandes mit einem Nährstoff angewandt werden, sind heute das Mittel der Wahl; sie ermöglichen auch die Früherkennung eines Mangels an einem bestimmten Nährstoff. Üblich sind Bestimmungen des Nährstoffgehaltes und des Gehaltes seiner Metaboliten in Blut und Urin sowie die Untersuchung einer vom Nährstoff abhängigen Funktion, z.B. bei Vitaminen die Aktivität bestimmter Enzyme im Blut.

Experimente an Menschen liefern im allgemeinen die höchste Aussagekraft und Präzision bei der Ermittlung des Nährstoffbedarfs von Individuen verschiedener Altersgruppen und unter bestimmten Lebensbedingungen.

Bilanzstudien (Energiebilanz, chemische Bilanz). Nährstoffbilanzversuche beim Menschen können zu aufschlußreichen Ergebnissen der Absorption und Retention von Nährstoffen führen. Sie stellen eine Beziehung zwischen der Aufnahme und der Ausscheidung des zu untersuchenden Nährstoffes dar. Das Prinzip der Bilanzexperimente ist einfach (Abb. 20).

Die Technik einer Bilanzstudie ist nur anwendbar, wenn der Nährstoff stabil ist, d.h. nicht metabolisiert wird, oder wenn seine Endprodukte genau definiert und quantitativ gemessen werden können. Bei Energiebilanzen beispielsweise ist Wärme das Endprodukt des Energietransfers und alle Formen der Energie können als Wärme angegeben werden. Eine »Proteinbilanz« wird über Messung seiner metabolisch stabilen Komponente, Stickstoff, durchgeführt. Für Mineralstoffe als stabile Substanzen ist die Anwendung der Bilanztechnik geeignet. Vitamine dagegen sind biologisch nicht stabil, da sie im Körper metabolisiert werden und einige von ihnen auch endogen bzw. enteral (durch Darmbakterien) gebildet werden; Vitamine sind daher für Bilanzstudien nicht geeignet.

Eine positive Bilanz bedeutet, daß die Aufnahme der jeweils untersuchten Substanz größer ist als die Ausscheidung und daß sie im Körper retiniert wird. Positive Bilanzen werden während Wachstumsphase, Adoleszenz, Schwangerschaft und Repletion nach Nahrungskarenz oder Verlust von Körpersubstanz in Folge operativer Eingriffe, Verbrennungen u.a. erwartet. Bei negativer Bilanz übersteigt die Ausscheidung die Aufnahme eines Nährstoffes, da letztere die aufgetretenen Verluste nicht zu kompensieren vermag. Körpergewichtsverluste sind normalerweise ein Ausdruck negativer Energiebilanzen. Ein Gleichgewicht wird erreicht, wenn Aufnahme und Ausscheidung des Nährstoffes ausgeglichen sind. Unter Bedingungen einer ausreichenden Ernährung müßte ein gesunder Erwachsener eine ausgeglichene Bilanz bezogen auf Wasser, Energie, Stickstoff und Mineralstoffe aufweisen.

Für einige Bevölkerungsgruppen (z.B. Kleinkinder, Schwangere, Senioren) existieren wenig gesicherte Erkenntnisse über den Nährstoffbedarf. Durch Interpolationen zwischen den bekannten Bedarfszahlen zweier Altersgruppen, z.B. Säuglingen und Erwachsenen, können mehr oder weniger annehmbare Schätzungen über den Nährstoffbedarf einiger dieser Gruppen ermittelt werden.

Bei fehlenden zuverlässigen Daten aus entsprechenden Untersuchungen an Menschen wird gezwungenermaßen auf Ergebnisse aus Tierexperimenten zurückgegriffen. Hier ist jedoch Vorsicht geboten, da quantitative Übertragungen nicht möglich sind. Qualitative Rückschlüsse werden mit zunehmender Kenntnis der biochemischen Funktionen immer zugänglicher, bieten jedoch keinen völligen Ersatz.

2.4.1.2 Empfehlungen für die Nährstoffzufuhr

Die wünschenswerte (= optimale) Zufuhr an einem Nährstoff liegt immer über dem Mindestbedarf. Sie berücksichtigt jenen Mehrbedarf an dem betreffenden Nährstoff, der durch unterschiedliche Umwelteinflüsse und unter verschiedenen Lebensbedingungen verursacht wird, sowie Sicherheitszuschläge. Sie ist diejenige Nährstoffmenge, die in allen Lebenssituationen einen optimalen (als normal zu bezeichnenden) Stoffwechselablauf des Körpers ermöglicht.

Die ermittelten Werte über den Nährstoffbedarf (Grundbedarf) sind Durchschnittswerte aus laborexperimentell-biochemischen bzw. klinischen oder auch rein empirischen Daten. Sie dienen als Grundlage für die Erstellung von Nährstoffempfehlungen auf nationaler und internationaler Ebene, so z.B. die Empfehlungen für die Nährstoffzufuhr der Deutschen Gesellschaft für Ernährung (DGE, Tab. 22), die Recommended Dietary Allowances (RDA) des Food and Nutrition Boards in den USA sowie den internationalen Empfehlungen der FAO/WHO »Handbook on Human Nutritional Requirements«. Während die Nährstoffbedarfszahlen primär von wissenschaftlichem Interesse sind, kommt den Nährstoffempfehlungen dagegen eine praktische Bedeutung zu.

Als Vorbild aller Nährstoffempfehlungen dienen die 1938 von der League of Nations herausgegebenen und die 1943 in den USA erschienene erste Auflage der RDA, die seinerseits als Leitfaden bei der Ernährungsberatung, insbesondere in Verbindung mit der nationalen Verteidigung, dienen sollte.

Kriege und die daraus resultierenden Nahrungsmittelknappheiten trugen entscheidend zur Entstehung und Entwicklung von Nährstoffempfehlungen bei. Es wurden spezielle Forschungsprogramme finanziert, in denen der Nährstoffbedarf unter den veränderten, kriegszustandsähnlichen Lebensbedingungen ermittelt werden sollte. So wurden 1917 in Boston (USA) an 25 jungen Männern Nahrungsmittelrationierungen vorgenommen, die unter Kriegsbedingungen üblich waren. Hierbei wurden die Möglichkeiten einer kurzfristigen Anpassung der Individuen untersucht. Während des Zweiten Weltkrieges wurde ebenfalls in den

Tab. 22: Empfehlungen für die Nährstoffzufuhr in absoluten Zahlen und in Nährstoffdichten in Abhängigkeit von Geschlecht, Alter und körperlicher Arbeit (DGE 1985, Elmadfa et al. 1987)

Nährstoff	Empfehlung	Männer		Frauen					Kinder und Jugendliche							
											männlich			weiblich		
		L_1	L_2	L_1	L_2	Sch_1	Sch_2	ST	4–6 J.	7–9 J.	10–12 J	13–14 J	15–18 J	10–12 J	13–14 J	15–18 J
Vitamin A	mg/Tag	1,0	1,0	0,8	0,8	0,8	1,1	1,8	0,7	0,8	0,9	1,1	1,1	0,9	1,0	0,9
	mg/MJ	0,09	0,10	0,09	0,09	0,09	0,11	0,15	0,11	0,10	0,09	0,10	0,09	0,10	0,10	0,09
Vitamin D	µg/Tag	5	5	5	5	5	10	10	10	10	10	10	10	10	10	10
	µg/MJ	0,45	0,50	0,56	0,59	0,56	0,98	0,83	1,54	1,25	1,05	0,87	0,80	1,11	0,95	1,00
Vitamin E	mg/Tag	12	12	12	12	12	14	17	7	8	10	12	12	10	12	12
	mg/MJ	1,1	1,2	1,3	1,4	1,4	1,4	1,4	1,1	1,0	1,1	1,0	1,0	1,1	1,1	1,2
Vitamin B_1	mg/Tag	1,4	1,3	1,2	1,1	1,2	1,5	1,7	0,8	1,0	1,2	1,4	1,5	1,1	1,3	1,3
	mg/MJ	0,13	0,13	0,13	0,13	0,13	0,15	0,14	0,12	0,13	0,13	0,12	0,12	0,11	0,12	0,13
Vitamin B_2	mg/Tag	1,7	1,7	1,5	1,5	1,5	1,8	2,3	1,0	1,3	1,5	1,6	1,8	1,4	1,5	1,7
	mg/MJ	0,15	0,17	0,17	0,18	0,17	0,18	0,19	0,15	0,16	0,16	0,14	0,14	0,16	0,14	0,17
Niacin	mg/Tag	18	18	15	15	15	17	20	11	13	15	19	20	14	17	16
	mg/MJ	1,6	1,8	1,7	1,8	1,7	1,7	1,7	1,7	1,6	1,6	1,7	1,6	1,6	1,6	1,6
Vitamin B_6	mg/Tag	1,8	1,8	1,6	1,6	1,8	2,6	2,2	1,3	1,4	1,6	2,0	2,1	1,4	1,6	1,8
	mg/MJ	0,16	0,18	0,18	0,19	0,18	0,25	0,18	0,20	0,18	0,17	0,17	0,17	0,16	0,15	0,18
Folsäure-Äquivalente	µg/Tag	160	160	160	160	320	320	240	120	120	160	160	160	160	160	160
	µg/MJ	15	16	18	19	36	31	20	18	15	17	14	13	18	15	16
Pantothensäure	mg/Tag	8	8	8	8	8	10	11	5	6	6	8	8	6	8	8
	mg/MJ	0,7	0,8	0,9	0,9	0,9	1,0	0,9	0,8	0,7	0,6	0,7	0,6	0,7	0,8	0,8
Vitamin B_{12}	µg/Tag	5	5	5	5	5	6	6	3	5	5	5	5	5	5	5
	µg/MJ	0,45	0,50	0,56	0,59	0,56	0,59	0,50	0,46	0,63	0,53	0,43	0,40	0,56	0,48	0,50
Vitamin C	mg/Tag	75	75	75	75	75	100	125	60	65	70	75	75	70	75	75
	mg/MJ	7	7	8	9	8	10	10	9	8	7	7	6	8	7	7
Natrium	g/Tag	2,5	2,5	2,5	2,5	2,5	2,5	2,5	1,5	1,5	1,5	1,5	1,5	1,5	1,5	1,5
	g/MJ	0,23	0,25	0,28	0,29	0,28	0,25	0,21	0,23	0,19	0,16	0,13	0,12	0,17	0,14	0,15

Kalium	g/Tag	3,5	3,5	3,5	3,5	3,5	3,5	3,5	1,5	1,5	2,0	2,0	3,5	2,0	2,0	3,5
	g/MJ	0,32	0,35	0,39	0,41	0,39	0,34	0,29	0,23	0,19	0,21	0,17	0,28	0,22	0,19	0,35
Calcium	mg/Tag	800	800	800	800	1200	1200	1200	700	800	1000	1000	900	900	900	800
	mg/MJ	73	80	89	94	133	118	100	108	100	105	87	72	100	86	80
Phosphor	mg/Tag	800	800	800	800	1000	1000	1000	700	800	1000	1000	900	900	900	800
	mg/MJ	73	80	80	89	111	98	83	108	100	105	87	72	100	86	80
Magnesium	mg/Tag	350	350	300	300	300	400	450	200	220	280	330	400	250	300	350
	mg/MJ	32	35	33	35	33	39	37	31	28	29	29	32	28	29	35
Eisen	mg/Tag	12	12	18	18	25	25	22	8	10	12	12	12	18	18	18
	mg/MJ	1,1	1,2	2,0	2,1	2,8	2,5	2,0	1,2	1,3	1,3	1,0	1,0	2,0	1,7	1,8
Jod	µg/Tag	200	180	200	180	230	230	260	120	140	180	200	200	180	200	200
	µg/MJ	18	18	22	21	26	25	23	18	17	19	17	16	20	19	20
Fluor	mg/Tag	1,0	1,0	1,0	1,0	1,0	1,0	1,0	0,75	1,0	1,0	1,0	1,0	1,0	1,0	1,0
	mg/MJ	0,09	0,10	0,11	0,12	0,1	0,24	0,08	0,12	0,13	0,11	0,09	0,08	0,11	0,10	0,10
Protein	g/Tag	55	55	45	45	45	75	65	32	40	45	60	60	45	55	50
	g/MJ	5,0	5,5	5,0	5,3	5,0	7,4	5,4	4,9	5,0	4,7	5,2	4,8	5,0	5,2	5,0
Essentielle	g/Tag	10	10	10	10	10	11	13	5	6	7	9	10	7	9	10
Fettsäuren	g/MJ	0,9	1,0	1,1	1,2	1,1	1,1	1,0	0,8	0,7	0,7	0,8	0,8	0,8	0,9	1,0

L_1 = Leichtarbeiter (19–35 Jahre) männlich: 2600 kcal (= 11,0 MJ) weiblich: 2200 kcal (= 9,0 MJ)
L_2 = Leichtarbeiter (36–60 Jahre) 2400 kcal (= 10,0 MJ) 2000 kcal (= 8,5 MJ)

Sch_1 = Schwangere, bis zum 4. Schwangerschaftsmonat empfohlene Mehrzufuhr: 0 kcal gegenüber der empfohlenen Energiezufuhr für Frauen mit überwiegend sitzender Beschäftigung bis 35 Jahre = 2200 kcal (= 9,0 MJ)

Sch_2 = Schwangere, ab dem 4. Schwangerschaftsmonat, empfohlene Mehrzufuhr: 300 kcal (= 1,2 MJ) gegenüber der empfohlenen Energiezufuhr für Frauen mit überwiegend sitzender Beschäftigung bis 35 Jahre = 2500 kcal (= 10,2 MJ)

St = Stillende, empfohlene Mehrzufuhr: bis 700 kcal (= bis 3,0 MJ) gegenüber der empfohlenen Energiezufuhr für Frauen mit überwiegend sitzender Beschäftigung bis 35 Jahre = bis 2900 kcal (= 12,0 MJ)

Kinder 4– 6 Jahre: 1500 kcal (= 6,5 MJ)
Kinder 7– 9 Jahre: 1900 kcal (= 8,0 MJ)
Kinder 10–12 Jahre männlich: 2300 kcal (= 9,5 MJ) weiblich: 2200 kcal (= 9,0 MJ)
Jugendliche 13–14 Jahre 2700 kcal (= 11,5 MJ) 2500 kcal (= 10,5 MJ)
Jugendliche 15–18 Jahre 3000 kcal (= 12,5 MJ) 2400 kcal (= 10,0 MJ)

USA (Minnesota) eine Mangelernährungsstudie durchgeführt, in der Kriegsverweigerern rationierte Lebensmittelmengen über viele Monate verabreicht wurden, die bis zu 50% unter dem Bedarf lagen. Ziel der Untersuchungen war die Ermittlung von Verhaltensänderungen und Rehabilitationsmöglichkeiten für Insassen europäischer Konzentrationslager nach deren Auflösung. Die klassische Minnesota-Hungerstudie hat zahlreiche wertvolle Erkenntnisse über den Nährstoffbedarf des Menschen geliefert. Die von Fachleuten oder im ungünstigeren Fall von Politikern ausgesprochenen Empfehlungen dienen so als Grundlage für die Lebensmittelrationierung und zur Beurteilung der vorhandenen Lebensmittelvorräte. Die Empfehlungen für die Nährstoffzufuhr müssen die experimentellen und klinischen Erfahrungen reflektieren. Sie sollen nicht nur statistisch erhoben werden und auch nicht lediglich das Resultat epidemiologischer Untersuchungen sein. Letztere lassen sich aber nicht immer vermeiden, da bei vielen Nährstoffen der Bedarf nicht mit der erforderlichen Genauigkeit bestimmt werden kann.

Die Empfehlungen sind von ihrer Natur aus nicht statisch, sie erfahren vielmehr Veränderungen im Laufe der Zeit, weil neue Erkenntnisse berücksichtigt werden. Dies trifft auch auf die Empfehlungen der DGE (in besonderem Maße) zu. Diese Dynamik erstreckt sich sowohl auf den Umfang bzw. die Zahl der berücksichtigten Nährstoffe – in der ersten Ausgabe 1955 wurden nur 10, in der letzten, vierten, Ausgabe von 1985 sind 39 Nährstoffe berücksichtigt – wie auch auf die Höhe der Zufuhr an einzelnen Nährstoffen (Tab. 22). Die Empfehlungen haben generell als Ziel, die Versorgung der Bevölkerung im ganzen sicherzustellen, sie sind weniger für den einzelnen gedacht. Bei den letzten Empfehlungen der DGE wird von der Annahme ausgegangen, daß gesunde Personen bei der Aufnahme der empfohlenen Nährstoffmengen frei von Ernährungsschäden bleiben.

Die Empfehlungen sind nicht zu verwechseln mit Standards. Bei der Beurteilung des Ernährungsstatus einzelner Personen oder von Personengruppen aufgrund von Ernährungserhebungen kann nicht ohne weiteres von einer Mangelversorgung gesprochen werden, wenn die Nährstoffversorgung etwa unter den Empfehlungen liegt. Genauso ist der Umkehrschluß unzulässig, daß immer eine gute Versorgung mit Nährstoffen gewährleistet ist, wenn die Empfehlungen erreicht oder sogar überschritten werden. Diese Feststellungen sollten bei einem großen Teil der Bevölkerung zutreffen, müssen aber im Einzelfall nicht zutreffend sein. Aussagen über den Versorgungszustand einer einzelnen Person können nur nach direkten Untersuchungen mit geeigneten Methoden gemacht werden.

Am Beispiel der RDA – das trifft auch auf die Empfehlungen der DGE weitgehend zu – können die Anwendungsbereiche und Aussagefähigkeit der Nährstoffempfehlungen wie folgt zusammengefaßt werden:

1. Für die Planung einer bedarfsdeckenden Ernährung sowie der Nahrungsversorgung und -produktion für verschiedene Bevölkerungsgruppen.
2. Als Orientierungshilfe bei der Beurteilung der Nährstoffversorgung in verschiedenen Bevölkerungsgruppen und zu verschiedenen Zeiten.
3. Zur Beurteilung von Lebensmittelverbrauchszahlen.
4. Zur Beurteilung der Nahrungsversorgung im Hinblick auf ernährungsphysiologische Bedürfnisse.
5. Für die Entwicklung von Ausbildungsprogrammen der Ernährungsaufklärung.
6. Für die Entwicklung neuer Produkte in der Ernährungsindustrie.
7. Für die Erstellung von Richtlinien für die Auszeichnung der Lebensmittel mit ernährungsbezogenen Informationen.

Die Empfehlungen der Nährstoffzufuhr in Form der Nährstoffdichte

Da der Energiebedarf der Menschen in den Industriegesellschaften abgenommen hat und der Bedarf an einzelnen Nährstoffen mit wenigen Ausnahmen relativ unabhängig von der körperlichen Aktivität ist und weil im Energiegewinnungsprozeß viele Nährstoffe, insbesondere Vitamine, als Coenzyme involviert sind, bietet es sich an, die Nährstoffempfehlungen in bezug auf den Brennwert der aufgenommenen Nahrung, d.h. als Nährstoffdichte, anzugeben. Die Nährstoffdichte wird definiert als der Quotient zwischen dem Nährstoffgehalt (in Gewichtseinheiten) und dem Brennwert (1000 kcal bzw. 4,2 MJ). Die Nährstoffdichte läßt sich aus vorhandenem Datenmaterial – etwa aus Nährwertabellen – wie folgt berechnen:

$$\text{Nährstoffdichte} = \frac{\text{Nährstoffgehalt (µg, mg bzw. g/100 g)}}{\text{Brennwert (MJ/100 g)}}$$

Die Nährstoffdichte kann für einzelne Lebensmittel errechnet werden, um die Qualität dieses

Lebensmittels als Lieferant bestimmter Nährstoffe besser beurteilen zu können. Von besonderer Bedeutung ist die Nährstoffdichte jedoch auch, wenn sie für eine gemischte, täglich zugeführte Kost berechnet wird. Auf diese Weise sind anhand des Vergleichs der Ist-Nährstoffdichte mit der Soll-Nährstoffdichte Aussagen über den wünschenswerten Versorgungszustand des Körpers mit einem bestimmten Nährstoff möglich.

$$\text{Ist-Nährstoffdichte} = \frac{\text{Summe der Nährstoffgehalte (in Gewichtseinheiten bezogen auf die Tagesration)}}{\text{Summe des Brennwertes bezogen auf die Tagesration (in MJ)}}$$

Die Soll-Nährstoffdichte errechnet sich aus den Empfehlungen der Nährstoffzufuhr, z. B. den Empfehlungen der DGE für die Energiezufuhr (in MJ) und die Zufuhr eines bestimmten Nährstoffes (in Gewichtseinheiten).

Beispielsweise liegen die DGE-Empfehlungen für die Energiezufuhr und für die Zufuhr an Riboflavin für Frauen im Alter von 19–50 Jahren mit leichter körperlicher Tätigkeit bei 8,79 MJ und 1,5 mg Riboflavin/d. Bezogen auf 1 MJ ergibt sich daraus für diese Personengruppe eine Soll-Riboflavindichte von 0,17 mg/1 MJ. Durch den Vergleich von Ist- und Soll-Nährstoffdichte sind für die Beurteilung der Ist-Nährstoffdichte drei Ergebnisse möglich: Sie kann minimal (nicht ausreichend), akzeptabel oder wünschenswert sein.

Die Ist-Nährstoffdichte ist minimal, wenn die Soll-Nährstoffdichte nicht erreicht wird. Die Folgen sind eine unzureichende Versorgung mit dem jeweiligen Nährstoff und die langfristig daraus resultierenden Mangelsymptome. Die Ist-Nährstoffdichte kann als akzeptabel bezeichnet werden, wenn sie – ohne Berücksichtigung von Nährstoffverlusten durch Zubereitung – der Soll-Nährstoffdichte gleich ist. Solange eine akzeptable Ist-Nährstoffdichte gewährleistet ist, kann es auf längere Sicht nicht zu einer Nährstoffunterversorgung kommen. Die Ist-Nähr stoffdichte erreicht dann die wünschenswerte Höhe, wenn sie – unter Berücksichtigung von Zubereitungsverlusten – der Soll-Nährstoffdichte entspricht oder darüber liegt. Die wünschenswerte Ist-Nährstoffdichte ist deshalb vor allem für die Planung und Empfehlung der Nährstoffversorgung von großer Bedeutung.

Für eine Vielzahl von Nährstoffen ist die Angabe der empfehlenswerten Zufuhrhöhe in Form der Nährstoffdichte dann von besonderem Interesse, wenn der Berufsschweregrad in den Empfehlungen berücksichtigt werden soll. Denn – wie bereits erwähnt – sind eine Reihe von Nährstoffen am Energiewechsel und/oder bei der Verstoffwechselung der Hauptnährstoffe als Cofaktoren beteiligt, so daß bei einem erhöhten Energiebedarf auch der Bedarf an diesen Vitaminen und Mineralstoffen ansteigt. Auf der Basis der für Leichtarbeiter errechenbaren wünschenswerten Nährstoffdichte kann somit auch für die übrigen Berufsschweregruppen eine wünschenswerte Zufuhrhöhe an essentiellen Nährstoffen abgeleitet werden. Diese Angaben verdeutlichen zudem, daß ein Mehrbedarf an Energie durch eine vollwertige gemischte Kost und nicht durch die alleinige Zufuhr von Fett und/oder Kohlenhydraten gedeckt werden sollte.

2.4.2 Erfassung des Lebensmittelverzehrs

Ernährungserhebungen werden seit dem 19. Jahrhundert durchgeführt, um den Lebensmittelverzehr und somit die Nährstoffbedarfsdeckung von Einzelpersonen und Kollektiven zu erfassen. Verschiedene Gruppen und Institutionen haben ein Interesse an Ernährungserhebungen, aus deren unterschiedlichen Motiven sich auch unterschiedliche Zielsetzungen ableiten.

Der Staat und die Wirtschaft geben Erhebungen in Auftrag, um den Bedarf der Bevölkerung abzuschätzen. Dies gilt insbesondere für Planwirtschaften. Staat und Wissenschaft haben ein gemeinsames Interesse daran, wenn es um Zusammenhänge zwischen Ernährung und Zivilisationskrankheiten geht. Die Kenntnis falscher Ernährungsmuster ist Voraussetzung für eine gezielte Verbraucheraufklärung. Ausgaben für repräsentative Erhebungen und gezielte Beratung als Teil der Präventivmedizin liegen deutlich unter den Behandlungskosten ernährungsabhängiger Krankheiten.

Immer häufiger werden Verzehrsgewohnheiten im Auftrag der Industrie erfaßt; die Daten erlauben dann Rückschlüsse auf bestimmte Nahrungspräferenzen, die in der Produktion berücksichtigt werden. Die Zielsetzung (Tab. 23), die verfügbaren Mittel und die Anzahl der zu untersuchenden Personen bestimmen die Auswahl der Methoden (Abb. 21).

Indirekte Methoden

Bei der Anwendung indirekter Methoden werden keine eigenen Erhebungen durchgeführt, sondern lediglich bekannte Daten ausgewertet, die zu einem anderen Zweck erfaßt wurden.

Tab. 23. Untersuchungsziele von Ernährungserhebungen (nach SICHERT u. a. 1982)

Beschreibungen und Analysen des menschlichen Ernährungsverhaltens.

Abschätzung des Ernährungszustandes (Vergleich von Nährstoffzufuhr mit Bedarf; Identifizierung von Risikogruppen).

Bestandteil epidemiologischer Forschung (Auswirkung von Nahrungsmittelzufuhr oder Ernährungsweise bis hin zur Aufnahme von Inhaltsstoffen auf Gesundheit und Leistungsfähigkeit des Menschen; Nährstoff-Bedarfsermittlung; Krankheitsursachenermittlung, z. B. von ernährungsabhängigen Krankheiten; Hypothesengenerierung – Abschätzung von Forschungsprioritäten.

Grundlage zur Planung, Durchführung und Bewertung politischen Handelns (Volkswirtschaftliche Planung der Nahrungsmittelnachfrage – Agrarpolitik; Planung des Gesundheitssystems – Entwicklung von Gesundheits- und Ernährungsverhaltens-Maßnahmen; Gesundheits- und Ernährungspolitik; Planung und Bewertung von Ernährungsmaßnahmen wie z. B. Ernährungsberatung).

Nahrungsbilanzen oder Food-Balance-Sheets werden von vielen Ländern und internationalen Organisationen für ein Wirtschaftsjahr (1. 7.–30. 6.) erstellt. Nahrungsmittelproduktion und -import bilden die Grundlage der Versorgung. Produkte für den Export, Saatgut, Verluste durch Verderb und als Futtermittel verwendete Nahrungsmittel werden subtrahiert. Die staatliche Vorratshaltung wird ebenfalls berücksichtigt, um die verfügbaren Nahrungsmittel für das betreffende Jahr und den Pro-Kopf-Verbrauch zu berechnen (Abb. 22).

Der tatsächliche Verzehr wird nicht erfaßt, ebenso wenig können Aussagen über die Nahrungsmittelverteilung innerhalb der Population gemacht werden. Außerdem wird bei dieser Methode die Nahrungsverfügbarkeit für besonders gefährdete Gruppen nicht erfaßt (Kinder, Schwangere, Stillende).

Da auf bereits erfaßte Zahlen zurückgegriffen wird, kann die Genauigkeit der Angaben nicht geprüft werden. Trotzdem liefern Nahrungsbilanzen meist ein gutes Bild von der Gesamtversorgung eines Landes und können daher als Grundlage für Ernährungsprogramme verwendet werden. Sie geben Hinweise auf Ernährungsgewohnheiten, wie z. B. die Art der Hauptnahrungsmittel, ferner ist ein internationaler Vergleich möglich. Die Planung von Maßnahmen und Hilfsprogrammen und die Arbeit an einer gerechteren Nahrungsverteilung ist so besser möglich, auch weil Schwachstellen in der Produktion aufgezeigt werden können.

Rahmendaten, die aus verschiedenen Quellen verfügbar sind, helfen bei der Interpretation der Nahrungsbilanzen und bei der Auswahl des Kollektivs für eine direkte Ernährungserhebung. Quellen sind amtliche Statistiken, deren Zuverlässigkeit schwanken kann, sowie statistische Jahrbücher, Berichte der Weltorganisationen und Ländermonographien.

Demographische Daten über Einwohnerzahl, Bevölkerungsdichte, Altersaufbau, Migration, Religionszugehörigkeit u. a. m. ermöglichen eine Stichprobenauswahl und erlauben eine grobe Schätzung des Nährstoffbedarfs.

Geographische Daten helfen bei der Beurteilung der Nahrungsmittelproduktion. Wichtige Fragen betreffen den Umfang der landwirtschaftlichen Nutzfläche, Boden- und Klimaverhältnisse sowie die Infrastruktur des Landes.

Soziokulturelle Daten werden ebenfalls herangezogen, da kulturelle und religiöse Normen häufig auch die Nahrungsaufnahme beeinflussen. So ist z. B. der geringe Schweinefleischverzehr in islamischen Ländern durch religiöse Vorschriften und nicht durch mangelnde Verfügbarkeit des Lebensmittels begründet.

Daten aus der **Gesundheits-Statistik** eines Landes haben einen relativ hohen Aussagewert für die Bestimmung des Ernährungsstatus einer Bevölkerung. Eine Häufung von ernährungsabhängigen Krankheiten läßt auf Fehlernährung schließen. Eine hohe Säuglingssterblichkeit z. B. deutet auf eine Verbreitung einer Protein-

$$NV = \frac{IP + I \pm V - S - P - SV - E - F}{\text{Bevölkerungszahl}}$$

NV = Nahrungsverbrauch pro Kopf
IP = Inländische Nahrungsmittelproduktion
I = Importe
V = Vorratssaldo
S = Saatgut, Pflanzgut
P = Umwandlung in andere Produkte
SV = Schwund und Verderb
E = Exporte
F = Futtermittel

Abb. 22. Berechnungsformel für Nahrungsbilanzen (nach SICHERT u. a. 1982).

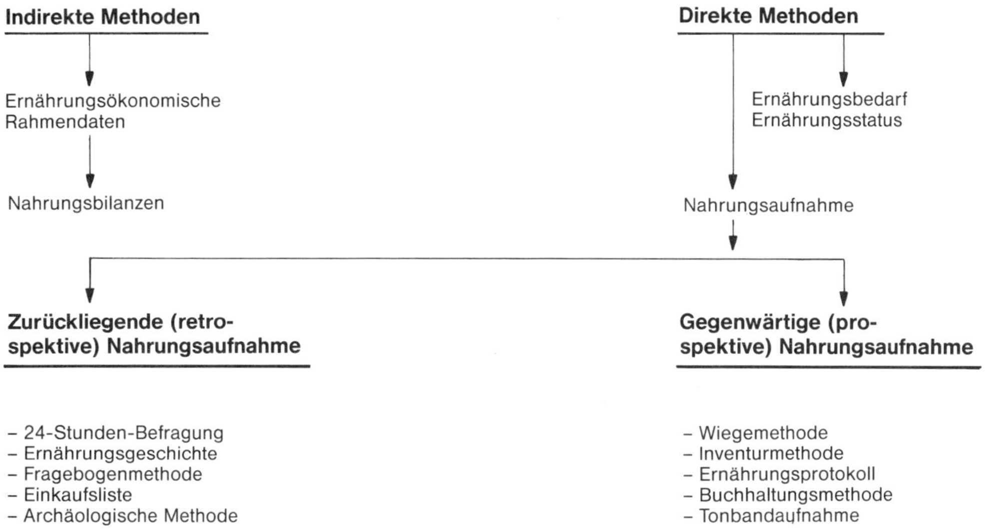

Abb. 21. Übersicht der Methoden zur Charakterisierung der Nahrungsaufnahme des Menschen (nach SICHERT u. a. 1982).

Energie-Malnutrition hin. Doch nicht immer werden alle Todesfälle erfaßt und alle Todesursachen festgehalten, dies gilt insbesondere für Entwicklungsländer. Indirekte Daten beschreiben die globale Nahrungsmittelverteilung und helfen bei der Auswahl eines repräsentativen Kollektivs. Aussagen über den individuellen Verzehr sind auf diesem Wege nicht zu gewinnen, die Genauigkeit der ermittelten Daten wäre zu gering.

Aus der Erfassung des Lebensmittelverzehrs kann nur sehr bedingt auf den **Ernährungsstatus** geschlossen werden, z. B. durch Vergleich von Nahrungszufuhr mit Bedarfszahlen. Zur Erfassung des Ernährungszustandes stehen zusätzliche Methoden zur Verfügung (Kap. 2.4.3).

Direkte Methoden

Neben der Bestimmung der Lebensmittelverfügbarkeit und des Ernährungsstatus (Kap. 2.4.3) geben vor allem Daten der Nahrungsaufnahme Aufschluß über die Nährstoffversorgung der Bevölkerung. In retrospektiven Erhebungen wird nach der vergangenen Nahrungsaufnahme gefragt, bei den verschiedenen prospektiven Methoden wird der laufende jeweilige Nahrungsverzehr protokolliert.

Retrospektive Erhebungen (recall-Methoden) werden als mündliches oder schriftliches Interview durchgeführt.

Die 24-Stunden-Befragung erfaßt den Verzehr von Einzelpersonen ohne vorherige Ankündigung für den Zeitraum von 24 h. Der Proband zählt Lebensmittel, Mahlzeitenhäufigkeit und -dauer sowie Mengen in haushaltsüblichen Maßen auf. Die erhaltenen Maßangaben werden auf Mengenangaben umgerechnet und die Nährstoffaufnahme unter Zuhilfenahme von Nährwerttabellen bestimmt.

Da die 24-Stunden-Befragung vom Probanden Erinnerungsvermögen verlangt, besteht die Möglichkeit, daß Einzelheiten wie Zwischenmahlzeiten vergessen werden, daß sich verschätzt wird oder auch absichtlich falsche Angaben gemacht werden. Relevant ist auch die Person des Interviewers und seine Aufmerksamkeit. Vorteile dieser nicht angekündigten Befragung sind, daß der Proband seinen Lebensmittelverzehr nicht darauf einstellen kann und keine große Belastung für ihn entsteht. Andererseits könnte die Nahrungsaufnahme an diesem Tag atypisch sein; dies kann jedoch erfragt werden. Der geringe Aufwand macht diese Methode auch für größere Kollektive relevant, bei denen die Erfassung besonders von Verzehrshäufigkeiten geeigneter erscheint als für Einzelpersonen. In Entwicklungsländern wird die 24-Stunden-Befragung häufig angewendet; monotone Ernährungsweise und ein großes Kollektiv erhöhen die Zuverlässigkeit der Aussage.

Die Ernährungsgeschichte (dietary history) ermittelt Ernährungsmuster und Gewohnheiten über einen länger zurückliegenden Zeitraum.

Meist handelt es sich um 3 Monate. In einem Interview werden Fragen nach üblicherweise verzehrten Lebensmitteln (einschließlich Mengenangaben), Ernährungsmustern, Mahlzeiten und -frequenzen sowie Lebensmittelpräferenzen unter Berücksichtigung saisonaler Schwankungen gestellt. Rahmendaten der Probanden wie Alter, Beruf, Wohnort usw. können ebenfalls von Interesse sein. Die Auswertung der Protokolle nimmt bei einer Ernährungsgeschichte viel Zeit in Anspruch. Je nach Zielsetzung der Erhebung ist die Durchführung modifizierbar.

Wie bei der 24-Stunden-Befragung wird es als Vorteil betrachtet, daß Verzehrsgewohnheiten durch diese Form der Ernährungserhebung nicht beeinflußt werden. Ihr geringer Kostenaufwand macht sie zur Erfassung eines größeren Kollektivs geeignet und liefert dann auch repräsentative Ergebnisse. Durch den langen Befragungszeitraum werden auch saisonale Schwankungen berücksichtigt. Die Ausbildung und Auswahl der Interviewer sollte mit großer Sorgfalt erfolgen, da sie über Fachkenntnisse verfügen und auch im Umgang mit Menschen geschult sein müssen. Gutes Erinnerungsvermögen der Befragten ist wichtig, was die Anwendung der Methode einschränkt und für Kinder und Senioren weniger geeignet macht. Die Qualität der Aussagen kann durch zusätzliche Befragung von Familienangehörigen oder mit im Haushalt lebenden Personen überprüft werden. Zu berücksichtigen ist, daß absichtliche Falschaussagen möglich sind; so wird der Alkoholkonsum meist zu niedrig angegeben.

Die Ernährungsgeschichte ist geeignet, gewisse Aussagen über den individuellen Verzehr zu machen. Die erhobenen Daten vermitteln ein Bild von den Ernährungsgewohnheiten und zeigen mögliche Zusammenhänge zwischen Krankheit und Ernährung auf. Kenntnis von Ernährungsmustern ist eine wichtige Voraussetzung für die Entwicklung gezielter Ernährungsprogramme in der Präventivmedizin.

Die Fragebogenmethode liefert ebenfalls Daten über zurückliegendes Ernährungsverhalten (Tab. 24). Der inhaltliche Schwerpunkt liegt bei qualitativen Angaben der Ernährungsweise auf die Erhebung von verzehrten Mengen wird meist verzichtet. Bei der Verteilung und Handhabung des Fragebogens gibt es verschiedene Möglichkeiten:

- Per Post mit einem erklärenden Begleitschreiben und Bitte um Rücksendung
- Verteilung der Fragebögen per Hand mit mündlichen Erläuterungen
- Abfragen eines standardisierten Fragebogens durch einen Interviewer.

Tab. 24. Wichtige Themen der Fragebogenmethode (nach Sichert u. a. 1982)

Person
Einkommen, Ausgaben für die Ernährung
Alter, Geschlecht
Körpergröße und Gewicht
Gewichtsentwicklung
Zusammensetzung der Familie
Schwangerschaft, Stillen

Ernährungsgewohnheiten
Appetit, Verzehrstempo
Trinkgewohnheiten
Lebensmittelablehnung
Gewichtung einzelner Mahlzeiten
Eßgewohnheiten der Familie
Küchenpraxis, Vorratshaltung
Ernährungsweise der Kinder
Nahrungsgebräuche
Nahrungspräferenzen, Einkauf
Zeitlicher und räumlicher Rahmen der Nahrungsaufnahme
Regelmäßigkeit

Nahrungsverzehr
Verzehrshäufigkeiten, Portionsgrößen
Üblicher Verzehr
Verzehr der letzten 24 Stunden
Art und Menge einzelner Mahlzeiten

Gesundheitliche Verfassung
Diäten
Allergien
Medikamentengebrauch, Vitaminpräparate
Rauchen, Alkoholkonsum
Körperliche Aktivitäten, Sport

Die Fragebögen sollten leicht verständlich sein und in einem Vorversuch (Pretest) geprüft werden. Grundsätzlich gibt es zwei Frageformen. Die geschlossene, deren Antworten im »multiple choice« Verfahren angekreuzt werden und die offene Form, bei der Befragte mit selbstgewählten Formulierungen antworten. Erstere ist für ein großes Kollektiv geeignet und für die Auswertung mit EDV Voraussetzung; die Auswertung der Antworten auf offene Fragen ist wesentlich aufwendiger. Unsicherheiten liegen auch bei dieser Methode in nicht nachprüfbaren eventuell falschen Angaben, die auch auf Mißverständnissen beruhen können. Eine schriftliche Befragung kann mehr Menschen erreichen als ein Interview. Ein ansprechender und verständlicher Begleitbrief kann dazu beitragen, den Rücklauf ausgefüllter Fragebögen zu erhöhen, da die Beteiligung an einer schriftlichen Aktion meist geringer ist.

Einkaufslisten informieren über den zurückliegenden Lebensmittelverzehr. Die für den Einkauf zuständige Person schätzt in handelsüblichen Maßen die Menge der verzehrten Lebensmittel, meist für die vergangene Woche; unter Einbeziehung der Strukturdaten des Haushalts kann der Verzehr pro Person ermittelt werden. Mit Hilfe einer Nährwerttabelle muß dann eine weitere Auswertung der Daten erfolgen. Die Genauigkeit des Ergebnisses wird auch hier vom Erinnerungsvermögen und der Kooperationsbereitschaft der Versuchsteilnehmer bestimmt. Der rechnerisch, also indirekt ermittelte Pro-Kopf-Verzehr ist sehr ungenau. Typische Ernährungsmuster können dagegen gut aufgezeigt werden.

Die archäologische Methode erfaßt den Abfall eines Haushaltes, um daraus Rückschlüsse auf die verzehrten Mengen zu ziehen. Verpakkungsmaterial, Kassenzettel und Speisereste werden gesammelt, was für den untersuchten Haushalt keine Belastung, dagegen für die Untersucher unangenehm sein kann. Da vielfach Speisereste ins WC gekippt oder an Haustiere verfüttert oder kompostiert werden, ist diese Methode nicht sehr genau. Der Verzehr einzelner Personen wird wiederum nur rechnerisch bestimmt und kann deshalb keine große Aussagekraft haben.

Prospektive Erhebungen (gegenwärtiger Lebensmittelverzehr) bedienen sich einer Reihe von Methoden, bei denen der laufende Verzehr protokolliert wird.

Die Wiegemethode wird am häufigsten in sehr genauer oder vereinfachter Form eingesetzt. Während der Erhebungsphase von etwa 1 Woche werden alle verzehrten Lebensmittel vor dem Verzehr mittels geeichter Waage gewogen und notiert oder in teureren Verfahren mit einem Diktiergerät festgehalten. Die Wiegemethode eignet sich zur Bestimmung der Nährstoffzufuhr einzelner Personengruppen, zur Messung der Energiezufuhr und zur Ermittlung von Zusammenhängen zwischen Ernährung und Krankheit.

Zur Erfassung saisonaler Schwankungen ist es sinnvoll, die Erhebungen zu verschiedenen Jahreszeiten durchzuführen. Die Auswertung erfolgt entweder mit Hilfe von Nährwerttabellen oder durch chemische Analyse von speziell für diesen Zweck gesammelten Nahrungszubereitungen (duplicate portion). Letzteres (»total diet study«) ist sehr aufwendig und wird deshalb selten durchgeführt. Schwierigkeiten bereitet häufig der Außer-Haus-Verzehr, der Schätzungen notwendig macht. Veränderte oder atypische Verhaltensweisen in der Ernährung können auftreten. Deshalb wird empfohlen, erst nach 2–3 Tagen mit der Auswertung zu beginnen, da sich normale Gewohnheiten schnell wieder einstellen. Eine zu lange Erhebungsdauer kann wiederum Ungenauigkeiten mit sich bringen.

Nachteile der Wiegemethode liegen in hohen Kosten und Belastung der Probanden. Zur Mitarbeit bereite Personen sind darüber hinaus häufig stärker an Ernährungsfragen interessiert und können repräsentative Ergebnisse verfälschen. Vorteile liegen in der genauen, zuverlässigen Ermittlung des Lebensmittelverzehrs einzelner Personen, aber auch von Gruppen, vorausgesetzt die Angaben entsprechen dem üblichen Verzehr.

Die Inventurmethode erfaßt den Lebensmittelverzehr eines Haushalts durch die Registrierung der verbrauchten Lebensmittel sowie der Reste und Abfälle. Die Erhebung dauert in der Regel 1 Woche und beginnt mit einer genauen Einweisung der Kontaktpersonen des Haushalts und dem Wiegen und Registrieren aller vorhandenen Vorräte. Während der Untersuchung werden alle gekauften und selbst erzeugten Lebensmittel (Gemüsegarten, Kleintierhaltung) aufgezeichnet. Für jede Mahlzeit wird notiert, welche Personen, ggf. auch Gäste, anwesend waren. Für die täglichen Eintragungen stehen Formulare zur Verfügung. In der Regel besuchen Mitarbeiter die Haushalte regelmäßig und sind bei der Durchführung behilflich. Am Ende der Erhebungsperiode werden die vorhandenen Vorräte erneut registriert und die verbrauchte Lebensmittelmenge aus den gesammelten Daten bestimmt.

Die Inventurmethode ist für den individuellen Verzehr meist zu ungenau und wird deshalb bevorzugt zur Erfassung des Lebensmittelverzehrs von Gruppen, insbesondere von Familien, empfohlen. Auch bei dieser Erhebungsmethode ist es möglich, daß die Probanden ihre

Ernährungsgewohnheiten währen der Versuchsdauer ändern und so eine Fehlinterpretation der Ergebnisse begünstigen. Ein Vorversuch von 2–3 Tagen kann dem entgegenwirken. Bei zu langer Dauer läßt die Kooperationsbereitschaft der Probanden häufig nach, dadurch wird das Ergebnis ebenfalls beeinträchtigt.

Das Ernährungsprotokoll ermittelt, wie bei der Wiegemethode, den laufenden Verzehr durch Protokollieren. Auf das Wiegen der Lebensmittel wird weitgehend verzichtet, die Angaben erfolgen in haushaltsüblichen Maßen. Eine genaue Anleitung der Probanden und die Verwendung von einheitlichem Meßgeschirr erhöhen die Genauigkeit des Ergebnisses. Die Dauer richtet sich nach der Größe des Kollektivs und nach der Zielsetzung der Erhebung. Für die Ermittlung des individuellen Verzehrs wird ein Erhebungszeitraum von 1 Woche empfohlen, was jedoch für Untersuchungen bei Bevölkerungsgruppen in Industrieländern eher knapp ist.

Bei der Auswertung werden die verzehrten Mengen mit Hilfe von Normtabellen in Gewichtsmengen umgerechnet und anschließend mit Nährwerttabellen die Nährstoffaufnahme bestimmt. Die Probanden müssen vor Untersuchungsbeginn informiert und währenddessen intensiv betreut werden. Die Belastung der einzelnen Teilnehmer ist gering, da das Wiegen der Speisen entfällt und das Erhebungspersonal nicht ständig anwesend ist. Der Verzehr kann relativ genau erfaßt werden, wobei auch hier nicht ausgeschlossen ist, daß der Untersuchungsablauf die normalen Ernährungsgewohnheiten beeinträchtigt. Generelle Aussagen über Verzehrsgewohnheiten auf der Basis von Ernährungsprotokollen sind deshalb kaum möglich. Die ermittelten Daten sind im Vergleich zur Wiegemethode ungenauer; werden jedoch viele Fertigprodukte verzehrt, ist die Protokollmethode der Wiegemethode nicht mehr unterlegen, vielmehr sprechen dann auch die niedrigeren Kosten für das Ernährungsprotokoll.

Die Buchhaltungsmethode ist in der BR Deutschland Teil der laufenden Wirtschaftsrechnung der statistischen Ämter des Bundes und der Länder und ihre Daten werden regelmäßig in Haushalten mit bestimmten Strukturdaten erhoben. Sie ist auch für Institutionen wie Krankenhäuser und Pflegeheime anwendbar.

Wie bei der Inventurmethode werden alle verbrauchten Lebensmittel im Erhebungszeitraum registriert, auf eine getrennte Erfassung der Vorräte wird jedoch verzichtet, die Herkunft der Lebensmittel dagegen notiert. Die Menge der gekauften Waren wird notiert, ein detailliertes Wiegen entfällt. Haushaltsübliche Maße dienen als Mengenangaben. Die Erhebungsdauer kann bis zu 1 Monat betragen. Nach einer ausführlichen Einweisung schließen sich regelmäßige Besuche während der Erhebung als Hilfe und Kontrolle an. Abfälle werden häufig nicht aufgeschrieben und müssen bei der Auswertung als pauschaler Erfahrungswert berücksichtigt werden. Der individuelle Verzehr kann aus den Strukturdaten des Haushalts und den erhobenen Daten berechnet werden. Erwartungsgemäß sind diese Werte aber sehr ungenau. Die Buchhaltungsmethode wird häufig angewendet, wenn es gilt, den Lebensmittelverzehr von Familien und Institutionen zu bestimmen und erlaubt einen Vergleich mehrerer Haushalte.

Zusammenfassend kann gesagt werden, daß sich die verschiedenen Erhebungsmethoden durch Zeit- und Kostenaufwand sowie Genauigkeit unterscheiden. Jede Erhebung rückt die Ernährung ins Bewußtsein, so daß mit Änderungen des Ernährungsverhaltens gerechnet werden muß. Bei genau definierter Zielsetzung, sorgfältiger Planung und optimaler Auswertung können aber gute Ergebnisse erzielt werden.

2.4.3 Ermittlung des Ernährungszustandes

Der Ernährungszustand (Ernährungsstatus) ist primär das Ergebnis der Bilanz von Bedarf und

Tab. 25. Determinanten für den Ernährungsstatus des Menschen

Physiologischer Zustand
Geschlecht, Alter, Körpergewicht, Schwangerschaft, Stillzeit, Menstruation, Krankheit
Umwelt
Beruf, Familienstatus, Einkommen, Wohnort, Klima, Höhenlage, Kultur, Religion
Nahrungsmittel
Verfügbarkeit, Auswahl, Zubereitung, Zusammensetzung, Aufnahme, Verschwendung
Gewohnheiten
Eßgewohnheiten, Genußmittel, Drogen, Hobbys

Tab. 26. Homöostase bei zunehmender Unterernährung, Arbeitsbereich für Meßmethoden und Indikatoren zur Beurteilung des Ernährungsstatus

Homöostase	Arbeitsbereich der Meßmethoden	Beispiele von Indikatoren
Stoffwechsel	Biochemie	Blut, Harn (Nährstoffe, Metaboliten)
Körper- bzw. Gewebemasse	Anthropometrie	Körpergewicht, Körpergröße, Hautfalten
Körperliche Leistungsfähigkeit	Arbeitsphysiologie	Produktivität, Belastbarkeit, Ausdauer
Geistige Leistungsfähigkeit	Psychologie, Schule	IQ, Konzentration, Schulnoten
Krankheiten	Klinik	Organfunktionen, Haut- und Haarveränderungen
Permanente Schäden, Behinderungen	Klinik	Anatomische Veränderungen (Knochen, Augen)
Tod	Statistik	Sterberate

Verbrauch an Nahrungsenergie und allen essentiellen Nährstoffen. Sekundär sind zahlreiche zusätzliche Determinanten der jeweiligen Umwelt mitbestimmend für den Ernährungsstatus innerhalb eines gegebenen Zeitraumes (Tab. 25).

Bei ausreichender Ernährung kann der Körper die genetisch bedingten Funktionen optimal erfüllen, bei unzulänglicher Versorgung ergeben sich Veränderungen durch homöostatische Anpassungsmechanismen in Stoffwechsel, Leistungsfähigkeit und Widerstandskraft. Diese Veränderungen sind meßbar und dienen anhand von Vergleichen mit Standardwerten (der Norm) zur Beurteilung des Ernährungszustandes. Je nach Grad und Dauer der Unterversorgung werden unterschiedliche Meßgrößen (Indikatoren) bestimmt. So sind bei geringen Abweichungen von der Norm empfindliche, meist auch aufwendigere Meßmethoden erforderlich; bei starken Abweichungen genügen bereits Beobachtungen (Tab. 26).

Indikatoren werden für Einzelpersonen bestimmt und sind für klinische Diagnosen erfor-

Tab. 27. Bewertung der Meßmethoden anhand verschiedener Kriterien

Bereich	Kriterien						
	einfach	akzeptabel	billig	empfindlich	genau	spezifisch	richtig
Biochemie	–	–	–	+	+	+	+
Anthropometrie	+	+	+	–	–	–	+
Arbeitsphysiologie	–	+	–	+	+	–	+
Psychologie	–	–	–	–	–	–	(+)
Schule	+	+	+	+	+	+	+
Klinik	–	+	–	+	+	+	+
Statistik	–	+	+	–	–	–	+
Einzelperson	–	–	–	+	+	+	+
Gruppen	+	+	+	+	+	+	+

Tab. 28. Biochemische Meßmethoden und Indikatoren für Nährstoffmängel (ergänzt nach SAUBERLICH et al. 1976; OLTERSDORF 1980)

Nährstoff-mangel	Indikator
Protein	Hämoglobin, Hämatokrit Serum-Gesamtprotein, Albumin, Albumin/Globulin-Verhältnis, Transferrin, Retinol-bindendes Protein, Cholinesterase, Ribonuclease (Plasma, Harn), Serum-Aminosäure-Verhältnisse (z. B. Whitehead-Index), Kreatinin im Harn (Kreatinin-Index: Kreatinin/24 h/cm Größe), Gesamt-Stickstoff, Harnstoff im Harn (pro Zeiteinheit oder pro Kreatinin), Sulfat im Harn (pro Zeiteinheit oder pro Kreatinin), Hydroxyprolin, Methylhistidin im Harn (pro Zeiteinheit oder pro Kreatinin), Ketonkörper im Harn
Fett	Cholesterin, Triglyceride, Lipoproteine
Vitamin A	Retinol im Serum, Carotin
Vitamin D	Alkalische Phosphatase, Calcium, Phosphat im Serum, Calciferol, Dihydrocalciferol
Vitamin E	Plasma Tocopherol in Bezug auf Plasmagesamtlipide, Erythrozyten Hämolyse Test (H_2O_2, Dialursäure)
Vitamin B_1	Aktivierbarkeit der erythrozytären Transketolase, Thiamin-Spiegel im Harn, Blut, Erythrozyten, Pyruvat, Lactat im Blut (»Karbohydrat-Index«)
Vitamin B_2	Aktivierbarkeit der erythrozytären Glutathion-Reduktase, Riboflavin-Spiegel im Harn, Blut, Erythrozyten
Vitamin B_6	Aktivierbarkeit der erythrozytären GOT, GPT, Vitamin B_6, 4-Pyridoxinsäure im Harn, Vitamin B_6, Pyridoxylphosphat im Blut, Plasma, Erythrozyten, Harnausscheidung von Xanthurensäure, 3-Hydroxykynurenin, etc. (nach Tryptophan-Belastung) oder Cystathionin, Cystein-Sulfinsäure (nach Methionin-Belastung)
Niacin	N'-Methylnicotinamid, N'-Methyl-2-pyridin-5-carboxamid im Harn
Folsäure	Folat im Serum, Erythrozyten, Formininglutaminsäure, Urokaninsäure im Harn
Vitamin B_{12}	Cobalamin im Serum, Erythrozyten, Methylmalonsäure im Harn
Pantothens.	Pantothensäurespiegel im Blut, Erythrozyten, Harn
Biotin	Biotin-Spiegel im Blut, Harn
Vitamin C	Ascorbinsäure im Blut, Erythrozyten, Leukozyten, Ascorbinsäure im Harn (auch als Belastungstest)
Eisen	Hämoglobin, Hämatokrit, Erythrozytenzahl, Serum-Eisen, Eisenbindungskapazität, Serum-Transferrin
Jod	Jod im Serum, Harn
Mineralstoffe	allgemein entsprechender Spiegel im Blut, Harn (seltener: Haare)

derlich. Die Meßgrößen des Ernährungszustandes von Bevölkerungsgruppen zeigen auch bei ausreichend ernährten Menschen große individuelle Abweichungen von der Norm, so daß mit Schwankungsbreiten gearbeitet wird, wie es bei Normalverteilungen üblich ist (Kap. 2.4.1.1).

Die Wahl der Indikatoren zur Erfassung des Ernährungszustandes hängt von den Bedingungen und Zielen der Untersuchung ab. Sie sollten spezifisch für den Ernährungszustand sein und müssen numerisch objektiv meßbar sowie leicht zugänglich und einfach interpretierbar sein. Besonderen Einfluß auf die Kriterienwahl von geeigneten Indikatoren hat die individuelle Diagnose verglichen mit Gruppenwerten. Werden die verschiedenen Kriterien mit den jeweiligen Arbeitsbereichen der Meßmethoden überprüft, ergeben sich Anhaltspunkte für eine geeignete Wahl (Tab. 27).

Die vielfältigen **biochemischen Methoden** messen empfindliche Indikatoren, denn bereits latente Mangelernährung bewirkt Änderungen des Stoffwechsels und kann anhand der Konzentration von Nährstoffen oder ihrer Metaboliten und Enzyme erfaßt werden (Tab. 28).

Tab. 29. Meßgrößen zur Beurteilung der Nährstoff-Bedarfsdeckung bei erwachsenen Männern (nach KASPER et al. 1982)

Meßprinzip	Bedarf ausreichend gedeckt	Nährstoff
Serum-Albumin	> 0,50 μmol/l	Protein[b]
Serum-Transferrin	> 45 μmol/l	Protein[b]
Retinol-binding-Protein	> 1,40 μmol/l	Protein[b]
Serum-20:3/20:4-Fettsäuren-Relation[a,c]	< 0,40	essentielle Fettsäuren
Serum-Eisen	> 10 μmol/l	Eisen
Transferrin-Sättigung	> 0,20	Eisen[b]
Serum-Ferritin	> 0,07 nmol/l	Eisen
Serum-Magnesium	> 0,60 mmol/l	Magnesium[b]
Serum-Kupfer	> 12 μmol/l	Kupfer[b]
Serum-Zink	> 11 μmol/l	Zink[b]
Proteingebundenes Serum-Jod[a]	> 0,27 μmol/l	Jod[b]
Harn-Jod[a]	≧ 45 μmol/l Kreatinin	Jod
Serum-Retinol	≧ 1,20 μmol/l	Vitamin A[b]
Serum-Carotinoide	> 1,15 μmol/l	Provitamin A-Carotinoide
Serum-Carotine	> 0,15 μmol/l	Provitamin A-Carotinoide
Alkalische Serum-Phosphatase	<160 U/l	Vitamin D[b]
Serum-25-HCC[d]	> 30 nmol/l	Vitamin D
Serum-1,25-DHC[e]	> 75 pmol/l	Vitamin D[b]
Serum-Tocopherole	> 15 μmol/l	Vitamin E
Plasma-Prothrombin	> 0,70	Vitamin K[b]
Plasma-Folsäure	> 10,00 nmol/l	Folsäure
Erythrozyten-Folsäure	>430 nmol/l	Folsäure[b]
Harn-N_1-Methyl-nicotinamid[a]	≧ 1,33 mmol/mol Kreatinin	Niacin
Harn-NMP/NMNA[a,f]	≧ 1,00	Niacin
$^{\chi}$EGR[g]	< 1,20	Riboflavin[b]
Harn-Rivoflavin[a]	> 24 μmol/mol Kreatinin	Riboflavin
$^{\chi}$ETK[h]	≦ 1,23	Thiamin[b]
Harn-Thiamin[a]	> 28 μmol/mol Kreatinin	Thiamin
$^{\chi}$EGOT[i]	< 2,00	Vitamin B_6[b]
Harn-Pyridoxin[a]	> 13 μmol/mol Kreatinin	Vitamin B_6
Plasma-Vitamin B_{12}	> 0,22 nmol/l	Vitamin B_{12}
Plasma-Ascorbinsäure[a]	> 17 μmol/l	Vitamin C

[a] Werte nach SAUBERLICH u. Mitarb. (1974)
[b] Funktionsmeßwerte
[c] endogene (20:3ω9)/essentielle (20:4ω6) Fettsäurenkonzentration im Serum
[d] 25-Hydroxycholecalciferol
[e] 1,25-Dihydroxycholecaliciferol
[f] Verhältnis der N_1-Methyl-2-pyridon/N_1-Methyl-nicotinamid-Ausscheidung
[g] Erythrozyten-Glutathionreductase-Aktivierung durch FAD
[h] Erythrozyten-Transketolase-Aktivierung durch TPP
[i] Erythrozyten-GOT-Aktivierung durch PALP

Tab. 30. Anthropometrische Messungen und Indikatoren für den Ernährungszustand des Menschen (nach Oltersdorf 1980)

Meßgröße	Indikator	Anmerkungen
Körpergewicht Körpergröße, Sitzhöhe	Gewicht/Alter	nur bei Kindern, akute Nahrungs(energie)-Unter- bzw. Überversorgung
	Gewicht/Größe	bei Kindern, Erwachsenen
	Gewicht/Größe^n	n = 2, Quetelet-Index N = Kaupscher-Index
	Broca-Index (Gewicht in kg = Körpergröße in cm – 100)	nur Erwachsene
	Größe/Alter	nur bei Kindern, chronische Nahrungs(energie)-Unterversorgung
	Gewicht/Größe pro Alter	nur bei Kindern, akute und chronische Nahrungs(energie)-Unterversorgung
Kopfumfang Brustumfang	Kopf-/Brustumfang	nur für Kinder bis zu 3–4 Jahren, wenn bei Kindern älter als 6 Monate über 1,0 dann Zeichen für Protein-Energie-Malnutrition (PEM)
Oberarmumfang Oberschenkelumfang	Umfang/Alter	akute Energie- und Protein- Unter- bzw. Überversorgung
Bauchumfang		Energie-Überversorgung
Hautfalten an Biceps, Triceps, subskapular, supra-ilial, u. a.	Hautfalten/Alter	Energie-Unter- bzw. Überversorgung
	Muskel-Armumfang/Alter (berechnet aus Armumfang und Biceps, Triceps-Hautfalten	Protein-Unterversorgung

Nährstoffkonzentrationen im Blut und Harn zeigen meist die aktuelle Nährstoffversorgung, wohingegen Proteinwerte und Enzymaktivitäten nur langfristig beeinflußbar sind. Biochemische Indikatoren dienen dazu, den Verdacht von spezifischen Formen der Fehlernährung zu erklären. Dabei müssen genetische Unterschiede berücksichtigt werden. Hormone reagieren ebenfalls auf Störungen der Nährstoffzufuhr und können mit Radioimmuno-Tests relativ leicht (aber teuer) gemessen werden.

Grenzen und Probleme beim Einsatz biochemischer Methoden lassen sich am Proteinversorgungszustand aufzeigen. Die Proteinkonzentration wird im Blut und/oder Harn gemessen, hängt aber von vielerlei Umsatzgrößen ab (Fieber, Streß, Angst), die in einem Reaktionsverbund kontrolliert werden. Die Zusammenhänge und Rückkopplungen werden nicht erfaßt, wenn nur ein Indikator einmal gemessen wird; das Ergebnis ist schwer interpretierbar. Durch standardisierte Untersuchungsbedingungen können mögliche Einflüsse konstant gehalten werden, so daß z. B. die Stickstoff-Ausscheidung im Harn eine direkte Beziehung zur Protein-Aufnahme anzeigt. Die Grenzwerte biochemischer Daten, die eine Unterernährung anzeigen, sind mit ziemlicher Sicherheit bekannt (Tab. 29).

Anthropometrische Messungen (Messungen der Körpermaße) eignen sich vorzüglich zur Ermittlung des Ernährungszustandes von Bevölkerungsgruppen, da sie leicht zugänglich, recht zuverlässig bestimmbar und relativ gut interpretierbar sind. Neben Körpergewicht und Körpergröße gibt es eine Anzahl weiterer Meßgrößen (Tab. 30). Feste Gewebe (Knochen), angezeigt durch Körpergröße, geben Hinweise auf chronische Folgen der Fehlernährung, während weiche Gewebe aus Hautfalten- und Oberarmumfangsmessungen den akuten Ernährungszustand widerspiegeln. Anthropometrische Messungen zeigen die Summe vieler möglicher Einflußfaktoren und gewinnen an Aussagekraft, wenn mehrere Messungen durchgeführt werden oder zusätzliche Indikatoren herangezogen werden. Der Ernährungszustand ist keine eindimensionale oder statische Größe. Die geeignetste oder beste Methode ist abhängig von der Bevölkerungsgruppe, den Umständen und der Fragestellung sowie den Kosten.

Klinische Indikatoren werden anhand einer kompletten Untersuchung und Anamnese erfaßt, um möglicherweise Ernährungsmängel aufzudecken (z.B. Vitaminmangelsymptome, Tab. 31), die immer durch biochemische und klinische Daten bestätigt werden sollten, da klinische Symptome häufig durch multiple Mangelzustände entstehen. Verhaltensänderungen sind schwierig zu quantifizieren, besonders da die Einflüsse durch Ernährungsmängel von der sozio-psychologischen Umwelt nur schwer zu unterscheiden sind. Da es keine verbindlichen Standardwerte gibt, werden oft nur Eindrücke über das Allgemeinverhalten registriert. Bei schwerer Protein-Energie-Malnutrition (PEM) sind Gleichgültigkeit, Trägheit, Apathie, Zurückgezogenheit und Desinteresse an der Umgebung typisch.

Zu wichtigen Determinanten des Ernährungszustandes zählen der **physiologische Zustand,** der Alter, Geschlecht, Gewicht und Krankheiten sowie Schwangerschaft, Stillzeit und Menstruation umfaßt. Die **Umwelt** als weiterer Einflußfaktor beinhaltet Beruf, Familienstatus, Einkommen, Wohnort, Kultur und Religion sowie Klima und Höhenlage. Auch **Nahrungsmittel** (Verfügbarkeit, Auswahl, Zubereitung, Zusammensetzung, Aufnahme, Verschwendung) beeinflussen maßgebend den Ernährungszustand des Menschen. Nicht zuletzt wären die **Gewohnheiten** zu nennen, die als Oberbegriff für Genußmittel, Drogen, Hobbys sowie Eßgewohnheiten stehen (Tab. 25).

Eine ideale Meßmethode für jeden Zweck gibt es bisher nicht. Wichtig ist, daß die ermittelten Daten statistisch sorgfältig ausgewertet werden. Durchschnittszahlen sind meist nicht ausreichend; in die Auswertung sollten Streubreiten eingehen, die sich aus methodischen Gründen und aus der biologischen Variationsbreite ergeben. Neben Grundauszählungen und Kreuztabellen sind statistische Methoden einzusetzen, die den Wert der ermittelten Daten voll ausschöpfen und Interpretationen objektivieren und vergleichbar machen.

Die Daten des Ernährungszustandes sind als Grundlage für effektive Ernährungsprogramme und Ernährungsberatung erforderlich, die durch den engen Kontakt erfolgversprechender werden. Die Betroffenen haben mit der Erfassung ihres Ernährungszustandes eine bessere Vorstellung der Ziele und Wichtigkeit der Ernährung für ihre Gesundheit.

Tab. 31. Die wichtigsten Vitaminmangelsymptome und Parameter zur Ermittlung des Vitaminstatus (Elmadfa 1988)

Vitamin	Wichtigste Mangelsymptome	Parameter zur Ermittlung des Vitaminstatus [1 +2]
Vit. A	Nachtblindheit, Xerophthalmie; Keratomalazie; follikuläre Hyperkeratose der Haut; Bitotsche Flecken; Infektionen von Haut und Schleimhäuten; gestörte Zahnbildung; Wachstumsverzögerung; Anämie begleitet von Eisenmangel	Serum-Vit.A, geeignet als Schnelltest; Leberretinol u. -retinylester (Leberbiopsie, aufwendig); Plasmaretinol/retinol binding protein (RBP) (Radioimmunoassay nötig, aufwendig); Sehfunktionstest wie Elektroretinographie u. a. (Kosten- u. Personalaufwand hoch, nicht für alle Altersgruppen geeignet, nicht spezifisch)
Vit. D	Rachitis bei Kindern; Knochenverformungen; Osteomalazie bei Erwachsenen, Kraniotabes (dünne, weiche Schädelknochen bei Säuglingen)	Aktivität d. alkal. Phosphatase im Serum (Früherkennung nicht spezifisch); Serum-Ca und -P; Epiphysiometrie; radiographische Tests; Knochenbiopsie; 25-OH D u. 1,25-$(OH)_2D$ im Plasma
Vit. E	Erhöhte Hämolyseneigung der Erythrozyten; Autoxidation; abnormaler Eisenstoffwechsel; steigende Thrombozytenaggregation; Enzephalomalazie, exudat. Diathese, Resorptionssterilität, Testesdegeneration sowie Muskeldystrophie u. Lebernekrose (bei Tieren); Änderung d. Enzymaktivitäten	Hämolysetest mit Dialursäure od. H_2O_2, indirekt, praktisch, wenn kombiniert mit Serum- oder Plasmatocopherol in Bezug auf die Gesamtlipide; Erythrozytentocopherol; Messung der Blutzellenfragilität im Fragiligraphen (noch nicht ausgereift)
Vit. K	Tendenz zu starken Blutungen bei operativen Eingriffen	Prothrombinzeit-Tests (Einphasen bzw. Zweiphasen-Prothrombinzeittest; Thrombotest; Gerinnungsfaktoren VII, IX, X)
Thiamin	Beriberi; Gastrointestinaltrakt: Anorexie, Magenatonie, Verdauungs- und Absorptionsstörungen; ZNS: Apathie, Müdigkeit, Hyper- und Parästhesien, Polyneuritis; KVS: Herzinsuffizienz, Steigerung der Herzfrequenz (Tachycardie), Herzvergrößerung, Vasodilationen, Ödeme	Thiaminausscheidung im Urin in Bezug auf Kreatininausscheidung; Thiaminbelastungstest; Erythrozyten-Transketolase-Aktivität; Thiamingehalt in Blut u. Erythrozyten; Pyruvat- u. Lactatgehalt im Blut nach Glucosebelastung; Leukozyten-Transketolase-Aktivität (?)
Riboflavin	Verlangsamte Wundheilung: Cheilosis, Glossitis; Konjunktivitis, Vaskularisierung der Kornea; Photophobie; seborrhoische Dermatitis, Rhagaden; Degeneration der peripheren Nerven; Veränderungen am Knochenmark; verzögertes Wachstum	Riboflavinausscheidung im Urin in Bezug auf die Kreatininausscheidung (korreliert mit Körperreserven u. Aufnahme mit der Nahrung); Riboflavinbelastungstest; Glutathionreduktaseaktivität in Erythrozyten

Tab. 31. Fortsetzung

Vitamin	Wichtigste Mangelsymptome	Parameter zur Ermittlung des Vitaminstatus [1+2]
Niacin	Pellagra; Stomatitis, Glossitis, Atrophie der Zungenpapillen, Anorexie, Erbrechen, blutige Diarrhoen; Dermatitis; Lethargie, Delirien, Halluzinationen, Neuritis, veränderter Serotoninstoffwechsel	Bestimmung des Quotienten 2-Pyridon/N-Methylnicotinamid im Urin; N-Methylnicotinamid u. 2-Pyridon im Urin bezogen auf Kreatininausscheidung; Belastungstest mit Nicotinsäure, Nicotinsäureamid oder Tryptophan
Vit. B_6	Mikrozytäre, hypochrome Anämie; Oxalurie; seborrhoische Dermatitis an Nase, Mund u. Augen; Reizbarkeit, Hyperaktivität, Depression, Nausea, Konvulsion u. periphere Neuritis	Tryptophanbelastungstest; Pyridoxinausscheidung im Urin in Bezug auf die Kreatininausscheidung; Aktivität der GOT und GPT in den Erythrozyten; Blut- und Plasmapyridoxinspiegel; Methioninbelastungstest; Xanthurensäureausscheidung im Urin
Folsäure	Makrozytäre u. megaloblastische Anämie; Leukozytopenie u. Thrombozytopenie; Hypersegmentierung der neutrophilen Leukozyten	Folsäuregehalt im Serum und Erythrozyten; Formiminoglutaminsäure im Urin (FIGLU-Test) nach Histidinbelastung
Pantothensäure	Nur experimentell erzeugter Mangel: Anorexie; Müdigkeit; Parästhesien, Muskelkrämpfe, Gleichgewichtsstörungen; Tachycardie; Dermatitis; Hämorrhagie	Pantothensäureausscheidung im Urin bezogen auf Kreatininausscheidung; CoA-Aktivität in den Erythrozyten
Biotin	Nur experimentell erzeugter Mangel: Dermatitis, Atrophie der Zungenpapillen, Nausea, Appetitlosigkeit, Parästhesie, Anämie, Hypercholesterinämie	Biotingehalt im Blut und Biotinausscheidung im Urin
Vit. C	Skorbut; Haut- u. Schleimhautblutungen; Gingivitis; Zahnfleischbluten; Hämatome; follikuläre Keratose; Gewichtsverlust, Kopfschmerzen; Säugling: subperiostale u. Epiphysenblutungen	Plasmakonzentrationen an Gesamtascorbinsäure; Leukozytengehalt an Gesamtascorbinsäure; Ascorbinsäureausscheidung im Urin nach Vit. C-Belastung
Vit. B_{12}	Megaloblastische Anämie, Magenschleimhautatrophie, Anazidität; Leukozytopenie, Thrombozytopenie; Parästhesie der Extremitäten, neurologische Schäden	Plasma- und Erythrozytengehalt an B_{12} (und auch an Folsäure); Methylmalonatausscheidung im Urin bzw. Methylmalonatausscheidung im Urin nach Valinbelastung

[1] Briggs (1981)
[2] Sauberlich (1976)

3 Nahrungsenergie und Nährstoffgruppen

3.1 Nahrungsenergie

Allgemeines

Der Energiewechsel im Organismus wird häufig als Energiestoffwechsel – im englischen Sprachgebrauch »energy metabolism« – bezeichnet. Dabei handelt es sich jedoch um eine Transformation der Nahrungsenergie in andere vom Körper benötigte Energieformen. Da die Energie nicht verstoffwechselt wird, ist für diese Vorgänge der Begriff Energiewechsel oder Energietransformation zutreffender und sollte deshalb verwendet werden.

Der Begriff Energie ist durch die technische Energie (Öl, Gas, Kohle, Kernenergie) stark belegt. Das vorliegende Kapitel behandelt aber die in der Nahrung enthaltene Energie (= Nahrungsenergie). Um diese Form der Energie handelt es sich auf den folgenden Seiten, auch wenn nur der Terminus Energie erscheint.

Geschichte

Die ersten Hinweise auf den Energiewechsel lieferten LAVOISIER und LAPLACE bereits Ende des 18. Jahrhunderts. Sie führten Experimente an Meerschweinchen durch, in denen sie Einzeltiere in einer mit Eis umgebenen Kammer hielten. Anhand der ermittelten CO_2-Abgabe und des Schmelzwassers konnten sie den Zusammenhang zwischen O_2-Verbrauch und Wärmebildung beweisen. Dabei stellte LAVOISIER fest, daß der Energieverbrauch nach der Nahrungsaufnahme und während der Arbeit zunimmt.

Große Marksteine auf dem Gebiet des Energiewechsels wurden im 19. Jahrhundert mit Hilfe metabolischer Kammern für Menschen und Tiere gelegt. Methoden zur quantitativen Bestimmung von Proteinen, Fetten und Kohlenhydraten in der Nahrung sowie deren physikalische Brennwerte wurden entwickelt, und die ersten Ermittlungen der Nahrungs- und Nährstoffaufnahme (Ernährungserhebungen) wurden durchgeführt. Grundlegende Arbeiten lieferten PETTENKOFER und VOIT (1866) in München, die in einer metabolischen Kammer Veränderungen des Gasstoffwechsels am Menschen mit hoher Präzision messen konnten. Nur etwa um 6,2% unterschieden sich die Ergebnisse ihrer Messungen des O_2-Verbrauchs von den theoretischen Berechnungen. Nach 1880 leisteten RUBNER (Deutschland), aber auch ZUNTZ (Schweiz) und JOHNSON (Schweden) Pionierarbeit. Gegen Ende des 19. Jahrhunderts wurde Nordamerika die neue Hochburg der Erforschung des Energiewechsels. Dort konnte ATWATER die fundamentalen quantitativen physiologischen Kenntnisse liefern, auf denen die Berechnungen des Bedarfs an Nahrungsenergie für den Menschen basieren.

Nach ATWATER verloren die Wissenschaftler zunächst ihr Interesse am Energiewechsel und wandten sich der Erforschung der Mineralstoffe und etwas später, nach der Entdeckung der Vitamine, Anfang des 20. Jahrhunderts, diesen Nahrungsinhaltsstoffen zu. Der Nahrungsenergiebedarf war offensichtlich nicht mehr so interessant; Interesse und Arbeit galten der Ermittlung des Bedarfs an Vitaminen für Mensch und Tier.

Durch die Nahrungsmittelknappheit während und als Folge des Zweiten Weltkrieges wandten sich die Wissenschaftler wieder eingehender der Erforschung des Energiebedarfs zu. Es wurden der Energiewechsel und Energiebedarf – in Verbindung mit beruflichen Tätigkeiten, die die Arbeiter in den Industriebetrieben oder auf dem Lande auszuüben hatten – wieder sehr aktuelle Forschungsgebiete. In den 1950er und 1960er Jahren wurde der physiologische Energieverbrauch bei Männern und Frauen ermittelt sowie genaue Erhebungen zur Erfassung der Energieaufnahme durchgeführt. Diese Aktivitäten wurden durch die bekannt gewordenen Probleme der Adipositas der Menschen in den »Wohlstands«-Gesellschaften sowie das Interesse an der Thermoregulation inspiriert und wesentlich vorangetrieben.

Formen der Energie

Sowohl Lebewesen als auch leblose Gegenstände können Energie weder schaffen (im Sinne von erzeugen) noch vernichten. Es erfolgt lediglich eine Transformation der Energieformen

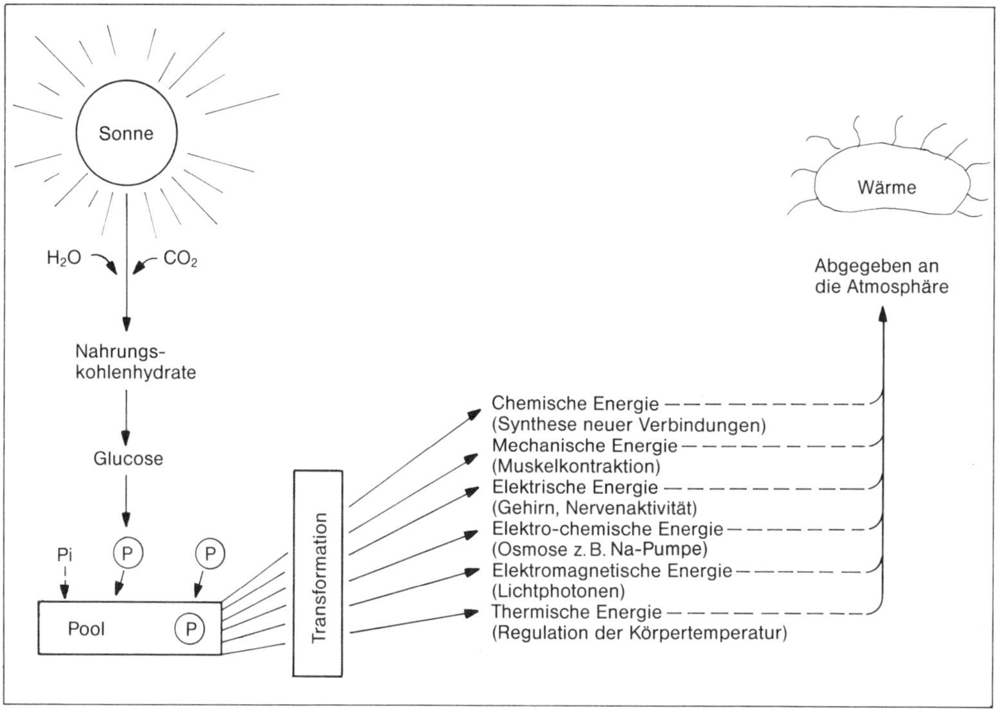

Abb. 23. Transformation der Sonnenenergie in andere Energieformen mittels metabolischer Prozesse (Trafos) (WILLIAMS 1984).

ineinander, gemäß dem ersten Hauptsatz der Thermodynamik.

Die aus biologischer Sicht interessanten Energieformen sind Sonnenenergie, chemische Energie, mechanische oder Arbeitsenergie, thermische Energie und elektrische bzw. elektro-chemische Energie (Abb. 23). Pflanzen können durch Photosynthese die Sonnenenergie fixieren und in chemische Energie umwandeln. Tiere dagegen sind abhängig von der chemischen Energie, die sie direkt oder über andere Tiere von den Pflanzen beziehen. Vom Körper erfolgt die Aufnahme der chemischen Energie in Form von Molekülen der energieliefernden Nährstoffe Kohlenhydrate, Fette und Proteine.

Die mit der Nahrung aufgenommene Energie dient dem Wachstum, der Erneuerung und Neubildung von körpereigener Substanz (Gewebe und Organe) und der Versorgung mit Energie für mechanische Arbeiten. Eine vollständige Umwandlung der chemischen Energie in mechanische Energie ist nicht möglich. Bei dieser Transformation geht der größte Teil der Energie in Form von Wärme verloren. Bestenfalls nutzt der Körper 25% der mit der Nahrung aufgenommenen Energie in Form von mechanischer Energie.

Von der zur Aufrechterhaltung verschiedener physiologischer Funktionen im Körper (Grundumsatz) erforderlichen Energie werden weniger als 10% für innere mechanische Leistungen unwillkürlich arbeitender Organe benötigt (z. B. Herzschlag und Bewegung der Atmungsmuskulatur). Der Rest von mehr als 90% wird sowohl für osmotische Regulation (Erhaltung der Elektrolytkonzentrationen in intra- und extrazellulärer Flüssigkeit) als auch für die Synthese von körpereigener Substanz, die während der Wachstumsphase am intensivsten ist, benötigt.

Bei normalen Umgebungstemperaturen reicht selbst eine geringe Muskelaktivität aus, um die Körpertemperatur zu regulieren, besonders wenn die Körpertemperatur durch adäquate Kleidung konserviert wird. Zusätzliche Wärme wird bei körperlicher (mechanischer) Arbeit erzeugt. Die Körpertemperatur wird durch Wärmeabgabe des Körpers, welche durch Schwitzen erreicht wird, konstant gehalten.

Terminologie und Definition

Joule: Die internationale, absolute Energieeinheit ist das Joule (J). Ein Joule ist definiert als die Energiemenge, die benötigt wird, um 1 Kilogramm (kg) mit einer Kraft von 1 Newton (N) um 1 Meter (m) zu bewegen.
Kilojoule (kJ = 10^3 J); Megajoule (MJ = 10^6 J)

kcal: Früher wurde als Energieeinheit die kcal benutzt; 1 kcal ist die benötigte Energiemenge, um 1 Liter (l) Wasser von 14,5 °C auf 15,5 °C zu erwärmen. 1 kcal = 4,186 kJ.
Der Energieverbrauch kann auch in elektrischer Energie ausgedrückt werden: 1 Kilowatt = 1 kJ/sec. Zehn Erwachsene, die in einem Raum sitzen und sich unterhalten, produzieren etwa 60 kJ/min Wärme ≙ 1 kW elektrischer Energie.

EA: Energieaufnahme = Summe aufgenommener Energieträger × jeweiliger Brennwerte. EA wird auch als physikalischer Brennwert bezeichnet und normalerweise von isolierten Energieträgern oder in der Mischkost im Bomben-Kalorimeter bestimmt.

FE Fäzesenergie = Brennwert mit den Fäzes ausgeschiedener Energieträger; Bestimmung im Bomben-Kalorimeter

HE Harnenergie = Brennwert mit dem Urin ausgeschiedener Substanzen; Bestimmung im Bomben-Kalorimeter

VE Verdauliche Energie; VE = EA – FE

UE Umsetzbare Energie = metabolisierbare Energie oder physiologischer Brennwert; UE = EA – (FE + HE) = VE – HE

WE Wärmeenergie = Gesamtenergiemenge, die vom Körper (über Haut, Atemluft u. a.) abgegeben wird.

WWK Wasserwärmekapazität 2436 kJ (= 580 kcal)/l H_2O

SDW Spezifisch Dynamische Wirkung = Erhöhung des Energieumsatzes infolge der Nahrungsaufnahme (Verdauung und Absorption)

GU Grundumsatz = Ruheumsatz = postabsorptiver Energieverbrauch eines entspannt liegenden Menschen. Bestimmung 12 h nach der letzten Nahrungsaufnahme und bei konstanter Umgebungstemperatur von 20 °C. Angabe in kJ (kcal)/m^2 Körperoberfläche/h. Englisch: BMR = basal metabolic rate

LBM Lean body mass = fettarme Körpermasse

LU Leistungsumsatz = Summe der Nettoenergiemengen, die für meßbare Leistungen benötigt werden; letztere sind hauptsächlich Wachstum, Erhaltung der Körpermasse, körperliche Arbeit, Schwangerschaft und Lactation.

Tab. 32. Physikalische Brennwerte verschiedener Energieträger (in Energieäquivlant kcal/kJ pro 1 g Trockensubstanz) (KRAUT, WIRTHS 1981)

Energieträger		Brennwert kcal	kJ
N-haltige Verbindungen:			
Serumalbumin		5,92	24,7
Casein		5,78	24,2
Kollagen		5,35	22,2
Fleisch		5,35	22,4
Eier		5,58	23,4
Leucin		6,52	27,3
Alanin		4,35	18,2
Harnsäure		2,74	11,5
Harnstoff		2,53	10,6
Nahrungsprotein im Schnitt		5,65	23,7
Fette und Lipide:			
Buttersäure	C4	5,96	24,9
Capronsäure	C6	7,16	30,0
Caprylsäure	C8	7,90	33,0
Caprinsäure	C10	8,48	35,5
Laurinsäure	C12	8,86	37,1
Myristinsäure	C14	9,15	38,3
Palmitinsäure	C16	9,36	39,2
Stearinsäure	C18	9,55	40,0
Ölsäure	C18:1	9,41	39,4
Linolsäure	C18:2	9,33	39,0
Linolensäure	C18:3	9,24	38,7
Arachidonsäure	C20:4	9,68	40,5
Cholesterin		9,90	41,4
Butterfett		9,22	38,5
Tierische Fette allgemein		9,37	39,2
Olivenöl		9,38	39,3
Pflanzliche Fette allgemein		9,52	39,8
Nahrungsfette im Schnitt		9,30	39,0

Kohlenhydrate		
Pentosen	3,72	15,6
Hexosen (im Schnitt)	3,74	15,7
Disaccharide (im Schnitt)	3,91	16,3
Trisaccharide	4,01	16,8
Polysaccharide	4,20	17,6
Dextrin	4,12	17,2
Nahrungskohlenhydrate im Schnitt	4,15	17,3
Säuren:		
Weinsäuren	1,87	7,8
Apfelsäure	2,39	10,0
Zitronensäure	2,47	10,3
Brenztraubensäure	3,02	12,6
Essigsäure	3,49	14,6
Milchsäure	3,62	15,1
Glutarsäure	3,90	16,3
	2,97	12,4
Alkohole:		
Xylit, Sorbit, Mannit	3,75	15,7
Glycerin	4,31	18,0
Ethanol	7,10	30,0
	5,05	21,2

Energiegehalt der Lebensmittel

Die bei der vollständigen Verbrennung der Energieträger (Kohlenhydrate, Fette, Proteine, Alkohole) unter Zufluß von Sauerstoff und in Anwesenheit von Platin als Katalysator gebildete Wärme wird als **physikalischer Brennwert** bezeichnet, die in Energieäquivalenten, kcal oder kJ/g Trockensubstanz, angegeben wird. Physikalische Brennwerte wichtiger energieliefernder Substanzen in der Ernährung des Menschen zeigen eine Streubreite zwischen 8–40 kJ/g (Tab. 32).

Im tierischen Körper werden Kohlenhydrate und Fette quantitativ oxidiert. Bei vollständiger Absorption ist der physiologische Brennwert mit dem physikalischen identisch, da die ausgeschiedenen Stoffwechselprodukte (CO_2 und H_2O) keinen für den Organismus verwertbaren Energiegehalt besitzen (Tab. 33).

Bei **Kohlenhydraten** beträgt die durchschnittliche prozentuale Absorptionsrate 99%. Die verwertbaren Polysaccharide werden in etwas geringerem Maße absorbiert als niedermolekulare Zucker. Bei **Fetten** verhält sich die Absorptionsrate umgekehrt proportional zum Schmelzpunkt des Fettes. Fette mit einem Schmelzpunkt über der Körpertemperatur (37 °C) werden relativ schlechter absorbiert als jene mit niedrigerem Schmelzpunkt. Ihr physiologischer Brennwert liegt daher auch niedriger. Bei Kohlenhydraten und Fetten wird nicht berücksichtigt, daß im Urin immer geringere Mengen an nicht vollständig abgebauten Bestandteilen und Metaboliten wie Zucker, Glucuronsäure und Ketonkörper ausgeschieden werden.

Die biologische Oxidation der **Proteine** ist im Gegensatz zu Fetten und Kohlenhydraten nicht vollständig; die mittlere prozentuale Absorptionsrate beträgt 92%. N-haltige Verbindungen, die bei der Oxidation von Proteinen mit dem Urin ausgeschieden werden, verursa-

Tab. 33. Physikalische und physiologische Brennwerte für Proteine, Fette, Kohlenhydrate und Alkohol in einer gemischten Kost (Passmore, Eastwood 1986)

Energieträger	Physikalischer Brennwert (Kalorimeter)		Absorptionsrate in %	Verluste im Harn		Physiologischer Brennwert (ATWATER-Faktoren)	
	kJ/g	kcal/g		kJ/g	kcal/g	kJ/g	kcal/g (gerundet)
Proteine			92	5,23	1,25	15,8	4
Fleisch	22,4	5,35					
Eier	23,4	5,58					
Fette			95	–	–	37	9
Butter	38,2	9,12					
Tier. Fette	39,2	9,37					
Kohlenhydrate			99	–	–	16,2	4
Stärke	17,2	4,12					
Glucose	15,5	3,69					
Alkohol (Ethanol)	29,7	7,10	100	Spuren		29	7

chen weitere Energieverluste. Den Hauptanteil bilden Harnstoff, Kreatinin, Kreatin, Ammoniak, Harnsäure und geringe Mengen an Aminosäuren. Sie enthalten im Mittel 33,1 kJ (7,9 kcal)/g N oder 5,32 kJ (1,25 kcal)/g Protein; diese Energieverluste müssen jeweils von der verdaulichen Energie abgezogen werden.

Der Hauptanteil des aufgenommenen **Alkohols** wird verstoffwechselt und oxidiert. Nur geringe Mengen des aufgenommenen Alkohols (maximal 5%) werden unverändert ausgeatmet, der physiologische Brennwert beträgt daher 29 kJ (7,0 kcal)/g Ethanol. Während kleine physiologische Mengen an Ethanol zur entsprechenden Verminderung der Fettoxidation führen, verstärken hohe Alkoholaufnahmen die Hautdurchblutung und führen somit zur Steigerung der Wärmeabgabe über die Haut. Der energetische Nutzeffekt größerer Alkoholaufnahmen fällt deshalb relativ gering aus.

An drei jungen Amerikanern führte ATWATER Anfang dieses Jahrhunderts mehrere Untersuchungen über Verdauung und Absorption der Nahrung durch. Für die Dauer von 8 bis 10 Tagen wurden die Ausscheidungsprodukte in Fäzes und Urin nach der Verabreichung typischer gemischter Nahrung (jener Zeit) gemessen. Er stellte dabei fest, daß 92% Protein, 95% Fett und 99% Kohlenhydrate aus der aufgenommenen Nahrung absorbiert werden können (Tab. 33). Diese ATWATER-Faktoren, die nur an einem kleinen Kollektiv und nur mit einer Art von Mischkost ermittelt wurden, konnten seither in zahlreichen Studien mit modernen Kalorimetern bestätigt werden.

Die chemische Analyse erlaubt die Berechnung der physiologischen Energie (UE) nach der vereinfachten Formel:

$UE = g\ Fett \times 9{,}0 + [0{,}95 \times (g\ Trockensubstanz - g\ Fett)] \times 4{,}0\ kcal$

Messung des Energieverbrauchs

Zur Messung des Energieverbrauchs stehen zwei Methoden zur Verfügung.

1. Die **direkte Kalorimetrie** ist einfach in der Theorie, jedoch sehr kompliziert, aufwendig und kostspielig in der Praxis. Die Messung wird in einer geschlossenen Kammer (Kalorimeter) durchgeführt, in die Luft gepumpt wird; die abgegebene Wärme wird kalorimetrisch gemessen (Abb. 24). Die direkte Kalorimetrie eignet sich besonders für Ruhestudien, jedoch nicht für

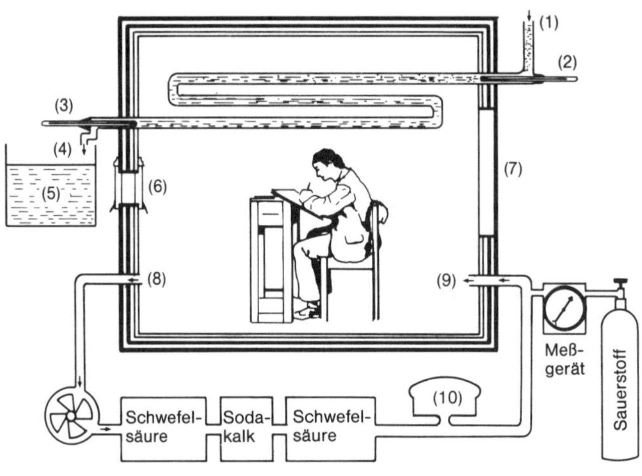

Die Wände der Kammer sind isoliert. Innen produzierte Wärme wird von fließendem Wasser absorbiert, welches bei (1) ein- und bei (4) ausströmt; die Temperatur bei Ein- und Austritt wird von Thermometern (2) und (3) registriert; das Volumen des durchströmenden Wassers wird in einem Auffanggefäß (5) ermittelt. Es ist möglich, die Versuchsperson durch ein Fenster (7) zu überwachen, während Nahrung sowie Exkremente durch eine Klappe (6) gereicht werden. Bei (8) verläßt Luft die Kammer und wird durch ein Gebläse über Schwefelsäure und Sodakalk geleitet, um Wasser und CO_2 zu absorbieren. Die Sauerstoffmenge wird durch ein Gas-Meßgerät ermittelt und bei (9) in die Kammer eingeleitet; (10) ist eine Vorrichtung zum Druckausgleich.

Abb. 24. Der ATWATER **und** ROSA **Respirations-Kalorimeter** (PASSMORE, EASTWOOD 1986).

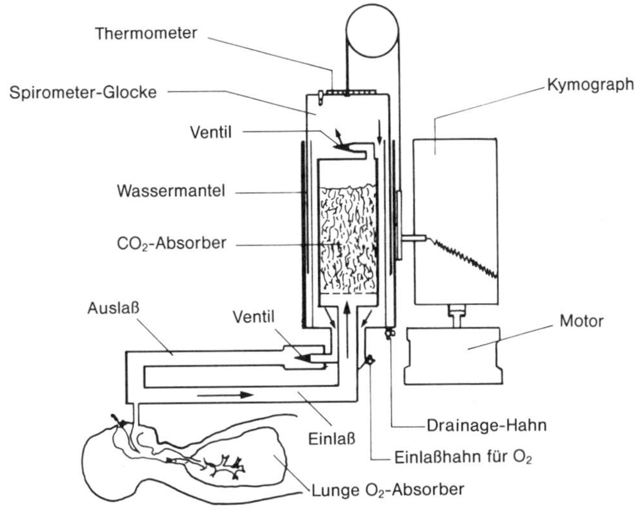

Die Versuchsperson trägt eine Nasen-Klammer und atmet durch ein Mundstück, welches mit dem Gerät über 2 Ventile verbunden ist. Das Ein- und Ausatmen von Sauerstoff erfolgt durch die entsprechenden Ventile in einen CO_2-Absorber. Die verbrauchte Sauerstoffmenge wird von einem mit dem Zähler verbundenen Schreiber auf einer sich drehenden Walze erfaßt.

Abb. 25. BENEDICT-ROTH-**Spirometer** (PASSMORE, EASTWOOD 1986)

Arbeitsversuche. Es wird empfohlen, solche Messungen nur an trainierten Versuchspersonen durchzuführen, da die Meßkammer auf viele Individuen bedrückend wirkt, was zu Hyperventilation und somit zu ungenauen Ergebnissen führen kann.

Mit der direkten Kalorimetrie können zwei Parameter bestimmt werden:

a) gesamter Energieverbrauch (= abgegebene Energie + geleistete mechanische Arbeit) = physiologische Energie
b) gesamter Energieverbrauch in Relation zum O_2-Verbrauch.

2. Die **indirekte Kalorimetrie** basiert auf der Messung des O_2-Verbrauchs und des ausgeatmeten CO_2 zur Ermittlung des respiratorischen Quotienten (RQ)* sowie der Ausscheidung von Harn-N als Funktion des Proteinabbaus (Abb. 25). Technisch ist die indirekte Kalorimetrie einfacher als die direkte Kalorimetrie und hat diese zur Messung des Energieverbrauchs in der Humanphysiologie schon lange ersetzt. In der Arbeits- und Sportphysiologie werden Geräte mit sog. offenen Systemen verwendet. Dabei wird die eingeatmete Luftmenge gemessen und das Verhältnis CO_2/O_2 in der Atemluft analysiert.

Prinzip: Bei vollständiger Verbrennung organischen Materials, sei es im Kalorimeter oder im Körper, besteht ein Zusammenhang zwischen der freigesetzten Energie und dem O_2-Verbrauch. Die Oxidation von Glucose z. B. erfolgt nach folgender Formel:

$C_6H_{12}O_6$ +	$6\ O_2$ =	$6\ CO_2$ +	$6\ H_2O$ +	Energie
180	6 × 22,4	6 × 22,4	6 × 18	2,78
g	l	l	g	MJ

Nach dieser Formel beträgt der Brennwert von 180 g Glucose 2,78 MJ und von 1 g Glucose = $\frac{2780}{180}$ = 15,5 kJ (3,69 kcal)/g.

Für die Gewinnung von 2,78 MJ werden 6 × 22,4 l O_2 verbraucht.

Durch den Verbrauch von 1 l O_2 werden $\frac{2780}{6 \times 22{,}4}$ = 20,8 kJ (4,95 kcal) gewonnen.

Bei Glucose beträgt der RQ 1,0.

Ähnliche Gleichungen können für die Verbrennung anderer Nahrungsenergieträger aufgestellt werden; z. B. das Fett Tripalmitin:

$$C_{51}H_{98}O_6 + 72{,}5\ O_2 \rightarrow 51\ CO_2 + 49\ H_2O + \text{Energie}$$
$$\text{RQ Tripalmitin} = {}^{51}/_{72{,}5} = 0{,}7$$

* Der RQ ist das molare Verhältnis des produzierten CO_2 zum verbrauchten O_2. Die Bezeichnung RQ stammt von dem Physiologen E. F. W. PFLÜGER (1829–1910 Deutschland).

Der errechnete RQ für Nahrungsprotein beträgt 0,8. Der ermittelte RQ für eine Mahlzeit (Anteil an der Energiezufuhr: 12% aus Protein, 40% aus Fett und 48% aus Kohlenhydrate) liegt bei 0,85. Bei der üblichen Zufuhr an Nahrungsenergie wird von einer ähnlichen Zusammensetzung ausgegangen, deshalb wird für die gemischte Kost ein RQ von 0,85 angenommen.

Energiebedarf

Physikalisch betrachtet ist der lebende Organismus ein »offenes System«. Er bedarf zur Aufrechterhaltung seines charakteristischen Ordnungszustandes mit den bekannten physiologischen Grundfunktionen einer dauernden Energiezufuhr. Die geringste Energiemenge, die dies bei völliger Ruhe und Entspannung und bei der für den unbekleideten Menschen indifferenten Umgebungstemperatur von 28 °C ermöglicht, wird als Grundumsatz bezeichnet. In der Regel wird an Nüchternen bei einer Indifferenztemperatur, die meist bei etwa 20 °C liegt, am leicht gekleideten Menschen gemessen. Das heißt, der Energieverbrauch eines entspannt liegenden Menschen wird 12 h nach der letzten Nahrungsaufnahme und bei einer konstanten Umgebungstemperatur von 20 °C bestimmt. Wiederholte Messungen an derselben Person weisen erhebliche Streuungen auf, die durch Schwankungen der Umgebungstemperatur, Unregelmäßigkeiten der Atmung sowie Hyper- und Hypoventilation verursacht werden können. Unter optimalen Meßbedingungen nähert sich der gemessene Energieverbrauch dem im Schlaf, der um 7–10% niedriger liegt als der im wachen Zustand.

Der durchschnittliche Grundumsatz (GU) wird üblicherweise mit 1 kcal (4,18 kJ)/kg Körpergewicht/h angegeben. Der GU hängt von verschiedenen Einflußfaktoren ab wie Geschlecht und Alter (Tab. 34), Körperkonstitution und -oberfläche sowie der Funktion verschiedener endokriner Drüsen, vor allem Hypophyse, Schilddrüse, Nebennieren und Pankreas. Weiterhin können fiebrige Erkrankungen und verschiedene Umweltchemikalien den GU beeinflussen.

Der GU beinhaltet neben dem Ruhestoffwechsel der Gewebe die Energiemenge, die für Herzarbeit, Atmungstätigkeit, Leistung der Drüsen und glatten Muskulatur benötigt wird.

Tab. 34. Standardwerte für den Grundumsatz in Abhängigkeit von Geschlecht und Alter ($kJ/m^2/h$) (Fleisch 1951)

Alter (Jahre)	m	w	Alter (Jahre)	m	w
1	222	222	30	154	147
3	215	214	35	153	147
5	206	203	40	152	146
7	198	190	45	151	144
9	189	179	50	150	142
11	180	176	55	148	139
13	177	169	60	146	137
15	175	159	65	144	135
17	164	149	70	141	133
20	162	148	75	139	131
25	157	147	80	138	129

Wichtige Anmerkungen zum Grundumsatz

Bei Frauen ist der GU bezogen auf das Körpergewicht um 10% niedriger als beim Mann. Da der weibliche Organismus einen größeren Anteil an Fettgewebe mit einem niedrigen Stoffwechselumsatz besitzt, wird der GU auf LBM bezogen, so entfallen die geschlechtsspezifischen Unterschiede. Durch die Stoffwechselwirkung der Sexualhormone ist der geschlechtsspezifische Unterschied im GU wesentlich geringer als die interindividuellen Unterschiede (= biologische Streuung ±7,5%).

Der Anteil des Gehirns am GU beträgt aufgrund seines intensiven Stoffwechsels 25%, obwohl es nur etwa 2% des Körpergewichtes ausmacht.

Der Anteil der Muskulatur am GU ist relativ gering (18%), obwohl sie 40–50% der Körpermasse ausmacht (Tab. 35).

Tab. 35. Anteil der Organe des menschlichen Körpers am Grundumsatz (Bässler, Fekl, Lang 1987)

Organ	O_2-Verbrauch (Mol/d)	% des Ruhestoffwechsels
Leber und Splanchnikusgebiet	4	25
Gehirn	4	25
Herz	1	6
Niere	1,6	10
Skelettmuskel	2,8	18
Rest	2,6	16
gesamt	16	100

Der GU ist bei verschiedenen Personengruppen und Konditionen erhöht:
- Schwangerschaft: bedingt durch das Wachstum des Fetus, ab der 22. Schwangerschaftswoche um 10% erhöht.
- Sportler: infolge des höheren Muskelanteils.
- Vegetativ labile und leicht erregbare Menschen: die Ursache ist ein erhöhter Muskeltonus, der durch psychische Erregung verstärkt wird und keine echte Umsatzsteigerung darstellt.
- Schilddrüsenüberfunktion: die GU-Steigerung wird oft als Maß für die Schilddrüsenüberfunktion genommen. Liegt der gemessene Wert um 1,5 bis 2mal höher als die normale Streuung, d. h. um 10–15% höher, so wird von pathologisch erhöhter Schilddrüsenfunktion gesprochen.
- Fieberzustand: bei erhöhter Wärmeproduktion kann der GU um 40% gesteigert sein. Eine Erhöhung der Körpertemperatur um 1 °C bedingt einen Anstieg des Energieumsatzes um etwa 13%.
- Menstruation: der GU ist unmittelbar vor der Menstruation am höchsten und während der Menstruation am niedrigsten.

Der GU ist bei unterschiedlichen Bedingungen erniedrigt:
- Schlaf: wegen des geringeren Muskeltonus und der geringeren Aktivität des sympathischen Nervensystems ist der GU um 7–10% geringer.
- Tropen: im Vergleich zu arktischen Gebieten ist der GU des Erwachsenen durch adaptive Veränderungen der Hormonausschüttung der Schilddrüse um 10–20% geringer.
- Längeres Fasten: bei einer unzureichenden Energiezufuhr, die zu einer Gewichtsabnahme von 10% des Ausgangskörpergewichts führt, nimmt der GU um 16% ab; hält die Unterernährung länger an und erreicht die Gewichtsabnahme 24%, so sinkt der GU um etwa 30%. Mäßige Änderungen des Körpergewichts haben auf den GU keinen oder nur einen unwesentlichen Einfluß.

Bereits vor 100 Jahren zeigte RUBNER, daß der GU weniger vom Körpergewicht als von der Körperoberfläche abhängig ist. Die Ursache ist der proportional zur Körperoberfläche stattfindende Wärmeaustausch mit der Umgebung. Die Körperoberfläche, als eine Bezugsgröße für die Ermittlung des GU, läßt sich am lebenden Menschen praktisch nicht direkt messen. Da die Individuen geometrisch unähnlich sind, ist eine Berechnung der Körperoberfläche aus dem Körpergewicht allein auch nicht möglich. Aus Meßwerten an Leichen wurde eine empirische Formel entwickelt, aus der sich unter Berücksichtigung des Körpergewichtes und der Körperlänge die Körperoberfläche erwachsener Menschen annähernd errechnen läßt. Die von DUBOIS und DUBOIS 1916 erarbeitete Formel lautet:

$$A = W^{0,425} \times H^{0,725} \times 71,78$$

wobei A = »Area« = Oberfläche (cm^2)
W = »Weight« = Körpergewicht (kg)
H = »Height« = Körpergröße (cm)

Auf der Basis der DUBOIS-Formel wurden verschiedene Nomogramme erarbeitet, mit denen sich aus Körpergewicht und -größe die Körperoberfläche schnell ermitteln läßt (Abb. 26).

Energiebilanz

Der Gesamtenergiebedarf des Körpers setzt sich aus GU, einer individuell fixierten Größe, und der variablen Umsatzsteigerung zusammen.

Gesamtumsatz = Grundumsatz + Umsatzsteigerung

Unter Umsatzsteigerung wird jeder Leistungszuwachs über den GU hinaus durch erhöhte Tätigkeit der Organe verstanden. Eine Umsatzsteigerung ist vor allem bedingt durch Nahrungsaufnahme, Muskelarbeit und Umgebungstemperatur (thermoregulatorische Maßnahmen).

Umsatzsteigerung durch Nahrungaufnahme. Nicht die »Verdauungsarbeit« der Nahrung als solche, sondern die energieverbrauchenden Umbauvorgänge für die Nährstoffe führen zu einer Umsatzsteigerung, deren Höhe von der Quantität und Zusammensetzung der zugeführten Nahrungsmittel abhängig ist. Von RUBNER stammt die Bezeichnung der umsatzsteigernden Wirkung der Nährstoffe als »spezifisch-dynamische Wirkung« (SDW). Bei der im Vergleich zu Kohlenhydraten und Fetten höheren Umsatzsteigerung durch Proteine spielt auch eine Reizwirkung der Aminosäuren und ihrer Umwandlungsprodukte auf die Zellen eine Rolle, wobei sich diesbezüglich die pflanzlichen Proteine nicht von den tierischen unterscheiden. Die für die Hauptnährstoffe und für die gemischte Kost ermittelten spezifisch-dynamischen Wirkungen liegen zwischen 3–20% (Tab. 36).

Die Ursache für das Phänomen der SDW vermuteten Wissenschaftler zunächst in den Verdauungsvorgängen, in deren Ablauf zusätzliche Wärme entsteht. Diese These wurde durch Ver-

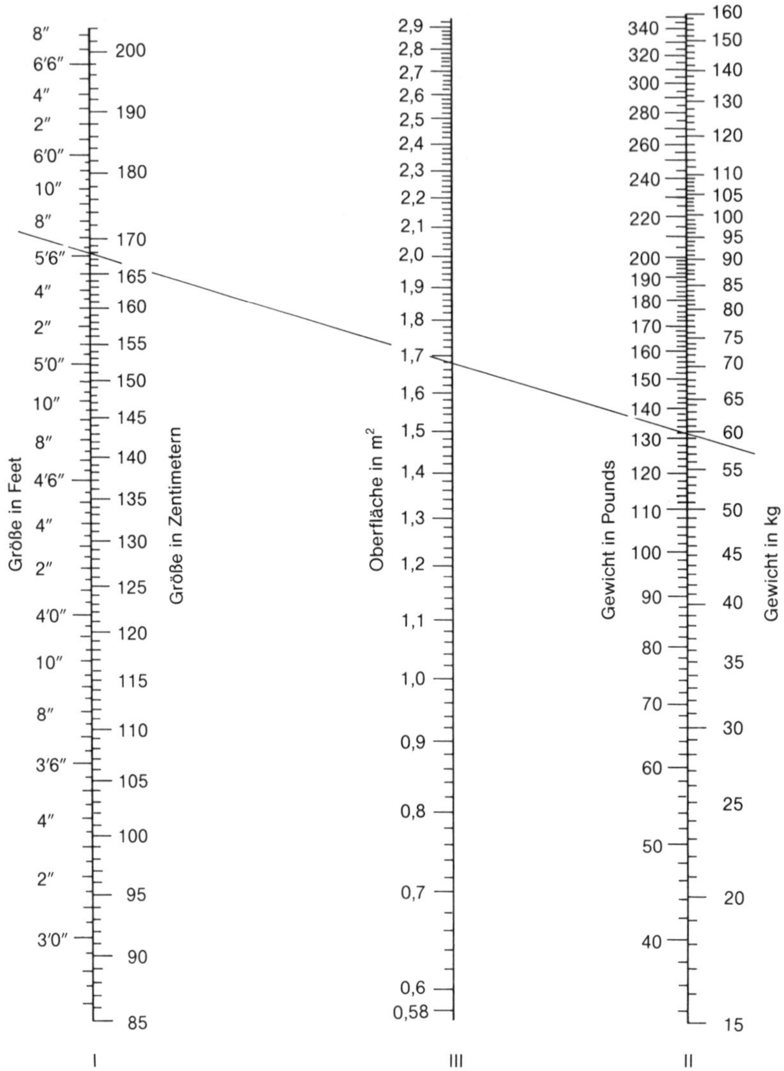

Abb. 26. Nomogramm zur Kalkulation der Körperoberfläche (PIKE und BROWN 1975).

suche widerlegt, in denen Nährstoffe, unter Umgehung des Verdauungstraktes appliziert, die gleichen Effekte erzielten.

Bemerkenswert erscheint unter den zu diesem Sachverhalt entwickelten Theorien die von KREBS 1964 postulierte Erklärung für den »kalorigenen Effekt« (= SDW). Demnach beruht dieser Effekt auf unterschiedlich hohen Energiemengen aus der Oxidation der Hauptnährstoffe, die für die Synthese von 1 Mol ATP benötigt werden. Im Falle von Fett (z.B. Tristearin) und Kohlenhydraten (z.B. Glucose und Stärke) werden bei deren vollständiger Oxidation 75,5 kJ (= 18,1 kcal) bzw. 72,8 kJ (= 17,4 kcal) zur Gewinnung von 1 Mol ATP benötigt.

Die ATP-Produktion infolge der Oxidation von Protein berechnete KREBS aus den Werten der jeweiligen, einzelnen Aminosäuren. Dabei berücksichtigte er, daß ein gewisser Anteil der Aminosäuren für die energieabhängige Synthese von Harnstoff benötigt wird. Außerdem werden die Aminosäuren eines Proteins nicht vollständig oxidiert. So geht ein großer Teil des aus der Nahrung aufgenommenen Glycins in die Kreatin-, Porphyrin- oder Purinsynthese ein, Cystin und Cystein können zu einem gewissen Anteil für die Bildung von Taurocholsäure verwendet

Tab. 36. Spezifisch-dynamische Wirkung für Hauptnährstoffe und gemischte Tageskost in % des Grundumsatzes (WIRTHS 1975)

Proteine	18–20
Kohlenhydrate	5–9
Fette	3–4
gemischte Tageskost	etwa 10

und Tryptophan sowie die C-Skelette aller Aminosäuren nur unvollständig oxidiert werden. KREBS errechnete, daß ca. 12% des Aminosäure-Kohlenstoffs nicht oxidiert und ca. 2 Mol ATP/g Aminosäure-N bei der Harnstoffsynthese benötigt werden. Er kommt für Eialbumin zu einer aus der Oxidation resultierenden Menge von 88,7 kJ (= 21,2 kcal), die benötigt wird, um 1 Mol ATP zu bilden; für Protein im Durchschnitt 83,6 kJ (= 20 kcal).

Der »kalorigene Effekt« wurde schließlich als der prozentuale Mehrbedarf an Energie berechnet, die zur Synthese von ATP aus Protein im Vergleich zu der aus Kohlenhydraten und Fett benötigt wird:

$$\text{Kalorigener Effekt} = \frac{\left[\begin{array}{l}\text{kcal benötigt für die}\\ \text{Synthese von ATP aus}\\ \text{d. Oxidation v. Protein}\end{array}\right] - \left[\begin{array}{l}\text{kcal benötigt für die}\\ \text{Synthese von ATP aus}\\ \text{d. Oxidation v. Kohlenhydraten}\end{array}\right]}{\text{kcal benötigt für die Synthese v. ATP aus Kohlenhydraten}} \times 100$$

$$= \frac{21{,}2^{1)} - 17{,}4^{2)}}{17{,}4} = 21{,}8\,\%$$

1) Eialbumin: kcal/Mol ATP = 21,2
2) Stärke: kcal/Mol ATP = 17,4

Der »kalorigene Effekt« der Nährstoffe stellt demnach die für die ATP-Synthese notwendige, zusätzliche Energie dar, wenn Protein sowie Kohlenhydrate und Fett oxidiert werden.

Die SDW ist von der Umgebungstemperatur abhängig. Bei niedriger Außentemperatur wird die Wärme, die durch die SDW entsteht, zur Deckung des Energiebedarfs des Körpers verwendet, d.h. die Verbrennung von Körpervorratsenergie in Form von Glykogen und Fett wird eingeschränkt. Bei höherer Außentemperatur und wenn der Energiebedarf gedeckt ist, wird die überschüssige Energie aus der SDW als Wärme abgegeben. Damit erklärt sich das Schwitzen nach proteinreicher Nahrung an heißen Tagen. Hieraus ergibt sich auch, daß die Energieversorgung des Körpers an heißen Tagen durch die Zufuhr von Kohlenhydraten und Fetten rationeller ist als durch proteinreiche Nahrungsmittel.

Umsatzsteigerung durch Muskeltätigkeit. Die Skelettmuskulatur, die 40–50% des Körpergewichts ausmacht, kann bei entsprechender Leistung ihren Energiebedarf um mehr als das 20fache steigern. Bereits geringe Körperbewegungen können zu einer Umsatzsteigerung von 25% des GU führen. Die Steigerung ist gekennzeichnet durch: 1. stärkere Wärmebildung, 2. größeren O_2-Verbrauch und 3. vermehrte CO_2-Bildung.

Die Abgrenzung der verschiedenen Intensitätsstufen der Muskelarbeit war lange Zeit umstritten. Von CHRISTENSEN, Schweden (Tab. 37), stammt folgendes Schema, das er ursprünglich für Arbeiter der Eisen- und Stahlindustrie vorschlug. Es findet jedoch allgemeine Anwendung (Tab. 38).

Umgebungstemperatur. Die homothermen (gleichwarmen) Lebewesen, dies sind Warmblüter wie Säugetiere, Vögel und Mensch, benötigen eine konstante Innentemperatur des Körpers. Für die Aufrechterhaltung der Körpertemperatur und zur Vermeidung von Unterkühlung und Überwärmung sorgen verschiedene thermoregulatorische Prozesse. Die insbesondere infolge von Muskelarbeit entstehende Mehrenergie wird durch die Haut abgestrahlt und kann durch die erhöhte Temperatur von Kopf und Rumpf gemessen werden. Genügt dieser Weg der Wärmeabgabe nicht, so wird durch Steigerung der Verdunstungsrate über Schweißbildung zusätzlich Energie abgegeben. Die Wärme-

Tab. 37. Energieverbrauch in Relation zur Intensität der Muskelarbeit (CHRISTENSEN 1953 zitiert nach PASSMORE, Eastwood 1986)

Stufen der Arbeit	kJ/Min
sehr leicht	< 10
leicht	10–20
mittel	20–30
schwer	30–40
sehr schwer	40–50
äußerst schwer	> 50

Tab. 38. Beispiele für die Einteilung von Berufsschweregruppen nach Tätigkeiten (modif. nach CHRISTENSEN 1953 und DGE 1985)

Leichtarbeiter bis 20 kJ/min	Büroangestellte, Uhrmacher, Laborantin, Feinmechaniker, Pkw-Fahrer, Fließbandarbeiter (sitzend)
Mittelschwer-arbeiter 20–30 kJ/min	Autoschlosser, Verkäuferin, Anstreicher, hauswirtschaftliche Tätigkeiten mit größerem, manuellem Aufwand
Schwerarbeiter 30–40 kJ/min	mehrere landwirtschaftliche Tätigkeiten, Maurer, Zimmermann, Dachdekker, Masseur, Winzer, mehrere Disziplinen im Leistungssport
Schwerstarbeiter >40 kJ/min	Waldarbeiter, Steinbrucharbeiter, Stahlarbeiter, Hochofenarbeiter, Kohlenhauer, Hochleistungssportler

kapazität des Wassers ist relativ hoch, sie beträgt ca. 2,44 MJ (= 580 kcal)/l (Kap. 2.3.2).

Energiebedarf des Menschen

Der gesunde Mensch deckt seinen Energiebedarf durch die Aufnahme von frei zur Verfügung (ad libitum) stehender Nahrung. Eine Unterversorgung mit Nahrungsenergie ist hierbei sehr unwahrscheinlich. In der klinischen Praxis, wo mit Verdauungs- und Absorptionsstörungen – Maldigestion bzw. Malabsorption – zu rechnen ist, muß überprüft werden, ob die Versorgung eines Erwachsenen mit 10,5 MJ (= 2500 kcal)/d zur Deckung des Energiebedarfs ausreicht. Zur Überprüfung reicht die Versorgung mit dieser Energiemenge bei gleichzeitiger Kontrolle des Verlaufs des Körpergewichtes. Der Energiebedarf von Individuen der gleichen Berufsschweregruppe ist unterschiedlich.

Methoden zur Schätzung des Energiebedarfs

Ernährungserhebungen. Ernährungserhebungen wurden zuerst von VOIT 1881 in Deutschland und ATWATER in den USA durchgeführt. VOIT stellte anhand der Nahrungsaufnahme von Arbeitern und Handwerkern fest, daß im Mittel 12,8 MJ (= 3055 kcal)/d benötigt werden. Zu ähnlichen Ergebnissen kam ATWATER, der die Energieaufnahme von Farmern in Connecticut und Vermont berechnete; dabei ergab sich ein Bedarf von 14,3 MJ (= 3410 kcal) bzw. 15,2 MJ (= 3635 kcal)/d. Seit dieser Zeit wurden Verzehrserhebungen in vielen Ländern durchgeführt. Sie lieferten die Basis für die Ermittlung des Energiebedarfs. Verzehrserhebungen zur Festlegung des Energiebedarfs haben folgende Nachteile:

1. Bei Nahrungsmittelüberschuß ist der Konsum allgemein hoch und übersteigt meist den Bedarf. Bei unzureichender Nahrungsversorgung oder wenn die Kaufkraft niedrig ist, liegt der Konsum oft unter dem Bedarf.
2. Eine Verzehrserhebung kann keine Auskunft darüber geben, wie der Körper Energie abgibt oder verbraucht. Auch über die Umsatzsteigerung auf Grund körperlicher Aktivität sowie über abzuziehende Energiemengen infolge der Mechanisierung vieler Arbeitsprozesse liefern Verzehrserhebungen keine Informationen.

Ermittlung des Energieverbrauchs. Erhebungen des Energieverbrauchs können die typischen Nachteile der Verzehrserhebungen vermeiden. Dazu sind zwei verschiedene Typen von Daten erforderlich:

1. Registrierung des Energieverbrauchs/Min. bei verschiedenen physischen Aktivitäten.
2. Berechnung (durch Schätzung) der benötigten Energie bei verschiedenen körperlichen Aktivitäten. Diese kann entweder durch Messung des O_2-Verbrauchs erfaßt oder empirischen Daten aus Standardtabellen entnommen werden.

Für Deutschland wurden Ergebnisse der Ermittlung des Energieverbrauchs arbeitender Menschen während des Zweiten Weltkrieges publiziert. Die angewandten Methoden zur Ermittlung des Energieverbrauchs sind mindestens so genau wie die Verzehrserhebungen. Sie sind jedoch nicht einfach durchzuführen, da große Teams eingesetzt werden müssen. Sie können im Vergleich zu Verzehrserhebungen bei einzelnen Individuen mit geringerem Aufwand durchgeführt werden.

Empfehlungen für die Energiezufuhr zur Deckung des Energiebedarfs berücksichtigen neben den bereits erwähnten Faktoren (GU, Alter, körperliche Aktivität, Körperzusammensetzung, SDW) auch Klima, Schwangerschaft, Lactation, Wachstum und Freizeitenergieumsatz.

Folgende Anmerkungen zu den einzelnen Faktoren sind bedeutsam:

Alter: Mit fortschreitendem Alter ist die Entwicklung des Stoffwechsels rückläufig durch den immer geringer werdenden GU und die deutliche Abnahme der körperlichen Aktivitäten. Der Energiebedarf des Menschen bezogen auf das Körpergewicht ist am höchsten im Säuglingsalter. Während der Wachstumsperiode liegt er relativ hoch und sinkt bis zum Erwachsenenalter stetig ab. Diese Abnahme ist auf eine Verminderung des GU/kg Körpergewicht und des Energiebedarfs für das Wachstum zurückzuführen.

Lebhafte, temperamentvolle und unruhige Säuglinge und Kinder haben einen höheren Energiebedarf als ruhige Kinder derselben Altersgruppe. Vor der Pubertät wird für das gesteigerte Massenwachstum (Wachstumsschub) mehr Nahrungsenergie benötigt. Bei Mädchen tritt dieser erhöhte Energiebedarf meist früher auf als bei Jungen. Mit der Menarche erfolgt eine Senkung des GU um etwa 10%. Jugendliche von 15 bis 18 Jahren müssen gegebenenfalls Zuschläge für Berufsschwere und/oder sportliche Leistungen erhalten. In allen Altersgruppen von Wachsenden werden infolge der großen unterschiedlichen körperlichen Aktivität er-

Tab. 39. Richtwerte für den Energiebedarf: Einfluß von Alter und Geschlecht auf den Energiebedarf (DGE 1985)

	kcal/Tag		MJ/Tag		Bereich der Empfehlungen in anderen europäischen Ländern* kcal/Tag	
	m	w	m	w	m	w
Säuglinge						
0– 2 Mon.	550		2,2		550– 700	
3– 5 Mon.	750		3,1		750– 900	
6–11 Mon.	850		3,6		850– 1000	
Kinder						
1– 3 Jahre	1100		4,5		1100–1400	
4– 6 Jahre	1500		6,5		1500–1800	
7– 9 Jahre	1900		8,0		1900–2800	
10–12 Jahre	2300	2200	9,5	9,0	2300–2800	2000–2600
13–14 Jahre	2700	2500	11,5	10,5	2700–3300	2200–2800
Jugendliche						
15–18 Jahre	3000	2400	12,5	10,0	2800–3700	2200–2800
Erwachsene**						
19–35 Jahre	2600	2200	11,0	9,0	2600–3500	2200–3000
36–50 Jahre	2400	2000	10,0	8,5	2400–3500	2000–3000
51–65 Jahre	2200	1800	9,0	7,5	2200–3500	1800–3000
über 65 Jahre	1900	1700	8,0	7,0	–	–
Schwangere						
ab 4. Monat		+ 300		+ 1,2		+ 200 bis + 350
Stillende		bis + 700		bis + 3,0		+ 500 bis + 1000

* aus Truswell et al., Rev. Clin. Nutr. 53, 939ff., 1983

** Die Werte gelten für Personen mit vorwiegend sitzender Tätigkeit (Leichtarbeiter).
Für andere Berufsschweregruppen sind folgende Zuschläge erforderlich:
Mittelschwerarbeiter: 2,5 MJ (600 kcal)
Schwerarbeiter: 5,0 MJ (1200 kcal)
Schwerstarbeiter: 6,7 MJ (1600 kcal)

Tab. 40. Energiebedarf bei Grundtätigkeiten (kJ/Min, kcal/Min) (ohne Grundumsatz) (WIRTHS 1977)

	Männer		Frauen	
	kJ/Min	kcal/Min	kJ/Min	kcal/Min
Schlafen	–	–	–	–
Ruhen im Liegen	0,21	0,05	0,17	0,04
Ruhen im Sitzen	0,42	0,10	0,33	0,08
Sitzen	1,3	0,30	1,0	0,25
Stehen	2,5	0,60	2,1	0,50
Gebückt stehen	3,3	0,78	2,7	0,65
Gehen	6,3–15,9	1,5 –3,8	5,0–14,6	1,2–3,5
Steigen ohne Last	2,5/m*	0,6/m*	2,1/m*	0,5/m*
Laufen	39,3	9,4	33,5	8,0
Knien	1,9	0,45	1,6	0,38
Hocken	1,8	0,42	1,4	0,34
Schaufeln	12,1–31,8	2,9 –7,6	10,0–28,9	2,4–6,9
Graben	15,9–26,8	3,8 –6,4	13,4–23,0	3,2–5,5
Kurbel drehen, stehend mit 1 Hand	11,7–28,0	2,8 –6,7	10,0–23,0	2,4–5,5
Kurbel drehen, stehend mit 2 Händen	17,2–32,6	4,1 –7,8	14,6–27,2	3,5–6,5
Sitzend Ergometer, Beinarbeit	7,9–19,2	1,9 –4,6	6,3–15,9	1,5 –3,8
Einhandarbeit, sitzend	1,3– 2,5	0,3 –0,6	1,0– 2,1	0,25–0,50
Zweihandarbeit, sitzend	1,7– 5,0	0,4 –1,2	1,3– 4,2	0,3 –1,0
Einarmarbeit, stehend	7,3– 8,4	1,85–2,0	2,7– 6,7	0,65–1,6
Zweiarmarbeit, stehend	6,7–15,9	1,6 –3,8	5,4–13,0	1,3 –3,1

* Steighöhe

hebliche Abweichungen im Energieumsatz beobachtet. Unter Gleichaltrigen betragen die Arbeitsumsätze das 0,2- bis 2,0fache vom GU. Erfahrungswerte über den Energieumsatz bei Kindern und Jugendlichen beinhalten auch den GU und entsprechen so der wünschenswerten Energiezufuhr dieser Altersgruppen (Tab. 39).

Körperliche Aktivität: Der Energieverbrauch wurde bei Arbeiten in Energieäquivalenten (kJ bzw. kcal.) pro Zeiteinheit (Min.) gemessen. Generell gilt, daß die Gesamtleistungsfähigkeit der Frau nur etwa 80% der des Mannes beträgt. Die Werte des Energieverbrauchs bei verschiedenen Grundtätigkeiten (Tab. 40) berücksichtigen nicht den GU und gelten generell für trainierte Personen für die jeweilige körperliche Aktivität (Männer: 25 Jahre, 172 cm, 70 kg; Frauen: 25 Jahre, 165 cm, 60 kg).

Körpergewicht: Der Energiebedarf steigt generell mit dem Körpergewicht (Tab. 41). Trotzdem ist es schwierig (und ungenau), den Nährstoff- und Energiebedarf nur auf das Körpergewicht zu beziehen. So fressen kleinere Tiere aufgrund der Relation Körperoberfläche zu Körpergewicht mehr pro Gewichtseinheit ihres Körpergewichtes als die größeren. Bei den Säugetieren korreliert der Nahrungsbedarf positiv mit dem Körpergewicht ($KG^{0,73}$).

Um die Angaben zum Energiebedarf zu vereinheitlichen, werden für Erwachsene sog. »Referenzpersonen« zugrunde gelegt. Die Angaben für diese Personen resultieren aus mittleren anthropometrischen Daten einer großen Zahl Erwachsener verschiedener Berufsschwere-, Alters- und Einkommensgruppen. Extrem magere Personen und extrem adipöse Personen haben auch unter Berücksichtigung der Körpermaße einen vom Mittelwert abweichenden GU. Große und dicke Personen sind körperlich weniger aktiv als kleine und dünne; möglicherweise hat das Körpergewicht hierbei einen sedativen Effekt.

Unvollständige Absorption von Nährstoffen: Für die Errechnung der empfohlenen Energiezufuhr gelten durchschnittliche Absorptionsraten (Tab. 42).

Freizeitenergieumsatz: Die Empfehlungen der DGE berücksichtigen für Erwachsene einen Zuschlag von 0,84–1,26 MJ (= 200–300 kcal)/d für berufsarbeitsfreie Zeit. Diese Umsatzgröße

Tab. 41. Einfluß des Körpergewichts auf den Energieumsatz (WIRTHS 1975)

männliche Personen	Körpergewicht (kg)					
	50	60	70	80	90	100
Leichtarbeiter						
MJ	9,2	10,0	10,8	11,7	12,5	13,4
kcal	2200	2400	2600	2800	3000	3200
Mittelschwerarbeiter						
MJ	11,3	12,3	13,4	14,4	15,4	16,5
kcal	2700	2950	3200	3450	3700	3950
Schwerarbeiter						
MJ	13,4	14,6	15,8	17,1	18,4	19,6
kcal	3200	3500	3800	4100	4400	4700
Schwerstarbeiter						
MJ	15,0	16,5	17,5	19,0	20,4	21,9
kcal	3600	3950	4200	4550	4900	5250
weibliche Personen	Körpergewicht (kg)					
	40	50	60	70	80	90
Leichtarbeiter						
MJ	7,9	8,5	9,2	9,8	10,4	11,0
kcal	1900	2050	2200	2350	2500	2650
Mittelschwerarbeiter						
MJ	10,0	10,8	11,7	12,5	13,4	14,2
kcal	2400	2600	2800	3000	3200	3400
Schwerarbeiter						
MJ	12,1	13,1	14,2	15,2	16,3	17,3
kcal	2900	3150	3400	3650	3900	4150

Tab. 42. Absorptionsraten von Nahrungsbestandteilen in % der verabreichten Menge (WIRTHS 1975)

Nahrungsbestandteil	Absorptionsrate %
Fette	86–95
Proteine:	
tierisches	97
pflanzliches	86
Kohlenhydrate:	
niedermolekulare	93–99
hochmolekulare	30–90
Gemischte Kost (mit 12% Proteine, 35–40% Fette, der Rest Kohlenhydrate)	94

hat sich bei zahlreichen Untersuchungen als zutreffend erwiesen. Hierbei handelt es sich um:

- Die benötigte Energie für körperliche Bewegungen in der berufsfreien Zeit, einschließlich des Weges zur und von der Arbeitsstätte (der energetisch meist wenig belastend ist). Die Berechnungen für Bewegungen beziehen sich auf eine 5-Tage-Woche.
- Für sportliche und andere körperliche Betätigung während der Freizeit und für ungewöhnlich weite Wege bzw. belastende Fahrten zum und vom Arbeitsplatz sind Zuschläge erforderlich.

Bei vielen Erwerbspersonen mit Berufen, die vorwiegend sitzend ausgeführt werden, wurden in der berufsfreien Zeit wesentlich höhere Energieumsätze festgestellt als bei der eigentlichen Tätigkeit; bei der Bestimmung des Einzelfalls ist dem Rechnung zu tragen.

Schwangerschaft: Während der Schwangerschaft wird insbesondere vom 4. Monat an für die Bildung von neuem Gewebe in der Placenta und für das Wachstum des Feten zusätzliche Energie benötigt. Außerdem ergeben sich Steigerungen durch erhöhten GU und Bewegungsumsatz sowie infolge des höheren Körpergewichtes der Graviden. Eine Erhöhung des Energiebedarfs beträgt nach experimentellen Beobachtungen und theoretischen Berechnungen übereinstimmend rund 330 MJ (80000 kcal) für die gesamte Schwangerschaft, bei einer Körpergewichtssteigerung von etwa 12,5 kg. Von der DGE wird eine Zulage von durchschnittlich 1,26 MJ (= 300 kcal)/d ab dem 4. Schwangerschaftsmonat empfohlen. Die WHO empfiehlt vom ersten Schwangerschaftsmonat an 0,63 MJ (150 kcal)/d und ab dem Beginn des 3. Trimesters 1,46 MJ (350 kcal)/d.

Lactation: Die Menge der produzierten Milch variiert erheblich von Frau zu Frau. Sie ist abhängig von mehreren Faktoren, die von der gesellschaftlichen, physischen und gesundheitlichen Situation der Mutter beeinflußt werden. Es wird geschätzt, daß über eine Lactationsperiode von 6 Monaten eine Milchmenge von 850 ml/d (entsprechen 2,4 MJ oder 600 kcal) produziert wird. Befriedigende Schätzungen über die Effizienz der Umwandlung der Nahrungsenergie in Muttermilch existieren bisher nicht. Es wird vermutet, daß die Umwandlungsrate bei ungefähr 80% der Nahrungsenergie liegt. Nach Empfehlungen der DGE, FAO, National Research Council (USA) und des Department of Health and Social Security in Großbritannien reicht eine zusätzlich aufgenommene Energiemenge bis zu 3 MJ (700 kcal)/d während der Lactation vollkommen aus, um den Mehrbedarf zu decken.

Tab. 43. Beispiele für die Berechnung des Energiebedarfs (in gerundeten Zahlen) (Kraut, Wirths 1981)

1. Mittelschwer arbeitender Mann, z. B. Werkzeugmacher

	kcal	kJ
Alter 56 Jahre		
Körpergewicht 77,2 kg		
Körperlänge 172 cm		
Grundumsatz	1610	6740
Berufsarbeitsumsatz	900	3760
Zuschläge für		
a) Bewegungen in der Freizeit	400	1670
b) unvollständige Absorption und spezifisch-dynamische Wirkung (je 6% des gesamten Energieumsatzes)	390	1630
insgesamt	3300	13800

2. Vorwiegend sitzend tätige Frau, z. B. Buchhalterin

	kcal	kJ
Alter 37 Jahre		
Körpergewicht 62,4 kg		
Körperlänge 163 cm		
Grundumsatz	1380	5770
Berufsarbeitsumsatz	480	2010
Zuschläge für		
a) Bewegungen in der Freizeit	400	1670
b) unvollständige Absorption und spezifisch-dynamische Wirkung (je 6% des gesamten Energieumsatzes)	300	1260
insgesamt	2560	10710

3. Schüler

	kcal	kJ
Alter 12 Jahre		
Körpergewicht 38,4 kg		
Körperlänge 150 cm		
Grundumsatz	1500	6280
Zuschläge für		
a) Bewegungen in Schule und Freizeit (Leistungssportler mit täglichem Training)	900	3760
b) unvollständige Absorption und spezifisch-dynamische Wirkung (je 6% des gesamten Energieumsatzes)	320	1340
insgesamt	2720	11380

4. Schülerin

	kcal	kJ
Alter 14 Jahre		
Körpergewicht 49,5 kg		
Körperlänge 161 cm		
Grundumsatz	1390	5280
Zuschläge für		
a) Bewegungen in Schule und Freizeit (Beispiel für geringen Bewegungsumsatz)	400	1670
b) unvollständige Absorption und spezifisch-dynamische Wirkung (je 6% des gesamten Energieumsatzes)	240	1000
insgesamt	2030	8490

Klima: Als ein mittlerer Bereich eines Standard-Klimas gelten Umgebungstemperaturen von 10–15 °C im Freien und 18–22 °C im Raum. Zu- bzw. Abschläge sind bei Abweichungen zu berücksichtigen. Der GU erwachsener Menschen in den Tropen liegt um ca. 10% niedriger als in gemäßigten Zonen. Bei einer Umgebungstemperatur nahe 10 °C kann bei leichter Arbeit im Freien mit einer Steigerung des Arbeitsumsatzes (aus eigenem Antrieb) bis zu 10% des GU gerechnet werden. Bei extremer Kälte ist eine höhere energetische Belastung von 2% bis maximal 5% durch das Gewicht zusätzlicher Kleidung zu berücksichtigen.

Ist der Körper bei Kälte unzureichend isoliert, entsteht ein wesentlich höherer Energiebedarf infolge einer Steigerung des Stoffwechsels. Außerdem haben viele Menschen die Tendenz, ihre Bewegungen bei Kälte zu steigern. Bei Hitze ist überwiegend das Gegenteil zu registrieren. Bei mittelschwerer Arbeit (und bei noch intensiverer körperlicher Belastung) und einer Umgebungstemperatur von mehr als 20 °C ist zu empfehlen, je Grad Temperaturanstieg 0,5% weniger Energie aufzunehmen. Bei Temperaturen unter 10 °C ist zu empfehlen, je Grad Temperaturrückgang 0,5% mehr Energie zuzuführen.

Vier Beispiele für die Berechnung des Energiebedarfs sollen der Orientierung für die Berechnung des Energiebedarfs von Personen anderer Berufsschweregruppen dienen und zum Verständnis der erarbeiteten Empfehlungen der Zufuhr an Nahrungsenergie beitragen (Tab. 43).

3.2 Energieliefernde Nahrungsbestandteile

3.2.1 Hauptnährstoffe

3.2.1.1 Fette (= Lipide, Lipoide)

Mit dem Begriff »Lipide« wird eine – unter chemischen Gesichtspunkten gesehen – inhomogene Stoffgruppe verschiedener Substanzen beschrieben, die jedoch Gemeinsamkeiten der physikalisch-chemischen Eigenschaften aufweisen. Früher wurde angenommen, daß die Lipide keine essentiellen Bestandteile der Nahrung sind und daß der Organismus auch ohne Zufuhr von Lipiden bei guter Gesundheit bleibt, solange der Bedarf an Nahrungsenergie gedeckt ist. Heute ist bekannt, daß die mehrfach ungesättigten Fettsäuren essentiell sind und daß ein ausgewogenes Verhältnis zwischen ungesättigten und gesättigten Fettsäuren in der Nahrung für den normalen Ablauf des Stoffwechsels sowie aus präventiv – medizinischer und ernährungstherapeutischer Sicht günstig ist. Ein wichtiger Beweis für die Essentialität der Lipide ist die Tatsache, daß sie einen ebenso wichtigen Bestandteil der Zellmembran darstellen wie die Proteine.

Chemie

Nach der chemischen Zusammensetzung wird zwischen Lipiden, die in ihren Molekülen Fettsäuren als Strukturbestandteile enthalten, und lipidartigen Stoffen, die keine Fettsäureabkömmlinge, sondern Isoprenderivate sind, unterschieden. Die bisher bekannten Stoffgruppen der Nahrungsfette sind zahlreich (Tab. 44). Die meisten natürlichen Fette enthalten 98–99% Triglyceride, deren Fettsäurekomponenten hauptsächlich langkettige Fettsäuren sind. Die restlichen 1–2% umfassen Spuren von Mono- und Diglyceriden, freien Fettsäuren, Phospholipiden und unverseifbaren Komponenten, einschließlich Sterine.

Hauptcharakteristika der Fettsäuren sind Kettenlänge (= Anzahl der C-Atome) und Sättigungsgrad (mit H-Ionen) des Moleküls. Beide Merkmale sind maßgebend für die physikalischen Eigenschaften sowie für die biochemischen Funktionen der Fettsäuren und darüber hinaus für die der Fette (Tab. 45).

Fettsäuren mit einer Kettenlänge bis zu 4 C-Atomen werden als kurzkettige Fettsäuren, solche mit 6 bis 12 C-Atomen im Molekül als mittelkettige und mit mehr als 12 C-Atomen als langkettige Fettsäuren bezeichnet.

Sind die Valenzen aller im Molekül befindlichen C-Atome mit H-Ionen gesättigt, so sind keine Doppelbindungen enthalten; diese Fettsäuren werden als gesättigte Fettsäuren bezeichnet. Weist das Fettsäuremolekül nur eine Doppelbindung auf, so liegt eine einfach ungesättigte, auch Monoenfettsäure genannt, vor. Fettsäuren mit zwei oder mehr Doppelbindungen werden als mehrfach ungesättigte Fettsäuren oder auch Polyenfettsäuren bezeichnet. Hier wird auch je nach Anzahl der Doppelbindungen zwischen Dien-, Trien-, Tetraen-, Pentaen-, und Hexaensäuren unterschieden.

Alle gesättigten Fettsäuren finden sich in den natürlichen Fetten. Von den ungesättigten Fettsäuren der natürlichen Fette stellen jene der C-18-Reihe den größten Anteil dar. Ungesättigte

Tab. 44. Klassifikation natürlicher, für die Ernährung wichtiger Fette und Öle (modif. nach KRAUSE und MAHAN 1979, WACHS 1965)

Einfache Lipide
A Fettsäuren:
hauptsächlich geradkettige gesättigte und ungesättigte Fettsäuren
B Neutralfette:
Glycerinester mit Fettsäuren; hauptsächlich Triglyceride, begleitet von Spuren Mono- und Diglyceride
C Wachse:
Fettsäureester mit hochmolekularen Alkoholen
1. Sterinester
2. Nichtsterinester

Komplexe Lipide (Lipoide)
A Phospholipide = Phosphoglyceride:
Verbindungen aus Fettsäuren, Phosphorsäure und N-Basen
1. Lecithin
2. Kephalin
3. Sphingomyeline
B Glykolipide:
Verbindungen aus Fettsäuren mit Kohlenhydraten und N-Basen
1. Zerebroside
2. Ganglioside
C Lipoproteine:
Lipide in Verbindung mit Proteinen

Fettderivate/Fettbegleitstoffe
A Fettsäuren, Fettsäureabkömmlinge (Mono- und Diglyceride, Cholesterinester)
B Glycerin:
wasserlösliche Komponenten der Neutralfette, austauschbar gegen Zucker
C Sterine:
Nichtfettsäureabkömmlinge, Isoprenderivate
1. Cholesterin und Phytosterine
2. Steroid-Hormone
3. Vitamin D
4. Gallensalze
D Fettlösliche Vitamine: Isoprenderivate
1. Vitamin A
2. Vitamin E
3. Vitamin K
4. Coenzym Q (Ubichinone)
E Lipochrome:
Carotine, Lykopine u. a., Chlorophyll
F Geschmacks- und Geruchsstoffe:
ungesättigte C-H-Verbindungen, Lactone, Methylketone, ungesättigte Aldehyde
G Antioxidantien: Tocopherole, Sesamol, Sesamolin, Gossypol

[Alle Verbindungen unter Fettderivate/Fettbegleitstoffe (C–G) sind Bestandteile der unverseifbaren Fraktion]

Fettsäuren mit einer Kettenlänge von C_{16} und C_{20} kommen in natürlichen Fetten nur in geringen Mengen vor. Mehrere Abkürzungen der Fettsäuren sind üblich (Tab. 45 Symbole I–III). Symbol III ist die aktuellste Abkürzung, welche Kettenlänge, Anzahl der Doppelbindungen und Stellung der ersten Doppelbindung, ausgehend von dem Methylende des Moleküls, berücksichtigt.

Zwei sogenannte synthetische Fette sind bekannt:

a) Mittelkettige Triglyceride auf der Basis von Caprylsäure (C_8), die auch Caprinsäure enthalten.
b) Polyglycerinester, die durch Veresterung von Fettsäuren mit Glycerin hergestellt werden. Ihr Brennwert liegt bei 27,2–35,6 kJ (6,5–8,5 kcal)/g und somit niedriger als der mittlere Brennwert natürlicher Triglyceride.

Gesättigte Fettsäuren

Bei Ratten wird optimales Wachstum erreicht, wenn die zugeführten Fette ein Verhältnis gesättigter Fettsäuren zu ungesättigten Fettsäuren von 30:70 aufweisen, ähnlich dem Verhältnis im Körperfett. Das optimale Wachstum der Ratte spricht dafür, daß der Organismus einen gewissen Bedarf an gesättigten Fettsäuren hat. Das Überleben mit ausschließlich gesättigten Fettsäuren ist nicht möglich, da sich ein Mangel an essentiellen Fettsäuren entwickelt. Werden junge Ratten mit einem hohen Prozentsatz an gesättigten Fettsäuren gefüttert, verkürzt sich die Lebensdauer der Tiere. Nach Verfütterung von 72% der Energiezufuhr als entweder Trilaurin, Trimyristin, Tripalmitin oder Tristearin beträgt die Lebensdauer jeweils 9, 14, 7 und 6 Tage.

Je länger die C-Kette einer gesättigten Fettsäure, desto schlechter wird sie im Darm absorbiert, und um so langsamer verlaufen viele Stoffwechselreaktionen; z. B. wird Essigsäure aus dem Darm doppelt so schnell absorbiert wie Buttersäure.

Mittelkettige Fettsäuren

Die mittelkettigen Fettsäuren (6 bis 12 C-Atome) werden für zahlreiche diätetische Maßnahmen empfohlen, da sie schneller oxidiert werden als langkettige Fettsäuren, jedoch viel langsamer als die kurzen, wie Essig- und Buttersäure. Die unterschiedliche Oxidationsdauer erklärt, weshalb der »fettsparende« Effekt der Kohlenhydrate – gemessen an der Ausatmung von $^{14}CO_2$ nach der Gabe markierter Fettsäuren

Tab. 45. Bezeichnung und Symbole der in Nahrungsfetten vorkommenden Fettsäuren

Trivialname	Anzahl der C-Atome (Kettenlänge)	Anzahl der Doppelbindungen	Symbole I	Symbole II	Symbole III	Systematische Bezeichnung IV	Schmelzpunkt °C	Vorkommen
Buttersäure	4	0	C 4:0		4:0	n-Butansäure	–8	Milchfett
Capronsäure	6	0	C 6:0		6:0	n-Hexansäure	–2	Milchfett
Caprylsäure	8	0	C 8:0		8:0	n-Octansäure	16	Milchfett
Caprinsäure	10	0	C10:0		10:0	n-Decansäure	31	Milchfett
Laurinsäure	12	0	C12:0		12:0	n-Dodecansäure	44	Kokosfett
Myristinsäure	14	0	C14:0		14:0	n-Tetradecansäure	54	Tier. Fette
Palmitinsäure	16	0	C16:0		16:0	n-Hexadecansäure	63	Tier. Fette
Palmitoleinsäure	16	1	C16:1	C16:1ω7	16:1, n–7	cis-9-Hexadecensäure	1	Tier. Fette, Fischöle
Stearinsäure	18	0	C18:0		18:0	n-Octadecansäure	70	Tier. Fette
Ölsäure	18	1	C18:1	C18:1ω9	18:1, n–9	cis-9-Octadecensäure	13	Fette u. Öle
Vaccensäure	18	1	C18:1	C18:1ω7	18:1, n–7	trans-11-Octadecensäure	40	Sommerbutter
Linolsäure	18	2	C18:2	C18:2ω6	18:2, n–6	cis-, cis-9, 12-Octadecadiensäure	–6	
γ-Linolensäure	18	3	C18:3	C18:3ω6	18:3, n–6	all cis-6, 9, 12-Octadecatriensäure		Phosphatide, gute Nahrungsquellen sowie Pflanzenöle
α-Linolensäure	18	3	C18:3	C18:3ω3	18:3, n–3	all cis-9, 12, 15-Octadecatriensäure	–14	
Arachinsäure	20	0	C20:0			n-Eicosansäure	76	
Gadoleinsäure	20	1	C20:1	C20:1ω9	20:1, n–9	n-11-Eicosensäure		Tier. Fette
Arachidonsäure	20	4	C20:4	C20:4ω6	20:4, n–6	all cis-5, 8, 11, 14-Eicosatetraens.	–50	Phosphatide
Timnodonsäure	20	5	C20:5	C20:5ω3	20:5, n–3	all cis-4, 8, 12, 15, 18-Eicosapentaens.		Fischöl, Phosphatide
Behensäure	22	0				n-Docosansäure	80	Cerebroside
Erucasäure	22	1	C22:1	C22:1ω9	22:1, n–9	cis-13-Docosensäure		
Clupandonsäure	22	5	C22:5	C22:5ω3	22:5, n–3	all cis-7, 10, 13, 16, 19-Docosapentaens.		Fischöl, Phosphatide
	22	6	C22:6	C20:6ω3	20:5, n–3	all cis-4, 7, 10, 13, 16, 19-Docosahexaens.		Fischöl, Phosphatide
Lignocerinsäure	24	0			24:0	n-Tetracosansäure	84	Phosphatide
Nervonsäure	24	1	C24:0	C24:1ω9	24:1	cis-15-Tetracosensäure	40	Cerebroside, Phosphatide
Cerebronsäure	24		C24:1			2-Hydroxytetracosansäure	100	Cerebroside
Hydroxynervonsäure	24	1	C24:1	C24:1ω9	24:1	2-Hydroxy-15-Tetracosensäure	65	Cerebroside

I = Anzahl der C-Atome: Anzahl der Doppelbindung im Molekül; II = Die C-Atome sind vom Methylende beginnend numeriert. ω zeigt das erste C-Atom, an dem die erste Doppelbindung im Molekül vorkommt; III = Die Numerierung der C-Atome beginnt vom Methylende. n zeigt das erste C-Atom, an dem die erste Doppelbindung vorkommt; eine andere Schreibweise als II; IV = Die Numerierung der C-Atome beginnt von der Carboxylgruppe

Beachte: Früher wurde in Verbindung mit dem Prinzip IV das Symbol △ hinter die Anzahl der Doppelbindungen, dann die C-Atome, an denen die Doppelbindungen vorkommen, geschrieben: Beispiel Linolsäure: C18:△ 9,12. In diesem Buch werden für ungesättigte Fettsäuren die Symbole nach dem Prinzip II verwendet.

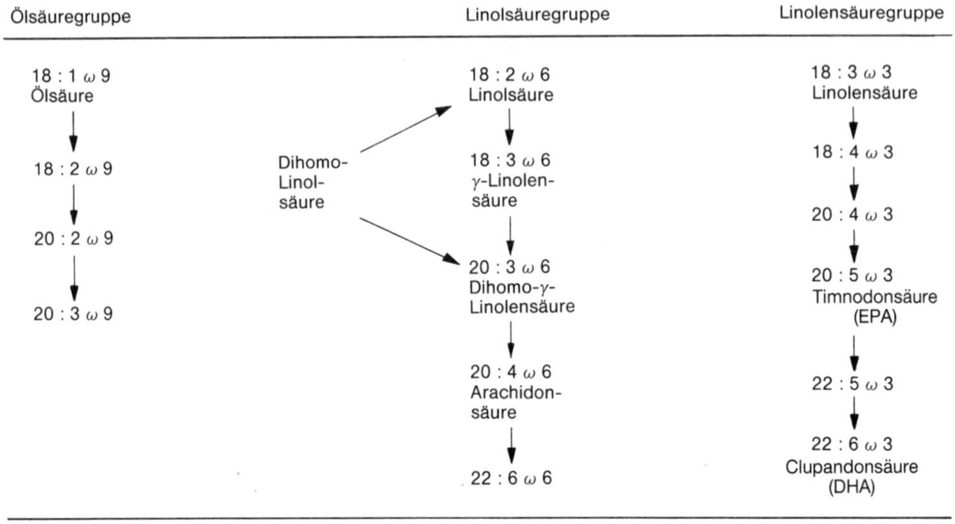

Abb. 27. Übersicht über die im Körper vorkommenden ungesättigten Fettsäuren (KLENK 1965).

– bei den höheren Fettsäuren stärker ist als bei den mittelkettigen. Der Energiegehalt der Fettsäuren nimmt mit fallender C-Atomzahl ab. Der Brennwert der C_6- bis C_8-Fettsäuren beträgt nur 34,7 kJ (= 8,3 kcal)/g gegenüber 38,5 kJ (= 9,2 kcal)/g für C_{16}- bis C_{18}-Fettsäuren.

Reich an kurz- und mittelkettigen Fettsäuren sind Butter und Kokosfett. Bei Tocopherolmangel verstärkt die Verfütterung mittelkettiger Fettsäuren die exsudative Diathese (Haut- und Schleimhautkrankheit) beim Huhn. Bei der Ratte bewirkt sie jedoch einen Schutz vor Atrophie der Testes.

Ungesättigte Fettsäuren

Die ungesättigten Fettsäuren können nach verschiedenen Gesichtspunkten unterteilt werden:

a) Zahl der Doppelbindungen:

Monoensäuren	
Beispiel: Ölsäure	18:1 ω 9
Diensäuren	
Beispiel: Linolsäure	18:2 ω 6
Triensäuren	
Beispiel: α-Linolensäure	18:3 ω 3
Tetraensäuren	
Beispiel: Arachidonsäure	20:4 ω 6

b) Essentialität der Fettsäuren:
Ungesättigte, nicht essentielle Fettsäuren (z.B. Ölsäure) und ungesättigte essentielle Fettsäuren, wie alle ω-6-Fettsäuren.

Den ω-3-Fettsäuren wie α-Linolensäure wird nach neueren Untersuchungen eine Bedeutung für die Funktion von Nervenzellen zugeschrieben; somit ist ihre Essentialität für verschiedene Tierarten bestätigt.

Die im Organismus vorhandenen ungesättigten Fettsäuren leiten sich hauptsächlich von drei im Körper vorkommenden Fettsäuren, nämlich Ölsäure, Linolsäure und α-Linolensäure ab. Demnach wird je eine Ölsäure-, Linolsäure- und Linolensäuregruppe unterschieden (Abb. 27). Außer diesen Gruppen wurden in relativ kleinen Konzentrationen Fettsäuren der ω-7-Gruppe, die sich aus der Palmitoleinsäure ableiten, nachgewiesen. Die Hauptgruppen ungesättigter Fettsäuren umfassen alle am Aufbau der Strukturlipide in Membranphospholipiden beteiligten Fettsäuren. Die Kettenverlängerung und die Olefinierung erfolgen innerhalb einer Gruppe so spezifisch, daß die drei Gruppen ineinander nicht überführbar sind.

Die Ölsäure mit ihrer Doppelbindung in ω-9-Stellung ist die am häufigsten in den üblichen Nahrungsfetten vorkommende Monoensäure; außerdem findet sich die Palmitoleinsäure (cis-C16:1ω7). Ölsäure allein gegeben wirkt toxisch. In Kombination mit anderen Fettsäuren verbessert sich zwar die Absorption der gesättigten Fettsäuren, der Bedarf an essentiellen Fettsäuren erhöht sich jedoch. Ein Mangel an essentiellen Fettsäuren läßt sich schneller erzeugen, wenn ein monoensäurehaltiges Fett verabreicht wird, als bei fettfreier Ernährung. Es wird vermutet, daß die Monoensäuren die Futteraufnahme vermindern. Bei Mangel an essentiellen Fettsäuren findet sich die Eicosatriensäure 20:3-ω9 in Serum und verschiedenen Organfetten; sie dient somit als wichtiger Indikator bei der Erfassung des Versorgungszustandes mit essentiellen Fettsäuren.

Biosynthese der Fettsäuren

Biosynthese gesättigter Fettsäuren:
Bei der Biosynthese gesättigter Fettsäuren kommt es zunächst zur Bildung von Acetyl-CoA, welches dann auf ein niedermolekulares Protein (MG 10000) übertragen wird und so den Komplex Acyl-Carrier-Protein (ACP) bildet. Aus der Verbindung von Malonyl-CoA und ACP entsteht Acetyl-Malonyl-ACP, welches mit ACP zu Acetoacetyl-ACP verbunden wird. In drei weiteren enzymatischen Schritten entsteht Butyryl-ACP (Abb. 28).

Mit Bildung des Butyryl-ACP erfolgt eine Verlängerung des Acetyl-Restes um zwei C-Atome. Butyryl-ACP kann nun in gleicher Reaktionsfolge mit einem weiteren Molekül Malonyl-ACP um zwei C-Atome verlängert werden. Die Reaktionsfolge ① bis ④ verläuft ohne Unterbrechung, d.h. die Substrate verlassen die Enzymoberfläche nicht bis zu einer Kettenlänge von C_{16}. Es ist bisher nicht geklärt, ob Stearinsäure (18 C-Atome) am gleichen Enzymkomplex entsteht oder einen speziellen Enzymtyp erfordert.

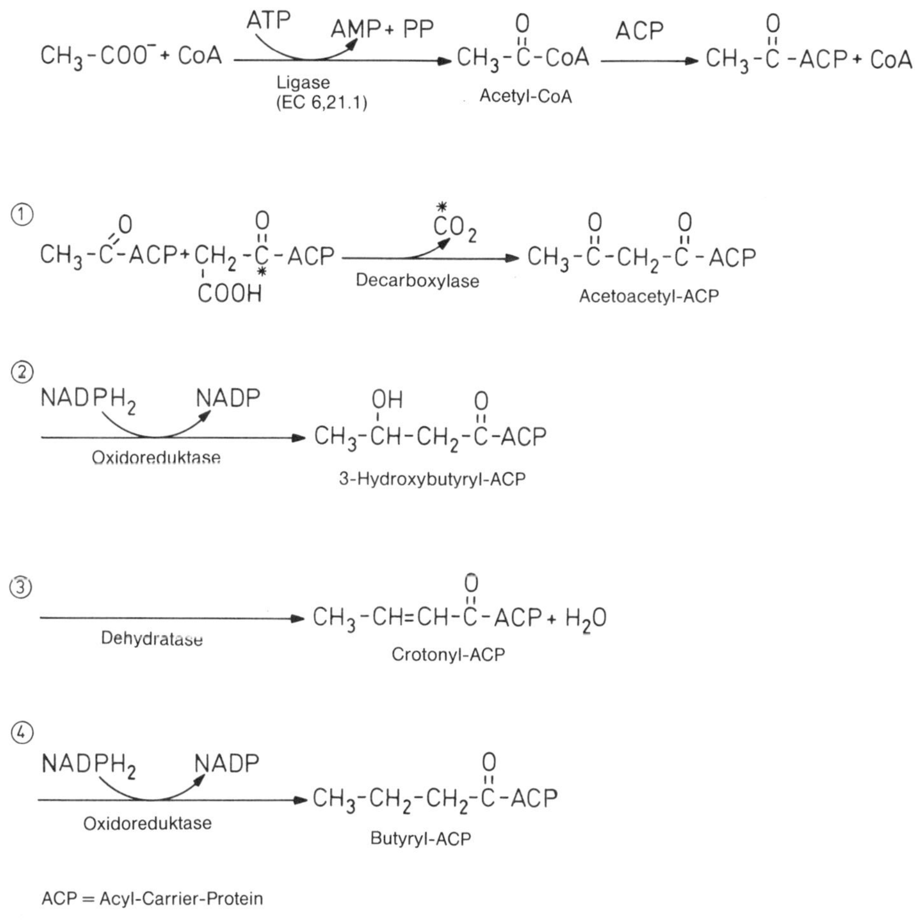

Abb. 28. Biosynthese gesättigter Fettsäuren.

Biosynthese ungesättigter Fettsäuren:
Die ungesättigten Fettsäuren entstehen auf den zwei folgenden Wegen:
1. Dehydrierung gesättigter Fettsäuren gleicher Kettenlänge
2. Kettenverlängerung geeigneter ungesättigter mittelkettiger Fettsäuren.

Die Biosynthese von Ölsäure und anderen Monoenfettsäuren ist im Gegensatz zu der Synthese gesättigter Fettsäuren nur in groben Zügen aufgeklärt. Die Dehydrierung von Stearinsäure zu Ölsäure in verschiedenen tierischen Geweben wie Leber, Skelettmuskel, Herzmuskel u.a. ist schon lange bekannt. Es wird vermutet, daß die Reaktion ähnlich verläuft wie die von Bloch 1958 an Bäckerhefe entdeckte Reaktion. Er stellte fest, daß ein Enzymsystem aus Stearyl-CoA in Gegenwart von O_2 und $NADPH_2$ die entsprechende 9-Oleyl-CoA-Verbindung liefert.

$$\text{Stearyl-CoA} + 2O' \xrightarrow[\text{ES}]{NADPH_2 \;\rightarrow\; NADP} \text{Oleyl-CoA} + 2H_2O$$

Palmitin und Stearin und benötigt als Substrat nur Acetyl- und Malonyl-CoA sowie NADPH. Das zweite System benötigt einen langkettigen Precursor (Vorläufer), wie den CoA-Ester der Myristin- und Palmitinsäure sowie Malonyl-CoA und NADPH. Die Fettsäure-Synthese erfolgt im Cytoplasma. Das kettenverlängernde System ist Bestandteil der Membranen des endoplasmatischen Retikulums (ER). Während in der de-novo-Synthese die Fettsäure über eine Thioesterbindung mit dem 4-Phosphopanthetin als Seitenarm der Synthese verbunden ist, verwendet das kettenverlängernde System den CoA-Ester der Fettsäure.

Die Fettsäure-Synthetase ist lipoidfrei, das kettenverlängernde Enzym ist als Komponente der ER-Membran ein Lipoproteid-Komplex. Als Beispiel dient die Kettenverlängerung der aus Linolsäure nach Desaturierung entstandenen Verbindung 18:3ω6-CoA.

$$\text{C18}:3\omega 6\text{-CoA} + \text{Malonyl-CoA} + 2\text{NADPH} + 2H^+ \longrightarrow$$
$$\text{C20}:3\omega 6\text{-CoA} + 2\,\text{NADP} + CO_2 + H_2O + \text{HSCoA}$$

$$CH_3{-}(CH_2)_4{-}(\overset{H}{\overset{|}{C}}{=}\overset{H}{\overset{|}{C}}{-}CH_2)_3{-}(CH_2)_3{-}CO{\sim}SCoA + HOOC{-}CH_2{-}CO{\sim}SCoA +$$

$$2NADPH + 2H^+ \longrightarrow CH_3{-}(CH_2)_4{-}(\overset{H}{\overset{|}{C}}{=}\overset{H}{\overset{|}{C}}{-}CH_2)_3{-}(CH_2)_5{-}CO{\sim}SCoA$$
$$+ 2NADP^+ + HSCoA + H_2O + CO_2$$

Das gleiche Enzymsystem, lokalisiert in den Mikrosomen, wandelt Palmitinsäure in cis-7-Palmitoleinsäure um. Analoges gilt für alle anderen gesättigten Fettsäuren von C_{14} bis C_{20}.

Biosynthese der Polyenfettsäuren (PFS):
Die Biosynthese der PFS wird in zwei Teilreaktionen gegliedert (Stoffel 1971)

1. Kettenverlängerungsreaktion, die aus der C_{16}- und C_{18}- in die C_{20}- und C_{22}-Reihe führt
2. Desaturierungs- oder Olefinierungs-Reaktion, in der stereo- und stellungsspezifisch cis-olefinische Bindungen in Alkanketten eingeführt werden.

Zu 1.: In der tierischen Zelle sind zwei Enzymsysteme bekannt, die für die Synthese der langkettigen Fettsäuren zuständig sind. Das erste System synthetisiert die gesättigten Säuren, z.B.

Zu 2.: Der Reaktionsmechanismus der Desaturase wurde in vitro geklärt. Ausgehend von der Eicosatriensäure 20:3ω6 wird in Gegenwart von molekularem Sauerstoff und NADPH der Arachidonsäure-Ester gebildet.

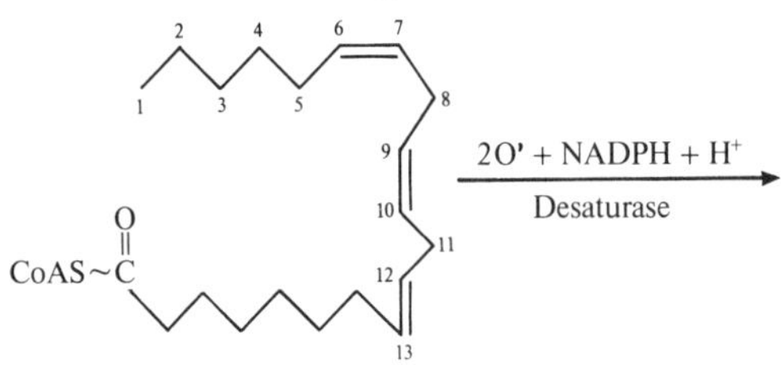

C2O:3ω6-CoA

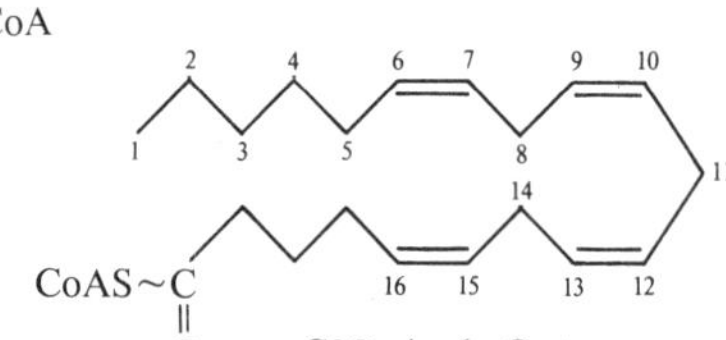

C2O:4ω6-CoA

Kettenverlängerung und Desaturierung laufen demnach in der Zelle in engstem Kontakt ab. Aus diesen Reaktionen werden darüberhinaus Substrate für die Acyltransferase bereitgestellt, die an der Phospholipid-Synthese beteiligt ist. Die Kettenverlängerung und die Desaturierung verlaufen alternierend. Am Beispiel der Biosynthese von Arachidonsäure ergeben sich folgende Möglichkeiten:

a) 18:2ω6 → 18:3ω6 → 20:3ω6 ↘
20:4ω6
b) 18:2ω6 → 20:2ω6 → 20:3ω6 ↗

P/S-Quotient und unverseifbare Komponenten

Für die Beurteilung der physiologischen Wirkung der Nahrungsfette dient neben ihrem Gehalt an kurz- und mittelkettigen Fettsäuren und dem Verhältnis der gesättigten zu den mehrfach ungesättigten Fettsäuren (P/S = Polyunsaturated/Saturated) auch ihr Gehalt an unverseifbaren Fettbegleitstoffen, zu denen alle fettlöslichen Vitamine, Antioxidantien, Geschmacks- und Aromastoffe u. a. m. zählen. Die tierischen Fette bestehen mit Ausnahme von Fischölen vorwiegend aus gesättigten Fettsäuren und enthalten nur geringe Mengen an Polyenfettsäuren, sie haben also einen niedrigen P/S-Quotienten (Tab. 46).

Allen tierischen Fetten ist jedoch der relativ niedrige Gehalt an Unverseifbarem gemeinsam. Mit Ausnahme von Kokosfett, Palmöl und Olivenöl weisen die Pflanzenfette einen P/S-Quotienten von größer als 1 auf. Sie enthalten im Vergleich zu tierischen Fetten größere Mengen an Polyenfettsäuren. Ihr Gehalt an unverseifbaren Begleitstoffen ist verhältnismäßig hoch, jedoch nicht immer proportional dem P/S-Quotienten. Die höchsten Konzentrationen an Unverseifbarem enthalten die aus Getreidekeimen hergestellten Öle wie Weizen-, Reis- und Maiskeimöl. Dieser Vorteil macht sich besonders während der Lagerung der Fette bemerkbar. Bei sachgemäßer Behandlung sind die Getreidekeimöle länger als alle anderen Pflanzenöle lagerungsfähig.

Verdauung, Absorption und Transporte der Fette

Verdauung

Im Magen erfolgt keine Verdauung der Fette, da die Emulgierungsprozesse hier nicht stattfinden. Fettreiche Nahrungsmittel verzögern die

Tab. 46. P/S-Quotienten und nichtverseifbare Anteile einiger Nahrungsfette (modifiziert nach FAO 1980)

Fett	Gesättigte Fettsäuren (g %)	Polyenfettsäuren (g %)	P/S-Quotient	unverseifbar (g %)
Tierische Fette				
Butter	49,8	6,0	0,1	0,4
Schmalz	39,6	15,2	0,4	0,3
Talg	48,2	10,5	0,2	0,4
Lebertran	20,0	28,0	1,4	1,0
Pflanzenfette und -öle				
Kokosfett	87,9	2,3	0,03	0,2
Palmöl	47,9	9,8	0,2	1,0
Olivenöl	14,2	9,9	0,7	0,8
Erdnußöl	19,1	30,0	1,5	0,7
Lupinenöl	19,2	37,2	1,9	1,3
Sesamöl	15,2	41,3	2,7	1,0
Sojaöl	15,0	57,5	3,8	1,2
Saffloröl	9,4	74,3	7,9	0,8
Maiskeimöl	12,7	58,4	4,6	1,6
Reiskeimöl	19,5	35,2	1,8	5,0
Weizenkeimöl	14,8	48,2	3,2	6,0

Entleerung des Magens. Der Mechanismus dieser Verzögerung hängt mit der Hemmwirkung des Enterogastrons auf die Magenperistaltik zusammen, wenn Fett ins Duodenum gelangt. Das Enterogastron wird in der Darmschleimhaut gebildet und bewirkt auf dem Blutwege die Aufhebung der Magenperistaltik und das Schließen des Pylorus.

Emulgierung des Fettes: Durch die Emulgierung wird das Fett besser verdaut und absorbiert. Sie setzt im Duodenum unterhalb der Stelle an, wo Pankreassaft und Gallensekrete einmünden (Papilla duodeni minor bzw. Vateri). Gallensalze und Phospholipide, kleine Mengen an Fettsäuren und Monoglyceride, die durch den Pankreassaft freigesetzt werden, können den Emulgierungsprozeß anregen. Sie wirken in einem pH-Bereich von 6,0–8,5; dabei werden aus dem Fett Tröpfchen von <0,5 μm gebildet. Da keine dieser Komponenten allein wirksam ist, stellt diese Kombination wohl den natürlichen und notwendigen physiologischen Mechanismus der Fettverdauung dar.

Fetthydrolyse durch Lipasen: Pankreassaft und Darmsekrete enthalten Lipasen, die Triglyceride (TG) in Fettsäuren (FS), Diglyceride (DG), Monoglyceride (MG) und Glycerin spalten; die Triglyceride werden oft nur bis zu den Monoglyceriden hydrolysiert. In Gegenwart der Gallensalze erhöht sich die Wasserlöslichkeit der Fettsäuren. Triglyceride können im Darm in geringen Mengen resynthetisiert werden, da die Lipasen sowohl die Synthese als auch den Abbau der Triglyceride bewirken. Das Endprodukt ist eine klare Mikroemulsion von Fetten, die dann von den Mikrovilli der Mukosamembran aufgenommen werden (Tab. 47).

Absorption

Die Absorption der Fette ist besonders kompliziert, da ihre lipidlöslichen Bestandteile in eine wasserlösliche Form überführt werden müssen. Die Triglyceride werden nur zum Teil voll in Fettsäuren und Glycerin gespalten; als Endprodukt der Fettverdauung überwiegen die Monoglyceride und in etwas geringeren Mengen die Diglyceride (Abb. 29).

Die Absorption findet primär in den oberen Abschnitten des Dünndarms statt. Das feine Fettemulgat passiert (elektronenmikroskopisch nachweisbar) die Zellen der Mukosamembran. Bisher konnte jedoch nicht geklärt werden, ob die Aufnahme durch Diffusion oder durch Pinozytose erfolgt. Es wird angenommen, daß die Aufnahme in Form von sehr kleinen Aggregaten in der Größenordnung der Mizellen erfolgt. Elektronenmikroskopisch werden Mizellen von 3–10 nm Durchmesser sichtbar, deren Komponenten zum einen Seifen und Gallensäuren und zum anderen Monoglyceride, Lecithin und dissoziierte Fettsäuren sind. Die Seifen und Gal-

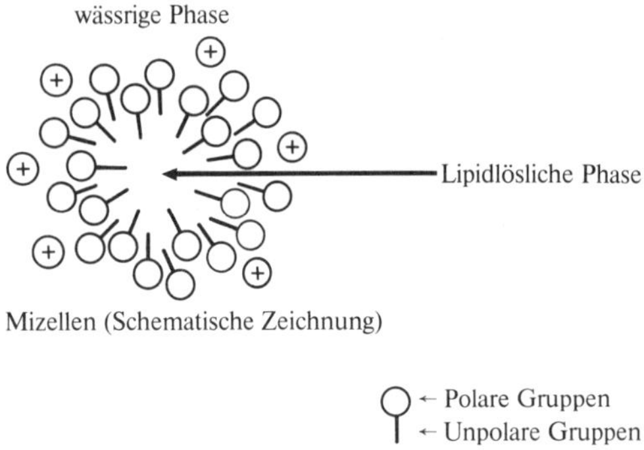

Mizellen (Schematische Zeichnung)

Tab. 47. Zusammenfassung der Fettverdauung

Organ	Enzym	Wirkung
Mund	keine	mechanische Zerkleinerung
Magen	Lipase (Tributyrinase)	beginnender Abbau, mechanische Fetttrennung nach erfolgter Protein- und Stärkeverdauung
Dünndarm	(nach Fettemulgierung durch die Gallensalze)	
	Pankreas-Lipase	TG → DG + MG + FS + Glycerin
	Cholesterinesterase	Freies Cholesterin + FS → Cholesterinester
	Phospholipasen	Lecithin → Glycerin + FS + Phosphorsäure + Cholin

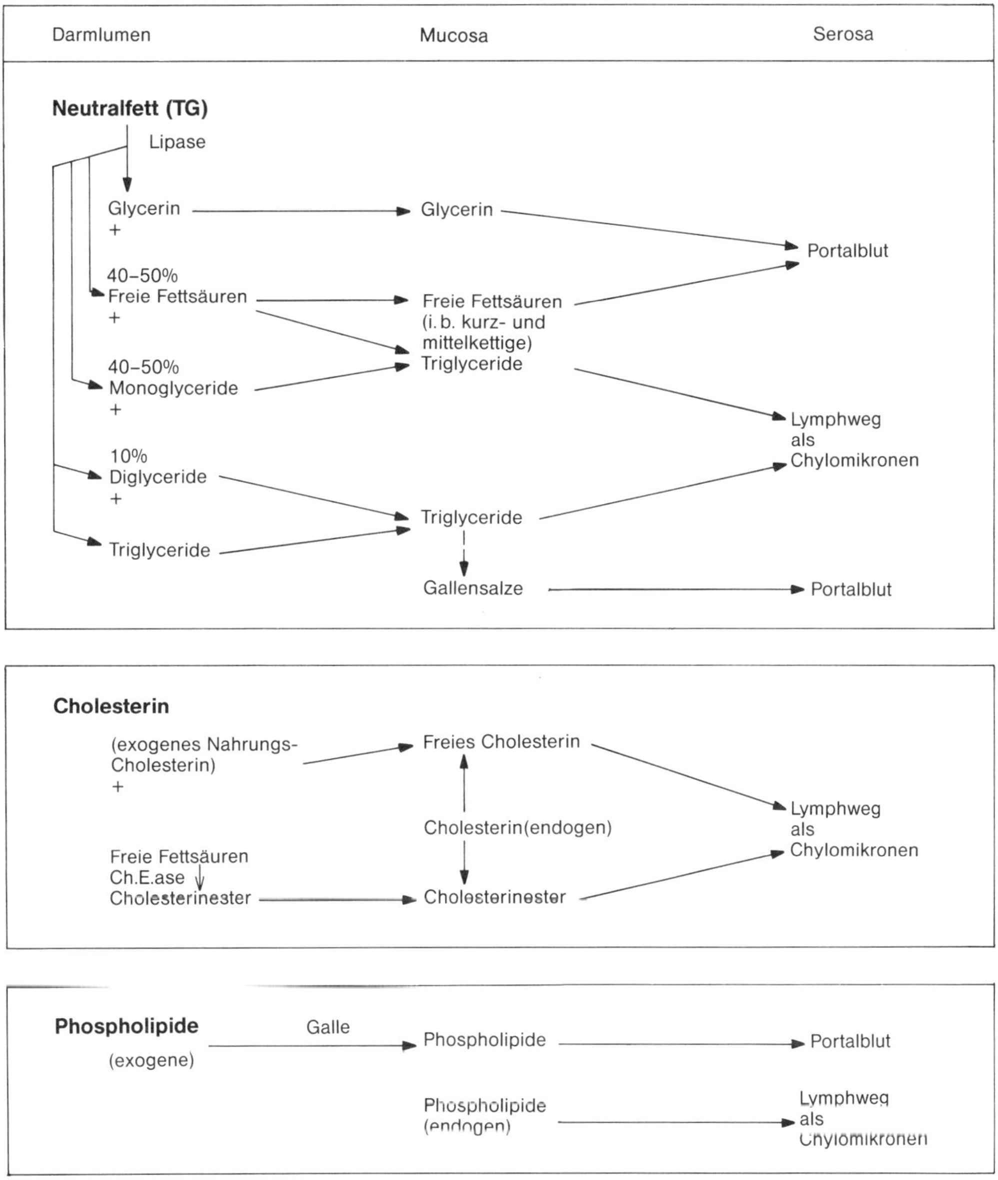

Abb. 29. Absorption von Neutrallipiden, Cholesterin und Phospholipiden (WILLIAMS 1984).

lensäuren lagern sich so, daß die polaren Gruppen nach außen und die unpolaren nach innen gerichtet sind; die Moleküle der zweiten Gruppe schieben sich dazwischen. (s. Formel S. 98).

Besteht eine günstige Relation beider Molekülgruppen zueinander, dann kommt es zu der genannten Anordnung, d.h. zu »Mizellenhüllen«, in die jetzt in bestimmter Menge unpolare Moleküle, vor allem Triglyceride, eingelagert werden.

Bei den im Dünndarm herrschenden pH-Werten liegen die Fettsäuren nur zu einem geringen Teil dissoziiert vor; die Zahl der Seifenmoleküle ist also begrenzt. Damit werden die

Gallensäuren zu einer wichtigen Größe für das Ausmaß der Mizellenbildung. Die Mizellen werden entweder intakt vom Bürstensaum der Darmepithelien aufgenommen, oder ihre Bestandteile werden enzymatisch gespalten und als Fettsäuren transportiert.

Der größte Teil der absorbierten Fette zirkuliert im Organismus über den Hauptlymphweg (Ductus thoracicus). Ein kleiner Teil, meist sind es die kurz- und mittelkettigen Fettsäuren, wird durch die Pfortader zur Leber transportiert. Auch die Triglyceridmoleküle können von den Darmzellen aufgenommen werden. Bei der Zentrifugation einer Aufschwemmung des Darminhaltes mit hoher Geschwindigkeit wurde festgestellt, daß nur ein Teil des Fettes zur Oberfläche der Flüssigkeit steigt; ein großer Teil befindet sich in der klaren, wäßrigen Phase. Dieses zeigt, daß auch Neutralfette in irgendeiner Form – nicht als Emulsion – in der wäßrigen Phase gelöst sein können.

Aus den bei der Fettverdauung entstehenden Fettsäuren und den Monoglyceriden werden in der Darmmukosa tierartspezifische Triglyceride, die mit den aufgenommenen Nahrungsfetten nicht mehr identisch sind, gebildet. Auch Phospholipide werden synthetisiert und ein Teil des gesamten Pools an freiem Cholesterin wird wieder verestert. Die entstandenen Triglyceride, Phospholipide und Cholesterinester bilden zusammen mit freiem Cholesterin und Protein aus der ribosomalen Proteinsynthese die Chylomikronen (Abb. 30). Die Chylomikronen werden über die Lymphe transportiert und gelangen über den Ductus thoracicus in den Blutkreislauf.

Vom Menschen aufgenommenes Fett wird bis zu 100 g/d zu mindestens 95% absorbiert. Viel größere Fettmengen – bis zu 250 g/d und mehr – können dann absorbiert werden, wenn der Körper unter Energiemangel leidet. Normalerweise (bei den leicht verdaulichen und absorbierbaren Fetten) macht das Fett nicht mehr als 10% im Stuhl aus. Bei einer Fettzufuhr von 100 g/d soll die Fettausscheidung mit dem Kot nicht über 7% (über 5 Versuchstage) betragen. Überschreitungen von 7% sind ein Hinweis auf mangelhafte Gallensalz- und/oder Pankreassaftsekretion bzw. auf ein Malabsorptionssyndrom.

Für eine geregelte Fettabsorption ist die Anwesenheit der Gallensäuren von großer Bedeutung. Zum einen aktivieren Gallensäuren die Fettspaltung durch die Pankreaslipase insofern, als sie den pH-Wert zum Optimum der Pankreaslipase (zur sauren Seite) verschiebt. Zum anderen sind sie für die Mizellenbildung unerläßlich.

Neugeborene haben eine sehr langsame Fettabsorption, die sich erst im Alter von 3 bis 12 Wochen normalisiert. Der Fettstoffwechsel des

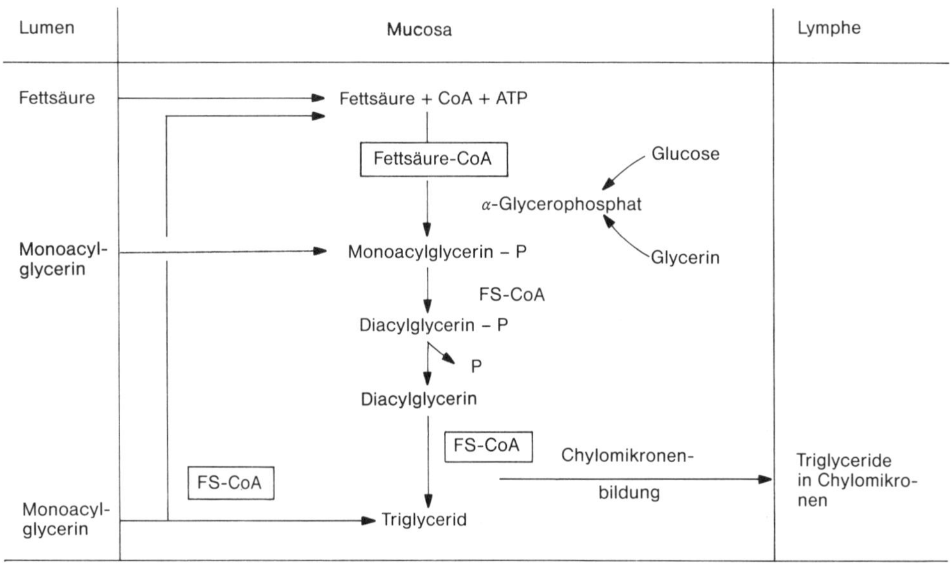

Abb. 30. Wichtigste biochemische Reaktionen beim Transport langkettiger Fettsäuren durch die Darmmukosa (ISSELBACHER 1965).

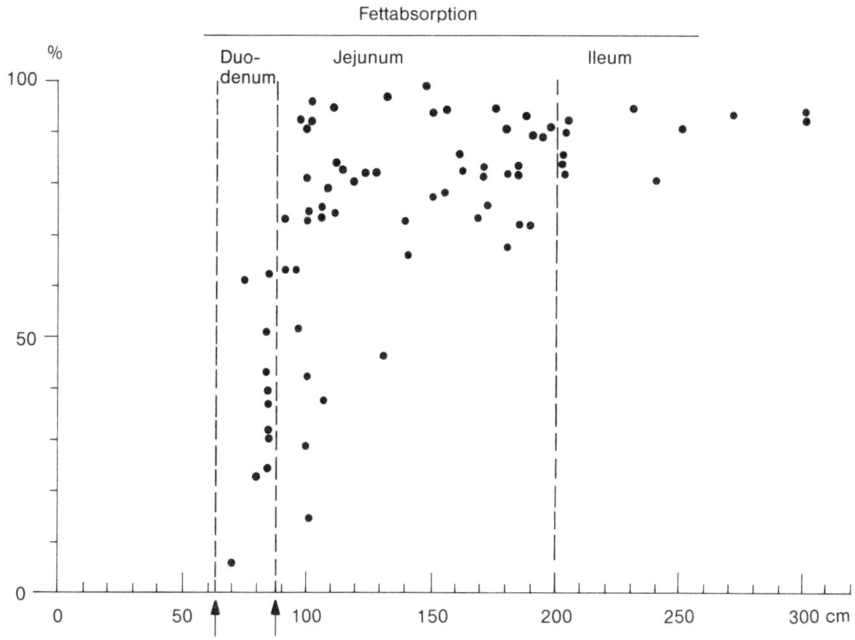

Abb. 31. Ortung der Fettresorption im Dünndarm des Menschen nach einer Mahlzeit bestehend aus Maisöl, Glucose, Lactose, Protein, Polyethylglykol, einem unresorbierbaren Teststoff (Borgström et al. 1957).

Säuglings benötigt eine gewisse Zeit, um sich auf die extrauterinen Verhältnisse umzustellen. Die Fettabsorption wird beim Austausch von Milchfett gegen Pflanzenöle in einer 2,5% Fett enthaltenden Säuglingsnahrung wesentlich beschleunigt und erhöht (bei künstlicher Ernährung).

Ort der Absorption

Zwölf Minuten nach der Fettaufnahme (bei Ratten) finden sich 30–50 µm große Fetttropfen unter den Mikrovilli im Cytoplasma. Sie gelangen in Zellvakuolen, die wahrscheinlich quergeschnittene Schläuche des Golgi-Apparates darstellen. In diesem Kanalsystem werden sie in die basale Richtung der Zelle transportiert und verlassen sie schließlich wieder, vermutlich mit Hilfe desselben Mechanismus, mit dem sie in die Zelle hineingelangten, d.h. durch passive Diffusion.

Nach einer fetthaltigen Mahlzeit, die je 30 g Maisöl und Polyethylenglycol enthielt, wurde aus einem über den Magen eingeführten Katheter, der in meßbaren Schritten vom Ende des Duodenums bis zum Ende des Jejunums vorgeschoben wurde, etwas Darminhalt entnommen. Dabei fand sich, daß das Verhältnis Fett/Polyethylenglycol bereits im Duodenum unter eins fiel und bei manchen Versuchspersonen schon im Anfangsteil des Jejunums annähernd Null erreichte (Abb. 31). Unter der Annahme, daß sich Fett und nicht absorbierbarer Alkohol mit gleicher Geschwindigkeit den Darmkanal abwärts bewegen, läßt sich dieser Befund dahingehend deuten, daß der größte Teil (ca. 90%) der Fettabsorption schon im Anfangsteil des Jejunums abgeschlossen ist. Dieser Befund resultiert beim Einsatz von 30 g Fett (Maiskeimöl). Bei der Variierung der Fettmenge wäre es denkbar, daß eine größere Fettzufuhr mit der Nahrung den Ort der Absorption bis zum Ileum hinausschieben könnte.

Die Verdaulichkeit wie auch die Utilisation aufgenommener Fette wird weitgehend durch deren Schmelzpunkt beeinflußt. Fette mit niedrigem Schmelzpunkt werden besser absorbiert als solche mit höheren Schmelzpunkten. Dies zeigt sich um so deutlicher, je höher der Schmelzpunkt eines Nahrungsfettes über der durchschnittlichen Körpertemperatur (37 °C) liegt. Manche tierischen Fette wie Rindertalg, alle tierischen Rohfette sowie einige hydrierte Pflanzenöle weisen Schmelzpunkte bis zu 50 °C auf (Tab. 48).

Tab. 48. Die Verdaulichkeit von Nahrungsfetten in Abhängigkeit von ihrem Schmelzpunkt (modif. nach DEUEL 1954 und SEHER 1985)

Fette	Schmelzpunkt °C	Aufnahme g/Tag	Verdaulichkeit %
Pflanzliche Fette			
Kakaofett	28–33,5	51	95
Kokosfett	20–28	64	98
Maisöl	flüssig	80	97
Baumwollsaatöl	flüssig	86	98
Olivenöl	flüssig	73	98
Erdnußöl	flüssig	98	98
Sesamöl	flüssig	90	98
Sonnenblumenöl	flüssig		96
Tierische Fette			
Rindertalg	40–50	100	93
Butterfett	39	100	97
Schweineschmalz	36–40	90	97
Butter	32–37	78	97
Rohfett	50	53	88
Rohfett	51,4	46	82
Hammeltalg	47		88
Hirschtalg	49		82
Hydrierte pflanzliche Öle			
Erdnußöl	37	76	98
Erdnußöl	43	91	96
Erdnußöl	52	62	79
Maisöl	33	78	95
Maisöl	50	44	88

Transport

Die freien (nichtveresterten) Fettsäuren werden an Serumalbumin gebunden transportiert. Die absorbierten Fettverdauungsprodukte (Triglyceride, Phospholipide, Cholesterin) werden im Blutplasma in Form von Lipid-Protein-Komplexen (= Lipoproteine) transportiert. Aufgrund der Dichte, des Partikeldurchmessers, der chemischen Zusammensetzung, des Entstehungsortes, der einwirkenden Enzyme und der bekannten Funktionen wird zwischen vier Lipoprotein-Fraktionen unterschieden. Es sind: die Chylomikronen-Fraktion, die Fraktion der Lipoproteine sehr geringer Dichte (VLDL), die Lipoproteine geringer Dichte (LDL) und die Lipoproteine hoher Dichte (HDL). Nach ihren elektrophoretischen Trenneigenschaften werden sie als Chylomikronen bzw. prä β-, β- und α-Lipoproteine bezeichnet (Tab. 49).

Die Chylomikronen und VLDL transportieren Triglyceride (exogenen und endogenen Ursprungs) zu den peripheren Geweben. Die Chylomikronen treten nach den Mahlzeiten verstärkt auf, innerhalb einer Stunde nach der Nahrungsaufnahme sind sie gänzlich eliminiert. Für Chylomikronen wurde eine Umsatzrate von 70–150 g/24 h und eine Halbwertzeit ($t/_2$ im Serum) von 2–25 Min. ermittelt. Die VLDL-Triglyceride werden – anders als die der Chylomikronen – verhältnismäßig länger eingelagert. Ihre Umsatzrate beträgt 25–70 g/24 h und die Halbwertzeit 100–500 Min. Freie Fettsäuren erreichen die Kenngrößen 150 g/24 h bzw. 1–3 Min. Chylomikronen und VLDL werden von den Apoproteinen C I–III (C II; C I und III aktivierende bzw. hemmende Cofaktoren der Lipoproteinlipase = LPL) und B (Bindungsprotein an LDL-Rezeptor) umgeben und im

Blut abgebaut. Beide Faktoren erhalten von den HDL das Apoprotein C II, wodurch die LPL, die an den Endothelzellen der Kapillare und an der Plasmamembran extrahepatischer Gewebe lokalisiert ist, aktiviert wird und die Triglyceride zu Glycerin und Fettsäuren hydrolytisch spaltet. Während die Fettsäuren von den peripheren Geweben aufgenommen werden, wird das Glycerin mit dem Blut in die Leber transportiert und dort verstoffwechselt.

Durch diesen Mechanismus verlieren die Chylomikronen und VLDL den größten Teil ihrer Triglyceride. Mit zunehmender Hydrolyse wandert das Apoprotein C II zu den HDL zurück, damit erfolgt auch die Übertragung von Phospholipiden und Cholesterin beider Fraktionen auf die Vorstufen der HDL, welche in der Leber gebildet werden. Das mit diesen HDL assoziierte Enzym Lecithin-Cholesterin-Acyl-Transferase (LCAT) katalysiert die Veresterung des freien Cholesterins. Dadurch, daß die Cholesterinester lipophiler als das freie Cholesterin sind, werden sie vom Außenbereich in das Zentrum des HDL-Moleküls verlagert. So kann mehr Cholesterin am HDL-Molekül angelagert werden. Dies erklärt auch das Vorhandensein verschiedener HDL-Formen wie HDL_2 bzw. HDL_3.

Die Hauptfunktion der HDL besteht darin, Cholesterin und Phospholipide von den peripheren Organen zur Leber zu transportieren. Dabei nehmen sie auch einen entscheidenden Einfluß auf die Lipidzusammensetzung der VLDL. Besonders hervorzuheben ist die Ver-

Tab. 49. Die Plasmalipoproteine (modif. nach Reichel 1981, Mordasini 1981, Brewer et al. 1979)

LP-Fraktionen: Kenngrößen	Chylomikronen	VLDL	LDL	HDL
Dichte (g/ml)	0,95	1,006	1,019–1,063	1,063–1,210
Elektrophorese-fraktion	keine Wanderung	prä-ß	ß	α
Partikel-durchmesser (nm)	100–1000	30–50	20–25	10
Chemische Zusammensetzung; Angaben für Human Lipoprotein (%):				
Protein (Apo-LP)	1–2	10	25	40–55
Phospholipide	9	19	28	41–42
Cholesterin	3	17	39	38–43
Triglyceride	88	56	7	6– 7
Hauptapoproteine*	A, B, C	B, C, E	B	A, C, E
Einwirkende Enzyme**	LPL	LPL	LCAT	LCAT, hepat. Lipase
Ursprung	Darm	Leber und Darm	Metab. Endprodukt der VLDL	Leber und Darm
Konzentration m (mg/dl)	15	130	440	300
w	5	60	390	460
Funktion	Transport exogener TG	Transport endogener TG	Transport v. Chol. u. PL zu peripheren Zellen	Transport v. Chol. von extrahepat. Geweben zur Leber
Atherogenität	möglich	sehr wahrscheinlich	gesichert	antiatherogen

*, ** Apo A I: Cofaktor der Lecithin-Cholesterin-Acyl-Transferase (LCAT)
Apo B: Bindungsprotein am LDL-Rezeptor
Apo C II: Aktivierender Cofaktor der Lipoprotein-Lipase (LPL)
Apo E: Bindungsprotein am LDL-Rezeptor; Hemmender Cofaktor der LPL
Apo C I, III: Hemmender Cofaktor der LPL

esterung des freien Cholesterins, die durch die HDL-gebundene LCAT gesteuert wird. Aus den oben beschriebenen Abbauschritten der VLDL entstehen über das Zwischenprodukt »Intermediate Density Lipoprotein« (IDL) die LDL, die von peripheren Organen aufgenommen und verstoffwechselt werden. Die Restpartikel der Chylomikronen und VLDL werden zusammen mit den HDL zur Leber transportiert.

Abbau der Fettsäuren

Bereits 1958 wurde aus Ganzkörperanalysen an fettfrei ernährten Ratten geschlossen, daß markierte ungesättigte Fettsäuren offenbar wie gesättigte Fettsäuren sehr schnell abgebaut werden; dies konnte sehr deutlich mit isolierten Mitochondrien und (1-^{14}C)-markierten gesättigten Mono- und Polyenfettsäuren nachgewiesen werden.

Abbau gesättigter Fettsäuren

Abbau gesättigter Fettsäuren mit gerader Anzahl von C-Atomen

Der Abbaumechanismus gesättigter Fettsäuren mit gerader Anzahl von C-Atomen erfolgt nach dem β-Oxidationsschema. Zunächst muß die abzubauende Fettsäure mit Hilfe eines Kinase-Systems aktiviert werden, bevor der Abbau in fünf weiteren Schritten nach der von Lynen vorgeschlagenen »Abbauspirale« erfolgt (Abb. 32).

Beim Freiwerden eines Moleküls Acetyl-CoA werden 1 Mol $FADH_2$ und 1 Mol $NADH_2$ gebildet, die bei der Oxidation 2 bzw. 3 Mol ATP liefern. Acetyl-CoA liefert im Citratzyklus 12 Mol ATP. Beim völligen Abbau der Palmitinsäure erfolgen 7 Spaltungen mit 8 Acetyl-Einheiten, so daß folgende Energiemenge frei wird:

7 Spaltungen à 5 ATP	=	35
8 Acetylreste à 12 ATP	=	96
	=	131 ATP

Zur Aktivierungsreaktion der Fettsäure wird 1 Mol ATP benötigt, so daß die Oxidation der Palmitinsäure 130 Mol ATP liefert. Ein Mol Stearinsäure liefert 147 Mol ATP.

Abbau von Fettsäuren mit ungerader Anzahl von C-Atomen

Fettsäuren mit ungerader Anzahl von C-Atomen werden wie die Fettsäuren mit gerader Anzahl von C-Atomen abgebaut. Endprodukt ist hier Propionyl-CoA, das zu Methylmalonyl-CoA carboxyliert und schließlich zu Succinyl-CoA umgelagert wird.

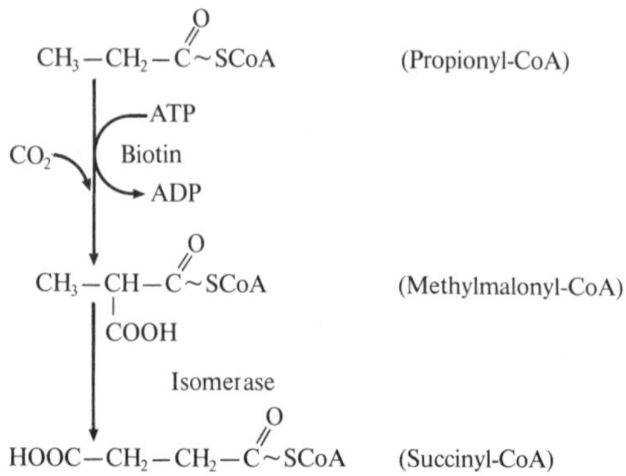

Abbau verzweigter Fettsäuren

Verzweigte Fettsäuren entstehen beim Abbau der verzweigten aliphatischen Aminosäuren Valin, Isoleucin und Leucin. Die ersten drei Abbauschritte sind für diese Aminosäuren identisch.

Nach (reversibler) Transaminierung zu α-Ketosäuren, Decarboxylierung zu Fettsäure-CoA-Thioestern und Dehydrierung entstehen so die entsprechenden β-ungesättigten CoA-Thioester. Methylacrylyl-CoA aus Valin, α-Methylcrotonyl-CoA aus Isoleucin und β-Methylcrotonyl-CoA aus Leucin.

Methylacrylyl-CoA wird nach Hydratisierung, Deacylierung, zweifacher Dehydrierung und Acylierung zu Methylmalonyl-CoA abgebaut und durch nachfolgende Isomerisierung in Succinyl-CoA umgewandelt.

α-Methylcrotonyl-CoA durchläuft beim weiteren Abbau die üblichen Schritte der β-Oxidation; als Endprodukte entstehen – wie beim Abbau der ungeradzahligen Fettsäuren – Acetyl-CoA und Propionyl-CoA. Letzteres wird durch eine Biotin-abhängige Carboxylierung und nachfolgende Isomerisierung in Succinyl-CoA überführt.

Aus β-Methylcrotonyl-CoA entsteht nach Biotin-abhängiger Carboxylierung und Hydratisierung β-Hydroxymethylglutaryl-CoA. Dieses liefert nach Spaltung 1 Mol Acetyl-CoA und 1 Mol Acetoacetat oder kann über Mevalonat für die Synthese von Steroiden herangezogen werden.

Abbau der Polyenfettsäuren (PFS)

Beim Abbau der PFS erfolgt zuerst eine Aktivierung der Fettsäure zu Fettsäure-CoA. Da-

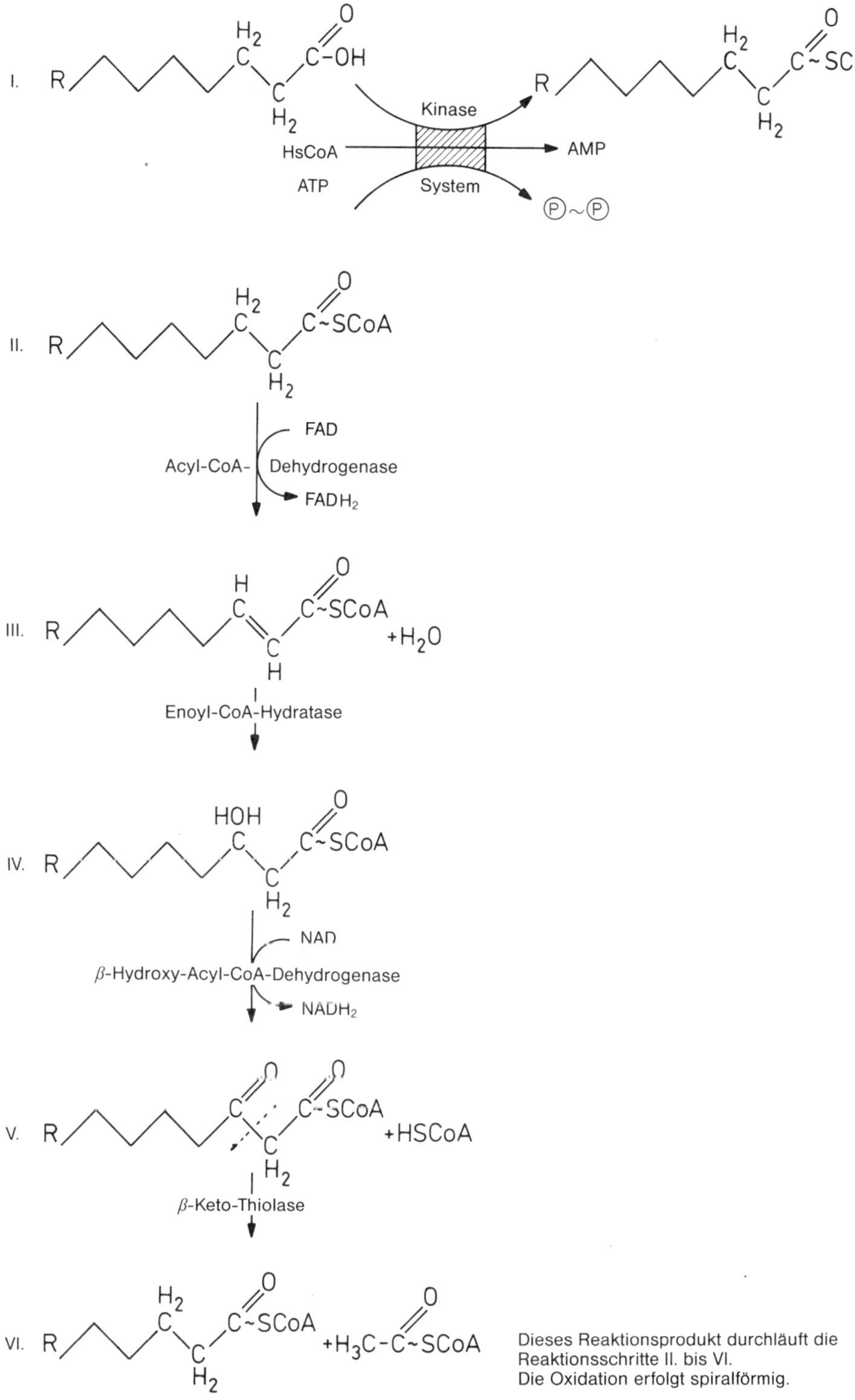

Abb. 32. Abbau der gesättigten Fettsäuren.

nach wird der Teil der aktivierten Fettsäure ohne Doppelbindung normal nach der β-Oxidationsspirale von LYNEN (Abb. 32) abgebaut. Für den weiteren Abbau des Fettsäuremoleküls (mit Doppelbindungen) werden eine Isomerase und eine Epimerase benötigt, die gemeinsam mit den β-Oxidationsenzymen auf der inneren Mitochondrienmembran lokalisiert sind. Die zwei Enzyme kommen ubiquitär vor, sowohl in den tierischen Organen Leber, Niere, Herz und Gehirn, als auch in Pilzen; sie treten ferner als induzierbare Enzyme in Bakterien wie E. coli auf.

Eine erweiterte β-Oxidationsspirale wurde von STOFFEL vorgeschlagen, in der die o.g. zusätzlichen Enzymsysteme den weiteren Abbau mehrfach ungesättigter Fettsäuren ermöglichen. Die Enoyl-CoA-Isomerase katalysiert eine Stellungsisomerisierung zwischen β, γ und α, β und die Hydroxy-Acyl-CoA-Epimerase ist für die Umwandlung des Fettsäuremoleküls vom D(−)- zum L(+)-Antipoden spezifisch eingestellt (Abb. 33).

Energetisch betrachtet liefert eine PFS für jede Doppelbindung 2 ATP-Moleküle weniger als die entsprechende gesättigte Fettsäure, da der Acetyl-CoA-Dehydrogenase-Schritt, in dem H_2 auf das FAD übertragen wird, entfällt. Bei der β-Oxidation der Linolsäure werden somit 143 ATP- und nicht, wie bei Stearinsäure, 147 ATP-Moleküle gebildet. Die β-Oxidation der Arachidonsäure ergibt 156 ATP-Moleküle.

Bezüglich der Abbauwege lassen sich die Fettsäuren demnach in zwei Gruppen unterteilen:

a) Die Fettsäuren werden bei der β-Oxidation (vor ihrem völligen Abbau) in Acetyl-CoA und eine C_4-Verbindung von der Art des β-Hydroxybutyrats oder Acetoacetats zerlegt.

b) Die Fettsäuren werden entweder direkt (wie das Valin) oder über eine C_3-Verbindung (wie die Fettsäuren ungerader C-Anzahl und die im Rahmen des Isoleucinabbaus entstandenen Fettsäuren) zu Bernsteinsäure abgebaut.

Die physiologische Bedeutung des ersten Abbauweges liegt in seiner ketogenen Natur, d.h. es werden Ketonkörper gebildet.

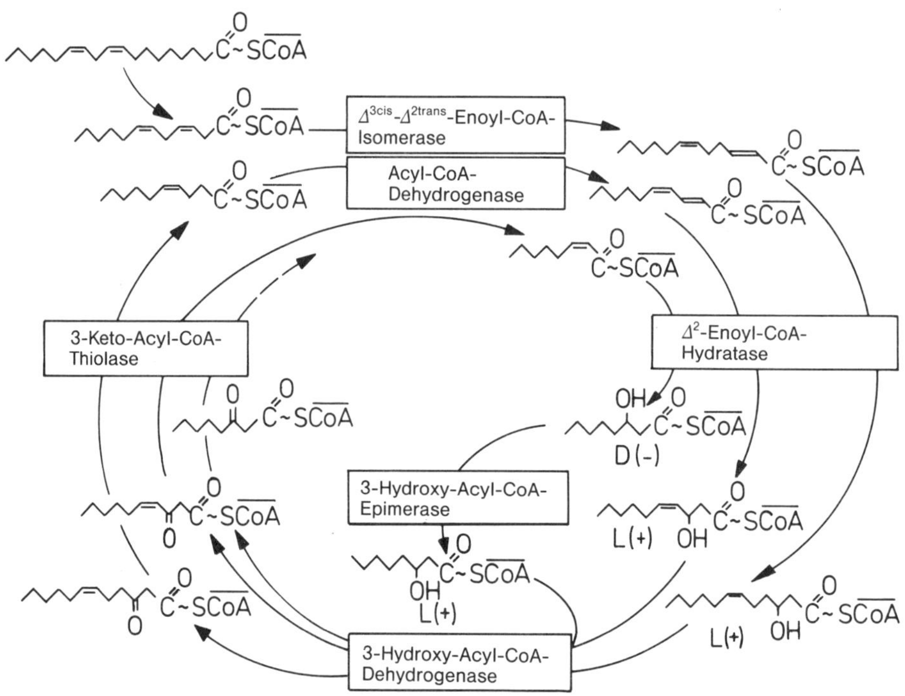

Abb. 33. ß-Oxidationszyklus für gesättigte und all cis-ungesättigte Fettsäuren (STOFFEL 1971).

Ketonkörper als Abbauprodukte

Die Biosynthese der Ketonkörper, die Ketogenese, erfolgt im Organismus nur in geringem Maße. Der Gehalt des Plasmas an diesen Verbindungen beträgt normalerweise 1 mg/dl. Unter gewissen Bedingungen, wie z. B. beim Diabetes mellitus oder im Energiemangel (Hungerzustand), werden Ketonkörper vermehrt gebildet. In diesen Zuständen sind sie in großer Menge im Harn und im Blut zu finden. Bei Diabetes mellitus kann die Ketonkörperkonzentration im Blut das Hundertfache des normalen Wertes erreichen, trotz Ausscheidung großer Mengen an Ketonkörpern (bis mehrere g/d) im Urin.

Der Mechanismus der Ketogenese ist bekannt. Ein geringer Teil an Ketonkörpern entsteht durch den Abbau der Fettsäuren. Der größte Teil dieser Stoffe wird jedoch durch Zusammenlagerung von Acetyl-CoA-Molekülen gebildet.

Der Reaktionsmechanismus in der Leber wurde von LYNEN beschrieben:

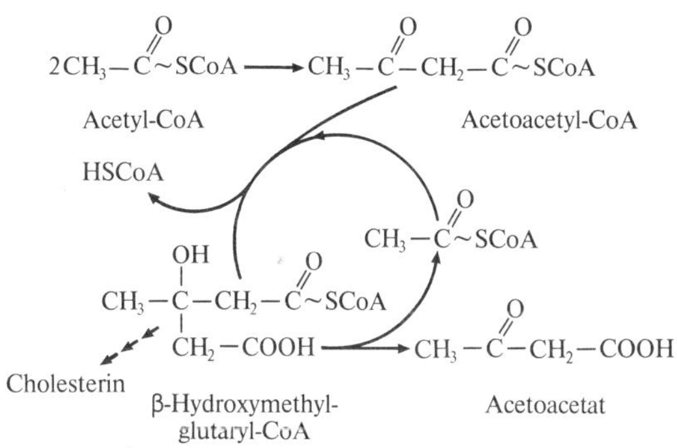

Für diese Reaktion dürften jedoch mehrere Mechanismen gleichzeitig verantwortlich sein. Aus dem Acetoacetat entsteht das β-Hydroxybutyrat mit Hilfe der Hydroxybutyrat-Dehydrogenase, einem strukturgebundenen Mitochondrienenzym.

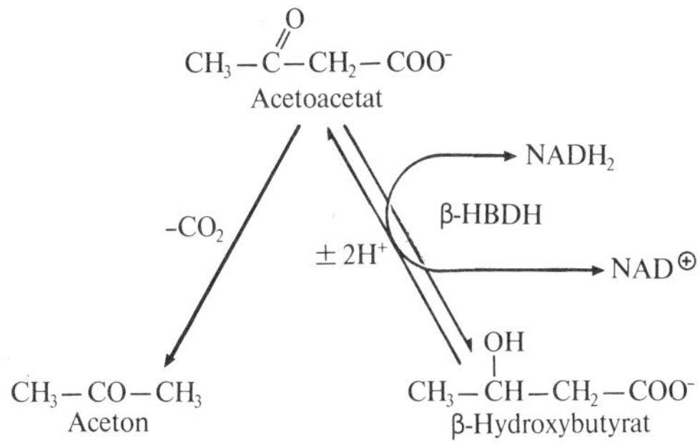

Das β-Hydroxybutyrat ist mit dem Acetoacetat in einem Gemisch von 2 bis 3:1 zu finden. Im Kohlenhydratmangel, oder ganz allgemein betrachtet, bei schlechter Verwertung der Kohlenhydrate (z. B. Diabetes mellitus), werden vermehrt Ketonkörper gebildet. Im Hungerzustand normalisiert sich die Ketonkörperausscheidung im Urin sowie deren Spiegel im Blut, sobald kohlenhydrathaltige Nahrung zugeführt wird. Dieses wird als antiketogene Wirkung der Kohlenhydrate bezeichnet. Es gibt derzeit zwei Hypothesen, welche die Ketogenese – vermutlich – erklären.

a) Sobald im intermediären Stoffwechsel nicht genügend Oxalacetat für den Citratzyklus vorhanden ist, kommt es – nach dem letzten Schema – zur Ansammlung von Acetyl-CoA-Molekülen, aus denen durch Kondensation Acetoacetat gebildet wird.
b) Das Redoxsystem $NAD^+/NADH_2$ führt zur Bildung von Acetoacetat.

Von der Muskulatur können die Ketonkörper verwertet werden. Dabei gibt das im Citratzyklus entstandene Succinyl-CoA das Coenzym-A an das Acetoacetat ab; es entsteht ein Molekül Acetoacetyl-CoA.

$$\text{Acetoacetat} + \text{Succinyl-CoA} \xrightleftharpoons{\text{CoA-Transferase}} \text{Acetoacetyl-CoA} + \text{Succinat}$$

Das Acetoacetyl-CoA wird thioklastisch zu Acetyl-CoA gespalten.

$$CH_3-\overset{O}{\overset{\|}{C}}-CH_2-COOH + HOOC-CH_2CH_2-\overset{O}{\overset{\|}{C}}\sim SCoA \xrightleftharpoons{\text{Transferase}}$$

Succinyl-CoA

$$CH_3-\overset{O}{\overset{\|}{C}}-CH_2-\overset{O}{\overset{\|}{C}}\sim SCoA + COOH-CH_2-CH_2-COOH$$

Acetoacetyl-CoA

Fettspeicher

Bei normalgewichtigen Erwachsenen beträgt das Depotfett etwa 10 kg bei Männern und etwa 12 kg bei Frauen. Es enthält normalerweise nur 5% Wasser. Dagegen werden die Kohlenhydrate und Proteine mit mindestens 4facher Gewichtsmenge an Wasser gespeichert. Etwa 50% des Depotfettes befindet sich subkutan gelagert.

Früher wurde angenommen, daß das Depotfett nur akkumuliert und ohne jegliche biologische Funktion ist. Heute ist bekannt, daß es genau wie alle anderen Körperbestandteile kontinuierlich über anabole und katabole Prozesse ersetzt und erneuert wird (Abb. 34).

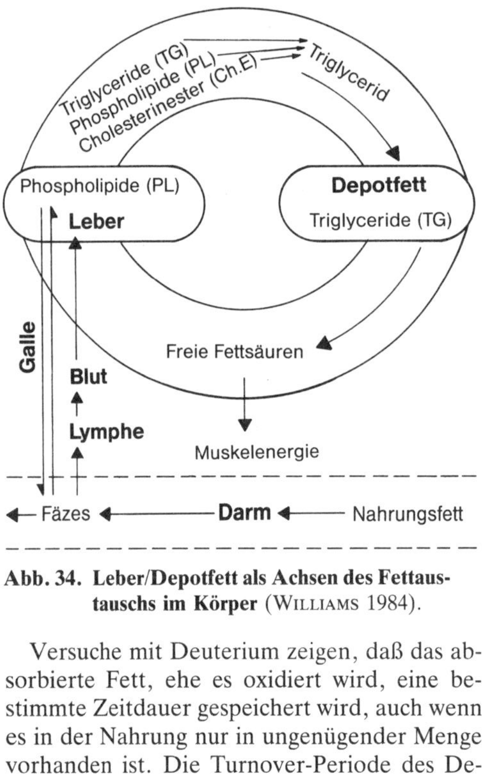

Abb. 34. Leber/Depotfett als Achsen des Fettaustauschs im Körper (WILLIAMS 1984).

Versuche mit Deuterium zeigen, daß das absorbierte Fett, ehe es oxidiert wird, eine bestimmte Zeitdauer gespeichert wird, auch wenn es in der Nahrung nur in ungenügender Menge vorhanden ist. Die Turnover-Periode des Depotfettes bei der Ratte ist sehr kurz. Sie braucht nur 5 bis 9 Tage für die Erneuerung der Hälfte der Fettsäuren des Körperfettes; dagegen benötigt sie für die Erneuerung von Cholesterin und Sterolen 15 bis 25 Tage.

Das Depotfett enthält mehr gesättigte Fettsäuren als das Strukturfett. Vorwiegend handelt es sich um Palmitin-, Stearin- und Ölsäure, aber auch kleine Mengen an Lecithin und Cholesterin. Das Depotfett kann bei langem Fasten völlig aufgebraucht werden.

Das Gehirn enthält relativ gesehen die größte Menge an Strukturfett, das aber auch bei langem Fasten nicht abgebaut wird. In den Gehirn- und Leberphosphatiden finden sich höher ungesättigte C22-Polyenfettsäuren, die zusammen mit den C20-Polyenfettsäuren etwa 29% der gesamten Fettsäuren ausmachen. Beim Menschen sind sie in die Gehirnphosphatide eingebunden.

C_{20}-FS 8,7% (Dien, Trien, Tetraen) und
C_{22}-FS 19,8% (Tetraen, Pentaen, Hexaen).

Biologische Funktion der Lipide

Strukturelle Funktion

In allen Körperzellen, besonders in denen des Nervensystems, finden sich Lipide. Ihre Aufgabe besteht vorwiegend in der Membranbildung, denn sie finden sich als wesentliche Bestandteile sowohl in der Zellmembran als auch in Membranen von Zellorganellen wie Mitochondrien und Lysosomen. Die Befähigung der Lipoide zur Grenzflächenbildung liegt in dem Vorhandensein sowohl polarer (hydrophiler) als auch apolarer (hydrophober) Gruppen begründet.

Energielieferant

Fette sind der Hauptenergielieferant für den tierischen Organismus. Sie machen einen beträchtlichen Anteil der Energieaufnahme beim Menschen aus und stellen eine langfristige Reserve dar. Aus Details des Energiewechsels ist bekannt, daß 1 g Fett etwa 37,7 kJ (= 9 kcal) liefert. Diese Eigenschaft wird bei der Zubereitung von Diäten berücksichtigt. Wenn das Volumen einer Diät verringert werden soll, so wird, um eine bestimmte Energiedichte zu erreichen, zweckmäßigerweise mehr Fett in die Diät aufgenommen.

Der Energiegehalt der Fettsäuren nimmt mit fallender C-Atomzahl ab. Der Brennwert der Fettsäuren C6 bis C8 beträgt nur 34 kJ/g gegenüber 38 kJ/g der Fettsäuren C16 bis C18.

Ausgangssubstanz für die Prostaglandinsynthese

Eine der wichtigsten Funktionen der Fette ist ihre Aufgabe als Ausgangssubstanz weiterer biologischer Verbindungen. So werden aus den Polyenfettsäuren im Körper eine ganze Reihe Eicosanoide, auch Prostaglandine (PG), gebildet (Abb. 35). Ausgangssubstanz für die Prostaglandine sind Polyenfettsäuren mit 19, 20 und 21 C-Atomen, die im Molekül konjugierte Doppelbindungen aufweisen. Sie entstehen durch

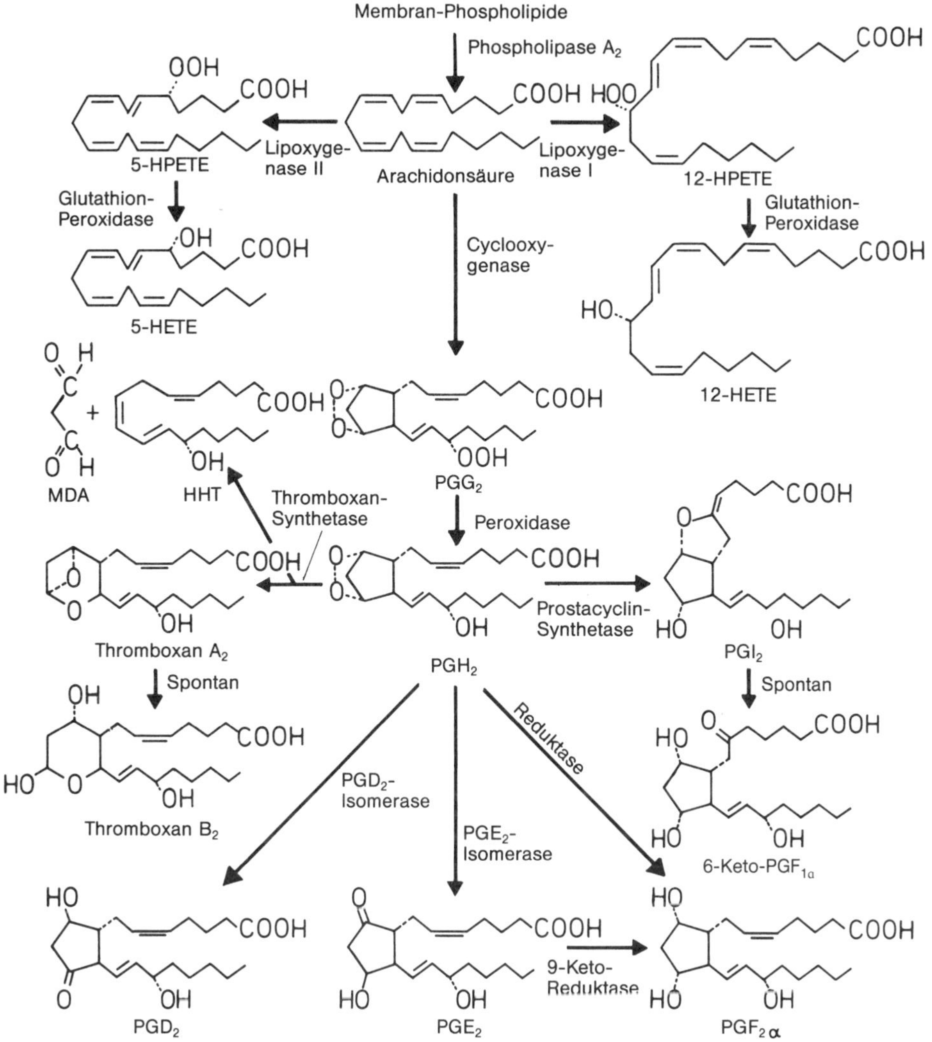

Abb. 35. Schematische Darstellung der wichtigsten Prostaglandin-Syntheseschritte im Organismus am Beispiel der Arachidonat-»Kaskade« (modif. nach CARPENTER 1981).

oxidativen Zusammenschluß in der Mitte des Fettsäuremoleküls zu einem Cyclopentan- oder Cyclopentenring. Viele Experten sehen eine wesentliche Funktion der essentiellen Fettsäuren in der Synthese der Prostaglandine.

Die Funktionen der Prostaglandine im Organismus sind äußerst vielfältig, aber noch nicht in allen Details bekannt. Mit der weiteren Erforschung der Prostaglandine können auch bessere Kenntnisse über die Wirkungsweise der essentiellen Fettsäuren erbracht werden. Bisher ist bekannt, daß die Funktion der Prostaglandine mit der der Hormone Adrenalin und Noradrenalin verglichen werden kann. Sie beeinflussen die Geschwindigkeit des Herzschlages sowie den Blutdruck. Die Substanzen aus der PGE-Reihe sind blutdrucksenkend, diejenigen aus der PGF-Reihe dagegen blutdruckerhöhend. Prostaglandine können die Kontraktion der glatten Muskulatur herbeiführen. Die Regulation der Aktivität bestimmter Nervenzellen im Zentralnervensystem wird von ihnen beeinflußt. Prostaglandine der E-Reihe können eine ADP- beziehungsweise Kollagen-induzierte Aggregation von Thrombozyten und Erythrozyten verhindern.

Wärmeschutz
Fette bilden unter der Haut eine Isolierschicht und üben eine Wärmeschutzfunktion aus, indem sie Wärmeverluste durch die Haut vermindern. Fett dieser Unterhautschicht trägt die Vorstufen von Vitamin D, die durch UV-Licht in die aktive Vitaminform umgewandelt werden. Außerdem werden in dieser Schicht auch Ester aus Fettsäuren und höheren Alkoholen wie zum Beispiel Cholesterin gebildet, die die Haut glatt und geschmeidig machen. Diese Cholesterinester absorbieren Wasser aus der Luft und verhindern somit das Trockenwerden der Haut.

Schutzfunktion
Den einfachen Lipiden kommt eine Schutzfunktion gegenüber mechanischen Einflüssen zu. So schützt Fett innere Organe wie Niere und Gehirn oder dient als Polster beweglicher Organe (z.B. Augapfel).

Träger fettlöslicher Vitamine
Die Fette sind auch für die Absorption aller lipidlöslichen Wirkstoffe erforderlich. Sie sind Träger fettlöslicher Vitamine. Außerdem ist bekannt, daß die fettlöslichen Vitamine im Fettmilieu stabiler und resistenter gegenüber Oxidation sind als in wäßrigen Suspensionen.

Beziehung zu anderen Nährstoffen
Fette üben eine sparende Wirkung auf Thiamin aus. Ferner wurde eine Beziehung zwischen Polyenfettsäuren und Riboflavin festgestellt. In Lebern von Ratten mit Mangel an Polyenfettsäuren ist die Aktivität von D-Aminosäure-Oxidase stark vermindert. Diese Beobachtung wird auf eine verminderte Synthese der Flavinnucleotide aus dem freien Riboflavin oder auf eine vermehrte Hydrolyse der Flavin-Adenin-Nucleotide zurückgeführt (Kap. 3.3.2.3.2).

Sensorische Bedeutung
Fett in der Nahrung verleiht den Speisen einen angenehmen Geschmack und verlängert das Sättigungsgefühl (Kap. 2.3.1).

Die komplexen Lipide
Komplexe Lipide kommen in jeder Zelle vor; besonders reichhaltig sind die zentralen und peripheren Nervengewebe. Komplexe Lipide werden nach zwei Kriterien unterteilt:
- Entsprechend dem Phosphorgehalt in Phosphatide und Glycolipide (phosphatfrei)
- Nach dem enthaltenen Alkohol in Glycerophospholipide und Sphingolipide.

Glycolipide und Sphingolipide
Cerebroside und Ganglioside (Mucolipide) sind phosphatfreie Glycolipide, die im Gehirn und vielen anderen Geweben vorkommen; alle sind Ceramid-Derivate. Die Ganglioside unterscheiden sich von den Cerebrosiden durch eine stickstoffhaltige Säure, der Neuraminsäure.

Die Sphingolipide haben mit den Glycolipiden den Amino-di-Alkohol, das Sphingosin gemeinsam.

Phospholipide (auch Phosphatide, Lecithine)
Die gültige Nomenklatur (IUPAC, 1976) definiert Phospholipide als solche Lipide, die Phosphorsäure als Mono- bzw. Diester enthalten. Dabei ist die Phosphorsäure einerseits mit den Alkoholen Glycerin oder Sphingosin, andererseits mit den Wirkgruppen Cholin, Ethanolamin, Serin oder Inosit verestert. Nach der Nomenklatur enthalten die Glycerophospholipide zumindest eine O-Acyl-, O-Alkyl- oder O-(1-Alkenyl)-Gruppe am Glycerolrest. In der Natur am weitesten verbreitet sind die Glycerophospholipide.
Zu den wichtigen Vertretern dieser Gruppe zählen Lecithin (Phophatidylcholin), Kephalin (Phosphatidylethanolamin) und das Phosphatidylinosit.

Beim Lecithinmolekül bilden die negative Ladung des Phosphats und die positive Ladung des Stickstoffs einen permanenten Dipol. Dies verleiht Lecithin und Kephalin die Eigenschaft, als Emulgatoren für hydrophobe Verbindungen zu wirken. Die Dipol-Eigenschaft der Moleküle erklärt möglicherweise auch ihr ubiquitäres Vorkommen in allen Membranen.

Die Phosphatidylinosite sind stickstofffrei. Sie enthalten neben Fettsäuren und Glycerin einen mehrwertigen Alkohol, das Inosit. Die Phosphatidylinosite mit einem Phosphatrest sind weit verbreitet. Im Gehirn sind Phosphatidylinosite mit zwei und drei Phosphatresten vorhanden.

Struktur der Glycerophospholipide

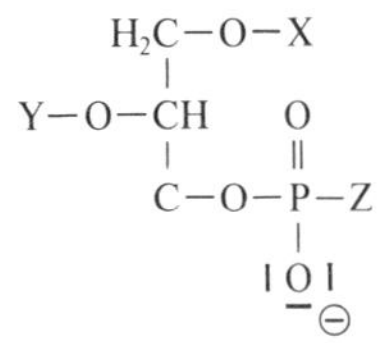

X, Y = Acylreste
X = C 16:0, C 18:0, (18:1, 18:2) – vorwiegend gesättigte FS

Y = 18:2, 18:3, 20:4; (18:1) – vorwiegend Polyen-FS

Z = Cholin [$-CH_2-CH_2-N^{\oplus}(CH_3)_3$]
Ethanolamin [$-CH_2-CH_2-N^{\oplus}H_3$]
Serin [$-CH_2-CHNH_2-COOH$]
m-Inosit

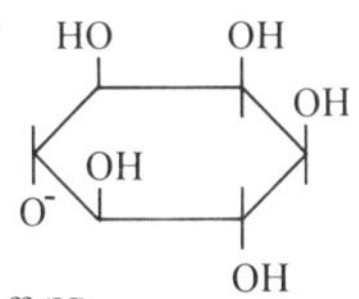

Wasserstoff (H)

Wegen seiner Bedeutung als Emulgator für die Lebensmittel- und Pharmaindustrie sowie seiner Anwendung im Rahmen der »Präcursor«-Therapie wird auf Lecithin an dieser Stelle ausführlich eingegangen.

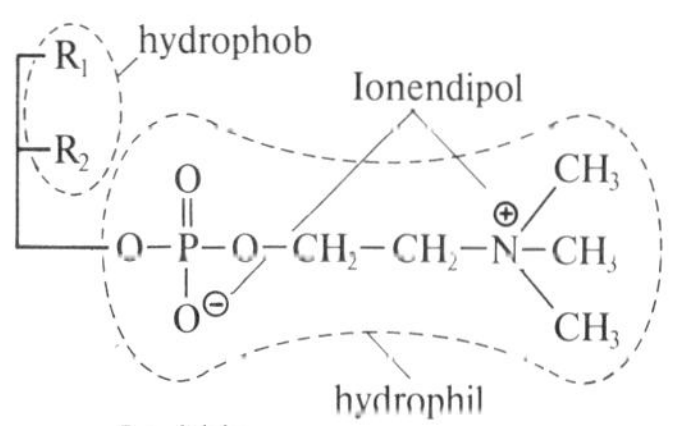

Lecithin

Lecithin

Aufgrund ihres polaren Aufbaus sind Phosphatide für den gesamten Zellstoffwechsel von größter Bedeutung; sie sind deshalb weit verbreitet. Allgemein gilt, daß der Gehalt eines Organes des Organismus (auch der Pflanze) an Phosphatiden um so größer ist, je lebenswichtiger es ist. Knochenmark (6,3–10,8%), Gehirn (3,7–6,0%), Leber (1,0–4,9%) und Herz (1,2–3,4%) des tierischen Körpers besitzen so einen hohen Gehalt an Phosphatiden (Tab. 50). Reich an Phosphatiden sind auch das Eigelb

Tab. 50. Lipidgehalt und -verteilung im Nervengewebe (Angaben bezogen auf Trockensubstanz) (RAPOPORT 1984)

	graue Substanz %	weiße Substanz %
Trockensubstanz	15,1	29,2
Gesamtlipide	35,1	61,2
Cholesterin	5,1	13,8
Cerebroside	4,2	16,0
Diglyceride	1,1	–
Phospholipide	20,4	16,5
Lecithine	7,3	5,7
Kephaline	11,3	17,1
Sphingomyeline	1,8	3,7

(8–10%) sowie die Speicherorgane der Pflanzen wie Samen, Wurzeln und Knollen. Leguminosen enthalten im Durchschnitt bis zu 2,2% Phospholipide. Weiterhin zählen Hefen, Pilze und Bakterien zu den reichen Phosphatidlieferanten.

Rohe Pflanzenöle gelten als reiche Quellen an Phosphatiden:
Rüböl/Sesamöl 0,1%, Weizenöl 2%, Gerstenöl/Roggenkeimöl 3–4%, Lupinenöl 1,1–2,8%, Sojaöl 1,1–3,2% (Tab. 51).

Tab. 51. Zusammensetzung des Sojalecithins (NASNER et al. 1982; SCHUSTER 1985)

Fraktion	in % der Gesamtphosphatide
Phosphatidylcholin	32–46
Phosphatidylethanolamin	20–26
Phosphatidylinosit	14–20
Phosphatidsäure	2–4
Andere	10–18

Bei Lecithin handelt es sich chemisch um Phosphatidylcholin. Im Handel befindliche Lecithinpräparate werden lediglich nach ihrer Herkunft, nicht nach der Zusammensetzung bezeichnet. So wird Ei-Lecithin (Lecithin ex ovo, Ovolecithin) von Pflanzenlecithin (Sojalecithin = lecithinähnliche Phosphatide) unterschieden.

Abbau von Lecithin

Entsprechend der Kompliziertheit des Lecithinmoleküls sind vier verschiedene Spaltungsreaktionen denkbar, die durch entsprechende Enzyme katalysiert werden. Die Phospholipasen A_1 und A_2 sind Esterasen, die spezifisch eine Fettsäure-Ester-Bindung am C_1- bzw. C_2-Atom des Glycerins spalten. Diese Enzyme treten in allen Zellen auf, v.a. in den Lysosomen, im endoplasmatischen Retikulum, in den äußeren Mitochondrienmembranen und der Zellmembran. Sie sind häufig Ca^{2+}-abhängig. Durch ihre Wirkung entsteht Lysolecithin, welches in kleiner Menge als normaler Bestandteil von Blutplasma und -zellen angesehen werden kann. Es ist durch Protein gebunden und hat die Eigenschaften eines Netzmittels. Phospholipase A_2 ist ein Pankreasenzym und kommt in einer inaktiven Vorstufe vor. Erst nach Abspaltung von sieben Aminosäuren durch Trypsin entsteht das aktive Enzym. Die vor allem in Pflanzen und Mikroorganismen vorkommenden Phospholipasen C und D sorgen für die weitere hydrolytische Spaltung des Moleküls.

Die so entstandenen Bausteine werden absorbiert; in der Darmmukosa erfolgt eine Resynthese des Lecithins, deren Umfang jedoch nicht groß ist. Lysolecithin wird teilweise ungespalten absorbiert und dann von den Mukosazellen in Lecithin umgewandelt.

Pharmakologische Eigenschaften

- Lecithin ist kein essentieller Nahrungsbestandteil. Es dient nicht primär der Energiegewinnung.
  Bei einer starken Verarmung der Zelle an Nährstoffen wie bei der Insulin-Hypoglykämie wurde eine Abnahme der Phospholipide beobachtet, die ihre energetische Verwertung vermuten läßt.
- Lecithin kann als Cholin-lieferende Substanz das Wachstum von Vögeln und (in Anwesenheit von Homocystein) von Ratten fördern. Es schützt Tiere vor Leberverfettung und -nekrose, jedoch nicht vor Nierenschäden.
- Lysolecithin hat eine hämolysierende Wirkung und erregt auch die glatte Muskulatur.
- »Präcursor«-Therapie
  Als Lieferant für Cholin kann Lecithin zur Steigerung der Synthese von Acetylcholin, einem Neurotransmitter, das bei einigen neurologischen Erkrankungen in geringer Konzentration vorkommt, beitragen. Es wird ferner mit dem Gedächtnisschwund in Verbindung gebracht.
  Bei Dyskinesie-Patienten kann die motorische Fehlfunktion durch große Gaben Cholin bzw. Lecithin signifikant verbessert werden. Während die Wirkung von Lecithin auf dieses Krankheitsbild als gesichert gilt, konnten in mehreren pharmakologischen Studien die viel zitierten Beziehungen zum altersbedingten Gedächtnisschwund nicht bestätigt werden.
- Lysolecithin kann auch durch die Wirkung der Lecithin-Cholesterin-Acyl-Transferase (LCAT) entstehen. Das Enzym, das in der Leber synthetisiert und an das Blut abgegeben wird, katalysiert die Übertragung eines Fettsäureesters aus der β-Position des Lecithins auf Cholesterin unter Bildung von Cholesterinestern. Dieses Enzym ist auch für die Veresterung von Cholesterin in den Plasmalipoproteinen verantwortlich.

$$\text{Lecithin} \xrightarrow{\text{LCAT}} \text{Lysolecithin} + \text{freie Fettsäuren}$$

$$\text{Cholesterin} + \text{freie Fettsäuren} \xrightarrow{\text{LCAT}} \text{Cholesterinester}$$

  Bei schweren Leberschäden (Leberverfettung, -nekrose, -zirrhose) mit eingeschränkter Proteinsynthese ist die Aktivität der LCAT im Blut erniedrigt; es kommt so zum Estersturz (Abfall der Cholesterinester im Blutserum). Ein familiärer LCAT-Mangel ist bekannt. Er ist charakterisiert durch Zunahme des Gehaltes an freiem Cholesterin, Abnahme des Gehaltes an Cholesterinestern, erniedrigte HDL- und VLDL-Konzentrationen und einen erhöhten LDL-Gehalt. Die Lipidzusammensetzung der Fraktionen LDL und VLDL ist sehr ähnlich.
- Große Lecithingaben bedingen einen Phosphorüberschuß. Dieser müßte dann mit Calcium- und Magnesiumgaben kompensiert werden.
- Die benötigte Lecithinmenge hängt wahrscheinlich von Alter und Gesundheitszustand wie auch von der Nahrungszusammensetzung (Cholin, Protein, Serin, Methionin usw.) ab. Eine spezifische Empfehlung für die Höhe einer Supplementation mit Lecithin kann nach heutigem Erkenntnisstand nicht gegeben werden.

Sterine

Cholesterin und Gallensäuren

Cholesterin ist die Vorstufe der Gallensäuren. Im Blutplasma kommt Cholesterin in freier

Form und verestert mit einer ungesättigten Fettsäure vor. Cholesterin ist außerdem Bestandteil aller Zellmembranen.

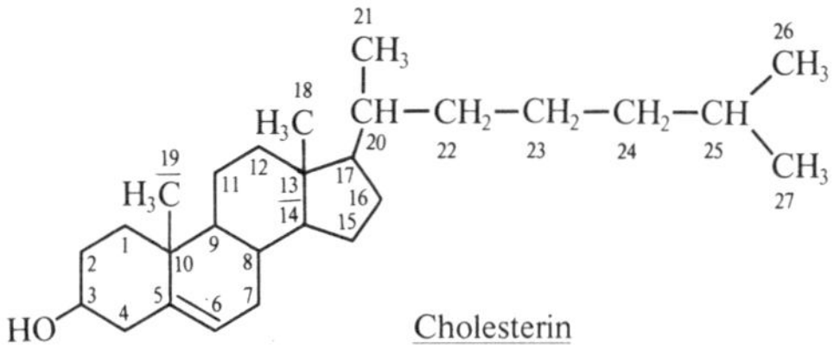

Cholesterin

Der Cholesterinpool des Körpers besteht aus dem endogen gebildeten und dem exogen mit der Nahrung aufgenommenen Cholesterin. Mit der Nahrung werden dem Körper unterschiedliche Mengen an Cholesterin zugeführt (bis zu 800 mg/d). Der größte Teil des Cholesterins im Cholesterinpool entsteht jedoch endogen. Der Organismus kann etwa 1–1,5 g/d synthetisieren. Das Cholesterin zirkuliert im Organismus (zwischen Darm und Leber) über den sog. enterohepatischen Kreislauf. Täglich werden etwa 2 g Cholesterin mit der Galle in den Darm sezerniert, nur ⅕ davon wird mit den Fäzes ausgeschieden. Der Rest wird reabsorbiert und gelangt über das Pfortadersystem oder durch die Lymphe zurück zur Leber. An diesem Kreislauf ist eine Mischphase von etwa 3–5 g Cholesterin beteiligt (Abb. 36).

Gallensäuren sind mengenmäßig die wichtigsten Abbauprodukte des Cholesterins. Sie werden über die Leber mit der Gallenflüssigkeit ausgeschieden und dann zu einem großen Teil wieder reabsorbiert. Die Hauptmenge der mit der menschlichen Galle ausgeschiedenen Gallensäuren stellen die Cholsäure und die Chenodesoxycholsäure. Daneben sind die Desoxycholsäure und in geringer Menge die Lithocholsäure, beides auch Produkte der Darmbakterien, vorhanden. Etwa 0,8 g Gallensäuren/d werden gebildet, diese Menge entspricht etwa dem täglichen Verlust an Gallensäuren mit den Fäzes. Insgesamt werden mit der Gallenflüssigkeit etwa 20–30 g Gallensäuren abgegeben, die in den unteren Darmabschnitten reabsorbiert werden und auf dem Blutweg zur Leber zurückfließen.

Pflanzliche Sterine (4-Dimethylsterine)

Die in der Nahrung vorkommenden pflanzlichen Sterine (Phytosterine) unterscheiden sich vom Cholesterin lediglich in der Länge und Konstitution ihrer Seitenkette (Abb. 37). Sie kommen hauptsächlich in den Pflanzensamen und -ölen vor und stellen den größten Anteil der nichtverseifbaren Komponente. In Pflanzenölen beträgt der Gehalt an Phytosterinen ca. 0,5–1,0%; dabei läßt sich in abnehmender Reihenfolge eine bestimmte Konzentrationsverteilung der einzelnen 4-Dimethylsterine beobachten: β-Sitosterin, Campesterin, Stigmasterin (Tab. 52).

Stoffwechsel

Phytosterine werden aus der Nahrung zu 5 bis 10% absorbiert. Dabei erfolgt die Absorption primär in den proximalen Dünndarmabschnitten unter den für Fette gültigen Bedingungen. Die Absorptionsrate ist im Vergleich zu der des

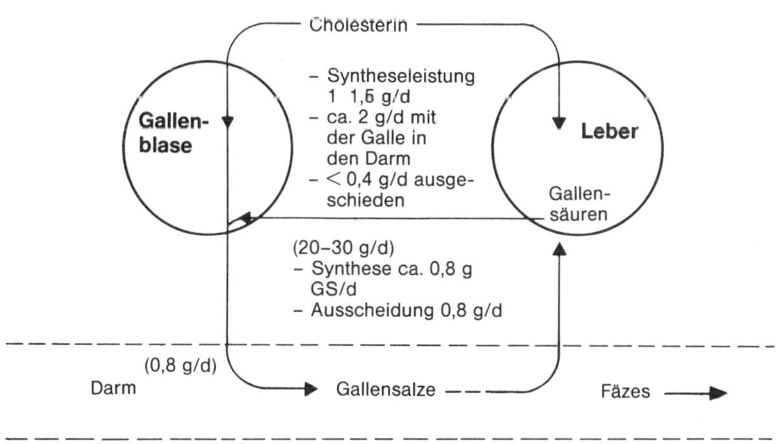

Abb. 36. Enterohepatischer Kreislauf der Gallensalze (modif. nach RAPOPORT 1984 und WILLIAMS 1984).

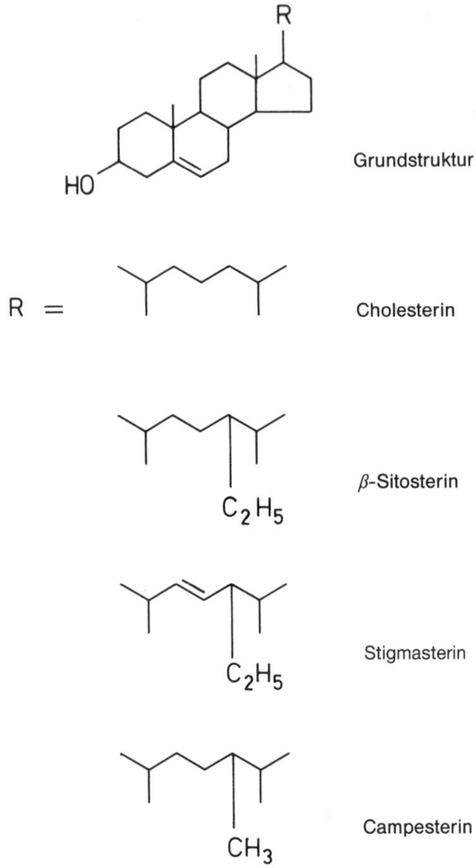

Abb. 37. Strukturformel von Cholesterin und einigen Phytosterinen (Borgström 1974).

Cholesterins gering; so beträgt z. B. die Absorptionsrate des β-Sitosterins nur ⅒ der des Cholesterins. Auch die einzelnen Phytosterine zeigen unterschiedlich hohe Absorptionsraten, so nimmt die Absorption pflanzlicher Sterine vom Campesterin über β-Sitosterin zum Stigmasterin hin ab. Als Erklärung für die unterschiedliche Absorbierbarkeit der Sterine wird derzeit die Theorie der Unterscheidung von Struktur- und Konfigurationsunterschieden durch die Darmmukosa favorisiert.

Die absorbierten Phytosterine werden im Blut primär in der HDL-Fraktion transportiert und auf verschiedene Organe verteilt. Im Hinblick auf eine vorübergehende Speicherung kommt jedoch der Leber und den Nebennieren die größte Bedeutung zu. Die β-Sitosterinkonzentration des Plasmas wird beim Menschen im Mittel mit 0,3–1,0 mg/100 ml angegeben. Während sich dieser Gehalt auch durch eine Zufuhrerhöhung nicht wesentlich steigern läßt, fällt er jedoch bei Phytosterin-freier Kost schnell unter die Nachweisgrenze ab, denn eine körpereigene Synthese findet nicht statt.

Die Ausscheidung der absorbierten Phytosterine erfolgt analog der Cholesterinausscheidung über die Galle. Dabei werden die pflanzlichen Sterine in primäre Gallensäuren umgewandelt.

Funktionen und therapeutische Anwendung

In Nebennieren und Testes können die Phytosterine als Ausgangssubstanz für die Steroidhormonsynthese herangezogen werden.

Desweiteren gilt die cholesterinsenkende Wirkung der Phytosterine heute als erwiesen. Unklarheiten bestehen jedoch bezüglich des Wirkungsmechanismus – am wahrscheinlichsten ist die Hemmung der Cholesterinabsorption.

Diese beobachtete Wirkung der Phytosterine – insbesondere in Versuchen mit β-Sitosterin – führte schon sehr früh zu deren erfolgreichem therapeutischen Einsatz bei Patienten mit Hypercholesterinämie. Die maximale Hemmung der Cholesterinabsorption sowie der damit einhergehende Einfluß auf die Plasmacholesterinkonzentration lassen sich mit einer Dosis von >3 g/d erzielen.

Auch bei längeranhaltender Therapie ist der Einsatz hochdosierter Phytosterine (10–20 g/d) toxikologisch unbedenklich. Diese hohe Dosis bewirkt jedoch gegenüber der Applikation von 3 g/d keine Steigerung der cholesterinsenkenden Wirkung.

Einflußfaktoren auf die Blutcholesterinkonzentration

1. Nahrungsfette

Menge und Fettsäurezusammensetzung aufgenommener Fette zählen zu den wichtigsten Einflußfaktoren, denen das Blutcholesterin unterworfen ist. Aus verschiedenen Untersuchungen, in denen die Wirkung einzelner Fettsäuren auf das Blutcholesterin ermittelt wurde, ging hervor, daß langkettige gesättigte Fettsäuren den Cholesteringehalt erhöhen, während die Polyenfettsäuren ihn absenken (Tab. 53).

Werden die gesättigten Fettsäuren der Nahrung durch Polyenfettsäuren ersetzt, so kann die zu erwartende Änderung des Blutcholesteringehaltes (Δ-Cholesterin) mit der von Keys et al. aufgestellten Formel errechnet werden.

$\Delta\text{-Cholesterin} = 1{,}2 \times (2S' - P) + 1{,}5\,Z$

wobei: S' = % des Brennwertes in kcal von Triglyceriden gesättigter Fette minus Tristearin
P = % des Brennwertes in kcal von Triglyceriden der Polyenfettsäuren
Z = mg Nahrungscholesterin/1000 kcal

Aus der Formel geht hervor, daß das Blutcholesterin durch gesättigte Fette etwa doppelt so stark beeinflußt wird wie durch ungesättigte Fette. Demnach ist das Blutcholesterin weniger durch den Gehalt an einer einzelnen Fettsäure bzw. Fettsäuregruppe als vielmehr durch das Verhältnis der Polyenfettsäuren zu den gesättigten Fettsäuren (P/S-Quotienten; Tab. 46) zu beurteilen. Bereits eine geringe Erhöhung des P/S-Quotienten bei konstanter Cholesterinaufnahme führt beim Menschen zu einer Senkung des Cholesteringehaltes. Der ermittelte P/S-Quotient in den Nahrungsfetten hierzulande beträgt < 0,5. Im Rahmen der von einschlägigen Organisationen erarbeiteten Präventivmaßnahmen soll er = 1 betragen und das Nahrungsfett zu je einem Drittel aus gesättigten, Monoen- und Polyenfettsäuren zusammen-

Tab. 52. Zusammensetzung der 4-Dimethylsterine in einigen Pflanzenölen (Elmadfa et al. 1983)

Öl	In % der 4-Dimethylsterine								
	Cholesterin	Brassicasterin	Campesterin	Stigmasterin	Sitosterin	Δ S-Avenasterin	Δ-Stigmasterin	Δ-Avenasterin	Andere
Kokosfett	1	–	8	13	47	26	1	2	2
Olivenöl	Sp.	–	3	3	82	4	Sp.	Sp.	8
Erdnußöl	Sp.	–	18	8	63	7	1	1	2
Sesamöl	Sp.	–	19	6	57	6	1	1	10
Sojaöl	Sp.	–	20	18	51	4	2	1	3
Lupinenöl	0,3	–	27	11	48	9	8		1
Sonnenblumenöl	Sp.	–	7	7	59	8	6	5	7
Leinsamenöl	1	1	27	8	42	13	–	1	6
Baumwollsaatöl	Sp.	–	7	1	86	3	Sp.	Sp.	3
Traubenkernöl	Sp.	–	10	7	69	5	2	1	6
Maiskeimöl	Sp.	–	17	6	60	10	Sp.	1	6
Weizenkeimöl	Sp.	–	19	4	60	7	2	2	5
Rapsöl	Sp.	10	33	Sp.	48	3	–	–	6
Durchschnitt	Sp.	0*	16	7	60	8	8	2	5

Sp. = Spuren = < 0,5%; – = nicht nachweisbar; * = ausgenommen Rapsöl

Tab. 53. Einfluß verschiedener Fettsäuren auf den Plasmacholesteringehalt beim Menschen (TRUSWELL 1977)

Fettsäure		Plasma-cholesterin-gehalt
Mittelkettige Fettsäuren	$C_{8:0}$–$C_{10:0}$	0
Laurinsäure	$C_{12:0}$	↑
Myristinsäure	$C_{14:0}$	↑↑
Palmitinsäure	$C_{16:0}$	↑↑
Stearinsäure	$C_{18:0}$	↑ ?
Ölsäure	$C_{18:1}$	0
Linolsäure	$C_{18:2}$	↓
Linolensäure	$C_{18:3}$	↓
Andere Polyenfettsäuren		↓ ?

0: keine Wirkung, ↑ = leichte Erhöhung;
↑↑: deutliche Erhöhung; ? = Veränderung ist fraglich.

gesetzt sein. Der cholesterinsenkende Effekt hoher P/S-Quotienten betrifft den Gehalt an Gesamt- und LDL-Cholesterin, er ist am deutlichsten bei mittlerer bis hoher Cholesterinaufnahme zu erzielen. Die bessere hypocholesterinämische Wirkung von P/S-Quotienten > 2 (4–8!) konnten nur unter Laborbedingungen erzielt werden.

Über die Mechanismen der cholesterinsenkenden Wirkung der Polyenfettsäuren werden verschiedene Hypothesen diskutiert. Sie sprechen von der Annahme einer Senkung der Cholesterinsynthese durch Metaboliten des PFS-Abbaus und dem besseren Transport des Cholesterins nach dessen Veresterung mit PFS in andere Gewebe, v.a. in die Leber, bis hin zur Steigerung der Steroidausscheidung und somit einer Intervention in den enterohepatischen Kreislauf des Cholesterinstoffwechsels. Am aussichtsreichsten von allen scheint die Hypothese über die Umverteilung des Cholesterinpools zu sein, insbesondere wenn gleichzeitig die Wirkung der mit dem Fett aufgenommenen unverseifbaren Fraktionen, wie die pflanzlichen Sterine und Tocopherol, berücksichtigt werden.

2. Nahrungskohlenhydrate

In den letzten Jahren zeigten Ergebnisse vieler Untersuchungen, daß die Kohlenhydrate in der Nahrung die Lipidart und -konzentration im Organismus beeinflussen. In Ernährungsversuchen mit 40% Fett, 16% Protein und 44% Kohlenhydraten (bezogen auf die Energiezufuhr) an zwei Versuchsgruppen mit je 4 Personen wurden lediglich die Kohlenhydrate variiert. In der ersten Versuchsgruppe war das Verhältnis Stärke : Saccharose 4:1 und in der zweiten Versuchsgruppe 1:4. Im sog. Cross-over-Verfahren wurden beide Gruppen von einer Diät auf die andere umgestellt. Die stärkereiche Diät hatte eine Verringerung der Plasmalipide zur Folge, während die zuckerreiche Diät lipämisch wirkte.

Eine andere Hypothese besagt, daß die Nahrungskohlenhydrate nur einen sehr geringen Einfluß auf die Plasmalipide ausüben. Es ist nicht genau bekannt, welcher Mechanismus die ernährungsbedingte Änderung der Cholesterinkonzentration steuert. Der gesunde Erwachsene produziert täglich 1–1,5 g Cholesterin in Leber (etwa 90%) und Darm.

3. Genetik

Bestimmte Formen von Hyperlipoproteinämien weisen darauf hin, daß auch genetische Faktoren den Serum-Cholesteringehalt bestimmen und beeinflussen können (Kap. 5.4).

4. Hormone

Die Schilddrüsenhormone senken die Plasmalipide. Auch bei pankreatektomierten Tieren sowie bei Diabetikern treten normalerweise Hyperlipämie und Hypercholesterinämie auf. Weiterhin spielen die Sexualhormone eine Rolle, da Männer und Frauen unterschiedliche Konzentrationen an Cholesterin im Blut aufweisen (Tab. 54). Bei Frauen bewirken aktive Sexualdrüsen niedrigere Blutcholesterinkonzentrationen. Nach der Menopause steigt der Cholesteringehalt im Blut an. Bei gesunden jungen Frauen fällt der Gehalt an Cholesterinestern direkt vor der Menstruation ab, bei gleichzeitiger maximaler Östrogenausschüttung. Während der Schwangerschaft steigt die Blutcholesterin-Konzentration an und erreicht einen Maximalwert nach der 32. Schwangerschaftswoche.

5. Körperliche Arbeit

Der Cholesteringehalt von finnischen Geschäftsmännern (30 bis 49 Jahre) im Blut war proportional zu ihrer Beweglichkeit bzw. Sauerstoffaufnahme. Männer, die sich körperlich nur wenig bewegten, lagen im Bereich von 300 mg/dl, jene, die körperlich aktiv waren, wiesen um 30–40 mg/dl niedrigere Werte auf. Noma-

Tab. 54. Durchschnittliche Plasmawerte von Gesamtcholesterin, Triglyceriden und Lipoproteinen bei amerikanischen Männern und Frauen, mmol/l (PADLEY und PODMORE 1985)

Alter	Gesamtcholesterin		Triglyceride		LDL-Cholesterin		HDL-Cholesterin	
	m	w	m	w	m	w	m	w
10	4,0	4,3	0,6	0,7	1,7	2,6	1,3	1,4
10–19	4,0	4,1	0,8	0,8	2,5	2,5	1,3	1,3
20–29	4,5	4,5	1,1	1,0	2,8	2,8	1,2	1,4
30–39	5,0	4,8	1,5	1,0	3,4	3,0	1,2	1,4
40–49	5,4	5,2	1,7	1,2	3,6	3,2	1,2	1,6
50–59	5,6	5,8	1,6	1,4	3,7	3,6	1,2	1,6
60–59	5,7	6,1	1,5	1,5	3,9	3,9	1,3	1,7
70+	5,4	5,8	1,5	1,5	3,7	3,9	1,3	1,6

den der gleichen Sippe in Afrika (Massai), die bis zu 5 l Milch/d und damit auch relativ viel Fett und Cholesterin zu sich nehmen, haben Blutcholesterinwerte, die wider Erwarten bei nur 166 mg/dl liegen. Die Erklärung liegt primär in der körperlichen Betätigung der Nomaden, die sie beim Weiden ihrer Herden ausüben. Eine langfristige Adaptation spielt sicher auch eine Rolle.

Die endogene Cholesterinsynthese erfolgt überwiegend in der Leber. Medikamente wie Triparanol können diese Synthese hemmen und vermindern die Cholesterinkonzentration im Blut.

Versteckte Fette

Die Eßgewohnheiten in Wohlstandsgesellschaften haben sich in den letzten Jahrzehnten stark gewandelt. Der Energieverbrauch stieg von 1950 bis 1980 um 1,26 MJ (= 300 kcal) an; etwa 40% davon stammen aus Fett.

Bei einer energieärmeren Ernährung oder um den Fettanteil der Kost zu reduzieren, wird in der Regel die Butter auf dem Brot oder der Speck im Fleisch reduziert. Übersehen wird, daß gut ⅓ der Fettmengen erst beim Kochen, Backen, Braten oder Anrichten von Salaten der Nahrung zugesetzt werden. Völlig unbeachtet bleibt meist, daß selbst ein mageres Steak noch immer beachtliche Fettmengen enthält (die Lipide der Membran, des Zellplasmas sowie der interzellulären Strukturen). Mageres Fleisch ist verhältnismäßig fettarm, da nur Strukturlipide enthalten sind. Moderne Analyseverfahren zeigen jedoch, daß der Fettanteil in Fleischwaren weitaus höher liegt als allgemein angenommen.

So enthält Schweinefleisch 8–20% und Rindfleisch 4–10% unsichtbares Fett. Da der Lipidgehalt der üblichen Fleischsorten bekannt ist, läßt sich gut abschätzen, welchen Beitrag diese zur Fettzufuhr leisten. Versteckte Fette machen etwa 50% des gesamten aufgenommenen Fettes aus; nahezu die Hälfte der versteckten Fette stammen aus Fleischwaren.

Das Fettsäuremuster des Körperfetts ist von der Fütterung abhängig, z. B. führt Schweinefutter, angereichert mit Safloröl oder Sojaöl dazu, daß sich die Fettsäurezusammensetzung des aus diesen Tieren gewonnenen Schmalzes der des Pflanzenöls nähert.

Mangelerscheinungen

Folgen einer unzureichenden Fettzufuhr sind identisch mit denen einer Energieunterversorgung. Darüber hinaus machen sich klinische und biochemische Symptome eines Mangels an essentiellen Fettsäuren bemerkbar. Zur Ermittlung des Linolsäurebedarfs wird als biochemischer Parameter u. a. die Veränderung des Fettsäuremusters herangezogen. Dieser Parameter weist eine hohe Spezifität und Sensitivität auf. Im Mangel an essentiellen Fettsäuren kommt es zur Verminderung des Gehalts an ω-6-Fettsäuren und zum gleichzeitigen Anstieg des Gehalts an ω-9-Fettsäuren in den Lipiden verschiedener Organe und des Serums. Es bestehen unterschiedliche Substrataffinitäten der Δ6-Desaturase, die die Einführung einer Doppelbindung zwischen dem 6. und 7. Kohlenstoffatom katalysiert und somit die Bildung von 18:2 ω 9 aus 18:1 ω 9 sowie 18:3 ω 6 aus 18:2 ω 6 und 18:4 ω 3 aus 18:3 ω 3 ermöglicht. Die Affinität steigt mit der Anzahl der vorhandenen Doppelbindungen im Substratmolekül und kann als Erklärung dafür angesehen werden, daß ω-6-Fettsäuren gegenüber ω-9-Fettsäuren im tierischen Organismus vorherrschen.

Darüber hinaus wird ein kompetitiver Effekt der verschiedenen Substrate beobachtet, der ebenfalls mit der Anzahl der Doppelbindungen zunimmt, d. h. Linolsäure inhibiert z. B. die Desaturierung von Ölsäure. Bei einem Mangel an Linolsäure entfällt wahrscheinlich aus Substratmangel die kompetitive Hemmung der Desaturierung der Ölsäure durch Linolsäure und Arachidonsäure, so daß eine Synthese der ω-9-Eicosatriensäure einsetzt, deren Vorkommen daher ein Indikator der verminderten Linolsäurezufuhr ist. Die ω9-Eicosatriensäure wird anstelle von Arachidonsäure in die Phospholipide der Mangeltiere eingebaut. Daher wird das Verhältnis von 20:3ω9 und 20:4ω6 bzw. der Trien-/Tetraensäure-Quotient als Parameter eines Linolsäuremangels vorgeschlagen. Die Abhängigkeit des Fettsäuremusters von der Linolsäurezufuhr wurde in zahlreichen Untersuchungen in verschiedenen Organen wie Leber, Herz, Nieren, Dünndarm, Testes, Haut, Lunge, Gehirn, Nerven sowie Erythrozyten und Plasma nachgewiesen.

Aus der Literatur sind neben Veränderungen des Fettsäuremusters eine Reihe weiterer Mangelsymptome bekannt, die auch Hinweise auf gestörte biochemische Reaktionen und physiologische Veränderungen geben. Die wichtigsten Mangelsymptome, die in Versuchen an Ratten, der in diesem Zusammenhang am intensivsten untersuchten Tierspezies, beobachtet wurden, umfassen klinische und biochemische Symptome (Tab. 55).

Bedarf an Fett und essentiellen Fettsäuren

Nahrungsfett als Energieträger:

Fette liefern pro Gewichtseinheit doppelt soviel Energie wie Kohlenhydrate und Proteine. Diese Konzentration der Energie ist besonders bei der Deckung des Energiebedarfs von Kindern und Schwerstarbeitern wichtig. In der BR Deutschland liegt die Energieaufnahme Erwachsener durchschnittlich über 12,5 MJ (= 3000 kcal)/d (ohne Alkohol-Energie). Die Fettaufnahme beträgt etwa 100 g/d (fast 40% der Energiezufuhr als Fett); sie ist eine der Hauptursachen für das verbreitete Übergewicht und die erhöhten Blutfettgehalte, die wiederum Risikofaktoren von Herz- und Gefäßkrankheiten darstellen.

Die Empfehlung für körperlich nicht schwer Arbeitende, 30% der Energie als Fett zu sich zu nehmen, setzt vor allem eine Senkung des Verbrauchs an gesättigten Fettsäuren voraus. Ihr Anteil soll ein Drittel der zugeführten Fettsäuren nicht überschreiten.

Während beim körperlich leicht Arbeitenden der Fettanteil in der Nahrung im unteren Bereich der Empfehlung liegen soll, kann er beim körperlich schwer Arbeitenden an der oberen Grenze der Empfehlung, beim Schwerstarbeiter auch bis zu 10% darüber liegen. Die Beschränkung des Fettverzehrs auf unter 30% der Energie im höheren Alter soll das Angebot an Nahrungsenergie dem geringeren Energieverbrauch anpassen. Etwa 30–35% der Energie als Fett entsprechen bei einer täglichen Aufnahme von 10 MJ 78–90 g Gesamtfett. Nicht mehr als

Tab. 55. Symptome eines Mangels an essentiellen Fettsäuren bei der Ratte (WOLLBECK 1982)

Klinische Symptome:

Vermindertes Wachstum

Hautveränderungen: Dermatitis, Depigmentierung, erhöhte Permeabilität

Nierenschäden (Hämaturie)

Gestörte Wasserbilanz: erhöhte Wasseraufnahme, vermindertes Urinvolumen

Veränderte Organgewichte

Sterilität

Erhöhter Grundumsatz

Erhöhte Infektanfälligkeit

Verzögerte Wundheilung

Biochemische Symptome:

Veränderte Fettsäuremuster in Geweben: Abfall der 20:4ω6-, Anstieg der 20:3ω9-Konzentration

Veränderte Zusammensetzung der Lipidfraktionen in der Leber:
erhöhter Gehalt an Triglyceriden, Phospholipiden und Cholesterinestern

Veränderte Zusammensetzung der Lipidfraktionen im Serum:
verminderter Gehalt an Triglyceriden, Phospholipiden, Cholesterinestern; erhöhter Gehalt an freien Fettsäuren

Erhöhte Fragilität und Permeabilität von zellulären Membranen:
Kapillarfragilität, erhöhte Hämolyseneigung der Erythrozyten

Beeinflussung der Thrombozytenaggregation

Verminderte Prostaglandinsynthese

Beeinflussung der Struktur und Funktionsfähigkeit der Mitochondrien von Herz und Leber

40 g davon sollten als Speisefett aufgenommen werden; der Rest besteht bei der üblichen Mischkost aus verborgenem Fett.
Bedarf an essentiellen Fettsäuren:
Linolsäure (18:2ω6) wird als Hauptvertreter der essentiellen Fettsäuren betrachtet. In der BR Deutschland ist im Durchschnitt eine ausreichende Linolsäureversorgung gewährleistet, da diese essentielle Fettsäure in vielen Nahrungsfetten enthalten ist.

Frauenmilch enthält 8–10% Linolsäure; dadurch nimmt der Säugling etwa 0,5–0,6 g Linolsäure/d/kg Körpergewicht auf. Kuhmilchfett dagegen enthält nur etwa 2% Linolsäure. Daher empfiehlt sich eine Anreicherung der künstlichen Säuglingsnahrung mit geeigneten Pflanzenölen (Sonnenblumenöl, Maiskeimöl, Distelöl), um diesen Unterschied auszugleichen.

Bei jungen Erwachsenen liegt der meßbare Bedarf an Linolsäure bei 7 g/d; die wünschenswerte Zufuhr beträgt 10 g/d. Auf diesen Zahlen beruht die Empfehlung der DGE für eine Zufuhr von 2–3% der Energiezufuhr als Linolsäure

Tab. 56. Essentielle Fettsäuren: empfohlene Zufuhr (DGE 1985)

	Essentielle Fettsäuren g/Tag	g/MJ (Nährstoffdichte) m	w
Säuglinge			
0– 2 Monate	2	0,9	
3– 5 Monate	3	1,0	
6–11 Monate	3	0,8	
Kinder			
1– 3 Jahre	4	0,9	
4– 6 Jahre	5	0,8	
7– 9 Jahre	6	0,7	
10–12 Jahre	7	0,7	0,8
13–14 Jahre	9	0,8	0,9
Jugendliche und Erwachsene			
15–18 Jahre	10	0,8	1,0
19–35 Jahre	10	0,9	1,1
36–50 Jahre	10	1,0	1,2
51–65 Jahre	10	1,1	1,3
über 65 Jahre	10	1,3	1,4
Schwangere ab 4. Monat	+ 1		1,1
Stillende	+ 3		1,0

(Tab. 56). Eine vermehrte Zufuhr an Polyenfettsäuren erhöht den Bedarf an Vitamin E über die derzeitig geltenden Zufuhrempfehlungen.

3.2.1.2 Kohlenhydrate

Allgemeines
Schon immer spielten Kohlenhydrate in der Ernährung des Menschen von allen Nährstoffen die wichtigste Rolle. Diese Stellung der Kohlenhydrate wurde bedingt und begünstigt durch verschiedene Faktoren:
a) Verfügbarkeit: Kohlenhydrate sind die am weitesten verbreitete Stoffklasse organischer Substanzen und kommen in einfach zu produzierenden Produkten wichtiger Kulturpflanzen (Cerealien, Knollen, Gemüse und Obst) in hoher Konzentration vor. Besonders in den Entwicklungsländern werden bis zu 80% des Energiebedarfs (im Durchschnitt ca. 70%) durch Kohlenhydrate gedeckt; in den Industrieländern dagegen liegt der Anteil bei etwa 40–50%. Beide Extreme sind unerwünscht.
b) Produktionskosten, Kaufkraft bzw. Einkommen der Verbraucher: Kohlenhydratreiche Lebensmittel (z. B. Kartoffeln, Cerealien) sind die billigsten Lebensmittel, die sich daher ökonomisch schwache Bevölkerungsgruppen am ehesten leisten können.
c) Lagerung kohlenhydratreicher Nahrung: Im Vergleich zu anderen Nahrungsmitteln lassen sich kohlenhydratreiche Lebensmittel wie Getreidearten und einige Obst- und Gemüsearten in frischer oder trockener Form über relativ lange Zeit lagern. Die Lagerungsdauer sowie die Qualitätserhaltung sind durch moderne Lagerungs- und Verarbeitungsmethoden wesentlich verbessert worden. Proteinreiche Nahrungsmittel, insbesondere tierischer Herkunft, müssen dagegen unter hohem Energie- und Kostenaufwand meist gefroren gelagert werden.
d) Der Brennwert bzw. Energiegehalt: Für den menschlichen Organismus sind Kohlenhydrate leicht verwertbare und bevorzugte Energielieferanten.

Chemie
Kohlenhydrate bestehen aus Kohlenstoff, Wasserstoff und Sauerstoff. In ihrer einfachsten Form sind sie nach der allgemeinen Summenformel $C_nH_{2n}O_n$ zusammengesetzt. Die H- und O-Atome kommen in der gleichen Proportion wie im Wasser (H_2O) vor; auf jedes C-Atom kommt ein H_2O-Molekül. Dieses Verhältnis

führte zur Bezeichnung Kohlenhydrate. Da diese Relation auf komplexe Kohlenhydrate nicht anwendbar ist, trifft folgende Definition zu: Kohlenhydrate sind Polyhydroxyaldehyde bzw. -ketone. Sie umfassen einfache Zucker (Monosaccharide mit 3–7 C-Atomen und Disaccharide) und komplexe Polymere (Oligo- und Polysaccharide) (Tab. 57).

Monosaccharide
Monosaccharide sind einfachste Zucker mit 3–7 C-Atomen/Molekül. Diese Stoffgruppe umfaßt Triosen, Tetrosen, Pentosen, Hexosen und Heptosen. Nur die Hexosen und Pentosen sowie aus beiden Saccharid-Gruppen gebildete Polymere sind von ernährungsphysiologischer Bedeutung.

Pentosen
Als Energiequelle haben die Pentosen keine Bedeutung. Sie kommen jedoch in jeder Zelle in Form der D-Ribose bzw. D-2-Desoxyribose in den Nucleinsäuren vor. In der menschlichen Nahrung finden sich nur L-Arabinose und D-Xylose, die in Früchten und Wurzelgemüsen weit verbreitet sind.

Die Ausscheidungsmenge an Pentosen mit dem Urin ist normalerweise gering, kann jedoch unter pathologischen Verhältnissen (essentielle Pentosurie) 3–4 g/d betragen. Ebenfalls erhöht ist die Pentoseausscheidung nach Zufuhr pentosereicher Nahrungsmittel wie Kirschen, Heidelbeeren u. a. (alimentär bedingte Pentosurie) sowie nach Einnahme bestimmter Medikamente (Kampfer, Tannin u. a.).

Hexosen
1. Glucose (= Dextrose, Traubenzucker, Maiszucker) ist Hauptbaustein der Polysaccharide Stärke, Glykogen und Cellulose und kommt in den Disacchariden allein oder vergesellschaftet mit anderen Hexosen vor.

Unter physiologischen Bedingungen erfüllt Glucose alle Aufgaben im Bereich des intermediären Stoffwechsels aller Organe des Menschen und wird als Baustein vieler wichtiger Verbindungen verwertet. Glucose ist die einzige bis jetzt bekannte Hexose, die im fastenden menschlichen Organismus in freier Form vorkommt. Im Blut beträgt die Glucosekonzentration etwa 5 mmol/l (90 mg/100 ml). Glucose liegt, wie andere Hexosen, in den Zellen größtenteils in phosphorylierter Form vor. Diese aktivierten Hexosephosphorsäureester sind im Stoffwechsel leicht ineinander überführbar.

Bestimmte Organe und Gewebe, wie Gehirn, Nierenmark und Erythrozyten, decken ihren

Tab. 57. Einteilung der Kohlenhydrate nach ihrer chemischen Struktur

Monosaccharide	
1. Triosen	$C_3H_6O_3$
Glycerinaldehyd	
Dihydroxyacetonphosphat	
2. Tetrosen	$C_4H_8O_4$
Threose	
Erythrose	
3. Pentosen	$C_5H_{10}O_5$
Arabinose	
Xylose	
Ribose	
Desoxyribose	
4. Hexosen	$C_6H_{12}O_6$
Glucose	
Fructose	
Galactose	
Mannose	
5. Heptosen	$C_7H_{14}O_7$
Sedoheptulose	
Disaccharide	$C_{12}H_{22}O_{11}$
Saccharose	
Lactose	
Zellobiose	
Maltose	
Oligosaccharide	
1. Trisaccharide	$C_{18}H_{32}O_{16}$
Raffinose	
2. Tetrasaccharide	$C_{24}H_{42}O_{21}$
Stachyose	
Polysaccharide	
1. Pentosane	$(C_5H_8O_8)_n$
Arabane	
Xylane	
2. Hexosane	$(C_6H_{10}O_5)_n$
Dextrine	
Stärke	
Glykogen	
Cellulose	
Heteropolysaccharide	
Hemicellulose	
Pektin	
Mucopolysaccharide	

Energiebedarf praktisch ausschließlich aus Glucose. Beim Erwachsenen können diese Gewebe bis zu 180 g Glucose/d verbrauchen. Andere Organe können sowohl Glucose als auch Fettsäuren energetisch verwerten.

Im Hungerzustand werden zunächst die Kohlenhydratvorräte des Körpers (300–400 g) verbraucht, die schnell erschöpft sind. Danach erfolgt vermehrt Lipolyse im Fettgewebe. Dabei verstoffwechseln Muskulatur und Herz ausschließlich Fettsäuren (auch entstandene Ketonkörper). Für das Gehirn wird aus den glucoplastischen Aminosäuren Glucose gebildet. Nach einer Adaptationszeit von mehreren Hungertagen verwertet das Gehirn auch Ketonkörper; dadurch wird der Glucosebedarf des Gehirns auf 40–50 g/d vermindert und führt zu einem erheblichen proteinsparenden Effekt.

2. Fructose (= Lävulose, Fruchtzucker) findet sich in Begleitung von Glucose als Saccharose sowie in Honig und Früchten. Außerdem ist sie Bestandteil des Polyfructosans Inulin. Fructose ist der süßeste Zucker. Phosphorylierte Fructose wird in der Placenta vieler Tierarten gebildet und kommt somit im fetalen Blut vor.

3. Galactose ist Bestandteil von Lactose und vielen pflanzlichen Polysacchariden. Sie liegt in der Natur nicht in freier Form vor.

4. Mannose kommt in Lebensmitteln nicht in freier Form vor, sondern wird nach hydrolytischer Spaltung aus Mannosanen gewonnen (z. B. aus Manna und einigen Leguminosen).

Hexose-Derivate

1. Sorbit ist der Alkohol der Glucose, der u. a. in Diabetiker-Kost Verwendung findet. Nach der Umwandlung in Fructose (mit markiertem Sorbit festgestellt), werden 90% des zugeführten Sorbits absorbiert und verstoffwechselt. Die Absorptionsrate ist geringer als die von Glucose, so daß Sorbit nur einen geringen Effekt auf die Blutglucosekonzentration ausübt. Aufgrund der relativ langsamen Absorptionsgeschwindigkeit und seines milden, süßen Geschmacks (etwa 60% der Süßkraft von Glucose) ist Sorbit für die Herstellung von Diabetikerlebensmitteln (Marmelade, konservierte Früchte, Fruchtsäfte und Schokolade) geeignet. Da hohe Dosen von Sorbit jedoch aufgrund seines osmotischen Effekts zu Diarrhoe führen, sollte die Aufnahme limitiert sein.

2. Mannit und **Dulcit** werden beide mittels Hydrierung aus Mannose und Galactose gewonnen und in der Lebensmittelindustrie als Hilfsmittel verwendet.

3. Inosit kommt in vielen Lebensmitteln, insbesondere in den Cerealien, vor. Mit 6 Phosphatresten verestert bildet Inosit Phytinsäure, die die intestinale Absorption von Kationen wie Calcium, Eisen, Zink u. a. behindert. Da die Ratte kleine Mengen an Inosit benötigt, wird Inosit als Vitamin klassifiziert; für die menschliche Ernährung hat Inosit als Vitamin jedoch kaum Bedeutung (Kap. 3.3.2.3.10).

Disaccharide

Disaccharide können zu zwei Molekülen gleicher oder unterschiedlicher Monosaccharide hydrolysiert werden.

1. Saccharose (= 1α-Glucosyl-2β-fructose, Rohrzucker, Rübenzucker, »Zucker«) ist der im Haushalt am häufigsten verwendete Zucker. Der Verbrauch an Saccharose in Westeuropa stieg in den letzten Jahren auf mehr als 100 g/d, ein Wert, der in den USA bereits seit Jahrzehnten üblich ist. In der BR Deutschland betrug der durchschnittliche tägliche Verbrauch an Saccharose 1980/81 ca. 90 g für weibliche Personen und 104 g für männliche Personen. Dies bedeutet, daß durchschnittlich 11 bis 12% der Nahrungsenergie in Form von Saccharose zugeführt werden. Hauptquellen des Saccharoseverbrauchs sind – neben Haushaltszucker per se – Süßwaren und Erfrischungsgetränke.

Der Weltverbrauch an Zucker zeigt einen stetigen Anstieg. In Industrieländern besteht eine enge Korrelation zwischen hohem Zuckerverbrauch und Übergewicht, Zahnkaries und möglicherweise auch Diabetes mellitus, Arteriosklerose und Herzinfarkt. Zahlreiche epidemiologische Untersuchungen liefern wichtige Daten für diesen Zusammenhang.

2. Lactose (= 4β-Galactosyl-glucose, Milchzukker) stellt für den Säugling in den ersten Lebensmonaten das einzige Nahrungskohlenhydrat dar. Nach der Stillperiode nimmt die Lactase-Aktivität (β-Galactosidase) im Darm ab; deshalb kann der Erwachsene größere Lactosemengen nicht mehr vertragen. Dieser »relative Disaccharasemangel« ist reversibel, da die Disaccharasen durch Zufuhr ihres Substrats induziert werden. Der »primäre Disaccharasemangel« (Fehlen der Lactase nach der Stillzeit) oder das »Lactase-Mangel-Syndrom« ist in Afrika und Asien häufig anzutreffen (bis zu 100% der Erwachsenenbevölkerung; Kap.5.10).

Beim Säugling fördert Lactose die Bildung der Darmflora und begünstigt die Calciumabsorption (Mechanismus des letzteren ist ungeklärt). Lactose wird langsam absorbiert.

Beim Erhitzen der Milch bzw. Lagern von Milchprodukten entsteht etwas Lactulose (4β-D-Galactosyl-D-fructose), die als Bifidusfaktor wirkt und diätetische Bedeutung haben kann.

3. Maltose (4α-Glucosyl-glucose, Malzzucker) kommt nicht in freier Form vor. Sie entsteht während des enzymatischen Abbaus von Stärke mittels Diastase, ein Pflanzenenzym, das z.B. während des Auskeimens von Getreidekörnern seine höchste Aktivität besitzt. Auch während der Stärkeverdauung entsteht Maltose unter Einwirkung von Amylasen. Maltose wird durch die Darmflora nur schwer fermentiert. Diese Eigenschaft ist bei der Herstellung von Kindernahrungen von Vorteil. Eine bekannte Mischung für diesen Zweck besteht aus Maltose und Dextrin.

Oligosaccharide

Raffinose ist ein Trisaccharid aus Glucose, Fructose und Galactose und kommt in Melasse vor (Abb. 38).

Stachyose und **Verbascose** sind ein Tetra- bzw. Pentasaccharid. Beide sind in Leguminosen zu finden und werden wegen fehlender Enzyme im Dünndarm nicht verdaut. Im Dickdarm werden sie wie die Raffinose durch die Darmflora fermentiert. Dabei entstehen Gase, die typische Blähungen verursachen.

Polysaccharide

Verwertbare Polysaccharide

1. Stärke ist das wichtigste Nahrungskohlenhydrat und das Reservekohlenhydrat vieler Pflanzen wie Getreide und Kartoffeln.

$$\text{Stärke} \begin{cases} \nearrow \text{ meist bis 40\% Amylose, unverzweigt} \\ \searrow \text{ Amylopektin, verzweigt} \end{cases}$$

Bei hydrolytischer Spaltung (z.B. mittels HCl, H_2SO_4 oder H_3PO_4 bei < 60 °C) entstehen folgende Produkte: Stärke → Dextrine → Oligosaccharide → Maltose → Glucose.

Durch feuchtes Erhitzen quellen die Stärkekörner und werden löslicher; beim Kochen platzen die Körner und ihr Inhalt wird somit verfügbarer. Gekochte Stärke wird von Mensch und Tier unabhängig von ihrer Herkunft praktisch quantitativ verwertet. Die Ausnutzung roher Stärkearten dagegen ist unterschiedlich, im wesentlichen ist sie abhängig vom Durchmesser der Stärkekörner. Die Ausnutzung der rohen Stärke ist um so besser, je kleiner die Stärkekörner sind.

Der Mensch und einige Labortiere nutzen rohe Stärke der Cerealien und Bananen quantitativ aus. Rohe Kartoffelstärke wird dagegen nur unvollkommen ausgenutzt. So bleiben junge Ratten bei Futter mit 75% roher Kartoffelstärke nur kurze Zeit am Leben. Bei gleich hoher Menge roher Stärke aus Weizen, Mais oder Reis wachsen die Tiere normal. Verfütterung von roher Stärke vermindert die Futterver-

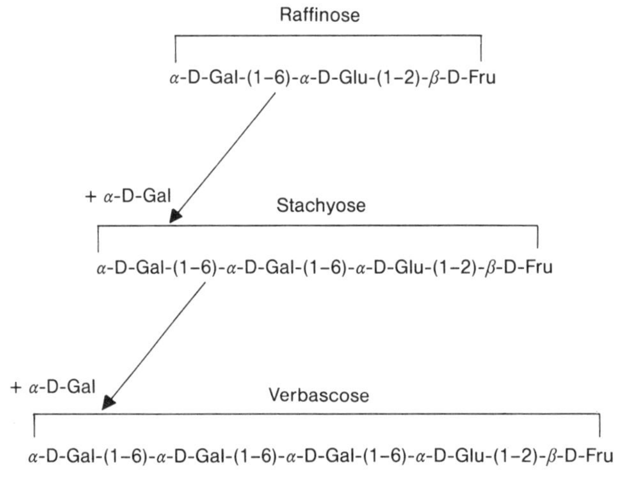

Abb. 38. Strukturverwandtschaft der Raffinose-Oligosaccharide (SIPPLE und MCNUTT 1974).

wertung sowie die Protein-Efficiency Ratio (PER) und führt zu einer vermehrten Ausscheidung von Stickstoff, Lysin und Methionin. Die in der Lebensmittelindustrie verwendete sog. modifizierte Stärke weist zwar eine veränderte Struktur und Löslichkeit auf, ihr Brennwert ist jedoch der natürlichen Stärke gleich. Sie gilt als Lebensmittelzusatzstoff und wird nur begrenzt (bis zu 5%) eingesetzt.

2. Dextrine sind Abbauprodukte der Stärke, die eine unterschiedliche Anzahl Glucosemoleküle enthalten. Mischungen aus Dextrin und niedermolekularen Zuckern (Maltose und Glucose) finden in der Diätetik Anwendung. Sie sind schnell absorbierbar und haben eine geringere Süßkraft als Glucose sowie einen niedrigeren osmotischen Druck (1 : 5).

3. Glykogen kommt im tierischen Gewebe als stark verzweigtes Molekül mit 3×10^3 bis 6×10^4 Glucoseeinheiten vor. Glykogen kann zu verzweigten Bruchstücken mit 12–18 Glucoseeinheiten abgebaut werden.

Polysaccharide mit geringer Verwertbarkeit

1. Agar, ein Polymer aus Galactose (gilt als Nahrungsmittel in Japan) und **Alginate**, Polymere aus Mannuron- und Glucuronsäuren, werden in der Nahrungsmittelindustrie als Geliermittel eingesetzt (z. B. zur Herstellung von Eiscreme). Alginate haben den Vorteil, kalt zu gelieren.

2. Carrageen ist als Nahrungsmittel insbesondere in den Küstengebieten von Irland und Schottland bekannt. Es wird aus Rotalgen gewonnen und bildet beim Kochen eine feste Geliermasse.

Nicht verwertbare Polysaccharide (Ballaststoffe, siehe Seite 133)

Zu den nicht verwertbaren Polysacchariden zählen **1. Cellulose**, **2. Hemicellulosen** (Sammelbegriff für eine Reihe alkalilöslicher Substanzen wie Glucosane) und **3. Pektine**. Diese Substanzen werden als Bestandteil pflanzlicher Nahrung aufgenommen, können jedoch durch die Dünndarmenzyme nicht abgebaut werden. Sie gelangen unverändert in die unteren Darmabschnitte und werden von Enzymen der Darmflora größtenteils aufgespalten. Die Darmbakterien bauen die Spaltprodukte in verschiedenen Gärungsprozessen weiter zu niederen Fettsäuren (C_2, C_3, C_4), Milchsäure und Gasen (H_2, CH_4, CO_2) ab. Ein Teil dieser Stoffwechsel- und Abbauprodukte kann von der Darmwand absorbiert werden.

Ballaststoffe (dietary fibres) kommen nur in pflanzlicher Nahrung vor wie z. B. in Getreidevollkornprodukten, in Wurzel- und Knollengemüse, reifen Hülsenfrüchten, Nüssen und Obst.

Die unverwertbaren Polysaccharide haben als Ballaststoffe für die Verdauung eine große Bedeutung. Sie gewährleisten eine gewisse Füllung des Dickdarmes, um die Weiterbewegung des Darminhaltes durch Peristaltik zu ermöglichen. Eine an Ballaststoffen arme Nahrung kann zur Obstipation führen (siehe Seite 137).

Im Tierversuch kann gezeigt werden, daß die Verwertung des Futters am besten mit einer bestimmten Menge an Ballaststoffen ist. So ist bei Ratten Wachstum und Futterverwertung optimal, wenn das Futter 2–5% Cellulose enthält. Bei bis zu 20% Cellulose kann die Ratte das Defizit an umsetzbarer Energie durch höhere Futteraufnahme kompensieren und normal wachsen. Bei über 20% Cellulose kann die Futterverdünnung durch Ballaststoffe nicht mehr kompensiert werden; bei 60% Cellulose sterben die Tiere infolge Energiemangels.

Wie bei anderen Polysacchariden hängt die Verträglichkeit von Cellulosepräparaten von der Partikelgröße ab. Fein verteilte Cellulose wird besser vertragen als grobe.

4. Dextran wird von Mikroorganismen *(Leuconostoc mesenteroides)* gebildet und findet als Blutersatzmittel (Plasmaexpander) Verwendung.

5. Lichenin ist im Hafer enthalten und für die Schleimbildung verantwortlich.

6. Inulin, aus Fructoseeinheiten aufgebaut, stellt das Hauptkohlenhydrat der Topinamburknolle *(Helianthus tuberosus)* dar und ist auch in Artischocken und Spargel enthalten. Inulin ist schlecht verwertbar und gelangt größtenteils unverändert in den Dickdarm. Größere Mengen verursachen unter Einwirkung der Darmbakterien *Meteorismus* (Blähung), *enteritische Erscheinungen* (Entzündungen des Dünndarms) und eventuell Kreislaufbeschwerden; kleinere Mengen an Inulin werden zumeist ohne Nebenwirkungen vertragen.

Andere Kohlenhydratderivate, die sich im menschlichen Organismus finden, sind für die Ernährung ohne Bedeutung; obgleich sie im Organismus viele wichtige biochemische Funktionen ausüben.

1. Uronsäuren sind für die Entgiftung vieler Substanzen, die im Urin ausgeschieden werden, von Bedeutung; z. B. werden die Phenole an

Glucuronsäure gekoppelt, damit wasserlöslich gemacht und über die Nieren ausgeschieden.
2. Hexosamine sind wichtige Determinanten für die Bestimmung der Blutgruppen.
3. Mucopolysaccharide sind komplexe Polysaccharide, die auch Glucuron- und Galacturonsäure, Essigsäure, Sulfat, Aminosäuren, Aminozucker u.a. enthalten. Nach den dominierenden Bestandteilen werden sie in neutrale (z.B. Blutgerinnungssubstanzen) und saure (z.B. Hyaluronsäure, Heparin) Mucopolysaccharide eingeteilt. Neben diesen hochspezifischen Funktionen kommen den Mucopolysacchariden als Bestandteile des Binde- und Stützgewebes oder der Schleimstoffe (Mucine) auch Gleit- und Schutzfunktionen zu.
4. Cerebroside bestehen aus Sphingosin, einem Fettsäurerest und Galactose. Sie kommen in Gehirn, Myelinschicht der Nerven und vielen anderen Geweben vor.
5. Mucoproteine sind Additionsverbindungen aus Mucopolysacchariden und Proteinen.

Vorkommen

Wichtigste Nahrungsquellen für Kohlenhydrate sind Cerealien, Obst, Gemüse, Milch und die konzentrierten Süßigkeiten (Tab. 58). Die meisten dieser Lebensmittelgruppen liefern neben Kohlenhydraten auch andere Nährstoffe. Raffinade, Sirup und gereinigte Stärke zählen zu den reinen Kohlenhydraten. Viele Süßigkeiten, Honig, Gelees, Melasse und gesüßte Erfrischungsgetränke enthalten vornehmlich lösliche Kohlenhydrate, insbesondere niedermolekulare Zukker. Diese Produkte werden nicht zuletzt wegen ihrer niedrigen Nährstoffdichte als »leere Kalorien« bezeichnet.

Häufig kommen die Monosaccharide Glucose und Fructose zusammen mit Saccharose vor. In vielen Obst- und Gemüsearten beträgt der Kohlenhydratgehalt 10–16% der Trockensubstanz. Die prozentualen Anteile von Glucose, Fructose und Saccharose variieren sehr stark (Tab. 59).

Die Süßkraft einzelner Lebensmittel wird durch ihre enthaltenen Zucker bestimmt (Tab. 60).

Verdauung und Absorption der Kohlenhydrate

Die Verdauung des in der Nahrung dominierenden Kohlenhydrats, der Stärke, beginnt mit Hilfe der Speichelamylase im Mund. Unter Einwirkung der Pankreasamylase, Maltase und Oligo-1,6-Glucosidase wird die Stärke im Dünndarm und in der Dünndarmmukosa zu Glucose aufgespalten.

Die bei der Verdauung von Stärke und Glykogen anfallende Maltose wird mit den Nahrungsdisacchariden Saccharose und Lactose von den Mukosazellen aufgenommen und unter

Tab. 58. Kohlenhydratgehalt einiger wichtiger Lebensmittelgruppen (Krause und Mahan 1979)

Quellen für niedermolekulare Zucker	Kohlenhydrate g/100 g LM	Quellen für Stärke	Kohlenhydrate g/100 g LM
Zuckerarten und konzentrierte Süßigkeiten:		*Getreideprodukte:*	
Zucker (Rohr-/Rübenzucker)	99,5	Stärke: Mais, Tapioka	86–88
Brauner Zucker	90–96	Getreide (trocken): Mais, Weizen, Hafer, Gerste	68–85
Kandiszucker, Süßwaren	70–95	Mehle: Mais, Weizen	70–80
Honig	82	Brot (weiß): Weizen	48–52
Gelee, Marmeladen	70	Nudeln, Reis	23–30
Erfrischungsgetränke	10–12	Gekochte Cerealien (Hafer, Weizen)	10–16
Obst:		*Gemüse:*	
Pflaumen, Aprikosen, Feigen	12–31	Gekocht: Zuckermais, Kartoffeln, Bataten, Erbsen, getrocknete Bohnen	15–26
Bananen, Weintrauben, Kirschen, Äpfel, Birnen		Karotten, Zwiebeln, Tomaten	5– 7
Ananas, Orangen, Erdbeeren		Blattgemüse: Kopfsalat, Kohl	
Milch:		Spinat	3– 4
Entrahmte Milch	6	Spargel	
Vollmilch	5		

Tab. 59. Anteil verschiedener Zucker in Obst und Gemüsen (in % der gesamten Trocken-Substanz) (modif. nach SHALLENBERGER 1976)

Obst/Gemüse	TS (%)	Zucker (% d. TS) Glucose	Fructose	Saccharose
Apfel	16	7	38	24
Pfirsich	12,8	7	9	54
Birne	13,6	7	50	12
Sauerkirsche	15,1	29	22	3
Bete, rot	11,2	2	1	55
Karotte	12	7	7	35
Kopfsalat	5	5	9	2
Wassermelone	9,6	12	37	25

Einwirkung der entsprechenden Disaccharidasen in die korrespondierenden Monosaccharide aufgespalten (Tab. 61).

Wenn die Funktion der Darmmukosa aus genetischen oder pathologischen Gründen gestört ist, zeigen die Patienten gegenüber Nahrungszuckern deutliche Intoleranz. Es kommt zur Diarrhoe und dadurch zu großen Zuckerverlusten (Hinweis für den Lactasemangel).

Der Mechanismus der Zuckerabsorption ist spezifisch. Die Absorptionsgeschwindigkeit einzelner Monosaccharide bzw. ihrer Derivate ist unterschiedlich. Glucose und Galactose werden durch einen aktiven Transportmechanismus absorbiert. Dieser wird durch Anaerobiose und durch Stoffwechselgifte gehemmt, die die Zellatmung behindern oder die oxidative Phosphorylierung entkoppeln (Phlorizin wirkt als Hemmstoff für den aktiven Glucosetransport). Die anderen Monosaccharide werden durch passive Diffusion absorbiert. Bei ihnen besteht daher eine lineare Beziehung zwischen Konzentration und Absorption.

Beim passiven Transport ist die Durchtrittsgeschwindigkeit Mukosa $\xrightarrow{(a)}$ Serosa gleich groß wie Serosa $\xrightarrow{(b)}$ Mukosa. Beim aktiven Transport ist (a) wesentlich größer als (b); zudem finden Sättigungsphänomene und Hemmungen durch Konkurrenz um den Transportmechanismus statt. Folgende Voraussetzungen für den aktiven Transport der Glucose und ihrer Derivate müssen gegeben sein:

Vorhandensein von 6 C-Atomen oder mehr, ein D-Pyranose-Ring und eine nicht substituierte OH-Gruppe am C-Atom 2 (Tab. 62). Am schnellsten werden Galactose und Glucose absorbiert. Die Absorptionsgeschwindigkeit nimmt dann in der Reihenfolge Fructose, Mannose, Xylose, Arabinose ab.

Verwertung der Kohlenhydrate im Körper

Bevor die Kohlenhydrate als Energiequelle in den Zellen verschiedener Gewebe und Organe verwertet werden, unterliegen sie mehreren abbauenden oder umsetzenden Prozessen. Nach der Verdauung und Absorption können die Monosaccharide (Glucose) entweder direkt abgebaut (A), temporär als Glykogen gespeichert (B) oder zur Fettsynthese verwendet (C) werden (Tab. 63).

Direkte Verwertung

Die Glucose kann von allen Zellen im Körper verwertet werden. Die frühere Annahme, daß

Tab. 60. Ungefähre Süßkraft von Saccharose (= 100) und anderen Kohlenhydraten (modif. nach FREED 1970)

Saccharose	100
Invertzucker	130
Fructose	173
Glucose	74
Sorbit	60
Mannit	50
Galactose, Maltose	32
Lactose	16
Glucose-Sirup	20–50
Melasse	70
Honig	97
Saccharin (Vergleich)	$(30–50) \times 10^3$

Tab. 61. Zusammenfassung der Kohlenhydratverdauung

Organ	Enzym	Prozeß
Mund	Ptyalin	Stärke → Dextrin → Maltose
Magen	keine	(oberer Schritt wird in verringertem Maße fortgesetzt)
Dünndarm	Pankreasenzyme:	
	Alpha-Amylase	Stärke → Dextrin → Maltose
	Dünndarmenzyme:	
	Saccharase	Saccharose → Glucose + Fructose
	Lactase	Lactose → Glucose + Galactose
	Maltase	Maltose → Glucose + Glucose

Tab. 62. Transport von Zuckern und Zuckerderivaten (modif. nach REISER 1976)

Voraussetzungen für den aktiven Transport:
1. ≥ 6 C-Atome
2. ein D-Pyranose-Ring
3. eine freie OH-Gruppe am 2. C-Atom

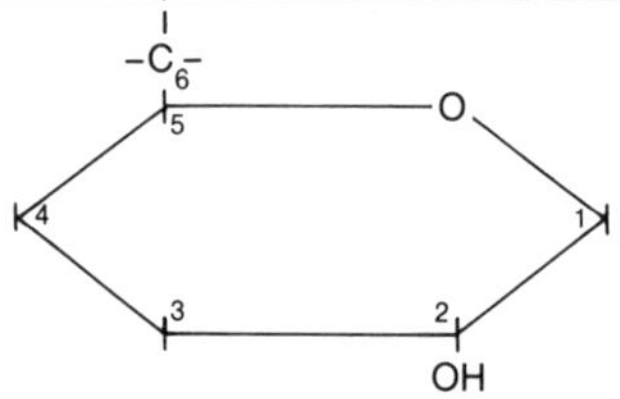

Zuckergruppe	aktiver Transport	passiver Transport
Heptosen	D-Glucoheptulose	D-Mannoheptulose
Hexosen	D- und L-Glucose	L-Galactose
	D-Galactose	D-Glucosamin
	D-Fructose	D-Talose
	D-Mannose	1-Desoxy-D-Mannose
	α-Methyl-D-Glucosid	
	1-Desoxy-D-Glucose	2-Desoxy-D-Glucose
	2-D-Hydroxymethyl-D-Glucose	D-Gulose
	3-D-Methyl-D-Glucose	
	3-Desoxy-D-Glucose	
	6-Desoxy-D-Glucose	
	4-D-Methyl-D-Galactose	
	6-Desoxy-D-Galactose	
Pentosen	D-Xylose	D-Ribose
		D-Arabinose
		L-Xylose
Zuckeralkohole		Sorbit
(Polyole)		Mannit
		Xylit

die vom Darm absorbierte Glucose vorwiegend und fast quantitativ direkt verstoffwechselt wird, trifft nicht zu. Der größte Teil mündet mit hoher Wahrscheinlichkeit in die Fettsynthese ein. Der Rest wird vom Gehirn, das hauptsächlich von Glucose abhängig ist, direkt verwertet. Etwa 25% des Grundumsatzes erfolgt im Gehirn. Das Nervengewebe hat unter normalen Ernährungsbedingungen einen RQ-Wert von 1. Es ist wahrscheinlich, daß das Nervengewebe Kohlenhydrate direkt, ohne vorherige Umwandlung in Glykogen, verwerten kann. Trotzdem sind im Nervengewebe konstant bleibende, kleine Glykogenmengen vorhanden, die nicht für die Energiegewinnung herangezogen werden, auch wenn die Glucosekonzentration im Blut stark vermindert ist. Das Nervengewebe verfügt aus diesem Grund über keine nennenswerten Kohlenhydratreserven und ist direkt von der Blutglucosezufuhr abhängig.

Im Hungerzustand ist das Gehirn in der Lage, Ketonkörper als Energiequelle zu nutzen. Nierenmark und Erythrozyten sind dagegen ausnahmslos auf die Zufuhr von Glucose als Energielieferant angewiesen. In beiden Geweben wird die Glucose primär über anaerobe Glykolyse abgebaut, da die für den oxidativen Endabbau über den Citratzyklus erforderlichen Enzymsysteme nicht bzw. nur in geringer Aktivität vorliegen. Lactat – das Produkt dieses partiellen Glucoseabbaus – wird in die Blutbahn abgegeben, gelangt zur Leber und dient dort als Substrat für die Gluconeogenese.

Umwandlung in Glykogen

Die Kohlenhydratreserven im Körper sind unter normalen Bedingungen gering (Tab. 64). Die Speicherkapazität des Körpers für Kohlenhydrate kann aber nach langem Fasten und schwerer körperlicher Arbeit durch Wiederauffütterung mit kohlenhydrathaltiger Kost erhöht werden. So kann der Gehalt an Muskelglykogen bis zu 60 g/kg erreichen.

Unter genetisch bedingten, pathologischen Bedingungen können die Glykogenreserven im Muskel noch höher liegen. Bei Glykogenose, die durch einen Defekt des für die Glykogenmobilisation verantwortlichen Enzyms entsteht, erreicht die Glykogenkonzentration im Skelettmuskel bis zu 120 g/kg.

Aus Muskelglykogen kann Energie sehr schnell ohne Sauerstoff gewonnen werden. Lactat, als Produkt dieses anaeroben Abbaus, kann mit O_2 rasch oxidiert werden und liefert zusätzlich Energie. Ist die Muskelversorgung mit O_2 ungenügend, wird ein Teil des Lactats aus den Zellen über die Blutbahn in die Leber transportiert. Die Leber kann aus Lactat über Glucose erneut Glykogen bilden. Diese Stoffwechselvorgänge werden als *Cori*-Zyklus bezeichnet.

Blut-Glucose → Muskel-Glykogen
Leber-Glykogen ← Blut-Lactat

Umwandlung in Fett

Wenn die Kohlenhydratversorgung der Gewebe größer ist als der Verbrauch, wird der Über-

Tab. 63. Die Energieversorgung der Zellen (PASSMORE, Eastwood 1986)

Stufe	Ort	Kohlenhydrate	Fette
Aufnahme	Magen-Darm-Kanal	Stärke ↓	gemischte Fette ↓
Transport	Blut/Lymphe	Glucose (A: → Energie; C: → Triglyceride) ↓ B	Chylomikronen ↓
Speicher	Leber, Muskel, Fettgewebe	Glykogen ↓	Triglyceride ↓
Transport	Blut	Glucose ↘	↙ freie Fettsäuren
Verwertung	Zellen	Energie + CO_2 + H_2O	

Tab. 64. Normale Glykogen- und Zuckergehalte im menschlichen Körper (SOSKIN und LEVINE 1952)

Körpergewicht = 70 kg	Lebergewicht = 1,8 kg	Muskelmasse = 35 kg
Volumen von Blut u. extrazellulärer Flüssigkeit = 21 l		
Gewebe	g/kg	Gesamtmenge in g
Muskelglykogen	7	245
Leberglykogen	60	108
Blut und extrazelluläre Flüssigkeit (Zucker)	0,8	17
Körper-Gesamtkohlenhydratreserven		370

schuß in Fett umgewandelt und als Depotfett gespeichert. Aber auch wenn Kohlenhydrate nicht im Überschuß aufgenommen werden, wird ein großer Teil in Fett umgewandelt. Versuche mit Tritium (^{3}H) an Ratten, die kohlenhydratreiches Futter aufnehmen, zeigen, daß mindestens die zehnfache Menge Glucose in Fett umgewandelt wird als in Glykogen. Daß die Versorgung der Gewebe mit Energie durch freie Fettsäuren 2,5× schneller erfolgen kann als durch Glucose, erklärt, daß unter normalen Umständen die Energieversorgung der Gewebe mit Glucose hauptsächlich über Umwandlung in Fett erfolgt (siehe Tab. 63, Weg C).

Wechselwirkung von Glucose- und Fettsäurestoffwechsel

Etwa 4 h nach einer Nahrungsaufnahme steigt die Konzentration freier Fettsäuren im Blut an, der RQ-Wert dagegen sinkt. Die freien Fettsäuren stellen während dieser Phase einen zunehmend großen Teil der benötigten Energie bereit. Sobald dem Körper wieder Kohlenhydrate zugeführt werden, geht die Verwertung der freien Fettsäuren zurück, da die Glucoseoxidation wieder bevorzugt wird und in Gang gesetzt wird. Liegen große Mengen an Glucose vor, wird mehr von dem für die Fettsäuresynthese bereit stehenden Coenzym A für die Umwandlung von Pyruvat in Acetyl-CoA zur Verfügung gestellt.

Glucose wird zu Glycerinphosphat abgebaut, was zu vermehrter Bildung und gleichzeitig zur Herabsetzung der Abbaurate von Triglyceriden führt (Abb. 39). Dieser Zyklus unterliegt genauer hormoneller Kontrolle. Insulin erleichtert die Glucoseverwertung und vermindert oder unterdrückt die Fettmobilisation. Bei manchen Adipösen ist der Glucose-Fettsäure-Zyklus gestört; der Gehalt an freien Fettsäuren bleibt hoch, obwohl die Konzentration von Glucose und die Insulinausschüttung normal sind.

Verwertung der Fructose

Die Fructose entstammt der Nahrungssaccharose. Nach Freisetzung im Dünndarm wird sie in der Leber durch Einwirkung der Fructokinase in Fructose-l-phosphat umgewandelt, welches in die Triosen Dihydroxyacetonphosphat und Glycerinaldehyd gespalten wird. Diese Glykolyse-Zwischenprodukte können den Geweben zur Energiegewinnung dienen.

Da die Aufspaltung des Fructose-l-Ⓟ insulinunabhängig ist, wird Fructose in begrenzten Mengen von Diabetikern vertragen und verwertet; dennoch muß sie in die Kohlenhydratberechnung der Diabetiker einbezogen werden.

Verwertung der Galactose

Galactose entsteht im Körper nach Hydrolyse der Lactose und wird in Glucose und Glucosederivate umgewandelt. Fehlen der erforderlichen Enzyme (häufig bei Kindern) manifestiert sich als Galactoseintoleranz.

Regulation der Blutglucosekonzentration

Die normale Blutglucosekonzentration beträgt nüchtern 4,5 mmol/l (80–100 mg/100 ml) und nach einer Mahlzeit bis zu 7,5 mmol/l (130 mg/100 ml) und mehr. Ein Wert von 10 mmol/l (180 mg/100 ml) wird jedoch selten überschritten, da vorher vermehrt Glucose im Urin ausgeschieden wird. Unter physiologischen Bedingungen

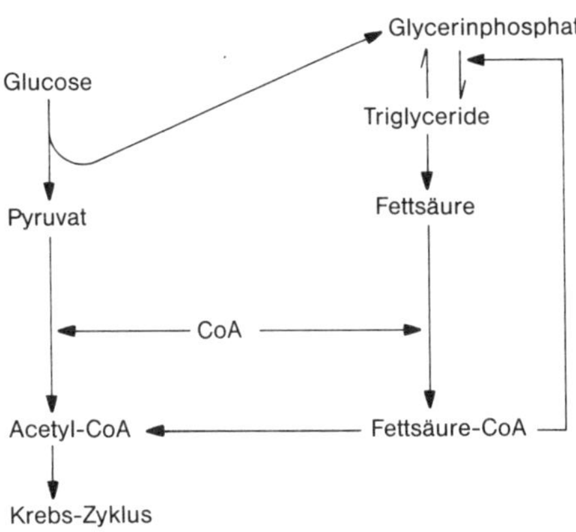

Abb. 39. Glucose-Fettsäure-Zyklus

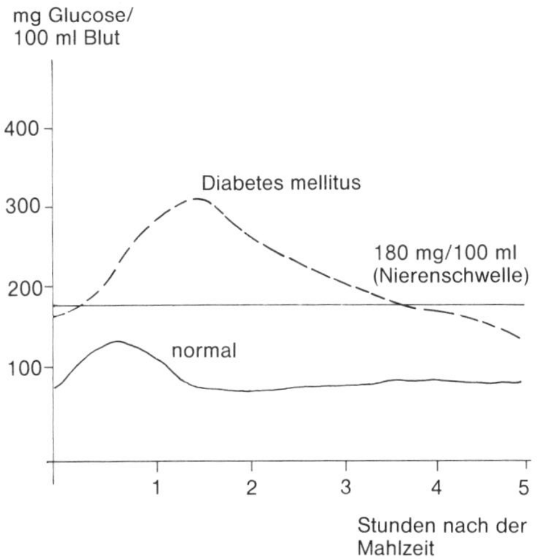

Abb. 40. Blutglucosegehalt bei gesunden Erwachsenen im Vergleich zu Diabetikern.

sinkt die Blutglucosekonzentration innerhalb von 2 h wieder auf das Nüchternniveau ab. Das Verhalten des Blutzuckers auf alimentäre Kohlenhydratbelastungen ist so beständig, daß es als Grundlage von Kohlenhydratstoffwechseltests (Glucosetoleranztest) dient.

In der Praxis finden der orale (1,75 g Glucose/kg Körpergewicht, etwa 50–100 g per os) und der intravenöse (0,5 g Glucose/kg Körpergewicht) Glucosetoleranztest Anwendung. In beiden Fällen wird nach 12stündigem Fasten die Blutglucosekonzentration jeweils ½, 1, 2, 3 und 4 h nach der Glucoseverabreichung gemessen. Beim Gesunden kann ein deutlicher Anstieg der Blutglucose ½ h nach der Applikation und eine Normalisierung bereits nach weiteren 1½ h beobachtet werden. Beim Diabetiker dagegen steigt der Blutglucosegehalt selbst 2 h nach der Glucoseverabreichung weiter an und pendelt sich nach weiteren 2 h auf ein höheres Niveau ein als beim Gesunden (Abb. 40).

Der Glucosegehalt im Blut, auch in den letzten Fastenstadien, bleibt in ausreichender Höhe bestehen, um die normalen Aktivitäten und Funktionen des Nervensystems zu gewährleisten. Dieses beruht auf Gluconeogenese und der Fähigkeit des Gehirns – nach einer Adaptationszeit –, auch Ketonkörper zu verwerten.

Hormonelle Regulation der Blutglucosekonzentration

Glucose unterliegt beim Eintritt und Verlassen der Blutbahn den Wirkungen mehrerer Hormone.

1. Insulin bewirkt eine Verminderung der Glucosekonzentration im Blut. Die Insulinsekretion wird physiologisch durch die Kohlenhydrataufnahme sowie durch bestimmte Aminosäuren und Pankreozymin stimuliert. Bei Kohlenhydratmangel und gleichzeitigem Überangebot an Protein tritt keine Änderung der Blutglucosekonzentration ein. Obgleich Aminosäuren die Insulinausschüttung stimulieren, steht in diesem Fall dem Anstieg der Insulinkonzentration im Blut eine durch Kohlenhydratmangel parallel einsetzende Glucagonfreisetzung gegenüber.

2. Adrenalin wird vom Nebennierenmark produziert und bewirkt die Freisetzung von Glucose aus Glykogen. Adrenalin und Noradrenalin stimulieren die Freisetzung freier Fettsäuren aus dem Depotfett.

3. Glucagon wird von den α-Zellen des Pankreas und der Mukosa der oberen Teile des Magen-Darm-Trakts produziert. Der durch Glucagon verursachte Anstieg des Blutzuckers beruht auf dem Abbau des Leberglykogens. Glucagon wirkt als Antagonist des Insulins.

4. Cortison wird von der Nebennierenrinde produziert und wirkt im Gegensatz zu Insulin und Adrenalin langsam. Für die Gluconeogenese ist es ebenfalls erforderlich.

5. Wachstumshormone (Somatotropes Hormon STH) fördern das Wachstum junger Tiere. Bei Erwachsenen erfolgt ihre Wirkung über die Mobilisierung der Fette. Da sie einen Anstieg der Blutzuckerkonzentration verursachen, kann ein permanenter Diabetes entstehen. Auf welche Weise diese Hormone antagonistisch zu Insulin wirken, ist bisher nicht bekannt.

Die verschiedenen Mechanismen zur Regulation der Blutzuckerkonzentration sind so aufeinander abgestimmt, daß sie normalerweise zwischen 3,3 und 10 mmol/l (60–180 mg/100 ml) liegt. Die untere Grenze gewährleistet eine ausreichende Versorgung des Gehirns mit Glucose. Ein Überblick aller Einflußfaktoren auf den Blutzuckergehalt zeigt die Komplexität dieser Regulation (Tab. 65).

Hypoglykämie und Hyperglykämie

Bei einer **Hypoglykämie** liegt die Blutglucosekonzentration unter den normalen Werten; diese führen zu Veränderungen, die auf eine Beeinträchtigung von Funktionen des Nervensystems zurückzuführen sind. Selbst klinisch gesunde Menschen können hypoglykämisch sein. So werden bei gesunden Personen, auch nach einer

Tab. 65. Faktoren, die den Blutzuckergehalt beeinflussen (KRAUSE und MAHAN 1979)

Blutglucose erhöhende Faktoren:	*Blutglucose senkende Faktoren:*
Glucagon	Insulin
Glucocorticoide	Unterfunktion der Schilddrüse
Wachstumshormon	Unterfunktion der Nebenniere
Thyroxin	Unterfunktion des Hypophysenvorderlappens
Epinephrin (Adrenalin)	Nierenfunktionsstörungen (renale Glucosurie)
Hyperaktivität des Hypophysenvorderlappens	Sulfonylharnstoff (stimuliert die Freisetzung von Insulin)
Hyperaktivität der Nebennierenrinde	Biguanide
Diabetes mellitus	langanhaltende Unterernährung
exzessive Kohlenhydrataufnahme	verminderte Glucoseabsorption
hohe Glucoseabsorption	hohe körperliche Aktivität
geringe körperliche Betätigung	Leberschaden
Leberschaden	
Kopfverletzungen	
Anästhesie	
Toxämie	
Angst und Zorn	

kohlenhydratreichen Mahlzeit, z. B. infolge von Muskelarbeit, niedrige Blutzuckerspiegel beobachtet. Hypoglykämie wird auch bei Frühgeborenen während der ersten Lebenstage festgestellt.

Bei einer **Hyperglykämie** beträgt die Blutglucosekonzentration über 10 mmol/l (180 mg/100 ml), bei gleichzeitiger Glucoseausscheidung im Urin.

Hypoglykämie und Hyperglykämie werden mittels verschiedener Mechanismen ausgeglichen (Abb. 41).

Die Protein-sparende Wirkung der Kohlenhydrate

Bei längerem Fasten oder Kohlenhydratmangel in der Nahrung kann die Leber Proteine für die Bildung von Kohlenhydraten (mit Hilfe der Gluconeogenese) heranziehen. Diese Proteinverwertung ist aus physiologischen und ökonomischen Gründen unerwünscht, da die Umwandlung Energie erfordert und Proteine in der Regel teurer sind als Kohlenhydrate. Daher ist es empfehlenswert, Mahlzeiten aus Protein und genügend Kohlenhydraten aufzunehmen, um Proteine für andere Stoffwechselfunktionen zu sparen.

Die antiketogene Wirkung der Kohlenhydrate

Jahrelang wurden kohlenhydratarme, ketogene Diätformen für die Behandlung von Übergewicht propagiert. Diese Diäten wurden unter dem Motto »Kalorien zählen nicht« entwickelt. Sie enthielten unbegrenzte Mengen an Fett bzw. Protein, jedoch keine oder nur geringe Mengen an Kohlenhydraten. Obgleich die Energiebilanz bei diesen Diäten positiv ausfällt, werden Gewichtsabnahmen erzielt. Dieses »Phänomen« läßt sich dadurch erklären, daß die energetische Verwertung von Fett und Protein ohne Kohlenhydrate nicht optimal erfolgt.

In der Fettzelle laufen Lipogenese, Lipolyse und Reveresterung der Fettsäuren kontinuierlich nebeneinander ab. Für Lipogenese und Reveresterung ist die Anwesenheit von Glucose unabdingbar, da das Fettgewebe nur eine geringe Glycerokinaseaktivität besitzt. Deshalb steht für die de-novo-Lipogenese sowie für die Reveresterung freier Fettsäuren benötigtes Glycerin praktisch nur in Form von α-Glycerophosphat – das durch Reduktion von Dihydroxyacetonphosphat entsteht – zur Verfügung. Ein Mangel an Kohlenhydraten bewirkt jedoch eine Herabsetzung der Aktivität der Schlüsselenzyme der Glykolyse, so daß die Lipolyse überwiegt.

Das Überangebot an freien Fettsäuren kann der Hepatozyt nur über eine gesteigerte Ketonkörperbiosynthese verarbeiten, da unter den Bedingungen einer gesteigerten β-Oxidation nicht genügend oxidierte, wasserstoffübertragende Co-Enzyme in Form von NAD^+ und FAD^+ für den Citratzyklus zur Verfügung stehen.

Die mit ketogenen Diäten in den ersten Tagen erzielten starken Gewichtsabnahmen sind im wesentlichen auf Wasserverluste und Salzausscheidung (mit dem Urin) zurückzuführen. Dieser diuretische Effekt entsteht aus der Notwendigkeit, die infolge der Ketose gebildeten Anionen aus dem Körper zu eliminieren.

Ketogene Diäten ohne medizinische Überwachung können folgende Schäden verursachen:
1. Hyperlipidämie mit deutlichem Anstieg von Serumcholesterin und freien Fettsäuren und dadurch Begünstigung der Entstehung von Arteriosklerose.
2. Senkung des Blutdruckes als Folge der hohen Verluste an Wasser und Elektrolyten.
3. Begünstigung der Retention von Harnsäure, die zur Hyperurikämie führt; dadurch Begünstigung von Gicht.
4. Nierenbelastung, insbesondere bei proteinreichen Diäten, da harnpflichtige, stickstoffhaltige Stoffwechselprodukte ausgeschieden werden müssen.

Die vorteilhafteste und praktikabelste Diätform gegen Übergewicht bleibt
1. Reduktion der Energiezufuhr mit einer Mischkost, die einen Kohlenhydratanteil von mindestens 55–60% aufweist.
2. Geringe Aufnahme von Produkten mit hoher Energiedichte und niedriger Nährstoffdichte (Alkohol, Zucker, Fett).

Biologische Funktion der Kohlenhydrate

Kohlenhydrate erfüllen eine Vielzahl wichtiger Funktionen im Organismus.
1. Als Energiequelle wird Glucose von fast allen Körperzellen genutzt. Gehirnzellen, Erythrozyten und Nierenmark sind obligat auf Glucose als Energiequelle angewiesen.
2. Kohlenhydrate wirken im Organismus antiketogen; die Menge an Kohlenhydraten, die für diesen Zweck benötigt wird, liegt bei etwa 100 g/d.
3. Kohlenhydrate halten den Wasser- und Elektrolythaushalt aufrecht, auch wenn sie in Mengen unter 100 g/d aufgenommen werden.
4. Die Protein-sparende Wirkung der Kohlenhydrate gewinnt für Menschen an Bedeutung, die an Nahrungsmangel leiden.
5. Polysaccharide der Stärkegruppe dienen Pflanzen und Tieren als Reservesubstanz und machen sie von den Zufälligkeiten der Nahrungszufuhr unabhängig. Der erwachsene Mensch speichert etwa 100–110 g Glyko-

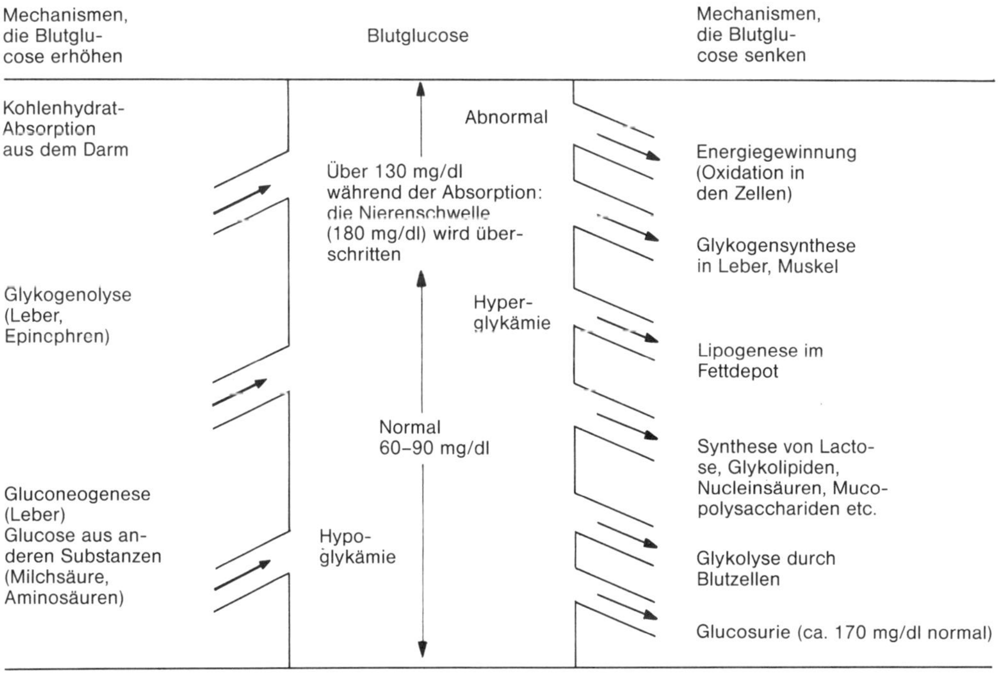

Abb. 41. Mechanismen, die den Blutglucosegehalt und damit Hypoglykämie und Hyperglykämie normalisieren (WEST et al. 1966).

gen in der Leber und etwa 250 g Glykogen in der Muskulatur.

6. Mucopolysaccharide üben als Bestandteile von Schleimstoffen, Blutgruppensubstanzen und gerinnungshemmenden Stoffen (Heparin) sehr spezifische Funktionen aus. Unter anderem wirken sie auch bei den Abwehrreaktionen des Körpers mit.
7. Polysaccharide, die chemisch mit dem Chitin verwandt sind, kommen in organischen Grundsubstanzen von Knochen und Bindegewebe vor und üben Schutzfunktionen aus.

Bedarf und wünschenswerte Zufuhr an Kohlenhydraten

Die Zufuhr an Kohlenhydraten erfolgt in Form hochmolekularer Polysaccharide und niedermolekularer Zucker. Der Verzehr von Brotgetreide, Kartoffeln und Hülsenfrüchten, und damit der Verbrauch an verdaulichen Polysacchariden, ist seit der Jahrhundertwende stetig zurückgegangen. An die Stelle hochausgemahlener dunkler Roggenmehle sind weniger ausgemahlene Weizenmehle getreten. Zugleich nahm der Verbrauch von Zucker in den letzten 100 Jahren ständig zu.

Zucker und Stärke sind ebenso wie Alkohol und isolierte Speisefette nahezu frei von essentiellen Nährstoffen. Ihre Zufuhr ist deshalb einzuschränken. Bei Kindern und Jugendlichen ist vor häufigem, überhöhtem Zucker- und Süßwarenkonsum als Zwischenmahlzeit besonders abzuraten. Da Kohlenhydrate nur in geringem Umfang gespeichert werden können, werden überschüssig zugeführte Kohlenhydrate in Fett umgewandelt und deponiert. Dies erfolgt bei Aufnahme isokalorischer Mengen Zucker, verglichen mit Stärke, rascher.

Die empfehlenswerte Zufuhr an Kohlenhydraten ergibt sich aus den Empfehlungen für die Protein- und Fettaufnahme. Für Erwachsene lassen sich zahlenmäßig keine genauen Angaben für eine empfehlenswerte Zufuhr an Kohlenhydraten machen, da sich die Zufuhr nach dem Energiebedarf richtet, der nicht durch die empfohlenen Mengen an Protein und Fett gedeckt wird. Üblicherweise werden bei uns zwischen 40 und 45% des gesamten Energiebedarfs durch Kohlenhydrate gedeckt. Die Menge ist abhängig von regionalen und wirtschaftlichen Gegebenheiten sowie von landsmannschaftlichen Gepflogenheiten.

Die Mindestmenge an Kohlenhydraten, die nicht unterschritten werden sollte, wird mit 1/10 der Energiezufuhr angegeben (oder 2 g/kg KG). Beim Säugling und beim Kind können die Kohlenhydrate nicht durch Protein oder Fett ersetzt werden, da ihnen spezifische Aufgaben bei Verdauung und Stoffwechsel zukommen.

Mit der Muttermilch erhält der Säugling bei einer täglichen Trinkmenge von 800 ml etwa 60 g Milchzucker. Lactose deckt damit beim Säugling gut 40% der Energieaufnahme. Für die Herstellung von Säuglingsnahrungen werden sowohl Zucker (Mono- und Disaccharide) als auch Getreideschleime und Mehle, sog. zweite Kohlenhydrate (Polysaccharide), verwendet. Die Wirkungen der einzelnen Kohlenhydrate auf den Verdauungsablauf und das Wachstum sind verschieden. Der gebräuchlichste Zucker in der Säuglings- und Kinderernährung ist die Saccharose. Bei Zusatz von mehr als 5% der Nahrungsenergie als Saccharose besteht die Gefahr eines Gärungsdurchfalls. Deshalb müssen der Milchnahrung 2–3% Polysaccharide in Form von Schleim und Mehlabkochungen zugesetzt werden (Kombination von leicht und schwer vergärbaren Kohlenhydraten).

Der Milchzuckergehalt der Kuhmilchverdünnungen reicht beim Säugling nicht zur Deckung des Kohlenhydratbedarfs aus; wird dieser Bedarf nur durch Zucker und Schleime ergänzt, erhalten die Säuglinge rund 60% der Energie als Kohlenhydrate. In Kuhmilchmischungen mit einem Fettgehalt wie in Frauenmilch (in adaptierten bzw. teil-adaptierten Milchnahrungen) liegt der Kohlenhydratanteil durch Zusatz von Zucker bzw. Schleimen zwischen 40 und 50% der Kalorien. Der Energiebedarf des Säuglings wird mit Sicherheit gedeckt.

Zusätze von Milchzucker zu Kuhmilchnahrungen sind für den Säugling nur dann verträglich und wachstumsfördernd, wenn der Fettgehalt in der Milchnahrung etwa dem der Frauenmilch entspricht.

Bei freier Kostwahl und ausgeglichener Energiezufuhr besteht weder Gefahr eines zu hohen noch eines zu niedrigen Kohlenhydratverbrauchs. Ein zu hoher Anteil an Kohlenhydraten (besonders Zucker) erschwert die Dekkung des Bedarfs an einigen essentiellen Nährstoffen. Die dadurch verursachten Proteinmängel (Mehlnährschäden, Kwashiorkor) treten bei uns extrem selten auf.

Kohlenhydrate und Hyperlipidämie

Bei Bevölkerungsgruppen ländlicher Regionen in Entwicklungsländern mit einer Kohlenhydrataufnahme zwischen 65–80% der Gesamtenergieaufnahme (oft als Getreide- bzw. Kartoffelprodukte) treten Herz- und Gefäßerkrankungen selten auf. Die Behauptung, hoher Kohlenhydratkonsum führe zu Hyperlipidämie und daher sollten Patienten mit Hyperlipidämie kohlenhydratfreie oder kohlenhydratreduzierte Nahrung verzehren, beruht auf Ergebnissen von Kurzzeitexperimenten. Die Probanden erhielten Diäten mit bis zu 80–85% der Energiezufuhr als Kohlenhydrate anstelle der üblichen Menge von 40–45%. Bei dieser Kost steigt der Serumtriglyceridspiegel sowohl bei Patienten mit Hypertriglyceridämie wie auch bei Normalpersonen. Der Cholesteringehalt des Serums bleibt oft unverändert.

Dieses Phänomen wird als »kohlenhydratinduzierte Hyperlipidämie« bezeichnet. Es ist die Folge der Umstellung von fettreicher auf kohlenhydratreiche Kost. Erfahrungsgemäß tritt eine Hypertriglyceridämie auch während des Fastens auf. Eine Normalisierung der Triglyceridmenge im Serum tritt im Laufe des Tages auch nach Aufnahme kohlenhydratreicher Mahlzeiten ein. Kohlenhydratinduzierte Hypertriglyceridämie ist ein vorübergehender Zustand, der in Bevölkerungsgruppen, die hohe Kohlenhydrataufnahme gewohnt sind, nicht auftritt.

Kohlenhydrate in der Diätetik

Kohlenhydratreiche Diät bei gleichzeitigem Senken des Nahrungsfettes, insbesondere der gesättigten Fette, führt zur Senkung der Triglyceride im Serum. Als Voraussetzung muß der Kohlenhydratanteil vorwiegend aus Polysacchariden bestehen.

Kohlenhydrate und Diabetes mellitus

In der Präinsulin-Ära hatten Diabetiker große Schwierigkeiten, ihre Blutglucosekonzentration niedrig zu halten. Ihnen wurden fettreiche Diäten empfohlen, die den Gefahren einer Hyperglykämie vorbeugen sollten. Heute ist bekannt, daß Diabetiker bei gleichzeitiger Insulinbehandlung einen Kohlenhydratanteil von bis zu 65% der Energieaufnahme in Form komplexer Kohlenhydrate zu sich nehmen können. Die Empfehlungen der American Diabetic Association durch ihr Komitee »Food and Nutrition« zeigen, daß für die meisten Diabetiker keine Kohlenhydratrestriktion erforderlich ist.

Hohe Zufuhr an komplexen Kohlenhydraten in der Diät von Diabetikern ist erwünscht, um eine effektive Senkung von Cholesterin und gesättigten Fetten in der Nahrung zu erreichen. Dadurch wird eine Milderung der Hyperlipidämie und Arteriosklerosegefahr erreicht, welche bei Diabetikern häufig vorkommen. Untersuchungen zeigen, daß die Glucosetoleranz bei Diabetikern mit hohem Kohlenhydratanteil in der Diät wesentlich verbessert ist. Die Glucoseintoleranz ist bei etwa 65% der Energiezufuhr als Kohlenhydrate bei unverändertem Insulinbedarf nicht verschlechtert.

Ballaststoffe

Allgemeines

Ballaststoffe umfassen diejenigen Bestandteile pflanzlicher Lebensmittel, die von den Dünndarmenzymen des Menschen nicht abgebaut werden können. Der Begriff Ballaststoffe stammt aus einer Zeit, in der die nicht direkt als Nährstoffe verwertbaren Teile der Kost als überflüssig galten. Es ist trotzdem sinnvoll, die Bezeichnung Ballaststoffe beizubehalten, da sie recht bekannt ist und durch Aufklärung mit einem positiven Sinn belegt ist. Andere übliche Bezeichnungen sind Pflanzenfasern, unverdauliche Kohlenhydrate oder nicht verwertbare Polysaccharide.

Durch die grundlegende Veränderung der Ernährungsgewohnheiten in den letzten 100 Jahren ging in den Industrieländern der Verzehr der wichtigsten ballaststoffliefernden Lebensmittel stark zurück (Tab. 66). Durch verbesserte Techniken, besonders bei der Getreideverarbeitung, wurde es möglich, die schlecht verwertbaren Außenschichten des Kornes (Kleie) mit geringem Aufwand vom hellen Mehlkörper abzutrennen. Der zunehmende Verbrauch heller Mehle (Typ 405) anstelle dunkler Vollkornmehle, der Rückgang des Brotverzehrs sowie die Verlagerung der Verzehrsmenge vom ballaststoffreichen Roggenmehl zum ballaststoffärmeren Weizenmehl stellen eine der Hauptveränderungen dar. Gleichzeitig stieg der Verzehr ballaststofffreier Nahrungsmittel wie Fleisch Eier, Alkohol und isolierter Zucker deutlich an.

Wissenschaftliches Interesse an den Ballaststoffen weckten Untersuchungen, die Zusammenhänge zwischen den sog. Zivilisationskrankheiten und einer zu geringen Zufuhr an Ballaststoffen herstellten. Durchschnittlich nimmt der Bundesbürger derzeit etwa 20–25 g Ballaststoffe/d zu sich; die meisten Vegetarier und Landbewohner Afrikas verzehren 50–100 g/d.

Tab. 66. Durchschnittliche Aufnahme an Ballaststoffen (BS) mit Lebensmitteln (LM) in Deutschland bzw. der BR Deutschland, in g/d

Lebensmittel	1879/81		1980/81	
	LM	BS	LM	BS
Kartoffeln	835	18	109	2,1
Weizenmehl	94	16	139	4,3
Roggenmehl-produkte	230	47	38	4,8
Nährmittel	20	3	28	4,2
Hülsenfrüchte	41	11	3	0,7
Gemüse	19	0,8	135	6,8
Obst	13	0,3	130	3,1
Gesamtaufnahme in g	1252	96	582	26

Komponenten der Ballaststoffgruppe und ihre Bedeutung

Die Gruppe der Ballastsoffe umfaßt Verbindungen, die als Stütz- und Strukturelemente in Pflanzenzellen dienen wie Cellulose, Hemicellulosen und Lignin (Tab. 67). Cellulose bildet lange Ketten von β-(1,4)-glycosidisch verknüpften Glucosemolekülen, während Hemicellulose ein Gemisch aus verschiedenen Polysacchariden darstellt. Lignin ist kein Kohlenhydrat, sondern ein Kondensationsprodukt des Coniferylalkohols. Schutzstoffe wie das Cutin zählen ebenfalls zu den Ballaststoffen sowie Verbindungen in Pflanzenzellen z.B. Schleime und Gummis, die als natürliche Quellstoffe zusammengefaßt werden können. Wichtigster Vertreter ist das besonders in Obst vorkommende Pektin aus kettenförmig angeordneter D-Galacturonsäure.

Zur analytischen Bestimmung aller Fraktionen der Ballaststoffe wurden viele Methoden entwickelt, aber bis heute bestehen Probleme. Häufig wurde mit der chemischen Standardmethode (WEENDER-Analyse) der Rohfasergehalt eines Nahrungsmittels bestimmt. Er umfaßt den Rückstand, der nach Extraktion mit Säure und Alkali verbleibt. Der Rohfaserwert gibt jedoch nur einen Teil des eigentlichen Ballaststoffgehaltes an (20–50%).

Die Detergentien-Methode nach VAN SOEST (»Acid Detergent Fibre« ADF) und eine Variation der Neutral-Detergentien-Methode, die für die BR Deutschland im Lebensmittel- und Bedarfsgegenstände-Gesetz (LMBG) verbindlich vorgeschrieben ist, sind der Rohfaserbestimmung überlegen, beschränken sich jedoch auf die Ermittlung der Hauptbestandteile Cellulose, Hemicellulosen und Lignin und genügen damit nicht den physiologischen Ansprüchen. Enzymatische Analysenmethoden sind aufwendiger in ihrer Durchführung, liefern aber genauere Werte über den eigentlichen Gehalt an un-

Tab. 67. Komponenten der Ballaststoffgruppe (WISKER, FELDHEIM 1984)

Name	Vorkommen
Füllstoffe	
Cellulose*	pflanzliche Zellwand
Hemicellulose*	pflanzliche Zellwand
Lignin*	pflanzliche Zellwand
Natürliche Quellstoffe	
Pektin*	pflanzliche Zellwand
Carubin	Samen des Johannisbrotbaums
Guar	Guarbohne
Carrageen	Rotalgen
Furcelleran	Rotalgen
Agar-Agar	Rotalgen
Alginate	Braunalgen
Halbsynthetische Quellstoffe	
Methylcellulose	
Carboxymethylcellulose	

* = wichtigste Ballaststoffe in der Nahrung

verdaulichen Bestandteilen. Kombinierte Verfahren, die auf enzymatisch-chemischem Weg arbeiten, bieten die Möglichkeit, auch lösliche Kohlenhydrate und Lignin zu ermitteln, sind jedoch arbeitsaufwendig und langwierig.

Vorkommen natürlicher Ballaststoffe

Ballaststoffe sind in allen unverarbeiteten pflanzlichen Nahrungsmitteln zu finden und treten hier als Hauptbestandteile der Zellwände im strukturbildenden Gerüstgewebe oder in den Randschichten auf. Der Ballaststoffgehalt einer Pflanze schwankt aufgrund biologischer Faktoren wie Sorte, Alter sowie durch klimatische und bodenabhängige Wachstumsbedingungen. In ihrer Bedeutung für den Menschen und ihrem Vorkommen sind Cellulose, Hemicellulose, Pektine und Lignin die wichtigsten Komponenten. Sie liegen in Pflanzen nicht isoliert, sondern im natürlichen Verband vor, und ihr Mengenverhältnis variiert in Abhängigkeit von Pflanzenart und -teil sowie Reifezustand. In Getreide herrschen z.B. Hemicellulosen vor, während Pektin nur in sehr geringen Mengen vorkommt; bei Gemüse und Obst ist der Anteil der Hemicellulosen kleiner, dafür enthalten sie mehr Cellulose und Pektin (Abb. 42). Der Ligningehalt ist in jungen grünen Pflanzen gering und steigt bei harten ausgereiften Samen wie den Getreidekörnern an.

Besonders ballaststoffreich sind Lebensmittel wie Vollgetreide, Leguminosen u.a. Gemüse (z.B. Kohlarten) und Kartoffeln (Pellkartoffeln). Auch verschiedene Obstsorten besonders als Trockenware weisen höhere Mengen an Ballaststoffen auf (Tab. 68).

Verwendung isolierter oder synthetischer Ballaststoffe

Neben den natürlichen aus Pflanzen stammenden Ballaststoffen werden bei der Lebensmittelverarbeitung und der Herstellung von Medikamenten Isolate verwendet, die aufgrund ihrer besonderen physikalischen, chemischen und physiologischen Eigenschaften zu den Ballaststoffen gezählt werden. Sie dienen als Gelier-, Binde- und Dickungsmittel sowie als Emulgatoren und Stabilisatoren (Tab. 69). Eine gesetzliche Regelung legt, mit Ausnahme von Gummi arabicum (unbegrenzter Zusatz) und Pektin (3%), die Zugabe erlaubter Quellstoffe auf max. 2% des Produktgewichtes fest. Die übliche Aufnahme dieser Ballaststoffe beträgt durchschnittlich weniger als 0,5 g/d.

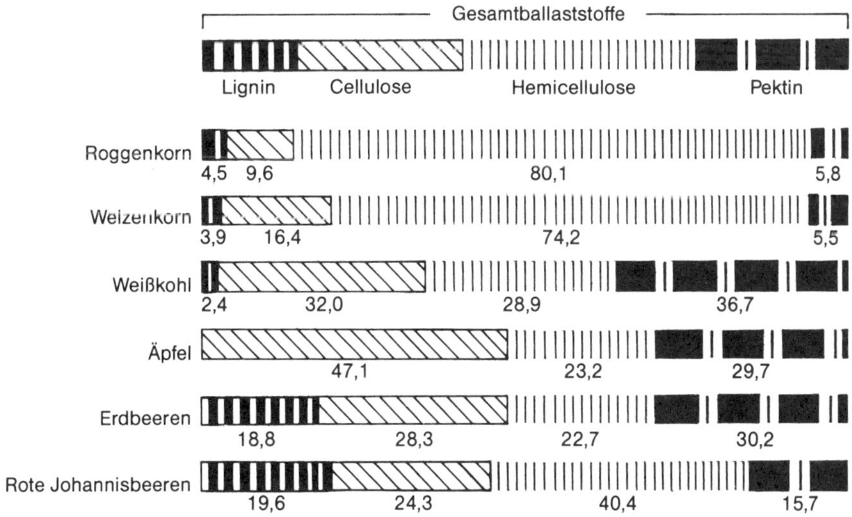

Abb. 42. Zusammensetzung der Ballaststoffe aus verschiedenen Lebensmitteln (bezogen auf 100 g Gesamtballaststoffe) (Wisker und Feldhelm 1984).

Tab. 68. Rohfaser und Ballaststoffgehalt verschiedener Lebensmittel (in g pro 100 g eßbarem Anteil) (THOMAS 1975; ELCHAZLY und THOMAS 1976)

	Rohfasergehalt (WEENDER-Analyse)	Balaststoffgehalt (nach ELCHAZLY und THOMAS)	Faktor (Ballaststoff- durch Rohfasergehalt)
Weizen	2,4	8,6	3,6
Roggen	1,8	8,0	4,4
Gerste, spelzfrei	1,3	7,7	5,9
Hafer, spelzfrei	1,6	6,7	4,2
Reis, entspelzt	0,8	4,5	5,6
Erbsen	4,5	12,3	2,7
Bohnen	4,4	14,8	3,3
Linsen	4,2	10,4	2,5
Kartoffeln	1,8	6,6	3,7
Möhren	8,3	12,1	1,5
Kohl	12,8	17,1	1,3
Blumenkohl	18,9	26,3	1,4
Äpfel	6,2	10,1	1,6
Feigen	3,8	9,3	2,4
Pflaumen	2,9	6,9	2,4

Eigenschaften und Funktionen der Ballaststoffe
Aufgrund spezifischer physikalischer und chemischer Eigenschaften können Ballaststoffe die Verdauung und den Stoffwechsel beeinflussen. Wichtige Aspekte sind:

Die Faserstruktur
Die Faserstruktur der Cellulose und des Lignins in ballaststoffreichen Lebensmitteln erfordert bei deren Verzehr ein längeres, intensiveres Kauen und bewirkt eine vermehrte Absonderung eines puffernden alkalischen Speichels. Beides sind wichtige Vorgänge für die Zahnerhaltung und die Vorverdauung der Speisen. Ballaststoffreiche Nahrung enthält nicht so viel isolierte Zucker wie verfeinerte Kost und mindert daher das Kariesrisiko.

Im Vergleich zu ballaststoffarmer Kost ist die Verweildauer des ballaststoffreichen Speisebreis verlängert, was ein intensiveres Einwirken von Speichel und eine vermehrte Magensaftsekretion bedeutet. Das Hungergefühl wird gedämpft und eine übermäßige Nahrungsaufnahme durch eine natürliche Sättigung verhindert.

Das Wasserbindungsvermögen
Das Wasserbindungsvermögen der Ballaststoffe beruht zusammen mit der Quellfähigkeit auf dem Anteil an Polysacchariden. Zusammen mit Wasser bilden diese kolloidale Lösungen oder Gele. Ist der Anteil an Pektin groß, so erfolgt eine Gelbildung, bei hohem Cellulosegehalt entstehen Dispersionen. Lignin als hydrophobe Verbindung wirkt der Wasserbindung entgegen.

Beste Quelleigenschaften zeigt Kleie (Randschichten des Weizenkornes) mit einem Wasserbindungsvermögen von 440 g Wasser/100 g Kleie, die nur noch von isolierten Quellstoffen übertroffen wird. Diese können bis zur 37fachen Menge ihres Eigengewichtes an Wasser binden. Hohe Werte bei vollständigen Nahrungsmitteln zeigen Möhren (220 g H_2O/100 g Substanz), Äpfel und Hafer (170 g), Mais und verschiedene Gemüse (ca. 80 g) und Kartoffeln (50 g).

Das Wasserbindungsvermögen der Ballaststoffe kann durch Veränderung ihres physikalischen Zustandes durch Zerkleinern, Kochen oder Einweichen beeinträchtigt werden.

Die Quelleigenschaften der Ballaststoffe bedingen eine Vergrößerung des Volumens und des Wassergehaltes des Speisebreies. Dadurch werden die Darmwandungen gereizt und verschiedene Funktionen angeregt. Durch verstärkte Sekretion und Peristaltik verkürzt sich die Transitzeit des Nahrungsbreies, die besonders im Dickdarm bei üblicher Kost meist unnatürlich verzögert wird. Die Folge einer solchen Verzögerung ist eine Verhärtung der Fäzes, wodurch ein erhöhter Druck auf die Darmwand ausgeübt wird. Obstipation oder möglicherweise auch Divertikulose entstehen. Eine durch Ballaststoffe verkürzte Passage mindert den Druck und verhindert darüber hinaus, daß kanzerogene Stoffe und eventuell kanzerogen wirkende Abbauprodukte der Darmbakterien länger mit der Darmschleimhaut in Kontakt treten. Gele können den Abbau von Gallensäuren zu möglicherweise krebserregenden Produkten verlangsamen. Diese Funktionen der Ballaststoffe werden im Zusammenhang mit dem Auftreten von Dickdarmkrebs diskutiert, der durch eine ballaststoffreiche Kost eventuell an seiner Entstehung gehindert werden kann.

Die Wasserbindung durch Ballaststoffe führt zu einem höheren Stuhlgewicht und -volumen. Die Ingesta ist feuchter und bietet den Darmbakterien günstigere Wachstumsbedingungen, so daß sich die Zahl verdoppelt bis verdreifacht. Auch qualitative Veränderungen konnten festgestellt werden. Während bei Engländern vermehrt Bifidobakterien und Bacteroides vorkamen, enthielt die Darmflora ballaststoffreichernährter Afrikaner vermehrt aerobe Keime wie Streptokokken, Enterokokken und Lactobacillen.

Die allgemein stärkere Beanspruchung der Verdauungsorgane durch eine an Ballaststoffen reiche Ernährung führte bei Versuchstieren zu einer Zunahme der entsprechenden Organgewichte. Dies wird auf eine verbesserte Durchblutung zurückgeführt und gewährleistet eine größere Widerstandskraft.

Das Adsorptionsvermögen für organische Stoffe
Ballaststoffe sind in der Lage, freie Gallensäuren zu binden und ihre Ausscheidung mit den Fäzes zu erhöhen. Dadurch wird der enterohepatische Kreislauf beeinträchtigt und die Leber bildet vermehrt Gallensäuren aus Cholesterin, dessen körpereigene Neusynthese jedoch langsamer erfolgt, so daß ein eventuell erhöhter Cholesterinspiegel gesenkt wird. Während der Gesamtcholesteringehalt des Serums keine eindeutige Beurteilung des Gesundheitszustandes eines Menschen zuläßt, ist die Zusammensetzung der Lipidfraktionen entscheidend. Ballaststoffe senken die erwünschte Fraktion der HDL weniger als die der LDL, so daß hier eine Verschiebung zu einem günstigeren Verhältnis der beiden Lipoproteine zueinander stattfindet.

Die Adsorption der Gallensäuren ist pH-abhängig und im sauren Bereich begünstigt. Als wichtigste Komponente für diese Eigenschaft der Ballaststoffe wurde Lignin identifiziert.

Tab. 69. Verwendungsmöglichkeiten von Quellstoffen in der Lebensmittelherstellung (Wisker und Feldheim 1984)

Quellstoff	Vorkommen	Zusatz zu
Agar	Rotalgen	Joghurt, Baisers, Süßwaren
Alginate	Braunalgen	Füllung von Backwaren, Salatsaucen, Eiscreme, Geleefrüchte, Kaltpuddings
Carrageen	Rotalgen	Milchpuddings, Eiscreme, Dessertgelees, Aspik
Gummi arabicum	Akazien	Süßwaren, Eiscreme
Traganth	Astragalus-Arten	Salatsaucen, Füllung von Backwaren
Guar	Guarbohne	Salatsaucen, Eiscreme
Carubin	Samen des Johannisbrotbaums	Fleischkonserven, Salatsaucen, Käsezubereitungen, Eiscreme
Xanthan		Puddings, Salatmayonnaisen
Methylcellulose	halbsynthetisch	glutenfreie Backwaren, Dickungsmittel für diätetische Lebensmittel
Carboxymethylcellulose	halbsynthetisch	Käsezubereitungen, Salatsaucen, Zuckerwaren

Ionenaustausch
Reaktive Gruppen an verschiedenen Verbindungen innerhalb der Ballaststoffgruppe wirken als Ionenaustauscher, d.h. sie können verschiedene Stoffe in der Ingesta selektiv binden und in Stoffwechselvorgänge eingreifen, z.B. durch die Bindung unerwünschter Stoffe.

Verdaulichkeit
Obwohl der Verdauungstrakt des Menschen keine Enzyme zur Hydrolyse von Ballaststoffen synthetisiert, zeigen Versuche, daß trotzdem beträchtliche Mengen abgebaut werden. Dieser Abbau wird von Darmbakterien bewirkt, deren Wachstum von den Ballaststoffen begünstigt wird. Der Grad des Abbaus ist vom Alter der Pflanze, der Menge und dem Verhältnis der einzelnen Ballaststoffkomponenten zueinander, ihrer Teilchengröße und Hitzebehandlung sowie dem Zustand und der Gewöhnung der Darmbakterien abhängig. Bei der Spaltung der Polysaccharide durch Darmbakterien entstehen kurzkettige Fettsäuren wie Ameisen-, Essig-, Propion- und Buttersäure, aber auch Gärgase wie Wasserstoff, CO_2, Ammoniak, Methan usw.

Der Einfluß der Ballaststoffe auf die Ausnutzung von Nährstoffen und Pharmaka
Eine verminderte Absorption von Nährstoffen durch eine erhöhte Aufnahme von Ballaststoffen ist möglich. Verluste an stickstoffhaltigen Verbindungen und Mineralstoffen wurden bei Getreideverzehr festgestellt, jedoch findet hier durch den höheren Gehalt dieser Nährstoffe im Vollkorn ein guter Ausgleich statt.

In diversen Untersuchungen konnte ein Rückgang der verdaulichen Energie der Nahrung festgestellt werden, der von 97% bei ballaststoffarmer Diät auf 92,5% bei ballaststoffreicher Kost fiel. Bei Proteinen werden vermutlich proteolytische Enzyme in ihrer Aktivität gehemmt oder es entstehen möglicherweise nicht resorbierbare Ballaststoff-Protein-Komplexe. Die auftretende erhöhte Fettausscheidung kann noch nicht eindeutig geklärt werden. Bei Zuckern konnte in Gegenwart von Ballaststoffen eine verzögerte Absorption beobachtet werden. Auf diesen Sachverhalt stützt sich die Empfehlung einer ballaststoffreichen Kost für Diabetiker.

Während die leicht beeinträchtigte Energieausnutzung in der oft hyperkalorischen Ernährung der Menschen in Industrieländern keinen gravierenden Einfluß darstellt, muß eine verminderte Absorption von Mineralstoffen kritischer beurteilt werden. In Getreide ist das Vorkommen beträchtlicher Phytinmengen bekannt, die mit Eisen, Calcium und Zink Chelate bilden, aber auch Ballaststoffe vermindern die Ausnutzung dieser Metalle. Dies gilt besonders für Calcium; für Eisen und Zink können noch keine eindeutigen Aussagen getroffen werden. Auch die Frage nach einer eventuellen Adaptation des Körpers ist noch nicht klar beantwortet.

Bei fettlöslichen Vitaminen sowie bei Vitamin C konnten bislang keine Beeinträchtigungen der Absorption festgestellt werden. Bei Medikamenten wie Tranquilizern, blutdrucksenkenden Mitteln und Analgetika muß mit einer verminderten Aufnahme gerechnet werden.

Eine ballaststoffarme Ernährung wird in Verbindung mit der Entstehung vieler sog. Zivilisationskrankheiten gesehen. Eine fett-, zucker- und proteinreiche Kost versorgt den Körper unzureichend mit wichtigen Nährstoffen und übersättigt ihn mit Energie. Ballaststoffe in der Nahrung wirken Obstipation, Karies und Adipositas entgegen. Zusammen mit anderen Faktoren können durch Ballaststoffmangel Hiatushernie, Appendizitis, Hämorrhoiden und Varizen entstehen. Divertikulose, Karzinome der Verdauungswege, Diabetes, Gallen- und Nierensteine, Herz- und Kreislauferkrankungen zählen zu den wichtigsten Zivilisationskrankheiten, die seit dem rapiden Rückgang der Ballaststoffzufuhr in den Industriegesellschaften stark zunehmen.

Von der DGE wird ein Ballaststoffverzehr von mindestens 30 g/d empfohlen. Andere Empfehlungen reichen bis zu 50 g/d. Um diesen Wert zu erreichen, werden von der Industrie Nahrungsmittel mit Ballaststoffen angereichert, dies gilt v.a. für Brot und Backwaren. Hier sollte berücksichtigt werden, daß die Ballaststoffkomponenten in diesen Waren isoliert und nicht im natürlichen Verband vorliegen. Eine ausreichende Ballaststoffzufuhr durch eine sinnvolle Zusammenstellung von Lebensmitteln ist einer nachträglichen Anreicherung vorzuziehen.

3.2.1.3 Proteine

Allgemeines
Proteine sind hochmolekulare, in ihrer Struktur sehr komplexe Naturstoffe, die als Grundbauelemente Aminosäuren enthalten. Sie kommen in tierischen und pflanzlichen Lebensmitteln

vor. Etwa 1000 Proteine sind bisher bekannt; viele wurden als Reinsubstanz isoliert und ihre Strukturen weitgehend aufgeklärt. Normalerweise enthalten Proteine Begleitstoffe wie Kohlenhydrate, Lipide, Mineralstoffe, Farbstoffe u. a. Ohne Begleitstoffe kommen Proteine nur selten vor, als Beispiel hierfür sei das Albumin des Eiklars genannt.

Proteine bestehen wie Fette und Kohlenhydrate aus Kohlenstoff, Wasserstoff und Sauerstoff. Darüber hinaus enthalten sie Stickstoff, der etwa 16% der Trockensubstanz ausmacht, sowie andere Elemente, z. B. Schwefel. Jedes Protein enthält eine arteigene Zahl an Aminosäuren, die miteinander in einer für das gegebene Protein spezifischen Sequenz (Primärstruktur) verbunden sind. Diese hohe Strukturspezifität verleiht den verschiedenen Geweben ihre jeweils typische Form und Funktion sowie ihren typischen Charakter.

Die Proteine stellen im Vergleich zu den Fetten und Kohlenhydraten keine wichtige Energiequelle dar. In bilanzierter Nahrung machen Proteine üblicherweise 10–15%, selten über 20% der Gesamtenergie aus. Die Hauptaufgabe der Proteine besteht im Aufbau und der Erneuerung körpereigener Proteine. Jede Zelle des Organismus enthält auch Proteine; typische tierische Zellen bestehen fast zur Hälfte des Trockengewichtes aus Protein. Neben Strukturkomponenten der Zelle sind Antikörper und einige Hormone Proteine; etwa 90% aller zellulären Proteine sind Enzyme (in einer Zelle an die 1000 verschiedene), die die fundamentalen Zellfunktionen ermöglichen. Die große Bedeutung der Proteine als unersetzbare, lebensnotwendige Nahrungsbestandteile ist darin begründet, daß sie den Säugetierorganismus mit essentiellen Aminosäuren versorgen.

Chemie, Quellen und Klassifikation der Nahrungsproteine

Aufgrund ihrer allgemeinen Struktur und chemischen Natur werden Proteine in einfache, komplexe bzw. konjugierte und sekundäre bzw. abgeleitete Proteine eingeteilt.

Einfache Proteine enthalten nur Aminosäuren und deren Derivate. Einige der am weitesten verbreiteten einfachen Proteine sind folgende:

1. Albumine, wie Lactalbumin der Milch und Serumalbumin im Blut.
2. Globuline, wie Ovoglobulin im Ei und Serumglobulin im Blut.
3. Gluteline, wie Weizengluteline.
4. Prolamine, wie Zein im Mais und Gliadin im Weizen.
5. Albuminoide, wie Kollagen des Schutzgewebes und Keratin in Haut und Haar.

Komplexe (konjugierte) Proteine sind einfache Proteine, die mit Nichtprotein-Gruppen verbunden sind.

1. Nucleoproteine: Ein oder mehrere Proteine, die mit Nucleinsäuren (Purinen) verbunden sind und im Drüsengewebe in großen Mengen vorkommen.
2. Glykoproteine und Mucoproteine: Komplexe aus Protein und Kohlenhydraten; Mucin z. B. ist ein wesentlicher Bestandteil der Sekretion der Schleimhäute.
3. Phosphoproteine: Komplexe aus Protein und phosphorhaltigen Radikalen (außer Phospholipiden und Nucleinsäuren), wie das Casein der Milch.
4. Chromoproteine: Komplexe aus Protein und einer chromophoren Gruppe oder einem Farbstoff, z. B. Hämoglobin.
5. Lipoproteine: Komplexe aus Protein und Triglyceriden, Phospholipiden, Cholesterin u. a.
6. Metalloproteine: Komplexe aus Protein und einem Metall wie Kupfer, Eisen (hemmt die Eisenbindungsfähigkeit des Hämoglobins), Cadmium (Cadmium-Theonein).

Sekundäre (abgeleitete) Proteine sind Proteinfragmente mit verschiedenen Volumina. Sie entstehen oft aus hochmolekularen Proteinen während fortgeschrittener Verdauung. Sie rangieren zwischen äußerst kleinen und sehr großen Fragmenten von Peptidketten und umfassen im wesentlichen Proteosen, Peptone, Polypeptide und Peptide.

Einzelne pflanzliche Proteine sind in qualitativer Hinsicht tierischen Proteinen unterlegen. Auch quantitativ liegt der Proteingehalt pflanzlicher Lebensmittel meist deutlich niedriger als der tierischer Lebensmittel. Cerealien, die weltweit die wichtigsten Proteinlieferanten des Menschen sind, weisen einen Proteingehalt zwischen 7% und 13% auf. Fleisch enthält durchschnittlich 20%, Hülsenfrüchte 20–25%.

Gemäß ihrer chemischen Natur werden tierische Proteine in fibröse und globuläre Proteine eingeteilt. Die pflanzlichen Proteine sind nicht so leicht zu unterteilen; allgemein bestehen sie entweder aus Glutelinen oder Prolaminen.

Fibröse Proteine sind spiralförmige oder gefaltete Aminosäureketten. Sie kommen in den schützenden Geweben vor wie Haut, Haare, Federn, Fischschuppen und -flossen. Fibröse Proteine sind wasserunlöslich und nicht oder nur schwer verdaulich. In der Industrie (Gerbereien, Lederindustrie) sind sie wertvolle Nebenprodukte, die u. a. in der Lebensmittelindustrie als gefragte Hilfsmittel wie Gelatine und Naturdärme eingesetzt werden. Beispiele: Keratin, Kollagen, Fibrin, Myosin.

Globuläre Proteine kommen in den Gewebeflüssigkeiten von Tieren und Pflanzen in Form echter Lösungen und als kolloidale Suspensionen vor. Für die Ernährung sind Casein in der Milch, Albumin im Eiklar sowie Albumin und Globulin im Blut wichtig. Alle globulären Proteine sind leicht verdaulich und enthalten relativ hohe Mengen essentieller Aminosäuren.

Gluteline sind in neutralen Lösungen nicht, in schwach sauren bzw. alkalischen Lösungen dagegen gut löslich. Sie kommen in Cerealien vor und umfassen Glutenin (Weizen), Hordenin (Gerste) und Oryzenin (Reis). Die Gluteline sind wahrscheinlich keine homogenen Substanzen.

Prolamine sind wasserunlöslich und alkohollöslich. Nach Hydrolyse geben sie große Mengen an Prolin und NH_3 ab. Typische Prolamine sind Gliadin (Weizen) und Zein (Mais). Weizen ist als Brotgetreide wegen seines Gehaltes an Gluten (Gliadin + Glutenin), welches gute Backeigenschaften aufweist, für die Ernährung wichtig. Roggen enthält nur wenig Gluten. Hafer, Gerste, Mais, Hirse und Reis können für die Brotherstellung nicht verwendet, sondern nur als Fladen zubereitet werden.

Die Aminosäuren

Proteine sind Polymere aus Aminosäuren, die miteinander durch Peptidbindungen verbunden sind. Proteine weisen Molekulargewichte von 10^3 bis 10^6 auf. Hämoglobin z. B. hat ein Molekulargewicht von 65×10^3, Myosin dagegen 468×10^3, welches sich aus der Summe der Molekulargewichte der Aminosäuren im Proteinmolekül ergibt. Die Zahl der Aminosäuren in einem Protein beträgt von weniger als 100 bis zu mehreren Tausend. In den meisten Proteinen kommen 20 verschiedene Aminosäuren vor (Tab. 70).

Charakteristisch für alle Aminosäuren ist das Vorhandensein einer – COOH-Gruppe und einer – NH_2-Gruppe am gleichen α-C-Atom des Moleküls. Der Rest des Moleküls (R) variiert von einer Aminosäure zur anderen.

Aminosäuren werden mittels einer Peptidbindung unter Abspaltung eines Wassermoleküls zu einem Proteinmolekül verbunden.

Jede Spezies (Tiere und Pflanzen) hat ein bestimmtes Aminosäurenmuster, welches sich von dem anderer Arten mehr oder weniger unterscheidet. Die Aminosäurezusammensetzung verleiht somit jeder Spezies ihre spezifischen genetischen und immunologischen Eigenschaften.

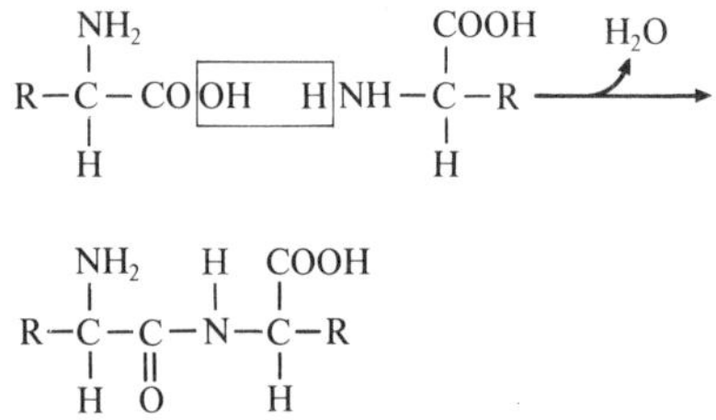

Charakteristika einiger Aminosäuren

1. Glycin ist die einfachste Aminosäure. Der Bedarf an Glycin ist während Perioden schnellen Wachstums am höchsten. Für Küken ist Glycin essentiell und beeinflußt daher das Wachstum. Glycin ist für die Synthese vieler wichtiger Substanzen im Körper (Purinbasen, Porphyrine, Kreatin, Gallensäuren) erforderlich. In der Leber wird Glycin für die Elimination der toxischen Phenole benötigt. So wird oral eingenommene Benzoesäure in der Leber an Glycin gekoppelt und als Hippursäure mit dem Urin ausgeschieden.

2. Glutaminsäure enthält 2 COOH-Gruppen. Sie verliert ihre NH_2-Gruppen in Transaminierungsreaktionen. Glutaminsäure ist ein wesentlicher Bestandteil des Weizenproteins (Gliadin). Mononatriumglutamat verbessert den Fleischgeschmack und hat damit eine wirtschaftliche Bedeutung. Glutamat spielt eine Rolle beim Ammoniakstoffwechsel sowie bei der Bildung der γ-Aminobuttersäure im Nervensystem.

3. Lysin stellt in Getreidearten die limitierende Aminosäure dar. Das Hydroxyderivat des Lysins ist Bestandteil des Kollagens.

4. Arginin ist wichtig für die Harnstoffsynthese im Ornithin-Arginin-Zyklus (entdeckt von KREBS; Einzelheiten in der Biochemie).

5. Cystein und Methionin stellen die Hauptschwefelquelle in der menschlichen Nahrung dar. Da Cystein im Körper aus Methionin gebildet werden kann, aber nicht umgekehrt, gilt

Tab. 70. Die in den Nahrungsproteinen vorkommenden Aminosäuren (modif. nach PASSMORE, EASTWOOD, 1986)

Name	Standard-Abkürzung	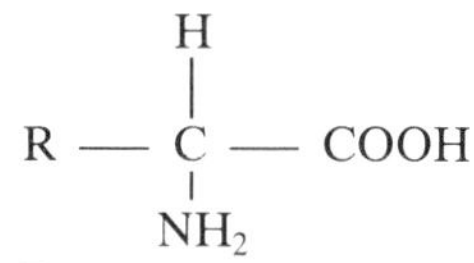 R =
Glycin	Gly	H-
Alanin	Ala	CH_3-
Valin	Val	$(CH_3)_2$-CH-
Leucin	Leu	$(CH_3)_2$-CH-CH_2-
Isoleucin	Ile	C_2H_5-CH(CH_3)-
Serin	Ser	CH_2OH-
Threonin	Thr	CH_3-CHOH-
Asparginsäure	Asp	HOOC-CH_2-
Glutaminsäure	Glu	HOOC-CH_2-CH_2-
Lysin	Lys	H_2N-$(CH_2)_4$-
Ornithin	Orn	H_2N-$(CH_2)_3$-
Arginin	Arg	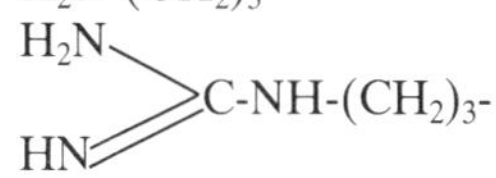
Cystein	Cys	HSCH_2-
Methionin	Met	CH_3-S-$(CH_2)_2$-
Histidin	His	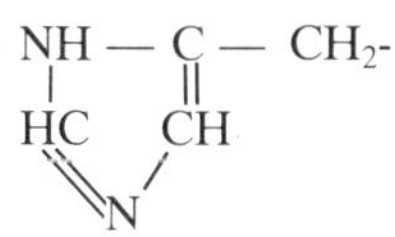
Phenylalanin	Phe	
Tyrosin	Tyr	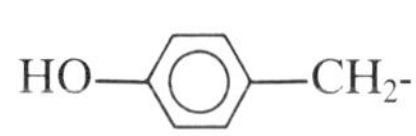
Tryptophan	Try	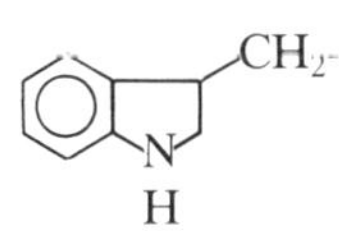
Prolin	Pro	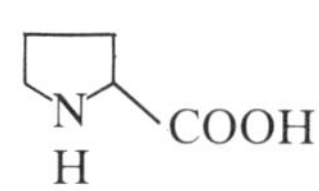
Hydroxyprolin	H-Pro	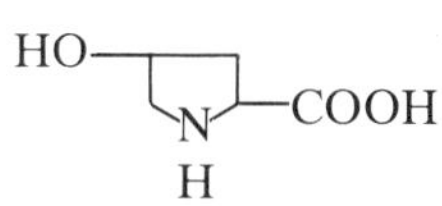

Methionin als essentiell. Aus zwei Molekülen Cystein kann im Organismus ein Molekül Cystin (S-S-Bindung) entstehen, das in Keratin und Insulin enthalten ist und jeweils etwa 12% des gesamten Proteinmoleküls ausmacht. Methionin ist auch wichtig für Transmethylierungsprozesse und dient als CH_3-Donator. Die wichtigsten CH_3-Quellen der Nahrung sind Methionin und Betain (Trimethylglycin). Methioninmangel verursacht bei Ratten Leberverfettung, die reversibel ist und durch Methionin- bzw. Cholingaben behoben werden kann. Taurin (konjugiert mit Gallensäuren) ist ein Derivat des Cysteinmetabolismus.

6. Phenylalanin und Tyrosin liefern dem Körper den Benzolring, der für die Synthese der Hormone Adrenalin und Thyroxin benötigt wird. Auch der Farbstoff Melanin wird aus Phenylalanin gebildet; er ist in Haut, Haaren und der Chorioidea enthalten. Da aus Phenylalanin Tyrosin gebildet werden kann, aber nicht umgekehrt, ist Phenylalanin essentiell.

7. Histidin ist während der Wachstumsperiode für den Gewebeaufbau wichtig, da der Körper nicht in der Lage ist, den Ring im Histidinmolekül zu bilden. Durch Decarboxylierung von Histidin entsteht Histamin. Histamin stimuliert die Salzsäuresekretion, senkt den Blutdruck, steigert die Darmperistaltik und ist entzündungserregend.

8. Tryptophan ist für die Synthese von Nicotinsäure im Körper wichtig. Es stellt eine Vorstufe für die Synthese von 5-Hydroxytryptamin (5-HT oder Serotonin) dar, welches Blutgefäßverengung (Vasokonstriktion) verursacht. 5-HT kommt in vielen Geweben, vor allem in der Darmmukosa vor.

9. Prolin und Hydroxyprolin enthalten einen Pyrrolring. Die gleiche Ringstruktur ist im Porphyrin zu finden, das für die Bildung von Hämoglobin und Cytochrom herangezogen wird. Beide Aminosäuren sind in Kollagen und Bindegeweben vorhanden.

Die in den Proteinen vorkommenden Aminosäuren können aufgrund ihrer Struktur und der daraus resultierenden chemischen Eigenschaften in 4 Gruppen eingeteilt werden (Tab. 71).

Für den Erwachsenen kann ein permanentes N-Gleichgewicht mit einem Gemisch aus den 8 essentiellen Aminosäuren als einziger N-Quelle hergestellt werden (Tab. 72).

Tab. 71. Einteilung und Eigenschaften der Aminosäuren

$$\begin{array}{ccc} & H & \\ & | & \\ R - & C & - COOH \\ & | & \\ & NH_2 & \end{array}$$

Grundstruktur der Aminosäuren

Aminosäuren mit hydrophoben R-Gruppen:

Aliphatische:	Ala, Val, Ile, Leu, Met
Aromatische:	Phe, Try

Aminosäuren mit polaren, aber nicht geladenen R-Gruppen:

Hydroxy:	Ser, Thr, Tyr
SH-:	Cys
Amide:	Asp-N, Glu-N

Gly zählt zu dieser Gruppe aufgrund seiner polaren Struktur, die durch die geladenen COOH- und NH_2-Gruppen bedingt ist.

Aminosäuren mit (+) geladenen R-Gruppen:

Amino:	Lys
Guanidin:	Arg
Imidazol:	His

Aminosäuren mit (–) geladenen R-Gruppen:

Carboxy:	Asp, Glu

Tab. 72. Einteilung der Aminosäuren nach ihrer Essentialität für den Menschen

Essentielle	Semi-essentielle	Nicht-essentielle
Isoleucin	Arginin	Alanin
Leucin	Histidin*	Asparaginsäure
Lysin		Cystein
Methionin		Glutaminsäure
Phenylalanin		Glycin
Threonin		Hydroxyprolin
Tryptophan		Prolin
Valin		Serin
		Tyrosin

* Histidin ist nur für den Säugling essentiell

Tab. 73. Hydroxy- und Ketoanaloga für essentielle Aminosäuren

Aminosäuren	*Analoga*
Tryptophan	Indolbrenztraubensäure
Methionin	α-Keto-γ-Methylthiobuttersäure
Phenylalanin	Phenylbrenztraubensäure
Leucin	α-Ketoisocapronsäure
Isoleucin	d-α-Keto-β-Methylvaleriansäure
Valin	α-Ketoisovaleriansäure
Tyrosin	p-Hydroxyphenylbrenztraubensäure

Essentielle Aminosäuren können durch die entsprechenden α-Hydroxy- oder α-Ketosäuren ersetzt werden

Daß der essentielle Charakter einer Aminosäure nicht auf der Unfähigkeit des Organismus beruht, bestimmte Transaminierungsprozesse durchzuführen, sondern im Fehlen des Kohlenstoffgerüstes der entsprechenden Aminosäure begründet liegt, wurde vor etwa 60 Jahren erkannt.

Aufgrund der Annahme, daß der essentielle Charakter des Histidins für das Wachstum der Ratte auf ihrer Unfähigkeit beruht, den Imidazolring zu synthetisieren, wurden Imidazol, Methylimidazol und Imidazolpropionsäure als Histidinersatz in der Diät eingesetzt, die sich jedoch als unwirksam erwiesen. Erst nach der Einführung einer OH-Gruppe in α-Stellung der Seitenkette der Imidazolmilchsäure trat gutes Wachstum ein, da diese über eine Ketosäure in Histidin umgewandelt wurde. Danach wurden alle Hydroxy- bzw. Ketoanaloga der essentiellen Aminosäuren synthetisiert und bei der Ratte getestet. Bei vielen wurde die Ersatzmöglichkeit nachgewiesen (Tab. 73).

Die dem Arginin entsprechende Ketosäure stellt einen sehr schlechten Ersatz für Arginin dar; die dem Lysin und Tyrosin entsprechenden Hydroxy- bzw. Ketosäuren können Lysin bzw. Tyrosin nicht ersetzen.

Verdauung, Absorption und Stoffwechsel der Proteine

Verdauung: Im Magen setzt eine partielle, nicht essentielle Verdauung der Proteine ein. Dabei hydrolysiert die Magensalzsäure die Proteine z.T. zu Peptiden und aktiviert die Freisetzung des Pepsins aus seiner Vorstufe Pepsinogen. Pepsinogen ist ein Sekret der Magenmukosa mit einem pH-Optimum von etwa pH 1,2. Pepsin spaltet alle Proteine mit Ausnahme von Keratin und Myosin in Polypeptide (Tab. 74).

Bei Säuglingen wirkt das proteolytische Enzym Rennin auf die Proteine der Muttermilch. Da Milchprotein (Caseinogen) gerinnt, verweilt es länger im Magen und begünstigt dadurch die Wirkung des Pepsins. Beim Erwachsenen spielt Rennin für die Proteinverdauung keine Rolle.

Trypsin, das Hauptenzym des Pankreassaftes, wird in den Darm sezerniert. Es wirkt optimal bei pH = 8 und spaltet Proteine in Polypeptide. Bei gestörter Pankreasfunktion steht für die Proteinverdauung ungenügend Pankreassaft und somit zu wenig Trypsin zur Verfügung. Als Folge sind Fleischfasern – als Zeichen der nicht vollständigen Verdauung – in den Fäzes zu finden. Unter den Ausscheidungsprodukten sind somit größere Mengen an Stickstoff-Verbindungen feststellbar, die im Dickdarm zu Fäulnisbildung führen. Die Trypsinwirkung kann bis zur Stufe der kleinen Peptide (auch zu Aminosäuren) führen, die absorbiert werden und als Anstieg ihrer Konzentration im Blut nachweisbar sind.

Die endgültige Verdauung der Peptide erfolgt im Dünndarm. Aminopeptidase, Dipeptidase, Prolidase und Proteinase bauen die Peptide und Peptone im Darmlumen zu Aminosäuren ab.

Absorption und Transport: Es ist bekannt, daß kleine Peptide bestehend aus 2–6 Aminosäuren genauso schnell aus dem Darmlumen aufgenommen werden wie freie Aminosäuren. Messungen nach einer Proteingabe von 15 g Casein zeigen, daß 70–80% der verabreichten Aminosäuren in 3 h absorbiert werden.

Die L-Aminosäuren werden mittels aktiven Transportes absorbiert. Die Existenz von mindestens drei Transportsystemen wird vermutet, a) ein System für den Transport neutraler Aminosäuren, b) ein System für den Transport basischer Aminosäuren und c) ein System für den Transport von Prolin, Hydroxyprolin, Glycin,

Tab. 74. Proteinverdauung im Gastrointestinaltrakt

Organ	Enzyme			Verdauungsprozeß
	Inaktive Vorstufe	Aktivator	Aktives Enzym	
Mund		keine		nur mechanisch
Magen	Pepsinogen	HCl	Pepsin Rennin	Protein → Peptone Casein → koagulierte Milchmasse
Darm: Pankreas-saft	Trypsinogen	Enterokinase	Trypsin	Protein, Peptone → Polypeptide, Dipeptide
	Chymotrypsi-nogen	aktives Trypsin	Chymotrypsin	Peptone → Poly- und Dipeptide
			Carboxypeptidase	Polypeptide → Tri- und Dipeptide, AS
Darmsaft			Aminopeptidase	Polypeptide → Tri- und Dipeptide, AS
			Dipeptidase	Dipeptide → AS

Sarkosin, Betain und Dimethylglycin. Bei Patienten mit genetisch bedingten Fehlern der Transportsysteme für Arginin, Lysin oder Cystein können diese Aminosäuren nicht absorbiert werden. Auch die Reabsorption kann gestört sein, so daß diese Aminosäuren vermehrt im Urin erscheinen (z.B. Cystinurie).

Voraussetzung für den Aminosäuren-Transport ist das Vorhandensein einer freien NH_2-Gruppe in α-Stellung. Hinsichtlich ihres Transportmechanismus und der relativen Transportgeschwindigkeit können die Aminosäuren in 4 Gruppen eingeteilt werden (Tab. 75). In den ersten Lebenstagen, aber auch bei bestimmten Krankheiten können Spuren unverdauter Proteine absorbiert werden. Diese Erscheinung verursacht bei gewissen Personen eine Allergie. Einfache Peptide und Aminosäuren haben bei allen Tierspezies keine allergischen oder immunologischen Eigenschaften. Tierische Proteine werden leichter absorbiert als pflanzliche Proteine, da die Zellwände der Pflanzen, die aus den Ballaststoffen Cellulose, Lignin und Pektin bestehen, die Proteinverdauung behindern.

Tab. 75. Transport der Aminosäuren

Aminosäuregruppe	Transportmechanismus	relative Rate
neutrale (monoamino-monocarboxyl):		
aromatische (Tyr, Try, Phe)	aktiv	sehr schnell
aliphatische (Gly, Ala, Ser, Thr, Val, Leu, Ile, Met, His, Cys)	Na^+-abhängig	
dibasische (diamino) (Lys, Arg, Orn)	aktiv, teilweise Na^+-abhängig	schnell
Dicarboxyl AS (Glu, Asp)	aktiv, teilweise Na^+-abhängig Träger?	schnell
Iminosäuren und Glycin (Pro, H-Pro, Gly)	aktiv? Na^+-abhängig	langsam

Tab. 76. Beziehung zwischen Protein-Turnover und Grundumsatz (Bässler et al. 1979)

Spezies	Körpergewicht kg	Protein-Turnover g/kg/d	Grundumsatz kcal/kg/d
Ratte	0,1	25	130
Mensch:			
Kind	10	6	45
Erwachsener	70	2–3	20

Verdauung und Absorption erfolgen im Magen-Darm-Trakt. Bis zu 10% des Nahrungsstickstoffes werden mit dem Kot ausgeschieden. Ein Teil davon entstammt unverdauten Proteinen. Aber mindestens 90% des Nahrungsproteins werden verdaut und absorbiert. Große Mengen an endogenem Protein werden mit den verschiedenen Sekreten im alimentären Kanal ausgeschieden.

Protein-Turnover

Wie bei allen Körperbestandteilen besteht auch beim Protein ein dynamisches Gleichgewicht zwischen Aufbau und Abbau, denn die Körpergewebe unterliegen einer ständigen Ausbesserung und Erneuerung.

Beim Erwachsenen mit einem konstanten Proteinbestand dient Nahrungsprotein nur als Ersatz des abgebauten Proteins. Zwischen Protein-Turnover und dem Grundumsatz besteht eine gesetzmäßige Beziehung (Tab. 76). Die Turnover-Rate für Protein ist so groß, daß ein Teil der beim Proteinabbau anfallenden Aminosäuren wieder verwendet werden kann. Änderungen des Umfangs dieser Reutilisierung sind eine wichtige Regulationsmöglichkeit, durch die der Körper sich an Änderungen der Proteinzufuhr anpassen kann.

Die Rate und Geschwindigkeit von Ersetzungs- und Erneuerungsprozessen im Körper ist sehr unterschiedlich. So beträgt die $t/_2$ für die Tryptophan-Pyrolase und Tyrosin-Transaminase 2–3 h, für Muskel-Fibrillin und Muskel-Kollagen 50–60 d; $t/_2$ für Sehnen-Kollagen ist unmeßbar lang. Die Darmmukosa erneuert sich etwa alle 1–2 d. Von Serumalbumin werden ca. 10 g/d und von Fibrinogen ca. 2 g/d abgebaut. Die Erneuerungsrate der Proteine ist im Körper viel größer als die durchschnittliche, tägliche Proteinaufnahme und erreicht etwa 400 g/d. Dies entspricht damit etwa 3,5% des Gesamtkörperproteins. Die im Erneuerungsprozeß freigesetzten Aminosäuren können bei der Synthese neuer körpereigener Proteine wiederverwendet werden. Die Halbwertzeiten von weiteren Körperproteinen liegen zwischen Stunden bis zu zwei Monaten (Tab. 77).

Tab. 77. Halbwertszeit der Proteine im menschlichen Organismus (Peitsch 1982)

Protein	Halbwertszeit
Skelettmuskel	50–60 Tage
Herzmuskel	11 Tage
Glatte Muskulatur	5 Tage
Fibrinogen	4– 5 Tage
Transferrin	8,5 Tage
IgM	5 Tage
Leberenzyme	6–14 Stunden
Präalbumin	1,9 Tage
C_3-Komplement	1 Tag
C_4-Komplement	1 Tag
Retinol-bindendes Protein	12 Stunden

Protein- und Aminosäurestoffwechsel

Leber und Nieren sind die Hauptorgane des Proteinstoffwechsels; hier unterliegen die absorbierten Aminosäuren ganzen Serien metabolischer Reaktionen (Abb. 43). Trotz ihrer Kompliziertheit können diese in drei Kategorien eingeteilt werden:

1. Ein Teil des freien Aminosäurepools dient der Bildung von Gewebeprotein. Durch den Katabolismus der Gewebeproteine werden Aminosäuren freigesetzt, die in den Aminosäurepool zurückkehren und für die Wiederverwertung zur Verfügung stehen.

2. Ein weiterer Teil der Aminosäuren unterliegt katabolen Reaktionen. Nach Desaminierung werden die C-Gerüste zu CO_2 und Energie oxidiert oder werden nach entsprechender Umwandlung als Glykogen und Fett gespeichert. Die NH_2-Gruppe dient der Harnstoffsynthese.

3. Einige Aminosäuren werden für die Synthese neuer N-haltiger Verbindungen wie Purinbasen, Kreatin, Adrenalin u.a. herangezogen. Diese Verbindungen werden im allgemeinen als typische N-haltige Ausscheidungsprodukte eliminiert. So werden z. B. die Purine zu Harnsäure, Kreatin zu Kreatinin und Adrenalin zu Vanillinmandelsäure umgewandelt. Darüber hinaus werden die nicht essentiellen Aminosäuren unter Verwendung der Aminogruppen, die aus anderen Aminosäuren stammen, synthetisiert.

Jede Aminosäure unterliegt im Intermediärstoffwechsel einer ganzen Reihe von chemi-

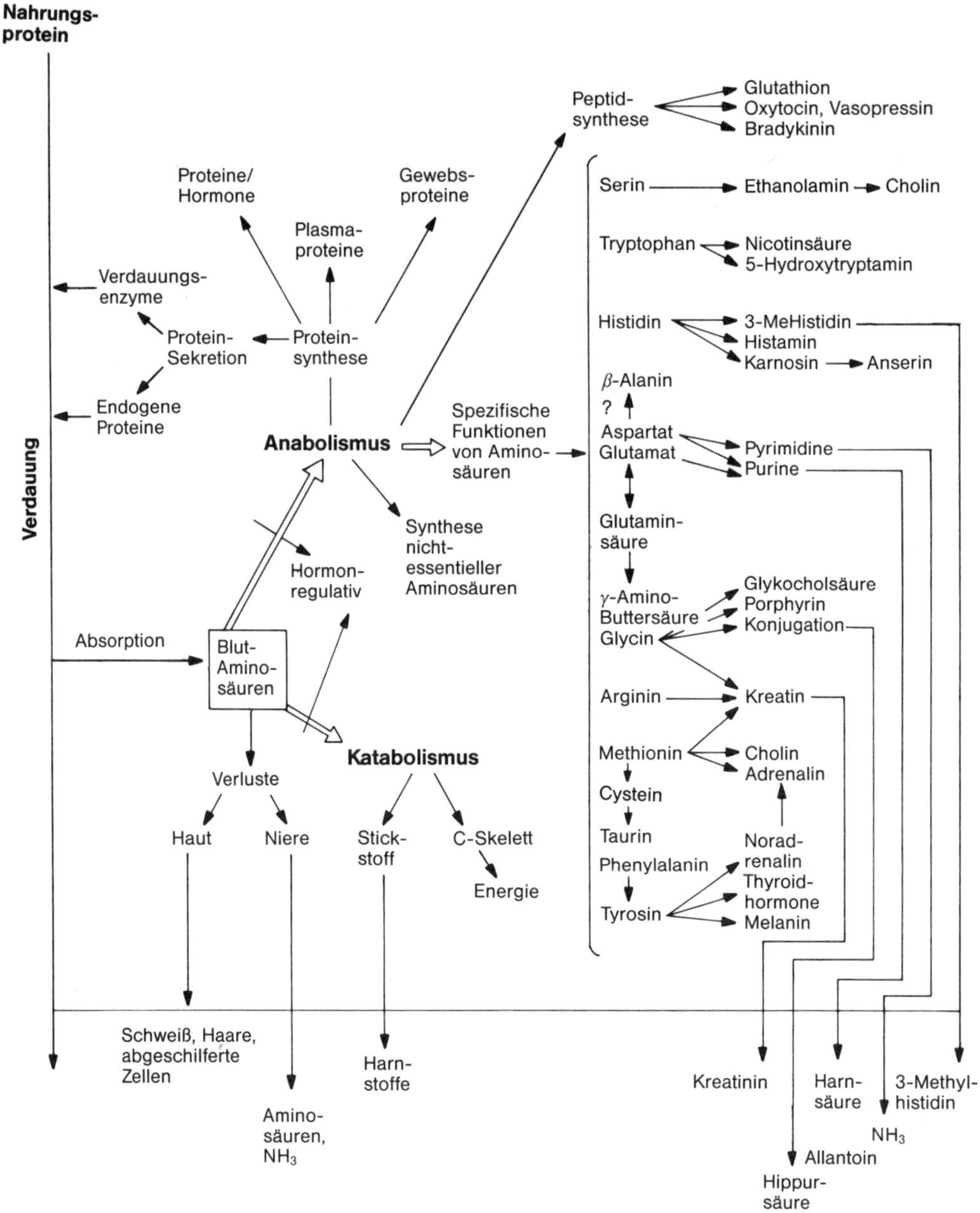

Abb. 43. Proteinstoffwechsel bei höheren Tieren (Munro 1964).

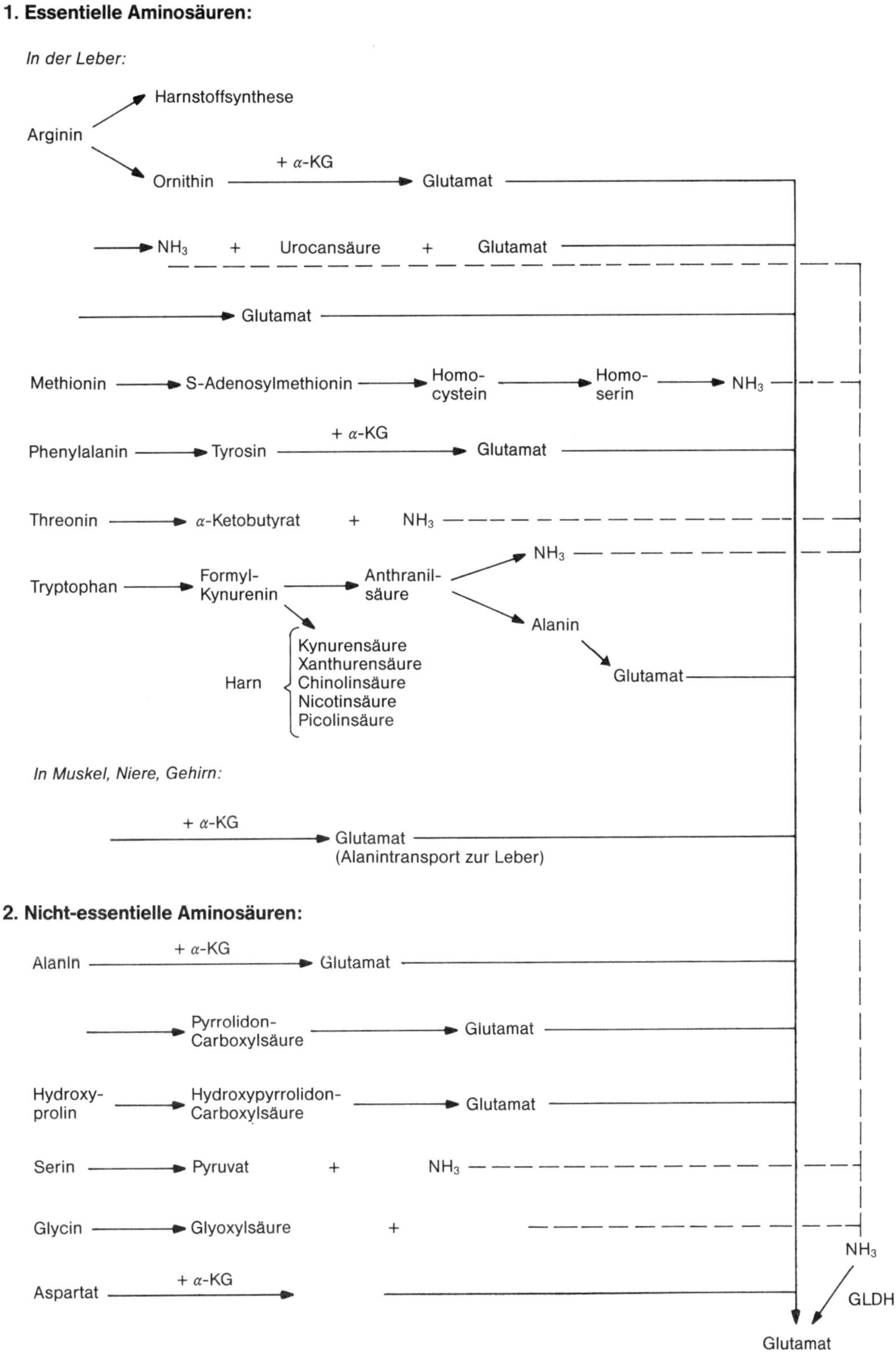

Abb. 44. Abbau der Aminosäuren (MUNRO und CRIM 1980).

schen Reaktionen, die Desaminierungen, Transaminierungen, Decarboxylierungen, Harnstoffsynthese und die Umwandlung in weitere wirksame N-haltige Verbindungen umfassen. Die wesentlichen Abbauschritte essentieller und nicht-essentieller Aminosäuren erfolgen in der Leber (Abb. 44).

Die Rolle der nicht-essentiellen Aminosäuren und anderer Stickstoff-Verbindungen
Eine Futtermischung, die alle essentiellen und nicht-essentiellen Aminosäuren außer Glutaminsäure enthält, führt zu einer leichten Wachstumsverminderung bei der Ratte.

Die Ratte kann Stickstoff aus einfachen Stickstoff-Verbindungen (Harnstoff) für die Synthese nicht-essentieller Aminosäuren verwenden, wenn diese im Futter fehlen und keine andere N-Quelle vorhanden ist. Das Verhältnis von Stickstoff aus essentiellen Aminosäuren und Stickstoff aus nicht-essentiellen Aminosäuren sowie anderen Stickstoff-Verbindungen in der Nahrung ist für jedes Protein charakteristisch und korreliert mit der biologischen Wertigkeit. In der Praxis spiegelt die E/T-Ratio dieses Verhältnis wider und unterstreicht somit die Bedeutung nicht-essentieller Aminosäuren.

$$\text{E/T-Ratio} = \frac{\text{g N aus essentiellen Aminosäuren des Proteins}}{\text{g Gesamt-Stickstoff des Proteins}}$$

Die E/T-Ratio für Eiprotein (Vollei) beträgt 3,2, für Frauenmilchprotein 3,1 und für Weizenprotein 2,0. Milchprotein läßt sich ohne Verlust der biologischen Wertigkeit auf eine E/T-Ratio von 1,8–2,0, Eiprotein sogar auf 0,7 verdünnen.

Die Ausnutzung der D-Aminosäuren
Die Verwertbarkeit der D-Isomere der Aminosäuren ist für die Ermittlung des Bedarfs an essentiellen Aminosäuren und aufgrund ihrer Relevanz für die Ernährung des Menschen und für die Tierernährung von großem Interesse. Im natürlichen Protein kommen die Aminosäuren nur in ihrer L-Konfiguration vor. Ein qualitativer Vergleich der D- und L-Isomere der essentiellen Aminosäuren zeigt, daß bei einigen die L-Isomere teilweise durch die korrespondierenden D-Aminosäuren ersetzt werden können, während bei anderen nur die L-Form genutzt werden kann. D-Aminosäuren dienen nur dem Ersatz ihrer entsprechenden L-Enantiomere. Die D-Aminosäuren können als Stickstoffquelle für die Synthese der nicht-essentiellen Aminosäuren genutzt werden. Die Verwertbarkeit verschiedener D-Aminosäuren ist unterschiedlich und speziesabhängig.

Stereospezifische Mechanismen der Aminosäureabsorption

Absorption
Die Absorptionskapazität für die D-Aminosäuren ist wesentlich niedriger als für die natürlich vorkommenden L-Enantiomere. Von einer oral verabreichten Dosis D-Aminosäuren wird ein hoher Prozentsatz in den Fäzes ausgeschieden, welches vermuten läßt, daß D-Aminosäuren nur durch passive Diffusion entlang eines Konzentrationsgefälles in die Zellen der Darmschleimhaut gelangen. Inzwischen konnte der aktive Transport von D-Aminosäuren nachgewiesen werden. D-Aminosäuren gelangen unter Beteiligung desselben Carriersystems in die Zelle, welches für die Absorption der entsprechenden L-Isomere zuständig ist. Die Carriersysteme sind demnach nicht absolut stereospezifisch, sondern binden L-bzw. D-Aminosäuren mit recht unterschiedlicher Affinität.

Untersuchungen über die stereospezifischen Eigenschaften der am Transport der neutralen Aminosäuren beteiligten Systeme am Ileum der Ratte zeigten, daß der Transfer von L-Methionin durch L-Alanin, L-Serin und L-Norleucin mit steigender Intensität gehemmt wird, wohingegen die D-Isomere dieser Aminosäuren kaum inhibierende Wirkung ausüben. Der Sarkosintransport wurde jedoch sowohl durch die L- als auch durch die D-Formen des Alanins, Prolins, Hydroxyprolins und Serins gehemmt. Der »Sarkosin-Carrier« scheint daher im Vergleich zu anderen Transportsystemen eine relativ geringere Stereospezifität zu besitzen.

Demnach sind die stereospezifischen Eigenschaften nicht bei allen Systemen gleich stark ausgeprägt. Außerdem bestehen große Unterschiede in der Affinität der einzelnen neutralen D-Aminosäuren zu ein und demselben Carrier, wie in Untersuchungen über die Absorption der D- und L-Isomere des Alanins, Valins, Serins, Leucins, Histidins, Phenylalanins und Tyrosins am isolierten distalen Ileum des Kaninchens gezeigt werden konnte. Zunächst wurde der Influx in Abhängigkeit von der Aminosäurekonzentration für die einzelnen D- und L-Isomeren getrennt bestimmt, um Wechselwirkungen zwischen den Nährstoffen zu vermeiden. Für alle getesteten D- und L-Aminosäuren – außer D-

Valin – konnte eine Sättigungskinetik ermittelt werden, die eindeutig auf einen aktiven Transport dieser Moleküle hinweist. Der D-Alanin-Influx zeigte allerdings nur schwache Tendenz zur Sättigungskurve. Für das D-Valin ergab sich eine reine Diffusionskinetik, was auf keine oder eine äußerst geringe Affinität dieser D-Aminosäure zu den Systemen der aktiven Aminosäureabsorption schließen läßt.

Dieses Ergebnis konnte in weiteren Untersuchungen noch bestätigt werden, in denen die inhibierende Wirkung der L-Aminosäuren auf den Influx der D-Isomeren, und umgekehrt der Einfluß der D-Aminosäuren auf die Absorption der entsprechenden L-Isomere, bestimmt wurde.

D-Alanin und D-Valin vermochten den aktiven Transport ihrer L-Isomere nicht in signifikanter Weise zu hemmen. D-Leucin und D-Phenylalanin übten jedoch eine deutlich inhibierende Wirkung auf den Transfer ihrer optischen Antipoden aus. Umgekehrt wurde der Influx aller D-Aminosäuren außer von D-Valin durch die entsprechenden L-Enantiomere negativ beeinflußt.

Neutrale D-Aminosäuren müssen bestimmte strukturelle Bedingungen erfüllen, um aktiv transportiert werden zu können. Generell nimmt die Affinität einer neutralen Aminosäure zum Carriersystem mit wachsender Kettenlänge zu.

Die Ausbildung hydrophober Bindungen zwischen der Kohlenwasserstoffkette und benachbarten Gruppen wird vermutet, wodurch der Ablauf des Transportvorganges begünstigt werden soll.

Ferner wird angenommen, daß die Möglichkeit einer Interaktion zwischen dem Trägermolekül und der Aminosäure von der sterischen Anordnung des α-C-Atoms zum β-C-Atom abhängig ist. Im Falle der D-Aminosäuren ist die Seitenkette verglichen mit den L-Aminosäuren um 180° verschoben. Dadurch werden Wechselwirkungen mit benachbarten Gruppen unterbunden. Die Affinität einer D-Aminosäure zu den Transportsystemen der neutralen L-Aminosäuren würde demnach davon abhängen, ob die Seitenkette trotz ungünstiger sterischer Konfiguration hydrophobe Bindungen mit dem Carriermolekül auszubilden vermag. Diese Möglichkeit scheint bei den D-Aminosäuren mit voluminöser Seitenkette eher gegeben zu sein als bei den kleinen Molekülen D-Valin und D-Alanin.

Reabsorption

Nach oraler oder parenteraler Zufuhr eines racemischen Aminosäuregemisches wird ein hoher Prozentsatz der D-Isomere unverändert im Urin ausgeschieden. L-Aminosäuren gehen normalerweise nur in ganz geringen Mengen über die Niere verloren, denn für die proteinogenen Aminosäuren und deren Derivate existiert eine Vielzahl von aktiven Transportsystemen mit hoher Transportkapazität, die sich hinsichtlich ihrer Substratspezifität und -affinität unterscheiden. Neueren Untersuchungen zufolge lassen sich diese an der Aminosäureabsorption beteiligten Systeme einteilen in Systeme, deren Wirkungsfeld auf den Transport einzelner Aminosäuren beschränkt ist und in Systeme mit geringerer Substratspezifität, die für die Reabsorption ganzer Aminosäuregruppen zuständig sind. Diese gruppenspezifischen Carrier lassen sich nochmals untergliedern in:

a) ein System für den Transport neutraler Aminosäuren
b) ein System für den Transport basischer Aminosäuren und Cystin
c) ein System für den Transport der neutralen Aminosäuren Prolin, Hydroxyprolin und Glycin.

Die Parallelen zu den Carriermechanismen der intestinalen Aminosäureabsorption sind offensichtlich.

Wie im Darm, so treten auch in den Nierentubuli bei den aktiven Transportvorgängen Interferenzen zwischen D- und L-Aminosäuren in Erscheinung, die auf eine Affinität der D-Aminosäuren zu den Trägersystemen der entsprechenden L-Aminosäuren schließen lassen.

Die Reabsorption der basischen Aminosäure D-Lysin und der neutralen Aminosäure D-Valin wurde ebenfalls untersucht. Der Transport von D-Lysin wurde durch L-Lysin und durch andere basische D- oder L-Aminosäuren gehemmt. Im Gegensatz hierzu zeigten die neutralen Aminosäuren kaum inhibierende Wirkung auf die Reabsorption von D-Valin. Dies spricht für eine sehr geringe Affinität dieser Aminosäure zu den Systemen des aktiven Transportes, wie sie auch bei der Absorption aus dem Darm beobachtet werden konnte. L-Methionin dagegen hemmt sowohl bei der Absorption als auch bei der Reabsorption deutlich den Transport seiner D-Isomeren. Ein leichter Antagonismus konnte auch zwischen den D- und L-Isomeren des Prolins, Serins und Phenylalanins festgestellt werden.

Besonders am Beispiel der neutralen Aminosäuren wird ersichtlich, daß sich die Systeme der Aminosäureabsorption und -reabsorption in ihren stereospezifischen Eigenschaften recht ähnlich sind. Die Affinität der einzelnen D-Aminosäuren zu den Carriern ist unterschiedlich stark ausgeprägt. Da D-Aminosäuren generell in wesentlich geringerem Ausmaße an aktiven Transportvorgängen teilnehmen als ihre L-Enantiomere, ist die niedrige Absorptions- und Reabsorptionskapazität ein wesentlicher Faktor für die schlechte Verwertbarkeit der D-Aminosäuren.

Verwertbarkeit der D-Aminosäuren

Die Verwertbarkeit der D-Aminosäuren ist generell wesentlich schlechter als die der natürlich vorkommenden L-Enantiomere. Wichtige Aspekte der Verwertbarkeit von D-Aminosäuren sind folgende:

– Sowohl die Absorption als auch die Reabsorptionskapazität für D-Aminosäuren ist aufgrund der Stereospezifität der am aktiven Aminosäuretransport beteiligten Systeme wesentlich niedriger als die der entsprechenden L-Isomeren.

– Möglicherweise bestehen auch Unterschiede zwischen D- und L-Aminosäuren bei den Transportvorgängen durch die Zellmembran der einzelnen Organe. Hierüber finden sich in der Literatur wenig Hinweise.

– D-Aminosäuren werden durch die D-Aminosäureoxidasen irreversibel zu α-Ketosäuren desaminiert. Die Kapazität dieser Enzyme ist eine wesentliche Einflußgröße auf die Verwertung der D-Aminosäuren in der Zelle.

– Eine durch oxidative Desaminierung aus einer D-Aminosäure hervorgegangene α-Ketosäure kann durch Transaminierung in das entsprechende L-Isomer überführt werden und somit die Funktionen der L-Aminosäure im Organismus ersetzen. Relativ leicht transaminierbar sind die α-Ketosäuren der essentiellen Aminosäuren D-Tryptophan, D-Phenylalanin und D-Methionin.

Solche D-Aminosäuren, die kaum in ihre L-Isomere umgewandelt werden können (D-Valin, D-Leucin, D-Isoleucin, D-Lysin und D-Threonin), dienen dem Organismus eventuell in gewissem Umfang als Stickstoffquelle für die Biosynthese nicht-essentieller Aminosäuren.

– Sowohl zwischen D- und L- als auch zwischen verschiedenen D-Aminosäuren treten im Stoffwechsel Antagonismen in Erscheinung, die sich auf die Verwertbarkeit von D-Aminosäuren auswirken. So ist bei der Absorption und Reabsorption eine Konkurrenz um die Carrier-Systeme bekannt. Solche Interferenzen zwischen Nährstoffen spielen auch bei der Metabolisierung der D-Aminosäuren innerhalb der Zelle eine Rolle. Werden mehrere D-Aminosäuren gleichzeitig verabreicht, so konkurrieren diese um eine Bindung an das aktive Zentrum der D-Aminosäureoxidasen. So läßt sich z. B. erklären, warum der wachstumsfördernde Effekt des D-Valins bei der jungen Ratte bei gleichzeitiger Aufnahme von D-Leucin wesentlich verschlechtert ist.

Die optischen Isomere der essentiellen Aminosäuren wurden bei intraperitonealer Verabreichung auf eine mögliche Giftigkeit getestet. Von den D-Aminosäuren war D-Arginin-HCl an toxischsten; D-Tryptophan und D-Threonin waren nur ⅓ bis ½ so toxisch wie ihre L-Formen. Die D-Formen des Isoleucins, Phenylalanins und Histidin-HCl lagen in etwa mit ihren L-Formen gleich, während die restlichen Aminosäuren etwas weniger toxisch waren als ihre L-Formen. Offensichtlich sind keine größeren Unterschiede in der akuten Toxizität der D- und L-Formen bei übermäßiger Gabe dieser Aminosäuren vorhanden. Über die möglichen Folgen einer Verabreichung über einen längeren Zeitraum liegen bisher keine Untersuchungsergebnisse vor.

Da sich die o. g. Einflußfaktoren auf die Verwertbarkeit der D-Aminosäuren bei den einzelnen Spezies unterschiedlich auswirken, bestehen beträchtliche Unterschiede zwischen den einzelnen Tierarten bezüglich einer Utilisation dieser in der Natur nicht vorkommenden Substanzen. So kann eine Anreicherung eines Futtermittels mit einer essentiellen D-Aminosäure bei einer Spezies, welche speziell diese D-Aminosäure relativ gut verwerten kann, ökonomisch sinnvoll sein. Denn die Synthese eines racemischen Aminosäuregemisches ist wesentlich preiswerter als die Herstellung einer reinen L-Aminosäure.

Spezifisch toxische Wirkungen von D-Aminosäuren sind, abgesehen von einer bei der Zufuhr exzessiver Mengen auftretenden Aminosäureimbalanz, bislang nicht nachgewiesen worden. Aufgrund ihrer schlechteren Verwertbarkeit kann man davon ausgehen, daß die Gefahr einer Aminosäureimbalanz durch Überdosierung bei den D-Aminosäuren sogar geringer ist als bei den L-Isomeren.

Proteinspeicher im Körper

Die im Körper gespeicherte Proteinmenge ist nicht konstant, da sie weitgehend von der Proteinversorgung abhängig ist. Erfolgt nach proteinreicher Ernährung eine Proteinunterversorgung, so fällt die Stickstoff-Ausscheidung im Urin nicht direkt nach der Umstellung ab, sondern sinkt allmählich ab und erreicht nach 4–6 d eine dem Proteingehalt der Nahrung entsprechende Konzentration. Eine Rückkehr zu hoher Proteinversorgung führt innerhalb von einigen Tagen zu einer langsamen Steigerung der Stickstoff-Ausscheidung auf entsprechend hohe Werte. Beim Erwachsenen beträgt die Proteinmenge, die der Körper infolge der Herabsetzung oder Wiederanhebung der Proteinversorgung ausscheidet bzw. retiniert 175–350 g. Dies ist das sog. »labile Protein« des Körpers. In Untersuchungen an Kindern konnte gezeigt werden, daß labiles Protein weniger als 1% des gesamten Körperproteins ausmacht. Diese Proteinmenge kann nicht als Proteinspeicher angesehen werden. In früheren Untersuchungen an Ratten wurde festgestellt, daß im Proteinmangel der Proteingehalt der Leber um etwa 40%, des Magen-Darm-Traktes um etwa 30%, des Muskels und der Haut um 8% und des Gehirns um 5% abnimmt.

Ein normal ernährter Erwachsener verfügt über etwa 11 kg Körperprotein, von denen er bis 3 kg ohne Beeinträchtigung von Körperfunktionen oder Gefährdung der Gesundheit verlieren kann. Die größte Menge dieses Gewichtsverlusts (von 3 kg) sind Abbauprodukte von Zellsubstanz.

Funktionen

Die Nahrungsproteine erfüllen verschiedene biologische Funktionen im Körper, die im folgenden kurz zusammengefaßt werden (Tab. 78).

1. Mit der Neusynthese körpereigener Proteine sind die Nahrungsproteine wesentlich für die Erneuerung der im katabolen Stoffwechsel unterschiedlich stark betroffenen Zellen und Gewebe verantwortlich. In dieser Funktion sind die Nahrungsproteine durch keine anderen Nahrungskomponenten zu ersetzen.
2. Proteine dienen der Synthese von Körpermasse, insbesondere während der Phase des schnellen Wachstums wie bei Kleinkindern, Heranwachsenden und während der Schwangerschaft.
3. Proteine dienen als Energiequelle mit einem physiologischen Brennwert von durchschnittlich 17 kJ (= 4 kcal)/g. Aus ernährungsphysiologischer Sicht sind die Proteine aufgrund ihrer relativ hohen spezifisch dynamischen Wirkung im Vergleich zu Kohlenhydraten und Fetten kein günstiger Energielieferant. Da Proteinendabbauprodukte (Stickstoff-Verbindungen) unter relativ hohem Energieaufwand ausgeschieden werden müssen, sollten Proteine nur in Ausnahmefällen als Energielieferanten eingesetzt werden.
4. Proteine sind in verschiedenen, für zahlreiche essentielle Körperfunktionen bedeutenden Körperflüssigkeiten und -sekreten enthalten. So sind alle Enzyme Proteine, und einige Hormone enthalten Protein- oder Aminosäurekomponenten. In Mucus, Milch und Sperma sind die Proteine ein wichtiger Struktur- und Funktionsteil. Fast proteinfrei sind Schweiß, Gallenflüssigkeit sowie der Urin gesunder Menschen.
5. Die Plasmaproteine, speziell das Albumin, sind wichtig für die Aufrechterhaltung der osmotischen Verhältnisse zwischen den verschiedenen Kompartimenten der Körperflüssigkeiten.
6. Die Plasmaproteine dienen als Transportproteine anderer Substanzen. Die Lipoproteine transportieren Triglyceride, Phospholipide, Cholesterin und fettlösliche Vitamine. Eisen und Calcium werden an spezifische Proteine gebunden transportiert, das eisenbindende Protein ist das Transferrin. Für den Transport von freien Fettsäuren, Bilirubin sowie eine ganze Anzahl von Pharmaka dient Albumin.
7. Als Antikörper (Immunglobuline) und in Form von verschiedenen Gerinnungsfaktoren (Fibrinogen und Thrombin) üben Proteine eine sehr wichtige Schutz- und Abwehrfunktion aus.
8. Den kontraktilen Proteinen kommt eine bedeutende Rolle im Muskelgewebe zu.
9. Als Strukturbestandteile sind die Proteine am Aufbau von Zellen und Geweben maßgeblich beteiligt. Zwar enthalten die Zellmembranen abhängig von der ihnen typischen Funktion unterschiedliche Proteinkonzentrationen, aber alle biologischen Membranen enthalten eine Proteinkomponente; Mucoprotein, Keratin, Elastin und Kollagen zählen zu den charakteristischen Strukturproteinen.

Tab. 78. Biologische Funktionen der Proteine im Körper

Proteine bzw. ihre Wirkformen	Art der Funktion
Enzyme	– Biokatalysatoren
Hormone	– Bioregulatoren
Transportproteine:	
Hämoglobin	– Transport von O_2 im Blut
Serumalbumin	Transport von Fettsäuren im Blut
β-Lipoprotein	Transport von Lipiden im Blut
Eisen-bindendes Protein	Transport von Eisen im Blut
Retinol-bindendes Protein	Transport von Vitamin A im Blut
Calcium-bindendes Protein	Transport von Calcium im Blut
Proteine mit Schutzfunktionen:	
Antikörper	– Immunität
Fibrinogen und Thrombin	– Blutgerinnung
Kontraktile Proteine	– Muskelkontraktion
Strukturproteine:	
Kollagen	– Bindegewebe in Sehnen und Knorpel
Elastin	u. a. elastisches Bindegewebe
β-Keratin	– Haut, Haar
Mucoprotein	– Zelloberflächen, Schleimsekretionen
Membranprotein	– Membranaufbau

Stickstoffausscheidung und Stickstoffbilanz

Die Endprodukte des Stickstoffmetabolismus werden im Urin ausgeschieden. Nicht-absorbiertes Nahrungsprotein sowie endogenes Protein in Form von Sekreten und Abschilferungen des Darmepithels werden im Stuhl ausgeschieden. Darüber hinaus verliert der Körper über die Haut kleine Mengen an Stickstoffverbindungen in löslicher Form wie Harnstoff, aber auch als Hautabschilferungen. Weitere Stickstoffverluste erfolgen durch Sekrete der Schleimhäute, Haare, Mensesblut und Samenflüssigkeit. Der größte Anteil des abgegebenen Stickstoffs verläßt den Körper jedoch über den Urin. Hauptstickstoffverbindungen im Urin sind Harnstoff, Ammoniak, Harnsäure und Kreatinin. Die gesamte Stickstoffausscheidung im Urin sowie das Verhältnis der Stickstoffverbindungen zueinander ist von der Proteinaufnahme abhängig. Bei einer unzureichenden Proteinaufnahme (24 g/d) ist die Stickstoffausscheidung, hauptsächlich die über den Harn, geringer als bei einer ausreichenden Proteinversorgung von 80 g/d. Bei der niedrigen Proteinaufnahme kommt es zu einer negativen Stickstoffbilanz (Tab. 79).

Bei einer ausreichenden bis hohen Proteinzufuhr beträgt der Anteil des Harnstoff-Stickstoffs am gesamten Harn-Stickstoff mehr als 80%. Bei geringer Proteinaufnahme dagegen macht der Harnstoff-Stickstoff etwa 60% der gesamten Stickstoffausscheidung im Urin aus (Tab. 80).

Tab. 79. N-Bilanz einer übergewichtigen jungen Frau nach mehrtägiger Verabreichung einer Kost mit 24 g und 80 g Protein/d (Passmore, Eastwood 1986)

	g N/d	
Aufnahme		
Nahrungs-N	3,9	12,7
Abgabe		
Urin-N	5,3	9,3
Fäzes-N	0,7	0,6
Haut-N	(0,2)	(0,2)
	6,2	10,1
Bilanz	–2,3	+2,6

Während des Fastens geht ein Anstieg des Ammoniak-Stickstoff mit einer Acidosis einher. Die Kreatininausscheidung im Urin scheint von der Ernährung unabhängig zu sein. Sie reflektiert den Gesamtpool an Kreatinin in der Muskulatur und verändert sich, wenn eine Kreatinin-freie Diät aufgenommen wird.

Der allgemeine Proteinmetabolismus im Körper wird durch die Stickstoffbilanz zusammengefaßt. Die Stickstoffbilanz gibt die Differenz zwischen Stickstoffaufnahme und Stickstoffausscheidung an. Sie ist entweder positiv (bei einer Stickstoffretention z.B. während der Phase aktiven Wachstums), negativ (Stickstoffverluste z.B. während verschiedener Situationen des katabolen Stoffwechsels) oder Null (Stickstoffgleichgewicht). Die Bestimmung der Stickstoffbilanz (B) erfordert daher die genaue Erfassung der gesamten Stickstoffaufnahme (A) und der gesamten Stickstoffausscheidung über Urin (U), Fäzes (F) und Haut (H). Die Bilanz errechnet sich aus folgender Formel:

$$B = A - (U + F + H)$$

Die Stickstoffbilanz wird bei der Ermittlung des Mindestbedarfs an Protein sowie bei der exakten Beurteilung der Proteinqualität durchgeführt. Sie zeigt, in welcher Stoffwechsellage sich der Körper befindet, ob und wie er auf eine diätetische oder medikamentöse Behandlung anspricht (Anabolismus/Katabolismus).

Für die Stickstoffbilanzbestimmung ist wichtig, daß das Untersuchungsmaterial (Ausscheidungsprodukte) mehrere Tage bei konstanten Ernährungsbedingungen gesammelt und untersucht wird.

Zur Durchführung: Nach einer Gewöhnungsperiode von mindestens 11 d reicht eine Testperiode von nur 5 d. Mit Hilfe von Nährwerttabellen und/oder Laboranalysen muß die Stickstoffaufnahme nach Möglichkeit exakt berechnet werden (die Abweichung bei der Erfassungsmethode der Stickstoffaufnahme darf nicht mehr als 15% betragen).

Die Stickstoffausscheidung über Urin und Fäzes wird mittels 24 h-Proben bestimmt.

Die Stickstoffausscheidung über die Haut ist schwierig zu bestimmen. Sie hängt vom Klima und von der körperlichen Tätigkeit ab, mit Werten zwischen 90 und 700 mg/d. Bei mildem Klima und leichter Arbeit beträgt sie 90–190 mg/d und wird daher im allgemeinen mit ca. 200 mg/d angegeben.

Bei exakter Durchführung variiert die Stickstoffbilanz für zwei Stichproben, die unter den gleichen Ernährungsbedingungen durchgeführt wurden, relativ gering (10–15%).

Faktoren, die die Stickstoffbilanz beeinflussen

1. Energieaufnahme: Die Stickstoffbilanz wird direkt durch die Energieaufnahme beeinflußt. So ist eine negative Stickstoffbilanz deutlicher

Tab. 80. Zusammensetzung des Urinstickstoffes bei Erwachsenen unter verschiedenen Ernährungsbedingungen (Allison, Bird 1964)

Komponenten des Urin-N	Proteinversorgung hoch	Proteinversorgung niedrig	Während des Fastens 1. Tag	Während des Fastens 2. Tag
Gesamte N-Ausscheidung pro Tag (g N):				
Total N	16,80	3,60	10,51	8,77
Harnstoff N	14,70	2,20	8,96	6,62
Ammoniak	0,49	0,42	0,40	1,05
Harnsäure N	0,18	0,09	0,12	0,17
Kreatinin N	0,58	0,60	0,44	0,39
Andere N-Verbindungen	0,85	0,27	0,59	0,54
Prozentualer Anteil der gesamten N-Ausscheidung:				
Harnstoff N	87,5	61,7	85,1	75,7
Ammoniak N	3,0	11,3	3,8	12,0
Harnsäure N	1,1	2,5	1,1	1,9
Kreatinin N	3,6	17,2	4,2	4,4
Andere N-Verbindungen	4,9	7,3	5,6	6,1

negativ, wenn die Energieaufnahme unter dem Bedarf liegt. Andererseits verbessert sich eine negative Stickstoffbilanz bei erhöhter Energieversorgung (Abb. 45). Es zeigt sich, daß die Stickstoffbilanz den Summeneffekt der Protein- und Energieaufnahme darstellt. Daher müssen alle Stickstoffbilanzstudien unter genau definierten Bedingungen der Energieversorgung durchgeführt werden.

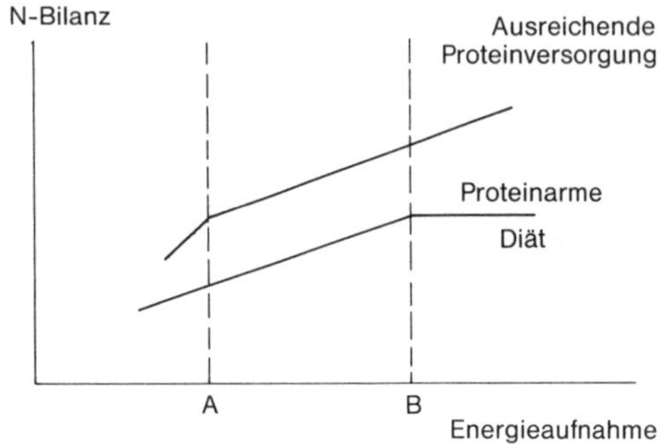

Abb. 45. Summeneffekt der Protein- und Energieaufnahme auf die Stickstoffbilanz. Eine ausreichende Energiezufuhr verbessert die Stickstoffbilanz auf beiden Ebenen der Proteinversorgung (MUNRO 1969).

2. Wachstum: Ein 12jähriges Kind nimmt unter normalen Bedingungen etwa 5 kg/a zu. Es bildet in diesem Jahr etwa 1 kg körpereigenes Protein. Dafür reteniert es im Körper etwa 150 g Stickstoff/a bei einer positiven Stickstoffbilanz von 0,4 g Stickstoff/d über das ganze Jahr. Diese Stickstoffretention wird gesteuert durch die Wachstumshormone und Testosteron.

3. Körperverletzung und Streß: Nach Operationen wird mit dem Urin vermehrt Stickstoff ausgeschieden. Dieses führt zu einer negativen Stickstoffbilanz, welche durch die vermehrte Ausschüttung von Hormonen der Nebennierenrinde und Thyroxin als Antwort auf die Stimulierung eines Traumas bedingt ist.

4. Körperliche Tätigkeit: Körperlich aktive Menschen benötigen mehr Protein als weniger aktive, da die körperliche Arbeit den Muskelstoffwechsel steigert. Bei ungenügender Proteinzufuhr kann es zu einer negativen Stickstoffbilanz kommen. Bei ausreichender Proteinversorgung wird die Proteinumsatzrate nur unter extremer körperlicher Arbeit und sehr wahrscheinlich nur in geringem Maße beeinflußt. Letztere Annahme wurde durch Beobachtungen an Bergsteigern erhärtet. In einer dieser Studien schieden Bergsteiger mit dem Urin 5–6 g Stickstoff/13 h aus. Diese Menge entspricht einer Proteinabbaurate bei einer leichten körperlichen Tätigkeit.

5. Darmflora: Bei Patienten – meist mit gestörter Nierenfunktion –, die proteinarm ernährt werden müssen, ist die Darmflora in der Lage, aus Ammoniak nicht-essentielle Aminosäuren aufzubauen, die in der Proteinsynthese eingesetzt werden.

Proteinqualität

Die Qualität eines mit der Nahrung aufgenommenen Proteins wird bestimmt durch die Fähigkeit, daraus körperspezifische, d. h. durch genetische Faktoren in ihrer Zusammensetzung festgelegte Proteine zu bilden. Bei ausreichender Energieversorgung ist die Qualität (= Biologische Wertigkeit) eines Nahrungsproteins unabhängig von der vom tierischen Organismus aufgenommenen Quantität.

Neben der Zusammensetzung körperspezifischer Proteine bedingen genetische Faktoren auch die maximal mögliche Quantität ihrer Bildung im Organismus (maximales N-Ansatzvermögen). Der Grad der Realisierung dieser genetisch begrenzten Kapazität ist abhängig von der aufgenommenen Quantität eines qualitativ definierten Nahrungsproteins.

Zur Synthese von Proteinen im Intermediärstoffwechsel ist die gleichzeitige Anwesenheit aller für die Sequenz erforderlichen Aminosäuren unabdingbar. Einige von ihnen vermag der Organismus intermediär selbst zu bilden (nicht-essentielle Aminosäuren), andere können zwar gebildet werden, aber die produzierte Quantität ist ungenügend, bzw. sie entstehen aus Verbindungen, die der Intermediärstoffwechsel nicht aufbauen kann (semiessentielle Aminosäuren). Die Gruppe der essentiellen Aminosäuren muß aus dem Intestinum (oder parenteral) zugeführt werden, weil deren Kohlenstoffskelette intermediär nicht synthetisiert werden können.

Die Qualität eines Proteins ist abhängig von der Relation seines Aminosäuremusters zu dem Bedarfsmuster an den einzelnen Aminosäuren. Die Qualität eines Nahrungsproteins wird also in erster Linie durch seinen Gehalt an intermediär verfügbaren essentiellen und semiessentiellen Aminosäuren und ihrem Verhältnis zu den nicht-essentiellen Aminosäuren bedingt, wobei es um so höherwertig ist, je mehr die Relation der Bausteine untereinander dem Muster des Bedarfs entspricht.

Die Ermittlung der Proteinqualität
Die Proteinqualität kann mit Hilfe chemischer beziehungsweise biologischer Methoden ermittelt werden. Die wichtigsten dieser Methoden zeigt Tab. 81.

Die Berechnung der Proteinqualität aus Aminosäureanalysen setzt die Kenntnis aller für die betreffende Tierart und Leistung essentiellen Aminosäuren und der entsprechenden Aminosäurenkonzentrationen im Vergleichsstandard (wie das FAO-Referenzprotein; Tab. 82) oder im Bedarfsmuster voraus. Aus Aminosäuren durch Berechnung ermittelte Proteinqualität sollte nicht als biologisch ermittelte Wertigkeit bezeichnet werden. Dieser Terminus gilt ausschließlich für im biologischen Test an Menschen oder verschiedenen Tierspezies ermittelte Ergebnisse.

Ziel aller Methoden
Zur Bestimmung der Proteinqualität ist grundsätzlich festzustellen, inwieweit sich ein Protein als Nahrungsprotein eignet und somit zur Biosynthese von Körperprotein imstande ist. Die Schwierigkeiten der Protein-Qualitätsbeurteilung liegen in der Polyvalenz der Einflußfaktoren. Zu diesen Faktoren zählen:
1. Die chemische Zusammensetzung des Proteinträgers, insbesondere der Gehalt an Protein und umsetzbarer Energie
2. Der Gehalt an essentiellen Aminosäuren und deren Relation zu anderen Aminosäuregruppen
3. Die Verfügbarkeit der Aminosäuren
4. Die Faktoren: Spezies, physiologischer Zustand, Umweltbedingungen und verwendete Methodik.

Tab. 81. Parameter zur Beurteilung der Proteinqualität (FAO/WHO 1973; Pellett, Young 1980; Drepper, Elmadfa 1980)

Chemische Parameter:

1. E/T Ratio $= \dfrac{\text{N-Gehalt d. ess. AS (g)}}{\text{Gesamt-N (g)}}$

2. E/N Ratio $= \dfrac{\text{ess. AS (g)}}{\text{nicht ess. AS (g)}}$

3. Chemical Score (CS) $= \dfrac{\text{\% einer AS im Testprotein}}{\text{\% der entspr. AS im Referenzprotein}}$

4. Essential Amino Acid Index (EAA)

$$= \sqrt[n]{\left(\frac{Ile_T}{Ile_R} \times 100\right) \cdot \left(\frac{Leu_T}{Leu_R} \times 100\right) \cdot \left(\frac{Lys_T}{Lys_R} \times 100\right) \cdots \left(\frac{Val_T}{Val_R} \times 100\right)}$$

T = Testprotein;
R = Referenzprotein;
n = Anzahl berücksichtigter Aminosäuren

Biologische Parameter:

1. Protein Efficiency Ratio (PER) $= \dfrac{\text{Gew.-Zunahme (g)}}{\text{Proteinaufnahme (g)}}$

2. Biologische Wertigkeit (BW) $= \dfrac{\text{retinierter N}}{\text{absorbierter N}} \times 100$

3. Net Protein Utilization (NPU) $= \dfrac{\text{retinierter N}}{\text{N-Aufnahme}} \times 100$

4. Net Dietary Protein Energy Ratio ($ND_{PE}R$) $= \dfrac{\text{Proteinenergie}}{\text{Energieaufnahme}} \times \text{NPU}$

5. Net Dietary Protein Value (ND_PV) $=$ N-Aufnahme $\times$ 6,25 $\times$ NPU

Tab. 82. FAO-Referenzprotein (FAO/WHO 1973)

Aminosäure	g AS/16 g N
Isoleucin	4,0
Leucin	7,0
Lysin	5,5
Methionin + Cystin	3,5
Phenylalanin + Tyrosin	6,0
Threonin	4,0
Tryptophan	1,0
Valin	5,0

Aus ernährungsphysiologischer Sicht sind die Intensität des Abbaus aufgenommenen Proteins und der Grad seiner Ausnutzung maßgebend für seine Qualität. Da der Körper Proteine als solche nicht absorbieren kann, sondern ausschließlich deren Bausteine, die Aminosäuren (bzw. Di- und Tripeptide), erhebt sich die Frage nach der Verfügbarkeit der einzelnen Aminosäuren.

Wenn auch allgemein anerkannt ist, daß die Qualität eines Nahrungsproteins hauptsächlich durch seinen Gehalt an essentiellen Aminosäuren definiert ist, so zeigten Versuchsergebnisse verschiedener Arbeitsgruppen, daß die auf chemischem Wege erzielten Werte (in erster Linie Aminosäureanalyse durch Säurehydrolyse) keineswegs immer mit der Verfügbarkeit der Aminosäure für einen bestimmten Organismus – sei es Mensch oder Tier – übereinstimmen. Die Verfügbarkeit der Aminosäuren ist Voraussetzung für deren Ausnutzbarkeit. Die Blutspiegel absorbierter Aminosäuren hängen von der Verdaulichkeit des Nahrungsproteins und der Verfügbarkeit der im Verdauungsprozeß freigesetzten Aminosäuren ab. Eine unterschiedliche Verfügbarkeit von Aminosäuren läßt sich physiologisch-biochemisch aus dem Wirkungsgrad der Verdauungsenzyme auf die Freisetzung der Aminosäuren aus dem zu testenden Protein erklären. Die wichtigsten Faktoren, die die Aminosäureverfügbarkeit in Proteinen beeinflussen, sind:

1. Art und Struktur der Proteine:
Allgemein gesehen können tierische Proteine nahezu vollständig verdaut werden, während pflanzliche Proteine häufig eine beträchtlich reduzierte Verdaulichkeit aufweisen, die eine geringere Verfügbarkeit der Aminosäuren zur Folge hat. Dies läßt sich z. T. dadurch erklären, daß die pflanzlichen Proteine in einer von den proteolytischen Enzymen des Intestinaltraktes nicht aufspaltbaren, cellulosehaltigen Zellwand eingeschlossen sind. Sowohl die Verdaulichkeit von Proteinen wie auch die Verfügbarkeit der Aminosäuren sind von der Art der Aminosäuresequenz (Primärstruktur) und der Tertiärstruktur der Proteine abhängig. Anhand der Lysinverfügbarkeit in verschiedenen Cerealienproteinen (für Mais 50%, für Weizen 70%, für Reis 85%), die aus der spaltenden Wirkung des pankreatischen Trypsins auf die Peptidbindungen zwischen Arginin und Prolin sowie Lysin und Prolin resultiert, läßt sich der Einfluß der Primärstruktur auf die Verfügbarkeit der Aminosäuren nachweisen.

Der Einfluß der Tertiärstruktur als begrenzender Faktor der Aminosäureverfügbarkeit läßt sich anhand der Tatsache demonstrieren, daß native Proteine ohne Denaturierung von Trypsin nicht angegriffen werden. Eine Denaturierung findet häufig bei der Lebensmittelverarbeitung, vor allem durch Hitzebehandlung oder spätestens im Magen statt.

2. Technologische Maßnahmen:
Bei der Verarbeitung von Lebensmitteln besitzen Verfahren, bei denen Hitzebehandlungen

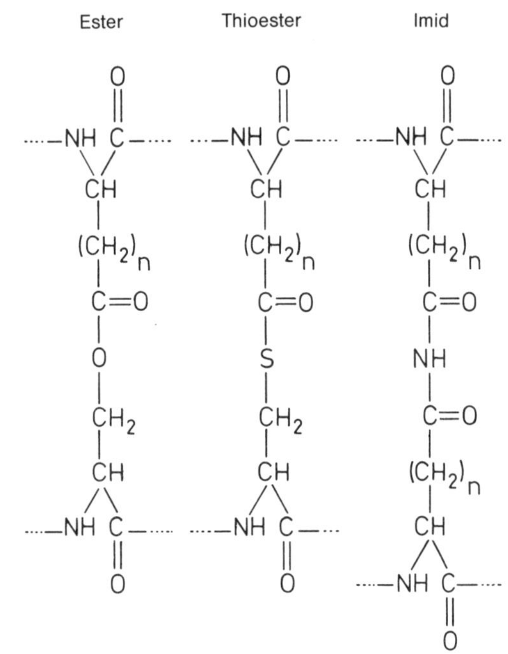

Abb. 46. Beispiele für mögliche intramolekulare Bindungen in hitzegeschädigtem Protein (FORD 1973).

eingesetzt werden, den größten positiven aber auch negativen Einfluß auf die Verfügbarkeit von Aminosäuren.

Nach Literaturberichten lassen sich folgende Arten von Hitzeschädigungen feststellen:

a) Wechselwirkungen (Kupplungen oder Verkettungen) zwischen den einzelnen Aminosäuren sowie zwischen den Peptidketten. Daraus resultieren Verbindungen wie Ester, Thioester oder Imide, die durch die Verdauungsenzyme nicht aufgespalten werden können und so die Verdaulichkeit benachbarter Peptidbindungen beeinträchtigen (Abb. 46).

b) Reaktionen zwischen Aminosäuren und Kohlenhydraten:
Unter verschiedenen thermischen Bedingungen können – bereits bei normaler Temperatur – aus carbonylhaltigen Verbindungen (Aminosäuren, Peptide, Proteine) in der sog. MAILLARD-Reaktion komplizierte, nicht verdauliche Bräunungsprodukte entstehen (Abb. 47). Während der Bräunungsreaktion geht Stickstoff verloren, dessen Menge von der Art der Reaktionspartner abhängt. Besonders reaktionsfähig sind Seitengruppen der Aminosäuren wie die Guanidylgruppe des Arginins oder die Indolgruppe des Tryptophans. Am stärksten wird die ε-Aminogruppe des Lysins betroffen. Dabei können Verbindungen zwischen Aminosäuren und Kohlenhydraten, die eine völlige Zerstörung der Aminosäuren bedeuten, entstehen. Verschiedene Autoren berichteten, daß die Aminosäuren Histidin, Isoleucin, Leucin, Lysin, Methionin, Phenylalanin, Tryptophan, Threonin und Valin in unterschiedlichem Maße betroffen werden. Am Beispiel von Fructose-L-Tryptophan, das vom Darm nur bis zu 20% resorbiert und annähernd total ohne Metabolisierung über die Niere ausgeschieden wird, wurde gezeigt, daß solche Reaktionsprodukte für den Körper nicht mehr verfügbar sind.

c) Reaktionen zwischen der freien Aminogruppe der basischen Aminosäuren und den Oxidationsprodukten der Fettsäureoxidation (Aldehyde) führen zu einer drastischen Reduzierung der in-vitro-Verdaulichkeit der Proteine. Bei solchen Reaktionen ist Lysin mit der reaktionsfähigen ε-Aminogruppe die empfindlichste Aminosäure.

3. Weiterhin können sowohl Aminosäureimbalanzen wie auch antinutritive Faktoren, welche die proteolytische Aktivität von Trypsin inhibieren, z. B. Protease-Inhibitoren u. a., die Proteinverdauung hemmen und somit die Verfügbarkeit von Aminosäuren entscheidend beeinträchtigen.

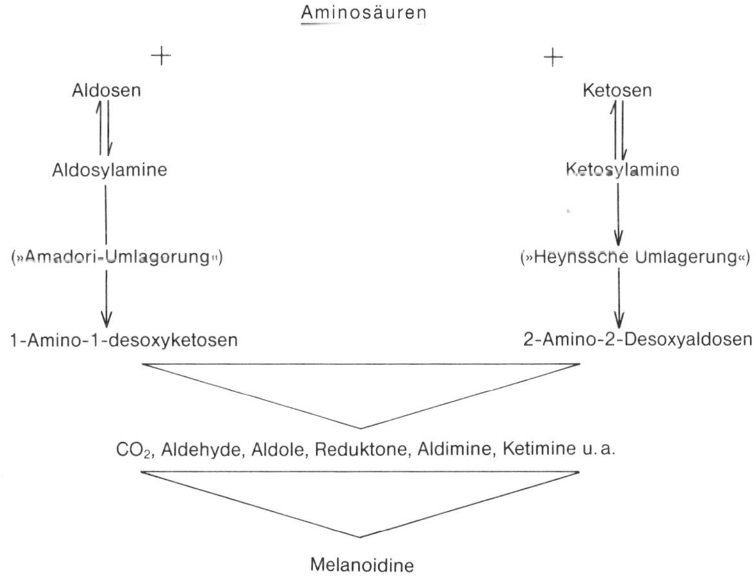

Abb. 47. Vereinfachtes Schema der Bräunungsreaktion zwischen Aminosäuren und reduzierenden Zuckern (MENDEN 1970).

Tab. 83. Methoden zur Bestimmung der Aminosäureverfügbarkeit

Versuche am Menschen oder am Tier
Wachstumsrate (growth rate)
Ausscheidung bestimmter Aminosäuren
Plasmaaminosäuren
Analyse des Darminhaltes (Verdaulichkeit)
abhängig von der Methode, große Schwankungen

Mikrobiologische Methoden
mit *Tetrahymena pyriformis* oder
mit *Streptococcus zymogenes*

Enzymatische Methoden
mit Pepsin; Pankreatin; Pepsin-Pankreatin-Gemisch
mit Pronase

Chemische Bestimmungen

Zahlreiche Methoden zur Bestimmung der Aminosäureverfügbarkeit können angewandt werden (Tab. 83).

Bedarf an Aminosäuren und Protein

Die große Bedeutung der Proteine als unersetzbare, lebensnotwendige Nährstoffe liegt darin begründet, daß sie den Körper mit Aminosäuren – vor allem den essentiellen Aminosäuren – versorgen. Für die Menschen sind 8 Aminosäuren essentiell (Tab. 72), der geschätzte Bedarf ist altersabhängig (Tab. 84).

Für eine ausreichende Versorgung des Körpers mit essentiellen Aminosäuren wurde von der FAO/WHO ein Standard- bzw. Referenzprotein mit einer ausgeglichenen Zusammensetzung der essentiellen Aminosäuren vorgeschlagen (Tab. 82).

Der Bedarf an Nahrungsprotein kann mit zwei Meßmethoden bestimmt werden:

1. Messung aller Verluste an stickstoffhaltigen Verbindungen und Schätzung der Stickstoffmenge – in Form eines biologischen hochwertigen Proteins –, die ausreichend ist, um diese obligatorischen Stickstoffverluste beim Erwachsenen zu ersetzen. Diese Methode wird als faktorielle Methode bezeichnet, da verschiedene Faktoren der Stickstoffausscheidung bzw. -verluste im Körper berücksichtigt werden. Es wird angenommen, daß die Proteinzufuhr, die diese Verluste ersetzen kann, bedarfsdeckend ist.
2. Direkte Messung der Mindestmenge an Nahrungsprotein, die für die Aufrechterhaltung einer ausgeglichenen Stickstoffbilanz benötigt wird. Im Idealfall stimmen die Ergebnisse beider Methoden gut überein.

Während der Wachstumsphase liegt der Proteinbedarf wesentlich höher als im Erwachsenenalter. Das Neugeborene braucht pro kg Körpergewicht etwa 5mal soviel Protein wie der Er-

Tab. 84. Der geschätzte Bedarf des Menschen an essentiellen Aminosäuren in Abhängigkeit vom Alter (in mg/kg Körpergewicht/d) (Munro 1972)

Aminosäure	Kleinkinder	Kinder 10–12 J	Erwachsene Männer	Erwachsene Frauen
	(Holt)	(Nakagawa)	(Rose)	(Hegsted)
Histidin	(25)	–	–	–
Isoleucin	111	28	10	10
Leucin	153	49	11	13
Lysin	96	59	9	10
Methionin + Cystein	50	27	14	13
Phenylalanin + Tyrosin	90	27	14	13
Threonin	66	34	6	7
Tryptophan	19	4	3	3
Valin	95	33	14	11
Summe aller essentiellen Aminosäuren (ohne Histidin)	680	261	81	80

wachsene. Mit zunehmendem Alter nimmt der Proteinbedarf ab, bleibt während der Pubertät aber höher als beim Erwachsenen. Dieser Mehrbedarf an Protein wie auch der während Schwangerschaft und Lactation wird gesondert berücksichtigt.

Mit der faktoriellen Methode der Proteinbedarfsermittlung werden die verschiedenen Komponenten der Stickstoffausscheidung berücksichtigt. Aufgrund neuerer Literatur liegen folgende Erkenntnisse vor:

Bei proteinfreier Ernährung und ausreichender Energieversorgung kommt es innerhalb von wenigen Tagen zu einer rapiden Abnahme der Urinstickstoffausscheidung, gefolgt von einer konstant bleibenden Stickstoffausscheidung, die Ausdruck der endogenen Stickstoffverluste ist. Diese konstant bleibende Mindestausscheidung an Stickstoff beträgt 37 mg Stickstoff/kg Körpergewicht. Auch im Stuhl wird eine bestimmte Menge an Stickstoff ausgeschieden, deren Ursprung sowohl die Verdauungsenzyme als auch die abgeschilferten Darmzellen, die nicht vollständig verdaut und absorbiert werden konnten, ist. Diese obligatorische Stickstoffausscheidung in den Fäzes beträgt beim Erwachsenen ca. 12 mg Stickstoff/kg Körpergewicht.

Unter normalen Ernährungs- und Klimabedingungen verliert der Erwachsene täglich über die Haut 5 mg Stickstoff/kg Körpergewicht, bei proteinfreier Ernährung nur 3 mg. Zu diesen Hauptstickstoffausscheidungswegen zählen auch kleine Beträge der Stickstoffausscheidung über Atemluft (als Ammoniak), Schleimhautsekrete, Mensesblut und Samenflüssigkeit. Die Summe dieser Stickstoffausscheidung wird bei Männern auf 2 mg und bei Frauen auf 3 mg/kg Körpergewicht pro Tag geschätzt (Tab. 85). Die Summe der Gesamtstickstoffausscheidung erreicht 54 mg Stickstoff/kg Körpergewicht/d. Diese Stickstoffmenge entspricht einer Proteinverlustrate von ungefähr 0,34 g kg/KG/d ($= N \times 6{,}25$).

Nach dieser Bestimmungsmethode kann der tägliche Mindestbedarf an Protein mit 0,34 g/kg Körpergewicht veranschlagt werden. Bei der Berechnung der Stickstoffausscheidung in Urin und Fäzes wurde mit einem Variationskoeffizienten von 15% gearbeitet. Bei Berücksichtigung der obligatorischen Stickstoffverluste von 97,5% der Population mit der zweifachen Stan-

Tab. 85. Durchschnittliche obligatorische Stickstoff- und äquivalente Proteinverluste erwachsener Männer bei proteinfreier Ernährung (modif. nach Munro 1980)

	tägliche Stickstoffverluste (mg/kgKörpergewicht)	äquivalente Proteinmenge (g/kg Körpergewicht)
Urin	37	0,23
Fäzes	12	0,08
Haut	3	0,02
Verschiedene Stickstoffverluste kleinen Ausmaßes	2	0,01
mittlere Summe ($\bar{x}$)	54	0,34
2 x Standardabweichung über $\bar{x}$ (= 2 x 15% = 30% von $\bar{x}$)	70	0,45
Korrekturfaktor für nichtvollständige Effizienz der Proteinausnutzung; am Beispiel von Volleiprotein = 30%		0,59
sollte ein Protein geringerer Qualität verwendet werden, dessen Qualität 75% der vom Volleiprotein beträgt, so wird mit einem weiteren Korrekturfaktor von 100/75 multipliziert. Erforderliche Proteinmenge = 100/75 × 0,59		0,8

dardabweichung (2 × 15%) sollten 30% der errechneten mittleren Ausscheidung an Stickstoff addiert werden. So erhöht sich der errechnete tägliche Bedarf auf 0,45 g Protein/kg Körpergewicht.

Da die Verbesserung der Stickstoffbilanz nicht linear zur Proteinzufuhr verläuft, und die errechnete Ineffizienz des Körpers – auch biologisch wertvolle Proteine wie das Vollei-Protein zu verwerten – 30% beträgt, wird dieser Betrag zum errechneten Bedarf addiert. Der Mindestbedarf an Protein erhöht sich damit von 0,45 auf 0,59 g Protein/kg Körpergewicht/d. Bei geringer Qualität des aufgenommenen Proteins – z. B. bei 75% der biologischen Wertigkeit des Vollei-Proteins – muß der errechnete Proteinbedarf um einen weiteren Faktor von 100:75 korrigiert werden. In diesem Fall beträgt der Proteinbedarf 0,59 × 100:75 = 0,8 g Protein/kg Körpergewicht. Für eine 70 kg schwere Person ergeben sich 56 g Protein/d als bedarfsdeckende Zufuhr.

Grundlagen der empfohlenen Proteinzufuhr

Die Proteinmenge, die ausreicht, um die obligatorischen Stickstoffverluste zu ersetzen und damit eine ausgeglichene Stickstoffbilanz zu ermöglichen, kommt dem Mindestbedarf (Grundbedarf) an Protein gleich. Stickstoffbilanzminima finden sich bei gemischter Kost – auch wenn die Proteinkomponente nur aus pflanzlichen Quellen besteht – bei einer Proteinzufuhr zwischen 0,4 und 0,65 g/kg Körpergewicht. Für eine optimale Proteinzufuhr gibt es keinen zuverlässigen Test. Die bisher bekannten Empfehlungen:

- Die 1. Empfehlung der Proteinzufuhr stammt von Voit (1881) und lag bei 145 g Protein/d als »passable Proteinaufnahme«.
- Empirisch, basierend auf Erfahrungen während des 1. Weltkrieges, empfahl die Hygiene-Sektion des Völkerbundes 1936 eine Proteinzufuhr zwischen 1 und 1,5 g Protein/kg Körpergewicht/d. Diese allgemeine Empfehlung galt weltweit bis Mitte der 1960er Jahre.
- Experten-Komitees der FAO/WHO der Jahre 1950, 1965 und 1973 versuchten jeweils die empfohlene Proteinzufuhr auf eine physiologisch begründbare Menge zu reduzieren. Ihre Empfehlungen basieren auf den erwähnten Möglichkeiten zur Ermittlung der Stickstoffverluste, nämlich der faktoriellen Methode zur Erfassung der Stickstoffverluste bzw. des Bilanzminimums. Von diesen Komitees wird die wünschenswerte Proteinzufuhr mit einer Sicherheitsspanne in den Proteinempfehlungen (safe levels of protein intake) angegeben. Diese umfassen neben der den Grundbedarf an Protein deckenden Zufuhr – angeben in g Vollei bzw. Milchprotein als das Protein mit der höchsten biologischen Wertigkeit – auch Zuschläge, die sowohl eine geringere Absorptionsrate als auch eine verminderte Utilisation im Körper und somit eine geringere Qualität aufgenommener Proteine berücksichtigen (Tab. 86).

Für erwachsene junge Männer liegt demnach die wünschenswerte Proteinzufuhr bei 0,57 g Protein/kg Körpergewicht/d (entsprechend 53 g Protein oder 7% der Energiezufuhr). Diese Empfehlung beruht auf einer Mischung von Nahrungsproteinen mit der Qualität NPU = 70. Vorausgesetzt wird eine ausreichende Energiezufuhr. Diese Proteinzufuhr genügt nicht immer für die Aufrechterhaltung einer ausgeglichenen Stickstoffbilanz, könnte aber durch eine Steigerung der Energieaufnahme verbessert werden. Ferner vermag diese Proteinzufuhr nicht die biochemischen Folgen einer Proteinunterversorgung zu beseitigen. So wurden bei Probanden, die freiwillig für eine Dauer von 59–87 d 0,57 g Vollei-Protein/kg Körpergewicht/d aufnahmen, signifikant erhöhte Aktivitäten der Transaminasen GOT und GPT festgestellt, die sich erst nach einer Steigerung der Proteinzufuhr von 0,57 g auf 0,73 g bis 1 g Vollei-Protein/kg Körpergewicht/d normalisierten.

Die Empfehlung der DGE für die wünschenswerte Proteinzufuhr für Erwachsene lautet 0,8 g/kg Körpergewicht/d. Diese Empfehlung beinhaltet eine Spannweite von ± 20% oder eine Streubreite von 0,64 bis 0,96 g Protein. Nach Empfehlungen der DGE soll diese Spanne auch die Wiederauffüllung der Proteinreserven des Körpers nach vorangegangenen Proteinverlusten ermöglichen. Diese Empfehlung beruht auf Ergebnissen von Untersuchungen des Stickstoffbilanzminimums von jungen Männern, die als alleinige Proteinquelle Vollei-Protein erhielten. Das Bilanzminimum von 27 untersuchten Probanden lag bei 0,37 g bis 0,62 g mit einem Durchschnittswert von 0,51 g Protein/kg Körpergewicht.

Die von der DGE und in den USA empfohlene Proteinzufuhr von 0,8 g/kg Körpergewicht/d erlaubt die Aufnahme von Proteinen geringerer biologischer Qualität. Die Empfehlungen gehen von einer gemischten Kost aus, d. h. die Proteine sind aus verschiedenen Proteinträgern zusammengesetzt. Es ist sinnvoll, daß etwa ⅓ der Proteinaufnahme durch biologisch hochwertige Proteine erfolgt. Dies ist jedoch nicht unbedingt erforderlich, solange die Proteine der Kost ein ausgeglichenes Aminosäuremuster aufweisen, das dem Bedarfsmuster des Körpers an Aminosäuren entspricht.

Als Energieträger haben Fette und Kohlenhydrate einen sparenden Effekt auf Proteine. Ist die Energiezufuhr nicht ausreichend, so wird aus den Nahrungsproteinen ein Teil des Energiebedarfs gedeckt. In ihrem Protein-sparenden Effekt rangieren die Kohlenhydrate vor den Fetten. Obwohl der Mechanismus nicht ganz geklärt ist, wird vermutet, daß die Kohlenhydrate deshalb eine wichtige Rolle spielen, weil sie die Hauptquelle für Oxalacetat des Citratzyklus und für die Bereitstellung der Kohlenstoffskelette nicht-essentieller Aminosäuren darstellen. Bei Kohlenhydratmangel müssen Proteine diese Funktion übernehmen; Fette sind nicht dazu befähigt. Dies könnte auch eine Erklärung dafür sein, daß eine nicht ausreichende Kohlenhydratzufuhr zu einer negativen Stickstoffbilanz führen kann.

In einer Empfehlung der Protein Calorie Advisory Group der Vereinigten Nationen von 1975 wird ein Verhältnis der Proteinenergie zur

Tab. 86. Wünschenswerte Proteinzufuhr in Abhängigkeit von der Proteinqualität (relative Qualität 60%, 70% und 80% des Milch- bzw. des Volleiproteins) (FAO/WHO 1973, DGE 1985)

Altersgruppe	Körpergewicht (kg)	Wünschenswerte Proteinzufuhr		Korrigierte wünschenswerte Zufuhr in Abhängigkeit v. d. Proteinqualität (gesamte Empfehlung, g/d): bei einer relativen Qualität von[a]			Zufuhrempfehlungen der DGE (g/Tag)
		g Protein/kg Körpergew./d	g Protein/d	80%	70%	60%	
Säugling:							
6–11 Monate	9,0	1,53	14	17	20	23	2,0 g/kg
Kinder:							
1–3 Jahre:	13,4	1,19	16	20	23	27	22
4–6 Jahre:	20,2	1,01	20	26	29	34	32
7–9 Jahre:	28,1	0,88	25	31	35	41	40
Jugendliche, männl.:							
10–12 Jahre	36,9	0,81	30	37	43	50	45
13–15 Jahre	51,3	0,72	37	40	53	62	60
16–19 Jahre	62,9	0,60	38	47	54	63	60
Jugendliche, weibl.:							
10–12 Jahre	38,0	0,76	29	36	41	48	45
13–15 Jahre	49,9	0,63	31	39	45	52	55
16–19 Jahre	54,4	0,55	30	37	43	50	50
Erwachsene, männl.:	65,0	0,57	37	46[a]	53[b]	62[b]	55
Erwachsene, weibl.:	55,0	0,52	29	36[b]	41[b]	48[b]	45
Schwangere (2. Hälfte d. Schwangerschaft)			+ 9	+ 11	+ 13	+ 15	+ 30
Stillende (das 1. Halbjahr)			+ 17	+ 21	+ 24	+ 24	+ 20[c]

[a] Die Korrektur der wünschenswerten Zufuhr erfolgt durch Multiplikation mit 100 und Division durch die relative Proteinqualität. Für ein 1–3jähriges Kind beträgt die korrigierte wünschenswerte Proteinzufuhr im Falle der Verwendung des Proteins mit der relativen Qualität von 60% $16 \times 100/60 = 27$ g

[b] Durch die Korrektur kann der Proteinbedarf überschätzt werden

[c] ca. 2,4 g Zulage pro 100 g sezernierter Milch

gesamten Energieaufnahme von mehr als 1:20 gefordert. Diese Empfehlung gilt für Personen mit mäßiger körperlicher Arbeit bei Verzehr von Proteinen mit hoher biologischer Wertigkeit. Bei niedriger Zufuhr wird selbst für die leichte körperliche Arbeit Protein im Körper als Energiequelle herangezogen; für die schwere körperliche Arbeit wird zwar mehr Energie benötigt, der Anteil an Protein ändert sich jedoch kaum oder verhältnismäßig wenig im Vergleich zum Energiebedarf. Da die Empfehlungen der WHO weltweite Anwendung finden, also auch in Ländern, in denen der Konsum biologisch hochwertiger Proteine niedrig ist, wird mit Rücksicht auf die Qualität der aufgenommenen Proteine eine höhere Zufuhr von 11% der Gesamtenergiezufuhr empfohlen.

3.2.2 Alkohol

Allgemeines

Schon 1902 ermittelten Atwater und Benedict, daß Ethylalkohol vom Körper als Energiequelle verwertet werden kann, deren Brennwert zwischen Kohlenhydraten und Fett liegt. Als Energielieferant im Körper unterscheidet sich Alkohol von Fett und Kohlenhydraten in folgenden Punkten:

1. Er kann vom Muskel nicht verwertet werden. Sein Abbau erfolgt fast vollständig in der Leber.
2. Alkohol wird nur zu einem bestimmten Anteil verstoffwechselt und zwar unabhängig von seiner Konzentration im Blut.

Absorption, Verteilung und Abbau

Da Alkohol sowohl in Wasser als auch in Lipiden löslich ist, kann er die Zellmembranen ungehindert permeieren. Er wird zu einem geringen Anteil bereits über die Mundschleimhaut, im Magen (zu 20%) und im Darm, primär in den oberen Dünndarmabschnitten (zu 75%) absorbiert. Die Absorption erfolgt per Diffusion und ist von der Trinkgeschwindigkeit sowie der Art, Menge und Konzentration des alkoholischen Getränks abhängig. Des weiteren wird die Absorption durch den Füllzustand des Magens wie auch durch Qualität und Quantität zugeführter Nahrungsmittel beeinflußt. Die Absorptionsgeschwindigkeit wird von verschiedenen Faktoren beeinflußt (Tab. 87).

Tab. 87. Einflußfaktoren der Alkoholabsorption

Beschleunigung der Alkoholabsorption	Verlangsamung der Alkoholabsorption
– Warmer Alkohol (Glühwein, Punsch u. a.)	– Hohe Alkoholkonzentration im Magen
– Alkohol und Zucker	– Milch, Protein, Fett
– Schnelles Trinken	– Rauchen
– Leerer Magen	– voller Magen

Über die Russen wird erzählt, daß sie sich auf ein Wodka-Trinkfest mit einer großen Menge Milch (bis zu 1 l!) vorbereiten. Diese Menge an Milch wird von vielen Menschen nur schwer vertragen. In Neuseeland wurde ein Test über die Verträglichkeit von Alkohol nach Verzehr bestimmter Milchmengen durchgeführt. Es wurde festgestellt, daß der Alkoholspiegel im Blut nach 240 ml Milch und 90 ml Whisky nur verschwindend kleiner ist als bei vergleichbarer Probe ohne Milchgabe. In dieser Hinsicht sind auch die beachtlichen biologischen Unterschiede zu berücksichtigen. Nach der oralen Aufnahme verteilt sich der Alkohol rasch und gleichmäßig über die gesamten Körperflüssigkeiten und kann daher auch als Indikator des Gesamtkörperwassers verwendet werden.

Beispiel:
Nimmt ein 65 kg schwerer Mensch mit einem Gesamtkörperwasser von ca. 40 l nüchtern eine Dosis von 30 g Alkohol zu sich, so erhöht sich die Alkoholkonzentration in allen Körperflüssigkeiten – einschließlich im Blut – auf ca. 750 mg/l. Eine solche Konzentration beeinträchtigt das Urteilsvermögen und kann – muß aber nicht – zu Intoxikationssymptomen führen. Die meisten Menschen sind bei einer Alkoholkonzentration von > 1500 mg/l Blut betrunken. Mit steigender Alkoholzufuhr werden verschiedene Symptome hervorgerufen (Tab. 88).

Alkohol ist mit einem Brennwert von 29,3 kJ (= 7 kcal)/g ein energiereiches »Nahrungsmittel«, kann aber als solches nicht im Körper gespeichert werden. Nach der Absorption erfolgt die Elimination zu 2–10% durch Exkretion über Nieren, Lungen, Haut, Milch, Schweiß, Speichel, Magen- und Gallensaft. Hierbei handelt es sich jedoch nicht um aktive Prozesse. Vielmehr wird Alkohol über die genannten Wege per einfacher Diffusion ausgeschieden. Die Elimination durch Oxidation erfolgt zu 80–85% in der Leber und zu ca. 10% in den extrahepatischen Geweben.

Die Abbaurate zeigt eine große, individuell bedingte Streubreite; sie beträgt 60–200 mg/kg Körpergewicht/h und wird üblicherweise mit 100 mg/kg/h veranschlagt. Dies bedeutet, daß

Tab. 88: Blutalkoholgehalt und Auswirkungen auf Wahrnehmung, Bewegungskoordination, Leistungsfähigkeit, Verhalten, Geschicklichkeit und Urteilsvermögen (MALING 1970)

Blutalkoholgehalt in ‰		Auswirkungen
0,20–0,99	A	Beeinträchtigte Wahrnehmung
		1. Verminderte Sehschärfe
		2. Eingeschränkter Geruchs- und Geschmackssinn
		3. Erhöhte Schmerztoleranz
	B	Unkoordinierte Bewegungen
		1. Spontanes und induziertes Augenzittern
		2. Verminderte Standfestigkeit beim Stehen
		3. Verringerte Leistungsfähigkeit beim Geschicklichkeitstest
		4. Geringe Beeinträchtigung beim Steuern eines Fahrzeuges
	C	Veränderungen der Stimmung, Persönlichkeit und des Verhaltens
		1. Schwindel
		2. Verringertes Empfinden für Müdigkeit
		3. Leichte Euphorie
		4. Selbstzufriedenheit
		5. Enthemmung
		6. Lautes, ausgiebiges Sprechen
	D	Beeinträchtigte geistige Aktivität
		1. Bei Rechenaufgaben
		2. Beim Verständnis für Gelesenes
1,00–1,99	A	Torkelnder Gang
	B	Deutliche Beeinträchtigung im Intelligenztest
	C	Deutliche Beeinträchtigung der Fahreigenschaft
	D	Verlängerte Reaktionszeit
2,00–2,99	A	Übelkeit und Erbrechen
	B	Doppelsehen
	C	Störung der Muskelkoordination
	D	Extreme Schwerfälligkeit
3,00–3,99	A	Verminderte Körperwärme, kalte, feuchte Haut
	B	Verlust des Sprechvermögens
	C	Gedächtnisschwund
	D	Empfindungslosigkeit
	E	Kurzatmigkeit

Quelle: Nach Maling, HM. Toxicology of single doses of ethyl alcohol. S. 277–299. In: Alcohols and Derivates Vol. II. International Encyclopedia of Pharmacology and Therapeutics.
Hrsg.: Trémolières, J., Pergamon Press, Oxford 1970

das Blut eines 65 kg schweren Menschen nach Aufnahme einer Einzeldosis von 30 g Ethanol nach ca. (30 × 1000 mg)/(65 × 100) = 4,6 Stunden alkoholfrei ist.

Stoffwechsel

Der Stoffwechsel des Alkohols erfolgt fast ausschließlich in der Leber (Abb. 48). Die Dehydrierung von Ethanol zu Acetaldehyd ist der langsamste Schritt der Reaktionskette und damit der für den Alkoholabbau geschwindigkeitsbestimmende. Patienten mit Leberschäden (insbesondere Zirrhose) zeigen eine herabgesetzte Alkohol-Dehydrogenase-Aktivität, was auf eine Störung der Proteinbiosynthese oder eine Veränderung des Zinkmetabolismus zurückgeführt werden kann. Der bei ikterischen Patienten verminderte Alkoholumsatz erklärt sich durch die inhibierende Wirkung des Bilirubins auf die Alkohol-Dehydrogenase-Aktivität.

Normalerweise kommt es nicht zu einer Akkumulation von Acetaldehyd, da dieses sofort nach seiner Entstehung durch die Aldehyd-Dehydrogenase zu Acetat umgewandelt wird. Das Enzym kann jedoch durch ein Medikament, das Disulfiram (Antabus = Disulfid des Tetraethylthioureidmonosulfids), gehemmt werden. Trinkt ein Patient nach der Verabreichung dieses Pharmakons Alkohol, so kommt es infolge der Akkumulation von Acetaldehyd im Blut zu Fieberanfällen, Kopfschmerzen, Schwindelgefühl und Nausia (Übelkeit, Brechreiz). Diese unangenehmen Symptome zwingen den Patienten, mit dem Trinken aufzuhören.

Die cytosolisch lokalisierte Alkohol-Dehydrogenase oxidiert auch Methanol. Das entstehende Produkt Formaldehyd zerstört die Retina des Auges irreversibel, so daß bereits geringe Dosen Methanol eine bleibende Erblindung hervorrufen können. Die gleichzeitige Gabe von Ethanol setzt jedoch die Dehydrierung von Methanol – und damit die Entstehung des toxischen Produktes – herab.

Das bei der Dehydrierung von Alkohol entstehende NADH + H^+ kann in einer an die Umwandlung von Pyruvat in Lactat gekoppelten Reaktion wieder zu NAD^+ oxidiert werden. Infolge dieser Rückoxidation können Lactat-Acidosen auftreten.

Wiederholt wurde die Wirkung bestimmter Nährstoffe, Genußmittel (Coffein) und Pharmaka auf die Alkohol-Abbaurate hin getestet. Positive Resultate wurden jedoch nur mit Fructose erzielt. Bei Patienten mit einer Blutalkohol-

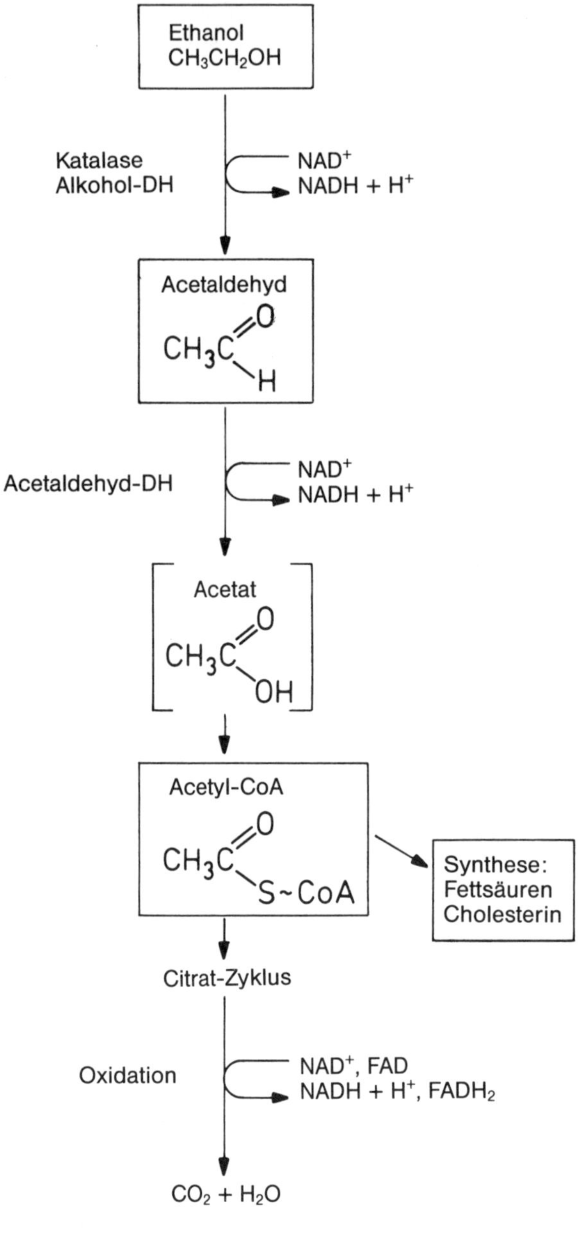

Abb. 48. Intermediärer Alkoholstoffwechsel (modifiziert nach SENIOR 1967 und BÖHLE 1969).

Konzentration von mehr als 1500 mg/l, denen intravenös 200 g Fructose (500 ml einer 40%igen Lösung) appliziert wurden, lag die Rate der Ethanol-Clearance 23% höher als die der Kontrollpersonen. Dieser Effekt kann auf eine erhöhte Reoxidation von NADH + H^+ mittels aus Fructose gebildeten Glycerats zurückgeführt werden.

Bei regelmäßiger Zufuhr großer Ethanolmengen kann eine Adaptation eintreten, was zur Folge hat, daß größere Mengen (> 100 mg/kg/h) abgebaut werden können. Diese Adaptation ist nicht allein durch eine Aktivitätszunahme der Alkohol-Dehydrogenase zu erklären, sondern ist durch die Wirkung einer sich im Blut entwikkelnden Peroxidase bedingt, die Ethanol sehr schnell oxidativ abbaut. Der Mechanismus dieser Adaptation ist noch nicht geklärt und auch nicht spezifisch.

Alkohol als Nahrungsmittel?

Bier, Wein, Branntwein und Spirituosen enthalten etwa 30, 100, 150 und mehr als 300 g Alkohol/l. Mit einer angenommenen Abbaurate (Eliminationsrate) von 100 mg/kgKG/h kann der Körper eines 65 kg schweren Mannes in 24 Stunden ca. 156 g Alkohol abbauen und eliminieren; das entspricht 5,2 l Bier, 1,5 l Tafelwein oder 0,5 l Whisky.

Der Brennwert von Ethanol beträgt 29,3 kJ (= 7 kcal)/g. Damit liefert 1 l Wein ca. 2,93 MJ (= 700 kcal) und stellt somit fast die Hälfte der für den täglichen Grundumsatz benötigten Energie zur Verfügung. Da Alkohol eine Energiequelle darstellt, die leicht absorbiert und verwertet wird, kann Ethanol – in kleinen Dosen über den Tag verteilt – auch parenteral verabreicht werden. Voraussetzung hierfür ist, daß die Leber des Patienten in ihrer Funktion nicht beeinträchtigt ist.

Alkoholische Getränke (Bier, Wein und Spirituosen) enthalten neben Alkohol und Zucker kaum nennenswerte Mengen an Nährstoffen. So enthält Bier geringe Mengen an Protein, Niacin und Riboflavin. Die Alkoholkalorien müssen daher als »leere Kalorien« bezeichnet werden.

Einige Weine jedoch enthalten beachtenswerte Anteile an Eisen (einige Billigweine: mehr als 30 mg/l, Cidre: 16 mg/l, Medoc-Weine: 13 mg/l). Bei Personen, die gewohnheitsmäßig große Mengen solcher Weine konsumieren, kann dies zu Hämosiderose führen.

Alkoholhaltige Getränke enthalten neben Ethanol auch Begleitstoffe wie höhere Alkohole, Fuselöle etc. Unangenehme Nachwirkungen des Alkoholkonsums (»Kater«) sind oft auf die Begleitstoffe und nicht auf Ethanol selbst zurückzuführen. Diese Annahme bestätigen auch die Versuche von PAWAN (1973): Eine bestimmte Ethanolmenge wurde in acht verschiedenen Getränkearten in wöchentlichen Zeitabständen an Freiwillige verabreicht. Die größten Nachwirkungen wurden nach Brandy ermittelt, dann kamen in abnehmender Reihenfolge Rotwein, Rum, Whisky, Weißwein und Gin. Nach Wodka und reinem Ethanol wurden nur etwas Müdigkeit und Durst festgestellt.

Exzessiver Alkoholkonsum und Alkoholismus
Der Alkoholkonsum ist in den letzten 20 Jahren in fast allen Ländern der Welt enorm (in der BR Deutschland um das Vierfache) angestiegen. Chronischer Alkoholabusus führt zu Stoffwechselstörungen, Organschäden und infolgedessen zu Funktionseinschränkungen der betroffenen Organe. Darüber hinaus kann die langzeitige und übermäßige Alkoholzufuhr Gewöhnung und Sucht bewirken.

Alkohol und Stoffwechelstörungen
Die durch Alkohol bedingten Stoffwechselstörungen sind primär auf den erhöhten $NADH + H^+/NAD^+$-Quotienten zurückzuführen. $NADH + H^+$ hemmt die Isocitratdehydrogenase des Citratzyklus, so daß durch Ethanolstoffwechsel gebildetes Acetyl-CoA nicht abgebaut werden kann, sondern der Fettsäuresynthese dient. $NADH + H^+$ fördert weiterhin die Bildung von α-Glycerophosphat aus Dihydroxyacetonphosphat, das der Triglyceridsynthese in der Leber dient. Zudem ist infolge des exzessiven Alkoholkonsums die VLDL-Abgabe gestört. Die Summe der genannten Stoffwechselstörungen führen zur »alkoholbedingten Fettleber«.

Der erhöhte Quotient $NADH + H^+/NAD^+$ hemmt – ebenso wie Acetyl-CoA – die aktive Form der Pyruvat-Decarboxylase, wodurch Pyruvat nur zu Lactat abgebaut werden kann. Da die Bildung von Lactat aus Pyruvat durch $NADH + H^+$ noch zusätzlich gefördert wird, ist die Gluconeogenese aus Lactat reduziert.

Organschäden und Organfunktionsstörungen
Als Folge erhöhter Alkoholzufuhr können Läsionen der Magenschleimhaut sowie Schäden an der Dünndarmmukosa auftreten. Letztere führen zu erheblichen Störungen bei der Absorption essentieller Nahrungsbestandteile (Mineralstoffe, Vitamine). Daher kann es bei exzessiver Alkoholzufuhr – trotz ausreichender oraler Vitaminzufuhr – zu Vitaminmangelzuständen kommen:

- Nervenfunktionsstörungen infolge Thiaminmangels
- Makrozytäre Anämie durch Folsäuremangel
- Sideroblastische Anämie durch Mangel an Pyridoxin
- Perniziöse Anämie als Folge eines Cobalaminmangels (wahrscheinlich aufgrund von Magenschleimhaut-Läsionen, wodurch der für die Absorption erforderliche intrinsic factor nicht in ausreichendem Maße gebildet wird).

Die Leber ist als Hauptabbauorgan des Ethanols bei chronisch erhöhtem Alkoholkonsum besonders betroffen. Neben der Entstehung der Alkohol-induzierten Fettleber ist die bei Alkoholabusus auftretende Fehlernährung bedeutsam. Protein- und energiearme Kostformen verringern die Ethanolabbauraten und erhöhen somit die toxische Alkoholwirkung. Die infolge auftretende Alkoholhepatitis nimmt eine Schlüsselstellung bei der Zirrhose-Entstehung ein. Aufgrund von Leberschädigungen kommt es neben einer verminderten Proteinbiosynthese zu einer Herabsetzung der Speicherkapazität fettlöslicher Vitamine.

Des weiteren können Nieren-, Herz- und Pankreasschädigungen durch chronische Alkoholaufnahme festgestellt werden. Die häufig auftretenden neurologischen Komplikationen sind zum einen Ursache des alkoholbedingten Thiaminmangels, es werden aber auch Anhäufungen toxischer Stoffwechselprodukte aufgrund mangelnder Hirn- und Leberdurchblutung sowie Atrophien im Frontalhirnbereich beobachtet.

Abschließend sei noch auf den alkoholinduzierten Mineralstoffmangel durch erhöhte renale Ausscheidung von Kalium, Magnesium und Zink hingewiesen. Inwieweit hierbei dem Alkohol direkt (mineraluretische Wirkung) oder aber indirekt (Schädigung der Niere) Bedeutung zukommt, scheint nicht abschließend geklärt. Allerdings wurde eine gesteigerte (um 260%) Magnesiumausscheidung unter Alkoholbelastung nachgewiesen, was auf eine spezifisch magnesiuretische Wirkung des Alkohols hindeutet.

Langjähriger Alkoholabusus erzeugt eine pharmakodynamische Toleranz, so daß permanent höhere Blutalkoholkonzentrationen erforderlich sind, um Rauschzustände auszulösen.

Kommt es dann zu einer Reduktion der Alkoholzufuhr oder zu völliger Abstinenz, so treten Entzugserscheinungen auf.

Das klinische Bild der Entzugssymptomatik nach VIKTOR und ADAMS (1953) unterscheidet folgende Stadien:
1. Tremulus-Stadium
Beginnt wenige Stunden nach der letzten Alkoholaufnahme und geht mit Übelkeit, Schwäche, Angstgefühlen und Schweißausbrüchen einher. Die Reflexe sind gesteigert, Pulsfrequenz und Blutdruck sind erhöht. Nach 24–48 Stunden ist das Maximum erreicht, es kommt zu Desorientierungen, Aggressionen und Halluzinationen.
2. Krampfstadium
3. Delirium tremens
Tritt am dritten bzw. vierten Tag nach dem Alkoholentzug auf, dauert 5–7 Tage und ist in der Regel mit Temperaturerhöhungen verbunden. Es kommt zu Bewußtseinsverlust und Muskelkontraktionen an Extremitäten, Kopf und Rumpf. Die Anfälle dauern jeweils 2–5 Minuten und können durch Störungen der Hirnrindenfunktion oder durch alkoholinduzierte Stoffwechselstörungen (Hypoglykämie oder -kaliämie) hervorgerufen werden.

3.3 Nicht-energieliefernde Nahrungsbestandteile

3.3.1 Mineralstoffe: Mengen- und Spurenelemente

3.3.1.1 Allgemeine Aspekte

Mit den Beobachtungen von SYDENHAM und WILLIS im 17. Jh. über die Bedeutung von Eisen für den tierischen Organismus und den Erkenntnissen von CHATIN 1850 über Jod wurde ein wichtiges Kapitel der Erforschung lebensnotwendiger Elemente aufgeschlagen. Bis heute sind 22 »anorganische« Elemente, auch als Mineralstoffe bezeichnet, bekannt, die der Mensch über seine Nahrung aufnehmen muß, um seine Gesundheit und Leistungsfähigkeit aufrecht zu erhalten (Tab. 89).

Nach gültiger Konvention werden sie in Mengen- und Spurenelemente eingeteilt. Diese Unterscheidung berücksichtigt jedoch lediglich den mengenmäßigen Anteil im Körper, nicht aber funktionelle Gemeinsamkeiten. Demzufolge beträgt die Konzentration der Mengenelemente mehr als 50 mg/kg Körpergewicht (KG) und an Spurenelementen weniger als 50 mg/kg KG.

Mit Ausnahme von Eisen, das mit ca. 60 mg/kg KG strenggenommen nicht mehr zu den Spurenelementen zählt, kann die Zuordnung der Elemente eindeutig vorgenommen werden: Zu den Mengenelementen werden die Metalle Natrium, Kalium, Calcium und Magnesium sowie die drei Nichtmetalle Chlor, Phosphor und Schwefel gerechnet. Die Spurenelemente umfassen Arsen, Cobalt, Chrom, Kupfer, Fluor, Eisen, Jod, Mangan, Molybdän, Nickel, Selen, Silicium, Zinn, Vanadium und Zink (Tab. 89). Entsprechend ihrem niedrigen Gehalt im menschlichen Körper (Tab. 90) gestaltet sich auch die notwendige tägliche Zufuhrmenge an Spurenelementen, die deutlich geringer ist als für Mengenelemente.

Der Begriff der »Essentialität« ist heute in bezug auf die Spurenelemente umstritten. Diese aus der Aminosäuren- und Proteinchemie übernommene Bezeichnung sollte Empfehlungen einer WHO-Expertengruppe zufolge nicht mehr verwendet werden, da es experimentell sehr schwierig ist, eine absolute Lebensnotwendigkeit für diese Elemente nachzuweisen. Verbesserte Definitionen geben ein Element als für den Organismus notwendig an, wenn ein Mangel in der Ernährung meßbar ist und in reproduzierbarer Weise das Wachstum oder die Lei-

Tab. 89. Periodensystem der Elemente (BOURNE 1985)

H																	He
Li	Be											B	C	N	O	F	Ne
Na	Mg											Al	Si	P	S	Cl	Ar
K	Ca	Sc	Ti	V	Cr	Mn	Fe	Co	Ni	Cu	Zn	Ga	Ge	As	Se	Br	Kr
Rb	Sr	Y	Zr	Nb	Mo	Tc	Ru	Rh	Pd	Ag	Cd	In	Sn	Sb	Te	I	Xe
Cs	Ba	La	Hf	Ta	W	Re	Os	Ir	Pt	Au	Hg	Tl	Pb	Bi	Po	At	Rn
Fr	Ra	Ac	Th	Pa	U												

unterstrichen = essentielle Elemente

stungsfähigkeit von Mensch, Tier oder Pflanze vermindert.

Mengen- und Spurenelemente, auf deren Zufuhr der Mensch angewiesen ist, unterliegen im Organismus vielfältigen Reaktionsmechanismen, die eine Homöostase gewährleisten. Nur so können diese Elemente ihre jeweiligen Funktionen optimal ausüben, auch wenn die Zufuhrmenge über die Nahrung schwankt. Ebenso wie ein Mangel zu Störungen im Organismus führt, entfalten zahlreiche Spurenelemente bei überhöhter Aufnahme toxische Wirkungen.

Tab. 90. Ungefährer Gehalt des menschlichen Körpers (70 kg) an verschiedenen Elementen (modif. nach MERIAN 1984)

Element	Relative Atommasse	Gehalt im Körper in g/70 kg	Stoffmenge im Körper in mol	für den tierischen Organismus essentiell	toxisch
Wasserstoff (H)	1	7000	3500	●	
Bor (B)	10,8	0,01	0,00092		
Kohlenstoff (C)	12	12600	1050	●	
Stickstoff (N)	14	2100	75	●	
Sauerstoff (O)	16	45500	1425	●	
Fluor (F)	19	0,8	0,021	○?	●
Natrium (Na)	23	105	4,6	●	
Magnesium (Mg)	24,3	35	1,44	●	
Aluminium (Al)	27	0,1	0,0037		
Silicium (Si)	28	1,4	0,05	●	
Phosphor (P)	31	700	22,5	●	
Schwefel (S)	32	175	5,5	●	
Chlor (Cl)	35,5	105	2,96	●	
Kalium (K)	39,1	140	3,58	●	
Calcium (Ca)	40,1	1050	26,2	●	
Titan (Ti)	47,9	0,01	0,00021		
Vanadium (V)	50,9	0,02	0,00039	●	
Chrom (Cr)	52	0,005	0,0001	●	
Mangan (Mn)	55	0,02	0,00036	●	
Eisen (Fe)	56	4,2	0,075	●	
Cobalt (Co)	59	0,003	0,00005	●	
Nickel (Ni)	58,7	0,01	0,00017	●	
Kupfer (Cu)	63,5	0,11	0,0016	●	●
Zink (Zn)	65,4	2,33	0,036	●	
Arsen (As)	74,9	0,014	0,00019	○?	●
Selen (Se)	78,9	0,02	0,00025	●	●
Rubidium (Rb)	85,5	1,1	0,013		
Strontium (Sr)	87,6	0,14	0,0016		●
Zirconium (Zr)	91,2	0,3	0,0033		
Niob (Nb)	92,9	0,1	0,0011		
Molybdän (Mo)	95,9	0,005	0,00005	●	●
Cadmium (Cd)	112,4	0,03	0,00027		●
Zinn (Sn)	118,7	0,03	0,00025	●	
Antimon (Sb)	121,7	0,07	0,00057		
Jod (I)	126,9	0,03	0,00024	●	
Barium (Ba)	137,3	0,016	0,00012		
Blei (Pb)	207,2	0,08	0,00038	○?	●
Beryllium (Be)	9				●
Quecksilber (Hg)	200,6				●

Tab. 91. Physiologische Funktionen, klinische Indikation und Normalwerte der für den tierischen Organismus relevanten Mineralstoffe (Mengen- und Spurenelemente)

Mineral	Physiologische Funktionen	Klinische Indikation	Normalwert
Mengenelemente			
Calcium (Ca)	Knochen-, Zahnbildung, Blutgerinnung, Muskelkontraktion und -relaktion, Herzfunktion, Nierentransmission, Zellmembranpermeabilität, Aktivierung von Enzymen (ATPase)	Tetanie, Abnahme ionisierten Serum-Calciums, Rachitis, Nierensteine, Hyperparathyreoidismus, Hypoparathyreoidismus	8,8–10 mg/dl Serum
Phosphor (P)	Knochenbildung, Stoffwechsel (überall): Absorption von Nährstoffen (Phosphorylierungen), Transport von Fettsäuren, Energietransformation (Enzyme, ATP), Puffersystem	Wachstum, Hypophosphatämie: Erholungsphase von diabetischer Acidose; Sprue, Zöliakie (Malabsorption), Knochenerkrankungen, (gestörtes Ca/P-Verhältnis), Hyperphosphatämie: Niereninsuffizienz, Hypoparathyreoidismus, Tetanie	3–4 mg/dl Serum
Magnesium (Mg)	In Knochen und Zähnen; Katalysator und Coenzym im Kohlenhydrat- und Proteinstoffwechsel; essentielles Kation der intrazellularen Flüssigkeit; Muskel- und Nervenreizbarkeit	Tremor, Spasmus; niedriger Serumspiegel infolge gastrointestinaler Verluste	0,8–1,3 mmol/l 1,5–2,3 mmol/l Erytrocyten 1,5–2,0 mmol/l Blut
Natrium (Na)	Hauptkation der extrazellulären Flüssigkeit; Wasserbilanz; osmotischer Druck; Säure/Basen-Bilanz; Zellpermeabilität: Zucker- und Aminosäurenabsorption; Muskelreizbarkeit, Transmission elektrochemischer Impulse und daraus resultierender Kontraktion	Flüssigkeitsverschiebungen; Puffersystem; Gastrointestinalverluste	135–150 mval/l* Serum
Kalium (K)	Hauptkation der intrazellulären Flüssigkeit; Säure/Basen-Bilanz; reguliert die neuromuskuläre Reizbarkeit und Muskelkontraktion; Glykogenbildung; Proteinsynthese	Flüssigkeitsverschiebungen; Verluste bei Hunger, diabetischer Acidose, Nebennierentumor; Herzfunktion: niedriger Serumspiegel (Tachykardie); Behandlung von diabetischer Acidose (schnelle Glykogenproduktion reduziert das Serum-K); Katabolismus: K-Verluste	3,6–5,2 mval/l* Serum
Chlor (Cl)	Hauptanion der EZF, Säure/Basen-Bilanz; Cl^- u. HCO^-_3-Verschiebungen; Wasserbilanz, Magensalzsäure	Hypochlorämische Alkalose bei Erbrechen, Durchfällen, Ableitung von Wundflüssigkeit u. Ergüssen	98–110 mval/l* Serum 170–255 mval/l* Urin

Fortsetzung Tab. 91

Mineral	Physiologische Funktionen	Klinische Indikation	Normalwert
Schwefel (S)	Essentieller Bestandteil von Zellprotein; aktiviert Enzyme; S-haltige, energiereiche Verbindungen (Energiewechsel); Entgiftungsreaktionen	Cystinurie, Nierensteine	0,5–1,5 mmol/l Plasma 30–60 mmol/l Urin
Eisen (Fe)	Bildung von Hämoglobin; zelluläre Oxidation (ATP-produzierendes Cytochrom-System)	Wachstum (Milchanämie); Schwangerschaft (Mehrbedarf); Mangel(anämie); Überschuß (Hämosiderose); Hämochromatose	50–180 µg Fe^{2+}/dl Serum TIBC: 280 – 400 µg/dl Serum Latente IBC: TIBC – Serum-Fe (µg/dl) Hk: 37% m 31% w Hb: 12% m 10% w
Spurenelemente mit bekannten physiologischen Funktionen			
Kupfer (Cu)	Mit Eisen verknüpft in Enzymsystemen, Hämoglobinsynthese, Absorption von Fe, involviert in Knochenbildung und Aufrechterhaltung des Gehirngewebes und der Myelinschichten im Nervensystem	Hypokupferämie, Nephrose, Malabsorption	75–150 µg/dl Plasma 0,2–0,25 µg/24 h Urin Caeruloplasmin: 30–58 mg/dl (enzymatisch mit p-Phenylendiamin)
Jod (I)	Synthese von Thyroxin	Mangel: endemischer, kolloidaler Kropf, Kretinismus (J-Blutspiegel um 50% gesunken)	75–150 mg/24 h Urin T_3: 1,2–2,3 nmol/Serum T_4: 45 180 nmol/Serum (T_3, T_4-RIA-Test)
Mangan (Mn)	Aktiviert Reaktionen im Rahmen von: Harnstoffbildung, Proteinmetabolismus, Glucoseoxidation, Lipoproteinclearance, Fettsäuresynthese	Klinischer Mangel beim Menschen nicht bekannt; Toxizität durch Inhalation (Bergbau)	0,3–2,6 µg/l Plasma 1–10 µg/l Urin
Kobalt (Co)	Bestandteil v. Vitamin B_{12}: ein essentieller Faktor bei der Bildung von Erythrozyten	Mangel: Verbunden mit B_{12}-Mangel, führt zu perniziöser Anämie	0,8 µg Co/l Plasma 12 mg Methylmalonsäure/24 h Urin
Zink (Zn)	Essentieller Enzymbestandteil: Anhydrasen, Carboxypeptidasen, Lactat-Dehydrogenasen; Insulin wird mit Zink kombiniert gespeichert	Beziehung zu Lebererkrankungen möglich; Wundheilung; Geschmacks- und Geruchsschärfe; retardierte physische und sexuelle Entwicklung	92–100 µg Zn/dl Plasma 36–44 µg Zn/g Hb 177–207 µg Zn/g Haar TS 500–800 µg Zn/24 h Urin
Molybdän (Mo)	Bestandteil der Enzyme Xanthinoxidase und Aldehydoxidase		

Fortsetzung Tab. 91

Mineral	Physiologische Funktionen	Klinische Indikation	Normalwert
Fluor (F)	Zahnschmelzbildung	Kleine Mengen schützen vor Zahnkaries; Überschuß führt zu endemischer Zahnfluorose	
Selen (Se)	Bestandteil der Glutathionperoxidase, wirkt somit der Lipidperoxidation entgegen (Vit.-E-Synergist)	Vit.-E-Bioverfügbarkeit wird begünstigt; schützt vor Lebernekrose	0,1–0,15 mg/l Plasma
Chrom (Cr)	Verbunden mit Glucosemetabolismus als Glucosetoleranz-Faktor (GTF); erhöht abnormen Blutzuckerspiegel (nach Fasten)	Bei Kindern mit Kohlenhydratstoffwechselstörungen u. erwachsenen Diabetikern führen Cr-Gaben zu deutlichen Verbesserungen	20–50 µg/l Plasma
Nickel (Ni)	Bestandteil von Nickelplasmin; Beziehung zu Thyroxin; Gehalt in RNS hoch	Plasmagehalte sind vermindert bei Leberzirrhose und chronischer Urämie	2,7 µg/dl Plasma
Vanadium (V)	Hoher Gehalt in Zähnen; mögliche Rolle in Knochen- und Zahnbildung	Mögliche Beziehung zu Fettmetabolismus und Blutlipiden	(0,1 ppm in Gewebe TS)
Silicium (Si)	Essentielles Agens, Bildung von Knochen, Knorpeln u. Bindegeweben	Knochenmineralisierung und -heilung	1 mg/l Plasma 10–40 mg/l Tagesurin
Zinn (Sn)	Strukturelement der Proteinsynthese; verbunden mit Enzymsystemen der Energietransformation	Wundheilung; Gewebswachstum	0,023 mg/24h Urin

* $\text{mÄq, meq, mval} = \dfrac{\text{Atomgewicht in mg}}{\text{Valenz}}$ $\qquad \text{mval/l} = \dfrac{\text{mg/dl} \times 10 \times \text{Wertigkeit}}{\text{Atomgewicht}}$

Diese Zusammenhänge sollen zunächst übergreifend für alle bisher bekannten Mengen- und Spurenelemente dargestellt werden. Danach werden die einzelnen Elemente ausführlicher besprochen.

Funktionen

Obwohl sich die einzelnen *Mengenelemente* in ihren biologischen Funktionen stark unterscheiden (Tab. 91), soll diese nach quantitativen Gesichtspunkten vorgenommene Einteilung hier beibehalten werden. Zutreffender für die im wäßrigen Milieu meist ionisiert als Kationen (Na^+, K^+, Ca^{2+}, Mg^{2+}) und Anionen (Cl^-, HPO_4^{2-}, SO_4^{2-}) vorliegenden sieben Elemente ist die Bezeichnung Elektrolyte. Sie spielen als Ladungsträger eine wichtige Rolle im Wasserhaushalt des Organismus (Kap. 2.3.2).

Zwei Gesetzmäßigkeiten, das der Elektroneutralität und das der Isotonie, stellen die Verbindung zwischen den osmotisch wirksamen Elementen und dem Wasser her. An der Verteilung der Elektrolyte im extra- und intrazellulären Raum (Tab. 92) wird die Aussage der beiden Gesetze deutlich. Die Elektroneutralität ist gewährleistet, wenn in einem Kompartiment die Summe der negativen der der positiven Ladungen entspricht. Das Gesetz der Isotonie ist erfüllt, wenn die Summe aller osmotisch wirksamen Ionen in den verschiedenen Kompartimenten gleich ist. Verbunden mit der Aufrechterhaltung der notwendigen Verteilung ist der Transport von Wasser und den einzelnen Elementen. Die Mechanismen zur Steuerung solcher Vorgänge sind vielfältig; ihr exaktes Funktionieren ist für den Organismus von lebenswichtiger Bedeutung.

Die einzelnen Elemente sind ungleich auf die verschiedenen Kompartimente verteilt (Tab. 92). Na^+ und Cl^- kommen in wesentlich höherer Konzentration im Extrazellulärraum vor, während in der Zelle nur geringe Mengen vorhanden sind. Die Calciumverteilung ist nahezu ausgeglichen, während K^+, Mg^{2+}, anorganisches Phosphat und Sulfat im Intrazellulärraum deutlich überwiegen. Wichtige Mechanismen zur Aufrechterhaltung dieses Ungleichgewichtes stehen den Zellen durch aktiven Transport über Ionenpumpen und durch die Bildung von Komplexen zur Verfügung.

Diesen als Autoregulation der Zelle bezeichneten Möglichkeiten zur Regulierung ist die hormonelle Steuerung übergeordnet. Sie beeinflußt vor allem den Gesamtbestand des Körpers an Elektrolyten und ihre Konzentration im interstitiellen Raum. Als Beispiel für einen energieabhängigen Transport durch die permeable Zellmembran wird meist die Na-K-Pumpe herausgestellt, die Natrium in den Extrazellulärraum befördert und begleitend Kalium ins Zellinnere transportiert. ATP ist hier die Energiequelle ebenso wie bei der Ca-ATPase, die einen vergleichbaren aktiven Transport von Ca^{2+} bewirkt. Die Na-K-Pumpe entfaltet auch sekundäre Wirkungen auf den Transport verschiedener Substanzen. So ist die Glucose- und Aminosäureabsorption aus dem Darmlumen an den Influx von Natrium in die Mukosazellen gekoppelt. Dieser Influx wiederum erfolgt mit dem Konzentrationsgefälle, da die Ionenpumpe die intrazelluläre Natriumkonzentration niedrig hält. Im umgekehrten Sinn funktioniert auch die Aufrechterhaltung des Konzentrationsgradienten des Calciums, das mit einströmendem

Tab. 92. Konzentration der Elektrolyte (Mengenelemente und wichtigste organische Anionen) in verschiedenen Flüssigkeitskompartimenten (LÖFFLER et al. 1979)

Elektrolyt	Plasma		Plasmawasser		Interstitielle Flüssigkeit		Intrazelluläre Flüssigkeit (Skelettmuskel, intrazelluläres Wasser 74%)	
	mmol/l	(mval/l)	mmol/l	(mval/l)	mmol/	(mval/l)	mmol/ kg H_2O	(mval/ kg H_2O)
Kationen								
Natrium (Na^+)	142	(142)	151	(151)	144	(144)	10	(10)
Kalium (K^+)	4	(4)	4,3	(4,3)	4	(4)	150	(160)
Calcium (Ca^{2+})	2,5	(5)	2,7	(5,4)	1,25	(2,5)	1	(2)
Magnesium (Mg^{2+})	1,5	(3)	1,6	(3,2)	0,75	(1,5)	13	(26)
Gesamt-Kationen	150	(154)	159,6	(163,9)	150	(152)	174	(198)
Anionen								
Chlorid (Cl^-)	103	(103)	109,7	(109,7)	114	(114)	3	(3)
Phosphat, anorg. (HPO_4^{2-})	1	(2)	1,05	(2,1)	1	(2)	50	(100)
Sulfat, anorg. (SO_4^{2-})	0,5	(1)	0,55	(1,1)	0,5	(1)	10	(20)
Bicarbonat (HCO_3^-)	27	(27)	28,7	(28,7)	30	(30)	10	(10)
Organische Säuren	5	(5)	5,3	(5,3)	5	(5)	35	–
Proteinat	2	(16)	2,1	(17)	0	(0)	6,5	(65)
Gesamt-Anionen	138,5	(154)	147,4	(163,9)	150,5	(152)	114,5	(198)
Kationen u. Anionen	288,5		307		300,5		288,5	
Kationen: Anionen		154:154		163,9:163,9		152:152		198:198

Natrium in den Extrazellulärraum transportiert wird.

Eine weitere Möglichkeit für die selektive Ionenverteilung steht der Zelle durch die Bildung von Komplexen zur Verfügung. Zugleich ist dies auch ein Mechanismus zur Aufrechterhaltung einer ungleichen Teilchenkonzentration zwischen den subzellulären Kompartimenten. $Ca_3(PO_4)_2$- und $Mg_3(PO_4)_2$-Komplexe innerhalb der Mitochondrien sind hier als Beispiele zu nennen. Sie stehen mit dem ionisierten Ca^{2+} und Mg^{2+} des Cytosols im Gleichgewicht, die ihrerseits mit der Teilchenkonzentration im Extrazellulärraum korrespondieren. Im Fall der Calciumphosphatkomplexe ist eine Calciumpumpe notwendig, die zur Wahrung der Elektroneutralität, die bei der Bildung von 1 Mol $Ca_3(PO_4)_2$ aus 3 Mol Ca^{2+} und 2 Mol HPO_4^{2-} anfallenden H^+-Ionen aus der Mitochondrienmatrix ins Cytosol transportiert. Diese Verschiebung von Protonen stellt eine Verbindung zum CO_2/HCO_3^--Puffersystem der Zelle her, so daß die Funktion der Elektrolyte auf das Säure-Basen-Gleichgewicht auszudehnen ist.

Die Verteilung der Elektrolyte auf die Flüssigkeitskompartimente des Körpers ist eine wichtige Bedingung für die nervöse und muskuläre Reizbarkeit, sowie die Regulation des Stoffwechsels vieler Enzyme. Zudem gewährleistet besonders Ca^{2+} eine Stabilisierung der Zellmembranen.

Unter quantitativen Gesichtspunkten besteht die bedeutendste Funktion der Mengenelemente in der Mineralisation der Skelettknochen und Zähne. Hauptstrukturelemente sind Calcium und Phosphor, die fast ausschließlich in Form des Hydroxyapatits $\{Ca[Ca_3(PO_4)_2]_3\}^{2+} . 2OH^-$ vorliegen.

Speziell Calcium spielt darüber hinaus bei der Aktivierung des Blutgerinnungssystems eine Rolle und wird als Stimulator der Zellen zur Ausübung ihrer spezifischen Funktionen diskutiert.

Die *Spurenelemente* kommen in wesentlich geringeren Konzentrationen im menschlichen Organismus vor (Tab. 90), und auch sie sind eine funktionell heterogene Gruppe von Elementen. Die Reaktionen der einzelnen Spurenelemente, und damit ihre physiologischen Funktionen und ihr Stoffwechsel, sind abhängig von den jeweiligen chemischen Eigenschaften. So liegen die beiden Halogene Fluor und Jod in anorganischer Form, meist in Verbindung mit Alkalimetallen vor. Sie sind leicht zu ionisieren und nahezu vollständig löslich. Jod entfaltet seine Wirkung als Baustein des Schilddrüsenhormons Thyroxin.

Die Anwesenheit von Fluor ist für die Härtung des Zahnschmelzes wichtig, indem aus einem Teil des Hydroxyapatits Fluorapatit entsteht. Eine geringe Aufnahme von Fluor ist notwendig zur Erhaltung der Zahngesundheit. Obwohl seit ca. 50 Jahren die präventive Wirkung des Fluors gegen Zahnkaries bekannt ist, war eine Essentialität lange umstritten. Erst als 1972 in einem Versuch an Ratten ein wachstumsfördernder Effekt von Fluorgaben festgestellt wurde, wird dieses Element zu den essentiellen Spurenelementen gezählt. Die funktionierende Homöostase des Blutgehaltes unterstreicht diese Zuordnung.

Die der Gruppe der Übergangselemente im Periodensystem angehörenden Spurenelemente V, Cr, Mn, Fe, Co, Ni, Cu, Zn, Mo und Sn gehen im Organismus leicht stabile, kovalente Komplexe ein, bei denen vier oder mehr Liganden das zentrale Atom umgeben. Nur geringe Mengen dieser Elemente liegen in ionisierter Form vor. Der größte Teil bildet das Koordinationszentrum von Enzymstrukturen und anderen Wirkstoffen, ist also meist an Proteine gebunden. Beispiele hierfür sind Kobalt bei Cobalamin, Eisen bei Hämoglobin, Chrom beim Glucose-Toleranzfaktor, Kupfer bei verschiedenen Oxidoreduktasen oder Molybdän bei der Xanthin-Oxidase. Detailliertere Ausführungen über die einzelnen Spurenelemente folgen in Kap. 3.3.1.3.1–17.

Für alle essentiellen Spurenelemente gilt, daß eine Unterversorgung beim Menschen zu Mangelsymptomen führt (Tab. 93). Für alle Elemente sind aber auch toxische Erscheinungen bei einer überhöhten Aufnahme bekannt. Dies wird unter dem Aspekt der Toxizität später ausführlicher dargestellt.

Bedarf und homöostatische Regulation

Der Bedarf an Mengen- und Spurenelementen ist ebenso wie bei anderen Nährstoffen von physiologischen Gegebenheiten abhängig und ist dann ausreichend gedeckt, wenn der Körper gesund und leistungsfähig bleibt.

Die Ermittlung des Bedarfs erfolgt durch Bilanzstudien oder Dosis-Wirkungsversuche und ist in den meisten Fällen recht kompliziert. Bilanzstudien, besonders bei Spurenelementen, bergen zahlreiche Nachteile. So kann eine mögliche Ausscheidung über die Haut und Haare nicht berücksichtigt werden. Eine ausgeglichene Bilanz kann sich auch auf einem abweichenden Niveau einstellen und der ermittelte Bruttobedarf (Nahrungsverwertung berücksichtigt) wird entsprechend ungenau. Die Zufuhrempfehlungen von Mn, Cu und Zn beruhen auf solchen Bilanzstudien.

Auch Dosis-Wirkungsversuche zeigen Ungenauigkeiten. Im Idealfall sollte sich der Wert eines Kriteriums mit zunehmender Zufuhr bis zum Sättigungsniveau erhöhen. Dieses Niveau plus dem Sicherheitszuschlag entspricht dann dem täglichen Bedarf. Nachteile dieser Methode liegen darin, daß verschiedene Wirkungskriterien zu unterschiedlichem Bruttobedarf führen, demnach dürfte die Bedarfsableitung immer nur für das entsprechende Kriterium gelten. Darüber hinaus wird die Verwertung der Spurenelemente nicht berücksichtigt, und das Sättigungsniveau kann sich verändern. Dies ist abhängig vom Nettobedarf sowie von nutritiven und antinutritiven Faktoren.

Der Bruttobedarf läßt sich bei vielen Spurenelementen auch aus Untersuchungen zur Beziehung zwischen der Höhe der Elementaufnahme und der Aktivität spezifischer Enzyme im Blut ableiten.

Die Empfehlungen für eine bedarfsdeckende Zufuhrmenge an Mineralstoffen berücksichtigen eine Sicherheitsspanne, die Schwankungen im Bedarf auffangen kann (Tab. 94). Die empfohlenen Mengen bewegen sich zwischen der marginalen Versorgung und dem subtoxischen Bereich, wobei die Spanne je nach Element breit oder schmal bemessen ist. Wichtig für die Festlegung solcher Zufuhrempfehlungen ist die Berücksichtigung der unterschiedlichen Bioverfügbarkeit der einzelnen Mengen- und Spurenelemente aus Nahrungsmitteln, die sich in den entsprechenden Absorptionsraten widerspiegelt (Tab. 95).

Tab. 93. Einige Funktionen von Spurenelementen sowie Folgen eines vollständigen Mangels (MERIAN 1984)

Element	Bestandteil von	Vollständiger Mangel bewirkt u. a.
Chrom	Glucosetoleranz-Faktor	Diabetes
Cobalt	Vitamin B_{12} (in 4 Enzymen)	Anämie, Ausbleiben der Nucleinsäuresynthese
Eisen	Cytochrome a, b, c, f	Unterbrechung der Oxidation, Stillstand der
	Cytochrom-c-Reduktase	Energieproduktion
	Katalase, Peroxidasen	Bildung von Fettperoxiden, Hämolyse
	Hämoglobin, Ferritin u. a.	Unterbrechung der O_2-Verteilung
Jod	Thyroxin (T_4), T_3 (Hormone)	Vielfältige Schäden, Kropf
Kupfer	Cytochrom-Oxidase	Blockierung der Oxidation (Atmung)
	Caeruloplasmin = Laccase	Unterbrechung des Kupfertransports
	Uricase	Unterbleiben der Harnsäureoxidation
	Monoaminoxidase	Fehlende Bildung von Neurotransmittern
	Tyrosinase	Ausbleiben der Pigmentbildung (weiße Haare)
	Ascorbinsäureoxidase	Störung der Redoxsysteme
Mangan	Arginase	Ausbleiben der Harnstoffbildung
	Pyruvatcarboxylase	Citronensäurezyklus unwirksam
	Malatenzym	Blockierung des Citronensäurezyklus
Molybdän	Aldehydoxidase	Störung der Fettsäurebildung aus Kohlenhydraten
	Xanthinoxidase	Ausbleiben der Purinoxidation
Nickel	Urease	Stillstand der Harnstoffspaltung
Selen	Glutathionperoxidase	Lipidperoxidation, Hämolyse
Zink	Alkalische Phosphatase	Anhäufung von Metaboliten
	Alkoholdehydrogenase	Alkoholvergiftung
	Carboanhydrase	Acidose
	Carboxypeptidase	Ausbleiben der Proteinsynthese
	Glutamatdehydrogenase	Störung der Transaminierungen
	Lactatdehydrogenase	Muskelvergiftung durch Lactat
	Malatdehydrogenase	Stillstand des Citronensäurezyklus
Zinn	Gastrin	Ausbleiben der Sekretion von Verdauungsenzymen

In bezug auf die chemischen Eigenschaften der jeweiligen Elemente und somit ihrer Bindungsform ist es in den meisten Fällen für den Umfang der Absorption wichtig, ob das Element gelöst oder gebunden vorkommt. Auch die Konzentration des Elementes, Zusammensetzung und Menge sowie Passagezeit der aufgenommenen Nahrung sind von Einfluß. So kann ein hoher Anteil an Ballaststoffen die Absorption einiger Mineralstoffe direkt und indirekt über eine verkürzte Passagezeit beeinträchtigen. Darüber hinaus spielen die physiologischen Verhältnisse des Verdauungsapparates eine Rolle. Wechselwirkungen zu anderen Nahrungsbestandteilen, die pH-Verhältnisse im Magen-Darm-Trakt und Interaktionen einzelner Elemente untereinander müssen ebenfalls zu den Einflußfaktoren auf die Absorption gerechnet werden. Es wurde beobachtet, daß eine hohe Calciumzufuhr, z. B. durch Milch, eine Verminderung der Zinkabsorption nach sich zog. Eine hohe Zufuhr von Mangan behinderte die Aufnahme von Magnesium, ebenso wie ein Zinküberschuß die von Eisen und Kupfer. Hohe Zufuhr von Molybdän zeigte ebensolche Konsequenzen für die Kupferabsorption.

Um eine Homöostase des Körperbestandes an Mengen- und Spurenelementen herzustellen, stehen dem Organismus verschiedene Möglichkeiten zur Verfügung. Er kann eine unterschiedlich hohe Zufuhrmenge über die Nahrung durch eine Regulation der Absorption kompensieren, wobei zu berücksichtigen ist, daß die endogene Ausscheidung über Fäzes und Urin weitgehend konstant ist. Dieser Weg wird zum Beispiel beim Eisen gewählt. Eine zweite Mög-

Tab. 94. Zufuhrempfehlungen für Mengen- und Spurenelemente pro Tag (DGE 1985 und RDA 1980)

	Calcium mg		Phosphor mg		Magnesium mg		Natrium g	Kalium g
	m	w	m	w	m	w		
Säuglinge								
0–12 Monate	250[1]–500		120[1]–500		30[1]–120		0,1–0,3	0,3–1
Kinder								
1– 3 Jahre	600		600		140		2	1,0–2,0
4– 6 Jahre	700		700		200			1,0–2,0
7– 9 Jahre	800		800		220			1,0–2,0
10–12 Jahre	1000	900	1000	900	280	250	2	1,0–3,0
13–14 Jahre	1000	900	1000	900	330	300		1,0–3,0
Jugendliche								
15–18 Jahre	900	800	900	800	400	350	2	3,0–4,0
Erwachsene								
> 19 Jahre	800		800		350	300	2–3	3,0–4,0
Schwangere	+ 400		+ 200		+ 100[3]			
Stillende	+ 400		+ 200		+ 150			

[1] bei Muttermilchernährung

[2] ein Eisenbedarf besteht infolge der dem Neugeborenen von der Plazenta als Hb-Eisen mitgegebenen Eisenmenge erst ab dem 4. Monat

[3] ab 4. Monat der Schwangerschaft

Der genaue Bedarf an weiteren Mineralstoffen kann nicht angegeben werden. Es wird davon ausgegangen, daß dieser im Rahmen eines bestimmten Zufuhrbereichs gedeckt ist, der hier als Orientierung angegeben wird:

Für Erwachsene (pro Tag): Zinn < 1 mg; Chrom 50–200 µg; Molybdän 0,15–0,5 mg; Selen < 100 µg (geschätzt); Vanadium 0,1–0,3 mg (geschätzt).

lichkeit ist die Veränderung der Exkretion bei nahezu vollständiger Absorption (z.B. Jod). Bei Zink, Kupfer und Mangan kann eine Kombination der genannten Mechanismen erfolgen.

Die Mineralstoffe werden überwiegend im Darm durch passive Diffusion (entsprechend dem Konzentrationsgefälle), durch spezielle Transportmechanismen (sog. erleichterte Diffusion) sowie durch aktiven Transport in den Blutstrom aufgenommen. Die Metalle liegen hier überwiegend in gebundener Form vor, wobei die Bindung an Blutzellen, hauptsächlich Erythrozyten, oder an Plasmakomponenten, überwiegend Plasmaproteine, erfolgt. Wasserlösliche (hydrophile), metallorganische Verbindungen werden in der Mehrzahl durch Albumine und Lipoproteine transportiert. Es existieren aber auch spezifische Transportproteine, z.B. Transferrin für Eisen und Caeruloplasmin für Kupfer.

Die Ausscheidung der Mengen- und Spurenelemente verteilt sich auf Fäzes und Urin, nur geringfügig auf Haut und Haare. Kationische Spurenelemente (Metalle) verlassen den Organismus hauptsächlich über den Darm und alkalische Metalle sowie Anionen über die Niere. Die in den Fäzes erscheinenden Elemente stammen entweder aus der Nahrung, d.h. sind der Absorption entgangen, oder wurden mit dem Magen-, Pankreas-, Darm- und Gallensaft ins Lumen abgegeben.

Von einer optimal funktionierenden Regulation ist die Wirkung der Mineralstoffe in hohem Maße abhängig. Störungen, z.B. durch hohe Verluste bei Durchfällen oder über Schweiß, machen sich schnell bemerkbar. Während

Chlorid g	Eisen mg m	Eisen mg w	Jod µg	Fluorid mg	Zink mg	Kupfer mg	Mangan mg
0,3–1,2	0[2]–8		50–80	0,25	3–5	1–2	1–2
0,5–1,5	8		100	0,25–0,75	8	1–2	1–2
0,7–2,1	8		120	0,75–1	10	1–2	1–2
0,9–2,8	10		140	1	12	1–2	1–2
0,9–2,8	12	18	180	1	12	1–2	1–2
0,9–2,8	12	18	200	1	15	1–2	1–2
0,9–2,8	12	18	200	1	15	2–4	2–5
1,7–5,1	12	18	180	1	15	2–4	2–5
	+ 7		+ 30		+ 10[3]	+ 0	+ 0
	+ 4		+ 60		+ 10	+ 0	+ 0

Anmerkung: im Vergleich zu o.g. Zufuhrempfehlungen der DGE für Fluorid, geben die RDA für alle Altersgruppen höhere Werte an: 0–12 Monate 0,1–1 mg; Kinder + Jugendliche max. 2,5 mg; Erwachsene 1,5–4 mg pro Tag.

Tab. 95. Absorptionsrate einiger Spurenelemente bei oraler Aufnahme (nach MERIAN 1984)

Element (gelöst, in Ionenform)	Absorptionsrate %
Chrom-(III)	0,5– 1,0
Eisen-(II)	7 –15
Kupfer	10 –30
Mangan	3 – 5
Molybdän (Anion)	70 –80
Selen (Anion)	50 –70
Zink	20 –40
Cadmium	5 – 7

die Mengenelemente Eisen und Calcium bei einigen Bevölkerungsgruppen in der BR Deutschland in unzureichender Menge zugeführt werden, ist die Versorgung mit einigen Spurenelementen wie z. B. Zink und Jod suboptimal. Eine wichtige Ursache dafür liegt wahrscheinlich in dem gesteigerten Verzehr raffinierter, mineralstoffarmer Nahrungsmittel.

Toxizität

Bei einem essentiellen metallischen Mineralstoff kann, wie die Dosis-Wirkungskurve zeigt (Abb. 49), sowohl ein Mangel als auch ein Zuviel zum Tode führen. Auch bei der Beurteilung der Toxizität eines Elementes ist das Periodensystem ein gutes Hilfsmittel. Die Toxizität nimmt mit der Stabilität der Elektronenkonfiguration ab. Elemente der Gruppe IA und IIA sind stark elektropositiv und ihre Giftigkeit steigt mit zunehmender Ordnungszahl:

$$\text{IA} \quad Na < K < Rb < Cs$$
$$\text{IIA} \quad Mg < Ca < Sr < Ba$$

Lithium und Beryllium besitzen einen kleineren Ionenradius und ein höheres Verhältnis von Ladung zu Masse, was sie toxischer macht, obwohl sie weniger elektropositiv sind.

Das gleiche Prinzip, daß sich Elektropositivität und Toxizität proportional zueinander verhalten, trifft für die Untergruppen IB, IIB und IIIA zu. Dies kann darauf beruhen, daß gleichzeitig die Affinität dieser Metalle zu Amino-, Imino- und Sulfhydrylgruppen zunimmt. Metalle der 6. Periode sind die giftigsten Elemente des Periodensystems.

Aber nicht nur die Toxizität eines Metalles allein, sondern viele begleitende Faktoren sind verantwortlich für die Prägung der Symptome bei Metallvergiftungen. Die Löslichkeit und Oxidationsstufe einer Verbindung, aber auch physiologische Gegebenheiten wie die Absorptionsrate, die Verteilung im Organismus, das Ausmaß der Entgiftung, Metallkonzentrationen in den Organen, pH-Einflüsse, die Bindungsaffinität eines Giftes und die mögliche Potenzierung der Toxizität durch andere körpereigene Verbindungen sind wichtige Einflüsse. Die Angabe einer letalen Dosis (LD_{50}-Wert) kann daher nur ein grober Anhaltspunkt sein.

Zu den toxischen Spurenelementen zählen Cadmium, Blei, Quecksilber, Arsen, Thallium und radioaktive Metalle, die besonders im Zuge der wachsenden Umweltbelastung in den menschlichen Organismus gelangen.

Bestimmungsmethoden

Es gibt zahlreiche Verfahren, um Mineralstoffe in Nahrungsmitteln zu bestimmen. Exemplarisch sollen hier nur einige wichtige aufgeführt werden.

Als Voraussetzung für eine Analyse müssen zunächst durch Hitze- oder Säureeinwirkung die organischen Strukturen zerstört werden.

Bei der **gravimetrischen** Bestimmung wird nach dem Aufschlußschritt eine Analysenlösung mit dem zu bestimmenden Mineralstoff hergestellt. Durch Zusatz eines gelösten, bindungsfähigen Hilfsstoffs fällt das Element aus und die enthaltene Menge kann bestimmt werden.

Bei der **Flammenphotometrie** wird durch chemische Aufbereitung eine Meßlösung hergestellt, die in einer Gasflamme (z. B. Luft-Acetylen-Gemisch) bei hoher Temperatur zerstäubt

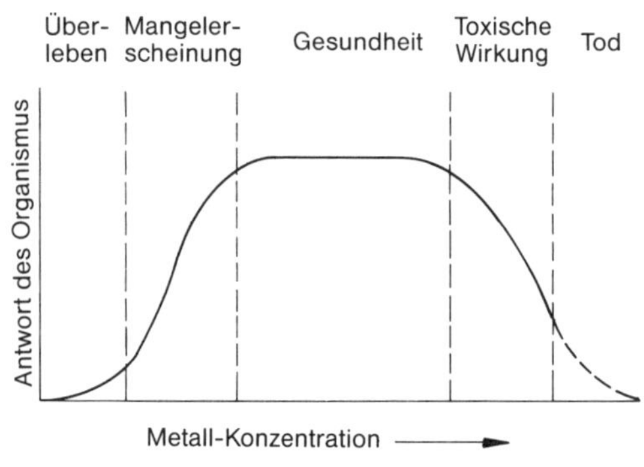

Abb. 49. Dosis-Wirkungskurve eines (essentiellen) Metalles (MERTZ 1981).

wird. Das zu bestimmende Element wird zur Emission angeregt, die gemessen und zusammen mit einer Eichkurve der Konzentrationsberechnung zugrundegelegt wird.

Die am häufigsten verwendete Methode, deren Entwicklung rasche Fortschritte in der Mineralstofforschung mit sich brachte, ist die **Atomspektroskopie.** Ihr Prinzip beruht auf der Erzeugung freier Atome, überwiegend durch Zufuhr thermischer Energie, und der daran anschließenden Absorption oder Emission von Strahlung infolge definierter Übergänge der Valenzelektronen der äußeren Atomschale. Diese Methode der Spurenelementidentifizierung ist durch hohe Spezifität und Empfindlichkeit gekennzeichnet und umfaßt den Wellenlängenbereich von rund 200–800 nm. Bei diesen Verfahren wird zwischen Atomabsorptions- und Atomemissions- sowie Atomfluoreszenzspektroskopie unterschieden.

Als weitere übliche Bestimmungsmethoden gelten die Röntgenmethode, die Massenspektroskopie, die Spektralphotometrie und die Ionenchromatographie.

3.3.1.2 Mengenelemente

3.3.1.2.1 Natrium

Allgemeines

1808: Entdeckung des Natriums durch Davy (England).

1926: St. John stellt Essentialität des Natriums für normales Wachstum fest.

1927: Clark beschreibt osmotische Wirkung von Natrium auf das Herz.

1966: Woodbury postuliert eine Elektrizität erzeugende Natrium-Kalium-Pumpe in Zellmembranen.

1972: Coleman et al. beschreiben Erhöhung des Natriumgehaltes im Serum als mögliche Ursache von Bluthochdruck.

Das einfach positiv geladene Alkalimetall Natrium ist als Ion (Na^+) sowohl Bestandteil der Mineralkristalle des Knochens als auch der Körperflüssigkeiten. Neben seiner Bedeutung für die Osmoregulation der Zelle und des Extrazellulärraums ist Natrium u. a. mitverantwortlich für die Aufrechterhaltung des Membranpotentials und damit für die Erregungsleitung.

Chemie

Aufgrund seiner großen Beweglichkeit sowie der sehr geringen Neigung zur Komplexbildung fungiert Natrium im Organismus in erster Linie als Ladungstransporteur.

Vorkommen/Nahrungsquellen

Als sechsthäufigstes Element der Erdkruste kommt Natrium ausschließlich in gebundener Form vor. Hohe Gehalte an Natrium finden sich hauptsächlich in zubereiteten Lebensmitteln wie z. B. Fleisch- und Wurstwaren, Hartkäse, Dosengemüse, Brot und Fertigsaucen; diese sind im wesentlichen auf den Zusatz von Natriumchlorid (NaCl) während der Zubereitungs- und Verarbeitungsprozesse zurückzuführen. Mittlere Gehalte an Natrium weisen z. B. Milch, Sahne, Weichkäse, Eier, Frischfleisch sowie Frischfisch auf. Natriumarme Lebensmittel sind beispielsweise frisches Obst, Gemüse (außer Wurzelgemüse), Reis, Weizen und Nüsse.

Bestimmungsmethoden

Die Bestimmung von Natrium kann mit Hilfe der Flammenphotometrie (Wellenlänge: 589 nm) oder durch verschiedene Fällungsreaktionen (z. B. Na-Mg-Uranylacetat) durchgeführt werden.

Absorption und Stoffwechsel

Die Absorption von Natrium erfolgt über ein aktives, energieabhängiges Transportsystem und ist eng mit der Absorption von Glucose gekoppelt. Nach dem Modell dieses Transportsystems wird die Assoziation von Natriumionen mit dem zu transportierenden Glucosemolekül unter Bildung eines sog. ternären Komplexes vermutet. Natrium kann entlang eines elektrochemischen Gradienten die Membran der Bürstensaum-Mukosazellen passieren, da zum einen durch die Aktivität der an der Serosaseite gelegenen Natrium-Kalium-Pumpe die intrazelluläre Natriumkonzentration niedrig gehalten wird und zum anderen gegenüber dem Darmlumen ein negatives Potential von etwa −40 mV besteht. Dabei kann schließlich das am selben Carrier angelagerte Glucosemolekül mittransportiert werden, obwohl dies einem gegen ein Konzentrationsgefälle gerichteten Transport entspricht, denn die intrazelluläre Glucosekonzentration ist wesentlich höher als die luminale.

Natrium stellt nicht nur das Hauptkation des Extrazellulärraumes dar, sondern ist mit einer Konzentration von etwa 140 mmol/l das bedeutendste Ion der extrazellulären Flüssigkeit. Der Gesamtbestand des Körpers an Natrium beträgt ca. 60 mmol (1,38 g)/kg Körpergewicht. Fast

98% des Gesamtnatriumbestandes entfallen auf den Extrazellulärraum. Da das in den Knochen eingelagerte Natrium nur zum Teil austauschbar ist, beträgt die Menge austauschbaren Natriums im Extrazellulärraum bezogen auf den Gesamtbestand des Körpers nur 68% (Tab. 96).

Die Natriumausscheidung erfolgt primär über den Urin und beträgt bei einer Zufuhr von 70 bis 350 mmol/d ca. 100 bis 150 mmol/d. Die Regulation der Natriumausscheidung steht dabei unter dem Einfluß der Mineralocorticoide der Nebennierenrinde (Kap. 2.3.2) und unterliegt einem 24-h-Rhythmus.

Mit den Fäzes werden normalerweise nur geringe Mengen an Natrium (etwa 5 mmol/Tag) ausgeschieden, da Natrium größtenteils aus dem Darmlumen reabsorbiert wird. Reabsorptionsstörungen (Diarrhoe) können hingegen zu hohen Natriumverlusten führen (s. auch unter Mangelerscheinungen).

Natrium wird auch über die Haut abgegeben. Bei starkem Schwitzen können die Verluste 20 bis 80 mmol/l Schweiß betragen. Dabei steigt der Natriumgehalt mit steigender Schweißrate an.

Funktionen

Die biochemische Funktion von Natrium leitet sich zu einem wesentlichen Teil aus der fast vollständig fehlenden Tendenz zur Komplexbildung ab. Natrium wirkt daher in biologischer Systemen primär als Ladungstransporteur. In dieser Eigenschaft beeinflußt Natrium die Zellmembranfunktion und spielt eine wesentliche Rolle bei der Muskelreizbarkeit und -kontraktion.

Ferner ist Natrium für die Regulation der Osmolarität der Zellen sowie des Extrazellulärraums verantwortlich. Eine wichtige Rolle spielt Natrium bei der Absorption von Monosacchariden sowie Aminosäuren und gilt zudem als Aktivator einiger Enzyme.

Mangelerscheinungen

Eine Hyponatriämie (Serumnatriumgehalt < 130 mval/l) – aufgrund alimentären Mangels oder bedingt durch z. B. starke Durchfälle, anhaltendes Erbrechen, starkes Schwitzen, bei Reabsorptionsstörungen der Niere, Polyurie bzw. massiver therapeutischer Diurese – geht einher mit extrazellulärer Exsikkose, einer Abnahme des Blutvolumens und einem relativen Anstieg der Erythrozytenzahl. Dies zeigt sich an einem erhöhten Hämatokritwert.

Als klinische Zeichen des Natriummangelsyndroms sind Hypotonie, Tachykardie, Apathie und Muskelkrämpfe zu beobachten.

Bedarf, wünschenswerte Zufuhr

Der Mindestbedarf des Menschen an Natrium liegt wahrscheinlich unter 0,5 g/d. Soweit der Bedarf nicht durch übermäßiges Schwitzen oder

Tab. 96. Verteilung des Natriumbestandes im Organismus

		mmol/kg Körpergewicht	Prozentualer Anteil an der Gesamtmenge
Plasma		6,5	11,2
interstitielle Flüssigkeit, Lymphe		16,8	29,0
Sehnen und Knorpel		6,8	11,7
Knochen (austauschbare Menge)		8,0	13,8
Knochen (gesamte Menge)		25,0	43,1
transzelluläre Flüssigkeit		1,5	2,6
Gesamtmenge	im Extrazellulärraum (austauschbar)	39,6	68,3
	im Extrazellulärraum (gesamt)	*56,6*	*97,6*
	im Intrazellularraum	1,4	2,4
	im Organismus	58,0	100,0

Natriumkonzentration des Blutplasmas	140 mmol/l
Normalbereich	135–145 mmol/l
tägliche Ausscheidung mit dem Urin	100–150 mmol
tägliche Zufuhr mit der Nahrung	70–350 mmol

pathologische Zustände erhöht ist, sind 2 g Natrium (≙ 5 g NaCl)/d für Erwachsene ausreichend. Diese Menge wird beim Verzehr einer ausgewogenen gemischten Kost durch den natürlichen Natriumgehalt der Lebensmittel sowie das den verarbeiteten Lebensmitteln (Fleisch- und Wurstwaren, Käse, Brot etc.) zugesetzte Kochsalz leicht erreicht und macht ein zusätzliches Salzen überflüssig. Von einer Kochsalzzufuhr über 10 g (≙ 4 g Natrium)/d wird abgeraten (Tab. 94).

Exzessive Zufuhr
Jede exzessive Natriumzufuhr bedingt einen Anstieg der Natriumkonzentration der extrazellulären Flüssigkeit. Diese Erhöhung des Natriumgehaltes wird teilweise durch einen Anstieg des Flüssigkeitsvolumens ausgeglichen. Chronisch erhöhte Natriumkonzentrationen führen somit zu Ödemen. Als weitere klinische Symptome sind motorische Unruhe, Hypertonie mit Schwindel und Erbrechen, Somnolenz, Übererregbarkeit der Muskulatur, Haut- und Schleimhautaustrocknung sowie Herzversagen zu beobachten. Eine Salzvergiftung kann infolge von Atem- und Herzstörungen zum Tode führen.

3.3.1.2.2 Chlor/Chlorid

Allgemeines
Das negativ geladene Chloridion (Cl^-) ist in ungelöster Form Bestandteil der Knochen; in gelöster Form beeinflußt Chlorid gemeinsam mit Natrium- und anderen Mineralstoffionen osmotischen Druck, Puffereigenschaften, Ionenkonzentration sowie das Verhalten von Proteinstoffen in den Körperflüssigkeiten.
1774: Entdeckung elementaren Chlors durch SCHEELE (Schweden).

Chemie
Bedingt durch seinen geringen Hydratationsradius vermag das Chloridanion Zellmembranen gut zu permeieren und damit im Organismus entstehende Ladungsverschiebungen schnell auszugleichen.

Vorkommen/Nahrungsquellen
Chlor, das elfthäufigste Element der Erdkruste, kommt nur in gebundener Form vor. Im menschlichen Organismus sowie in der Nahrung kommt Chlor stets vergesellschaftet mit Kalium und Natrium vor. Allgemein ist der Chloridgehalt tierischer Lebensmittel höher als der pflanzlicher.

Bestimmungsmethoden
Die quantitative Bestimmung der Chloridionen (in Körperflüssigkeiten) kann z. B. mittels merkurimetrischer Titration (mit Quecksilber-II-Nitrat und Diphenylcarbazon als Indikator), kolormetrischer Titration (mit chloridselektiven Silberelektroden) oder photometrisch durch Farbreaktionen mit Quecksilberchloranilat oder Quecksilber-II-Thiocyanat erfolgen.

Absorption und Stoffwechsel
Der Gesamtchloridbestand des Körpers beträgt im Mittel 33 mmol (1,2 g)/kg Körpergewicht. Etwa 88% des gesamten Chloridbestandes entfallen auf den extrazellulären, etwa 12% auf den intrazellulären Raum (Tab. 97). Die Absorption erfolgt vollständig und mit sehr hoher Geschwindigkeit aus dem Gastrointestinaltrakt und ist eng an die Natriumabsorption gekoppelt (Kap. 2.3.2). Die Chloridausscheidung erfolgt primär über die Niere; mit dem Urin werden täglich etwa zu 6 bis 9 g Chlorid ausgeschieden.

Funktionen
Als Hauptanion des Extrazellulärraumes ist Chlorid für die Aufrechterhaltung des osmotischen Gleichgewichtes des Organismus sowie der Elektroneutralität von Bedeutung. Die Essentialität von Chlorid ist zudem darin begründet, daß es Bestandteil der Magensalzsäure ist.

Mangelerscheinungen und Beeinflussung der Verfügbarkeit
Der experimentell nur schwer zu erzeugende Chloridmangel führt zu Wachstumsstörungen und Muskelschwäche. Durch die entstehende Hypochlorämie und die damit einhergehende kompensatorische Erhöhung des Hydrogencarbonats kommt es zu einer hypochlorämischen Alkalose.

Langanhaltendes Erbrechen oder das Abpumpen von Magensaft (Magensalzsäure) mit hohen Verlusten an Chlorid führt ebenfalls zu hypochlorämischer Alkalose, da aufgrund der Salzsäurenachbildung vermehrt Bicarbonat aus den Belegzellen in den Extrazellulärraum abgegeben wird.

Eine Chloridabsorptionsstörung (Chlorid-Diarrhoe-Syndrom, erblich-familiär) führt bereits kurz nach der Geburt zu osmotisch bedingten, wäßrigen Durchfällen und dadurch zu De-

Tab. 97. Verteilung des Chloridbestandes im Organismus

	mmol/kg Körpergewicht	Anteil an der Gesamtmenge (%)
Extrazellulärraum:		
Plasma	4,5	13,6
interstitielle Flüssigkeit, Lymphe	12,3	37,3
Dichtes Bindegewebe und Knorpel	5,6	17,0
Knochen (gesamt)	5,0	15,2
transzelluläre Flüssigkeit	1,5	4,5
Summe:	*28,9*	*87,6*
Intrazellulärraum:	4,1	12,4
Gesamtbestand des Organismus	33,0	100,0

hydratation, Entwicklungsstörungen und chronischer hypochlorämischer Alkalose.

Bedarf, wünschenswerte Zufuhr
Der Bedarf an Chlorid wird auf etwa 1,5 g/d geschätzt. Angaben über die wünschenswerte Zufuhr leiten sich aus den Empfehlungen für die Zufuhr an Kochsalz ab. Für Erwachsene wird eine Kochsalzzufuhr von 5 g/d als ausreichend erachtet, dies entspricht einer Chloridzufuhr von etwa 3 g.

3.3.1.2.3 Kalium

Allgemeines
1808: Entdeckung des Kaliums durch DAVY (England).
1894: VON BUNGE beschreibt Verhältnisse von Natrium und Kalium in der Nahrung.
1926: MILLER entdeckt Essentialität von Kalium für normales Wachstum.
1942 ORENT-KEILES et al. stellten fest, daß niedrige Kaliumwerte Sterilität, Herz- und Nierenschäden bei Ratten verursachen.
1955: RUEGEMAR und ELVEHJEM (USA) lösen Paralysen bei Hunden aus mit Futtermischungen, die wenig Kalium enthalten.
1966: WOODBURY postuliert eine Elektrizität erzeugende Natrium-Kalium-Pumpe in Zellmembranen.

Als einfach positiv geladenes Ion ist das Alkalimetall (K^+) für die Bioelektrizität der Zellmembranen sowie die Aktivierung einer Reihe von Enzymen von Bedeutung. Wie Natrium besitzt auch Kalium nur eine sehr schwache Tendenz zur Komplexbildung.

Vorkommen/Nahrungsquellen
Das siebenthäufigste Element der Erdkruste kommt chemisch gebunden in Mineralien, Meerwasser und Organismen vor. Die meisten Lebensmittel enthalten mittlere Konzentrationen an Kalium. Besonders reiche Kaliumquellen sind z. B. Bierhefe, Hülsenfrüchte, Trockenfrüchte und Kakaopulver. Arm an Kalium sind tierische und pflanzliche Fette und Öle, Stärkemehle, Marmelade und Zucker.

Bestimmungsmethoden
Die schnellste und gebräuchlichste Methode zur Bestimmung der Kaliumkonzentration stellt die Flammenphotometrie dar. Des weiteren kann die quantitative Analyse photometrisch z.B. mittels Tetraphenylbornatrium-Lösung, als Fällungsreaktion mit Platinchlorid, kolorimetrisch, elektrometrisch oder röntgenspektrographisch durchgeführt werden.

Absorption und Stoffwechsel
Die Kaliumabsorption erfolgt in den oberen Dünndarmabschnitten über einen aktiven Transportvorgang.

Der Kaliumbestand des Körpers ist zu 98% intrazellulär lokalisiert. Dabei schwankt der Kaliumgehalt der Zellen in Abhängigkeit vom Gewebe; so ist der Kaliumgehalt der Muskelzelle (etwa 150 mmol/l) wesentlich höher als der der Fettzelle. Der Gesamtkaliumbestand des Körpers beträgt etwa 50 mmol (ca. 2 g)/kg Körpergewicht.

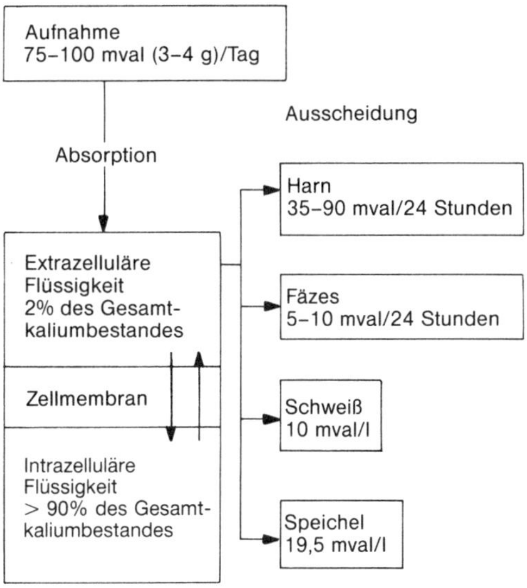

Abb. 50. Kaliumstoffwechsel

Die Kaliumausscheidung erfolgt bis zu 95% über die Niere, zu einem geringen Teil auch über die Fäzes, den Speichel und die Haut (Abb. 50). Bei einer Aufnahme von etwa 75–100 mval/d ist die Kaliumbilanz ausgeglichen (Abb. 50). Dies ändert sich jedoch schnell, wenn das Gleichgewicht infolge unzureichender Kaliumzufuhr oder durch enterale Verluste gestört ist. Denn anders als beispielsweise im Fall von Natrium, ist das renale Kompensationsvermögen bei gestörter Kaliumbilanz gering.

Funktionen

Als bedeutendstes intrazelluläres Kation ist Kalium wichtig für die Elektroneutralität, Osmolarität, Hydratation und Erregungsleitung. Diese Funktionen des Kaliums sind primär durch seine geringe Neigung zur Komplexbildung bedingt, so daß Kalium ebenso wie Natrium in erster Linie als Ladungstransporteur fungiert. Des weiteren ist Kalium als Aktivator verschiedener Enzyme von Bedeutung.

Kaliummangel

Ein Kaliummangel als Folge unzureichender Zufuhr, ungenügender Absorption oder exzessiver Verluste äußert sich als komplexe Elektrolytstörung. Die Kaliumkonzentration des Blutes liegt dann unter 3,5 mval/l (Hypokaliämie). Der Mangel an intrazellulärem Kalium wirkt sich primär auf die Muskelzellen aus. Aufgrund des kompensatorischen Natriumeinstroms mit Natriumanreicherung und nachfolgender hypotoner Dehydratation als Folge der erniedrigten Osmolarität (Kap. 2.3.2) kommt es zu Muskelschwäche bis hin zu Muskellähmungen, paralytischem Ileus und Störungen der Herztätigkeit mit Hypokaliämie-EKG (Abb. 51). Ein langanhaltender Kaliummangel führt zudem zu kaliopenischer Nephropathie, metabolischer Alkalose und eventuell zum kaliopenischen Koma.

Bedarf, wünschenswerte Zufuhr

Der Mindestbedarf des Menschen an Kalium wird mit 0,8–1,3 g (20–33 mmol)/d veranschlagt. Verluste infolge gastrointestinaler Störungen (Diarrhoe, Erbrechen) müssen durch eine erhöhte Zufuhr ausgeglichen werden (Richtwerte für die tägliche Kaliumzufuhr vgl. Tab. 94).

Kaliumintoxikation

Eine Kaliumintoxikation infolge exzessiver Zufuhr und/oder Ausscheidungsstörungen bei Tubulusschädigung bedingt eine durch Hyperkaliämie (Serumwerte > 5 mval/l) gekennzeichnete allgemeine Elektrolytstörung. Der Schweregrad ist u. a. abhängig von der Blutkaliumkonzentration, der Anstiegsgeschwindigkeit sowie dem Kaliumquotienten (K^+ intrazellulär/K^+ extrazellulär). Aus jeder Erniedrigung des Kaliumquotienten infolge der Erhöhung des K^+ extrazellulär resultieren schwere Störungen der Muskel-, Nerven- und Herz-Kreislauf-Funktionen.

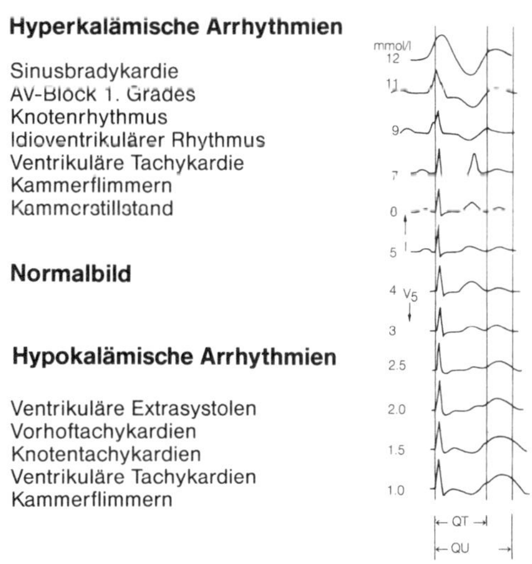

Abb. 51. Serumkalium und EKG (Truniger 1974).

Als weitere klinische Zeichen einer Kaliumintoxikation sind Ohrensausen, Taubheit, Verwirrtheit, Halluzinationen und Parästhesien zu beobachten.

3.3.1.2.4 Calcium

Allgemeines

1808: Entdeckung des Calciums durch DAVY (England).
1905: DELEZENNE entdeckt Bedeutung des Calciums für die Blutgerinnung und Proteolyse.
1925: LOEW stellt fest, daß alle Tiere Calcium im Futter benötigen.
1934: PETERS et al. stellen eine Erhöhung der mitochondrialen Atmung des Säugetierherzen durch Calcium fest.
1941: HEILBRUNN und ASHKENAZ entdecken, daß Skelettmuskeln zur Kontraktion Calcium benötigen.
1967: COPP entdeckt Calcitonin.

Chemie

Calcium ist ein Erdalkalimetall und gehört zu der Gruppe der Mengenelemente. Im Plasma liegt Calcium in drei Formen vor:

1. Als ionisiertes Calcium (Ca^{2+}) in einer Konzentration von 5 bis 7 mg/dl (etwa 46%); es stellt die eigentliche biologisch aktive Calcium-Fraktion dar und kann durch die Zellmembran diffundieren;
2. Als komplexgebundenes Calcium, hauptsächlich als anionischer Citratkomplex in einer Konzentration von 0,1 bis 2,3 mg/dl (etwa 14%);
3. Als proteingebundenes Calcium in einer Konzentration von 3,5 bis 4,0 mg/dl (etwa 39%); dieses Calcium ist nicht diffusibel.

Die Ca^{2+}-Konzentration im Serum beträgt normalerweise 2,2 bis 2,6 mmol/l. Der Blut-pH-Wert beeinflußt die Bindung des Calciumions an die Phosphat- und Carboxylgruppe der Proteine wesentlich. Sie steigt bei einer Alkalose und sinkt bei einer Acidose (um ca. 0,21 mmol Ca^{2+}/l pro pH-Einheit).

Vorkommen/Nahrungsquellen

Calcium ist mit 3,26% das fünfthäufigste Element der Erdkruste und ist in Gesteinen, Boden, Organismen und Gewässern weit verbreitet. »Hartes« Trinkwasser ist für die Calciumversorgung bedeutend, da Ca^{2+}-Ionen als Härtebildner wirken.

Besonders Calcium-reiche Lebensmittel sind Milch und Milchprodukte, wobei der Gehalt jedoch je nach Verarbeitungsverfahren erheblich schwankt. Auch die Gemüsearten enthalten im Durchschnitt beachtliche Calciummengen (Tab. 98), die vom Körper jedoch nur in geringem Maße genutzt werden können.

Beeinflussung und Verfügbarkeit

Die Bioverfügbarkeit von Calcium kann von hemmenden Faktoren, z.B. Phytat, Oxalat oder Ballaststoffen, aber auch von fördernden Faktoren, z.B. Vitamin D oder Lactose beeinflußt werden. Bei der Zubereitung von Lebensmitteln kann Calcium mit dem Kochwasser verloren gehen.

Bestimmungsmethoden

Mit Hilfe der Atomabsorptions-Spektralphotometrie und der Emissions-Flammenspektro-Photometrie kann Calcium zuverlässig nachgewiesen werden.

Absorption und Stoffwechsel

Die Calciumabsorption hängt im wesentlichen von alimentären Faktoren, einer genügenden Vitamin-D-Zufuhr und dem individuellen Bedarf ab, der sich nach Alter, Geschlecht und physiologischer Leistung richtet. Die aktivste Calciumabsorption findet im Duodenum statt; mengenmäßig wird aber am meisten im Ileum absorbiert. Der Umfang der Absorption des Nahrungs-Calciums aus dem Darm wird durch eine große Anzahl von Faktoren beeinflußt:

1. Durch die Art der angebotenen Calciumsalze, An- und Abwesenheit Calcium-fällender Anionen oder von solchen Substanzen, die Calcium durch Chelatbildung entionisieren.
2. Durch die im oberen Dünndarm, wo die Hauptmenge des Calciums absorbiert wird, herrschenden pH-Werte.
3. Durch Vitamin D.
4. Durch endogene Faktoren, wie z.B. Sättigung des Organismus mit Calcium.

Mittels eines spezifischen Proteincarriers, dessen Bildung durch Vitamin D bzw. Vitamin-D-Metaboliten induziert wird, erfolgt der aktive Ca^{2+}-Transport durch die Darmwand. Im Vitamin-D-Mangel wird Ca^{2+} nicht aktiv durch die Darmschleimhaut transportiert. Die Ausnutzung des Calciums aus löslichen Calciumsalzen (z.B. Lactat, Chlorid, Gluconat, Acetat) ist praktisch gleich groß wie aus schwerlöslichen (z.B. Carbonat, Phosphat). Dagegen ver-

Tab. 98. Calcium- und Phosphorgehalt einiger Nahrungsmittel (nach ELMADFA et al. 1987)

Nahrungsmittel	Calciumgehalt mg/100 g	Phosphorgehalt mg/100 g
Buttermilch	110	90
Joghurt (3,5% Fett i. Tr.)	120	92
Kondensmilch (7,5% Fett i. Tr.)	242	189
Molke	68	43
Vollmilchpulver	920	714
Emmentaler	1180	860
Edamer	678	403
Edelpilzkäse	953	520
Gouda	820	443
Camembert	276	291
Frischkäse (60% Fett i. Tr.)	34	189
Speisequark (20% Fett i. Tr.)	76	200
Speisequark, mager	71	189
Ei	54	205
Fisch (Kabeljau)	11	190
Rindfleisch	9	194
Schweinefleisch (Schnitzel)	2	194
Dosenwürstchen	10	185
Fleischextrakt	163	2380
Weizen (Vollkorn)	44	406
Roggen (Vollkorn)	45	373
Weizenmehl, Type 405	15	–
Weizenmehl, Type 1050	18	–
Bohnen, weiß	105	430
Linsen	74	412
Haselnuß	225	330
Walnuß	70	440
Grüne Bohnen, gekocht	50	37
Kartoffeln, gekocht	12	45
Möhren, roh	37	36
Erbsen, gekocht	23	99

schlechtern Oxalsäure-reiche Lebensmittel zumeist die Calcium-Bilanz. Hauptquellen der Oxalsäure sind Spinat (120–360 mg/100 g) und Rhabarber (230–500 mg/100 g) sowie Brot und Kartoffeln. Bei starken Teetrinkern kann die Oxalsäureaufnahme beträchtlich sein. Der Oxalsäure-Effekt hängt wesentlich von der Zusammensetzung der Nahrung ab, insbesondere von der Höhe der Calcium-Zufuhr sowie der Vitamin-D-Versorgung.

Phytinsäure, der Hexaphosphorsäureester des Inosits, ist einer der sog. »anticalcifizierenden« Faktoren, da sie mit Calcium sowie mit Eisen, Zink und Magnesium schwerlösliche Salze bildet. Sie ist in pflanzlichen Lebensmitteln weit verbreitet und befindet sich im Getreide, insbesondere in den Kleiebestandteilen. Aus Brot mit niedrigerem Ausmahlungsgrad (z. B. Weißbrot) wird das Calcium daher besser ausgenutzt als aus Brot mit hohem Ausmahlungsgrad (z. B. Vollkornbrot).

Cerealien (mit Ausnahme des Hafers) enthalten aber das Enzym Phytase, das während der Teigführung einen großen Teil des Phytins aufspaltet, wodurch ein Teil des Calciums wieder freigesetzt wird. Bei der gegenwärtigen Ernährung spielt das Phytinproblem und seine Wirkung auf Calcium keine große Rolle.

Auch einige Ballaststoffe wie die Galacturonsäure und Cellulose können mit Calcium unlösliche Komplexe bilden und es so der Absorption entziehen. Colonbakterien bauen jedoch Uronsäuren ab, wodurch eventuell eine Reabsorption des dabei freiwerdenden Calciums ermöglicht wird.

Durch den Verzehr von Kostformen mit hohem Gehalt an gesättigten Fettsäuren kann es im Darm zur Entstehung von schwerlöslichen Kalkseifen kommen, die zu erheblichen Calcium-Verlusten mit dem Stuhl führen. Patienten mit intestinalen Störungen und erhöhter Fettausscheidung sind besonders betroffen.

Bei proteinarmer Ernährung sowie Zufuhr von Proteinen mit minderer biologischer Wertigkeit ist die Verwertung von Calcium, insbesondere die Ablagerung im Skelett, herabgesetzt. Ursache ist die günstige Wirkung von Protein bzw. Aminosäuren auf den Calcium-Haushalt, die auf die Vergrößerung der Calciumlöslichkeit im Magen-Darm-Trakt infolge Komplexbildung zurückgeführt wird. Außerdem wird die Calciumausscheidung vermutlich durch eine hohe Zufuhr schwefelhaltiger Aminosäuren beschleunigt. Neben Fleischprotein konnte dieser hypercalciuretische Effekt bei Sojaprotein, Casein, Lactalbumin, Weizengluten und Gelatine nachgewiesen werden. Lysin hat den größten Effekt hinsichtlich der Verbesserung der Calciumabsorption, der jedoch durch gleichzeitige Gaben von Glutamin- oder Asparaginsäure infolge Chelatbildung unterdrückt wird.

Lactose und andere langsam absorbierbare Kohlenhydrate verbessern die Calciumabsorption durch Erhöhung der Permeabilität der Intestinalzelle für Calcium. Des weiteren bewirken sie eine vergrößerte Retention und Verknöcherung, was besonders im Säuglingsalter von großer physiologischer Bedeutung ist. Insgesamt ist die Ausnutzung von Calcium aus der Milch besser als aus pflanzlichem Material.

Durch die Verdauungssekrete werden jedoch beträchtliche Mengen an Calcium in den Darm abgegeben. Bei einer guten Calciumversorgung und einer gesamten Calciumausscheidung im Kot von 1,2 g/d wurde beim erwachsenen Menschen der endogene Anteil zu 15% des Kot-Calciums bestimmt. Dies zeigt, daß offensichtlich nur wenig des an einem Tag absorbierten Calciums sofort wieder in den Darm abgegeben, sondern zunächst gespeichert wird, hauptsächlich wohl durch die Austauschprozesse mit den Knochen. Bei geringer Calciumaufnahme wird ein größerer Prozentsatz endogenes Calcium aus den Körperspeichern mobilisiert. Bei Steigerung der Calciumzufuhr wird die Gesamtmenge an ausgeschiedenem endogenen Calcium zunehmend erhöht. Die Größe der Calciumspeicher im Organismus beeinflußt also die relative absorbierte Calciummenge und die in den Darm sezernierte Menge. Der Calcium-Turnover sinkt mit zunehmendem Lebensalter. Ein Kleinkind kann innerhalb von ein bis zwei Jahren sein Skelett vollständig erneuern; im Alter von 5 bis 15 Jahren ist der Calciumumsatz verringert und die Knochen verdichten sich zunehmend. Ab dem 40. Lebensjahr überwiegt der Knochenabbau, der Calcium-Turnover steigt und führt zu einem allmählichen Substanzverlust.

Die Calciumausscheidung im Harn ist weitgehend unabhängig von der Calciumzufuhr und weist beträchtliche individuelle Unterschiede auf. Diese werden durch endogene Einflüsse, vor allem durch hormonale Faktoren bestimmt. Bei einer normalen Calciumzufuhr von 0,8–1 g/d beträgt die Calciumausscheidung im Harn im Durchschnitt bei Frauen 20,4%, bei Männern 25,1%. Fasten, osmotische Diurese, Infusion von Citrat und Gaben von Glucocorticoiden verursachen eine Vermehrung der Calciumausscheidung im Harn.

Bei extremer, schweißtreibender Arbeit können bis zu 20 mg Calcium je Stunde durch Schweiß verloren gehen. Die Höhe des Calciumverlustes durch den Schweiß kann bis zu 25 bis 33% der gesamten Calciumausscheidung betragen.

Im höheren Lebensalter ist der Calciumhaushalt verändert; nicht die Absorption wird verschlechtert, sondern es erfolgt eine erhöhte Ausscheidung in den Darm. Auch ist die Ablagerung von Calcium im Skelett im Alter stark herabgesetzt, dagegen wird es leicht in unphysiologischer Weise in verschiedenen Geweben deponiert. Ursachen sind vor allem Änderungen der Hormonproduktion. In erster Linie kontrollieren das Parathormon und Calcitonin den Calciumhaushalt.

Aufgrund des komplexen hormonellen Kontrollsystems bleibt die Plasmacalciumkonzentration relativ konstant. Der austauschbare Pool aller Körpergewebe und des Blutes beträgt etwa 4–7 g. Eine dem Bedarf angepaßte Calciumaufnahme und -ausscheidung ermöglicht, daß auch die Calciumspeicher des Skeletts weitgehend konstant bleiben. Diese unterliegen im einzelnen der Steuerung durch die Calciumzufuhr, durch den Knochenauf- und -abbau sowie der Nierenpassage. Das Plasmacalcium steht im ständigen Austausch mit dem Intra- und Extrazellulärraum wie auch mit den Skelettdepots.

Wird die normale Konzentration des freien Calciums im Blut unterschritten, reagieren die Nebenschilddrüsen im Sinne eines negativen Feedback-Mechanismus mit der Ausschüttung von Parathormon (Abb. 52). Als Folge wird die Umwandlung des Vitamin D in das aktive Vitamin D (1,25-Dihydroxycholecalciferol) unter dem Einfluß von 25-OH-CC-l-α-Hydroxylase verstärkt (Kap. 3.3.2.2.2). Aktiviertes Vitamin D wirkt synergistisch mit Parathormon und induziert die Bildung eines calciumbindenden Proteins in der Darmschleimhaut, das für den aktiven Transport durch die Darmmukosa notwendig ist. Durch diese Interaktionen wird der Calciumspiegel angehoben. Gleichzeitig bewirkt das Parathormon eine vermehrte Calciumfreisetzung aus dem Skelett und veranlaßt die Niere außerdem zu einer erhöhten tubulären Reabsorption, wodurch der Calciumverlust mit dem Urin gedrosselt wird. Das drastische Absinken des Calciumspiegels kann unterschiedliche Ursachen haben, wie z. B. eine Alkalose, intestinale Absorptionsstörungen oder eine Unterfunktion der Nebenschilddrüsen. Bedingt durch die erniedrigte Konzentration an ionisiertem Calcium, bricht die Stabilisierung der Zellmembran zusammen und es kommt zu Tetanie und sinkendem Muskeltonus.

Erst wenn der Calciumgehalt über den Wert 9,5 mg/dl steigt, kann die Bildung von Thyreo-

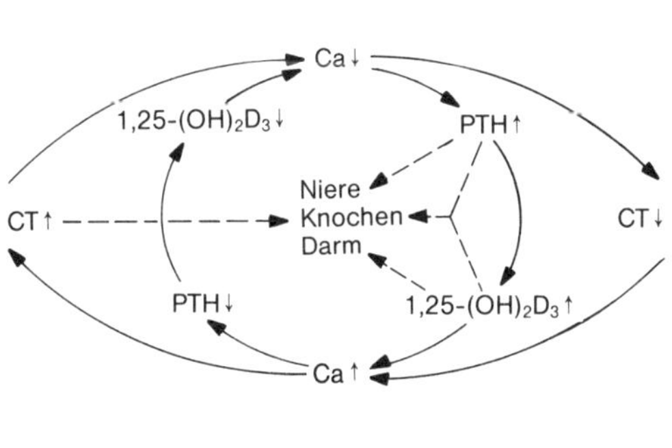

Ca = Calcium,
PTH = Parathormon,
CT = Calcitonin

Abb. 52. Regelkreis der Calcium-Homöostase (nach Bässler und Lang 1981).

calcitonin (Calcitonin) nachgewiesen werden. Die Calcium-senkende Wirkung dieses Hormons, das aus den parafollikulären Zellen der Schilddrüse stammt, erfolgt über die Hemmung der Knochenabsorption. Außerdem wird eine verstärkte Einlagerung von Calcium in das Knochengewebe vermutet und eine Hemmung der tubulären Reabsorption nachgewiesen. Neben Parathormon und Thyreocalcitonin wirken zusätzlich auch Thyroxin, Östrogene, Androgene, Somatotropin, Insulin und Glucagon auf die Regulation der Calciumhomöostase ein.

Im Gegensatz zur Ausscheidung kann die Plasmacalciumkonzentration nur sehr schwer durch die alimentäre Zufuhr beeinflußt werden. Demgegenüber schwankt sie erheblich unter dem Einfluß einer erhöhten Phosphatzufuhr. Bei gleichzeitiger Steigerung des Phosphat- und Calciumanteils der Kost bleibt die Calciumabsorption hinter der Phosphatabsorption zurück. Durch die endokrine Regulation der Calciumhomöostase bleibt die Plasmacalciumkonzentration auch nach relativ hoher Aufnahme konstant, dagegen gibt es keinen Mechanismus, der den Organismus vor einer exzessiven Phosphataufnahme schützt. Ein hoher Phosphatgehalt führt zu einem Absinken der Plasmacalciumkonzentration und verstärkter Sekretion des Parathormons, das wiederum die Freisetzung von Calcium aus dem Knochengewebe bewirkt (Abb. 52). Um einen optimalen Skelettstoffwechsel aufrechtzuerhalten, sollten deshalb Phosphor und Calcium im Verhältnis 1:1 aufgenommen werden.

Funktionen

Calcium ist mengenmäßig der wichtigste Mineralstoff des menschlichen Organismus und ein bedeutsamer Baustein von Zähnen und Knochengewebe. Etwa 99% des Körperbestandes finden sich im Knochen. Dies ist die 100fache Menge der Plasmacalciumkonzentration, die durchschnittlich 10–12 mg/100 ml (2,2–2,6 mmol/l) beträgt. Neben seiner Stützfunktion im Skelett spielt Calcium eine wichtige Rolle als Faktor der Blutgerinnung, bei der neuromuskulären Erregbarkeit, und es trägt zur Sekretion einiger Hormone und Enzyme bei.

Freies ionisiertes Calcium hat eine Reihe physiologischer Funktionen: Das Calciumion ist durch die Bindung von Phospholipiden und Gerinnungsfaktoren an der Aktivierung des Blutgerinnungssystems beteiligt. Extra- und intrazelluläre Änderungen der Calciumkonzentrationen tragen zur Zellmembranstabilisierung bei und regen die Zelle zur Durchführung bestimmter intrazellulären Reaktionen an (Zellaktivierung).

Während der kontraktilen Prozesse der Muskelzelle ist Calcium an der Übertragung bioelektrischer Erregungsprozesse beteiligt. Schließlich induziert Calcium als Cofaktor die Sekretion einiger Schlüsselenzyme (z. B. phosphorylierte Enzyme der Glykogenolyse und Gluconeogenese), Neurotransmitter und Hormone (Thyroxin und Insulin).

Die Calciumsalze des Skeletts sind nicht nur eine wichtige strukturelle Komponente des Skeletts, sondern stellen im Knochen das Speicherorgan für Calciumionen an sich dar. Etwa 1% des austauschbaren Calciumpools im Knochen sind dafür verantwortlich, auch einen längerfristigen Calciummangel zu kompensieren, um die Plasmakonzentration in engen Grenzen zu halten.

Für alle diese Prozesse ist eine Bindung des Calciums an Proteine Voraussetzung.

Mangelerscheinungen

Osteoporose ist eine primäre Calcium- oder Knochenstoffwechselstörung. Der Knochen an sich ist in seinem Aufbau normal. Als Folge des Mißverhältnisses zwischen Knochensubstanzabbau und -erneuerung kommt es jedoch zum Skelettabbau. Eine latente Osteoporose allein ist jedoch nicht besorgniserregend. Am deutlichsten sind Osteoporose-Erscheinungen bei Frauen nach der Menopause, was durch das Osteoporosegeschehen beeinflussende Hormone bedingt ist. Mit dem Rückgang der Östrogenproduktion steigt der Calciumgehalt im Blut. Dies induziert den Mechanismus der verminderten Produktion von Parathormon und dessen Folgen einer negativen Skelett- und Calciumbilanz (Abb. 53).

Neben genetischer Disposition und hormonellen Effekten kann auch Bewegungsmangel das Osteoporoserisiko erhöhen. Der Calciumverlust steigt vor allem bei jungen Menschen, die wochenlang liegen müssen. Bei erhöhtem Bedarf ist das Osteoporoserisiko nicht zu unterschätzen, z. B. während der Schwangerschaft und Stillzeit. Auch eine altersbedingte Osteoporose wird noch zusätzlich durch Bewegungsmangel gefördert.

Bisher ist die Frage, inwieweit die Entstehung der Osteoporose von der Calciumversorgung sowie speziell dem Calcium-Phosphor-Verhältnis der verzehrten Nahrungsmittel abhängig ist, noch nicht geklärt. Eine Calciumunterversorgung sowie eine die Empfehlungen überschreitende Phosphoraufnahme ist zumindest ein Risikofaktor bei der Osteoporose-Entstehung (Tab. 94).

Osteoporose-Patienten haben einen höheren Calicum-Turnover, der die Knochenatrophie zusätzlich verstärkt. Weiterhin ist die intestinale Calciumabsorption aufgrund einer verminderten Bildung von aktivem Vitamin D, besonders bei älteren Menschen, vermindert. Zudem neigen Osteoporose-Patienten zu einer herabgesetzten Calciumretention sowie einer erhöhten Ausscheidung. Ob die Phosphataufnahme einen direkten Einfluß auf die Osteoporose-

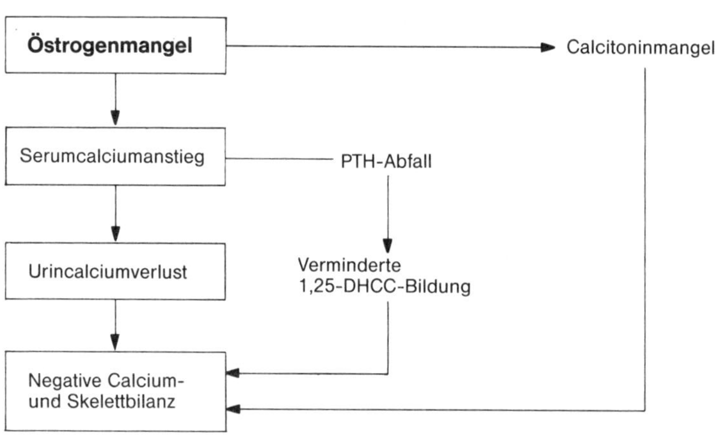

Abb. 53. Veränderungen im Hormon- und Calciumhaushalt bei postmenopausaler Osteoporose (ZIEGLER 1985).

entstehung hat, kann zur Zeit nur vermutet werden.

Andere hormonelle Dysregulationen, wie z.B. Hyperthyreose oder Hyperparathyreoidismus sowie eine langfristige Behandlung mit Corticoiden kann derartig in den Calciumstoffwechsel eingreifen, daß gleichzeitig mit der katabolen Stoffwechselsituation ein Knochensubstanzverlust gefördert und dadurch das Osteoporoserisiko erhöht wird. Die wichtigsten Faktoren, die zu einer verminderten Calciumausnutzung führen, hängen mit dem Ernährungsstatus zusammen; sie beruhen primär auf Verdauungs- und Absorptionsstörungen (Tab. 99).

Calciummangel kann auch eine erhöhte Metalltoxizität verursachen, z.B. eine Erhöhung der Bleiabsorption im Magen-Darm-Trakt sowie eine Erhöhung der Cadmiumabsorption und -retention im Körper bei gleichzeitig niedriger Proteinzufuhr.

Tab. 99. Einflußfaktoren auf die Calciumverfügbarkeit

Ernährungsstatus:
Unterernährung
einseitige Ernährung, wenig Milch und Milchprodukte
Vitamin-D-Mangel
fehlende Besonnung
Phosphorüberschuß
Verdauung/Absorption:
Zustand nach Magen(teil)resektion
Hypoacidität, Anacidität
exkretorische Pankreasinsuffizienz
chronische Hepatopathie
Sprue, Zöliakie
M. Crohn, *Colitis ulcerosa*
Zustand nach Darmstückresektion

Beurteilung des Calciumstatus

Die Calciumkonzentration im Blut liegt normalerweise zwischen 2,2 und 2,6 mmol/l. Obwohl sich mit 1% des Gesamtbestandes nur ein sehr geringer Teil des Körper-Calciums im Blutplasma befindet, wird dieser bei wechselnder Zufuhr und Ausscheidung und ohne Rücksicht auf die Knochenmasse in engen Grenzen konstant gehalten. Daher ist die Bestimmungsmethode der Gesamt-Calciumkonzentration ausreichend.

Bedarf, wünschenswerte Zufuhr

Die unterste Grenze der Calciumzufuhr, bei der gerade noch eine ausgeglichene Bilanz möglich ist, liegt bei 0,30 bis 0,35 g/d für den erwachsenen Menschen. Eine Steigerung der Aufnahme von solch niedrigen Werten auf 1 g/d führt zu einer starken Retention, die jedoch nur vorübergehend besteht. Bei der Erarbeitung von Empfehlungen zur optimalen Calciumzufuhr müssen nicht nur die üblichen Bedarfskriterien wie Alter oder Geschlecht berücksichtigt werden, sondern auch UV-Bestrahlung, Nahrungsfaktoren und speziell der Protein- und Phosphorgehalt der Kost (Tab. 94). Besonders Schwangere und Stillende müssen auf eine ausreichende Calciumversorgung achten. Unabhängig vom Versorgungszustand der Mutter enthält Muttermilch immer ca. 30 mg Calcium/dl. Während der gesamten Schwangerschaft passieren etwa 25 g Calcium des mütterlichen Kreislaufs die Placentaschranke; davon werden 80% in den letzten drei Monaten übertragen. Durch eine erhöhte Calciumabsorption sowie eine verstärkte Freisetzung aus den Skelettdepots kann der Calciumverlust normalerweise nach jeder Schwangerschaft wieder ausgeglichen werden.

Die derzeitige Calciumversorgung Heranwachsender und junger Frauen wird laut Ernährungsbericht 1984 als »besorgniserregend« bezeichnet (Tab. 100). Die Calciumaufnahme Erwachsener (19–50 J) ist jedoch mit 850 mg/d gegenüber 1977 angestiegen, was auf einen erhöhten Verzehr von Milch und Milchprodukten zurückgeführt wird. Ebenso muß die hohe Phosphataufnahme und ein Calcium-Phosphor-Verhältnis der üblichen Kost von 1:2 in Zusammenhang mit der unbefriedigenden Calciumversorgung als kritisch eingeschätzt werden, da auf diese Weise einer Demineralisation des Knochens und dem Osteoporose-Risiko Vorschub geleistet wird. Auch ältere Menschen unterschreiten die Höhe der wünschenswerten Calciumaufnahme in vielen Fällen (Tab. 100). Da im höheren Alter die Calciumabsorption zudem vermindert ist, kann sich dadurch das Osteoporose-Risiko weiter verstärken.

Intoxikationen

Sehr hohe Calciumaufnahmen wirken beim Menschen hypocholesterinämisch. Bei einer über die übliche Calciumaufnahme mit der Nahrung hinausgehenden Calciummenge von 0,89 g/d und mehr wurde regelmäßig eine Ab-

Tab. 100. Zur Calciumversorgung in der BR Deutschland (Ernährungsbericht 1984)

Gemessen an der wünschenswerten Zufuhr ist die Calciumversorgung sowohl bei üblicher Kost als auch bei ovo-lacto-vegetabiler Ernährung unzureichend. Die durchschnittliche Calciumaufnahme betrug:

	1977/78 mg Ca/Tag	1980/81 mg Ca/Tag
Männer		
19–50 Jahre	787	925
Frauen		
19–50 Jahre	636	750
Männer		
51–65 Jahre		913
älter als 65 Jahre		812
Frauen		
51–65 Jahre		755
älter als 65 Jahre		712

nahme der Plasmacholesterinwerte beobachtet. Als Ursache wird eine vermehrte Fettausscheidung, vor allem gesättigter Fettsäuren, mit den Fäzes angenommen.

Nach langfristiger Aufnahme von viel Milch (3–4 l/d) zusammen mit Alkali, kann es zu »Milch-Alkali-Syndrom« oder »Kalk-Gicht« kommen, wobei pathologische Verkalkungen in Lungen, Nieren und subkutanem Gewebe gefunden werden. In derartigen Fällen liegt die Calciumzufuhr bei 4–5 g/d. Etwa 90% aller Harnsteine bestehen aus Calciumsalzen und entstehen als Folge einer Übersättigung des Harns mit Calcium und Phosphat bzw. Oxalat sowie dem Vorhandensein einer organischen Matrix, welche die Kristallisation auslöst. Im allgemeinen gibt jede Hypercalcämie zu Nierenfunktionsstörungen Anlaß.

3.3.1.2.5 Phosphor

Allgemeines

1669: Alchimist Brand (Deutschland) entdeckt elementaren Phosphor durch starkes Glühen eingedampften Harns.

1931: Lohmann (Deutschland) isoliert ATP aus Muskel.

1936: Cori und Cori (USA) entdecken Glucose-l-phosphat.

1939: Kalckar (USA) entdeckt die oxidative Phosphorylierung.

1948: Krebs (England) vermutet, daß der Citratzyklus ATP synthetisiert.

Chemie

Phosphor nimmt als Baustein von organischen Verbindungen wie Proteinen, Kohlenhydraten, Fetten, Nucleinsäuren und Vitaminen eine wichtige Stellung im Organismus ein. Bei der Verteilung des anorganischen Phosphats im Blutplasma entfallen 45% auf komplexgebundenes Phosphat, 43% auf ionisiertes sowie 12% auf proteingebundenes Phosphat. Zusätzlich zum anorganischen Phosphat finden sich im Plasma noch organische Phosphatverbindungen (Phosphatester und lipidgebundenes Phosphat).

Im Kindesalter liegt der Phosphatspiegel im Plasma deutlich höher als beim Erwachsenen, wo er zwischen 1 und 2 mmol/l schwankt. Im Gegensatz zur Calciumkonzentration im Plasma, die in engen und während des gesamten Lebens gleichen Grenzen gehalten wird, fällt die Phosphatkonzentration im Alter ab.

Vorkommen/Nahrungsquellen

Das Nichtmetall Phosphor zählt zu den Mengenelementen und ist in gelöster Form als PO_4^{3-} in der Erdkruste enthalten.

Phosphat kommt praktisch in allen Lebensmitteln vor. Besonders reiche Phosphor-Quellen stellen proteinreiche Lebensmittel wie

Milch und Milchprodukte, Fleisch und Fisch dar (Tab. 98).

Beeinflussung der Verfügbarkeit
Aufgrund des hohen Phosphorangebotes in den Lebensmitteln können Verluste bei der Zubereitung, wie z. B. mit dem Kochwasser vernachlässigt werden. Die Bioverfügbarkeit von Phosphor kann durch verschiedene Nahrungsinhaltsstoffe gehemmt werden (s. unten).

Bestimmungsmethoden
Sehr genaue und zuverlässige Phosphor-Nachweismethoden sind Farbreaktionen. Bei der Vanadat-Methode, die unter Erhitzung mit Ammonium durchgeführt wird, kommt es zu einer Blauverfärbung. Bei der Molybdän-Methode bildet sich unter Zusatz eines Reduktionsmittels (z. B. Ascorbinsäure) aus der Phosphor-Molybdänsäure ohne Erhitzen ein gelber Phosphor-Molybdän-Komplex.

Absorption und Stoffwechsel
Der Körper des Erwachsenen enthält 600–700 g Phosphor. Mehr als 85% des Phosphors befinden sich in anorganischen Verbindungen mit Calcium im Skelett, 65–80 g in den übrigen Geweben und nur etwa 2 g im Blut. Der Pool an leicht austauschbarem Phosphat beträgt im Mittel 1,2 g, womit dieser Pool nur 0,2% des gesamten Phosphorbestandes des Menschen ausmacht. Daraus läßt sich errechnen, daß der leicht austauschbare Phosphor-Pool etwa zehnmal am Tag umgesetzt wird. Dabei hat das Gehirn den langsamsten Phosphor-Stoffwechsel, wohingegen die Blutzellen den raschesten aufweisen.

Während Phosphat hauptsächlich in Form von organischen Verbindungen aufgenommen wird, kann die Absorption nach enzymatischer Spaltung durch Phosphatasen nur als anorganisches Phosphat im Dünndarm erfolgen.

Etwa 10% der täglichen Phosphataufnahme stammt aus Polyphosphaten, die im Darm erst zu Orthophosphaten gespalten werden. Mit steigendem Kondensationsgrad sinkt die enzymatische Aufspaltung und ungespaltene Polyphosphate werden unabsorbiert ausgeschieden.

Aktives Vitamin D ($1{,}25(OH)_2$-D_3) und Parathormon fördern die Absorption, wobei durchschnittlich 70% der zugeführten Mengen absorbiert werden; der Prozentsatz steigt mit abnehmendem Phosphatangebot an. Während gestillte Säuglinge etwa 85–90% des in der Muttermilch enthaltenen Phosphors absorbieren, sinkt die Absorptionskapazität im Erwachsenenalter auf etwa 50–60% ab.

Die Absorption des Phosphates wird durch Mineralien, welche Phosphorsäure fällen, wie z. B. Eisen, Aluminium und Calcium verschlechtert. Mit steigendem pH-Wert nimmt die Phosphatabsorption zu.

Im Getreide liegt Phosphor als schwer absorbierbarer Phytin-Phosphor vor, wodurch seine Verfügbarkeit stark eingeschränkt ist. Erst durch Aktivierung der getreideeigenen Phytase (z. B. während der Teigführung, Kap. 3.3.1.2.4) wird das veresterte Phosphat des Inositols in monomere Phosphationen gespalten, die durch die Darmmukosa ins Blut gelangen.

Als Folge der Insulinausschüttung und der Deponierung von Hexosen als Glykogen in den Zellen kann der Kohlenhydratstoffwechsel dem Blut Phosphat entziehen, um die intrazellulären Phosphatester des Kohlenhydratabbaus zu synthetisieren. Besonders bei diabetischer Ketoacidose oder einer Realimentation nach starker Unterernährung kann eine exzessive Kohlenhydratzufuhr zum Absinken des Phosphatspiegels führen. Dies ist ein typisches Beispiel für die unterschiedliche Phosphatverteilung in den intra- und extrazellulären Kompartimenten, die zu Fluktuationen bis zu 2 mg/dl führen können und nicht unbedingt eine Unter- oder Überversorgung widerspiegeln.

Absorption, hormonelle Interaktionen, Ausscheidung sowie Verschiebungen im Intra- und Extrazellulärraum bestimmen im wesentlichen die Konzentration an anorganischem Phosphat im Blut (Tab. 101).

Die Ausscheidung des Phosphors erfolgt durch den Harn und den Kot. Beim Menschen werden normalerweise etwa 60–80% des Phosphors durch den Harn und 20–40% durch den Kot ausgeschieden. Mit abnehmender Calciumzufuhr nimmt der Prozentsatz des durch den Harn ausgeschiedenen Phosphors zu. Die Höhe der renalen Phosphatausscheidung richtet sich nach dem Phosphatgehalt im Blut und der Menge an reabsorbiertem Phosphat in den Nierentubuli. Etwa 85% des glomerulär filtrierten Phosphats werden durch die renale Reabsorption dem Blut zurückgeführt. Dieser Prozeß unterliegt einer hormonellen Kontrolle. Parathormon, Östrogen und Thyroxin steigern, Wachstumshormon, Insulin und Cortisol senken die Phosphat-Ausscheidung.

Tab. 101: Einflußfaktoren auf den Phosphat-Gehalt im Blut: ↓ = Abnahme; ↑ = Zunahme

Einflußfaktor	Mechanismus	Phosphat-Gehalt im Blut	
Zirkadianer Rhythmus	Cortisol	↑	↓
Phosphat-Gehalt der Nahrung	Absorption	↑	↓
Wachstumshormon	tubuläre Reabsorption in der Niere erhöht	↑	
Vitamin D, Parathormon, Thyroxin, Acidose	Knochenabbau	↑	
Parathormon, Calcitonin	verstärkte Ausscheidung über die Niere,		↓
	Hemmung der Knochenmineralisierung		↓
Glucose, Insulin, Glucagon, Adrenalin	vermehrte Aufnahme von PO_4 in den Intrazellulärraum		↓
Geschlecht/Alter	Menopause (Knochenstoffwechsel)	↑	
Alkalose	vermehrter Austritt von PO_4 aus dem Extrazellulärraum		↓
Hypokalämie	?		↓
Erhöhter Stoffwechsel	?	↑	

Die Nebenschilddrüse ist insofern beteiligt als eine Steigerung der Phosphatkonzentration im Plasma als Reiz auf die Nebenschilddrüsen wirkt, vermehrt Hormon abzugeben. Dadurch wird die Ausscheidung von Phosphat durch die Nieren vergrößert. Diese Tätigkeit der Nebenschilddrüse mit Angriffspunkt an der Niere erlaubt somit eine Anpassung an wechselnde Höhen der Phosphatzufuhr und auch die Tolerierung relativ hoher Phosphatmengen. Der im Kot ausgeschiedene Phosphor setzt sich aus zwei Fraktionen zusammen: dem der Absorption entgangenen Nahrungs-Phosphor und dem in den Verdauungstrakt sezernierten Phosphor. Bei der üblichen Ernährung des Menschen sind 70–80% des Phosphors in den Fäzes nicht absorbierter Nahrungsphosphor.

Bei längerem Fasten scheidet der Mensch am Tag etwa 0,05 g Phosphor, die in den Darm sezerniert werden, mit dem Kot aus.

Funktionen

Phosphorsäure hat im Intermediärstoffwechsel aller Zellen eine überragende Bedeutung. Transformation, Speicherung und Verwertung von Energie durch die tierischen Zellen verlaufen über phosphorsäurehaltige Verbindungen. Energiereiches Phosphat in Form von Adenosintriphosphat (ATP) wird bei der biologischen Oxidation der energieliefernden Nährstoffe durch oxidative Phosphorylierung (Atmungskettenphosphorylierung) und bei der Glykolyse durch Substratkettenphosphorylierung erzeugt. Energiereiches Phosphat (ATP) ist die unmittelbare Energiequelle für alle Leistungen der Zelle. Das Phosphat wird durch die Prozesse der Energiegewinnung zunächst auf ein hohes Energieniveau gehoben, von dem es unter Arbeitsleistung (Biosynthesen, osmotische Regulation, mechanische Arbeit) wieder auf die Stufe des anorganischen Phosphats herabsinkt (Abb. 54).

Zusammen mit Calcium ist anorganisches Phosphat der Hauptbestandteil des anorganischen Knochengewebes und somit am Aufbau des Stützapparates beteiligt.

Im Plasma wirkt Phosphat als Puffer und macht etwa 5% der gesamten Pufferkapazität aus. Das Dihydrogenphosphat / Hydrogenphosphat-System wirkt in der Zelle, im Blutplasma und aufgrund seines pK-Wertes von 6,80 vor allem im Urin. Bis zu 50% der Protonen im Urin werden von diesem Puffersystem aufgenommen.

Schließlich kommt dem Phosphor als Baustein der Nucleinsäuren eine bedeutende Rolle zu.

Mangelerscheinungen

Ein alimentär bedingter Phosphormangel tritt isoliert praktisch nie auf. Er kann jedoch experimentell durch die Aufnahme von Calcium (2000 mg/d und mehr) induziert werden, da die intestinale Phosphatabsorption durch die Bildung von Calcium-Phosphor-Komplexen vermindert wird. Als Folge hoher Calciumaufnahmen mit ansteigender Blutkonzentration (Milch-Alkali-Syndrom, Kap. 3.3.1.2.4) wird

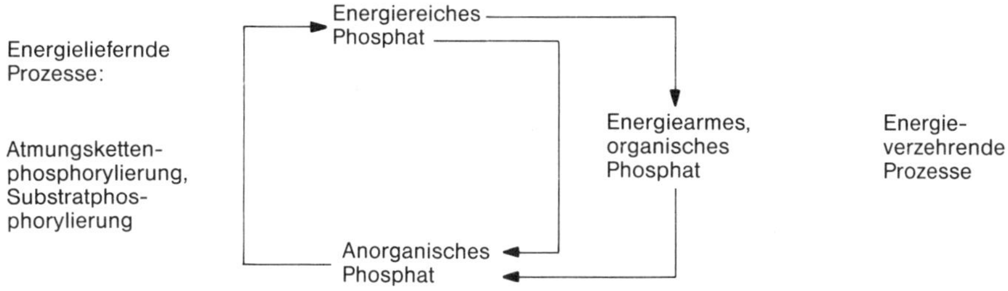

Abb. 54. Kreislauf der Phosphorsäure in der Zelle (Lang 1979).

die Sekretion von Parathormon gehemmt und dadurch die Phosphatausscheidung im Urin wesentlich vermindert. Umgekehrt hat jedoch eine hohe Phosphoraufnahme keine Auswirkungen auf die intestinale Calciumabsorption.

Eine Hypophosphatämie ist jedoch eine Begleiterscheinung von Nierenfunktionsstörungen (Tubulopathien), Vitamin-D-Mangel und Hyperparathyreoidismus. Die Ursache des erniedrigten Phosphatspiegels (< 0,57 mmol/l Serum) liegt in der verminderten tubulären Reabsorption von Phosphationen wie z. B. bei dem Fanconi-Syndrom, wo eine kombinierte Störung von Phosphat-, Glucose- und Aminosäurereabsorption in den Nieren auftritt. Eine Hypophosphatämie zeigt sich in Wachstumsstörungen, Skelettdeformationen sowie Rachitis und Osteomalazie als Folge der gestörten Knochenmineralisation.

Bedarf, wünschenswerte Zufuhr

Die Höhe der wünschenswerten Phosphoraufnahme sollte auch die Calciumaufnahme berücksichtigen, da besonders im Wachstumsalter der Knochenaufbau von einer ausgewogenen Calcium- und Phosphoraufnahme abhangt. Aus diesem Grund ist auch bei Erwachsenen ein Calcium/Phosphor-Verhältnis von 1:1 bis 1:1,5 anzustreben, wobei die tägliche Nahrung etwa 800 mg Phosphor enthalten sollte. Die heutigen Ernährungsgewohnheiten verschieben das Calcium/Phosphor-Verhältnis eher in Richtung einer überhöhten Phosphoraufnahme (Tab. 102).

Mit reiner Kuhmilchernährung ist das Calcium/Phosphor-Verhältnis von 2,4:1 in der Muttermilch nur schwer zu erreichen und kann in den ersten Lebenstagen eine starke Nierenbelastung für den Säugling bedeuten. Die dadurch mögliche Hyperphosphatämie ist mit hohem Tetanie-Risiko verbunden. Andererseits geraten Frühgeborene leicht in einen Phosphatmangel, da sie zur Knochenbildung wesentlich mehr Calcium und Phosphor benötigen, als sie mit ihrer geringen Verdauungskapazität von außen aufnehmen können. In den wachsenden Zellen verhält sich die Phosphoraufnahme proportional zur Proteinsynthese. Dadurch sinkt der Plasmaphosphatgehalt drastisch ab und die Bildung des anorganischen Teils der Knochen kann nicht mit dem Aufbau der organischen Skelettmatrix Schritt halten; Skelettdeformationen bei Frühgeborenen sind die Folge dieser Prozesse. Die Höhe der wünschenswerten Phosphorzufuhr steigt mit dem Längenwachstum. In der Schwangerschaft und Stillzeit sowie bei starker körperlicher Leistung ist der Phosphorbedarf erhöht (Tab. 94).

Intoxikationen

Extrem hohe Phosphatgehalte im Blut sind die Folge einer unzureichenden renalen Phosphatausscheidung und einer hohen tubulären Reabsorptionsrate, wie z. B. bei Unterfunktion der Nebenschilddrüse (Hypoparathyreoidismus). Mit der Sekretion des Parathormons wird nor-

Tab. 102. Gegenwärtige Phosphorzufuhr in der BR Deutschland und ihre Verteilung auf ausgewählte Lebensmittelgruppen (DGE 1984)

Durchschnittliche Gesamt-P-Aufnahme 1980/81 betrug 1417 mg/d

Lebensmittelgruppen	mg
Fleisch	234
Wurst- und Fleischwaren	109
Eier und Eiprodukte	80
Milch und Milchprodukte	228
Käse und Quark	120
Brot und Backwaren	203
Nährmittel	149
Süßwaren	123
Alkoholische Getränke	119

malerweise auch die renale tubuläre Phosphatabsorption zurückgedrängt. So gelangt eine größere Phosphatmenge aus dem Blut in den Harn und führt zur Senkung des Plasmaspiegels. Hohe Phosphatkonzentrationen im Blut wiederum senken die Konzentration von 1,25-$(OH)_2$-D_3 (Kap. 3.3.2.2.2), wodurch die Absorption aus dem Darm wie auch die Freisetzung aus dem Knochen sinkt.

Niereninsuffizienz mit verminderter glomerulärer Filtration und einer herabgesetzten Phosphatelimination aus dem Blut, fördert das Ansteigen der Blutkonzentration. Dies bewirkt wiederum ein Absinken der Calciumkonzentration mit reaktiver Stimulierung des Parathormons. Durch die gestörte Nierenausscheidung kann Phosphat trotz der Sekretion von Parathormon nicht ausgeschieden werden. Die Calciumfreisetzung aus dem Skelett unter dem Einfluß des Parathormons führt zu Knochenabbau, Skelettläsionen und Osteodystrophie. Solche Störungen können nur durch Kostformen, die wenig Protein und Phosphat enthalten, und durch therapeutische Anwendungen Phosphatbindender Substanzen unter Kontrolle gelangen.

Eine toxische Wirkung hoher Phosphataufnahmen ist beim Menschen direkt noch nicht beobachtet worden, äußert sich aber in Tierversuchen in Form von Gewebsverkalkungen verschiedener Organe (Herz, Nieren, Augenlinse). Ungeklärt ist bisher die Frage, ob isoliert zugesetzte Polyphosphate im Vergleich zu natürlicherweise in Lebensmitteln vorkommendem Phosphor unterschiedlich verstoffwechselt werden und welche Konsequenzen dies langfristig für den Organismus hat.

3.3.1.2.6 Schwefel

Allgemeines

Schwefel ist seit dem Altertum bekannt und wurde schon von Homer erwähnt.

Chemie

Das Mengenelement Schwefel ist ein Nichtmetall und zählt zu den Chalkogenen. In gebundener Form ist es bei allen höheren Organismen ein wichtiger Baustein der proteinogenen Aminosäuren Cystein und Methionin und damit einer Vielzahl von Proteinen, z. B. Keratin, Insulin, Ribonuclease. Beim Abbau der schwefelhaltigen Aminosäuren entsteht Sulfat, dessen Plasmakonzentration 0,5 bis 1,5 mmol/l beträgt.

Vorkommen/Nahrungsquellen

Schwefel kommt teils frei (in vulkanischen Gebieten), teils chemisch gebunden in Sulfiden und Sulfaten, in Kohle, Erdöl und den schwefelhaltigen Aminosäuren vor.

In der Erdkruste ist Schwefel in gelöster, ionisierter Form als SO_4^{2-} enthalten. Durch Umweltverschmutzung wird Schwefel von Pflanzen direkt aus der Gasphase aufgenommen, z. B. als Schwefeldioxid.

Fleisch, Eier, Milch und Milchprodukte sowie Nüsse und Leguminosen stellen gute Nahrungsquellen für die Schwefelzufuhr dar.

Bestimmungsmethoden

Quantitativ wird Schwefel nach der Schöninger-Methode, der Kolbenmethode in der organischen Mikroelementar-Analyse, bestimmt. Dabei wird nach Erhitzen gebildete Schwefelsäure in Gegenwart von Thorin als Indikator mittels einer Farbreaktion bestimmt.

Absorption und Stoffwechsel

Schwefel wird beim Proteinabbau im Magen-Darm-Trakt oder im Stoffwechsel der Zelle durch enzymatische Hydrolyse aus schwefelhaltigen Proteinen freigesetzt.

Die schwefelhaltige Aminosäure Methionin kann in verschiedenen Organen in Cystein überführt werden, bei dessen Abbau zu Kohlendioxid, Wasser und Adenosintriphosphat (ATP) wird Schwefel in Form von Schwefelwasserstoff frei. Dieser kann nach enzymatischer Oxidation zu anorganischem Sulfat in Begleitung von Kationen mit dem Urin ausgeschieden werden.

Sulfat wird zum größten Teil als anorganisches Sulfat (1,0 bis 1,2 g Schwefel/d) und Ester-Sulfat (0,1 bis 0,2 g Schwefel/d) sowie als »Neutral-Schwefel« (0,05 bis 0,1 g Schwefel/d) ausgeschieden. Als Neutral-Schwefel wird der in organischer Bindung vorliegende Schwefel wie z. B. in Cystin, Methionin, Taurin, Rhodanid, Senfölen u. a. m. bezeichnet. Die tägliche Sulfatausscheidung beträgt in Abhängigkeit von der zugeführten Proteinmenge 30 bis 60 mmol/l Urin.

Das nicht im Harn ausgeschiedene Sulfat wird nach Aktivierung mittels ATP zum »aktiven Sulfat« (Phosphoadenosylphosphosulfat, PAPS) durch Phosphotransferasen auf geeignete Akzeptoren übertragen unter Bildung von

1. Glucosaminoglucanen (Bausteine von Bindegewebe, Knorpel, organischer Knochenmatrix),

2. Sulfatiden (Schwefelsäureester der neutralen Glykosphingolipide),
3. Schwefelsäureester von Steroiden, Phenolen und Alkoholen. Sie werden zur Entgiftung oder Löslichmachung von den genannten Substanzen gebildet und im Harn ausgeschieden (Phenolschwefelsäure, Indoxylschwefelsäure [»Harn-Indikator«], Östronschwefelsäure).

Sulfit wird einmal als Lebensmittel-Zusatzstoff über die Nahrung aufgenommen, zum anderen entsteht es laufend im Organismus in kleinen Mengen im Stoffwechsel. Durch die Sulfitoxidase wird es ständig entfernt, so daß die Sulfitkonzentration in den Zellen praktisch unmeßbar klein bleibt.

Sulfit ist sehr reaktionsfähig und verbindet sich mit einer Reihe von biologisch wichtigen Substanzen wie Thiamin, Proteinen, mit Cytosin bzw. seinen Derivaten, bei denen es sich als Mutagen erwiesen hat. Sulfit reagiert außerdem mit Nicotinamid-adenin-dinucleotid (NAD) unter Bildung eines Komplexes, wodurch es zum potenten Hemmer einiger Dehydrogenasen wie Lactat- und Malatdehydrogenase wird; ferner reagiert es mit reduzierenden Zuckern. Dadurch ist Sulfit naturgemäß toxisch. Als duldbare Zufuhr setzte die WHO bis 0,7 mg Sulfit/kg Körpergewicht/d fest.

Funktionen

Schwefel besitzt eine bedeutende Funktion als Bestandteil von schwefelhaltigen Aminosäuren und Vitaminen (Thiamin, Biotin).

Sulfat kann zu PAPS aktiviert und für Konjugationsreaktionen in der Leber oder Biosynthesen in Leber (Heparin), Binde- und Stützgeweben (sulfatierte Mucopolysaccharide) oder Gehirn (Cerebroside) verwendet werden. Die Konjugation mit Sulfat in der Leber dient der Entgiftung von Steroiden, Phenolen und Indoxyl; die dabei entstandenen Konjugationsprodukte werden nach der Ausscheidung in den Urin als »Ether-Schwefelfraktion« bezeichnet.

Weiter ist Schwefel in Glutathion, dem Sulfhydrylgruppen-Donator enthalten.

Sulfatgruppen kommen in Schleimsubstanzen, Mucopolysacchariden und Mucoproteiden vor.

Eine wesentliche Rolle fällt Schwefel in schwefelhaltigen energiereichen Verbindungen als Bestandteil von Coenzym A zu, das als aktivierte Essigsäure (Acetyl-Coenzym A) den bedeutendsten Ester im Energiewechsel des Intermediärstoffwechsels darstellt. Des weiteren besitzt Schwefel als Bestandteil von Heparin, das bei der Blutgerinnung hemmend wirkt, eine große Bedeutung, wobei die Wirkung vom Sulfatationsgrad abhängt. Außerdem kommt Schwefel als Bestandteil von Chondroitinsulfat im Knorpel vor.

Mangelerscheinungen

Mangelerscheinungen sind bisher nicht bekannt.

Bedarf, wünschenswerte Zufuhr

Bisher existieren keine Bedarfszahlen für Schwefel, da eine ausreichende Schwefelzufuhr bei ausreichender Proteinversorgung gesichert ist.

Intoxikationen

Synergistische Wechselwirkungen wurden bei gemeinsamer Aufnahme von Molybdän und Sulfat beobachtet, wobei es zur Bildung einer unlöslichen Kupfer-Schwefel-Molybdän-Verbindung kommt, die einen Kupfermangel verursacht.

3.3.1.2.7 Magnesium

Allgemeines

Seit Jahrhunderten war die Heilwirkung von ›magnesia alba‹ bekannt (weiße Magnesiumsalze der griechischen Region Magnesia).

1808: Davy (England) isoliert Magnesium (vgl. Na, K, Ca, B, Ba).

Um 1850: Nachweis von Magnesium im menschlichen Körper.

1920: Denis weist auf das Vorkommen von Magnesium im Plasma hin und macht so auf dessen Lebensnotwendigkeit aufmerksam.

1926: Leroy weist Magnesium als essentiellen Nährstoff für die Maus nach.

Ab 1932: McCollum (USA) und Mitarbeiter beschreiben eine Vielzahl von Mangelsymptomen bei Ratten und Hunden, u.a. die Magnesium-Tetanie.

Ab 1933: Hirschfelder u.a. belegen die Notwendigkeit der Magnesiumzufuhr für den Menschen.

1956: Flink bestätigt das Auftreten von Magnesiummangel im Menschen.

1969: Shils beweist, daß Magnesium essentiell für die Mobilisation von Calcium aus dem Knochen ist.

1969: Barnes zeigt die Bedeutung der Niere für

die Regulation des Magnesiumhaushalts beim Menschen.

Chemie

Magnesium ist ein leicht ionisierbares Erdalkalimetall, dessen Ionen wegen hoher Hydratationsenergie (relativ große Ladung bei kleinem Ionenradius) zur Bildung von Komplexen neigen. Wie bei zahlreichen Spurenelementen werden hierbei meist Chelate gebildet. In diesen ringförmigen Verbindungen sind ein oder mehrere Mg^{2+}-Ionen an einen 2- oder 4zähnigen Liganden gebunden. Das bekannteste Beispiel im pflanzlichen Stoffwechsel ist das grüne photosynthetisch aktive Pigment Chlorophyll.

Im tierischen Organismus liegt Magnesium in 3 verschieden wirksamen Formen vor:

- Als ionisiertes Mg^{2+} in komplexer Bindung eingebaut in Hydroxylapatit, dem kristallisierten Mineralanteil des Knochens.
- In organischen Stoffen, besonders in Skelettprotein, zahlreichen Enzymen und energiereichen Phosphatverbindungen in den Mitochondrien; diese Magnesiumkomplexe sind osmotisch unwirksam.
- Als Elektrolyt in den Körperflüssigkeiten.

Im Vergleich zum Blutplasma und der Interstitialflüssigkeit mit Konzentrationen von 0,6 bis 1,0 mmol/l (1,4 bis 2,4 mg/100 ml) ist die Konzentration in der Zellflüssigkeit mit etwa 10 mmol/l rund 10fach höher. Für die geringe Permeabilität von Mg^{2+}-Ionen durch Zellmembranen, und damit für die Aufrechterhaltung dieser Gradienten ist die im Vergleich zu Alkalimetallionen große Hydrathülle möglicherweise mitentscheidend.

Vorkommen/Nahrungsquellen

Magnesium ist mit 2,5% das achthäufigste Element der Erdrinde. Grund- und Oberflächenwasser enthalten je nach Herkunft stark unterschiedliche Magnesiummengen, die neben Calcium bei der Bestimmung der Wasserhärte berücksichtigt werden. Aufgrund der weiten Verbreitung im Pflanzenreich (Chlorophyll) und im Tierreich enthalten auch die meisten Lebensmittel Magnesium. Die bedeutenden Energieträger (Nahrungsfette und raffinierter Zucker) tragen sehr wenig zur gesamten Magnesiumaufnahme bei. Im menschlichen Organismus ist Magnesium essentieller Bestandteil aller Körperflüssigkeiten und Gewebe. Der normale durchschnittliche Gehalt im Plasma beträgt 0,8–1,3 mmol/l.

Beeinflussung der Verfügbarkeit

Bedeutende Zubereitungsverluste an Magnesium treten – wie bei den anderen Mineralstoffen – bei Gemüse in erster Linie beim Wässern, Blanchieren und Kochen in viel Wasser auf, sofern das Kochwasser verworfen wird. Aus Getreide und Gemüse stammen gewöhnlich mehr als ⅔ der Magnesiumzufuhr. Bei der Ausmahlung von Getreide sind Magnesiumverluste deutlich stärker als bei anderen Mineralstoffen (Abb. 55).

Bestimmungsmethoden

Die präziseste Methode ist die Atomabsorptions-Spektralphotometrie, aber gleiche Mittelwerte und Streubereiche werden mit der Emissions-Flammenspektro-Photometrie, kolorimetrischen und fluorimetrischen Methoden erzielt.

Absorption und Stoffwechsel

Die Magnesiumverwertbarkeit hängt weitgehend von der Bindungsform ab, in der es im Lebensmittel vorliegt. Insbesondere die Magnesiumsalze der Oxalsäure, Phytinsäure und einiger Fettsäuren können im Verdauungstrakt des Menschen nicht oder nur teilweise aufgespalten werden und sind damit nicht verwertbar. Diese Salze sind jedoch unter Normalbedingungen ernährungsphysiologisch kaum von Bedeutung.

Magnesium wird im gesamten Dünndarm, hauptsächlich im Ileum, absorbiert. Besonders bei Säuglingen wird auch ein geringer Teil im Colon absorbiert. Die Absorption liegt durchschnittlich bei 40% und scheint stark vom Magnesiumgehalt der Kost beeinflußt zu werden. Weitere Faktoren, die die Absorption beeinflussen, sind kaum bekannt. Magnesium, das mit Gallenflüssigkeit, Bauchspeichel und Darmsaft sezerniert wird, wird fast vollständig reabsorbiert. Absorbiertes Magnesium wird vornehmlich durch die Niere ausgeschieden. Der größte Teil des Magnesiums im Stuhl entstammt dem nicht-absorbierten Nahrungsmagnesium.

Der Umsatz von Magnesium erfolgt vor allem in Bindegewebe, Haut und den weichen Geweben der Bauchhöhle wie Leber und Darm; in Knochen, Muskel und Erythrozyten wird Magnesium nur sehr langsam ausgetauscht. Es scheinen mindestens drei Kompartimente mit unterschiedlichen Umsatzraten zu bestehen:

1. Der aktivste Pool entspricht etwa dem Magnesiumgehalt der Extrazellulärflüssigkeit.

2. Der intrazelluläre Pool enthält mehr als 80% des austauschbaren Magnesiums mit vergleichsweise halb so großer Umsatzrate.
3. Ein Kompartiment, zu dem der größte Teil des Körperbestandes zählt.

Nur etwa 15% des Körperbestandes nehmen an den relativ schnellen Austauschprozessen teil. Die Körperbestände sind zu etwa 55–60% auf das Skelett, 40–45% auf weiche Gewebe und zu weniger als 1% auf die Extrazellulärflüssigkeit verteilt.

Funktionen

Magnesium ist Effektor (Aktivator bzw. Inhibitor) zahlreicher Enzyme und Enzymsysteme (Tab. 103). Insbesondere werden durch Magnesium diejenigen Enzyme aktiviert, die den Phosphattransfer von ATP auf einen Akzeptor oder von phosphorylierten Verbindungen auf ADP katalysieren. Magnesium ist somit an allen Reaktionen des intermediären Stoffwechsels beteiligt, bei denen phosphorylierte Substrate eine Rolle spielen (oxidative Phosphorylierung, aktiver Transport durch Zellmembranen, Synthese zahlreicher Substanzen, Verrichtung von körperlicher Arbeit, d.h. Muskelkontraktion). Im übrigen kommt Magnesium eine Reihe von gemeinsamen Funktionen mit anderen Mengenelementen (Natrium, Kalium, Calcium) zu.

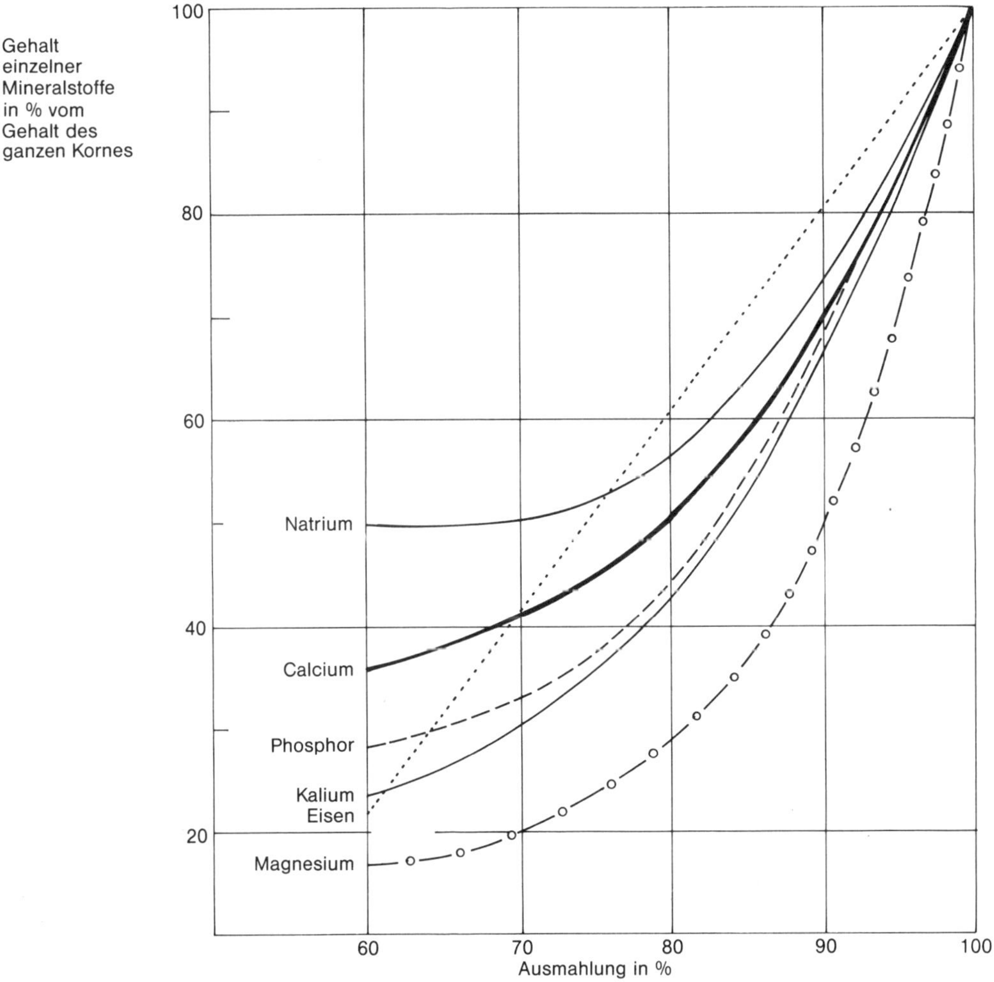

Abb. 55. Mineralstoffgehalt von Weizenmehlen in Abhängigkeit vom Ausmahlungsgrad (nach THOMAS 1964).

Mangelerscheinungen

Alimentär bedingter Magnesiummangel tritt selten isoliert auf; einseitige Kost aus stark verarbeiteten Nahrungsmitteln führt zur Magnesiumverarmung. Magnesium wird im Gegensatz zu Calcium aus dem Skelett wegen seiner geringen Umsatzrate nur langsam mobilisiert. Deshalb kann eine allgemein geringe Zufuhr bei gleichzeitig gesteigerter Ausscheidung zu schneller Absenkung der Magnesiumkonzentration im Plasma führen. Die so herbeigeführte Ionenimbalanz der Extrazellulärflüssigkeit beeinträchtigt die Regulation der Nervenerregbarkeit und der Muskelkontraktion. Da Symptome wie Gefühllosigkeit, Kribbeln, Muskelschwäche und Zittern, manchmal auch Krampfanfälle nur wenig charakteristisch sind, insbesondere denen bei Calciummangel ähneln, ist zur Differentialdiagnose eine Messung der beiden Ionenkonzentrationen im Plasma erforderlich.

Bei Kleinkindern mit Durchfallerkrankungen kann bereits nach wenigen Tagen Magnesiummangel im Serum auftreten, der gewöhnlich auch bei Kindern mit Protein-Energie-Malnutrition (PEM) nachweisbar ist. Auch beim Erwachsenen können anhaltender Durchfall, Mißbrauch von Abführmitteln, operative Verkürzung des Verdauungskanals und andere Gründe zu Magnesiummangel führen. Chronischer Alkoholismus führt aufgrund erhöhter Magnesiumausscheidung mit dem Urin bei gleichzeitiger Fehlernährung (hauptsächlich mit Magnesium-armen Nahrungsmitteln) leicht zu einem Magnesiumdefizit. Alkoholismus ist heutzutage die häufigste Ursache für Magnesium-Mangelerkrankungen bei Erwachsenen.

Beurteilung des Magnesiumstatus

Messung der Magnesiumkonzentration im Plasma als Funktionsparameter gilt als die sicherste Methode, da Mangelsymptome nicht charakteristisch sind.

Bedarf, wünschenswerte Zufuhr

Die wünschenwerte Magnesiumzufuhr für den Erwachsenen liegt weit höher (Tab. 94) als die Summe der obligatorischen Ausscheidungen (bis zu 24 mg/d). Empfehlungen beziehen sich auf eine durchschnittliche Höhe der Zufuhr bei energetisch ausreichender, abwechslungsreicher Mischkost. Über den Mindestbedarf an Magnesium von Kindern liegen keine gesicherten Angaben vor.

Tab. 103. Mit Magnesium arbeitende Enzyme bzw. Enzymsysteme (nach Lang 1979)

Kinasen	Pyruvatoxidase
Phosphatasen	Cholinoxidase
Transphosphatasen	Glutaminase
Pyrophosphatase	Carboxypeptidase
5-Nucleotidase	Leucinaminopeptidase
Enolase	alle mit Thiaminpyrophosphat arbeitenden Enzyme
Phosphoglucomutase	
Phosphoribomutase	

Intoxikationen

Magnesiumintoxikationen können insbesondere nach $MgSO_4$-Behandlung von Schwangeren bei Eklampsie auftreten, wobei die Neugeborenen in ihren Vitalfunktionen beeinträchtigt sind. Auch bei verminderter Nierenfunktion sind Intoxikationen möglich.

3.3.1.2.8 Eisen

Allgemeines

1681: Sydenham setzt als erster Eisen in der Medizin ein.

1832: Fodisch stellt fest, daß das Blut von Anämikern niedrigen Eisengehalt aufweist.

1936: Reimann et al. beobachten, daß Eisen in Hämoglobin eingebaut ist.

1974: Holmberg und Laurell berichten, daß Plasma-Transferrin Eisen enthält.

1953: Schoden et al. entdecken, daß Ferritin die primäre Speicherform für Eisen ist.

1974: Siimes et al. berichten, daß Transferrin das primäre Transportmolekül für Eisen im Blut ist.

Chemie

Eisen kann im Unterschied zu den meisten anderen Metallen in chemischen Verbindungen in mehreren Wertigkeitsstufen vorliegen, d.h. zwei- und dreiwertig (Fe^{2+} und Fe^{3+}). Bei einigen biochemisch bedeutsamen Verbindungen ist diese Möglichkeit zum Wertigkeitswechsel die Grundlage ihrer Funktion (Elektronentransport).

Vorkommen und Funktionen

Eisen stellt nach Sauerstoff, Silicium und Aluminium mit knapp 5% das vierthäufigste Element der Erdrinde (inbegriffen Hydro- und Lithosphäre) dar. Im menschlichen Körper liegt die Eisenkonzentration bei etwa 50 mg/kg KG. Im tierischen wie auch im pflanzlichen Organis-

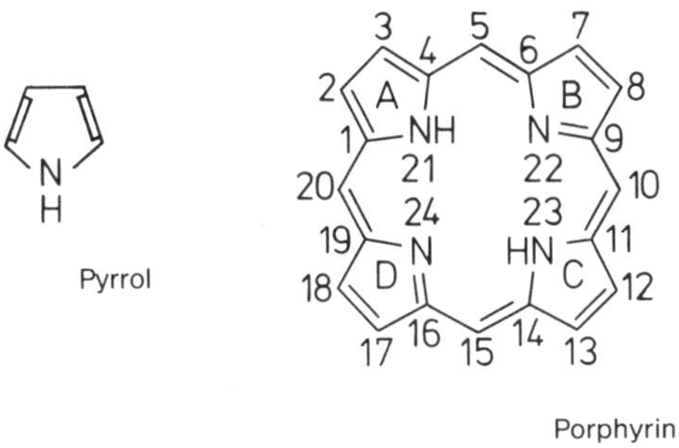

Abb. 56. Strukturformeln von Pyrrol und Phorphyrin.

mus liegt Eisen zum größten Teil komplex gebunden vor, vor allem in den Porphyrinen, daneben auch in anderen Eisenkomplexen, z. B. Ferritin und Ferredoxinen.

Das Grundgerüst Porphyrin (Abb. 56) stellt ein Ringsystem aus vier Pyrrolringen dar, die durch vier Methin-Brücken (-CH=) verbunden sind. Je nach ihrem Zentralatom und den Seitenketten werden die verschiedenen Porphyrine unterschieden. Eisen-Porphyrinkomplexe mit Fe^{2+} werden als Häm-Derivate, solche mit Fe^{3+} als Ferrihämderivate bezeichnet. Im lebenden Organismus sind die Porphyrine als prosthetische Gruppe mit Proteinen assoziiert. Aufgrund der Farbstoffnatur der Porphyrine sind die Porphyrinproteine gefärbt. Eisenporphyrinproteine sind in vielfältiger Weise direkt oder indirekt an der Verwertung des Sauerstoffs in biologischen Oxidationsvorgängen beteiligt. Nach ihrer Funktion wird zwischen folgenden Substanzen unterschieden:

1) **Hämproteine** wie Hämoglobin und Myoglobin. In diesen bleibt Eisen zweiwertig. Wird es dreiwertig, so entsteht unwirksames Methämoglobin. Hämoglobin ist das Sauerstoff-transportierende Protein des Blutes und enthält 60–75%, nach anderen Quellen dagegen etwa 80% des gesamten Eisenbestandes im Körper (Tab. 104). Myoglobin (etwa 4% des Eisenbestandes) stellt eine Art »Sauerstoffspeicher« im Gewebe dar, der bei kurzfristigen Sauerstoffmängeln entleert wird. Die Sauerstoffbindung ist bei beiden abhängig vom Sauerstoffpartialdruck, weshalb Sauerstoff im sauerstoffarmen Gewebe abgegeben wird.

2) **Cytochrome** der Atmungskette. In diesen Coenzymen elektronenübertragender Enzyme kommt es jeweils zum Wertigkeitswechsel des Eisens.

3) **Weitere Enzyme**, in denen Eisenporphyrinkomplexe die prosthetische Gruppe bilden, wie Peroxidasen, Katalasen, Oxigenasen. In diesen bleibt Eisen stets dreiwertig. Neben diesen Eisen-Porphyrinenzymen gibt es auch Enzyme, die einen Eisen-Flavoproteinkomplex enthalten, z. B. Cytochrom C-Reduktase, NADH-Dehydrogenase und Enzyme, die Eisenionen als lose gebundenen Cofaktor benötigen, z. B. Aconitase. Diese Enzyme und die Cytochrome enthalten zusammen etwa 6% des Körpereisens.

Ferritin und **Hämosiderin** stellen Speicherformen für etwa 25% des Körper-Eisens in Leber, Milz und Knochenmark dar, Ferritin auch in den Mukosazellen. Etwa 1–3% des Eisens zirkulieren im Plasma fest gebunden an das Protein Transferrin, dessen Eisenbindungskapazität normalerweise nur zu etwa einem Drittel erschöpft ist. Bei erhöhtem Eisenbedarf für Syntheseleistungen sinkt der Sättigungsgrad und Eisen wird vermehrt vom retikuloendothelialen System (RES), dem Ort des Erythrozytenabbaus, und von den Mukosazellen an Transferrin abgegeben. Folglich sinkt in diesen der Gehalt an freiem und an Apoferritin gebundenem Eisen. Dies scheint die Eisenabsorption zu begünstigen (Abb. 57).

Absorption und Stoffwechsel, Beeinflussung der Verfügbarkeit

Die Absorption von Eisen ist von zahlreichen Faktoren abhängig wie Alter, Versorgungszustand des Organismus, Gesundheitszustand, Verhältnisse im Verdauungstrakt, Menge und chemische Form des aufgenommenen Eisens sowie Mengenverhältnisse verschiedener anderer organischer und anorganischer Nahrungsbestandteile. Die Bedeutung und das Zusammenwirken dieser Faktoren sind bisher nur unvollständig geklärt.

In pflanzlichen Lebensmitteln kommt Eisen in anorganischer Form vor und ist zu 1–4%

Tab. 104. Eisenverteilung im Körper (Weippl 1974)

Anteil am Gesamtkörpereisen	%
Hämoglobin	65–73
Myoglobin	3– 5
Häm-Enzyme	0,2
Flavin-Fe-Enzyme	0,1
Transferrin	~ 1
Ferritin und Hämosiderin	16–32

absorbierbar. Häm-gebundenes Eisen in tierischen Nahrungsquellen wird besser ausgenutzt, die Absorptionsrate liegt bei 5–12%. Werden tierische und pflanzliche Lebensmittel kombiniert verzehrt, verdoppelt sich die Ausnutzung des pflanzlichen Eisens. Vitamin C (reduziert Fe^{3+} zu besser absorbierbarem Fe^{2+}), die Aminosäuren Cystein und Methionin sowie Citrat begünstigen ebenfalls die Eisenausnutzung. Eine ungünstige Kostzusammenstellung kann die Eisenausnutzung verschlechtern. Phytin und Phosphate bilden mit Eisen unabsorbierbare Komplexe; Phospholipide, z. B. im Eigelb, haben eine ähnliche Wirkung. Schwarzer Tee, der zur Mahlzeit getrunken wird, vermindert die Eisenabsorption, da Gerbsäure Eisen unter Bildung eines nicht aufnahmefähigen Komplexes bindet.

Die Absorption erfolgt vor allem im Duodenum und Jejunum. Sie erfordert Energie, die vom Citratzyklus bereitgestellt wird. Für die Erforschung der Eisenabsorption hat ein Zwei-Pool-Modell große Bedeutung erlangt, nachdem die Aufnahme anorganisch gebundenen Eisens getrennt betrachtet wird. Dies gelingt mit der Radioisotopentechnik. Dabei werden kleine Mengen an ^{59}Fe und ^{55}Fe in Nahrungsbestandteile eingebaut oder der Nahrung zugefügt und ihr Weg in verschiedenen Körperkompartimenten zu gleicher Zeit, aber getrennt, verfolgt. Untersuchungen anhand dieses Modells haben u. a. zu der Erkenntnis geführt, daß organisch gebundenes Eisen, insbesondere Häm-Eisen, bei der Aufnahme von pH-Einflüssen und anderen Faktoren weniger abhängig ist als anorganisches. Außerdem scheint in einer Reihe von Fällen die Zusammensetzung der ganzen Mahlzeit wichtiger für die Höhe der Absorption zu sein, als die Form, in der Eisen in einem bestimmten einzelnen Lebensmittel vorkommt. Daraus folgt erstens, daß Angaben der Eisengehalte einzelner Nahrungsmittel keinen bedeutsamen Anhaltspunkt für eine Nahrungsauswahl bei hohem Eisenbedarf bieten, zweitens, daß auch Angaben über die relative Verfügbarkeit dieser Eisengehalte wahrscheinlich nur gül-

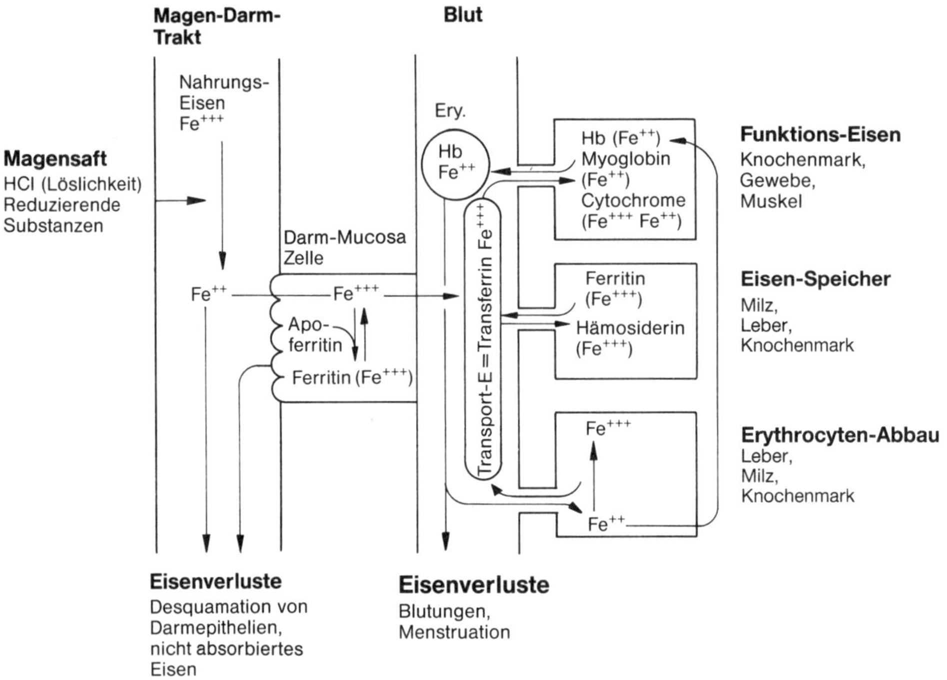

Abb. 57. Zusammenstellung der wichtigsten Vorgänge beim Stoffwechsel des Eisens. Mit der Nahrung wird hauptsächlich Fe^{+++} aufgenommen, das im Verdauungstrakt zu Fe^{++} reduziert wird (Mechanismus nicht vollständig aufgeklärt). Von den täglich alimentär zugeführten etwa 10 mg Eisen werden je nach Bedarf nur 0,5–2 mg resorbiert (Steuerung der Resorption wahrscheinlich durch einen Mechanismus in den Darm-Mukosazellen, »Mukosa-Block«).

tig sind unter den Versuchsbedingungen, unter denen sie ermittelt wurden.

Auch die Eisenausscheidung unterliegt mehreren Einflußgrößen. Über die Höhe der Verluste können bislang nur Mittelwerte für bestimmte untersuchte Kollektive, nicht jedoch für die Gesamtbevölkerung und die hier auftretenden Schwankungen angegeben werden (Tab. 105).

Bei menstruierenden Frauen muß für die monatliche Blutung noch ein zusätzlicher Verlust von etwa 12 mg, entsprechend 0,4 mg/d addiert werden, so daß insgesamt Verluste von 1,0–2,0 mg/d entstehen. Dabei muß jedoch angemerkt werden, daß der Wert von 12 mg großen Schwankungen unterworfen ist. Höhere Eisenverluste durch die Menstruation sollen bedeutsamer für die Entwicklung einer Eisenmangel-Anämie sein, als Unterschiede in der Höhe des mit der Nahrung zugeführten Eisens. Stillen bewirkt eine zusätzliche Ausscheidung von etwa 0,4 mg/d.

Mangelerscheinungen

Sowohl in Industrieländern als auch in den Entwicklungsländern ist Eisenmangel der am häufigsten zu beobachtende Mangelzustand. Gültige Schätzungen über Häufigkeit und Umfang in einer Gesamtbevölkerung sind allerdings nur schwierig aufzustellen. Eisenmangel führt letztlich zu Störungen der Erythropoese, die sich als hypochrome mikrozytäre Anämie offenbart. Damit in Zusammenhang stehen unspezifische Anzeichen wie Gefühle allgemeiner Abgeschlagenheit und Erschöpfung. Bei Kindern werden zudem Anorexie, Wachstumsstörungen und verringerte Widerstandskraft gegen Infektionen beobachtet.

Als Ursachen unzureichender Eisenversorgung kommen viele Umstände in Betracht, wobei verschiedentlich mehrere Faktoren zusammenwirken. Neben nutritivem Eisenmangel (bei allgemeiner Unterernährung, geringer Verfügbarkeit des Eisens aus den Mahlzeiten, besonders bei geringem Eisengehalt), gesteigerten Eisenverlusten (mit Blutverlusten bei Hypermenorrhoe, chirurgischen Eingriffen, Verletzungen, Hakenwurmkrankheit, Magengeschwüren; mit übermäßiger Schweiß- und Milchabsonderung) kann Eisenmangel beispielsweise auch durch Schwangerschaft und verschiedene Krankheitszustände, bei denen die Absorption von Eisen gestört ist (Zustand von Magenresektion, Steatorrhoe), induziert werden.

Tab. 105. Tägliche Eisenverluste des Körpers (Elwood 1980)

Verluste durch:	mg/d
Urin	0,06–0,27
Haut und Schweiß	0,2 –0,3
Haare, Finger- und Zehennägel	Spuren
Gastrointestinaltrakt	0,3 –0,5
Menstruation	12 mg/Menstruationszyklus ≙ 0,4 mg/d

Beurteilung des Eisenstatus

Eisenmangel wird mit zunehmender Dauer bzw. zunehmendem Schweregrad erkennbar an verringertem Sättigungsgrad der Gewebespeicher (erkennbar durch histologische Untersuchung von Knochenmarksausstrichen), verminderter Aktivität verschiedener Enzyme, herabgesetzter Konzentration des Serumeisens, erhöhter totaler Eisenbindungskapazität, vermindertem Sättigungsgrad des Transferrins und schließlich verringerten Hämoglobin- und Hämatokritwerten (Normalwerte Tab. 91).

Bedarf, wünschenswerte Zufuhr

Im allgemeinen sollte die Eisenaufnahme die Verluste gerade ausgleichen, da Überladungserscheinungen ebenso wie Mangelzustände unerwünscht sind, denn der Körper kann sich nur geringfügig an Änderungen der Eisenaufnahme mit der Nahrung anpassen. So fehlt anscheinend ein Stoffwechselweg, um die Homöostase bei exzessiven Mengen an Nahrungseisen zu gewährleisten. Der Eisenbedarf des Organismus ist sehr klein, steigt jedoch merklich an im Wachstum, im letzten Drittel der Schwangerschaft sowie bei bedeutenden Blutverlusten. Da vom Nahrungseisen (im Vergleich zu anderen Mineralstoffen) nur ein relativ kleiner Teil absorbiert wird, liegen die Empfehlungen für die Zufuhr deutlich höher, ohne daß dabei eine unerwünschte Anreicherung von Eisen im Organismus zu befürchten ist (Tab. 94).

Intoxikationen

Neben akuter Eisenvergiftung infolge von Unfällen, die hauptsächlich bei Kleinkindern vorkommen, gibt es eine Reihe meist chronischer Erkrankungen, bei denen es zu Überladungen des Körpers mit Eisen kommt. Bei ihrer Entstehung kommen besonders folgende Umstände in Betracht:

1. Langdauernde überhöhte Eisenaufnahme mit der Nahrung (z. B. bei chronischem Alkoholabusus mit bestimmten alkoholischen Getränken).

2. Häufige Blutübertragungen bei übersteigertem Erythrozytenabbau.

3. Ausfall der Kontrollmechanismen der Eisenabsorption bei Hämochromatose. Der Ort der Stoffwechselstörung dieser seltenen Krankheit ist nicht bekannt.

Die ständig erhöhte Absorption führt zu einer pathologischen Speicherung von Eisen in Form von Hämosiderin mit Gewebsschäden vor allem in Leber (Zirrhose), Pankreas (Diabetes mellitus), weiteren endokrinen Organen und dem Herzmuskel (Herzinsuffizienz). Die allgemeine Anreicherung von Nahrungsmitteln, z. B. Mehl mit Eisensalzen, die in einigen westlichen Ländern zur Vorbeugung gegen Eisenmangelanämie durchgeführt wird, stellt für Personen mit manifester Hämochromatose oder der noch nicht erkannten Disposition eine absolute Kontraindikation dar. Eine derartige Maßnahme ist aus diesem Grund keineswegs unproblematisch.

3.3.1.3 Spurenelemente

3.3.1.3.1 Jod

Allgemeines

1811: Courtois (Frankreich) isoliert das Element Jod aus Seetang.

1816: Prout (England) setzt als erster Jod zur Kropfbehandlung ein.

1820: Coindet (Schweiz) verwendet Jod-Salze zur Kropftherapie in Kenntnis empirischer Behandlungsmethoden im alten Griechenland mit verbrannten Schwämmen.

1850–54: Chatin (Frankreich) untersucht systematisch das natürliche Vorkommen von Jod und weist eine Parallelität im Auftreten von Jod-Mangel und endemischer Verbreitung von Kropf nach.

1896: Baumann (Deutschland) identifiziert das jodhaltige Protein Thyreoglobulin.

1915: Kendall (USA) isoliert und benennt Thyroxin.

1952: Gross und Pitt-Rivers entdecken 3,5,3'-Trijodthyronin.

1964: Wayne et al. legen die minimale Sicherheitsmenge für Jod in Nahrungsmitteln fest.

Chemie

Jod kommt im Organismus zu einem geringen Teil in ionischer Form, überwiegend jedoch kovalent gebunden an Thyroxin bzw. 3,5,3'-Trijodthyronin vor. In der Nahrung liegt Jod hauptsächlich als Jodid vor.

Vorkommen/Nahrungsquellen

Das Jodvorkommen in Boden und Wasser kann regional selbst auf kleinem Gebiet starken Schwankungen unterliegen. Auch in pflanzlichen und tierischen Nahrungsmitteln ist der Jodgehalt je nach Bedingungen bei der Erzeugung (Höhe des Jodvorkommens in Boden und Wasser, Pflanzendüngung, Jodversorgung der Tiere) sowie Art und Umfang der Verarbeitung und Zubereitung in hohem Maße variabel.

Lediglich Meeresprodukte (Fische, Muscheln, Seetang u. ä.) weisen hohe Jodgehalte auf, während diejenigen in den übrigen Nahrungsmitteln vielfach zu niedrig liegen, um eine ausreichende Versorgung sicherzustellen.

Beeinflussung der Verfügbarkeit

Die Verfügbarkeit des Jods im Trinkwasser wird bei höherem Härtegrad verringert, was die regionale Kropfhäufigkeit beeinflussen kann.

Absorption und Stoffwechsel

In der Nahrung liegt Jod vorwiegend als anorganisches Jodid vor und wird in dieser Form fast vollständig im Magen-Darm-Trakt absorbiert. Dies gilt für das Nahrungsjodid und das Jodid aus den Verdauungssekreten (enterohepatischer Kreislauf). Jodierte Aminosäuren werden überwiegend unverändert, jedoch langsamer und unvollständiger als anorganisches Jodid absorbiert. Die Jodausscheidung erfolgt größtenteils als Jodid hauptsächlich im Urin. Da die tägliche, mit dem Urin ausgeschiedene Jodmenge stark von der Plasma-Jodkonzentration und diese wiederum von der Jodaufnahme und Schilddrüsenaktivität abhängt, gilt die Jodausscheidung im Urin als verläßlicher Indikator für die Jodaufnahme. Als Untergrenze des Normalwertes der Jodexkretion im Urin werden Werte im µg Jod/g Kreatinin angegeben:

Kinder (5–10 J.)	35
Jugendliche	50
Erwachsene	75

Daneben erfolgt die Jodausscheidung auch mit dem Schweiß und den Fäzes. Die normale Ausscheidung mit dem Stuhl ist sehr gering und beträgt beim Erwachsenen 5–20 µg Jod/d oder mehr. Dabei handelt es sich um das Schilddrüsenhormon Thyroxin und dessen Abbauprodukte, die z.T. an Glucuronsäure gebunden sind.

Der Körperbestand an Jod des gesunden Erwachsenen beträgt etwa 10–15 mg und liegt zu 70–80% in der Schilddrüse vor. Etwa 95% des Schilddrüsenjodids ist organisch an Thyreoglobulin gebunden. Bei der Proteolyse dieses in der Schilddrüse gebildeten Proteins werden neben Mono- und Dijodthyronin auch die beiden Hormone Thyroxin (3,5,3',5'-Tetrajodthyronin [T_4] und 3,5,3'-Trijodthyronin [T_3]) freigesetzt. Nur diese beiden Hormone werden in die Blutbahn abgegeben.

Die Schilddrüse kann Jod aus der Blutbahn gegen ein Konzentrationsgefälle aufnehmen und festhalten, so daß die Jodkonzentration in der Schilddrüse mit 0,2–0,5% in der Trockensubstanz rund 4 Zehnerpotenzen über der in den meisten anderen Organen und Geweben liegt. Auch in Leber, exokrinen Drüsen, Ovarien und Placenta kann Jod etwas angereichert sein. Im Blut liegt Jod vorwiegend proteingebunden als T_4 vor, in geringem Maße als T_3 und nichtorganisch gebunden als Jodid. Um den T_4-Blutspiegel zu erhöhen, wird, ausgelöst durch eine niedrige T_4-Konzentration und durch ein Sekret des Hypothalamus (TRH), vom Hypophysenvorderlappen Thyreotropin (TSH) ins Blut abgegeben. Dadurch werden Bildung und Freisetzung der Schilddrüsenhormone aus Thyreoglobulin stimuliert. Die mittlere Halbwertszeit organisch gebundenen Jods wurde für den Menschen mit 64 Tagen bestimmt.

Funktionen

Jod wird im Organismus nach bisherigem Kenntnisstand nur als integraler Bestandteil der Schilddrüsenhormone benötigt. Von Bedeutung sind vor allem T_3 und T_4. Diese beiden besitzen im Prinzip gleiche Stoffwechselwirkungen. Sie induzieren die Transkription und Stimulierung der RNS- und Proteinsynthese und beeinflussen dadurch Wachstum und Teilung von Zellen und Geweben. Schwerer Jodmangel in der Schwangerschaft führt daher bereits beim Fetus zu gehäuftem Auftreten verschiedenartiger, schwerer Entwicklungsstörungen (Kretinismus), die irreparabel sind. Schilddrüsenhormone beeinflussen den Grundumsatz. Durch Stimulation der Wärmeproduktion wird die Körpertemperatur konstant gehalten. Überfunktion der Schilddrüse erhöht den Grundumsatz, Unterfunktion erniedrigt ihn. Ort der Wirkung sind die Mitochondrien. Ferner wirken die Schilddrüsenhormone in komplexer Weise dosisabhängig auf Protein-, Kohlenhydrat- und Lipidstoffwechsel.

Mangelerscheinungen

Alimentärer Jodmangel führt letztlich im Blut zu einer unzureichenden Konzentration an Schilddrüsenhormonen. Dies kann auch bei ausreichender Jodversorgung durch sogenannte Thyreostatika geschehen, die die Hormonbildung der Schilddrüse an verschiedenen Stellen beeinträchtigen. Die Folge ist jeweils eine verstärkte Thyreotropinausschüttung durch den Hypophysenvorderlappen. Dies führt zu kompensatorischem Größenwachstum der Schilddrüse (Kropfbildung), um dadurch eine erhöhte Schilddrüsenhormonproduktion zu erreichen. Nach der Größe der Schilddrüse werden 4 Gruppen unterschieden:

Gruppe 0: Der Kropf ist nur durch Abtasten erkennbar und bei gestrecktem Hals nicht sichtbar.

Gruppe I : Der Kropf ist abtastbar und nur bei gestrecktem Hals sichtbar.

Gruppe II: Der Kropf ist bei normaler Halsstellung sichtbar.

Gruppe III: Es hat sich ein sehr großer Kropf gebildet, der schon aus erheblicher Distanz sichtbar ist.

Die meisten Träger dieses, als »endemisch« bezeichneten Kropfes sind jedoch frei von Störungen der Schilddrüsenfunktion. Die Schwere des endemischen, auf Jodmangel beruhenden Kropfes wird entsprechend der Urinausscheidung von Jod (in µg/g Kreatinin) klassifiziert. Kretinismus als schwerste Form der Jodmangelerscheinung und eine Verminderung des Energiewechsels wurden bereits erwähnt.

Beurteilung des Jodstatus

Nach Verabreichung von Radiojod lassen sich alimentäre Jodaufnahme, Gehalt des proteingebundenen Jods im Plasma, Jodausscheidung im Urin und Funktionszustand der Schilddrüse messen, da im Jodmangel die Schilddrüse eine gesteigerte Jod-Bindungskapazität zeigt.

Bedarf, wünschenswerte Zufuhr

Die DGE empfiehlt eine tägliche Aufnahme an Jod von:

50–80 µg für Kleinkinder bis 12 Monate,
100–140 µg für Kinder von 1 bis 9 Jahren,

180–200 µg für Kinder ab 10 Jahren, Jugendliche und Erwachsene,
180 µg für Erwachsene ab dem 36. Lebensjahr,
230 µg für Schwangere und
260 µg für Stillende.

Ohne Verwendung von Jodsalz liegt die tägliche, alimentäre Jodzufuhr in der Regel zwischen 30–70 µg Jod bei Erwachsenen. Die Häufigkeit der Schilddrüsenvergrößerung liegt in der BR Deutschland, in Verbindung mit der geringen mittleren Ausscheidung im Urin von 24 µg Jod/d deutlich über 10%. Damit zählt die BR Deutschland zu den endemischen Kropfgebieten, vor allem in der südlichen Region. Das Jodsalz zählt bei uns zu den diätetischen, entsprechend gekennzeichneten Lebensmitteln. Es enthält mindestens 15 mg und höchstens 25 mg Jod pro kg Kochsalz. Mit der empfohlenen Salzzufuhr von 5 g können somit 100 µg Jod aufgenommen werden. Hoher Verzehr an pflanzlichen Erzeugnissen mit thyreostatischen Inhaltswirkstoffen, z. B. Kohlarten, führen zu einem erhöhten Jodbedarf.

Intoxikationen

Akute oder chronische, alimentäre Vergiftungen durch überhöhte Jodaufnahme sind kaum zu befürchten, da zwischen bedarfsdeckenden und toxisch wirkenden Dosen eine breite Sicherheitsspanne angenommen werden kann. Bei gesunder Schilddrüse soll eine Aufnahme von 2000 µg Jod/d (10–13fache Bedarfsmenge) zu einer Entgleisung der Schilddrüsenfunktionen (Hyperthyreose) führen. Bei Jodmangel-Kropf sollen bereits Gaben von mehr als 500 µg schädigend wirken können.

3.3.1.3.2 Fluor

Allgemeines

1913: Gautier und Clausmann (Frankreich) untersuchen als erste das Vorkommen von Fluor im tierischen Organismus.
1942: Dean beschreibt, daß die Karieshäufigkeit proportional zur Fluorkonzentration im Trinkwasser ist.
1970: Weidmann und Weatherell stellen fest, daß Knochen Wachsender mehr Fluor einbauen als Erwachsene.
1972: Schwarz und Milner (USA) weisen Fluor als essentielles Element für die wachsende Ratte nach.
1972: Messer et al. entdecken, daß Fluor gegen Schwangerschaftsanämien der Ratte schützt.
1973: Joseph und Tydd berichten, daß Fluor die Wundheilungsrate verbessert.

Vorkommen/Nahrungsquelle

Fluor ist mit 0,03% ebenso häufig wie Stickstoff am Aufbau der Erdrinde (inbegriffen Hydro- und Lithosphäre) beteiligt. Meerwasser enthält 1–1,4 mg Fluor/l. Meerestiere weisen mehr Fluor auf als Landtiere.

Der Fluorgehalt in Nahrungsmitteln liegt meist mehr oder weniger stark unter 1 mg/kg Frischgewicht. Wesentlich höhere Gehalte besitzen Meerestiere (5–10 mg/kg) und vor allem Schwarzteeblätter (rund 100 mg/kg). Bedeutsam für die Höhe der täglichen Aufnahme ist die Fluorkonzentration des Trinkwassers, das bei der Zubereitung der Speisen auch deren Fluorgehalte beeinflussen kann.

Absorption und Stoffwechsel

Da Fluor als F^- oder möglicherweise als HF bereits im Magen in erheblichem Umfang absorbiert wird, erfolgt die Aufnahme, besonders bei nüchternem Magen, sehr rasch. Sie verläuft offenbar in Magen und Darm passiv, d. h. durch einfache Diffusion. Die Absorptionsquote soll bei der üblichen Ernährung etwa um 80% liegen, bei löslichen Fluoriden im Trinkwasser praktisch bei 100%.

Die Fluorausscheidung erfolgt vor allem über die Nieren. Sie paßt sich dabei langfristig dem Fluorversorgungsniveau an, allerdings mit einiger Verzögerung, da sich der Skelettspeicher vorher jeweils auf ein neues Gleichgewicht einstellt. Schweiß enthält nur geringe Mengen (0,3–0,6 µg Fluor/ml). Bei normaler Ernährung werden aufgrund der hohen Absorptionsrate mit dem Stuhl gewöhnlich weniger als 0,2 mg Fluor/d ausgeschieden.

Der Körperbestand an Fluor (2–6 g) liegt zu über 95% im Skelett gebunden vor und erreicht im fettfreien Knochen eine Konzentration von 200– 600 mg/kg, die im Alter in Abhängigkeit von der Höhe der Fluoraufnahme ansteigt. Im Serum (Plasma) liegen etwa 0,1–0,2 mg/l überwiegend an Albumin gebunden, d. h. nicht austauschbar, und zu einem geringeren Teil ionisiert, d. h. ultrafiltrierbar und austauschbar, vor. Die nach dem Essen auftretende Erhöhung der Fluorkonzentration im Plasma bleibt gering, da die Homöostase durch rasche Ausscheidung eines hohen Prozentsatzes einer verabreichten Fluordosis mit dem Harn innerhalb weniger Stunden sowie durch hohe Affinität der harten

Gewebe für Fluor bewirkt wird. Bezüglich der Stoffwechselwirkungen des Fluors ist zu beachten, daß es – wenn auch in unterschiedlichem Maße gehemmt – durch die Placentaschranke tritt.

Funktionen

Beim Menschen ist Fluor als Nahrungsfaktor in erster Linie wegen seines hohen Toxizitätsgrades zu beachten. Daneben werden mögliche Erklärungen einer therapeutischen (zahnkarieshemmenden) Wirkung des Fluors gesucht und diskutiert.

Fluor inaktiviert eine Reihe von Enzymen (z. B. Enolase, α-Ketoglutaratdehydrogenase, Succinatdehydrogenase, Phosphatase) bereits im niedrigen Konzentrationsbereich (mg/kg). Es kann deshalb bei fortwährender Aufnahme überhöhter Fluoridmengen zu Schädigungen in zahlreichen Organen und Geweben kommen (siehe Intoxikationen).

Zwei der Mechanismen, die vorgeschlagen wurden, um die kariostatischen Effekte von Fluor zur erklären, sind 1) Verminderung der Löslichkeit des Zahnschmelzes, wobei das in die kristalline Struktur des Apatits eingelagerte Fluor OH-Gruppen ersetzt. Diese Wirkung wird bei einer Konzentration von 1 mg/l Fluor im Trinkwasser meßbar. 2) Hemmung der Säurebildung am Zahn durch Verminderung bakterieller Enzymtätigkeit im Zahnbelag. Weitere therapeutische Anwendungen von Fluoriden bei Knochenerkrankungen ergaben wenig ermutigende Resultate.

Mangelerscheinungen

Gesicherte Befunde über Fluormangel offenbarten sich bisher lediglich in Experimenten mit jungen Ratten, denen hochgereinigte synthetische Diäten verabreicht wurden. Dabei konnten Wachstumsstörungen nachgewiesen werden. Durch Fluorzulagen konnten diese Störungen und andere Mangelerscheinungen behoben werden.

Zahnkaries hingegen wird nicht durch Fluormangel ausgelöst, sondern ist ein Folgezustand fehlerhafter Ernährung. Hierbei sind insbesondere die Menge und Art der verzehrten Kohlenhydrate, deren Konzentration und Verweildauer am Zahn sowie die ausreichende Versorgung des Organismus mit Calcium, Phosphor, Vitamin A und D – besonders während Entwicklungsperioden und Gravidität – zu beachten.

Bedarf, wünschenswerte Zufuhr

Die DGE (1985) empfiehlt eine tägliche Aufnahme an Fluor von

0,25 mg	für Kleinkinder bis 12 Monate,
0,25–0,5 mg	für Kinder von 1 bis 3 Jahren,
0,75 mg	für Kinder von 4 bis 9 Jahren,
1,0 mg	für Kinder ab 10 Jahren, Jugendliche und Erwachsene, auch Schwangere und Stillende.

Die tatsächliche Höhe der täglichen Fluorzufuhr mit der Nahrung hängt sehr stark vom Fluorvorkommen der jeweiligen Region ab. In fluorreichen Gegenden der USA wurde der Fluorgehalt der Nahrung – ohne Berücksichtigung der mit dem Trinkwasser zugeführten Menge – mit 1,7 bis 3,4 mg/d angegeben. In fluorarmen Gebieten dagegen wurde eine Fluoraufnahme von rund 1 mg/Tag festgestellt. Trinkwasserfluoridierung oder andere Formen der Nahrungssupplementierung mit Fluor erscheinen daran gemessen unangebracht.

Intoxikationen

Überhöhte Fluoraufnahme über längere Zeit, wie sie insbesondere bei hohem Fluorgehalt im Trinkwasser vorkommen kann, führt zu stark gehäuftem Auftreten von Erkrankungen des Skeletts und der Zähne, besonders zur Dentalfluorose bei Kindern (bis zum 9. Lebensjahr). Dies geht aus zahlreichen epidemiologischen Untersuchungen gesichert hervor. Sichtbare Zahnschädigungen sind Fleckungen und Verfärbungen im Schmelz. Der Grad der Dentalfluorose nimmt dabei mit steigendem Logarithmus des Fluorgehaltes im Trinkwasser linear im Bereich 1–10 mg/l zu.

Die zuweilen empfohlene Erhöhung des Fluorgehaltes im Trinkwasser auf 1 mg/l führt in der Praxis bei Personen mit hoher Flüssigkeitsaufnahme zu einer weit über dem Bedarf liegenden Fluorzufuhr und damit zu der Gefahr von Dentalfluorose und anderen Stoffwechselschäden. Bei Nierenerkrankungen (Glomerulonephritis, Nephrose) ist fluoridiertes Trinkwasser kontraindiziert und bei Hämodialyse-Patienten bedeutet seine Verwendung eine zusätzliche Belastung.

3.3.1.3.3 Zink

Allgemeines

1100 n. Chr.: in Indien bekannt.
18 Jh.: in England industrielle Gewinnung und Verarbeitung.

1934: Todd et al. (USA) weisen die Essentialität von Zink für junge Ratten nach.
1940: Keilin und Mann (England) zeigen die spezifische biologische Funktion von Zink für Aktivität eines Metalloenzyms (Carboanhydrase) auf.
1961: Prasad et al. (USA) belegen als erste, daß Zinkmangel beim Menschen auftreten kann.

Chemie
Der relativ kleine Ionenradius des Zinkatoms im Vergleich zu den anderen zweiwertigen Übergangselementen der ersten Reihe bewirkt eine höhere Stabilität von Zink in Komplexen. Die Ähnlichkeit von Zink mit Kupfer in ihren physiko-chemischen Eigenschaften wie Isoelektrizität, Koordinationszahl und sp^3-Konfiguration führt im Organismus zu antagonistischen Wechselwirkungen zwischen beiden Elementen.

Vorkommen/Nahrungsquellen
Bedeutsame Zinkgehalte für die menschliche Ernährung findet man in Fleisch, Vollgetreide und Gemüse, während niedrig ausgemahlene Mehle bzw. Produkte daraus, Zucker und Fette nur geringe Mengen enthalten.

Absorption und Stoffwechsel
Zink wird im wesentlichen im Dünndarm absorbiert, wobei die Absorption besonders schnell im Bereich des Duodenums und des oberen Jejunums erfolgen soll. Am aktiven Transport in und durch die intestinale Mukosazelle könnten verschiedene Zink-bindende Liganden beteiligt sein, z.B. einzelne Aminosäuren, Metallothionein (ein niedermolekulares Protein) sowie ein spezifisch in Muttermilch entdeckter Ligand, der die Zinkabsorption beim Neugeborenen vor der Ausbildung anderer Absorptionsmechanismen verstärken soll. In der Mukosazelle dürfte Zinkthionein, dessen Synthese durch Zink induziert wird, als Speicher besonders bei überhöhter Zinkabsorption dienen und für die homöostatische Regulation der Zinkaufnahme bedeutsam sein.

Da die Absorption vom Versorgungsstatus des Organismus und verschiedenen Nahrungsbestandteilen stark beeinflußt wird, lassen sich nur sehr schwer allgemeingültige Absorptionsraten angeben. Höherer Bedarf (Wachstum, Schwangerschaft) führt im allgemeinen zu verstärkter Aufnahme von Zink aus der Nahrung. In Rattenversuchen wurden dementsprechend Absorptionsraten von etwa 30–100% ermittelt. Eine Reihe von Komplexbildnern begünstigen (Histidin, Cystein) bzw. beeinträchtigen (Phytat) die intestinale Absorption in Abhängigkeit von ihrer guten bzw. schlechten Löslichkeit und Absorbierbarkeit. Für Vollkornbrot mit seinem im Vergleich zu Brot aus niedrig ausgemahlenem Mehl höheren Phytatgehalt wird eine prozentual relativ niedrigere Zinkabsorption festgestellt, die sich jedoch durch gleichzeitige Aufnahme von Milchprodukten wieder beheben läßt. Nach neueren Untersuchungen soll die Absorptionsleistung des Organismus bei längerem Verzehr von Nahrung mit erhöhtem Phytatgehalt an die erschwerten Bedingungen adaptiert werden, so daß trotzdem eine ausreichende Absorption essentieller Mineralstoffe erfolgt. Überhöhte Zufuhr an dem chemisch ähnlichen Element Kupfer und an Calcium können die Zinkaufnahme – vermutlich aufgrund gegenseitiger Verdrängung – verschlechtern.

Zink wird in erster Linie mit dem Stuhl ausgeschieden. Neben dem Anteil nichtabsorbierten Zinks stammt der größte Teil der endogenen Exkretion aus der Darmwand (Darmsaft, abgeschilferte Zellen), daneben auch aus dem Pankreas. Die Höhe der endogenen Zinkexkretion steigt im Sinne der Homöostase des Zinkstoffwechsels analog der Zinkzufuhr. Demgegenüber ist die Zinkausscheidung über die Niere gering (etwa 0,3–0,6 mg/d) und in ihrer Höhe – außer bei extremem Zinkmangel – unabhängig von der Zinkversorgung. Mit dem Schweiß werden mit einer Konzentration von etwa 1,2 µg Zink/ml nur relativ geringe Mengen ausgeschieden.

Zink ist mengenmäßig das bedeutendste Spurenelement im Menschen mit einer durchschnittlichen Konzentration von etwa 20–30 mg/kg Körpergewicht, entsprechend einem Körperbestand von etwa 1,5–2,3 g Zink. Zwischen den verschiedenen Geweben und Organen bestehen große Konzentrationsunterschiede. Sehr hohe Werte weisen Iris und Retina des Auges auf, hohe außerdem Hoden, Prostata, Inselzellen des Pankreas, Knochen, Leber und Haare. Nur etwa 1–2% des Gesamtzinks finden sich im Blut. Es liegt dort zu etwa 80% in den Erythrozyten vor und zwar fast vollständig an das Enzym Carboanhydrase gebunden. Der mittlere Gehalt des Plasmas liegt bei 1,1 µg Zink/ml. Im Plasma ist Zink an mehrere Proteine verschieden stark gebunden.

In den Leukozyten liegen etwa 3% des Blutzinks in der alkalischen Phosphatase vor.

Über die Umsatzgrößen einzelner Gewebe liegen bisher keine genauen Angaben vor, jedoch ist bekannt, daß Zink von Leber, Pankreas, Niere und Milz relativ schnell retiniert und ebenso wieder abgegeben wird, während Knochen und Erythrozyten Zink nur langsam aufnehmen und lange festhalten. Gaben von Vitamin D verstärken die Retention.

Funktionen

Zink ist in ionisierter Form ein spezifischer, integraler Bestandteil in mindestens 15 Metalloenzymen (Tab. 106).

Bei diesen bedeutet die Abspaltung des Metallions den Verlust der katalytischen Aktivität. Ferner wirkt es als Effektor der Aktivität einer Reihe weiterer Enzyme, bei denen

1. die Bindung des Elektrolyten an das Enzymprotein mehr oder minder lose ist,
2. meist mehrere Übergangselemente als Co-Faktoren wirken können,
3. der aktivierende Effekt der Elektrolyte eine Funktion ihrer Konzentration ist (Tab. 107).

Das hierbei auftretende mehr oder minder ausgeprägte Optimum hinsichtlich der Enzymaktivität macht eine präzise Steuerung der Elektrolytkonzentration für den regulären Ablauf vieler Stoffwechselprozesse erforderlich.

Mangelerscheinungen

Zinkmangel beeinflußt Zink-abhängige Enzyme in unterschiedlichem Ausmaß. Dabei kann es zu Beeinträchtigungen des Nucleinsäure-, Protein-, Fett- und Kohlenhydratstoffwechsels kommen. Kennzeichnend sind z. B. eine verringerte Glucosetoleranz und verminderte Insulingehalte im Serum nach Glucosegaben sowie eine Erhöhung der Konzentration der freien Fettsäuren im Serum bzw. Plasma. Auch zeigten sich beim Menschen typische Wachstumsdepressionen (hochgradiger Zwergwuchs, Hypogonadismus) sowie verminderte Wundheilung. Beide Krankheitsbilder können durch Zulagen von Zinksalben behandelt werden. Zinkmangel kann auch zu Verlust oder Einschränkung des Geschmacks- und Geruchsempfindens führen, die jedoch reversibel sind.

Tab. 106. Zn-Metalloenzyme im tierischen und menschlichen Organismus

Enzyme	EC-Nr.	Beispiele für Vorkommen
Alkohol-Dehydrogenase	1.1.1.1	Leber, Fettgewebe, Lunge
Glutamat-Dehydrogenase	1.4.1.3	Leber, Großhirn, Nieren, Herzmuskel usw.
Malat-Dehydrogenase	1.1.1.37	Groß- u. Kleinhirn, Fettgewebe, Leber, Pankreas usw.
Lactat-Dehydrogenase	1.1.1.27	Groß- u. Kleinhirn, Fettgewebe, Herzmuskel, Nieren, Leber, Pankreas usw.
Glycerinaldehyd-phosphat-Dehydrogenase	1.2.1.13	Muskel
RNA-Polymerase	2.7.7.6	Leber, Nieren
DNA-Polymerase	2.7.7.7	Leber, Nieren
Alkalische Phosphatase	3.1.3.1	Knochen, Mukosa, Serum, Nieren
Leucin-Aminopeptidase	3.4.1.1	Nieren
Carboxypeptidase A	3.4.2.1	Pankreas
Carboxypeptidase B	3.4.2.2	Pankreas
Dipeptidase	3.4.3.–	Nieren
AMP-Aminohydrolase	3.5.4.6	Muskel
Carbonanhydrase	4.2.1.1	Erythrozyten
(*S*)-Aminolävulinat-Dehydratase	4.2.1.24	Leber

Tab. 107. Metall-Enzym-Komplexe

Enzyme	EC-Nr.	aktivierendes Metall
Glycyl-Glycin-Dipeptidase	3.4.13.1	Zn^{2+}
Alanyl- u. Leucyl-Glycin-Dipeptidase	unbek.	Zn^{2+}, Pb^{2+}, Cu^{2+}, Mn^{2+} Sn^{2+}, Cd^{2+}, Hg^{2+}
Glycyl-Leucin-Dipeptidase	3.4.13.2	Zn^{2+}, Mn^{2+}
Arginase	3.5.3.1	Zn^{2+}, Mn^{2+}, Fe^{2+}, Co^{2+}, Ni^{2+}, Cd^{2+}
Dehydropeptidase	3.5.1.14	Zn^{2+}
Tripeptidase (Tripeptid-Aminopeptidase)	3.4.11.4	Zn^{2+}, Co^{2+}
Carnosinase	3.4.13.3	Zn^{2+}, Mn^{2+}
Aminopeptidase	3.4.11	Zn^{2+}, Co^{2+}, Mn^{2+}
Histidin-α-Deaminase	4.3.1.3	Zn^{2+}, Hg^{2+}, Cd^{2+}
Lecithinase	3.1	Zn^{2+}, Cu^{2+}, Mg^{2+}, Co^{2+}, Mn^{2+}
Enolase	4.2.1.11	Zn^{2+}, Mg^{2+}, Mn^{2+}
Aldolase (Hefe)	4.1.2.13	Zn^{2+}, Fe^{2+}, Co^{2+}
Oxaloacetat-Decarboxylase	4.1.1.3	Zn^{2+}, Mn^{2+}, Co^{2+}, Cd^{2+}, Pb^{2+}, Ni^{2+}, Mg^{2+}, Fe^{2+}, Ba^{2+}, Cu^{2+}
Dihydro-orotase	3.5.2.3	Zn^{2+}
L-Mannosidase	3.2.1	Zn^{2+}

Beurteilung des Zinkstatus

Bei längerandauerndem Zinkmangel nimmt der Zinkgehalt der Haare ab. Dies kann beim Menschen zur Diagnose eines Zinkmangels verwendet werden; Normalwerte werden mit 177–207 μg Zink/g angegeben (Tab. 91).

Bedarf, wünschenswerte Zufuhr

Die DGE empfiehlt eine Zinkzufuhr gestaffelt nach Lebensalter. Für Erwachsene beträgt die Empfehlung geschlechtsunspezifisch 15 mg/d (Tab. 94).

Die Angaben gelten nur für typische, bei uns übliche Kostformen, d. h. eine »gemischte Kost« mit einem bedeutenden Anteil tierischer Nahrungsmittel, aus denen Zink gut verwertet werden kann.

Intoxikationen

Zink ist auch im Vergleich zu einigen anderen Spurenelementen relativ wenig toxisch, da der Bereich toxischer Dosen erst bei etwa zwei Zehnerpotenzen über der täglichen Aufnahme beginnt.

3.3.1.3.4 Kupfer

Allgemeines

5000 v. Chr.: in Ägypten bekannt.
1928: Hart et al. weisen die Essentialität von Kupfer für die Ratte nach, als sie feststellen, daß eine Anämie nicht durch Eisengaben allein verhindert werden kann.
Zur chemischen Ähnlichkeit von Kupfer und Zink siehe dort.
1931: Josephs erhält erste Beweise für einen Kupfermangel beim Menschen (Säuglinge).
1948: Holmberg identifiziert Kupfer im Caeruloplasmin.
1966: Osaki et al. zeigen, daß Caeruloplasmin im Eisenstoffwechsel eine Rolle spielt.
1974: Dunlap berichtet zum erstenmal über einen Kupfermangel bei Erwachsenen.

Vorkommen/Nahrungsquellen

Entsprechend der Bedeutung im tierischen Organismus weisen besonders verschiedene Innereien hohe Kupfergehalte auf, ferner Fische, Schalentiere, Nüsse und Vollgetreide, insbesondere Buchweizen sowie einige Gemüsearten.

Kupferarm hingegen sind vor allem Milch, niedrig ausgemahlene Mehle und daraus hergestellte Back- und Teigwaren sowie Zucker. Auch wenn Kuhmilch in seltenen Fällen den Kupfergehalt von Frauenmilch (etwa 0,2 µg Kupfer/ml) erreicht, so ist doch zu beachten, daß wegen des wesentlich höheren Zinkgehalts der Kuhmilch in dieser das Kupfer-Zink-Verhältnis etwa um den Faktor 10 geringer ist.

Absorption und Stoffwechsel

Die Absorption von Kupfer erfolgt im Magen und im gesamten Dünndarm, wobei die proximalen Abschnitte gegenüber den distalen eine höhere Absorptionskapazität aufweisen sollen. Der genaue Mechanismus ist noch nicht bekannt. Ähnlich wie bei Zink wird die Absorption des Kupfers stark vom Versorgungsstatus bzw. von der Höhe des Bedarfs des Organismus bestimmt. Daneben beeinflussen eine Reihe von Komplexbildnern und anderen Übergangselementen in der Nahrung die Kupferabsorption. Überhöhte Konzentrationen von Calcium, Zink, Cadmium, Sulfid u. a., aber auch Phytat, wirken Absorptions-vermindernd, während Aminosäuren, vor allem einige der essentiellen sowie Fumarat und Oxalat Absorptions-erhöhend wirken. Durch Ascorbinsäure wurde ebenfalls – möglicherweise aufgrund ihrer reduzierenden Wirkung – eine Erniedrigung der Kupferabsorption festgestellt. Für den Transport durch die Mukosazelle werden mehrere Liganden diskutiert, insbesondere zwei Proteine des Cytoplasmas, von denen das eine, Metallothionein, auch andere Metalle bindet. Dies macht Wechselwirkungen des Kupfers mit anderen Metallionen bei der Absorption verständlich.

Die Ausscheidung von Kupfer erfolgt überwiegend mit der Gallenflüssigkeit gebunden an Proteine, Gallensäuren und Aminosäuren. Da dieses Kupfer kaum reabsorbiert wird und die Höhe der Ausscheidung vom Versorgungszustand des Organismus abhängt, kann sie der Homöostase dienen. Ein kleiner Teil des Kupfers wird direkt in den Darm abgegeben.

Der Körperbestand des Menschen an Kupfer beträgt etwa 100 mg und liegt überwiegend an Protein gebunden vor. Etwa die Hälfte entfällt auf Muskulatur und Skelett. Die höchsten Konzentrationen wurden in der Leber, weniger hohe auch in Gehirn, Herz und Nieren gemessen. Die Leber ist das Zentralorgan des Kupferstoffwechsels. Das Kupfer wird hier gespeichert und in Kupfer-haltige Leberenzyme eingebaut.

Bei Neugeborenen ist der Kupfergehalt der Leber um das 3–10fache höher als bei Erwachsenen. Diese Depots werden jedoch schnell abgebaut. Im Blut findet man – je zur Hälfte in Zellen und im Plasma – etwa 6% des Körperbestandes an Kupfer. Für den Mann wurden etwas niedrigere, mittlere Serumkupfergehalte festgestellt als für die Frau (1,1 und 1,2 µg Kupfer/ml). Die Gehalte unterliegen geringen Schwankungen im Tagesrhythmus und sind in der Schwangerschaft etwa auf das Doppelte erhöht.

Funktionen

Kupfer-haltige Proteine sind vielfach Oxidoreduktasen mit hohem Redoxanteil (Tab. 108).

Ein bedeutender Vertreter ist das Caeruloplasmin, das über 90% des Plasmakupfers enthält. Seine wichtigste Funktion dürfte die Katalyse der Oxidation von Eisen-(II) zu Eisen-(III)

Tab. 108. Enzymatisch wirksame Cu-Proteine im tierischen und menschlichen Organismus

Enzym	EC-Nr.	Beispiele für Vorkommen
Monoamin-Oxidase	1.4.3.4	Leber (Mitochondrien), Plasma
Uricase	1.7.3.3	Leber (Mitochondrien), Niere (nicht bei Primaten)
Cytochrom-c-Oxidase	1.9.3.1	weit verbreitet (Mitochondrien)
Dopamin β-Monooxygenase	1.14.17.1	Nebennieren
Tyrosinase	1.14.18.1	Cytoplasma der Melanozyten
Superoxid-Dismutase	1.15.1.1	Cytosol von Leber, Erythrozyten, Gehirn
Caeruloplasmin (Ferroxidase I)	1.16.3.1	Plasma
Ferroxidase II	1.16.3.2	Plasma

sein, weshalb es auch als Ferroxidase I bezeichnet wird. Durch diese Reaktion wird Eisen im Stoffwechsel mobilisiert, d.h. auch für die Hämoglobinsynthese verfügbar.

Mangelerscheinungen
Beim Menschen kommen Störungen infolge Kupfermangels kaum vor. Ernährungsabhängige Mangelsituationen, vor allem bei Kindern beobachtet, führen in erster Linie zu den Symptomen einer hypochromen mikrozytären Anämie, bei der die Erythropoese vermindert sein dürfte.

Beurteilung des Kupferstatus
Kupfermangel ist erkennbar anhand verminderter Aktivität Kupfer-haltiger Enzyme in Plasma und Blutzellen.

Bedarf, wünschenswerte Zufuhr
Bei einer gemischten Kost enthält die tägliche Nahrung 2–5 mg Kupfer und mehr. Damit ist die wünschenswerte Höhe der Zufuhr gewährleistet (Tab. 94).

Intoxikationen
Entscheidend für die Enstehung toxischer Erscheinungen nach erhöhter Kupferaufnahme ist zum einen die Stoffwechselkompetenz der Leber, die Kupferhomöostase durch Synthese von Caeruloplasmin, Gallensekretion und Bildung von Metallothionein aufrechtzuerhalten und zum anderen die Höhe der aufgenommenen Dosis. Ob die Anwendung kupferhaltiger Intrauterinpessare (»Spirale«) zu chronischer Kupfertoxizität führt, ist bislang nicht bekannt. Bei der WILSON'schen Krankheit, einer vererbbaren, degenerativen Erkrankung der Leber, sind die Kupferausscheidung und Caeruloplasminsynthese verringert. Als Folge tritt Kupfer vermehrt in locker gebundener Form im Plasma auf und wird verstärkt in verschiedenen Geweben gespeichert.

3.3.1.3.5 Cobalt

Allgemeines
1872: BRANDT (Schweden) isoliert als erster Cobalt.
1926: BERTRAND et al. weisen Cobalt in Tieren nach.
1935: UNDERWOOD und FILMER (Australien) stellen Cobaltmangel als Ursache zweier Krankheiten bei Rindern und Schafen fest.
1948: RICKES et al. weisen Cobalt als integralen Bestandteil des Vitamin B_{12} nach.
1948: SMITH und PARKER entdecken Cobalt als Teil von Vitamin B_{12}.
1955: HODGKIN et al. bestimmen die Struktur von Vitamin B_{12}.
1967: MORIN et al. zeigen, daß größere Mengen Cobalt (z.B. als Schaumstabilisator im Bier) Myopathie verursachen.
Cobalt kommt in nahezu allen Nahrungsmitteln in unterschiedlicher Höhe vor, jedoch stammt das Cobalt gebunden an Vitamin B_{12} im allgemeinen aus tierischen Nahrungsmitteln.

Absorption und Stoffwechsel
Cobalt wird in Form des Co^{2+}-Ions absorbiert. Die Absorptionsquote soll bei 70% liegen, jedoch mit einem großem Schwankungsbereich von etwa 20–95%. Bei erhöhtem Cobaltangebot ist die Absorption weitgehend linear erhöht, ebenso die Cobaltausscheidung mit dem Harn, dem hauptsächlichen Ausscheidungsweg, so daß sich Cobalt wenig im Organismus anreichert. Bei Eisenmangel ist neben der Eisenabsorption auch die Cobaltabsorption erhöht. Bei erhöhter Zufuhr von Eisen bzw. Cobalt wird wechselseitig die Absorption des anderen Metalls beeinträchtigt. Dies spricht dafür, daß Cobalt zumindest teilweise durch denselben Transportmechanismus wie Eisen aufgenommen wird. Der Körperbestand des Menschen an Cobalt beträgt etwa 1,0–1,5 mg. Hauptspeicherorgan ist die Leber. Für die Konzentration im Blut werden stark unterschiedliche Angaben (0,2–15 µg Cobalt/ml) gemacht.

Funktion
Die einzige bekannte, essentielle, biologische Funktion von Cobalt ist die als integraler Bestandteil von Vitamin B_{12}. Dieses Vitamin kann von keinem tierischen Gewebe selbst synthetisiert werden, auch – soweit bislang bekannt – von keiner Nahrungspflanze, allerdings von Mikroorganismen z.B. im Intestinaltrakt. Es gibt für den tierischen, d.h. auch für den menschlichen Organismus deshalb nur einen Bedarf an Cobalt in der organisch gebundenen Form als Vitamin B_{12}. Bei Wiederkäuern wird Vitamin B_{12} durch die Mikroorganismen der Vormägen gebildet und im Dünndarm absorbiert. Im Gegensatz dazu ist beim Menschen in den Intestinalabschnitten, in denen Vitamin B_{12} absorbiert werden kann, die Synthesekapazität der Mikroorganismen sehr gering (Kap. 3.3.2.3.4).

Mangelerscheinungen
Beim Menschen treten keine Mangelerscheinungen durch unzureichende Cobaltzufuhr auf, wenn die Vitamin B_{12}-Versorgung gewährleistet ist. Die Vitamin B_{12}-Mangelsymptome sowie die Beurteilung des Cobaltstatus sind beschrieben (Kap. 3.3.2.3.4).

Bedarf, wünschenswerte Zufuhr
Beim Menschen besteht kein Bedarf an Cobalt, nur an Vitamin B_{12}. Angaben zur wünschenswerten Zufuhr von Cobalt erübrigen sich deshalb.

Intoxikationen
Im Vergleich zu anderen Spurenelementen ist Cobalt nur wenig toxisch. Früher wurden hohe Dosen anorganischen Cobalts (etwa 25–30 mg/d) therapeutisch eingesetzt. Dies wirkt im Sinne einer angestrebten Polyzythämie, da die Bildung der roten Blutzellen unspezifisch angeregt wird. Daneben traten jedoch zahlreiche Toxizitätserscheinungen wie Appetitlosigkeit, Gewichtsverlust, Hyperplasie des Schilddrüsenepithels u.a. auf. In verschiedenen Gebieten mit höherem Cobaltgehalt in Böden und Nahrung wurde verstärktes Auftreten von Strumen beobachtet.

3.3.1.3.6 Mangan

Allgemeines
1788: SCHEELE (Deutschland) untersucht als erster das Vorkommen von Mangan in Pflanzen.
1931: KEMMERER et al. zeigen, daß Manganmangel bei Mäusen Störungen der Fruchtbarkeit bewirkt.
1931: ORENT und MCCOLLUM belegen die Essentialität für die Ratte.
1958: COTZIAS postuliert, daß Mangan für den Menschen essentiell ist.
1961: CURREN und AZARHOFF zeigen, daß Mangan die Cholesterinsynthese in der Rattenleber stimuliert.
1968: EVERSON und SHRADER entdecken, daß Glucose-Intoleranz durch Manganmangel bei Meerschweinchen verursacht wird.
1973: DOISY (USA) berichtet über Manganmangel im Menschen.

Chemie
In Komplexen ist Mangan bevorzugt über Sauerstoff an Liganden gebunden. Die Stabilität der Mangankomplexe ist vergleichsweise geringer als die der weiter rechts im Periodensystem stehenden Elemente der ersten Reihe der Übergangselemente, da diese geringere Ionenradien besitzen. Mn^{2+} und Fe^{3+} bilden als isoelektrische Ionen Chelate mit ähnlicher Konfiguration und Koordinationszahl. Dies kann zu antagonistischem Verhalten im Stoffwechsel von Pflanzen und Tieren führen.

Vorkommen/Nahrungsquellen
Mangan ist mit etwa 0,1% das 13häufigste Element in der Erdrinde (inbegriffen Hydro- und Lithospäre) und kommt damit etwa ebenso häufig vor wie Kohlenstoff. Es kommt in allen pflanzlichen und tierischen Geweben vor. Die chemisch aktivsten Pflanzenteile, nämlich die Fortpflanzungsorgane, sind meist am manganreichsten, in absteigender Ordnung folgen Nüsse, Vollgetreide, Leguminosen, grünes Blattgemüse, Früchte, Wurzeln, Knollen; außerdem enthält Tee viel Mangan (etwa 70 mg/100 g). Tierische Nahrungsmittel hingegen sind meist relativ Mangan-arm, ebenso hochgereinigte Stärke- und Zuckerprodukte.

Absorption und Stoffwechsel
Die Absorption von Mangan erfolgt im Dünndarm. Über den Absorptionsmechanismus ist nur wenig bekannt. Zahlreiche Nahrungsbestandteile beeinflussen die Höhe der Absorption. So wirken z.B. hohe Gaben an Calcium und Phosphat nachteilig. Für Eisen und Mangan konnte eine gegenseitige Hemmung der Absorption nachgewiesen werden. Vom Mangan in der Nahrung werden unter normalen Bedingungen nur etwa 3–4% absorbiert, im Mangelzustand mehr. Die Homöostase scheint mehr durch die Anpassung der Ausscheidung als durch die Absorption geregelt zu werden. An diesem Vorgang ist vor allem die Leber beteiligt, so daß Mangan in variabler Höhe mit der Gallenflüssigkeit in den Darm gegeben wird. Beim Neugeborenen wird diese homöostatische Regulation erst nach einer gewissen Zeit ausgebildet. Untersuchungen mit radioaktivem Mangan haben gezeigt, daß die endogene Exkretion nicht vom Versorgungszustand des Organismus mit anderen chemisch ähnlichen Spurenelementen beeinflußt wird. Im Gegensatz zu dieser fehlenden Interaktion bestehen für Mangan und andere Spurenelemente verschiedene Substitutionsmöglichkeiten (siehe Funktionen).

Im menschlichen Körper befinden sich bei einem Gewicht von 70 kg etwa 12–20 mg Mangan. Die diesem Wert entsprechende mittlere Gewebekonzentration ist mit 0,17–0,28 mg/kg Körpergewicht deutlich niedriger als die von Eisen und Zink. Überdurchschnittliche Konzentrationen liegen vor allem in Knochen, aber auch in Leber, Milchdrüse, Pankreas und Niere vor. Auch bei hohen Gaben wird Mangan nicht wie Eisen und Kupfer in der Leber gespeichert. Nur in der Schwangerschaft scheint die Mangankonzentration in der Leber anzusteigen. Intrazellulär ist Mangan in den Mitochondrien konzentriert.

Funktionen

Mangan wirkt als spezifischer integraler Bestandteil einer relativ kleinen Zahl von Metalloenzymen wie Pyruvat-Carboxylase (Gluconeogenese), Superoxid-Dismutase und Diamin-Oxidase, die häufig aus Mitochondrien isoliert wurden. Außerdem wirkt Mangan als Cofaktor einer größeren Zahl weiterer Enzyme wie Hydrolasen, Kinasen, Decarboxylasen und Transferasen. In diesen können als Cofaktor auch Kationen anderer Elemente wirken. Bei den Glykosyl-Transferasen scheint allerdings Mangan die Aktivität am effektivsten zu beeinflussen. Diese Enzyme sind an der Synthese von Chondroitinsulfat beteiligt, das für die Mucopolysaccharide beim Aufbau des Bindegewebes wesentlich ist.

Mangelerscheinungen

In Tierversuchen treten bei Manganmangel Störungen der Fruchtbarkeit und des Skelettwachstums mit verkümmerten und verkürzten Knochen auf.

Beim Menschen wurden Manganmangelerscheinungen in einem Fall beobachtet, als bei Versuchen mit Vitamin-K-armer Diät, die fahrlässigerweise kein Mangan enthielt, im kombinierten Mangel erniedrigte Serumgehalte von Cholesterin, Triglyceriden und Phospholipiden auftraten, die durch Manganzulagen korrigiert werden konnten.

Beurteilung des Manganstatus

Der Mangan-Status ist durch Untersuchungen von Harn (1–10 µg/l) und Plasma (0,3–2,6 µg/l) feststellbar.

Bedarf, wünschenswerte Zufuhr

Die DGE lehnt sich mit ihren Empfehlungen an die tatsächliche durchschnittliche Zufuhr mit einer üblichen Kost an (Tab. 94).

1,0–2,0 mg/d für Säuglinge bis 11 Monate
1,0–2,0 mg/d für Kinder von 1 bis 14 Jahren
2,0–5,0 mg/d für Jugendliche und Erwachsene von 15 bis 65 Jahren
Keine Zulagen für Schwangere und Stillende

Stärker pflanzenbetonte Kost mit Vollgetreiden, Nüssen und grünen Gemüsen führt zu höherer Manganaufnahme.

Intoxikationen

Mangan gehört zu den am wenigsten toxischen Spurenelementen, so daß bislang negative Wirkungen aufgrund überhöhter Manganzufuhr mit der Nahrung nicht bekannt geworden sind. Bei Minenarbeitern führt chronische Belastung mit Manganstaub zu schweren psychischen Störungen.

3.3.1.3.7 Selen

Allgemeines

1818: Berzelius (Schweden) entdeckt und benennt Selen.
1935: In den USA werden zwei Krankheiten von Rindern als akute und chronische Selenintoxikationen bei Herden nachgewiesen, die auf sehr selenreichen Böden weiden.
1957: Schwarz und Foltz (USA) weisen nach, daß durch Selenzulagen Lebernekrose der Ratte verhindert werden kann.
1970: Thompson und Scott (USA) stellen experimentell fest, daß Selen für zahlreiche Tierarten essentiell ist.
1973: Flohe et al. (BR Deutschland) und Rotruck et al. (USA) weisen Selen als integralen Bestandteil der Glutathion-Peroxidase verschiedener Tierarten nach.
1975: Awasthi et al. entdecken Selen in Glutathionperoxidase des Menschen.

Chemie

Selen, ein allotroper Erzbildner, ist chemisch eng mit Schwefel verwandt und wird im Organismus an seiner Stelle in Methionin und Cystein eingebaut. In elementarer Form verhält sich Selen wie Tellur. Der Stoffwechsel physiologisch bedeutsamer Selenmengen steht nicht in Beziehung zu dem des Schwefels. Tri-o-cresyl-Phosphat und Silber in der Nahrung wirken als Selenantagonisten.

Vorkommen/Nahrungsquellen

Bemerkenswert ist die große regionale Schwankungsbreite der Gehalte in der Biosphäre. Auch

Tab. 109. Durchschnittlicher Selengehalt ausgewählter Lebensmittel in der BR Deutschland, Großbritannien und den USA (OEHLSCHLÄGER, MENKES 1969)

Lebensmittelgruppe	USA	Großbritannien (mg/kg Frischgewicht)	BR Deutschland (mg/kg Trockensubstanz)
Meerestiere (ohne Fisch)	0,53	–	–
Fisch	0,38	0,37	1,54
Fleisch	0,22	0,06	0,27
Innereien: Niere	1,62	1,39	2,6–8,9
Leber	0,43	0,13	0,44
Herz	–	–	0,64
Milch (Voll-)	0,012	< 0,01	0,14
Butter	0,006	< 0,01	–
Käse	(0,082) 0,052–0,105	0,12	–
Eier	0,098	0,11	1,01
Getreideprodukte	(0,38) 0,03 –0,67	0,11	–
Gemüse	(0,01) 0,004–0,039	< 0,01	0,03–0,30
Obst	0,006	< 0,01	
Leitungswasser/ Mineralwasser			0,0016–0,0053

im Boden schwankt der Selengehalt beträchtlich, worauf die regionalen Unterschiede im Selengehalt von Kulturpflanzen und im Tierkörper zurückgeführt werden. Auch für unterschiedlich hohe Selenbestände von Menschen dürfte dies ursächlich sein. Der Selengehalt der Nahrung hängt neben ihrer geographischen Herkunft mit ihrem Proteingehalt zusammen. In biologischem Material ist Selen zum größten Teil in der Proteinfraktion enthalten, so daß primär Fisch, Fleisch, Innereien aber auch Nüsse zu den selenreichen Nahrungsmitteln zählen und Getreide standortabhängig mittlere Gehalte aufweist (Tab. 109). Der Selengehalt von Trinkwasser ist, unabhängig von dessen Herkunft, gewöhnlich sehr gering, d.h. nicht bedeutsam.

Insbesondere der hohe Selengehalt von Nüssen dürfte für die Selenversorgung von Vegetariern eine wichtige Rolle spielen. Obwohl in dieser Bevölkerungsgruppe vorwiegend selenarme Nahrungsmittel verzehrt werden (Obst, Gemüse) konnte in einer Untersuchung an postmenopausalen Vegetariern kein verschlechterter Selenstatus festgestellt werden. Vielmehr erwies sich die Selenversorgung der Vegetarier mit der einer Mischköstler-Kontrollgruppe als vergleichbar.

Die tägliche durchschnittliche Selenaufnahme Erwachsener variiert stark in den Ländern der westlichen Welt, je nach Selenvorkommen (der Region bzw. des Landes) und Ernährungsgewohnheiten (Tab. 110). Werden diese Zahlen mit den Recommended Dietary Allowances verglichen, die eine tägliche Selenzufuhr von 50–200 µg für den erwachsenen Menschen empfehlen, so ist das Risiko einer Selenunterversorgung für die BR Deutschland generell nicht gegeben.

Beeinflussung der Verfügbarkeit

Der Selengehalt im Tierfutter und in der Nahrung des Menschen hat in den letzten Jahren abgenommen. Gründe hierfür dürften die ver-

Tab. 110. Durchschnittliche Selenaufnahme in einigen Ländern (ELMADFA 1986)

Land	durchschnittliche Selenaufnahme Erwachsener (µg/d)
Neuseeland	25
Großbritannien	60
BR Deutschland	50–100
USA	60–150
Niederlande	110
Kanada	110–220
Italien	141
Frankreich	166

minderte Bioverfügbarkeit infolge Bildung unlöslicher Selenverbindungen sowie der Reduktion von SeO_2 durch SO_2 zu SeO sein.

Der Ausmahlungsgrad des Getreides kann den Selengehalt beeinflussen. Mit zunehmendem Ausmahlungsgrad erhöht sich der Selengehalt der Mehle.

Absorption und Stoffwechsel

Organisch gebundenes Selen (Selenomethionin, Selenocystein) und Selensalze werden im tierischen Körper schnell absorbiert. Die Absorption erfolgt hauptsächlich im oberen Dünndarm (Duodenum), die Absorptionsrate aus physiologischen Dosierungen beträgt 90%. Das absorbierte Selen verteilt sich innerhalb kurzer Zeit über den gesamten Organismus, wobei eine gewisse Anreicherung in den Innereien (Niere bis 5 mg/kg TS, Leber und Herz) erfolgt.

Die Ausscheidung erfolgt über Urin (> 50%) und Fäzes. Im Urin wird Selenomethionin als Abbauprodukt von Trimethylselenium-Ion ausgeschieden, wobei die Homöostase im Blut durch die Niere reguliert wird. Normalwerte für die Selenabgabe im Urin liegen unter 0,15 mg/l, Werte ab 0,2 mg/l gelten als Indikation für Selenintoxikation. Mit der Brustmilch beträgt die Selenausscheidung 10–37 µg/l. Der Körper eines Erwachsenen enthält 10–15 mg Selen (0,15–0,2 mg/kg KG).

Funktionen

Die bekanntesten biochemischen Funktionen des Elements Selen beruhen auf seiner Wirkung als integraler Bestandteil der Glutathion-Peroxidase (GSH-Px; Glutathion: H_2O_2-Oxidoreduktase, E.C. 1.11.1.9), ein Enzym, das in Erythrozyten und Organen vieler Tierspezies vorkommt. Dieses Enzym wirkt zusammen mit Vitamin E, schwefelhaltigen Aminosäuren (Methionin, Cystein) sowie den Enzymsystemen Superoxiddismutasen (SOD) und Katalase der Lipidperoxidation in Membranen von Zellen und Zellorganellen entgegen und verhindert somit die Bildung vieler zellschädigender Produkte des oxidativen Stoffwechsels. Sehr vereinfacht kann dies wie folgt zusammengefaßt werden:

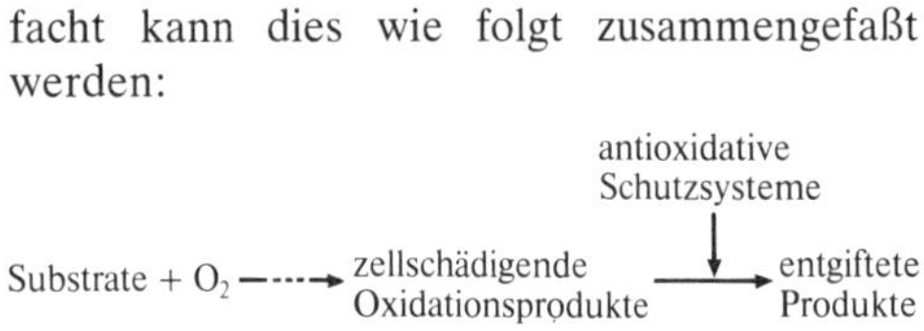

Im oxidativen Stoffwechsel kommt es zur Bildung hochreaktiver Formen des Sauerstoffs (Sauerstoffradikale) wie Superoxidionen (O_2^-), Hydroxyradikale ($OH^\cdot$) und Hydroperoxide (HOOH) (Abb. 58).

Während die Superoxiddismutasen die entstandenen Superoxidionen inaktivieren, bauen die GSH-Px und Katalase die gebildeten Hydroperoxide ab.

Die Anlagerungen der Sauerstoffradikale an ungesättigte Fettsäuren der Membranphospholipide wird durch die Superoxiddismutasen und Antioxidantien wie Vitamin E verhindert.

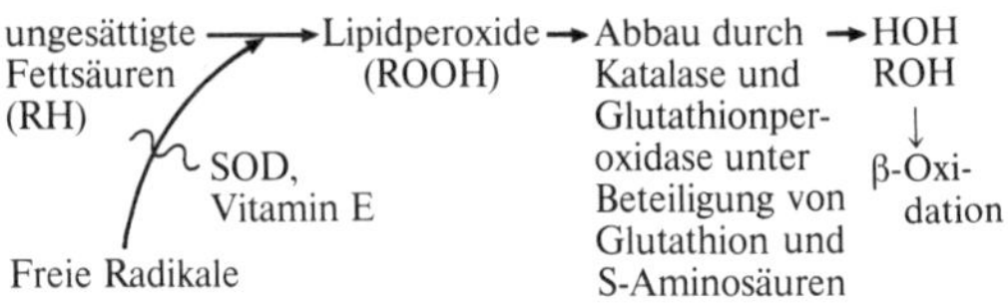

Die Aktivität der Glutathion-Peroxidase ist erhöht bei der Exposition zu Ozon, der Aufnahme oxidierter Fette sowie der oxidativen Schädigung der Muskelzelle sowohl bei der angeborenen (genetisch bedingten) als auch bei der ernährungsbedingten Muskeldystrophie (durch Vitamin-E-Mangel).

Durch Mangel an Protein, Eisen (Mensch, Kaninchen), Riboflavin (Schwein), Pyridoxin (Ratte) und Kupfer (Ratte) ist die GSH-Px-Aktivität vermindert. Vermutlich wird die Synthese an Glutathion und GSH-Px beeinträchtigt; genauere Angaben über mögliche Zusammenhänge sind jedoch nicht bekannt. Beeinträchtigt wird die Aktivität dieses Enzyms ferner durch Belastung mit Umweltchemikalien, z. B. Silber (Ratten) und einige Pharmaka, z. B. das Antikrebsmittel Doxorubicin (Kaninchen).

Selen erfüllt im Körper sehr wahrscheinlich weitere Funktionen, da nicht alle Selenmangelsymptome mit einer veränderten Aktivität der GSH-Px zu erklären sind. Im Muskel von Tieren wurde ein Selen-bindendes Protein identifiziert, das bei Tieren mit Muskeldystrophie in kaum noch meßbarer Konzentration vorkommt. In Untersuchungen an Mikroorganismen wurde festgestellt, daß Selen in die Purin- und Pyrimidinbasen der Ribonucleinsäuren eingebaut wird. Ferner gibt es Hinweise dafür, daß Selen an der Bildung der Prostaglandine (als Repressor) beteiligt sein könnte. Selen wirkt zudem einer Toxizität von Cadmium, Quecksilber, Thallium und Silber entgegen.

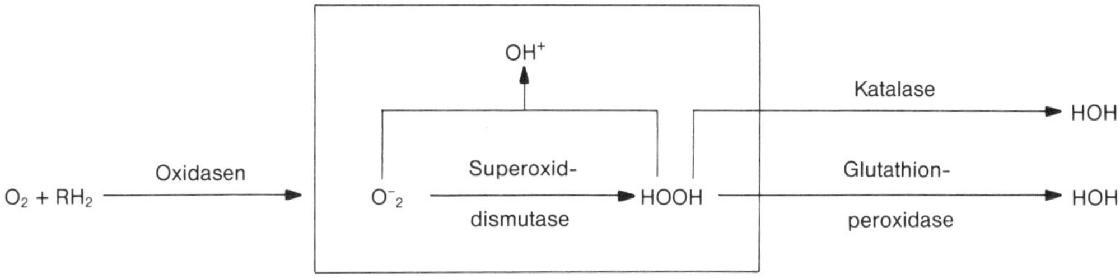

Abb. 58. Die Bildung hochreaktiver Formen des Sauerstoffs (Sauerstoffradikale) im oxidativen Stoffwechsel.

Mangelerscheinungen

Die Bedingungen unter denen alimentär bedingter Selenmangel wahrscheinlich auftreten kann, lassen sich aus dem bisher beschriebenen ableiten: bei proteinarmer Ernährung, wegen der Bindung des Selens an Proteine, Ernährung mit hohem Grad regionaler Selbstversorgung auf selenarmen Böden. Außerdem besteht, zumindest bei Tieren, im Wachstumsstadium eine höhere Empfindlichkeit gegenüber Selenmangel. Bei Kindern, die an Kwashiorkor litten, konnte nach Selenzulagen eine Stimulierung der Gewichtszunahme beobachtet werden. Eindeutige Mangelerscheinungen konnten beim Menschen, z. B. in China, festgestellt werden.

Beurteilung des Selenstatus

Das bisher gebräuchlichste Kriterium zur Beurteilung des Selenstatus ist der Selengehalt im Blut oder Plasma bzw. Serum. Er schwankt von Land zu Land und weist eine große Streubreite auf. Als zusätzlicher Parameter wird neuerdings die Aktivität der selenabhängigen Glutathion-Peroxidase (GSH-Px) in den Erythrozyten (bezogen auf Hämoglobin) herangezogen. Die Aktivität dieses Enzyms in den Erythrozyten von Schafen, Rindern, Schweinen und Ratten korreliert mit dem Plasmaselengehalt; bei höheren Primaten (Mensch, Totenkopfäffchen) wurde dies nicht von allen Autoren bestätigt. Dennoch – mangels sensitiver biochemischer Parameter – wird zur Erfassung des Selenstatus auch beim Menschen die Bestimmung der GSH-Px-Aktivität neben der Ermittlung des Plasmaselengehalts empfohlen.

Detaillierte Untersuchungen über den Selenstatus verschiedener Altersgruppen (Kinder, Erwachsene, Senioren) liegen für die BR Deutschland noch nicht vor. Es scheint ebenfalls schwierig, »Normalbereiche« für den Selengehalt im Blut und Plasma des erwachsenen Menschen festzulegen, da die in der Literatur angegebenen »Normalwerte« für gesunde Kontrollpersonen den oben erwähnten Schwankungen unterliegen.

Für ein größeres Kollektiv (188 Männer und 112 Frauen) aus Bewohnern der Stadt Milton, Neuseeland, wurden Blutselengehalte von 60 ± 15 und 62 ± 15 ng/ml ermittelt; für eine selenarme Region der USA (Georgia) werden »Normalwerte« angegeben (128 ng/ml), die deutlich niedriger liegen als der US-Mittelwert für Gesunde mit einem Blutselengehalt von 200 ng/ml. Dagegen liegen die Blutselengehalte in der chinesischen Provinz Keshan weit unter diesen Werten und werden für das Auftreten der Keshan-Krankheit bei Kindern in dieser Region mitverantwortlich gemacht (Tab. 111).

Der Selenstatus älterer Menschen scheint zumindest für Populationen, die nicht in extrem selenarmen Regionen beheimatet sind, adäquat zu sein. Dies geht aus Studien in Kanada an älteren Frauen (Alter = 70,3 Jahre, Serumselen = 115 ±30 ng/ml) und den USA hervor. Letztere Untersuchung prüfte in eigenen Haushalten lebende Senioren wie auch Heimbewohner auf ihren Selenstatus. Die hier gefundenen Selenkonzentrationen im Serum von 100 ± 30 ng/ml werden von den Autoren als ausreichend bezeichnet.

In der veröffentlichten Literatur über Selen wurden drei Personengruppen ausgemacht, bei denen das Risiko einer Unterversorgung relativ groß ist; es sind Frühgeborene und Kinder mit angeborenen Stoffwechselstörungen, parenteral ernährte Patienten und Alkoholiker.

– *Frühgeborene und Kinder mit angeborenen Stoffwechselkrankheiten*

Frühgeborene verfügen über verhältnismäßig niedrige Selenspeicher. Da sie in den ersten 12 Lebenswochen in erster Linie mit Muttermilch

Tab. 111. Blutselengehalte (ng/ml) (EINBROD und MICHELS 1984)

Land	Selengehalte Konzentrationsbereich	$\bar{x}$	Erhebungs-jahr
BRD (Düsseldorf)	53–130	90	1978
Polen	50–280	200	1980
USA	145–210	200	1981
Neuseeland	20–140	95	1977
China (Provinz Sichuan)	2– 50	keine Angaben	1980

ernährt werden, maniferstiert sich bei ihnen ein deutlicher Selenmangel: Die Aktivität der GSH-Px der Erythrozyten und der Selengehalt im Serum, die nach der ersten Woche 4,2 Units/g Hämoglobin bzw. 0,08 µg/ml betrugen, nahmen nach der 7. Woche um 35% bzw. 56% ab. Bei Säuglingen, die Kuhmilchnahrung erhalten, kann eine suboptimale Selenversorgung durch Einstellung des Selengehaltes vermieden werden. Selenmangel wurde auch bei Kindern, die an Phenylketonurie und der Ahorn-Sirup-Krankheit leiden, beobachtet.

– *Parenteral ernährte Patienten*

Eine längerfristige, parenterale Ernährung führt zu Selenunterversorgung. Dies ist die Konsequenz aus dem weitgehenden Fehlen von Selen in den kommerziellen Nährlösungen. Die Selenzufuhr mit solchen Lösungen wird mit weniger als 5 µg/d angegeben. Demzufolge berichten zahlreiche Autoren über klinische und biochemische Symptome, die auf einen Selenmangel schließen lassen. Zu diesen zählen biochemische und funktionelle Veränderungen von Erythrozyten und Granulozyten, stark erniedrigte Selenkonzentrationen in Plasma (44 ng/ml; Referenzwert: 117 ng/ml) sowie verminderter Selengehalt und erniedrigte Aktivität der GSH-Px in den Erythrozyten. Die Befunde veranlaßten, langfristig parenteral ernährte Patienten mit Selen zu supplementieren. Ergebnisse von Supplementierungsversuchen mit Selen ergaben, daß die Selengehalte des Plasmas normalisiert werden konnten, die verminderte GSH-Px-Aktivität der Erythrozyten blieb jedoch unbeeinflußt.

– *Alkoholiker*

Eine Untersuchung des Selenstatus an neun stationär behandelten Alkoholikern erbrachte signifikant erniedrigte Plasmaselenkonzentrationen sowie eine herabgesetzte mittlere Selenausscheidung im Urin verglichen mit gesunden Kontrollpersonen. Die Selenzufuhr über die Nahrung (vor dem Krankenhausaufenthalt) lag nach Angaben der Autoren unter der empfohlenen Zufuhr. Der Selengehalt verschiedener alkoholischer Getränke lag bei 0,1–0,8 µg/dl. Aus dieser Studie stammt die Empfehlung, daß der Selenmangel bei Alkoholikern bei Einstellung der Alkoholaufnahme mit angemessener Selenzufuhr über die Nahrung ohne zusätzliche Selensupplementierung behoben werden kann.

Erniedrigte Serumselenkonzentrationen wurden auch bei milden und schweren Formen alkoholbedingter Lebererkrankungen gefunden. Eine Studie an 30 chronischen Alkoholikern erbrachte ebenfalls signifikant erniedrigte Selenkonzentrationen bei dieser Personengruppe gegenüber gesunden Kontrollpersonen. Eine eingehendere Untersuchung der Wechselbeziehungen zwischen Selenmangel und alkoholinduzierter Organschädigung wird empfohlen, da ein Selenmangel ein Spektrum organischer Schädigungen hervorruft, die auch mit chronischem Alkoholismus assoziiert werden.

Bedarf, wünschenswerte Zufuhr

Für Selen fehlen bislang Vorstellungen bezüglich des Bedarfs, da keine eindeutigen Mangelerscheinungen beim Menschen bekannt sind. Für die meisten Spezies wird eine Mindestzufuhr von 0,04–0,1 mg/kg Nahrung veranschlagt.

Intoxikationen

Das Verhältnis zwischen der notwendigen (physiologischen) Selenaufnahme und der chronisch toxischen bzw. akut toxischen Dosis beträgt 1:50:500. So gilt die Aufnahme von > 3000 µg Selen/d, über längere Zeit hinweg eingenommen, für den Menschen als chronisch toxisch (in der Regel Leberzirrhose, Haarausfall, Herzmuskelschwäche). Bei der weitverbreiteten Verwendung des Selens in der Elektronik, der Glas- und der Farbenindustrie gilt deshalb, die Beschäftigten vor überhöhter Zufuhr zu schützen. Ein frühes Kennzeichen überhöhter Selenaufnahme ist knoblauchartiger Atemgeruch, da dann Dimethyl-Selenid durch die Lunge ausgeschieden wird.

Bereits bei Gaben von 1 mg/kg in der Nahrung wurden tierexperimentell und epidemiologisch eine karieserhöhende Wirkung festgestellt. Das Ausmaß der Giftwirkung wird neben Menge und chemischer Form des aufgenommenen Selens auch vom Gehalt der Nahrung an selenausscheidungsfördernden Stoffen (Vitamin E, Arsen) oder Metallen wie Quecksilber, Cadmium u.a. bestimmt, die möglicherweise schwerlösliche Selenide bilden.

Wie bereits erwähnt, überschreitet die Selenausscheidung im Urin die Grenze von 0,15–0,2 mg/l Urin. Der Mechanismus der Selentoxizität ist noch unklar. Es gibt jedoch Hinweise darauf, daß das Element in zelluläre Oxidationsprozesse eingreift, indem die Sulfhydrylgruppen dehydrogenierender Enzyme durch -SeH ersetzt werden.

3.3.1.3.8 Strontium

Allgemeines

1808: Davy (England) stellt zum ersten Mal Strontium-Metall her, das dem Calcium ähnelt, jedoch reaktionsfähiger ist.

Vorkommen/Nahrungsquellen

Das natürliche Strontium ist ein Gemisch der vier Isotopen ^{81}Sr, ^{84}Sr, ^{86}Sr und ^{87}Sr. Inaktives Strontium begleitet Calcium in kleinen Mengen in der Erdrinde, so daß es als Spurenelement in die Biosphäre gerät und regelmäßig in allen Lebewesen, meist als freies Kation, angetroffen wird. Durch Kernwaffenexplosionen gelangt radioaktives Strontium mit etwa 200 anderen verschiedenen radioaktiven Isotopen auf die Erdoberfläche und in die Umwelt. In Pflanzen ist radioaktives Strontium sehr unregelmäßig verteilt. In oberirdischen Pflanzenteilen befinden sich höhere Konzentrationen als in Wurzeln. Die höchsten Konzentrationen werden in Reis und anderen Getreidearten sowie in Gemüsearten mit großer Oberfläche gefunden.

Absorption und Stoffwechsel/Funktion

Der lebende Organismus kann zwischen den beiden nahe verwandten Elementen Calcium und Strontium unterscheiden und bevorzugt bei einer Konkurrenz beider immer das Calcium. Dadurch findet eine Verdünnung des Strontiums gegenüber dem Calcium in bezug auf die Außenwelt statt. Die Diskrimination (Verdünnung) wird durch den Quotienten

$$\frac{\text{(Sr/Ca) Organismus (insbesondere Knochen)}}{\text{(Sr/Ca) Nahrung}}$$

verdeutlicht, er beträgt 0,20–0,25. Ansonsten verläuft der Stoffwechsel des Strontiums wie der des Calciums. Strontium wird ebenfalls in den oberen Darmabschnitten absorbiert, wobei Lactose sowohl die Absorption von Calcium als auch die von Strontium verbessert. Mit steigendem Calciumgehalt des Darminhalts nimmt die Absorption von markiertem Calcium und Strontium ab. Eine geringe Calciumzufuhr begünstigt dagegen die Strontiumabsorption. Steigende Vitamin-D-Gaben sowie sehr hohe, schon im toxischen Bereich liegende Vitamin-A-Gaben begünstigen die Absorption und Ablagerung von Strontium im Skelett. Nach Erreichen des Gleichgewichtszustandes mit der Nahrung bleibt die Strontiumkonzentration im Skelett konstant und ist gleichmäßig über alle Knochen verteilt, wobei jedoch ständig Austauschprozesse stattfinden. Die maximale Aufnahme an Strontium durch das Skelett beträgt 7% des Calciumbestandes.

Physiologische Funktionen von Strontium sind nicht bekannt.

Intoxikationen

Größere Gaben von inaktivem Strontium wirken toxisch und rufen insbesondere Verkalkungsstörungen an Knochen hervor, was vielfach auch als »Strontium-Rachitis« bezeichnet wird. Ursache ist die Hemmung der Calciumabsorption infolge Blockierung der durch Vitamin D induzierten Bildung des Calcium-bindenden Proteins in der Darmmukosa, was wiederum durch Hemmung der Bildung von 1,25-Dihydroxycholecalciferol erfolgt. Nach Absetzen der Strontiumzufuhr wird diese Mineralisationsstörung nur teilweise wieder behoben, da die Mobilisierung von Strontium aus dem Skelett wesentlich langsamer verläuft als sein Einbau. Eine Hemmung der Skelettverkalkung durch Strontium kommt erst dann zustande, wenn das Skelett mit Strontium gesättigt ist.

3.3.1.3.9 Molybdän

Allgemeines

Im späten 18. Jh. erfolgte die erste Reindarstellung von Molybdän.

1953: De Reno et al. sowie Richert und Westerfeld weisen Molybdän als essentiellen Bestandteil des Enzyms Xanthinoxidase, später auch weiterer Enzyme nach, womit eine neue Ära der Spurenelementforschung eingeleitet wird.

1954: Mahler et al. stellen fest, daß Molybdän für die Aktivität von Aldehydoxidasen erforderlich ist.

1954: Nicholas und Nason weisen Molybdän als Teil der Nitratreduktase nach.

1959: Underwood findet heraus, daß durch Gabe von $CuSO_4$ die Molybdäntoxizität bei Rindern und Schafen aufgehoben wird.

Chemie

Ungewöhnlicherweise ist bei Molybdän hinsichtlich seines Vorkommens in der Nahrung, seiner Absorption sowie der Beeinflussung der Konzentrationen in Blut und Urin das Molybdat-Anion (MoO_4^{2-}) bedeutsamer als organisch gebundenes Molybdän. Dabei wird der Molybdänstoffwechsel stark von der Sulfataufnahme bestimmt, denn dieses Anion hemmt aufgrund ähnlicher Elektronenkonfiguration die Absorption und den Transport von Molybdän durch die Zellmembran und erhöht seine Exkretion.

Vorkommen/Nahrungsquellen

Der Molybdängehalt von Pflanzen hängt stark von den Bodenverhältnissen ab. Da MoO_4^{2-}-Ionen nur in alkalischer Lösung stabil sind, bei Senkung des pH-Wertes jedoch zur Bildung schwerlöslicher Oxide neigen, vermindert die Abnahme der organischen Bestandteile im Boden (Humusverarmung) sowie ein niedriger pH-Wert im Boden bzw. dessen Senkung (saurer Regen) die Molybdänaufnahme durch die Pflanze. Folglich werden für die Molybdänaufnahme des Menschen mit Nahrung und Trinkwasser stark unterschiedliche Werte von 50 bis 2000 μg/d angegeben.

Absorption und Stoffwechsel

Die Absorption von Molybdän ist bisher nur am Tier untersucht worden. Daraus ergibt sich, daß es in Form von Molybdaten, auch schwerlöslichen Verbindungen wie Calcium-Molybdat sowie Molybdänoxid schnell und gut absorbiert wird. Absorbiertes Molybdän wird im wesentlichen durch die Niere ausgeschieden. Der Körperbestand des Menschen an Molybdän beträgt etwa 8–10 mg. Für die Gehalte im Plasma werden Werte von 5–34 ng/ml angegeben, die auf starke Abhängigkeit von Umweltbedingungen hinweisen. Insbesondere bei Belastung mit Molybdänstaub in der verarbeitenden Industrie kann der Wert stark ansteigen. Nach Molybdängaben wurde festgestellt, daß sich das Element nach 48 h ziemlich gleichmäßig im Körper verteilt hatte, jedoch in Leber und Niere stark angereichert wurde.

Funktionen

Die Essentialität des Molybdäns auch für den Menschen wird daraus abgeleitet, daß manche Flavinenzyme (Xanthinoxidase, Aldehydoxidase, Sulfitoxidase) dieses Element enthalten, wenn auch für den Menschen bisher keine klinischen Folgen eines Molybdänmangels nachgewiesen werden konnten. Die Xanthinoxidase ist insbesondere für die Synthese von Harnsäure aus Purinbasen bedeutsam, möglicherweise auch für die Bindung und Freisetzung von Eisen an und aus Ferritin, sowie für die Reduktion von Cytochrom c. Ein kariostatischer Effekt von Molybdän konnte bei Versuchstieren festgestellt werden. Nach epidemiologischen Untersuchungen an Kindern soll dies auch für den Menschen zutreffen.

Bedarf, wünschenswerte Zufuhr

Einzelheiten über den Bedarf an Molybdän sind nicht bekannt. Ausgeglichene bis schwach positive Bilanzen wurden aufgrund entsprechender Studien bei einer täglichen Aufnahme von 2 μg/kg Körpergewicht und mehr angegeben.

Intoxikationen

Im Gegensatz zu Molybdänvergiftungen bei Vieh sind solche bei Menschen nicht bekannt. In Gegenden mit molybdänreichen Böden z. B. einigen Gebieten Armeniens, wurden bei Tieren extrem hohe Molybdänaufnahmen von 10–15 mg/d festgestellt. Das dort häufige Auftreten der Gicht soll auf eine Stimulierung der Xanthinoxidase zurückzuführen sein. Bis zu einer täglichen Aufnahme von etwa 1,5 mg scheint zwar der Harnsäurestoffwechsel nicht beeinflußt zu werden, jedoch wurden eine stark erhöhte Molybdänausscheidung und in Tierversuchen bei hohen Molybdängaben Störungen der Kupferabsorption und -verfügbarkeit im Intermediärstoffwechsel festgestellt.

3.3.1.3.10 Lithium

Lithium zählt zu den akzidentiellen Spurenelementen bzw. Begleitelementen, die grundsätzlich in Umwelt und Nahrung, folglich auch im menschlichen Organismus, vorhanden sind, jedoch bislang nicht als essentiell für den Menschen gelten.

Lithium kommt wegen seiner chemischen Verwandtschaft als unmittelbares Begleitelement von Natrium vor.

Das Vorkommen von Lithium in Trinkwasser scheint in umgekehrtem Verhältnis zur Häufigkeit des Auftretens von koronaren Herzkrankheiten zu stehen.

Die Verteilung des Lithium im Organismus entspricht etwa der des Natrium, wobei die Leber etwa 4 mg/kg enthält und der Plasmagehalt im Mittel 3,1 µg/100 ml beträgt.

Bei der Anwendung von Lithium zur Behandlung psychischer Erkrankungen muß der Plasmagehalt im Bereich von 1–2 mmol/l eingestellt werden, um therapeutische, aber keine toxischen Wirkungen zu erzielen.

3.3.1.3.11 Bor

1910: Bor wird als essentielles Element für Pflanzen nachgewiesen.

Aufgrund der Essentialität für Pflanzen findet sich Bor regelmäßig in pflanzlicher Nahrung, besonders grünem Blattgemüse, in der Folge aber auch in geringerer Menge in tierischen Produkten. Für die Gesamtaufnahme des Menschen liegen stark unterschiedliche Angaben vor. Mit vegetarischer Kost werden üblicherweise größere Mengen (> 20 mg/d) aufgenommen.

Bor wird größtenteils als Borsäure absorbiert und führt im menschlichen Körper zu relativ hohen Beständen von etwa 50 mg, die ziemlich gleichmäßig im gesamten extra- und intrazellulären Raum verteilt sind. Die Ausscheidung erfolgt vor allem über den Urin.

Für den tierischen Stoffwechsel liegen bisher keinerlei Anhaltspunkte für eine physiologische Funktion von Bor vor. Eine hohe Boraufnahme verursacht bei Lämmern Störungen in Verdauungstrakt und Lungen.

Vergiftungserscheinungen treten beim Menschen bei Gaben von etwa 100 mg/d auf. Die früher übliche Verwendung von Borsäure als Konservierungsmittel und von Perboraten zur Mehlbehandlung sind in der BR Deutschland verboten, da die Konsequenzen der Speicherung in Fettgewebe und Zentralnervensystem nicht bekannt sind.

3.3.1.3.12 Zinn

Allgemeines

1923: Misk (Frankreich) untersucht das Vorkommen von Zinn im menschlichen Körper.

1970: Schwarz et al. (USA) stellen eine wachstumsfördernde Wirkung von Zinngaben bei Zinn-depletierten Ratten fest.

Chemie und Funktion

Einige chemische Eigenschaften des Zinns könnten für eine biologische Funktion von besonderer Bedeutung sein. So weist Sn^{4+} eine starke Tendenz zur Bildung von Komplexen mit 4, 5, 6 und möglicherweise 8 Liganden auf. Dies könnte für die Tertiärstruktur von Proteinen und anderen Komponenten bedeutsam sein. Desweiteren könnte Zinn an Redoxvorgängen in biologischen Systemen beteiligt sein, da das Spannungspotential von $Sn^{2+} \rightleftharpoons Sn^{4+}$ mit 0,13 V etwa dem Redoxpotential von Flavinenzymen entspricht.

Vorkommen/Nahrungsquellen

Zinn kommt regelmäßig in pflanzlichen und tierischen Nahrungsmitteln vor. Die Zinnaufnahme bei häufiger Verwendung verfeinerter Produkte mit geringem oder fehlendem Zinngehalt ist niedrig. Auf der anderen Seite hat der Verzehr von Nahrungskonserven aus Weißblechdosen mit Zinnüberzug, welche trotz Innenlackierung vielfach einen stark erhöhten Zinngehalt aufweisen, eine Steigerung der Zinnaufnahme zur Folge. Die tägliche Zinnaufnahme wird mit 1,5–3,5 mg angegeben.

Absorption und Stoffwechsel

Aufgrund der wenigen bislang vorliegenden Angaben wird angenommen, daß Zinn nur zu einem geringen Teil absorbiert und retiniert wird. Zinn wird deshalb hauptsächlich als nichtabsorbiertes Zinn über den Darm ausgeschieden; im Harn erscheinen nur etwa 10–20 µg/d. Zinn ist allgemein in menschlichen Geweben nachweisbar, nicht jedoch beim Neugeborenen, was auf eine Schranke in der Placenta hindeutet. Die Zinnkonzentration im Gewebe nimmt im Alter zu.

Mangelerscheinungen/Bedarf

Zinnmangel wurde bisher weder bei Mensch noch Tier beobachtet.

Über einen möglichen Bedarf des Menschen an Zinn lassen sich bislang keine Aussagen machen, da über den Zinnstoffwechsel zu wenig bekannt ist.

Intoxikationen
Zinn besitzt eine relativ geringe Toxizität, zumal es nur in geringem Umfang absorbiert und retiniert wird. Die Toxizität hängt jedoch von der chemischen Form des Zinns und von der Eisenversorgung ab. Organische Zinnverbindungen wirken stärker toxisch (Wachstumsstillstand, Anämie). So wurde für Zinn in Nahrungskonserven aus Weißblechdosen von der WHO 1973 als höchste tolerierbare Konzentration 250 mg Zinn/kg festgesetzt.

3.3.1.3.13 Vanadium

Allgemeines
1831: Sefström (Schweden) entdeckt und benennt Vanadium.
1897: Lippmann (Deutschland) findet Vanadium in Schlempekohle der Rübenzuckerproduktion.
1942: Bertrand (Frankreich) weist geringe Mengen an Vanadium in zahlreichen Wirbeltierorganismen nach.
1971: Hopkins und Mohr (USA) weisen als erste auf die Essentialität von Vanadium für das Wachstum von Küken hin.

Vorkommen/Nahrungsquellen
Die Konzentration von Vanadium lag in vielen der bisher untersuchten Nahrungsmitteln deutlich unter 100 mg/kg; tierische Nahrungsmittel enthielten bis zu 10 mg/kg, einige pflanzliche deutlich mehr.

Absorption und Stoffwechsel
Über die Absorption von Vanadium beim Menschen und die Absorbierbarkeit aus der Nahrung liegen bislang wenige Angaben vor. Nach oraler Gabe von Natrium- bzw. Ammoniumvanadat wurde eine Vanadiumausscheidung im Urin um 12% festgestellt. Diese Vanadiummenge wurde wahrscheinlich im Darm absorbiert. Der Körperbestand soll im Mittel etwa 43 mg betragen und über den gesamten Organismus ohne Anreicherung in einzelnen Organen verteilt sein.

Funktionen
Über die spezifische biologische Funktion und Wirkung von Vanadium ist – ähnlich wie bei Nickel – kaum etwas bekannt. Möglicherweise ist Vanadium ein bedeutsamer Cofaktor für ein oder mehrere enzymatische oder katalytische Reaktionen.

Mangelerscheinungen/Bedarf
Vanadiummangelerscheinungen beim Menschen wurden bisher nicht beobachtet. Für Küken und junge Ratten wurden bei Vanadium-Mangel verringertes Wachstum, höhere Sterblichkeitsrate, Fruchtbarkeitsstörungen und zahlreiche weitere Mangelsymptome beschrieben.

Über den Vanadiumbedarf des Menschen lassen sich zur Zeit noch keine begründeten Angaben machen.

Intoxikationen
Vanadium wirkt im Tierversuch ähnlich toxisch wie Selen, wobei die Toxizität ebenfalls von der vorliegenden chemischen Form abhängt. Beim Menschen ist eine überhöhte Vanadiumaufnahme mit der Nahrung normalerweise unwahrscheinlich, jedoch stellt industrielle Belastung eine Gefahrenquelle dar.

3.3.1.3.14 Nickel

Allgemeines
1751: Cronstedt (Schweden) entdeckt das Metall.
1920: Nickel wird in tierischem Gewebe nachgewiesen.
1971: Nomoto et al. weisen Nickel in einem Serum-Nickel-Protein (Nickeloplasmin) von Mensch und Kaninchen nach, dessen Funktion jedoch unbekannt ist.
1974: Nielsen und Ollerich ermitteln die Essentialität von Nickel für einige Tierarten.

Vorkommen/Nahrungsquellen
Im allgemeinen weisen pflanzliche Nahrungsgüter (Getreidevollkorn und Gemüse) relativ hohe Nickelgehalte auf, tierische dagegen niedrige.

Absorption und Stoffwechsel
Analog zu anderen Elementen (Eisen, Kupfer, Zink) wird Nickel vermutlich im Dünndarm aufgenommen, wobei die Absorptionsrate nur 1 bis 10% betragen soll. Die Ausscheidung erfolgt im wesentlichen über die Fäzes. Ein Teil dieses Nickels entstammt der Gallenflüssigkeit. Der Körperbestand des Menschen beträgt etwa 10 mg Nickel. Die Konzentration im Serum liegt mit 2–5 μg/l deutlich niedriger als die mittlere Konzentration im Organismus, die bei etwa 100 μg/kg liegt.

Funktionen
Bislang ist Nickel nicht als Bestandteil eines für den Menschen notwendigen Enzymsystems nachgewiesen worden. Ribo- sowie Desoxyribonucleinsäuren weisen jedoch bedeutsame Nickelkonzentrationen auf, die ebenso wie andere darin enthaltene Metalle möglicherweise zur Stabilisierung der Struktur der Nucleinsäuren beitragen.

Mangelerscheinungen
Bei Nickelmangel ist die Eisenverwertung beeinträchtigt, was zu erniedrigter Erythrozytenzahl und verringertem Hämatokritwert und Hämoglobingehalt des Blutes führt. Außerdem sind die Aktivitäten zahlreicher Enzyme des Glucoseabbaus, des Citratzyklus und des Aminosäurestoffwechsels beeinträchtigt. Eisenmangelanämie ergibt differentialdiagnostisch ein anderes Bild bezüglich der Enzymaktivitäten und Substratkonzentrationen.

Bedarf, wünschenswerte Zufuhr
Wenn Werte aus Tierversuchen für den Menschen extrapoliert werden können, so liegt der Nickelbedarf möglicherweise bei 50–80 μg/kg. Die durchschnittliche Tagesaufnahme liegt mit einer Größenordnung von 300–600 μg deutlich darüber. Empfehlungen zur wünschenswerten Zufuhr wurden bisher nicht erstellt.

Intoxikationen
Bislang sind beim Menschen keine Nickelvergiftungen durch überhöhten Gehalt in der Nahrung bekannt geworden, obgleich Nickelstahl in Kochgeschirren und Pasteurisationsapparaturen weitverbreitet sind. Allergisch reagieren jedoch einige Menschen auf die orale Aufnahme bzw. auf intensive Berührung (Nickeldermatitis) löslicher Nickelverbindungen.

3.3.1.3.15 Silicium

Allgemeines
1823: Berzelius (Schweden) entdeckt das Element Silicium.
1972: Carlisle (USA) berichtet, daß Silicium für normales Wachstum und Knochenentwicklung von Hühnern essentiell ist.

Chemie
Silicium gehört in dieselbe Gruppe des Periodensystems wie Kohlenstoff und besitzt wie dieser eine gewisse Sonderstellung: Kohlenstoff als Element der organischen Verbindungen, Silicium gemeinsam mit Sauerstoff als wichtigstes gesteinsbildendes Mineral. Dabei gehen Siliciumatome keine Doppelbindungen ein, sondern umgeben sich stets mit vier Sauerstoff-Atomen. Das tetraedrisch gebaute Silication (SiO_4^{4-}) zeigt eine große Tendenz zur Bildung von größeren Verbänden (dreidimensionale Netze) der Zusammensetzung SiO_2. Hierauf gründet sich vermutlich die Essentialität von Silicium, die sich vor allem auf die Entwicklung von Bindegewebe und Skelett erstreckt.

Vorkommen/Nahrungsquellen
Silicium ist nach Sauerstoff das zweithäufigste Element in der Biosphäre, vor allem in Form der oben erwähnten Silicate. In tierischen Produkten ist der Siliciumgehalt bedeutend niedriger als in pflanzlichen, jedoch wegen der weniger polymeren und kristallinen Bindungsformen vermutlich besser verfügbar. Für Bier wird ein sehr hoher Gehalt von 1,2 mg Silicium/l angegeben.

Absorption und Stoffwechsel
Silicium wird hauptsächlich als monomeres SiO_4^{4-} absorbiert. Dazu muß es meist erst im Verdauungstrakt aus der organischen Bindung an Pektin (in der Pflanze) oder andere Substanzen in tierischen Geweben (siehe unten) freigesetzt bzw. aus polymerem Silicat hydrolysiert werden. Die Absorptionsrate dürfte nur bei wenigen Prozent liegen, bei Gaben monomerer Kieselsäure jedoch höher.

Der menschliche Organismus enthält etwa 1–1,5 g Silicium, das meiste davon in den Knochen (bis zu 100 mg/kg). Hohe Konzentrationen wiesen auch Lymphknoten (450 mg/kg) sowie Epithel- und Bindegewebe auf, in denen Silicium Bestandteil der Mucopolysaccharide ist. Der Normalwert im Blut wird homöostatisch durch die Niere geregelt und bei etwa 1 mg/l gehalten. Der Siliciumgehalt scheint mit zunehmendem Alter in Haut und Aorta abzunehmen, beschleunigt bei Arteriosklerose.

Funktionen
Nach neueren Untersuchungen soll Silicium im Stoffwechsel des Bindegewebes Querverbindungen in Mucopolysaccariden und/oder anderen Komponenten herstellen, die zu deren Stabilität beitragen. Daneben wird für Silicium eine von Vitamin D unabhängige Funktion bei der

Entwicklung der Knochen und deren Calcifizierung diskutiert.

Mangelerscheinungen/Bedarf
Selbst während der Wachstumsphase wurde bisher bei Kindern kein Siliciummangel beobachtet.

Angaben zum Bedarf liegen für den Menschen nicht vor.

Intoxikationen
In Atmungsversuchen mit Rattenlebermitochondrien wurde bei einer Monokieselsäurekonzentration von 100 mg/l in vitro eine Entkoppelung der oxidativen Phosphorylierung festgestellt. Erkrankungen beim Menschen aufgrund überhöhter Siliciumaufnahme haben wegen des Einatmens von Silicatstaub Bedeutung erlangt (Berufskrankheit Silicose). Schäden durch überhöhte Zufuhr mit der Nahrung konnten bisher nicht sicher ausgeschlossen werden.

3.3.1.3.16 Aluminium

Allgemeines
1825: Erstmals isoliert durch Oerstedt, jedoch noch keine gesicherte Darstellung.
1827: Wöhler (Deutschland) wird als Entdekker des Aluminiums angesehen.
Seit 1886: Technische Herstellung des Aluminiums nach dem Kryolith-Tonerde-Verfahren (Schmelzelektrolyse).

Vorkommen/Nahrungsquellen
Aluminium ist zu etwa 8% in der Erdkruste enthalten. In der Natur kommt Aluminium nur in Verbindungen vor, in denen es dreiwertig ist. In den äußeren Schichten von Nahrungsmitteln werden oft bedeutende Aluminiumkonzentrationen gefunden. Z.B. sind in Kartoffelschalen bis zu 2000 mg/kg, in den äußeren Blättern der Kohlarten bis zu 300 mg/kg und in Apfelschalen 20 mg/kg Aluminium enthalten.

Absorption und Stoffwechsel
Aluminium wird außerordentlich geringfügig aus dem Magen-Darm-Trakt absorbiert. Mit der Nahrung aufgenommenes Aluminium wird bei Mensch und Tier zu 97–100% unverwertet wieder aus dem Darm mit dem Kot ausgeschieden, da im Darm unlösliches Aluminium-Phosphat gebildet wird. Im Harn beträgt die tägliche Aluminiumausscheidung weniger als 0,1 mg. Der normale Blutgehalt liegt bei 14–37 μg Aluminium/l.

Beim Kochen von Lebensmitteln in Aluminiumtöpfen gehen nur unbedeutende Spuren an Aluminium in Lösung.

Funktionen
Aluminium hat in den Konzentrationen, in denen es im lebenden Organismus vorkommt, keinen Einfluß auf die Stoffwechselvorgänge in den Zellen.

Intoxikationen
Chronisch erhöhte Aluminiumaufnahme oder -speicherung soll zu irreversiblen Gewebsveränderungen aufgrund einer sich entwickelnden Fibrose führen.

3.3.1.3.17 Chrom

Allgemeines
1797: Vauquelin (Frankreich) entdeckt das Metall.
1898: Industrielle Gewinnung und Verarbeitung.
1959: Schwarz und Mertz (USA) weisen die Essentialität von Cr^{3+} im Blutglucose-Stoffwechsel der Ratte nach.
1959: Schwarz und Mertz identifizieren Chrom als aktiven Teil des Glucosetoleranz-Faktors im Futter.
Schroeder zeigt, daß die Chromgewebskonzentration mit zunehmendem Alter abnimmt.
1968: Hopkins und Price stellen fest, daß Chromsupplementierung die Glucosetoleranz des Menschen verbessert.
1974: Polansky entdeckt, daß der aktive Teil des Glucosetoleranzfaktors ein Chrom-Niacin-Komplex ist.
1975: Jeejeebhoy berichtet zum erstenmal über einen Chrommangel beim Menschen.

Chemie
Von den beiden Oxidationsstufen Cr^{3+} und Cr^{6+} kann nur die erste biologisch aktiv werden. Eine Oxidation im Gewebe zu Cr^{6+} ist nicht möglich.

Vorkommen/Nahrungsquellen
Da die biologische Wirksamkeit nicht mit dem analytisch ermittelten Gesamtchromgehalt identisch ist und auch der Chromgehalt von pflanzlicher Nahrung stark vom Vorkommen im Boden abhängig ist, sind Tabellenwerte über den Chromgehalt von Nahrungsmitteln wenig aussagekräftig. Bedeutende Mengen an verfüg-

barem Chrom sollen in erster Linie Bierhefe, Kalbsleber, Weizenkeime und Honig enthalten. Hochgereinigte Stärke- und Zuckerprodukte enthalten nur sehr wenig Chrom, Zucker dazu noch in nahezu unverwertbarer Form. Ihr Verzehr beeinflußt aber stark den Chrombedarf.

Bestimmungsmethoden
Neuere Untersuchungen wurden mit Hilfe von Techniken der flammenlosen Atomabsorption oder der Neutronenaktivierung durchgeführt. Generell ist die Chrombestimmung schwierig, dies erklärt die Diskrepanz der Ergebnisse verschiedener Analysenmethoden.

Absorption und Stoffwechsel
Die intestinale Absorption von Chrom beim Menschen ist bisher kaum untersucht worden. Bei der Ratte scheint Chrom am besten im Jejunum absorbiert zu werden, gefolgt von Ileum und Duodenum. Die Höhe der Absorption wird stark von der Form bestimmt, in der Chrom in der Nahrung vorliegt. Einfache anorganische Chromverbindungen werden beim Menschen nur zu 0,5–1% absorbiert. Ihre biologische Bedeutung ist unbekannt und ihre Konzentration im Körper wird nicht homöostatisch reguliert. Die physiologisch bedeutsame Form ist der Glucosetoleranz-Faktor (GTF), der aus einem oder mehreren, einander ähnlichen Chromkomplexen zu bestehen scheint, die pro Chromatom zwei Nicotinsäuremoleküle sowie je ein Molekül Cystein, Glycin und Glutaminsäure enthalten sollen. Der Komplex ist wasserlöslich, in Lösung hitzestabil und enthält dreiwertiges Chrom. Die Ratte absorbiert 10–25% des Chroms, das in Form dieses Komplexes vorliegt. Die Ausscheidung erfolgt praktisch ausschließlich über die Niere (etwa 10 μg Chrom/l Urin), die Abbauprodukte sind dabei nicht näher bekannt. Mit den Fäzes ausgeschiedenes Chrom stellt weitestgehend den nicht absorbierten Anteil dar.

Im Plasma kommt Chrom vermutlich in mindestens zwei Formen vor, gebunden an Transferrin oder als GTF-Chrom. Der Chromgehalt des Serums bzw. des Plasmas wurde früher mit 13–30 μg/l angegeben. Nach neueren Untersuchungen liegt er bei 1–5 μg/l. Die Chromkonzentrationen in anderen Organen und Geweben liegen etwa bei 20–30 μg/kg, schwanken jedoch je nach geographischer Herkunft. Mit zunehmendem Alter sinken die Gehalte in den meisten Geweben ab. Während der Schwangerschaft ist der Chromgehalt des Plasmas erniedrigt, und es gibt Anzeichen dafür, daß der Fetus den mütterlichen Organismus entspeichert.

Funktionen
Die einzige bislang bekannte und gegenwärtig hauptsächlich untersuchte Funktion von Chrom ist sein Vorkommen im Glucosetoleranz-Faktor (GTF). Dieser ist in vitro für eine maximale Wirkung des Insulins auf insulinsensitive Gewebe erforderlich. Der GTF soll dabei ein essentieller Cofaktor für die Reaktion des Insulins mit seinen Rezeptoren der Zellmembranen sein. In Tierversuchen konnte bei Chrommangel die Glucosetoleranz durch orale Gaben von GTF normalisiert werden.

Da Kinder innerhalb von 24 h mit gesteigerter Glucosetoleranz auf Gaben von anorganischem Chrom reagieren, scheinen sie Cr^{3+} in den GTF einbauen zu können. Ältere Personen brauchen dazu 1–3 Monate. Deshalb kann angenommen werden, daß mit zunehmendem Alter diese Fähigkeit zurückgeht, d. h. eine Abhängigkeit von der Zufuhr von GTF-Molekülen wächst. Der Ort einer angenommenen GTF-Synthese ist noch nicht bekannt (möglicherweise Intestinalflora oder Leber).

Mangelerscheinungen
Chrom gehört zu den Spurenelementen, bei denen es leicht zu marginaler Versorgung kommen kann, da in bestimmten Verarbeitungsprozessen von Lebensmitteln (Getreideausmahlung, Zuckerraffination) Chrom-arme Produkte erzeugt werden und zudem die Absorptionsrate und die biologische Verfügbarkeit des Chroms vielfach gering ist. Negative Bilanzen werden besonders durch übermäßige Aufnahme von raffiniertem Zucker bewirkt, denn dieser ist zum einen sehr arm an verfügbarem Chrom (s. o.) und führt zum anderen zu akut erhöhter Chromkonzentration im Serum. Dadurch können erhöhte Insulinkonzentrationen erforderlich werden, um die Blutglucosekonzentration zu regulieren. Ein Teil des mobilisierten Chroms wird anschließend mit dem Urin ausgeschieden. Diese erhöhte Ausscheidung nach Glucosebelastung kann auch diagnostisch eingesetzt werden. Die meisten Symptome von starkem Chrommangel beim Menschen (verminderte Glucosetoleranz, Gewichtsverlust, periphere Neuropathie) lassen sich durch eine

im Chrommangel verminderte Ansprechbarkeit peripherer Gewebe auf Insulin erklären.

Beurteilung des Chromstatus
Neben der Messung der Chrommobilisierung und Chromausscheidung nach Glucosebelastung dient auch die Bestimmung des Chromgehalts des Haares zur Beurteilung des alimentären Chromstatus.

Bedarf, wünschenswerte Zufuhr
Der Bedarf des Menschen kann bislang weder für Chrom allgemein noch für GTF-gebundenes Chrom mengenmäßig festgelegt werden. Die großen Unterschiede in der Absorption und Verfügbarkeit der in der Nahrung vorkommenden Chromverbindungen und die Tatsache, daß der Chrombedarf stark von Art und Höhe der Kohlenhydratzufuhr abhängt, führen zu vorläufigen Empfehlungen von 50–200 µg Cr/d. Analysen von Tagesportionen einer gemischten Kost ergaben meistens Werte von 30–140 µg Chrom.

Intoxikationen
Für den Menschen liegen bislang keine Angaben über Vergiftungen durch überhöhte alimentäre Chromzufuhr vor. Aus der vielfältigen industriellen Verwendung von Chromsäure und ihren Salzen sind eine Reihe von Vergiftungserscheinungen bei den Beschäftigten bekannt. Sechswertiges Chrom wirkt weit stärker toxisch als dreiwertiges. In Versuchen mit Ratten wurde festgestellt, daß die Letaldosis an injiziertem Cr^{3+} für 50% der Tiere mehrere Zehnerpotenzen über der Dosis zur Verhütung von Mangelerscheinungen liegt.

3.3.1.4 Toxische Spurenelemente

3.3.1.4.1 Blei

Allgemeines
Für Blei wird zwar eine mögliche essentielle Funktion diskutiert, weit bedeutsamer ist jedoch seine hohe toxische Wirkung.
1500 v. Chr.: Pb ist bei den Phöniziern bekannt.
1850: Malaguti et al. untersuchen das Vorkommen von Pb, Cu und Ag in Meerwasser.
1884: Nobbe et al. (Deutschland) untersuchen die Giftwirkung von Pb, As und Zn für Pflanzen.

Vorkommen
Zur Bleibelastung tragen heute eine Reihe von Gegebenheiten bei. Zum einen hat die Kontamination der Umwelt (Luft, Straßen- und Hausstaub) mit Blei in den letzten Jahrzehnten, vor allem aufgrund der Verwendung bleihaltiger Kraftstoffe, stark zugenommen. Dies gilt auch für die Verwendung bleihaltiger Anstriche (an Brücken usw.) und die Emission aus industriellen Verarbeitungsbetrieben. Zum anderen kann es bei der Verwendung von Gefäßen und Rohrleitungen mit bleihaltiger Wandung zu Bleibelastungen kommen, da aus solchen Geräten insbesondere durch saure Lebensmittel Blei in Lösung geht.

Absorption und Stoffwechsel
Unter normalen Bedingungen werden nur 1 bis 10% des aufgenommenen Bleis absorbiert, was jedoch von der chemischen Form abhängig ist. Für Kinder liegt die Absorptionsrate möglicherweise bis zu 50% höher. Bei Eisenmangel ist die Bleiabsorption erhöht und umgekehrt bei erhöhten Eisen- und Calciumgehalten in der Nahrung erniedrigt.

Von eingeatmetem Blei werden rund 30–50% retiniert, bei kleiner Partikelgröße liegt dieser Wert eventuell höher. Die Gesamtbleiaufnahme (mit Wasser, Nahrung, Luft) wird mit etwa 300–600 µg/d angegeben, die entsprechende Retention im Organismus mit rund 80 µg/d. Ohne besondere Belastung liegt der Bleispiegel im Blut bei 170–300 µg/l, der Körperbestand bei 90–400 mg Blei. Etwa 90% des Körperbestandes sind in den Knochen deponiert, einen relativ hohen Gehalt weist auch die Leber auf.

Die Ausscheidung erfolgt vor allem über die Galle mit den Fäzes. Bei größeren, absorbierten Mengen kommt es zu einer Akkumulation in den Knochen und anderen Geweben. Auch wurde unter den Umweltbedingungen der USA beobachtet, daß die Bleikonzentrationen in menschlichen Geweben mit dem Alter ansteigen.

Der Bleigehalt der Haare ist bei chronischer Belastung bis zu der 10fachen Menge erhöht und dient als Meßgröße.

Intoxikationen
Akute wie chronische Bleivergiftungen äußern sich in Anämie, Schlaflosigkeit, Kopfschmerzen, Schwindel, Reizbarkeit und zahlreichen weiteren Symptomen. Besonders bei Kindern kann es zu schweren Schädigungen im Gehirn kommen. Da es für Blei keine Placentaschranke gibt, kann auch der Fetus schwer geschädigt

werden. Blei hemmt zahlreiche enzymatische Reaktionen durch Blockade essentieller SH-Gruppen, so auch bei der Hämsynthese und anderen Stufen des Eisenstoffwechsels.

3.3.1.4.2 Cadmium

Allgemeines
Auch wenn Berichte über die Essentialität von Cadmium bestätigt würden, steht seine hohe toxische Wirkung im Vordergrund.
1901: Coupin (Frankreich) untersucht die Giftigkeit von Cadmium u. a. Elemente für höhere Pflanzen.
1949: Friberg (Schweden) beschreibt als erster die Krankheitsfolgen chronischer Cadmiumvergiftung bei Industriearbeitern (vor allem Lungenemphysem und Nierenschädigungen).

Vorkommen
Cadmium kommt in pflanzlichen und tierischen Lebensmitteln etwa in gleich hohen Konzentrationen vor. Deutlich erhöhte, gesundheitlich bedenkliche Gehalte werden allerdings in Austern, Tierlebern und -nieren gefunden, weshalb hierfür ein stark eingeschränkter Verzehr angeraten wird (mehrwöchiger Abstand). Zigarettenrauch kann in bedeutsamer Höhe zur Cadmiumbelastung beitragen. Bei chronischen Rauchern konnten überdurchschnittliche Cadmiumgehalte in Leber und Niere nachgewiesen werden. Zur Cadmiumkontamination der Umwelt tragen zahlreiche industrielle Prozesse und andere Quellen bei.

Absorption und Stoffwechsel
Von den täglich aufgenommenen etwa 30–70 µg Cadmium werden 3–8% absorbiert. Die Cadmiumausscheidung erfolgt vor allem über die Fäzes. Vom Körperbestand werden täglich nur etwa 0,01% ausgeschieden. Cadmium hat eine sehr lange biologische Halbwertszeit von 13 bis 37 Jahren, da es aufgrund seiner Fettlöslichkeit hauptsächlich im Fett abgelagert wird – im Gegensatz zu wasserlöslichen, toxischen Substanzen, die größtenteils über die Niere wieder ausgeschieden werden. Dies macht verständlich, daß sich Cadmium mit fortschreitendem Alter im Organismus akkumuliert, so daß der Körperbestand mit 50 Jahren etwa 20–30 mg Cadmium beträgt. Hiervon liegen etwa 60% in Niere und Leber vor. Nach dem Richtwert der WHO von 1973 soll die tägliche Aufnahme nicht mehr als 1 µg Cadmium/kg Körpergewicht betragen.

Intoxikationen
Die Löslichkeit von Cadmium in sauren Lebensmitteln bei Verwendung cadmiumhaltiger Behältnisse hat in der Vergangenheit zu akuten Vergiftungen geführt. Schwerste chronische Vergiftungen sind in Japan als Itai-Itai-Krankheit nach langdauerndem Verzehr von stark kontaminiertem Wasser und Reis bekannt geworden, die eine tägliche Gesamtaufnahme von 300 µg Cadmium und mehr bewirkten. Hauptsymptome sind Osteomalazie (Knochenerweichung) und schwere Nierenfunktionsstörungen. Bei Cadmiumbelastung wurde vielfach ein deutlich erhöhter Blutdruck beobachtet. Die Stoffwechselzusammenhänge sind dabei nicht direkt geklärt.

Da Cadmium den Stoffwechsel und die Funktion essentieller Elemente wie Zink, Eisen, Mangan, Kupfer, Selen und Calcium beeinflussen kann, ist die ausreichende Versorgung mit diesen Elementen bedeutsam bei der Beurteilung der Toxizität von Cadmium. Wenn mehr Kenntnisse über die Zusammenhänge zur Verfügung stehen, werden sie bei der Festlegung der wünschenswerten Zufuhr an diesen Elementen zu berücksichtigen sein.

3.3.1.4.3 Quecksilber

Allgemeines
Für Quecksilber ist bislang keine essentielle Funktion im Körper bekannt geworden.

Chemie
In physikochemischer Hinsicht wird nach internationaler Klassifikation zwischen anorganischen und organischen Formen des Quecksilbers unterschieden. In toxikologischer Hinsicht ist diese Einteilung unzureichend, da die kurzkettigen Aryl-Quecksilber-Verbindungen (besonders Methylquecksilber) eine besonders große Bedeutung besitzen. Sie sind fettlöslich, bewirken irreversible Schäden im Zentralnervensystem und sind hochtoxisch für den Fetus. Belastung mit anorganischem Quecksilber ebenso wie mit Alkoxyalkyl- (d. h. Ether-) und Aryl-Quecksilber-Verbindungen führt zur Anreicherung von Quecksilber in den Nieren, wobei das Zentralnervensystem kaum betroffen ist. Die Ähnlichkeit der toxischen Effekte entspringt der Tatsache, daß diese organischen Quecksilberderivate in Geweben von Säugetieren schnell in anorganisches Quecksilber umgewandelt werden.

Vorkommen
Quecksilber kommt in der Natur weitverbreitet, jedoch meist in sehr geringen Konzentrationen vor. Die stark gestiegene, industrielle Verarbeitung in den letzten Jahrzehnten führte zu einer wachsenden Kontamination der Biosphäre. Toxikologisch höchst bedeutsam ist in der Folge die Umwandlung von anorganischem Quecksilber in Methylquecksilber durch Mikroorganismen sowie die starke Anreicherung dieser Verbindung in der Nahrungskette vom Meeresplankton über Fische und zusätzlich über Fischmehle als Tierfutter hin zu weiteren tierischen Nahrungsmitteln des Menschen. Die WHO hat für Fisch versuchsweise einen zulässigen Höchstwert von 0,5 mg Hg/kg festgelegt. In der BR Deutschland sind jedoch im Gegensatz zu anderen westlichen Ländern 1,0 mg/kg zulässig.

Absorption und Stoffwechsel
Quecksilberchlorid wird nur zu 2% vom Menschen absorbiert, Phenylquecksilber zu etwa 50% und Methylquecksilber zu mehr als 90%. Methyl- und Ethylquecksilber werden auch stärker retiniert und führen zu höheren Quecksilberkonzentrationen im Gehirn als Arylquecksilber-Verbindungen. Die biologische Halbwertszeit des Methylquecksilbers beim Menschen beträgt 70–74 Tage. In der Gallenflüssigkeit liegt Quecksilber zum großen Teil als Methylquecksilber-Cysteinkomplex vor, von dem das meiste reabsorbiert wird, während andere Quecksilberverbindungen über Galle und Stuhl in anorganischer oder proteingebundener Form stärker ausgeschieden werden.

Da die Placenta für Methylquecksilber keine Schranke darstellt, wird ein weitaus größerer Teil als von anderen Quecksilberverbindungen in den Fetus transferiert. Dessen Gehirn besitzt eine Tendenz zur Speicherung des Methylquecksilbers und reagiert besonders empfindlich darauf.

Da Quecksilber von den Haaren gespeichert wird, erlaubt deren Gehalt gewisse Aussagen über eine chronische Belastung.

Wünschenswerte Zufuhr
Entsprechend einer vorläufigen Richtlinie der WHO soll die wöchentliche Aufnahme 5 μg Quecksilber/kg Körpergewicht nicht überschreiten, davon sollen höchstens ⅔ Methylquecksilber sein.

Intoxikationen
Hinsichtlich alimentärer Intoxikationen stehen die Folgen chronisch erhöhter Aufnahme an Methylquecksilber im Vordergrund: Bei Gewebekonzentrationen von 0,5–1 mg Quecksilber/kg Körpergewicht treten Kribbeln der Haut, Störungen der Bewegungskoordination, Einengung des Gesichtsfeldes, schleppende Aussprache und Schwerhörigkeit zusammen auf, bei geringen Belastungen auch einzelne Symptome.

Bei pränatal geschädigten Säuglingen wurden massive Beeinträchtigungen der motorischen und mentalen Entwicklung oder schwere cerebrale Lähmungen festgestellt. Langzeitstudien über Spätfolgen prä- und postnataler Quecksilberbelastung liegen noch nicht vor.

3.3.1.4.4 Arsen

Allgemeines
1845: Chatin (Frankreich) untersucht als einer der ersten das Vorkommen von Arsen in Pflanzen.
1976: Anke et al. (BR Deutschland) beobachten bei Arsen-depletierten Versuchstieren verringerte Fruchtbarkeit und erhöhte Sterblichkeit, bei der Filialgeneration Wachstumsstörungen.

Vorkommen
Arsen kommt weitverbreitet als Spurenelement in Böden und Wasser vor, sowie in tierischen und pflanzlichen Nahrungsmitteln. Besonders hohe Gehalte wurden in Fischen und anderen Meerestieren (Crustaceae) gefunden.

Absorption und Stoffwechsel
Die Art der chemischen Bindung des Arsens beeinflußt Absorption und Ausscheidung. Organisch gebundenes Arsen wird gut absorbiert und ohne signifikante Retention mit dem Harn ausgeschieden. Da die Exkretion durch die Nieren schnell erfolgt und von der Höhe der Arsenzufuhr abhängt, gilt der Arsengehalt im Urin (normalerweise 200–300 μg Arsen/d) als Indikator der Arsenbelastung. Die Arsenkonzentration im menschlichen Körper beträgt nur etwa 0,04–0,1 mg/kg Trockensubstanz. Haare, Nägel und Haut weisen höhere Werte auf, die bei Arsenbelastung noch ansteigen.

Funktionen
Über die physiologische, für manche Spezies möglicherweise essentielle Funktion von Arsen

im tierischen bzw. menschlichen Organismus sind die Kenntnisse noch sehr gering.

Beobachtungen über Mangelerscheinungen wurden bereits in der Einleitung erwähnt.

Bedarf, wünschenswerte Zufuhr

Die Höhe der tatsächlichen Zufuhr wird mit etwa 1–2 mg Arsen/d angegeben. Der Gehalt in Nahrungsmitteln sollte nicht höher als 2,5 mg/kg liegen, damit die höchste, noch tolerierbare Dosis (nach Angaben der WHO 1973) von 3,5 mg Arsen/d nicht überschritten wird. Durch Beifütterung von organischen Arsenverbindungen bei Geflügel und Schweinen zur Wachstumsbeschleunigung bzw. Verkürzung der Mastzeit und entsprechender Futterersparnis können die Konzentrationen in der Tierleber durchaus 2 mg/kg erreichen.

Intoxikationen

Akute Arsenvergiftungen führen zu Übelkeit, Erbrechen, Durchfall und Bauchkrämpfen. 60–120 mg Arsenik (As_2O_3) wirken tödlich. Geringe Aufnahmen äußern sich wenig spezifisch in Kopfschmerzen, Müdigkeit und Veränderungen der Haut. Es wird berichtet, daß sich der Organismus allmählich durch Verringerung der Absorption an tägliche Dosen von bis zu 6 mg Arsen anpassen kann, ohne daß es zu Beeinträchtigung der Gesundheit kommen soll.

3.3.2 Vitamine

3.3.2.1 Allgemeine Aspekte

Der Begriff »Vitamin« wurde 1911 von KASIMIR FUNK geprägt; seine Bedeutung hat sich im Laufe der Zeit gewandelt und präzisiert. Nach offizieller **Definition** sind Vitamine organische Verbindungen, die der Körper nicht oder nur in unzureichender Menge synthetisieren kann. Sie müssen in kleiner Menge zugeführt werden und werden nur zu einem geringen Teil im Energiewechsel abgebaut. Die Vitamine stellen keine Bauelemente der Gewebe und Organe dar. Sie werden im Körper zur Ausübung und Aufrechterhaltung physiologischer Funktionen benötigt.

Vitamine bilden zusammen mit essentiellen Amino- und Fettsäuren, Mineralstoffen und Spurenelementen sowie Wasser die essentiellen Nährstoffe oder Nahrungsbestandteile. Vitamine sind weder chemisch noch funktionell miteinander vergleichbar. Sie können sich deshalb in ihrer Funktion auch nicht gegenseitig ersetzen. Synergistische Wirkungen zwischen Vitaminen sind bekannt. Einige Vitamine (z. B. Vitamin C, D) sind nur für wenige Säugetierarten oder unter bestimmten Lebensbedingungen essentiell.

Die **Nomenklatur** der Vitamine mit Buchstaben und einem Zahlenindex ist historisch bedingt und irreführend, da selbständige Vitamine (z. B. B_1, B_2, B_6, B_{12}) zusammen mit Vitaminen, Vitaminderivaten und verschiedenen Verbindungen einer bestimmten Vitamingruppe (z. B. D_2, D_3; K_1, K_2, K_3 u. a.) in einen Topf geworfen werden. Außerdem ist das System lückenhaft, da die Vitamine B_3, B_7, B_8, B_{10}, B_{11} nicht existieren. Nach Isolierung und Strukturaufklärung erhielten Vitamine spezifische chemische Namen. Diese sollten verwendet werden, wenn es sich eindeutig um Einzelsubstanzen handelt. Gelegentlich erweist es sich als nützlich, Buchstaben mit entsprechender Zahl beizubehalten, besonders wenn sie verwandt sind, ähnliche physiologische Eigenschaften besitzen oder gemeinsam in bestimmten Lebensmitteln auftreten (z. B. B-Vitamine). Historisch bedingt sind auch die vielen Synonyma (Tab. 112). Leider herrscht immer noch etwas Verwirrung bei der Vitamin-Nomenklatur, die auch durch internationale Nomenklaturkommissionen nicht vollständig bereinigt ist.

Wie bei den anderen Nährstoffen kann die Wirkung zusätzlicher Vitamingaben nur dort gemessen werden, wo ein Vitaminbedarf nicht voll gedeckt ist. Der Bedarf ist individuell verschieden und nicht in allen Fällen genau bekannt. Über den Bedarf hinaus aufgenommene Vitaminmengen sind ohne physiologische Wirkung; häufig werden sie relativ schlecht absorbiert, beschleunigt metabolisiert, vermehrt gespeichert und/oder vermehrt ausgeschieden.

Manche Vitamine entfalten, in überhöhter Dosis verabreicht, Wirkungen, die mit ihren Eigenschaften als Nährstoffe wenig zu tun haben; sie wirken dann nicht physiologisch, sondern pharmakologisch und können neben einigen Therapieerfolgen auch zu unerwünschten Wirkungen bis hin zum Tode (Vitamin A und D) führen (Abb. 59). Auch Vitamine dürfen also nicht beliebig hoch dosiert werden, denn jeder Nährstoff ist potentiell toxisch. Mit üblichen Lebensmitteln ist eine Überdosierung kaum möglich, wenn auch Vitamin-A-Vergiftungen mit Fisch- und Eisbärleber bekannt sind.

Die B-Vitamine haben gemeinsam, daß sie als Bestandteil von Coenzymen wirksam und für alle Tierarten essentiell sind.

Tab. 112. Vitamine: Wirkstoffe, Handelsformen und Synonyma (IUPAC 1976 und AIN 1985)

Vitamingruppe	Wirkstoffe	Handelsformen	Synonyma (zu vermeidende Bezeichungen)
Vitamin A	Vitamin A (Alkohol u. Ester) (Retinol, Axerophtol) Vitamin A (-Aldehyd) (Retinal, Retinen) Vitamin A_2 (Alkohol) (3-Dehydroretinol)	Vitamin A-Acetat Vitamin A-Palmitat Vitamin A-Propionat	Antixerophthalmisches Vitamin Antiinfektiöses Vitamin Epithelschutzvitamin Wachstumsvitamin Axerophthol Biosterol
Provitamin A	β-Carotin γ-Carotin	β-Carotin	
Vitamin D	Vitamin D_2 (Ergocalciferol) Vitamin D_3 (Cholecalciferol)	Vitamin D_2 Vitamin D_3	Antirachitisches Vitamin Rachitamin, Rachitasterol Aktiv. 7-Dehydrocholesterol
Vitamin E	α-Tocopherol β-Tocopherol γ-Tocopherol	d-α-Tocopherol dl-α-Tocopherol d-α-Tocopherolacetat dl-α-Tocopherylacetat	Antidystrophisches Vitamin Antisterilitätsvitamin Fertilitätsvitamin, Exsilan Ephynal, Tokopharm, Faktor X
Vitamin K	Vitamin K (Phyllochinon, Phytomenadion, Phytonadion) Vitamin K_2 (Menachinon)	Vitamin K_1 Vitamin K_3 (Menadion und Menadion-Natriumbisulfit)	Koagulationsvitamin Antihämorrhagisches Vitamin Prothrombinfaktor
Ubichinone	Coenzyme Q; z. B. CoQ_{10}		
Vitamin C	Ascorbinsäure Dehydroascorbinsäure	Ascorbinsäure Natriumascorbat Calciumascorbat	Antiskorbutisches Vitamin Cevitaminsäure Hexuronsäure
Vitamin B_1	Thiamin	Thiaminhydrochlorid Thiaminmononitrat Cocarboxylase (Thiaminpyrophosphat)	Antineuritisches Vitamin Antiberiberivitamin Cryzamin Aneurin
Vitamin B_2	Riboflavin	Riboflavin Riboflavin-5'-phosphat-Natrium	Hepatoflavin, Ovoflavin, Lactoflavin Verdoflavin, Vitamin G
Vitamin B_6	Pyridoxin (Pyridoxol, Adermin) Pyridoxal, Pyridoxamin	Pyridoxinhydrochlorid	Anti-Akrodyniefaktor Anti-Dermatitisfaktor Rattenpellagra-Schutzstoff
Vitamin B_{12}	Cyanocobalamin	Cyanocobalamin Hydroxocobalamin (Aquocobalamin)	Animal protein factor Antiperniziosafaktor Extrinsic factor, Erythrotin
Niacin	Nicotinamid (Niacinamid) Nicotinsäure (Niacin)	Nicotinamid Nicotinsäure	Vitamin PP, PP-Faktor, B_4 Pellagra-Schutzfaktor Schwarze-Zunge-Schutzfaktor
Pantothensäure	Pantothensäure	Calcium-D-Pantothenat Natrium-Pantothenat D-Panthenol	Huhn-Antidermatose-Faktor Anti-Graues Haar-Faktor Bios II A, B_3, Hefe-Faktor
Biotin	d-Biotin	d-Biotin	Schutzfaktor X, CoR Eiweißschad-Faktor Vitamin H, Bios II B
Folsäure	Folsäure (Pteroylglutaminsäure) Folsäure-Konjugate (Pteroylhexaglutaminsäure, Pteroyldiglutaminylglutaminsäure)		Antianämischer Faktor L. casei-Faktor Vitamin M, Vitamin Bc PGA

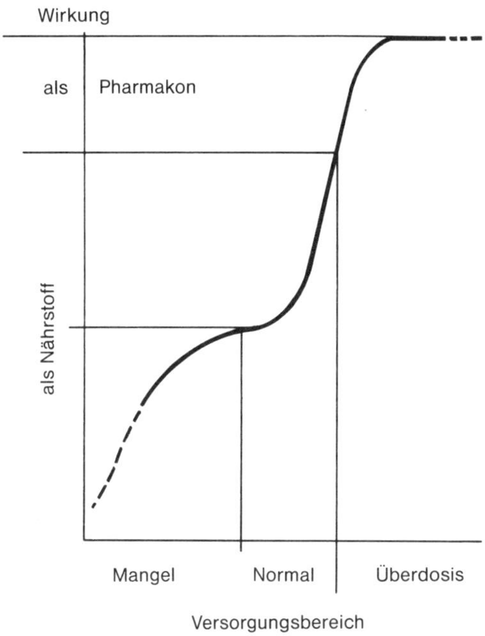

Abb. 59. Wirkung und Stoffwechsel von Nährstoffen in Abhängigkeit der Dosis.

Die fettlöslichen Vitamine A, D, E und K haben verschiedene Wirkungsmechanismen. Obwohl die Vitamine A, E und K ähnliche Strukturen aufweisen (ungesättigte Ringsysteme und isoprenoide Seitenketten) sind ihre Wirkungen unterschiedlich. Ihnen sind jedoch folgende Eigenschaften gemeinsam:

- Sie werden wie Fett vorwiegend über den Lymphweg transportiert, so daß bei allen Störungen der Fettverdauung und -absorption die fettlöslichen Vitamine mit betroffen sind.
- Sie werden nicht über die Niere ausgeschieden.
- Sie werden im Körper in mehr oder weniger großem Umfang gespeichert (Ausnahme: Vitamin K).
- Chronische Überdosen wirken toxisch.
- Die Darmschleimhaut besitzt eine begrenzte Absorptionskapazität.
- Sie sind in noch unbekannter Weise für die Synthese spezifischer Funktionsproteine des Körpers von Bedeutung.

Eine Charakterisierung der bekannten Vitamine auf der Basis ihrer chemischen Struktur und der im Körper ausgeübten Funktionen zeigt ihre Gemeinsamkeiten und Unterschiede (Tab. 113).

Die **physikalisch-chemischen Eigenschaften** der in der Nahrung enthaltenen Vitamine sind von unterschiedlichen Faktoren abhängig. Vitamine sind ihrer chemischen Natur entsprechend entweder schwache Basen oder schwache Säuren. In ihrer natürlichen Umgebung liegen sie in Formen vor, die durch ihre Dissoziationskonstante sowie den pH-Wert des Lebensmittels bestimmt sind.

Die **Empfindlichkeit** der Vitamine gegenüber chemischen und physikalischen Einflüssen hängt u. a. von Dauer des Kontaktes und Konzentrationen bzw. Wirkungsgrad der Einflußfaktoren ab (Tab. 114).

Die **Verwertung** (Ausnutzung) der Vitamine wird durch eine Reihe von Faktoren beeinflußt; ihre Wirkung ist durch große individuelle Unterschiede sowie durch Interaktionen gekennzeichnet.

- *Verfügbarkeit:* Fettlösliche Vitamine werden bei Fettmalabsorption oder durch fettarme Kost vermindert absorbiert. Niacin liegt im Getreide größtenteils in gebundener Form vor und kann nicht absorbiert werden.
- *Antivitamine* kommen in Nahrungsmitteln vor und werden auch als Vitaminanaloga synthetisch hergestellt; sie hemmen die Vitamine in ihrer Wirkung.
- *Provitamine* werden im Körper zu den wirksamen Vitaminen umgewandelt und tragen erheblich zur Vitaminversorgung des Körpers bei. So können Carotine durch Spaltung in Vitamin A, Cholesterolderivate durch Sonnenlicht (UV-Strahlen) in Vitamin D und Tryptophan zu Niacin umgewandelt werden.
- Eine *enterale Vitaminsynthese durch die Darmflora* findet fast ausschließlich im Dickdarm statt, wo die Absorption dieser Vitamine kaum möglich ist. Die Versorgung durch Dünndarmbakterien ist bei Säuglingen durchaus und für den Erwachsenen in geringem Umfang dennoch möglich. Die Besiedlung des Dünndarms während intestinaler Krankheiten (Durchfall u. a.) kann zu einer Verschlechterung der Vitaminversorgung des Körpers führen. Wiederkäuer decken ihren Bedarf an B-Vitaminen durch die Pansenflora; andere Tierarten über Koprophagie (Kap. 3.3.2.4).
- Die *Reservekapazität* des Körpers für verschiedene Vitamine und andere Nährstoffe ist sehr unterschiedlich (Kapitel 2.4.1 und Tab. 115).

Zwischen bestimmten Vitaminen und einem bzw. mehreren anderen Vitaminen sind syn-

Tab. 113. Charakterisierung der Vitamine anhand ihrer Strukturkomponenten und Funktionen (+ = Strukturbestandteil/Funktion; ± = Vorkommen sowie entfaltete Wirkung in geringem Maß; − = katabolische bzw. inhibierende Wirkung) (KUTSKY 1981)

	Vitamin												
Strukturbestandteil oder als typische Funktion	A	D	E	K	B_1	B_2	B_6	B_{12}	Biotin	Folsäure	Niacin	Pantothensäure	C
Aminosäuren									+	+		+	
Purin, Pyrimidin (-derivate)					+	+		+		+			
Benzolring			+	+		+				+			
Pyridinring							+				+		
Isoprenrest (derivat)	+	+	+	+									
Saccharid (Zuckerderivat)						+		+					+
Alkoholgruppen	+	+	+		+	+	+	+		+		+	+
Doppelbindungen (-C=C-)	+	+	+	+	+	+	+	+		+	+		+
andere chem. Elemente als CHON					S			Co	S				
als PO_4-Komplex in vivo		+			+	+	+	+		+	+	+	
wird im Körper gespeichert	+	+	±	±	±	±	±	+	+	±	+	±	±
Redoxagens			+	+		+		+		+	+		+
Antioxidans			+			+		+					+
Biosynthese via Cholesterol	+	+	+	+									
Anabolische Funktionen	+		+	+			+	+	+	+	+	+	+
Katabolische Funktionen		+			+	+	+	+	+	+	+	+	
Krebs-Zyklus-Effekt					+	+					+	+	
v. d. Darmflora gebildet, verfügbar		(±)		±	(±)	±	±	(±)	+	+	(±)	(±)	
toxisch bei Überdosierung	+	+	+	±	+		+				+		
Mitotischer Effekt								+		+			−
Vorkommen in Mitochondrien		+	+	+	+	+					+	+	+
Mikrosomen			+								+		
Membranen	+	+	+	+		+		+					+
Chloroplasten	+[1]		+	+		+					+		
Proteinsynthese	±	±	+	+				+	+				
Aminosäuresynthese							−	+	±	±	−		
Kohlenhydratsynthese	+			+		−	−	−	+	+	−	−	+
Fettsynthese								+				±	
Fettsäuresynthese			(±)				+		+			±	
Nucleinsäuresynthese								+					
Purin-/Pyrimidinsynthese								+	+	+			
Mineralstoffwechsel	Ca	Ca	Se										Fe, Ca
H_2O-Stoffwechsel												+	
Sterinsynthese	+						+				+	+	+
Hormonsynthese	Prog.[2] Cortic.[3] Andro.[4]				ACH[5]		ACH[5] Nor.[6] Serot.[7]						Serot.[7] Gluc.[8]

[1] Carotinoide; [2] Progesteron; [3] Corticosteron; [4] Androstenedione
[5] Acetylcholin; [6] Norepinephrin; [7] Serotonin; [8] Glucagon

ergistische Wirkungen bekannt (Tab. 116). Diese Synergismen begünstigen zwar die Wirkung und Funktion solcher Vitaminpaare bzw. -gruppen, machen aber den Versorgungszustand des Körpers mit einzelnen Vitaminen direkt oder indirekt abhängig von der Zufuhr bestimmter Vitamine.

Einheiten der Vitaminbiowirksamkeit
Es wird davon ausgegangen, daß bis jetzt alle für den Menschen essentiellen Vitamine isoliert und identifiziert worden sind. Die chemische Struktur gereinigter, aus natürlichen Quellen isolierter Vitamine ist weitgehend geklärt. Dies wurde durch chemische Synthesen von identischen Substanzen bestätigt.

Unter definierten Versuchsbedingungen wurden für einzelne Vitamine jeweils standardisierte Methoden zur Beurteilung der Biowirksamkeit des betreffenden Vitamins entwickelt. Für die meisten Vitamine wurden zwecks Vereinheitlichung (und Standardisierung) der Angaben »Internationale Einheiten« benutzt, die für viele Vitamine schon lange wieder aufgegeben worden sind. Für die fettlöslichen Vitamine A, D und E wurde die Wirksamkeit einzelner Vit-

Tab. 114. Empfindlichkeit der Vitamine gegen äußere Einflüsse

Vitamin	Säure	Alkali	O_2	Licht		Hitze	Kochverluste %
				Tages	UV		
Vitamin A	–	–	+	+	+	–[1]	10–30
Vitamin D	–	–	+	+	+	–[2]	gering
Vitamin E	–	–	+[3]	+[4]	+	–[5]	50
Vitamin K	–[6]	+	–	+	+	+[7]	
Thiamin	–	+	+	–	+	+[8]	30–50
Riboflavin	–	+	–[9]	+	+	+	0–50
Niacin	–	–	–	–	–	–	0–30
Vitamin-B_6-Gruppe	–	–	–	+	+	+[10]	0–40
Pantothensäure	+	+	–	–	–	+[11]	0–45
Cobalamin	+[12]	+	+	+	+	–[13]	
Biotin	–[14]	–[14]	–	–	+	–	0–70
Cholin	–	–	+	–		–	
myo-Inosit	–	–	–	–		–	
Folsäure-Gruppe	+	–	–	–	+	+	0–90
Ascorbinsäure	–	+	+[15]	+	+	+[16]	20–80

– = Beständig + = Labil

[1] Zerstörung bei Erhitzung, bei Sauerstoffzutritt oder saurem Milieu
[2] Zerstörung ab ca. 165 °C
[3] Wird langsam durch Luftsauerstoff und schnell durch Fe^{3+}, Ag^{+} und ranzige Fette oxidiert
[4] Belichtung bewirkt langsam dunkle Verfärbung
[5] stabil bis 200 °C bei Abwesenheit von O_2
[6] sehr starke Säuren wirken zerstörend
[7] bei 120 °C und Abwesenheit von O_2 noch beständig
[8] Trockenprodukt ist beständig; in wäßriger Lösung unter pH 5,5 kann bei 110 °C sterilisiert werden, über pH 5,5 schnelle Zerstörung
[9] Reduktion ergibt farbloses Leukoriboflavin; starke Oxidationsmittel zerstören
[10] wäßrige Lösungen von Pyridoxal sind thermolabil (besonders im alkalischen Bereich)
[11] in trockenem Zustand hitzeempfindlich; bei pH 5–7 noch bei 120 °C beständig
[12] im neutralen und schwach sauren Gebietsbereich stabil
[13] beständig in wäßriger neutraler bzw. schwach saurer Lösung bis 120 °C
[14] starke Säuren und Basen (besonders bei Hitze) sowie ranziges Fett und Cholin zerstören Biotin
[15] Oxidation wird stark durch Kupferspuren bzw. Oxidasen (Ascorbinsäureoxidase, Polyphenoloxidase) beschleunigt; Dehydroascorbinsäure ist noch oxidationsempfindlicher
[16] wird bei Anwesenheit von O_2 und Hitze schnell zerstört

Tab. 115. Reservekapazität des Körpers für verschiedene Nährstoffe (Passmore, Eastwood 1986)

Nährstoff	Reservezeit
Vitamin B_{12}	3–5 Jahre
Vitamin A	1 Jahr
Folsäure	3–4 Monate
Vitamin C, Niacin, Riboflavin, Vitamin B_6, Vitamin K (?)	2–6 Wochen
Thiamin	1–2 Wochen

amine mit Internationalen Einheiten noch bis vor kurzer Zeit angegeben. Obwohl diese Angaben in Internationalen Einheiten nicht mehr korrekt sind, werden sie trotzdem von einigen Stellen weiterhin benutzt. Daher ist es nützlich, ihre Äquivalenzen in Gewichtseinheiten zu kennen (Tab. 117).

Vitaminmangel

Der Vitaminmangel wird verursacht durch eine unzureichende Versorgung, die über verringerte Nährstoffspeicher zu vielfältigen, biochemischen Veränderungen und subklinischen, jedoch unspezifischen Symptomen führt und sich dann in spezifischen klinischen Krankheitsbildern manifestiert. Der Vitaminmangel kann mit seinen verschiedenen Etappen mit einem Eisberg verglichen werden (Abb. 60), ca. ⅐ von ihm – d. h. die Spitze – ragt über den Wasserspiegel hinaus und ist damit sichtbar, der Rest des Eisbergs bleibt verborgen, unter dem Wasser versteckt.

Im experimentell erzeugten Vitaminmangel können typische klinische Symptome entstehen und erkannt werden. In der Praxis dagegen kommt es selten zu isolierten Ausfallserscheinungen als Folge des Mangels an einem bestimmten Vitamin (Avitaminose). Es kommt eher zu multiplen Vitamin-Mangelzuständen (Polyavitaminosen), wobei die Symptome eines bestimmten einzelnen Mangels dominieren. Es ist in der Praxis nicht selten, daß Polyavitaminosen mit einem allgemeinen Nährstoffmangel (Panmalnutrition) kombiniert sind.

Es ist einfach, die klinischen Symptome eines Vitaminmangels zu erkennen. Solche Aufgaben können nur erschwert werden, wenn mehr als ein Vitamin zu ähnlichen klinischen Symptomen führen. In vielen Fällen jedoch sind die klinischen Symptome, wenn sie überhaupt reversibel sind, nur schwer zu beheben. Im Rahmen der Gestaltung einer sinnvollen Prophylaxe sowie einer erfolgreichen Behandlung von Avitaminosen kommt der Früherkennung eines Vitaminmangels daher große Bedeutung zu. Die in den ersten Stadien der klinischen Symptome beobachteten Veränderungen sind unspezifisch; sie können oft keinem bestimmten Vitamin zu-

Tab. 116. Synergismus (+) zwischen den Vitaminen (± = geringer Effekt) (Kutsky 1981)

Vitamin	A	D	E	K	B_1	B_2	B_6	B_{12}	Biotin	Folsäure	Niacin	Pantothensäure	C
A			±			+		+					+
D											+		
E	±			+			+	+		+			+
K			+										+
B_1						+	+	+			+	+	
B_2	+				+		+	+	+	+	+	+	
B_6			+		+	+			+	+	+		+
B_{12}	+		+		+	+			+	+	+	+	+
Biotin						+	+	+		+		+	
Folsäure			+			+	+	+	+		+	+	+
Niacin		+			+	+	+	+		+		+	
Pantothensäure					+	+		+	+	+	+		+
C	+		+	+			+	+		+		+	

Tab. 117. Einheiten der Vitaminbiowirksamkeit und Äquivalenz der Vitamere für Retinol, Calciferol, Tocopherol, Niacin und Folsäure

Vitamin	Äquivalenz
Vitamin A	
1 μg Retinoläquivalent	= 3,33 IE Vitamin-A-Aktivität
	= 1,145 μg Retinylacetat*
	= 6 μg β-Carotin
	= 12 μg andere aktive Carotinoide
Vitamin D	
1 μg Cholecalciferol-äquivalent	= 1 μg Ergocalciferol
	= 40 IE Vitamin-D-Aktivität
	= 0,714 μg 26-Hydroxycalciferol
Vitamin E	
1 mg D-α-Tocopherol-äquivalent	= 1,49 IE Vitamin-E-Aktivität
	= 1,1 mg D-α-Tocopherylacetat
	= 1,36 mg DL-α-Tocopherol
	= 1,49 mg DL-α-Tocopherylacetat*
Niacin	
1 mg Niacinäquivalent	= 1 mg Niacin
	= 60 mg Tryptophan
Folsäure	
1 μg Folsäure-äquivalent	= 1 μg freie Folsäure
	= 5 μg gebundene Folsäure

* Die Acetatester sind stabiler als die freien Alkohole; sie werden deswegen in der Analytik als Standardsubstanzen benutzt. Auf molarer Basis sind sie mit den freien Alkoholen äquipotent.

geschrieben werden. Im fortgeschrittenen Stadium des Vitaminmangels treten auch Veränderungen in Erscheinung, die verschiedene Funktionen des Nervensystems betreffen und sich in mehr oder weniger charakteristischen Veränderungen psychischer Natur zeigen. Sie können deshalb, allein betrachtet, nicht als Erkennungsmerkmal eines Mangels an einem bestimmten Vitamin herangezogen werden, und sie eignen sich um so weniger als Kriterien einer Früherkennung von Vitaminmangelzuständen.

Ist die Ursache der vorliegenden Avitaminose erkannt, muß das Stadium bzw. der Grad der Verarmung an dem Vitamin mittels geeigneter Parameter geschätzt werden. Mit Hilfe beider Teilinformationen kann mit einer therapeutischen Maßnahme gezielt begonnen werden. Aus diesem Grund ist es angebracht, die Mangelsymptome nach folgendem Schema zu betrachten und zu beurteilen:

Offene (sichtbare) Symptome

Sie sind die am einfachsten erkennbaren typischen Endstadien einer Avitaminose. Es sind generell pathologische Veränderungen, z.B. Anämie, Dermatitis, Funktionsstörungen des Nervensystems. Dieses Stadium der Unterversorgung bedarf einer schnellen Behandlung, wenn solch ein Fehlernährungszustand nicht zum Tode führen soll. So gelten Anzeichen von Enzephalopathie infolge eines Thiaminmangels als letztes Alarmsignal für eine mögliche Vitamin-B_1-Therapie. Denn in diesem Stadium, das sehr kurz ist (wenige Stunden) und unmittelbar vor dem Tod liegt, haben cerebrale Hämorrhagien, aus denen irreversible Hirnschäden resultieren, bereits eingesetzt, die u.a. zu dem sichtbaren Nystagmus (Augenzittern) führen. Wird dieses Stadium rechtzeitig diagnostiziert, so wird der Patient innerhalb einer Stunde auf eine Thiaminbehandlung ansprechen.

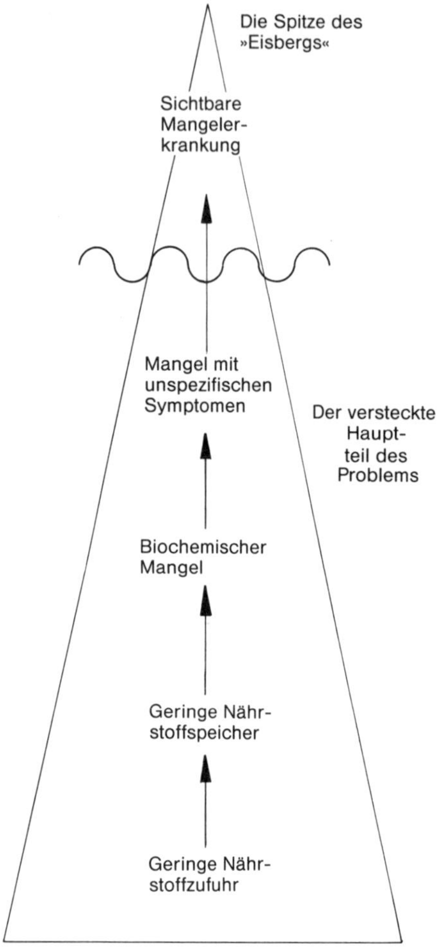

Abb. 60. Der »Eisberg« eines Nährstoffmangels (Kemm 1985).

Nicht sichtbare Mangelsymptome

Bei nicht sichtbaren Mangelsymptomen ist der Patient scheinbar ausreichend ernährt, da keine typischen klinischen Mangelsymptome feststellbar sind. Diese zunächst nicht augenfällige Avitaminose wird jedoch unter geringfügigen Änderungen des Ernährungszustandes sowie unter Streßbedingungen anhand mehr oder weniger sichtbarer Symptome erkennbar.

Als Beispiel für einen nicht sichtbaren Vitaminmangel können die Folgen einer täglichen Aufnahme von 10 mg Vitamin C angeführt werden. Diese marginale Vitamin-C-Aufnahme verhindert zwar das Auftreten von Skorbut – sie kann auch einen bereits bestehenden Skorbut lindern – sie ist jedoch nicht ausreichend, um jeglichen durch Streß oder Wundheilung bedingten Mehrbedarf zu decken. Eine verbesserte Wundheilung kann erst bei mehr als 20 mg Ascorbinsäure/d erreicht werden.

Es läßt sich für fast alle Vitamine verallgemeinern, daß sich bei suboptimaler Energieversorgung alle nicht sichtbaren Vitaminmangelzustände in Form einzelner oder mehrerer typischer Mangelerscheinungen äußern, sobald die Energieaufnahme erhöht, aber die Vitaminversorgung auf gleichem Niveau gehalten wird.

Metabolische Veränderungen

Wie bereits erwähnt, treten alle metabolischen Veränderungen infolge einer Nährstoffunterversorgung chronologisch viel früher als die klinischen Symptome auf. Sie lassen sich in der Regel auf biochemischem Wege, aber auch mittels zellimmunologischer Parameter sicher bestimmen. Sie können als labor-diagnostische Parameter zur Früherkennung eines Vitaminmangels verwendet werden. In diesem Zusammenhang kann zwischen zwei Gruppen metabolischer Veränderungen unterschieden werden:

- Veränderte Metaboliten bei unveränderter Nährstoffversorgung. Liegt eine suboptimale Versorgung mit einem Vitamin vor, so ist die Aktivität des Enzymsystems (es können auch mehrere Enzymsysteme sein), das das Vitamin als Cofaktor benötigt, vermindert. Daraus resultieren hohe Blutkonzentrationen sowie Ausscheidungsraten von Metaboliten, die bei optimaler Versorgung weiter verstoffwechselt werden und nur in relativ geringen Konzentrationen sowohl im Blut als auch im Urin vorkommen.
- Folgen veränderter Versorgungsbedingungen (Belastungstests). Sind die Folgen einer suboptimalen Versorgung mit einem Vitamin nicht sichtbar, so ist es in der Regel möglich, daß die Aktivität des Enzymsystems, das das fehlende Vitamin als Coenzym benötigt, noch so hoch liegt, daß die untere Grenze des Normalbereichs nicht wesentlich unterschritten wird. Wird dem Körper eine hohe Dosis des in der zu katalysierenden Reaktion involvierten Substrates zugeführt (Belastungsdosis), so werden bestimmte, dem normalen Zustand nicht entsprechende Metaboliten im Blut akkumuliert und im Urin vermehrt ausgeschieden. Mit dieser Maßnahme kann ein nicht sichtbarer Vitaminmangel kenntlich gemacht werden.

Verminderte Körperreserven

Durch Bestimmung des zirkulierenden Pools im Körper kann auf die Körperreserven an einem bestimmten Vitamin hingewiesen werden. Hierbei sind eine ganze Reihe von Problemen bekannt, z. B. die Bestimmung der Plasma-Vitamin-A-Konzentration unter schwerer Protein-Energie-Malnutrition (PEM). Eine derartige Diagnose würde einen alarmierend fortgeschrittenen Vitamin-A-Mangel anzeigen, der aber auf eine Vitamin-A-Therapie nicht anspricht, denn ein funktionaler Vitamin-A-Mangel unter PEM-Bedingungen ist nur sekundär. Primär jedoch ist der kombinierte Protein-Energie-Mangel. Der Vitamin-A-Mangel ist in diesem Zusammenhang nur die Folge einer verminderten Synthese des Retinol-bindenden Proteins, das das Retinol im Blut transportiert. Im Blut werden Vitamine nicht nur vom Speicherort zu den Zellen und Organen transportiert, wo sie ihre Wirkung entfalten können, sondern auch zwischen dem Darm und ihren Speicherorganen, wie z. B. der Leber. Bei verminderter Aufnahmekapazität der Leber (z. B. bei Leberfunktionsstörungen) kann nur ein Teil des mit der Nahrung aufgenommenen und absorbierten Vitamins in die Leber gelangen; der Rest befindet sich noch im Blut. Die momentane Blutentnahme und Vitaminbestimmung im Blut wird einen höheren Vitamingehalt des Blutes ergeben und somit einen besseren Vitaminstatus vortäuschen, während der tatsächliche Vitamingehalt auf einen möglicherweise schweren Vitaminmangel schließen ließe.

Ursachen von Vitaminmangelzuständen

Quantitative und qualitative Fehlernährung verursachen den größten Teil der Vitaminmängel. Für quantitativ unzureichende Nahrungszufuhr, die vorwiegend in Entwicklungsländern vorkommt, sind neben Mißernten und Verlusten, primär ökonomische Faktoren verantwortlich. Bei dieser Unterernährung kommt es zur Panmalnutrition, einem Mangel an Energie und zahlreichen Nährstoffen. Die typischen Vitaminmangel-Symptome bleiben dabei so lange aus, bis die allgemeine Unterernährung behoben ist. Bei qualitativer Mangelernährung (ausreichende Nahrungsernergiezufuhr, Mangel eines bestimmten Nährstoffes durch einseitige Kostform) treten z. B. Symptome eines ausgeprägten Vitaminmangels auf. Diese qualitative Fehlernährung beruht vorwiegend auf Unkenntnis, Gleichgültigkeit, unzeitgemäßen Ernährungsgewohnheiten, falscher Nahrungszubereitung und mangelnder Kaufkraft.

Bei **Maldigestion** (mangelhafter Verdauung) können die Nahrungsinhaltsstoffe nicht entsprechend freigesetzt werden. Sie können nicht absorbiert werden und werden unverdaut ausgeschieden. **Malabsorption** (stark verminderte Absorptionsrate) tritt z. B. bei Patienten mit Cöliakie und Steatorrhoen sowie Mukoviszidose auf. Fettlösliche Vitamine werden nur in sehr geringem Umfang absorbiert, aber auch die Absorption wasserlöslicher Vitamine, die anderen Absorptionsmechanismen unterliegen, kann beeinträchtigt sein.

Lebererkrankungen führen zu einer verminderten Vitaminspeicherkapazität dieses Organs. Besonders betroffen sind die Vitamine A, E, K, B_6, Niacin, Folsäure und B_{12}. Bei Lebererkrankungen sind wichtige biochemische Reaktionen gestört, wie z. B. die Umwandlung von Cholecalciferol in 1,25-$(OH)_2$-D_3, die Phosphorylierung der Vitamine B_1 und B_6 zu ihren aktiven Formen Thiaminpyrophosphat (TPP) und Pyridoxalphosphat (PALP), die Synthese von Flavinadenindinucleotid (FAD) aus Flavinadeninmononucleotid (FMN) sowie die Synthese einiger Vitamin-K-abhängiger Gerinnungsfaktoren.

Erhöhter Vitaminbedarf liegt bei Wachstum, Schwangerschaft, Lactation, erhöhter körperlicher Aktivität und einer Reihe weiterer Faktoren vor. Sie führen früher oder später zu Vitaminmängeln, wenn der zusätzliche Bedarf nicht entsprechend gedeckt wird.

Infektionen beschleunigen eine bereits bestehende Unterernährung; andererseits weisen quantitativ und qualitativ fehlernährte Menschen eine verminderte Resistenz gegen Infektionen auf. Diese verhängnisvolle Wechselwirkung schlägt sich in hohen Mortalitätsraten von Kleinkindern in Entwicklungsländern deutlich nieder. Es handelt sich sowohl um bakterielle (z. B. Tuberkulose) und virale (z. B. Masern) als auch parasitäre (z. B. Hakenwürmer) Infektionen. Häufig geht diesen Infektionen ein Mangel an Protein, Vitamin A oder Vitamin C voraus. Die Infektionsanfälligkeit steigt bei Vitaminmangelzuständen, weil u. a. eine Verminderung der Antikörperbildung, der Synthese protektiver (z. B. lysosomaler) Enzyme, der Gewebsintegrität, insbesondere die der Haut und der Schleimhäute sowie der Phagozytose vorliegt. So wird bei Kindern mit akuten Infektionen, wie Diarrhoe, Tuberkulose oder Masern eine Häufung der Keratomalazie, die eine völlige Erblindung zur Folge haben kann, beobachtet.

Langzeitmedikationen mit pharmazeutischen Präparaten, wie z. B. Antibiotika, orale Kontrazeptiva, Antikonvulsiva können einen Vitaminmangel induzieren oder eine bestehende leichte Vitaminunterversorgung verstärken. So wurden typische klinische Vitamin-B_6-Mangelsymptome während einer Langzeittherapie mit Isoniacid (Isonicotinsäurehydrazid) und Penicillin sowie bei einer Langzeiteinnahme von Kontrazeptiva der Steroidgruppe festgestellt. Da es unter der Vielfalt der zugelassenen Pharmaka etliche Verbindungen mit Antivitamincharakter gibt, empfiehlt es sich, bei Behandlung mit Antibiotika eine Supplementation mit Vitaminen des B-Komplexes auch einige Tage nach Aussetzen der medikamentösen Behandlung fortzusetzen.

Art und Menge anderer Nahrungsbestandteile sind mitbestimmend für die Bioverfügbarkeit und/oder den Bedarf einiger Vitamine. So steigt der Thiaminbedarf mit zunehmender Kohlenhydrat- und Alkoholzufuhr (Nichtfett-Nahrungsenergie), während der Verzehr proteinreicher Nahrung den Bedarf an Pyridoxin und Riboflavin erhöht. Der Vitamin-E-Bedarf ist von der Zufuhr an mehrfach ungesättigten Fettsäuren abhängig. Hochdosierte Zufuhr der Aminosäure Leucin erhöht den Niacinbedarf. Durch Komplexbildung zwischen Biotin und Avidin, einem in rohem Eiklar vorkommenden Protein, und die Aufnahme oxidierter Fette wird der Bedarf an Biotin erhöht. Bestimmte Enzyme, die in verschiedenen Nahrungsmitteln vorkommen, zerstören gewisse Vitamine z. B. Thiaminase, ein Thiamin-spaltendes Enzym in rohem Fisch (z. B. Karpfen) und Peroxidasen (in verschiedenen pflanzlichen Lebensmitteln), die Ascorbinsäure zerstören.

Bestimmte Nahrungsinhaltsstoffe können den Bedarf an Vitaminen reduzieren. So verbessert eine gleichzeitige und ausreichende Fettzufuhr die prozentuale Absorption der fettlöslichen Vitamine erheblich. Es ist auch bekannt, daß die Absorption des Eisens durch gleichzeitige Zufuhr von Vitamin C verbessert wird.

Vitaminverluste in Muttermilch und Schweiß korrelieren eng mit dem abgegebenen Volumen. Diese Verluste werden bei der Festlegung der wünschenswerten Zufuhr durch entsprechende Sicherheitszuschläge berücksichtigt.

Vitaminbestimmungsmethoden

Die analytischen Schwierigkeiten der Vitaminbestimmung in biologischem Material können primär auf die relativ geringe Konzentration der zu messenden Substanz sowie auf interferierende Begleitstoffe zurückgeführt werden. In letzteren ist die Notwendigkeit der Einschaltung verschiedener Trennverfahren als Voraussetzung für die Bestimmung einzelner Vitamine begründet. Der nach verschiedenen Methoden ermittelte Gehalt an einem Vitamin variiert für dasselbe Nahrungsmittel innerhalb eines Fehlerbereiches von ±10%. Um diese Schwankungsbreite variieren die Angaben der Vitaminkonzentrationen in einem bestimmten Lebensmittel nach den verschiedenen nationalen und internationalen Nährwerttabellen.

Der Vitamingehalt im organischen Material (Nahrungsmittel, Körpergewebe, -flüssigkeiten) kann nach verschiedenen Methoden, die auf einem der folgenden Prinzipien beruhen, bestimmt werden.

Biologische Tests

Aus der Entdeckungsgeschichte der Vitamine ist bekannt, daß alle Vitamine aufgrund ihrer spezifischen biologischen Aktivität identifiziert und isoliert worden sind.

Hierbei wurden Extrakte verschiedener Nahrungsmittel hinsichtlich ihres Vermögens, spezifische Mangelsymptome (Ausfallerscheinungen) bei erkrankten Menschen oder bei Versuchstieren zu heilen oder ihr Auftreten zu verhindern, getestet. Auf dieser Basis war es auch möglich, die Wirksamkeit bzw. »biologische Aktivität« in Form der nunmehr überholten Internationalen Einheiten (IE) zu ermitteln.

Vorteile: Bei diesem Verfahren werden nur biologisch aktive (wirksame) Formen, sowie alle physiologischen Analoga, erfaßt. Chemisch verwandte Verbindungen, die in nicht verfügbarer Form vorliegen oder im intermediären Stoffwechsel inaktive Metabolite liefern, werden nicht erfaßt. Diese Methoden können, wenn sie als ein *ergänzendes Kriterium* verwendet werden, die Aussage anderer Vitaminbestimmungsmethoden erhärten.

Nachteile: Versuche dieser Art sind zeitaufwendig, sie liefern grob angenäherte, schwer interpretierbare Schätzwerte.

Mikrobiologische Tests

Stellt eine Verbindung für einen Mikroorganismus einen Wachstumsfaktor dar, so ist es möglich, diese Tatsache als Prinzip eines für diese Verbindung spezifischen Bestimmungsverfahrens zu verwenden. Der gewählte Mikroorganismus wird in Medien (Kulturen) mit verschiedenen Vitaminmengen (Standardkurve) sowie der auf ihren Vitamingehalt zu testenden Substanz injiziert. Nach einer bestimmten Inkubationsdauer wird die Trübung (Durchlässigkeit) des Wachstumsmediums als Funktion der Wachstumsrate, die – innerhalb eines bestimmten Konzentrationsbereichs – der zugesetzten Vitaminmenge proportional ist, gemessen.

Vorteile: Alle mikrobiologischen Verfahren sind leicht durchführbar, empfindlich und präzise.

Nachteile: Obwohl sie weniger zeitaufwendig als die biologischen Tests sind, läßt das Ergebnis tagelang auf sich warten. Für die schnelle Vermittlung von Informationen, etwa beim Einsatz bestimmter Nahrungsmittel als Vitaminquelle in der Diätetik, oder für klinische Zwecke eignen sich solche Testmethoden nicht.

Die Mikroorganismen können verschiedene Vitamere verwerten, die für Säugetiere und speziell für den Menschen entweder begrenzt verfügbar oder überhaupt nicht verwertbar sind. Sind solche Vitamine in der Testsubstanz enthalten, so kann das Ergebnis unkorrekt hoch liegen.

Chemische Methoden

Das Prinzip aller chemischen Vitaminbestimmungsmethoden beruht darauf, eine chemische Reaktion oder Reaktionsfolge zu finden, in der das Vitamin ein gefärbtes oder fluoreszierendes Reaktionsprodukt bildet, das spektrophotometrisch/kolorimetrisch oder fluorimetrisch gemessen werden kann. Methoden, die auf der Basis der Hochdruckflüssigkeits Chromatographie (HPLC) arbeiten, gelangen immer mehr zur Anwendung. Sie haben den Vorteil, daß verschiedene Vitamere (wie bei den Vitaminen B_1, B_2, Niacin, B_6 und Folsäure) und Bindungsformen (wie bei den fettlöslichen Vitaminen) ohne vorhergehende Verseifung mit hoher Präzision analysiert werden können.

Die chemischen Methoden können in zwei Gruppen eingeteilt werden:

- Sehr spezifische Methoden, mit denen der Vitamingehalt in der Rohware direkt oder erst nach geringfügig vorangegangener Trennung bzw. Reinigung bestimmt wird.
- Weniger spezifische Methoden, die auf der Bestimmung funktioneller Gruppen im Vitaminmolekül (-CHO- oder -OH-Gruppen u. a.) basieren. Sie werden nach gründlicher, oftmals mehrstufiger Reinigung und Trennung nach erfolgter Extraktion aus der Rohware durchgeführt.

Vorteile: Alle chemischen Methoden sind leicht und vor allem schnell durchführbar.

Biochemische Methoden

Die biochemischen Methoden werden auf der Basis der Aktivierung bestimmter Enzyme durchgeführt, besonders wenn bekannt ist, daß das Vitamin als Coenzym im Rahmen eines bestimmten Enzymsystems benötigt wird. In solchen Reaktionen wird das Apoenzym durch den Cofaktor (= Vitamin) aktiviert. Wird dem Apoenzym (oft aus bakteriellen Quellen isoliert) das reine oder das noch im Probenextrakt sich befindliche Vitamin zugesetzt, so wird das Apoenzym aktiviert und die Reaktion in Gang gesetzt. Die Enzymaktivierungsmethoden sind besonders nützlich bei der Vitaminbestimmung in den Körperflüssigkeiten Blut und Urin. Wegen der vielstufigen, manchmal sehr aufwendigen Trennung und Reinigung sind solche Methoden für die Vitaminbestimmung in Nahrungs- und Futtermitteln nicht geeignet.

Der primäre Vorteil der biochemischen Methoden, insbesondere in der Forschungsarbeit, liegt in ihrer *hohen Spezifität.* Folgendes Beispiel vermag diesen Punkt zu verdeutlichen: Unter allen anderen Vitameren des Vitamin B_6 vermag nur das im Intermediär-Stoffwechsel aktive Pyridoxalphosphat die Apo-Tyrosin-Decarboxylase zu aktivieren. Wird die Aktivierbarkeit dieses Enzyms mittels Zugabe des Pyridoxalphosphats gemessen, so kann nur auf das Vorhandensein und die Konzentration von Pyridoxalphosphat und somit aller Vitamin-B_6-Vitamere, die in Pyridoxalphosphat umgewandelt werden können, hingewiesen werden.

Mit diesen Methoden ist es möglich, die metabolisch aktive Form eines Vitamins zu bestimmen. Andere Vitamere, solange sie nicht in die aktive Form überführbar sind, können nicht miterfaßt werden. Für die praktische Ernährung jedoch genügt für die wasserlöslichen Vitamine die Angabe der Summe aller Vitamere (in Gewichtseinheiten) als Gesamtvitamingehalt (z. B. Gesamtvitamin B_6). Für die fettlöslichen Vitamine A und E dagegen wird die Summe der biologischen Wirksamkeit der einzeln zu bestimmenden Vitamere als Vitamin-Äquivalente (in Gewichtseinheiten) angegeben.

Methoden der kompetitiv-bindenden Proteine
Diese Methoden basieren auf der Wirkung spezifischer Proteine, die bestimmte Vitamine binden können. Solche Proteine können als Transportproteine im Blut vorkommen, z. B. das Retinol-Binding-Protein. Sie können aber auch als Antikörper der Testsubstanz im Organismus eines Versuchstieres gebildet werden.

Wird ein bindendes Protein mit der Testsubstanz inkubiert, so wird der größte Teil des in Lösung befindlichen, freien Liganden gebunden. Durch Wahl und Eichung sowohl der Inkubationsbedingungen als auch der vorhandenen Menge an bindendem Protein kann eine Situation erreicht werden, in der der gebundene Substanzanteil identisch mit der im Inkubationsmedium vorhandenen Menge an Substrat ist. Solche Methoden werden normalerweise mit radioaktiv markierten Spuren des zu bestimmenden Vitamins durchgeführt. Da das bindende Protein nicht selektiv das Vitamin im Inkubationsmedium bindet, wird neben dem radioaktiven auch »kaltes« Vitamin gebunden. Zwischen dem gebundenen und freien Liganden muß unterschieden werden, z. B. mittels der Gleichgewichts-Dialyse oder der Adsorption des freien Materials mit Aktivkohle. Somit kann der gebundene Anteil in Prozent der totalen Menge bestimmt werden. Diese Methode wird *Radio-Ligand-Binding-Assay* genannt. Wenn das bindende Protein als Antikörper für die Testsubstanz wirkt, wird die Methode *Radioimmuno-Assay* genannt.

Die Spezifität der Radio-Ligand-Binding-Methode ist vom verwendeten bindenden Protein abhängig. Da ein bindendes Protein nur für ein einzelnes (bestimmtes) Vitamer spezifisch ist, ein Antiserum aber ein breites Spektrum von Affinitäten für eine Reihe von Immundeterminanten aufweist, ist die Spezifität des einzelnen bindenden Proteins logischerweise relativ gering. Das Antiserum kann als ein Gemisch verschiedener bindender Proteine angesehen werden, die unterschiedliche Affinitäten für verschiedene Vitamere besitzen. Die Interpretation der Ergebnisse von Versuchen mit Antiserum ist daher nicht einfach.

Wie bei den Enzym-Aktivierungs-Methoden, muß die zu testende Substanz verschiedenen Trennungs- und Reinigungsarbeitsschritten unterzogen werden. Aus diesen Gründen eignen sich die Radio-Ligand-Methoden für die Vitaminbestimmung in erster Linie in Blut und Urin.

Vorteile: Die Radio-Ligand-Methoden sind die sensitivsten Methoden zur Vitaminbestimmung überhaupt. Sie sind um ein Vielfaches empfindlicher als alle bisher beschriebenen Methoden. In einem dafür eingerichteten Labor können sie relativ schnell durchgeführt werden. Innerhalb von wenigen Stunden kann eine quantitative Vitaminbestimmung vollzogen werden.

3.3.2.2 Fettlösliche Vitamine

3.3.2.2.1 Vitamin A

Allgemeines
Neben Retinol gibt es eine Anzahl Synonyma (Tab. 112), die jedoch vermieden werden sollten.

Geschichte
2500 v. Chr.: Nachtblindheit wird mit Applikation von Leber oder Leberextrakten behandelt.
400 v. Chr.: Hippokrates (Griechenland),
200 v. Chr.: Galen (Griechenland) und
60 v. Chr.: Dioscorides (Griechenland)
behandeln Nachtblindheit und Xerophthalmie mit Applikation von Leber.
Bischof Heber (England) berichtet aus Calcutta, daß Nachtblindheit eine Mangelkrankheit ist.
Livingstone (England) führt Xerophthalmie bei Eingeborenen in Zentralafrika auf Mangelernährung zurück.
1911: Lunen entdeckt in Milch einen essentiellen Faktor für Mäuse.
1912: Hopkins (England) bestätigt, daß Milch einen essentiellen Wachstumsfaktor für Ratten enthält.
1913: Osborne und Mendel (USA) weisen Fettlöslichkeit des Milchfaktors nach und finden ihn auch in anderen Fetten.
1913–15: McCollum und Davis (USA) identifizieren Milchfaktor (fettlösliches Vitamin A) in Butter und Eigelb.
1917: McCollum und Simmonds (USA) entdecken, daß Xerophthalmie bei Ratten durch Mangel an fettlöslichem Vitamin A hervorgerufen wird.
1919: Steenbock (USA) erkennt, daß pigmentierte Fette und Pflanzen Provitamin A (später Carotin) enthalten.
1920: Drummond (England) benennt Vitamin A.
1930: Moore (England) stellt fest, daß Carotin Vorläufer von Vitamin A ist.

1930–37: KARRER (Schweiz) isoliert und synthetisiert Vitamin A.
1935: WALD (USA) berichtet über Komplex von Protein und Vitamin A in der Retina.

Chemie, Eigenschaften

Die Standardsubstanz des Vitamin A ist das all-trans-Retinol, ein Vitamin-A-Alkohol, der meist als Ester der Palmitinsäure vorliegt (Abb. 61). Neben aktiven sind inaktive Analoga bekannt, sowie zahlreiche Antagonisten und Synergisten (Tab. 118).

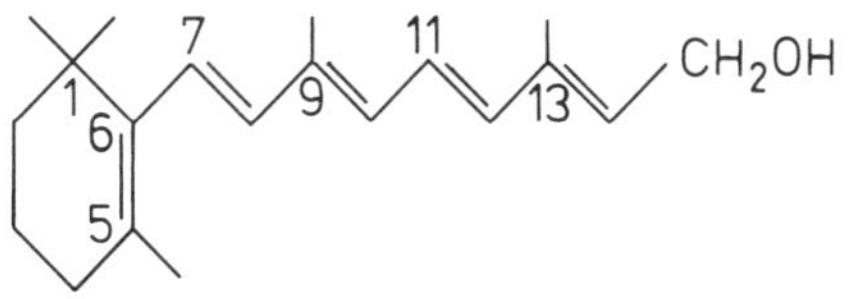

Abb. 61. Darstellung des All-trans-Vitamin A.

Vitamin A ist sehr empfindlich gegenüber Sauerstoff, Säure und Licht (Isomerisation), nicht jedoch gegenüber Laugen und weniger gegenüber Hitze. Als stabilisierende Faktoren werden deshalb Antioxidantien wie Vitamin E in Fütterungsversuchen und neutralisiertes Vitamin C in chemischen Untersuchungen eingesetzt. Schutz gegen helles Licht und Luftzutritt ist erforderlich.

Biosynthese und Vorkommen/Nahrungsquellen

Vitamin A ist formal ein aus vier Isopreneinheiten zusammengesetzter, primärer Alkohol, der sich von einer Reihe pflanzlicher Farbstoffe, den Carotinoiden, ableitet. Einige dieser Carotinoide können im tierischen Organismus mit unterschiedlicher Effizienz in Vitamin A umgewandelt werden. Diese Carotinoide werden Provitamine A genannt. Sie bestehen im allgemeinen formal aus acht Isoprenresten und werden nur im Pflanzenreich synthetisiert (Tab. 119).

Die biologische Aktivität hängt in erster Linie von der Anwesenheit des ß-Iononrings ab. Die drei bekanntesten Carotinoide sind α-, β- und γ-Carotin. Da β-Carotin zwei β-Iononringe enthält, ist es biologisch zweimal so aktiv wie die anderen Provitamine. Aus β-Carotin entsteht in der Leberzelle – bei einigen Spezies auch in Darmmukosazellen – durch oxidative Spaltung Retinal (Vitamin-A-Aldehyd), aus dem durch Reduktion Retinol, das eigentliche Vitamin A, gebildet werden kann.

Theoretisch können aus einem Molekül β-Carotin zwei Moleküle Retinol entstehen. In der Praxis ist dies kaum möglich, da aus der Spaltungsreaktion nicht immer zwei intakte Retinolmoleküle hervorgehen. Die Umwandlungsrate ist speziesabhängig und am effizientesten bei ausreichender Energieversorgung. Beim Menschen wird davon ausgegangen, daß etwa die Hälfte des absorbierten β-Carotins in Retinol umgewandelt wird. Bei einer mittleren Absorptionsrate von ca. 33% beträgt die definitiv dem Körper verfügbare Menge an Retinol $\frac{1}{3} \times \frac{1}{2} = \frac{1}{6}$ der aufgenommenen β-Carotinmenge.

Retinol kommt naturgemäß in tierischem Material vor. In größter Konzentration findet es sich in Fischleberölen und in der Leber von Wirbeltieren, wo es vorwiegend verestert mit Fettsäuren, vor allem Palmitinsäure, angetroffen wird.

Gelbe Gemüse und Früchte (z. B. Aprikosen und gelbe Pfirsiche) sowie die Blätter grüner Gemüse liefern die Hauptmenge des mit der Nahrung zugeführten Provitamin A. Unter den bekannten Getreidesorten enthalten Mais und Weizen verhältnismäßig viel Provitamin A (Tab. 120).

Beeinflussung der Verfügbarkeit

Durch längeres Kochen wird ein Teil des Vitamins A zerstört. Die Vitamin-A-Aktivität der Provitamine wird auch in Abwesenheit von

Tab. 118. Analoga, Antagonisten und Synergisten des Vitamin A

Aktive Analoga:	α, β, γ-Carotin, neo-β-Carotin B, Cryptoxanthin, Myxoxanthin, Torularhodin, Aphanicin, Echineon
Inaktive Analoga:	Kitol, Xanthophyll, Lycopen
Antagonisten:	Natriumbenzoate, Bromobenzene, Citral, oxidierte Vitamin-A-Abkömmlinge, Thyroxin (hohe Konzentration), Östrogene, Vitamin E (hochdosiert)
Synergisten:	Vitamin B_2, B_{12}, C, E

Tab. 119: Nomenklatur und Wirkungen verschiedener Substanzen mit Vitamin A-Aktivität

Name	Wirkung
all-trans-Retinol	Das physiologisch wirksame Vitamin A
9-*cis*-Retinol 11-*cis*-Retinol 13-*cis*-Retinol	werden zu all-trans-Retinol isomerisiert
3-Dehydro-Retinol	Physiologisch wirksames Vitamin A in Süßwasserfischen
Retinyl-Palmitat	Transportform in der Lymphe
Retinyl-Phosphat	Vorstufe des Mannosylretinyl-Phosphat
Mannosylretinyl-Phosphat	Vermutlich an Glykoproteinsynthese beteiligt
all-trans-Retinal	Am Sehvorgang beteiligt
11-*cis*-Retinal	Am Sehvorgang beteiligt
3-Dehydro-Retinal	Am Sehvorgang bei Süßwasserfischen beteiligt
all-trans-Retinolsäure 13-*cis*-Retinolsäure	Krebsvorbeugend
Retinyl-Glucuronid	Ausscheidungsprodukt
β-Carotin α-Carotin γ-Carotin	Provitamin A

Sauerstoff durch Licht oder Hitze durch Bildung von cis-Isomeren vermindert.

Eine verminderte Verfügbarkeit wird durch fettarme Kost, Leberschäden, Gallensäuremangel und Antagonisten hervorgerufen.

Bestimmungsmethoden

In einfachen Gemischen wird Vitamin A durch Detektion im UV-Bereich, bei reinen Lösungen durch Messung der Fluoreszenz bestimmt. Die Standardmethode ist die Carr-Price-Reaktion, die sehr empfindlich ist. Sie unterscheidet nicht zwischen cis- und trans-Isomeren; β-Carotin und andere Polyene werden gleichzeitig gemessen. In Lebens- und Futtermitteln muß erst eine Überführung der Esterformen in die Alkoholformen durch alkalische Hydrolyse erfolgen, die dann extrahiert und chromatographisch gereinigt werden.

Mittels der HPLC-Trennung können nach Extraktion mit Chloroform/Methanol auch ohne Verseifung freies und verestertes Retinol quantitativ bestimmt werden.

Als Vitamin A werden Substanzen oder auch Mischungen verschiedener Substanzen bezeichnet, die eine biologische Vitamin-A-Aktivität zeigen. Eine Internationale Einheit (IE) Vitamin A entspricht einer US Pharmakopea-Ein-

Tab. 120. Gehalt an Retinol und β-Carotin in ausgewählten Lebensmitteln (Souci et al. 1986/87)

Lebensmittel	Retinol (mg/100 g)	x̄	β-Carotin (mg/100 g)	x̄	Retinolwirksamkeit (mg Ret. Äq.)*
Rinderleber	3,0 –13,2	8,34	–	–	
Butter	0,52 – 0,67	0,59	0,30 – 0,46	0,38	0,65
Eier	0,14 – 0,5	0,22	Spuren		
Milch, 3,5% Fett	0,025– 0,032	0,028	0,013– 0,021	0,017	0,058
Karotten, roh	–		6 –21	12	2
Bohnen, grün	–		0,2 – 0,5	0,33	0,05
Weizen, Korn	–		0,01 – 0,03	0,02	0,003
Mais, Korn	–		0,09 – 0,6	0,37	0,06

* = Retinol (mg) + Carotin (mg) x 0,16

heit (U.S.P.E.) und der Wirkung angegebener Mengen folgender Substanzen:
0,3 µg Retinol
0,344 µg reinstem, kristallinem Vitamin-A-Acetat
0,535 µg Retinyl-Palmitat

Retinoläquivalente werden vor allem zur Angabe des Vitamin-A-Gehaltes von Nahrungsmitteln verwendet und berücksichtigen unter physiologischen Bedingungen die unvollständige Umwandlung von β-Carotin und anderen Carotinoiden mit Vitamin-A-Aktivität in Vitamin A. Für die Standardisierung der Gehaltsangaben von Vitamin-A-haltigen Substanzen (pharmazeutische Präparate, Lebens- und Futtermittel) gilt der zeitraubende kurative Rattenwachstumstest. Ein Retinoläquivalent entspricht:
1 µg (oder 3,3 IE) Retinol
6 µg β-Carotin
12 µg andere Provitamin-A-Carotinoide

Absorption und Stoffwechsel

Provitamine A (vornehmlich β-Carotin) werden mit pflanzlicher Kost aufgenommen. Carotinoide, die meist einen nicht substituierten, konjugierten Trimethylcyclohexen-Ring besitzen (α-, β-, γ-Carotin) können zu Retinol umgewandelt werden; diese Umwandlung findet vorwiegend im Darm statt. Es ist bekannt, daß die niedrige Absorptionsrate des Carotins aus fettarmen Mahlzeiten von 5 bis auf 50% erhöht werden kann, wenn der Fettgehalt der Kost erhöht wird. In der Praxis wird von einer durchschnittlichen Absorptionsrate von 33% ausgegangen. Hinsichtlich ihres Einflusses auf die Carotinabsorption sind gesättigte Fette effektiver als ungesättigte Fette und Fette mit einem hohen Anteil an Polyenfettsäuren (PFS). Es wird angenommen, daß:

1. die PFS die Mizellengröße erhöhen, wodurch die Diffusionsgeschwindigkeit verringert wird;
2. PFS in den VLDL mehr Raum als gesättigte Fettsäuren beanspruchen, wodurch für andere Lipoide wie Carotin, Retinol und Tocopherol weniger Platz bleibt.

Es wird ferner angenommen, daß durch PFS der Bedarf an Vitamin E erhöht ist. Carotin und Vitamin A werden so stärker der oxidativen Zerstörung ausgesetzt, wodurch ihre Bioverfügbarkeit beeinträchtigt wird. Gallensäuren und möglicherweise kleine Gaben an Lecithin fördern die Absorption des Carotins in die Zellen und die Umwandlung zu Retinal. Das carotinspaltende Enzym Dioxygenase befindet sich im Cytosol der Darmzelle und benötigt O_2 und Fe^{2+} als Cofaktoren. Die Aktivität des Enzyms kann durch Glutathion und andere SH-haltige Substanzen, α-Tocopherol, Gallensäuren und Lecithin maximiert werden. Das so geformte Retinal wird durch Retinol-Dehydrogenase zum Retinol reduziert und in Retinylester umgewandelt. Die spezifische und gesamte Aktivität des Enzyms nimmt proportional zur Proteinaufnahme zu und steigt mit der Konzentration des Trijodothyronins; Thiouracil, eine antithyroide Substanz, vermindert die Enzymaktivität.

Die Dioxygenase findet sich auch in der Leber, jedoch mit wesentlich geringerer Aktivität. Beim Menschen erfolgt die Absorption des β-Carotins zu 9–17% während der ersten Stunden (3–7) nach der Mahlzeit. Nicht absorbiertes Carotin wird mit den Fäzes ausgeschieden. Der größte Teil des Carotins erscheint in den Chylomikronen der Lymphe als Retinylpalmitat und bis zu 30% als unverändertes β-Carotin. Im Plasma wird β-Carotin mit der LDL-Fraktion transportiert.

Freies Retinol passiert die Darmwand und wird dann sofort von Esterasen der Darmzell-Mikrosomen verestert, vornehmlich mit Palmitinsäure aus der Kost, oder falls keines vorhanden ist, aus endogenen Beständen. Retinylester in der Kost werden im Lumen des Dünndarms und im Bürstensaum durch Hydrolasen zu freiem Retinol hydrolysiert.

Beim Menschen erfolgt eine etwa 20%ige Absorption, hauptsächlich 3–5 Stunden nach oraler Aufnahme durch die darmlymphatischen Gefäße. Bis zu 87% des Vitamins finden sich in der Esterform primär als Palmitat- und Stearatester, deren Verhältnis zueinander unabhängig von der Fettsäurezusammensetzung der Kost ist. Eine normale Vitamin-A-Absorption hängt von einer ausreichenden Proteinversorgung ab und verringert sich erheblich während Infektionskrankheiten. Vom Darmlumen gelangen die Retinylester über die Lymphe zur Leber. Innerhalb von 3 h sind sie dem Plasma entzogen, zu Retinol hydrolysiert, reverestert und in VLDL eingelagert.

Vitamin A ist zahlreichen Reaktionen unterworfen, die zu aktiven Formen des Vitamins führen (Tab. 121). Die biologische Wirksamkeit der geometrischen Isomere der Retinolabkömmlinge ist recht unterschiedlich. Sie ist auch abhängig von der Methode, die zu ihrer Bestim-

Tab. 121. Reaktion von Vitamin A im Stoffwechsel

Ausgangssubstanz	Produkt	Enzyme	Cofaktoren	Ort
all-trans-Retinol	Retinal	Retinol-Dehydrogenase	$NADP^+$	Retina
11-cis-Retinol	Retinal	Retinol-Dehydrogenase	NAD^+	Leber
Retinal	Retinolsäure	Retinol-Dehydrogenase		Leber
Retinal	3-Dehydroretinol			Fischauge
Retinol	Retinyl-Ester	Retinyl-Ester-Hydrolase	CoA-Fettsäuren	Mitochondrien Lysosomen
all-trans-Retinol	11-cis-Retinol auch 9-cis- und 13-cis-Retinol	Isomerase (dunkel) oder Licht	I_2	Zapfen
all-trans-Retinal	11-cis-Retinol	Isomerase		Zapfen
Retinol	Retinyl-Phosphate		Mannose Galactose	Leber Darmmukosa
Retinol	Retinol-o-glucuronide	Glucuronidase		Leber
Retinolsäure	Retinol-glucuronide	Glucuronidase		Leber

mung eingesetzt wird; die Unterschiede können bis zum 16fachen betragen (Tab. 122).

Die Ausscheidung von Vitamin A und Retinsäure erfolgt nach der üblichen Glucuronbildung über Galle und Darm. Retinylglucuronid wird nach Eintritt in den Darm reabsorbiert und unterliegt somit einem enterohepatischen Kreislauf. Der Abbau des Retinols erfolgt langsam zur Retinsäure, die schnell zu Retinylestern umgesetzt und dann ausgeschieden wird. Andere Abbauwege existieren, da die Kohlenstoffatome am Ende der Isoprenkette als CO_2 erscheinen. Die Zwischenprodukte sind nicht alle bekannt.

Die Absorption und nachfolgende Verteilung von Vitamin A im Körper wird von einer Reihe von spezifischen Carrier-Proteinen vermittelt. Diese Proteine solubilisieren und schützen ihre hydrophoben, labilen Liganden und bewirken eine wirksame spezifische Abgabe an verschiedenen Stellen im Organismus. Gleichzeitig neutralisieren sie die toxischen Eigenschaften des Vitamin A gegen Lipidmembranen. Sechs dieser Proteine wurden entdeckt und teilweise charakterisiert (Tab. 123).

Die Wirkweise des zellulären Retinol-Binding-Proteins Typ II (CRBP II) ist genau beschränkt auf die Dünndarmzotten-Zellschicht.

Tab. 122. Biologische Wirksamkeit der geometrischen Isomere der Retinolabkömmlinge nach verschiedenen Bestimmungsmethoden (Wolf 1980)

Isomer	% Retinylacetat	% Retinol	% Retinolsäure
Retinol$_1$ (= Vitamin A_1)			
All trans	100 (Kontrollwert)	91	8–128
13-cis	68–75	93	4– 24
9-cis	21	19	1– 10
9-cis, 13-cis	24	17	7
11-cis	24	47	
11-cis, 13-cis	15	31	
Retinol$_2$ (= 3-Dehydroretinol = Vitamin A_2)			
All trans	51–112	57–116	
13-cis	36	–	
9-cis	14	–	

Tab. 123. Proteine, die Retinol, Retinsäure und Retinal nicht-kovalent binden

Name	Abk.	Molekulargewicht	endogene Liganden	primäre Lokalisation
Retinol-Binding-Protein	RBP	21000	all-trans-Retinol	Blut
Celluläres Retinol-Binding-Protein	CRBP	14600	all-trans-Retinol	einige Zellen Vitamin-A-empfindlicher Gewebe
Celluläres Retinsäure Binding-Protein	CRABP	14600	all-trans-Retinsäure	einige Zellen Vitamin-A-empfindlicher Gewebe
Celluläres Retinal-Binding-Protein	CRALBP	33000	11-cis-Retinal 11-cis-Retinol	spezifische Zellen des Auges
Interstitielles oder photorezeptorisches Retinol-Binding-Protein	IRBP	144000	all-trans-und 11-cis-Retinol	Extrazellulärraum der Retina
Celluläres Retinol-Binding-Protein, Typ II	CRBP (II)	16000	all-trans-Retinol	absorbierende Zellen des Dünndarms

In Magenzellen ist es nicht enthalten. Große Mengen an CRBP II kommen primär in den Zotten des Duodenums vor. Es wird vermutet, daß CRBP II entweder als passives Reservoir für absorbiertes Retinol dient oder daß es aktive Funktion besitzt. Es wurde beobachtet, daß an CRBP II gebundenes Retinol durch mikrosomale Vorbereitungen der Dünndarmschleimhaut für Veresterungen verfügbar ist.

Der Haupttransport von Retinylestern im Dünndarm ist durch Abgabe der Chylomikronen in die Lymphe beendet. Die Chylomikronen enthalten nur geringe Mengen an CRBP II, wodurch eine spezifische Verbindung dieses Proteins mit Retinylester nicht vorhanden ist. Auch andere lipophile Substanzen werden in gleicher Weise transportiert: Cholesterin ist mit langkettigen Fettsäuren vor der Inkorporation in die Chylomikronen verestert, langkettige Fettsäuren selbst sind mit Glycerin verestert.

Nachdem die Chylomikronen ins Gefäßsystem gelangt sind, wird eine Menge des Triacylglycerins durch Muskeln und Fettgewebe entfernt. Die Chylomikronenreste, die im Grunde noch alle Retinylester enthalten, werden dann von der Leber aufgenommen. Die Leber ist der Klärungsort für Vitamin A, die die neuerhaltenen Retinylester nach erfolgter Hydrolyse zu Retinol und anschließender Reveresterung speichert. In diesem Prozeß tritt das Retinol-Binding-Protein (RBP) in Aktion.

RBP wird in der Leber synthetisiert. Es ist eine einfache Polypeptidkette mit einer bindenden Stelle. RBP kann verschiedene Glieder binden, einschließlich Retinal, Retinsäure, cis-Retinol-Isomere und Retinyl-Acetat, jedoch nicht langkettige Acyl-Retinolreste.

Die Freigabe von RBP ins Blut ist auf vorherige Bildung eines Retinol-RBP-Komplexes angewiesen, mag jedoch auch durch andere Faktoren als nur durch die einfache Verfügbarkeit von Retinol beeinflußt werden. Im Blut wird ein homöostatisches Niveau an Retinol-RBP aufrechterhalten, unabhängig von der aufgenommenen Menge an Vitamin A oder der Größe der Leberspeicher. Die festgelegte Höhe dieses Blutspiegels wird wahrscheinlich durch den physiologischen Bedarf einschließlich der Faktoren Streß, Schwangerschaft und Stillzeit beeinflußt; z. B. ändert sich der beständige Blutspiegel an Retinol-RBP mit dem hormonalen Körperzustand.

Einmal ins Plasma ausgeschieden, verbindet sich der Retinol-RBP-Komplex mit einem anderen Plasmaprotein, dem Prä-Albumin (PA). Dieser dreifältige Komplex ist für die Verteilung des Retinols auf die Körperorgane verantwortlich. PA ist für den Transport des Schilddrüsenhormons (Thyroxin) von Bedeutung, wobei ein Molekül PA ein Molekül Thyroxin zu binden vermag. Folglich ist der zirkulierende Komplex auch für die Abgabe von Thyroxin überall im Körper wichtig (Tab. 124).

Die Folge dieses festgelegten Bindungs- und Transportmechanismus ist, daß bei einem Proteinmangel, wenn nicht genügend RBP syntheti-

Tab. 124. Eigenschaften von Vitamin A (Retinol), Retinol-Binding-Protein (RBP) und Präalbumin (PA)

Eigenschaften	Retinol	RBP	PA
Molekulargewicht	286,4	21000	49000 (Tetramer)
Lebersyntheserate (mg/d)	0,57–1,25	190	440
Molekulares Verhältnis im Plasma	1 :	1 :	2
Plasmakonzentration (μg/ml)			
normal	35	40–50	200–300
Neugeborenes	18	20	160–240
Nachtblindheit	<10	20	160–240
t/2 (h)	168	3 mit PA 6–7 mit Vit. A 1	24– 28

siert wird, kein Vitamin A ins Blut gelangt. Bei Kindern mit Protein-Energie-Mangel können Vitamin-A-Leberreserven durch die Zufuhr von Protein und Energie mobilisiert werden. Nicht nur Proteinmangel, sondern auch die biologische Wertigkeit des Proteins beeinflußt die RBP-Synthese. Bei Vitamin-A-Mangel steigt die Konzentration des Apo-RBP in der Leber bis zu einem Vielfachen, ohne daß Vitamin A ins Blut gelangt, wohl aber etwas Apo-RBP. Die Serumkonzentration des RBP sinkt bis auf 20%, die des PA nur auf 80% des Normalwertes. Werden in diesem Zustand Vitamin-A-Ester injiziert, erfolgt schnell der Transport des Retinols ins Blut. Nach Sättigung der RBP mit Retinol werden weitere Retinyl-Ester mit LDL als Reserve in der Leber eingelagert.

Die Syntheserate der RBP und PA in der Leber sind ähnlich und regulieren die Abgabe des Vitamin A ins Blut zusammen mit der Verfügbarkeit des Vitamin A.

Die zelluläre Aufnahme von Retinol ist von einem spezifischen Membran-Akzeptor abhängig, der RBP erkennt, jedoch ausschließlich von Retinol passiert wird. Dieser Rezeptor ist bis jetzt noch nicht genau erforscht, seine Wirkung konnte jedoch bei In-vitro-Versuchen gezeigt werden. Der Retinol-Abgabeprozeß ist nicht an eine Abgabe dieses Komplexes ins Zentrum des Moleküls, wie bei Transferrin-Fe^{3+} oder LDL-Cholesterin, gebunden.

Das entstehende Apo-RBP kann keine Bindungen eingehen, weder mit Retinol, PA noch mit Zellmembranrezeptoren; es wird nach Nierenfiltration von den Tubuli aufgenommen und in der Nierencortex von lysosomalen Enzymen zu Aminosäuren abgebaut. Es ist kein Mechanismus einer Reutilisierung von RBP bekannt. Ein Teil der Holo-RBP wird bereits in der Blutbahn von PA freigesetzt und gelangt in die Niere; RBP wird abgebaut, Retinol wird verestert und zur Leber zurückgeführt. Dieser Mechanismus kann von bis zu ⅓ des gesamten Plasmaretinols pro Tag durchlaufen werden.

Die RBP-Synthese ist hormonell reguliert, was die Unterschiede der Plasmakonzentration bei Mann und Frau, während der Menstruation, bzw. bei Einnahme oraler Kontrazeptiva sowie die niedrigen Werte bei Kindern erklärt.

Vitamin A ist für eine Vielzahl von Körpergeweben erforderlich. Zwei Proteine scheinen an dem Übergang von Vitamin A in die Zellen beteiligt zu sein.

Das erste ist das zelluläre Retinol-Binding-Protein (CRBP), das im Cytosol vieler Gewebe entdeckt wurde. CRBP ist eine einzelne Polypeptidkette mit einer bindenden Stelle. In vitro wird all-trans-Retinol bevorzugt vor cis-Isomeren gebunden. Die unsubstituierte Alkoholgruppe scheint erforderlich zu sein, da Retinal, Retinsäure und Retinylester nicht von CRBP gebunden werden. Einige Veränderungen des Cyclohexanyl-Ringes sind dagegen ohne Konsequenz für eine Bindung, z. B. können α-Retinol und 3,4-Didehydroretinol gebunden werden. Im allgemeinen korreliert die Fähigkeit der Analoga, von CRBP gebunden zu werden, mit der biologischen Aktivität. In vivo wurde nur all-trans-Retinol als endogener Ligand von CRBP gefunden. Vermutlich ist CRBP der erste intrazelluläre Akzeptor des vom RBP gelösten all-trans-Retinol.

Das zweite intrazelluläre Bindungsprotein ist das zelluläre Retinsäure-Binding-Protein (CRABP). Dieses Protein wurde mit Retinsäure-bindender Aktivität im Cytosol von Rattengeweben entdeckt. CRABP ist eine einzelne Polypeptidkette und besitzt eine Bindungsstelle für Retinsäure. Die physikalischen Eigenschaften sowie die Aminosäurensequenz gleichen denen von CRBP, jedoch kann CRABP nur Retinsäure und nicht Retinol binden. Dabei ist die unsubstituierte Carboxylgruppe für die Bindung Voraussetzung. Der endogene Ligand für CRABP ist all-trans-Retinsäure. Die Hauptmenge der Retinsäure entsteht aus Retinol. Der Ort, an dem Retinol zu Retinsäure oxidiert wird, ist zur Zeit unbekannt.

CRABP ist bei Interaktionen von Retinsäure mit dem Zellkern beteiligt. Zwei weitere Vitamin-A-Binding-Proteine sind einzigartig für die Retina:

a) das zelluläre Retinal-Binding-Protein (CRALBP)
b) das interstitielle oder interphotorezeptorische Retinol-Binding-Protein (IRBP).

In der Retina sind ebenfalls hohe Mengen an CRBP und CRABP enthalten. CRALBP ist eine einzelne Polypeptidkette, das bevorzugt cis-Isomere, Retinol sowie Retinal bindet. Zwei endogene Liganden wurden identifiziert: 11-cis-Retinol und 11-cis-Retinal.

CRALBP und IRBP sind erforderlich, um Vitamin A durch das Pigment-Epithel der Retina zu befördern. Das Pigment-Epithel enthält reichlich Rezeptoren für Retinol-RBP, um die großen Mengen an Vitamin A, die zum Sehprozeß benötigt werden, einzubauen. Dieses kann an CRBP zur Verteilung in der Zelle gebunden werden.

Das zweite Vitamin-A-Binding-Protein, IRBP, ein Glykoprotein, das bedeutend größer ist als die fünf anderen Proteine, kann eine Anzahl von exogenen Lipiden, Cholesterin und α-Tocopherol sowie Mitglieder der Vitamin-A-Familie binden. Es transportiert all-trans- und 11-cis-Retinol als endogene Liganden. IRBP und seine Liganden haben Zugang zu den Pigment-Epithelzellen, den MÜLLER-Zellen sowie den Photorezeptorzellen, wodurch es zum wichtigsten Vitamin-A-Transporteur zwischen diesen Zellen wird (Abb. 62.)

In den Testes transportiert CRABP Retinsäure durch die »tight-junction«-Zellverbindungs-

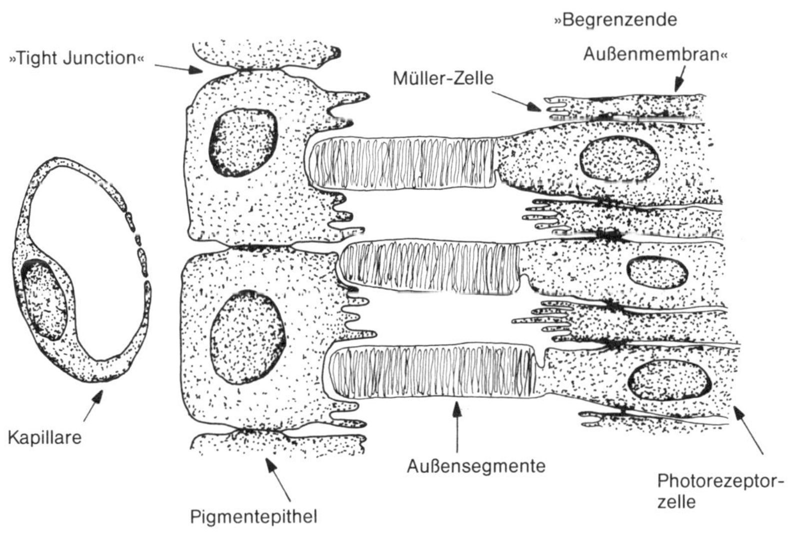

Abb. 62. Kompartimentierung der photorezeptorischen Außensegmente in der Retina. Die Pigment-Epithelzelle und die Müller-Zelle enthalten CRBP und CRALBP. IRBP befindet sich im Extrazellularraum, der die Außenseite umgibt, zwischen dem Pigmentepithel und der »begrenzenden Außenmembran«. (DAVID und ONG 1985).

stellen zwischen benachbarten SERTOLI-Zellen in den samenführenden Tubuli, die eine Blut-Testes-Sperre bilden. Auf diese Weise kann Vitamin A für die Spermatogenese verfügbar gemacht werden.

Der Transport von Vitamin A zum Fetus ist streng reguliert, da die Konzentration in Plasma und Leber des Fetus recht konstant ist. Bei hohen Vitamin-A-Konzentrationen im Plasma der Mutter werden im Vergleich viel niedrigere und bei Unterversorgung der Mutter höhere Konzentrationen im Fetus festgestellt. Vitamin A wird durch die Placenta als Retinol, aber nicht als Retinsäure transportiert. In gebundener Form ist Vitamin A für den Fetus nicht toxisch.

Die **Speicher** von Vitamin A befinden sich in der Leber als Retinylester (etwa 96% der Gesamtretinolspeicher), vornehmlich als Palmitat an LDL gebunden. Über 85% befinden sich in den Fetttropfen des Cytosols, der Rest in den Golgivesikeln der Leber. Die große Speicherkapazität hat sich wahrscheinlich weniger entwickelt, um Zeiten der Unterversorgung zu überbrücken, sondern als Möglichkeit der Detoxifikation, da Vitamin A in größeren Mengen toxisch wirkt und bei einem Überangebot nur durch Speicherung neutralisiert werden kann. Fischleber enthält sehr viel mehr Vitamin A als Fische je verwerten können, weil ihre Nahrungsquellen reich an Carotin sind. Fischfressende Polarbären enthalten bis zu 6 mg Vitamin A/g Leber (0,6%), so daß der Verzehr von Polarbärleber zu Vitamin-A-Vergiftung führen kann. Ohne Zweifel ist aus diesem Grunde bei den Eskimos der Verzehr von Polarbärleber tabuisiert.

Vitamin-A-Leberspeicher reichen beim gesunden Erwachsenen mehrere Jahre (Tab. 125). Die Speicherung wird neben der Aufnahme von einer Anzahl von Faktoren bestimmt, die sich gegenseitig beeinflussen. So ist bekannt, daß hohe Gaben von Vitamin A für mangelversorgte Menschen keinen Langzeitschutz bieten, da der Überschuß von der Leber nicht eingelagert werden kann, sondern abgebaut wird. Während einer niedrigen Versorgung mit Vitamin A ist der Vorrat in der Leber sehr viel schneller verbraucht als auf der Basis des Gewebebedarfs zu erwarten wäre, da zwei verschiedene Mechanismen Vitamin A aus der Leber abtransportieren. Der übliche Mechanismus transportiert Vitamin A von der Leber in die Gewebe für bestimmte Funktionen; der zweite Mechanismus führt zum Abbau und zur Ausscheidung von Vitamin A und somit zur schnelleren Reduzierung der Speicher, wenn nicht kontinuierlich Vitamin A zugeführt wird. Hohe Proteinzufuhr, die zum schnellen Wachstum des Organismus führt, wie es beim Wiederauffüttern unterernährter Kinder der Fall ist, reduzieren die Leberspeicher an Vitamin A.

Hormone beeinflussen die Vitamin-A-Speicher der Leber, denn Hydroxycortison-Injektionen erhöhen die Serumretinolkonzentration auf Kosten der Leberspeicher. Während der Schwangerschaft kann sich die gespeicherte Vitamin-A-Menge verdoppeln, wahrscheinlich um den Bedarf für das Kolostrum und die bevorstehende Lactation zu sichern. Physiologische Dosen an α-Tocopherol können den Abbau der Vitamin-A-Speicher verhindern.

Serum-Konzentrationen, Absorptionsrate und Bedarf an Vitamin A liegen bei Männern höher als bei Frauen (Ausnahme: Schwangerschaft und Stillzeit). Daraus erklärt sich auch das häufigere Auftreten der Nachtblindheit beim männlichen Geschlecht.

Neben der Leber speichert die Niere Vitamin A; es wird durch den Abbau des RBP in diesem Organ mit Retinol versorgt, das zu gleichen Teilen mit Palmitat und Stearat verestert in die Leber zurückfließt. Die Nebennieren und das Farbepithelium des Auges enthalten konzentrierte Mengen an Vitamin A.

Die orale Verabreichung von größeren Mengen Vitamin A in Öl führt zu ausreichenden Vitamin-A-Serum-Konzentrationen über 6 Monate. Einmalige orale Gaben von 60 mg (= 200 000 IE) im Öl an 2–6jährige Kinder in Indien hatten eine beachtliche Reduzierung der Xerophthalmie (verminderter Tränenfluß) zur Folge. Bei Protein-Energie-Malnutrition (PEM) ist häufig die Absorption behindert,

Tab. 125. Vitamin-A-Speicher der Leber des Menschen (µg Ret. -äq./g Leber)

Alter	Durchschnittswerte	Höchstwerte
Säuglinge bis 1 Jahr	167	576
Kinder bis 10 Jahre	303	2121
Kinder ab 10 Jahren und Erwachsene	242	2121

Reservekapazität: 1 Jahr

aber eine schnelle Normalisierung der Vitamin-A-Konzentration notwendig. In diesen Fällen werden 30 mg (= 100 000 IE) intramuskulär als wäßrige Lösung verabreicht; danach wird oral weiterbehandelt.

Funktionen

Die physiologischen Funktionen von Vitamin A betreffen Sehvorgang, Wachstum, Fortpflanzungsfähigkeit und Zelldifferenzierung.

Im **Sehvorgang** ist die Funktion von Vitamin A in der Retina weitgehend bekannt. Die dort in größerer Anzahl vorhandenen Stäbchen bilden zusammen mit den Zapfen die Lichtrezeptorzellen bei Wirbeltieren. Die Stäbchen sind empfindlich für schwaches Licht, die Zapfen für helles und buntes Licht. Rhodopsin besteht aus dem Protein Opsin und aus Retinal und ist Teil von 500–2000 Membran-Stäbchen, die hauptsächlich aus Phospholipiden bestehen. Rhodopsin wird in den Zellen der Retina synthetisiert und nach einer Lebenszeit von 5–13 d abgebaut. Das Retinal wird über Retinol verestert und in den Fetttropfen des Cytoplasmas der pigmentierten Epithelzellen gespeichert, um später wieder in der Rhodopsin-Synthese verwertet zu werden. Iodopsin ist das lichtempfindliche Pigment der Zapfen und besteht aus dem spezifischen Opsin und Retinal.

Die Funktion des Vitamin A im Sehvorgang ist relativ kompliziert (Abb. 63). Der Lichteinfall in der Netzhaut spaltet das Rhodopsin in der sog. Bleichung, die mit Ionentransport und Membranpotentialveränderungen verbunden ist; dabei wird ein Impuls zum Sehnerv weitergeleitet, der im Gehirn »gesehen« wird.

Vitamin A ist aufgrund einer Beeinflussung der Differenzierung der Epithelzellen als mögliche Behandlung für den Krebs eingesetzt worden; die biochemische Basis ist bisher noch nicht erforscht. Der partielle Erfolg, der bei der Behandlung von Akne mit Kombinationen von Vitamin A und Zink erzielt wurde, ist wahrscheinlich auf die Normalisierung der verlangsamten RBP-Synthese zurückzuführen.

Vitamin A ist an Detoxifikationsreaktionen beteiligt, da besonders chlorierte Verbindungen durch die Vitamin-A-Konzentration in ihrer Wirkung beeinflußt werden. Der Mechanismus läuft wahrscheinlich über die normalen Detoxifikationsenzyme, die bei Vitamin-A-Mangel reduziert sind. Vitamin A stimuliert die zelluläre und humorale Immunität – z. T. durch die Wirkung auf Zellmembranen – und erhöht somit die Widerstandskraft gegen Infektionskrankheiten. Der Mechanismus dieser Vitamin-A-Wirkung sowie bei der Beeinträchtigung anderer Organe ist bisher unzureichend erforscht.

Mangelerscheinungen

Das **Auge** zeigt erste Anzeichen bei Vitamin-A-Mangel in Form der Nachtblindheit (Hemeralopie), welche durch die Verminderung des Rhodopsins, dem lichtempfindlichen Pigment in den Stäbchen der Retina, hervorgerufen wird. Biochemische Änderungen bei Vitamin-A-Mangel erfolgen im wachsenden Organismus relativ schnell.

Die Folgen der verschiedenen Stadien des Vitamin-A-Mangels auf den Sehvorgang, die schließlich zur Blindheit führen, werden von der WHO systematisiert (Tab. 126).

Abnormalitäten der **Knochen** treten bei Vitamin-A-Mangel in verschiedenen Formen auf. Bei der Knochenzellentwicklung tritt entweder zusätzliche Knochenbildung an Körperstellen auf, wo diese normalerweise nicht stattfindet, z. B. im Ohr, oder es handelt sich um eine fehlende Absorption von Knochengewebe, die zur Verdickung der Knochen und zu einer Verkleinerung der Knochenhöhlen führt, z. B. am Kopf. In beiden Fällen handelt es sich um appositionales Wachstum, bei dem sekundär **Nerven** in Mitleidenschaft gezogen werden, so daß es zu Taubheit, Blindheit, erhöhtem Druck der Cerebrospinalflüssigkeit und anderen Folgeerscheinungen kommen kann. Erhöhter Druck in der Wirbelsäule ist bei vielen Tierspezies sowie beim Säugling ein frühes Zeichen für Vitamin-A-Mangel; er beruht auf erhöhter Resistenz der Flüssigkeit, aus den Arachnoid villi auszutreten. Bei einer Hypervitaminose A wird das Gegenteil beobachtet.

Die **Fortpflanzungsorgane** sind bei Vitamin A-Mangel ebenfalls in Mitleidenschaft gezogen. Ein Teil des Effektes beruht auf der Empfindlichkeit der Schleimhäute, aber auch Samenbildung, Placentaentwicklung und Fetusentwicklung sind betroffen. Retinsäure weist eine hohe Vitamin-A-Aktivität auf, ist jedoch weder im Sehvorgang wirksam, da sie nicht zu Retinol umgewandelt werden kann, noch kann sie in den Fortpflanzungsgeweben Vitamin A ersetzen. Vitamin-A-freie Diät plus Retinsäure erlaubt normales Wachstum, führt aber zu Blindheit und gewissen Fortpflanzungsfunktionsschäden. Beim männlichen Organismus führt Vitamin-A-Mangel zu Atrophie der Ho-

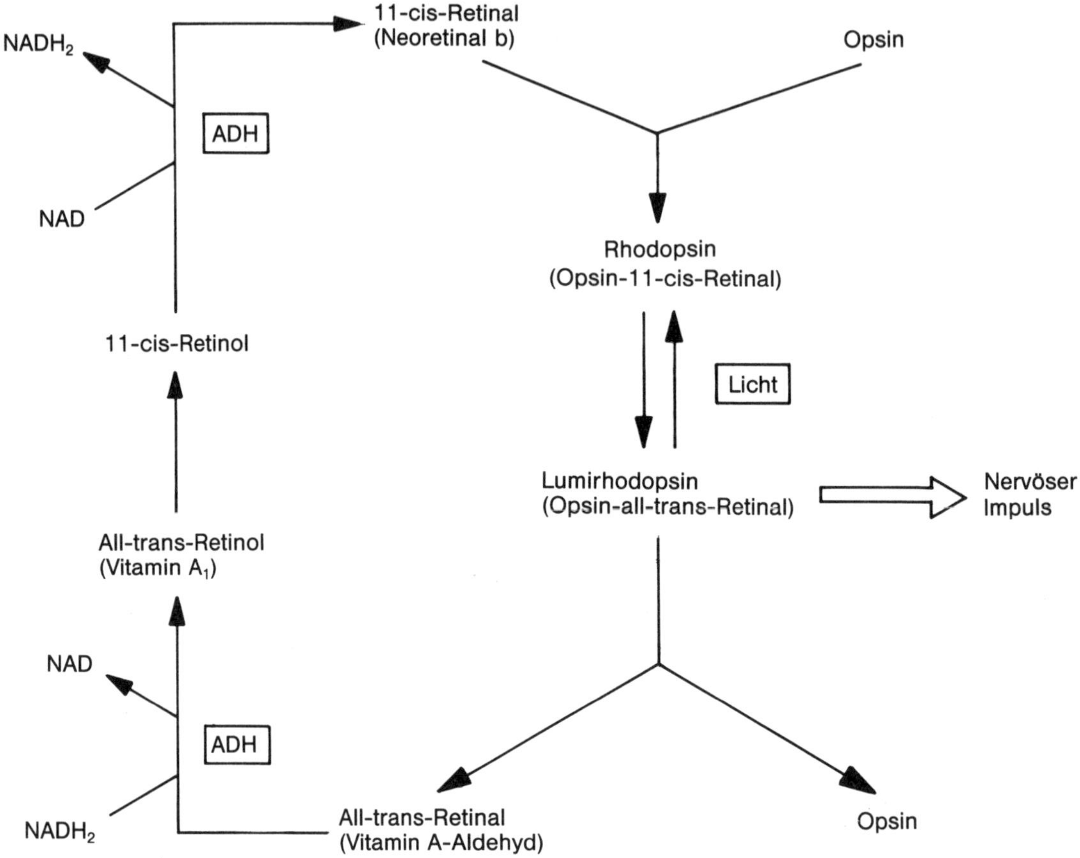

(ADH = Alkohol-Dehydrogenase)

Abb. 63. Vitamin A und Sehvorgang (BUDDECKE 1980).

den und zum Stillstand der Samenbildung. Außerdem werden eine Keratinisierung der Prostata und weitere Veränderungen in den Geschlechtsteilen beobachtet. Durch direkte Injektion an Retinol in den Hoden werden diese Schäden behoben, nicht aber durch Retinsäure.

Beim weiblichen Organismus sind in erster Linie die Schleimhäute durch Vitamin-A-Mangel betroffen, der durch Retinsäure behoben werden kann. Die Epithelzellen der Vagina sind dünn, trocken und keratinisiert, es bilden sich kornifizierte Zellen, die üblicherweise nur erzeugt werden, wenn der Organismus »heiß« ist (Östrogenwirkung). Es kommt zum scheinbaren Antagonismus von Vitamin A und Östrogen, da Vitamin A die Schleimsynthese fördert und Östrogen die Kornifikation. Da sich nach einer Eierstockentfernung (und damit auch Ausschaltung der Östrogenwirkung) und Vitamin-A-Mangel die Kornifikation fortsetzt, ist es wahrscheinlich, daß die Vitamin-A-Wirkung durch Östrogen verhindert wird, genau wie in der Abwesenheit von Östrogen und Vitamin A. Folgen der Kornifikation, wie Ausbleiben von Paarung, Störungen im Östrogenzyklus, Unterbleiben von Empfängnis, Implantation und Lactation sowie Uterus-Infektionen können alle mit Retinsäure behoben werden.

Schäden, die sich speziell auf die Fortpflanzung auswirken, und nur mit Retinol verhindert werden können, werden in der Placenta und beim Fetus beobachtet. Bei Vitamin-A-Mangel erscheinen Läsionen der Placenta, die mit einer Nekrose beginnen und sich durch Leukozyten-Infiltration, bakterielle Invasion, Infektion und Blutung fortsetzen. Durch den Vitamin-A-Mangel des Fetus wird seine Entwicklung unterbrochen, er stirbt dann ab und wird resorbiert.

Die auffallendsten und größten Schädigungen, die durch Vitamin-A-Mangel hervorgerufen werden, betreffen das **Epithelium.** Die entstehenden Läsionen der Haut und Schleimhäute führen zu Infektionen, die die häufigste Todesursache durch Vitamin-A-Mangel darstellen. Obgleich verschiedene Epithelzellen unterschiedlich betroffen sind, kann eine typische Entwicklung festgestellt werden. Die Zahl der schuppigen keratinisierten Zellen (Kornifikation) nimmt bei einem gleichzeitigen Rückgang der kolumnaren, schleimproduzierenden Zellen zu. Die Epithelzellen der Atmungswege sind am stärksten durch Vitamin-A-Mangel betroffen. Die Schleimhäute des Rachens, der Bronchien und der Nase inklusive der Geruchsdrüsen zeigen Keratinisationen, die den Geschmacks- und Geruchssinn beeinträchtigen. Infektionen sind häufig die Folge, die zur Nekrose führen oder Pneumonie hervorrufen, die häufig tödlich verläuft.

In den Harnwegen finden sich keratinisierte Zellen im sonst normalen Epithelium des Nierenbeckens, des Harnleiters und der Blase, die auch die Bildung von Blasensteinen begünstigen. Die Gewebe der männlichen Fortpflanzungsorgane sind bei Vitamin-A-Mangel typischen Keratinisationen unterworfen. Schuppige keratinisierte Zellen erscheinen in der Epididymis und Keratinisation erfolgt in der Prostata, den Samenblasen und der Koagulationsdrüse. Von den Geweben der weiblichen Fortpflanzungsorgane sind die Mukosa, der Uterus und die Eileiter durch keratinisiertes Epithelium ersetzt. Das Epithelium der Vagina ist ein spezieller Fall (s. Fortpflanzungsfähigkeit). Die Haut des Menschen zeigt bei Vitamin-A-Mangel Verdickungen, Austrocknung und Schuppenbildung mit häufiger Hyperkeratose der Haarfollikel. Die Leber ist als Speicherorgan des Vitamin A durch den Restbestand geschützt und ist lediglich durch Austrocknung und Gewichtsverminderung gekennzeichnet.

Tab. 126. Xerophthalmie-Klassifikation bei Vitamin-A-Mangel des Menschen (Wolf 1980)

Klassifikation	Syndrom	Auswirkungen, Anmerkungen
X 1 A	Xerosis der Bindehaut	Austrocknung der Bindehaut, Xeroseflecken, Verlust der Transparenz, milchige Erscheinung
X 1 B	Bitotsche Flecken und Xerose der Bindehaut	kleine, unregelmäßige silbergraue Beläge mit schaumiger Oberfläche (beruhen auf Vitamin A Mangel nur bei gleichzeitiger Xerose der Bindehaut)
X 2	Xerose der Hornhaut	Hornhaut: glanzlos, bläulich, milchig; rauhe, unregelmäßige Oberfläche
X 3 A	Entzündung und Xerose der Hornhaut	Hornhaut ist entzündet und wird dünner
X 3 B	Keratomalazie	Weichwerden der Hornhaut führt zur Deformation und Zerstörung des Augapfels = Schmelzen der Hornhaut
X N	Nachtblindheit	Verlust der Adaptionsfähigkeit in der Dunkelheit
X F	Xerophthalmie Fundus	Erhabene, saatähnliche weiße Läsionen
X S	Cornea Narben (Scars)	Folge eines Ulcus der Cornea oder Keratomalzie X 3 A und X 3 B
X B	Bitotsche Flecken	Beläge auf dem Auge

Im Auge treten zahlreiche epitheliale Läsionen auf, die wichtigste ist die Keratinisation des Cornea-Epithels. Die Cornea wird trocken (Xerophthalmie), rauh, runzelig und glanzlos. Durch Vaskularisation und die Zunahme der Lymphozyten treten Ödeme auf. Bei starkem Vitamin-A-Mangel scheiden die Lymphozyten Kollagenasen aus, welche die Kollagen-Matrix der Stroma auflösen und zur irreversiblen Zerstörung des Auges führen (Keratomalazie). Dem Verschwinden der Gobletzellen der Konjunktiva beim Vitamin-A-Mangel folgt die Keratinisation des Epithels der Konjunktiva; später folgen Atrophie und Keratinisation der Gänge der HARDERIAN-Drüsen. Das Epithel der Linse zeigt kaum Veränderungen.

Die zahlreichen Einflüsse von Vitamin-A-Mangel auf Epithelzellen zeigen die Bedeutung des Vitamins für dieses Gewebe (Tab. 127), der Mechanismus ist jedoch bisher nicht bekannt. Es gibt zwei Hypothesen, die mit den umfangreichen experimentellen Daten in Einklang stehen. Entweder stimuliert Vitamin A die schleimbildenden Fähigkeiten der Epithelzellen und eine gleichzeitige Keratinisation findet nicht statt, oder Vitamin A inhibiert die normale Keratinisation der Epithelzelle und dadurch kommt die schleimbildende Eigenschaft zur Geltung.

Wachstumsverzögerung ist eines der ersten Anzeichen von Vitamin-A-Mangel. Dieser Einfluß kann erstens durch verminderten Appetit und somit durch verminderte Nahrungs- und Flüssigkeitsaufnahme sowie durch schlechte Proteinausnutzung bedingt sein. Zweitens besteht ein Einfluß des Vitamin A auf die Zellteilung (Mitose). Unterernährte Kinder zeigen oft keine Vitamin-A-Mangelzeichen, auch wenn die Vitamin-A-Zufuhr zu gering ist, da kein Wachstum erfolgt. Sobald durch Proteinzufuhr das Wachstum einsetzt, zeigen sich bald ernstliche Folgen des Mangels, wenn sie nicht gleichzeitig ausreichend Vitamin A zugeführt bekommen (s. Transport). Nur differenzierende Zellen mit einem raschen Wachstum und Turnover werden durch Vitamin-A-Mangel beeinträchtigt. Deshalb ist ein Vitamin-A-Mangel beim Erwachsenen selten. Infektionskrankheiten bewirken einen erhöhten Turnover der Mukosa-Epithelzellen und somit einen erhöhten Vitamin-A-Bedarf.

Beurteilung des Vitamin-A-Status

Die Retinolkonzentration im Blut verändert sich erst, nachdem die Leberreserve fast vollständig verbraucht ist; deshalb zeigt eine Veränderung im Blut bereits einen akuten Mangel an. Bei einer Serumretinolkonzentration von mehr als 1,20 μmol/l ist der Bedarf ausreichend gedeckt. Eine zuverlässige klinische Beurteilung ist die Fähigkeit, in gedämpftem Licht zu sehen, da bei leichtem Mangel die Dunkeladaptation bereits gestört ist.

Bedarf, wünschenswerte Zufuhr

Die Empfehlungen für die wünschenswerte Zufuhr von Vitamin A gehen von einem experimentell ermittelten, durchschnittlichen Tagesbedarf von 0,6 mg Vitamin A (Retinol) aus, der um einen Sicherheitszuschlag von 60% erhöht wurde (Tab. 128). Bei Frauen liegt der Tagesbedarf etwas niedriger als bei Männern, wobei die durchschnittlich geringere Körpermasse der Frauen als Grund für diesen Unterschied verantwortlich zu machen ist.

Da Vitamin A in der Leber in beträchtlicher

Tab. 127. Der Einfluß von Vitamin-A-Mangel auf Epithelzellen (WOLF 1980)

Gewebe	Einfluß
Hornhaut	Keratinisation
Epidermis	Keratinisation
Trachea, Harnweg	schuppige Metaplasie und Keratinisation
Vagina	Kornifikation
Talgdrüse	Zystische Atrophie
Haarfollikel	Zystische Atrophie, Hyperkeratose
Speicheldrüsengänge	schuppige Metaplasie
Darmmukosa	Verminderung der Gobletzellen
Pankreasgänge	schuppige Metaplasie

Tab. 128. Empfehlenswerte Höhe der Zufuhr von Vitamin A in mg Retinol-Äquivalent[1]/Tag (DGE 1985)

	Empfohlene Zufuhr[2] m		Empfohlene Zufuhr[2] w
Säuglinge			
0– 2 Monate		0,5	
3– 5 Monate		0,6	
6–11 Monate		0,6	
Kinder			
1– 3 Jahre		0,6	
4– 6 Jahre		0,7	
7– 9 Jahre		0,8	
10–12 Jahre	0,9		0,9
13–14 Jahre	1,1		1,0
Jugendliche			
15–18 Jahre	1,1		0,9
Erwachsene			
19–65 Jahre	1,0		0,8
über 65 Jahre	1,0		0,8
Schwangere			
ab 4. Monat			+ 0,3
Stillende			+ 1,0[3]

[1] 1 mg Retinol-Äquivalent = 6 mg all-trans-β-Carotin = 12 mg andere Provitamin A-Carotinoide
[2] ca. 20% Zubereitungsverluste müssen berücksichtigt werden
[3] ca. 120 μg Retinol-Äquivalente Zulage pro 100 g sezernierte Milch

Menge (bedarfsdeckend für etwa 50 bis 70 Tage) gespeichert und von dieser – bei ausreichendem Speicher – eine weitgehend konstante Plasmakonzentration aufrecht erhalten wird, können erhebliche tägliche und durch die Jahreszeit bedingte Schwankungen der Vitamin-A-Zufuhr ohne Risiko ausgeglichen werden.

Die Empfehlungen für Säuglinge basieren auf der täglichen Aufnahme von 0,4 bis 0,5 mg Retinol-Äquivalente durch vollgestillte Säuglinge, zu der ein Sicherheitszuschlag von 40 bis 60% berechnet wurde.

Erhöhter Bedarf liegt während der Schwangerschaft und Stillzeit vor. In dieser Zeit sollte die Zufuhr bei Schwangeren im Durchschnitt um ein Drittel höher liegen. Bei längerer Stillzeit wird die Empfehlung sogar um das Doppelte erhöht, da häufig ein Absinken der Plasmaspiegel beobachtet wird.

Hypervitaminosen
Schon im Mittelalter war bekannt, daß die Leber von Polarbären (bis zu 60 mg Vitamin A/g) toxisch ist und der Verzehr zu Kopfschmerzen, Erbrechen und Schwindelgefühlen führt. In Tierversuchen mit Überdosen von Vitamin A werden verschiedene Veränderungen festgestellt. Die Endochondralknochen zeigen verminderte Längen und Schaftbreiten und neigen zu Osteoporose und Brüchen. Die Intramembranknochen sind dünner, löcherig oder von größerer Dichte; der Knorpel wird zerstört. Die Schäden sind die Folgen einer verminderten osteoblastischen Aktivität und somit Osteogenese. Beim Menschen wurden nach Vitamin-A-Intoxikationen während der Schwangerschaft Fehlentwicklungen am Urogenital-System, Herzen und Gaumen festgestellt.

Blutungen der Milz, Blase, Muskeln und an der Schädelbasis werden auf einen Mangel an Prothrombin zurückgeführt, welches die Koagulationszeit des Blutes verlängert. Da diese Blutungen durch Vitamin K behoben werden können , bewirkt Hypervitaminose A einen sekundären Vitamin-K-Mangel. Die intestinale Absorption von Vitamin K wird durch Vitamin A beeinträchtigt. Weitere Effekte einer Hypervitaminose A sind Hautverdickungen, Fettleber, Freisetzung lysosomaler Enzyme und erhöhte Glykogenspeicherung in der Leber.

Chronische Hypervitaminose A bei Patienten, die 12 mg/d acht Jahre oder 60 mg/d zwei Jahre genommen hatten, zeigten folgende Symptome: Hautveränderungen, Haarverlust, Schwäche, Erschöpfung, Knochen- und Gelenkschmerzen, Muskelsteifheit, Anorexie, Kopfschmerzen, Lebervergrößerung, Ausbleiben oder verminderte Menstruation; außerdem zeigten sich Leberschäden und erhöhter CSF (colony stimulating factor) Druck für die Leukozytenregulation. In allen Fällen verschwinden die Symptome nach einigen Wochen, wenn Vitamin A abgesetzt wird. Während der Hypervitaminose A erhöht sich die Vitamin-A-Konzentration auf das 5–6fache. Der Anteil der Retinylester steigt von 5% auf über 60%, wird von Lipoproteinen nicht spezifisch gebunden und an Zellmembranen abgegeben. Die Retinol- und RBP-Konzentration bleiben normal und im Verhältnis 1:1. Die gleichzeitige Verabfolgung von Vitamin E und hohen Dosen Vitamin A schützt gegen Vitamin-A-Intoxikationen.

Durch Störung der Membranstruktur der Lysosomen kommt es auch zur Freisetzung lysosomaler Enzyme. Durch die Multiplikation der täglichen Vitamin-A-Dosis (in µg/KG) mit der Anzahl der Tage der Verabfolgung kann das Auftreten der Vitamin-A-Intoxikation berechnet werden, die eintritt, wenn das Produkt 3 × 10^5 µg übersteigt. Intoxikationen treten auf, wenn die normalen Leberspeicher das 10fache übersteigen (Tab. 125). Durch Provitamine können keine Vitamin-A-Vergiftungen ausgelöst werden, da sie nur begrenzt vom Darm aufgenommen werden.

3.3.2.2.2 Vitamin D

Allgemeines
Die Synonyma für Vitamin D (Tab. 112) sollten vermieden werden.

Eine Besonderheit des Vitamin D ist, daß es bei ausreichender Sonneneinstrahlung vom Menschen in der Haut synthetisiert werden kann und in diesem Sinne eigentlich kein Vitamin darstellt. Aufgrund seiner endogenen Synthese und der Tatsache, daß seine Wirkung neben dem Syntheseort auch andere Gewebe betrifft, weist Vitamin D auch hormonalen Charakter auf.

Geschichte
Bereits im Altertum waren Knochenkrankheiten bekannt, die auf ungenügende Sonneneinstrahlung aufgrund religiöser und kultureller Bräuche zurückzuführen waren.
1645: Whistler (England) beschreibt das erste Mal das Krankheitsbild einer Knochenkrankheit, die später als Rachitis bekannt wird.
1875: Bennet (Schottland) berichtet über den positiven Effekt von Fischleberölen auf das Knochensystem. Fischleberöle wurden schon seit dem frühen 18. Jahrhundert in Schottland als traditionelle »Volksheilmittel« verwandt.
1890: Palm bringt die von Whistler beschriebene Knochenkrankheit das erste Mal in Zusammenhang mit einem Mangel an Sonnenlicht und verordnet seinen Patienten »frische Luft und Sonnenlicht«.
1918: Mellanby (England) kommt der bis dahin unbekannten Ursache der Krankheit durch ein Experiment näher: Auf diätetischem Wege ruft er die Rachitis bei Hunden hervor und behebt sie durch Verabreichung von Fischleberölen.
1919: Huldschinsky (Österreich) heilt rachitische Symptome bei Kindern mit UV-Bestrahlung.
1922: Hess (USA) entdeckt, daß Fischleberöl den gleichen antirachitischen Effekt bewirkt wie das Sonnenlicht.
1922: McCollum (USA), der sich mit dem fettlöslichen Vitamin A beschäftigt, entdeckt, daß es sich bei dem antirachitischen Faktor in Fischleberölen um eine weitere fettlösliche Substanz handelt. Er erhöht die Calciumablagerung in rachitischen Ratten mit Dorschleberöl-Faktor.
1924: Steenbock und Hess (USA) beweisen, daß bestrahlte Lebensmittel antirachitische Eigenschaften besitzen.
1925: McCollum nennt den antirachitischen Faktor Vitamin D.
1931: Angus isoliert und identifiziert Vitamin D_2.
1936: Windaus (Deutschland) isoliert und identifiziert Vitamin D_3 (aktiviertes 7-Dehydrocholesterol).
1937: Nikolaysen zeigt, daß Vitamin D die Absorption von Calcium erhöht und reguliert.
1966: Lund und De Luca (USA) entdecken, daß Vitamin D im Körper in seine aktive Form umgewandelt werden muß.
1971: De Luca et al. (USA) beweisen, daß die aktive Form das 1,25 $(OH)_2D_3$ ist.

Chemie, Eigenschaften
Die Bezeichnung »D-Vitamine« umfaßt eine größere Gruppe von fettlöslichen Verbindungen, die alle Vitamin-D-Aktivität besitzen. Die bekanntesten Vertreter dieser Gruppe sind Vitamin D_2 (Ergocalciferol) und Vitamin D_3 (Cholecalciferol). Vitamin D_3 wird in der Haut durch ultraviolette Bestrahlung aus 7-Dehydrocholesterol gebildet, Vitamin D_2 dagegen wird durch UV-Bestrahlung aus dem pflanzlichen Sterol Ergosterol synthetisiert.

Die D-Vitamine gehören zur Gruppe der Sterole (Abb. 64). Sowohl bei Ergosterol als auch

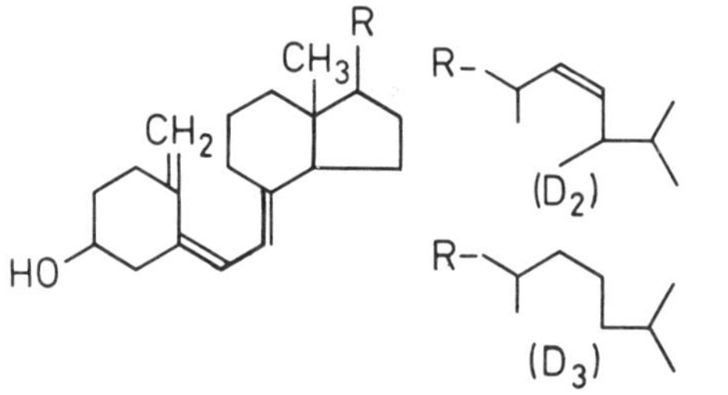

Abb. 64. Chemische Struktur von Vitamin D_2 und D_3.

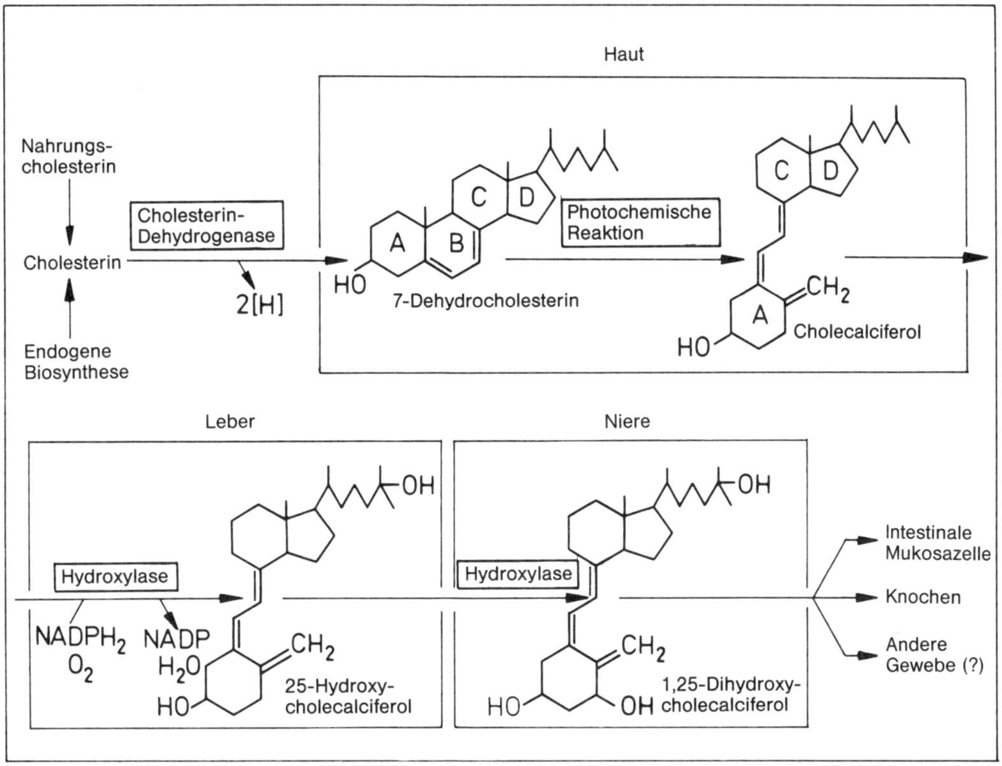

Abb. 65. Biosynthese der Wirkformen des Vitamin D_3 (BUDDECKE 1980).

bei dem tierischen Sterol 7-Dehydrocholesterol erfolgt durch die UV-Strahlung des Sonnenlichtes mit einer Wellenlänge von 250–310 nm eine Spaltung des B-Ringes des Sterangerüstes (Abb. 65). Die Produkte dieser Photolyse-Reaktion sind die entsprechenden Provitamine D_2 und D_3. Provitamin D steht in einem thermischen Gleichgewicht mit Vitamin D, d.h. unter Erwärmung entsteht aus dem Provitamin direkt Vitamin D. Eine weitere Aktivierung von Provitamin D_3 durch Lichtphotonen läßt die Analoga Tachysterol und Lumisterol entstehen (Abb. 66). Auch das in der Haut durch UV-Bestrahlung synthetisierte Vitamin D_3 (Cholecalciferol) stellt noch nicht die biologisch aktive Form der D-Vitamine dar, sondern erst das 1,25-Dihydroxycholecalciferol (1,25-$(OH)_2$-D_3), das im Körper durch eine zweifache Hydroxylierung entsteht.

Analoga

Außer dem 1,25-$(OH)_2$-D_3 lassen sich weitere Hydroxyderivate nachweisen, von denen das wichtigste das 24,25-$(OH)_2$-D_3 ist. Dieses zeigt nur eine geringe biologische Wirksamkeit und wird dann in größeren Mengen gebildet, wenn trotz ausreichenden Nachschubes von Cholecalciferol nur geringe Mengen 1,25-$(OH)_2$-D_3 benötigt werden.

Durch Rotation von Ring A um die 5,6-Doppelbindung entstehen weitere Analoga zu 1,25-$(OH)_2$-D_3, deren Aktivität allerdings weniger als $^1/_{1000}$ der Aktivität des natürlichen Cholecalciferols beträgt. Diese 1,25-Dihydrotachysterole sind mehr von therapeutischem Interesse. Sie werden zur Behandlung von renaler Osteodystrophie, Hypoparathyreoidismus und anderen Calciumabsorptions- und Calciumutilisationsdefekten eingesetzt und können hier das 1,25-$(OH)_2$-D_3 voll substituieren. Die Vermutung, daß das Analoge 24-nor-12,25-$(OH)_2$-D_3 Antivitaminaktivität besitzt, konnte bisher nicht eindeutig bewiesen werden.

Die bedeutendste Nebenform der D-Vitamine stellt das 1937 von WINDAUS und TRAUTMANN synthetisierte Vitamin D_4 dar (22,23-Dihydroergosterol), ein Analogon von Vitamin D_2, dessen biologische Aktivität jedoch nur 60–67% der Aktivität der Vitamine D_2 und D_3 beträgt. Vitamin D_2 und D_3 sind annähernd äquipotent.

Zu den **physiologischen Formen** der D-Vitamine zählen neben den Phosphatestern von D_2 und D_3 auch 25-Hydroxycholecalciferol und 5,25-Dihydrocholecalciferol.

Zu den **aktiven Analoga** zählen 2-Dehydrostigmasterol (D_6), 7-Dehydrositosterol (D_5) und Dihydrotachysterol. **Inaktive Analoga** sind die Bestrahlungsprodukte der Provitamine – Lumisterol und Tachysterol – sowie Ergosterol und 7-Dehydrocholestrol.

Antagonisten sind Toxisterol, Phytin, Cortison, Cortisol, Thyreocalcitonin und Parathormon.

Parathormon und Thyreocalcitonin sind zusammen mit Vitamin D für die Calciumhomöostase verantwortlich und stehen deshalb mit diesen in Wechselwirkung. Neben Niacin und STH wirkt Parathormon auch als **Synergist**.

Biosynthese und Vorkommen/Nahrungsquellen
Im Gegensatz zu Ergosterol (Provitamin D_2) kann 7-Dehydrocholesterol (Provitamin D_3) im Organismus (Leber) aus Cholesterol synthetisiert werden. Die Cholecalciferole sind damit im eigentlichen Sinne keine Vitamine und könnten zumindest nach ihrem Wirkungsmechanismus auch den Hormonen zugerechnet werden.

Das in der Leber synthetisierte Provitamin D_3 gelangt über das Blut in die Haut und wird dort abgelagert. Durch Bestrahlung mit UV-Licht wird 7-Dehydrocholesterol in Cholecalciferol (Vitamin D_3) umgewandelt (Abb. 65). Cholecalciferol gelangt über das Blut wieder in die Leber, wo die Hydroxylierung in 25er-Stellung erfolgt. Die dazu erforderliche Hydroxylase kommt in der mikrosomalen Fraktion vor und benötigt $NADPH_2$, molekularen Sauerstoff und Mg-Ionen. Das 25-OH-D_3 gelangt über das Blut in die Nieren, wo es in einer Cytochrom-P_{450}-abhängigen Reaktion in 1er-Stellung hydroxyliert wird. Diese Reaktion wird durch die mitochondriale 1-Hydroxylase katalysiert. Endprodukt dieser Reaktion ist die biologisch aktive Form der D-Vitamine, das 1,25-Dihydroxycholecalciferol (1,25-$(OH)_2$-D_3). Die Biosynthese von 1,25-$(OH)_2$-D_3 unterliegt der Kontrolle von Parathormon, dem Hormon der Nebenschilddrüse, das die Regulation der Calciumkonzentration im Plasma steuert.

Ein Absinken der Calcium-Konzentration im Plasma hat eine erhöhte Sekretion von Parathormon zur Folge. Parathormon stimuliert wiederum die 1-Hydroxylase der Nierenmito-

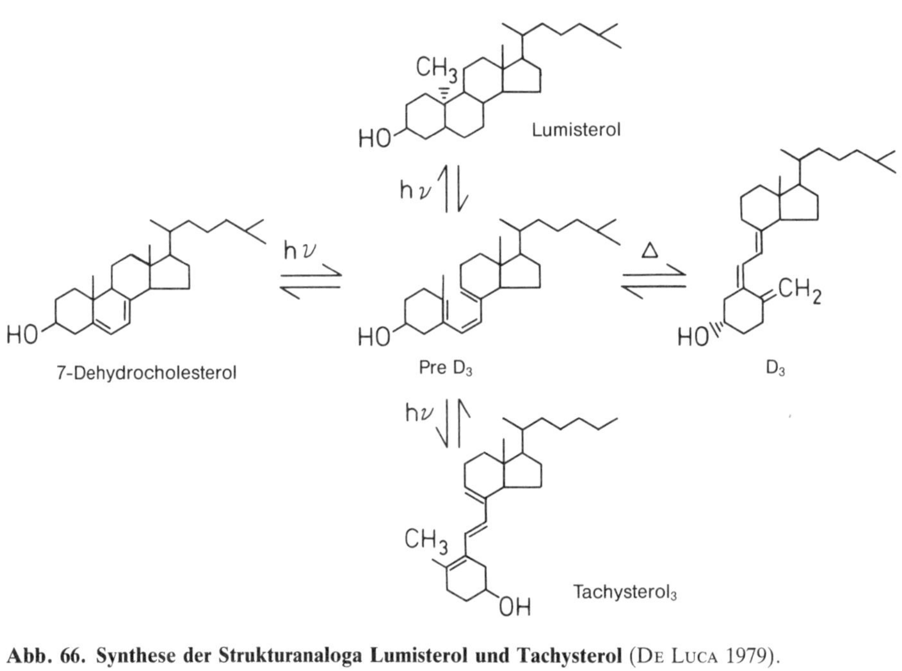

Abb. 66. Synthese der Strukturanaloga Lumisterol und Tachysterol (De Luca 1979).

chondrien und bewirkt somit eine vermehrte Synthese und Sekretion von 1,25-$(OH)_2$-D_3. Durch seine calciummobilisierende Wirkung auf Knochen und Verdauungstrakt (s. Funktionen) steigt die Plasmacalciumkonzentration wieder an.

Das aus der Nahrung aufgenommene Vitamin D_3 gelangt nach der Absorption ebenfalls in die Leber und durchläuft dieselben Hydroxylierungsreaktionen wie das vom Körper synthetisierte Vitamin D.

In hoher Konzentration kommt Vitamin D lediglich in Leberfett von Meeresfischen vor. Hier kann sie 10^3 bis 25×10^6 I.E./100 g betragen. (1 I.E. = 0,025 µg Vitamin D). Ansonsten gibt es nur wenige Vitamin-D-haltige Lebensmittel (Tab. 129). Die Vitamin-D-Versorgung erfolgt in erster Linie über die Synthese von 7-Dehydrocholesterol in der Haut.

Tab. 129. Natürliche Vitamin-D-Gehalte in Lebensmitteln (1 IE = 0,025 µg Vitamin D) (PAUL, SOUTHGATE 1977)

Lebensmittel	µg/100 g
Dorschleberöl	210
Lebertran	330
Räucherhering	22
Lachs in Dosen	11,5
Schweine-, Rinderleber	1,13
Kalbsleber	0,25
Hühnerleber	0,21
Butter	1,3
Eigelb	5,0
Getreidekorn	Spuren

Beeinflussung der Verfügbarkeit

Da nur ein geringer Prozentsatz der Vitamin-D-Versorgung über die exogene Zufuhr durch Nahrungsmittel gedeckt wird, haben Lebensmittelzubereitung und -verarbeitung eine relativ geringe Bedeutung für die Verfügbarkeit. Vitamin D wird durch Lagerung und Zubereitung nicht beeinflußt. Es ist während der üblichen Garzeiten bis 180 °C hitzestabil (Tab. 114). Häufiger wird die Vitamin-D-Verfügbarkeit durch Wechselwirkungen mit bestimmten Pharmaka beeinträchtigt. Kontrazeptiva erhöhen durch einen Anstieg der Blutfettwerte die Serumkonzentration an Vitamin D und bedingen dadurch einen erhöhten Bedarf. Sedativa und Antikonvulsiva, die als pharmakologische Wirkstoffe Phenolbarbiturate enthalten, bewirken über eine Enzyminduktion in den Lebermikrosomen den Abbau von 25-OH-D_3 zu vitaminunwirksamen Metaboliten, reduzieren also die Menge an verfügbarem Vitamin D. Weitere Faktoren, die die Verfügbarkeit von Vitamin D beeinflussen – wie beispielsweise Leberschäden – sind bekannt (Tab. 130).

Bestimmungsmethoden

Die Bestimmung der reinen Vitamin-D-Präparate läßt sich dank der Absorptionsfähigkeit für UV-Licht durch **UV-Spektroskopie** durchführen. Die UV-Spektren von Vitamin D_2 und D_3 mit Ammoniumchlorid erlauben eine spektralphotometrische Bestimmung. Als **chromatographische Bestimmungsmethoden** kommen die Gaschromatographie und die Hochdruck-Flüssigkeits-Chromatographie in Frage.

Zur Bestimmung von Vitamin D in Lebensmitteln, Futtermitteln und Geweben werden heute die chemischen Methoden bevorzugt. Früher wurden biologische Tests (Tierversuche) angewandt. Beim kurativen Test wird nach Verabreichung fettlöslicher Extrakte der zu analysierenden Proben die Besserung gemessen. Im prophylaktischen Test wird anhand des Schweregrades der Rachitis die Entwicklung des Vitamin-D-Mangels gemessen.

Tab. 130. Faktoren, welche die Verfügbarkeit von Vitamin D beeinflussen

Herabsetzung
Leberschäden, Nierenschäden
Antagonisten
Phytin im Darm
Mangel an Gallensalzen
hoher pH im Darm
Zerstörung durch Darmflora
erhöhte Ausscheidung in den Fäzes.

Steigerung
Speicher in Leber und Haut
Absorptionshilfe durch genügend Gallensalze
lange Wirksamkeit (langsamer Abbau)
Senkung des pH-Wertes in unteren Dünndarmabschnitten
UV-Bestrahlung.

Im »LINE«-Test werden gefärbte Längsschnitte der Tibia herangezogen, um die Calcifizierung der Knochen zu bestimmen (Ratte). Zur Vitamin-D-Bestimmung in Geflügelfuttermitteln werden Küken herangezogen, da Vögel im Gegensatz zu Säugern nur Vitamin D_3 verwerten können. Zur Bestimmung von Vitamin D im Blut wurden kompetitive Proteinbindungsmethoden entwickelt.

Absorption und Stoffwechsel

Der Absorptionsort von Vitamin D im Intestinaltrakt ist noch nicht völlig geklärt. Experimentelle Studien zeigten, daß Vitamin D in Alkohollösung in den oberen Abschnitten des Dünndarms absorbiert wird. Die Absorption von Vitamin D aus öligen Suspensionen erfolgt im Ileum unter Mitwirkung von Gallensäuren.

Die experimentellen Untersuchungen über den Absorptionsort von Vitamin D sind mit großen Schwierigkeiten verbunden, da dieses Vitamin gegenüber Sauerstoff sehr instabil ist.

Vitamin D wird – als fettlösliches Vitamin – gemeinsam mit den neutralen Fetten absorbiert und in Chylomikronen über das Lymphsystem zur Leber transportiert, wo es sehr schnell aufgenommen wird. Außerdem existiert ein Vitamin-D-Transportprotein im Blut. Es handelt sich hierbei um ein α-Globulin mit einem Molekulargewicht von 52 000. Dieses Transportprotein wird zur Bestimmung von 25-OH-D_3 herangezogen.

Das in der Haut synthetisierte Vitamin D_3 wird an ein α-Globulin gebunden und über das Blut zur Leber transportiert. Die Bindungskapazität ist abhängig von der Plasmakonzentration an Vitamin D. Unter physiologischen Bedingungen beträgt die Plasmakonzentration 2,75 μg/100 ml Serum (66–165 IE/100 ml Serum).

Die **Ausscheidung** von Vitamin D erfolgt nahezu vollständig über die Fäzes. Lediglich 2–4% werden im Urin ausgeschieden. Etwa 30% der physiologischen Dosis erscheinen mit Gallenflüssigkeit innerhalb von 48 h nach Verabreichung in den Fäzes. Die Exkretionsprodukte sind bisher nicht alle bekannt; Untersuchungsergebnisse deuten auf die Anwesenheit von Glucuronsäure und Sulfatestern hin.

Die **Speicherung** von Vitamin D erfolgt in Leber und Fettgewebe. Lange Zeit wurde angenommen, daß die Leber der Hauptspeicher ist, bis 1971 gezeigt werden konnte, daß das Fettgewebe das größte Speicherorgan für Vitamin D darstellt. Es können beträchtliche Mengen an Vitamin D gespeichert werden. Die Freisetzung von Vitamin D aus den Speichern ist ein langdauernder Prozeß und hängt im wesentlichen von der Turnover-Rate des Depotfettes ab. Die Freisetzung kann Monate bis Jahre dauern, bei Abmagerungskuren aber auch sehr schnell und in großen Mengen erfolgen, was unter Umständen zu Hypervitaminosen führen kann.

Die Halbwertszeit von Vitamin D im Plasma ist mit 22 Stunden relativ kurz, exakte Angaben über die Turnover-Rate von Vitamin D liegen bislang nicht vor.

Funktionen

Vitamin D ist von besonderer Bedeutung für die Calciumhomöostase. Seine Aufgabe besteht darin, einem Absinken der Plasma-Calciumkonzentration entgegenzuwirken. Dieses Ziel kann auf zwei Wegen erreicht werden:

- Vermehrte intestinale Calciumabsorption
- Gesteigerte Calciummobilisation aus dem Skelettsystem.

Seine Hauptfunktionsorte sind demnach das Intestinum und das Knochensystem.

Im Dünndarm erhöht Vitamin D den aktiven Transport von Calcium gegen einen Konzentrationsgradienten. Sowohl 1,25-$(OH)_2$-D_3 als auch 25-OH-D_3 und Vitamin D selbst induzieren die Synthese von calciumbindendem Protein. Allerdings ist 1,25-$(OH)_2$-D_3 bereits in viel geringeren Konzentrationen wirksam als Vitamin D.

Da 1,25-$(OH)_2$-D_3 sowohl chemisch als auch biologisch den Steroidhormonen ähnelt, wird angenommen, daß die Induktion wie bei anderen Steroidhormonen erfolgt. Das 1,25-$(OH)_2$-D_3 wird im Cytoplasma an ein Rezeptorprotein gebunden und dringt in dieser Form in den Kern ein. Dort induziert es die Transkription einer spezifischen Messenger-Ribonucleinsäure (m-RNS), die die Synthese des spezifischen Transportproteins kodiert (Abb. 67). Über einen noch ungeklärten Mechanismus gelangt Calcium dann mittels Transportprotein in die Zelle, wo es entweder in Vesikel verpackt oder aber in Form von Calcium-Phosphat-Granula in die Mitochondrien gelangt. Der weitere Transport aus der intestinalen Mukosazelle heraus ist ein natriumabhängiger Prozeß.

Eine weitere intestinale Funktion von Vitamin D ist die Stimulation eines Phosphat-Transportsystems in den intestinalen Epithelzellen, über das jedoch erst sehr wenig bekannt

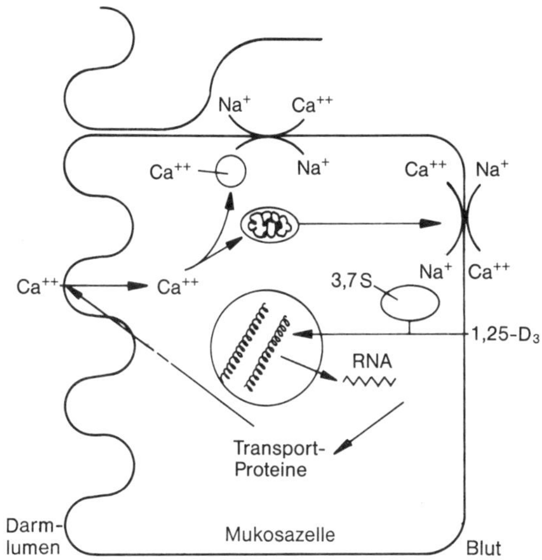

Abb. 67. Schematische Darstellung der intestinalen Calciumabsorption (DE LUCA 1979).

ist. Dieses Transportsystem ist unabhängig vom Calcium-Transportsystem und vorwiegend im distalen Dünndarm lokalisiert, wo nur wenig Calcium absorbiert wird.

Bereits für die Aufnahme von Phosphat in die Mukosazelle ist – im Gegensatz zur Calciumaufnahme – Natrium erforderlich. Außerdem benötigt das Transportsystem Glucose. Die Stimulation erfolgt sowohl durch 1,25-$(OH)_2$-D_3 als auch durch 25-OH-D_3, nicht aber durch 24,25-$(OH)_2$-D_3.

Die Regulation des intestinalen Calciumtransports erfolgt über die Umwandlungsrate von Vitamin D_3 in seine aktive Form, das 1,25-$(OH)_2$-D_3. Die wichtigsten Regulationsfaktoren sind das Nahrungscalcium und die Plasma-Calciumkonzentration.

Ein Absinken des Plasma-Calciumgehalts stimuliert die Nebenschilddrüse zur Produktion von Parathormon. Parathormon wiederum induziert die Synthese der 1-Hydroxylase in den Nierenmitochondrien. Dadurch steigt die Synthese und Sekretion von 1,25-$(OH)_2$-D_3, die intestinale Calciumabsorption wird beschleunigt und die Plasmacalciumkonzentration steigt. Hat der Plasma-Calciumgehalt dann eine gewisse Konzentration erreicht, wird die Synthese von 1,25-$(OH)_2$-D_3 eingestellt und statt dessen das weniger aktive 24,25-$(OH)_2$-D_3 synthetisiert. Bei einer niedrigen Calciumzufuhr über die Nahrung wird mehr 1,25-$(OH)_2$-D_3 produziert als bei einer calciumreichen Diät. Die Plasmakonzentration von Phosphat hat ebenfalls eine Kontrollfunktion auf die renale 1-Hydroxylase.

Im **Knochen** bewirkt 1,25-$(OH)_2$-D_3 eine Calciummobilisierung. Wird Tieren mit einer calciumarmen Diät ausreichend 1,25-$(OH)_2$-D_3 verabreicht, so bleibt die Serumcalciumkonzentration konstant. Die mangelnde Versorgung mit Calcium über die Nahrung wird durch Mobilisation der notwendigen Menge aus dem Knochensystem kompensiert. Dabei ist der Wirkungsmechanismus von 1,25-$(OH)_2$-D_3 bei der Calciumutilisierung nicht genau bekannt. Diskutiert wird eine Osteoklastenabsorption, die durch Vitamin D erhöht wird.

Sicher ist hingegen, daß Actinomycin D die Calciummobilisierung blockiert, wenn es vor 1,25-$(OH)_2$-D_3 verabreicht wird. Die Blockade unterbleibt, wenn Actinomycin D erst nach 1,25-$(OH)_2$-D_3-Gaben verabreicht wird. Das läßt vermuten, daß eine Transkription von Desoxyribonucleinsäure (DNS) in der von 1,25-$(OH)_2$-D_3 induzierten Calciummobilisierung stattfindet. Die Calciummobilisierung durch 1,25-$(OH)_2$-D_3 erfolgt nur in Gegenwart von Parathormon. Mit Sicherheit kann bisher nur gesagt werden, daß sich das Calciummobilisationssystem am Knochen von dem intestinalen Calcium-Transportsystem im Funktionsmechanismus unterscheidet.

Eine weitere diskutierte Funktion von Vitamin D am Knochen ist die Beeinflussung der Kollagenbiosynthese als Vorbereitung für die anschließende Mineralisation in der Wachstumsphase.

Mangelerscheinungen

Ein Mangel an Vitamin D führt zu Fehlern in der Mineralisierung der Knochen. In der Kindheit – also während des noch nicht abgeschlossenen Längenwachstums des Skeletts – tritt das Erscheinungsbild der **Rachitis** auf, das durch schwere Mineralisierungsstörungen des Skelettsystems gekennzeichnet ist. In erster Linie ist hierfür der Calciummangel verantwortlich, der durch die Störung der intestinalen Calciumabsorption im Dünndarm zustande kommt.

Das Längenwachstum erfolgt an der Knorpelschicht zwischen Epiphyse und Diaphyse der langen Knochen. Dabei wird ständig neues Knorpelgewebe auf der Epiphysenseite gebildet, während der Knorpel auf der Diaphysenseite durch Einlagerung von Calciumsalzen verknöchert, so daß es zum Längenwachstum kommt.

Bei Vitamin-D-Mangel erfolgt zwar die epiphyseale Knorpelneubildung, nicht aber die Knorpeldegeneration auf Diaphysenseite, so daß der Abstand zwischen Diaphyse und Epiphyse zunimmt. Die Calcifikation ist nicht nur an der Diaphyse reduziert, sondern auch unter dem Periost, der den Knochen umgebenden Knochenhaut. Die Folge ist ein weiches, leicht deformierbares Knochensystem.

Neben diesen anatomischen Veränderungen der Knochen sind bei Vitamin-D-Mangel auch die biochemischen Wirkungen von Calcium beeinträchtigt. Die Blutkonzentrationen von Calcium und Phosphat sind erniedrigt; die Plasmakonzentration der alkalischen Phosphatase ist erhöht. Dieses Enzym weist seine höchste Aktivität u.a. im Knochen auf, so daß es bei Knochenerkrankungen vermehrt im Blutplasma erscheint.

Beim Erwachsenen tritt unter Vitamin-D-Mangel das Krankheitsbild der **Osteomalazie** auf. Das epiphyseale Längenwachstum ist abgeschlossen, so daß die Auswirkungen auf das Skelett nicht mehr so gravierend sind, obgleich prinzipiell ähnliche Prozesse ablaufen wie bei der Rachitis. Da das Erwachsenenskelett einen langsameren Knochenumsatz hat, können kürzer dauernde Vitamin-D-Hypovitaminosen ohne größere Beeinträchtigung überstanden werden. Die Osteomalazie ist ebenfalls gekennzeichnet durch Weichwerden der Knochen. Besonders betroffen sind Beckenknochen, Thorax und Extremitäten.

Die Beckenknochen zeigen charakteristische Verformungen: Das Kreuzbein ist extrem nach außen gewölbt, die Ränder des Dammbeins flachen ab, der Beckeneingang wird asymmetrisch und eng. Komplikationsloses Gebären wird bei Osteomalazie fast unmöglich. An den Extremitäten treten häufig spontane Frakturen auf.

Sekundäre Vitamin-D-Mangelerscheinungen können durch eine Vielzahl von Krankheitsbildern ausgelöst werden. In erster Linie treten sie bei Störungen der Vitamin-D-Absorption (Malabsorption, chronischer Gallengangsverschluß etc.) auf.

Chronische Leber- und Nierenerkrankungen führen durch eine verminderte Umwandlung von Cholecalciferol in 1,25-$(OH)_2$-D_3 ebenfalls zum Calciumschwund des Skelettsystems. Die Sexualhormone spielen eine Rolle in der Regulation des Vitamin-D-Metabolismus, so daß ein Mangel an Sexualhormonen sekundär einen Vitamin-D-Mangel hervorruft. So sind osteoporotische Patienten sehr häufig Frauen in der Menopause. Hier ist die Synthese von 1,25-$(OH)_2$-D_3 gestört, was auf eine unzureichende Produktion von Sexualhormonen bei diesen Frauen zurückgeführt wird.

Beurteilung des Vitamin-D-Status

Die Versorgung mit Vitamin D wird durch Bestimmung der Plasmakonzentration ermittelt (s. Bestimmungsmethoden). Normale Konzentrationen von Vitamin-D-Metaboliten sowie Calcium, Phosphor und alkalischer Phosphatase im Blut beweisen eine ausreichende Bedarfsdeckung (Tab. 29). Klinische Symptome sind anhand von Knochenverformung feststellbar, die optisch direkt oder nach Röntgenaufnahmen erkennbar sind (O-Beine, Rosenkranz).

Bedarf, wünschenswerte Zufuhr

Die Verhinderung und Behandlung von Rachitis und Osteomalazie erfordert eine adäquate Versorgung sowohl mit Calcium und Phosphat als auch mit Vitamin D.

Die Empfehlungen beziehen sich nur auf oral zugeführte Vitamin-D-Mengen, wobei der Bedarf an exogenem Cholecalciferol von mehreren äußeren Faktoren geographischer, klimatischer und kultureller Art abhängt, welche die Sonneneinstrahlung auf die Haut beeinflussen. Da Untersuchungen auf die Vitamin-D-Versorgung an ausgewählten Personen in der BR Deutschland sehr niedrige Konzentrationen von Vitamin-D-Metaboliten im Plasma ergaben, wurde die Empfehlung für Erwachsene auf 5 µg Vitamin D/d als exogene Zufuhr festgelegt (Tab. 131). Im Säuglingsalter ist eine regelmäßige exogene Vitamin-D-Zufuhr von großer Bedeutung, da die Gehalte in der Muttermilch sowie in der Kuhmilch zur Bedarfsdeckung keinesfalls ausreichend sind. Zudem sind die klimatischen Bedingungen hierzulande für eine ausreichende Eigensynthese von Vitamin D ungünstig. Daher wird während des ersten Lebensjahres eine zusätzliche tägliche Zufuhr von 10 µg empfohlen, die die Mehrzahl der Säuglinge vor Rachitis schützt. Für frühgeborene Kinder, die einen erhöhten Bedarf haben und deren Absorption noch vermindert ist, wird während der ersten 2 bis 3 Lebensmonate eine tägliche Zufuhr von 25 µg Vitamin D empfohlen.

Zur Behandlung und Prävention der Rachitis werden synthetisches 1,25-$(OH)_2$-D_3 und Ana-

Tab. 131. Empfehlenswerte Höhe der Zufuhr von Vitamin D in µg/Tag (DGE 1985)

	Empfohlene Zufuhr
Säuglinge	
0–11 Monate	10
Kinder	
1– 3 Jahre	10
4– 6 Jahre	10
7–14 Jahre	10
Jugendliche	
15–18 Jahre	10
Erwachsene	
19–65 Jahre	5
über 65 Jahre	5
Schwangere ab	
4. Monat	+ 5
Stillende	+ 5

loga wie 1,α-Hydroxy-Vitamin-D eingesetzt. Die Anreicherung von Milch mit Vitamin D ist im Hinblick auf die Rachitisprophylaxe beim Säugling von Bedeutung. Es muß aber gleichzeitig – vor allem beim Kind – auf eine ausreichende Vorsorgung mit Calcium und Phosphat geachtet werden. Zur Rachitisprophylaxe stehen auch mit Vitamin D angereicherte Margarinen zur Verfügung. Eine gute Vitamin-D-Versorgung ist durch die Verabreichung von Lebertran gesichert.

In der Schwangerschaft und bei Stillenden wird ein erhöhter Vitamin-D-Bedarf vermutet.

Hypervitaminosen

Eine Vitamin-D-Hypervitaminose durch Fehlernährung ist unbekannt. Sie tritt nur dann auf, wenn durch falsch verstandene Rachitisprophylaxe zu große Vitamin-D-Mengen eingenommen werden.

Durch die mobilisierende Wirkung der Cholecalciferole kommt es zur Knochenentkalkung. Das aus den Knochen freigesetzte Calcium muß über die Nieren ausgeschieden werden, was unter Umständen zu einer Nephrocalcinose führen kann. Charakteristisch für Vitamin D ist die sehr enge Toleranzgrenze zwischen erforderlicher Menge und toxischer Dosis. Schon die 10fache Menge der empfohlenen Zufuhr, nämlich 50 µg/d über eine längere Periode eingenommen, führen zu Hypercalcämie und Nephrocalcinose.

Erste Symptome der Hypervitaminose sind Appetitlosigkeit, Übelkeit und Erbrechen. Durst und Polyurie sowie abwechselnd Verstopfung und Durchfall treten ebenfalls in den Anfangsstadien auf. Kopfschmerzen, Depressionen und betäubungsartige Zustände lassen häufig fälschlicherweise Meningitis vermuten. Die Plasmacalciumkonzentration kann auf 3 mmol/l und mehr ansteigen. Der Plasmaphosphatgehalt weist nicht unbedingt Veränderungen auf.

Radiographische Untersuchungen zeigen im fortgeschrittenen Stadium eine erhöhte Dichte der Knochen an ihren Wachstumszonen. Metastasenähnliche Calcifikationen können auftreten. Zur Verhütung einer Vitamin-D-Intoxikation ist es wichtig, die Frühsymptome zu erkennen und die Vitamin-D-Zufuhr drastisch zu senken.

3.3.2.2.3 Vitamin E (Tocopherole)

Allgemeines

1922: Evans und Bishop (USA) berichten über den Ernährungsfaktor »X«, der für die normale Reproduktionsfähigkeit der Ratte notwendig ist.
1922: Matill findet einen diätetischen Faktor »X« in Hefe und Kopfsalat.
1923: Evans et al. (USA) finden Faktor »X« in Luzerne, Weizen, Hafer, Fleisch und Butterschmalz.
1924: Sure nennt Faktor »X« Vitamin E.
1936: Evans et al. zeigen, daß Vitamin E zur Gruppe der Tocopherole gehört, isolieren verschiedene Tocopherole und finden, daß α-Tocopherol die aktivste Form darstellt.
1938: Fernholz klärt die Vitamin-E-Struktur auf.
1938: Karrer (Schweiz) synthetisiert Vitamin E.

Chemie

Unter dem Begriff »Vitamin E« wird eine Gruppe von Substanzen zusammengefaßt, die sich alle vom 2-Methyl-6-hydroxy-chroman ableiten. Enthalten sie am C-2 des Chromanrings eine gesättigte isoprenoide Seitenkette (16 C-Atome), so werden sie Tocopherole genannt. Sie unterscheiden sich durch die Anzahl und Stellung der Methylgruppen am Benzolring und werden als α-, β-, γ- und δ-Tocopherole bezeichnet (Abb. 68). Die korrespondierenden Moleküle mit einer ungesättigten isoprenoiden Seitenkette werden als α-, β-, γ- und δ-Toco-

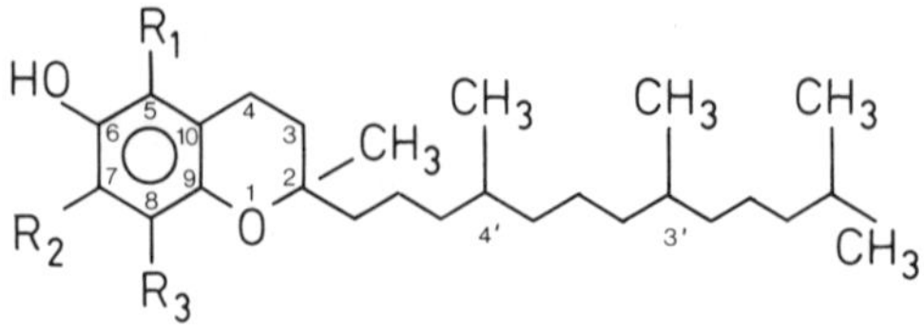

Name	R_1	R_2	R_3
α-Tocopherol	CH_3	CH_3	CH_3
β-Tocopherol	CH_3	H	CH_3
γ-Tocopherol	H	CH_3	CH_3
δ-Tocopherol	H	H	CH_3

Abb. 68. Struktur der Tocopherole.

trienole bezeichnet. Allen Tocopherolen und Tocotrienolen ist gemeinsam, daß sie in Stellung 6 des Benzolrings eine freie oder veresterte OH-Gruppe besitzen, die für die biologische Wirksamkeit des Moleküls unbedingt notwendig ist. Voraussetzung für ihre Wirksamkeit ist weiterhin die Anwesenheit mindestens einer Methylgruppe am Benzolring.

Natürlich vorkommendes α-Tocopherol wurde aufgrund seines Vermögens, die Ebene polarisierten Lichtes nach rechts zu drehen, als d-α-Tocopherol bezeichnet. Sein Epimer wurde mit dem Präfix »l« (l-α-Tocopherol) versehen. Die wichtigsten natürlichen Vertreter sind d-α-Tocopherol und d-γ-Tocopherol.

Synthetisches α-Tocopherol, hergestellt aus synthetischem Phytol oder Isophytol, stellt eine Mischung aus vier Racematen dar und wurde daher als *all-rac*-α-Tocopherol (= dl-α-Tocopherol) bezeichnet. Handelsüblich ist die stabilisierte veresterte Form (vor allem mit Essigsäure) als dl-α-Tocopherylacetat.

Biosynthese und Vorkommen/Nahrungsquellen
Zur Biosynthese der Tocopherole (und Tocotrienole) sind ausschließlich Pflanzen befähigt. Die Biosynthese erfolgt in den Samen höherer Pflanzen, unabhängig von der Lichtzufuhr. Das Verhältnis der einzelnen Tocopherole zueinander (α-, β-, γ-, δ-Tocopherol) ändert sich im Laufe des Wachstums. In Chlorophyll-haltigen Pflanzen ist der Tocopherolgehalt der Konzentration an Chloroplasten proportional.

Tocopherole kommen in fast allen pflanzlichen und tierischen Lebensmitteln vor. Bezüglich ihres Gehalts an Tocopherolen können die Lebensmittel in 3 Gruppen eingeteilt werden (Tab. 132):

Tab. 132. Vitamin E-Gehalt ausgewählter Lebensmittel (Angaben in mg/100 g Ware) (Kutsky 1981, Elmadfa, Bosse 1985)

hoch ist der Vitamin-E-Gehalt, wenn er bei 25–280 mg/100 g liegt
mittel ist der Vitamin-E-Gehalt, wenn er bei 7–25 mg/100 g liegt
niedrig ist der Vitamin-E-Gehalt, wenn er bis 7 mg/100 g beträgt

Lebensmittel	Tocopherole				errechnete biologische Wirksamkeit als
	α-	β-	γ-	δ-	D-α-Tocopheroläquivalent
Mit hohem Gehalt					
Weizenkeimöl	64–251	18–46	9–20	2–16	75–279
Maisöl	12– 29	–	40–95	–	22– 56
Baumwollsaatöl	47	–	28	–	54
Sonnenblumenkerne	50	3	–	–	51
Sonnenblumenöl	27	1	3	1	29
Mandeln	23– 27	Spuren	bis 1	–	23– 28
Sojaöl	10	–	59	26	25
Mit mittleren Gehalten					
Lupinenöl	2	–	51	–	15
Erdnüsse	10– 11	–	7–8	–	11– 14
Mit niedrigen Gehalten					
Sesam (ganzes Korn), Leinöl, Olivenöl, Persipan, Mohn, Walnüsse					bis 7
Eier, Gemüse und -produkte, Getreide und -produkte, Backwaren, Milch und -produkte, Kokosfett, Schmalz, Cashew-Kerne					Spuren bis 3

- besonders reiche Quellen,
- relativ gute Quellen und
- Lebensmittel, die relativ arm an Tocopherolen sind.

Biologische Wirksamkeit

Die biologische Wirksamkeit der natürlichen und synthetischen Tocopherole sowie ihrer Essigsäureester wurde im Tierversuch ermittelt. Die wesentlichen Ergebnisse dieser Untersuchungen sind:

- Mit abnehmender Zahl der CH_3-Gruppen am Benzolring nimmt die Wirksamkeit als Vitamin ab ($\alpha > \beta > \gamma > \delta$). In umgekehrter Reihenfolge verhalten sich die Tocopherole hinsichtlich ihrer Wirkung als Antioxidantien.
- Eine Veresterung der OH-Gruppe am Benzolring verringert die biologische Aktivität nur geringfügig (um 9%), eine Substitution der OH-Gruppe durch Amino- oder Thiogruppen ändert sie nicht, da diese Gruppen im Körper leicht abgespalten werden können.
- Die Tocotrienole besitzen gegenüber korrespondierenden Tocopherolen wesentlich geringere Wirksamkeiten: Für α-Tocotrienol beträgt sie 20–30% des α-Tocopherols.
- d-α-Tocopherol und sein Acetat sind um das 1,22 bis 1,47fache wirksamer als dl-α-Tocopherol und sein Acetat.
- Das natürliche d-α-Tocopherol ist sehr viel wirksamer als das synthetisch hergestellte l-Epimer. Das natürliche l-α-Tocopherylacetat besitzt eine biologische Wirksamkeit von nur 1-25% des d-α-Tocopherylacetats.
- Die Wirksamkeit von d-α-Tocopherylacetat zu dl-α-Tocopherylacetat zu l-α-Tocopherylacetat (im Hämolysetest an Ratten) beträgt 100:50:25.

Eine Internationale Einheit (I.E.) Vitamin E entspricht der Wirksamkeit von 1 mg dl-α-Tocopherylacetat. In neuerer Zeit wird die biologische Wirksamkeit der Tocopherole in »mg-d-α-Tocopheroläquivalenten« angegeben. Es wird definiert:

1 mg d-α-Tocopheroläquivalent =
1 mg d-α-Tocopherol = 1,49 I.E.

Die biologische Wirksamkeit der Tocopherole ist sehr unterschiedlich (Tab. 133).

Vitamin-E-Verluste bei der Zubereitung

Die Verluste an Vitamin E variieren zum einen in Abhängigkeit von der gewählten Zubereitungsart, zum anderen können aber bei derselben Zubereitungsart in Abhängigkeit vom verwendeten Lebensmittel z. T. erhebliche Unterschiede beobachtet werden (Tab. 134).

Tab. 133. Biologische Wirksamkeit der Tocopherole (ELMADFA, BOSSE 1985)

1 D-α-Tocopheroläquivalent ≙
1,00 mg D-α-Tocopherol
für die Praxis gelten die Umrechnungsfaktoren:
0,91 × D-α-Tocopherylacetat
0,74 × D,L-α-Tocopherol
0,67 × D,L-α-Tocopherylacetat
0,50 × D,L-β-Tocopherol
0,25 × D,L-γ-Tocopherol
0,01 × D,L-δ-Tocopherol

Bestimmungsmethoden

Die Bestimmung der Tocopherole erfolgt entweder direkt (einfache Gemische) oder nach vorheriger Extraktion und Verseifung der zu untersuchenden Probe (komplexe Gemische). Die eigentliche quantitative Analyse der Tocopherole kann mit Hilfe spektrophotometrischer, oxidometrischer, fluorometrischer oder verschiedener chromatographischer Methoden durchgeführt werden.

Trennung und Quantifizierung der Tocopherole werden derzeit in zunehmendem Maße mittels Hochauflösungs-Dünnschicht-Chromatographie (HPTLC) oder Hochdruck-Flüssigkeits-Chromatographie (HPLC) durchgeführt.

Absorption, Beeinflussung der Verfügbarkeit und Stoffwechsel

Die Verdauung und Absorption der Tocopherole erfolgt zusammen mit den Nahrungslipiden und erfordert folglich die ausreichende Bereitstellung von Pankreaslipasen und Gallensäuren. Die Absorption der Tocopherole findet vorwiegend im oberen und mittleren Dünndarm statt, wahrscheinlich über den Mechanismus einer nicht sättigbaren, passiven Diffusion. Vor der Aufnahme werden die Tocopherylester im Darmlumen unter dem Einfluß der Pankreas-Carboxylester-Hydrolase gespalten, transportiert wird das freie Tocopherol. In der Leber und anderen Organen (z. B. Testes, Depotfett) kommt neben freiem auch verestertes Tocopherol vor, was auf eine nach der Absorption – wahrscheinlich in der Leber – erfolgte Rever-

Tab. 134. Zubereitungsverluste an Vitamin E (ELMADFA et al. 1987)

Zubereitungsart	Verluste in % (berechnet auf der Basis der TS)	Lebensmittel
Kochen	0	Eier, Rindfleisch
	3	Reis
	51	Huhn
Pochieren	0,5	Eier
Dünsten	0	Weißfisch, Kohl, Wurzelgemüse, Kartoffeln, Batate, Lauch, Pastinake, Kernobst, Rhabarber
	8	Broccoli
	0–12	Beerenobst
	0–22	Steinobst
	34	Blumenkohl
	38	Zuckermais
Backen	4	Kernobst
	13	Weißfisch
	15	Kartoffeln
Braten	0	Fettfisch, Rindfleisch, Bries
	31	Eier
	32	Kartoffeln
	0–38	Würstchen
	43	Niere
	0–45	Leber
Grillen	0	Fettfisch, Rindfleisch, Schweinefleisch
	9–52	Würstchen
	31–39	Lammfleisch

esterung schließen läßt.

Die Bioverfügbarkeit der Tocopherole hängt entscheidend von der Art des Nahrungsfettes ab, in dem sie gelöst sind. Neben dem Grad der Nichtsättigung ist auch die Kettenlänge der Fettsäuren für die Tocopherolabsorption von Bedeutung. So wird die Absorption durch langkettige, ungesättigte Fettsäuren, insbesondere Linolsäure, beeinträchtigt, während mittelkettige Triglyceride die Absorptionsrate begünstigen. Eine eindeutige Erklärung dieses Effektes steht bislang noch aus. Folgende Mechanismen könnten eine Rolle spielen:

- Die Polyenfettsäuren verbessern die Löslichkeit des Vitamins in der Mizelle. Dadurch wird der Trennungskoeffizient zwischen Mizelle und Zellmembran verschoben.
- Die Polyenfettsäuren vergrößern die Mizelle, wodurch die Diffusionsrate zur Zellmembran verzögert wird.
- Die ungesättigten Fettsäuren vermehren die negativen Ladungen auf der Mizellenoberfläche. Dies erschwert die Diffusion zur negativ geladenen Zellmembran.

Die Absorptionsfähigkeit steht in etwa linearer Beziehung zur Vitamin-E-Dosis (Tab. 135).

Bei physiologischen Vitamin-E-Mengen, wie sie über die Nahrung zugeführt werden, ist die Absorption relativ konstant und wird auch durch unterschiedliche Fettmengen nicht wesentlich verändert. Es wird angenommen, daß die Absorption durch Nahrungscholesterin begünstigt wird. Abhängig von der Nahrungszusammensetzung und den vorhandenen Tocopherolen variiert die Tocopherol-Absorption sehr stark. Sie beträgt für α-Tocopherol 20–80% der Dosis, mit einem für die Praxis gültigen Mittelwert von 30%.

Die Tocopherole werden in Blut und Lymphen durch Bindung an Lipoproteine transpor-

Tab. 135. Dosisabhängigkeit der Tocopherolabsorption beim Menschen (SCHMANDKE et al. 1969)

mg DL-α-Tocopherol	10	30	50	100	1500	2000
Absorptionsquote (%)	97	87	73	68	70	55

tiert. Das absorbierte Vitamin E erscheint zunächst in den Chylomikronen und wird nach Eintritt in den Blutstrom rasch auf die anderen Lipoproteinfraktionen umverteilt. Unter normalen Bedingungen sind die LDL Hauptcarrier des Gesamt-Tocopherols (bis 65%). Auf die HDL-Fraktion entfallen ca. 24% und auf die VLDL-Fraktion ca. 8% des Gesamt-Tocopherols.

In zahlreichen Studien wurden positive Korrelationen zwischen der Plasma-Tocopherolkonzentration und dem Gehalt an Gesamtlipiden, Cholesterin, β-Lipoproteinen, Triglyceriden bzw. Phospholipiden ermittelt. Entsprechend diesem Zusammenhang gehen pathologische Veränderungen der Plasmalipidkonzentrationen mit Veränderungen des Tocopherolgehaltes im Blut einher. Daher sollte die Tocopherolkonzentration im Blut immer in Beziehung zu den Gesamtlipiden beurteilt werden. Als Richtwert wird ein Verhältnis von 0,8 mg Tocopherol/g Gesamtlipide im Serum angesehen.

Das im Blut zirkulierende Tocopherol wird schnell von den Geweben aufgenommen. Obwohl die Aufnahmerate für α- und γ-Tocopherol annähernd gleich verläuft, hat das γ-Tocopherol eine schnellere Umsatzrate.

Das Tocopherol wird im gesamten Organismus verteilt, wobei das Fettgewebe den größten Tocopherolspeicher darstellt. Bezogen auf Gramm Fett dominieren die Tocopherolgehalte in Plasma, Leber, Hypophyse und Niere (Tab. 136).

Während das Leber-Tocopherol einen rasch verfügbaren Pool bildet, wird das im Depotfett gespeicherte Vitamin E nicht wieder freigesetzt.

Die Tocopherolverteilung auf die einzelnen Gewebe und Organe sowie deren Speicherkapazität ist je nach Tierart unterschiedlich. Sowohl der Plasma-Tocopherolgehalt als auch zelluläre Membranbarrieren scheinen die Speicherung zu beeinflussen. Das absorbierte Tocopherol unterliegt im Organismus mehreren Oxidationsprozessen. Die bedeutendste metabolische Reaktion ist die Oxidation zum Tocopherylchinon, welches seinerseits zum Hydrochinon reduziert werden kann. Tocopherylchinon kann auch zum Dimer oder Trimer umgewandelt

Tab. 136. Tocopherolgehalt einiger Gewebe und Organe des Menschen (MACHLIN 1984)

Gewebe/Organ	mg Tocopherol/ g Fett
Plasma	1,4
Erythrocyten	0,5
Thrombocyten	1,3
Depotfett	0,2
Niere	0,3
Leber	0,3
Muskel	0,4
Ovar	0,6
Uterus	0,7
Herz	0,7
Nebenniere	0,7
Testes	1,0
Hypophyse	1,2

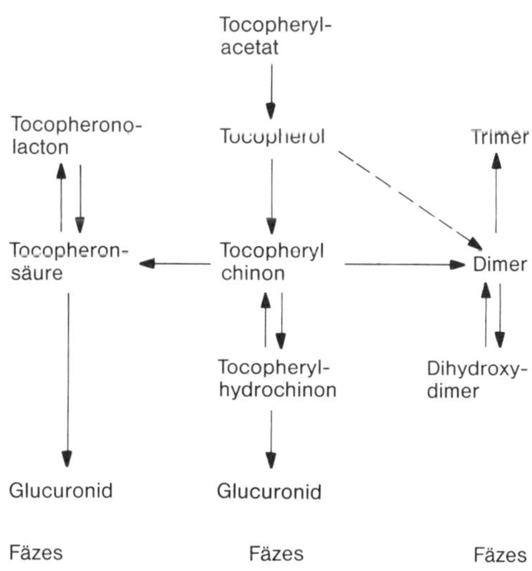

Abb. 69. Stoffwechsel des Tocopherols (nach DRAPER und CSALLANY 1969).

werden und als solches über Galle und Darm in den Fäzes eliminiert werden (Abb. 69).

Als weiteres Abbaupodukt konnte das Tocopheronolacton identifiziert werden. Dieser sogenannte »SIMON-Metabolit« wird durch Bindung an Glucuronsäure in den Urin ausgeschieden. Allerdings durchläuft nur ca. 1% der aufgenommenen Tocopherolmenge diesen Stoffwechselweg.

Die Hauptelimination des Tocopherols (10–75%) erfolgt über die Fäzes. Da der endogene Vitamin-E-Verlust über die Galle mengenmäßig nur gering ist, stammt das im Stuhl nachweisbare Tocopherol vorwiegend aus anderen Quellen, wie unvollständiger Absorption, Zellabschilferung und Sekretion aus Mukosazellen.

Funktionen

Die Funktionen der Tocopherole sind noch nicht endgültig geklärt. Es existieren mehrere Erklärungsansätze, die in der Literatur als »Hypothesen der Wirkungsweise von Vitamin E« bekannt geworden sind.

Alle Hypothesen beruhen auf unterschiedlichen Interpretationen der zahlreichen Stoffwechselveränderungen von Vitamin-E-unterversorgten Tieren (teilweise auch im Humanbereich) sowie der Beeinflussung dieser Veränderungen durch In-vitro-Zugaben von Vitamin E. Derzeit gibt es im wesentlichen vier Hypothesen über die biologische Wirkungsweise des Vitamin E.

Die **Antioxidationshypothese** besagt, daß Tocopherole als physiologische Antioxidantien wirken. In dieser Funktion schützt Vitamin E Polyenfettsäuren sowie andere leicht oxidierbare Verbindungen in Geweben vor Sauerstoff. Tocopherol dient hierbei als endständiger Elektronenakzeptor im Energiewechsel.

Die **Membranschutzhypothese** beschreibt die membranstabilisierende Wirkung der Tocopherole. Dabei ist das von MOLENAAR et al. (1980) entwickelte Modell geeignet, Antioxidans- und Membranschutzhypothese zu vereinen. Diesem Modell zufolge sind die Tocopherolmoleküle den ungesättigten Fettsäuren der Phospholipide zugeordnet, und zwar nur solchen Phospholipiden, die Integralproteinen benachbart sind, die Radikale produzieren, z.B. den mischfunktionellen Oxygenasen (Abb. 70). Dieses Modell setzt den Membranaufbau nach dem SINGER-NICOLSON-Modell (1972) voraus und bietet eine Erklärung für das ungleiche Verhältnis von Tocopherol zu Arachidonsäure in den Membranen; dieses Verhältnis beträgt z.B. in der Mitochondrienmembran 1:50, in der Erythrozytenmembran 1:5000.

Die **Atmungskettenhypothese** beschreibt die spezifische Rolle des Tocopherols beim Elektronentransport in den Mitochondrien. Dabei soll Vitamin E als Katalysator für die Atmung oder als Regulator spezifischer Enzyme und Coenzymkonzentrationen in den Mitochondrien fungieren.

Die **Hypothese der genetischen Regulation** nimmt eine Funktion der Tocopherole beim Transfer der genetischen Information von den Chromosomen zur Zelle an. In dieser Funktion soll Vitamin E die Synthese spezifischer Proteine und Enzyme regulieren, die in der Differenzierung und Adaption entsprechender Gewebe benötigt werden.

Die beschriebenen Hypothesen über die Wirkungsweise der Tocopherole können sich keinesfalls ersetzen, sie können sich allenfalls ergänzen.

Vitamin-E-Mangel und Tocopherolstatus

Bei gesunden Menschen, die sich vielseitig ernähren (gemischte Kost), wurde Vitamin-E-Mangel bisher nicht beobachtet. In Folge pathologischer Veränderungen der Verdauungs- und Absorptionsprozesse kann es zu einer suboptimalen Versorgung mit diesem Vitamin kommen, durch die der Vitamin-E-Status verschlechtert wird:

- Aufgrund des eingeschränkten Tocopheroltransfers von der Placenta zum Fetus verfü-

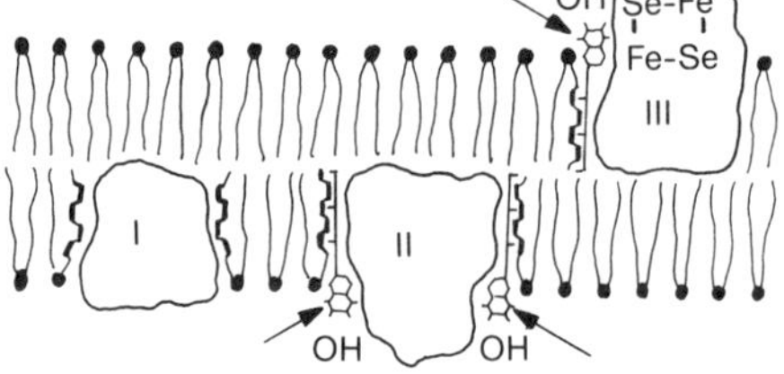

Abb. 70. Hypothese zur Lokalisierung des Tocopherols in der Membran (nach MOLENAAR et al. 1980).
Die Pfeile zeigen auf die vermutete Lokalisierung des Tocopherolmoleküls in der Membran. I = Integralprotein; II = Integralprotein als Teil einer mischfunktionellen Oxidase; III = Selenid-enthaltenes, nicht-Hämeisen-Integralprotein.

gen Neugeborene und besonders Frühgeborene über relativ geringe Tocopherolspeicher (Plasmakonzentration: 0,23 mg/dl). Sie reagieren somit empfindlich auf eine suboptimale Vitamin-E-Versorgung. Es ist daher wichtig, für eine ausreichende Vitamin-E-Zufuhr in der Nahrung dann zu sorgen, wenn der Säugling keine Humanmilch erhält.
Durch das relativ schnelle Wachstum der Säuglinge wird die Bedeutung einer der Situation entsprechend adaptierten Ernährung und auch Vitamin-E-Versorgung hervorgehoben.
Bei Erwachsenen ist Vitamin E im Körpergewebe ausreichend gespeichert; eine vollständige Entleerung der Speicher findet unter Normalbedingungen nicht statt. Veränderungen werden in dieser Hinsicht erst durch längerfristige (Monate, Jahre), suboptimale Vitamin-E-Zufuhren erreicht.

- Persistierende und prolongiert verlaufende intestinale Malabsorptions-Syndrome führen regelmäßig dann zu einer suboptimalen Vitamin-E-Versorgung, wenn nicht eine umfangreiche Tocopherol-Substitutionstherapie eingesetzt wird. Der Grad der suboptimalen Vitamin-E-Versorgung verläuft proportional zur Intensität der Absorption.
Biliäre Atresien und andere hepatobiliäre Erkrankungen rufen ein intensives Vitamin-E-Defizit hervor. Die Behandlung durch eine orale Vitamin-E-Therapie ist unbefriedigend.
Malabsorptionserscheinungen wurden am häufigsten bei Kindern mit cystischer Fibrose untersucht; sie weisen ein deutliches Vitamin-E-Defizit auf. Obgleich das neuromuskuläre und das hämatologische System durch die suboptimale Vitamin-E-Versorgung nur begrenzt geschädigt werden, sind leichte pathologische Veränderungen und andere biochemische Indikatoren einer Beeinträchtigung der inneren Organe, wenn auch eingeschränkt, bei diesen Patienten vorhanden.
- Eine erhöhte Hämolyseneigung der Erythrozyten in vitro und eine leicht verkürzte Erythrozyten-Lebenszeit in vivo bei Patienten mit einem Vitamin-E-Defizit bestätigt die Bedeutung des Vitamin E für die Erythrozytenmembran.
- In vielen Organen von Patienten mit einem Vitamin-E-Defizit konnte die Anhäufung des Zeroidpigments nachgewiesen werden, besonders in der glatten Muskulatur. Dieses Pigment steht zwar mit einem Vitamin-E-Mangel in Verbindung, eine Beziehung zur Organpathologie ist jedoch nicht bewiesen.

Zur Beschreibung der pathophysiologischen Bedeutung einer suboptimalen Vitamin-E-Versorgung läßt sich eine dreistufige Klassifikation verwenden:

- Die erste Stufe zeichnet sich durch eine leichte, graduell abgestufte Abnahme der Tocopherolspeicher (gemessen am Plasma- oder Serum-Tocopherolgehalt, er beträgt bei gutem Versorgungszustand 1,0–0,8 mg/dl) ohne physiologische Besonderheiten aus.
- In der zweiten Stufe liegt eine mittlere Abnahme der Tocopherolspeicher vor (Plasmatocopherolgehalt 0,7–0,5 mg/dl). Sie ist durch zunehmende Empfindlichkeit der Erythrozyten gegenüber oxidativer Hämolyse mit H_2O_2 oder Dialursäure (Hämolyserate $> 10\%$) und einer ebenfalls abgestuften Kreatinurie gekennzeichnet.
- Die dritte Stufe wird durch eine signifikante Abnahme der Tocopherolspeicher (Plasmatocopherolgehalt $< 0{,}5$ mg/dl und einer Hämolyserate $> 20\%$) charakterisiert. Es können Funktionsstörungen der Skelettmuskulatur vorliegen; histologisch sind in der glatten Muskulatur Zeroidpigment-Ablagerungen nachweisbar. Diese Symptome gleichen denen einer beginnenden Myopathie bei Vitamin-E-Mangeltieren.

Vitamin-E-Bedarf, wünschenswerte Zufuhr

Über den **Grundbedarf** an Tocopherol beim Menschen sind bislang nur wenige Informationen bekannt. Anhand der Bestimmung der Ausscheidung eines Endabbauproduktes des α-Tocopherols im Harn, des α-Tocopheronolactons, wurde ein Grundbedarf von 6 mg d,l-α-Tocopherol pro Tag ermittelt. Dabei wurde berücksichtigt, daß die Versuchskost untersuchter Probanden etwa 7 g Polyenfettsäuren (PFS) enthielt. Später wurde in langjährigen Untersuchungen mit einer polyensäurearmen Diät ein Grundbedarf von etwa 4 mg d-α-Tocopherol/d bestimmt. Diese Menge ist als die unterste Grenze der Zufuhr angesehen worden, bei der die Lipidperoxidation im Gewebe gerade noch verhindert werden kann. Als klinisches Beurteilungskriterium galt hier die Hämolyseneigung der Erythrozyten.

Der **Mehrbedarf** ist in erster Linie auf die Höhe der Zufuhr an Polyenfettsäuren zurückzuführen. Aus vielen Untersuchungen ging hervor, daß durch die mehrfach ungesättigten Fettsäuren sowohl eine Verminderung der Tocopherolabsorption als auch eine Intensivierung der oxidativen Transformation des Tocopherols zu Tocopherylchinon im Fettgewebe bewirkt werden.

In Untersuchungen an verschiedenen Tierspezies wurde festgestellt, daß der Körper 0,5 (0,4–0,6) mg d-α-Tocopherol je g aufgenommener PFS benötigt. Hier werden die PFS als Linolsäure ausgedrückt, da die einzelnen Fettsäuregruppen, je nach Anzahl der Doppelbindungen im Molekül, den Tocopherolbedarf unterschiedlich stark steigern, wobei die Ölsäure eine Wirksamkeit von 3% der Linolsäure aufweist, während die der α-Linolensäure bei etwa 200% liegt.

Die wünschenswerte Zufuhr an Vitamin E berücksichtigt demzufolge neben dem Grundbedarf auch den durch die PFS-Aufnahme verursachten Mehrbedarf (Tab. 137).

Tab. 137. Empfehlenswerte Höhe der Zufuhr von Vitamin E in mg D-α-Tocopherol-Äquivalent[1] pro Tag (DGE 1985)

	Empfohlene Zufuhr[2]
Säuglinge	
0– 2 Monate	3
3– 5 Monate	4
6–11 Monate	4
Kinder	
1– 3 Jahre	5
4– 6 Jahre	7
7– 9 Jahre	8
10–12 Jahre	10
13–14 Jahre	12
Jugendliche	
15–18 Jahre	12
Erwachsene	
19 – über 65 Jahre	12
Schwangere ab 4. Monat	+ 2
Stillende	+ 5 [3]

[1] 1 mg D-α-Tocopherol-Äquivalent = 1,1 mg D-α-Tocopherylacetat = 2,0 mg D-β-Tocopherol = 4,0 mg D-γ-Tocopherol = 100 mg D-δ-Tocopherol = 3,3 mg D-α-Tocotrienol = 1,49 mg D,L-α-Tocopherylacetat

[2] ca. 10% Zubereitungsverluste berücksichtigt

[3] ca. 0,59 mg α-Tocopherol-Äquivalente Zulage pro 100 g sezernierte Milch

Die Empfehlungen der Deutschen Gesellschaft für Ernährung (DGE) für die wünschenswerte Höhe der Tocopherolzufuhr basieren auf einem Grundbedarf von 6 mg d-α-Tocopherol l/d und berücksichtigen dabei eine PFS-Aufnahme von ca. 7 g/d. Für die Ermittlung des Mehrbedarfs wird hier die in den letzten Verzehrserhebungen 1980/81 erfaßte PFS-Aufnahme herangezogen. Laut Ernährungsbericht 1984 beträgt diese für weibliche Personen (als Durchschnitt aller Altersgruppen) 15,1 g und für männliche 17,4 g pro Tag. Der Mehrbedarf wird errechnet durch Multiplikation der Differenz zwischen der mittleren Gesamt-PFS-Aufnahme $\{(17{,}4 + 15{,}1) \div 2 = 16{,}2\text{ g}\}$ und der bei der Ermittlung des Grundbedarfs angenommenen PFS-Zufuhr (7 g) mit dem Faktor 0,5, um die zur Kompensation der hohen PFS-Aufnahme benötigte Tocopherolmenge ermitteln zu können. Dies entspricht:

$$16{,}2 - 7 = 9{,}2 \times 0{,}5 = 4{,}6 \text{ mg d-}\alpha\text{-Tocopheroläquivalente}$$

Bei sachgemäßer Nahrungszubereitung beträgt der mittlere Tocopherolverlust 10%. Die wünschenswerte Vitamin-E-Zufuhr beträgt somit:

Grundbedarf + Mehrbedarf + Sicherheitszuschlag =
6 mg + 4,6 mg + 1,1 mg = 11,7 mg
≈ 12 mg d-α-Tocopheroläquivalente

Die Empfehlungen der DGE für die Vitamin-E-Zufuhr berücksichtigen verschiedene Altersgruppen beider Geschlechter sowie Schwangere und Stillende (Tab. 137).

Diesen Empfehlungen steht eine durchschnittliche tägliche Vitamin-E-Aufnahme Erwachsener, einschließlich Senioren, von 12 mg für weibliche und 15 mg für männliche Personen gegenüber. Diese Daten machen deutlich, daß die Bevölkerung der Bundesrepublik Deutschland durchschnittlich gut mit Vitamin E versorgt ist.

Vitamin E in der Therapie

Die prophylaktisch bzw. therapeutisch eingesetzten Vitamin-E-Mengen (mehrere hundert Milligramm pro Tag) liegen in einer Größenordnung, die den Bedarf an diesem Vitamin um ein Vielfaches überschreiten und somit nicht als Unterstützung der den physiologischen Bedarf deckenden Zufuhr angesehen werden dürfen.

Nach heutigem Wissensstand ist die therapeutische Anwendung von hochdosiertem Vitamin E lediglich in einigen, in der Praxis allerdings selten anzutreffenden Fällen, indiziert. Hierzu zählen die Behandlung von Frühgeborenen und Patienten mit Anzeichen eines Vitamin-E-Mangels infolge gestörter Fettverdauung und -absorption, sowie von Patienten, die an der arteriellen Verschlußkrankheit Claudicatio intermittens leiden.

Zur Erforschung anderer möglicher therapeutischer Effekte von Vitamin E ist zwar oft eine theoretische Basis gegeben, verläßliche objektive Beweise für solche Effekte sind jedoch dürftig, da die Zahl der gut kontrollierten Studien mit angemessener Teilnehmerzahl zu gering ist. So ist es beispielsweise nicht bewiesen, daß durch die Zufuhr unphysiologisch hoher Vitamin-E-Mengen positive Wirkungen etwa im Sinne einer allgemeinen Leistungssteigerung, einer Steigerung der sexuellen Potenz oder gar einer Verlangsamung des Alterungsprozesses beim Gesunden erzielt werden können.

Mögliche Nebenwirkungen und Wechselwirkungen mit Medikamenten

Eine orale Aufnahme bis zu 300 mg d,l-α-Tocopherylacetat pro Tag für eine begrenzte Zeitdauer wird im allgemeinen für gesunde Erwachsene als nicht toxisch angesehen. Bei Verwendung höherer Mengen können jedoch vereinzelt Nebenwirkungen in Form von Übelkeit, Erbrechen, Kopfschmerzen und Schwindelgefühlen auftreten. Als Folge der Aufnahme hoher Vitamin-E-Mengen kann es ebenso zu Muskelschwäche, zu Erschöpfungszuständen und visuellen Beschwerden kommen. Weitere Nebenwirkungen beim Menschen, etwa eine Verminderung des Gehaltes an Schilddrüsenhormonen im Blut oder eine Zunahme der Steroidausscheidung über den Urin, sind aus der Literatur bekannt. Tierversuche deuten außerdem auf eine Steigerung des Bedarfs an den Vitaminen D und K infolge der Zufuhr hoher Mengen an Vitamin E hin. Da Tocopherole im Körper gespeichert werden, sind die Folgen hoher Einnahmen über längere Zeiträume hinweg nur schwer vorauszusagen.

Durch die Aufnahme hoher Vitamin-E-Mengen können Wechselwirkungen mit blutgerinnungshemmenden Medikamenten vom Cumarin-Typ auftreten. In der Literatur ist ein Fall bekannt, bei dem die gleichzeitige Einnahme von Warfarin, Clofibrat und täglich 1200 mg d,l-α-Tocopherylacetat zu einer verlängerten Prothrombinzeit und subkutanen Blutungen führte. Weitere Untersuchungen an Mensch und Tier bestätigten, daß hohe Vitamin-E-Aufnahmen den blutgerinnungshemmenden Effekt von Warfarin potenzieren und damit die Gefahr von Hämorrhagien hervorrufen können. Es gibt weiterhin Hinweise darauf, daß die Gabe von Vitamin E einer Eisentherapie im Rahmen der Behandlung einer Eisenmangelanämie bei Kindern entgegenwirken kann.

3.3.2.2.4 Vitamin K

Allgemeines

Die Synonyma für Vitamin K (Tab. 112) sollten nicht länger verwendet werden.

1929: Dam (Dänemark) berichtet, daß Hühner bei Verabreichung etherextrahierter synthetischer Futtermischung Hämorrhagien entwikkeln.

1935: Dam nennt den fehlenden Faktor Vitamin K.

1935: Almquist und Stokstad (USA) entdekken Vitamin K in Fischmehl und Luzerne.

1939: Dam und Karrer (Schweiz) isolieren Vitamin K aus Luzerne.

1939: Doisy (USA) isoliert Vitamin K_1 aus Luzerne und Vitamin K_2 aus Fischmehl.

1939: MacCorquodale, Cheney und Fieser (USA) bestimmen die Struktur von Vitamin K_1.

1939: Almquist und Klose synthetisieren Vitamin K_1.

1941: Link (USA) entdeckt Dicumarol.

Chemie, physiologische Formen

Alle Substanzen mit Phyllochinon-Wirksamkeit (K-Vitamine) leiten sich vom natürlicherweise nicht vorkommenden 2-Methyl-1,4-Naphthochinon (Menadion) ab. Vorausetzungen für die Vitamin-K-Aktivitat sind:

1. Der Benzolring darf nicht substituiert werden.
2. Chinonstruktur bzw. eine Konfiguration, aus der leicht in vivo ein Chinon entstehen kann, z. B. ein Hydrochinon oder ein p-Diamin.
3. Vorhandensein einer CH_3-Gruppe in Position 2.
4. Struktur der Seitenkette am C-Atom 3. Optimal sind natürliche Terpenketten mit 20 C-Atomen. Seitenketten unter 8 C-Atomen führen zur Inaktivität; eine Ausnahme bildet Menadion (K_3).

Bis zu 100 Verbindungen mit Vitamin-K-Wirksamkeit sind bekannt, von diesen Phyllochinonen sind jedoch nur einige von Bedeutung (Abb. 71).

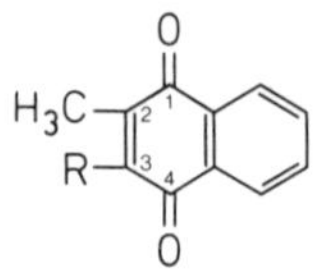

2-Methyl-1,4-naphthochinon
Vitamin K_3 (Menadion), wenn R = H

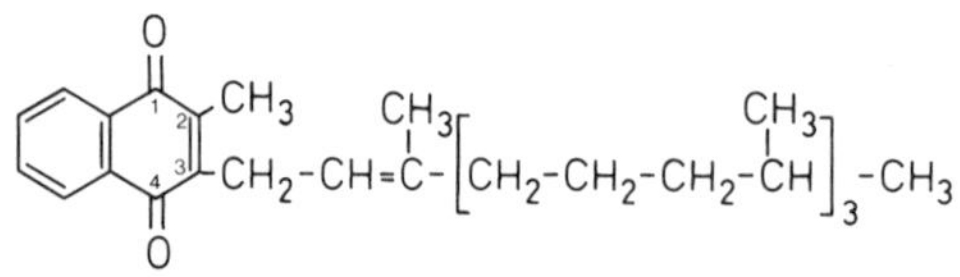

2-Methyl-3-phytyl-1,4-naphthochinon
Vitamin K_1 (auch α-Phyllochinon)

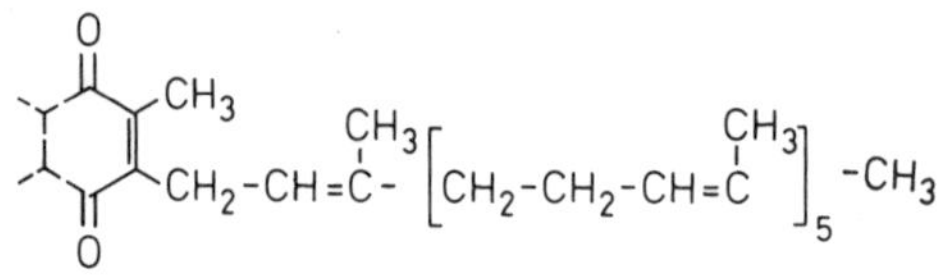

2-Methyl-3-difarnesyl-1,4-naphthochinon
Vitamin K_2 (30); Menachinon-6 (auch β-Phyllochinon)

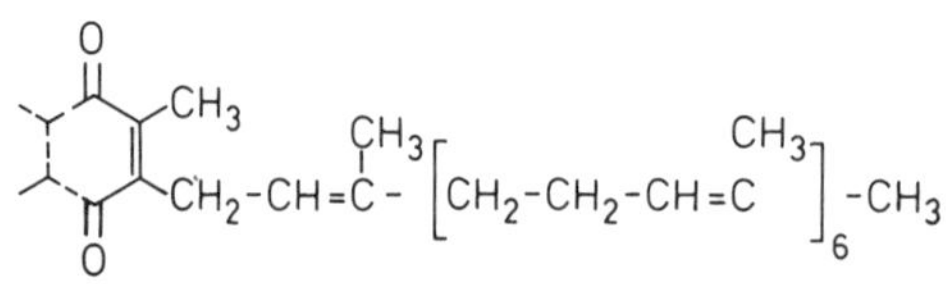

Vitamin K_2 (35); Menachinon-7

Abb. 71. Die wichtigsten Phyllochinone mit Vitamin-K-Wirksamkeit.

Tab. 138. Die biologische Aktivität verschiedener Phyllochinone (modif. nach ISLER 1959)

Verbindung	Aktivität (Küken-Test)
Vitamin K_1	100
Vitamin K_2 (30)	
Menachinon-6	100
Vitamin K_2 (35)	
Menachinon-7	70
Vitamin K_3	
Menadion	100

Vitamin K_1 (α-Phyllochinon) trägt eine Phytylseitenkette in Position 3. Es ist wasserunlöslich, aber gut löslich in Alkohol, Benzol, Chloroform, Ether und in pflanzlichen Ölen. Gegen Sauerstoff, Licht und Erhitzen ist es wenig beständig.

Vitamin K_2 (Menachinon) trägt einen Difarnesylrest (4 bis 13 Isoprenreste). Die am häufigsten vorkommenden Formen sind Vitamin K_2 (30) und Vitamin K_2 (35) mit 6 bzw. 7 Isoprenresten (30 bzw. 35 C-Atome). Beide haben in ihren isoprenoiden Seitenketten eine all-trans-Konfiguration. Cis-Doppelbindungen in der Nähe des Ringsystems schwächen die biologische Aktivität. Vitamin K_2 ist unlöslich in Wasser und wenig löslich in den meisten organischen Lösungsmitteln.

Vitamin K_3 (Menadion) hat die gleiche Löslichkeit und Wirksamkeit wie Vitamin K_1. Es wird von Alkali, starken Säuren und reduzierenden Substanzen zersetzt. Gegen Sauerstoff ist es unempfindlich; aber Lichteinwirkung zersetzt es unter Braunfärbung. Ölige Lösungen sind hitzestabil und bei Zimmertemperatur im Dunkeln beständig. Vitamin K_3 in fester Form reizt Atemwege und Haut. Die Wirksamkeit von Menadion (ohne Seitenkette) ist dadurch zu erklären, daß es in vivo in Vitamin K_2 (20) umgewandelt wird (Tab. 138). Daher wird das Menadion auch als Provitamin bezeichnet. Menadion-Natriumbisulfit und Menadion-Diphos-

Die relative Wirksamkeit bezogen auf Dicumarol:

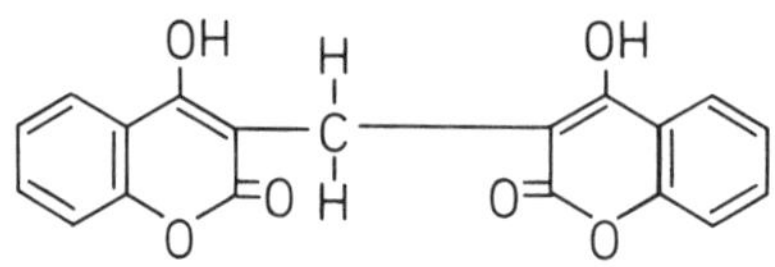

Dicumarol
1

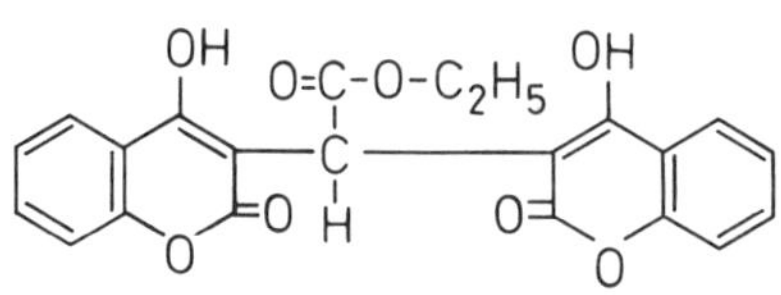

Tromexan
0,2

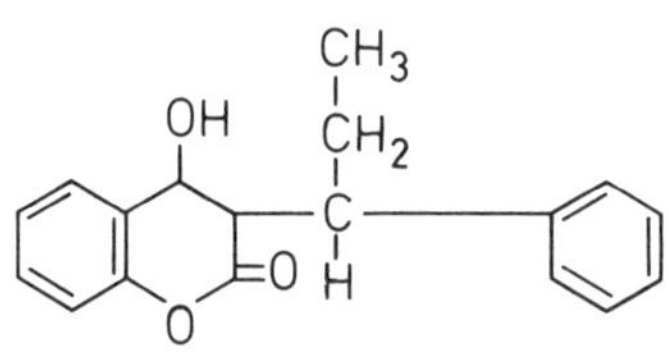

Markumar
10–25

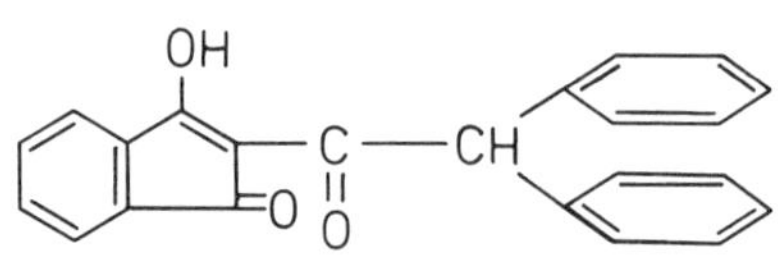

Dipaxin
200

Abb. 72. Vitamin-K-Antagonisten.

Tab. 139. Vitamin-K-Gehalt in ausgewählten Lebensmitteln (Kutsky 1981 und Elmadfa et al. 1987)

hoch ist der Vitamin-K-Gehalt, wenn er über 100 µg/100 g liegt
mittel ist der Vitamin-K-Gehalt, wenn er bei 10 bis 100 µg/100 g liegt
niedrig ist der Vitamin-K-Gehalt, wenn er unter 10 µg/100 g liegt

Milch	
Frauenmilch	3
Kuhmilch, Rohmilch	4
– 3,5% Fett	3,7
– 1,5% Fett	1,6
– entrahmt	0,1
Milchprodukte und Käse	
Joghurt und Magermilch	0,5
Speisequark, 40% Fett i. Tr.	50
– 20% Fett i. Tr.	23
– mager	1,2
Eier	
Hühnerei (Gesamtinhalt)	45
Fette und Öle	
Tierische Fette und Öle	
Butter	60
Pflanzliche Fette und Öle	
Maiskeimöl	50
Sonnenblumenöl	500
Fisch	
Dorschleber	100
Fleisch und Geflügel	
Geflügel	
Huhn (Brathuhn)	300
– Herz	720
– Leber	590
Hammel- u. Lammfleisch	
Muskelfleisch (ohne Fett)	bis 200
Kalbfleisch	
Leber	150
Rindfleisch	
Muskelfleisch (ohne Fett)	210
Leber	300
Schweinefleisch	
Muskelfleisch (ohne Fett)	18
Leber	24

Getreide	
Hafer (Korn, entspelzt)	50
Mais (Korn)	40
Weizen (Korn)	17
Weizenkeime	350
Weizenkleie	80
Gemüse, Hülsenfrüchte, Pilze	
Blumenkohl	300
Bohnen (grün, Schnittbohnen)	22
Broccoli	130
Erbsen (Schote u. Samen, grün)	39
Gurken	5
Karotten	80
Kartoffeln	50
Kresse (Brunnenkresse)	57
Kohl (grüne Blätter von Weißkohl, Grünkohl)	125
Kopfsalat	200
Pilze (Champignon)	17
Rosenkohl	570
Rotkohl	bis 300
Sauerkraut	1540
Sellerie	10
Sojabohnen (Samen, trocken)	190
Sojamehl (Vollfett)	200
Spargel	40
Spinat	350
Tomaten (reif)	8
Zuckermais	2
Obst	
Apfel	bis 5
Avocado	8
Erdbeeren	13
Hagebutten	bis 100
Orangen	2
Bananen	2
Pfirsich	1
Rosinen	8

phat (Vitamin K_4) werden synthetisch hergestellt.

Weitere aktive Analoga sind Phythiocol, Synkayvite sowie die Vitamine K_5 (1-Hydroxy-2-methyl-4-aminonaphthalin-hydrochlorid) und K_6 (2-Methyl-1,4-diamino-naphthalin-dihydrochlorid). Inaktive Analoga stellen die reduzierten Vitamine der K-Gruppe dar. Als Synergisten gelten die Vitamine E, A und C.

Derivate des Cumarins und Dicumarins wirken als Antagonisten des Vitamin K (Abb. 72). Als Antagonisten sind auch Sulfonamide, Antibiotika, Salicylat und Warfarin bekannt. Die Wirkungsweise der Antagonisten ist z. B. bei der Biosynthese von Gerinnungsfaktoren bekannt.

Biosynthese und Vorkommen

Vitamin K_1 entsteht in grünen Pflanzen und findet sich in den Lamellarmembranen der Chloroplasten. Die beiden Vitamin-K_2-Formen werden von der Darmflora synthetisiert. Bisher

Tab. 140. Einflußfaktoren auf Verfügbarkeit von Vitamin K im Körper

verminderte Verfügbarkeit durch:
alimentären Mangel
Fettabsorptionsstörung
verminderte Absorption: etwa durch Mineralöl
vermehrte Ausscheidung
Vorhandensein von Antagonisten
Störungen der Gallenfunktion
Leberschäden durch Zirrhose, Toxine u. a.
erhöhte Verfügbarkeit durch:
Leberspeicher
verbesserte Absorption

ungeklärt ist die Biosynthese des Naphthochinongerüstes. Die Vorläufer sind Polyacetat für die Ringstruktur, die zur Dehydrochinon-Säure führt und Acetat für die Seitenkette, das Farnesol als Zwischenprodukt aufweist. Der Vitamin-K-Gehalt in verschiedenen Lebensmitteln weist eine große Spannweite auf (Tab 139).

Beeinflussung der Verfügbarkeit

Von den zahlreichen Faktoren, welche die Verfügbarkeit von Vitamin K im Körper beeinflussen, führen die meisten zu einer verminderten Verfügbarkeit (Tab. 140).

Bestimmungsmethoden

In reinen Lösungen lassen sich Vitamin K_1 und Menadion durch UV-Photometrie, kalorimetrisch (IRREVERRE-SULLIVAN-Test oder SCHILLING-DAM-Test) sowie oxidometrisch mit polargeographischem Nachweis des Hydrochinons bestimmen.

In biologischem Material müssen Vitamin-K-Substanzen zuerst von begleitenden Substanzen mit ähnlicher chemischer Struktur und von mitextrahierten fettlöslichen Stoffen getrennt werden. Eine Verseifung kann wegen der Instabilität nicht durchgeführt werden, so daß die Reinigung durch Säulenchromatographie oder Ausfrieren erfolgt. Die Bestimmung erfolgt nach verschiedenen chromatographischen Trennungen mit Photometrie oder densitometrischer Messung im UV-Bereich. Die Gaschromatographie mit Flammenionisationsdetektor und Hochdruck-Flüssigkeits-Chromatographie (HPLC) werden ebenfalls angewendet.

Der biologische Test beruht auf der Messung der Blut-Gerinnungszeit von Tieren mit Vitamin-K-Mangel (Küken, Ratten) vor und nach der Zufuhr abgestufter Mengen einer unbekannten Probe im Vergleich mit reinem Vitamin K.

Absorption und Stoffwechsel

Die fettlöslichen K-Vitamine aus Pflanzen und Darmbakterien werden unter Mitwirkung von Gallensäuren im Darm absorbiert. Während Emulgatoren und Polyenfettsäuren die Absorption fördern, wird sie durch MCT-Fette und in Anwesenheit schlecht absorbierbarer fettlöslicher Substanzen wie z. B. Mineralöl und Squalen gehemmt. Menadion und die wasserlöslichen Verbindungen benötigen keine Gallensäuren als Absorptionsvermittler. Die Absorption von K_1 ist energieabhängig und folgt einem sättigbaren Mechanismus. Vitamin K_2 und Menadion werden mittels passiver Diffusion nicht energieabhängig absorbiert. Die Absorptionsrate beträgt 20–60%.

Phyllochinon und die Menachinone werden auf dem Lymphweg in den Chylomikronen und Serumlipoproteinen transportiert. Menadion dagegen wird im Blut transportiert.

Die üblicherweise alimentär aufgenommenen Vitamin-K-Mengen werden fast vollständig im oberen Jejunum absorbiert. Enteral gebildete Menachinone werden ohne Änderung der Seitenkette in geringem Umfang im Dickdarm absorbiert. Die Speicherung von Vitamin K_1 und Menachinonen erfolgt hauptsächlich in der Leber. Bis zu 80% der Leberspeicher finden sich in Form von Phyllochinon. Menachinone in der Leber enthalten Seitenketten mit 30–65 Kohlenstoffatomen, in einigen von ihnen ist die Seitenkette teilweise gesättigt. Nach Acylierung zu Menachinon-4 [Vit. $K_2(20)$] erfolgt die Speicherung von Menadion in fast allen Organen, in der Leber jedoch nur zu 2% (Abb. 73). Die Halbwertszeit ($t/_2$ des intramuskulär injizierten Vitamin K_1 beträgt etwa 17 Stunden (Ratte). Vitamin-K-Mangel tritt innerhalb von 10 Tagen auf. Verteilungsstudien mit markiertem Vitamin K_1 ergaben, daß etwa zwei Stunden nach der oralen Applikation bis zu 80% der Dosis in der Leber zu finden ist.

Der Abbau der Phyllochinone im tierischen Organismus vollzieht sich zunächst durch eine ω-Oxidation der isoprenoiden Seitenkette zur Carboxyl-Gruppe; anschließend kann durch nachfolgende β-Oxidation die Seitenkette immer weiter verkürzt werden. Die so entstandenen Säuren werden im Harn in Form ihrer Glucuronide ausgeschieden (Abb. 74).

Funktionen

Die wichtigste Funktion von Vitamin K ist seine Beteiligung an der Synthese verschiedener Blutgerinnungsfaktoren; dadurch verhindert es Hämorrhagien. Es ist notwendig für die Bildung von Prothrombin in der Leber und reguliert die Synthese von Prokonvertin sowie den Christmas- und Stuart-Faktor, die an der Blutgerinnungskaskade teilnehmen.

Die bisher bekannten Blutgerinnungsfaktoren haben sehr unterschiedliche Halbwertzeiten. (Tab. 141).

Vitamin K steuert die Synthese von Prothrombin auf der Stufe der Ribosomen durch Umwandlung eines Präcursor-Proteins. Außerdem ist Vitamin K während der Synthese für die Carboxylierung der Glutaminsäure des Prothrombins notwendig. Ob Vitamin K an dieser Reaktion direkt oder im Rahmen eines Enzymkomplexes beteiligt ist und ob Biotin, dessen Rolle bei der Carboxylierung verschiedener kleiner Moleküle bekannt ist, ebenfalls mitwirkt, ist bisher nicht bekannt (Tab. 142).

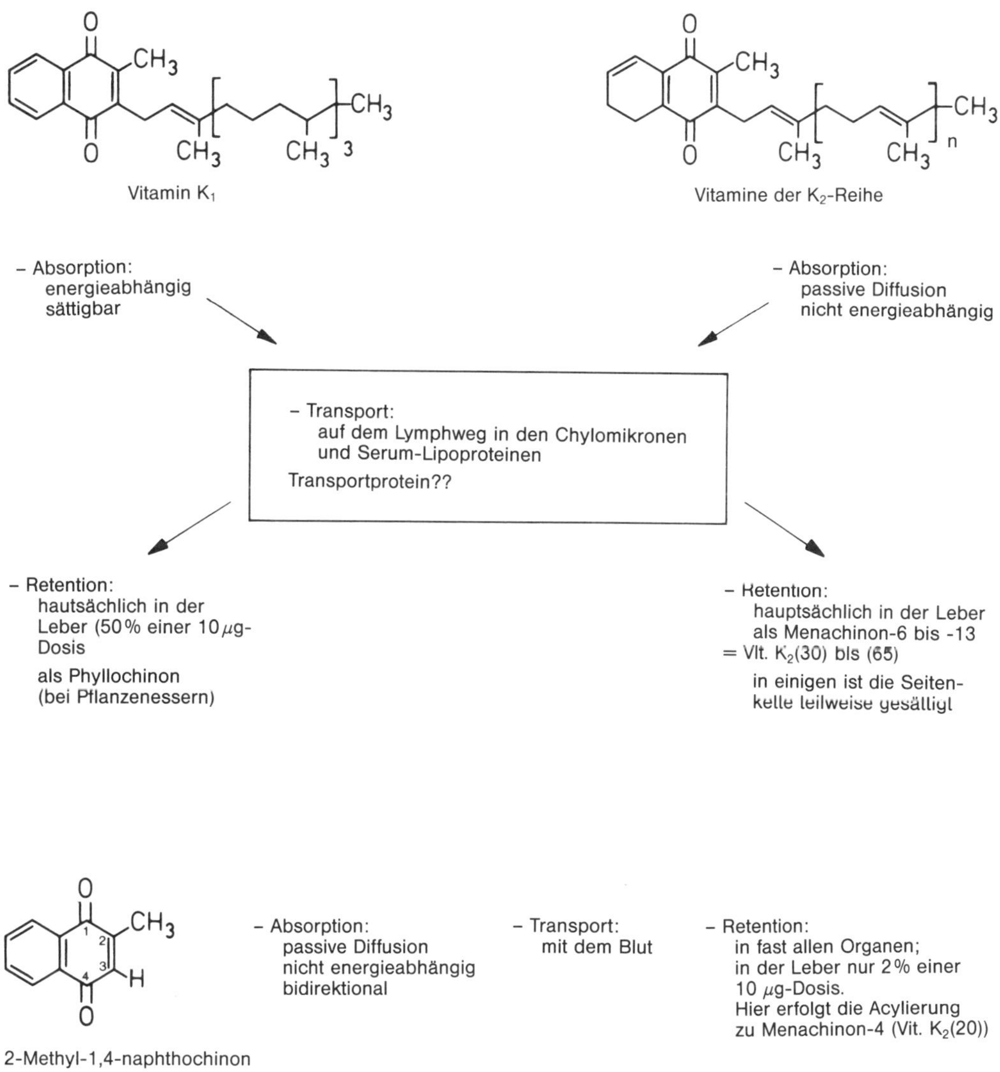

Abb. 73. Absorption und Retention von Vitamin K.

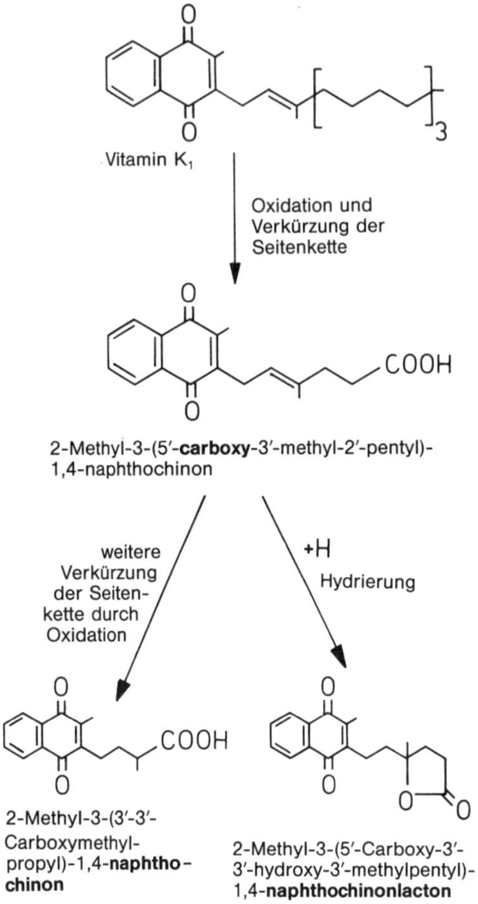

Abb. 74. Stoffwechsel von Vitamin K (BÄSSLER, LANG 1982).

Tab. 141. Blutgerinnungsfaktoren und ihre biologische Halbwertzeit (HEMKER et al. 1969)

Faktor		$t_{1/2}$ (h)
I	Fibrinogen	190 ± 13
II	Prothrombin	60
V	Proakzelerin	5–10
VII	Prokonvertin	6
VIII	Antihämophiler Faktor	14
IX	Christmas-Faktor	20
X	Stuart-Faktor	40
XII	Hageman-Faktor	60

Vitamin K ist beim Elektronentransport der Atmungskette vieler Bakterienspezies beteiligt. So enthält *Mycobacteria* eine lediglich auf Naphthochinon beruhende Atmungskette. Hinweise auf entsprechende Mechanismen bei Säugetieren geben Versuche, bei denen Enzyme aus verschiedenen Geweben zu korrespondierenden Hydrochinonen reduzierte Chinone über die Atmungskette wieder rückoxidieren können.

Vitamin K könnte eine Rolle bei der oxidativen Phosphorylierung spielen. Für diese Vermutung sprechen Befunde aus an Vitamin-K-frei ernährten Tieren durchgeführten Untersuchungen, bei denen eine verminderte Fähigkeit zur Überführung von anorganischem Phosphat in energiereiches Phosphat festgestellt wurde. Vitamin-K_1-Gaben zu Mitochondrien von Vitamin-K-Mangelratten (in vitro) bewirken eine Steigerung der oxidativen Phosphorylierung um

Tab. 142. Hypothesen zur Wirkungsweise von Vitamin K bei der Synthese von Prothrombin

Proteinsynthese
bei der DNS-Transkription (OLSON 1970)
auf der Stufe der Ribosomen (SUTTIE 1973)
*Carboxylierung von Glutaminsäure im Vorläufer des Prothrombins**

Leu – Glu – Glu – Val
Vitamin K ↓ *Carboxylierung*
Leu – Glu_x *–* Glu_x *– Val*

Glu_x = γ-Carboxylglutaminsäure (3-Amino-1,1,3-Propan-Tricarboxysäure)

*(Olson, R.: Nutrition Reviews 33, 25, 1975)

28%. Antikoagulantien vom Typ des Dicumarols, die zur Entkopplung von Atmung und Phosphorylierung in den Mitochondrien verwendet werden können, bestätigen diesen Zusammenhang. Vitamin K hat wahrscheinlich eine Funktion in der β-Globulinsynthese der Leber.

Mangelerscheinungen
Beim Menschen gibt es verschiedene Ursachen für die Entstehung eines Vitamin-K-Mangels (Tab. 143), vornehmlich kommt eine K-Hypovitaminose jedoch als Folge von Absorptionsstörungen vor, wie beim mechanischen Stauungsikterus, der innerhalb kurzer Zeit zu einer verminderten Blutgerinnungsneigung führt. Sie wird auch bei chronischen Magen-Darm-Krankheiten beobachtet sowie bei Diarrhoe und Steatorrhoe, insbesondere im Kindesalter.

Die Darmflora ist befähigt, Vitamin K_2 in großen Mengen zu synthetisieren; auf dieser Tatsache beruht auch die Annahme, daß Mensch und Säugetiere von einer exogenen Vitamin-K-Zufuhr unabhängig seien. Diese Annahme stützt sich ferner auf die Beobachtung, daß bei Säugetieren durch Gaben von Antibiotika (Sulfonamide) und gleichzeitige Vitamin-K-arme Ernährung ein Vitamin-K-Mangel experimentell erzeugt werden kann.

Neuere Untersuchungen, in denen radioaktiv markiertes Vitamin K_2 rektal verabreicht wurde, beweisen, daß die Vitamin-K-Absorption in diesem Darmabschnitt, mangels Voraussetzungen für die Absorption von Fett und Fettbegleitstoffen, nur in ganz geringem Maße stattfindet. Daraus leitet sich die begründete Empfehlung ab, daß Vitamin K auch exogen dem Körper zugeführt werden muß.

Gegen die ausreichende Eigenversorgung mit Vitamin K sprechen folgende Beobachtungen:
- Für die Vitamin-K-Absorption stehen nicht genügend Gallensäuren im Dickdarm zur Verfügung.
- Bei Monogastern tritt ein Mangel auf, wenn die Koprophagie unterbunden wird.
- Rektal eingeführtes Vitamin K wird nur in geringen Mengen absorbiert.
- In der Leber findet sich mehr Phyllochinon als Menachinon.

Vitamin-K-Mangel bei Absorptionsstörungen und ebenfalls bei Antibiotikabehandlung zeigen die Bedeutung der Darmflora, möglicherweise auch der oberen Darmabschnitte. Vitamin K_2 kommt in verschiedenen aeroben Bakterienarten vor, was auf seine Bedeutung für biologische Oxidationen hinweist (Tab. 144).

Tab. 143. Ursachen für Vitamin-K-Mangel beim Menschen

mangelhafte Absorption
unzureichende Aufnahme bzw. Produktion
Anwesenheit von Antikoagulantien
verminderte Verwertung (Leberzirrhose)

Tab. 144. Vitamin-K-Gehalt in verschiedenen Bakterienarten (µmol/g Trockengewicht) (modif. nach ZOCH 1974)

Bakterien	µmol/g TG
Escherischia coli	0,32
Proteus vulgaris	0,62
Bacillus megaterium	0,66
Bacillus subtilis	0,7
Staphylococcus albus	1,4
Sarcina lutea	1,8

Bei der Vitamin-K-Avitaminose treten Symptome in verschiedenen Organen auf (Tab. 145). Zum Zeitpunkt der Geburt sind sehr niedrige Vitamin-K-Speicher angelegt, wie überhaupt die Vitamin-K-Speicherung im Organismus nur gering ist. Säuglinge haben in den ersten Lebenstagen einen sterilen Darm. Sie weisen einen verminderten Prothrombingehalt im Blut auf und neigen zu Hämorrhagie, die sich durch Verabreichung von Vitamin K beheben läßt. Nach den ersten Lebenstagen (ca. 6 Tage) kommt es bei Säuglingen zu einer raschen Entwicklung der Darmflora, die dann im bestimmten Umfang zur Vitamin-K-Bedarfsdeckung beiträgt.

Beurteilung des Vitamin-K-Status
Ein Vitamin-K-Mangelzustand kann mittels Quick-Test durch Bestimmung der Prothrombinzeit festgestellt werden. Ermittelt wird die Recalcifizierungszeit in frischem Citratplasma nach Zugabe von Calciumchlorid und Prothrombinase.

Tab. 145. Symptome bei Vitamin-K-Mangel

Hypoprothrombinämie allgemein
vermehrte Blutungen und Hämorrhagie

1. *Sichtbare Blutungen:*
   Magen-Darm-Blutungen, Urogenitalblutungen, Haut- und Schleimhautblutungen (Mund, Nase, Auge) sowie Lungenblutungen
2. *Unsichtbare Blutungen:*
   in Gehirn, Leber, Nebennieren und in der Retina

verlängerte Prothrombinzeit, allgemein
Neugeborene-Hämorrhagien, allgemein
innere Blutungen (Küken)

Bedarf, wünschenswerte Zufuhr

Die Muttermilch und nicht entrahmte Kuhmilch sind bedeutende Quellen für Vitamin K. Zur Verhütung der Prothrombinämie der Neugeborenen wird etwa 1 mg als Einzeldosis benötigt. Eine einzelne Dosis von 5–10 µg ist ausreichend, um den Mindestbedarf des Säuglings für die ersten 5 Lebenstage zu decken. Werden der graviden Mutter einige Zeit vor der Geburt des Kindes täglich 1 mg Vitamin K_1 per os oder bei Einsatz der Wehen 1 mg parenteral verabreicht, so reicht dies, um beim Kind einen genügend hohen Prothrombinspiegel zu gewährleisten.

Der Prothrombingehalt im Blut des Neugeborenen ist höher, wenn die Mutter vor der Geburt mit Vitamin K behandelt wurde, als wenn es nach seiner Geburt das Vitamin K erhält. Die Prothrombinaktivität des Neugeborenen beträgt 10–33% der des Erwachsenen.

Nahrungskarenz von 3–4 Wochen (= fehlende Vitamin-K-Aufnahme) verbunden mit einer Antibiotikabehandlung, erzeugt beim Menschen Vitamin-K-Mangel. So wurde häufig bei parenteraler Ernährung auf der Intensivstation eine verminderte Konzentration der Gerinnungsfaktoren als Zeichen einer Verarmung des Körpers an Vitamin K beobachtet. Eine Substitution von Vitamin K (30 mg Vitamin K_1) kann die Blutgerinnungswerte innerhalb von Stunden wieder normalisieren.

Der Bedarf an Vitamin K ist nicht sicher bekannt. Er beträgt wahrscheinlich 0,01–0,03 mg/kg Körpergewicht. Daraus kann gegenwärtig noch keine Aussage über die empfehlenswerte Zufuhr abgeleitet werden.

In der Therapie wird Vitamin K bei folgenden Symptomen eingesetzt:

- Blutungen (Blutungskrankheiten) bei Neugeborenen.
  Bei mehr als einer von 800 Geburten treten Blutungen zwischen dem 2. und 5. Lebenstag auf (unter der Haut, im Nervengewebe, Magen-Darm-Trakt). Phyllochinon wird als Therapeutikum oder zur Prophylaxe gegeben.
- Gallen- und Pankreaskrankheiten sowie Malabsorption.
  Phyllochinon wird eingesetzt. Vitamin K kann auch präoperativ in Höhe von 10–20 mg/d intramuskulär verabreicht werden.
- Antikoagulatienbehandlung.
  Es werden 20 mg Vitamin K_1 intravenös appliziert; diese Dosis kann nach 4 Stunden nochmals verabreicht werden, wenn die Prothrombinzeit sich nicht normalisiert hat. Bei weniger schweren Fällen können 10–20 mg oral alle 8 Stunden gegeben werden.

Hypervitaminosen

Eine Hypervitaminose K tritt normalerweise selten auf. Große Mengen Vitamin K können beim Menschen eine Hämolyse wie auch Erbrechen, Porphyrinurie und möglicherweise Thrombose hervorrufen.

3.3.2.2.5 Ubichinone (Coenzym Q)

Allgemeines

Ubichinone kommen ubiquitär vor und werden als Coenzym Q bezeichnet; ihr Vitamincharakter ist umstritten. Sie sind in Mitochondrien von Tieren, Pflanzen und Mikroorganismen zu finden. Der Begriff Coenzym Q (CoQ) ist vorwiegend im amerikanischen Sprachgebrauch geläufig.

Chemie, Eigenschaften

Ubichinone sind tetrasubstituierte Benzochinonderivate mit einer isoprenoiden Seitenkette in Position 6. Von der Struktur her zeigen sie Ähnlichkeit zu den Vitaminen E und K. Je nach Länge der Seitenkette werden verschiedene Ubichinontypen unterschieden. Sie werden durch einen Index gekennzeichnet, der die Anzahl der C-Atome oder der Isoprenreste in der Seitenkette angibt. Das Ubichinon mit 50 C-

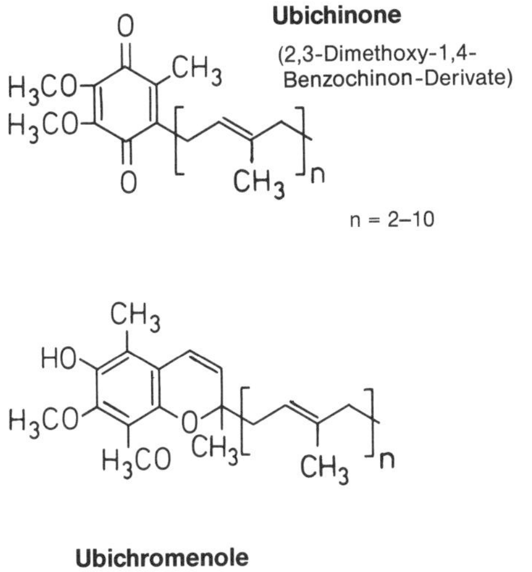

Abb. 75. Struktur der Ubichinone und Ubichromenole.

Atomen oder 10 Isoprenresten wird als Ubichinon-50 oder Ubichinon-10 oder Coenzym Q^{10} bezeichnet (Abb. 75). Neben den Ubichinonen kommen in den Zellen noch die isomere Ubichromenole vor, die in etwas geringeren Konzentrationen als die Ubichinone enthalten sind. Über die Funktion der Ubichromenole ist nichts bekannt.

Biosynthese und Vorkommen/Nahrungsquellen
Die Ubichinonbiosynthese findet in allen Geweben, genauer in den mitochondrialen Membranen statt. Ausgangsmaterial für die Biosynthese des Benzochinonanteils der Ubichinone sind Phenylalanin bzw. Tyrosin. Die isoprenoide Seitenkette wird wie bei anderen Isoprenderivaten über Mevalonsäure gebildet. Das erste Syntheseprodukt, das sowohl den Benzolring als auch die isoprenoide Seitenkette enthält, ist 2-Decaprenylphenol, das dann über Demethoxyubichinon in Ubichinon überführt wird. Ubichinon-10 ist das am meisten vorkommende Ubichinon in Organen von Säugetieren und Vögeln; daneben finden sich noch Ubichinon-9 und Ubichinon-8. Andere Ubichinone sind in Mikroorganismen enthalten (Tab. 146); die Konzentration ist recht unterschiedlich (Tab. 147).

Absorption und Stoffwechsel
Über das Ausmaß der Ubichinonabsorption liegen keine genauen Angaben vor. Aus Untersuchungen an Ratten wird eine Absorptionsrate von 5–40% der oralen Dosis angegeben. Aufgenommenes Ubichinon gelangt unverändert auf dem Lymphweg zur Leber, wo es anschließend gespeichert wird. Ein Austausch zwischen Leber und extrahepatischen Geweben findet nicht statt. Hauptspeicherorgane für Ubichinon sind neben der Leber die quergestreifte Muskulatur, Herz und Niere. Intrazellulär sind etwa 45% in den Mitochondrien lokalisiert.

Die Ubichinone werden analog zu den Phyllochinonen im Organismus durch ω-Oxidation der isoprenoiden Seitenkette und nachfolgender β-Oxidation abgebaut. Die entstehenden Metabolite werden als Glucuronide im Harn ausgeschieden. Der Gesamtbestand des menschlichen Körpers an Ubichinon beträgt etwa 0,5–1,5 g; mit der Nahrung werden 5–10 mg Ubichinone/d zugeführt. Die tägliche Ausscheidung beträgt durchschnittlich 55 µg (Mann) und 22 µg (Frau), kann jedoch auch bei 10 µg/d liegen.

Tab. 146. Vorkommen der einzelnen Ubichinone (Lang 1974)

Ubichinon	Coenzym	Organe, Mikroorganismen
– 30	Q 6	Saccharomyces
– 35	Q 7	Rattenleber, Candida utilis
– 40	Q 8	Rattenleber, Escherichia coli
– 45	Q 9	Rattenleber, Meerschweinchenherz, Candida utilis
– 50	Q 10	Meerschweinchenherz, Schweineleber, Menschenleber, Froschherz, Eidotter

Funktionen
Die Ubichinone sind als Elektronenüberträger in der Atmungskette zwischen den Flavoproteinen und Cytochromen eingeschaltet (Abb. 76).

Tab. 147. Ubichinongehalt verschiedener Bakterienarten

Bakterien	µmol Ubichinon/g TG
Pseudomonas pyogenes	1,4
Proteus vulgaris	0,65
Aerobacter aerogenes	0,53
Escherichia coli	0,32

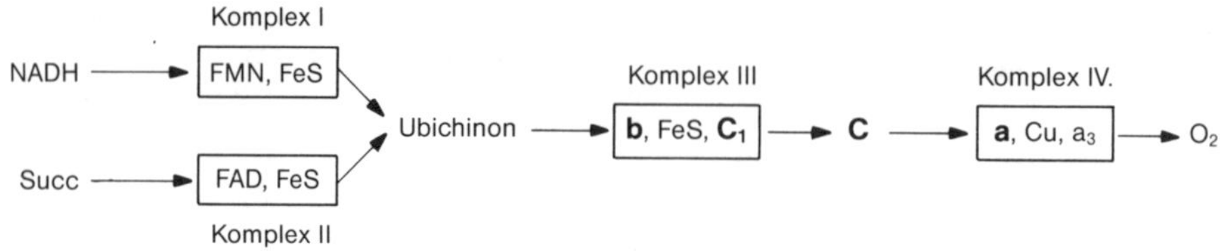

Abb. 76. Lokalisation des Ubichinons (Coenzym Q) in der Atmungskette (Ernster 1977).

Ubichinon-Cytochrom c-Reduktase überträgt Wasserstoff von dem Redoxsystem Ubichinon/Ubihydrochinon auf Cytochrom c. Bei der Atmungskette sind möglicherweise mehrere Ubichinone beteiligt; Parallelschaltung von Chinonen oder Spezifizierung von Ubichinon an bestimmten Zellen sind denkbare Rollen. Entscheidend für die Wirksamkeit des Ubichinons sind die beiden Methoxygruppen.

Ubichinone könnten bei der oxidativen Phosphorylierung beteiligt sein, da der Einbau von anorganischem Phosphat eine energetisch begünstigte Reaktion ist.

Hohe Gaben an Ubichinon führen zur Senkung der Plasmacholesterinkonzentration. Es wird angenommen, daß Ubichinon durch Feedback-Inhibierung auf die Cholesterinsynthese einwirkt.

Wenn die Ubichinonsynthese nicht ausreichend ist, um den Bedarf zu decken, muß es alimentär zugeführt werden; dann nimmt es den Charakter eines Vitamins an. Ursachen für Ubichinonmangel können sein:
- Alimentärer Mangel an Phenylalanin.
- Vermehrte Zerstörung der Ubichinone durch eine gesteigerte Lipidperoxidation in vivo.
- Mangel an bei der Biosynthese des Ubichinons beteiligten Vitaminen (Niacin, Pyridoxin, Pantothensäure, Folsäure, Vitamin B_{12}).

Mangelerscheinungen

Reine Ubichinonmangelzustände wurden beim Menschen bisher nicht mit Sicherheit nachgewiesen. Bei Ratten wurde ein kombinierter Mangel an Ubichinon und Tocopherol erzeugt, der zur Abnahme der Aktivität der Schilddrüse führt. Eine Verbindung zwischen Ubichinon und Hypertonie des Menschen oder der experimentellen Hypertonie der Ratte wird diskutiert.

3.3.2.3 Wasserlösliche Vitamine

3.3.2.3.1 Thiamin, Vitamin B_1

Allgemeines

Die Bezeichnung Aneurin sowie andere Synonyma (Tab. 112) sind zu vermeiden.

2600 v. Chr.: Beriberi-Krankheit in China bekannt; damit älteste dokumentierte Mangelkrankheit.

1884: Takaki (Japan) Heilung der Beriberi durch Diät.

1897: Eijkman (Holland/Java) stellt Einfluß auf Sterblichkeitsrate Gefangener durch polierten Reis fest; Experimente mit Hühnern bestätigen, daß Beriberisymptome durch polierten Reis hervorgerufen und durch Reiskleie verhindert werden.

1911: Funk (USA) isoliert Wachstumsfaktor aus Reiskleie, welcher Beriberi heilt; nennt Isolat Vitamin.

1915: McCollum und Davis (USA) nennen Anti-Beriberi-Faktor wasserlösliches Vitamin B.

1920: Emmet und Luros (England) weisen zwei Wachstumsfaktoren in Reiskleie nach; Anti-Beriberifaktor ist hitzestabil.

1926: Jansen und Donath (Niederlande) isolieren kristallinen Anti-Beriberi-Faktor aus Reiskleie, Strukturaufklärung.

1927: Lohmann (Deutschland) entdeckt Thiaminfunktion als Bestandteile der Carboxylase.

1927: British Medical Research Council schlägt den Namen B_1 für Anti-Beriberi-Faktor vor.

1932: Windaus (Deutschland) gibt den Namen Thiamin aufgrund des Schwefelgehaltes der Verbindung.

1935: Jansen (Niederlande) führt den Namen Aneurin für den antipolyneuritischen Faktor ein.

1936: Williams (USA) B_1-Synthese; nennt es Thiamin.

Chemie, physiologische Formen

Thiamin besteht aus einem 2-Methyl-4-amino-5-oxymethylpyrimidin, das über eine CH_2-Gruppe mit einem 4-Methyl-5-hydroxy-ethyl-thiazol verbunden ist (Abb. 77). Die Substituenten am Pyrimidinring sind für die biologische Wirkung wichtig. Das Thiamin hat eine hohe Strukturspezifität, denn bereits geringfügige Veränderungen am Molekül führen zum Verlust der biologischen Aktivität bzw. erzeugen Substanzen mit Antivitamincharakter. So führt die Substitution der CH_3-Gruppe am Pyrimidinring zu einer weitgehenden Hemmung, während der Ersatz der NH_2-Gruppe durch eine OH-Gruppe zum vollständigen Aktivitätsverlust führt; es entsteht das Antivitamin Hydroxy-Thiamin.

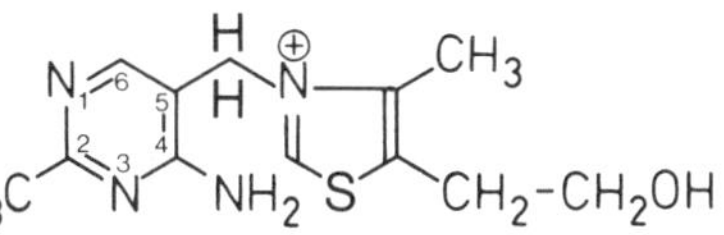

Abb. 77. Strukturformel des Thiamins.

Antagonisten

Eine Anzahl thiaminähnlicher Verbindungen und Thiaminderivate mit Antithiaminwirkung sind bekannt, von denen einige in pflanzlichen und tierischen Lebensmitteln vorkommen. Der größte Teil kann jedoch nur synthetisch hergestellt werden; als Bestandteil von Nahrungsmitteln können sie somit nur eine indirekte und untergeordnete Rolle spielen. Bekannte Antagonisten sind Pyrithiamin, Oxithiamin, 2n-Butyl-Thiamin und Neopyrithiamin. Homologe Verbindungen mit antagonistischer Wirkung wurden aus tierischen (Karpfeneingeweide, Seesterne, gestreifte Sardellen vom Golf von Mexiko, Venusmuscheln, Crustaceae) und pflanzlichen (Senf-, Baumwoll- und Leinsamen, Farnkraut, Schachtelhalme, einige Pilze) Quellen isoliert. Sie spalten das Thiamin an der CH_2-Brücke. Die Verbindungen sind thermostabile, proteinfreie Porphyrinabkömmlinge (Substanz K); ob diese mit Thiaminase identisch sind, ist bisher nicht geklärt. Eine Antithiaminaktivität findet sich in vielen bekannten Früchten (Tab. 148). Bekannte Synergisten von Thiamin sind: Niacin, Pantothensäure und STH.

Tab. 148. Antithiaminaktivität in verschiedenen Früchten (modif. nach KÜNDIG und SOMOGYI 1974)

Frucht	Thiamininaktivierung (%)
Erdbeeren, Trauben	0
Aprikosen	1
Birnen	3
Äpfel	7
Zwetschgen	9
Orangen	11
Johannisbeeren, rot	14
Kirschen, rot	15
Kirschen, schwarz	61
Himbeeren	64
Heidelbeeren	73
Brombeeren	94
Johannisbeeren, schwarz	94

Biosynthese und Vorkommen

Thiamin wird von Pflanzen, vielen Algen und Bakterien sowie einigen Pilzen synthetisiert. Die beiden Ringsysteme werden unabhängig voneinander gebildet; mit Hilfe von ATP und Mg^{2+} entsteht Thiaminphosphat, welches durch Phosphatase zum Thiamin umgewandelt wird. Aus Thiamin kann mit ATP die biologisch aktive Form Thiaminpyrophosphat, nicht dagegen Thiaminphosphat gebildet werden.

Thiamin kommt zwar praktisch in allen pflanzlichen und tierischen Nahrungsmitteln vor, meist jedoch nur in geringen Mengen. Die höchsten Konzentrationen finden sich im Vollgetreide, in Innereien und magerem Schweinefleisch (Tab. 149).

Beeinflussung der Verfügbarkeit

Thiamin ist eine wasserlösliche, hitzelabile Substanz. Während der Zubereitung und Verarbeitung von Lebensmitteln kann Thiamin durch Schälen, Auslaugen oder Erhitzen entfernt bzw. zerstört werden. Polierter Reis und Weißbrot sind Beispiele für thiaminarme Lebensmittel. Beim Backprozeß werden 15–25% des im Teig enthaltenen Thiamins zerstört. In der Kruste betragen die Verluste etwa 30% und in der Krume etwa 7%. Das Toasten von Brot verursacht 40–50% Verluste im Vergleich zum ursprünglichen Vitamin B_1-Gehalt im Teig. Das Sterilisieren von Milch führt zu Verlusten von 33%.

Tab. 149. Thiamingehalt ausgewählter Nahrungsmittel (Angaben in mg Vitamin B_1/100 g Ware) (KUTZKY 1981; ELMADFA et al. 1987)

hoch ist der Thiamingehalt, wenn er bei 1–10 mg/100 g liegt
mittel ist der Thiamingehalt, wenn er bei 0,1–1 mg/100 g liegt
niedrig ist der Thiamingehalt, wenn er bei 0,01–0,1 mg/100 g liegt

Nahrungsmittel	Thiamingehalt
Weizenkeimlinge	2,0
Sonnenblumenkerne	1,9
Hefe	1,3
Schweinefilet	1,1
Haferkorn	0,6
Linsen	0,43
Reis, unpoliert	0,41
Haselnuß	0,4
Scholle	0,21
Schaffleisch	0,18
Vollei	0,12
Rindfleisch	0,11
Grünkohl, gekocht	0,1
Apfelsinensaft, frisch	0,1
Ananas	0,08
Kartoffeln, gekocht	0,08
Spinat, gekocht	0,07
Karotten, roh	0,06
Zucchini	0,05
Kuhmilch; 3,5% Fett	0,04
Apfel	0,03
Frauenmilch	0,01

Die Thiaminverluste in der Fleischzubereitung sind abhängig von Fleischart und Garverfahren (Tab. 150). Der Verlust an Thiamin in Fruchtsäften nach Verpackung, Erhitzung und Lagerung beträgt bis zu 25%. Beim Kochen (100 °C) in saurer Lösung ist Thiamin stabil. Thermolabil ist es dagegen in neutraler und alkalischer Lösung. Durch Alkalien und UV-Licht sowie durch Oxidations- und Reduktionsmittel ($CaCO_3$, K_2HPO_4, $MnSO_4$, Nitrite, Sulfite) wird Thiamin zerstört. Es ist unbeständig gegen Luftsauerstoff. Außerdem erfolgt die Zerstörung des Thiamins durch Thiaminase, ein Enzym, das besonders in rohem Fisch vorkommt. Da der Verzehr von rohem Fisch in Asien sehr verbreitet ist, ergeben sich hier häufig Mangelerscheinungen.

Gerbsäure ist in Teeblättern und Betelnüssen enthalten, die als Stimulanz gekaut werden Diese Gewohnheit sowie ein übermäßiger Teekonsum als Aufguß führen dieses Antithiamin in Mengen zu, die in Ländern Südostasiens zu Thiaminmangel führen.

Alkohol erhöht die glomeruläre Filtration und vermindert die Thiamin-Reabsorption, so daß Alkoholiker vermehrt Thiamin über den Harn ausscheiden.

Bestimmungsmethoden

Durch Oxidation kann Thiamin in Thiochrom (Bildung eines zentralen 3. Ringes mit der 4-Amino-Gruppe) überführt werden. Thiochrom ist in alkalischer Lösung eine stark fluoreszierende Substanz und bildet die Basis für die

Tab. 150. Durchschnittliche Thiaminverluste in verschiedenen Fleisch- und Gemüsearten bei unterschiedlichen Garverfahren (Modif. nach BÓGNAR 1984)

Fleisch	Thiamin (Verluste in %) Kochen	Schmoren	Braten
Kalbfleisch	46	38	26
Rindfleisch	49	48	34
Schweinefleisch	28	36	36
Fleisch im Durchschnitt	41	41	35
Gemüse	**Kochen**	**Druckdämpfen**	**Dünsten**
Blumenkohl, Gargut	46	22	12
+ Garflüssigkeit	12	16	12
Grüne Bohnen, Gargut	41	23	11
+ Garflüssigkeit	17	18	11
Kartoffeln, mit Schale Gargut	15	12*	2
Kartoffeln, geschält Gargut	27	11	10
+ Garflüssigkeit	11	9	10
Kohlrabi, Gargut	32	21	–
+ Garflüssigkeit	11	7	–
Spinat, Gargut	63	33	16
+ Garflüssigkeit	23	–	16
Weißkohl, Gargut	46	22	19
+ Garflüssigkeit	–	19	19
Gemüse im Durchschnitt, Gargut	40	21	14
+ Garflüssigkeit	15	13	14

* Backen

fluorimetrische Bestimmungsmethode von Vitamin B_1. Die Wahl weiterer Verfahren hängt von der Konzentration und Kontamination des Vitamins ab. Für hochkonzentrierte Proben eignen sich Spektralphotometrie (UV-Bereich) oder Kolorimetrie nach Kondensation mit verschiedenen diazotierten, aromatischen Aminen (z. B. Aminobenzoat). Weitere Methoden beruhen auf der Bildung unlöslicher Niederschläge (Kolorimetrie, Gravimetrie) und erfolgen durch direkte Titration sowie Polarographie. Kombinationen fluorimetrischer Verfahren mit verschiedenen Methoden der Chromatographie kommen immer häufiger zur Anwendung.

In Nahrungsmitteln eignet sich zur Bestimmung eine Kombination von Anreicherungs- und Reinigungsmaßnahmen (Chromatographie) mit dem Thiochromverfahren. Mikrobiologische Bestimmungen (Bakterien, Hefe), enzymatische Methoden (NADH-Test) und Hochdruck-Flüssigkeits-Chromatographie können angewendet werden.

Absorption und Stoffwechsel

In manchen Nahrungsmitteln liegt Vitamin B_1 als Thiaminpyrophosphat vor. In dieser biologisch aktiven Form ist eine Absorption jedoch nicht möglich; daher wird der Pyrophosphatrest im Darm durch die dort vorhandene Pyrophosphatase abgespalten. Mit Hilfe der in den Lebermitochondrien lokalisierten Thiaminkinase erfolgt dann die Umwandlung von Thiamin mit ATP zu Thiaminpyrophosphat und AMP. Das freie Thiamin kann im Dünndarm wahrscheinlich mittels aktiven Transports absorbiert werden. Ein Teil wird schon in der Darmschleimhaut in Thiaminpyrophosphat umgewandelt. Der Absorptionsmechanismus ist noch nicht genau bekannt. Da physiologische Dosen praktisch quantitativ absorbiert werden, trifft die frühere Auffassung, nach einer größeren Thiamingabe bilde sich ein Block, nicht zu. Hohe Thiamindosen werden vielmehr quantitativ absorbiert, von der Leber in steigendem Umfang durch die Galle ausgeschieden und dann mit den Fäzes eliminiert. Das absorbierte Thiamin wird in seiner freien Form über die Pfortader der Leber zugeführt, wo es mittels Thiaminkinase phosphoryliert wird. Polyenfettsäuren, wie auch Vitamin C, begünstigen sehr wahrscheinlich die Thiaminabsorption.

In den Pflanzen kommt Vitamin B_1 größtenteils unverestert vor. Im Getreide ist fast nur freies Thiamin vorhanden, in Kartoffeln liegt nur ein geringfügiger Prozentsatz verestert vor. Das von der Darmflora synthetisierte Vitamin B_1 hat für die Versorgung des menschlichen Organismus keine Bedeutung. Die Ausscheidung im Urin steigt linear mit der Aufnahme an und beträgt bei gemischter Kost etwa 50–250 µg/d. Als Abbauprodukte des Thiamins finden sich im Urin Pyrimidine und Thiazole. Pyramin entsteht durch enzymatische Spaltung von Thiamin unter der Einwirkung von Thiaminase. Pyramin wirkt als ein kompetitiver Inhibitor für Vitamin B_6.

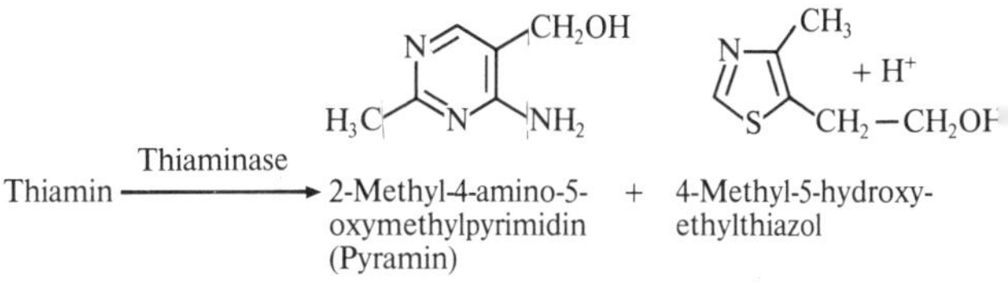

Thiaminasen sind in Mikroorganismen, Eingeweiden von Süßwasserfischen (Karpfen) und in Pflanzen enthalten; hohe Aktivitäten finden sich in Brombeeren, schwarzen Johannisbeeren, roten Rüben, Rosenkohl und Rotkohl.

Beim Menschen werden nach oralen Gaben von 0,67 bzw. 1,04 mg Thiamin etwa 50% der Dosis in Form von Thiamin und 50% in Form von Thiaminabbauprodukten wie Thiaminsäure, Methylthiazolessigsäure und Pyramin ausgeschieden.

Der gesamte Thiaminbestand des Menschen beträgt etwa 25 mg. Der Organismus ist nicht in der Lage, darüber hinaus Thiamin zu speichern. Die biologische Halbwertszeit ($t_{1/2}$) beim Menschen beträgt in Abhängigkeit von der Dosis 10–19 Tage. Die Speicherkapazität in verschiedenen Zellen ist recht unterschiedlich (Tab. 151).

Funktionen

Die aktive Form des Thiamins ist das Thiaminpyrophosphat (Thiamindiphosphat oder Cocarboxylase). Das Monophosphat ist als Coenzym unwirksam. Als Thiaminpyrophosphat ist Thiamin Coenzym bei der Decarboxylierung von α-Ketosäuren (wie α-Ketopropionat [Pyruvat], α-Ketoglutarat, α-Ketovalerianat, α-Ketoisocapronat u. a.), an der außerdem Lipoamid, Coenzym A, FAD und NAD teilhaben. Thiaminpyrophosphat ist auch Coenzym der Transketolase, eines Enzyms des Glucoseabbaus über den Hexosemonophosphatweg. Bei Thiaminmangel ist dieser Stoffwechselweg infolge verringerter

Tab. 151. Thiaminkonzentration in verschiedenen Zellen des menschlichen Körpers ($t/_2$ = 9–18 Tage) (REUTER 1970)

Gewebe	Thiaminkonzentration
Gesamtkörper	ca. 25 mg
Blut	20–75 µg/l
Cerebrospinalflüssigkeit	2–12 µg/l
Erythrozyten	80 µg/l
Leukozyten	675 µg/l
Serum: Frauen	21 µg/l
Schwangerschaftsende	11 µg/l
Neugeborene	55 µg/l
	µg/g Feuchtgewicht
Gehirn	5
Herzmuskel	3
Leber, Niere	1

Transketolaseaktivität (in Erythrozyten leicht meßbar) so verlangsamt, daß die Gewebekonzentration an Pentosephosphaten ansteigt. Auf Körperebene hat Thiamin wichtige Funktionen zu erfüllen (Tab. 152).

Die Rolle des Thiamins beim Abbau von Pyruvat und Glucose macht es verständlich, daß Thiaminmangel zu Störungen im Kohlenhydratstoffwechsel führt. Die Schlüsselstellung des Thiaminpyrophosphats im Kohlenhydratstoffwechsel weist auf eine besondere Bedeutung für das Nervensystem hin. Bei einem Thiaminmangel nimmt der Thiamingehalt des Gehirns erst sehr viel später ab als in den übrigen Organen.

Mangelerscheinungen

Die Entwicklungsstadien des Thiaminmangels folgen dem allgemeinen, für alle Vitamine geltenden Prinzip (Abb. 18).

Bei einer Thiaminzufuhr unter 0,03 mg/1 MJ (= 239 kcal) treten Mangelerscheinungen auf. Isolierter Thiaminmangel beim Menschen führt zu Gewichtsverlusten, Anorexie (Appetitlosigkeit), Herabsetzung der Magensaftsekretion, Herzbeschwerden bei geringsten Anstrengungen, Wadenkrämpfe, Degenerationen am vegetativen Nervensystem und psychischer Labilität (Konzentrationsschwäche, Reizbarkeit, Depressionen). Die Auswirkungen bei verschiedenen Tierspezies umfassen weitergehende Symptome (Tab. 153).

Die klassische Vitamin-B_1-Mangelerscheinung, die zur Entdeckung dieses Vitamins führte, ist die Beri-Beri. Hier handelt es sich um eine kombinierte Vitamin-Protein-Mangelkrankheit. Die Verabreichung von Thiamin allein kann nicht alle Symptome von Beri-Beri beseitigen. Bei der Beri-Beri-Krankheit findet sich darüber hinaus Hypotonie, rechtsdilatiertes Herz (Erweiterung der rechten Herzkammer) und ein hydropisches Syndrom mit Ödemen. Während die Ödeme Folgen des Proteinmangels sind, das neuropathische Syndrom vor allem auf Thiaminmangel zurückzuführen ist, tritt das kardiovaskuläre Syndrom offensichtlich als Folge gleichzeitigen Mangels beider Nährstoffe auf. Die verschiedenen Formen der Beri-Beri sind:

- Trockene Form: Polyneuritis und Atrophie der Extremitätenmuskulatur.
- Nasse Form: Herzwassersucht mit Ödemen und Exsudaten.
- Cerebrale Form: WERNICKE-Enzephalopathie.

Aus den biochemischen Funktionen des Thiamins wird verständlich, daß es bei Thiaminmangel – manchmal erst nach Glucosebelastung – zu erhöhten Konzentrationen an Pyruvat und Lactat in Blut und Geweben kommt. Da das Nervensystem seinen Energiebedarf überwie-

Tab. 152. Funktion des Thiamins (KUTSKY 1981)

auf Zellebene:	
Anabolismus:	Kondensation, Synthese von Acetylcholin
Katabolismus:	α-Ketosäuren-Decarboxylierung (u. a. α-Ketopropionat (Pyruvat), α-Ketoglutarat, α-Ketoisovalerianat, α-Ketoisocapronat)
weitere:	Transketolierung, Bildung von NADPH und Ribose via HMP, Acyl-Transfer
auf Körperebene:	
Erhaltung von Nervengewebe, Herzmuskel, Normalwachstum und ATP-Versorgung, Verminderung von Blutpyruvat und -lactat.	

Tab. 153. Wichtigste Auswirkungen von Thiaminmangel bei verschiedenen Tierspezies (Marks 1975)

Organ	Effekt, Symptom
allgemein	Appetitlosigkeit, Gewichtsverluste, Schwäche, Tod
Herz	degenerative Verfettung und Nekrose, Bradykardie, Herzfehler
Leber	Verfettung, Hämorrhagie
Intestinaltrakt	Entzündung der Darmmukosa, Geschwüre, Hämorrhagie
Zentralnervensystem	Polyneuritis, progressive Paralyse, Tod; Gleichgewichtsstörungen (Vögel)
Haut	Ödeme, Zyanose
Testes	Entwicklungsstörung (junge Küken)
Eierstock	Atrophie
Muskulatur	diffuse Degeneration mit Schwellungen der Muskelfasern und Vakuolenbildung

gend aus der Glucoseverwertung deckt, ist die besondere Anfälligkeit dieses Gewebes gegenüber Thiaminmangel erklärlich.

Für die Behauptung, der Thiaminbedarf nehme mit dem Kohlenhydratgehalt der Nahrung zu, besteht keine biochemische Grundlage, da die Coenzyme nicht verbraucht werden. Es ist vielmehr so, daß latente Thiaminmangelzustände bei hoher Belastung mit Kohlenhydraten deutlicher sichtbar werden, z. B. im Anstieg des Serumgehaltes an Pyruvat und Lactat.

Thiaminmangelzustände bei Alkoholikern sind die Folge gestörter Nahrungsaufnahme, Absorption und erhöhter renaler Ausscheidung. Oft ist ein Thiaminmangel mit einem Vitamin-B_6-Mangel (auch mit Pellagra) vergesellschaftet. Auch während der Schwangerschaft kommt es gelegentlich zu Thiaminmangel.

Beurteilung des Thiaminstatus

Für die Beurteilung des Thiaminstatus gibt es verschiedene Möglichkeiten. Besonders eignet sich als biochemischer Parameter die Transketolaseaktivität der Erythrozyten bzw. deren Aktivierbarkeit durch Thiaminpyrophosphat (TPP). Bei Thiaminmangel ist die Erythrozyten-Transketolaseaktivität (ETK) geringer und ihre Stimulierung durch TPP größer als bei ausreichender Versorgung. Eine Aktivierbarkeit der Transketolase durch TPP von unter 15% bedeutet einen normalen, eine zwischen 15 und 20% einen niedrigen Versorgungszustand; Werte über 20% lassen auf einen Mangel an Thiamin schließen.

Bedarf, wünschenswerte Zufuhr

Der Bedarf an Vitamin B_1 ergibt sich aus seiner Funktion im Kohlenhydratstoffwechsel. Der Minimalbedarf liegt bei 0,08 mg Thiamin/1 MJ (= 239 kcal) für Erwachsene, der sich bei zunehmender Zufuhr an Nichtfettenergie entsprechend erhöhen kann. Zur Gewebesättigung sind mindestens 0,12 mg/1 MJ (= 239 kcal) erforderlich. Diese Menge ist auch für die Aufrechterhaltung der Transketolaseaktivität in Erythrozyten notwendig.

Bei erhöhter Stoffwechselleistung, wie bei schwerer körperlicher Arbeit und Fieber sowie bei Absorptionsstörungen und vermehrter Harnausscheidung ist eine erhöhte Zufuhr notwendig. Hohe Fettzufuhren erfordern keine Erhöhung der Thiaminzufuhr, da der Fettstoffwechsel nur ein Minimum an Thiamin benötigt.

Der Bedarf ist auch vom Alter sowie besonderen Lebensumständen wie Schwangerschaft und Stillzeit abhängig (Tab. 154). Bei chronischem Alkoholmißbrauch ist der Bedarf stark erhöht, da Absorption und Stoffwechsel des Thiamins gestört sind.

Hypervitaminosen

Thiamin, oral verabreicht, hat eine extrem niedrige Toxizität. Die bisher beschriebenen, wenigen Fälle einer Thiamintoxizität wurden nach parenteraler Applikation (> 500 mg) beobachtet. Es können Symptome wie Hitzegefühl, Schwäche, Schweißausbrüche, Übelkeit, Dyspnoe, Tachykardie und anaphylaktischer Schock auftreten.

Tab. 154. Empfehlenswerte Höhe der Zufuhr von Thiamin (Vitamin B_1) in mg/Tag (DGE 1985)

	Empfohlene Zufuhr[1] m	w
Säugling		
0– 2 Monate	0,3	
3– 5 Monate	0,4	
6–11 Monate	0,5	
Kinder		
1– 3 Jahre	0,6	
4– 6 Jahre	0,8	
7– 9 Jahre	1,0	
10–12 Jahre	1,2	1,1
13–14 Jahre	1,4	1,3
Jugendliche und Erwachsene		
15–18 Jahre	1,5	1,3
19–35 Jahre	1,4	1,2
36–50 Jahre	1,3	1,1
51–65 Jahre	1,3	1,1
über 65 Jahre	1,3	1,1
Schwangere ab 4. Monat		+ 0,3
Stillende		+ 0,5

[1] ca 30% Zubereitungsverluste müssen berücksichtigt werden

3.3.2.3.2 Riboflavin, Vitamin B_2

Allgemeines

Die Bezeichnung Lactoflavin und andere Synonyma (Tab. 112) sind zu vermeiden.

1879: BLYTH (England) isoliert Riboflavinderivat als unreines, harziges Pigment = Lactochrom. Ähnliche Verbindungen: Cytoflavin, Lactoflavin, Lyochrom, Ovoflavin.

1917: EMMET und MCKIM (England) entdecken Wachstumsfaktor für Ratten in Reiskleie.

1920: EMMET vermutet, daß Hefe mehrere Wachstumsfaktoren enthält, neben B_1 auch eine hitzestabile Verbindung.

1927: BRITISH MEDICAL RESEARCH COUNCIL schlägt den Namen Vitamin B_2 für hitzestabile Substanz vor.

1932: WARBURG und CHRISTIAN (Deutschland) isolieren gelbes Enzym aus Hefe, das Riboflavin enthält (FMN).

1933: KUHN (Deutschland) isoliert reines Riboflavin aus der Milch; wachstumsfördernd.

1935: KUHN, KARRER (Schweiz): Strukturaufklärung und Synthese von Riboflavin.

1954: CHRISTIE et al. (England): Strukturaufklärung und Synthese von FAD.

Chemie, physiologische Formen

Riboflavin ist ein in 6- und 7-Stellung durch Methyl-Reste, in 9-Stellung durch den 1'-Ribitylrest substituiertes Isoalloxazinderivat (Abb. 78). Ribitol ist ein Alkoholderivat der Ribose. Riboflavin hat eine hohe Strukturspezifität; geringfügige Änderungen am Molekül durch Substitutionen führen meist zum Wirkungsverlust bzw. zur Bildung von Antivitaminen. Lediglich Änderungen der Methylsubstituenten an den C-Atomen 6 und 7 sowie Änderungen am Ribitylrest weisen noch geringe Vitaminaktivität auf (Tab. 155).

Riboflavin ist geruchlos, orangegelb, bitter, sehr schwer wasserlöslich, wenig löslich in isotoner NaCl-Nicotinamid-Lösung und Cyclohexan, unlöslich in Fetten und fettlösenden organischen Lösungsmitteln. In KOH-Lösungen wird Riboflavin unter Salzbildung aufgelöst. Die wäßrige Lösung zeigt charakteristische grüngelbe Fluoreszenz. Durch Reduktionsmittel wird Riboflavin farblos, nach Oxidation wieder gelb. Im sauren und neutralen Bereich bildet sich das farblose Lumichrom, im alkalischen Bereich Lumiflavin.

Biosynthese und Vorkommen

Die Biosynthese des Riboflavins konnte bisher nicht in allen Schritten aufgeklärt werden. Wahrscheinlich erfolgt sie ähnlich wie die der Purine, Pyrimidine und Pteridine, aus Glycin, Formiat und Kohlendioxid. Als Zwischenprodukte lassen sich 4,5-Diaminourazil und 6,7-

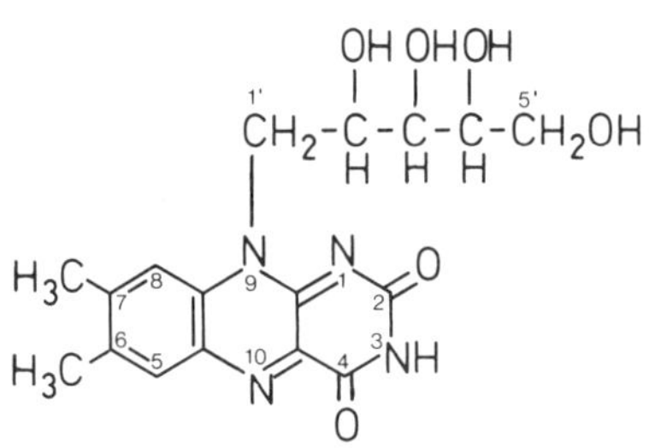

Abb. 78. Strukturformel des Riboflavins.

Dimethyl-8-Ribityllumazin isolieren. Es wird vermutet, daß die zur Vervollständigung des Isoalloxazinringsystems erforderliche C_4-Verbindung von einem Lumazinderivat geliefert wird und dann mit einem zweiten Lumazinmolekül reagiert.

Nicht alle Bakterien können Vitamin B_2 synthetisieren, insbesondere für Laktobazillen ist es daher ein essentieller Wachstumsfaktor.

Tab. 155. Riboflavin-Antagonisten (LANG 1974)

Isoriboflavin (5,6-Dimethyl-9-(D-1'-ribityl)-isoalloxacin)
6,7-Diethyl-9-(D-1'-ribityl)-isoalloxacin
6,7-Dichlor-9-(D-1'-ribityl)-isoalloxacin
D-Araboflavin
D-Galactoflavin
Substitutionsprodukte des Riboflavin mit geringer Vitaminaktivität

Substitutionsprodukte:
6-Methyl-9-(D-1'-ribityl)-isoalloxacin
7-Methyl-9-(D-1'-ribityl)-isoalloxacin
6-Ethyl-7-Methyl-9-(D-1'-ribityl)-isoalloxacin
6,7-Diethyl-9-(D-1'-ribityl)-isoalloxacin
2', 3', 4', 5'-Tetraacetylriboflavin
L-Araboflavin
Methylderivate des Riboflavins, z. B. Monomethylolriboflavine

Riboflavin ist im Pflanzen- und Tierreich weit verbreitet; in einigen Nahrungsmitteln ist es besonders reichlich enthalten. Als wesentliche Quellen gelten Milch, Käse, Fleisch, Eier und Getreideerzeugnisse sowie Leber und viele Seefische (Tab. 156). Bei der Keimung steigt die Riboflavinkonzentration in Weizen, Gerste und Mais an.

Beeinflussung der Verfügbarkeit

Von den Faktoren, die die Verfügbarkeit von Riboflavin vermindern, sind besonders die Lagerung und Verarbeitung von Lebensmitteln zu nennen, bei denen es zu Verlusten von bis zu 20% kommen kann. Weitere Faktoren sind bekannt (Tab. 157).

Die Riboflavinverluste in der Fleischzubereitung sind von Fleischart und Garverfahren abhängig (Tab. 158).

Tab. 156. Riboflavingehalte in ausgewählten Nahrungsmitteln (Angaben in mg/100 g Ware) (KUTZKY 1973; ELMADFA et al. 1987)

hoch ist der Riboflavingehalt, wenn er bei 1–10 mg/100 g liegt
mittel ist der Riboflavingehalt, wenn er bei 0,1–1 mg/100 g liegt
niedrig ist der Riboflavingehalt, wenn er bei 0,01–0,1 mg/100 g liegt

Nahrungsmittel	Gehalt
Schweineleber	3,17
Rinderleber	2,90
Hühnerleber	2,49
Kalbsleber	2,45
Bäckerhefe	2,00
Mandeln	0,92
Weizenkeime	0,72
Camembert	0,45
Edamer	0,35
Magerquark	0,31
Kuhmilch; 3,5% Fett	0,18
Muttermilch*	0,04

* Muttermilch enthält Riboflavin hauptsächlich als FAD

Bestimmungsmethoden

Die am meisten verbreitete Methode ist die fluorimetrische Bestimmung, bei der die intakte Verbindung direkt gemessen wird. Die Lumiflavinmethode beruht auf der Umwandlung des Riboflavins (unlöslich in Chloroform) in alkalischer Lösung nach Lichteinstrahlung in

Tab. 157. Weitere Faktoren, die zur Verminderung der Verfügbarkeit von Riboflavin beitragen

pH-Wert: Alkalischer pH-Bereich
In pflanzlichen Lebensmitteln kommt Riboflavin gebunden vor
verminderte Phosphorylierung im Darm führt zur Herabsetzung der Absorption
enzymatische Zerstörung (nicht geklärt)
Erkrankungen des Magen-Darm-Traktes, z. B. Diarrhoe, vermindern Verdauung und Absorption
verminderte Phosphorylierung in der Leber

Tab. 158. Durchschnittliche Riboflavinverluste in verschiedenen Fleischarten bei unterschiedlichen Garverfahren (nach BÓGNAR 1984)

Fleisch	Verluste in % Kochen	Schmoren	Braten
Kalbfleisch	+ 5	+ 1	3
Rindfleisch	5	2	20
Schweinefleisch	6	3	9
Fleisch im Durchschnitt	2	1	10

+ = Zunahme

Lumiflavin (löslich in Chloroform). Nach verschiedenen Trennungs- und Anreicherungsschritten kann direkt photometrisch oder polarographisch gemessen werden. Für geringe Konzentrationen ist der mikrobiologische Test *(Lactobacillus casei)* noch immer gebräuchlich. Die colorimetrischen Methoden sind überholt. Die Hochdruck-Flüssigkeits-Chromatographie findet bei der Riboflavinbestimmung in Körperflüssigkeiten sowie in Lebensmitteln zunehmend Anwendung.

Absorption und Stoffwechsel
Im physiologischen Versorgungsbereich wird Riboflavin im Dünndarm proportional zur eingenommenen Menge absorbiert. Infolge der Riboflavinsynthese durch die Darmflora ist der Riboflavingehalt in den Fäzes oft höher als die durch die Nahrung zugeführte Menge erwarten läßt. Eine ballaststoffreiche, pflanzliche Nahrung oder die Zugabe von Cellulose erhöhen die bakterielle Synthese erheblich. Bei Riboflavingaben bis zu 20 mg (ca. das 10fache der Empfehlung) beträgt die Absorptionsrate 50–60%.

Das mit der Nahrung zugeführte Riboflavin wird nach Aufnahme in die Mukosazelle als Voraussetzung zur weiteren Absorption zu Riboflavinphosphat (Flavinmononucleotid [FMN]) phosphoryliert. Die Umwandlung von FMN zu Flavinadenindinucleotid (FAD) erfordert ein weiteres ATP-Molekül (Abb. 79).

Geringe Teile der gebildeten FMN und FAD werden im Darm dephosphoryliert.

Der größte Teil des im Blut befindlichen Riboflavins ist in den Blutzellen enthalten. Im Blut und in den Organen sind 70–90% des Riboflavins als FAD, 5–30% als FMN und 0,5–2% in freier Form enthalten (Tab. 159).

Im tierischen Organismus wurde bisher kein Enzym gefunden, das den Abbau von Riboflavin bewirkt, wie es bei Thiamin, Thiaminase der Fall ist. Nach größeren Riboflavingaben metabolisieren die Darmbakterien geringe Mengen des Vitamins; die erzeugten Metaboli-

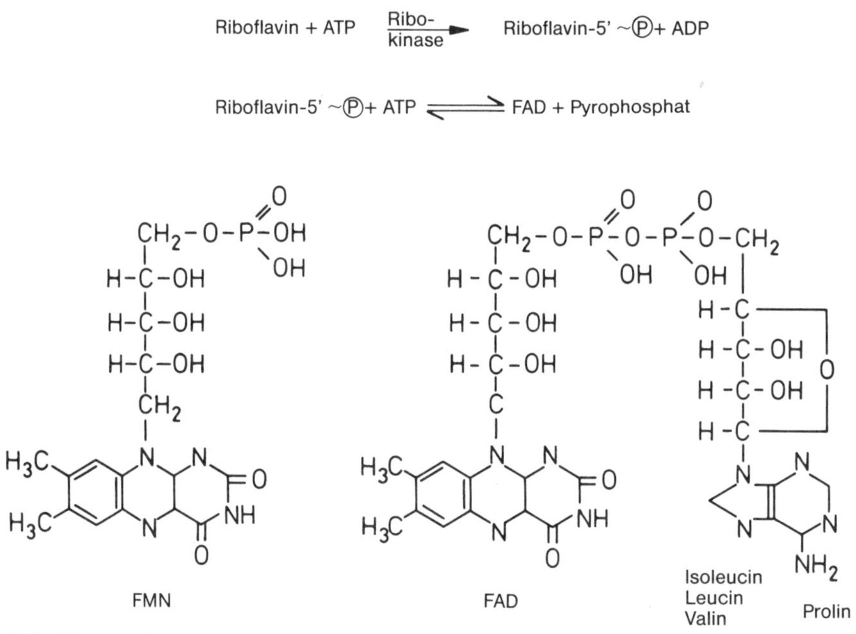

Abb. 79. Aktivierung von Riboflavin zu FMN bzw. FAD.

Tab. 159. Riboflavingehalt im Blut und verschiedenen Organen des Menschen (LANG 1974; REUTER 1970)

Komponente	µg/100 ml
Vollblut	5–10
Leukozyten	252,0
Erythrozyten	18–26
	µg/g FG*
Leber	25
Myokard	13
Skelettmuskel	2,7
Augenlinse	3,1

* FG = Frischgewicht

ten werden im Harn ausgeschieden. Von diesen Metaboliten sind 6,7-Dimethyl-10-formyl-methyl-isoalloxazin, Lumichrom und Lumiflavin bekannt.

Die biologische Halbwertszeit ($t/_2$) von Riboflavin nach Gabe von physiologischen Dosen beträgt durchschnittlich 16 Tage (Ratte). Die Ausscheidung von Riboflavin erfolgt hauptsächlich mit dem Harn. Bei der üblichen Ernährung finden sich zwischen 0,25–0,8 mg im Tagesharn, teilweise in phosphorylierter Form, teilweise als freies Vitamin. Bei dem mit den Fäzes ausgeschiedenen Riboflavin handelt es sich entweder um nicht absorbiertes, mit der Galle ausgeschiedenes oder durch Darmbakterien synthetisiertes Riboflavin.

Funktionen

Riboflavin wirkt im Organismus in Form der Coenzyme FMN und FAD. Diese Coenzyme und ihre entsprechenden Apoenzyme werden auch als »gelbe Fermente« bezeichnet, da der Flavinrest dem Protein eine gelbe Farbe verleiht. Die gegenwärtig bekannten 60 Flavinenzyme dienen als Wasserstoffüberträger bei einer großen Anzahl von Reaktionen. Die Wasserstoffmoleküle werden von den zwei oxidierten Stickstoffatomen im Ringsystem gebunden:

$$\underset{\text{(gelb)}}{\text{Oxidiertes Flavinenzym} + AH_2} \rightleftharpoons \underset{\text{(farblos)}}{\text{Hydriertes Flavinenzym} + A}$$

Die Flavinenzyme stellen als Redoxsystem in der mitochondrialen Atmungskette (Abb. 80) den begrenzenden Faktor dar, da alle anderen

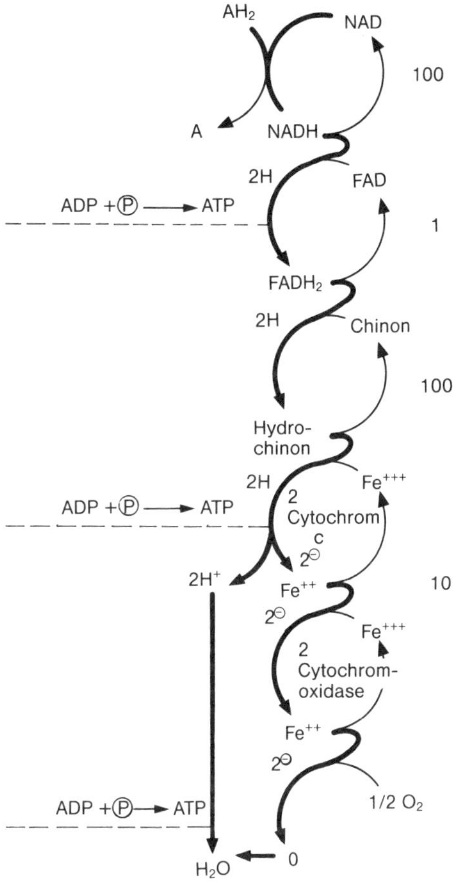

Abb. 80. Die Bedeutung von Flavoprotein und Chinonen in der Elektronen-Transportkette (MARKS 1975).

Komponenten in großen Überschüssen vorhanden sind. Die Relationen Nicotinsäure : Flavin : Ubichinon : Cytochrom betragen etwa 100 : 1 : 100 : 10. Flavinenzyme sind bei der Hämoglobinreduktion in den Erythrozyten beteiligt. Stoffwechsel von Hornhaut und Linse sind in hohem Maße auf Riboflavin angewiesen. Vermutlich hat Riboflavin eine Lichtschutzwirkung, vor allem gegenüber kurzwelligem Licht. Riboflavin verzögert die Entstehung von Tumoren bei Ratten, die durch Verfütterung von Azofarbstoffen (z.B. Buttergelb) hervorgerufen werden. Weitere Funktionen des Riboflavins sind die Förderung von Wachstum und Entwicklung von Embryonen, die Erhaltung der Myelinschicht von Nerven sowie die Abwehr gegen Krankheiten.

Mangelerscheinungen
Isolierter schwerer Riboflavinmangel tritt unter den Lebensbedingungen in (wohlhabenden) Industrieländern sehr selten auf. Dagegen werden häufig leichte Hyporiboflavinosen beobachtet, die durch typische Symptome gekennzeichnet sind (Tab. 160). Unter anderem führt Mangel an Riboflavin zu entzündlichen Hautveränderungen, Mundwinkel-Rhagaden, Wachstumshemmung und in schweren Fällen nicht selten zu Anämien.

Beurteilung des Riboflavin-Status
Zur Ermittlung des Versorgungszustandes mit Riboflavin wird die Riboflavinausscheidung im Urin in bezug zur Kreatinausscheidung gesetzt, die mit Körperreserven und Aufnahme mit der Kost korreliert. Die Glutathionreduktase-Aktivität in Erythrozyten nach einem Belastungstest mit Riboflavin ist eine weitere geeignete Meßmethode. Bei Riboflavinmangel ist ein starker Anstieg der Enzymaktivität bei Zusatz von FAD zu beobachten. Steigt die Aktivität um mindestens 20% an, ist das ein Hinweis auf Riboflavinmangel.

Bedarf, wünschenswerte Zufuhr
Der Bedarf an Riboflavin hängt von der Stoffwechselintensität ab und nimmt bei verschiedenen Krankheiten, wie Infektionen, erhöhter Schilddrüsentätigkeit sowie bei vermehrter Flüssigkeitsaufnahme zu. Die Aufnahme der Erwachsenen in der BR Deutschland liegt bei durchschnittlich 2,1 mg/d/Person. Die empfehlenswerte Zufuhr hängt vom Alter und anderen Lebensbedingungen ab (Tab. 161). Der Minimalbedarf liegt bei Erwachsenen bei 0,12 mg Riboflavin/1 MJ (= 239 kcal). Als Schwellenwert ist der Bereich zwischen 1,1–1,8 mg/d zu betrachten, bei dem die Riboflavinausscheidung mit dem Urin stark ansteigt. In der BR Deutschland ist bei etwa 10–20% der Jugendlichen ein Riboflavinmangel festzustellen.

Hypervitaminosen
Toxische Effekte des Riboflavins sind für den Menschen nicht bekannt. Die überhöhte Zufuhr kann zu Juckreiz und Parästhesie führen.

3.3.2.3.3 Pyridoxin, Vitamin B_6

Allgemeines
1934: Györgyi (Ungarn) heilt eine Dermatitis (Akrodynie) bei Ratten, die nicht auf dem Mangel an Vitamin B_1 oder B_2 beruht, mit Hefeextrakt.
1938: Lepkovsky isoliert einen ähnlichen Faktor aus Reiskleie-Extrakt.
1938: Keresztesy und Stevens isolieren und kristallisieren reines Vitamin B_6 aus Reiskleie.
1938: Kohn, Wendt und Westphal (Deutschland) synthetisieren Pyridoxin.
1939: Stiller, Keresztesy und Stevens weisen die Struktur von Pyridoxin nach.
1945: Snell (USA) entdeckt Pyridoxal und Pyridoxamin.
1953: Snyderman erkennt die Essentialität von Vitamin B_6 für den menschlichen Organismus.

Chemie
Die Wirkstoffe der Vitamin-B_6-Gruppe sind Pyridoxol (Alkohol), auch Pyridoxin genannt, sein Aldehyd Pyridoxal und sein Amin Pyrido-

Tab. 160. Klinische Riboflavinmangelsymptome (Marks 1975)

Organ	Symptom
Haut	Charakeristische, aber nicht permanente Hautveränderungen wie Cheilosis, Stomatitis, nasolabiale Seborrhoe, Dermatitis von Skrotum und Vulva, Dystrophie der Fingernägel
Mund	Cheilosis, Stomatitis, Athropie der Zungenschleimhaut
Augen	Rötung und Schuppenbildung der Haut um die Augenwinkel, Vaskularisierung der Kornea mit Fremdkörpergefühl, Konjunktivitis , besonders des unteren Lids
Blut	Mikrozytäre, hypochrome Anämie (mit hypoplastischer Medulla)
Während der Schwangerschaft:	Störungen der Embryonalentwicklung und Mißbildungen wie Lippen-Gaumen-Spalten

Tab. 161. Empfehlenswerte Höhe der Zufuhr von Riboflavin (Vitamin B_2) in mg/d (DGE 1985)

	Empfohlene Zufuhr[1] m		w
Säuglinge			
0– 2 Monate		0,4	
3– 5 Monate		0,5	
6–11 Monate		0,6	
Kinder			
1– 3 Jahre		0,7	
4– 6 Jahre		1,0	
7– 9 Jahre		1,3	
10–12 Jahre	1,5		1,4
13–14 Jahre	1,6		1,5
Jugendliche und Erwachsene			
15–18 Jahre	1,8		1,7
19 – über 65 Jahre	1,7		1,5
Schwangere ab 4. Monat			+ 0,3
Stillende			+ 0,8

[1] ca. 20% Zubereitungsverluste berücksichtigt

xamin (Abb. 81). Die an der Coenzymfunktion beteiligten Teile des Moleküls sind die jeweiligen Restgruppen. Alle drei Formen sind ineinander überführbar.

Die Vertreter der Vitamin-B_6-Gruppe sind farblose Kristalle. Sowohl die freien Basen, als auch die üblicherweise vorkommenden Hydrochloride der Vitamin-B_6-Gruppe sind in Wasser gut, in Alkohol hingegen schwer löslich. Sie sind hitzeempfindlich, labil gegenüber UV- und Tageslichtbestrahlung, dagegen stabil gegenüber Säuren, Basen und Sauerstoff. Das synthetische Pyridoxinhydrochlorid zerfällt an seinem Schmelzpunkt (204–206 °C) und unterliegt einer Braunfärbung. Es ist stabil gegen Sauerstoff (Tab. 114).

Inaktive Analoga sind Nor-Vitamin B_6, 4-Pyridoxinsäure und 5-Pyridoxinsäure.

Antagonisten sind 4-Desoxypyridoxin, 4-Methoxypyridoxin, Toxopyrimidin, Penicillamin, Semicarbazid und Isoniazid. Die Hydroxylgruppe in 4-Stellung ist für die biochemischen Funktionen unbedingt erforderlich, denn Substitution führt zu antagonistischen Eigenschaften.

Synergisten sind die Vitamine B_1, B_2, C, E, Niacin, Biotin, Folsäure sowie die Hormone STH, Glucagon, Adrenalin und Noradrenalin.

Biosynthese und Vorkommen/Nahrungsquellen

Vitamin B_6 wird von Mikroorganismen und wahrscheinlich auch von Pflanzen über noch unbekannte Stoffwechselwege gebildet. Alle drei Formen kommen in z.T. niedrigen Konzentrationen in fast allen tierischen und pflanzlichen Geweben vor. Pyridoxol kommt in erster Linie in pflanzlichen Nahrungsmitteln vor, Pyridoxal und Pyridoxamin sind die üblichen Formen in tierischen Lebensmitteln.

Möglicherweise erfolgt die Biosynthese von Vitamin B_6 aus Glycerin, Serin oder Glycoaldehyd. Zwischenprodukte des Biosyntheseweges sind jedoch nicht bekannt.

Leber, Getreidevollkorn, Nüsse, Hefe und Bananen sind mit 0,5 mg/100 g Lebensmittel sehr gute Vitamin-B_6-Quellen (Tab. 162). Fette, Öle, Zucker und alkoholische Getränke enthalten kein Vitamin B_6.

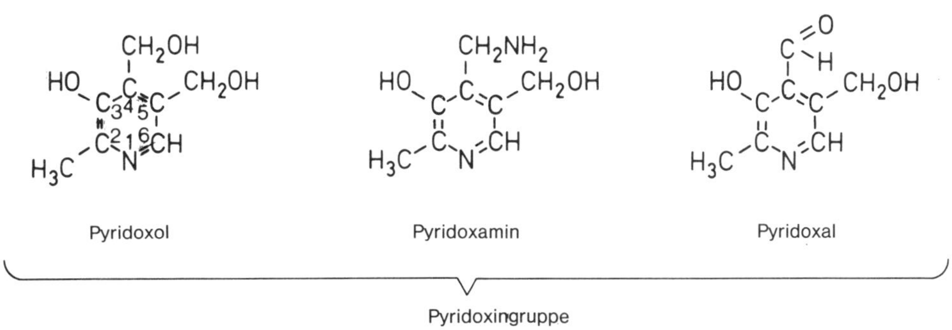

Abb. 81. Die Wirkstoffe der Pyridoxingruppe.

Tab. 162. Vitamin-B_6-Gehalt in ausgewählten Nahrungsmitteln (Angaben in mg/100 g) (KUTSKY 1981 und SOUCI et al 1986/87)

hoch ist der Gehalt an Pyridoxin, wenn er bei 1–10 mg/100 g liegt
mittel ist der Gehalt an Pyridoxin, wenn er bei 0,1–1 mg/100 g liegt
niedrig ist der Gehalt an Pyridoxin, wenn er bei 0,01–0,1 mg/100 g liegt

Nahrungsmittel	Vitamin B_6-Gehalt
Weizenkeime	3,3
Sardine	0,96
Leber (Kalb)	0,9
Bäckerhefe	0,81
Reis, unpoliert	0,67
Leber (Schwein)	0,59
Weizenmehl, Typ 1700	0,46
Bananen	0,37
Spinat, roh	0,22
Sauerkraut, abgetropft	0,21
Kartoffeln, roh	0,21
Weizenmehl, Typ 405	0,18
Erbsen, grün, roh	0,16
Eier	0,12
Karotten, roh	0,093
Apfelsinen	0,05
Kuhmilch; 3,5% Fett	0,046
Frauenmilch	0,013

Beeinflussung der Verfügbarkeit

Durch die Wasserlöslichkeit gehen ca. 30–45% des Vitamin B_6 beim Kochen der Nahrungsmittel verloren. Gegenüber Wärme und Sauerstoff ist das Vitamin stabil, nicht aber gegenüber UV-Bestrahlung.

Erkrankungen des Gastrointestinaltraktes sowie Diurese vermindern die Verfügbarkeit. Durch Antagonisten, wie Isoniazid, kommt es zu Wechselwirkungen, die Vitamin B_6 in seiner Wirksamkeit blockieren. Die verfügbare Menge von Vitamin B_6 kann mittels Synthese durch intestinale Bakterien erhöht werden (Tab. 163).

Wechselwirkungen von Pharmaka mit Vitamin B_6 sind bekannt. So erhöhen Tuberkulostatika, wie Isoniazid, die renale Ausscheidung oder bilden einen Hydrazonkomplex, der zur Inaktivierung des Vitamins führt. Ein Antagonismus tritt ebenfalls mit dem Antihypertensivum Hydrallazin und mit Penicillamin, das zur Behandlung der WILSON-Krankheit eingesetzt wird, auf. Die Einnahme von Kontrazeptiva erhöht den Bedarf an Vitamin B_6.

Bestimmungsmethoden

Die Analyse Vitamin-B_6-haltiger Präparate, die nur eine der drei Vitaminformen enthalten, ist relativ einfach durchzuführen. Pharmazeutika und angereicherte Lebensmittel enthalten fast immer Pyridoxol. Bei nicht angereicherten Nahrungs- und Futtermitteln ist stets mit der Anwesenheit aller drei Formen zu rechnen.

Drei Bioassaymethoden stehen zur Verfügung, um die biologische Aktivität von Vitamin B_6 im lebenden Organismus zu bestimmen. Dabei wird jedoch nicht nur das über die Nahrung aufgenommene Vitamin B_6 bestimmt, sondern auch das von der Darmflora produzierte, so daß sich Werte ergeben, die über den durch andere Methoden ermittelten liegen.

Für nicht angereicherte Nahrungsmittel und Gewebe werden vorwiegend mikrobiologische Verfahren angewandt. In reinen Lösungen mit hochkonzentrierten Präparaten kann Pyridoxin durch Titration oder durch UV-photometrische Messungen bestimmt werden.

Gute Ergebnisse werden mit der Gaschromatographie und der Hochdruck-Flüssigkeits-Chromatographie erzielt. Pyridoxal-5-Phosphat läßt sich auch anhand seiner Coenzymfunktion (s. Funktionen) nach Zugabe des Tyrosin-Decarboxylase-Apoenzyms durch die Decarboxylierung von L-Tyrosin-1-^{14}C bestimmen. Diese Reaktion wird für den Nachweis von Pyridoxal-5-Phosphat im Blut angewandt.

Tab. 163. Beeinflussung der B_6-Verfügbarkeit

Faktoren, die die Verfügbarkeit vermindern:
Isoniacid
Hydralazin
Penicillamin
Zubereitungsverluste
Diurese
Gastrointestinale Erkrankungen
UV-Bestrahlung

Faktoren, die die Verfügbarkeit erhöhen:
enterale Produktion durch die Darmflora

Absorption und Stoffwechsel

Über die Absorption von Vitamin B_6 ist nur wenig bekannt. Es wird sehr schnell absorbiert und mit dem Blut über das gesamte Gewebe verteilt. In den Geweben werden Pyridoxol und Pyridoxal durch die ATP-abhängige Pyridoxalkinase zu Pyridoxalphosphat und Pyridoxamin zu Pyridoxaminphosphat, den Coenzymen vieler Reaktionen im Aminosäuren- und Proteinstoffwechsel, phosphoryliert. Pyridoxol, Pyridoxal und Pyridoxamin sind im Gewebe ineinander überführbar und besitzen dieselbe biologische Aktivität.

Pyridoxalphosphat und Pyridoxaminphosphat kommen in Lebensmitteln vor. Während der Verdauung wird der Phosphatrest abgespalten und nur die nicht-phosphorylierten Formen werden absorbiert. Der Transport im Blut erfolgt in Form eines Proteinkomplexes. Die physiologischen Vitamin-B_6-Plasmakonzentrationen liegen bei 11 mg/100 ml. Die Körperbestände des Erwachsenen betragen 5–150 mg Pyridoxin, das vorzugsweise als Pyridoxalphosphat im Muskel als Bestandteil der Muskelphosphorylase gespeichert ist. Zielorgane von Vitamin B_6 sind in erster Linie Nervengewebe, Leber, Lymphknoten und Muskelgewebe.

Von der aufgenommenen Menge an Vitamin B_6 werden täglich 57% wieder ausgeschieden. Die Hauptausscheidung erfolgt über den Urin in Form des inaktiven Metaboliten 4-Pyridoxinsäure. Etwa 50% des aufgenommenen Pyridoxins werden in Form dieses Stoffwechselproduktes im Harn ausgeschieden. Geringe Mengen reinen Pyridoxals erscheinen im Urin. Die Ausscheidung über die Fäzes ist gering.

Funktionen

Die phosphorylierten Formen von Pyridoxal bzw. Pyridoxamin – nämlich Pyridoxalphosphat (PALP) bzw. Pyridoxaminphosphat – fungieren in über 60 verschiedenen Enzymsystemen des Aminosäuren- und Proteinstoffwechsels als Coenzyme. Bei den meisten Enzymen handelt es sich um Transaminasen und Decarboxylasen, bei denen PALP als Coenzym beteiligt ist.

Bei allen PALP-abhängigen Reaktionen wird zwischen der Aldehydgruppe des Coenzyms und der Aminogruppe der Aminosäure eine Schiffsche Base gebildet. Durch die elektronenanziehende Wirkung des Pyrimidinstickstoffs kommt es zu Elektronenverschiebungen innerhalb des Coenzym-Substrat-Komplexes, die die Schwächung einzelner Bindungen am α-C-Atom der Aminosäure bewirken (Abb. 82).

Abhängig davon, welche Bindung labilisiert wird, werden Transaminierungen, Decarboxylierungen und Desaminierungen unterschieden.

Mit Ausnahme der Transaminasen, bei denen sowohl PALP als auch Pyridoxaminphosphat als Coenzym wirken können, erfordern alle anderen Vitamine-B_6-abhängigen Enzyme speziell PALP. Die verschiedenen Vitamine müssen daher ineinander überführbar sein (Abb. 83).

Fast alle PALP-abhängigen Enzymsysteme befinden sich im Aminosäurenstoffwechsel. Eine Ausnahme bildet jedoch die Glykogenphosphorylase im Muskel, die beträchtliche Mengen an PALP enthält. Allerdings ist PALP nicht in die Enzymaktivität einbezogen. Es wird angenommen, daß dieser Enzym-Coenzym-Komplex einen Vitamin-B_6-Speicher darstellt. Wahrscheinlich dient PALP auch dazu, die Quartärstruktur der Glykogenphosphorylase, durch Zusammenhalten der Proteinuntereinheiten, zu stabilisieren.

Wichtige PALP-abhängige Aminosäure-Decarboxylasen, die die Bildung von biogenen Aminen katalysieren sind folgende:

Histidin-Decarboxylase führt zur Bildung von Histamin, einem Gewebshormon, das u.a. für die allergischen Reaktionen des Körpers verantwortlich ist.

Ornithin-Decarboxylase katalysiert die Bildung des Diamins Putrescin, einem Vorläufer der Polyamine Spermin und Spermidin. Putrescin und die Polyamine spielen eine Rolle für die Regulation des Zellwachstums.

Aromatische Aminosäure-Decarboxylase decarboxyliert Dihydroxyphenylalanin (Dopa) zu Dopamin und 5-Hydroxytryptophan zu Serotonin. Dopamin und Serotonin sind Neurotransmitter des Zentralnervensystems. Dopamin ist außerdem Ausgangsprodukt für die Synthese von Noradrenalin und Adrenalin.

Glutamat-Decarboxylase führt zur Bildung von γ-Aminobuttersäure, einem Neurotransmitter im Zentralnervensystem. Glutamat-Decarboxylase ist ein im Vitamin-B_6-Mangel besonders stark beeinträchtigtes Enzym; seine Aktivität im Gehirn fällt auf nahezu Null ab. Der daraus resultierende Mangel an γ-Aminobuttersäure führt zu den spontan auftretenden Krämpfen bei Vitamin-B_6-Mangel.

Mit Ausnahme von Lysin unterliegen sämtliche Aminosäuren einer reversiblen Transaminierung, wobei die Aminogruppe der Amino-

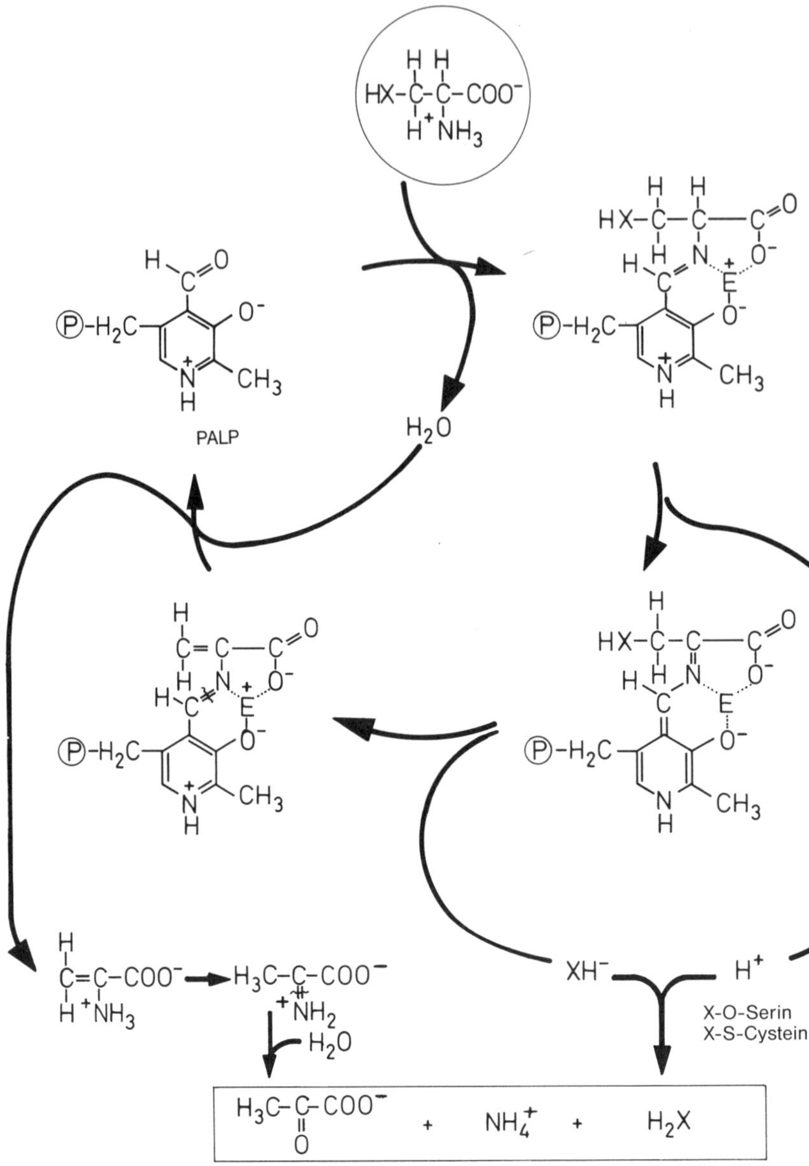

Abb. 82. Mechanismus der α-, β-Elimination am Beispiel von Serin und Cystein (LÖFFLER et al. 1979).

säure auf einen Akzeptor übertragen und eine Ketosäure gebildet wird. Der Aminogruppenakzeptor ist meist ebenfalls eine Ketosäure, die dann nach Übernahme der Aminogruppe zur korrespondierenden Aminosäure wird (Abb. 84). PALP ist bei dieser Reaktion der intermediäre Akzeptor der Aminogruppe.

Zwei Transaminasen, die in den Erythrozyten lokalisiert sind, werden zur Bestimmung des Versorgungszustandes mit Vitamin B_6 herangezogen; es sind die Glutamat-Oxalacetat-Transaminase (GOT) und die Glutamat-Pyruvat-Transaminase (GPT), die folgende Reaktionen katalysieren:

(1) Aspartat + α-Ketoglutarat ⇌ Oxalacetat + Glutamat

(2) Alanin + α-Ketoglutarat ⇌ Pyruvat + Glutamat

Weitere wichtige Enzymsysteme, die PALP als Coenzym benötigen, sind die δ-Aminolävulinsäuresynthase, die einen wichtigen Schritt in der Biosynthese der Porphyrine katalysiert, und die Kynureninase, ein wichtiges Enzym beim Abbau von Tryptophan zu Nicotinsäure (Abb. 85).

Da im Vitamin-B_6-Mangel die Kynureninaseaktivität stark vermindert ist, wird Kynurenin nicht zu Nicotinsäure, sondern in Xanthurensäure umgewandelt, die dann vermehrt im Urin auftritt. Neben den genannten Enzymsystemen existieren noch weitere, weniger bedeutende, in denen PALP als Coenzym beteiligt ist (Tab. 164).

Mangelerscheinungen

Da Vitamin B_6 in fast allen Nahrungsmitteln enthalten ist, sind primäre, ernährungsbedingte Mangelerscheinungen an diesem Vitamin selten. Über eine kleinere »Krampfepidemie« bei Kindern wurde 1954 aus den USA berichtet, die allerdings auf den herstellungsbedingt niedrigen Vitamin-B_6-Gehalt eines Milchpräparates zurückzuführen war.

Symptome, die auf einen Vitamin-B_6-Mangel schließen lassen, konnten bei Patienten mit Absorptionsstörungen und Protein-Energie-Mangel nachgewiesen werden.

Medikamente, die als Vitamin-B_6-Antagonisten bekannt sind (s. Chemie und Tab. 116), können periphere Neuropathien hervorrufen, die nach Gaben von Pyridoxin wieder behoben werden.

Ein Vitamin-B_6-Mangel manifestiert sich in folgenden Störungen:
- Appetitverlust, schlechte Futterverwertung, Durchfall, Erbrechen.
- Dermatitis, Wachstumsstörungen und Anämien.
- Degeneration der peripheren Nerven mit Ataxie und Paralyse.
- Krampfzustände in unregelmäßigen Intervallen.
- Mikrozytäre, hypochrome Anämie.
- Seborrhoe-ähnliche Zerstörungen um Augen, Nase und Mund.
- Cheilosis und Glossitis.

Es bestehen allerdings noch Zweifel darüber, ob durch Antagonisten hervorgerufene Mangelsyndrome den »natürlichen« Mangelerscheinungen gleichen.

Bei einer Vitamin-B_6-armen Diät tritt in erster Linie mikrozytäre, hypochrome Anämie auf und die Unfähigkeit, Tryptophan zu Nicotinsäure abzubauen. Die Anämie kommt dadurch zustande, daß der erste Schritt der Häm- bzw. Porphyrinsynthese, die Synthese der δ-Aminolävulinsäure durch ein PALP-abhängiges Enzymsystem, gestört ist.

Die zentralnervösen Funktionsstörungen, wie Ataxien und Paralysen, hängen mit Störungen

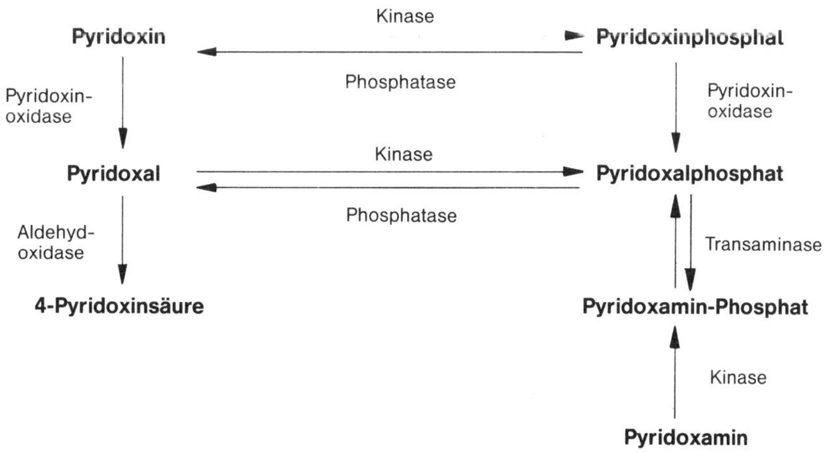

Abb. 83. Interkonvertierung der Vitamin-B_6-Vitamere (nach BARKER und BENDER 1980).

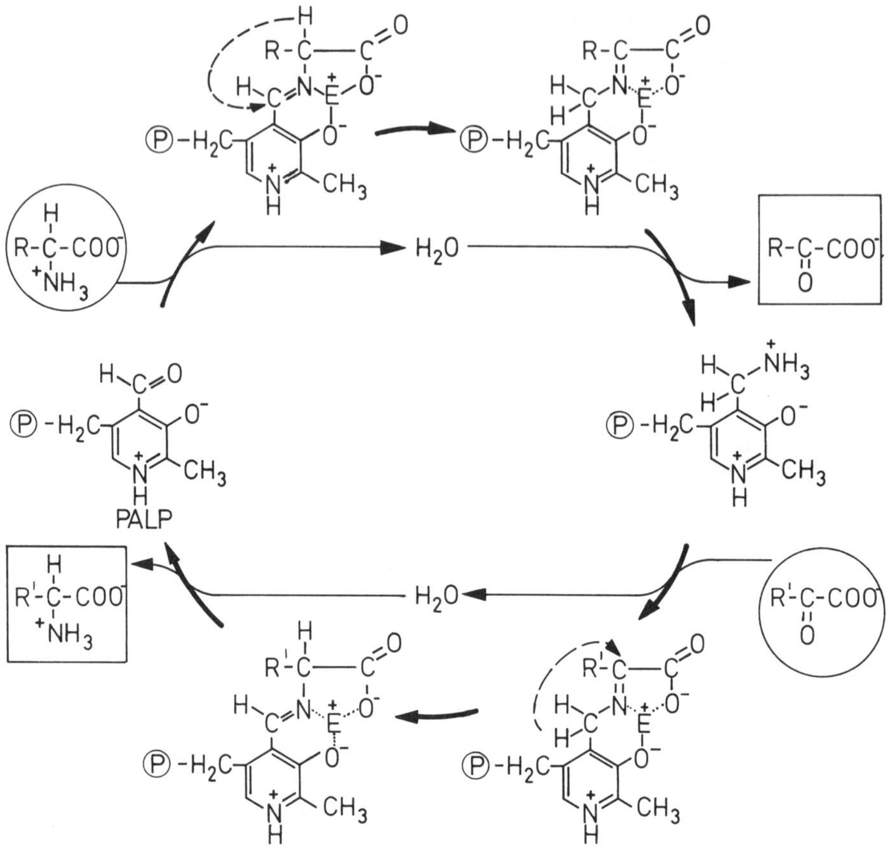

Abb. 84. Mechanismus der Transaminierung (LÖFFLER et al. 1979).

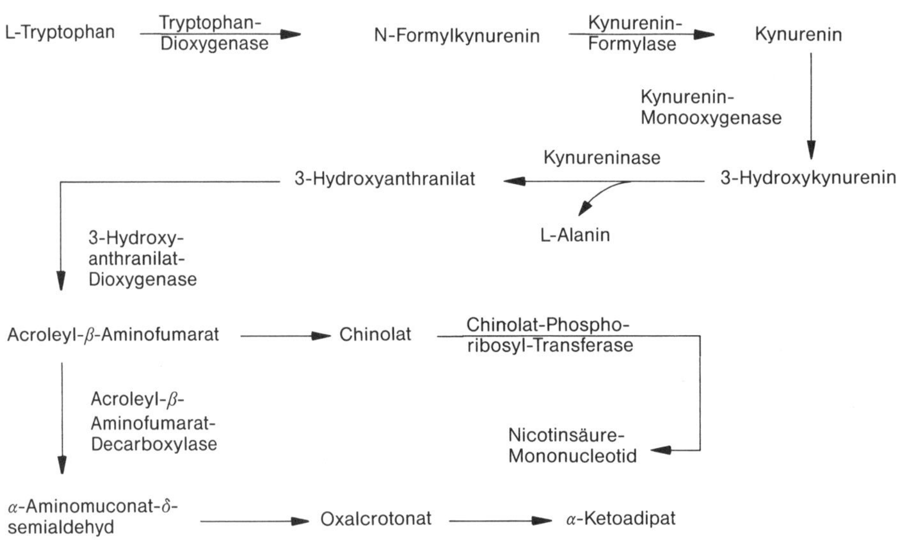

Abb. 85. Abbau von Tryptophan zu Nicotinsäuremononucleotid (vgl. auch Abb. 90).

Tab. 164. Pyridoxalphosphat-abhängige Enzymsysteme (nach KUTSKY 1981)

Enzymsystem
1. Transaminasen (Glutamat, Aspartat)
2. Aminosäure-Decarboxylase (Histidin)
3. Tryptophan-Metabolismus (Kynureninase)
4. Tyrosin- und Phenylalanin-Metabolismus
5. Dehydrasen (Porphyrinsynthese, Serin)
6. Racemasen (Alanin-Racemase)
7. Oxidasen (Diamine)
8. Desulfhydrasen (Cystein)
9. Serin-Transhydroxymethylase

In Phosphorylasen des Muskels hat PALP eine stabilisierende Funktion

des Glutamatstoffwechsels zusammen (PALP-abhängige Decarboxylierung von Glutamat zum Neurotransmitter γ-Aminobutyrat ist gestört). Frauen, die Östrogen-haltige Kontrazeptiva einnehmen, weisen biochemische Kriterien eines Vitamin-B_6-Mangels auf. Östrogene induzieren eine Aktivitätssteigerung des Enzymsystems, das Tryptophan in Nicotinsäure abbaut. Dadurch wird der Bedarf an Vitamin B_6 erhöht, das als Coenzym der Kynureninase wirkt.

Es können Depressionen auftreten, da Vitamin B_6 für die Enzymsysteme, die die oben erwähnten Neurotransmitter produzieren, nicht ausreichend zur Verfügung steht. Außerdem wird Tryptophan durch den gesteigerten Abbau zu Xanthurensäure dem Serotoninsyntheseweg als Ausgangssubstrat entzogen, so daß es zu einem Mangel an Serotonin im Gehirn kommt. Die Drepressionen verschwinden, wenn Pyridoxin (2 × 20 mg/d) gegeben wird. Bei Vitamin-B_6-Mangel ist die Ausscheidung von Xanthurensäure stark erhöht, was auf die Blockade der Kynureninase zurückzuführen ist.

Es werden z. Z. noch Untersuchungen dahingehend durchgeführt, ob Vitamin B_6 einen positiven Effekt auf die Verminderung der Zahnkaries hat, denn es konnte gezeigt werden, daß Affen mit Vitamin-B_6-Mangel kleine, mißgebildete Zähne hatten, die sehr stark mit Karies befallen waren.

Beurteilung des Pyridoxin-Status

Transaminasen sind PALP-abhängige Enzyme, so daß die Aktivität der Serumtransaminasen (GOT, GPT) als Index für den Vitamin-B_6-Status herangezogen werden kann (s. Funktionen). Die Aktivität wird in vitro ohne und mit (Aktivierungstest) Zusatz von PALP bestimmt. Je höher die prozentuale Stimulation durch PALP ist, um so größer ist der Vitamin-B_6-Mangel.

Eine weitere Methode zur Bestimmung der Vitamin-B_6-Verfügbarkeit ist der **Tryptophan-Belastungstest.** Nach einer oralen Dosis von Trypotphan wird die Ausscheidung von Xanthurensäure im Urin gemessen. Je größer der Vitamin-B_6-Mangel ist, um so mehr Xanthurensäure wird im Urin ausgeschieden, da der Organismus nicht in der Lage ist, Tryptophan vollständig abzubauen bzw. in Nicotinsäure umzuwandeln. Zur Bestimmung des Vitamin-B_6-Status kann auch das Verhältnis Serin/Glycin im Serum herangezogen werden. Die Serin-Hydroxymethyltransferase, die Serin und Glycin ineinander überführt, ist PALP-abhängig. Im Vitamin-B_6-Mangel ist daher das Serin/Glycin-Verhältnis sowohl im Gewebe, als auch im Serum höher als normal. Ein Vitamin-B_6-Mangel äußert sich auch durch verminderte Ausscheidung von 4-Pyridoxinsäure im Harn.

Bedarf, wünschenswerte Zufuhr

Wegen der besonderen Bedeutung von Vitamin B_6 für den Aminosäurenstoffwechsel wird der tägliche Bedarf weitgehend durch die zugeführte Proteinmenge bestimmt. Auf diesen Erkenntnissen aufbauend wird eine Vitamin-B_6-Aufnahme von 20 µg/g Nahrungsprotein empfohlen. Der Säugling benötigt zur Deckung seines Bedarfs 15 µg Vitamin B_6 pro g zugeführtes Protein. Da Muttermilch nur ca. 10 µg/100 ml enthält, reicht das Stillen allein nicht aus, um den Bedarf an Vitamin B_6 zu decken.

In der Schwangerschaft steigt nach einem Tryptophanbelastungstest die Xanthurensäure-Ausscheidung im Urin, was auf den physiologischen Östrogenanstieg zurückzuführen ist und einen erhöhten Bedarf an Vitamin B_6 anzeigt. Außerdem sinkt der Plasma-PALP-Gehalt während der Schwangerschaft. Die Empfehlungen der DGE für Schwangere (außer Jugendlichen) betragen 2,6 mg/d. Im allgemeinen bleiben gesunde Erwachsene bei einer Zufuhr zwischen von 1,2–2 mg/d frei von biochemischen Mangelzeichen, wenn eine übliche gemischte Kost verzehrt wird. Bei einer sehr hohen Proteinzufuhr kann der Vitamin-B_6-Bedarf bis auf 2,8 mg/d ansteigen (Tab. 165).

Tab. 165. Empfehlenswerte Höhe der Zufuhr von Pyridoxin (Vitamin B_6) in mg/d (DGE 1985)

	Empfohlene Zufuhr[1] m	w
Säuglinge		
0– 2 Monate	0,3	
3– 5 Monate	0,4	
6–11 Monate	0,5	
Kinder		
1– 3 Jahre	0,7	
4– 6 Jahre	1,3	
7– 9 Jahre	1,4	
10–12 Jahre	1,6	1,4
13–14 Jahre	2,0	1,6
Jugendliche und Erwachsene		
15–18 Jahre	2,1	1,8
19 – über 65 Jahre	1,8	1,6
Schwangere ab 4. Monat		+ 1,0
Stillende		+ 0,6

[1] ca. 20% Zubereitungsverluste berücksichtigt

Hypervitaminosen

Die Toxizität von Vitamin B_6 ist sehr gering. Der menschliche Organismus toleriert tägliche Dosen von 20–1000 mg ohne größere Schäden über längere Perioden. Diese Mengen liegen 10–500mal höher als die tägliche wünschenswerte Zufuhr für Erwachsene. Bisher wurde nur von einem Fall berichtet, bei dem es nach einer intramuskulären Injektion von Vitamin B_6 zu einem anaphylaktischen Schock kam. Während der Schwangerschaft haben exzessive Mengen an Vitamin B_6 keine schädigende Wirkung auf den Fetus.

In der Pharmakologie wird Pyridoxinhydrochlorid als Antiemeticum (Mittel zur Verhinderung des Erbrechens und der vorhergehenden Übelkeit) eingesetzt, u.a. nach therapeutischer Strahlenanwendung.

Die erwähnten Vitamin-B_6-Mangelsymptome traten einzeln auch bei ausreichend mit Vitamin B_6 versorgten Kindern auf. Durch extrem hohe Dosen Vitamin B_6 konnten diese Symptome unter Kontrolle gebracht werden. Hier handelt es sich um ein von Vitamin-B_6-abhängiges Syndrom, das wahrscheinlich auf einem angeborenen Fehler im Vitamin-B_6-Stoffwechsel beruht, bei dem einige Vitamin-B_6-abhängige Enzyme eine extrem niedrige Affinität zu ihrem Coenzym aufweisen.

3.3.2.3.4 Cobalamin, Vitamin B_{12}

Allgemeines

Die Synonyma Cobalamin und Cyanocobalamin gehören zur neuen Terminologie und sind gebräuchlich. Cobalamin ist der einzige bekannte Nährstoff, in dem Kobalt vorkommt. Alle weiteren Synonyma (Tab. 112) sollen vermieden werden.

1926: Minot und Murphey (USA) behandeln die pernizöse Anämie mit roher Leber.

1929: Castle (USA) zeigt, daß ein hämopoetischer Faktor durch das Zusammenwirken eines Nahrungs-(extrinsic)Faktors und eines gastrointestinalen (intrinsic) Faktors gebildet wird.

1944: Castle stellt den Intrinsic-Faktor dar.

1948: Rickes et al. (USA) isolieren und kristallisieren den Faktor aus der Leber, der die perniziöse Anämie verhindert.

1948: Smith und Parker (England) kristallisieren und identifizieren den »Leberfaktor« als Vitamin B_{12}.

1948: West (England) weist die klinische Bedeutung von Vitamin B_{12} nach.

1955: Hodgkin et al. (England) bestimmen die Struktur von Vitamin B_{12}.

Chemie, Eigenschaften

Cobalamin ist ein Corrinderivat (Abb. 86). Der innere Teil des Cobalaminmoleküls besteht aus vier reduzierten und voll substituierten Pyrrolringen, die um ein zentrales Cobaltatom gelagert sind. Das dreiwertige Cobaltatom besitzt vier Bindungen an die Stickstoffatome der Pyrrolringe, eine für das Nucleotid 5,6-Dimethylbenzimidazolribosid und eine für eine anorganische Gruppe bzw. einen 5-Desoxyadenosylrest (Coenzym).

Im Gegensatz zu den ähnlich aufgebauten Porphyrinen sind zwei der Pyrrolringe direkt und nicht über einen Methin-Kohlenstoff verbunden. Die anorganische Restgruppe an dem zentralen Cobaltatom kann Cyanid (Cyanocobalamin), ein Wassermolekül (Aquocobalamin) oder eine Hydroxylgruppe (Hydroxycobalamin) sein. Das Aquocobalamin wird aufgrund seiner Speicherungsfähigkeit in der Leber als die physiologische Depotform des Vitamins

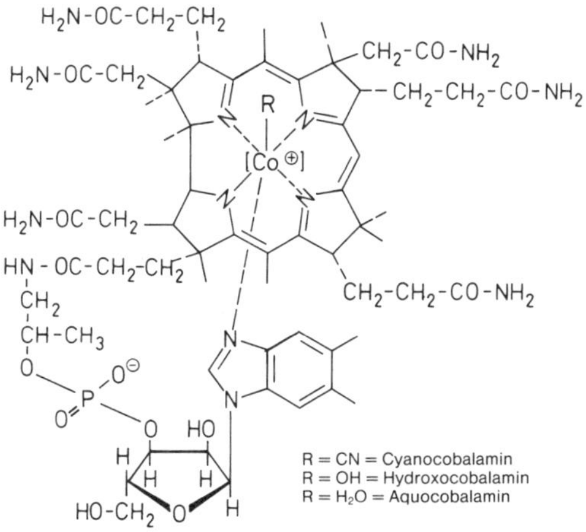

Abb. 86. Chemische Struktur von Vitamin B_{12}.

angesehen. Das Cyanocobalamin ist ein, in der Natur nicht vorhandenes, synthetisches Produkt. Ein weiteres Cobalaminderivat ist Methylcobalamin (an das Cobaltatom ist eine Methylgruppe gebunden). Die eigentlichen physiologischen Formen sind Hydroxycobalamin (B_{12}a) und Aquocobalamin (B_{12}b).

Vitamin B_{12} ist ein rotes Kristall mit hygroskopischen Eigenschaften. Es ist leicht löslich in Wasser und Alkohol, jedoch nicht löslich in Aceton und Chloroform. Vitamin B_{12} ist empfindlich gegenüber starken Säuren und Basen sowie gegenüber Lichteinstrahlung. Durch Oxidations- und Reduktionsreaktionen wird Cobalamin zerstört.

Eine Vielzahl weiterer Komponenten kann an das Cobaltatom gebunden werden. Dies können organische Komponenten, aber auch Halogene und metallische Ionen sein. Solche Verbindungen führen zu den aktiven Analoga Nitrocobalamin (Vitamin B_{12}c), Chlorocobalamin und Thiocyanatocobalamin.

Antagonisten sind Methylamid, Ethylamid, Anilid, Lactonderivate, Pteridin und Nicotinamid.

Synergisten sind Vitamin A, B_1, C, E, Folsäure, Biotin und Pantothensäure.

Biosynthese und Vorkommen/Nahrungsquellen
Die Biosynthese von Cobalaminverbindungen kann von Bakterien, jedoch nicht von höheren Pflanzen oder Tieren durchgeführt werden. Die bakterielle Synthese dieses Vitamins im Verdauungstrakt ist für Tiere von wesentlicher Bedeutung. Wenn ausreichende Mengen an Cobalt zur Verfügung stehen, sind Wiederkäuer von einer exogenen Vitamin-B_{12}-Zufuhr unabhängig. Der Corrinring wird ähnlich wie der Porphyrinring aus δ-Aminolävulinsäure gebildet, Ausgangsprodukte sind Succinyl-CoA und Glycin. Zwei Moleküle δ-Aminolävulinsäure kondensieren zu Porphobilinogen, das bereits einen Pyrrolring enthält. Vier Porphobilinogenmoleküle bilden in mehreren Reaktionsschritten das Corrinringsystem, in dem ein Cobaltatom eingelagert wird.

Das Kohlenstoffatom, das der 4. Methinbrücke im Porphyrinring entspricht, ist als Methylgruppe an den Corrinring A gebunden. Die zusätzlichen Methylgruppen stammen vom Methionin. Die Amidierung der Seitenketten beginnt mit der Bildung der drei Acetatseitenketten. Anschließend folgt die Bildung der Aminopropanolseitenketten. Das Aminopropanol stammt aus der Decarboxylierung von Threonin.

Die Anfügung des Nucleotids beginnt mit der ATP-abhängigen Phosphorylierung der 1-Amino-2-Propanolseitenkette des Corrinringsystems. Das Nucleotid wird aus freiem Dimethylbenzimidazol gebildet und an der phosphorylierten Seitenkette gebunden. Seine Struktur und seine Synthese gleichen der des Riboflavins.

Bei der Kultivierung von *Streptomyces griseus,* zur Gewinnung des Antibiotikums Streptomycin, fällt Vitamin B_{12} als Nebenprodukt an. Die besten Quellen für die Versorgung des Menschen mit Cobalamin sind tierische Lebensmittel. Einen besonders hohen Gehalt weisen Leber, Nieren und Gehirn auf (Tab. 166). Eine sehr hohe Konzentration kann im Pansen von Wiederkäuern (50 µg/100 g Trockengewicht) nachgewiesen werden und ist auf den Bakterienreichtum des Pansens zurückzuführen. Die Leber von Wiederkäuern ist wesentlich reicher an Cobalamin als die von Nichtwiederkäuern.

In Lebensmitteln von Pflanzen, die mit Bakterien in Symbiose vorkommen, kann Vitamin B_{12} in geringen Mengen nachgewiesen werden. Ein Beispiel hierfür sind die Leguminosen, in deren Wurzelknöllchen Bakterien wachsen und Vitamin B_{12} produzieren. Durch einen bakteriellen Gärungsvorgang enthalten auch Sauerkraut und Bier Spuren von Vitamin B_{12}.

In Lebensmitteln liegt Vitamin B_{12} gebun-

Tab. 166. Vitamin B_{12}-Gehalt in ausgewählten Nahrungsmitteln (Angaben in µg/100 g Ware (Kutsky 1981; Souci et al. 1986/87)

hoch ist der Vitamin-B_{12}-Gehalt, wenn er bei 50–500 µg/100 g liegt
mittel ist der Vitamin-B_{12}-Gehalt, wenn er bei 5–50 µg/100 liegt
niedrig ist der Vitamin-B_{12}-Gehalt, wenn er bei 0,5–5 µg/100 g liegt

Nahrungsmittel	Vitamin-B_{12}-Gehalt
Leber (Kalb)	60
Leber (Schwein)	39,0
Niere (Rind)	33,4
Makrele	9,0
Hering	8,5
Seelachs	3,5
Camembert; 45% Fett i. Tr.	2,8
Keule (Rind)	2,2
Speisequark; mager	0,83
Kamm (Schwein)	0,8
Speisequark; 20% Fett i. Tr.	0,62
Kuhmilch; 3,5% Fett	0,42

den an Polypeptide, meist in Form von Adenosyl- bzw. Hydroxycobalamin vor. Methylcobalamin findet sich in Eigelb und in Käse, Sulfitcobalamin in Lebensmittelkonserven.

Beeinflussung der Verfügbarkeit
Bei der Lebensmittelzubereitung treten Verluste auf, da Vitamin B_{12} wasserlöslich und hitzelabil ist. Besonders hoch sind sie beim Kochen in alkalischem Medium.

Wechselwirkungen mit Medikamenten treten bei Einnahme oraler Kontrazeptiva auf. Diese erhöhen die Stoffwechselrate von Vitamin B_{12} und senken seinen Serumgehalt. Tuberkulostatika und Antikonvulsiva hemmen die Absorption von Vitamin B_{12}. Weitere Faktoren, die die Verfügbarkeit vermindern, sind intestinale Malabsorption sowie intestinale Parasiten und ein Mangel an Intrinsic-Faktor (s. Mangelerscheinungen; Tab. 167).

Gegen Reduktionsmittel ist Vitamin B_{12} wenig beständig. Es kann beispielsweise durch Vitamin C-Überschuß zerstört werden. Vitamin B_1 beeinträchtigt die Stabilität des Cobalamins. In Gegenwart von Nicotinamid wird dieser Effekt noch intensiviert. Bei der Herstellung von Multivitamin-Präparaten müssen diese zerstörenden Einflüsse berücksichtigt werden.

Exzessiver Alkoholgenuß sowie p-Aminosalicylsäure und Colchizin hemmen die Absorption. Colchizin wirkt wahrscheinlich auf der Stufe des intrazellulären Vitamin-B_{12}-Transports in das Portalblut.

Bestimmungsmethoden
Zur Bestimmung von Vitamin-B_{12} im Blut oder in anderen biologischen Substanzen sind mikrobiologische und radiometrische Bestimmungsmethoden geeignet. In den letzten Jahren werden in klinischen Laboratorien immer häufiger radiometrische Methoden angewandt, die auf der Bestimmung von Cobalt beruhen. Hochkonzentrierte Vitamin-B_{12}-Präparate werden spektralphotometrisch gemessen. Die mikrobiologische Methode wird heute häufig durch Verfahren ersetzt, die auf dem Isotopenverdünnungsprinzip beruhen.

Absorption und Stoffwechsel
Vitamin B_{12} liegt in der Nahrung als Vitamin-Protein-Komplex vor. Im Magen wird Vitamin B_{12} durch den niedrigen pH-Wert und durch die Peptidverdauung aus seiner Proteinbindung freigesetzt und an ein erstes spezifisches Makromolekül – den Intrinsic-Faktor – gebunden. Der Intrinsic-Faktor ist ein Glykoprotein mit einem MG von etwa 50000. Das Protein weist einen hohen Neuraminsäuregehalt auf, der es

Tab. 167. Beeinflussung der Verfügbarkeit von Vitamin B_{12} (nach Kutsky 1981)

Verfügbarkeit senkende Faktoren
Kochverluste
Kobaltmangel (Wiederkäuer)
Intestinale Malabsorption
Intestinale Parasiten
Mangel an Intrinsic-Faktor
Magen-, Darm-Erkrankungen, Infektionen
Streng vegetarische Kost
Gastrektomie
Pankreatitis
Medikamente (Antikonvulsiva, Tuberkulostatika, Kontrazeptiva)

Verfügbarkeit erhöhende Faktoren
Verabreichung von Sorbitol
Übermäßige Produktion durch Darmbakterien

vor dem tryptischen Abbau durch die Pankreasenzyme schützt. Der Intrinsic-Faktor wird von den Belegzellen der Magenmukosa synthetisiert und sezerniert.

Der Intrinsic-Faktor-Vitamin-B_{12}-Komplex schützt das Vitamin vor dem bakteriellen Abbau bzw. vor der bakteriellen Nutzung, so daß es den Dünndarm bis zum hinteren Ileumabschnitt passieren kann, wo die Absorption erfolgt.

Hier geht der Intrinsic-Faktor eine weitere Bindung mit einem zweiten spezifischen Makromolekül ein. Es handelt sich hierbei um ein Rezeptorprotein, das an die Bürstensaummembran der intestinalen Epithelzellen gebunden ist. Die Bindung des Intrinsic-Faktor-Vitamin-B_{12}-Komplexes an den Rezeptor ist nicht energieabhängig, erfordert jedoch Calciumionen. Über die Funktion der Calciumionen bestehen zwei Hypothesen. Möglicherweise bilden sie eine Calciumsalzbrücke zwischen Rezeptor und Intrinsic-Faktor oder sie stabilisieren die Konformation des Rezeptors auf der Bindungsseite.

Das pH-Optimum für die Bindung des Intrinsic-Faktor-Vitamin-B_{12}-Komplexes an den Rezeptor liegt zwischen 6,5 und 9.

Der Transport von Vitamin B_{12} aus dem Rezeptor-Intrinsic-Faktor-Vitamin-B_{12}-Komplex durch die Epithelzellen in das Portalblut ist ein Prozeß, der ca. 3–4 h dauert. Der genaue Mechanismus ist jedoch nicht bekannt. Wahrscheinlich erfolgt die Absorption durch Pinozytose.

Nach der Aufnahme in die Epithelzelle wird Vitamin B_{12} zunächst in den Mitochondrien in proteingebundener Form akkumuliert. Ein Teil des mitochondrialen Vitamins wird in Desoxyadenosyl-B_{12} umgewandelt, jedoch ist diese Umwandlung nicht unbedingt notwendig für die weitere Absorption. Der Freisetzungsmechanismus von Vitamin B_{12} aus den Mitochondrien ist unbekannt. Im Blutplasma ist Cobalamin an zwei Transportproteine, das Transcobalamin I, ein α_1-Globulin und das Transcobalamin II, ein β-Globulin, gebunden.

Transcobalamin II ist das physiologische Transportprotein und bindet 80–100% des ins Plasma gelangenden Cobalamins. Transcobalamin II hat ein MG von 38000 und wird in der Leber und in noch nicht identifizierten Orten synthetisiert. Transcobalamin II transportiert Vitamin B_{12} zu Leber, Nieren, Milz, Herz, Lunge und Dünndarm. An dem Zielort geht der Transcobalamin II-B_{12}-Komplex eine Bindung mit einem spezifischen Rezeptor an der Zelloberfläche ein. Dieser Prozeß ist energieunabhängig und erfordert Calciumionen. Durch Pinozytose wird der Transcobalamin-II-B_{12}-Komplex in die Zelle aufgenommen. Dieser Vorgang ist temperatur- und energieabhängig. Die pinozytierten Vesikel verschmelzen mit den Lysosomen. Die proteolytischen Enzyme der Lysosomen bauen das Transcobalamin II ab, das freiwerdende Vitamin B_{12} wird in die Zelle abgegeben.

Die physiologische Rolle von Transcobalamin I ist noch nicht genau bekannt. Obwohl es Vitamin B_{12} auch bindet, ist es möglicherweise kein physiologisches Transportprotein, da aus einem Komplex mit ihm Vitamin B_{12} nicht mühelos und schnell freigesetzt werden kann. Die Halbwertszeit des Transcobalamin-I-B_{12}-Komplexes beträgt ungefähr 10 Tage. Die Halbwertszeit des Transcobalamin-II-B_{12}-Komplexes liegt etwa bei einer Stunde.

Ein weiteres Transportprotein ist das Transcobalamin III, das Vitamin B_{12} ebenfalls für längere Zeit bindet aber funktionell eine geringere Rolle spielt als das Transcolabamin I.

Die Ausscheidung von Vitamin B_{12} erfolgt über den Urin und beträgt ungefähr 1,3 µg/d.

Ein Teil gelangt mit der Galle in den Intestinaltrakt. Über den enterohepatischen Kreislauf wird jedoch eine beträchtliche Menge reabsorbiert. Das in den Fäzes erscheinende Vitamin B_{12} entstammt zum größten Teil der bakteriellen Cobalaminsynthese im Colon.

Exzessive Vitamin-B_{12}-Mengen werden in der Leber gespeichert. Der gesamte Körperbestand an Cobalamin beträgt beim Erwachsenen 2–5 mg. Mehr als die Hälfte davon ist in der Leber gespeichert.

Funktionen

Vitamin B_{12} ist ein wichtiger Cofaktor für zahlreiche enzymatische Reaktionen (Tab. 168). Es existieren zwei Coenzymformen von Cobalamin, das 5'-Desoxyadenosylcobalamin und das Methylcobalamin.

Die Übertragung von Methylgruppen ist Cobalamin-abhängig. Der Methylgruppentransfer auf Homocystein führt in der Leber zur Bildung von Methionin. Diese Folat- und Cobalaminabhängige Reaktion ist jedoch ohne Bedeutung für die Methioninbiosynthese; sie dient in erster Linie der Bildung von Tetrahydrofolat aus Methyltetrahydrofolat, das als Methylgruppendonator fungiert (Abb. 87).

Tab. 168. Vitamin B_{12}-abhängige Enzymsysteme der Leber (modif. nach KUTSKY 1981)

Enzymsystem
Mutasen
Glutamat-Mutase (Glu ⇌ CH_3-Asp)
Methylmalonyl-CoA-Mutase (Methylmalonat ⇌ Succinat)
Dehydratasen
Diol-Dehydratase (Glycerol-1,3-Propandiol)
Glycerol-Dehydratase (Glycerol-β-OH-Propionaldehyd)
Ethanolamin-Desaminase (Ammonium-Ethanolamin, Acetaldehyd)
Transmethylasen
Methionin-Synthetase mit Folat (Homocystein → Methionin)
Thymidin-Synthetase (Purin-Biosynthese)
Reduktasen
Ribonucleotid-Reduktase (Ribonucleotid → Desoxyribonucleotid)
Lysin-Reduktasen
Acetat-Synthese-Enzyme

Cobalamin ist hier Coenzym der Methioninsynthetase. An diesem Punkt besteht die einzig bekannte Verknüpfung des Stoffwechsels zweier Vitamine. Dies könnte eine Erklärung für die häufige klinische Beobachtung sein, daß bestimmte Anämieformen sowohl durch Vitamin B_{12} als auch durch Folsäuregaben behandelt werden können. Außerdem erfordert die Aufnahme von Methylfolat in die Erythrozyten Vitamin B_{12}. Die im Folsäuremangel auftretende Megaloblastenanämie ist demnach morphologisch dieselbe wie im Vitamin-B_{12}-Mangel.

Eine katalytische Funktion des 5'-Desoxyadenosylcobalamins ist die intramolekulare Umlagerung von Alkylresten, wie z. B. die Isomerisierung von Methylmalonyl-CoA zu Succinyl-CoA beim Abbau ungeradzahliger Fettsäuren. Bei Vitamin-B_{12}-Mangel ist diese Reaktion nicht möglich und Methylmalonyl-CoA wird zu Methylmalonsäure hydrolisiert. Die Ausscheidung dieser Säure ist ein empfindlicher Indikator eines Cobalaminmangels und beträgt beim gesunden Erwachsenen 4–5 µg/d.

Das Vitamin-B_{12}-abhängige Enzym beim Propionatabbau ist die Methylmalonyl-CoA-Mutase. Cobalamin ist außerdem Cofaktor der Glutamat-Mutase, die die Isomerisierung von Methylaspartat zu Glutamat katalysiert.

Weitere Cobalamin-abhängige Enzymsysteme sind Dehydratasen, Transmethylasen und Reduktasen (Tab. 168). Von besonderer Bedeutung ist die Ribonucleotid-Reduktase, die Ribonucleotide in Desoxyribonucleotide umwandelt. Methylcobalamin ist an der Methylierung von Uridin zu Thymidin beteiligt. Thymidin ist die charakteristische Base der Desoxyribonucleinsäure. Uridinmonophosphat (UMP) ist Ausgangspunkt für die Biosynthese mehrerer Pyrimidinnucleotide.

In einer Methylen-Tetrahydrofolsäure-abhängigen Reaktion wird Desoxy-UMP zu Desoxy-Thymidinmonophosphat methyliert. Vitamin B_{12} dient zur Wiederherstellung der aktiven

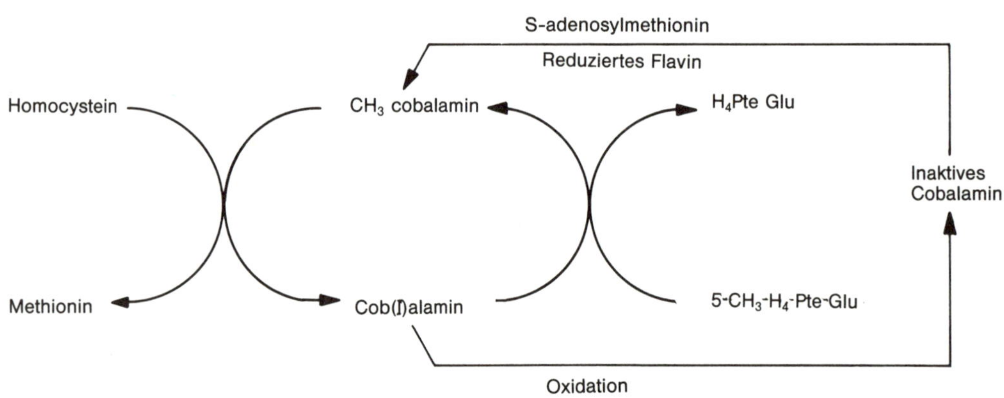

Abb. 87. Cobalaminabhängiger Transfer der Methylgruppe bei der Methioninbiosynthese.

Form der Folsäure aus Methylfolat. Dieses erfolgt durch die Methylierung von Homocystein zu Methionin. Diese Funktion in der DNA-Synthese erklärt die Bedeutung von Vitamin B_{12} für sich schnell teilende Zellgewebe, wie die blutbildenden Zellen des Knochenmarks und die Zellen des Gastrointestinaltraktes.

Mangelerscheinungen

Vitamin-B_{12}-Mangel beeinträchtigt nahezu sämtliche Zellen des Organismus. Die Zeichen eines Vitamin-B_{12}-Mangels treten bevorzugt am erythropoetischen System, dem Nervensystem und der Mund- und Rachenschleimhaut auf. Ursachen für einen Vitamin-B_{12}-Mangel können mangelhafte exogene Zufuhr sowie Absorptionsstörungen sein (Tab. 169).

Tab. 169. Hauptursachen für Vitamin-B_{12}-Mangel (Rechcigl 1978)

Ernährungsbedingter Mangel
streng vegetarische Kost
extremer Mangel an tierischem Protein

Absorptionsstörungen
Magenerkrankungen:
- Gastritis
- Atrophie
- Gastrektomie
- genetisch bedingte Störung der Intrinsic-Faktor-Sekretion
- Sekretion eines abnormalen Intrinsic-Faktors

Dünndarmerkrankungen:
- Intestinale Divertikulose
- Ilealer Bypass
- tropische Sprue und einheimische Sprue

Medikamente und Gifte:
- Ethanol
- p-Aminosalicylsäure
- Colchicin
- Neomycin
- Tuberkulostatika
- Antikonvulsiva

Fischbandwurm (Diphyllobothriasis)
Chronische Pankreatitis
Spezifische Vitamin-B_{12}-Absorptionsstörungen (Imerslund-Gräsbeck-Syndrom)

Transportstörungen
Mangel an Transcobalamin II

Langanhaltender Cobalaminmangel verursacht die perniziöse Anämie, der in den meisten Fällen nicht eine Vitaminmangelernährung, sondern eine gestörte intestinale Absorption zugrunde liegt. Eine streng vegetarische Kost kann über einen langen Zeitraum zum Vitamin-B_{12}-Mangel führen. Streng vegetarische Ernährung kommt in manchen asiatischen Gebieten vor, wo Religion und Armut nur eine Ernährung mit (poliertem) Reis, Getreide, Obst und Gemüse, nicht aber den Verzehr von tierischen Lebensmitteln wie Fleisch, Milch und Eiern, zulassen. In westlichen Gesellschaften kommt eine solche Ernährungsform bei den strengen Vegetariern vor, die neben Fleisch auch den Verzehr von Eiern und Milchprodukten vermeiden. Bei diesen Personen bzw. Bevölkerungsgruppen ist zwar der Serumcobalamingehalt beträchtlich niedriger, aber selbst nach jahrelanger streng vegetarischer Ernährung treten keine Vitamin-B_{12}-Mangelsymptome auf. Offensichtlich werden geringe Mengen an Vitamin B_{12} in Wurzelgemüse, Leguminosen, milchsauren Gemüseprodukten sowie durch bakterielle Kontamination der Lebensmittel, die Mundflora und – bedingt durch die meist hohe Ballaststoffaufnahme – vorhandene Darmflora ausreichende Mengen an Vitamin B_{12} zur Verfügung gestellt (s. Seite 339).

Auch bei den ernährungsbedingten Krankheiten, wie Kwashiorkor und Marasmus, treten keine Vitamin-B_{12}-Mangelsymptome auf. Allerdings leben Kinder mit diesen schweren Mangelkrankheiten nicht lange genug, um einen so ausgeprägten Vitamin-B_{12}-Mangel zu erreichen, daß er zu hämatologischen und neurologischen Störungen führt.

Bei der perniziösen Anämie werden als Ausdruck einer gestörten Vitamin-B_{12}-Absorption größere Mengen an Vitamin B_{12} mit den Fäzes ausgeschieden als bei gesunden Menschen. Als Nachweis einer perniziösen Anämie wird der Schilling-Test durchgeführt (Abb. 88). Zur Beseitigung eines eventuell bestehenden Mangelzustandes wird 1 mg Cobalamin parenteral verabreicht. Am darauffolgenden Tag wird radioaktiv markiertes ^{60}Co-Cobalamin als orale Testdosis gegeben und im Anschluß die ^{60}Co-Cobalaminausscheidung im Urin bestimmt. Kann der Organismus keinen Intrinsic-Faktor synthetisieren, ist ^{60}Co im Urin nicht nachweisbar.

Intestinale Malabsorption ist die Hauptursache für Vitamin-B_{12}-Mangel. Sie kann auf einer

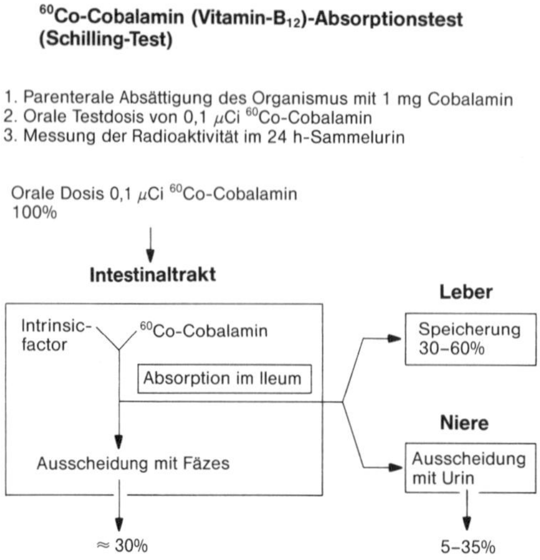

Abb. 88. Schilling-Test (nach BUDDECKE 1980).

Atrophie der Magenschleimhaut, einer partiellen Gastrektomie mit Atrophie der restlichen Magenmukosa oder auf totaler Gastrektomie beruhen. In allen Fällen nimmt die Produktion und Sekretion des Intrinsic-Faktors ab, die Absorption ist nicht in ausreichendem Maße gewährleistet, so daß es zur perniziösen Anämie kommt. Einige Patienten mit perniziöser Anämie weisen einen erhöhten Serumgehalt von spezifisichen Antikörpern auf, die mit dem Intrinsic-Faktor reagieren bzw. die Bindung von Cobalamin an den Intrinsic-Faktor blockieren.

Die mangelhafte Sekretion des Intrinsic-Faktors nach Gastrektomie ist jedoch nicht die einzige Ursache für die folgenden Mangelerscheinungen, denn selbst nach exogenen Gaben von Intrinsic-Faktor wird die Vitamin-B_{12}-Absorption nicht vollständig normalisiert. Möglicherweise ist ein gestörter enterohepatischer Kreislauf einer der mitverantwortlichen Faktoren.

Pathologische Besiedlung des Intestinaltraktes mit Bakterien, wie es bei verschiedenen Infektionskrankheiten der Fall ist, führt zu Interferenzen der Darmflora mit der Vitamin-B_{12}-Absorption. Auch die Besiedlung mit dem Fischbandwurm, der ungewöhnlich große Mengen an Vitamin B_{12} aufnimmt, kann zu einem Vitaminmangel des Wirtsorganismus führen. Chronische Pankreatitis ist eine weitere Ursache für einen Vitamin-B_{12}-Mangel, wobei der zugrundeliegende Mechanismus noch unbekannt ist. Bei einem Mangel an Transcobalamin II im Blut ist der Transport und die Aufnahme von Vitamin B_{12} in die Zellen nicht gewährleistet.

Die typische Reaktion des Organismus auf eine unzureichende Vitamin-B_{12}-Versorgung ist die makrozytäre Anämie. Durch die bekannten biochemischen Funktionen dieses Vitamins, wie beispielsweise die Beteiligung am Folatmetabolismus oder an der Nucleinsäurebiosynthese, lassen sich die Mangelsymptome erklären.

Im Vitamin-B_{12}-Mangel ist die Regenerierung von Tetrahydrofolsäure aus N^5-Methyltetrahydrofolsäure nicht gewährleistet. Die direkte Auswirkung ist ein Mangel an 5,10-Methyltetrahydrofolsäure, die für die de novo-Synthese von Thymidin aus Desoxyuridin notwendig ist. Folge ist eine mangelhafte DNS-Synthese bei gleichbleibender RNS-Synthese. Stark betroffen sind Gewebe mit einer hohen Turn-over-Rate. Die Zellen werden ungewöhnlich groß, die Chromatinstruktur des Kerns dehnt sich aus und führt zur Bildung der sog. Megalobasten. Am deutlichsten tritt dieses Erscheinungsbild im Knochenmark auf. Ähnliche morphologische Veränderungen treten an Epithelzellen der Magen- und Darmmukosa und der Vagina auf.

Der Effekt eines Vitamin-B_{12}-Mangels auf das Nervensystem kann noch nicht vollständig erklärt werden. Möglicherweise spielt der gestörte Propionatabbau über Methylmalonyl-CoA zu Succinat eine Rolle. In-vitro-Studien an peripherem Nervengewebe haben eine verminderte Fettsäuresynthese und eine gestörte Synthese von ungeradzahligen Fettsäuren (C-15, C-17) im Vitamin-B_{12}-Mangel gezeigt, was zu einer nachweisbaren Akkumulation von Propionat führt. Die gestörte Lipidsynthese führt zu fehlerhaftem Aufbau der Myelinmembran der Nerven.

Weitere klinische Manifestationen des Vitamin-B_{12}-Mangels treten am Gastrointestinaltrakt auf. Glossitis äußert sich in einer rauhen, brennenden Zunge, Diarrhoe ist eine häufige Beschwerde. Gewichtsverlust tritt oft bei älteren Patienten auf, die aufgrund einer Anämie an Appetitmangel und Schwäche leiden.

Beurteilung des Cobalaminstatus

Biochemische Hinweise für einen Vitamin-B_{12}-Mangel sind die Herabsetzung des Vitamin-B_{12}-Gehaltes im Blut (weniger als 0,004 µg/100 ml) und der Ausscheidung mit dem Urin (5–10% der Norm). Die Ausscheidung von Methylmalonat im Urin als Folge des unvollständigen

Propionsäureabbaus und eine erhöhte Ausscheidung von Vitamin B_{12} mit den Fäzes zeigen einen Vitamin-B_{12}-Mangel an. Die Aktivität der Serum-Lactat-Dehydrogenase, die aus den Megaloblasten stammt, ist um das 10- bis 100fache erhöht.

Die Ausscheidung von Formiminoglutamat – einem Zwischenprodukt des Histidinabbaus – ist Ursache eines Mangels an Tetrahydrofolat als Rezeptor für die Iminogruppe. Die Ausscheidung von Formiminoglutamat tritt auch im Folsäuremangel auf und ist kein eindeutiger Hinweis auf einen Vitamin-B_{12}-Mangel.

Die Folatkonzentration in den Erythrozyten ist im Vitamin-B_{12}-Mangel erniedrigt, da für die Folataufnahme Cobalamin benötigt wird. Die Serumfolatkonzentration ist folglich erhöht. Die therapeutische Wirkung, die einer täglichen parenteralen Gabe von 1–2 µg Vitamin B_{12} über 5 Tage folgt, dient der Diagnose eines Vitamin-B_{12}-Mangels.

Bedarf, wünschenswerte Zufuhr

Der exakte Bedarf an Vitamin B_{12} ist nur sehr schwer zu bestimmen. Der Tagesbedarf eines gesunden Erwachsenen beträgt etwa 1 µg tatsächlich aufgenommenes Vitamin B_{12}. Bei normaler Kost werden etwa 2–5 µg absorbiert. Die von den Darmbakterien synthetisierte und mit den Fäzes ausgeschiedene Menge beträgt 10–50 µg und steht dem Organismus offenbar nicht zur Verfügung. Es ist allerdings noch nicht klar, ob ein geringer Teil des bakteriellen Vitamin B_{12} eventuell doch genutzt werden kann.

Die DGE empfiehlt für den Erwachsenen eine tägliche Zufuhr von 5 µg, da bei normaler Ernährung Absorptionsverluste von bis zu 75% entstehen. Die Vitamin-B_{12}-Aufnahme hängt stark von der Höhe der mit einer Mahlzeit aufgenommenen Einzeldosis ab. Je größer die Einzeldosis ist, um so geringer ist die Absorptionsrate. Die empfehlenswerte Zufuhr für den Säugling setzt die DGE mit 0,5 µg in den ersten 2 Lebensmonaten an. Der Bedarf für Schwangere und Stillende ist erhöht; es wird eine tägliche Zufuhr von 6 µg empfohlen (Tab. 170).

Hypervitaminosen

Vitamin-B_{12}-Hypervitaminosen sind nicht bekannt, da oral aufgenommene exzessive Mengen über die Fäzes ausgeschieden werden. Zur Behandlung der perniziösen Anämie bei Vitamin-B_{12}-Mangel werden wöchentlich 2 × 1000 µg Hydroxycobalamin injiziert. Diese hohen Dosen werden verabreicht, um die Vitamin-B_{12}-Speicher wieder aufzufüllen. Nach i.m. Injektion von 5–15 mg Hydroxy- oder Cyanocobalmin wurden allergische Reaktionen und anaphylaktischer Schock beobachtet.

Tab. 170. Empfehlenswerte Höhe der Zufuhr von Cobalaminen (Vitamin B_{12}) in µg/Tag (DGE 1985)

	Empfohlene Zufuhr[1]
Säuglinge	
0– 2 Monate	0,5
3– 5 Monate	1,0
6–11 Monate	1,5
Kinder	
1– 3 Jahre	2,5
4– 6 Jahre	3,0
7– 9 Jahre	5,0
10–12 Jahre	5,0
13–14 Jahre	5,0
Jugendliche und Erwachsene	
15 – über 65 Jahre	5,0
Schwangere ab 4. Monat	+1,0
Stillende	+1,0[2]

[1] ca 12% Zubereitungsverluste berücksichtigt
[2] ca. 0,07 µg B_{12}-Zulage pro 100 g sezernierte Milch

3.3.2.3.5 Niacin

Allgemeines

Niacin ist der Sammelname für Nicotinsäureamid und Nicotinsäure, die vom Organismus ineinander umgewandelt werden. Die Wirkform ist Nicotinamid. Alle anderen Synonyma (Tab. 112) sollten vermieden werden. Zur Unterscheidung wird Nicotinsäureamid auch häufig als Niacinamid bezeichnet.

18. JH. »Pellagra« war eine in Italien bekannte Krankheit.

1867: HUBER (Deutschland) synthetisiert Nicotinsäure.

1912: FUNK (Deutschland) entdeckt eine Pellagra-verhindernde Substanz (Pellagra-Preventive-Factor).

1914: FUNK (Polen) isoliert Nicotinsäure aus Reiskleie.

1915: GOLDBERGER (USA) zeigt, daß Pellagra eine ernährungsbedingte Mangelkrankheit ist.
1917: CHITTENDEN und UNDERHILL (England) erkennen die Ähnlichkeit zwischen der »Black-Tongue«-Krankheit bei Kaninchen und Pellagra.
1935: WARBURG und CHRISTIAN (Deutschland) zeigen, daß Nicotinamid essentiell in Form von NAD^+ am Wasserstofftransport beteiligt ist.
1936: EULER et al. (Deutschland) isolieren NAD^+ und bestimmen seine Struktur.
1937: ELVEHJEM et al. (USA) heilen die »Black-Tongue«-Krankheit mit Nicotinamid aus Leber.
1937: FOUTS et al. (USA) heilen Pellagra mit Nicotinamid.
1947: HANDLEY und BOND klären die Umwandlung von Tryptophan in Niacin in tierischen Geweben.

Chemie, Eigenschaften

Nicotinsäure ist ein Pyridinderivat mit einer Carboxylgruppe; Nicotinamid ist das korrespondierende Amid (Abb. 89). Für die biologische Wirkung ist die Carboxyl- bzw. Säureamidgruppe notwendig sowie das Stickstoff-Atom im Ring. Obgleich Niacin chemisch mit Nicotin verwandt ist, sind seine physiologischen Eigenschaften unterschiedlich. Nicotinsäure und Nicotinamid sind weiße, kristalline, pulverartige Substanzen, die gut wasserlöslich sind. Sie sind stabil gegenüber Hitze, Oxidation, Basen und Säuren sowie gegenüber Licht. Niacin ist das stabilste Vitamin überhaupt. Instabil ist es lediglich gegenüber Reduktion.

Manche Substitionen an der Carboxylgruppe führen zu wirkungslosen Verbindungen bzw. zu Antagonisten wie 3-Acetylpyridin und Isonicotinsäurehydrazid. Weiter Antagonisten sind 6-Aminonicotinamid, 5-Thiazol-Carboxamid sowie die von Bakterien synthetisierte Pyridin-3-Sulfonsäure.

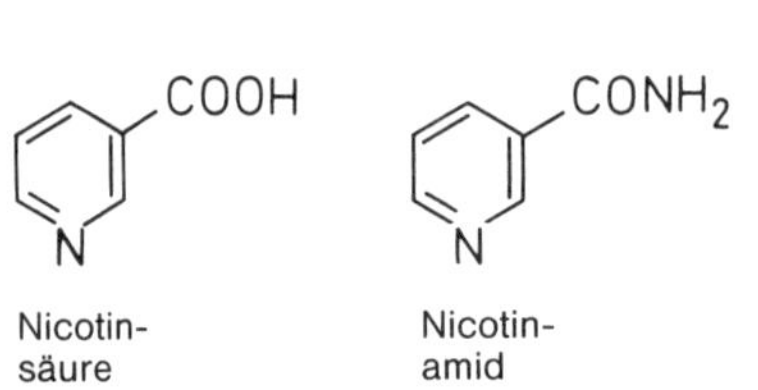

Abb. 89. Chemische Struktur der Nicotinsäure und seines Amids (LÖFFLER et al. 1979).

Aktive Analoga sind Niacinester, Coramin, β-Picolin und 3-Hydroxymethylpyridin. Niacinester können jedoch durch die Verdauungsenzyme des Säugetierorganismus nicht hydrolysiert werden und sind insofern nicht nutzbar, obgleich sie Vitaminaktivität besitzen. Ein inaktives Analogon ist Trigonellin, das u.a. in Kartoffeln, Schwarzwurzeln, Krabben und Rohkaffee gefunden wird (N-Methylnicotinsäure).

Synergisten sind die Vitamine B_1, B_2, B_6, B_{12}, D, Pantothen- und Folsäure sowie das somatotrope Hormon.

Biosynthese und Vorkommen

Niacin kann vom Menschen und allen Säugetieren selbst synthetisiert werden. Insofern trifft die Klassifizierung als Vitamin nur bedingt zu. Ausgangspunkt der Niacinbiosynthese ist die Aminosäure Tryptophan. Bei Störungen des Tryptophanstoffwechsels – wie bei der »HARTNUP«-Krankheit – können auch Manifestationen eines Niacinmangels erkannt werden.

Der Niacinsyntheseweg ist gleichzeitig der Hauptabbauweg für Tryptophan. Tryptophan wird über mehrere Reaktionsschritte bis zum Acroleyl-β-Aminofumarat abgebaut (Abb. 90). Ab hier bestehen zwei verschiedene Möglichkeiten des weiteren Tryptophanabbaus. Der eine Weg führt über Oxalcrotonat und α-Ketoadipat zu Acetyl-CoA und entspricht dem Abbauweg einiger anderer Aminosäuren. Der zweite Weg führt nach Abspaltung von Wasser und Ringschluß des Acroleyl-Aminofumarats zum Chinolat (spontane Kondensation; Abb. 90). Nach Anlagerung von Phosphoribosylpyrophosphat und nachfolgender Decarboxylierung entsteht Nicotinsäuremononucleotid, das dann zur Nicotinamid-Adenosin-Dinucleotid (NAD)-Biosynthese herangezogen wird (Abb. 91).

Der Abbau von Tryptophan und somit die Synthese von Niacin findet teilweise im Cytosol, teilweise in den Mitochondrien der Leberzellen statt. Beim Menschen werden 3,75 mmol Tryptophan in der Nahrung benötigt, um 0,1 mmol Niacin zu synthetisieren. Durch die Verknüpfung des Tryptophan- und Niacinstoffwechsels müssen ernährungsabhängige Mangelzustände wie Pellagra deshalb als kombinierter Protein- und Vitaminmangel betrachtet werden.

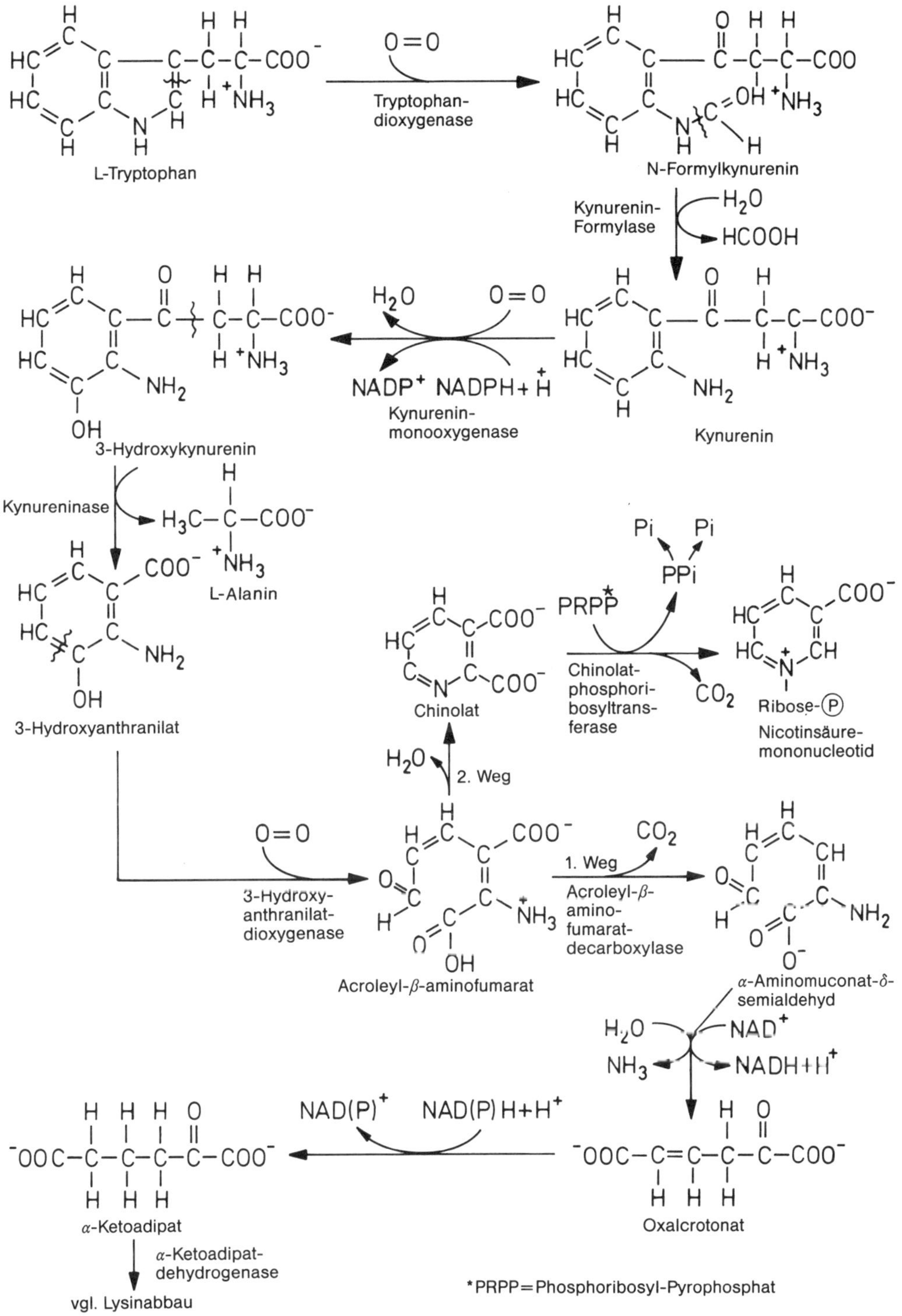

Abb. 90. Abbau von Tryptophan zu Nicotinsäuremononucleotid (LÖFFLER et al. 1979).

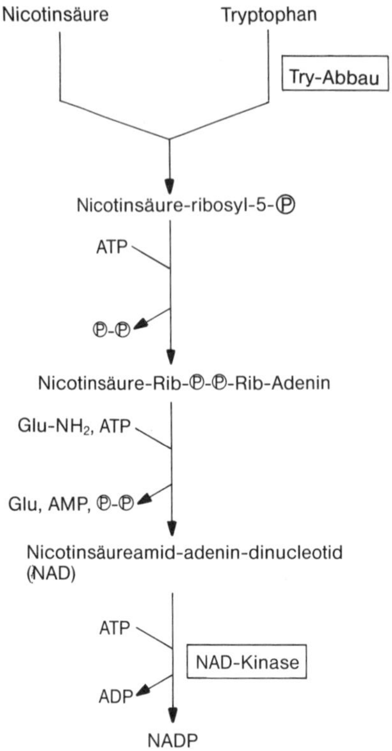

Abb. 91. NAD^+ und $NADP^+$-Biosynthese aus Nicotinsäure und Tryptophan (nach BUDDECKE 1980).

Das Vitamin kommt in der Natur vorwiegend als Nicotinamid vor. Es ist im Tier- und Pflanzenreich weit verbreitet, kommt jedoch meist in relativ geringer Menge vor. Sehr gute Niacinquellen sind Fleisch – insbesondere Innereien –, Fisch und Vollkorngetreide (Tab. 171).

Es ist sinnvoll, den Niacingehalt in Niacinäquivalenten anzugeben. Dies umfaßt den Niacingehalt plus 1/60 des Tryptophangehaltes (Tab. 172) und gibt die im Endeffekt dem Körper tatsächlich zur Verfügung stehende Menge an Niacinwirksamkeit an. Milch und Eier beispielsweise besitzen sehr wenig Niacin. Wegen ihres hohen Tryptophangehaltes haben sie jedoch ein hohes Niacinäquivalent. In vielen Getreidearten, z. B. Mais und in den Kartoffeln liegt Niacin in einer gebundenen, nicht absorbierbaren Form vor, dem »Niacytin«-Komplex. Aus dieser Niacin-Peptid-Verbindung kann Niacin durch Behandlung mit Alkali freigesetzt werden. Einige Indianerstämme Arizonas wenden traditionelle Methoden an, durch die Niacin aus dem Niacytin-Komplex freigesetzt wird. Sie rösten die Maiskörner in heißer Asche. Die Ureinwohner Mexikos, deren Hauptnahrungsmittel Mais ist (Tortillas), wußten von alters her, daß sie durch Vorbehandlung der Maiskörner mit »Kalkwasser« (= Calciumhydroxid-haltig) Pellagra verhindern konnten. In europäischen und nordamerikanischen Ländern werden beinahe 50% des erforderlichen Niacinbedarfs aus Fleisch und Fisch gedeckt.

Beeinflussung der Verfügbarkeit

Durch Kochen wird Niacin kaum zerstört, es gehen jedoch beträchtliche Mengen durch Auslaugung ins Kochwasser über. In einer Mischkost beträgt der Kochverlust etwa 15–25% des ursprünglichen Niacingehaltes des

Tab. 171. Nicotinsäuregehalte ausgewählter Lebensmittel (Angaben in mg/100 g) (KUTSKY 1981 und ELMADFA et al. 1987)

hoch ist der Nicotinsäuregehalt, wenn er bei 10–100 mg/100 g liegt
mittel ist der Nicotionsäuregehalt, wenn er bei 1–10 mg/100 g liegt
niedrig ist der Nicotinsäuregehalt, wenn er bei 0,1–1 mg/100 g liegt

Lebensmittel	Nicotinsäure-gehalt
Leber (Kalb)	16,5
Erdnuß, frisch	15,3
Leber (Rind)	13,6
Leber (Huhn)	11,6
Sardine	9,7
Makrele	7,7
Rind, Muskelfleisch	5,1
Weizenkorn	5,1
Gerstenkorn	4,8
Champignons, Zucht-	4,7
Schwein, Muskelfleisch	4,5
Aprikosen, getrocknet	3,3
Sojakeimlinge	2,7
Erbsen, grün, gekocht	2,3
Camembert; 45% Fett i. Tr.	1,4
Kartoffeln, roh, frisch	0,5
Frauenmilch	0,2
Kuhmilch; 3,5% Fett	0,1
Hühnerei	0,1

Tab. 172. Niacinäquivalente in einigen gebräuchlichen Nahrungsmitteln (nach PASSMORE, EASTWOOD 1986)

Lebensmittel	Niacin (mg/1000 kJ)	Tryptophan (mg/1000 kJ)	Niacin-äquivalent (mg/1000 kJ)
Kuhmilch	0,3	162	3,0
Frauenmilch	0,6	106	2,4
Weizenmehl, hell	0,6*	71	1,8
Mais	1,2*	25	1,6
Rindfleisch	5,6	306	11,0
Eier	0,1	275	4,8

* Niacin in Cerealien ist zum größten Teil nicht verfügbar

Nahrungsmittels. Andere kommerzielle Zubereitungsverfahren sowie die Lagerung der Lebensmittel bedingen nur sehr geringe Verluste.

Liegt Niacin als Niacytin-Komplex vor, kann die Verfügbarkeit, wie oben erwähnt wurde, durch entsprechende alkalische Behandlung erhöht werden. Oral eingenommene Antibiotika senken die Verfügbarkeit. Im Vitamin-B_6-Mangel ist die Pyridoxalphosphat-abhängige Umwandlung von Tryptophan in Niacin vermindert, so daß im Vitamin-B_6-Mangel die Niacinsynthese aus Tryptophan reduziert ist.

Bestimmungsmethoden

Für die Bestimmung von Niacin in Niacinpräparaten werden meist photometrische Methoden eingesetzt. Vorher erfolgt eine chromatographische Reinigung, um Störfaktoren auszuschließen.

Angereicherte Nahrungsmittel oder Futterstoffe werden mit chromatographischen Methoden bestimmt. Zur Endbestimmung wird ebenfalls eine Farbreaktion mit anschließender kolorimetrischer Messung herangezogen. Die Analyse von Niacin in biologischen Geweben und in Körperflüssigkeiten verlangt hochselektive Trennungsmethoden, um die verschiedenen Muttersubstanzen und Metaboliten erfassen zu können. Gewöhnlich werden für Nicotinamid und Pyridinnucleotide fluorometrische oder UV-photometrische Bestimmungen, neuerdings auch Hochdruck-Flüssigkeits-Chromatographie (HPLC) verwendet.

Die Vitaminaktivität in biologischem Material wird anhand von mikrobiologischen Methoden bestimmt.

Die Coenzymformen NAD^+ und $NADP^+$ bzw. ihre reduzierten Formen $NADH+H^+$ und $NADPH+H^+$ werden anhand optischer Tests bestimmt. Durch die reversible Aufnahme des Wasserstoffs wird die aromatische Natur des Ringes aufgehoben. Die Lichtabsorption ändert sich und bei der hydrierten Verbindung tritt ein breites Absorptionsmaximum bei 340 nm auf.

Absorption und Stoffwechsel

Die Absorption von Niacin erfolgt sehr schnell und beinahe vollständig. Der Niacingehalt im Blutplasma (75 µg/100 ml) und die Konzentration seiner Metaboliten im Urin steigen nach oraler Verabreichung an. Der Transport im Blut erfolgt hauptsächlich in den Erythrozyten. Niacin verläßt den Blutstrom rasch und wird von allen Geweben und Organen aufgenommen und dort für die Synthese der Coenzyme $NADP^+$ und NAD^+ verwendet (Abb. 91). Obgleich Leber, Nieren und Fettgewebe die größten Mengen an NAD^+ bzw. $NADP^+$ enthalten, können sie nicht als spezifische Speicherorgane für Niacin angesehen werden, da Niacin in sämtlichen Zellen des Organismus – meist in Form seiner Coenzyme – vorhanden ist. Die Hauptzielorgane sind Leber, Herz, Muskel, Nieren, Haut, Gastrointestinaltrakt und Rückenmark.

Die Ausscheidung von Niacin erfolgt über den Urin, in erster Linie in Form seines Metaboliten N-Methyl-Nicotinamid. Die Methylierung erfolgt in der Leber, der Methylgruppendonator ist S-Adenosyl-Methionin. Geringe Mengen werden unverändert als Nicotinsäure bzw. Nicotinsäureamid ausgeschieden, NAD^+ und $NADP^+$ werden hydrolysiert und es entsteht freies Nicotinamid, das methyliert und dann ausgeschieden werden kann. Das hydrolysierende Enzym ist die NADase. Nicotinsäure wird normalerweise in Nicotinsäureamid umgewandelt, kommt es jedoch in exzessiven Mengen vor, wird es mit Glycin zu Nicotinurat konjugiert und dann mit dem Urin ausgeschieden. Ein geringer Teil N-Methyl-Nicotinamid wird vor seiner Ausscheidung in der Leber zu 2- bzw. 4-Pyridon-Carboxamid oxydiert und danach erst mit dem Urin ausgeschieden.

Eine außergewöhnliche Reaktion konnte zwischen NAD^+ und Histamin beobachtet werden. Unter Bildung von Histamin-Adenin-Dinucleotid (HAD) verdrängt Histamin Nicotinamid aus NAD^+. Das freigesetzte Nicotinamid wird methyliert und ausgeschieden. Möglicherweise stellt diese Reaktion einen alternativen Mechanismus für die Inaktivierung von Histamin dar.

Die Ausscheidung erfolgt hauptsächlich in Form von Nicotinsäure und N-Methyl-Nicotinamid über die Niere. Es scheint kein spezieller Mechanismus zur Aufrechterhaltung des Niacinspiegels zu existieren, wenn der Plasmagehalt absinkt.

Funktionen

Niacin ist in Form seiner Coenzyme Nicotinamid-Adenin-Dinucleotid (NAD^+) und Nicotinamid-Adenin-Dinucleotidphosphat ($NADP^+$) wirksam. NAD^+ und $NADP^+$ sind Coenzyme wasserstoffübertragender Enzyme wie Dehydrogenasen bzw. Oxidoreduktasen. Der Nicotinamid-Ring besitzt in seiner oxidierten Form eine positive Ladung (Abb. 92). Bei der reversiblen Reduktion der Coenzyme und der Oxidation des Substrates sind die Coenzyme Akzeptoren von zwei Wasserstoffatomen, bei der Oxidation sind sie Wasserstoffdonatoren für das jeweilige Substrat. Durch die Reduktion wird die positive Ladung des Ringsystems neutralisiert.

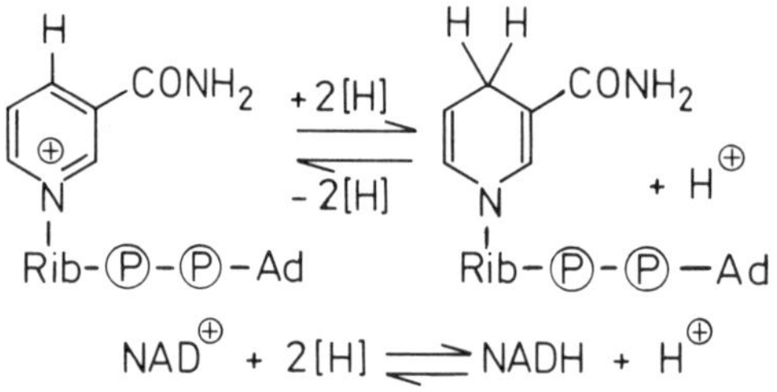

Abb. 92. Reversible Reduktion des Niacin-Coenzyms NAD^+ (nach SCHORMÜLLER 1974).

NAD^+ wird primär für energieliefernde Oxidationsreaktionen wie beispielsweise Glycolyse und Citratzyklus benötigt. Der Wasserstoff wird dabei auf mitochondriales NAD^+ übertragen und anschließend in die Atmungskette eingeschleust. Die meisten Reduktionsreaktionen benötigen $NADPH_2$ als Wasserstoffdonator. $NADPH_2$ wird entweder durch Phosphorylierung von $NADH_2$ oder auch durch Reduktion von $NADP^+$ gebildet, das in spezifischen Oxidationsreaktionen als Wasserstoffakzeptor fungiert.

Der wichtigste $NADPH_2$-liefernde Stoffwechselweg ist die Oxidation von Glucose-Phosphat im Pentosephosphatzyklus. Das hier gebildete $NADPH_2$ wird in erster Linie für die Fettsäuresynthese benötigt. Die Fettsäureoxidation hingegen benötigt NAD^+ als Cofaktor. Die Synthese von $NADPH_2$ im Pentosephosphatzyklus findet nur dann statt, wenn ein Überangebot an Glucose besteht und aufgrund des Energieüberangebotes die Fettsäuresynthese stimuliert wird. Insgesamt sind inzwischen über 50 metabolische Reaktionen bekannt, an denen eines der beiden Coenzyme beteiligt ist (Tab. 173).

Mangelerscheinungen

Niacinmangel führt zu Pellagra (= kranke Haut). Da Niacin aus Tryptopthan synthetisiert werden kann, tritt Pellagra erst dann auf, wenn

Tab. 173. Reaktionen in der Leber, an denen Niacin in seiner Coenzymform beteiligt ist (nach KUTSKY 1981)

Enzym-System
Dehydrogenasen
Alkohol, Lactat, Malat, Isocitrat, Glucose-6-P-Succinat, β-Hydroxybutyrat, 3-β-Hydroxysteroide, Betain, Aldehyd, Glutamat, α-Glycerophosphat, reduziertes Glutathion, 3-Phosphoglycerinaldehyd
Oxidasen
α-Keto-Glutarat, mischfunktionelle Oxidasen, Oxidation von Steroiden, Fettsäureoxidation, Oxidation von Pharmaka und Karzinogenen

gleichzeitig der Tryptophanstoffwechsel gestört ist oder wenn eine Proteinmangelernährung vorliegt. Ein primärer ernährungsbedingter Niacinmangel ist relativ selten. Er konnte bei chronischen Alkoholikern beobachtet werden.

Pellagra tritt häufig bei Bevölkerungsgruppen auf, die sich vorwiegend von Mais ernähren, da zum einen Mais sehr arm an Tryptophan ist und zum anderen Niacin in Form des nicht absorbierbaren Niacytin-Komplexes vorliegt. Pellagra tritt auch in armen Populationen Indiens auf, deren Hauptnahrungsmittel die Sorghumhirse ist. Diese ist weder arm an Niacin noch liegt Niacin hier als Niacytin-Komplex vor. Vermutlich ist der hohe Glycingehalt und eine Leucin-Isoleucin-Imbalanz der Sorghumhirse für die beobachtete Pellagra verantwortlich.

Niacinmangel wird jedoch nicht nur durch eine Proteinmangelernährung verursacht; er ist häufig auch mit dem Mangel anderer Vitamine vergesellschaftet. Im Vitamin-B_6-Mangel ist die Pyridoxalphosphat-abhängige Kynureninase-Reaktion im Tryptophanstoffwechsel gestört. Die Niacinbiosynthese aus Tryptophan bleibt aus, so daß bei gleichzeitiger unzureichender exogener Niacinzufuhr Pellagra auftritt. Neuere Studien konnten zeigen, daß durch Vitamin B_6 die Störungen, die durch exzessive Leucinzufuhr auftreten, behoben werden konnten: Die gesteigerte Aktivität der Tryptophanoxygenase und Kynureninase, die bei Ratten durch Leucin hervorgerufen wurde, konnte durch Vitamin B_6 wieder normalisiert werden. Bei vielen Pellagra-Patienten konnte ein gleichzeitiger Vitamin-B_6-Mangel nachgewiesen werden. Die bei Pellagra auftretende Dermatitis kann teilweise durch Vitamin-B_6-Präparate behoben werden.

Eine Hypothese besagt, daß exzessive Leucinaufnahme einen Vitamin-B_6-Mangel herbeiführen kann. Niacinmangel bzw. Pellagra ist häufig auch mit einem Riboflavinmangel vergesellschaftet. Es wird angenommen, daß Riboflavin eine Rolle im Trypotphan-Niacin-Stoffwechsel spielt. An Ratten mit Riboflavinmangel konnte gezeigt werden, daß die Ausscheidung von Chinolensäure im Urin vermindert war (Abb. 90). Einige klinische Manifestationen der Pellagra wie Stomatitis und Glossitis sind möglicherweise auf Riboflavinmangel zurückzuführen.

Die klinischen Manifestationen werden mit den drei »D's« klassifiziert: Dermatitis, Diarrhoe und Dementia (Störungen nervöser Art). Dermatitis ist das charakteristische Symptom, Diarrhoe und die im englischen Sprachgebrauch als »Dementia« bezeichneten Störungen nervöser Art treten nicht in allen Fällen auf. Die Hautveränderungen treten v. a. an Körperstellen auf, die dem Sonnenlicht ausgesetzt sind. Die Anfangssymptome sind durch Hyperämie bedingte Hautrötungen, die an Sonnenbrand erinnern (»Erythema«) und später einer Hyperpigmentation weichen, gekennzeichnet. Die Haut ist bedeckt mit dunklen Flecken. Es folgt meist eine Abschuppung der Haut. Hyperkeratose (Verhornung) ist ebenfalls ein Erscheinungsbild der Pellagra-Dermatitis. Charakteristisch ist, daß die Dermatitis symmetrisch auftritt.

Gastrointestinale Manifestationen der Pellagra sind im Anfangsstadium Appetitlosigkeit, »Brennen« im Mund- und Rachenraum, sowie Erbrechen, Verstopfung und Durchfall. Bei starkem Mangel entzünden sich die Zunge und die Magenschleimhaut, wobei die Zunge hochrot wird und anschwillt (Himbeerzunge).

Die nervösen Störungen äußern sich in Schlaflosigkeit, Müdigkeit, Schwindel und Kopfschmerz. In schweren Fällen kommt es zu Depressionen und Verwirrtheit. Die enzephalopathischen Syndrome ähneln denen der »WERNIKKE-Enzephalopathie«. Es kommt zu unkontrollierten Zuckungen und Greifreflexen.

Beurteilung des Niacin-Status

Ein Index für den Niacin-Status ist die Ausscheidung von N-Methylnicotinamid im Urin. Die normale Ausscheidung liegt bei 7–10 mg/d. Eine Ausscheidung von weniger als 0,6 mg/6 h deutet auf eine Unterversorgung hin; fällt die Ausscheidung unter 0,2 mg/6 h, liegt eindeutig ein Niacinmangel vor. Mit größerer Präzision kann der Niacin-Status bestimmt werden, wenn die Exkretion von N-Methylnicotinamid nach oraler **Niacinbelastung** bestimmt wird. Ausreichend versorgte Personen scheiden ca. 20% der verabreichten Dosis innerhalb von 24 h aus, während Personen mit Niacinmangel eine größere Menge retinieren. Außerdem ist im Niacinmangel die Ausscheidung des zweiten Hauptmetaboliten von Niacin, der 2-Pyridon-Form des N-Methyl-Nicotinsäureamids, gering. Der Quotient 2-Pyridon/N-Methyl-Nicotinsäureamid ist das beste Kriterium für die Bestimmung des Niacinstatus. Liegt der Quotient unter 1, besteht ein Niacinmangel. Bei ausreichender Niacinversorgung liegt der Quotient zwischen 1,3 und 4,0.

Neben dem Niacinbelastungstest kann auch der Tryptophanbelastungstest herangezogen werden.

Bedarf, wünschenswerte Zufuhr

Der Niacinbedarf wird in Niacinäquivalenten ausgedrückt, die die Summe des mit der Nahrung aufgenommenen und des aus Tryptophan gebildeten Niacins sind. Die Verwertbarkeit des Tryptophans als Nicotinsäurevorstufe hängt vom Gehalt der Kost an anderen essentiellen Aminosäuren wie Leucin, Isoleucin, Valin, Threonin und Lysin sowie Vitamin B_1, B_2 und B_6 ab. Bei Herabsetzung der Zufuhr einer der erwähnten essentiellen Aminosäuren wird weniger Tryptophan zur Proteinsynthese verwertet und es steht somit in höherem Maße zur Nicotinsäuresynthese zur Verfügung. Zur Berechnung des Bedarfs wird davon ausgegangen, daß 60 mg Tryptophan ≈ 1 mg Niacinäquivalent sind. Dieses Verhältnis trifft nicht zu, wenn die Nahrung so geringe Mengen an Tryptophan enthält, daß die Proteinsynthese begrenzt ist.
Der Bedarf an Niacin steht in enger Beziehung zum Körpergewicht und zur Energieaufnahme. Die FAO/WHO empfiehlt eine Zufuhr von 1,58 mg/1 MJ (= 239 kcal) Niacinäquivalente, allerdings unter der Bedingung, daß mindestens 8,4 MJ (2000 kcal) aufgenommen werden. Bezogen auf das Körpergewicht werden mindestens 0,12–0,20 mg/kg Körpergewicht/d empfohlen, um Mangelerscheinungen zu verhindern (Tab. 174).

In der Schwangerschaft ist die Ausscheidung der Niacinmetaboliten im Urin erhöht, was auf den erhöhten Östrogenspiegel während der Schwangerschaft zurückzuführen ist. Das erste Enzym des Tryptophanabbaus, die Tryptophan-Dioxygenase, wird durch Östrogen induziert. Während der Schwangerschaft wird also mehr NAD aus Tryptophan gebildet, die Umwandlungsrate liegt bei 1 zu 18. Der Niacinbedarf wird – unter der Voraussetzung, daß die Proteinzufuhr ausreichend ist – gedeckt. Aus diesem Grund läßt sich bei Schwangeren kein erhöhter Niacinbedarf nachweisen.

Erhöhter Bedarf besteht bei Verdauungsstörungen, fieberhaften Erkrankungen, während der Wachstumsphase und bei schwerer körperlicher Arbeit. Besonders gefährdet sind zudem starke Alkoholiker.

Über den Niacinbedarf von Kindern liegen keine ausreichenden Kenntnisse vor. In Frauenmilch werden täglich rund 1,4–1,6 mg Niacin und 2,4–2,7 mg Niacinäquivalente (140–160 mg Tryptophan aus Milchprotein) ausgeschieden. Daraus errechnet sich die für den Säugling empfohlene tägliche Zufuhr von 5–8 mg Niacinäquivalenten. Für Jugendliche steigt der Tagesbedarf auf 16–20 mg Niacinäquivalente an. Alle Angaben über den Bedarf setzen eine qualitativ und quantitativ ausreichende Protein- und Vitamin-B_6-Zufuhr voraus. Zubereitungsverluste sind nicht zu berücksichtigen.

Tab. 174. Empfohlene Zufuhr für Niacin (Nicotinsäureamid, Nicotinsäure) in mg Niacin-Äquivalent[1]/Tag (DGE 1985)

	m		w
Säuglinge			
0–11 Monate		5–8	
Kinder			
1– 3 Jahre		8	
4– 6 Jahre		11	
7– 9 Jahre		13	
10–12 Jahre	15		14
13–14 Jahre	19		17
Jugendliche			
15–18 Jahre	20		16
Erwachsene			
19 – über 65 Jahre	18		15
Schwangere			
ab 4. Monat		+ 2	
Stillende		+ 5[2]	

[1] 1 mg Niacin-Äquivalent = 60 mg Tryptophan
[2] ca. 0,6 mg Niacin-Äquivalente / 100 g sezernierte Milch bei voller Deckung des Protein-(Tryptophan)-Bedarfs
Die FAO/WHO empfiehlt 6,6 mg/1000 kcal für den Erwachsenen

Hypervitaminosen

Niacin wird aufgrund seiner positiven Effekte auf Diarrhoe und mentale Störungen erfolgreich bei der Behandlung von Sprue und Schizophrenie eingesetzt. Weiterhin wird es in hohen Dosen (3 g und mehr) bei Kreislaufstörungen, verschiedenen Anämien, Bluthochdruck, Asthma, Arthritis und Hauterkrankungen sowie wegen seines Cholesterin-senkenden Effekts bei Arteriosklerose eingesetzt. (Aufgrund der Cholesterin-senkenden Eigenschaft wird Niacin des weiteren bei Hyperlipoproteinämie Typ II eingesetzt, da es bei dieser Erkrankung zu einer hohen Cholesterinkonzentration im Serum kommt.) Dabei können jedoch Nebenwirkungen wie Gefäßerweiterungen mit Hitzegefühl, Magenschleimhautentzündung oder Leberschäden infolge der hohen Dosen auftreten.

Aufgrund der zahlreichen therapeutischen Einsatzbereiche wurde Niacin auf eventuelle toxische Wirkungen untersucht. Dazu verabreichte man Ratten über 3 Wochen eine tägliche Dosis von bis zu 0,2 g, ohne toxische Wirkungen zu erkennen. Die Toleranzgrenze für Niacin in pharmakologischen Dosen ist bei oraler Applikation relativ groß, so daß Hypervitaminosen durch falsche Medikation kaum zu erwarten sind.

3.3.2.3.6 Pantothensäure

Allgemeines

Die zahlreichen Synonyma für Pantothensäure (Tab. 112) sollen vermieden werden. Der Begriff »Pantothen« stammt aus dem Griechischen (pantos = überall).

1901: Wildiers (Frankreich) beschreibt »Bios«, ein komplexes Gemisch von Substanzen aus Bierwürze isoliert, essentiell für Hefewachstum.

1933: Williams (USA) isoliert kristallines »Bios« aus Hefe, beschreibt ubiquitäre Verteilung des Vitamins und nennt es Pantothensäure.

1938: Williams isoliert Pantothensäure aus Leber.

1939: Jukes (USA) stellt beim Huhn einen Leber-Antidermatitis-Faktor (identisch mit dem Hefe-Faktor) fest.

1939: Woolley et al. (USA) entdecken β-Alanin als Teilsubstanz.

1940: Harris et al. (USA) klären die Struktur auf und synthetisieren die Pantothensäure.

1950: Lipmann et al. (USA) erbringen Nachweis, daß Pantothensäure im Coenzym A enthalten ist.

1951: Lynen (Deutschland) charakterisiert die Coenzym-A-Struktur.

Chemie, Eigenschaften

Pantothensäure ist ein Dipeptid aus β-Alanin und 2,4-Dihydroxy-3,3-Dimethylbutyrat (Abb. 93). Das Buttersäurederivat kann in der menschlichen Zelle nicht synthetisiert werden.

Pantothensäure ist ein hellgelbes, visköses, hygroskopisches Öl. Es ist leicht löslich in Wasser, Ethanol, Dioxan und Eisessig, weniger löslich in Amylalkohol und Ether und unlöslich in Benzol und Chloroform. Es ist sehr empfindlich gegen Hitze, Säuren und Alkalien. D-(+)-Pantothenylalkohol, ein Reduktionsprodukt der Pantothensäure, bildet eine visköse, hygroskopische Flüssigkeit mit leicht bitterem Geschmack.

Pantothenylalkohol (Panthenol, N-Pantoyl-3-propanolamin) besitzt etwa 80% der biologischen Wirksamkeit der Pantothensäure und ist sterilisierbar; bei längerem Erhitzen tritt Inaktivierung infolge Racemisierung ein. Strukturanaloga der Pantothensäure mit Antivitamincharakter sind zahlreich (Tab. 175). Sie leiten sich von der Sulfopantothensäure und dem Pantothenon ab, oder betreffen Verbindungen, bei denen der Buttersäureanteil oder das β-Alanin substituiert wird bzw. das β-Alanin durch homologe Aminosäuren ersetzt ist.

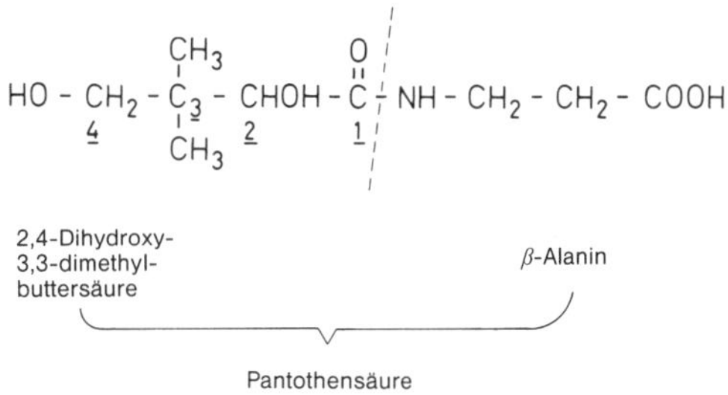

Abb. 93. Strukturformel von Pantothensäure.

Tab. 175. Analoga, Antagonisten und Synergisten der Pantothensäure (Kutsky 1981)

Physiologische Formen
Coenzym A, Pantotheine, D(+)-Pantothensäure

Aktive Analoga und verwandte Verbindungen
Pantothenylalkohol, Pantothine, Pantothein, Pantothenylcystin, Ethylpantothenat, Ethylmonoacetylpantothenat

Inaktive Analoga und verwandte Verbindungen
l-Pantothenate, α-Alanin-Analoga

Antagonisten
Pantoyllaurin, ω-Methylpantothensäure, bis-(β-pantoylaminoethyl)-disulfid, 6-Mercaptopurin

Synergisten
Biotin, Folsäure, Vitamin B_1, B_2, B_{12}, C, Niacin

Biosynthese und Vorkommen

Pantothensäure ist praktisch in allen pflanzlichen und tierischen Nahrungsmitteln enthalten (Tab. 176). Besonders hoch ist der Gehalt in Hefe, Leber, Niere, Eigelb, Vollkornerzeugnissen, Leguminosen und Gelee Royal (im letzteren im Schnitt 20 mg/100 g). Durch Hitze wird Pantothensäure zerstört, da es in β-Alanin und Pantoinsäure bzw. ihr Lacton gespalten wird. Pantothensäure wird von grünen Pflanzen und von den meisten Mikroorganismen, jedoch nicht vom Organismus höherer Tiere synthetisiert. Der erste Teil der Biosynthese erfolgt in Hefen, *E.coli* und *Neurospora* aus der durch Desaminierung aus Valin entstehenden α-Ketoisovaleriansäure durch Kondensation mit Formaldehyd in Gegenwart von Ca^{2+} oder Mg^{2+}. Das Kondensationsprodukt Ketopantoinsäure wird zur Pantoinsäure reduziert. Das durch Decarboxylierung von Asparaginsäure oder durch Transaminierung von Malonsemialdehyd entstehende β-Alanin bildet dann in Gegenwart von ATP mit Pantoinsäure die Pantothensäure (Abb. 94). Diese Reaktion besteht aus zwei Schritten. Das Enzym bildet mit ATP und Pantoinsäure unter Abspaltung von Pyrophosphat einen Enzym-Pantoinsäure-AMP-Komplex, der dann mit β-Alanin zu Enzym, AMP und Pantothensäure umgesetzt wird.

Beeinflussung der Verfügbarkeit

Pantothensäure ist wasserlöslich und hitzeempfindlich. Beim Garen und Haltbarmachen muß mit Zubereitungsverlusten von etwa 30% gerechnet werden. Tiefgefrorenes Fleisch verliert einen Teil seines Pantothensäuregehaltes durch das abtropfende Wasser.

Bestimmungsmethoden

Die chemische Analyse erfolgt nach Hydrolyse oder reduktiver Spaltung der Pantothensäure in β-Alanin und Pantoinsäure. Ionenaustauschchromatographie zur Reinigung ist nicht notwendig. Neuerdings werden auch gaschromatographische Bestimmungen und Hochdruck-Flüssigkeits-Chromatographie durchgeführt. In komplexen Gemischen wird Pantothensäure nach Extraktion und enzymatischem Aufschluß (Papain, Diastase) mikrobiologisch bestimmt *(Saccharomyces, Lactobacillus)*.

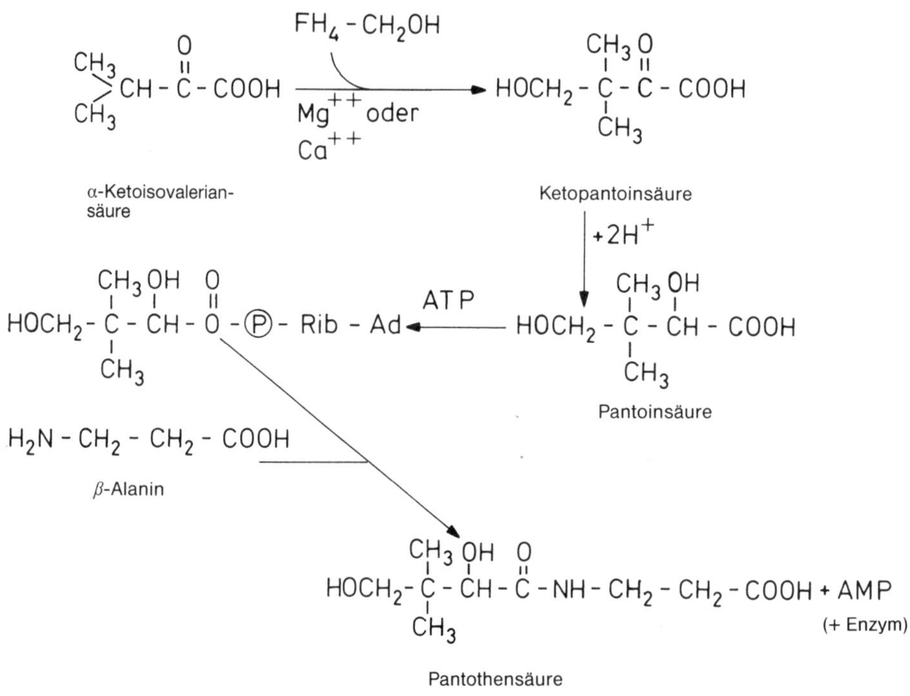

Abb. 94. Synthese von Pantothensäure.

Absorption und Stoffwechsel

Pantothensäure wird mit der Nahrung im wesentlichen in gebundener Form, vorwiegend als Coenzym A, aufgenommen. Mit der üblichen gemischten Kost ca. 10,5 MJ (= 2500 kcal/d) werden durchschnittlich 4–5 mg Pantothensäure täglich aufgenommen. Coenzym A wird im Darm zu freier Pantothensäure und Phosphorsäureestern aufgespalten; ungespaltenes Coenzym A wird nicht absorbiert. Die Spaltprodukte werden in konjungierter Form in Blut und Cerebrospinalflüssigkeit transportiert.

Coenzym A wird intrazellulär gebildet, es vermag die Zellmembran nur schwer zu durchdringen. In abnehmender Konzentration ist Coenzym A enthalten in Leber, Nebenniere, Niere, Gehirn, Herz und Testes. Die Menschenleber enthält insgesamt etwa 28 mg Pantothensäure. Blut enthält 19–32 µg/100 ml; die Blutkonzentration an Pantothensäure fällt mit zunehmendem Alter ab. Die Ausscheidung im Harn beträgt im Normalfall 1–7 mg/d. Die Spaltung von Coenzym A erfolgt in einer Umkehr der Biosynthese. Im Harn erscheinen Spaltprodukte, die im mikrobiologischen KAPLAN-LIPMAN-Test (Acetylierung von Sulfonamid) wirksam sind.

Funktionen

Die Wirkform der Pantothensäure ist das Coenzym A (Abb. 95). Die Entdeckung bei der Acetylierung gab den Namen für das Coenzym A. Die Synthese von Coenzym A erfolgt sowohl in Pflanzen und Mikroorganismen als auch im tierischen Gewebe.

Die SH-Gruppe des Cysteaminrestes im Coenzym-A-Molekül ist die reaktive Gruppe des Coenzym A (deshalb die Abkürzungen CoA – SH), mit der es S-Acetylverbindungen mit hohem Gruppenübertragungspotential – »aktivierte Verbindungen« – zu bilden vermag. Auf diese Weise entstehen Thioester:

$$R-\overset{O}{\overset{\|}{C}}-O^- + CoA-SH \xrightarrow[ATP]{Thiokinase} \underbrace{R-\overset{O}{\overset{\|}{C}}\sim S-CoA}_{Thioester} + AMP + PP_i$$

Thioester gehören zur Gruppe der sogenannten »energiereichen Verbindungen«. Die bei der Hydrolyse von Thioestern auftretende Änderung der freien Energie beträgt 29–42 kJ (= 7–10 kcal)/mol und liegt somit im Bereich der Hydrolyseenergie von ATP.

Der für den Intermediärstoffwechsel bedeutendste Ester des Coenzyms A ist die aktivierte Essigsäure, das Acetyl-CoA. Diese Verbindung wird mit Recht als der Drehpunkt des intermediären Stoffwechsels bezeichnet, da Acetyl-

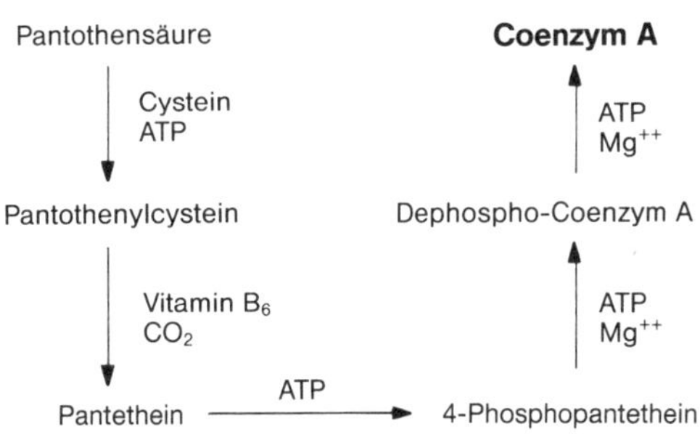

Abb. 95. Biosynthese von Coenzym A.

Tab. 176. Pantothensäuregehalt ausgewählter Lebensmittel
(Angaben in mg/100 g Ware) (SOUCI et al. 1986/87 und KUTSKY 1981)

hoch ist der Pantothensäuregehalt, wenn er bei 2–10 mg/100 g liegt
mittel ist der Pantothensäuregehalt, wenn er bei 0,5–2 mg/100 g liegt
niedrig ist der Pantothensäuregehalt, wenn er bei 0,1–0,5 mg/100 g liegt

Lebensmittel	Pantothensäuregehalt
Ostseehering	9,3
Leber (Kalb)	7,9
Leber (Rind)	7,3
Leber (Huhn)	7,16
Leber (Schwein)	6,8
Bäckerhefe	3,46
Erdnüsse	2,6
Champignons	2,1
Hühnerei	1,6
Wassermelone	1,6
Linsen, getrocknet	1,36
Haselnüsse	1,15
Blumenkohl	1,01
Weizenkeime	1,0
Oberschale (Rind)	1,0
Hühnerbrust	0,84
Erbsen, grün, roh	0,72
Kuhmilch; 3,5% Fett	0,35

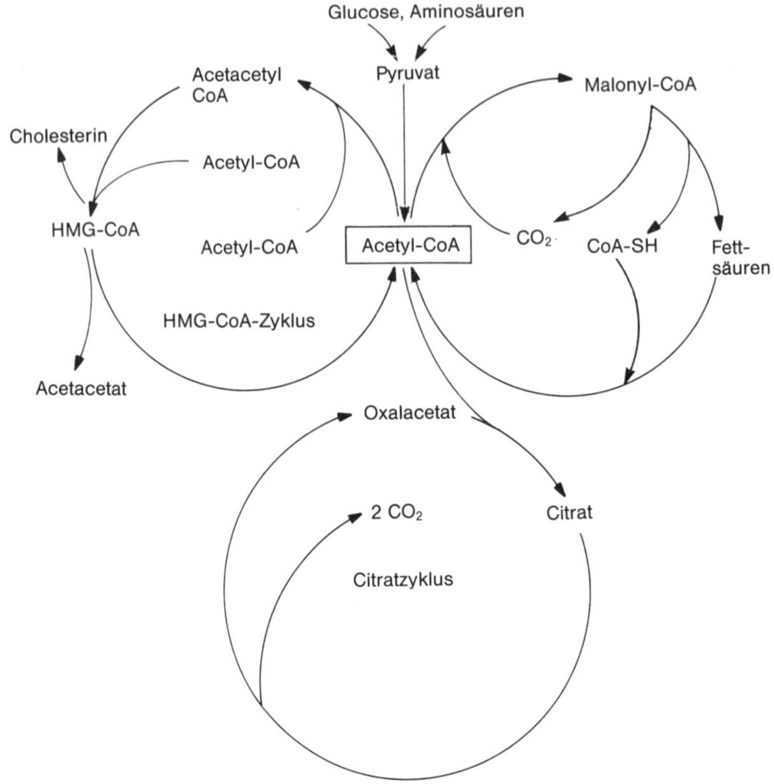

Abb. 96. Die Stellung der aktivierten Essigsäure im Intermediärstoffwechsel (LÖFFLER et al. 1979).

CoA ein Endpunkt des Kohlenhydrat-, Fett- und Aminosäurenstoffwechsels darstellt (Abb. 96). Durch Reaktion von Acetyl-CoA mit Oxalacetat (unter Bildung von Citrat) kann auf diese Weise Kohlenhydrat-, Fett- und Aminosäurekohlenstoff in den Citratzyklus eingeschleust und unter Energiegewinnung zu CO_2 und H_2O oxidiert werden.

Das Reaktionsprodukt der Decarboxylierung von α-Ketoglutarat im Citratzyklus ist ebenfalls ein Derivat des Coenzyms A (aktivierte Bernsteinsäure, Succinyl-CoA). Aus Succinyl-CoA und Glycin entsteht δ-Aminolävulinsäure, ein Zwischenprodukt der Hämsynthese. Aus diesem Grund finden sich bei Pantothensäuremangel im Tierversuch Anämien.

Eine entscheidende Rolle spielt Coenzym A im Lipidstoffwechsel. Der erste Schritt in der Fettsäureoxidation, der durch das Enzym Thiokinase katalysiert wird, besteht aus der Aktivierung der Fettsäure durch Kopplung an Coenzym A unter Bildung des entsprechenden Acetyl-CoA-Derivats, wobei die Energie für die Kopplungsreaktion der ATP-Spaltung entnommen wird. Die Abspaltung von Acylresten bei der β-Oxidation wird durch eine thiolytische Reaktion, d.h. durch Coenzym A bewirkt. Acetyl-CoA reagiert auch mit Arzneimitteln, die zu ihrer Ausscheidung acetyliert werden müssen.

Neben seiner Bedeutung als Baustein des Coenzyms A hat Pantothensäure in proteingebundener Form eine wichtige Funktion bei der Fettsäure-Biosynthese. Sie ist dabei Bestandteil des Acyl-Carrier-Proteins.

Die wichtigsten Mechanismen für die Bildung aktivierter Acyl-Derivate sind:

1. Durch Thiokinasen katalysierter Adenyltransfer und Austausch gegen Coenzym A:

$$\text{Fettsäure} + \text{ATP} \longrightarrow \text{Acyladenylat} + \text{PP}_i$$

$$\text{Acyladenylat} + \text{CoA} \rightleftharpoons \text{Acyl-S-CoA} + \text{AMP}$$

2. Bildung im α-Ketosäureoxidasesystem (Pyruvatoxidase, Acetyl-CoA; α-Ketoglutaratoxi-

dase, Succinyl-CoA; Abbau verzweigter Aminosäuren) durch Übertragung des Acylrestes der Lipoinsäure auf Coenzym A.
3. Coenzym-A-Transfer durch Succinyl-CoA: 3-Ketosäure-CoA-Transferase
z. B. bei der Wiedereinschleusung der Acetessigsäure in den Stoffwechsel der extra-hepatischen Gewebe.
Succinyl-CoA + Acetacetat ⇌ Succinat + Acetacetyl-CoA.
4. Die thioklastische Spaltung der β-Acyl-CoA-Verbindungen im Verlauf der β-Oxidation der Fettsäuren.
Coenzym A ist im gesamten Stoffwechsel aktiv (Tab. 177).

Tab. 177. Physiologische Funktionen der Pantothensäure als Strukturteil von Coenzym A

Kohlenhydratstoffwechsel (2 C-Transfer als Acetat oder Pyruvat)
Lipid-Stoffwechsel (Biosynthese und Abbau der Fettsäuren, Sterine und Phospholipide)
Proteinstoffwechsel, Acetylcholinproduktion, Synthese von Isoprenderivaten

Mangelerscheinungen

Aufgrund der weiten Verbreitung von Pantothensäure kommt ein durch die Ernährung verursachter Mangel beim Menschen nicht vor. Sekundäre Mangelzustände sollen unter einer Sulfonamidbehandlung auftreten. Die Mangelsymptome können jedoch durch Biotin und Cholin beseitigt werden. Bei Sprue wurde eine verringerte Pantothensäureausscheidung festgestellt (< 1 mg/d). Bei langandauernder Therapie mit Streptomycin wird ein erniedrigter Serumgehalt an Pantothensäure ermittelt.

Das »Burning-feet-Syndrom« bessert sich nach Gaben von Pantothensäure, jedoch ist es nicht sicher, ob dieses Syndrom auf einem Pantothensäuremangel allein beruht, denn es wird durch Gaben von Vitamin B_2 und B_6 ebenfalls geheilt.

Experimentell kann beim Menschen durch Pantothensäure-arme Kost und durch zusätzliche Gaben der antagonistisch wirkenden ω-Methylpantothensäure ein Pantothensäuremangel erzeugt werden. Feststellbare Symptome sind:

Leichte Ermüdbarkeit und Apathie, Schlafstörungen, Kopfschmerzen, schwankender Gang, Nausia, Ataxie und Tremor der Hände, Muskelkrämpfe und vorübergehend gesteigerte Reflexe.

Bei verschiedenen Tierspezies verursacht ein Pantothensäuremangel folgende Symptome:
- Wachstumsstörungen, Gewichtsverlust
- Veränderungen im Haarkleid und Gefieder (Dermatitis und Depigmentierung)
- Störung des Nervensystems mit Ataxie und Lähmungen
- Anhaltende Durchfälle
- Hemmung der Antikörperbildung
- Störung der Produktion von Nebennierenrindenhormonen.

Therapeutische Anwendung

Pantothensäure soll eine schützende Wirkung gegen die Neurotoxizität von Streptomycin besitzen. Auch zur Behandlung psychischer Störungen, diabetischer Neuropathien und von Hauterkrankungen und paralytischem Ileus ist Pantothensäure verwendet worden. Der Wert einer solchen Behandlung ist bisher noch nicht bewiesen.

Beurteilung des Pantothensäure-Status

Der Pantothensäure-Status wird anhand der Ausscheidung von Pantothensäure mit dem Urin (1–7 mg/d) ermittelt. Außerdem kann die Pantothensäureversorgung über das Acetylierungsvermögen von körperfremden Testsubstanzen (z. B. Sulfisonidin) und der Corticosteron-Biosynthese erfaßt werden.

Bedarf, wünschenswerte Zufuhr

Untersuchungen ergaben, daß Erwachsene in der BR Deutschland etwa 4–5 mg Pantothensäure mit der täglichen Kost aufnehmen. Eine Zufuhr von 4–7 mg/d mit der Nahrung wird allgemein als ausreichend für Erwachsene angesehen. Erhöhte Leistungsanforderungen und Streß beeinflussen den Pantothensäurebedarf. Unter Einbeziehung von Sicherheitszuschlägen wird die wünschenswerte Zufuhr für den Erwachsenen mit 8 mg/d angegeben (Tab. 178).

Da Pantothensäure beim Aufbau von Körpergewebe beteiligt ist, wird Schwangeren und Heranwachsenden eine relativ hohe Zufuhr (+ 25%) empfohlen. Da mit 1 l Frauenmilch etwa 2–3 mg Pantothensäure dem Organismus verlorengehen, wird stillenden Frauen eine zusätzliche Aufnahme von 3 mg empfohlen.

Ein möglicher Beitrag zur Bedarfsdeckung über die Vitaminsynthese durch Darmbakterien

Tab. 178. Empfohlene Zufuhr von Pantothensäure in mg/Tag (DGE 1985)

	Empfohlene Zufuhr[1]
Säuglinge	
9 bis 14 Monate	4
Kinder	
1– 3 Jahre	5
4– 6 Jahre	5
7– 9 Jahre	6
10–12 Jahre	6
13–14 Jahre	8
Jugendliche	
15–18 Jahre	8
Erwachsene	
19–35 Jahre	8
36–50 Jahre	8
51–65 Jahre	8
über 65 Jahre	8
Schwangere	
ab 4. Monat	+ 2
Stillende	+ 3

[1] ca. 30% Zubereitungsverluste müssen berücksichtigt werden

ist nach den neuen Erkenntnissen zu vernachlässigen.

Hypervitaminosen
Für den Menschen sind keine toxischen Wirkungen bekannt. Bei Mäusen führen 10 g/kg KG zu Atemnot.

3.3.2.3.7 Biotin

Allgemeines
Die verschiedenen Synonyma für Biotin (Tab. 112) sollen vermieden werden.
1920: Bateman (England) stellt fest, daß große Mengen nativen Eiklars toxische Symptome bei Ratten erzeugen.
1924: Miller fraktioniert Wachstumsfaktor für Hefe.
1926: Boas (England) beschreibt Eiklarschädigungs-Syndrom, hauptsächlich Dermatitis, Haarausfall und Ataxie.
1933: Allison et al. isoliert respiratorischen Faktor aus Knöllchenbakterien.
1934: Lease und Parons (USA) beschreiben Schäden an Küken durch Eiklar.
1936: Kögl und Tönnis (Deutschland) isolieren Wachstumsfaktor aus Hefe und Eigelb, nennen es Biotin.
1940: György (Ungarn) und du Vigneaud (Frankreich) isolieren Biotin, nennen es Vitamin H.
1941: Williams et al. (USA) entdeckt Eiklarschaden durch Antivitamin Avidin.
1942: du Vigneaud beendet Charakterisierung und Strukturaufklärung von Biotin.
1943: Harris (USA) gelingt Biotin-Totalsynthese.

Chemie, Eigenschaften
Ein großer Teil des Biotins im Organismus ist an Protein oder an niedermolekulare Substanzen z. B. Lysin gebunden (Abb. 97). Biotin ist ein zyklisches Harnstoffderivat, das außerdem einen Thiophanring enthält. Beide Ringe sind in cis-Stellung verknüpft, C 2, 3 und 4 sind asymmetrische Zentren.

Biotin ist stabil gegenüber Wärmeeinflüssen und empfindlich gegenüber UV-Licht. In schwach saurer und neutraler Lösung ist Biotin über Monate, in alkalischer weniger lang beständig. Starke Oxidationsmittel, starke Säuren oder Laugen sowie Formaldehyd und ranzige Fette (Lipidperoxidation) inaktivieren Biotin.

Biotin wird von dem Glycoprotein Avidin, das in größerer Menge in rohen Eiern vorkommt, unter Komplexbildung gebunden (1 g Avidin bindet 7 g Biotin). Der Avidin-Biotin-

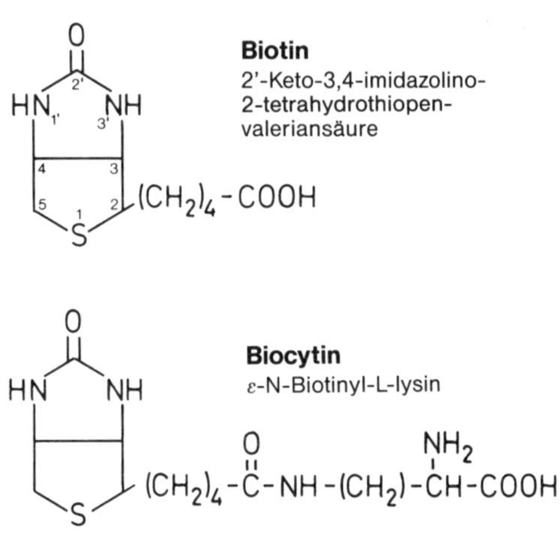

Abb. 97. Die Strukturen von Biotin und Biocytin.

Komplex kann im Magen-Darm-Trakt von Proteasen nicht aufgespalten werden.

Analoga, Antagonisten und Synergisten des Biotins sind zahlreich; diesbezügliche Untersuchungen wurden mit Labortieren durchgeführt (Tab. 179).

Tab. 179. Analoga, Antagonisten und Synergisten des Biotins (KUTSKY, 1981)

Aktive Analoga	
Desthiobiotin:	in einigen Spezies
dl-Oxybiotin:	Ratten, Küken und Bakterien
Biotinol:	Ratten
Biotin-Sulfoxid und Biocytin: in mehreren Spezies	
Inaktive Analoga	
dl-Epibiotin (cis)	
dl-Allobiotin (trans)	
dl-Epiallobiotin (trans)	
l-Biotin (trans)	
α- und β-Isomere oder andere Verbindungen	
Antagonisten	
Norbiotin	Homolog mit 3 CH_2-Gruppen
Homobiotin	Homolog mit 5 CH_2-Gruppen
Bishomobiotin	Homolog mit 6 CH_2-Gruppen
Trishomobiotin	Homolog mit 7 CH_2-Gruppen
Oxybiotin	
Biotinsulfon	
Synergisten	
Vitamine:	B_2, B_6, B_{12}, Folsäure, Pantothensäure
Hormone:	STH, Testosteron

Biosynthese und Vorkommen

Biotin wird in keimenden Samen sowie von Mikroorganismen synthetisiert; dazu wird Cystein benötigt (Abb. 98). Biotin ist besonders in Leber und Hefe anzutreffen; die Konzentration in Milch ist gering (Tab. 180).

Beeinflussung der Verfügbarkeit

Der Biotingehalt in Lebensmitteln wird durch Maßnahmen der Nahrungszubereitung gemindert. Die gebundene Form des Biotins (Hefe, tierische Lebensmittel) kann nur nach vorheriger Freisetzung absorbiert werden.

Avidin verliert beim Erhitzen (100 °C über längere Zeit) die biotinbindende Fähigkeit; Komplexbildung erfolgt nur mit dem physiologisch aktiven (+)-Biotin, nicht aber mit dem inaktiven (−)-Biotin. Biotinderivate wie Oxybiotin können durch Avidin gebunden werden. Avidin wurde bisher nur im Eiklar verschiedener Vogeleier gefunden; es wird von der Schleimhaut des Ovidukts gebildet. *Streptomyces* bildet ein in seinen Eigenschaften dem Avidin ähnliches Protein (gleichfalls Biotin-bindend), das als Streptavidin bezeichnet wird.

Die verfügbare Menge an Biotin kann durch die Syntheseleistung der Darmflora erhöht werden. Antibiotika können die enterale Synthese hemmen.

Bestimmungsmethoden

Die mikrobiologische Bestimmung ist die Methode der Wahl. In gereinigten, hochkonzentrierten Lösungen läßt sich der Biotingehalt mittels photometrischer Methoden bestimmen. Kolorimetrie, Dünnschicht- und Gaschromatographie werden ebenfalls angewendet. Radioaktives Biotin wird bei kompetitiven Bindungsmethoden verwendet.

Absorption und Stoffwechsel

Das vom Menschen mit der Nahrung aufgenommene Biotin – vorwiegend in gebundener Form als Biocytin – wird im Magen-Darm-Trakt zu freiem Biotin aufgespalten und als solches absorbiert. Verdauungskanal, Serum und Leber enthalten Biotinidase, ein das Biocytin spaltendes Enzym. In den Organen wird Biotin wieder in gebundener Form angetroffen; so enthält die Leber nur 5% ihres Biotingehaltes in Form von freiem Biotin. Der Biotingehalt des tierischen Körpers nimmt in der Reihenfolge Leber/Niere, Nebenniere, Herz, Pankreas, Skelettmuskel, Lunge, Gehirn ab.

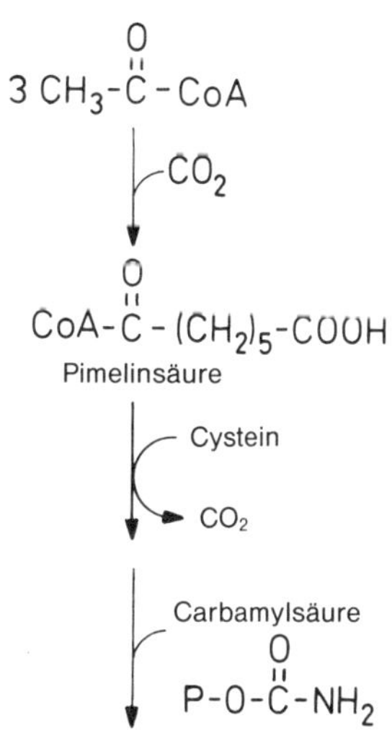

Abb. 98. Biosynthese des Biotins im *Achromabacter* (modif. nach REUTER 1970).

Tab. 180. Biotingehalt ausgewählter Lebensmittel (Angaben in µg/100 g Ware) (Kutsky 1981; Souci et al. 1986)

hoch ist der Biotingehalt, wenn er bei 100–400 µg/100 g liegt
mittel ist der Biotingehalt, wenn er bei 10–100 µg/100 g liegt
niedrig ist der Biotingehalt, wenn er bei 0–10 µg/100 g liegt

Lebensmittel	Biotingehalt
Leber (Hammel)	130
Leber (Kalb)	75
Sojabohnen, getrocknet	60
Erdnuß	34
Bäckerhefe	33
Leber (Schwein)	27
Vollei	25
Haferflocken	20
Weizenkeime	17
Bohnen, grün	7,0
Spinat	6,9
Möhre, roh	5
Tomate	4,9
Oberschale (Rind)	4,6
Hering	4,5
Kuhmilch; 3,5% Fett	3,5
Frauenmilch	0,58

Bei normaler Ernährung beträgt die Biotinausscheidung im Harn 14–70 µg/d. Nach Belastung mit 50–100 µg Biotin werden 30–70% der Dosis im Harn ausgeschieden. Das im Harn des Menschen mikrobiologisch bestimmte Biotin liegt teils frei, teils gebunden als Biotinsulfoxid vor. Etwa die Hälfte des ausgeschiedenen Biotins ist im mikrobiologischen Test aktiv und läßt sich an Avidin binden.

Tierversuche mit markiertem ^{14}C-Biotin ergaben, daß 4 h nach der Injektion 16% der Dosis in der Leber nachgewiesen werden konnten (Tab. 181).

Tab. 181. Verteilung ^{14}C-markierten Biotins in Rattenleber 4 Stunden nach Injektion von 20 µg/100 g Körpergewicht (Lang 1974).

Leber-Kompartiment	% des Homogenats	Biotinform
Überstand	ca. 50	gebunden
Mikrosomen	1,7–3	frei
Zellkern	21	gebunden
Mitochondrien	29	gebunden

Funktionen
Biotin ist das Coenzym für alle Carboxylierungs-, Transcarboxylierungs- und Decarboxylierungsreaktionen. Seine Aufgabe besteht in der Bindung von CO_2 sowie der Übertragung der Carboxylgruppe auf die zu carboxylierenden Substanzen. Die Bindung der COOH-Gruppe erfolgt an N1`; dabei wird ATP benötigt. Carboxybiotin ist peptidartig mit seiner freien Carboxylgruppe an das Enzymprotein gebunden (Abb. 99). Einige Beispiele zeigen die zentrale Funktion dieser Reaktion (Tab. 182). Der Wirkungsmechanismus des Biotins vollzieht sich auf Zellebene in vielen anabolischen (Purine, Proteine, Kohlenhydrate, Aspartat, Ölsäure u.a. Fettsäuren) und katabolischen (Serin, Tryptophan) Reaktionen; bei Mikroorganismen ist Biotin an der CO_2-Fixierung beteiligt. Auf Körperebene wirkt Biotin bei Wachstum sowie Erhaltung von Blutzellen, Talgdrüsen, Nervengewebe, Haut und Haar.

Mangelerscheinungen
Dermatitis und Haarverlust sind bei fast allen Tierspezies Symptome des Biotinmangels; auch beim Menschen werden durch den Verzehr von Avidin (experimenteller Biotinmangel) Hautveränderungen beobachtet. Diese werden von unspezifischen Symptomen begleitet wie Müdigkeit, Appetitlosigkeit, Übelkeit, Muskelschmerzen, Hyperästhesien und Parästhesien sowie Hämoglobinabnahme.

In der neuen Literatur wird ein genetisch bedingter multipler Carboxylasemangel (MCD = multiple-carboxylase-deficiency) bei Kindern beschrieben. Neben den typischen klinischen Symptomen werden mehrere biochemische Veränderungen (Lactatacidose, Hyperglykämie, Hyperammonämie, Ketonurie, verminderter Plasmabiotingehalt und verminderte bis fehlende Carboxylaseaktivität in Leukozyten) festgestellt. Diese Veränderungen sprechen auf eine Biotintherapie an.

Versuche an Ratten und Mäusen zeigen, daß Biotin für Fortpflanzung und Lactation erforderlich ist. Beim Hund verstärkt ein Biotinmangel bestehende Symptome unzureichender Kaliumversorgung, bei Küken und Ratten die Anfälligkeit gegenüber Infektionskrankheiten (Vogelmalaria, Salmonellose u.a.).

Beurteilung des Biotin-Status
Der Biotin-Status kann durch Bestimmung des Biotingehalts im Blut (0,95–1,66 µg/dl Serum

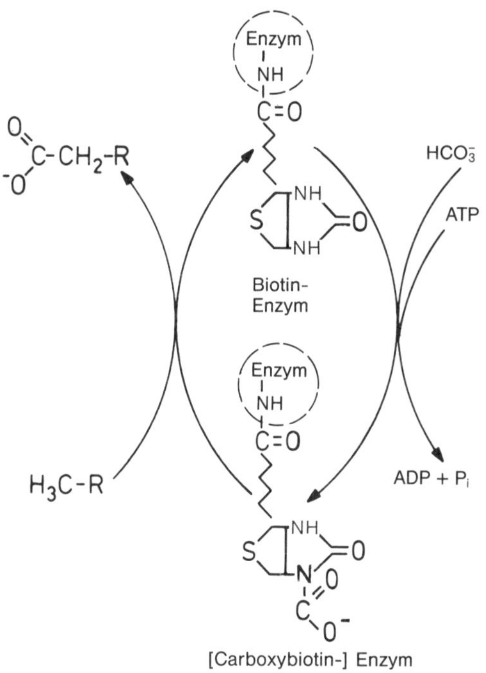

Abb. 99. Wirkungsmechanismus des Biotin (LÖFFLER et al. 1979).

bzw. 0,75–1,73 µg/dl Blut) und der Aktivität der Pyruvat-Carboxylase und/oder der Acetyl-CoA-Carboxylase ermittelt werden.

Bedarf, wünschenswerte Zufuhr

Biotin wird in großem Umfang auch beim Menschen durch Darmbakterien synthetisiert. Erzeugung eines experimentellen Biotinmangels bei Ratten erfolgt daher durch Verfütterung von Avidin und gleichzeitiger Gabe von Sulfonamiden und/oder oxidierten Fetten; außerdem ist die Verhinderung der Koprophagie in diesem Falle erforderlich.

Bei gesunden erwachsenen Menschen kann nach wie vor kein zuverlässiger Biotinbedarf angegeben werden. Mit dieser Einschränkung werden 12 µg/MJ als Richtwert genannt. Ob ein solcher Bedarf während der Schwangerschaft sowie im Säuglings- und Kindesalter besteht, ist noch nicht geklärt. Auf die Bedeutung der Darmflora zur Deckung des Biotinbedarfs wird später eingegangen (Kap. 3.3.2.4).

Der Biotingehalt einer gemischten Kost liegt bei 50–200 µg/d. Der Mindestbedarf an Biotin wird von manchen Experten mit 10 µg/d angegeben.

Hypervitaminosen

Auswirkungen überhöhter oraler Zufuhr an Biotin sind nicht bekannt.

3.3.2.3.8 Folsäure

Allgemeines

Folacin ist das neue Synonym, das sämtliche natürlichen Substanzen dieser Vitamingruppe umfaßt. Die chemisch korrekte Bezeichnung ist Pteroylmonoglutamat. Da die alte Bezeichnung Folsäure noch sehr gebräuchlich ist, wird sie auch in diesem Kapitel verwendet.

1931: WILLS (Indien) entdeckt einen Antianämiefaktor in der Hefe.

1933: WILLS zeigt, daß der aus Hefe isolierte Antianämiefaktor keine Wirkung bei der Behandlung der perniziösen Anämie hat.

1939: HOGAN und PARROTT schützen Hühner vor Anämie mit Leberextrakt.

Tab. 182. Beispiele Biotin-katalysierter Carboxylierungsreaktionen (durch Avidin gehemmt)

Ausgangsprodukt	Endprodukt	Stoffwechselvorgänge
Acetyl-CoA	Malonyl-CoA	Fettsäuresynthese
Propionyl-CoA	Methylmalonyl-CoA	Abbau ungeradzahliger Fettsäuren vom Aminosäurenabbau
Butyryl-CoA	Ethylmalonyl-CoA	
β-Methylcrotonyl-CoA	β-Methylglutaconyl-CoA	Leucin-Abbau Kondensation von Acetyl-CoA (Cholesterinsynthese)
2-Methylmalonyl-CoA + Pyruvat	Propionyl-CoA + Oxalacetat	Gluconeogenese

1940: Snell und Peterson (USA) isolieren Lactobacillus-casei-Wachstumsfaktor aus Leber und Hefe.
1941: Hutchings et al. (USA) zeigen, daß der Lactobazillus-casei-Wachstumsfaktor auch für Hühner essentiell ist.
1941: Mitchell et al. (USA) isolieren Bakterienwachstumsfaktor *(Streptococcus lactis)* aus Hefe, der dem Lactobacillus-casei-Faktor ähnlich ist und nennen ihn »Folsäure«.
1942: Hopkins (USA) erkennt die chemische Bedeutung der Pteridine und ihre Ähnlichkeit mit den Purinen der Nucleinsäuren und vermutet ihre Essentialität für den Säugetierorganismus.
1943: Stokstad (USA) berichtet, daß der aus der Leber isolierte Faktor aktiver ist, als der aus Hefe und vermutete multiple Faktoren.
1946: Angier et al. (USA) isolieren Pteroylmonoglutamat und synthetisieren es.

Chemie, Eigenschaften
Folsäure ist aus einem Pteridinring, p-Aminobenzoesäure und L-Glutamat aufgebaut (Abb. 100). Folsäureverbindungen, die in natürlichen Lebensmitteln vorkommen, unterscheiden sich lediglich in der Anzahl der Glutamylreste, die am Pteridin-p-Aminobenzoesäure-Komplex angelagert sind. Bis zu sechs Moleküle Glutamat können über ihre γ-Carboxylgruppe an Pteroylmonoglutamat gebunden sein. Der Testorganismus *Lactobacillus casei* kann jedoch nur Folsäurekonjugate mit maximal drei Glutamatresten nutzen. Weitere natürliche Folsäurederivate sind die reduzierten Formen 7,8-Dihydrofolat und 5,6,7,8-Tetrahydrofolat (FH_4). Die aktive metabolische Form Tetrahydrofolat kann in N-5-oder N-10-Position eine aktive 1-Kohlenstoffgruppe tragen (Tab. 183). Die für die Aktivität wichtigen Gruppen sind Glutamat sowie die Stickstoffatome N-3, N-5, N-8 und N-10 des Pteridinringes.

Folsäure ist ein gelb-orangefarbenes, kristallines Pulver, geschmack- und geruchlos, unlöslich in Alkohol, Ether und anderen organischen Lösungsmitteln. Es ist löslich in heißem Wasser, labil gegenüber Hitze und Säuren, stabil gegenüber Basen. Beim Erhitzen im alkalischen oder sauren Medium wird es jedoch schnell zerstört. Gegenüber Reduktion ist Folsäure stabil, durch Oxidation wird es zerstört. Außerdem ist es lichtempfindlich.

Aktive Analoga sind neben den wirksamen Formen der Tetrahydrofolsäure (FH_4) Pteroylverbindungen wie Diopterin, Rhizopterin, Xanthopterin (Bakterien), Biopterin (Urin), Ichthyopterin (Fisch), Leucopterin (Wirbellose) und Pteridinsäure (Bakterien).

Als inaktives Analogon ist nur die D-Folinsäure bekannt. Antagonisten sind 4-Amino-Folsäure, Amethopterin (Zytostatikum), Pyrimethamin und 4-Amino-Pteroylaspartat.

Synergisten sind Biotin, Pantothensäure, Niacin, Vitamin B_1, B_2, B_6, B_{12}, C, E sowie das somatotrope Hormon, Östradiol und Testosteron.

Tab. 183. Metabolisch aktives Tetrahydrofolat (FH_4) mit verschiedenen 1-Kohlenstoffgruppen

5-Methyl	$-FH_4$
5,10-Methylen	$-FH_4$
5,10-Methenyl	$-FH_4$
5-Formyl	$-FH_4$
10-Formyl	$-FH_4$
5-Formimino	$-FH_4$

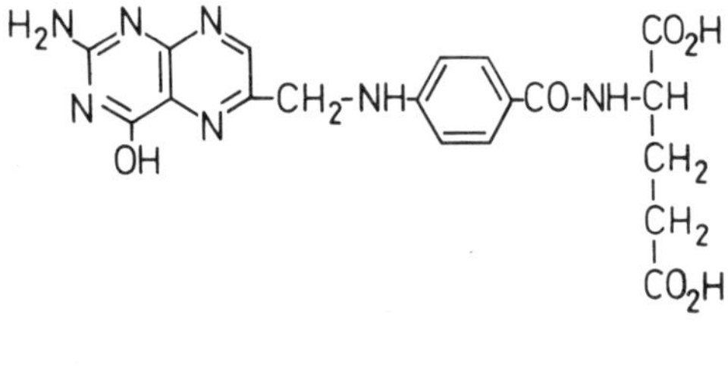

Abb. 100. Chemische Struktur der Folsäure

Biosynthese und Vorkommen/Nahrungsquellen
Bei der Folsäurebiosynthese, zu der die meisten Mikroorganismen und Pflanzen befähigt sind, reagieren zunächst ATP, CoA und p-Aminobenzoesäure mit Glutaminsäure zu p-Aminobenzoylglutaminsäure. Diese verbindet sich dann mit dem Pteridinring, der sich vermutlich von Guanosin ableitet, zur Pteroylmonoglutaminsäure (= Folsäure). In Gegenwart von Sulfonamiden, die Analoga der p-Aminobenzoesäure sind, kommt die Folsäuresynthese der Mikroorganismen zum Erliegen, da die Sulfonamide den Einbau der p-Aminobenzoesäure

kompetitiv hemmen. Dies erklärt einerseits die bakteriostatische Wirkung der Sulfonamide, andererseits die Tatsache, daß bei langandauernder oraler Zufuhr von Sulfonamiden Folatmangelzustände beim Menschen entstehen können, da die Darmbakterien, die einen Teil der vom Menschen benötigten Folsäure bereitstellen, gehemmt werden.

Die in der Nahrung enthaltene Folsäure liegt zu etwa 25% in freier Form (Pteroylmonoglutamat) und zu 75% in Form konjugierter Verbindungen (Polyglutamate, »gebundenes« Folat, Folat-Konjugate) vor. Besonders gute Quellen für Folsäure sind Leber, Nieren, Hefe und grünes Blattgemüse (Tab. 184). Auf das reichliche Vorkommen in grünen Blättern weist die Benennung hin (Folium = das Blatt). In höheren Organismen herrscht das Pteroylmonoglutamat vor, in Pflanzen kommen häufig Folsäurekonjugate mit 2–7 Glutamatresten vor.

Tab. 184. Folsäuregehalt in ausgewählten Lebensmitteln (Angaben als μg Folsäureäquivalente/100 g Ware)
(Perloff und Burtrum 1977; Kutsky 1981)

hoch ist der Folsäuregehalt, wenn er bei 90–300 μg/100 g liegt
mittel ist der Folsäuregehalt, wenn er bei 30–90 μg/100 g liegt
niedrig ist der Folsäuregehalt, wenn er bei 0–30 μg/100 g liegt

Lebensmittel	Folsäuregehalt
Bäckerhefe	930
Weizenkeime	271
Spinat, roh	134
Endivie, roh	116
Leber (Schwein)	108
Sojabohnen	94
Rote Beete, roh	74
Wirsingkohl, roh	66
Vollei	50
Roggenvollkornmehl	40
Blumenkohl	36
Kopfsalat	35
Orangen	35
Weizenvollkornbrot	33
Weißbrot	18
Reis, unpoliert	13
Kabeljau	9
Kuhmilch; 3,5% Fett	5
Frauenmilch	3

Beeinflussung der Verfügbarkeit

Die Zubereitungsverluste an Folsäure können bei Konservenwaren, durch lange Erhitzungsprozesse und beim Aufwärmen der Mahlzeiten beträchtlich sein. Beim Abgießen des Kochwassers gehen große Mengen an Folsäure verloren. Diese hohen Zubereitungsverluste sind auf die Labilität gegenüber Hitze und Oxidation sowie die hohe Wasserlöslichkeit zurückzuführen.

Die Verfügbarkeit in den verschiedenen Lebensmitteln ist sehr unterschiedlich. Sie ist gering (25 bis 50%) in Blattsalat, Eiern, Orangen, Weizenkeimen und liegt bei Limabohnen, Leber, Bierhefe und Bananen zwischen 50 und 96%. Bestimmte, noch nicht näher bekannte Faktoren in den Lebensmitteln scheinen die Verfügbarkeit zu beeinflussen. Antioxidantien in Nahrungsmitteln, z.B. Vitamin C schützen die Folsäure vor Oxidation.

Wechselwirkungen mit Medikamenten treten bei den bereits erwähnten Sulfonamiden auf. Längerfristige Einnahme bestimmter Medikamente, z.B. Antikonvulsiva, Antiepileptika, Antimalariamittel und orale Kontrazeptiva hemmen die Folsäurekonjugase. Die Plasmafolatkonzentration sinkt. Ähnliche Wirkungen haben Pyrimethamine, Trimoxazol und Ethanol. Die Verbindungen Aminopterin und Amethopterin wirken als Antivitamine, da sie durch Hemmung der Tetrahydrofolatdehydrogenase die Bildung von Tetrahydrofolsäure aus Folsäure blockieren. Beide Verbindungen entstehen durch Substitution der Hydroxylgruppe an Position 4 des Pteridinringes der Folsäure.

Bestimmungsmethoden

Geringe Folsäurekonzentrationen können UV-spektralphotometrisch bei den charakteristischen Absorptionsmaxima in alkalischer Lösung oder mittels HPLC bestimmt werden. Für die Bestimmung in pharmazeutischen Präparaten werden polarographische Verfahren eingesetzt. Nach oxidativer Abspaltung des p-Aminobenzoylglutamats kann diese Komponente kolorimetrisch bestimmt werden.

Die Folsäurebestimmung in Plasma, Serum oder Vollblut kann mittels einer kompetitiven Bindungsmethode durchgeführt werden. Zur Bestimmung der Folsäure in Nahrungs- und Futtermitteln werden mikrobiologische Tests eingesetzt. In den meisten mikrobiologischen

Tests werden ernährungsphysiologisch unwirksame oder weniger wirksame Verbindungen miterfaßt.

Biologisch wird die Folsäure im Küken- und Rattenwachstumstest bestimmt. Für die biologische Wirkung von Folsäure wurden keine internationalen Einheiten definiert; sie wird in Gewichteinheiten gemessen.

Absorption und Stoffwechsel

Über die Absorption der physiologischen, reduzierten Folatanaloga und der oxidierten, pharmakologischen Form Pteroylglutamat bestehen noch Unklarheiten.

Monoglutamate werden nahezu quantitativ absorbiert, während Polyglutamate oft nur zu 20% verfügbar sind. Die Dihydrofolatreduktase hat nur eine sehr geringe Substratspezifität zu Pteroylglutamat. Die Reduktion von Dihydropteroylglutamat zu Tetrahydropteroylglutamat läuft bevorzugt ab. Pteroylglutamat scheint daher zum größten Teil unverändert in die Dünndarm-Epithelzellen aufgenommen zu werden. Pteroylglutamat kommt in natürlichen, frischen Lebensmitteln nicht vor, kann aber durch Oxidation anderer Folate in nicht frischen Lebensmitteln entstehen. Die Absorption von Pteroylglutamat ist gegenüber der von Tetrahydrofolat bzw. Dihydrofolat sehr uneffektiv und unvollständig.

Ganz oder teilweise reduzierte Folatanaloga werden, ungeachtet ihrer Glutamatkettenlänge und ihrer Substituenten, in 5er- und 10er-Stellung immer in 5er-Methyltetrahydrofolat umgewandelt, und nur diese Form gelangt in das Portalblut (Abb. 101). Etwa 75% des Nahrungsfolats liegen in Polyglutamatform vor. Vor der Absorption werden die Glutamatreste hydrolytisch durch die Folatkonjugase (γ-L-Glutamyl-Carboxypeptidase) abgespalten. Die Folatkonjugase kommt im Speichel, im Magen- und Pankreassaft, in der Jejunummukosa sowie in Leber, Pankreas, Nieren und Blutplasma vor. Hohe Konzentrationen weisen die Epithelzellen des Jejunums, relativ niedrige die Zellen des Bürstensaums auf. Die Absorption der reduzierten Folatderivate erfolgt im oberen Dünndarm. Die Folsäure wird am Bürstensaum an ein Rezeptorprotein gebunden und in die intestinalen Zellen transportiert. Hier werden sämtliche Dihydrofolate durch die Dihydrofolatreduktase des Cytoplasma zu Tetrahydrofolat reduziert. Diese Reduktion wird durch Methotrexat (Zytostatikum) blockiert.

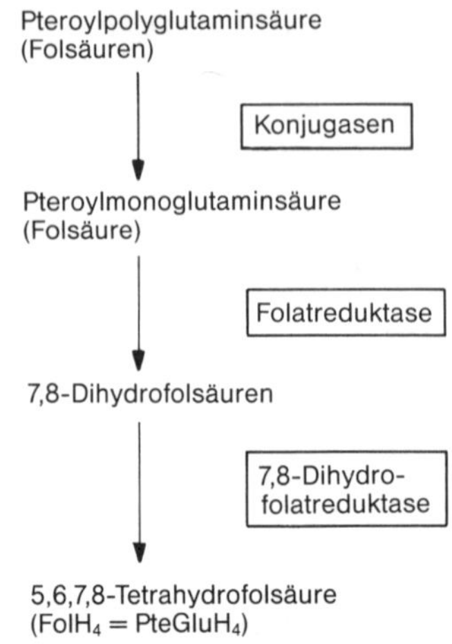

Abb. 101. Synthese der biologisch wirksamen Form 5, 6, 7, 8-Tetrahydropteroylglutaminsäure aus Pteroylpolyglutaminsäuren (BUDDECKE 1980).

An Tetrahydrofolat wird eine C_1-Einheit wahrscheinlich als Formylrest addiert, so daß 10-Formyl-Tetrahydrofolat entsteht. Die C_1-Einheit wird anschließend zur Methenyl-, Methylen- und schließlich zur Methylgruppe reduziert. 5-Methyltetrahydrofolat wird in das Portalblut abgegeben.

Der Hauptspeicherort für Folsäure ist die Leber. Sie speichert 5–15 mg/kg. Ein Teil gelangt nach der Absorption in die Galle und wird über den enterohepatischen Kreislauf reabsorbiert, ein minimaler Teil wird über die Fäzes ausgeschieden. Die Hauptausscheidung erfolgt über den Urin (etwa 10 μg/d). Dort erscheint es entweder als Pteroylglutamat oder in Form seiner Abbauprodukte Biopterin und Leucovorin (= 5-Formyl-FH_4). Die renale Ausscheidung ist abhängig von der absorbierten Menge und von der Folataufnahmekapazität der Gewebe. Im Folatmangel werden nach oraler Verabreichung von Folat größere Mengen retiniert als bei ausreichend versorgten Individuen.

Der normale Blutgehalt an Folsäure liegt bei 3,53 μg/100 ml, etwa 70% des Plasma-Folats sind proteingebunden. Bei physiologischem pH-Wert ist das Folatmolekül negativ geladen und an ein positiv geladenes Proteinmolekül leicht gebunden. Die Bindung unterliegt nicht der Sättigungskinetik. Das Verhältnis von freiem zu gebundenem Folat ist über einen großen Konzentrationsbereich konstant. Bindungsproteine sind α-2-Makroglobulin, Albumin und Transferrin.

Funktionen

Die Folat-Coenzyme (Tetrahydrofolate) übertragen in zahlreichen, wichtigen Biosynthese-Reaktionen C_1-Kohlenstoff-Einheiten. Diese Kohlenstoff-Einheiten werden in verschiedenen Reduktionsstadien benötigt. Die entsprechenden Umwandlungen erfolgen durch verschiedene Enzymsysteme (Abb. 102). Die C_1-Kohlenstoff-Einheiten stammen von Formiat, Serin und Histidin und sind ineinander überführbar. Die Coenzymwirksamkeit der Polyglutamate ist größer als die der Monoglutamate, da die Polyglutamate eine höhere Enzymaffinität haben.

An folgenden Reaktionen ist Tetrahydrofolat beteiligt (Abb. 103):

- In der Serin-Glycin-Reaktion übernimmt FH_4 die Hydroxymethylgruppe von Serin. Endprodukte sind Glycin und 5,10-Methylen-FH_4. Das beteiligte Enzym ist die Serin-Transhydroxymethylase. Diese Reaktion ist wichtig, um C_1-Einheiten zur Verfügung zu stellen und um diese in Folat-Transferreaktionen einzuschleusen.
- Bei der Methylierung von Homocystein zu Methionin wird die Methylgruppe von 5-Methyl-FH_4 auf Cobalamin und anschließend auf Homocystein übertragen. Das entsprechende Enzym ist die 5-Methyl-FH_4-Homocystein-Methyltransferase (Methioninsynthetase).
- Beim Abbau von Histidin (Imidazolaminopropionat) wird der Imidazolring hydrolytisch geöffnet, wobei Formiminoglutamat entsteht. Die Formiminogruppe wird durch die Glutamat-Formiminotransferase auf FH_4 übertragen, wobei 5-Formimino-FH_4 und L-Glutamat entstehen.
- Beim Purinabbau wird ebenfalls die Formiminogruppe auf FH_4 übertragen. Es entstehen Formimino-FH_4 und Formiminoglycerin.
- Bei der Purinsythese stammen die C-Atome 2 und 8 des Purinkerns von FH_4-Derivaten (Abb. 104). Die 5,10-Methylen-FH_4 liefert in einer Glycerinamid-Ribonucleotid-Transformylase-abhängigen Reaktion das C-Atom 8. In einer 2. Reaktion liefert 10-Formyl-FH_4 das C-Atom 2 und der Purinring wird geschlossen.
- In der DNS-Synthese ist Folat für die Bildung von Thymidin verantwortlich; die C_1-

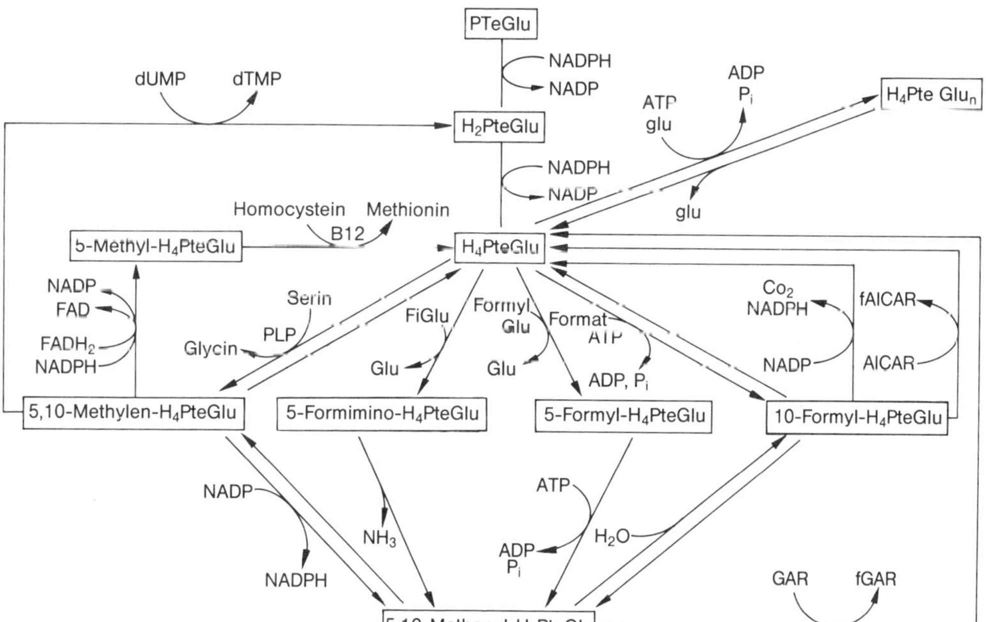

f AICAR = Formyl-Aminoimidazolcarboxamidribonucleotid f GAR = Formyl-Glycinamidribonucleotid

Abb. 102. Folsäure-abhängige Reaktionen im C_1-Stoffwechsel (modif. nach MACHLIN 1984).

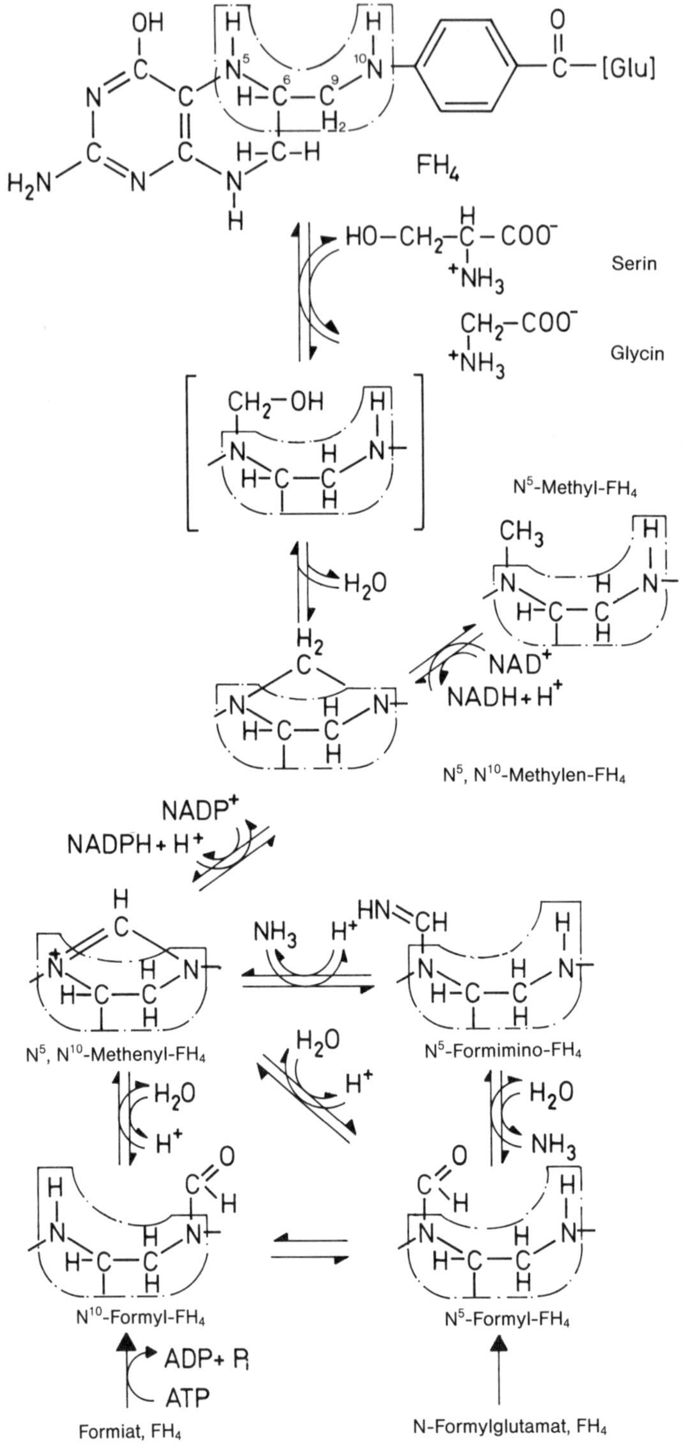

Abb. 103. Funktion der Tetrahydrofolsäure als Coenzym bei Übertragungen von 1-Kohlenstoffresten (LÖFFLER et al. 1979).

Einheit wird von 5,10-Methylen-FH_4 auf Desoxyuridin übertragen. Das entstehende Thymidin ist das charakteristische Nucleotid der Desoxyribonucleinsäure.

- Bei der reversiblen Umwandlung von Serin zu Glycin erfolgt die CH_3-Übertragung mit Hilfe von FH_4 und PALP.
- Die Methylierung von biogenen Aminen erfolgt im Gehirn und in den Blutplättchen. 5-Methyl-FH_4 ist hierbei ein wichtiger Methylgruppendonator. Es werden u. a. die Amine Dopamin, Tryptamin, Serotonin, Amphetamin, Noradrenalin, Adrenalin und Mescalin methyliert. Die Methylgruppe der FH_4 wird vor dem Transfer zu Formaldehyd oxidiert und als solches übertragen.
- Durch mehrfache Methylierung von Ethanolamin wird Cholin gebildet.

Mangelerscheinungen

Der Folsäuremangel wird weltweit beobachtet. Klinische Auswirkungen des Folatmangels treten als erstes an Geweben mit hoher Zellteilungsrate auf, da die Thymidinsynthese und damit die Desoxyribonucleinsäure (DNS)-Synthese beeinträchtigt ist. Obgleich Folat auch am Aminosäurenmetabolismus und an der Purinbiosynthese beteiligt ist, ist die Protein- und Ribonucleinsäure (RNS)-Synthese im anfänglichen Folatmangel nicht ernsthaft gestört. Da die blutbildenden Zellen des Knochenmarks eine besonders hohe Teilungsrate haben, sind Störungen des Blutbildes ein frühes Zeichen des Folsäuremangels. Als Leitsymptom des Folatmangels gilt eine hyperchrome makrozytäre Anämie.

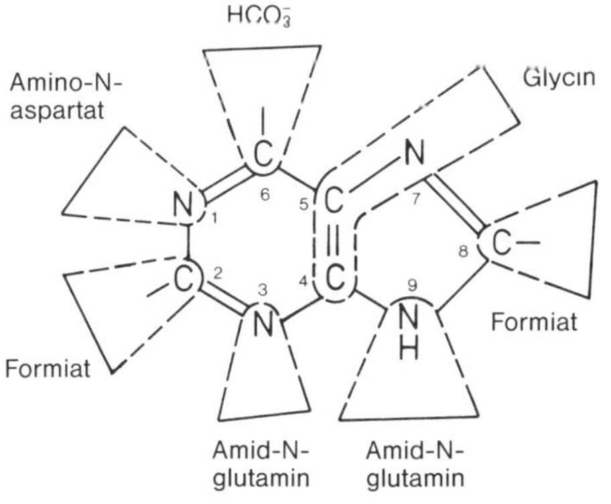

Abb. 104. Herkunft der Kohlenstoff- und Stickstoffatome im Purinkern (Löffler et al. 1979).

Tab. 185. Auswirkungen eines Folatmangels beim Menschen (Rechcigl 1978)

Definitive Mangelerscheinungen
Megaloblastenanämie
Makrozytose der Epithelzellen (Oberflächenveränderungen des Respirationstraktes, Uterus, Zervix, der Bronchien, Blase)
Sterilität beider Geschlechter
Hautpigmentation

Mögliche Mangelerscheinungen
Schwangerschaftsabnormalitäten (Hämorrhagien, konjugierte Schädigung des Fetus, Frühgeburten)
vermindertes Wachstum bei Kindern
neurologische Auswirkungen

Bei der Deutung von Befunden und Substituierung eines Mangels ist darauf zu achten, daß Folsäure in enger Beziehung zu Eisen und Vitamin B_{12} steht. Die Symptomatik ist die gleiche wie im Cobalaminmangel.

Bei länger dauerndem Mangel kommt es zu einer generellen Störung des Zellstoffwechsels, da auch der Phospholipidstoffwechsel (Cholinbiosynthese) und der Aminosäurenstoffwechsel beeinträchtigt sind (Tab. 185).

Der ernährungsbedingte Folsäuremangel tritt in tropischen Ländern sehr häufig auf. Arme Bevölkerungsgruppen mit Proteinunterernährung sind am stärksten betroffen, da sich Protein- und Folsäuregehalt in Nahrungsmitteln weitgehend parallel verhalten. Nicht ernährungsbedingte Ursachen für einen Folatmangel sind die tropische Sprue, Schwangerschaft, Alkoholismus, Medikamente, wie Antikonvulsiva, Zytostatika und Folsäureantagonisten. Jedoch wird die Wirkung dieser Faktoren durch nicht ausreichende, exogene Folsäurezufuhr noch verstärkt. Schließlich kann chronischer Eisenmangel zu sekundärer Störung der Folsäureverwertung führen, da die Glutamat-Formimino-Transferase (Histidinabbau) ein eisenabhängiges Enzym ist.

Beurteilung des Folsäure-Status

Die megalobastischen Veränderungen des Blutbildes treten sowohl im Vitamin-B_{12}-Mangel als auch im Folsäuremangel auf.

Vitamin-B_{12}-Mangel kann durch Messung des Serumgehalts an Vitamin B_{12} ausgeschlossen werden. Durch Messung der Folatkonzentration in Serum und Erythrozyten kann auf den Versorgungsgrad mit Folsäure geschlossen werden.

Die normale Plasmakonzentration liegt bei 4–6 µg/l Serum. Die Erythrozyten enthalten 160–650 µg/l. Folatmangel liegt möglicherweise vor, wenn die Plasmakonzentration unter 6 µg/l liegt und ist absolut sicher vorhanden, wenn der Plasmaspiegel unter 3 µg/l absinkt. Folatabsorptionstests werden vor allem eingesetzt, um Malabsorption festzustellen. Nach oraler Verabreichung von bestimmten Mengen Folsäure werden in Intervallen die Plasmakonzentrationen gemessen.

Da Folsäure auch im Histidinstoffwechsel (Formiminoglutamat → Glutamat beteiligt ist, ist der Histidinbelastungstest (10 g/d, drei Tage) zur Diagnose eines Folsäuremangels geeignet. Nach einer entsprechenden Belastungsdosis mit Histidin kann bei Folsäuremangel eine gesteigerte Ausscheidung von Formiminoglutamat im Urin nachgewiesen werden.

Bedarf, wünschenswerte Zufuhr

Erwachsenen wird eine tägliche Folatzufuhr mit der Nahrung von 400 µg empfohlen. Diese Empfehlung berücksichtigt die mittlere Bioverfügbarkeit von 40% aus Nahrungsfolat und bezieht Sicherheitszuschläge ein. Zur Berechnung wurde der Begriff »Folat-Äquivalent« eingeführt. Ein Folat-Äquivalent entspricht derjenigen Menge eines Derivats, die wirkungsgleich mit 1 µg freiem Folat ist. Untersuchungen ergaben, daß mit 100–150 µg freier Folsäure der Körperbestand von Erwachsenen aufrechterhalten werden kann.

Die megaloblastische Anämie konnte durch diese tägliche Gabe verhindert bzw. geheilt werden. Jedoch ist diese Menge keinesfalls ausreichend, um die Plasmafolatkonzentration über längere Zeit aufrechtzuerhalten; 200 µg verfügbares Folat sollten in jedem Fall die minimale tägliche Zufuhr sein. Dem würden 300 µg Gesamtfolat entsprechen und nach einem Sicherheitszuschlag die empfohlene Menge von 400 µg/d rechtfertigen.

Bei Säuglingen ist eine einheitliche Umrechnung von freiem Folat (Folat-Äquivalente) auf Gesamtfolat wegen der unterschiedlichen Ernährungsformen nicht möglich. Frauenmilch enthält etwa 5 µg Folat/100 ml. Während der Schwangerschaft kommt es durch den hohen Folsäurebedarf des Fetus zu einem starken Anstieg des Folsäurebedarfs der Frau, der Bedarfssteigerungen bei anderen Vitaminen weit übertrifft.

Die DGE empfiehlt für Schwangere eine tägliche Zufuhr in Höhe von 800 µg Gesamtfolat. Auch während der Lactation ist der Folsäurebedarf erhöht, da große Mengen mit der Milch abgegeben werden. Die Empfehlungen der DGE für Stillende liegen bei 600 µg/d (Tab. 186).

Bei Kindern liegt infolge vermehrter Zellneubildung während der Wachstumsphase ein erhöhter Folsäurebedarf (pro kg Körpergewicht) vor; er sinkt mit zunehmendem Lebensalter.

Therapeutische Anwendung und Hypervitaminosen

Folsäure wird therapeutisch zur Behandlung der Megaloblastenanämie und bei erniedrigten Folsäure-Plasmakonzentrationen eingesetzt, die bei Medikation mit Antikonvulsiva auftreten. Bei der therapeutischen Dosis von 15 mg Folsäure konnten negative Auswirkungen beobachtet werden. Neben gastrointestinalen Störungen traten Schlafstörungen, Irritabilität und andere neurologische Störungen bei den behandelten Personen auf.

Tab. 186. Empfohlene Zufuhr von Folsäure in µg/Tag (DGE 1985)

	Empfohlene Zufuhr[1] 2)	3)
Säuglinge		
0–11 Monate		40
Kinder		
1– 3 Jahre	200	80
4– 9 Jahre	300	120
10–14 Jahre	400	160
Jugendliche und Erwachsene		
15 – über 65 Jahre	400	160
Schwangere	+ 400	+ 160
Stillende	+ 200	+ 80

[1] ca. 50% Zubereitungsverluste müssen berücksichtigt werden. Berechnet auf Gesamtfolat.
[2] berechnet auf Gesamtfolat = Summe folatwirksamer Verbindungen in üblicher Nahrung
[3] Folat-Äquivalent bzw. freie Folsäure (Pteroyl-monoglutamat)
1 µg Folat-Äquivalent = 5 µg konjugierte Folsäure (Polyglutamat)

In Tierversuchen konnte gezeigt werden, daß besonders Gehirn, Herz und Nieren durch hohe Folsäuregaben beeinträchtigt werden. Epileptische Symptome werden bei Patienten mit Antikonvulsiva-Medikation und gleichzeitiger Folsäuretherapie verstärkt. Hohe Dosen Folsäure steigern den systolischen Blutdruck. Die diastolische Relaxation wird herabgesetzt.

Folatüberangebot induziert akute Nierenschäden. Die Hypertrophie der Nieren ist auf eine erhöhte DNS-Syntheserate zurückzuführen. Verschiedene synthetische Folatanaloga sind sehr giftig, wie z.B. Methotrexat, das zur Behandlung der Leukämie eingesetzt wird.

3.3.2.3.9 Cholin

Allgemeines

Laut Definition sind Vitamine organische Verbindungen, die vom Organismus für bestimmte lebenswichtige Funktionen benötigt werden und im Stoffwechsel nicht oder nicht in genügendem Umfang synthetisiert werden. Die Vitamine werden weder als Energielieferanten, noch als Baumaterial für Körpersubstanzen benötigt, sondern im wesentlichen für katalytische oder steuernde Funktionen. Im Vergleich zu den Hauptnährstoffen benötigt der Körper nur sehr geringe Mengen Vitamine.

Diese Definition trifft für Cholin wie auch für m-Inosit nicht in vollem Umfang zu, da die Unentbehrlichkeit beider Verbindungen für den Menschen nicht erwiesen ist; typische Mangelerscheinungen sind nicht bekannt. Die »Mengenklausel« trifft nicht zu, da beide Stoffe Bausteine von Körpersubstanz und Bestandteile von Strukturen sind und im Gramm-Bereich mit der Nahrung aufgenommen werden. Schließlich können beide aus Vorstufen im Stoffwechsel synthetisiert werden. Demnach wären Cholin ebenso wie m-Inosit eher als semiessentielle Verbindungen einzustufen.

1930: Hershey und

1932: Best und Hershey erkennen Cholin als Nahrungsfaktor.

1932: Best und Huntsmann weisen auf die Bedeutung von Cholin als lipotroper Faktor hin.

Chemie, Eigenschaften

Cholin (β-Hydroxyethyl-Trimethyl-Ammoniumhydroxyd) ist eine alkalische organische Verbindung mit einer farblosen Kristallstruktur, die stark hygroskopisch ist (Abb. 105).

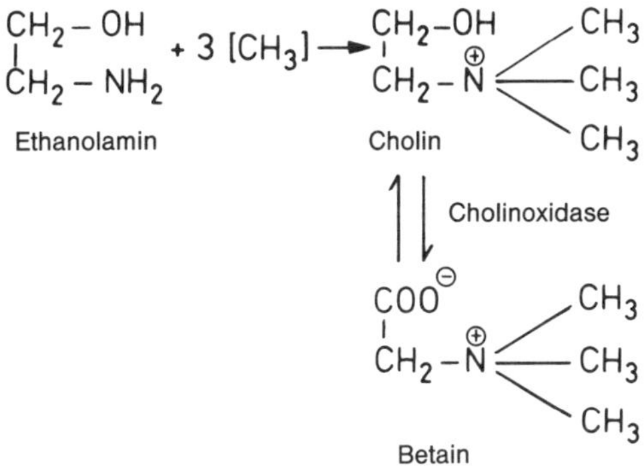

Abb. 105. Cholinbildung aus Ethanolamin (Colamin) und anschließende Synthese von Betain.

Biosynthese und Vorkommen

Cholin wird in der Leber durch eine stufenweise dreifache Methylierung von Ethanolamin (Colamin) synthetisiert. Aus Cholin wird in den Mitochondrien von Leber und Niere das Betain gebildet. Cholin findet sich in geringen Mengen in Getreide und Gemüse (bis zu 100 mg/100 g) sowie in den meisten Tiergeweben (100–700 mg/100 g); die höchste Konzentration enthält Eigelb (bis zu 1700 mg/100 g).

Beeinflussung der Verfügbarkeit

Das 2-Amino-2-Methylpropanol hemmt die Methylierung von Ethanolamin, und somit die Cholinsynthese. Mengen von 1 mg/g Futter verstärken bei Ratten den Cholinmangel.

Bestimmungsmethoden

Cholin kann mittels verschiedener chromatographischer Methoden (DC, HPLC) quantifiziert werden.

Absorption und Stoffwechsel

Voraussetzungen für die Cholinsynthese im Organismus ist das Vorhandensein ausreichender Mengen an Methyldonatoren (Tab. 187). Die Vorstufe Ethanolamin entsteht durch Decarboxylierung von Serin. Die bei der Methylierung von Ethanolamin entstehenden Zwischenprodukte Mono- und Dimethylethanolamin dienen nicht als CH_3-Donatoren.

Die Stoffwechselreaktionen des Cholins zeigen seine Rolle als Strukturelement anderer wichtiger Metaboliten (Abb. 106). Der Mensch

Tab. 187. Methyldonatoren und Methylakzeptoren im Organismus

CH_3-Donatoren	CH_3-Akzeptoren
Cholin	Aminoethanol
Methionin	Homocystein
Betain	Glycin
Sarkosin	Guanidinoessigsäure
Dimethylthetin	Noradrenalin
Dimethylpropiothetin	Nicotinsäureamid
	Carnosin

vermag große Mengen an Cholin umzusetzen, denn auch nach Verabreichung größerer Cholinmengen wird im Harn kaum Cholin ausgeschieden. Die normale Ausscheidung mit dem Harn beträgt 5–9 mg freies Cholin/d. Blut enthält 1–2 mg Cholin/l; die Samenflüssigkeit enthält 0,2–0,3 g freies Cholin/100 g, welches aus dem Glycerophosphorylcholin stammt und in den Vaskulardrüsen in großen Mengen vorkommt. Mit der üblichen gemischten Kost erreicht die Cholinaufnahme 300–1000 mg/d, die zum größten Teil von der Darmflora zu Trimethylamin abgebaut werden.

Funktionen

Cholin hat im Stoffwechsel mehrere Funktionen:

1 – Baustein von Lecithin und Sphingomyelin (Kap. 3.2.1.1).

2 – Methylgruppen-Reservoir für Transmethylierungsreaktionen (Tab. 187).

Cholin vermag als solches keine Methylgruppen abzugeben. Voraussetzung für die vom Cholin ausgehenden Transmethylierungen ist dessen Oxidation durch die Cholinoxidase zum Betainaldehyd. Auch Methionin wirkt als CH_3-Donator erst nach Umwandlung in das S-Adenosylmethionin (aktives Methionin).

$$\text{L-Methionin} + \text{ATP} \xrightarrow[\text{Mg}^{++}]{\text{GSH}} \text{S-Adenosylmethionin} + \text{P} + \text{PP}_i$$

3 – Bildung von Acetylcholin

Der Aufbau des Acetylcholins erfolgt durch einen Reaktionszyklus aus Acetyl-CoA. Die Übertragung des Acetats auf Cholin erfolgt durch die Cholinacetylase (Abb. 107). Ein großer Teil des Acetylcholins liegt im Nervengewebe in gebundener Form vor.

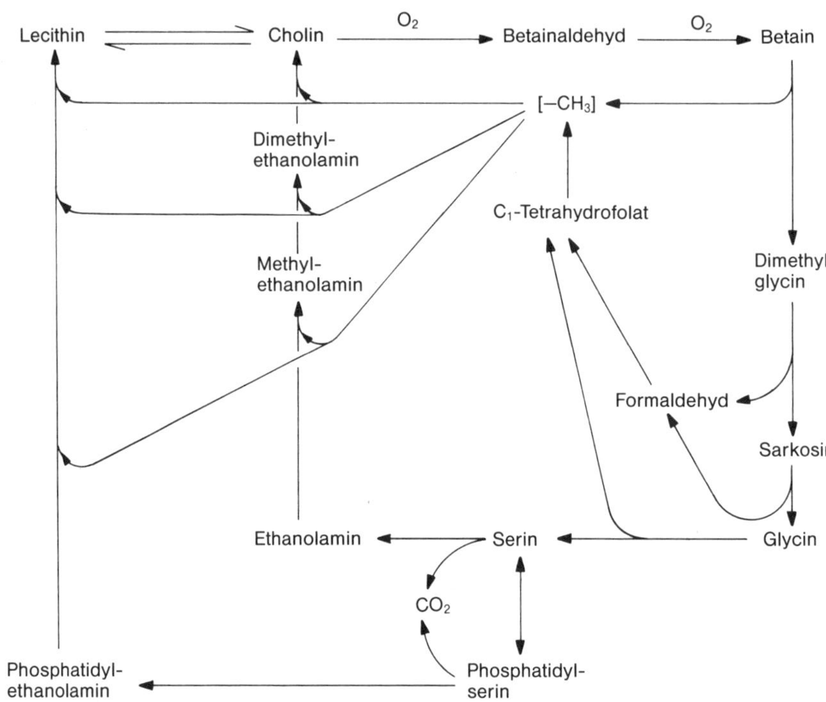

Abb. 106. Stoffwechsel und Wirkung von Cholin (Bässler und Lang 1982).

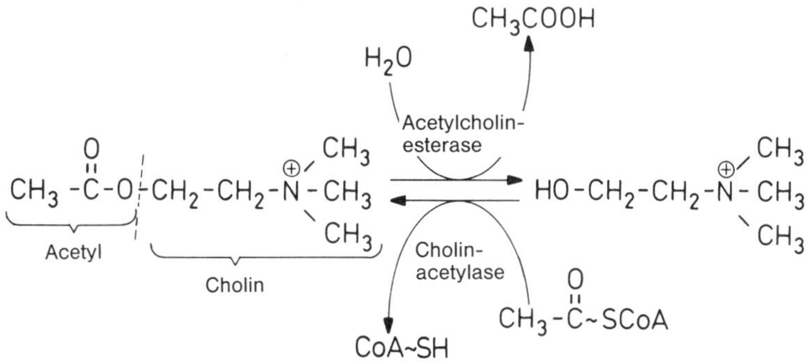

Abb. 107. Biosynthese und Abbau von Acetylcholin.

4 – Als lipotroper Faktor verhindert es die Akkumulierung von Fett in der Leber.

Mangelerscheinungen
Cholin ist sowohl wegen seiner vielfältigen Funktionen als auch in seiner essentiellen Rolle für die Zelle sehr schwer zu erforschen. Beim Menschen wurde bisher kein Mangel festgestellt. Bei 12 Tierspezies führt experimentell erzeugter Cholinmangel zur Leberverfettung. Bei jungen Tieren, die das akute Stadium überleben, entwickelt sich später eine Leberzirrhose. Bei jungen Ratten wurden Hämorrhagien an verschiedenen Organen, besonders der Niere beobachtet. Bei Geflügel wird eine Veränderung des tibiotorsalen Gelenks beobachtet. Der Beweis der Essentialität des Cholins wird durch verschiedene Faktoren erschwert:
- ubiquitäres Vorkommen,
- Eigensynthese,
- unspezifische Funktionen als Methyldonator und lipotroper Faktor,
- nicht meßbarer Cholinmangel.

Beurteilung des Cholin-Status
Fettinfiltration der Leber gilt als Zeichen des Cholinmangels; diese kann lediglich beim Tier histologisch nachgewiesen und quantifiziert werden. Da Fettleber mehrere andere Ursachen haben kann, ist die Abgrenzung des Cholinmangels schwierig.

Bedarf, wünschenswerte Zufuhr
Weder exogener Bedarf, noch Empfehlungen für eine Zufuhr lassen sich bisher angeben. Anhand der Ausscheidung im Harn sind wahrscheinlich 10 mg/d erforderlich. Bei ausreichender Versorgung mit Methionin und Betain kann der Bedarf voll durch Eigensynthese gedeckt werden.

3.3.2.3.10 m-Inosit

Allgemeines: s. Cholin
Chemie
m-Inosit ist ein Stereoisomer des Hexahydroxycyclohexans (Abb. 108).

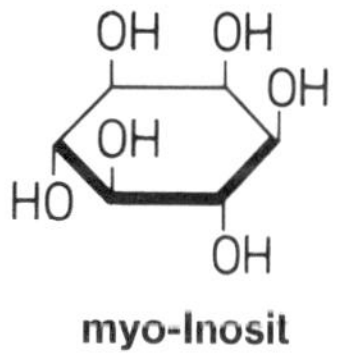

Abb. 108. Die Strukturformel von Myo-Inosit (Hexahydroxyclohexan).

Biosynthese und Vorkommen/Nahrungsquellen
In der Natur kommt m-Inosit nur in gebundener Form vor. Im Pflanzenreich ist die Phytinsäure (Hexaphosphorsäureester von Inosit) die am weitesten verbreitete Inositverbindung. In Cerealien liegen 80% des Phosphorgehaltes als Phytinsäure vor. Phytinsäure wird im Magen-Darm-Trakt nur unvollständig aufgespalten und ist daher keine gute Quelle für Phosphor und Inosit.

In tierischen Organen, in Pflanzen und auch in Mikroorganismen ist Inosit in Phosphatide als Bestandteil der Inositphosphatide eingebaut. Auffallend hoch ist der Gehalt an Inositphosphatiden in den Mikrosomen der Leber. In den Organen kommt Inosit auch in freier Form vor.

Absorption und Stoffwechsel

Die Inositaufnahme des Menschen beträgt etwa 1 g/d. Freies Inosit wird aus dem Darm vollständig absorbiert. Die Absorption von Inosit-Monophosphorsäureester erfolgt rascher als die von Inosit. Die Phytinsäure wird nur langsam und in geringem Umfang durch die Phytase gespalten (Hunde, Katzen und Kaninchen synthetisieren keine Phytase). Die Phytinsäure bildet mit Ca^{2+}, Fe^{2+} und Zn^{2+}Komplexe, die ebenfalls nicht gespalten werden können; die Absorption der genannten Mineralstoffe wird dadurch gehemmt. Dieser hemmende Effekt läßt sich aufheben durch:

- Große Gaben von Ca^{2+},
- Zulagen von Vitamin D,
- Einstellen eines günstigen Ca : P-Quotienten.

Inosit kann im Organismus abgebaut werden. Der Abbau verläuft in der Niere unter oxidativer Aufspaltung des Ringes zu D-Glucuronsäure.

Funktionen

m-Inosit ist Baustein der Inositphosphatide; Monophospho-Inositid kommt in fast allen Geweben vor; Diphospho-Inositid und Triphospho-Inositid sind im Gehirn enthalten.

Die lipotrope Wirkung bei Fettleber kann nur unter speziellen experimentellen Bedingungen eine Rolle spielen. Eine durch Biotinmangel erzeugte Fettleber kann u. U. durch m-Inositgaben verhindert werden. Für einige Hefen und Schimmelpilze ist m-Inosit ein Wachstumsfaktor.

Mangelerscheinungen

Mangelerscheinungen beim Menschen sind nie beobachtet worden. Bei Mäusen und Ratten wurden unter m-Inosit-freier Ernährung Wachstumsstörungen und charakteristisch lokalisierter Haarausfall beschrieben.

Bedarf, wünschenswerte Zufuhr

Weder für den Menschen noch für einzelne Tierspezies lassen sich konkrete Angaben über die Höhe des Inositbedarfs oder der wünschenswerten Zufuhr machen.

3.3.2.3.11 Vitamin C

Allgemeines

Ein gebräuchliches Synonym für Vitamin C ist Ascorbinsäure. Mit Ausnahme des Menschen und anderer Primaten sowie des Meerschweinchens und einiger Vogelarten können alle Tierspezies L-Ascorbinsäure aus Glucose synthetisieren (siehe Biosynthese und Vorkommen).

1497: Kapitän Vasco da Gama (Spanien) verliert bei der Umseglung von Kap Horn über 100 Seeleute seiner 160-Mann-starken Besatzung.

1535: Kapitän Jacques Cartier (Frankreich) entdeckt die Bedeutung frischen Obstes für die Behandlung von Skorbut.

1757: Lind (England) beschreibt den Krankheitsverlauf und die Krankheitserscheinung von Skorbut.

1907: Holst und Frolich (Deutschland) erzeugen experimentell Skorbut.

1928: Zilva entdeckt Antiskorbut-Faktor in Zitronensaft.

1932: Waugh und King identifizieren Hexuronsäure als Antiskorbut-Faktor.

1933: Harworth (USA) bestimmt die Konfiguration der Hexuronsäure.

1933: Reichstein (Deutschland) synthetisiert Hexuronsäure.

1933: Harworth und Szent-Györgyi bezeichnen die Hexuronsäure als Ascorbinsäure.

Chemie, Eigenschaften

Die physiologischen Formen von Vitamin C sind L-Ascorbinsäure und die oxidierte Form Dehydroascorbinsäure. Ascorbinsäure ist ein einfacher Zucker und stellt die Endiolform von 3-Keto-1-Gulofuranolacton dar (Abb. 109). Die Endiolgruppen am 2. und 3. C-Atom sind oxidationsempfindlich und können leicht in eine Diketogruppe umgewandelt werden. Die resultierende L-Dehydroascorbinsäure besitzt die gleiche Antiskorbut-Effektivität wie die L-Ascorbinsäure. Der Säurecharakter resultiert nicht aus der Carboxylgruppe (C-Atom), die in Lactonform vorliegt, sondern aus der Dissoziation des enolischen Wasserstoffs am C-Atom 3.

Vitamin C ist eine weiße, kristalline Substanz mit einem MG von 176. In trockenem Zustand ist es stabil, in wäßriger Lösung wird es leicht von Luftsauerstoff und anderen Oxidationsmitteln angegriffen. Besonders oxidationsempfindlich ist es im alkalischen Medium, bei Hitze, Licht und in Gegenwart metallischer Ionen, u. a. von Kupfer, das als Katalysator wirkt. In kalter, saurer Lösung ist es relativ stabil. Der erste Oxidationsschritt zur Dehydroascorbinsäure ist reversibel, die folgende Oxidation zur Diketogulonsäure ist irreversibel. Ascorbinsäure ist leicht löslich in Wasser, wenig löslich in Alkohol, schwer löslich in Glycerin und unlös-

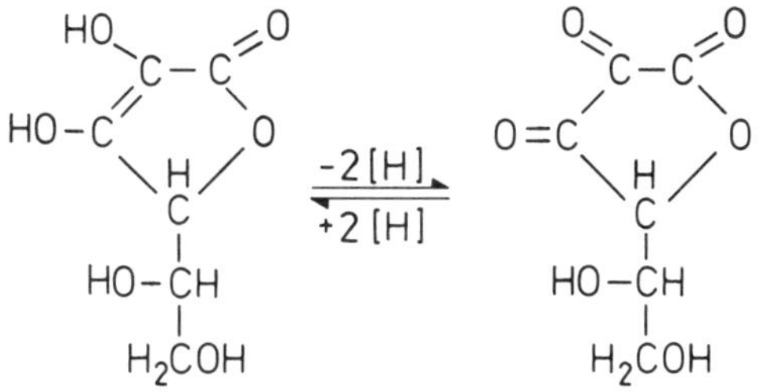

Abb 109. Chemische Struktur der L-Ascorbinsäure und ihrer oxidierten Form, der L-Dehydroascorbinsäure.

lich in den organischen Lösungsmitteln Ether und Chloroform. Ihr Schmelzpunkt liegt bei 190 °C, bei dem völlige Zersetzung stattfindet.

Vitamin C ist ein sehr starkes Reduktionsmittel. Die für seine Aktivität verantwortlichen Gruppen sind der Lactonring sowie die enolischen Hydroxygruppen. Aktive Analoga sind die L-Glucoascorbinsäure, D-Araboascorbinsäure sowie 6-Desoxy-L-Ascorbinsäure. Die D-Ascorbinsäure ist hingegen die inaktive Form. Antagonisten sind die D-Glucoascorbinsäure und Desoxycorticosteron. Synergisten sind die Vitamine A, E, B_6, B_{12}, K, Pantothensäure, das Hormon Testosteron und das somatotrope Hormon.

Biosynthese und Vorkommen

Ascorbinsäure wird von höheren Pflanzen und Tieren aus D-Glucose synthetisiert. Die Primaten (Menschen, Menschenaffen), das Meerschweinchen und einige Vogelarten sind jedoch nicht zur Synthese von Ascorbinsäure befähigt, da ihnen die Enzyme D-Glucuronolacton-Reductase, L-Gulonolacton-Oxidase und Aldono lactonase fehlen. Bei den Säugetieren wird Ascorbinsäure in der Leber, bei Vögeln, Amphibien, Reptilien dagegen in der Niere synthetisiert. Mikroorganismen bilden keine Ascorbinsäure und benötigen sie auch nicht.

Ausgangsmaterial für die Ascorbinsäurebiosynthese ist Uridindiphosphat (UDP)-Glucose, die durch Oxidation am C-Atom 6 in UDP-Glucuronsäure umgewandelt wird (Abb. 110). Nach hydrolytischer Abspaltung des UDP-Restes wird die freie Glucuronsäure zu Gulonsäure reduziert. Durch eine L-Gulonolacton-Lactonase entsteht L-Gulonolacton, das durch die L-Gulonolacton-Oxidase zu Ascorbinsäure oxidiert wird.

Vitamin C ist in tierischen und pflanzlichen Lebensmitteln weit verbreitet und z. T. in sehr hohen Konzentrationen vorhanden (Tab. 188). Von den tierischen Geweben enthalten Nebenniere (400–500 mg/100 g) und die Leber (5–15 mg/100 g) die höchsten Ascorbinsäurekonzentrationen.

Die wichtigsten Ascorbinsäurequellen im Pflanzenreich sind alle frischen Gemüse und Früchte bzw. ihre Säfte. Besonders reich an Vitamin C sind Sanddorn, Johannisbeeren, Kiwi, Paprika und Zitrusfrüchte. Grünes Blattgemüse ist ebenfalls ein guter Vitamin-C-Lieferant. Kartoffeln sind zwar nicht reich an Vitamin C, in großen Mengen gegessen liefern sie jedoch in manchen Regionen den Hauptanteil der Vitamin-C-Aufnahme (z. B. in Irland). In der BR Deutschland decken die drei Lebensmittelgruppen Früchte, Gemüse, Kartoffeln über 90% der gesamten Vitamin-C-Zufuhr.

Tab. 188. Ascorbinsäuregehalte in ausgewählten Lebensmitteln (Angaben in mg/100 g Ware) (Kutsky 1981; Elmadfa et al. 1987)

hoch ist der Ascorbinsäuregehalt, wenn er bei 100–300 mg/100 g liegt
mittel ist der Ascorbinsäuregehalt, wenn er bei 50–100 mg/100 g liegt
niedrig ist der Ascorbinsäuregehalt, wenn er bei 25–50 mg/100 g liegt

Lebensmittel	Ascorbinsäuregehalt
Schwarze Johannisbeeren	189
Petersilienblatt, roh	166
Paprika, roh	140
Kiwi	100
Grünkohl, gekocht	75
Erdbeeren, roh	62
Apfelsinen, roh	50
Blumenkohl, gekocht	45
Leber (Kalb)	39
Tomaten, roh	24
Bananen	11
Möhren, roh	8
Apfel, ungeschält, roh	7
Frauenmilch	4
Kuhmilch; 3,5% Fett	2
Hühnerei	0

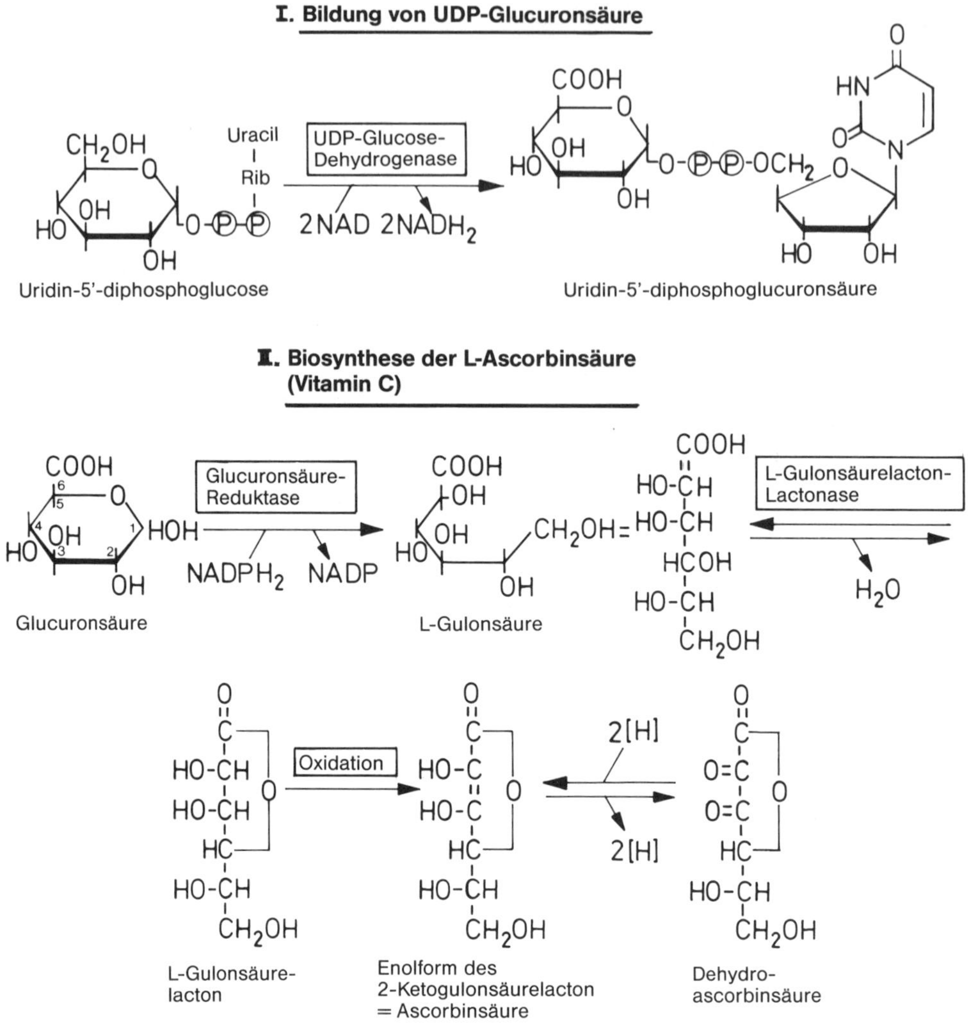

Abb. 110. L-Ascorbinsäure-Biosynthese aus Glucose (BUDDECKE 1980).

Beeinflussung der Verfügbarkeit

Ascorbinsäure in Lebensmitteln ist labil gegenüber Luftsauerstoff sowie anderen Oxidationsmitteln, insbesondere bei alkalischer Reaktion, bei erhöhter Temperatur, sowie bereits in Gegenwart von Spuren an Schwermetallen.

Oxidationsverluste an Ascorbinsäure während des Kochens sind unvermeidlich und können bis zu 50% betragen. Die Verluste werden noch gesteigert, wenn zum Kochen Kupfertöpfe und Zugaben von Natron oder Backpulver verwendet werden. Hohe Verluste treten auf, wenn Gemüse längere Zeit warm gehalten wird.

Bei Lagerung u. a. von verarbeiteten Lebensmitteln sind die Verluste ebenfalls beträchtlich. Bei schnellem und sorgfältigem Eindosen bzw. Einfrieren können die Vitaminverluste relativ niedrig gehalten werden, so daß Konserven- und Tiefkühlgemüse häufig mehr Vitamin C aufweisen als Obst und Gemüse, das möglicherweise schon seit Tagen gelagert ist.

Frische Kartoffeln enthalten ca. 30 mg Vitamin C/100 g im rohen Zustand. Nach einer Lagerungsdauer von 9 Monaten ist der Gehalt um ca. 75% gesunken. Kartoffeln weisen in den Monaten April und Mai den niedrigsten Gehalt an Vitamin C auf. Durch Kochen kann er auf nahezu Null sinken.

Eine Verminderung der Bioverfügbarkeit kann durch die Antagonisten Desoxycorticosteron und D-Glucoascorbinsäure sowie durch Pharmaka (orale Kontrazeptiva, Sulfonamide) verursacht werden. Desoxycorticosteron ist das Ausgangsprodukt für die Biosynthese des Aldosterons und der mit ihm verwandten Mineralcorticoide in der Nebennierenrinde. Ascorbinsäure wird bei der vermehrten Synthese und Freisetzung der Steroidhormone in Streß-Situationen vermehrt verbraucht.

Kontrazeptiva bewirken eine Steigerung der Caeruloplasminkonzentration im Blutplasma. Dieses kupferhaltige Enzym katalysiert neben der Oxidation von Eisen und aromatischen Aminen wie Adrenalin, Noradrenalin, Serotonin, Melatonin auch die Oxidation der Ascorbinsäure, so daß der Plasmaspiegel an Ascorbinsäure durch Kontrazeptiva gesenkt wird. Die Wechselwirkung der Sulfonamide mit Vitamin C beruht auf einer Erhöhung der Vitamin-C-Ausscheidung über den Harn durch Sulfonamideinwirkung.

Bestimmungsmethoden

Die meisten Nachweisverfahren für Vitamin C sind oxidometrische Verfahren und beruhen auf der reduzierenden Eigenschaft der Carbonylgruppen. Die Endpunktbestimmung erfolgt anhand der visuellen Indikatortitration, der Photometrie oder der Potentiometrie. Die polarographische Bestimmung ist ebenfalls weit verbreitet. In Lebensmitteln und Tierorganen und Geweben wird Vitamin C sowohl enzymatisch als auch mittels Gaschromatographie und Hochdruck-Flüssigkeits-Chromatographie bestimmt. Zur Untersuchung komplexer Gemische mit geringem Vitamin-C-Gehalt und von biologischem Material werden gewöhnlich kombinierte Bestimmungsverfahren angewandt, die eine chromatographische Trennung sowie eine der oben genannten Nachweisreaktionen umfassen. Eine äußerst wirksame Reinigungsmethode ist das Auffangen der Ascorbinsäure auf einem Anionenaustauscherharz, so daß anschließend beinahe jede Bestimmungsmethode möglich und auch genau ist.

Die Internationale Einheit des Vitamin C entspricht der Wirkung von 50 µg reiner, kristalliner L-Ascorbinsäure. Als Maß für die Vitamin-C-Wirkung wird jedoch meistens die Gewichtseinheit genannt.

Absorption und Stoffwechsel

Die Absorption der Ascorbinsäure im Intestinaltrakt verläuft ähnlich wie bei Monosacchariden. Sie erfolgt schnell und nahezu vollständig im Dünndarm. Bei einer normalen Kost erscheint nur wenig Ascorbinsäure in den Fäzes, bei hohen pharmakologischen Dosen ist die Absorption unvollständig und es erscheinen größere Mengen in den Fäzes. Die Passage durch die Zellmembran erfolgt wahrscheinlich in Form der lipidlöslichen Dehydroascorbinsäure, die in der Zelle wieder zu Ascorbinsäure reduziert wird. Der Blutplasmagehalt (3–14 mg/l) steigt nach Aufnahme größerer Mengen Ascorbinsäure an und erreicht bei einer Konzentration von 1,5 mg/100 ml die Nierenschwelle. Nach der Absorption liegt das Vitamin in freier Form im Blut vor und wird an die Zielorte transportiert, wo es in unterschiedlichen Mengen aufgenommen wird (Tab. 189). Zielorgane sind Nebennierenrinde, Hypophyse, Eierstökke, Bindegewebe, Knochen, Leber, Zähne und Zahnfleisch.

Als wasserlösliches Vitamin kann Vitamin C in begrenzten Mengen im Körper gespeichert werden. Der Körperpool beträgt bei normaler Vitamin-C-Versorgung ca. 1000 mg. Bei überdurchschnittlich hoher Vitamin-C-Zufuhr kann er auf 1500 mg ansteigen. An Versuchspersonen konnte gezeigt werden, daß nach 55 Tagen Vitamin-C-freier Ernährung der Körperpool auf 300 mg absinkt. So treten auch die ersten Skorbutsymptome erst nach mehreren Wochen auf. Hauptspeicher sind die Leber mit 30–100 mg/100 g Leberfrischgewicht und die Nebennierenrinde mit ca. 100 mg/100 g. In Streß-Situationen oder bei Stimulation der Nebennierenrinde durch adrenocorticotropes Hormon wird der Vitamin-C-Speicher der Nebennierenrinde schnell geleert, was auf die Bedeutung von Vitamin C für die Corticosteroid-Synthese hinweist (siehe Funktionen). Einen hohen Gehalt an Vitamin C weisen außerdem die weißen Blutzellen auf. Bei ausreichender Versorgung enthalten sie bis 250 mg/l.

Die Vitamin-C-Konzentrationen der verschiedenen Organe ist in der Jugend höher als im Alter (Tab. 189). Sie fallen mit zunehmendem Alter beständig ab. Die Konzentration von Vitamin C im Gehirn ist ebenfalls sehr hoch. Vitamin C konnte auch in der menschlichen Muskulatur nachgewiesen werden. Hier ist die Konzentration mit 20 mg Vitamin C/kg relativ gering; die Absolutmenge beträgt jedoch bei

Tab. 189. Durchschnittlicher Ascorbinsäuregehalt in menschlichen Organen (mg/kg) nach Autopsie. Die Zahl der Probanden steht in Klammern.
n. gem. = nicht gemessen (nach PASSMORE, EASTWOOD 1986)

Organ	Altersgruppe 1–30 Tage (11)	1–10 Jahre (11)	11–45 Jahre (17)	46–77 Jahre (19)
Nebennierenrinde	581	550	393	230
Gehirn	460	433	n. gem.	110
Pankreas	365	225	152	95
Thymus	304	190	n. gem.	46
Milz	153	157	127	81
Nieren	153	98	98	47
Leber	149	163	135	64
Lunge	126	58	65	45
Herz	76	42	42	21

einer 70 kg schweren Person mit 30 kg Muskeln etwa 600 mg Ascorbinsäure. Quantitativ gesehen stellt somit die Muskulatur den größten Speicher dar. Hohe Konzentrationen wurden auch in der Tränenflüssigkeit nachgewiesen, die für die Versorgung der Augenlinse verantwortlich ist. Das menschliche Bindegewebe enthält ca. 30–60 mg Vitamin C/kg.

Die Exkretion von Vitamin C erfolgt mit dem Urin. Sie beträgt 7–28 mg/d (12–14% als L-Ascorbinsäure, 12–18% Diketogulonsäure und 24–63% als Oxalsäure). Die Konzentration des glomerulären Filtrats entspricht der Plasmakonzentration. Sinkt jedoch die Plasmakonzentration unter 14 mg/l, wird Vitamin C nahezu vollständig in den Nierentubuli reabsorbiert. Bei einer normalen Vitamin-C-Versorgung mit einem Plasmaspiegel von 8–14 mg/l wird Vitamin C zu fast 100% von den Nieren zurückgehalten, so daß bei ausreichend versorgten Menschen nur sehr geringe Mengen im Urin erscheinen. Steigt die Plasmakonzentration nach Vitamin-C-Medikation auf über 14 mg/l an, nimmt die renale Clearance für Vitamin C rapide ab.

Studien mit ^{14}C-markierter Ascorbinsäure zeigten, daß neben den bekannten auch weitere Metaboliten, die bisher noch nicht identifiziert wurden, mit dem Urin ausgeschieden werden.

Die tägliche Umsatzrate liegt bei 45 mg, wenn der Körperpool bis zum Maximum von 1500 mg aufgefüllt ist. Fällt im Vitaminmangel der Ascorbinsäurepool auf 300 mg, sinkt die Umsatzrate auf weniger als 9 mg/d. Sie wird somit von der Poolgröße bestimmt und steht in direktem Zusammenhang mit der Nahrungszufuhr und nicht mit spezifisch physiologischen Notwendigkeiten.

Funktionen

Die biochemische Funktionen der Ascorbinsäure beruhen darauf, daß das Vitamin in einer reversiblen Reaktion Wasserstoff (bzw. Elektronen) abgeben kann und somit als Redoxsystem, z. B. bei Hydroxylierungen wirkt (Abb. 111). Von besonderer Bedeutung ist die Hydro-

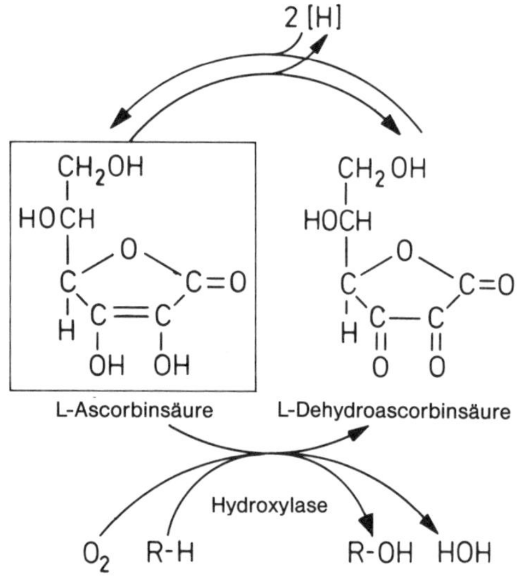

Abb. 111. Allgemeines Reaktionsschema ascorbinsäureabhängiger Hydroxylierungsreaktionen (nach BUDDECKE 1980).

xylierung von Lysin und Prolin bei der Kollagenbiosynthese in Binde- und Stützgewebe (Tab. 190). Dies erklärt die Bedeutung von Ascorbinsäure für Wundheilungsprozesse und Narbenbildung sowie für das Wachstum eines Organismus. Auch die Neubildung von Knorpel, Knochen und Dentin durch die entsprechenden Zellen (Chondroblasten, Osteoblasten bzw. Odontoblasten) ist auf die ausreichende Versorgung dieser Zellen mit Vitamin C angewiesen. Die extrazelluläre Matrix, in die die genannten Zellen die Minerale einlagern, besteht aus Kollagen und ihre intakte Struktur ist Voraussetzung für die Neubildung von Knorpel, Knochen und Dentin.

Bei der Hydroxylierung von Tryptophan zu 5-Hydroxytryptophan (Serotoninbiosynthese) wirkt L-Ascorbinsäure in ihrer Dehydroform als Elektronenakzeptor (Abb. 112), bei der Bildung von Tetrahydrofolat aus Folat als Elektronendonator. Beim Tyrosinabbau übt Ascorbinsäure auf die p-Hydroxyphenylpyruvathydroxylase eine noch nicht genau aufgeklärte Schutzwirkung aus (siehe auch Tyrosinbelastungstest zur Diagnose eines Vitamin-C-Mangels). Neuere Untersuchungen konnten zeigen, daß Vitamin C eine wichtige Rolle für die Übertragung von Eisen vom Transportprotein Transferrin auf das Eisenspeicherprotein Ferritin spielt. Dieses Eisenspeicherprotein befindet sich vor allem in den retikuloendothelialen Zellen von Knochenmark, Milz und Leber. Ascorbinsäure spielt wahrscheinlich auch eine wichtige Rolle bei der Eisenabsorption im Dünndarm.

Ascorbinsäure hat einen stimulierenden Effekt auf die Phagozytoseaktivität der Leukozyten sowie auf die Bildung von Antikörpern.

Eine sehr wichtige, bisher jedoch noch nicht eindeutig geklärte Rolle spielt Vitamin C in der Nebennierenrinde in den unterschiedlichsten Streß-Situationen. Die normalerweise sehr hohe Konzentration an Vitamin C in der Nebennierenrinde sinkt bei Müdigkeit, Infektionen und anderen Streß-Situationen rapide ab. Das wurde mit der gleichzeitig erhöhten Produktion und Sekretion der Corticosteroide in Zusammenhang gebracht und führte zu der Hypothese, daß in Gegenwart von Vitamin C in den Nebennierenrindenzellen die Produktion oder die Sekretion der Steroidhormone blockiert ist.

Tab. 190. Biochemische Reaktionen, an denen das Redoxsystem L-Ascorbinsäure-Dehydroascorbinsäure beteiligt ist (nach Kutsky 1981)

Organ	Biochemische Reaktionen	Wirkung
	Hydroxylierungen	
Bindegewebe	Lysin, Prolin (Kollagenbiosynthese)	aktivierend
Leber	Tryptophan 5-Hydroxytryptophan (Tryptophanmetabolismus, Bildung von Serotonin)	aktivierend
Nebennierenrinde	Desoxycorticosteron, Hydroxycorticosteroide (Biosynthese der Steroidhormone)	aktivierend
Nebennierenmark postganglionäre Neurone	Dopamin, Noradrenalin (Biosynthese der Catecholamine)	aktivierend
Leber	Folat, Tetrahydrofolat	aktivierend
	Oxidations-Reduktions-Reaktionen	
Leber/Nieren	p-Hydroxyphenylpyruvat-Homogentisat (Tyrosinabbau)	aktivierend
Leber	Plasma-Eisen-Ferritin (Eisenspeicherung) (Reduktion)	aktivierend
Leber	Glutathion (Reduktion)	aktivierend
Leber	Ascorbinsäureoxidase (Oxidation)	aktivierend
Leber	Amidasen, Proteasen, Glykosidasen, Peroxidasen, Esterasen	aktivierend
Leber	Urease, β-Amylase	hemmend

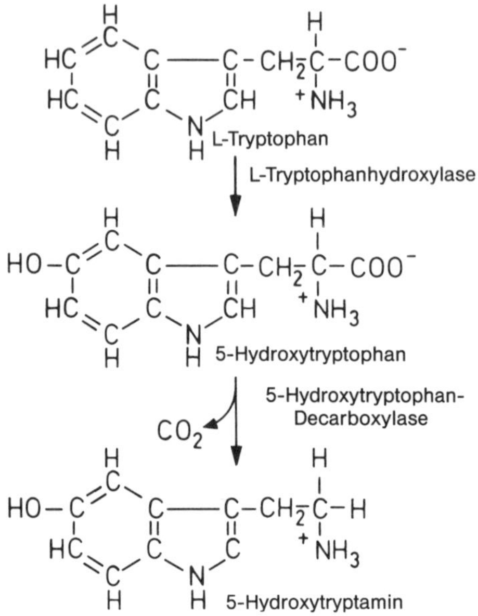

Abb. 112. Serotoninbiosynthese aus Tryptophan: Ascorbinsäureabhängige Hydroxylierung (nach LÖFFLER et al. 1979).

Das adrenocorticotrope Hormon (ACTH) der Hypophyse bewirkt wahrscheinlich – wie anhand von ACTH-Injektionen gezeigt werden konnte – eine Freisetzung von Vitamin C aus der Nebennierenrinde und hebt somit die inhibierende Wirkung von Vitamin C auf; es kommt dadurch zu einer gesteigerten Produktion bzw. Freisetzung der Corticosteroide als Reaktion auf Streß-Situationen. Ob und auf welcher Stufe die Produktion gehemmt ist, ist jedoch nicht klar.

Eine weitere Funktion in der Nebennierenrinde ist die Hydroxylierung von Desoxycorticosteron zu Hydroxydesoxycorticosteron. Auf dieser Stufe ist Vitamin C an der Corticosteroidsynthese beteiligt. Die durch Vitamin C gewährleistete erhöhte Resistenz gegenüber Infektionen wird dieser Funktion zugeschrieben.

Aufgrund dieser Synthese-Funktion ist anzunehmen, daß sich die inhibierende Wirkung von Vitamin C eher auf die Freisetzung der Corticosteroide aus der Nebennierenrinde beschränkt, die Synthese jedoch nicht blockiert ist, so daß für eventuelle Streß-Situationen genügend Corticosteroide für eine schnelle Freisetzung zur Verfügung stehen. Von der praktischen Seite betrachtet ist der Bedarf an Vitamin C nicht nur bei Verbrennungen und Operationen, sondern auch bei Infektionskrankheiten gesteigert.

Über die Wirkung von Vitamin C als antiviraler Wirkstoff bei Virusinfektionen des oberen Respirationstraktes besteht noch Unklarheit. Bei infektiösen Bronchialerkrankungen wird es häufig als Medikament eingesetzt. So konnte gezeigt werden, daß die durch inhalierte Histaminaerosole ausgelösten Bronchialkrämpfe mit einer Ascorbinsäuredosis von 500 mg behoben werden konnten. Sofern irgendwelche Infektionen des Respirationstraktes auf die Freisetzung von Histamin zurückgeführt werden können, hat Vitamin C in seiner Eigenschaft als Antihistamin einen positiven Einfluß auf die Infektionsvorbeugung.

Ungeklärt ist bisher auch noch der Einfluß von Vitamin C auf den Serumcholesteringehalt. Manche Studien konnten zeigen, daß die Cholesterinkonzentration bei hohen Vitamin-C-Gaben sinkt, andere Studien dagegen berichten von einer Erhöhung der Cholesterinkonzentration bei extrem hoher Vitamin-C-Zufuhr. Bei Skorbutpatienten wurde teilweise ein höherer Cholesteringehalt gemessen als bei ausreichend versorgten Personen. Die Untersuchungen über mögliche Ascorbat-Cholesterin-Lecithin-Interaktionen sind jedoch noch nicht weit genug fortgeschritten, um gesicherte Aussagen machen zu können.

Mangelerscheinungen

Massiver Ascorbinsäuremangel führt zum Skorbut, der heute allerdings bei uns selten ist, in weniger ausgeprägter Form jedoch speziell bei künstlich ernährten Säuglingen, bei Personen mit hohem Alkoholkonsum und bei älteren, meist alleinstehenden Personen, die sich nicht ausreichend mit frischem Obst und Gemüse versorgen, auftritt. Skorbut beginnt nach einer Latenzzeit von einigen Monaten mit schweren Störungen des Bindegewebsstoffwechsels. Interzellulärsubstanzen wie Kollagen werden nicht ausreichend gebildet, da die Hydroxylierungsreaktionen der Kollagenbiosynthese beeinträchtigt sind. Die mehrmonatige Latenzzeit bis zum Ausbruch der Krankheit wird mit der großen Halbwertzeit des Kollagens erklärt (30 Tage im Muskel, bis zu 200 Tage in der Haut).

Kollagen wird im Extrazellulärraum aus kleineren Prokollageneinheiten synthetisiert. Die charakteristischen Aminosäuren sind Glycin, das ein Viertel des Gesamtkollagens ausmacht,

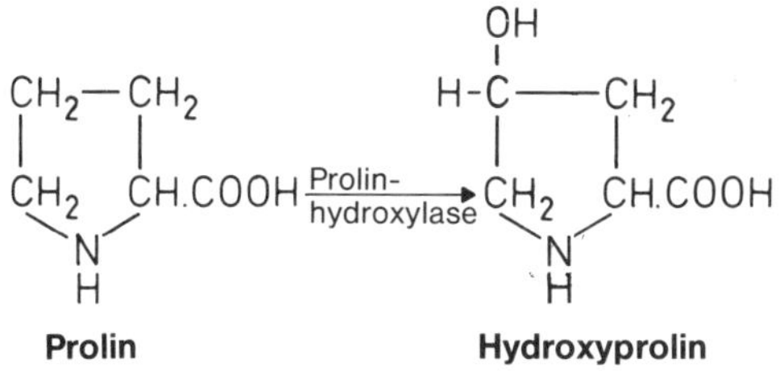

Abb. 113. Ascorbinsäureabhängige Hydroxylierung von Prolin für die Kollagenbiosynthese (PASSMORE, EASTWOOD 1986).

sowie Prolin und Hydroxyprolin, die mit gleichen Teilen ein Drittel des Moleküls bilden. Hydroxyprolin kommt nur im Kollagen vor und wird aus Prolin durch die Prolinhydroxylase gebildet (Abb. 113), die in den Fibroblasten lokalisiert ist. Bei Skorbut-Erkrankten ist diese Vitamin-C-abhängige Hydroxylierungsreaktion gestört. Es wird zwar noch Kollagen gebildet, die Quervernetzungen zwischen den Ketten des Moleküls sind jedoch instabil.

Weiterhin kommt es zu Knochen- und Gelenkveränderungen, da die extrazelluläre Matrix zur Einlagerung der Mineralien nicht vollständig ausgebildet ist. Osteoporose führt zur Verformung der Wirbelsäule und zur Demineralisierung der langen Knochen. Die Gelenkveränderungen sind Folge fortschreitender Hämarthrose. Weitere Manifestationen des Vitaminmangels sind stark ausgeprägte kapillare Hämorrhagien. Die Ausbildung der Kapillarmembranen und der Gerüstsubstanzen der Epithelzellen ist unvollständig, was auf einen Defekt der Mucopolysaccharid- und Glycoproteinsynthese zurückzuführen ist. Die Hämorrhagien fuhren zu Zahnfleischbluten; dies sind gewöhnlich die ersten Anzeichen der Mangelerkrankung. Später kommt es zu Hämorrhagien unter der Haut und in der Muskulatur – vor allem in der Oberschenkelmuskulatur. In besonders schweren Fällen treten Hämorrhagien in der Bindehaut des Auges, in der Retina und im Gehirn auf.

Die Wundheilung und Narbenbildung unterbleibt im Vitamin-C-Mangel bzw. bereits verheilte Wunden brechen wieder auf. Bei Skorbutpatienten ist eine Hypertrophie der Nebennierenrinde zu beobachten (Überfunktion, da die hemmende Wirkung der Ascorbinsäure entfällt). Verdickungen der Knochen-Knorpel-Grenze der Rippen führten beim Kind zum bekannten Erscheinungsbild des Skorbut-Rosenkranzes.

Weniger ausgeprägte Hypovitaminosen sind nur schwer zu erkennen und äußern sich in Form von Schwäche, Ermüdbarkeit, Knochenschmerz, Schmerzen im Bereich der Zungen- und Mundschleimhaut, follikulärer Hyperkeratose und Zahnfleischschwellungen. Patienten mit Skorbut verlieren Protein über den Urin. Der Serumalbumingehalt sinkt, während der Serumglobulingehalt unverändert bleibt bzw. in geringerem Maße abnimmt; daraus resultiert eine Abnahme des Albumin-Globulin-Quotienten. Ist die Konzentration der Globuline vermindert, steigt die Anfälligkeit gegenüber Infektionen.

Beurteilung des Vitamin-C-Status

Vitamin-C-Mangelstudien haben ergeben, daß eine Plasmakonzentration unter 1 mg/l ein hohes Skorbutrisiko aufzeigt. Plasmakonzentrationen zwischen 1 und 2 mg Ascorbinsäure/l stellen ein gemäßigtes Skorbutrisiko dar, während Werte über 2 mg/l zur Vermeidung des Skorbuts ausreichen. Weiße Blutkörperchen enthalten normalerweise etwa 250 mg/l. Bei Konzentrationen unter 70 mg/l können die ersten klinischen Symptome eines Skorbuts auftreten.

Klinisch wichtig ist vor allem die Erkennung eines latenten Ascorbinsäuremangels, dessen Erscheinungen sehr viel weniger charakteristisch sind. Die Diagnose wird ebenfalls aus der Erniedrigung des Plasma-Ascorbinsäurespiegels (weniger als 3 mg/l) oder durch Bestimmung der Ascorbinsäureausscheidung im Urin nach einer Testdosis bestimmt.

Ein weiterer Indikator fur die Bestimmung des Vitamin-C-Status ist die Messung von p-Hydroxyphenylpyruvat im Urin nach Belastung mit Tyrosin. Im Ascorbinsäuremangel ist nach Tyrosinbelastung die Ausscheidung von p-Hydroxyphenylpyruvat erhöht. Bei Skorbut ist die Aktivität der alkalischen Phosphatase stark vermindert, so daß ihre Aktivitätsmessung ein Kriterium der Vitamin-C-Versorgung ist.

Bedarf, wünschenswerte Zufuhr

Die Minimaldosis von Ascorbinsäure zur Verhinderung des Skorbuts beträgt 10 mg/d, eine optimale Versorgung ist bei Erwachsenen mit 75 mg/d gewährleistet (Tab. 191, 192). Die Tageszufuhr beim Erwachsenen ist nur bis zu einem Bereich von 120–150 mg sinnvoll, da dann die maximale Gewebekonzentration erreicht ist. Darüber hinaus aufgenommenes Vitamin C wird praktisch vollständig im Harn ausgeschieden.

Tab. 191. Prävention und Behandlung von Skorbut mit Ascorbinsäure (nach RECHCIGL 1978)

Versorgungsstatus	*Dosis (mg/d)*
minimale Dosis zur Verhinderung von Skorbut	10
Dosis zur Sättigung der Gewebespeicher (Vitamin-C-Pool)	45–50
Dosis zur Behandlung von klinischem Skorbut	100 (3 × täglich)

Als Mindestbedarf des gesunden Erwachsenen gelten 30 mg Vitamin C/d. Die empfohlene tägliche Zufuhr von 75 mg errechnet sich aus einem Sicherheitszuschlag von 15 mg und der Berücksichtigung eines mittleren Zubereitungsverlustes von 30% (Tab. 192). Während Neugeborene mit der Muttermilch im allgemeinen gut mit Ascorbinsäure versorgt sind, besteht für Kleinkinder im Alter von 6–12 Monaten, die mit einseitiger Milchnahrung ohne Früchte und Gemüse ernährt werden, die Gefahr des kindlichen Skorbuts. Während der Schwangerschaft und der Stillzeit ist ein Zuschlag von 25 bzw. 50 mg/d erforderlich. Bei starker körperlicher Belastung, bei großer Flüssigkeitszufuhr sowie bei verschiedenen Krankheiten (Infektionskrankheiten) und nach Operationen ist der Bedarf erhöht. Auch bei Rauchern wurde ein erhöhter Vitamin-C-Bedarf von bis zu 40% nachgewiesen.

Hypervitaminosen

Vitamin C ist in bezug auf Überdosierung eine Substanz mit sehr großer Toleranzgrenze und kann fast unbedenklich als Pharmakon eingesetzt werden. Bei gesunden Personen, die täglich 2 g und mehr Vitamin C über einen sehr langen Zeitraum aufgenommen haben, konnten keine toxischen Auswirkungen festgestellt werden. Das ist mehr als die 25fache Menge der empfohlenen Zufuhr. Erfolgt die Aufnahme extrem hoher Mengen in natürlicher Form – also ausschließlich aus Nahrungsmitteln – so sind keine nachteiligen Wirkungen zu befürchten. Es bestehen jedoch Zweifel über die Unbedenklichkeit bei der Einnahme hochdosierter pharmakologischer Präparate über einen langen Zeitraum. Gastrointestinale Störungen wie Durchfall konnten teilweise beobachtet werden. Sie verschwanden jedoch schnell nach Absetzen des Ascorbinsäurepräparates.

Von großer Bedeutung ist das mögliche Auftreten von Nierensteinen, da Oxalsäure ein Metabolit des Ascorbinsäurestoffwechsels ist und erhöhte Ausscheidung über den Urin zur Steinbildung führen kann, obwohl die Oxalsäurebildung aus Ascorbinsäure begrenzt ist. Eventuell gefährdet sind Personen mit Hypercalciurie. Wie bereits erwähnt, ist ein Anstieg des Serumcholesteringehalts möglich. Eine Zerstö-

Tab. 192. Empfehlenswerte Höhe der Zufuhr von Ascorbinsäure (Vitamin C) in mg/Tag (DGE 1985)

	Empfohlene Zufuhr[1]
Säuglinge	
0– 2 Monate	40
3– 5 Monate	45
6–11 Monate	50
Kinder	
1– 3 Jahre	55
4– 6 Jahre	60
7– 9 Jahre	65
10–12 Jahre	70
13–14 Jahre	75
Jugendliche und Erwachsene	
15 – über 65 Jahre	75
Schwangere ab 4. Monat	+ 25
Stillende	+ 50[2]

[1] ca. 30% Zubereitungsverluste berücksichtigt
[2] ca. 6 mg Vitamin C-Zulage pro 100 g sezernierte Milch
Die FAO/WHO empfiehlt 30 mg/d (ab 13 Jahre)

rung von Vitamin B_{12} ist ebenfalls nicht auszuschließen.

Diese möglichen Auswirkungen einer Vitamin-C-Hypervitaminose wurden bisher jedoch nur bei Patienten mit angeborenen Stoffwechselstörungen beobachtet.

Dennoch sollten u. a. bei Säuglingen und Kindern extrem hohe Vitamin-C-Gaben über einen längeren Zeitraum vermieden werden.

3.3.2.4 Darmflora und Vitaminbedarfsdeckung

Ob und in welchem Umfang die enterale Vitaminsynthese zur Vitaminversorgung des Menschen beitragen kann, war lange Zeit Gegenstand kontroverser Diskussionen. Für die wasserlöslichen Vitamine und Vitamin K wurden zwar hohe Syntheseraten festgestellt, über die Nutzung synthetisierter Vitamine ging man früher aber von anderen Kenntnissen über Absorptionsort und -mechanismen einzelner Vitamine aus, die heute zum Teil korrigiert oder gar widerlegt sind. In diesem Kapitel soll aufgrund vorliegender Literatur eine Reevaluierung der Information über die Bioverfügbarkeit der enteral synthestisierten Vitamine vorgenommen werden.

Über die Zusammensetzung der Darmflora (Bakterien, Pilze, Protozoen und Viren) liegen trotz intensiver Forschungsarbeiten auf diesem Gebiet nur unvollständige Informationen vor. Derzeit ist nur ein geringer Teil der Mikroorganismen des Darms bekannt, so daß jede Aussage über die Eigenschaften und Fähigkeiten der »Darmflora«, Nährstoffe zu synthestisieren, erschwert ist.

Die Gesamtzahl an Mikroorganismen beträgt ca. 50 × 10^9 Keime/g Fäzes (Abb. 114). Mehr als 400 Bakterienspezies wurden bisher aus der Darmflora isoliert. Heute ist bekannt, daß *Escherichia coli* nur bis zu 1% der Darmkeime ausmacht. Die Bacteroides-Bakterien (gramnegative) sind in der Darmflora dominierend. Ihre Zahl beträgt das 5- bis 10fache, ja sogar bis 100fache der im Darm vorhandenen grampositiven Bakterien. Eine endgültige Klärung der Zusammensetzung der Darmflora ist bis heute unmöglich. Generell handelt es sich bei der Darmflora sowohl um Aerobier als auch um Anaerobier (Tab. 193).

Die **Aerobier** machen ungefähr 0,1 bis 1% der kultivierten Flora (Coliforme, Streptococcen) aus. *Escherichia coli* ist mit 10^7 Keimen/g Fäzes das dominierende coliforme Bakterium.

Die **Anaerobier** bilden den Hauptanteil der Darmflora. *Bacteroides fragilis* ist mit 10^{10} bis 10^{11} Keimen/g Fäzes der dominierende Organismus. Weitere gramnegative Bazillen sind weniger stark vertreten. *Bifidusbacterium* ist der am zweithäufigsten vorkommende Anaerobier. Er ist ein grampositives, nicht sporenbildendes Bakterium mit einem Anteil von etwa 10^9 Keimen/g. *Lactobacillusarten* kommen in gleicher Größenordnung vor. Clostridien und anaerobe *Coccen* sind die drittstärkste Anaerobiergruppe mit ungefähr 10^8 Keimen/g Fäzes.

Im folgenden werden die von der Darmflora synthetisierten und für den Menschen bedeutsamen Vitamine besprochen.

Vitamin K_2

Es ist bekannt, daß die Menachinone (Vitamin K_2) mikrobiellen Ursprungs sind. Früher wurde angenommen, daß die fakultativ coliforme Gruppe für die Vitamin-K-Synthese verantwortlich ist. Heute ist bekannt, daß Mikroorganismen vom *Bacteroides-fragilis*-Typ eine 100fach größere Syntheseleistung für Vitamin K besitzen als *Escherichia coli*. So stammt die Hauptmenge des synthetisierten Vitamin K_2 von diesen Mikroorganismen. Bemerkenswert ist auch, daß einige der Darmbakterien sowohl Vitamin K_2 als auch Ubichinon synthetisieren, während andere nur Vitamin K_2 oder nur Ubichinon synthetisieren können. Die wichtigsten Darmbakterien diesbezüglich sind folgende:

	Vitamin K_2	Ubichinon
Escherichia coli	+	+
Proteus vulgaris	++	++
Enterobacter aerogenes	–	++
Pseudomonas	–	++
Staphylococcus albus	++	–
Bacillus subtilis	++	–

– = keine, + = mäßige,
++ = große Syntheseleistung

Die Darmbakterien spalten das Molekül von Menachinon wie das von Phyllochinon (Vitamin K_1) in 3-Stellung unter Bildung von Methylnaphthochinon. Diese Spaltung erfolgt zweifellos im Interesse der Bakterienzelle selbst, die das gebildete Methylnaphthochinon weiter zur Synthese ihrer eigenen zellspezifischen Vertreter der Vitamin-K-Gruppe ver-

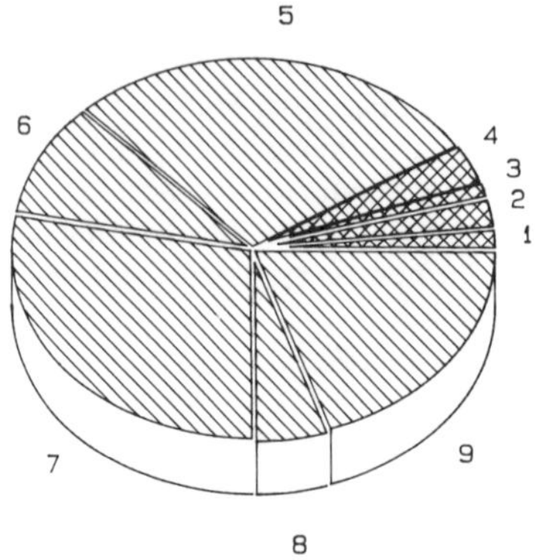

Abb. 114. Relative Zusammensetzung der fäkalen Flora des gesunden Menschen (nach Angaben von SIMON, GORBACH 1981). **Die Nummern im Kreisdiagramm entsprechen den Angaben in Tab. 193; dargestellt ist jeweils $\sqrt[3]{n}$.**

wendet. Der menschliche Körper kann somit nur das der Nutzung durch die Darmbakterienzellen entgangene Methylnaphthochinon verwerten. Bemerkenswert ist, daß diese Spaltung von anderen Darmbakterien durchgeführt wird als von denen, die Vitamin K_2 synthetisieren.

Wodurch wird die Verfügbarkeit von enteral gebildetem Vitamin K beeinflußt?

Sowohl Vitamin K_1 wie auch Vitamin K_2 werden – wie alle anderen fettlöslichen Vitamine – unter Einwirkung der Galle über den Lymphweg absorbiert. Im proximalen und distalen Dünndarm erfolgt dies für Vitamin K_1 energieabhängig, für Vitamin K_2 energieunabhängig durch passive Diffusion. Über die Absorbierbarkeit des enteral entstandenen Menachinons liegen aus der Literatur unterschiedliche Ergebnisse vor. So wird auf der einen Seite berichtet, daß das Colon große Mengen an Vitamin K_2 aufnehmen kann (In-vitro-Versuch), und zwar ohne Spaltung der Seitenkette. Auf der anderen Seite zeigen neuere Untersuchungen, daß rektal appliziertes, radioaktiv markiertes Vitamin K in kaum nennenswerten Mengen im Körper wiedergefunden wird.

Von vielen Autoren wird betont, daß Vitamin K_2 in den Bakterienzellen gebunden vorkommt und somit dem Körper nicht verfügbar ist. Eine geringe Verfügbarkeit scheint jedoch bei der Deckung des Bedarfs an Vitamin K eine Rolle zu spielen, da beim erwachsenen Menschen bis jetzt eine rein ernährungsbedingte K-Avitaminose noch nicht mit Sicherheit festgestellt wurde.

Die Argumente für die Abhängigkeit von der exogenen Vitamin-K-Zufuhr sind aber zahlreich:
- Enterales Vitamin K ist erst nach einer zweiten Darmpassage verfügbar. Im Dickdarm erfolgt die Absorption nur in einem begrenzten Umfang. Deshalb wurden die Vitamin-K-Mangel-Versuche an Tieren immer unter Ausschaltung von Koprophagie durchgeführt.
- Die gespeicherte Hauptmenge Vitamin K in der Leber liegt in Form von Phyllochinon (70–80%) und nicht als Menachinon vor.

Tab. 193. Gastrointestinale Flora des gesunden Menschen (SIMON, GORBACH 1981)

Bakterien	Magen	Jejunum	Ileum	Faeces
Gesamtbakterienzahl/g	$0–10^3$	$0–10^5$	$10^3–10^9$	$10^{10}–10^{12}$
Aerobe oder fakultativ anaerobe Bakterien:				
1 Enterobakterien	$0–10^2$	$0–10^3$	$10^2–10^7$	$10^4–10^{10}$
2 Streptococcen	$0–10^3$	$0–10^4$	$10^2–10^6$	$10^5–10^{10}$
3 Staphylococcen	$0–10^2$	$0–10^3$	$10^2–10^5$	$10^4–10^9$
4 Laktobazillen	$0–10^3$	$0–10^4$	$10^2–10^4$	$10^6–10^{10}$
Anaerobe Bakterien:				
5 Bacteroides	selten	$0–10^3$	$10^3–10^7$	$10^{10}–10^{12}$
6 Bifidobakterien	selten	$0–10^4$	$10^3–10^9$	$10^8–10^{11}$
7 Streptococcen	selten	$0–10^4$	$10^2–10^6$	$10^{10}–10^{12}$
8 Clostridien	selten	selten	$10^2–10^4$	$10^6–10^{11}$
9 Eubakterien	selten	selten	selten	$10^9–10^{12}$

- Bei Gallenmangel (z. B. durch Okklusionsikterus) kommt es zu Vitamin-K-Mangel.
- Der Hauptteil des enteral gebildeten Menachinons liegt gebunden vor.
- Leberparenchym- und Darmmukosastörungen können einen Vitamin-K-Mangel beschleunigen.

Alle obengenannten Daten und Argumente schließen eine bedeutende Rolle der Darmflora bei der Deckung des Vitamin-K-Bedarfs aus. Sollte das enteral entstandene Vitamin K_2 eine Rolle spielen, so kann sie nur von minimaler Bedeutung sein.

Thiamin

Bereits vor mehr als 40 Jahren stand fest, daß Thiamin auch im menschlichen Körper entstehen kann. Bei allen untersuchten Probanden, die eine gemischte Kost erhielten, übertraf die gesamte Thiaminausscheidung (in Urin und Fäzes) die Thiaminaufnahme. Das Stuhlthiamin dürfte aus folgenden Gründen vorwiegend mikrobiellen Ursprungs sein:

- Die Ausscheidung im Stuhl übertrifft um ein Vielfaches die Aufnahme. Das Stuhlthiamin umfaßt somit mehr als das nicht-absorbierte exogene Thiamin.
- Nach einer intravenösen Gabe wurde keine Steigerung des Thiamingehalts in den Fäzes festgestellt.
- Trotz Thiamin-freier Ernährung beträgt die Gesamtausscheidung an Thiamin 50–700 mg/d. Die Thiaminausscheidung ist sowohl bei Vitamin-B_1-freier Ernährung als auch bei konstanter Zufuhr an Thiamin großen Variationen ausgesetzt, die auf der individuellen Syntheseleistung der Darmflora beruhen.
- Die Analyse des Darminhalts keimfreier Tiere ergab, daß die Thiaminkonzentration vom oberen Dünndarm bis zum Colon abnimmt. In konventionellen Ratten sinkt der Thiamingehalt im Ileum, er steigt jedoch wieder ab dem Caecum an (Tab. 194).

Nach einer intensiven Behandlung mit dem bakteriostatischen Agens Sulfasuxidin (1,5 mg alle 4 Stunden über mehrere Tage) sinkt die totale Thiaminausscheidung nach 4–6 Tagen fast auf Null. Wird diesen Probanden bis zu 1230 µg freies Thiamin/d mit der Kost verabreicht, so wird im Stuhl kein freies Thiamin gefunden. Gebundenes Thiamin wird jedoch weiterhin in den Fäzes ausgeschieden, zwar mit abnehmendem Trend, der Nullwert wird jedoch auch nach sechs Tagen nicht erreicht.

Tab. 194. Thiamingehalt in Darminhalt und Fäzes 100 Tage alter keimfreier bzw. konventionell gehaltener Ratten (WOSTMANN et al. 1962)

Darmabschnitt	µg/g TS	
	keimfrei	konventionell
Oberer Dünndarm	–	13,7 (4)
Mittlerer Dünndarm	4,5 (6)	8,7 (6)
Unterer Dünndarm	2,3 (16)	4,5 (13)
Caecum	1,9 (17)	8,5 (19)
Colon	1,7 (19)	8,0 (17)
Fäzes	1,8 (7)	8,8 (6)

Die Diät enthielt 8,8 mg Thiamin 2 HCl/kg Diät
Durchschnittswert aus in Klammern angegebenen Tierzahlen.

Thiaminbildner/-verbraucher innerhalb der Darmbakterien

Auch die Thiamin-produzierenden Bakterien benötigen im Nährmedium entweder das ganze Thiaminmolekül oder zumindest einen Teil des Ringsystems. Zu den Thiamin-bildenden Bakterien zählen:

Enterobacter aerogenes, Acetobacter vinelandii, Escherichia coli, Lactobacillus arabinosus, Lactobacillus casei, Propionibacterium freudenreichii, Proteus vulgaris, Pseudomonas fluorescens, Streptococcus faecalis, Thiobacillus thiooxidans, (hämolytische) Streptococcen. Sie bilden 0,0032 µg Thiamin/ml (hämolytische Streptococcen) bis 0,150 µg Thiamin/ml *(B. vulgaris).* Die Thiaminverbraucher können nur überleben, wenn sich im Medium Thiaminbildner befinden oder aber Bakterien, die einen Teil des Ringsystems (Pyrimidin- oder Thiazolring) zu synthetisieren vermögen. Diese Tatsache ist auch für den Gastrointestinaltrakt zutreffend.

Weitere Untersuchungen ergaben, daß das enteral gebildete Thiamin eine sehr hohe Verlustrate besitzt; die enterale Thiaminsynthese beträgt das Doppelte der fäkalen Ausscheidungsquote. Der Rest wird entweder von der Bakterienzelle verwertet oder zerstört.

Verfügbarkeit von enteral gebildeten Thiamin

Nahrungsthiamin wird im Dünndarm und zwar primär im Duodenum absorbiert. Die Absorption unterliegt einem enterohepatischen Kreislauf. Die Absorptionsrate ist zum Zeitpunkt der größten Leberspeicherung am höchsten Alle Darmabschnitte sind befähigt, freies Thiamin zu absorbieren. In Colon und Caecum, den Hauptorten der Synthese, beträgt die Absorptionskapazität nur ca. 20% der des Dünndarms. Die absorbierte Menge enteral entstandenen Thiamins kann daher nur sehr gering sein.

Nach intragastraler oder intercaecaler Verabreichung von ($^{35}SO_4^{2-}$)-Radiothiamin an Ratten ist markiertes Thiamin weder im Herz (bekannt für hohen organspezifischen Thiamingehalt) noch in der Leber (dem Organ, in dem absorbiertes Thiamin als erstes erscheint) nachweisbar.

Tab. 195. Physiologische Verfügbarkeit von rektal verabreichtem Thiamin und Riboflavin (Campbell, 1963)

Vitamin	n	mittlere Ausscheidung im Urin in % der Dosis		errechnete Bioverfügbarkeit in %
		oral	rektal	
Thiamin	2	24	2	8
Riboflavin	6	66	3	5

Inkubationsversuche mit 14 verschiedenen Colistämmen in Thiamin-freier Nährlösung wurden von Haenel (1959) durchgeführt, um die Thiaminabgabe ins Medium zu ermitteln (0,1 µg/100 ml wurde zugesetzt). Das Filtrat blieb frei von Thiamin. Die untersuchten Colibakterien fixieren das Vitamin, und zwar abhängig von der Konzentration:
- 20 µg/100 ml, 18 h → 46% des Thiamins wurde aufgenommen.
- Beträgt die Konzentration 0,5 mg/100 g, so erreicht der Thiamingehalt das 20–30fache des Gehaltes von Colizellen im Thiamin-freien Medium.

Das fixierte Thiamin liegt gebunden als Thiaminpyrophosphat vor.

Es wird geschätzt, daß durch die Darmflora maximal 8% des Thiaminbedarfs gedeckt werden (Tab. 195). Diese Annahme wird durch folgende Tatsachen erhärtet:
- Die Thiaminabsorption im Caecum und Colon beträgt bei unphysiologisch hohen Dosen 20% der des Dünndarms. Bei physiologischen Gaben dagegen ist sie nicht nachweisbar.
- Das gebildete Thiamin ist in den Zellen fixiert; es liegt als Thiaminpyrophosphat gebunden vor. In Thiamin-freiem Medium geben die Zellen kein Thiamin ins Medium ab. Die Akkumulationsrate ist konzentrationsabhängig und 20–30mal größer als unter Vitamin-B_1-freien Wachstumsbedingungen.
- Die Zerstörungsrate durch die Darmflora ist sehr hoch. Dies wurde bestätigt durch Untersuchungen, in denen ($^{35}SO_4^{2-}$) – Thiamin mittels Magensonde oder intracaecal verabreicht wurde. Sie zeigten, daß Thiamin zu etwa 50% durch andere Mikroorganismen des Darmes zerstört wird.

Riboflavin

Für die Verfügbarkeit des enteral gebildeten Riboflavins für den Menschen sprechen folgende Befunde:
- Riboflavin wird von der Darmflora relativ schnell produziert und größtenteils in den Darm abgegeben.
- Einmal in den Darm abgegebenes Riboflavin wird von der Bakterienzelle nicht wieder aufgenommen.
- Nur etwa ein Drittel des enteral gebildeten Vitamin B_2 ist in der Zelle fixiert.
- Das Colon ist in der Lage, geringe Mengen des nach Autolyse in den Darm abgegebenen gebundenen Riboflavins (Riboflavin-5-P) zu absorbieren; hierbei wird seine Verfügbarkeit im menschlichen Darm auf 5% geschätzt. Der bis jetzt geschätzte Beitrag der Darmbakterien an der Vitamin-B_2-Versorgung liegt bei 5% (Tab. 195), nach anderen Angaben bei 19%.

Gegen eine hohe Verfügbarkeit des durch die Darmbakterien entstandenen Riboflavins spricht folgendes:
- In allen Absorptionsversuchen wurde nur freies Vitamin B_2 verwendet.
- Ein großer Teil des enteral entstandenen Riboflavins wird im Darm zerstört.
- In Versuchen an Ratten wurde eine Syntheseleistung von ca. 3,2 µg Riboflavin/d/Tier festgestellt, wovon ca. 2 µg zerstört wurden. Hinzu kommt, daß ein Vitamin-B_2-Mangel experimentell leicht erzeugt werden kann.

Pyridoxin

Für die Pyridoxinsynthese durch die Darmflora spricht, daß – selbst unter Berücksichtigung des Pyridoxin-Abbauproduktes 4-Pyridoxinsäure – das 3–7fache des oral aufgenommenen Pyridoxins mit Urin und Fäzes ausgeschieden wird. In den Fäzes werden ca. 40% der gesamten Pyridoxinausscheidung gefunden.

- Pyridoxin wird synthetisiert von *Enterobacter aerogenes, Clostridium botulinum, Lactobacillus arabinosus, Leuconostoc mesenteroides* u. a.
- Pyridoxin ist ein Wachstumsfaktor für *Lactobacillus casei* und zahlreiche Spezies der Gattung *Streptococcus*.

Verfügbarkeit von enteral entstandenem Pyridoxin

Hauptabsorptionsort des Nahrungspyridoxins ist der Dünndarm. Enteral gebildetes Pyridoxin kann aus dem Colon leicht absorbiert werden, etwa zwei Drittel dieses gebildeten Pyridoxins sind verfügbar. Die tatsächliche Menge ist jedoch wesentlich geringer, da die Bakterienzellen Pyridoxin benötigen und gleich wieder aufnehmen.

Mindestens ein Drittel des gebildeten Pyridoxins liegt in gebundener Form in der Zelle vor. Nur nach Aufschluß der Zelle (Autolyse) ist dieses Pyridoxin verfügbar. Aus diesem Grund wird, trotz der Tatsache, daß das freie Pyridoxin aus dem Colon absorbiert werden kann, angenommen, daß sehr wahrscheinlich der Teil des verfügbaren enteral entstandenen Pyridoxins relativ gering ist. Bei gemischter Kost (ausreichender Versorgung mit Vitamin B_6) fällt es sehr wahrscheinlich nicht ins Gewicht.

Cobalamin, Vitamin B_{12}

Nur Mikroorganismen sind befähigt, Vitamin B_{12} zu synthetisieren. Als Beweis für die enterale Vitamin-B_{12}-Synthese gilt die Tatsache, daß der Mensch im Stuhl beträchtlich mehr Vitamin B_{12} ausscheidet als er mit der Nahrung aufnimmt. Bei einer Vitamin-B_{12}-Aufnahme von 1,1 µg/d beträgt die Ausscheidung 8–65 µg/d. Die Ausscheidung ist auch nach einer Fastenperiode bzw. bei einer Vitamin-B_{12}-freien Ernährung kaum vermindert. Patienten mit perniziöser Anämie scheiden immer noch 4–22 µg/d im Stuhl aus. Hierbei muß betont werden, daß nur ein kleiner Teil der Ausscheidung aus Abschilferungen des Darmepithels bzw. den Verdauungssekreten von Magen, Pankreas und Darm stammt. Schätzungsweise werden enteral 10–50 µg Cobalamin pro Tag synthetisiert.

Viele Mikroorganismen können das komplette Vitamin-B_{12}-Molekül bilden bzw. es aus vorhandenen Vorstufen (Cobalamid, 5,6-Dimethyl-Benzimidazol) komplettieren. Die wichtigste Gruppe Vitamin-B_{12}-synthetisierender Mikroorganismen sind die Propionsäurebakterien. Durch die Darmflora wird daher eine Reihe Vitamin-B_{12}-Analoga gebildet (bzw. verwertet). Der mittels chemischer Analyse bestimmbare Vitamin-B_{12}-Gehalt im Stuhl sagt wenig über die Vitaminbioverfügbarkeit aus, da bei diesen Verfahren auch unwirksame Analoga miterfaßt werden.

Verfügbarkeit von enteral gebildetem Vitamin B_{12}

- Auch unabhängig vom Intrinsic-Faktor, der die Absorption physiologischer Mengen (< 2 µg/d) im Ileum vermittelt, wird Cobalamin aus hohen unphysiologischen Dosen (500–3000 µg/d) auch in den tieferen Darmabschnitten durch passive Diffusion von 1–5% absorbiert. Dies setzt voraus, daß Vitamin B_{12} als freies Cobalamin verabreicht wird bzw. im Darm vorkommt.
- Das von den Mikroorganismen gebildete Cobalamin ist bis 95% intrazellulär fixiert. Größtenteils besteht das in den Darm abgegebene Vitamin B_{12} aus unwirksamen Analoga.
- Die Bakterien – auch solche, die von der Vitamin-B_{12}-Versorgung unabhängig sind – nehmen aus dem umgebenden Medium Vitamin B_{12} auf und akkumulieren es in Mengen, die ihren Bedarf weit übertreffen. Auf diese Weise akkumulieren Lactobacillen Mengen vom 130–160fachen ihres Bedarfs an Cobalamin.
- Die nach einer Antibiotikatherapie beobachteten Anzeichen eines verschlechterten Vitamin B_{12}-Status beruhen weniger auf einer Beeinträchtigung der enteralen Synthese des Vitamins, als auf einer Hemmung des intermediären Stoffwechsels von Cobalamin und der Änderung der Funktion der Darmschleimhaut.
- Bei einer Sub- bzw. Anazidität des Magensaftes und der damit verbundenen pH-Verschiebung im Dünndarm, kommt es zu einer Wanderung der Dickdarmflora – darunter auch den Vitamin-B_{12}-synthetisierenden Bakterien – in den Dünndarm. Das von den Bakterienzellen synthetisierte und in den Darm abgegebene freie Cobalamin könnte dann zur Absorption durch Diffusion gelangen.

Unter normalen Ernährungsbedingungen ist der Vitamin-B_{12}-Bedarf durch die exogene Zufuhr gedeckt. Der Darmflora kommt so bei der Vitamin-B_{12}-Versorgung nur eine untergeordnete Bedeutung zu.

Niacin

Aus den menschlichen Fäzes nach Appendektomie isolierte Bakterien können Nicotinsäure synthetisieren. Außer diesem direkten Beweis für die enterale Bildung von Niacin im menschlichen Darm wurde ein indirekter Beweis dadurch erbracht, daß die Nicotinsäureausscheidung von Tieren, die proteinfreie Kost (d. h. ohne jegliche Tryptophanzufuhr) und nur 7 mg Nicotinsäure/d erhielten, 40–90 mg Nicotinsäure täglich betrug.

Für viele Mikroorganismen ist Niacin ein Wachstumsfaktor *(Lactobacillus casei, Lactobacillus arabinosus, Clostridium tetani, Staphylococcus aureus, Streptococcus plantarum u. a.).* Einige Mikroorganismen bilden unter aeroben Bedingungen Nicotinsäure, unter anaeroben Bedingungen jedoch bauen sie diese ab. Dazu zählen *Enterobacter aerogenes, Acetobacter vinelandii, Bacillus vulgaris, Clostridium butyricum, Escherichia coli, Proteus vulgaris, Shigella paradysenteriae* u. a.

Das enteral entstandene Niacin kommt in Form der Coenzyme NAD^+ und $NADP^+$ in jeder Zelle vor, und wird hauptsächlich als solches in den Darm von der synthetisierenden Zelle abgegeben. Durch Autolyse freigesetztes Niacin ist dann dem Menschen verfügbar. Von einigen Autoren wird darauf hingewiesen, daß diese freie Nicotinsäure von Bakterienzellen zum Teil wieder zur Eigensynthese aufgenommen und zum Teil zerstört wird.

Niacin wird hauptsächlich in den oberen Darmabschnitten durch einen passiven Transportmechanismus absorbiert. Aufgrund der Ergebnisse von In-vitro-Untersuchungen soll derselbe Mechanismus auch für die tieferen Darmabschnitte, in denen die bakterielle Synthese stattfindet, Gültigkeit haben.

Nach Sorell (1971) wird die Nicotinsäure im Colon nicht absorbiert. Dies ergaben In-vivo-Untersuchungen an sechs Probanden, denen Nicotinsäure direkt ins Colon gegeben wurde.

Während für die Ratte eine Beteiligung der Darmflora an der Bedarfsdeckung zwischen 1,8 und 3,5% angenommen wird, postulierte Sorell (1971), daß die Darmflora bei der Bedarfsdeckung des Menschen an Niacin so gut wie gar keine Rolle spielt.

Pantothensäure

An sieben freiwilligen jungen Männern wurden Versuche mit ca. 5 mg Pantothensäurezufuhr pro Tag durchgeführt. In diesen Studien wurde immer eine die Zufuhr übersteigende Pantothensäureausscheidung beobachtet. Bei einer Zufuhr von 4,7 mg Pantothensäure lag die Ausscheidung im Harn bei 3 mg und im Stuhl bei 2,2 mg. Insgesamt betrug die Ausscheidung somit 5,2 mg (112% der Zufuhr). Bei einer Senkung der Zufuhr an Pantothensäure auf 1,3 mg/d war die Ausscheidung im Stuhl konstant geblieben, die Gesamtausscheidung machte ungefähr das 3,5fache der vorherigen Zufuhr aus.

Ein Mangel an Pantothensäure kann nur experimentell und durch Unterstützung mit Antibiotikabehandlung erzeugt werden.

Pantothensäure kann synthetisiert werden von *Enterobacter aerogenes, Acetobacter vinelandii, Proteus vulgaris, Pseudomonas fluorescens, Thiobacillus thiooxidans* u. a.

Pantothensäure kann im Colon in größerer Menge aufgenommen werden als Folsäure und Biotin. Dies zeigten Versuche an Ratten, an denen Pantothensäureinjektionen ins Caecum erfolgten. Die enteral gebildete Pantothensäure kann aber nur zum Teil aus der Zelle diffundieren und in den Darm abgegeben werden. So gewinnt die enterale Pantothensäuresynthese nur bei geringer exogener Zufuhr an Bedeutung.

Nach älteren Angaben beträgt der Anteil der Darmflora an der Deckung des Pantothensäurebedarfs 11–58%. Gegen diese hohe Verfügbarkeit der Pantothensäure im menschlichen Darm spricht folgendes:
- Tiere, bei denen ein Pantothensäuremangel experimentell erzeugt wurde, scheiden immer noch Pantothensäure im Kot aus.
- Die Pantothensäuresynthese durch die Darmflora erfolgt erst nach Stimulierung durch Antibiotika oder Vitamin C.

Bei ausreichender exogener Pantothensäurezufuhr scheint der Mensch keinen Nutzen aus der enteralen Pantothensäuresynthese zu ziehen. Der Bedarf an Pantothensäure kann leicht durch die gemischte Kost gedeckt werden.

Biotin

Folgende Befunde sprechen für eine enterale Synthese von Biotin durch die Darmflora:
- Ein Biotinmangel kommt äußerst selten vor. Experimentell kann er jedoch durch Avidingaben und Ausschaltung der Darmflora erzeugt werden.
- Die Biotinausscheidung im Urin ist ungefähr so hoch wie die exogene Zufuhr. Die Aus-

scheidung in den Fäzes hingegen beträgt ein Vielfaches der Aufnahme. In Urin und Fäzes macht die gesamte Ausscheidung an Biotin das 3–6fache der Biotinaufnahme mit der Nahrung aus. Während die Ausscheidung im Urin auf die exogene Biotinzufuhr reagiert, ist die Ausscheidung in den Fäzes ein Ausdruck der enteralen Syntheseleistung der Darmflora.

- Der Biotingehalt im Urin beträgt nur ein Viertel von dem der Fäzes.
- Bei keimfreien Ratten, denen eine Biotinmangelkost verabreicht wird, kann der Biotinmangel experimentell erzeugt werden; konventionell gehaltene Tiere entwickeln bei gleicher Kost jedoch auch nach längerer Zeit (4 Monaten) keinen Biotinmangel. Die experimentell erzeugten Mangelsymptome verschwinden nach intramuskulärer Applikation von 100 µg Biotin.

Das von der Darmflora gebildete, chemisch bestimmbare Gesamtbiotin umfaßt neben dem physiologisch aktiven (+)-Biotin auch Vitamere, die entweder nur eine geringe oder gar keine Vitaminwirksamkeit besitzen. Beim enteral gebildeten Biotin muß zwischen dem extrazellulären und intrazellulären Biotin unterschieden werden. Bei *Escherichia coli* z.B. besteht das intrazelluläre Biotin aus (+)-Biotin, während das extrazelluläre Biotin hauptsächlich aus den nichtwirksamen Vitameren besteht. Es wird geschätzt, daß das intrazelluläre Biotin nur 0,2–0,3% des Gesamtbiotins ausmacht. Wie Versuche mit *Escherichia coli* zeigten, wird die eigene Biotinsynthese gehemmt, wenn das Wachstumsmedium mit dem physiologisch wirksamen Biotin mehr oder weniger gesättigt ist.

Es ist anzunehmen, daß das enteral gebildete, physiologisch wirksame (+)-Biotin dem menschlichen Körper nicht zur Verfügung steht, da es in den Darmbakterien gebunden vorliegt. Vielmehr besteht das chemisch bestimmbare Biotin aus Vitameren mit geringerer Wirksamkeit.

Es ist auch sehr wichtig zu berücksichtigen, daß lediglich freies Biotin absorbiert werden kann. Das mit der Nahrung aufgenommene gebundende Biotin wird durch die Biotinidase abgespalten und freigesetzt. Dieses Enzym kommt in der Wand des absorbierenden Darmes vor. Ins Colon injiziertes freies Biotin kann nur in sehr geringem Umfang absorbiert werden. Hinzu kommt, was für alle Vitamine, die enteral gebildet werden können, Gültigkeit hat, daß durch die Darmbakterien selbst gewisse Mengen der entstandenen Verbindungen zerstört werden.

Folsäure

Folgende Argumente sprechen für die enterale Folsäure-Synthese:

- Bis 1962 war kein alimentärer Folsäuremangel beim Menschen bekannt. Die Ausschaltung der Darmflora durch Sulfonamide oder andere Antibiotika bei gleichzeitiger Folsäurefreier Ernährung führt zur Folsäure-Hypovitaminose, die durch verminderte Folsäure-Ausscheidung in Urin und Fäzes gekennzeichnet ist. Ähnliche Symptome treten auch bei ausreichender exogener Folsäurezufuhr (Normalkost) bei der Verabreichung von Antibiotika auf.
- Bei keimfrei ernährten Ratten führt eine Folsäure-freie Diät schneller zum Folsäuremangel als bei konventionell gehaltenen Ratten. Das Umstellen keimfreier Tiere auf konventionelle Haltungsbedingungen oder gar ihre Monobeimpfung mit *Escherichia coli, Proteus vulgaris* oder *Enterobacter aerogenes* beseitigt die Verarmungssymptome (Wachstumsstörungen, erniedrigte Werte für Hämotokrit und Hämoglobin).
- Beim erwachsenen Menschen übertrifft die Folsäureausscheidung in Urin und Fäzes die Aufnahme; der Quotient beträgt 1–5,5.
  Im Stuhl wird ca. 75mal soviel Folsäure wie im Urin ausgeschieden. Bei einer Folsäurezufuhr von 62 µg beträgt die Ausscheidung im Urin 4 µg und im Stuhl 304 µg. Die gesamte Folsäureausscheidung beträgt mit 308 µg 542% der Aufnahme.

Die verschiedenen Spezies der Darmbakterien haben ein unterschiedliches Vermögen, Folsäure zu synthetisieren. Dies liegt an der artspezifischen Ausstattung der Bakterienzellen mit Enzymsystemen, die für die Folsäuresynthese aus ihren Vorstufen und/oder die Umwandlung der synthetisierten Folsäure in die aktive Form (Coenzym) benötigt werden. Bei einigen Bakterien kann die Folsäure aus p-Aminobenzosäure gebildet werden (die Pteridinkomponente können solche Bakterien auch selbst synthetisieren).

Von folgenden Bakterienstämmen kann die Folsäure gebildet werden: *Enterobacter aerogenes, Bacillus subtilis, Clostridium botulinum, Escherichia coli, Lactobacillus casei, Staphylococcus aureus* u.a.

Verfügbarkeit von enteral gebildeter Folsäure
Nur Folsäure mit einem einzigen Glutamatrest kann absorbiert werden; Polyglutamate dagegen nicht. Dies erklärt, weshalb nur ca. 20–25% des Nahrungsfolats, das hauptsächlich in Form von Polyglutamat vorliegt, absorbiert werden. Die Absorption erfolgt im oberen Dünndarm; etwa 90% der Absorption beim Menschen erfolgt im Jejunum.

Freie Folsäure kann von jedem Teil des Dünn- bzw. Dickdarms absorbiert werden. Vom rektal verabreichten Folat können 1–5% der Dosis absorbiert werden. Als Mechanismus hierfür wird eine passive Diffusion angenommen. Hiernach ist das Colon nicht mehr in der Lage, nennenswerte Folsäuremengen zu absorbieren.

Der größte Teil der im menschlichen Darm gebildeten Folsäure liegt in gebundener Form vor. Neuere Untersuchungen bestätigen, daß nicht die gesamte synthetisierte Folsäure fixiert vorliegt. So wird bei Patienten mit Blind-Loop-Syndrom (bakterielle Überwucherung im Dünndarm) eine verhältnismäßig hohe Serum-Folat-Konzentration festgestellt.

Lange Zeit galt die Annahme, daß etwa 70% des Folsäurebedarfs durch die Darmflora gedeckt werden können. Diese Versuchsergebnisse wurden mit keimfreien Ratten erzielt. Sie ließen sich nicht ohne weiteres reproduzieren und ihre Übertragbarkeit auf den Menschen blieb noch offen. Gegen diese Annahme sprechen folgende Ergebnisse aus neueren Untersuchungen:

- Das Colon, wie die anderen Darmabschnitte hinter der ileocaecalen Klappe, absorbiert wesentlich geringere Folsäuremengen als der Dünndarm. In diesen tieferen Darmabschnitten findet jedoch die Folsäure-Synthese statt.
- Die synthetisierte Folsäure liegt größtenteils in der Zelle in gebundener Form vor. Auch die durch die Zellmembran diffundierte Folsäure liegt nicht frei vor, sondern als Polyglutamat.

Da die enterale Folsäure-Synthese nur bedeutungsvoll zu sein scheint, wenn die Bakterien krankhaft den Dünndarm überwuchern (der Plasmagehalt an Folsäure ist dann verhältnismäßig hoch, was für eine hohe Absorptionsrate spricht), kann angenommen werden, daß unter physiologischen Bedingungen die Versorgung mit Folsäure über die Darmflora minimal sein muß. Auf der anderen Seite kann ein Folsäuremangel nur durch Folsäure-freie Kost und bei gleichzeitiger Gabe von Antibiotika erzeugt werden. Es ist daher wahrscheinlich, daß für die Bedarfsdeckung mit Folsäure sowohl die enteral entstandene wie auch exogen zugeführte Folsäure herangezogen wird, wobei der exogenen Zufuhr eine größere Bedeutung zukommt.

Inosit
Inosit wird von *Coli-Aerogenes*-Stämmen gebildet, ist jedoch hauptsächlich in den Bakterienzellen fixiert. Enteral gebildetes m-Inosit ist daher für den Menschen nicht verfügbar.

Neuere Untersuchungen zeigten, daß in keimfreien wie in konventionell gehaltenen Ratten und Mäusen nach intraperitonaler Injektion radioaktiv markierter Glucose dieselbe Menge an radioaktivem Inosit nachgewiesen wurde. Aufgrund der Eigensynthese des Inosits im tierischen Gewebe kommt der Syntheseleistung durch die Darmflora bei der Bedarfsdekkung keine Bedeutung zu.

3.4 Nichtnährstoffe

3.4.1 Gewürze

Allgemeines
Nach der Begriffsbestimmung für Gewürze werden diese definiert als »naturbelassene Teile (Wurzeln, Wurzelstücke, Zwiebeln, Rinden, Blätter, Kräuter, Blüten, Früchte, Samen oder Teile davon) einer Pflanzenart, auch getrocknet und/oder mechanisch bearbeitet, die wegen ihres aromatischen oder charakteristischen Geschmackes und/oder Geruches als würzende oder geschmacksverbessernde Zutaten zur menschlichen Nahrung geeignet oder bestimmt sind«.

Gewürze wurden bereits Jahrtausende v. Chr. verwendet; die älteste Nutzgartenkunde mit Beschreibungen und Anbauvorschriften über Gewürze stammt von den Babyloniern aus dem 2. Jahrtausend v. Chr.

Mit der Erschließung des direkten Seeweges nach Indien und der dadurch eintretenden Verbilligung tropischer Gewürze nahm der Verbrauch der bei uns heimischen Gewürze stetig ab. Erst während des Zweiten Weltkrieges wurden die bei uns gedeihenden Arten wegen des Mangels an überseeischen Gewürzen neu entdeckt und ihr Verbrauch ist auch zur Zeit noch beträchtlich, wenn auch die tropischen Gewürze trotz des höheren Preises bevorzugt werden.

Neben ihrer Bedeutung als Salböle sowie in der Heilkunde fanden die Gewürze seit alters her in allen Teilen der Welt Verwendung als Träger von Riech- und Schmeckstoffen zur Geschmacks- und Geruchsverbesserung bzw. -intensivierung von Speisen.

Dieser Wirkung der Gewürze auf Geruch und Geschmack der Nahrung kommt insofern eine ernährungsphysiologische Bedeutung zu, als der Wohlgeschmack und/oder -geruch der Speisen Voraussetzung für eine ausreichende Nahrungsaufnahme, und somit für eine ausreichende Energie- und Nährstoffaufnahme ist.

Auch und gerade in der Krankenernährung kann durch den Einsatz von Gewürzen die Erhaltung des Appetits erzielt werden, was für die Genesung und das Wohlbefinden des Kranken wichtig ist. Es muß jedoch darauf hingewiesen werden, daß je nach Erkrankung auf bestimmte Gewürze verzichtet werden muß. So sind bei akut-entzündlichen Erkrankungen des Mund- und Rachenraumes scharfe, brennende Gewürze wegen ihrer unmittelbaren Reizwirkung zu vermeiden, ein generelles Gewürzverbot ist jedoch nicht gerechtfertigt.

Die Gewürze haben jedoch nicht nur eine appetitanregende und somit sekundärphysiologische Wirkung, es konnten auch zahlreiche primärphysiologische Wirkungen nachgewiesen werden.

Ihre Wirkung – sowohl die geschmacks- und geruchsverbessernde wie auch die physiologische – verdanken die Gewürze ihren charakteristischen Inhaltsstoffen, wobei es sich primär um etherische Öle und scharfschmeckende Stoffe (Piperin, Capsaicin, Gingerol, Senfölglycoside u.a.) handelt. Eine Zusammenstellung der wichtigsten Gewürze zeigt die Vielzahl der in ihnen enthaltenen Wirkstoffe (Tab. 196).

Physiologische Wirkungen

Die Wirkung der Gewürze auf die Speicheldrüsen

Die Zusammenhänge zwischen Gewürzaufnahme und Speichelabsonderung müssen durch vergleichende Untersuchungen unter gleichen Bedingungen erfaßt werden. Die vorläufig beste Methode, die Speichelmenge zu bestimmen, soll das Auslaufenlassen des Speichels aus halbgeöffnetem Mund darstellen, weil hierbei die natürliche Sekretion so wenig wie möglich beeinflußt wird. Die von GLATZEL (1968) mit diesen Methoden festgestellten Ergebnisse zeigen, daß die abgesonderte Speichelmenge bei gewürzten Speisen das 2–3fache der Menge beträgt, die bei ungewürzten Speisen sezerniert wird. Als Beispiel sind zu nennen: Pfeffer, Chili, Curry, Paprika, Senf. Die ebenfalls untersuchte Amylaseaktivität ist nach Gabe gewürzter Speisen ebenfalls erhöht, und zwar um das 2–5fache.

Neuraminsäure und Hexosamine, als Bestandteile der Mucoproteine, steigen in ihrer Konzentration im Speichel nicht an, sondern ihre Menge wird dadurch erhöht, daß eine vermehrte Speichelsekretion erfolgt.

Die Gewürze müssen mit der Schleimhaut des Mund- und Rachenraumes, d.h. mit den Rezeptoren der Sinnesorgane in Berührung kommen, damit der Speichel-Wirkungseffekt einsetzt.

Wirkungen im Magen-Darm-Trakt

Laut GLATZEL (1968) ist es sinnvoll, eine Einteilung der Magen-Darm-wirksamen Gewürze unter dem Gesichtspunkt »sekretorisch wirksam«, »motorisch wirksam« und »antibakteriell wirksam« vorzunehmen. Vielfach untersucht sind Zusammenhänge zwischen Verabreichung von Gewürzen und Magensaftsekretion, speziell der Säurekonzentration des Magensaftes.

Anis, Fenchel, Ingwer, Paprika und Zimt sollen die Salzsäuresekretion erhöhen. Dagegen sollen Pfeffer und Senf sie hemmen. Es stellt sich jedoch die Frage, ob diese Säurewerte verdauungsphysiologisch und diätetisch wirksam sind.

Dagegen wird der Gesamtmenge des abgesonderten Magensaftes nach Gewürzverabreichung eine wichtigere Rolle zugeschrieben. Die Menge des sezernierten Magensaftes läßt sich mit dem Röntgenverfahren abschätzen. Da sich große individuelle Unterschiede feststellen lassen, ist bei vielen Gewürzen eine eindeutige Aussage bezüglich der Magensaftkonzentration nicht möglich. Lediglich Chili und Senf führten bei allen Versuchspersonen zu weitestgehend eindeutigen Aussagen. So ist die Magensaftsekretion nach einer Mahlzeit mit Chili geringer als nach einer ungewürzten Testmahlzeit. Dagegen liegen bei Senf die umgekehrten Verhältnisse vor, d.h. die Magensaftsekretion ist erhöht. Durch die erhöhte Menge salzsäurehaltigen Magensaftes nach Senfverabreichung wird die Wirkungsdauer der säureempfindlichen Speichelamylase verkürzt. Dieser Nachteil wird aber durch die größere enzymatische Wirkung des Speichels nach Senfverzehr ausgeglichen.

Neben der Sekretion ist auch die Magenmotorik beeinflußt. Senf bewirkt eine Verringerung der Magenmotorik, was eine längere Verweildauer der Speisen zur Folge hat. Bei Chili

Tab. 196. Bedeutende Inhaltsstoffe verschiedener Gewürze

Handelsbezeichnung	Botanischer Name	Familie	Heimat	Bedeutende Inhaltsstoffe
1. Fruchtgewürze				
Chilies	*Capsium fructescens*	Solanaceae	Mittelamerika	Wichtigster Inhaltsstoff ist das Capsaicin, das zu 0,57–1,45% enthalten und Träger des scharf brennenden Geschmacks ist.
Paprika	*Capsicum annuum*	Solanaceae	Süd- und Mittelamerika	Capsaicin, als Träger des scharfen Geschmacks, ist durchschnittlich zu 0,3–0,5% enthalten.
Pfeffer	*Piper nigrum*	Piperaceae	Malabarküste	Der charakteristische Geruch und Geschmack beruht auf dem Gehalt an etherischen Ölen (1–3,6%) und dem Alkaloid Piperin (5–10%).
Piment	*Pimenta dioica*	Myrtaceae	Jamaica	3–5% etherisches Öl, das größtenteils aus Tugenol besteht.
2. Umbelliferenfrüchte				
Anis	*Pimpinella anisum*	Umbelliferae	östliches Mittelmeergebiet	2–3% etherisches Öl, das zu 80–90% aus Anethol besteht, welches für Geruch und Geschmack verantwortlich ist.
Fenchel	*Foeniculum vulgare*	Umbelliferae	Mittelmeergebiet, Kleinasien	0,6–6% etherisches Öl, das zu 50–60%aus süß schmeckendem Anethol und bis zu 20% aus bitter und kampferartig schmeckendem Fenchon besteht.
Kümmel	*Carum carvi*	Umbelliferae	Nord- und Mitteleuropa	3–7% etherisches Öl mit einem Carvenanteil von 50–85%, der für den Geruch verantwortlich ist.
3. Samenfrüchte				
Muskatnuß	*Myristica fragans*	Myristicaceae	Südliche Molukken	7–16% etherisches Öl, das als wichtige Bestandteile die Phenole Myristicin (bis zu 8%), Eugenol, Isoeugenol und Safrol enthält. Myristicin ist hauptsächlich für die toxische Wirkung beim Genuß größerer Mengen Muskatnuß verantwortlich.
Senf	*Brassica nigra* *Sinapis alba*	Cruciferae	Südeuropa	Wichtigste Inhaltsstoffe sind die Senföl-Glykoside (1,1–1,2% Sinigrin im schwarzen Senf; 1,5–2,5% Sinalbin im weißen Senf) und das Enzym Myrosinase, das in besonderen Myrosinzellen enthalten ist und bei Zerstörung der Senfkörner freigesetzt wird. Durch das Enzym werden bei Wasserzusatz die brennend-scharf schmeckenden Isothiocyanate aus den geruch- und geschmacklosen Glykosiden freigesetzt.
4. Blütengewürze				
Gewürz nelken	*Eugenia caryophyllus*	Myrtaceae	Molukken	15–25% etherisches Öl mit 70–90% Eugenol und 10–15% Acetengenöl als Geruchsträger.

Tab. 196. Fortsetzung

Handelsbezeichnung	Botanischer Name	Familie	Heimat	Bedeutende Inhaltsstoffe
5. Rhizom-Gewürze				
Ingwer	*Zingiber officinale*	Zingiberaceae	Südostasien	0,6–3,4% etherisches Öl mit Zingiberol als Geruchsträger und ca. 70% Zingiberen. Der nicht flüchtige Harzanteil bedingt den scharfen Geschmack.
Kurkuma	*Curcuma longa*	Zingiberacea	Südostasien	Der typische Geruch und Geschmack ist durch 1,3–5,5% etherisches Öl bedingt, das zu 25% aus Zingiberen besteht.
Meerrettich	*Cochlearia armoracia (Armoracia rusticana)*	Cruciferae	Südosteuropa, Westasien	0,09–0,2% etherisches Öl mit einem Anteil von 60% Allylsenföl, das in Form des Glykosids Sinigrin vorliegt. Das etherische Öl ist für den scharfen, beißenden Geschmack und den stechenden Geruch verantwortlich.
6. Zwiebelgewürze				
Knoblauch	*Allium sativum*	Liliaceae	Asien	Schwefelhaltige Aminosäurederivate (Alliin, Methylalliin u. a.) sind die wichtigsten Inhaltsstoffe. Alliin wird durch das beim Zerkleinern freigesetzte Enzym Alliinase in das stechend riechende, antibiotisch wirksame Alliicin umgewandelt. Daneben enthält Knoblauch 0,1–0,36% etherische Öle.
Zwiebel	*Allium cepa*	Liliaceae	westliches Asien	Schwefelhaltige Aminosäurederivate (Dihydroalliin und Methylalliin) sind die charakteristischen Inhaltsstoffe. Aus Dihydroalliin (S-U-Propylcysteinsulfoxid) entsteht beim enzymatischen Abbau l-Propenylsulfensäure, die als tränenreizender Faktor identifiziert wurde. Der Gehalt an etherischen Ölen beträgt 0,005–0,015%.
7. Rindengewürze				
Zimt	*Cinnamomun ceylanicum*	Lauraceae	Südostasien	Zimt enthält je nach Sorte bis zu 3,5% etherisches Öl, dessen Hauptbestandteil, das Zimtaldehyd, das charakteristische Zimtaroma hervorruft.
8. Blatt- und Krautgewürze				
Basilikum	*Ocimum basilicum*	Labiatae	Indien	Die Blätter enthalten 5–6% Gerbstoffe und bis zu 1,5% etherische Öle, welche den Würzwert bedingen.
Oregano	*Origanum vulgare*	Labiatae	Südeuropa, Asien	1,4–2,4% etherisches Öl, das als Hauptbestandteile 25–45% Carvacrol und 20–50% Linalool enthält.

konnte dagegen keine eindeutige Aussage gemacht werden. Hier wurden sowohl Magenmotorik erhöhende Wirkungen als auch unveränderte Magenmotorik festgestellt. Einen Zusammenhang zwischen Zottenkontraktion und Absorption ist bei Anwesenheit von Nelken und Knoblauch am größten. Die Zottenbewegungen werden deshalb als ein wichtiger Faktor für die Absorption angesehen.

Wirkungen auf Leber und Galle

Gewürze können zum einen eine vermehrte Gallenbildung der Leberzellen bewirken und werden dann als *Choleretica* bezeichnet. Weiterhin können sie die Entleerung der Gallenblase stimulieren. Sie werden dann *Cholagogene* genannt.

Der Aufguß von Curcuma regt die Gallensekretion stark an, wirkt also choleretisch und entfaltet bei Anwendung gegen Erkrankungen der Leber und Gallenwege gute Wirkungen. Der auf die Gallensekretion wirkende Bestandteil der Curcuma soll der Farbstoff Curcumin sein. Eine Untersuchung mit kristallinem *Curcumin* konnte diese Vermutung bestätigen.

Ebenso wie Curcuma besitzt auch die Zwiebel eine choleretische Wirkung. Sowohl die Gallenmenge als auch deren Gehalt an Gallensäuren ist nach Verzehr von Zwiebeln deutlich erhöht. Es wird also trotz Sekretionssteigerung keine verdünnte Galle ausgeschieden, sondern eine Galle, deren Konzentration an spezifischen Inhaltsstoffen gleich der einer normalen Galle ist.

Weiterhin besitzen einige etherische Öle eine choleretische Wirkung. Dazu zählen: Kümmelöl, Pfefferminzöl, Anisöl. Die Wirkung des Kümmels wird hauptsächlich durch seinen Gehalt an Monoterpenen (Carvon, Dihydrocarvon) hervorgerufen.

Zu den Gewürzen, die cholagogen wirken, zählen Paprika und Senf. Durch Messung des Gallenblasenumfanges wurde diese Eigenschaft nachgewiesen.

Wirkungen auf Herz und Kreislauf

Die Gewürzwirkungen auf das Herzschlagvolumen hängen vor allem davon ab, mit welcher Grundkost das Gewürz zusammen aufgenommen wird. Es läßt sich deshalb kein allgemeingültiges Schema von Gewürzwirkungen auf das Herz ableiten.

Eine starke Wirkung des Knoblauchs auf die Arterienwände konnte nachgewiesen werden. Knoblauch verhindert arteriosklerotische Veränderungen an der Kapillarwand.

Capsaicin – ein Inhaltsstoff der Paprika – ruft eine Gefäßerweiterung hervor. Capsaicinlösungen rufen lokale Rötungen auf Haut und Schleimhaut hervor, es entwickelt sich eine Hyperämie. Bei manchen Menschen treten nach Paprikagenuß Hyperämie in Gesicht, Nacken und auf der Brust, Schweißausbruch, Tränenfluß und intensive Nasenschleimsekretion auf.

Capsaicin soll eine dem Acetylcholin vergleichbare Wirkung besitzen.

Nach Senf-, Pfeffer- und Ingwergenuß wurde bei Ratten Hypertonie festgestellt, die auch nach Absetzen der Gewürze noch bestehen blieb. Am wirksamsten scheint der Senf zu sein. Es wird vermutet, daß das Allylisothiocyanat diese Wirkung hervorruft. Weiterhin bewirken Chili und Senf eine Durchblutungssteigerung verschiedener Hautbereiche.

Wirkung auf Gerinnung und Fibrinolyse

Durch Senf und Chili besteht ein gewisser Einfluß auf die Fibrinolyse. Sie verhindern einen Rückgang der fibrinolytischen Aktivität, wodurch die Thrombosegefahr vermutlich verringert wird.

Wirkung auf die endokrinen Drüsen

Es wird vermutet, daß ein gewohnheitsmäßig reichlicher Paprikagenuß eine Erhöhung der 17-Hydroxy-Corticosteroide hervorruft. Durch das Messen der 17-Hydroxy-Corticosteroide in Blut und Urin wird die Aktivität der Nebennierenrinde in bezug auf die Corticoide bestimmt.

Außerdem soll Capsaicin (subcutan injiziert) bei Ratten zu einer vermehrten ACTH-Sekretion führen.

Wirkungen auf das Nervensystem

Subcutane oder intraperitoneale Injektionen von Capsaicin bewirken bei Ratten, daß chemische Reize keine reflektorische Schmerzreaktion auslösen, wohl aber eine physikalische. Durch Capsaicin wird also in selektiver Weise die Wirkung chemischer Schmerzreize blokkiert.

Eine extrem starke Wirkung auf das Nervensystem zeigen die Inhaltsstoffe der Muskatnuß. Je nach eingenommener Dosis können leichte Bewußtseinsveränderungen bis hin zu intensivsten Halluzinationen auftreten. Es kommt zu deutlichen Veränderungen des Zeit- und Raumgefühls.

Die Phenyl-Allyl-Derivate sollen die psychotropen Wirkstoffe darstellen und deren biologische Umwandlungsprodukte haben mescalin- und amphetaminähnliche Struktur.

Die psychotropen Wirkungen der Muskatnuß sind deshalb nicht allein auf das Myristicin zurückzuführen, sondern auch auf die anderen Bestandteile des etherischen Öls. Bisher wurden allerdings nur die Wirkung des Capsaicins und der Inhaltsstoffe der Muskatnuß auf das Nervensystem mit modernen Methoden überprüft.

Inwieweit noch andere Gewürze bzw. Gewürzinhaltsstoffe Wirkungen auf das Nervensystem hervorrufen, ist unklar.

In-vivo – antibakterielle Wirkungen der Gewürze

In-vitro-Untersuchungen haben gezeigt, daß viele Gewürze antibakteriell wirksame Substanzen enthalten. Eine Substanz, die im Reagenzglas Bakterien in ihrer Entwicklung hemmt, entfaltet im Organismus aber erst dann antiinfektiöse Eigenschaften, wenn sie absorbiert wird und somit in die infizierten Organe gelangt. Antibakteriell wirksame Konzentrationen werden vor allem in den Ausscheidungsorganen, in der Niere mit den ableitenden Harnwegen und der Lymphe nachzuweisen sein.

Die im Meerrettich vorhandenen Senföle werden bis zu 60% in unveränderter Form durch die Nieren ausgeschieden (Kienholz und Kemkes 1960).

Die Wirksamkeit von Meerrettich bei Harnwegsinfektionen hängt von der Dosis und damit von der Nierenverträglichkeit der Senföle ab.

Als weiteres antibakterielles Gewürz ist Knoblauch bekannt. Es wurde festgestellt, daß Knoblauch eine darmberuhigende, diarrhoestillende Wirkung, eine die Darmflora von pathologischen oder abnormen Mikroorganismen reinigende und eine antiseptische Wirkung besitzt.

3.4.2 Nitrat- und Nitritaufnahme aus der Nahrung

Nitrat (NO_3^-) ist eine ubiquitär in der unbelebten und belebten Umwelt vorkommende Verbindung, die über viele Quellen Eingang in den menschlichen Organismus findet. Die intensive landwirtschaftliche Nutzung der Böden, die eine enorme Steigerung des Einsatzes N-haltiger Mineral- und Naturdünger notwendig machte, bedingt in einigen Gegenden der BR Deutschland einen besorgniserregenden Anstieg der Nitratgehalte im Trinkwasser. Als unmittelbare Folge des hohen Düngemitteleinsatzes weisen darüber hinaus zahlreiche Gemüsesorten erhöhte Nitratmengen auf.

Diese Sachverhalte, zusammen mit der EG-weiten Herabsetzung der Grenzwerte auf 50 mg Nitrat/l Trinkwasser, entfachten in den letzten Jahren eine verstärkte wissenschaftliche Diskussion über eine hohe Nitratbelastung und ihre Wirkungen auf den Körper. Im Vordergrund stehen Reaktionen wie die Reduktion des Nitrats zu Nitrit und die Bildung von Nitrosaminen, von denen eine Gesundheitsgefährdung ausgehen kann.

Nitrat stellt für Pflanzen eine Quelle für Stickstoff dar und ist somit in allen Pflanzenteilen zu finden. Fehlen den Pflanzen optimale Wachstumsbedingungen aufgrund verschiedener Umwelteinflüsse, so können sie, bei reichem Angebot, Nitrat speichern. Bestimmte Pflanzenarten wie Spinat, Kopfsalat, Rote Bete, Rettiche, Radieschen und verschiedene Kohlarten besitzen ohnehin die Fähigkeit, hohe Nitratmengen anzureichern, besonders bei reicher Stickstoffdünnung (Tab. 197).

Übersteigt die Einbringung N-haltiger Mineral- oder Naturdünger die Aufnahme durch die Pflanzen, so erfolgt abhängig von der Bodenstruktur eine mehr oder weniger schnelle Auswaschung von Nitraten in das Grund- und Oberflächenwasser. Dieses dient vielfach zur Trinkwassergewinnung, dessen Nitratgehalt aus organischen Quellen dadurch zusätzlich erhöht wird. Nach Angaben des Ernährungsberichtes 1984 werden in der BR Deutschland z. Zt. nur 93% der Bevölkerung mit Trinkwasser versorgt, das weniger als 50 mg NO_3^-/l enthält.

Eine weitere wichtige Quelle für Nitrat, aber auch **Nitrit** (NO_2^-) stellen tierische Lebensmittel dar, denen Nitrat- und Nitritsalze zum Zwecke der Haltbarmachung und Farbgebung zugesetzt werden. Der Einsatz solcher Zusatzstoffe ist in der Fleischverordnung des Deutschen Lebensmittelrechtes streng geregelt. So darf der Zusatz von Kaliumnitrat (Salpeter) zum Pökeln von Rohschinken nicht mehr als 600 mg/kg Fleisch- und Fettmenge betragen. Zum Pökeln von Rohwürsten, die vor dem Inverkehrbringen mindestens 4 Wochen gereift worden sind, darf höchstens 300 mg/KNO_3/kg eingebracht werden, und nicht mehr als 100 mg KNO_3/kg Fleisch- und Fettmenge dürfen anschließend im Fertigerzeugnis zu finden sein.

Die genannte Wartezeit ist notwendig, da

Tab. 197. Überblick über die Nitratgehalte ausgewählter Gemüsearten unter Berücksichtigung verschiedener Anbaumethoden (RAUTER et al. 1982)

		Gehalt in g NO_3/kg FG			
		$\bar{M}$	T	H	n
Kopfsalat	F	1,56	0,23	3,29	162
	G	3,68	1,57	6,61	90
	B	1,19	0,06	2,31	41
Endivie	F	1,06	0,07	2,59	31
	B	0,49	0,07	1,12	15
Chinakohl	F	1,12	0,20	2,61	35
	B	0,76	0,18	2,18	6
Feldsalat	F	1,17	0,18	2,98	27
	G	3,20	2,25	4,33	6
	B	0,71	0,01	1,95	5
Kresse	F	1,55	0,63	2,43	14
	G	3,34	2,34	4,63	10
	B	0,70	0,39	1,00	3
Spinat	F	0,84	0,02	2,72	85
	B	0,97	0,02	2,73	9
Weißkraut	F	1,07	0,01	3,23	58
	B	0,74	0,11	2,11	26
Grünkohl	F	1,06	0,01	3,64	52
	B	0,96	0,01	1,74	14
Kohlsprossen	F	0,24	0,01	0,58	8
Kohlrabi	F	1,33	0,36	2,95	109
	G	2,50	0,90	4,38	14
	B	1,12	0,39	2,33	28
Blumenkohl	F	0,42	0,04	1,03	13
	B	0,35	0,04	0,94	6
Radieschen	F	1,53	0,08	3,83	106
	G	2,86	1,08	4,53	29
	B	1,31	0,27	3,37	22
Rettich, weiß	F	1,68	0,30	3,77	54
	G	3,58	2,92	4,96	6
	B	1,23	0,42	3,22	6
Rettich, schwarz	F	1,77	0,41	4,38	69
	B	0,46	0,17	0,82	5
Rote Bete	F	1,95	0,18	5,36	115
	B	1,58	0,10	4,30	25
Sellerie (Knolle)	F	0,98	0,07	3,64	35
	B	0,36	0,03	1,08	10
Petersilie (Kraut)	F	0,84	0,10	2,60	16
	G	3,40	2,17	5,64	8
	B	0,11	0,06	0,15	5
Petersilie (Wurzel)	F	1,20	0,01	4,69	26
	B	0,40	0,01	0,96	7
Karotten	F	0,50	0,09	1,10	39
	B	0,20	0,02	0,52	25

$\bar{M}$ = Mittelwert; T = tiefster Einzelwert; H = höchster Einzelwert; n = Probenzahl; F = Gemüse aus Feldbau; G = Glashausgemüse; B = Gemüse aus biologischem Anbau

Nitrat nur langsam zu Nitrit umgesetzt wird, welches dann seine antimikrobielle Wirkung entfaltet. In einer rein chemischen Reaktion entsteht aus Nitrit später NO, welches sich an Myoglobin bindet und als Nitroso-Myoglobin der Ware eine dauerhafte rote Farbe verleiht. Durch eine 4wöchige Wartezeit wird demnach der Nitritgehalt des fertigen Produktes gesenkt. Nitrit selber wird in Form des Nitritpökelsalzes zugesetzt, wobei für Rohschinken die Höchstmenge von 150 mg/kg Fleisch- und Fettmenge, für andere Fleischerzeugnisse 100 mg/kg, berechnet als $NaNO_2$, gelten.

Vornehmliches Ziel des Pökelns ist der Schutz der Fleischerzeugnisse vor Clostridienbefall, was auch den Grund für den Einsatz von Nitrat bei der Herstellung von Hart- und Schnittkäse rechtfertigt. Zur Verhütung der sog. Spätblähung ist der Zusatz von max. 0,2 g KNO_3 oder $NaNO_3$/l Käsereimilch zulässig, wenn ebenfalls eine Wartezeit von 4 Wochen vor dem Inverkehrbringen eingehalten wird.

Als zusätzliche Nitratquellen kommen für den Menschen verschiedene Medikamente sowie in kleinen Mengen Nitrat-Aerosole aus der Luft in Frage. Auch eine endogene Nitratsynthese wird diskutiert.

Insgesamt wird in der BR Deutschland eine durchschnittliche tägliche Nitrataufnahme von 75 mg aus Nahrungsmitteln (ohne Trinkwasser) angenommen. Schon bei einem Gehalt von 34 mg NO_3^-/l Trinkwasser errechnet sich für Erwachsene bei einer Aufnahme von 2,2 l/d die doppelte Menge an Nitrat wie durch Zufuhr aus Nahrungsmitteln. Für Nitrit, das überwiegend aus gepökelten Fleischwaren stammt, werden 2–5 mg als tägliche Aufnahmemenge angegeben.

Auch **Nitrosamine,** ermittelt als N-Nitrosodimethylamin (NDMA), dem am häufigsten gefundenen Nitrosamin, kommen in Nahrungsmitteln vor. Sie entstehen vorwiegend beim Erhitzen aus der aktiven Form von Nitrit (N_2O_3) und sekundären Aminen und Amiden. Ein Beispiel hierfür ist das Erhitzen von Salami und Käse bei Pizza oder von Schinken und Ei beim »Strammen Max«. Die Aufnahme von NDMA über die Nahrung wird derzeit in der BR Deutschland auf 0,5 µg/d bei Männern und 0,4 µg/d bei Frauen geschätzt. Raucher kommen auf höhere Aufnahmen: mit dem Konsum von 20 Zigaretten werden etwa 15 µg Nitrosamine inhaliert.

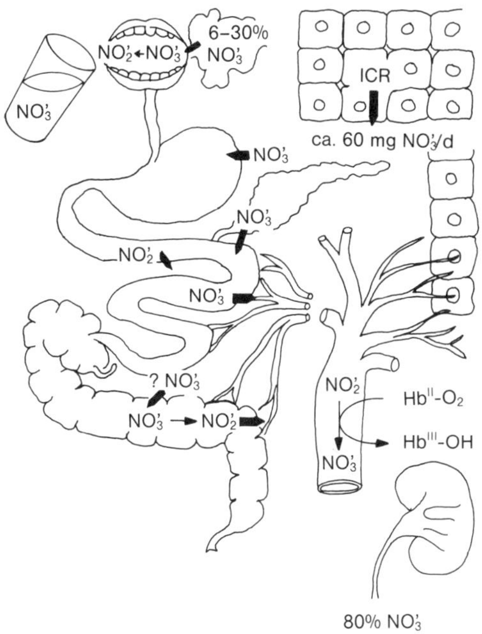

Abb. 115. Nitratumsatz beim Menschen. Schematische Darstellung (KÜBLER et al. 1984).

Stoffwechsel von Nitrat

Das mit der Nahrung zugeführte Nitrat wird, sofern im Speichel und Magen keine Reduktion zu Nitrit erfolgt, unverändert nahezu vollständig im Dünndarm absorbiert. Die Absorptionsrate aus fester Nahrung liegt bei 70–90%, aus Flüssigkeiten bei 80–100%. Die Ausscheidung erfolgt zu rund 80% über die Niere und zu 6–30% über den Speichel (Abb. 115). Nur 1–2% des aufgenommenen Nitrats finden sich in den Fäzes, die noch verbleibende Menge wird möglicherweise in tieferen Darmabschnitten umgesetzt.

Besonderer Aufmerksamkeit bedarf im Nitratmetabolismus der Kreislauf des Nitrats, das über den Speichel sezerniert wird. Die Nitratkonzentrationen im Speichel korrelieren eng mit denen im Blutplasma, liegen jedoch bis zu 40mal höher. Etwa 15–20% des absorbierten Nitrats gelangen so über den Speichel in die Mundhöhle und werden erneut abgeschluckt.

Ein Anteil von 15–25% des im Speichel befindlichen Nitrats werden in der Mundhöhle von Bakterien zu Nitrit reduziert. Bei einem Nitratgehalt von 50 mg/l Trinkwasser erhöht sich der Nitritgehalt im Speichel bis auf 5,5 mg/l. Bei Aufnahme von 200 ml Rote-Bete-Saft (oder 250 g Kopfsalat) und damit im Durchschnitt 300 mg Nitrat, weist der Speichel Nitritkonzentrationen von rund 400 mg/l auf.

Toxizität und Wirkungen auf den menschlichen Organismus

Nitrat an sich ist nur in sehr hohen Konzentrationen (LD_{50}=8–15 g) giftig. Entsprechend dem ADI-Wert der WHO/FAO von 0–5 mg $NaNO_3$ pro kg Körpergewicht liegen tägliche Aufnahmemengen bis 219 mg NO_3^- für einen 60 kg schweren Erwachsenen noch im tolerierbaren Bereich. Dieser ADI-Wert gilt jedoch nicht für Säuglinge, die wesentlich empfindlicher reagieren. Als mögliche chronische Auswirkungen höherer Nitrataufnahmen wird eine Beeinträchtigung der Schilddrüsenfunktion diskutiert. Nitrat wirkt darüber hinaus vasoaktiv und Blutdrucksteigernd.

Als weitaus gefährlicher ist das aus Nitrat entstehende **Nitrit** einzuschätzen; ADI-Werte der WHO/FAO von 0,2 mg $NaNO_2$/kg Körpergewicht spiegeln dies wider. Nitrit ist eine ausgesprochen reaktionsfreudige Substanz, die an vielen Stellen im menschlichen Organismus durch mikrobielle Tätigkeit entsteht. So können Bakterienstämme des menschlichen Speichels, des Magen-Darm-Trakts, der Fäzes und auch an infizierten Schleimhäuten der Harnblase und des Rachenraums Nitrat zu Nitrit reduzieren.

Im sauren Milieu des normaziden Magens können sich Bakterien nicht vermehren und ihre Stoffwechselaktivitäten entfalten und folglich auch kein Nitrit bilden. Gefährdet sind Säuglinge in den ersten drei Lebensmonaten, deren Magen noch weniger oder keine Salzsäure bildet. Hier kann die Nitritentstehung gesteigert sein und zur gefürchteten Methämoglobinämie (Blausucht) führen.

Bei Blausucht wird Nitrit absorbiert und reagiert im Blut mit Hämoglobin, wobei das O_2-bindungsfähige Fe^{2+} zu Fe^{3+} oxidiert wird. Das entstandene Methämoglobin (Fe^{3+}) fällt für den Sauerstofftransport aus und ein »inneres Erstikken« ist die Folge. Verstärkt wird die Gefahr für den Säugling dadurch, daß die NADH-abhängige Methämoglobin-Reduktase, die bei Erwachsenen das entstandene Fe^{3+} wieder zu reduzieren vermag, in den ersten Lebensmonaten nur eine sehr geringe Aktivität zeigt. Sind ca. 20% des Hämoglobins verändert, zeigen sich erste Symptome einer Sauerstoffunterversorgung der Gewebe, bei mehr als 50% wird der Zustand vor allem für junge Säuglinge lebensbedrohlich.

Heute treten nur noch selten Methämoglobinämien bei Säuglingen auf, jedoch sollte besonders bei Störungen im Magen-Darm-Trakt nitratarmes Wasser (< 10 mg NO_3^-/l) zur Nahrungszubereitung verwendet werden.

Bei Erwachsenen entsteht eine Methämoglobinämie nur bei extrem hoher Nitritaufnahme aus, gefährdeter gegenüber einer vermehrten Nitritbildung sind Menschen mit gestörten Aciditätsverhältnissen im Magen.

Im Vordergrund wissenschaftlichen Interesses stehen in den letzten Jahren die N-Nitrosoverbindungen (Abb. 116) und die Erforschung ihrer möglichen Kanzerogenität. Unterschieden werden diese Verbindungen in **Nitrosamine** (R_1 u. R_2 = Alkyl-, Arylalkyl- oder Arylrest), z. B. Dimethylnitrosamin (NDMA), Diphenylnitrosamin, Nitrosomorpholin, und **Nitrosamide** (R_1 = Alkylrest; R_2 = Acylrest), z. B. Nitrosomethylharnstoff. Im stark sauren Milieu (Magen) und unter Hitzeeinwirkung entstehen sie aus Nitrit und sekundären Aminen und Amiden, wie sie reichlich in der Nahrung vorkommen. Dabei konnte beobachtet werden, daß die Menge der entstehenden Nitrosamine mit dem Quadrat der vorhandenen Nitritkonzentration zunimmt. Das heißt, wird die Nitritkonzentration verzehnfacht, so entstehen etwa 100 mal soviel Nitrosamine/Zeiteinheit.

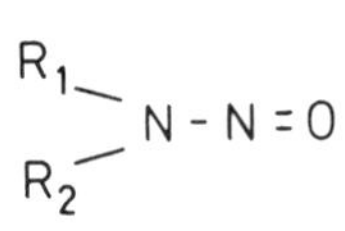

Abb. 116. Grundformel der N-Nitrosoverbindungen.

Die Synthese von N-Nitrosoverbindungen im menschlichen Körper wird dadurch erschwert, daß nur selten gleichzeitig die unterschiedlichen Bedingungen zur bakteriellen Nitritbildung (pH 4) und Nitrosaminsynthese (pH 1–3) vorliegen. Möglich wäre dies einmal im Magen nach einer Mahlzeit, die den pH-Wert kurzfristig bis in den neutralen Bereich ansteigen läßt, und bei der nach anschließender Durchsetzung des Speisebreis mit HCl das saure Milieu wieder hergestellt wird. Eine zweite Möglichkeit wäre die Bildung von Nitrit im Speichel, welches dann im Magen auf seine Reaktionspartner trifft. Daß eine Nitrosaminbildung beim Menschen möglich ist, konnte in Studien bereits nachgewiesen werden. Darüber hinaus zeigten sich auch verschiedene Bakterienstämme zur N-Nitrosaminsynthese fähig. Bedeutend ist hier, daß eine solche Synthese keiner Milieuveränderung bedarf und an jeder Stelle im Organismus ablaufen kann.

Die Gefährlichkeit der N-Nitrosoverbindungen liegt, wie aus Tierversuchen bekannt, in ihrer kanzerogenen, mutagenen und teilweise teratogenen Wirkung. Als besonders aggressiv erwiesen sich Dimethylnitrosamin und Diethylnitrosamin. Obwohl bisher kein direkter Beweis für eine Schadwirkung beim Menschen vorliegt, gibt es derzeit keinen Grund anzunehmen, daß N-Nitrosoverbindungen nicht kanzerogen wirken können. Ein möglicher Zusammenhang mit Magenkrebs wird diskutiert.

Es sind verschiedene Substanzen bekannt, die die Nitrosaminsynthese beeinflussen. So wirkt Thiocyanat (SCN^-), das in Senf und Kohlarten, besonders aber im Blut von Rauchern vorkommt, als Katalysator. Eine inhibierende Funktion aufgrund ihrer stark reduzierenden Eigenschaften üben Ascorbinsäure, α-Tocopherol u. a. phenolische Verbindungen aus.

Empfehlungen

Die wichtigste Forderung hinsichtlich einer Verminderung der Nitrataufnahme richtet sich an die Landwirtschaft, ihre Einbringung von N-haltigen Mineral- und Naturdüngern möglichst exakt zu dosieren und günstige Jahreszeiten zu wählen, um eine verstärkte Auswaschung von Nitrat in das Grundwasser zu vermeiden.

Bei der Nahrungsauswahl kann der Verbraucher selbst die Aufnahme von Nitrat und Nitrit beeinflussen. So sollten gepökelte Fleischwaren nur in geringen Mengen verzehrt werden und nitratspeichernde Gemüse wie Rote Bete und Spinat nur in größeren Zeitabständen auf dem Speiseplan vorkommen. Auf Treibhaussalat sollte zugunsten anderer roh verzehrbarer Gemüse verzichtet werden. Das Angebot ist heute so groß, daß sich eine nitratärmere aber trotzdem abwechslungsreiche Kost gestalten läßt.

4 Ernährung bestimmter Bevölkerungsgruppen

4.1 Schwangere/Stillende

Schwangere haben aufgrund hormoneller Umstellung einen erhöhten Bedarf an einzelnen Nährstoffen, besonders ab dem sechsten Monat (Abb. 117). Im letzten Schwangerschaftsdrittel macht sich der stärker zunehmende Bedarf des wachsenden Feten bemerkbar. Eine entsprechende Anpassung der Ernährung an die veränderte Stoffwechselsituation – die sich auch in der Veränderung der Blutwerte während der Schwangerschaft zeigt (Abb. 118) – ist eine wichtige Voraussetzung für einen ungestörten Schwangerschaftsverlauf. Schon während der ersten Schwangerschaftsmonate sollte dafür gesorgt werden, daß die Nährstoffspeicher durch gezielte Nahrungsaufnahme ausreichend gefüllt sind, damit die sehr intensiven Nährstofftransporte von der Mutter zum Feten den mütterlichen Organismus nicht verarmen lassen.

Eine in bezug auf die Hauptnährstoffe ausgewogen zusammengesetzte Ernährung soll gleichzeitig den Mehrdarf an Protein, Vitaminen und Mineralstoffen decken. Da sich der Energiebedarf im Vergleich zu den essentiellen Nährstoffen nur geringfügig erhöht, müssen Lebensmittel mit höherer Nährstoffdichte (= Nährstoffgehalt/Energiegehalt) in den Speiseplan aufgenommen werden. Dazu eignen sich besonders Gemüse und Obst in frischer Form sowie Vollkornprodukte, Milch und Milchprodukte. Innereien sind zwar vitamin- und mineralstoffreich, sollten aber aufgrund der Belastung mit Fremdstoffen maximal 1mal pro Woche – möglichst vom Kalb oder Schwein – verzehrt werden.

Tierische Lebensmittel enthalten hochwertiges zur Deckung des Bedarfs des Menschen geeignetes Protein, meist jedoch gleichzeitig einen unerwünscht hohen Fettgehalt. Daher sollte allgemein der Fleischverzehr zugunsten pflanzlicher Lebensmittel eingeschränkt werden. Pflanzliche Proteine besitzen eine geringere biologische Wertigkeit als Proteine tierischer Lebensmittel, durch geeignete Kombination verschiedener Proteinquellen können sie aber aufgewertet werden (Kap. 3.2.1.3).

Milch und Milchprodukte sollten aufgrund der guten Proteinqualität und des hohen Gehaltes an Calcium täglich verzehrt werden. Die Empfehlungen liegen derzeit bei ½ l Milch/d. Da der Bedarf an Fett nicht gesteigert ist, sollte die Fettzufuhr eingeschränkt, Koch- und Streichfette gezielt ausgewählt und sparsam ver-

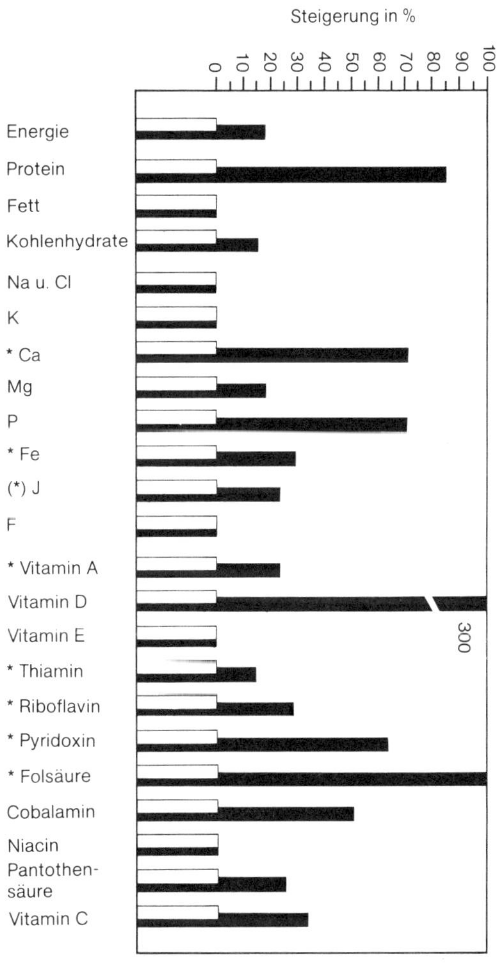

Abb. 117. Steigerung der Empfehlungen für die Nährstoffzufuhr für Schwangere ab dem 6. Monat gegenüber dem Normalbedarf (* = kritischer Nährstoff).

wendet werden. Lediglich eine höhere Zufuhr an Linolsäure wird empfohlen; günstige Quellen sind Getreidekeim- und Sonnenblumenöl.

Den Hauptanteil der Ernährung sollten komplexe Kohlenhydrate im natürlichen Nährstoffverband bilden, um eine langsame Absorption sicherzustellen. Isolierte niedermolekulare Kohlenhydrate tragen zur Energieüberversorgung und zur Unterversorgung an essentiellen Nährstoffen bei. Empfehlenswerte Kohlenhydrat-Lieferanten sind Vollkornprodukte, Kartoffeln und Gemüse, die kombiniert gleichzeitig zu einer optimalen Proteinzufuhr beitragen. Die begleitenden Ballaststoffe sind wichtig für eine geregelte Darmfunktion, besonders bei der häufig auftretenden Verstopfung während der Schwangerschaft.

Der Bedarf an einzelnen Mineralstoffen ist in unterschiedlichem Maße erhöht. Calcium und Eisen zählen zu den kritischen Nährstoffen, auf deren ausreichende Zufuhr geachtet werden muß. Zur Sicherung der Calciumversorgung sollten täglich Milch und/oder Milchprodukte wesentliche Bestandteile der Ernährung sein. Für die Calciumzufuhr während der Schwangerschaft werden zusätzlich 400 mg Ca/d empfohlen.

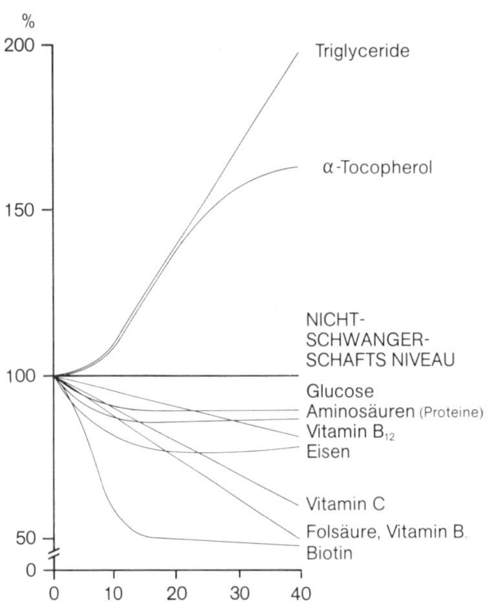

Abb. 118. Veränderung der Blutwerte einiger Nährstoffe während der normalen Schwangerschaft; die Vergleichswerte vor der Schwangerschaft betragen jeweils 100% (nach HYTEN in AEBI 1980).

Zu den guten Eisenlieferanten zählen Leber, Rind- und Schweinefleisch sowie Vollgetreide, Vollkornbrot und Gemüse. Die Eisenabsorption wird durch gleichzeitige Vitamin-C-Zufuhr (z. B. Obst) gefördert. Schwangeren wird zusätzlich 7 mg Eisen/d empfohlen.

Der Vitaminbedarf in der Schwangerschaft erhöht sich am stärksten für Vitamin D, Folsäure, Pyridoxin, Cobalamin, Ascorbinsäure und Riboflavin. Im letzten Schwangerschaftsdrittel ist die Versorgung mit den Vitaminen Thiamin, Riboflavin, Pyridoxin, Folsäure und Vitamin A häufig kritisch. Eine sorgfältige Auswahl der Nahrungsmittel ist daher von großer Wichtigkeit. Eine ausreichende Zufuhr ist nur gewährleistet, wenn konzentrierte Energieträger und einseitige Ernährungsweise vermieden werden; statt dessen sollten vitaminhaltige Lebensmittel in einer abwechslungsreichen Mischkost bevorzugt werden. Gemüse und Obst, frisch und schonend zubereitet, sowie Vollgetreide, Milch, Milchprodukte und Eier sind gute Vitaminlieferanten.

Während der Schwangerschaft sollte Speisesalz sparsam verwendet und weitgehend durch Kräuter und Gewürze ersetzt werden. Der Verbrauch an Genußmitteln (Kaffee, Alkohol, Nicotin) sollte so weit wie möglich eingeschränkt bzw. vermieden werden, da sie bei höherem Konsum sowohl negative Wirkungen auf einzelne Nährstoffe (z.B. Thiamin, Pyridoxin) als auch auf den Feten und den Schwangerschaftsverlauf haben.

Für **Stillende** muß die Höhe der Nährstoffzufuhr allgemein noch über den Zuschlägen während der Schwangerschaft liegen, da in dieser Zeit der Säugling zum Aufbau seiner Körpersubstanz auf eine ausreichende Zufuhr an Nährstoffen angewiesen ist und die Mutter ihre eigenen Nährstoffbestände und -reserven ebenfalls aufrecht erhalten muß. Die Muttermilch ist die beste Ernährung für den Säugling, da das Verhältnis von Nährstoffen und Wasser genau den Wachstumsbedürfnissen und Stoffwechselmöglichkeiten des Säuglings angepaßt ist.

Gestillte Kinder erkranken seltener an Infektionskrankheiten, da sie mit der Muttermilch Immunglobuline aufnehmen, zu deren Bildung sie selbst noch nicht befähigt sind. Die Proteine der Muttermilch sind für den Menschen spezifisch und induzieren keine Überempfindlichkeitsreaktionen, Nahrungsmittelunverträglichkeiten und -allergien, wie sie bei artfremden Nahrungsbestandteilen auftreten können. Auch für die psychische Entwicklung des Säuglings ist das Stillen bedeutsam.

Genußgifte wie Alkohol, Nicotin und Coffein belasten die Muttermilch und sollten gemieden werden. Da einige Medikamente aktiv oder durch Diffusion über die Milchdrüse ausgeschieden werden können, sollte der behandelnde Arzt über das Stillen unterrichtet werden.

Durch die ubiquitäre Verbreitung der Umweltgifte ist das Stillen problematisch geworden. Die vielseitige Anwendung der polychlorierten Biphenyle (PCB) und der Einsatz chlororganischer Pestizide ist weit verbreitet. Die PCB werden als synthetische technische Öle verwendet.

Die besondere Problematik dieser Substanzen besteht in ihrer Persistenz in biologischen Systemen und der Anreicherung in der Nahrungskette. Diese Anreicherung erfolgt besonders in der Fettphase des jeweiligen Organismus und kann während der Laktation teilweise über die Milch ausgeschieden werden. Milchfett stammt jedoch nur zu einem sehr geringen Teil direkt aus dem Nahrungsfett und fast ausschließlich aus Depotfett. Die Belastung der Frauenmilch mit bestimmten Schadstoffen hat in den letzten Jahren etwas abgenommen, übersteigt aber teilweise immer noch die zulässigen Höchstmengen für Rückstände in der Kuhmilch (Tab. 198).

Dementsprechend vermag auch eine besondere, schadstoffarme Ernährung der Mutter während der Stillperiode oder gar während der Schwangerschaft nicht den Schadstoffgehalt der Muttermilch meßbar zu reduzieren. Der gestillte Säugling ist daher einer größeren Belastung durch diese Stoffe ausgesetzt als Flaschenkinder. Trotzdem bleibt diese relativ gering, da sich in der gleichen Zeit die Fettdepots des Säuglings entwickeln, in die die Schadstoffe eingelagert werden. Auch Cadmium zählt zu den kritischen Inhaltsstoffen, dessen Konzentration in der Milch mit dem Alter der Mutter zunimmt.

Die alimentäre Zufuhr polychlorierter Biphenyle erfolgt hauptsächlich durch fettreiche Lebensmittel wie Wurst, Butter, Margarine und Fisch sowie Milch, Eier und Käse. In den letzten 10 Jahren ist ein Rückgang der PCB-Belastung erkennbar und entspricht nun den Werten anderer Länder (USA, Japan), in denen die Produktion und Anwendung von PCB seit längerem untersagt sind.

Tab. 198: Durchschnittlicher Gehalt an chlorierten Kohlenwasserstoffen in Frauenmilch (modifiziert nach Georgii et al. 1988)*

		µg/kg Milchfett
DDT		62
DDE		1097
Hexachlorbenzol (HCB)		342
Hexachlorcyclohexan (HCH)		
α-HCH Isomere		4
β-HCH Isomere		84
γ-HCH Isomere		28
PCB[1]	Nr. 28	4
	Nr. 49	9
	Nr. 52	2
	Nr. 101	19
	Nr. 138	236
	Nr. 153	314
	Nr. 180	153
Gesamt polychlorierte Biphenyle (PCB)		737

[1] Substitutionsmuster der PCB siehe Original

* Georgii, S., Muskat, E., Kleinstein, J., Schubring, C., Brunn, H.: PCB-Einzelkomponenten und chlororganische Pestizide in Frauenmilch in Abhängigkeit von der Stilldauer. Ernährungs-Umschau 35 (10), S. 352–356, 1988

Nachweisbare Schäden als Folge einer Schadstoffzufuhr wie sie mit der Muttermilch gegeben ist, wurden bisher weltweit nicht beobachtet, obgleich in anderen Ländern z. T. eine vielfach höhere Schadstoffbelastung gemessen wird. Die ADI-Werte der WHO werden für den gestillten Säugling bei Gesamt-DDT deutlich, für Dieldrin um das 2- bis 4fache und für HCB um das 8- bis 9fache überschritten. Dennoch wird davon ausgegangen, daß die Vorzüge des Stillens ein mögliches gesundheitliches Risiko durch derartige Rückstände aufwiegen. Jedoch sollte maximal bis zum sechsten Lebensmonat gestillt werden.

Die Aufnahme von toxischen Fremdstoffen in Nahrungsmitteln sollte allgemein minimiert werden. Dies kann durch Meiden belasteter Nahrungsmittel erreicht werden, wie Leber und Niere von Wild und älteren Tieren, ungereinigte pflanzliche Lebensmittel, Nahrungsmittel, die in unmittelbarer Nähe von Straßen oder Fabrikanlagen angebaut wurden, langlebige Raubfische wie Thunfische, Stör, Hai sowie verschimmelte und übermäßig geräucherte und gegrillte Produkte. Derzeit kann nicht gesagt werden, ob die frühkindlich erhöhte Schadstoffbelastung durch die Muttermilch lebenslänglich unbedenklich bleibt, da die Beobachtungszeiträume noch nicht lang genug sind.

4.2 Säuglinge/Kinder

Der **Stoffwechsel** von Säuglingen und Kindern unterscheidet sich von dem der Erwachsenen in erster Linie durch das körperliche Wachstum. Daraus ergeben sich besondere Anforderungen an die Ernährung, die die Ausgangssubstanzen für die Neusynthese körpereigener Stoffe in ausreichendem Maß bereitstellen muß. Ein Vergleich des Körperwachstums bezogen auf die Nahrungsenergieaufnahme verdeutlicht die Stoffwechselleistung des kindlichen Organismus (Tab. 199).

Auf Zellebene findet das **Wachstum** sowohl in Form einer Zellvermehrung als auch in Form einer Zellvergrößerung statt. Der zeitliche Ablauf ist von Organ zu Organ verschieden. Gut untersucht ist das Wachstum des Gehirns. Bis zum Alter von 12 bis 15 Monaten findet eine Vermehrung der Gehirnzellen statt, die schon in der Fetalzeit beginnt; danach findet fast ausschließlich eine Vergrößerung der Zellen statt.

Die **Körperzusammensetzung** des Neugeborenen unterscheidet sich deutlich von der älterer Kinder und Erwachsener (Tab. 4). Neugeborene haben einen höheren Wassergehalt als Erwachsene, der bei der Geburt 75% beträgt, aber schon nach 1 Jahr dem Wert Erwachsener entspricht. Der Körper des Säuglings enthält vor allem im Extrazellulärraum mehr Wasser. Der Wassergehalt der fettfreien Körpermasse ist in allen Altersstufen gleich.

Tab. 199. Nahrungsenergiebedarf für Wachstum (FOMAN 1974)

Alter Monate	Zunahme kg	Verzehr MJ/Jahr	% Wachstum/ Nahrungsenergie
0– 4	3,5	255	32,8
4–12	3,5	753	7,4
12–24	2,5	1527	1,6
24–36	2,0	418	1,0
Erwachsene	–	4184	–

Die Zusammensetzung der **Milch** unterliegt allgemeinen Schwankungen, die bei der Kuhmilch jedoch kaum ins Gewicht fallen, da in der Molkerei die Milch vieler Tiere gemischt wird; dadurch weist der Nährstoffgehalt nur kleine Schwankungen auf. Frauenmilch verändert ihre Zusammensetzung im Verlauf der Stilldauer. In den ersten Tagen nach der Geburt wird die proteinreiche Kolostralmilch gebildet. Die transistorische Milch (6.–10. Tag nach der Geburt) enthält dagegen weniger Protein, dafür mehr Fett und Kohlenhydrate. Reife Frauenmilch enthält deutlich mehr Fett und weniger Protein. Außerdem sind noch geringe Schwankungen in der Nährstoffzusammensetzung möglich, die durch tageszeitliche Abweichungen, Brustgröße, Dauer der jeweiligen Mahlzeit und weitere Faktoren bestimmt sind. Auch das Alter und der Ernährungsstatus der Mutter haben einen wichtigen Einfluß auf die Milchzusammensetzung.

Der **Energiegehalt** von Frauen- und Kuhmilch stimmt weitgehend überein; Frauenmilch liefert geringfügig mehr Nahrungsenergie (Tab. 200). Große Abweichungen bestehen im **Proteingehalt.** Kuhmilch enthält etwa dreimal soviel Protein wie Frauenmilch. In der Kolostralmilch sind viele Immunglobuline enthalten. Dies erklärt den höheren Proteingehalt der Milch in dieser Phase der Stillzeit. Kuhmilchprotein besteht überwiegend aus Casein, während bei Frauenmilch die Molkenproteine überwiegen. Auffallend ist der hohe Lactoferrin- und Lysozymgehalt in der Frauenmilch. Im Aminosäuremuster bestehen ebenfalls Unterschiede. Frauenmilch enthält mehr Cystein und weniger Methionin als Kuhmilch. Die Aktivität der Cystathionase, die Methionin zu Cystein umbaut, ist beim Säugling noch nicht voll entwickelt; er kann Methionin deshalb nur schwer verwerten.

Wichtigstes **Kohlenhydrat** beider Milcharten ist Lactose, auf die etwa 42% der Gesamtenergie in Frauenmilch entfallen (in Kuhmilch etwa 30%). Muttermilch enthält außerdem noch Spuren weiterer Kohlenhydrate wie Galactose, Fucose, Glucosamine, Neuraminsäure und den Bifidus-Faktor. Frauenmilch enthält etwas mehr **Fett** als Kuhmilch. Unterschiede bestehen auch im Fettsäuremuster, Frauenmilch ist sehr reich an Linolsäure, während Kuhmilch viele kurzkettige Fettsäuren enthält.

Der **Mineralstoff- und Elektrolytgehalt** der Kuhmilch liegt erheblich über dem der Frauenmilch. Der Säugling ist nicht in der Lage, über-

Tab. 200. Zusammensetzung von reifer Muttermilch und Kuhmilch (nach FOMAN 1974)

Bestandteile	Muttermilch	Kuhmilch
Wasser (ml/100 ml)	87,1	87,2
Nahrungsenergie (MJ/100 ml)	0,314	0,276
Feste Bestandteile (g/100 ml)	12,9	12,8
Protein (g/100 ml)	1,1	3,5
Fett (g/100 ml)	4,5	3,7
Lactose (g/100 ml)	6,8	4,9
Asche (g/100 ml)	0,2	0,7
Proteine (% von Gesamtprotein)		
– Casein	40	82
– Molke	60	18
Nicht-Protein-Stickstoff (mg/100 ml)	32	32
(% von Gesamtstickstoff)	(15)	(6)

schüssige Mineralstoffe der Kuhmilch über die Nieren auszuscheiden, da die Fähigkeit, konzentrierten Harn auszuscheiden, erst erworben wird. Kuhmilch darf deshalb nur verdünnt für die Säuglingsernährung eingesetzt werden. Kuhmilch stellt eine schlechtere Eisenquelle als Frauenmilch dar. Trotz des höheren Calcium- und Phosphatgehaltes ist die Ausnutzung von Calcium aus Kuhmilch schlechter. Da das Calcium-Phosphat-Verhältnis niedriger ist als bei Frauenmilch, kann der relativ hohe Phosphatgehalt die Calciumabsorption vermindern.

Auch im **Vitamingehalt** unterscheiden sich Kuh- und Frauenmilch stark. Beide Milcharten sind relativ arm an Vitamin D, so daß auch für gestillte Kinder eine Vitamin-D-Gabe zur Rachitisprophylaxe empfohlen wird. Der Gehalt an wasserlöslichen Vitaminen in der Frauenmilch wird stark vom Ernährungsstatus der Mutter beeinflußt. Generell gilt, daß Frauenmilch mehr Vitamin A und E enthält als Kuhmilch.

Die Gegenüberstellung der Inhaltsstoffe von Frauen und Kuhmilch zeigt, daß Kuhmilch unverdünnt nicht als Säuglingsnahrung geeignet ist. Ein wichtiger Vorteil der Ernährung des Säuglings mit Muttermilch besteht darin, daß ein Lebensmittel zur Verfügung steht, das ohne Zubereitung den Nährstoffbedarf des Säuglings optimal decken kann. Verschiedene **Schutzstoffe** der Muttermilch, die in den Kuhmilchzubereitungen fehlen oder durch das notwendige Erhitzen zerstört werden, erhöhen die Infektabwehr des Säuglings (Tab. 201).

Gestillte Kinder erkranken wesentlich seltener an infektiösen Durchfällen als Flaschenkinder. Lactoferrin der Muttermilch ist nur teilweise mit Eisen abgesättigt; seine hohe Affinität zu Eisen entzieht pathogenen Keimen Eisen. In der Kolostralmilch sind verschiedene Antikörper enthalten, ihre Konzentration nimmt aber mit der Länge der Lactation ab. Sekretorisches Immunglobulin A wird von der Stillenden in B-

Tab. 201. Quantitative Unterschiede Infektions-verhütender Faktoren zwischen reifer Muttermilch und Kuhmilch (nach MCLAREN u.a. 1982)

	Muttermilch	Kuhmilch
Proteine (mg/ml)		
Lactoferrin	1,5	Spuren
Lysozym	0,5	0,0001
sIgA	1,0	0,03
IgG	0,01	0,6
IgM	0,01	0,03
Zellen (µl)		
Makrophagen	2000	0
Lymphozyten	800	0
Faktoren, die das Wachstum der Lactobazillen stimulieren		
pH	7,29	6,57
Pufferkapazität	1	4
Titrierte Säure	1	13
Gesamtprotein (g/l)	10,6	32,64
Phosphor (mg/l)	141	910
Lactose (g/l)	71	47
Bifidus-Faktor	40	1

Lymphozyten gebildet, es wird durch die normalen Verdauungsvorgänge des Säuglingsmagens nicht angegriffen und kann so im Darm seine Schutzfunktion gegen Bakterien entfalten. In der Darmmukosa des Erwachsenen wird als Schutz vor Darminfektionen ebenfalls sIgA gebildet. Diese Fähigkeit ist beim Säugling noch nicht voll entwickelt. Besonders bei einer Ernährung mit verdünnter Kuhmilch und adaptierter und teiladaptierter Milch ist die Infektionsresistenz eingeschränkt.

Wichtige Funktionen in der Infektabwehr übernehmen auch Lymphozyten und Makrophagen, die besonders in der Kolostralmilch enthalten sind. Lymphozyten bilden Interferone und Lysozym; Interferone wirken gegen Viren, Lysozym spaltet die Polysaccharidmembran von Bakterien hydrolytisch auf. Pathogene Mikroorganismen werden durch *Lactobacillus bifidus* gehemmt, da diese Acetat und Lactat bilden und so den pH-Wert senken. Pathogene Keime bevorzugen ein Milieu mit höherem pH-Wert. Der Bifidus-Faktor, ein N-haltiges Kohlenhydrat, fördert das Wachstum der Bifidusflora. Er ist auch in der Kuhmilch in Spuren vorhanden, wird aber durch das obligatorische Erhitzen zerstört. Die gesamte Nährstoffrelation der Frauenmilch scheint für die Bifidusflora optimale Wachstumsvoraussetzungen zu bieten, denn sie ist reich an Lactose sowie arm an Protein und Phosphat (Tab. 201).

Einen weiteren Schutzstoff der Muttermilch stellt die Neuraminsäure dar, die gegenüber der Kuhmilch in einer 40fachen Konzentration vorliegt und gegen Bakterien und Viren wirksam ist. Die großtechnische Gewinnung der Neuraminsäure ist sehr kostenaufwendig, deshalb wird bei industrieller Säuglingsnahrung auf eine Anreicherung verzichtet.

Durch die **Nährstoffrelation** der Muttermilch wird auch die Absorption der einzelnen Nährstoffe positiv beeinflußt. So fördert das vorhandene Vitamin C die Absorption des Nahrungseisens. Nahrungsfett aus Muttermilch wird besser absorbiert als Kuhmilchfett. Zum einen enthält Muttermilch eine aktive Lipase, so daß bereits im Magen eine Fettverdauung stattfindet; durch die Pankreaslipase erfolgt eine weitere Fettspaltung in freie Fettsäuren und Monoglyceride. Zum anderen weist Kuhmilch auch einen höheren Calciumgehalt als Frauenmilch auf; so können aus freier Palmitinsäure und Calcium unlösliche Kalkseifen entstehen, die nicht absorbiert werden können.

Die Ernährung des Säuglings mit Muttermilch bietet weiterhin einen Schutz vor **allergischen Erkrankungen.** In den ersten Lebensmonaten ist die Darmmukosa für natives Protein durchlässiger als im Erwachsenenalter. Bei gestillten Säuglingen gelangt nur arteigenes Protein zur Absorption, das somit keine Immunreaktion auslösen kann, während bei flaschenernährten Säuglingen artfremdes Protein teilweise ungespalten absorbiert wird und bei allergischer Veranlagung zu einer Sensibilisierung führen kann (Kap. 5.11). Ein besonders potentes Allergen der Kuhmilch ist das β-Lactoglobulin. Kuhmilchallergien sind die häufigsten Allergien im Säuglingsalter.

Die **psychologischen Vorteile** des Stillens, die besonders in den Industrieländern Mütter zum Stillen motivieren, sind vielfältig. So trägt Stillen zur Ausbildung eines besonderen Mutter-Kind-Verhältnisses bei und erleichtert dem Säugling den Übergang vom geschützten intrauterinen Lebensraum zur neuen Umwelt. Frauen, die aus verschiedenen Motiven nicht bereit sind, ihr Kind zu stillen, sind meist auch nicht in der Lage ausreichend Milch zu bilden; andererseits wird berichtet, daß Frauen fähig sind, ihr Adoptivkind zu stillen. Diese Beispiele unterstreichen die Bedeutung psychologischer Faktoren.

Die veränderte Zusammensetzung der Milch während des Stillens hat möglicherweise einen Einfluß auf die Sättigung des Säuglings. Unklar ist, ob eine veränderte Nährstoffrelation den Saugreflex des Säuglings beeinflußt oder ob nachlassendes Saugen den Nährstoffgehalt der Milch verändert. Sicher ist, daß gestillte Säuglinge sich beim Saugen stärker anstrengen müssen als Flaschenkinder, die in der gleichen Zeit mehr Nährstoffe aufnehmen. Verschiedene Studien weisen außerdem nach, daß übergewichtige Jugendliche oft als Säuglinge nicht gestillt wurden. Mit Muttermilch ernährte Säuglinge sind dagegen auch später seltener übergewichtig.

Die praktische Durchführung des Stillens

Die Milchbildung setzt nach der Geburt ein. Der Zeitpunkt des ersten Anlegens wird in verschiedenen Kliniken unterschiedlich gehandhabt, wobei die Tendenz heute dahin geht, das Neugeborene bereits innerhalb der ersten Lebensstunden erstmals zu stillen. Damit wird die Muttermilchsekretion frühzeitig in Gang gebracht und das Neugeborene möglichst schnell mit den Schutzstoffen der Muttermilch versorgt. Heute wird vielfach gefordert, die Säuglinge nicht zu festen Zeiten, sondern nur nach Bedarf zu stillen (self-demand-system). Dies verlangt eine gemeinsame Unterbringung von Mutter und Kind in der Klinik, die nicht überall angeboten wird, obwohl dieses (rooming-in) von vielen Eltern gewünscht wird.

In Kliniken werden Säuglinge normalerweise 5- bis 6mal/d angelegt. Bei den ersten Mahlzeiten nimmt das Neugeborene nur etwa 10–15 ml auf, am zehnten Tag werden etwa 600 ml/d aufgenommen. Eine einmalige Gewichtskontrolle pro Woche reicht beim gesunden Säugling aus, da bei Brusternährung eine Überfütterung praktisch nicht vorkommt. In den ersten Lebenstagen wird auch nachts einmal gestillt, bei gesunden Neugeborenen wird auf diese Mahlzeit aber schnell verzichtet. Eine Mahlzeit sollte nicht länger als 15–20 Min dauern, anschließend ist darauf zu achten, daß der Säugling aufstößt, da mit dem Saugen auch Luft verschluckt wird.

Durch Muttermilch kann der Nährstoffbedarf des Säuglings im ersten Lebenshalbjahr gedeckt werden. Dann wird das Zufüttern von Beikost erforderlich (Abb. 119). Zunächst wird eine Brustmahlzeit durch eine Breimahlzeit (Obst oder Gemüse) ersetzt. Diese Mahlzeit sollte bereits mit dem Löffel verabreicht werden. Nach der Gewöhnung an die Breimahlzeit werden nach und nach einzelne Brustmahlzeiten durch Milchbreie oder Flaschenmahlzeiten ersetzt. Die Ernährungsumstellung soll langsam, aber kontinuierlich erfolgen, damit Durchfälle vermieden werden.

Die Ernährung des Säuglings mit Kuhmilch

Bei schweren Erkrankungen der Mutter wird vom Stillen abgeraten. Angeborene Störungen des Saugreflexes sowie Mißbildungen der Brustwarzen stellen ein weiteres Stillhindernis dar, treten aber in der Praxis nur sehr selten in Erscheinung. Häufig wird aus persönlichen Gründen die Ernährung des Säuglings mit der Flasche dem Stillen vorgezogen. Verlaufen die ersten Trinkversuche nicht erfolgreich, wird häufig zu schnell resigniert und abgestillt.

Kuhmilch muß aufgrund ihres hohen Protein- und Mineralstoffgehaltes für die Säuglingsernährung verdünnt werden. Dadurch sinkt jedoch ihr Energie- und Vitamingehalt. Dies erfordert eine zusätzliche Anreicherung mit Energieträgern. Für die Säuglingsernährung stehen im Haushalt gefertigte Kuhmilchzubereitungen

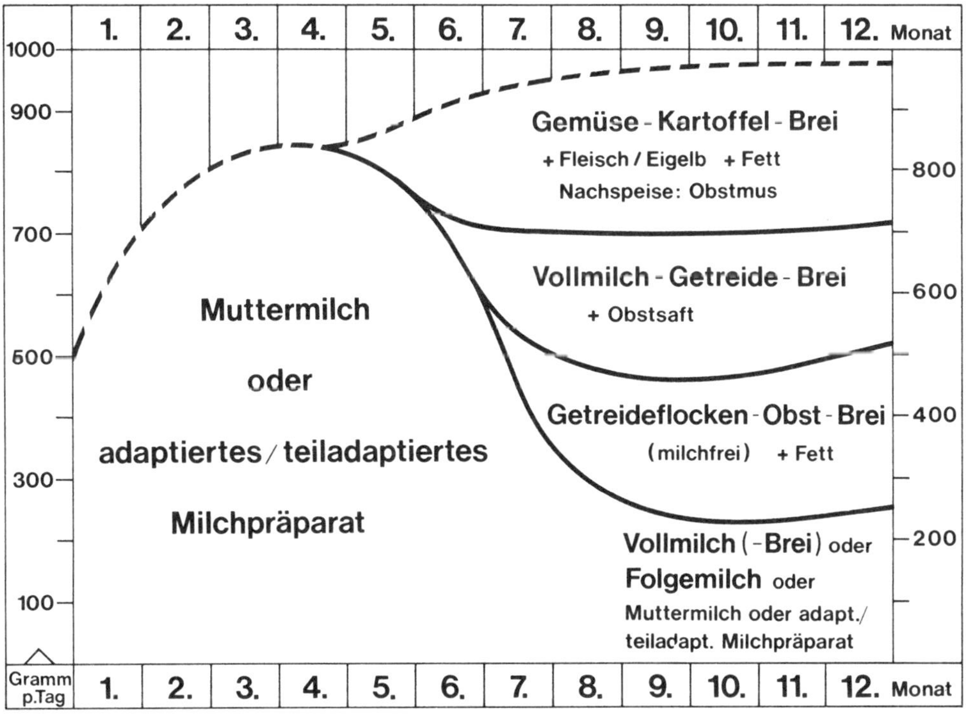

Abb. 119. Die Ernährung im 1. Lebensjahr (DGE 1982).

und industriell hergestellte Präparate zur Verfügung.

Zur **Zubereitung im Haushalt** wird ultrahocherhitzte Vollmilch (H-Milch) oder Kondensmilch mit 7,5% Fett empfohlen. Sterilmilch ist ärmer an Vitaminen, da sie durch die lange Erhitzung zerstört werden. Pasteurisierte Vollmilch und Vorzugsmilch kann für die Säuglingsernährung nur nach Abkochen verwendet werden. Trinkflaschen und Sauger müssen ausgekocht werden, um eine bakterielle Kontamination der Milch und eine Infektion des Säuglings zu vermeiden.

In den ersten Lebenswochen wird sog. Halbmilch verfüttert (Tab. 202). Milch und abgekochtes Wasser werden zu gleichen Teilen vermischt und mit 5% Zucker (Saccharose oder Lactose) angereichert. Als zweites Kohlenhydrat werden 2% Trockenschleim (Flocken aus Hafer, Gerste, Weizen, Reis, Mais oder Hirse) zugesetzt. Durch ihre Kolloidstruktur bewirken sie eine feinere Ausflockung des Caseins, dem Hauptprotein der Kuhmilch. Frauenmilch enthält mehr Albumin, das im Magen ein feineres Gerinnsel bildet als Casein. Die gröberen Caseinpartikel sind nicht so leicht verdaulich wie das Protein der Muttermilch. Neben den Trokkenschleimen bewirkt auch das Homogenisieren der Milch eine Lockerung der Caseinstruktur und somit eine feinere Ausflockung.

Für die Herstellung einer Zweidrittel-Milch wird Kuhmilch mit abgekochtem Wasser im Verhältnis 2 : 1 verdünnt und mit Zucker und Trockenschleim angereichert. Diese Milch ist protein- und fettreicher als die Halbmilch (Tab. 202). Empfehlenswerter ist die Anreicherung mit Kohlenhydraten und Fetten, da hier die Nährstoffzusammensetzung mehr der Frauenmilch entspricht. Da die Herstellung umständlicher ist, wird sie kaum angewendet. Als Fettkomponenten sollen hochwertige Pflanzenöle verwendet werden, um so den Anteil ungesättigter Fettsäuren, der in der Muttermilch sehr hoch ist, anzuheben.

Industriell hergestellte Säuglingsmilch wird in Pulverform oder fertig zubereitet in Einzelportionen angeboten. Gegenüber den üblichen Zubereitungen bietet sie den Vorteil einer längeren Haltbarkeit (etwa 6 Monate), so daß es möglich ist, Vorräte anzulegen. Durch eine industrielle Anreicherung kann der Nährstoffbedarf des Säuglings besser gedeckt werden. Auf dem Markt werden Säuglingsnahrungsmittel sowie Milchpräparate für ältere Säuglinge (auch mit Carnitin) angeboten. Die Ernährungskommission der Deutschen Gesellschaft für Kinderheilkunde hat adaptierte und teiladaptierte Säuglingsnahrungsmittel nach ihrem Nährstoffgehalt definiert (Tab. 203).

Adaptierte Säuglingsnahrungsmittel sind der Muttermilch unter Berücksichtigung wissenschaftlicher Erkenntnisse und lebensmitteltechnologischer Möglichkeiten von allen genannten Zubereitungen am besten angeglichen. Entsalztes Molkenproteinpulver, Lactose, Milchfett sowie pflanzliche Öle und synthetisch hergestellte Vitamine sind die Ausgangsstoffe für die Herstellung dieser Nahrung. Der Linolsäuregehalt muß bei einem PS-Quotienten von 1 (Kap. 3.2.1.1) 3–5% betragen. Die im Vergleich dickflüssigeren teiladaptierten Nahrungen enthalten mehr Protein, und der Kohlenhydratgehalt ist nicht vorgeschrieben; sie sind bis auf Vitamin D mit Vitaminen angereichert. Vitamin-D-Gaben zur Rachitisprophylaxe sind deshalb erforderlich.

Tab. 202. Zusammensetzung von Frauenmilch, Kuhmilch und Kuhmilchmischungen, g/100 ml (nach WEBER 1978)

	Frauenmilch reif	Kuhmilch	⅔ Milch	½ Milch
Fett	4,0	3,5	2,4	1,7
Protein	1,2	3,4	2,3	1,7
Lactose	7,0	5,0	3,3	2,5
Saccharose	–	–	5,0	5,0
Stärke	–	–	2,0	2,0
Kohlenhydrate, gesamt	7,0	5,0	9,5	10,3
Mineralien	0,2	0,7	0,35	0,5
Energie (MJ)	0,29	0,27	0,25	0,31

Tab. 203. Definitionen der Ernährungskommission der Deutschen Gesellschaft für Kinderheilkunde, betreffend der Zusammensetzung von adaptierten und teiladaptierten Säuglingsnahrungen (nach WEBER 1978)

	adaptiert	teiladaptiert
Fett	3,3–4,2	3,0–3,8
Protein	1,4–1,8	bis 2,0
Kohlenhydrate	6,3–7,9 nur Lactose	keine Vorschrift
Mineralien	bis 0,39	bis 0,45
Energie (MJ)	0,28–0,31	0,28–0,31

In letzter Zeit wird u. a. eine Fluoridgabe zur Kariesprophylaxe empfohlen. Hierbei ist jedoch zu bedenken, daß Zahnkaries in der BR Deutschland kein Fluormangelsymptom ist, sondern hauptsächlich auf falschen Ernährungsgewohnheiten und mangelnder Mundhygiene beruht. Durch eine vollwertige Ernährung und gründliche Zahnpflege kann Zahnkaries eingeschränkt oder vermieden werden.

An das Trinkwasser, das zur Zubereitung adaptierter und teiladaptierter Säuglingsnahrungsmittel verwendet wird, müssen besonders hohe Anforderungen gestellt werden. Es muß bakteriologisch einwandfrei sein und darf nicht mehr als 50 mg Nitrat/l enthalten. Wird dieser Wert überschritten, muß nitratarmes Wasser für die Säuglingsernährung verwendet werden.

Nitrat kann durch bakterielle Reduktasen zu Nitrit reduziert werden. Nitrit oxidiert das zweiwertige Eisen des Hämoglobins zu Fe^{3+}. Das entstandene Methämoglobin kann keinen molekularen Sauerstoff mehr binden. Bei steigender Methämoglobinkonzentration entsteht eine Cyanose mit typischer Blaufärbung (blue babies), Krämpfen und späterer Bewußtlosigkeit. Die Erythrozyten verfügen über eine NADH-abhängige Methämoglobinreduktase, die einen konstant niedrigen Methämoglobinspiegel gewährleistet. Beim Säugling ist die Aktivität dieses Enzyms noch nicht vollständig entwickelt.

In Gegenden mit hoher Trinkwasserhärte besteht außerdem die Gefahr einer zu hohen Mineralstoffbelastung. Da die Nieren des Säuglings Harn nur in geringem Maß konzentrieren können, besteht die Gefahr einer Zelldehydration. Außerdem kann Calcium mit Fettsäuren unlösliche Kalkseifen bilden. Dadurch ist die Versorgung des Säuglings mit Nahrungsenergie möglicherweise beeinträchtigt.

Praktische Durchführung der Flaschenernährung

Wie beim Stillen wird auch bei der Flaschenernährung eine Fütterung nach Wunsch (self-demand) empfohlen, da sich innerhalb weniger Wochen Hunger und Appetit des Säuglings auf 5 Mahlzeiten/d einpendeln. Etwa 12 h nach der Geburt, sofern überhaupt nicht gestillt wird, wird die erste Mahlzeit verfüttert. Bis zum zehnten Lebenstag errechnet sich die tägliche Trinkmenge nach folgender Formel: (Lebenstage − 1) × 70 g. Der Energiebedarf sinkt bis zum vierten Vierteljahr von 500 auf 335 kJ (= 120 auf 80 kcal)/kg Körpergewicht.

In den ersten sechs Lebenswochen soll adaptierte Säuglingsnahrung und anschließend teiladaptierte verfüttert werden, damit der Säugling mit angemessenen Trinkmengen seinen Bedarf decken kann. Werden im Haushalt gefertigte Kuhmilchzubereitungen verwendet, sind ab der sechsten Lebenswoche Obst- und Gemüsesäfte zuzusetzen, um den Vitaminbedarf zu decken. Am besten geeignet ist Karottensaft; auf Orangensaft reagieren Säuglinge teilweise mit Hautrötungen. Bei Verwendung von industriell hergestellter Babynahrung wird nach 4–6 Monaten mit der Fütterung von Beikost begonnen. Sie sollen den Vitaminbedarf decken und den Säugling langsam an eine gemischte Kost gewöhnen.

Besonders auf die Deckung des Vitamin-C- und -A-Bedarfes ist zu achten. Karottenpreßsaft und später Karotten- und Kartoffelpürree sind gute Vitaminquellen. Grün- und Blattgemüse soll vor dem dritten bis vierten Lebensmonat nicht verfüttert werden, da sie viel Nitrat enthalten können und somit bei übermäßigem Verzehr die Gefahr einer Methämoglobinämie besteht. Aus diesem Grund dürfen auch Reste nicht aufbewahrt und wieder aufgewärmt werden, da hierbei Nitrat bakteriell zu Nitrit reduziert werden kann.

Durch Gemüsebreie wird zunächst eine Flaschenmahlzeit, meist die Mittagsmahlzeit, ersetzt. Mit 5–6 Monaten wird eine weitere Flaschenmahlzeit durch eine Breimahlzeit ersetzt. Hierzu eignen sich Milchbreie. Ab dem sechsten Monat kann dann kontinuierlich auf Brei umgestellt werden. Mit dem Durchbruch der Schneidezähne im 11.–12. Monat kann dann in kleineren Mengen festere Kost, wie Brotstückchen gegeben werden. Das Gedeihen des Säuglings ist der beste Maßstab für eine richtige Ernährung.

Tendenzen und Entwicklungen in der Säuglingsernährung

Während in Industrieländern immer mehr Frauen den Wunsch äußern, ihr Kind zu stillen, sinkt in Entwicklungsländern die Zahl der gestillten Säuglinge. In **Industrieländern** werden in jüngster Zeit wieder mehr Säuglinge gestillt als in den 1960er Jahren. Die Ursachen für diesen Anstieg sind vielfältig. Die Verschärfung der Umweltprobleme hat dazu beigetragen, daß das Interesse an natürlichen Lebensweisen gewachsen ist. Als Teil dieser Bewegung muß auch das Interesse vieler Eltern an »sanfter Geburt«, »rooming-in« und Stillen gesehen werden.

Gegenüber früheren Jahren ermöglicht heute der Gesetzgeber den erwerbstätigen Müttern, ihr Kind zu stillen, indem er einen sechsmonatigen Mutterschutzurlaub bei teilweisem Lohnausgleich bewilligt. Stillgruppen als Selbsthilfeorganisationen sind in vielen Städten entstanden. Ihr Ziel ist es, Mütter zum Stillen anzuleiten, aber auch über Rückstände in der Milch aufzuklären.

In **Entwicklungsländern** zeigt sich ein völlig anderes Bild; dem Rückgang des Stillens in den Slums der Großstädte folgte auch in ländlichen Gebieten eine abnehmende Stillbereitschaft. Dies ist zu bedauern, da Muttermilch in Entwicklungsländern zusätzliche Vorteile bietet. Stillen kann als Beitrag zur Geburtenkontrolle betrachtet werden, da sich durch Stillen die Ovulation verzögert. Zudem besteht in bestimmten Regionen während der Stillzeit ein Tabu gegen den Geschlechtsverkehr. Dadurch verlängern sich die Zeitabstände zwischen den Geburten, und die Mutter hat mehr Zeit, Nährstoffe zu speichern, die während der Schwangerschaft entzogen wurden. Der längere Zeitabstand zwischen den Geburten kommt aber besonders den Kindern zugute, da sich ihre Überlebenschancen verbessern.

Eine sachgerechte Anwendung der Flaschenernährung ist in den meisten Entwicklungsländern heute kaum möglich. Vielfach fehlen Kochgeschirr und Geräte zur Entkeimung von Flasche und Sauger; außerdem fehlen Brennmaterialien, insbesondere in den Slums, so daß weder Flasche noch Wasser abgekocht werden. Das verwendete Wasser entspricht in keiner Weise den hygienischen Anforderungen, eine zentrale Trinkwasserversorgung ist selten anzutreffen. Zusätzlich zu den mangelnden technischen und hygienischen Voraussetzungen wirkt sich die hohe Analphabetenrate negativ aus. Viele Mütter sind nicht in der Lage, die auf der Packung aufgedruckten Gebrauchsanweisungen zu lesen. Säuglingsnahrung kostet in Entwicklungsländern fast genauso viel wie in Industrieländern. Dies bedeutet, daß große Teile des Familieneinkommens für die Fertignahrungsmittel eines Säuglings ausgegeben werden müssen.

Die Folgen der Flaschenernährung sind alarmierend. Durch die Verfütterung bakteriell verunreinigter Nahrung sind infektiöse Durchfälle weit verbreitet. Hoher Preis und Unwissenheit veranlassen Mütter zur Zubereitung einer verdünnten Nahrung. Schwere Fälle von Unterernährung sind die Folge (Kap. 5.8). Da Säuglingsernährung sehr teuer ist, fehlen die Mittel für eine ausreichende Ernährung der älteren Kinder, die somit häufiger unterernährt sind. Unterernährung setzt die Infektionsresistenz herab, belanglose Infektionskrankheiten verlaufen tödlich.

Die Ursachen für den Rückgang des Stillens in Entwicklungsländern sind vielfältig. In vielen Länder hält seit Jahren eine Landflucht an, die Slums der Großstädte wachsen kontinuierlich. Die veränderten Lebensumstände – vielfach gehen Frauen einer Erwerbsarbeit nach – führen zu einer Veränderung der Säuglingsernährung.

Wie in Industrieländern haben auch dort Frauen keine Möglichkeit ihre Kinder während der Arbeitszeit zu stillen. So übernehmen vielfach die älteren Kinder die Ernährung des Säuglings. Außerdem gilt Stillen oft als altmodisch, Flaschenernährung nach dem Vorbild der Industrieländer ist modern. Diese Ansicht nutzten die Hersteller für industrielle Säuglingsnahrung, indem sie Werbekampagnen für ihre Produkte starteten. Durch Plakate und Werbespots im Rundfunk haben sie zum Rückgang des Stillens beigetragen. Häufig werden auch Gratismuster in Kliniken und bei Ärzten verteilt. Die teilweise unüberlegte Verteilung von Milchpulver aus Nahrungsmittelhilfefonds der Industrieländer trägt auch zum Rückgang des Stillens bei.

Die katastrophalen Auswirkungen der Flaschenernährung in Entwicklungsländern hat die Weltgesundheitsorganisation (WHO) 1981 veranlaßt, einen Kodex über die Vermarktung von Muttermilchersatzprodukten zu verabschieden.

Er sieht ein generelles Verbot der Werbung für Muttermilchersatzprodukte sowie ein Verbot der Gratismusterverteilung vor. Säuglinge dürfen auf der Packung nicht abgebildet sein. Da der Kodex in den einzelnen Ländern keine rechtskräftige Verordnung darstellt, wird teilweise weiter für diese Produkte geworben.

Doch auch in den Entwicklungsländern selbst nimmt die Zahl derer zu, die die Vorteile des Stillens erkannt haben und sich für einen Rückgang der Flaschenernährung einsetzen. Es gibt Anzeichen dafür, daß immer mehr Länder daran interessiert sind, den WHO-Kodex im Landesrecht zu verankern. UNICEF und WHO unterstützen diese Initiativen.

Gegen Ende des Säuglingsalters – es umfaßt das erste Lebensjahr – wird nach dem Zahndurchbruch langsam die Ernährung auf feste Kost umgestellt. Vom zweiten Lebensjahr bis zur Einschulung wird vom Kleinkind gesprochen. Die Ernährung in dieser Lebensphase ist durch einen relativ hohen Proteinbedarf gekennzeichnet; er soll durch Proteine mit hoher biologischer Wertigkeit gedeckt werden. Hier bietet sich besonders Vollmilch an, da sie auch den erhöhten Calciumbedarf für das Wachstum decken kann. Für die Ernährung des Kleinkindes wird täglich 0,5 l Vollmilch empfohlen. Der Bedarf an Vitaminen ist leicht erhöht, so daß bei der Kostzusammenstellung auf eine hohe Nährstoffdichte zu achten ist.

Ein besonderes Problem in der Kinderernährung stellt der hohe Verzehr von Süßigkeiten dar; dadurch ist die Zahnkaries weit verbreitet. Heute häufen sich sogar Zahnkariesfälle an den ersten Schneidezähnen. Als Ursache wurde der Verzehr von stark gesüßten Kindertees erkannt, die als »Gute-Nacht-Getränk« empfohlen wurden. Eine neue gesetzliche Regelung verbietet es den Herstellern, diese Tees als Schlaftrunk anzubieten. Durch eine frühe Zerstörung der Milchzähne ist die Ausbildung des bleibenden Gebisses beeinträchtigt. Neben der Entstehung von Zahnkaries wird durch einen häufigen und übermäßigen Verzehr von Süßigkeiten, aber auch durch überhöhte Fettzufuhr die Entstehung von Übergewicht begünstigt. Deshalb wird empfohlen, den Verzehr von Süßigkeiten drastisch einzuschränken und bereits beim Kleinkind auf eine gründliche Zahnhygiene zu achten.

In der **Pubertät** findet noch einmal ein Längenwachstumsschub statt, woraus sich ein veränderter Nährstoffbedarf ergibt. Besonders in den letzten Jahrzehnten wurde eine Zunahme des Längenwachstums bei Jugendlichen beobachtet. Eine verbesserte Ernährungssituation wird als eine von vielen Ursachen für diese Akzeleration genannt, genaue Zusammenhänge sind jedoch nicht bekannt. Das Längenwachstum erhöht den Bedarf an Calcium, der am besten durch Milchprodukte gedeckt werden kann. Bei Mädchen erhöht sich durch das Einsetzen der Menstruation zusätzlich der Eisenbedarf. Lücken in der Eisenversorgung treten nicht selten auf, leichte Anämie bei jungen Mädchen kann häufig nachgewiesen werden.

4.3 Ernährung im Alter

Aufgrund der demographischen Entwicklung sind Fragen der Ernährung im Alter, unter Berücksichtigung möglicher Veränderungen des Nährstoffbedarfs, besonders aktuell. Während das chronologische Alter durch die Jahreszählung leicht erfaßt werden kann, ist das biologische Alter schwer einzuschätzen. Bei Frauen nach der Menopause und bei Männern etwa ab dem 65. Lebensjahr, mit individuellen Unterschieden, stellen sich im Organismus bemerkbare Veränderungen ein.

Auf Zellebene wird beobachtet, daß die Einzelzelle kleiner wird und ihr Turnover abnimmt. Auch Syntheseleistungen sind von dieser Einschränkung betroffen. Für das Immunsystem bedeuten eine zunehmende verlangsamte Proliferation und schlechtere Koordination der beteiligten Zellsysteme eine Schwächung. Untersuchungen an Ratten zeigen, daß eine reduzierte Energiezufuhr bei ausreichender Nährstoffversorgung einen günstigen Einfluß auf die Konstanz der Immunantwort haben kann. Im älter werdenden Organismus werden darüber hinaus zunehmend Autoimmunreaktionen festgestellt.

Auch die Zahl vieler Rezeptoren nimmt ab, während ihre Bindungsaffinität erhalten bleibt. Enzymsysteme erfahren im Alter eine Veränderung. Bedingt durch eine geringere hormonelle Stimulation oder den veränderten Zellmetabolismus zeigen sich Überalterung und Fehlproduktion einzelner Enzyme. Eine Folge ist die erniedrigte und teilweise verlangsamte Adaptation der Enzyme an einen Reiz.

Variationen in der Körperzusammensetzung

Die Abnahme der fettarmen Körpermasse (LBM) ist eine besonders deutliche Veränderung während des Alterungsprozesses. Während der Anteil am Gesamtkörpergewicht bei jüngeren Erwachsenen ca. 61% beträgt, nimmt er im Alter von 85 Jahren auf 54% ab. Aufgrund ihres hohen Kaliumgehaltes wird die LBM über den Gehalt an austauschbarem Kalium mit Hilfe von ^{40}K bestimmt. Möglicherweise ist die Aussage dieser Kaliumbestimmung durch die veränderte Flüssigkeitsverteilung im älteren Organismus ungenau.

Der Verlust an LBM wird durch Fetteinlagerung kompensiert, so daß keine Reduktion des Gesamtkörpergewichtes eintritt. Von der Abnahme fettfreien Gewebes sind vor allem die Skelettmuskulatur, aber auch die Organe und das Skelett betroffen. Im Muskel verändert sich die Mikrostruktur, indem die Zahl der Fasern und die Verteilungsdichte der Kapillaren abnehmen. Folge ist eine schlechtere Versorgung der Muskulatur mit Sauerstoff und anderen Substanzen, die neuromuskuläre Koordination nimmt ab und der Grundumsatz sinkt.

Die Zunahme des wasserarmen Fettgewebes bedeutet insgesamt eine Abnahme des Gesamtkörperwassers, die bei Frauen gravierender ist als bei Männern. Zudem erfolgt mit zunehmendem Alter eine Verschiebung in der Körperwasserverteilung.

Eine weitere wichtige Veränderung zeigt sich an Geweben, z. B. am Aufbau des Kollagens. Hier erfolgt im höheren Alter eine stärkere Vernetzung über Wasserstoffbrücken und Esterbindungen, die zu einer größeren Stabilität führt. Auch nimmt der Anteil an Kollagen in Organen und Geweben zu.

In unterschiedlichem Maß sind die **Organe** Veränderungen unterworfen. Eine Altersdystrophie betrifft vor allem die Skelettmuskulatur und in abnehmender Stärke auch Leber, Niere, Lunge und Knochen. Besonders die Beeinträchtigung der **Verdauungsorgane** soll in dieser Ausführung im Vordergrund stehen.

Wohl am deutlichsten für fast jeden alten Menschen sind Veränderungen an den Zähnen, eine Folge lebenslanger Ernährung, die jedoch heute durch zahntechnische Maßnahmen gut zu kompensieren sind. Die Verminderung des Geschmacksempfindens ist häufig nicht so deutlich spürbar und bewirkt nicht selten einen unbewußten kompensatorisch höheren Kochsalzkonsum bei Älteren.

Keine sicheren Aussagen lassen sich über Funktionsänderungen im Magen treffen. Möglicherweise kommt es zu einer Veränderung der Schleimhaut und infolge dessen zu einer Beeinträchtigung der Drüsen mit verschlechterter Sekretionsleistung bezüglich der Menge und Konzentration von Pepsin, Magensäure und Intrinsic-Faktor. Allerdings konnten bisher bei der Verwertung von Eisen, Calcium, Vitamin B_{12}, Folsäure und Proteinen keine Auswirkungen festgestellt werden.

Auch zu Veränderungen der Darmoberfläche gibt es unterschiedliche Beobachtungen. Während in einer Studie signifikante Veränderungen der absorbierenden Schleimhaut (Jejunum) sowie breitere und niedrigere Mikrovilli gefunden wurden, konnten neuere Untersuchungen keine bedeutsame Beeinträchtigung feststellen. Dagegen zeigt der Darm von Ratten im höheren Alter eine geringere Dicke, schwächeren Widerstand und eine vergrößerte Oberfläche, die die Absorption von Fetten und fettlöslichen Substanzen erleichtert und gegenüber Makromolekülen (Kanzerogene, Antigene) eine geschwächte Barrierefunktion aufweist.

Die Transitzeit der Nahrung ist bei älteren gegenüber jüngeren Menschen unverändert und auch degenerative Veränderungen des Pankreas bedeuten keine Einschränkung bei den Sekretionsparametern. Bezüglich der Gallenabsonderung können bisher keine eindeutigen Aussagen getroffen werden.

Insgesamt wirkt auf die Funktionen der Verdauung und Absorption die allgemeine Verlangsamung von Stoffwechselvorgängen und Transportprozessen, die jedoch durch Kapazitätsreserven des Systems kompensiert werden können. Dies gewährleistet die volle Normalfunktion, bedeutet aber eine eingeschränkte Adaptionsbreite; so kommt es z. B. im Fall einer sehr niedrigen Nährstoffzufuhr leichter zu einer unvollständigen Ausnutzung.

Bedeutsame Veränderungen zeigen sich auch bei Leber und Niere. Die Leber verliert im Alter an Gewicht, ihre Durchblutung ist verschlechtert und der Kollagengehalt steigt. Aufgrund einer selektiven Zellanomalie besitzt sie möglicherweise eine geringere Speicherkapazität. In der Niere bedingt eine Atrophie des Organs eine verminderte Durchblutung und damit einhergehend eine eingeschränkte glomeruläre Filtrationsrate (GFR) und Verdünnungsfähigkeit.

Wie für den Darm beschrieben, besitzen auch andere Organe Reservekapazitäten, so daß unter Normalbedingungen nicht mit Beeinträchtigungen gerechnet werden muß. Dagegen kann sich der älterwerdende Organismus nicht mehr so leicht an Streßsituationen adaptieren und auch die Wiederherstellung der Homöostase ist nach einer Störung erschwert; die Krankheitsanfälligkeit steigt.

Zufuhrempfehlungen für die Hauptnährstoffe
Aufgrund unterschiedlicher Methoden zur Ermittlung des Bedarfs älterer Menschen sind die Aussagen über Nährstoffempfehlungen bei den Fachorganisationen nicht einheitlich.

Bezüglich der **Energieversorgung** ist bekannt, daß in enger Korrelation zu der Abnahme der LBM der Grundumsatz mit zunehmendem Alter sinkt; durch die eingeschränkte Leistungsfähigkeit sinkt in der Regel auch der Leistungsumsatz. Es zeigen sich erhebliche Unterschiede; im Durchschnitt beträgt die Verminderung 1,3–1,7 MJ (= 300–400 kcal)/d (Abb. 120).

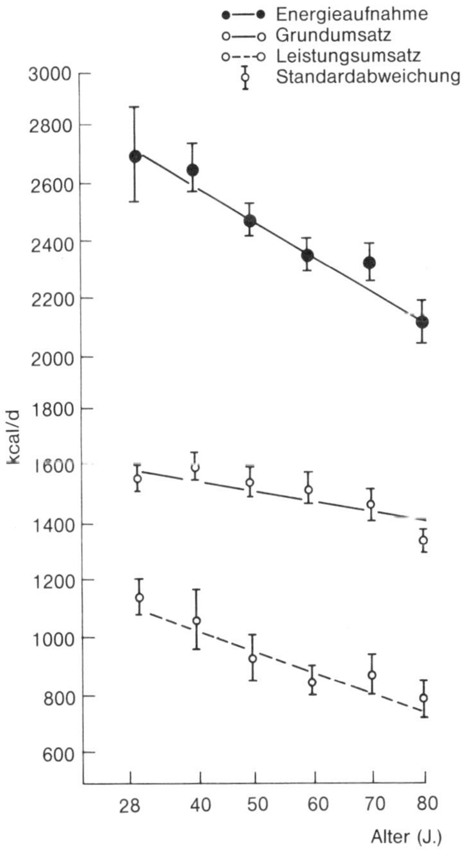

Abb. 120. Tägliche Energieaufnahme und Energieumsatz (GU; LU) des Mannes (modif. nach Shock 1972).

Der abnehmende Wirkungsgrad der Muskulatur macht sich kaum bemerkbar. Es erfolgt keine ineffektivere Verdauung der energieliefernden Nährstoffe, aber die Höhe der Spezifisch Dynamischen Wirkung (SDW) sinkt.

Die Empfehlungen der DGE entsprechen dem abnehmenden Bedarf älterer Menschen an Nahrungsenergie (Tab. 204) und gehen von einer leichten Abnahme des Körpergewichts bei Älteren aus. Dieses wichtigste Maß für eine angemessene Energiezufuhr wird umstritten diskutiert. Möglicherweise kann ein leichtes Übergewicht im Alter bei Gesundheit positiv auf die Lebenserwartung wirken.

Die Angaben über den **Proteinbedarf** alter Menschen sind aufgrund unterschiedlicher angewandter Meßmethoden (Tab. 205) und der vorliegenden Ergebnisse nicht einheitlich (Tab. 206).

Zunächst geht mit dem Alterungsprozeß eine Veränderung in Gehalt, Verteilung und Struktur des Körperproteins einher. Der Proteingehalt, repräsentiert durch die LBM, nimmt vor allem im Muskel ab. Die Muskelmasse, die beim jüngeren Erwachsenen 45% des Körpergewichts ausmacht, sinkt bei 70jährigen auf 27%. Auch der Gesamtprotein-Turnover nimmt ab.

Bisher konnte keine sichere Bedarfsänderung bestimmt werden, aber es bleibt bei alten Menschen zu berücksichtigen, daß eine größere Erkrankungshäufigkeit, Medikamentenkonsum und verminderte körperliche Aktivität wichtige Faktoren darstellen, die den Proteinbedarf erhöhen. Auch der enge Zusammenhang mit der Energieaufnahme muß beachtet werden. Da der Energiebedarf im Alter abnimmt, der Proteinbedarf vermutlich aber gleichbleibt, muß ein höherer Prozentsatz der Nahrungsenergie (nach RDA 1980 statt 8% im Alter 10% der Energieaufnahme) in Form von Protein zugeführt werden. Viele Autoren gehen von 12% aus, die DGE empfiehlt absolut 55 g/d für Männer und 45 g/d für Frauen über 65 Jahre.

Beim **Fettbedarf** steht der Gehalt der Nahrungsfette an essentiellen Fettsäuren, aber auch besonders für ältere Menschen der Anteil an Cholesterin im Vordergrund.

Im Alter nimmt als Kompensation zur Abnahme der LBM der Fettanteil des Körpers zu. Höhere Plasmalipidkonzentrationen ergeben sich aus der abnehmenden Fähigkeit zur Fettsynthese, -abbau und -ausscheidung des alternden Organismus. Damit sind Senioren die höchste Risikogruppe für Hyperlipidämie und Hyper-

Tab. 204. Gegenüberstellung der Nährstoffempfehlungen für Menschen über 65 Jahre (DGE 1985) und der IST-Nährstoffaufnahme über 66jähriger 1980/81 (Ernährungsbericht 1984)

Nährstoff	SOLL-Zufuhr/d m	SOLL-Zufuhr/d w	IST-Zufuhr/d m	IST-Zufuhr/d w
Energie (kcal)	1900	1700	3578	2724
Protein (g)	55	45	102	78
Fett (% d. Energie)	25–30		37	37
Essentielle Fettsäuren (g)	10		14	11
Kohlenhydrate (% d. Energie)	50–55		39	44
Ballaststoffe (g)	30		25	20
Vitamin A (mg RÄ)	1,0	0,8	1,9	1,4
Vitamin D (µg)	5		5,7	3,9
Vitamin E (mg TÄ)	12		13,8	10,8
Vitamin C (mg)	75		125	90
Thiamin (mg)	1,3	1,1	1,8	1,3
Riboflavin (mg)	1,7	1,5	2,3	1,7
Pyridoxin (mg)	1,8	1,6	2,4	1,7
Folsäure (µg FÄ)	160		187	132
Vitamin B_{12} (µg)	5		11,6	7,1
Niacin (mg NÄ)	18	15	47	32
Pantothensäure (mg)	8		–	–
Eisen (mg)	12	12	17	12
Zink (mg)	15		–	–
Magnesium (mg)	350	300	404	293
Natrium (g)	2 (= 5 g NaCl)		3,3	2,3
Kalium (g)	3,0–4,0		3,9	2,9
Calcium (mg)	800		821	712
Phosphor (mg)	800		1767	1338
Wasser (ml/kg KG)	20–45		–	–

cholesterinämie und den dadurch geförderten koronaren Herzerkrankungen. Ein Anstieg des Gesamtcholesterins und der LDL sowie die Abnahme der HDL, die in dieser Altersgruppe beobachtet wurde, kann aufgrund zahlreicher anderer Einflußfaktoren nicht eindeutig auf den Alterungsprozeß zurückgeführt werden.

Tab. 205. Untersuchungsmethoden zur Beurteilung des Proteinbedarfs im Alter

Die faktorielle Methode: Messung des obligatorischen N-Verlustes bei proteinfreier Ernährung, der sich aus der N-Ausscheidung über Harn, Fäzes und Haut zusammensetzt.
N-Bilanzversuche: Stoffwechselversuche, bei denen die niedrigste mögliche Proteinmenge ermittelt wird, bei der der Organismus ein N-Gleichgewicht erreicht.

Die Zufuhrempfehlungen für die essentiellen Fettsäuren werden wie bei jüngeren Erwachsenen mit 1–3% der Energiezufuhr angegeben. Generell ist es wichtig, möglichst einen höheren PS-Quotienten (ca. = 1) anzustreben. Wegen des hohen Brennwerts der Fette sollte die Fettzufuhr im Alter, unter Berücksichtigung des verminderten Energiebedarfs, reduziert werden, besonders um Übergewicht zu vermeiden.

Für den Bedarf an **Kohlenhydraten** ist ebenso wie für Jüngere im Alter keine genaue Angabe möglich; die Empfehlung bleibt bei 55–65% der Energiezufuhr. Besonders wichtig ist jedoch die Zusammensetzung der Nahrungskohlenhydrate.

Durch die Abnahme der Muskelmasse steht dem alternden Organismus weniger Glykogenspeicherndes Gewebe zur Verfügung. Die Absorption der Kohlenhydrate bleibt unverändert, aber die Glucosetoleranz ist eingeschränkt und damit ist ein hohes Risiko des Altersdiabetes gegeben. Wichtig ist daher, die Kohlenhydrate nicht als Mono- oder Disaccharide, sondern als Oligo- und Polysaccharide zuzuführen, um eine erhöhte Blutzuckerkonzentration zu vermeiden. Die Empfehlung, mindestens 30 g Ballaststoffe/d aufzunehmen, ist für ältere Menschen besonders wichtig. Der häufig auftretenden Obstipation kann mit ausreichender Aufnahme von Ballaststoffen entgegengewirkt werden. Ballaststoffe verzögern darüber hinaus die Absorption, beeinflussen den Plasmacholesteringehalt positiv und helfen durch Erreichen einer natürlichen Sättigung, die Energiezufuhr zu drosseln.

Zufuhrempfehlungen für Vitamine

Für die fettlöslichen **Vitamine A, E und K** sind bei älteren Menschen keine Absorptionsbeeinträchtigungen bekannt. Ein besonders bei männlichen Senioren verbreiteter Vitamin-A-Mangel ist wahrscheinlich in erster Linie auf eine unzureichende Zufuhr zurückzuführen. Die Empfehlungen der DGE für die Vitamin-A-Zufuhr entsprechen den Werten für jüngere Erwachsene.

Auch für Vitamin K und E wird der Bedarf als unverändert angesehen. In einer Langzeitstudie an Senioren erwies sich die Versorgung mit Tocopherol als »sehr gut«. Gemessen wurde der Tocopherolgehalt in plättchenarmem Plasma (PAP), der im Mittel bei 1,10 ± 0,18 mg α-Toc./g Gesamtlipid lag. Als ausreichend gilt ein Gehalt von 0,8 mg α-Toc./g Gesamtlipid.

Bei einer erhöhten Gabe von 200 mg Tocopherol/d konnte bei alten Menschen eine reduzierte Konzentration an Lipidperoxiden im Serum festgestellt werden. Dieses Ergebnis deutet einen möglicherweise erhöhten Vitamin-E-Bedarf bei Senioren an.

Vitamin D wird im Zusammenhang mit der Calciumzufuhr besprochen.

Bei der Versorgung mit **Vitamin C** stellen ältere Männer eine Risikogruppe dar. Endogene Faktoren spielen, wenn überhaupt, eine sicher geringere Rolle als eine unzureichende alimentäre Zufuhr. Falsche Ernährungsgewohnheiten, Zubereitungsverluste und ein zu geringer Verzehr von Obst, Gemüse und Kartoffeln können die Ursachen sein. Häufig ist auch durch Infektionen, Wunden, Pharmaka und Nicotin der Bedarf an Vitamin C erhöht. Zum Teil werden für ältere Menschen höhere Empfehlungen als für

Tab. 206. Versuchsergebnisse aus Bilanzstudien über den Proteinbedarf älterer Menschen (*Uauy et al. 1978; **Bunker et al. 1982)

Alter	m/w	Anzahl	Versuchsaufbau und Zufuhrhöhe	Bilanzergebnisse
70–86*	w	7	28 kcal/kg KG/d	
			je 10 d:	
			0,53 g Prot./kg KG	alle Probanden in neg. Bilanz
			0,65 g Prot./kg KG	zwei Probanden in pos. Bilanz
			0,80 g Prot./kg KG	zwei Probanden in pos. Bilanz
71–99*	m	7	32 kcal/kg KG/d	
			je 10 d:	
			0,57 g Prot./kg KG	vier Probanden in pos. Bilanz
			0,65 g Prot./kg KG	vier Probanden in pos. Bilanz
			0,80 g Prot./kg KG	fünf Probanden in pos. Bilanz
			Protein als Vollei	
70–85**	w	5	61,1 g Prot./d	Bilanzen bei allen Probanden positiv
73–85**	m	5	69,6 g Prot./d	
			Fünf Tage wurde die normale Ernährung untersucht, Protein entsprach je ca. 14% der Energiezufuhr	

jüngere Erwachsene ausgesprochen, auch in Hinblick auf eine mögliche Verringerung des Peroxidgehaltes im Serum (siehe Vitamin E). In den DGE-Empfehlungen ist der Sicherheitszuschlag so gewählt, daß für Senioren keine zusätzliche bzw. höhere Vitamin-C-Zufuhr erforderlich ist.

Der **Thiaminbedarf** korreliert mit der Nichtfett-Energieaufnahme, doch die Zufuhrempfehlungen für ältere entsprechen denen für jüngere Erwachsene, da eine potentiell schlechtere Utilisation im Alter vorliegt. Da eine ineffektivere Absorption von Thiamin unwahrscheinlich ist, werden andere Faktoren, z.B. Alkoholkonsum, dafür verantwortlich gemacht.

Für **Riboflavin** und **Pyridoxin** gelten ebenfalls unveränderte Empfehlungen. Die Versorgung alter Menschen wird teils als kritisch, teils als gut eingeschätzt.

Bei **Folsäure** konnte eine schlechtere Ausnutzung von Polyglutamaten im Alter festgestellt werden, während sich die Monoglutamatabsorption unverändert zeigt. Der Folsäurestatus alter Menschen wird häufig als unzureichend beschrieben, als Folge mangelnder Zufuhr, aber auch beeinträchtigt durch Medikamente und Alkohol. Ein möglicherweise herabgesetzter Bedarf für Ältere wird diskutiert. Die Empfehlungen der DGE entsprechen denen für jüngere Erwachsene.

Für **Cobalamin, Niacin, Pantothensäure** und **Biotin** ist kein veränderter Bedarf im Alter bekannt. Die bedarfsdeckende Versorgung mit diesen Vitaminen stellt kein Problem dar.

Die Ermittlung des Vitaminstatus ist bei alten Menschen schwierig und nicht alle Parameter, die für jüngere gelten, sind übertragbar. Aufgrund der sinkenden Energiezufuhr bei gleichbleibendem Vitaminbedarf ist eine erhöhte Nährstoffdichte erforderlich, die zu erreichen besonders den älteren, teilweise in Heimen lebenden, Menschen schwerfallen mag.

Zufuhrempfehlungen wichtiger Mineralstoffe und Elektrolyte

Eisen stellt für alte Menschen im Gegensatz zu jüngeren keinen kritischen Nährstoff bezüglich der Bedarfsdeckung dar. Zu einer möglicherweise veränderten Absorption lassen sich bislang keine eindeutigen Angaben machen, aber die Eisenverluste bei Frauen nach der Menopause verringern sich und lassen den Bedarf eher sinken. Eine bei älteren Menschen festgestellte geringere Eisenutilisation bestärkt eine solche Tendenz. Die DGE empfiehlt nur für Frauen eine auf 12 mg/d reduzierte Eisenzufuhr.

Untersuchungen lassen für **Zink** die Vermutung eines geringeren Bedarfs älterer Menschen zu. Häufig war bei einer Gabe von 10 mg Zink/d eine ausreichende Bedarfsdeckung gewährleistet; allerdings sind bisher keine sicheren Aussagen möglich.

Der **Kupferbedarf** kann als unverändert angesehen werden.

Im Alter ist der Organismus sowohl gegen niedrige als auch hohe **Natriumzufuhr** empfindlicher. Die Leistungsbreite der Nierenfunktion ist eingeschränkt und damit auch die Natrium-Rückhaltekapazität sowie die -Konzentrierungsfähigkeit. Bei Natriumrestriktionen dauert es länger, die Natriumausscheidung im Urin zu drosseln; es entstehen Natriumverluste. Hohe Natriumzufuhr dagegen bedingt ein größeres Harnvolumen und kann zu einer negativen Wasserbilanz führen. Auch in Hinblick auf die Verbreitung von Bluthochdruck sollte die Na-Zufuhr im Alter auf 2 g Natrium (= 5 g NaCl)/d beschränkt werden.

Mit der Abnahme der LBM reduziert sich der **Kaliumgehalt** des Organismus im Alter, und dieser reagiert empfindlicher auf Kaliumverluste. Die häufig eingeschränkte Wasseraufnahme bei alten Menschen erhöht die Gefahr eines Defizits, da somit die Kaliumkonzentration intrazellulär ansteigt und zur Kompensation mehr Kalium über die Niere ausgeschieden wird. Auch Diuretika können diese Tendenz fördern.

Obwohl die Versorgung älterer Menschen in der BR Deutschland mit Kalium meist zufriedenstellend ist, sollte auf eine ausreichende Zufuhr geachtet werden.

Die **Calcium-** und **Vitamin-D-Versorgung** sind im Organismus eng verknüpft und werden daher zusammen erörtert.

Bei alten Menschen wurde ein verminderter Gehalt an 1,25 $(OH)_2$-Cholecalciferol im Serum festgestellt, dessen Ursache wahrscheinlich in der beeinträchtigten Umwandlung des 25-(OH)-Cholecalciferols in der Niere liegt. Möglich ist auch eine vermehrte Bildung des als Vitamin inaktiven 24,25-$(OH)_2$-Cholecalciferols. Geringe Sonneneinstrahlung in den Winterhalbjahren führt häufig zu einer drastischen Verschlechterung des Versorgungszustandes alter Menschen. Der Bedarf an Vitamin D bleibt umstritten; besonders im höheren Alter ist eine individuelle Bedarfsermittlung notwendig, da der Toleranzbereich zur Hypervitaminose schmäler ist.

Vermehrte Knochenfrakturen sind ein markantes Gesundheitsproblem alter Menschen. In Form der Osteoporose (Knochenabbau bei gleichbleibender Relation der Knochensubstanzen) und der Osteomalazie (Vitamin-D-Mangel-bedingte Calciumauslagerung aus er Proteinmatrix des Knochens mit Skeletterweichung) treten diese Komplikationen auf, wobei erstere bei Senioren häufiger anzutreffen sind. Dieser Knochenverlust scheint eine normale Alterserscheinung zu sein, von der Frauen stärker betroffen sind. Ausschlaggebend hierfür könnten ein geringeres Ausgangsniveau und die einschneidendere Hormonumstellung im Klimakterium sein.

Eine über den Empfehlungen für jüngere Erwachsene liegende alimentäre Calciumzufuhr kann nicht die Lösung für das Osteoporoseproblem der älteren Generation darstellen, aber Untersuchungen deuten positive Effekte an. Wichtiger als eine Steigerung der Calciumzufuhr im hohen Alter sind die vollwertige Ernährung während des ganzen Lebens und die körperliche Aktivität.

Der Wasserbedarf im Alter

Mit zunehmendem Alter nimmt der Wassergehalt des Körpers ab (Tab. 7). Mit dem Muskelschwund verringert sich auch die Menge der intrazellulären Flüssigkeit; auch der Anteil an Extrazellularwasser sinkt bei gleichbleibendem bzw. zunehmendem Plasmavolumen.

Veränderungen der Niere betreffen den Wasserhaushalt empfindlich (Kap. 2.3.2). Im Alter verkleinert sich die Niere, die glomeruläre Filtrationsrate (GFR) sowie die Konzentrations- und Verdünnungsfähigkeit lassen nach. Für diese Veränderungen ist neben einer normalen Altersdystrophie eine schwächere Hormonstimulierung verantwortlich.

Die Niere besitzt wie andere Organe eine gewisse Reservekapazität, die im Alter ausgeschöpft wird und den Wasserhaushalt unter Normalbedingungen ausreichend regelt. Doch der Toleranzbereich für Störungen ist enger. Deshalb sollte die Zufuhr harnpflichtiger Substanzen (Salze, Protein, Pharmaka) möglichst eingeschränkt oder die Wasserzufuhr angepaßt werden. Durch die nachlassende Durstempfindung im Alter treten häufig Schwierigkeiten bei der Wasserversorgung auf. Der Bedarf ist im Vergleich zu jüngeren Erwachsenen unverändert, doch sollte einer regelmäßigen, ausreichenden Versorgung bei alten Menschen große Wichtigkeit beigemessen werden.

Eine Gegenüberstellung der Empfehlungen der DGE bezüglich der Zufuhr wichtiger Nährstoffe im Vergleich zur Ist-Aufnahme zeigt z. T. deutliche Unterschiede (Tab. 204).

4.4 Sportler

Allgemeines

Extreme körperliche Leistungen erfordern umfangreiches Training und eine angepaßte Ernährung, die alle erforderlichen Nährstoffe möglichst optimal bereitstellen sollte. Der Ernährung des Sportlers wird erst seit wenigen Jahren vermehrt Beachtung geschenkt. Das Interesse von Trainern und Sportlern an Ernährungsfragen wächst ständig, seit bekannt ist, daß durch eine bedarfsgerechte Ernährung Trainings- und Wettkampfergebnisse positiv beeinflußt werden können.

Physiologische Grundlagen des Muskelstoffwechsels

Der Skelettmuskel ist aus Muskelfasern aufgebaut. Sie enthalten neben Cytoplasma und Zellorganellen fadenförmige Myofibrillen, deren hellere und dunklere Zonen für die typische Querstreifung der Skelettmuskulatur verantwortlich sind. Aufgebaut sind die Myofibrillen aus den Myofilamenten Actin und Myosin. Ausgelöst durch einen neuralen Reiz erfolgt über eine Membrandepolarisation ein Ineinanderschieben von Actin und Myosin, eine Muskelkontraktion. Sowohl für die Repolarisation als auch für die Kontraktion ist der Muskel auf die ständige Bereitstellung von ATP angewiesen, dessen Speicherkapazität jedoch nur für wenige Sekunden reicht.

Eine größere Energiereserve für Muskelkontraktionen stellt das Kreatinphosphat dar, das mit Hilfe der Kreatinkinasereaktion einen Phosphatrest auf ADP übertragen kann, wodurch ATP entsteht. Freies ATP und Kreatinphosphat bilden zusammen einen schnell verfügbaren Energiespeicher, der den Muskel je nach Belastung 5 bis 20 Sekunden versorgen kann; das entspricht etwa dem Energieverbrauch eines 100-m-Laufs.

Bei länger dauernder Belastung greift der Muskel zunächst auf eigene Glykogenvorräte zurück, während der Glykogenvorrat der Leber in erster Linie zur Aufrechterhaltung des Blutglucosespiegels dient.

In der Muskelzelle kann Glucose-6-Phosphat aus Glykogen aerob und anaerob abgebaut werden. Aerober und anaerober Glucoseabbau gleichen sich bis zur Stufe des Pyruvats. Bei der anaeroben Glykolyse entsteht Lactat mit einem Energiegewinn von 2 Mol ATP. Eine steigende Lactatkonzentration (Laktatazidose) in der Muskelzelle hemmt die Kontraktion sowie die glykolytischen Schlüsselenzyme, die Energieausbeute sinkt, und der Muskel ermüdet.

Zum aeroben Abbau der Glucose benötigt die Muskelzelle Sauerstoff. Im Citratzyklus erfolgt die vollständige Oxidation der Glucose. Dieser Abbauweg liefert mit 38 Mol ATP wesentlich mehr Energie als die anaerobe Glykolyse. Die Umschaltung auf die verschiedenen Stoffwechselwege zur ATP-Gewinnung hängt von Art und Dauer der Belastung ab (Abb. 121).

Bei längerer Anstrengung erfolgt die Umschaltung auf den effektiveren aeroben Glucoseabbau. Bei einem 800-m-Lauf erfolgt die ATP-Synthese nach Leerung der ATP- und Kreatinphosphatspeicher durch anaerobe Glykolyse; bei längeren Laufstrecken oder allgemein längerer Anstrengung deckt die Muskelzelle ihren ATP-Bedarf durch aeroben Glucoseabbau. Doch auch Muskelglykogen kann nicht unbegrenzt Glucose bereitstellen. Der Glykogengehalt der Muskulatur beträgt normalerweise weniger als 1%, dies entspricht etwa 5000 kJ (= 1200 kcal). Bei Dauerbelastungen, wie einem Marathonlauf, reichen die Glykogenreserven nicht aus; nach 1–2 Stunden Belastung muß der Organismus auf seine Fettdepots zurückgreifen.

Fett liefert bei seiner Oxidation wesentlich mehr Energie als Kohlenhydrate (148 Mol ATP/Mol Stearinsäure). Andererseits wird Fett wesentlich langsamer abgebaut als Kohlenhydrate. Der ATP-Gewinn pro Zeiteinheit ist bei der Oxidation von Fett daher nur halb so hoch wie aus Glucose. Der Energiegewinn pro Mol Sauerstoff liegt beim Fettabbau ebenfalls niedriger. Bei der Glucoseoxidation liefert ein Mol Sauerstoff 6,34 Mol ATP, bei der Fettoxidation dagegen nur 5,61 Mol ATP.

Der Sauerstoffaufnahme sind jedoch Grenzen gesetzt. Untrainierte Erwachsene können 3 l O_2/Min aufnehmen. Spitzensportler können bis zu 6 l/Min einatmen. Doch auch die Sauerstoffaufnahmekapazität der Gewebe ist begrenzt. Der Sauerstoffmehrbedarf durch die Fettoxidation kann nicht durch eine vermehrte Aufnahme gedeckt werden. Bei gleichbleibender O_2-Aufnahme sinkt die ATP-Synthese und somit die Leistungsfähigkeit. Dies erklärt, warum viele Marathonläufer nach 20–30 km ihr Tempo drosseln. Nach dieser Strecke sind die Glykogenvorräte meist verbraucht und es erfolgt die Umstellung auf die Oxidation des Depotfettes. Die Fettdepots sind zwar die größten Energiereserven des Körpers (Tab. 207), können aber bei sportlichen Leistungen nicht effektiv genutzt werden.

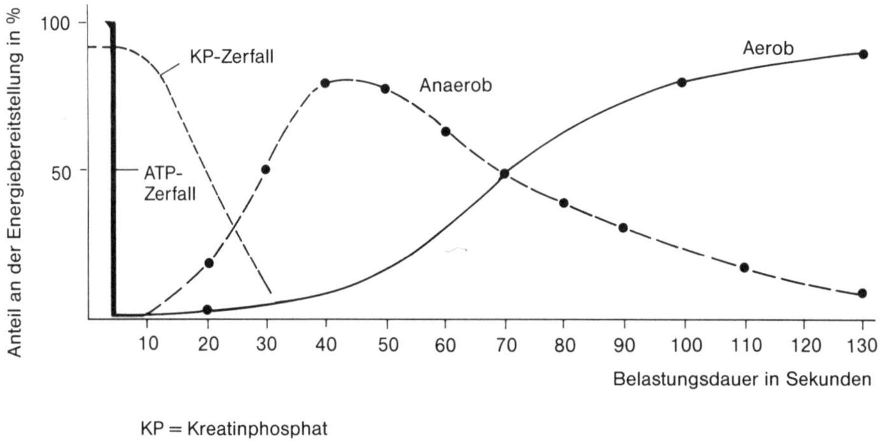

Abb. 121. Anteil der energieliefernden Prozesse an der Energiebereitstellung bei maximaler körperlicher Belastung von unterschiedlicher Dauer (nach BREUER 1981).

Tab. 207. Energiespeicher bei einem 75 kg schweren Menschen (nach BREUER 1981)

Energiehaltige Substanz	kJ	kcal
ATP	6,3	1,5
Kreatinphosphat	14,7	3,5
Glykogen	5040	1200
Fett	210000	50000

Energiebedarf

Da die Energiegewinnung der Muskulatur von Art und Dauer der Belastung abhängt, ist bei den einzelnen Sportarten mit einer unterschiedlichen Belastung und somit mit einem unterschiedlichen Nährstoffbedarf zu rechnen. Sportarten werden zweckmäßig nach Art ihrer Anforderungen eingeteilt (Tab. 208).

Auch für Sportler gilt, daß sich der Energieumsatz aus Grundumsatz und Leistungsumsatz zusammensetzt. Das Körpergewicht ist als Grundlage für die Empfehlung einer Energiezufuhr weniger geeignet. Besser ist es, die Körperzusammensetzung zu berücksichtigen, da Hochleistungssportler, insbesondere Kraftsportler, relativ viel Muskelgewebe besitzen. Würde hier das Normalgewicht nach BROCA als Maßstab genommen, wären viele Sportler übergewichtig.

Der Energieumsatz bei Sportlern unterliegt großen Schwankungen. Unter Wettkampf- und Trainingsbedingungen sind sehr hohe Energieumsätze möglich (Tab. 209). Die angegebenen Werte sollen nur eine Vorstellung von der Größenordnung des Energieumsatzes geben, da es starke individuelle Schwankungen gibt. Auch der Trainingszustand beeinflußt die Energiebilanz, besser Trainierte haben einen niedrigeren Energieumsatz, da Training den Wirkungsgrad der Muskelarbeit erhöht und zum Erlernen ökonomischer Techniken führt. Hoher Energieumsatz ist keineswegs gleichbedeutend mit hoher Leistung.

Während des Trainings oder Wettkampfes kann der Energieverbrauch in Abhängigkeit von der Belastung stark ansteigen (Tab. 210). Der Energieaufnahme sind aber Grenzen gesetzt. Über eine längere Zeit ist es nicht möglich, mehr als 29–33 MJ (= 7000–8000 kcal)/d mit der Nahrung aufzunehmen, da die Aufnahmekapazität des Magen-Darm-Kanals und die enzymatische Aufspaltung der Nahrung beschränkt sind. Der Verzehr großer Nahrungsmengen könnte die Zwerchfellatmung behindern und die ausreichende Sauerstoffversorgung zur Oxidation der Nährstoffe gefährden.

Nach Training und Wettkampf haben viele Sportler eine negative Energiebilanz. Sportler berichten nach Dauerleistungen häufig über einen Mangel an Appetit. Zu geringe Nahrungsaufnahme führt zu Substanzverlust und Leistungseinbußen. Zwischen Training und Wettkämpfen nimmt der Appetit wieder zu und das Körpergewicht wird normalisiert. In jüngster Zeit werden nach Wettkämpfen vollbilanzierte Nahrungskonzentrate empfohlen, da sie einem Substanzverlust vorbeugen.

Kohlenhydratbedarf

Kohlenhydrate spielen in der Ernährung des Sportlers eine entscheidende Rolle, da bei der Glucoseoxidation pro Mol verbrauchtem Sau-

Tab. 208. Einteilung verschiedener Sportarten

Sportartgruppe	Beispiele	Energiegewinn
Schnellkraftsport	Sprint Sprungdisziplinen Gymnastik	vorwiegend anaerob aus Glykogen
Kraftsport	Gewichtheben Wurf- und Stoßdisziplinen	ATP und Kreatinphosphatreserven
Ausdauersport	Langstreckenlauf Schwimmen Radsport Fußball, Handball	anaerob und aerob mit Glykogen und teilweise Depotfett als Substrat
Kraftausdauersport	Boxen Ski, alpin	

Tab. 209. Energieverbrauch in den verschiedenen Sportarten, bezogen auf 70 kg Körpergewicht (nach NÖCKER et al. 1979)

Sportartgruppe	Energieverbrauch (MJ/d)	
	untere Grenze	obere Grenze
Schnellkraftsportler		
Bei Körperruhe	7,1	9,2
Kurzstreckenlauf	12,6	18,8
Gymnastik	14,6	18,8
Radsport (Bahnfahrer)	16,7	23,0
Skispringen	16,7	20,9
Kraftsportler		
Gewichtheben (je nach Gewichtsklasse)	12,6	25,1
Stoß und Wurf (Leichtathletik)	18,8	25,1
Ausdauersportler		
Langstreckenlauf	16,7	23,0
Radsportler (Straße)	16,7	33,5
6-Tage-Fahren	20,9	37,7
Spielsportarten (Fußball, Handball, Hockey, Eishockey, Wasserball, Basketball, Volleyball)	16,7	24,3
Kraftausdauersportler		
Boxen	12,6	23,0
Rennrudern	18,8	29,3
Skisport, alpin	14,6	20,9
Judo	12,6	23,0

erstoff mehr ATP entsteht als bei der Fettoxidation. Daneben fällt der Speicherung von Nahrungskohlenhydraten in Form von Muskelglykogen eine weitere wichtige Bedeutung zu. Insbesondere bei Ausdauersportarten hängt die Leistungsfähigkeit eng mit den Kohlenhydratreserven und damit mit einer ausreichenden Kohlenhydratversorgung zusammen.

Bei 6 Fußballspielern wurde der Glykogengehalt der Muskeln vor, während und nach dem Spiel gemessen (Tab. 211). Bei 3 Spielern (Gruppe B) lagen die Anfangsglykogenwerte deutlich niedriger, sie hatten zwar trainiert, aber am Abend vor dem Spiel keine Mahlzeit zu sich genommen. Ihre Glykogenvorräte waren nach der Hälfte der Spielzeit nahezu aufgebraucht, während die übrige Gruppe (Gruppe A) noch über Glykogenvorräte verfügte. In der 2. Spielhälfte konnte ein deutliches Leistungsgefälle zwischen beiden Gruppen beobachtet werden; die Spieler mit niedrigen Glykogendepots liefen weniger und langsamer. Am Spielende waren ihre Glykogenvorräte völlig erschöpft, die andere Spielergruppe verfügte noch über Glykogenreserven. Dieses Beispiel zeigt die Bedeutung der Glykogenvorräte für die Leistungsfähigkeit und zeigt, daß ausreichende Kohlenhydratzufuhr die Leistungsfähigkeit erhöhen kann.

In der Sportmedizin und -ernährung wird nach Wegen gesucht, die Glykogenspeicherkapazität der Muskeln zu erhöhen, um so eine Leistungsoptimierung zu erzielen. Höchstleistungen können nur mit optimal gefüllten Glykogenspeichern erzielt werden. Nahrungskohlenhydrate können nach vollständiger Entleerung der Glykogendepots am besten eine Erhöhung der Glykogenspeicherkapazität bewirken, dies konnte experimentell bestätigt werden.

Zwei Personen arbeiteten am Fahrradergometer mit jeweils nur einem Bein bis zur Erschöpfung. Das andere Bein, bei einer Versuchsperson das rechte, bei der anderen das linke, wurde ruhig gestellt. In den belasteten Beinen waren die Glykogenspeicher vollständig entleert, die ruhig gestellten Beine veränderten ihren Glykogengehalt nicht. Im Anschluß an die Belastung erhielten beide Versuchspersonen eine kohlenhydratreiche Kost. Bei beiden Versuchspersonen stieg der Glykogengehalt der Muskulatur des belasteten Beines stärker an als im ruhig gestellten Bein. Damit konnte gezeigt werden, daß eine kohlenhydratreiche Kost nach vorhergehender völliger Entleerung der Glykogendepots die Speicherkapazität für Kohlenhydrate erhöhen kann. Eine fettreiche Ernährungsform (>40% der Energie als Fett) sowie eine überhöhte Kohlenhydratzufuhr (>70% der Energiezufuhr) läßt die Kohlenhydratspeicherung dagegen sinken. Liegt der Kohlenhydratverzehr über dem Bedarf, wird der Überschuß in Depotfett umgewandelt.

Tab. 210. Energieverbrauch in Abhängigkeit von der Belastung (nach KONOPKA 1980)

Sportliche Belastung	Energieverbrauch KJ/kg/h
Laufen, 3,3 m/sec	45,2
Laufen, 6,6 m/sec	355,6
Schwimmen, 0,33 m/sec	18,4
Schwimmen, 1 m/sec	87,9
Radfahren, 15 km/h	22,6
Radfahren, 30 km/h	50,2

Tab. 211. Glykogenreserven bei 2 Gruppen von Fußballspielern im Verlauf eines Spiels (nach Breuer 1981)

Gruppe	Glykogengehalt g/kg Muskelfrischgewicht			Zurückgelegte Strecke			
	Vor dem Spiel	Halbzeit	Nach dem Spiel	1. Spielhälfte m	2. Spielhälfte m	Gehen %	Max. Geschwindigkeit %
A	15	4	2	6100	5900	27	24
B	7	1	0	5600	4100	50	15

Bei Ausdauerleistungen kann eine Kohlenhydratzufuhr während des Wettkampfes oder des Trainings das Ergebnis positiv beeinflussen. Traubenzucker galt lange Zeit als schnelle Energiereserve und wurde von vielen Sportlern geschätzt. Traubenzucker wird rasch absorbiert und führt zu einer verstärkten Insulinausschüttung; die Glucoseaufnahme in die Gewebe steigt und es besteht die Gefahr, daß der Blutglucosespiegel zu stark absinkt (Hypoglykämie). Traubenzucker hat außerdem eine hohe Osmolarität, 5 g Glucose benötigen 100 ml Flüssigkeit, die den Geweben bei fehlender exogener Zufuhr entzogen wird.

Eine Hypoglykämie kann auch eine Folge erschöpfter Kohlenhydratspeicher sein, die als sog. Hungerrast einen Glucosemangel im Gehirn auslöst. Schwindelgefühle, Schwarzwerden vor den Augen, Schweißausbrüche und Hungergefühl sind die typischen Symptome. Schnell absorbierbare Kohlenhydrate führen zu einer raschen Besserung.

Polysaccharide gewinnen bei der Ernährung von Sportlern zunehmend an Bedeutung, da sie dem Traubenzucker in vielen Fällen überlegen sind. Sie besitzen eine niedrigere Osmolarität und belasten so den Wasserhaushalt nicht. Die Polysaccharide fördern keine überhöhte Insulinsekretion. Ihre enzymatische Spaltung im Dünndarm setzt kontinuierlich Monosaccharide frei, die dann absorbiert werden. Die Verfügbarkeit ist gegenüber Glucose verringert. Dies wirkt sich positiv aus, da Polysaccharide eine Langzeitwirkung entfalten.

Proteinbedarf

Der tägliche Proteinbedarf eines Sportlers hängt neben den Parametern Alter und Körpergewicht auch von der betriebenen Sportart ab. Art und Dauer der Belastung bestimmen weitgehend den Proteinumsatz.

Die Nahrung des Kraftsportlers muß einen Proteinüberschuß zum Aufbau von Muskelsubstanz bereitstellen. Nahrungsprotein wird am effektivsten in Muskelprotein umgebaut, wenn es kurz vor oder unmittelbar nach einem Krafttraining verzehrt wird. Zum Aufbau neuer Muskelsubstanz wird für Kraftsportler eine tägliche Proteinzufuhr von 2–3 g/kg Körpergewicht empfohlen.

Schnellkraftsportler haben im Vergleich zu Nicht-Sportlern ebenfalls einen erhöhten Proteinbedarf, der jedoch unterhalb dem des Kraftsportlers liegt. Durch ihre größere Muskelmasse ergibt sich bereits ein höherer Umsatz an Protein, den eine tägliche Zufuhr von 1,5–2 g/kg Körpergewicht decken kann. Zusätzlich wird die Konzentrationsfähigkeit gefördert, die z. B. in der Leichtathletik beim Start erforderlich ist. Bei hoher Proteinzufuhr ist die Erregbarkeit der Nervenzellen gesteigert, während sie bei Proteinmangel vermindert ist.

Dauersportler haben weniger Muskelgewebe als Kraft- und Schnellkraftsportler; deshalb ist ihr Proteinumsatz auch niedriger. Da bei ihnen der Muskelstoffwechsel erhöht ist – Dauerleistungen erhöhen den Energiebedarf – ist ihr Proteinbedarf gegenüber Nicht-Sportlern erhöht. Die vermehrte Oxidation von Kohlenhydraten steigert den Umsatz der verantwortlichen Enzyme und erhöht so den Proteinbedarf auf 1,2–1,5 g/kg Körpergewicht/d.

Von einer übertriebenen Proteinzufuhr ist bei allen Sportarten abzuraten, da insbesondere die tierischen Proteinträger Fleisch und Wurst beachtliche Mengen an Fett enthalten und begleitend die Cholesterinzufuhr steigern. Außerdem enthalten Fleisch und Fleischprodukte Purine, die besonders bei Männern die Entstehung einer Hyperurikämie fördern können. Der nicht über den Bedarf hinausgehenden Proteinzufuhr ist aus diesen Gründen besondere Beachtung zu schenken.

Fettbedarf

Auf den ungünstigen respiratorischen Quotienten des Nahrungsfettes wurde bereits hingewiesen; der Organismus kann seinen Energiebedarf durch Kohlenhydrate ökonomischer dekken. Trotzdem spielen Fette in der Ernährung des Sportlers eine wichtige Rolle, sie sind Träger essentieller Fettsäuren und fettlöslicher Vitamine. Bei sehr hohem Energiebedarf liefern sie ausreichend Energie, die durch die Begrenzung der Aufnahmefähigkeit des Magen-Darmtraktes mit einer kohlenhydratreichen Kost nicht bereitgestellt werden könnte. Der ruhende Muskel deckt seinen Energiebedarf zu 20% durch die Oxidation freier Fettsäuren, bei Belastung steigt der Anteil freier Fettsäuren am Energieumsatz auf 35%. Nachdem bei Dauerbelastung die Glykogenvorräte verbraucht sind, liefern freie Fettsäuren 80% der benötigten Energie.

Für Kraft- und Schnellkraftsportler wird empfohlen, maximal 30% des Energiebedarfs durch Nahrungsfette zu decken. Kraftausdauersportler und Ausdauersportler sollten ihren Energiebedarf zu 25% mit Fetten decken.

Wasser- und Mineralstoffbedarf

Ausdauersportler und Kraftausdauersportler können im Verlauf des Wettkampfes oder Trainings ihr Körpergewicht erheblich abbauen (Tab. 212). Dieser Gewichtsverlust ist in erster Linie ein Flüssigkeitsverlust. Doch Schweiß enthält neben Wasser auch Mineralstoffe (Elektrolyte und Spurenelemente; Tab. 213), die zur Aufrechterhaltung der Leistungsfähigkeit notwendig sind.

Neben der körperlichen Anstrengung hängt die Höhe des Schweißverlustes auch von klimatischen Faktoren ab; Flüssigkeitsverluste von 3 l/h sind durchaus möglich. Erfolgt kein Ausgleich des Schweißverlustes, kommt es zu starken Leistungseinbußen; wenn 2% des Körpergewichtes durch Schwitzen verloren gehen, sinkt die Leistungsfähigkeit um 20%.

Kalium und **Magnesium** sind im Schweiß in der gleichen Konzentration enthalten wie im Blut. Kalium spielt bei der Muskelkontraktion eine wichtige Rolle; es ist zur Aufrechterhaltung des Ruhemembranpotentials erforderlich. Um die Kontraktionsfähigkeit der Muskulatur für die Dauer des Wettkampfes zu gewährleisten, müssen Kaliumverluste ausgeglichen werden. Schwerer Kaliummangel führt zu Lähmungen und Muskelfunktionsstörungen.

Tab. 212. Durchschnittliche Gewichtsverluste beim Sport (nach Konopka 1980)

Sportart	Gewichtsverlust (kg)
100-m-Lauf	0,15
10000-m-Lauf	1,5
Marathonlauf	4,0
Skilauf 10 km	1,0
Rudern 2000 m	0,8
Fechten	1,0
Basketball	1,7
Fußball	3,0
Ringen (Mittelgewicht)	1,8
Boxen (Mittelgewicht)	1,6
Eishockey	1,8

Magnesium ist für die Erregbarkeit von Muskel- und Nervenzellen erforderlich, bei Magnesiummangel treten Muskelkrämpfe auf; die muskuläre Erregbarkeit ist verändert. Außerdem ist Magnesium Cofaktor von Enzymen, die Reaktionen mit Phosphatgruppenübertragungen katalysieren. Magnesium ist somit an der Biosynthese von ATP beteiligt. Magnesiummangel wird durch Faktoren, die die Magnesiumabsorption hemmen, begünstigt. Solche Faktoren sind: Thiaminmangel, Riboflavinmangel, Alkohol und proteinreiche Ernährung.

Calcium wird ebenfalls mit dem Schweiß ausgeschieden. Neben seiner Funktion als Knochenbestandteil ist Calcium auch an der Reizübertragung von Nerven- und Muskelzellen beteiligt. Der Reiz zur Kontraktion der Muskelfasern wird durch das Einströmen von Calciumionen nach der Depolarisierung an der Muskelmembran übermittelt. Calcium ist außerdem zur Freisetzung von Glucose aus Glykogen erforderlich.

Natriumchloridverluste im Schweiß können beachtlich sein (Tab. 213). Werden die Natriumverluste nicht ausgeglichen, kann es zur vorzeitigen Ermüdung und zu Muskelkrämpfen kommen.

Eisen ist ebenfalls im Schweiß enthalten. Bedingt durch diese Verluste und den höheren Eisenbedarf von Sportlern ist auf eine ausreichende Deckung des Eisenbedarfs zu achten.

Sportler haben einen höheren Sauerstoffumsatz als Nicht-Sportler und benötigen deshalb auch mehr Hämoglobin, um die Gewebe ausreichend mit Sauerstoff versorgen zu können. Bei Sportlerinnen ist der Eisenbedarf durch die Eisenverluste während der Menstruation zusätzlich erhöht.

Wasser ist Hauptbestandteil des Schweißes. Schwitzen stellt eine Schutzfunktion des Körpers gegen Überhitzung dar. Durch die Wasserverdunstung kann der Körper überschüssige Wärme abgeben. Da der menschliche Organismus zu 60% aus Wasser besteht und alle wichtigen Stoffwechselprozesse im wäßrigen Medium ablaufen, ist eine konstante Flüssigkeitsbilanz Voraussetzung für eine optimale Ausnutzung der Leistungsfähigkeit.

Untrainierte schwitzen deutlich weniger als Trainierte. Untersuchungen haben gezeigt, daß Hochleistungsportler auch mehr Schweißdrüsen besitzen als Nicht-Sportler.

Das im Schweiß ausgeschiedene Wasser sowie Mineralstoffe und Elektrolyte müssen ersetzt werden. Leitungswasser, Tee, Limonade und Cola sind ungeeignete Getränke, da sie sehr wenig Mineralstoffe enthalten. Sie führen zu einer weiteren Verdünnung der extrazellulären Flüssigkeit und fördern eine Mineralstoffverarmung der Zelle. Es erfolgt eine rasche Flüssigkeitsausscheidung über die Nieren. Da die Nieren Wasser nicht allein ausscheiden können, gehen zusätzlich noch Mineralstoffe verloren.

Tab. 213. Durchschnittliche Zusammensetzung des menschlichen Schweißes (nach KONOPKA 1980)

Bestandteil	Gehalt in mg/l
Natrium	1200
Chlorid	1000
Kalium	300
Calcium	160
Magnesium	36
Sulfat	25
Phosphat	15
Zink	1,2
Eisen	1,2
Mangan	0,06
Kupfer	0,06
Lactat (Milchsäure)	1500
Harnstoff	700
Ammoniak	80
Kohlenhydrate, Vitamin C	50
Brenztraubensäure	40

Der Durst wird stärker und es können Muskelkrämpfe auftreten.

Hochkonzentrierte Traubenzuckerlösungen sind ebenfalls ungeeignet, da Glucose eine hohe Osmolarität besitzt und dem Körper zusätzlich Wasser entzieht und somit das Durstgefühl vergrößert. Ungünstig wirken sich auch proteinreiche Getränke aus. Aminosäuren werden zur Energiegewinnung abgebaut und der entstehende Harnstoff muß über die Niere ausgeschieden werden. Dies bedeutet wieder einen zusätzlichen Flüssigkeits- und Mineralstoffverlust.

Gut gefüllte Glykogenspeicher können zu einer Stabilisierung der Wasserbilanz beitragen, da das gespeicherte Glykogen auch Wasser und Kalium bindet. 1 g Glykogen bindet 2,7 g Wasser, das entspricht bei voller Auslastung der Glykogenspeicher einer Wassermenge von 2–3 l. Bei der Glykogenolyse werden Wasser und Kalium freigesetzt und können die während des Wettkampfes auftretenden Verluste teilweise wieder ausgleichen.

Ausdauersportlern wird deshalb empfohlen, auf eine kohlenhydratreiche Ernährung zu achten und während des Wettkampfes oder Trainings alle 15 Minuten 100 bis 200 ml Flüssigkeit zu sich zu nehmen, die eine ausgewogene Mischung von Mineralstoffen und Kohlenhydraten (Oligosacchariden) enthalten soll. Das Getränk soll nicht kälter als 25 °C sein, da kalte Speisen und Getränke eine längere Verweildauer im Magen haben; die Flüssigkeitsabsorption wäre in diesem Fall verzögert.

Vitaminbedarf

Der Bedarf an einzelnen Vitaminen ist beim Hochleistungssportler gegenüber dem Nicht-Sportler erhöht (Tab. 214). Der erhöhte Bedarf leitet sich meist aus der biochemischen Funktion der einzelnen Vitamine ab.

Vitamin C begünstigt die Absorption anorganisch gebundenen Eisens. Da Sportler einen erhöhten Eisenbedarf haben, kann eine reichliche Vitamin-C-Zufuhr zu einer besseren Ausnutzung des Nahrungseisens beitragen. Die Angaben über die optimale Vitamin-C-Zufuhr bei Hochleistungssportlern reichen von 100 bis 500 mg/d.

Die **Thiamin**versorgung bei Hochleistungssportlern ist häufig kritisch. Thiamin nimmt in Form des Thiaminpyrosphosphat eine zentrale Stellung im Kohlenhydratstoffwechsel ein; es ist an dehydrierenden Decarboxylierungen beteiligt und ist außerdem Coenzym im Pentose-

Tab. 214. Unterschiede im Vitaminbedarf bei Nicht-Sportlern und Leistungssportlern (nach Konopka 1980)

Vitamin		Nicht sporttreibende Erwachsene	Leistungssportler
A	mg Ret. Äq.	1,210	3,030–3,630
E	mg	12	15–35
C	mg	45	100–250–500
B_1	mg	1,5	3,0–4,0–8
B_2	mg	1,7	3,0–4,0
Niacin	mg	20	30–40
B_6	mg	2	6–8 (?)

phosphatzyklus. Sportler, die eine kohlenhydratreiche Kost verzehren, haben auch einen erhöhten Kohlenhydratumsatz und sind deshalb auf eine höhere Thiaminzufuhr angewiesen als Nicht-Sportler.

Riboflavin ist Bestandteil der Cytochrom-C-Reduktase, einem Enzym der Atmungskette; es ist direkt an der Energiegewinnung in Form von ATP beteiligt. Das Flavin-Adenin-Dinucleotid (FAD) enthält ebenfalls Riboflavin. Flavoproteine sind Coenzyme im Aminosäure-, Fett- und Purinstoffwechsel. Der Riboflavinbedarf ist bei Sportlern deutlich erhöht, da der gesteigerte Umsatz von Grundnährstoffen eine ausreichende Zufuhr von Coenzymen voraussetzt.

Pyridoxin ist in Form des Pyridoxalphosphates das wichtigste Coenzym des Aminosäurenstoffwechsels. So hängt der Pyridoxinbedarf entscheidend von der Höhe des Aminosäurenumsatzes ab. Sportler, die durch einen Überschuß an Nahrungsprotein Muskelsubstanz aufbauen, haben einen deutlich höheren Pyridoxinbedarf.

Niacin ist aufgrund der vielfältigen Funktionen des NAD im Stoffwechselgeschehen und bedingt durch die erhöhte Stoffwechselaktivität bei Sportlern, ebenfalls in höherer Menge erforderlich. Werden Proteine mit hoher biologischer Wertigkeit verzehrt, kann ein Teil des Niacinbedarfs durch Tryptophan gedeckt werden.

Weiter wird Sportlern empfohlen, auf eine ausreichende **Vitamin-E**-Zufuhr zu achten. Der Wirkungsmechanismus des Vitamin E ist nicht vollständig bekannt, im Vitamin-E-Mangel ist die Sauerstoffversorgung jedoch verschlechtert und die physische Leistung herabgesetzt. Da der Tocopherolbedarf durch die aufgenommenen Polyenfettsäuren erhöht ist (um 0,5 mg D-α-Tocopherol je 1 g Polyenfettsäuren, ausgedrückt als Linolsäure) muß die Vitamin-E-Zufuhr gesteigert werden, um die Polyenfettsäureaufnahme, welche aus der höheren Nahrungsenergieaufnahme zwangsläufig resultiert, kompensieren zu können.

Vitamin A ist am Sehprozeß beteiligt und hat daneben noch weitere, zum Teil unbekannte Funktionen im Stoffwechsel. Sportler haben einen erhöhten Bedarf, der aber in der Regel gedeckt ist.

Der Vitaminbedarf des Sportlers kann durch eine gezielte Lebensmittelauswahl gedeckt werden. Die Einnahme von Multivitaminpräparaten ist nicht erforderlich. Vollkornprodukte sind Erzeugnissen aus niedrig ausgemahlenem Mehl vorzuziehen. Obst und Gemüse sind möglichst frisch zu verwenden, da durch lange Lagerung und Lichteinwirkung ein großer Teil der Vitamine zerstört wird. Bei der Zubereitung sind vitaminschonende Garmethoden zu bevorzugen. Bei sorgfältiger Nahrungsauswahl und -zubereitung können Sportler ihren Vitaminbedarf durch eine abwechslungsreiche Mischkost decken.

Spezielle Nährstoffkonzentrate für Sportler

Die Lebensmittel- und Pharmaindustrie bietet spezielle Nährstoffkonzentrate an, die alle bisher bekannten Nährstoffe in einem bilanzierten Verhältnis enthalten. Neben Proteinkonzentraten, die häufig auch mit Pyridoxin angereichert sind, gibt es auch Kohlenhydratgetränke für Ausdauersportler, die mit Mineralstoffen versetzt sind. Sie können die Basisernährung ergänzen. Bei einer sorgfältigen Lebensmittelauswahl und -zubereitung kann der Sportler seinen Nährstoffbedarf mit einer gemischten Kost dekken. Eine leistungssteigernde Wirkung von zusätzlichen Vitamingaben konnte nicht nachgewiesen werden. Der sportliche Erfolg von Spitzensportlern hängt weniger von zusätzlichen Präparaten als vielmehr von regelmäßigem Training und bedarfsgerechter Ernährung ab.

4.5 Vegetarier

Große Teile der Weltbevölkerung in Asien und Afrika ernähren sich hauptsächlich oder ausschließlich von Nahrungsmitteln pflanzlichen Ursprungs. Die Pflanzenköstler oder Vegetarier sind keine einheitliche Gruppe von Menschen, denn die Gründe und Ziele ihrer Ernährungsweise sind recht unterschiedlich (Tab. 215).

In neuer Zeit wird insbesondere von jungen Menschen in den Industrieländern eine »alternative« Ernährungsform praktiziert, bei der der Konsum von Fleisch, aber auch industriell gefertigten Nahrungsmitteln zugunsten einer »naturbelassenen« Kost stark eingeschränkt wird. Überzeugte Vertreter des Vegetarismus sehen in ihrer Kost die einzig richtige Ernährungsform. Von daher ist es wichtig, die Gründe zu kennen und diese Menschen zu verstehen, denn die Ernährung ist nur ein Teil der jeweiligen Lebensweise. Die vegetarische Lebensweise wird als therapeutische Maßnahme bei Zivilisationskrankheiten eingesetzt und kann bei rechtzeitiger Umstellung diese sogar verhindern. Dem Vegetarismus wird eine Steigerung der Leistungsfähigkeit, eine Verbesserung der Widerstandskraft gegen Krankheiten und eine Erhöhung der Lebenserwartung nachgesagt. Bei einer Bewertung des Vegetarismus ist es erforderlich, die verschiedenen Gruppierungen zu berücksichtigen (Tab. 216).

Naturgemäß besteht der größte Unterschied zwischen der vegetarischen Nahrung und der Nahrung der Omnivoren (Allesesser) im Verzicht auf tierische Nahrungsmittel oder zumindest in der starken Einschränkung der Aufnahme tierischer Produkte. In dem Bewußtsein, gesünder leben zu wollen, kommt jedoch bei den meisten Vegetariern noch hinzu, daß sie mehr unverarbeitete Lebensmittel, wie Getreide und Vollkornprodukte, mehr Früchte und Gemüse – möglichst als Rohkost – sowie Nüsse und Pflanzensamen als Nichtvegetarier verzehren. Industriell bereitete Nahrung, Zucker und daraus hergestellte Produkte lehnen die meisten Vegetarier ab.

Anhand der Empfehlungen der DGE für die Nährstoffzufuhr ist erkennbar, daß der Durch-

Tab. 215. Gründe und Ziele des Vegetarismus (LEITZMANN, WINZEN 1983)

Gründe	Ziele
Ethische	Geistige Entwicklung des Menschen Recht auf Leben für Tiere
Ästhetische	Meiden des Anblicks toter Tiere
Religiöse	Körperliche und geistige Reinheit Töten als Tabu
Philosophische	Fortschrittliche Entwicklung der Menschheit Materielle werden zu geistigen Kräften
Naturwissenschaftliche	Verringerung des Protein- und Fettverzehrs Niedrigere Schadstoffaufnahme
Gesundheitliche	Reinigung des Körpers Prophylaxe und Therapie von Krankheiten Stärkung der körpereigenen Abwehrkräfte
Kosmetische	Körpergewichtsreduktion Beseitigung von Hautunreinheiten
Ökologische	Vermeidung von Veredlungsverlusten Schonung natürlicher Ressourcen
Finanzielle	Sparen

Tab. 216. Gruppierung und ernährungsphysiologische Bewertung vegetarischer Kostformen (LEITZMANN, WINZEN 1983)

Gruppe 1: Empfehlenswert	*Ablehnung von:*
Halb-Vegetarier	Fleisch und Fleischprodukte
Ovo-Lacto-Vegetarier	Fleisch und Fleischprodukte sowie Fisch
Lacto-Vegetarier	Fleisch und Fleischprodukte sowie Fisch und Eier
Gruppe 2: Bei ausreichender Sachkenntnis empfehlenswert	
Vegans (strenge Vegetarier)	Fleisch, Fisch, Eier, Milch und Milchprodukte, Honig
Rohköstler (neue Vegetarier)	Fleisch, Fisch, Eier, Milch und Milchprodukte sowie gekochte Nahrung
Sondergruppe: Abzulehnen	*Kostform:*
»Pudding-Vegetarier«	Weitgehend verarbeitete, erhitzte Fertigprodukte

schnittsbürger der Industriegesellschaft zu wenig Kohlenhydrate und zu viel Fett aufnimmt. Im Gegensatz dazu verschiebt sich die Relation der Grundnährstoffe bei Vegetariern im allgemeinen zugunsten der Kohlenhydrate bei Verringerung der Fettaufnahme. Weltweit wird empfohlen, daß Kohlenhydrate und Fett in einem Verhältnis aufgenommen werden sollte, wie es bei Vegetariern der Fall ist.

Nicht nur die Relation der einzelnen Nährstoffe zueinander, sondern auch die Zusammensetzung der aufgenommenen Grundnährstoffe unterscheiden sich (Tab. 217).

Bei **Kohlenhydraten** schränken Vegetarier die Zufuhr von Mono- und Disacchariden zugunsten der Polysaccharide ein und erreichen gleichzeitig eine erhöhte Ballaststoffzufuhr, insbesondere durch die größeren Mengen an Getreideprodukten, sowie durch Früchte und Gemüse. Mit der höheren Ballaststoffaufnahme ist jedoch gleichzeitig eine erhöhte Phytinsäure-Zufuhr verbunden, welche die Absorption verschiedener Mineralstoffe herabsetzen kann.

Ähnliche Unterschiede zu Omnivoren bestehen bei der aufgenommenen **Fettmenge** und der Fettsäurezusammensetzung der vegetarischen Nahrung, da das verzehrte Fett pflanzlichen Ursprungs ist. Es werden dadurch verhältnismäßig weniger gesättigte und einfach ungesättigte Fettsäuren und etwas mehr Polyenfettsäuren verzehrt. Außerdem ist die Nahrung der Vegans weitgehend cholesterinfrei bzw. die der Lacto-Ovo-Vegetarier arm an Cholesterin.

Die **Protein**-Zusammensetzung der vegetarischen Nahrung weist ebenfalls Abweichungen auf. Proteine tierischer Herkunft haben eine günstigere Aminosäurenzusammensetzung (Kap. 3.2.1.3), denn sie zeigen eine dem Bedarf des Menschen entsprechende, ausgewogene Relation wichtiger essentieller Aminosäuren

Tab. 217. Vergleich der durchschnittlichen Aufnahme an Nahrungsenergie, Grundnährstoffen und Alkohol (in % der Energieaufnahme) in der BRD (DGE 1984) und von Vegetariern (USA)

	Nahrungsenergie MJ	Kohlenhydrate	Fett	Protein	Alkohol
Männer	16,3	39	33	10,8	12,4
Frauen	12,2	41	35,4	11	7,4
Vegetarier	11,3	55	30	15	–
Empfehlung	9,2–10,9	55–60	25–30	15–20	–

(Lys, Ile, Leu, Val, Thr und Try). Diese Aminosäuren sind in Getreide, Hülsenfrüchten, Nüssen und grünen Gemüsen in geringerem Maße vorhanden. Da aber der Bedarf an diesen essentiellen Aminosäuren relativ gering ist, ist die Versorgung des Vegetariers mit diesen Aminosäuren unproblematisch und wird in den meisten Fällen auch bei den strengen Vegetariern gedeckt bzw. überschritten. Vegetarier müssen jedoch sehr auf die richtige Zusammenstellung ihrer Kost achten, um durch den Ergänzungseffekt einzelner Proteine ausreichend mit allen essentiellen Aminosäuren versorgt zu werden.

Die Auswirkungen der vegetarischen Ernährungsweise können an vielen Parametern festgestellt werden. Vegetarier wiegen im allgemeinen weniger als Nichtvegetarier; sie sind aber nicht untergewichtig, sondern größtenteils idealgewichtig. Vegetarier sind geringfügig kleiner und die Hautfaltendicke ist geringer als bei Normalköstlern. Die hämatologischen Werte bei Vegetariern liegen im Normalbereich; dagegen werden niedrigere Blutdruckwerte als bei Nichtvegetariern festgestellt.

Als Folge der geringeren Fettaufnahme bei Vegetariern werden niedrigere Triglycerid-Werte im Blut festgestellt. Die höheren HDL-Werte und niedrigeren LDL-Werte ergeben ein günstigeres HDL-LDL-Verhältnis für Vegetarier.

Cholesterin ist ein typisches Produkt des tierischen Stoffwechsels, denn in Pflanzen und Mikroorganismen findet eine nur sehr geringe Cholesterinsynthese statt. Lacto-Ovo-Vegetarier verzehren weniger Cholesterin als Nichtvegetarier, strenge Vegetarier nehmen praktisch cholesterinfreie Kost zu sich. Die Meinungen darüber, ob die Cholesterinaufnahme den Serumcholesteringehalt beeinflußt oder nicht, bleiben weiterhin kontrovers. Der niedrige Cholesterinspiegel bei Vegetariern wird auch mit der reduzierten Gesamtfett- und Gesamtenergiezufuhr sowie der erhöhten Aufnahme pflanzlicher Sterine und Ballaststoffe und größerer körperlicher Aktivität erklärt.

Unterschiedliche Auffassungen existieren auch darüber, ob ein Zusammenhang zwischen Ernährung, Gallensäurenstoffwechsel und Dickdarmkrebs besteht. Tatsache ist, daß der Dickdarmkrebs ätiologisch mit Art und Umfang der intestinalen Flora verbunden ist; diese ist wiederum abhängig von der Ernährung. Die Bakterienstämme der Darmflora der Omnivoren bauen die Gallensäuren und -salze aktiver zu potentiellen Karzinogenen ab. Eine vermehrte Gallensäureproduktion und -sekretion erfolgt aber nach erhöhter Fettzufuhr. Diese Wechselwirkungen und Beobachtungen lassen bisher keinen Schluß über das geringe Auftreten von Colonkrebs bei Vegetariern zu, da diese auch entschieden weniger Genußmittel aller Art (Nicotin, Coffein, Tein, Alkohol) sowie Drogen und Medikamente aufnehmen.

Eine vegetarische Ernährung verhindert Übergewicht oder kann das Körpergewicht wieder normalisieren, da sie meist nicht energiekonzentriert ist. Übergewicht zieht Folgekrankheiten nach sich, wie Gallensteinbildung, Bluthochdruck, Hyperlipidämien, Diabetes mellitus und Hyperurikämie, die wiederum das Auftreten weiterer Komplikationen wie Herz- und Kreislauferkrankungen begünstigen. Diese Störungen treten bei Vegetariern selten auf, da Pflanzenkost verschiedene Risikofaktoren wie erhöhten Cholesterinspiegel, verminderte HDL-Werte und Bluthochdruck ausschaltet oder vermindert. Vegetarische Ernährung senkt bei Erwachsenen präventiv die Sterblichkeitsrate durch Verminderung der Herz- und Gefäßkrankheiten. Obstipation und zahlreiche Folgekrankheiten (Divertikulose, Appendizitis, Hämorrhoiden, Krampfadern, Darmkrebs) werden durch die ballaststoffreiche, vegetarische Ernährung vermindert.

Mangelerscheinungen, die durch die vegetarische Kost entstehen, sind seltener, als vermutet werden könnte; meist wird nur über einzelne Krankheitsfälle berichtet. Die Vitamin-B_{12}-Mangelerscheinungen äußern sich als megaloblastische Anämie, Parästhesien, Ataxien und neurologische Läsionen. Außerdem ist der »vegan-back« (= subakute, kombinierte Degenerierung des Rückenmarks) eine typische Krankheit von strengen Vegetariern. Es wird von Protein-Energie-Malnutrition (Marasmus, Kwashiorkor), Osteoporose und Rachitis bei ausschließlich gestillten Babys vegetarischer Mütter berichtet.

Die Zufuhr an **Vitaminen** ist beim Vegetarier differenziert zu betrachten. Es werden größere Mengen an Provitamin A und Vitamin C, Folsäure sowie an Thiamin aufgenommen, da diese Vitamine besonders in Früchten, Gemüse und anderen pflanzlichen Nahrungsmitteln vorkommen. Dagegen liegt die Zufuhr der Vitamine D, B_2 und B_{12} deutlich niedriger, da diese Vitamine hauptsächlich in tierischen Nahrungsmitteln enthalten sind. Vitamin B_{12} wird nur von

Mikroorganismen synthetisiert. Obgleich als »Problemvitamin« der Vegetarier angesehen, kann durch fermentierte Produkte (Sauerkraut, andere milchsaure Produkte) bzw. natürliche bakterielle Kontamination der Lebensmittel der Bedarf gedeckt werden. Trotzdem wird über Cobalaminmangel bei Vegetariern berichtet. Riboflavinmangelzustände bei Vegetariern sind nicht bekannt, dagegen treten Vitamin-D-Mangelerscheinungen bei Gruppen mit erhöhtem Bedarf auf (Schwangere, Stillende, Kinder).

Die Aufnahme an **Mineralstoffen** und **Spurenelementen** ist bei Vegetariern unterschiedlich. Da sie auf Kochsalz als Würzmittel weitgehend verzichten und pflanzliche Nahrungsmittel Natrium-arm sind, ist die Zufuhr an Natrium und Chlor bedeutend niedriger. Dagegen führen pflanzliche Lebensmittel mehr Kalium zu. Die Aufnahme an Magnesium und Zink ist ähnlich wie bei Omnivoren; Phosphor wird wegen seiner Verwendung als Nahrungsmittelzusatzstoff von Gemischtköstlern in höherer Menge aufgenommen.

Calciummangel wird gelegentlich bei Vegetariern festgestellt, da Calcium in Getreide und anderen Grundnahrungsmitteln entweder nur in geringer Konzentration enthalten oder schlecht verfügbar ist. Vegetarier nehmen zwar genügend Calcium zu sich, doch steht ein Teil durch Bildung unlöslicher Salze mit Oxalsäure und Phytinsäure, die aus den pflanzlichen Nahrungsmitteln stammen, der Absorption nicht mehr zur Verfügung. Besonders bei Schwangeren, Stillenden und Kindern ist eine ausreichende Calciumzufuhr aufgrund des erhöhten Bedarfs notwendig. An Eisen wird von Vegetariern mindestens genausoviel aufgenommen wie vom Omnivoren; trotzdem treten bei Vegetariern Fälle von Eisenmangel auf. Gründe dafür sind die geringe Absorptionsrate des Nicht-Häm-Eisens und die negative Beeinflussung der Absorption durch andere Nahrungskomponenten (Phytat, Ballaststoffe).

Zusammenfassend kann gesagt werden, daß eine bewußt zusammengestellte ovo-lacto-vegetarische Ernährung den Nährstoffbedarf ausreichend deckt und eine optimale Ernährungsweise für den körperlich meist inaktiven Wohlstandsbürger darstellt.

4.6 Fastende

Definitionsgemäß bedeutet Fasten einen Verzicht auf jegliche Nahrungsaufnahme; diese strenge Vorschrift wird jedoch von keinem Fastenden eingehalten, denn eine ausreichende Flüssigkeitszufuhr ist notwendig, um einer Acidose vorzubeugen. Im täglichen Sprachgebrauch wird unter Fasten eine Reduzierung der Nahrungszufuhr verstanden, diese Ernährungsform entspricht aber einer Reduktionsdiät.

Fasten ist ein alter, überwiegend religiös begründeter Brauch (Tab. 218). Bei den großen Weltreligionen ist ein bestimmter Fastenmodus Teil der religiösen Lehre zur Reinigung des Körpers vor bestimmten Festen oder als Zeichen von Sühne und Opferbereitschaft. Bei einigen Indianerstämmen Amerikas fasten Jugendliche bevor sie in die Gemeinschaft der Erwachsenen aufgenommen werden. Bei den christlichen Religionen wird an bestimmten Tagen des Jahres gefastet, wobei das Fasten lediglich aus einem Verzicht auf Fleischprodukte besteht. Häufig wird Fleisch durch Fisch ersetzt. Die Fastenvorschriften des Islam sind dagegen wesentlich strenger, im neunten Monat des islamischen Kalenders darf von Sonnenaufgang bis

Tab. 218. Beweggründe für einen freiwilligen Nahrungsverzicht

Motiv	Ziel	Beispiele
religiös	Buße, Opferbereitschaft Reinheit des Körpers Nähe zu Gott	christliche Fastentage Ramadan-Fasten
medizinisch	Therapie und Prophylaxe	Heilfasten Null-Diät
politisch	Durchsetzen von Forderungen	Hungerstreik

Tab. 219. Energiereserven normalgewichtiger und massiv übergewichtiger Menschen sowie ihre Überlebenszeit beim totalen Fasten (HAHN, LEITZMANN 1982)

	Normales Körpergewicht			Massives Übergewicht		
	Körperbestand kg	Verfügbare Reserven kg	Energie MJ	Körperbestand kg	Verfügbare Reserven kg	Energie MJ
Fett	15	13	439	90	87	3289
Protein	6	2	34	8	4	67
Glykogen	0,25	0,25	4	0,25	0,25	4
Summe der verfügbaren Energiereserven			477			3360
Überlebenszeit, Tage bei einem Energiebedarf = 9,2 MJ/d			52			365

Sonnenuntergang keine Nahrung und auch keine Flüssigkeit aufgenommen werden. Ein hoher Prozentsatz von Gläubigen befolgt diese Vorschrift auch heute noch strikt.

Eine weitere Gruppe von Menschen verzichtet aus gesundheitlichen Gründen vorübergehend auf Nahrungsaufnahme. Häufig wird gefastet, um das Körpergewicht zu reduzieren. Doch auch Normalgewichtige fasten teilweise regelmäßig. Dieses sog. Heilfasten dient u. a. als Vorbeugung von Zivilisationskrankheiten.

Schließlich müssen noch politische Motive als Grund für einen Nahrungsverzicht genannt werden. Weltweit gibt es Fälle, wo Häftlinge ihren politischen Forderungen durch einen Hungerstreik Nachdruck verleihen wollen.

Stoffwechsel im Hunger

Um bei kurz- und längerfristigem Nahrungsmangel die Aufrechterhaltung der Organfunktionen zu gewährleisten, verfügt der Körper über Energiereserven. Während des Fastens greift der Körper zunächst auf die begrenzten Kohlenhydratreserven und dann auf seine größten Energiespeicher, das Depotfett, zurück, um dadurch die Umwandlung lebenswichtiger Proteine zu Glucose einzuschränken. Die Stoffwechselumstellung auf die Nahrungskarenz umfaßt folgende Regulationsprinzipien:

1. Zu jedem Zeitpunkt muß der Organismus ausreichend mit Energie in Form von ATP versorgt werden.
2. Da ein Proteinverlust von mehr als 30% nicht mehr mit dem Leben vereinbar ist, kann dieser Nährstoff nur für eine begrenzte Zeit der Energieversorgung des Organismus verfügbar gemacht werden.
3. Während des Fastens muß die Versorgung der Glucose-abhängigen Gewebe (Nervengewebe, Erythrozyten, Nierenmark) sichergestellt sein.

Die gespeicherten Triglyceride reichen aus, um den Energiebedarf eines normalgewichtigen Menschen 40–70 Tage zu decken. Bei massivem Übergewicht ist eine wesentlich längere Überlebenszeit möglich (Tab. 219), sie wird aber auch von der körperlichen Aktivität während des Fastens bestimmt. Der Energieverbrauch wird außer vom Körpergewicht und von der Arbeitsleistung auch durch die Energiezufuhr selbst beeinflußt und sinkt im Verlauf des Fastens deutlich ab, wie anhand von Messungen des Grundumsatzes und der Körpergewichtskontrolle ermittelt werden kann.

Die Begrenzung verfügbarer **Kohlenhydrate** ist ein Hauptmerkmal des Hungerstoffwechsels. Nach 24stündigem Fasten sind die Glykogenspeicher entleert; ein kritisches Absinken des Blutzuckergehaltes wird durch eine endogene Glucosebildung vermieden, um die Glucoseversorgung des Gehirns zu gewährleisten. Muskelglykogen steht dem Gehirn aber nicht als Substrat zur Verfügung, da dem Muskelgewebe die Glucose-6-Phosphatase, die von Glucose-6-Phosphat einen Phosphatrest abspaltet, fehlt. Nur freie Glucose kann durch die Zellmembran gelangen. Die Leber verfügt über das Enzym Glucose-6-Phosphatase und kann so zur Glucoseversorgung des Gehirns beitragen. Obwohl der Organismus sich bei fehlender Nahrungszu-

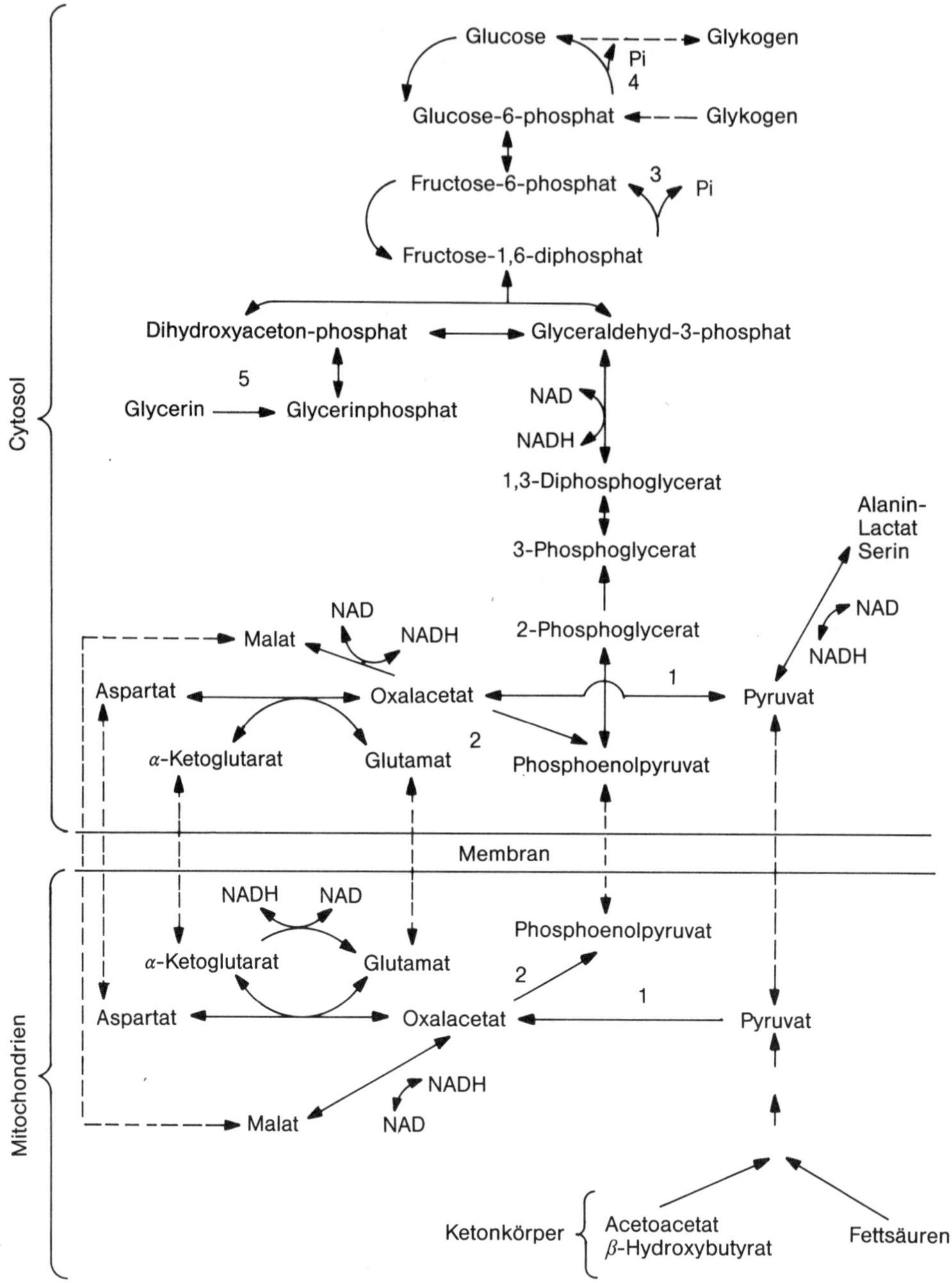

Gluconeogenese, Schlüsselenzyme:
1: 5-Pyruvatcarboxylase; 2: Phosphoenolpyruvat-carboxykinase;
3: Fructose-1,6-Diphosphatase; 4: Glucose-6-Phosphatase;
5: Glycerinkinase.
Pi: Anorganisches Phosphat.

Abb. 122. Gluconeogenese und ihre Schlüsselenzyme (Pschyrembel 1986)

fuhr durch herabgesetzten Glucoseumsatz und Glucoseoxidation an die allmählich absinkende Kohlenhydratversorgung anpaßt, bleibt in der Frühphase des Fastens der Glucosebedarf des Gehirns und der restlichen glucoseobligaten Gewebe von etwa 200 g/d bestehen und wird erst nach mehrwöchiger Nahrungsenthaltung auf etwa 80–90 g/d reduziert. Dem Gehirn steht nur wenig Glykogen zur schnellen Glucosemobilisierung zur Verfügung (ca. 1 mg/g Feuchtgewicht), so daß eine akute Hypoglykämie innerhalb kürzester Zeit auftreten und zu schweren Schädigungen des gesamten Nervensystems führen könnte.

Um dem vorzubeugen, drosselt der Organismus den Glucoseabbau. Durch die verminderte Aktivität von Glucokinase und Hexokinase sowie die verstärkte Freisetzung von Derivaten des Fettstoffwechsels begünstigt, wird weniger Glucose über die Glykolyse im Citratzyklus metabolisiert. Gleichzeitig schaltet der Organismus auf die Gluconeogenese um, die prinzipiell eine Umkehrung der Glykolyse ist. Aus Nichtkohlenhydratvorstufen z.B. Lactat, Glycerin, Di- und Tricarbonsäuren wird hauptsächlich in Leber und Niere Glucose synthestisiert. Es werden bei starkem Lactatanfall durch Muskelarbeit und bei Hunger auch in verstärktem Maß glucoplastische Aminosäuren als Substrate herangezogen.

Die Gluconeogenese stellt nicht eine einfache Umkehrung der Glykolyse dar, sondern es ist notwendig, drei energetisch ungünstige Schritte durch spezifische gluconeogenetische Enzyme zu umgehen (Abb. 122). Diese drei Umwandlungen sind:

1. Der Schritt von Pyruvat zu Phosphoenol-Pyruvat (PEP). Die gluconeogenetische Reaktionskette beginnt mit Oxalacetat, aus dem durch Decarboxylierung und Phosphorylierung durch die PEP-Carboxykinase PEP gebildet wird. Lactat muß aus diesem Grund zunächst in Pyruvat und dieses in Oxalacetat unter Katalyse der Biotin-abhängigen Pyruvat-Carboxylase umgewandelt werden.

2. Die Reaktion von Fructose-1,6-bis-Phosphat zu Fructose-6-Phosphat. Sie wird durch die Fructose-1,6-bis-Phosphatase katalysiert.

3. Die Spaltung von Glucose-6-Phosphat in freie Glucose und anorganisches Phosphat durch die in der Mikrosomenfraktion lokalisierte Glucose-6-Phosphatase. Die freie Glucose kann anschließend an das Blut abgegeben werden.

Erst durch die Gluconeogenese aus den glucoplastischen Aminosäuren wird eine Netto-Neusynthese erreicht.

Als Reaktion auf den absinkenden Insulin- und den ansteigenden Glucagonspiegel, sinkt der normale Blutglucosespiegel während des Fastens um 20–30%, wobei meist am dritten Tag die niedrigste Konzentration erreicht wird, die von da an fast unverändert bleibt oder wieder auf die Ausgangswerte ansteigt. Dies beruht auf einer gesteigerten Gluconeogeneseaktivität, die vorübergehend nach der Entleerung der Glykogenspeicher einsetzt.

Trotz gleicher Ausgangswerte sinken die Plasmaglucosekonzentrationen bei Frauen während des Fastens stärker als bei Männern ab. Demgegenüber haben Übergewichtige deutlich höhere Blutglucosegehalte als Normalgewichtige, sowohl im postabsorptiven Zustand wie auch nach längerem Fasten. Selbst das Ausmaß des Übergewichts beeinflußt das Verhalten der Blutglucose während des Fastens, so daß bei massiv Übergewichtigen höhere Plasmaglucosekonzentrationen als bei Personen mit geringeren Überschreitungen des Normalgewichtes auftreten.

Mit steigendem Alter erhöht sich ebenfalls die durchschnittliche Plasmaglucosekonzentration während des Fastens. Unkontrollierte Durchführung, körperliche Überanstrengung und besonders Alkoholkonsum während des Fastens können Hypoglykämie auslösen, da Ethanol die Gluconeogenese hemmt und so gefährliche Stoffwechselentgleisungen herbeiführen kann.

Aus dem **Protein** der Skelettmuskulatur werden Aminosäuren freigesetzt, die als gluconeogenetische Substrate dienen. Die Glucoseneusynthese findet vor allem in der Leber statt. In der Frühphase des Hungerstoffwechsels werden ca. 75 g Protein/d zur Bereitstellung von 100–150 g Glucose abgebaut. Die 6–8 kg Gesamtprotein sind höchstens zu einem Drittel und nur vorübergehend als Glucosevorläufer verfügbar. Bei unverändertem Proteinabbau von 75 g/d wäre eine Fastendauer von mehr als vier Wochen nicht möglich.

Die verminderte Glucosefreisetzung nach mehrwöchigem Fasten ist u.a. eine Folge der veränderten Substratfreisetzung im Skelettmuskel, wobei Alanin sowohl im postabsorptiven Zustand wie auch nach längerem Fasten die quantitativ bedeutendste Aminosäure ist, die vom Skelettmuskel zur Leber gelangt und dort zur Glucosebildung aufgenommen wird. Nach mehrwöchiger Nahrungsenthaltung ist der Plasmaspiegel aller Aminosäuren deutlich erniedrigt, am stärksten sinkt jedoch Alanin, das als »Signal« zur Drosselung der Gluconeogeneseaktivität und damit zur Einschränkung des Proteinabbaus gewertet wird.

Die nach 4- bis 6wöchigem Fasten produzierte Glucosemenge von 80–90 g/d stammt nur teilweise (30 g) aus Aminosäuren. Der Rest wird aus den Zwischenprodukten des Kohlenhydratabbaus (Lactat und Pyruvat) und aus der Spaltung der Triacylglyceride in die Gluconeogenese der Leber eingeschleust. Durch diesen Mechanismus kann der Proteinabbau im Skelettmuskel wirksam eingeschränkt werden. Darüber hinaus übernimmt die Niere nach 4- bis 6wöchigem Fasten mehr als die Hälfte der Glucoseproduktion. Die allmählich absinkende endogene Glucosebildung aus Muskelprotein wird gleichzeitig durch die herabgesetzte N-Ausscheidung im Urin (von 23 auf 5 g/d) deutlich.

Der Anteil an körpereigenem **Fett** am Energiewechsel im Hunger nimmt mit der Dauer des Fastens und dem Rückgang der Glucose am Stoffwechsel zu. Freie Fettsäuren aus Triglyceriden werden verstärkt ins Blut abgegeben, um entweder in den Organen wie Leber, Niere oder Muskulatur direkt oxidiert zu werden, oder über den Umweg der Ketonkörperbildung in der Leber als Substrat des Energiewechsels in den peripheren Organen abgebaut zu werden. Nach 5- bis 6wöchigem Fasten können Gehirn und Nerven ihren gedrosselten Glucoseverbrauch zum größten Teil durch Oxidation von Ketonkörpern kompensieren.

Neben der Freisetzung von Fettsäuren entsteht bei der Hydrolyse der Triglyceride während des Fastens auch Glycerin, das, durch die Glycerokinase phosphoryliert, in die Gluconeogenese fließt. Die direkte Umwandlung von Fettsäuren in Glycerin ist im Stoffwechsel nicht möglich, da Fettsäuren nur zu 2-C-Einheiten (Acetyl-CoA) abgebaut werden können, die dann im Verlauf des Citratzyklus oxidiert werden.

Der erhöhte Plasmaspiegel an freien Fettsäuren im Hunger begünstigt eine erhöhte Aufnahme in die Leber, wo sie aufgrund des stark angestiegenen Verhältnisses von $NADH/NAD^+$ und der theoretisch ermittelten Reduktion des Oxalacetatgehalts in den Mitochondrien bevorzugt zu Ketonkörpern abgebaut werden, statt in den Tricarbonsäurezyklus zu fließen. Trotz ansteigenden Plasmaspiegels der freien Fettsäuren sinken die übrigen Blutlipidfraktionen wie Cholesterin und Triglyceride langsam während des Fastens ab, ein Effekt, der bei Übergewicht durchaus erwünscht ist.

Die **Regulation** des Hungerstoffwechsels ist in ihren Details noch nicht völlig aufgeklärt; hormonelle Veränderungen sind an der Stoffwechseladaptation sicher maßgeblich beteiligt. Das Absinken des Blutglucosespiegels beim Fehlen der exogenen Zufuhr drosselt die Insulinausscheidung, während der Glucagonspiegel ansteigt. Glucagon fördert die gluconeogenetischen Schlüsselenzyme, Insulin hemmt sie. Dadurch wird eine Umstellung der Substratutilisation und die Mobilisierung der Energiedepots bewirkt. Nach der Freisetzung des Leberglykogens kann der einsetzende Insulinmangel die erhöhte Freisetzung von Aminosäuren aus der Skelettmuskulatur und Fettsäuren aus dem Fettgewebe fördern, wodurch Gluconeogenese und Ketogeneseaktivität erhöht werden. Glucagon seinerseits fördert gleichzeitig die Substratfreisetzung, und so wird durch die entsprechende Hormonkonzentration im Hungerzustand eine ausreichende Substratmobilisation zur Bildung von Glucose und von Ketonkörpern in der Leber gewährleistet.

Der absinkende Grundumsatz wird auf die herabgesetzte Aktivität des sympatho-adrenalen Systems sowie die verminderte Schilddrüsenaktivität zurückgeführt.

Fastenmethoden

Null-Diät oder **totales Fasten** ist die drastischste Art der Nahrungskarenz, es werden ausschließlich energiefreie Getränke in Form von Mineralwasser, Kaffee oder Tee aufgenommen. Kräutertees führen dem Organismus geringe Mengen von Kräuterwirkstoffen und Mineralstoffen zu. Bei dieser, nur unter ärztlicher Überwachung und unter stationären Bedingungen durchzuführenden Fastenmethode sind Multivitaminpräparate und eine Elektrolytsupplementation, besonders von Na, K, Mg und Ca, unerläßlich.

Ziel des **modifizierten Fastens** ist eine Reduktion des Körpergewichts durch Abbau von Fettgeweben bei gleichzeitiger Erhaltung des Körperproteins durch die Aufnahme von ca. 1,5 g Protein/kg Körpergewicht/d. Ein Proteinverlust in den ersten 2 Fastenwochen kann auch bei dieser Fastenmethode nicht verhindert werden. Der Vorteil des modifizierten Fastens gegenüber der Null-Diät liegt in der Möglichkeit ihrer ambulanten Anwendung über mehrere Monate. Im Handel sind verschiedene Proteinkonzentrate zur Durchführung von protein-substituierten Fastenkuren erhältlich.

Beim **Saftfasten** werden Vitamine und Mineralstoffe in natürlicher Form von Obst- und Gemüsesäften, Kräutertees und warmen Gemüseabkochungen aufgenommen. Die Kost ist gegenüber dem modifizierten Fasten abwechslungsreicher. Die üblicherweise aufgenommene Energiemenge liegt bei 0,63–1,26 MJ (= 150–300 kcal)/d. Zur Einleitung einer Saftfastenkur wird häufig ein Obsttag empfohlen, durch die sättigende Wirkung der Ballaststoffe wird der Beginn des Fastens erleichtert. Durch ein günstiges Verhältnis von K/Na in Obst- und Gemüsesäften (7:1 bis 50:1) wird besonders in den ersten Fastentagen die Diurese gefördert. Der endogene Proteinverlust wird durch die Aufnahme kleiner Mengen Kohlenhydrate verringert.

Fasten als therapeutische Maßnahme

Die relativ kostenintensiven Fastenkuren unter stationären Bedingungen werden innerhalb der Adipositastherapie nur in Verbindung mit anschließenden Reduktionsdiäten und nur unter gleichzeitiger Anleitung zur Zubereitung und Einnahme der Kost durchgeführt. Den hoffnungsvollen Kurzzeiterfolgen stehen unbefriedigende Langzeitergebnisse gegenüber. Es ist schwieriger, eine falsche Ernährungsweise kontinuierlich umzustellen, als vorübergehend auf die Nahrungszufuhr zu verzichten.

In den meisten Fällen beruht Übergewicht nachweislich auf falschen Ernährungspraktiken. Deshalb wird therapeutisches Fasten im allgemeinen zur Einleitung einer längerfristigen Gewichtsreduktion empfohlen, denn der totale Nahrungsverzicht allein führt kaum zu verändertem Ernährungsverhalten. Neben der Fettsuchtbehandlung durch Fasten wird die Liste der Indikationen besonders durch Erfahrungen der Ärzte erweitert, die das Saftfasten als Naturheilverfahren zur Therapie einer Vielzahl von Stoffwechselkrankheiten anwenden (Tab. 220).

Das Heilfasten ist im Gegensatz zum totalen Fasten auch beim Fehlen einer Adipositas durchaus zu empfehlen. Hierbei soll durch die Wasserausscheidung eine Regeneration des Gewebestoffwechsels erzielt werden. Daneben kann die vegetative Umstellung des Gesamtstoffwechsels zu einer Steigerung der allgemeinen körperlichen Abwehrkräfte führen, was durch Erfahrungen von Fastenärzten belegt wird, jedoch durch laborchemische Untersuchungen noch nicht eindeutig nachgewiesen wurde.

Zu Beginn der Fastenperiode sinkt die körperliche Leistungsfähigkeit ab und verbessert sich im Verlauf des Fastens geringfügig. Regelmäßige, leichte körperliche Belastung, die dem

Tab. 220. Therapeutische Möglichkeiten des Fastens

Fastenindikationen	Besondere Empfehlungen
Adipositas	Als Einstieg zur Gewichtsreduktion
Diabetes	Nicht bei juvenilem Diabetes
Hypertonie	
Hyperurikämie	
Akute Gichtanfälle	Kurzfristiges Saftfasten, keine Null-Diät
Akute Gastritis/Pankreatitis/Enteritis	1–3tägiges Tee-/
Gallenkolik, Cholezystitis	Heilbrunnen-/
	Saftfasten

Therapieerfolge möglich bei:
Chronisch gestörtem Gewebestoffwechsel, wie z. B. Furunkulose
Haut- und Schleimhauterkrankungen (Allergien)
Chronische Hepatitis
Rezidivierende Lymphagitiden
Psychosomatische Beschwerden
PRADER-WILLY-Syndrom

Alter und Leistungsvermögen des Fastenden angepaßt sein muß, erleichtert die Therapie. Nach längerem Fasten wird die eigene Leistungsfähigkeit höher eingeschätzt, da Ermüdungserscheinungen später auftreten. Wenig trainierten Menschen muß von einer übermäßigen Belastung (besonders Kurzzeitbelastung) abgeraten werden. Kreislaufkollaps, Schwäche und Blutdruckabfall können zu schweren Stoffwechselentgleisungen führen.

Unerwünschte **Nebenwirkungen** wie Hyperurikämie, Acidose oder Hypotonie treten meist nur vorübergehend auf und normalisieren sich im Verlauf des Fastens, wenn die empfohlene Trinkmenge und die körperliche Betätigung eingehalten werden. Eine der häufigsten Nebenerscheinungen des Fastens ist der Blutdruckabfall, der sich bei den meisten Fastenden in leichten orthostatischen Beschwerden wie Benommenheit, Müdigkeit, Kopfschmerzen und Schwindelgefühl äußert. Leichten Magen- und Darmbeschwerden wie Durchfall, Obstipation oder Blähungen kann mit Kräutertees, Leinsamen-, Hafer- oder Reisschleim entgegengewirkt werden. Als weitere Begleiterscheinung sind trockene Haut, Hautabschilferungen, ausbleibende Menstruation, Mundgeruch (Aceton!) und ein erhöhtes Kälteempfinden bekannt. Haarausfall wurde beobachtet und als ein Zeichen von Proteinmangel angesehen.

Bis heute ist das gesundheitliche **Risiko** des Fastens noch sehr umstritten und besonders der Proteinverlust wird von Allopathen und Homöopathen völlig unterschiedlich bewertet. Gesundheitliche Beschwerden oder Komplikationen im Verlauf des Fastens, die einzig auf das Fasten zurückgeführt werden können, sind nur vereinzelt beobachtet worden. Zudem haben Übergewichtige, und nur solche fasten vernünftigerweise länger als 2 bis 3 Wochen, neben größeren Fettreserven auch größere Proteinreserven, wodurch die Proteinverluste weniger problematisch erscheinen.

Obwohl schon bei Jugendlichen proteinmodifiziertes Fasten zur Gewichtsreduktion angewendet wurde, stellt das Fasten in jeder Form für Kinder und Jugendliche eine extreme Stoffwechselbelastung dar, da durch die fehlende Nahrungszufuhr gefährliche Hypoglykämien auftreten können.

Während der Schwangerschaft reicht die endogene Glucosereproduktion nicht aus, um den erhöhten Bedarf zu decken, deshalb ist Schwangeren von einer Fastenkur abzuraten. Zwar wird auch Personen über 65 Jahre vom Fasten abgeraten, jedoch finden sich in Sanatorien immer wieder ältere Menschen, die regelmäßig Fastenkuren (Saftfasten) durchführen. Älteren Menschen, die noch nie gefastet haben, ist trotzdem vom Fasten abzuraten, da die ungewohnte Umstellung den Organismus zu sehr belasten könnte.

Empfehlungen

Das Fasten aus gesundheitlichen Motiven steht bis heute im Kreuzfeuer der Kritik, und die Frage, ob und unter welchen Bedingungen es eine Belastung oder eine Befriedigung darstellt, kann nur im Einzelfall beantwortet werden, da die Auswirkungen auf Stoffwechsel und Psyche für jede Person sehr unterschiedlich sein können. Als erster Schritt zur Gewichtsreduktion ist das Fasten über einen Zeitraum von nicht mehr als 3 bis 4 Wochen sicherlich zu empfehlen, da durch die deutliche Gewichtsabnahme Übergewichtige auf diese Art eher für weitere diätetische Behandlung der Adipositas motiviert werden können. Von größter Bedeutung ist in jedem Fall die ausreichende Information aller Interessierten über die erwünschten und unerwünschten Nebenwirkungen des Fastens sowie über die Möglichkeit, bei Schwierigkeiten mühelos eine fastenerfahrene Kontaktperson zu erreichen.

Eine Fastenkur im beruflichen Alltag durchzuführen, erfordert ein hohes Maß an Disziplin und Selbstsicherheit. Da die Stoffwechseladaptation zu Beginn des Fastens zu unerwünschten Nebenwirkungen wie vermindertes Reaktionsvermögen, Müdigkeit oder Nervosität führen kann, wird bei beruflicher Tätigkeit mit großer Verantwortung für andere Menschen oder beim Umgang mit Maschinen dringend vom Fasten abgeraten. Bei Medikamenteneinnahme sollte das Fasten nur mit Zustimmung des Arztes erfolgen, da ihre veränderte pharmakologische Wirkung im Hungerstoffwechsel zu Verschiebungen des Dosis/Wirkungs-Verhältnisses führen kann.

Der Entschluß zur Fastenkur muß die Entscheidung jedes einzelnen bleiben. Sowohl bei beruflicher Belastung als auch bei allgemein schlechtem Gesundheitszustand muß davon abgeraten werden, mehrere Tage nichts zu essen, auch wenn ein starkes Interesse am Fasten besteht. Ebenfalls sollte grundsätzlich niemand, der das Fasten ablehnt, zum Fasten überredet werden.

Tab. 221. Kontraindikationen beim Fasten (Hahn, Leitzmann 1982)

Psychische Störungen
Krankheiten mit negativer N-Bilanz
Hämolytische Anämien
Insulinpflichtiger Diabetes
Nebenniereninsuffizienz
Schwere Leberfunktionsstörungen
Manifeste Herzinsuffizienz
Malignome
Rekonvaleszenz
Chronische Niereninsuffizienz
Schwangerschaft
Kinder unter 10 Jahren
Personen über 65 Jahren mit altersbedingten Erkrankungen

Individuell angepaßte therapeutische und prophylaktische Maßnahmen sowie die Beachtung von Kontraindikationen (Tab. 221) verhelfen dazu, Komplikationen zu vermeiden. Im Einzelfall muß abgewogen werden, ob das mit dem Fasten verbundene Risiko höher als der erwünschte Erfolg einzuschätzen ist. Eine Veränderung der Lebensweise und besonders falscher Ernährungsgewohnheiten ist durch Fasten allein nicht zu erreichen, doch kann in Zeiten des Überflusses und des Wohlstandes gerade während einer kurzfristigen Nahrungsenthaltung die Grunderfahrung von Hunger, Appetit und Sättigung bewußt werden, um so, zumindest für einen kurzen Zeitraum, eingefahrene Ernährungsgewohnheiten neu zu reflektieren.

4.7 Parenterale Ernährung

Allgemeines
Die parenterale Ernährung ist eine spezielle Form der Nährstoffzufuhr. Sie unterscheidet sich von der normalen oralen Nahrungsaufnahme dadurch, daß die Nährstoffe über einen künstlich geschaffenen venösen Zugang in den Organismus gelangen. Der gesamte Verdauungstrakt wird umgangen. Aus diesem Grund ist es notwendig, Kohlenhydrate und Proteine vor der Applikation in ihre Bestandteile Monosaccharide bzw. Aminosäuren zu zerlegen. Hier unterscheidet sich die Methode von der enteralen Ernährung, bei der mittels einer Sonde nur Teile des Verdauungstraktes umgangen werden und Hauptnährstoffe in ihrer komplexen Form angeboten werden können.

Bei der parenteralen Nährstoffzufuhr gibt es neben der totalen auch partielle Formen. In der Intensivmedizin wird meist die totale parenterale Ernährung eingesetzt, um die Wiederherstellung und Aufrechterhaltung der Körperfunktionen zu gewährleisten. Ziel bei der wissenschaftlichen Suche nach der günstigsten Zusammensetzung der Nährlösung ist im besonderen das Erreichen eines optimalen Heilungsprozesses.

Technik und Anwendung der parenteralen Ernährung
Je nach Dauer der parenteralen Ernährung unterscheidet sich der Ort des venösen Zugangs. Soll die Nährstoffzufuhr nur über weniger als drei Tage in dieser Form erfolgen, bei einer Infusionslösung mit einem pH-Wert von 7,4, so wird eine periphere Vene zur Punktion bevorzugt. Dies sollte nach Möglichkeit die *Vena basilica* an der Innenseite des Ellenbogens sein.

Bei der totalen parenteralen Ernährung über eine längere Zeit als drei Tage, mit einer Infusionslösung, deren Osmolarität 1200 mosmol/l übersteigt und deren pH-Wert im unphysiologischen Bereich liegt, wird ein zentralvenöser Zugang gewählt. Günstig sind die *Vena subclavia* (Unterschlüsselbeinvene) und die *Vena jugularis interna* (innere Drosselvene), von denen ausgehend ein Venenkatheter in die obere Hohlvene geschoben wird, dessen Spitze ca. 2 cm vor dem rechten Vorhof zu liegen kommt. Um Infektionen zu vermeiden, müssen der Katheter und die Punktionsstelle sorgfältig desinfiziert werden. Ein Wechsel des Katheters alle 7–10 Tage sowie täglicher Verbandswechsel sind weitere wichtige Hygienemaßnahmen. Trotz allem können Komplikationen auftreten, die nur durch eine ständige Überwachung in ihren Auswirkungen minimierbar sind. Entsprechende Vorrichtungen geben dem Arzt die Möglichkeit, die Zufuhr- bzw. Tropfgeschwindigkeit der Nährlösung exakt einzustellen.

Die Indikation für eine parenterale Ernährung liegt vor, wenn die Zufuhr von Nahrung im gesamten Gastrointestinaltrakt nicht möglich ist. Dies kann unmittelbar vor und nach Operationen in diesem Bereich, bei Darmverschluß oder -verengung sowie bei unstillbarem Erbrechen sein. Maldigestion, Malabsorption, Anorexie und Bewußtlosigkeit sind weitere Syndrome, die eine parenterale Nährstoffzufuhr notwendig machen. Liegt ein gesteigerter Bedarf an Energie vor, wie es bei hochgradigen Verletzungen, z. B. nach Operationen oder bei schweren Verbrennungen der Fall ist, kann die venöse Zufuhr die Bedarfslücken schließen. Diese Aufzählung erhebt keinen Anspruch auf Vollständigkeit, sondern soll einen Überblick in das breite Einsatzgebiet der parenteralen Ernährung geben.

Bei der Anwendung einer totalen intravenösen Nährstoffversorgung besteht immer das Ziel, sobald wie möglich auf eine enterale Ernährung umzustellen. Sie ist komplikationsärmer, und es tritt keine Atrophie der Dünndarmmukosa ein, wie es bei der Umgehung des Verdauungstraktes beobachtet werden kann. Darüber hinaus ist die Sondenernährung kostengünstiger.

Die wichtigsten Anwendungsgebiete für eine parenterale Ernährung liegen in der prä- und postoperativen Phase sowie in Fällen von Unterernährung. Verschiedene Autoren weisen darauf hin, daß bereits im Vorfeld einer Operation ein Nährstoffdefizit bei vielen Patienten zu beobachten ist. Dies kann bedingt durch die Erkrankung selbst, aber auch durch präoperative Hungerperioden zur Durchführung notwendiger Untersuchungen entstehen. Wolfram berichtete 1979 über zahlreiche Untersuchungen an Patienten, aus denen hervorgeht, daß bei einer aus medizinischer Sicht optimalen Operationsvorbereitung des Patienten und einer ausreichenden Nährstoffversorgung nur mit wenigen Komplikationen zu rechnen ist. Darüber hinaus konnte ein direkter Zusammenhang zwischen präoperativem Proteinmangel, Verminderung der Immunglobuline und postoperativer Infektionsrate aufgezeigt werden.

Canzler formulierte folgende Ernährungstherapie bei operierten Patienten (Abb. 123). Die Zusammensetzung der Infusionslösung sowie die Entscheidung, ob eine periphere oder zentralvenöse Versorgung erfolgen soll, muß abhängig vom jeweiligen Ernährungszustand getroffen werden.

Nach einer Operation bzw. anderen lebensbedrohlichen Belastungen und Verletzungen, nach Herzinfarkt, Koma usw. kommt es zu charakteristischen Veränderungen aller Stoffwechselbereiche, auch als Postaggressionssyndrom bezeichnet. Durch eine nerval stimulierte Katecholaminfreisetzung (Adrenalin, Noradrenalin), die erhöhte Ausschüttung von Glucagon und die vermehrte Abgabe von Releasing-Faktoren (ACTH, TSH) und anschließender Freisetzung von glandotropen Hormonen wird eine katabole Situation im Organismus verursacht. Es soll dadurch Energie in ausreichendem Maße zur Verfügung gestellt werden. Eine gesteigerte Lipolyse und Glykogenolyse nehmen Einfluß auf die Verwertung exogen zugeführter Nährstoffe.

Der Mineralhaushalt ist ebenfalls betroffen und infolge der Ausschüttung von Thyroxin steigt der Grundumsatz. Nach Erschöpfung der Glykogenvorräte werden Aminosäuren aus der Muskulatur als Substrate der Gluconeogenese herangezogen. Auch viszerale Proteine sind vom Abbau betroffen und die Infektabwehr ist in Mitleidenschaft gezogen. Nach 2–3 Tagen muß eine Wende im Stoffwechsel eintreten, der anschließend vom Aufbau von Muskelprotein bestimmt wird. Dem im Aufbau befindlichen Organismus müssen nun Energie und Nährstoffe in ausreichenden Mengen zur Verfügung gestellt werden, damit die Stickstoffbilanz wieder ausgeglichen oder sogar positiv werden kann. Spiegel einer Unterernährung im Zuge eines Postaggressionssyndroms ist nicht das Körpergewicht; genauere Aussagen lassen die kurzlebigen Serumproteine Präalbumin, Retinol-Binding-Protein, Transferrin und Cholinesterase zu. In der Praxis wird häufig nur das Serumalbumin bestimmt, dessen Konzentration kurze Zeit später abnimmt.

Einzelne Nährstoffe in der parenteralen Ernährung

Wasser ist mengenmäßig Hauptbestandteil der Infusionslösung in der parenteralen Ernährung. Der Bedarf eines normalgewichtigen, nichtfiebernden Patienten liegt bei ca. 40 ml/kg Körpergewicht/d. Anhand der Flüssigkeitsbilanz und jeweils auftretenden Störungen wie Diarrhoe, gesteigerte Diurese, Fieber usw. muß diese Angabe überprüft werden. Im Zuge des Postaggressionsstoffwechsels ist es typisch, daß aufgrund vermehrter Adiuretin- und Aldosteronsekretion Wasser reteniert wird. Subnormale Natrium- und Kaliumwerte treten auf. Diesem individuell unterschiedlich gestalteten Wasserhaushalt sollte mit der täglichen Zufuhrmenge Rechnung getragen werden. In der Regel sind mindestens 2000 ml Wasser erforderlich, um eine ca. 8,4 MJ (= 2000 kcal) umfassende Energiezufuhr zu erreichen.

Elektrolyte müssen dem Organismus täglich zugeführt werden, um ihre wichtigen Funktionen auszuüben (Kap. 3.1). Bei den empfohlenen Tagesrationen für eine totale parenterale

Ernährung (Tab. 222) muß im Vergleich zu den empfohlenen Zufuhrmengen der DGE (Tab. 22 und 94) berücksichtigt werden, daß die Nährstoffe direkt, ohne Absorptionsverlust, ins Blut gelangen. Die angegebene recht niedrige Dosierung von Phosphor kann darin begründet liegen, daß die Emulgatoren in den Fettemulsionen der Infusionslösungen eine maßgebliche Menge an Phosphatiden enthalten, die zur Bedarfsdeckung beitragen.

Eine besondere Bedeutung kommt der Magnesiumversorgung der Patienten zu, da dieses Element wichtige Funktionen im Energiewechsel besitzt. Auch Kalium und Phosphor spielen in der parenteralen Ernährung wahrscheinlich eine wichtige Rolle, da nur bei einer ausreichenden Versorgung eine positive N-Bilanz erreicht werden kann.

Bei der Zufuhr von Natrium wurde beobachtet, daß die Retention dieses Elektrolyts deut-

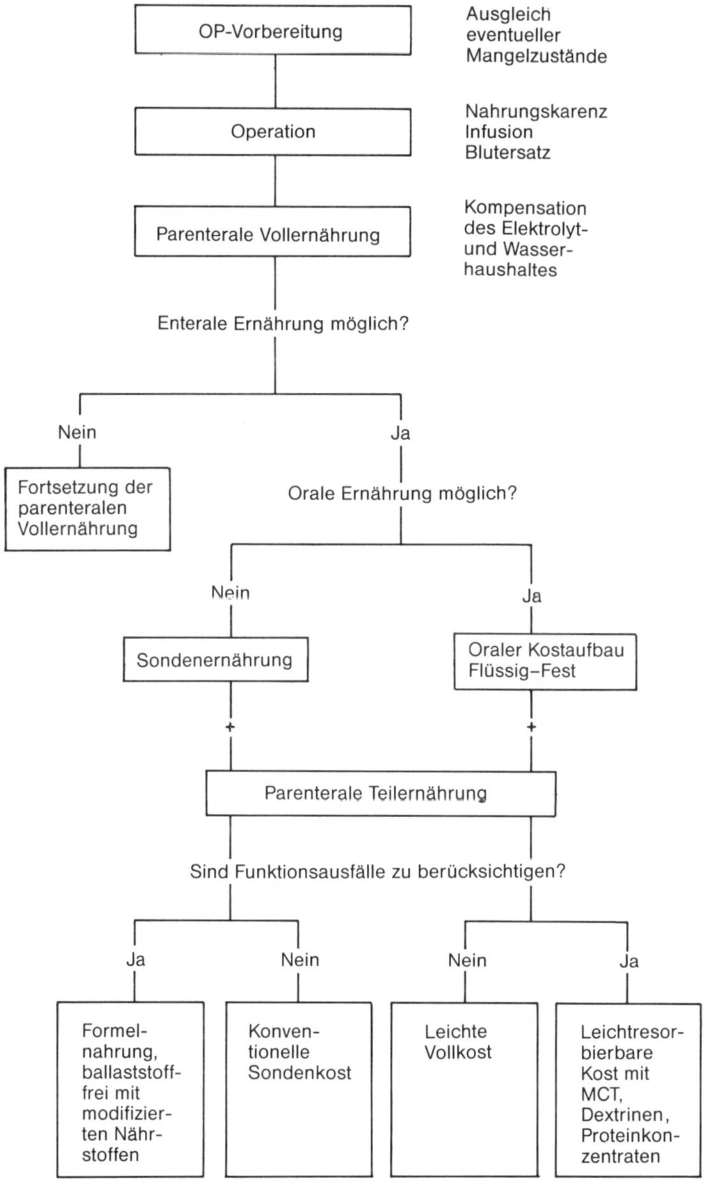

Abb. 123. Indikationsschema zur Ernährung operierter Patienten (CANZLER 1980).

Tab. 222. Empfohlene Tagesrationen an Nahrungsbestandteilen für die vollständige parenterale Ernährungstherapie (Shenkin, Wretlind 1978)

		Tagesbedarf für Erwachsene pro kg Körpergewicht		
		Grundmenge	Gesteigerter Bedarf	Höchstbedarf
Wasser	ml	30	50	75–100
Energie	kcal	30 (= 0,13 MJ)	35–40 (= 0,15–0,17 MJ)	50–60 (= 0,21–0,25 MJ)
Aminosäuren-N		0,09 g N (≈ 0,7 g AS)	0,2–0,3 g N (≈ 1,5–2 g AS)	0,4–0,5 g N (≈ 3–3,5 g AS)
Glucose	g	2	5	7
Fett	g	2	3	3–4
Natrium	mmol	1–1,4	2–3	3–4
Kalium	mmol	0,7–0,9	2	3–4
Calcium	mmol	0,11	0,15	0,2
Magnesium	mmol	0,04	0,15–0,20	0,3–0,4
Eisen	µmol	0,25–0,1	1,0	1,0
Mangan	µmol	0,1	0,3	0,6
Zink	µmol	0,7	0,7–1,5	1,5–3
Kupfer	µmol	0,07	0,3–0,4	0,4–1
Chrom	µmol	0,015		
Selen	µmol	0,006		
Molybdän	µmol	0,003		
Chlor	mmol	1,3–1,9	2–3	3–4
Phosphor	mmol	0,15	0,4	0,6–1,0
Fluor	µmol	0,7	0,7–1,5	
Jod	µmol	0,015		
Thiamin	mg	0,02	0,04	0,3
Riboflavin	mg	0,03	0,06	0,3
Nicotinamid	mg	0,2	0,4	2
Pyridoxin	mg	0,03	0,06	0,4
Folinsäure	µg	3	6	6–9
Cyanocobalamin	µg	0,03	0,06	0,06
Pantothensäure	mg	0,2	0,4	0,4
Biotin	µg	5	10	10
Ascorbinsäure	mg	0,5	2	25
Retinol	µg	10	10	20
Ergocalciferol oder Cholecalciferol	µg	0,04	0,04	0,1
Phytylmenachinon	µg	2	2	2
D-α-Tocophenol	mg	0,33	0,50	0,67

lich gesteigert ist, wenn Kohlenhydrate als alleinige Energiequellen dienen. Bei Fett blieb dieser Effekt aus. Entsprechend kommt es bei Verabreichung einer Nährlösung auf Glucosebasis zu signifikantem Gewichtsanstieg bei Patienten, der vor allem auf der Einlagerung von Wasser in die Gewebe beruht. Dies kann zu Komplikationen führen.

Verschiebungen wie sie bei Natrium in der parenteralen Ernährung festgestellt wurden, treten auch bei Kalium auf. Der Blutgehalt ist auch erhöht, wenn Glucose der einzige Energieträger in der Infusionslösung ist. Wird Insulin zugeführt, steigen die Kaliumwerte noch stärker an. Ist Fett der Energielieferant, liegen diese Werte weit unter denen bei Glucosegaben. Es wurde zunächst angenommen, daß bei der Energieversorgung mit Glucose im Vergleich zu der im Fett eine größere Zunahme der Körperzellmasse eintritt und entsprechend die Menge an austauschbarem Kalium ansteigt. Weitere Untersuchungen belegten jedoch einen von solchen Vorgängen unabhängigen Anstieg des Kaliumgehaltes.

Ganz im Gegensatz zu ansteigenden Natrium- und Kaliumgehalten nimmt der Phosphatgehalt im Blut während der parenteralen Ernährung auf Glucosebasis stark ab. Ursache ist die erhöhte Phosphoraufnahme der Zellen unter dem Einfluß von Insulin und Glucose. Symptome wie Orientierungsstörungen, Tremor oder Koma, die tödlich verlaufen können, treten infolge einer Hypophosphatämie auf. Auf eine ausreichende Versorgung mit Phosphor muß daher besonderer Wert gelegt werden.

Dagegen empfiehlt es sich bei **Spurenelementen** entsprechende Infusionslösungen nicht selber herzustellen, da eine Überdosierung leicht zu toxischen Erscheinungen führen kann. Besondere Aufmerksamkeit sollte der Versorgung mit Zink geschenkt werden. Im Zuge eines zunehmenden Katabolismus steigen auch die Verluste von Zink über den Urin signifikant an. Mangelsymptome wurden beim Fehlen von Zink in der Infusionslösung beobachtet.

Eine über längere Zeit verabreichte Kupferarme Infusionslösung führt zwar zur Senkung der Kupfergehalte des Blutes, jedoch nur in wenigen Fällen wurden Funktionsstörungen beobachtet. Bei der Versorgung mit Chrom treten erst bei langfristiger parenteraler Ernährung (ca. 3 Jahre) ohne Chromzusatz Komplikationen auf. Es kommt zu Störungen in der Glucosetoleranz und zu zentralnervösen Schäden, die durch Chromgaben behoben werden können. Ähnliche Beobachtungen wurden auch in bezug auf Selen gemacht. Verminderte Selengehalte in Erythrozyten sowie verminderte Aktivität der Glutathionperoxidase wurden erst bei langjähriger, totaler parenteraler Ernährung festgestellt. Weitere Untersuchungen sind notwendig, um die genaue Selenaufnahme zu ermitteln.

Für **Vitamine** kann der Organismus unterschiedlich große Speicher anlegen, trotzdem ist eine tägliche Zufuhr bei länger anhaltender intravenöser Nährstoffversorgung notwendig. Genaue Bedarfsmengen für alle Vitamine sind unter den Bedingungen einer totalen parenteralen Ernährung noch nicht bekannt. Bei Patienten mit einem suboptimalen Ernährungszustand sollten schon vor der durchgeführten Infusionstherapie fettlösliche Vitamine verabreicht werden. Im allgemeinen werden die wasserlöslichen Vitamine den Kohlenhydratlösungen erst kurz vor der Infusion zugesetzt. Sie stammen sehr häufig aus handelsüblichen Multivitaminpräparaten, die jedoch nicht alle Vitamine enthalten. Vitamin K, B_{12}, Biotin und Folsäure fehlen und werden in der Praxis meist intramuskulär verabreicht oder später dem Präparat zugefügt.

Kohlenhydrate stellen die wichtigsten Energielieferanten in der parenteralen Ernährung dar. Der Energiebedarf für einen unkomplizierten chirurgischen Patienten liegt bei ca. 125 kJ (= 30 kcal)/kg Körpergewicht/d (Tab. 222). Für Infusionslösungen eignen sich Glucose und Nicht-Glucose-Kohlenhydrate wie Fructose, Xylit und Sorbit. Glucose ist das wichtigste Kohlenhydrat, da dieses Monosaccharid physiologischerweise in der Blutbahn transportiert und in Organen in großem Umfang umgesetzt wird. Glucosegehalte im Blut stimulieren die Sekretion von Insulin und gewährleisten so einen vielseitigen Aufbau von Körpersubstanz sowie die Speicherung von Glucose als Glykogen. Glucose wird im Gegensatz zu den Glucoseaustauschstoffen von allen Organen aufgenommen. Die Abbauwege der einzelnen Kohlenhydrate münden in die Glykose (Abb. 124); die erforderlichen Enzyme befinden sich größtenteils in der Leber.

Die Verwertung von Glucose ist jedoch nicht in allen Situationen optimal. So treten in der katabolen Stoffwechsellage im Postaggressionsstadium Glucoseverwertungsstörungen bei gleichzeitig verminderter Insulinsekretion auf. Auch bei Diabetes mellitus und Erkrankungen der Leber und Niere zeigen sich Komplikationen. Darüber hinaus erreicht eine hohe Glucosezufuhr bei einer Blutkonzentration von 180 mg/dl schnell die Nierenschwelle, und es kommt zu erheblichen Verlusten. Wird gleichzeitig auch Insulin verabreicht, kann es zu zahlreichen Komplikationen kommen. Bei der intravenösen Versorgung mit Glucose ist es wichtig, den Blutzuckergehalt ständig zu überwachen, um rechtzeitig einer Hypo- oder Hyperglykämie vorbeugen zu können. Die ständige Zufuhr großer Mengen Glucose kann zu einer Fettleber führen. Trotz allem ist Glucose die wichtigste Kohlenhydratkomponente der Infusionslösung. Bei einer Zufuhr von 0,5 g/kg Körpergewicht wird Glucose nahezu 100%ig verwertet. Um Nachteile der Glucose auszugleichen, können Zuckeraustauschstoffe der Infusionslösung zugesetzt werden.

Fructose besitzt den Vorteil, insulinunabhängig in der Leber verwertet zu werden, was auch bei hohen Konzentrationen der Fall ist. Fructose wirkt stark antiketogen, und bei Dosierungen bis zu 400 g/d tritt keine wesentliche osmotische Diurese ein. Ihre Umwandlung in Glucose erfolgt in der Leber über die Bildung von Glykogen; aus diesem Grund entstehen keine

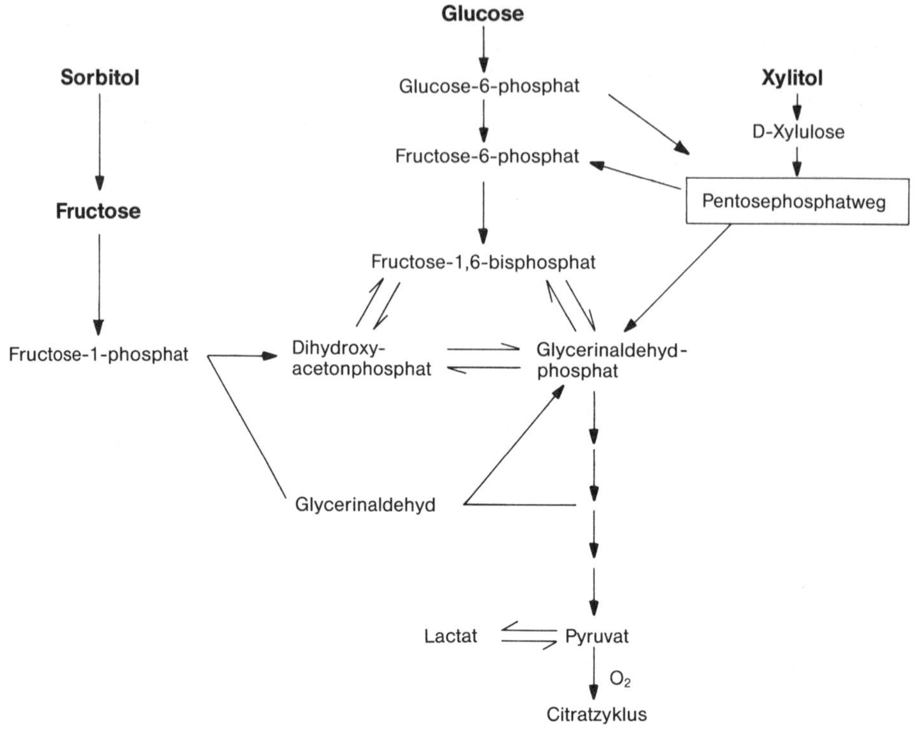

Abb. 124: Abbauwege von Glucose, Fructose, Xylit und Sorbit (Löffler et al. 1979).

Spitzen in der Blutglucosekonzentration. Bei einer höheren Fructosezufuhr als 0,5 g/kg Körpergewicht/d kann es zu folgenden Nachteilen kommen: Der Lactatgehalt im Blut steigt und im Vergleich zu Glucosegaben sinkt der Phosphatgehalt im Serum sowie ATP in der Leber stärker ab; Leukozytenzahlen nehmen ab und ein Anstieg der Harnsäure im Serum kann gemessen werden. Bei Diabetes mellitus und in der Postaggressionsphase ist Fructose von Vorteil.

Xylit unterliegt ebenfalls der Verwertung in der Leber, weist aber einige Nachteile bei hoher Dosierung auf. Anders als bei Fructose kann es durch Xylit aufgrund fehlender Reabsorption in der Niere zu osmotischer Diurese kommen. Außerdem wird angenommen, daß der Harnsäuregehalt des Blutes steigt, ebenso wie die Konzentration von Oxalat im Urin und seinen Kristallen in der Niere. Xylit wird auch in der Postaggressionsphase gut ausgenutzt.

Sorbit zeigt ebenfalls den Nachteil einer osmotischen Diurese und scheint zur Zeit für die parenterale Ernährung verzichtbar. Allerdings konnte durch die Verabreichung der beiden Zuckeralkohole Xylit und Sorbit eine verbesserte Stickstoffbilanz beobachtet werden, was darauf schließen läßt, daß weniger Aminosäuren zur Energieversorgung herangezogen werden. Außerdem nehmen Xylit und Sorbit nicht an Maillard-Reaktionen teil.

Eine Regelung der Arzneimittelkommission der Deutschen Ärzteschaft legte Grenzen für eine Zufuhr an Glucose und Nicht-Glucose-Kohlenhydrate für gesunde Erwachsene bei einer Zufuhrdauer von 12 Stunden fest (Tab. 223), wobei jedoch die besondere Situation ein-

Tab. 223. Maximale intravenöse Zufuhr von Glucose und Glucoseaustauschstoffen (Huth 1986)

	g/kg/h
Glucose	0,75
Fructose	0,25
Sorbit	0,25
Xylit	0,125
Mischlösungen aus Glucose, Fructose und Xylit	0,5

zelner Patienten individuelle Veränderungen notwendig macht.

Fett ist wichtiger Energieträger, liefert Kohlenstoffgerüste für die Biosynthese verschiedener Metaboliten und versorgt den menschlichen Organismus mit essentiellen Fettsäuren. Nach einer normalen Absorption aus dem Darm wird Fett in Form der Lipoproteine und Chylomikronen im Blut transportiert. Um diese Situation bei der venösen Verabreichung zu imitieren, wird Fett emulgiert, wobei Partikel von Chylomikronengröße entstehen. Da Fett im Gegensatz zu Kohlenhydraten osmotisch nicht wirksam ist und einen höheren Energiegehalt aufweist, können durch Fettemulsionen größere Energiemengen in einem relativ kleinen Flüssigkeitsvolumen zugeführt werden. Diese Emulsionen bestehen heute vorwiegend aus Sojaöl, wobei zugefügte Emulgatoren wie Eidotter- oder Sojabohnenphosphatide das Gemisch stabilisieren.

Die wichtigste Funktion der Fettzufuhr liegt bei der parenteralen Ernährung in der Versorgung des Körpers mit essentiellen Fettsäuren. Diese Aufgabe entfällt bei der Verabreichung von reinen MCT-Fetten, die ebenfalls möglich ist. Ein Mangel an essentiellen Fettsäuren tritt bei totaler parenteraler Ernährung recht schnell ein, da die Zufuhr von Glucose hohe Insulingehalte im Blut verursacht und Insulin die Freisetzung freier Fettsäuren aus dem Fettgewebe blockiert. Die genaue Zusammensetzung der Energieträger Kohlenhydrate und Fette in der Infusionslösung ist noch nicht zufriedenstellend geklärt. Vorgeschlagen wird ein Anteil von 30–50% der Gesamtenergiezufuhr aus Fettkalorien.

Proteine werden in der parenteralen Ernährung in Form ihrer Bausteine, den Aminosäuren, verabreicht. Nicht nur zur Aufrechterhaltung lebenswichtiger Funktionen, sondern speziell bei verletzten bzw. operierten Menschen zum Aufbau neuen Gewebes werden Aminosäuren benötigt. Die Kontrolle über eine optimale Zusammensetzung der Infusionslösung erfolgt über die Ermittlung der Stickstoffbilanz. Zu ihrem Ausgleich ist eine ausreichende Energieversorgung sowie eine gute Qualität und

Tab. 224. Ernährungsphysiologische Bedeutung der Aminosäuren (EGBERTS, MALCHOW 1978)

Isoleucin Leucin Lysin Methionin Phenylalanin Threonin Tryptophan Valin	klassische essentielle Aminosäuren	
Arginin	für optimale Verwertung und Entgiftung von Aminosäuren	
Histidin	ess. bei Urämie und für Kinder	ess. für Früh- und Neugeborene
Tyrosin	ess. bei Urämie, kann 75% des Phenylalaninbedarfs decken	
Cystin	kann 89% des Methioninbedarfs decken	
Alanin Prolin	für optimale Verwertung von Aminosäuren bei parenteraler Zufuhr	
Glutaminsäure Asparaginsäure Glycin Serin Ornithin	unspezifische N-Quellen*	

* Mindestens 3 aus dieser Gruppe einsetzen

Quantität des zugeführten Proteins notwendig. Wie für den gesunden Menschen, ist auch der parenteral ernährte, möglicherweise kranke Mensch, auf die Zufuhr der 8 essentiellen Aminosäuren angewiesen. Histidin ist nur für Säuglinge und kleine Kinder lebensnotwendig. Aber auch andere Aminosäuren wurden in zahlreichen Untersuchungen als notwendige Bestandteile einer Infusionslösung bei der totalen parenteralen Ernährung erkannt. So sind die Aminosäuregemische durch Zugabe von L-Arginin wesentlich besser verträglich. Auch Alanin und Prolin sind zum Ausgleich der N-Bilanz erforderlich. Glycin als N-Quelle sowie Asparagin- und Glutaminsäure scheinen unverzichtbare Bestandteile einer Aminosäurelösung zu sein. Die als notwendig erachteten Aminosäuren in der parenteralen Ernährung, die unabhängig vom Alter, physiologischen und pathologischen Bedingungen in diesem Muster gut vertragen werden, sind bekannt (Tab. 224).

Untersuchungen von Kofranyi (1978) zeigen, daß die biologische Wertigkeit einer Aminosäurelösung bei intravenöser Zufuhr um 18–49% geringer ist, als bei oraler Aufnahme. Der Autor erklärt diese Unterschiede damit, daß bei oraler Zufuhr die Aminosäuren zunächst in der Leber umgesetzt werden, während bei parenteraler Applikation dies nur partiell der Fall ist. So entfällt die biologische Wertigkeit zur Beurteilung eines Proteins oder Aminosäuregemisches für die parenterale Ernährung.

Über das Verhältnis der essentiellen Aminosäuren zu nichtessentiellen (ET-Ratio) besteht noch keine endgültige Klarheit. Unter physiologischen Bedingungen liegt die ET-Ratio für Erwachsene bei 2 und der Proteinbedarf bei etwa 0,8 g/kg KG/d. Es wird angenommen, daß unter den Bedingungen einer intravenösen Nährstoffzufuhr nur dann Körperprotein aufgebaut werden kann, wenn das Aminosäuregemisch einen Anteil von 45–50% essentiellen Aminosäuren enthält. Wichtig ist, daß zur Deckung des N-Bedarfs etwa 420 kJ (= 100 kcal)/g Stickstoff gleichzeitig zugeführt werden müssen. Die im Handel befindlichen Lösungen mit Aminosäuren enthalten meist Sorbit, Xylit und wenig Glucose als Kohlenhydrate sowie Elektrolytgemische.

Auch **Alkohol** in Form von Ethanol kann als Energieträger in der parenteralen Ernährung herangezogen werden, obwohl er in der normalen oralen Ernährung kein essentieller Nährstoff ist. Die gleichzeitige Gabe von Kohlenhydraten wird empfohlen, da Hypoglykämien auftreten können. Die Kombination von Ethanol mit Xylit und Sorbit sollte jedoch vermieden werden, da eventuelle Wechselwirkungen noch unerforscht sind. Alkohol wird in der parenteralen Ernährung heute nicht als wichtiger Bestandteil angesehen. Besonders die Leber von Kindern besitzt nur eine geringe Ethanoltoleranz. Bei Erwachsenen können Leberschädigungen durch Alkoholzufuhr entstehen.

5 Ernährungsabhängige Krankheiten

5.1 Zahnkaries

Die Zerstörung der Zähne durch Karies ist in den Industrieländern die am weitesten verbreitete Zivilisationskrankheit, mit einer engen Beziehung zur Ernährung. Dieser Zusammenhang zeigte sich in den europäischen Ländern sehr deutlich nach dem Zweiten Weltkrieg. Die Kariesserkrankungen traten in den Kriegszeiten nur begrenzt auf, die Probleme wuchsen mit steigendem Wohlstand und den damit verbundenen Ernährungs- und Konsumgewohnheiten. Auch heute gibt es weltweit große Unterschiede zwischen den Menschen mit »westlichen« Ernährungsgewohnheiten und Volksgruppen, die traditionelle Nahrung verzehren. Beispiele hierfür sind Eskimos und die Massai in Afrika; beide Gruppen verzehren nur geringe Mengen an niedermolekularen Kohlenhydraten, die einen Hauptfaktor bei der Entstehung der Karies darstellen.

Zahnaufbau und -entwicklung
Zähne bestehen hauptsächlich aus einer knochenähnlichen Substanz, Dentin (Abb. 125), das zum Schutz von dünnem, sehr hartem Zahnschmelz überzogen ist. Im Inneren des Zahnes befindet sich die von Nerven und Blutgefäßen durchzogene Pulpa.

Dentin und Zahnschmelz unterscheiden sich von der Knochensubstanz durch eine höhere Dichte. In die zelluläre, proteinhaltige Matrix sind in unterschiedlicher Konzentration Calcium und Phosphat als Apatitkristalle eingelagert. Während Knochen zu 40% aus anorganischen Salzen und zu 60% aus Matrix aufgebaut sind, steigt der Anteil anorganischen Materials im Dentin auf 80%. Zahnschmelz ist noch härter mit ca. 98% an Mineralstoffen.

Die ersten Anlagen zur Zahnbildung differenzieren sich bereits nach 6 Wochen embryonaler Entwicklung, und zum Zeitpunkt der Geburt wird die Matrix für die ersten bleibenden Zähne, die im Alter von 6 Jahren durchbrechen, angelegt. Zahnschmelz wird von Ameloblasten und Dentin von Odontoblasten gebildet; beide Substanzen entstehen durch einen langdauernden Mineralisierungsprozeß. Die Funktion der Ameloblasten ist noch vor der vollständigen Härtung des Zahnschmelzes, die sich in ca. 4 Jahren vor dem Zahndurchbruch durch Einlagerung von Mineralien vollzieht, beendet. Fluorid wird in dieser Phase sehr effektiv eingelagert; nach dem Zahndurchbruch verringert sich die Fluorideinlagerung.

Entstehung der Zahnkaries
Erste Läsionen zu Beginn der Kariesentwicklung zeigen sich durch eine Entmineralisierung des Zahnschmelzes. Dies tritt vornehmlich an den Kontaktflächen der Zähne, dem Zahnfleischansatz und den Fissuren sowie Zahnzwischenräumen auf (Abb. 125), an denen leicht Speisereste haften und die Selbstreinigung durch Kauen und Speichelfluß erschwert ist.

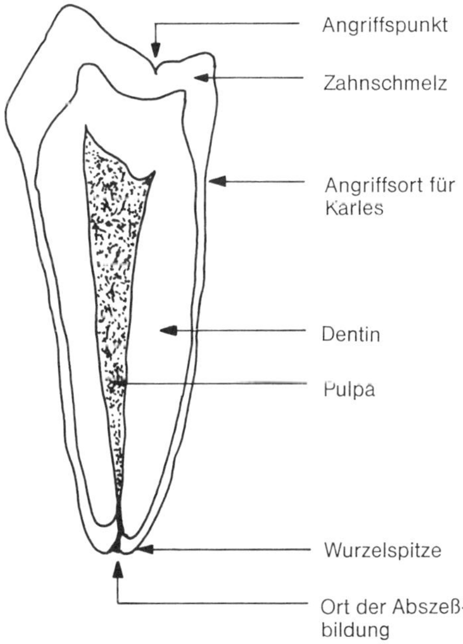

Abb. 125. Die Zahnstruktur und wichtigste Angriffsorte für Karies (nach PASSMORE, EASTWOOD 1986).

Die Zerstörung des Zahnschmelzes dehnt sich weiter aus bis auch das Dentin betroffen ist. Dies kann ein längerer Prozeß mit sekundärer Dentinbildung sein, kann aber auch sehr rasch auf die Pulpa übergehen und Entzündungen mit Zahnverlust hervorrufen.

Die Pathogenese der Zahnkaries hat ihre Ursache in Stoffwechselvorgängen von Bakterien, insbesondere Streptococcen, die die Mundhöhle besiedeln (Abb. 126). Sie bauen niedermolekulare Kohlenhydrate zu organischen Säuren, vor allem Lactat, ab, wodurch der pH-Wert bis auf ca. 5 absinkt. Tritt eine ausreichende Menge dieser Säuren lange genug mit der Zahnoberfläche in Kontakt, so erfolgt eine Lösung des Calcium-Phosphats des Zahnschmelzes und später auch des Dentins. Im Gegensatz zum Knochen besitzt das Zahngewebe keine Regenerationsfähigkeit und einmal entstandene Löcher können nicht mehr geschlossen werden, sondern vergrößern sich eher, da sich Bakterien ansiedeln und geschützt wachsen können.

Neben der Produktion organischer Säuren bilden einige Bakterienstämme, z.B. *Streptococcus mutans,* auf enzymatischem Weg unlösliche Polymere aus Glucose und Fructose, die sie absondern (Plaque) und die als Schutz vor Speichelreinigung eine Bakterienvermehrung begünstigen. Solche Plaques verhindern, daß die Zahnoberfläche gründlich durch Speichel gesäubert und besonders während der Schmelzhärtung mit Mineralstoffen versorgt wird. Für die Zahnschmelzhärtung ist die Mineralstoffaufnahme aus dem Speichel wichtiger als die Versorgung durch das Blut.

Ein wichtiger Faktor für die Anfälligkeit der Zähne gegenüber Karies ist der Ernährungsstand der Frau während der Schwangerschaft und somit die Ernährung in der intrauterinen Phase sowie die des Neugeborenen. Bei Frühgeborenen und Kindern mit sehr geringem Geburtsgewicht zeigte sich häufiger eine Hypocalcämie, die zu einer unzureichenden Zahnmineralisierung führte. Normalgeborene Kinder entwickelten vermehrt Schmelzdefekte, wenn sie früh mit Kuhmilchzubereitungen anstatt mit Frauenmilch ernährt wurden. Wahrscheinlich ist hier das Ca/P-Verhältnis wirksam. Vitamin D und Calcium sind aus diesem Grund wichtige Nährstoffe, denen besonders bei Neugeborenen hohe Bedeutung beigemessen werden muß. Auch Mangel an Vitamin A und C im Mutterleib, PEM bei Kindern sowie überhöhte Fluorgaben beeinträchtigen die Zahngesundheit.

Kariesbeeinflussende Faktoren

Durch Zahnhygiene kann die Dauerflora in der Mundhöhle verändert werden. Kurz nach einer gründlichen Reinigung siedeln sich vor allem grampositive Stäbchen und Coccen auf den Zahnkronen an, während nach Nahrungszufuhr und ausbleibender Pflege eine Mischflora entsteht. Große Plaques schützen gebildete Säuren vor der Neutralisierung durch den Speichel und sie können unter diesen Bedingungen ihre mineralstoffentziehende Wirkung voll entfalten.

Auch die genetisch bedingte Zahnform spielt bei der Inzidenz von Karies eine Rolle. Zähne mit rauher Oberfläche und tiefen Fissuren sind besonders gefährdet; kleine Zähne sind besser

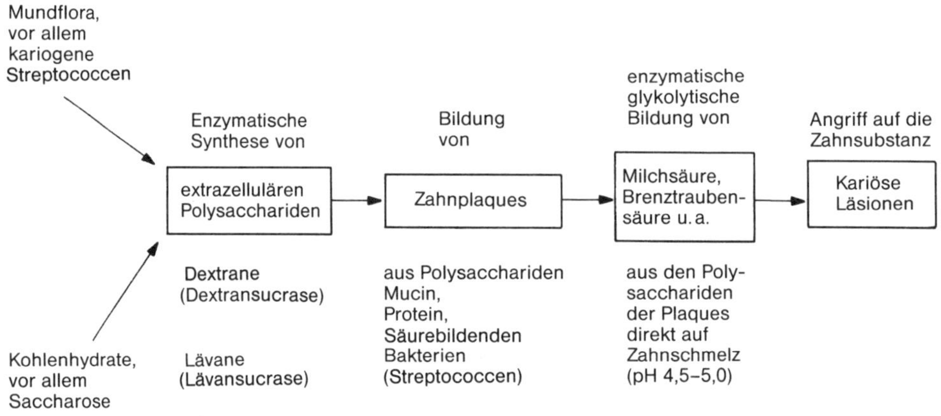

Abb. 126. Mikrobiologisch-biochemische Grundlagen zur Genese von Zahnkaries (TÄUFEL 1974).

Tab. 225. Kariesprophylaxe und Ernährung

Kurzzeitiger Einsatz von Antibiotika zur Bekämpfung der Mundflora
Entzug der Saccharose aus der Nahrung
Austausch der Saccharose durch andere, weniger kariogene Saccharide (z.B. Glucose, Invertzucker)
Einsatz von Zuckeraustauschstoffen (Sorbit, Xylit) und Süßstoffen (Saccharin, Cyclamat)
Ausschaltung oder Verminderung der Aufnahme von Zucker in bestimmter Form (z.B. als Toffee und Bonbon)
Verminderung der Frequenz der Aufnahme (Vermeidung einer über den Tag verteilten Aufnahme von Bonbons, Lutschern...)
Abbau der Plaques durch Einsatz von Zahnpflegemitteln
Mechanische Entfernung der Plaques durch Bürsten in Verbindung mit Fluor enthaltenden Zahnpflegemitteln
Fluoridierung von Trinkwasser (1 ppm) und Zahnpflegemitteln

geschützt als große, da der Speichel besser diffundieren kann und kürzere Diffusionswege gegeben sind. Dies wird auch durch einen größeren Zahnabstand ermöglicht.

Der wohl wichtigste Faktor bei der Entstehung der Karies ist der Kontakt der Nahrung mit den Zähnen, die gleichzeitig auch eine Substratzufuhr für die Bakterien bedeutet. Wie vielfach untersucht, korreliert die Aufnahme an niedermolekularen Kohlenhydraten deutlich mit der Karieshäufigkeit. Kinder, die an hereditärer Fructose-Intoleranz leiden und aus diesem Grund alle Süßigkeiten vermeiden müssen, entwickeln signifikant weniger kariöse Läsionen an ihren Zähnen als Kinder mit hohem Zuckerverzehr. Neben Saccharose gelten auch Glucose, Fructose, Maltose, Galactose und Lactose als kariogen, nur Zuckeralkohole wie Xylit, Mannit und Sorbit bilden eine Ausnahme (Tab. 225).

Nicht nur der Zuckerverzehr an sich stellt eine Gefahr dar, sondern die Entstehung von Karies ist deutlich beeinflußt durch die Mahlzeitenfrequenz sowie durch Reihenfolge und Art der verzehrten Nahrungsmittel. Der kariogene Effekt der Saccharose variiert stark mit der Häufigkeit des Verzehrs, der Einwirkungsdauer, Darbietungsform und auch der Zusammensetzung und Konsistenz der begleitenden Nahrungsmittel. So scheint der Zuckerverzehr während einer Mahlzeit im Vergleich zu einer isolierten Zufuhr zwischendurch ein geringeres Risiko darzustellen. Klebrige Süßigkeiten, auch Honig, bedeuten eine größere Kariesgefahr. Bei Kleinkindern verursacht der Dauerkonsum gesüßter Kindertees und Fruchtsäfte große Schäden bereits an den Milchzähnen und schadet auch der Entwicklung des dauerhaften Gebisses. Der Vitamingehalt der Nahrungsmittel kommt den Bakterien der Mundhöhle zugute, was eine mögliche Erklärung dafür ist, warum Vollkornbrot leicht kariogener wirkt als Weißbrot. Aber auch übermäßiger Verzehr von sauren Gerichten und Getränken kann Zahnschäden provozieren. Nach Verzehr verschiedener Käsesorten und Nüssen konnte keine Herabsetzung des pH-Wertes festgestellt werden.

Kariesbehandlung und Prophylaxe

Die Behandlung kariöser Zähne obliegt dem Zahnarzt und beschränkt sich weitgehend auf die Reparatur entstandener Schäden.

Wichtig zur Verhütung der Kariesentstehung ist der frühe Beginn einer intensiven Zahnpflege mit fluoridierten Zahnpasten. Diese Maßnahmen bringen jedoch keinen signifikanten Nutzen, wenn die Ernährung nicht auch optimiert wird. Unter dem Gesichtspunkt der Kariesprophylaxe müssen zwei Hauptforderungen erfüllt werden: Es müssen alle Nährstoffe, die zum Zahnaufbau benötigt werden, in ausreichendem Maß zur Verfügung stehen, bei weitgehender

Verringerung der Aufnahme kariesfördernder Nahrungsinhaltsstoffe. Dies bedeutet eine drastische Einschränkung des Süßigkeiten- und Zuckerkonsums (Tab. 225), besonders schon bei Kindern, denen ein Verzicht leichter fällt, wenn sich die Gewöhnung an hohen Zuckerkonsum gar nicht erst entwickelt. Ein hoher Ballaststoffgehalt der Nahrung kann sich ebenfalls positiv auf die Zahngesundheit auswirken, da eine höhere mechanische Beanspruchung der Zähne sowie der durch Ballaststoffe geförderte Speichelfluß deren Reinigung von Bakterien unterstützt.

Hinter der Bezeichnung Fluorprophylaxe verbirgt sich eine weitere wichtige, aber auch umstrittene Maßnahme zur Prävention von Zahnkaries. In zahlreichen Untersuchungen konnte gezeigt werden, daß die Karieshäufigkeit in Gebieten mit hohen Fluorkonzentrationen im Trinkwasser signifikant niedriger liegt als in fluorarmen Gegenden. Die Schutzwirkung dieses Spurenelements konnte in weiterführenden Studien bestätigt werden und beruht zum einen auf der Festigung des Apatits im Dentin durch Einlagerung und kann so auch eine Remineralisierung fördern; zum anderen wirkt Fluorid direkt auf den Bakterienstoffwechsel und hemmt die Entstehung von organischen Säuren (Kap. 3.3.1.3.2).

Die Supplementation von Fluor kann individuell durch Einnahme von Fluortabletten, Anwendung lokal wirksamer Fluorpräparate sowie durch Zahnreinigung mit fluorhaltigen Zahnpasten erfolgen. Die Trinkwasserfluoridierung (1 mg Fluorid/l) wird in einigen Ländern mit Erfolg praktiziert, bleibt in der BR Deutschland jedoch umstritten. Eine optimale Versorgung mit Fluor über feste Nahrungsmittel wird in neueren Untersuchungen weitgehend ausgeschlossen.

5.2 Übergewicht

Allgemeines

Überernährung ist die häufigste Form der Fehlernährung in den westlichen Industrieländern und ein Risikofaktor für die frühzeitige Entstehung von Arteriosklerose, Diabetes mellitus und Hyperurikämie. Ein großer Anteil der Kosten im Gesundheitswesen werden direkt oder indirekt durch Überernährung hervorgerufen. Es gibt mehrere präventive Untersuchungen über die Adipositashäufigkeit in der BR Deutschland, doch die unterschiedliche Festsetzung von Grenzen zwischen Normal- und Übergewicht erschwert eine Aussage darüber, wieviele Menschen wirklich übergewichtig sind.

Tab. 226. Ideal- und Übergewichtstabelle für Männer und Frauen (nach Statistical Bulletin der Metropolitan Life Insurancy Company)

Körpergröße cm	Idealgewicht kg	Prozent Übergewicht 10	20	30	40	50
Männer						
160	57,6	63,4	69,1	74,9	80,6	86,4
165	60,3	66,3	72,4	78,4	84,4	90,5
170	63,7	70,1	76,4	82,8	89,2	95,6
175	67,4	74,1	80,9	87,6	94,4	101,1
180	71,2	78,3	85,4	92,6	99,7	106,8
185	75,2	82,7	90,2	97,8	105,3	112,8
190	79,4	87,3	95,3	103,2	112,2	119,1
195	83,9	92,3	100,7	109,1	117,5	125,9
Frauen						
160	52,6	57,9	63,1	68,4	73,6	78,9
165	55,8	61,4	67,0	72,5	78,1	83,7
170	59,5	65,5	71,4	77,4	83,3	89,3
175	63,1	69,4	75,7	82,0	88,3	94,7
180	66,7	73,4	80,0	86,7	93,4	100,1
185	70,2	77,2	84,2	91,3	98,3	105,3

Normalgewicht (nach BROCA) in kg für Männer ergibt sich aus der Körpergröße in cm minus 100. Abhängig davon, ab wann von Übergewicht gesprochen wird, ergeben sich für die BR Deutschland unterschiedliche Werte. Bei 10% über Normalgewicht spricht man meist von Übergewicht, bei 20% über Normalgewicht von Obesitas, jedoch auch andere Abgrenzungen sind üblich. Bezogen auf Normalgewicht sind je nach Definition 18–35% der Bevölkerung übergewichtig. Personen mit höherem Schulabschluß sind heute seltener übergewichtig. Früher galt Übergewicht besonders in der gebildeten Schicht als Zeichen des Wohlstands.

Idealgewicht (durch Daten einer amerikanischen Lebensversicherunggesellschaft ermittelt) ist das Körpergewicht, bei dem angeblich die Lebenserwartung am höchsten liegt (Tab. 226). Das durchschnittliche Idealgewicht errechnet sich aus dem Normalgewicht nach BROCA minus 10% für Männer und minus 15% für Frauen. Es wird immer häufiger Kritik an dieser Festsetzung des Idealgewichts geäußert, da neue Untersuchungen zeigen, daß mit einem etwas höheren Körpergewicht längeres Leben zu erwarten ist.

Neben dem Körpergewicht werden weitere anthropometrische Indizes zur Bestimmung des Fettansatzes verwendet. Da etwa 50% des Körperfettes subkutan gespeichert werden, gibt die Messung der Hautfaltendicke sowie Umfangmessungen an verschiedenen Körperteilen Aufschluß über den Fettbestand (Kap. 2.1). Ausnahmen bilden Hochleistungskraftsportler, deren Körperzusammensetzung von denen ähnlich großer und schwerer Vergleichspersonen stark abweichen kann. Bestimmungen von Gesamtkörperwasser, extrazellulärer Flüssigkeit und Körperdichte sind zur Ermittlung der Körperzusammensetzung erforderlich (Kap. 2.1). Je nach Grad der Adipositas nimmt der Fettanteil zu und der Wasseranteil ab (Tab. 227).

Tab. 227. Körperzusammensetzung bei Normal- und Übergewicht (nach BRAY 1976)

Substanz	Körpergewicht, Mann		
	70 kg		100 kg
	kg	%	kg = %
Fett	13,7	19,6	29,1
Extrazelluläres Wasser	17,2	24,6	21,8
Körperzellmasse	30,6	43,7	38,3
Sonstiges	8,5	12,1	10,8

Entstehung von Übergewicht

Trotz der weiten Verbreitung der Adipositas ist ihre Pathogenese nicht völlig geklärt. Eine positive Energiebilanz, welche nicht selten zum Fettansatz führt, reicht als alleinige Erklärung nicht aus. Es wird davon ausgegangen, daß es sich um ein multifaktorielles Geschehen handelt, und daß die Folgen von Adipositas durch das Zusammenwirken verschiedener Faktoren verursacht werden (Tab. 228).

Da Adipositas familiär gehäuft auftritt, lag schon immer die Vermutung nahe, daß **genetische Ursachen** an der Pathogenese beteiligt sind. Ein „Adipositas-Gen" existiert jedoch nicht. Im Bereich der Ernährung sind umweltbedingte und genetische Einflüsse nur schwer voneinander zu trennen. In Familien, die ihre Mahlzeiten gemeinsam einnehmen, übernehmen Partner Ernährungsformen und die Kinder lernen von ihren Eltern. Falsche Ernährung führt so zu Übergewicht bei Eltern und Kindern, ohne daß genetische Faktoren mitwirken müssen.

Inwieweit **metabolische Veränderungen** an der Entstehung von Übergewicht beteiligt sind, ist immer noch umstritten. Schon zu Anfang dieses Jahrhunderts wurde vermutet, daß Übergewicht nicht nur von der Höhe der Nahrungsenergiezufuhr abhängt. Mehrjährige Ernährungsversuche mit schwankender Energieaufnahme, die keine Veränderung des Körpergewichts zur Folge hatten, bestätigen diese Vermutung. Der Nahrungsenergieverlust in den Fäzes ist bei allen Kostformen gleich. Nicht alle Adipösen verlieren den gleichen Gewichtsanteil bei Reduktionsdiäten, die einer strikten Kontrolle unterliegen.

Zusammen mit der Beobachtung, daß einige Menschen wesentlich mehr Nahrung zu sich nehmen als ihrem Bedarf entspricht, ohne jedoch zuzunehmen, entstand die Theorie der **Luxuskonsumption.** Sie besagt, daß bestimmte Personen bei einem Überangebot an Nahrungsenergie über energieaufwendige Stoffwechselwege einer Fetteinlagerung vorbeugen können. Die überschüssige Energie könnte in Form von Wärme abgegeben werden. Bisher konnte eine Thermogenese nie eindeutig nachgewiesen werden, trotzdem spricht einiges für die Existenz der Luxuskonsumption.

Tab. 228. Pathogenetisch wirksame Faktoren für die Adipositasentstehung (nach PUDEL 1982)

Konstitutionelle Faktoren (Geschlecht, Fettgewebszellularität, Körperbau, Lebensalter, Körpergröße)
Metabolische Faktoren (z.B. Thermogenese)
Genetische Faktoren
Körperliche Aktivität
Umfeldbedingungen, Nahrungsmittelangebot, Geschmacksoptimierung
Mangelndes Diskriminationslernen in der Kindheit hinsichtlich Appetit- und Sättigungsgefühlen
Störung der Sättigungsregulation (lineare Essenskurven)
Familiäre Tradition der Ernährungsgewohnheiten, Elternverhalten als Modell
Hyperphage Reaktion vor oder in Streßsituationen
Überhöhte Außenreizabhängigkeit (Externalität)
Soziale Umwelt, Bezugsgruppennorm, Image der Adipositas, sozio-ökonomischer Status
Kognitive und emotionale Einstellungen, Kenntnisstand, intellektuelle Verarbeitung, Selbstkontrolle
Intrapsychische Konflikte (z.B. Neurotizismus)

Eine unterschiedliche Einstellung der Energie-Homöostase bei Schlanken und Übergewichtigen wird ebenfalls für möglich gehalten. Bis zum Erreichen eines bestimmten Niveaus (Setpoint, Ponderostat) wird überschüssige Nahrungsenergie in Form von Fett gespeichert, bis ein bestimmtes Körpergewicht erreicht ist. Dieses Niveau ist definitionsgemäß individuell verschieden; bei Adipösen liegt es höher. Wenn Adipösen nach einer erfolgreichen Reduktionsdiät reichlich Nahrung gegeben wird, nehmen sie schneller zu als der Energiegehalt der Nahrung vermuten läßt, bis das Ausgangsgewicht vor der Reduktionsdiät erreicht ist. Schlanke Versuchspersonen nehmen mit gleicher, reichlicher Nahrung nicht in gleichem Maße zu.

Erhöhter Energieverbrauch bei Luxuskonsumption wird mit vermehrtem Ablaufen von Leerzyklen *(futile cycles)* erklärt. Ein Leerzyklus kann eine Glycolyse (liefert 4 Mol ATP) mit anschließender Gluconeogenese (verbraucht 8 Mol ATP) sein, so daß 4 Mol ATP verschwendet werden. Lipolyse mit anschließender Reveresterung sowie der Glycerophosphatzyklus im Protein-Turnover sind weitere Möglichkeiten (Tab. 229).

Inwieweit **hormonelle Mechanismen** an der Pathogenese der Adipositas beteiligt sind, läßt sich nicht eindeutig beantworten. Es ist schwierig, zwischen hormonellen Faktoren als Ursache und hormonellen Veränderungen als Folge der Adipositas zu trennen. Da Übergewicht häufig während der Pubertät und der Schwangerschaft entsteht, ist ein Zusammenhang zwischen Hormonhaushalt und Adipositasneigung zu erwarten. Patienten mit Schilddrüsenunterfunktion, Hypogonadismus und CUSHING-Syndrom sind häufig übergewichtig. Bei den meisten Adipösen liegen aber keine endokrinen Störungen vor (Tab. 230).

Veränderte Lebensbedingungen als Folge einer breiten Technisierung tragen wesentlich zur Entstehung von Übergewicht bei. Kürzere Arbeitszeit und der Einsatz technischer Hilfsmittel haben dazu beigetragen, daß körperliche Arbeit erheblich abgenommen hat. Selbst klassische

Tab. 229. Biochemische Mechanismen zur Energieverschwendung (Leerzyklen; futile cycles) (nach Swedish Nutrition Foundation 1978)

Glykolytische Zyklen
Glucose/Glucose-6-P
Fructose-6-P/Fructose-1-6-di-P
Lipolyse/Reveresterung
Innerhalb der Fettzellen
Lipolyse der Fettgewebe
Lipoprotein-Veresterung in der Leber
Glycerophosphat-Zyklus
Ionen-Transport (Na^+ und K^+)-ATPase
Protein Turnover

Schwerstarbeiter, etwa Holzfäller, benötigen mit modernen Geräten für ihre Arbeit weniger körperliche Energie als bei einstiger Handarbeit. Neuere Studien, die den Energiebedarf einzelner Berufsgruppen bestimmen, sind selten. Die Ausdehnung des Dienstleistungssektors hat dazu beigetragen, daß die Anzahl der Berufe mit sitzender Tätigkeit zugenommen hat. Die Motorisierung macht viele Menschen zwar mobiler, doch bewegungsärmer. In der Freizeit wird körperlicher Betätigung nicht genügend nachgegangen; das Fernsehprogramm ersetzt Spaziergänge, elektrische Geräte erleichtern die Gartenarbeit. Der Nahrungsbedarf des einzelnen ist erheblich gesunken, doch die Nahrungsaufnahme hat sich nicht angepaßt, sondern ist eher gestiegen.

Adipositas ist ein Hauptforschungsgebiet der **Ernährungspsychologie,** denn die Nahrungsaufnahme wird nicht nur durch physiologische Determinanten wie Nahrungsbedarf und Sättigung bestimmt (Kap. 2.3 und 2.4). Volksweisheiten wie »die Liebe geht durch den Magen« deuten darauf hin, daß die Nahrungsaufnahme nicht nur der Deckung des physiologischen Nährstoffbedarfs dient. Auch der Verzehr bestimmter Nahrungsmittel (z. B. Kaviar) erfolgt in erster Linie aus Gründen des Geschmacks und Prestiges.

Da physiologische Veränderungen, die eine Adipositas auslösen könnten, nicht sicher nachgewiesen sind, ist das Interesse an psychischen Regelmechanismen der Nahrungsaufnahme groß; denn erst die genaue Kenntnis der Ursachen ermöglicht es, die bestmögliche Therapie zu finden.

Schätzungsweise sind bei 75–98% der Adipösen falsche Erziehungsmaßnahmen oder Fehlsteuerungen des Eßverhaltens Ursache der Überernährung. Die Ernährungsweise im ersten Lebensjahr scheint schon einen entscheidenden Einfluß auf das spätere Eßverhalten zu haben. Jugendliche, die als Säuglinge gestillt wurden, sind bedeutend seltener übergewichtig als diejenigen, die die Flasche erhielten. Inwieweit feste Stillzeiten bzw. Essenszeiten bei Säuglingen ein späteres Übergewicht begünstigen, ist nicht geklärt.

Zahlreiche Untersuchungen mit Adipösen und Schlanken zeigen eindeutig, daß bei Adipösen exogene Faktoren wie Uhrzeit, Aussehen und Geschmack der Nahrungsmittel sowie Angebot die Nahrungsaufnahme wesentlich stärker beeinflussen als bei Schlanken.

Tab. 230. Symptomatische Fettsucht (nach FAULHABER et al. 1978)

Zerebrale Genese	
LAURENCE-MOON-BIEDL-BARDET-Syndrom:	Fettsucht von Geburt an, Hypogenitalismus, geistige Störung bis zur Idiotie, Wachstumsanomalien mit Hoch-, Riesen-, z. T. auch Minderwuchs, Retinitis pigmentosa, Taubheit, Poly- und Syndaktilie
PRADER-WILLI-LABHART Syndrom:	Minderwuchs, Akromikrie, Muskelhypotonie, Imbezillität, Diabetes mellitus, Kryptorchismus
Morbus FRÖHLICH:	Hypothalamusläsion meist infolge von Hirntumoren, bitemporale Hemianopsie, Stauungspapille, Hypogonadismus
Endokrine Genese	
CUSHING-Syndrom:	Vollmondgesicht und Fettsucht in mehr als 90%; weitere typische Symptome in der Reihenfolge ihrer Häufigkeit: Hypertonus, Amenorrhoe, Plethora, Ermüdbarkeit, allgemeine Schwäche, Hirsutismus, Striae rubrae, Blutungsneigung, Osteoporose, Akne
SHEEHAN-Syndrom:	Fakultative Fettsucht, sonst die typische Symptomatik der Hypophysenvorderlappeninsuffizienz
Insulom:	Fettsucht sehr häufig, sonst die typische Symptomatik des Hyperinsulinismus
Adrenogentiales Syndrom:	Im Erwachsenenalter häufig mit Fettsucht verbunden, bei Männern Feminisierung, bei Frauen Virilisierung, immer stark erhöhte 17-Ketosteroidausscheidung
MARTIN-ALBRIGHT-Syndrom: (= familiärer Pseudohypoparathyreoidismus)	Hypocalciämische Tetanie, Minderwuchs, Vollmondgesicht, Zahndefekte, Oligophrenie

Die physiologischen Regelmechanismen der Nahrungsaufnahme sind bei Adipösen weniger ausgeprägt. Sie können Hunger, Arbeit und Sättigung nicht richtig einordnen. Die psychische Verfassung hat einen großen Einfluß auf die Nahrungsaufnahme, was auch in dem Wort »Kummerspeck« zum Ausdruck kommt.

Aus der Sicht der Verhaltensforschung fällt der frühkindlichen Phase, in der Kinder Ernährungsverhalten lernen, eine Schlüsselrolle bei der Pathogenese der Adipositas zu. Leitsätze wie »Was auf den Tisch kommt, wird gegessen« und »Teller leer essen, gibt schönes Wetter« sowie das Erlernen fester Essenszeiten können dazu führen, daß die Nahrungsaufnahme mehr durch anerzogene Verhaltensmuster als durch physiologische Regulationsmechanismen gesteuert wird. In diesem Alter lernen Kinder auch, daß Nahrung nicht nur sättigt, sondern auch tröstet. Da eine Trennung von Arbeitsplatz und Haushalt bei unserer Lebensweise die Regel ist, sind weitere exogene Einflüsse auf die Nahrungsaufnahme gegeben.

Stoffwechsel des Fettgewebes
Die überschüssige Energie des Adipösen wird überwiegend in Form von Triglyceriden gespeichert. Daher ist der Stoffwechsel des Fettgewebes vom Übergewicht am stärksten betroffen. Grundsätzlich kann das überschüssige Fett durch eine Vergrößerung der vorhandenen Fettzellen (Hypertrophie) oder durch Synthese neuer Zellen (Hyperplasie) aufgenommen werden. Größe und Anzahl der Fettzellen werden unter anderem genetisch und hormonell festgelegt, so daß geschlechtsspezifische Unterschiede bestehen (Tab. 231).

Die **Morphologie der Fettzellen** wird durch Umweltfaktoren, insbesondere Ernährung beeinflußt. Übergewichtige und normalgewichtige Erwachsene besitzen etwa gleich viele Fettgewebszellen (Adipozyten); daraus wird geschlossen, daß die Fetteinlagerung durch ein Zellwachstum ermöglicht wird. Das Gewicht des gespeicherten Fettes der Adipozyten korreliert mit dem Körpergewicht (Abb. 127). Erst wenn das Maximalvolumen der Fettzellen erreicht ist, erfolgt eine Zellvermehrung.

Anders verhält es sich bei kindlicher Adipositas. Personen, die schon seit ihrer Kindheit übergewichtig sind, besitzen mehr Fettzellen, die weniger Fett einlagern. Somit hat neben genetischen Faktoren auch das Manifestationsalter der Adipositas Einfluß auf die Anzahl der Fettzellen; d.h. die Anzahl der Fettzellen könnte fixiert sein, aber nur ein Teil speichert Fett. Die restlichen Leerzellen werden mit den herkömmlichen Bestimmungsmethoden nicht erfaßt, können aber bei kindlicher Adipositas eher mobilisiert werden, als bei später auftretender Adipositas.

Die erhöhte Insulinresistenz ist das Hauptmerkmal des Stoffwechsels der Adipozyten. Es besteht eine direkte Korrelation zwischen Größe der Fettzelle und nachweisbarer Insulinresistenz. Die Glucoseoxidation in den Fettzellen Schlanker und Adipöser unterscheidet sich nicht in quantitativer Hinsicht. Eine vermehrte Synthese von α-Glycerophosphat kann nicht eindeutig nachgewiesen werden. Lipolyse und Reveresterung sind bei großen Adipozyten gesteigert. Zusätzlich ist durch die Insulinresistenz die antilipolytische Wirkung des Insulins vermindert, freie Fettsäuren werden ins Blut abgege-

Tab. 231. Vergleich der Anzahl von Fettzellen bei Männern und Frauen (nach BRAY 1976)

	Männer	Frauen	p
Alter, Jahre	23	22	n.s.
Körpergröße, cm	180	171	<.001
Körpergewicht, kg	72	64	<.001
Körperfett, kg	4,8	11,8	<.001
Körperfett, %	6,7	18,5	
Anzahl der Fettzellen, Mrd	17,5	41,4	<.001
davon: Epigastrisch, 10^3	39	53	<.025
Femoral, 10^3	17	28	<.001
Gluteal, 10^3	35	46	n.s.

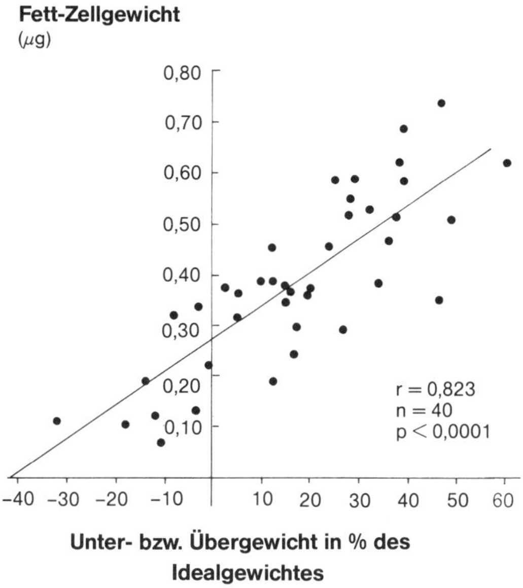

Abb. 127. Beziehung zwischen Fettzellgewicht und Gewichtsindex bei 40 Probanden mit unterschiedlichem Unter- bzw. Übergewicht (KASPER und ZANG 1978).

ben. Eine Gewichtsreduktion führt zu einer Verkleinerung der Fettzellen und einer Normalisierung der Hyperinsulinämie. Es gibt Modellvorstellungen über die Entstehung der Insulinresistenz bei der Pathogenese des Diabetes mellitus (Kap. 5.6).

Intermediärstoffwechsel des Adipösen

Eine verminderte Glucosetoleranz nach oraler Glucosebelastung kennzeichnet den Kohlenhydratstoffwechsel bei Adipositas. Zur Senkung des Blutzuckerspiegels wird mehr Insulin benötigt als bei Normalgewichtigen; dies erklärt den erhöhten Insulinspiegel. Eine ständig erhöhte Insulinproduktion kann schließlich zur Insuffizienz der Beta-Zellen des Pankreas und somit zum Diabetes mellitus führen.

Die vermehrte Freisetzung von Fettsäuren durch das Fettgewebe erhöht die Beta-Oxidation in der Muskulatur bei einem gleichzeitigen Rückgang der Glykolyse. Der hohe Spiegel freier Fettsäuren bewirkt einen Anstieg der Triglyceridsynthese in der Leber. Diese Triglyceride werden in Prä-β-Lipoproteine (VLDL) eingebaut und ins Blut abgegeben.

Begleitsymptome der Adipositas

Neben der unübersehbaren Fetteinlagerung treten bei Adipösen verschiedene Begleitsymptome und Krankheiten gehäuft auf. Die Beweglichkeit und Reaktionsschnelligkeit Adipöser ist eingeschränkt, sie haben ein erhöhtes Unfallrisiko. Das hohe Körpergewicht stellt eine große Belastung für die Gelenke dar und erklärt die Arthrosehäufigkeit. Psychische Veränderungen als Folge der Adipositas werden beobachtet, zeigen aber kein einheitliches Bild. Schwierigkeiten im Beruf, Kontaktarmut, Depressionen und sexuelle Störungen sind mögliche Folgen. Das erhöhte Risiko Adipöser für Folgeerkrankungen führt zu einer niedrigeren Lebenserwartung.

Bluthochdruck und Blutstau in den Beinvenen belasten das Herz zusätzlich und erhöhen Arterioskleroseneigung und Herzinfarktrisiko. Übergewichtige leiden auch relativ häufiger an Gallen- und Nierenerkrankungen.

Behandlung

Trotz der unvollständigen Kenntnisse in der Pathogenese der Adipositas herrscht bei der Behandlung Einigkeit. Denn das erwünschte Ziel der Adipositasbehandlung ist eine dauerhafte Gewichtsreduktion, die nur durch eine negative Energiebilanz erreicht werden kann. Wie dieses am effektivsten erfolgen kann, ist allerdings sehr umstritten. Nach dem Gewichtsverlust schützt nur die Umstellung auf eine bedarfsgerechte Ernährung vor erneuter Gewichtszunahme.

Neben diätetischen Maßnahmen gibt es weitere, z.T. auch unseriöse, Behandlungsmethoden. Appetitzügler, Diuretika und Laxantien sind nicht angebracht, eine dauerhafte Gewichtsreduktion zu erzielen; bei längerer Anwendung besteht die Gefahr von Nebenwirkungen und Abhängigkeit. Akupunktur und Psychotherapie können zur Gewichtsreduktion erfolgreich eingesetzt werden. Bypass-Operationen verkürzen die absorbierende Fläche des Dünndarms und führen absichtlich eine Malabsorption herbei, die zur Gewichtsreduktion führt, da auch häufig Stuhlentleerungen und Durchfälle die Malabsorption begleiten.

Eine dauerhafte Gewichtsreduktion, die zu einer Normalisierung pathologischer Insulin- und Lipidgehalte führt, sollte primär durch eine diätetische Behandlung erfolgen. Ein wichtiges Behandlungsziel ist, daß der Übergewichtige lernt, sich bedarfsgerecht zu ernähren. Da die Energieaufnahme niedrig liegen soll, ist besonders bei den kritischen Nährstoffen auf Lebensmittel mit hoher Nährstoffdichte zu achten.

Tab. 232. Gruppierung und ernährungsphysiologische Bewertung einer Auswahl von energiereduzierten Kostformen und Außenseiterdiäten (nach LEITZMANN 1982)

Bezeichnung	Charakterisierung	Ziel, Begründung	Ernährungsphysiologische Bewertung
Gruppe 1: Lacto-vegetabile Kostformen			
Bircher-Benner	Viel Frischkost, Müsli	Medizinisch	Empfehlenswert
Evers-Diät	Viel Frischkost, wenig Ei erlaubt	Medizinisch	Empfehlenswert
Hay'sche Trennkost	Natürliche Nahrungsmittel, Protein und Kohlenhydrate werden getrennt aufgenommen	Ordnung der Verdauung von Protein und Kohlenhydraten, Ausgleich des Säure-Basenhaushalts	Begründung ist umstritten. Trennung der Nährstoffe schwierig und unnötig.
Gruppe 2: Vorwiegend vegetarische Kostformen			
Schnitzer-Kost	»Normalkost« = Vollwertkost, »Intensivkost« = Rohkost	Medizinisch	Die Normalkost ist empfehlenswert.
Kollath-Kost	Vollwertkost	Medizinisch	Empfehlenswert
Anthroposophische Kost	Viel Getreide	Philosophisch	Empfehlenswert
Makrobiotische Kost nach KUSHI	Viel Getreide	Philosophisch	Bedingt empfehlenswert
Gruppe 3: Energiereduzierte Mischkost-Diäten			
Brigitte-Diät	Mischkost	Gewichtsreduktion mit gutem Dauererfolg. Darum auch als langfristige Ernährung möglich (gilt für Brigitte-Diät und Brot-Diät)	Empfehlenswert
Brot-Diät	Mischkost mit erhöhtem Brotanteil		Empfehlenswert
Kleie-Diät	Mischkost mit lacto-vegetabiler Tendenz u. Kleiezulagen		Bedingt empfehlenswert, Kleiezulage überflüssig bei Vollgetreideverzehr
Gruppe 4: Energiereduzierte, einseitige Diäten			
Eier-Kur (Mayo-Diät)	Gekochte Eier in großen Mengen	Gewichtsreduktion	Diät erzeugt möglicherweise Unwohlsein, wegen starker Einseitigkeit nur kurzfristig anwenden
Kartoffel-Ei-Diät	Gemischte Kost, proteinarm, opt.: 600 g Kartoffeln, 1 Ei	Reduzierung des NH_3, Entgiftung bei Nierenkrankheiten	Medizinisch sinnvoller Einsatz
Quark-Diät	Quark in großer Menge	»Entschlackung«, Gewichtsreduktion	Kurzfristig gefahrlos
Schroth-Kur	»Trockentage«: alte Semmeln, dicke Wasserbreie mit Gewürzen, keine Flüssigkeit. »Trinktage«: ¼–½ l Wein	Bei Migräne, vegetativen Störungen, Mastfettsucht, Allergosen, zur Entschlackung, Diurese	Wegen vieler möglicher Kontraindikationen und Reiztherapie sowie Nährstoffarmut mit Daueralkoholzufuhr nur kurzfristig anwenden

Tab. 232. Fortsetzung

Bezeichnung	Charakterisierung	Ziel, Begründung	Ernährungsphysiologische Bewertung
Gruppe 5: Kohlenhydratarme Reduktionsdiäten			
Atkins-Diät Hollywood-Diät	Kohlenhydratarm, wenig pflanzliche Lebensmittel, überwiegend tierische Nahrungsmittel	Gewichtsreduktion, Rückführung des Menschen zur Urkost, Begründung: Kohlenhydrate sind keine menschengemäßen Nährstoffe und verursachen Zivilisationskrankheiten	Nicht sinnvoll, kurzfristig tolerierbar, langfristig gesundheitsgefährdend und deshalb abzulehnen

Fasten oder Nulldiät (völliger Nahrungsentzug) können für eine kurzfristige Behandlung, besonders als Erfolgserlebnis und Motivation Gewicht zu verlieren, empfohlen werden. Sie sollten immer ärztlich überwacht werden, da sich bei längerer Dauer eine negative N-Bilanz entwickelt und Acidosegefahr besteht. Die Nulldiät trägt nicht zum Erlernen einer vernünftigen Ernährungsweise bei. Günstiger ist das Saftfasten, bei dem viele essentielle, nichtenergieliefernde Nährstoffe zugeführt werden. Diese Methode des Gewichtsverlustes ist ungefährlich, vermeidet somit übliche Nebenwirkungen und kann über mehrere Wochen durchgeführt werden.

Auf dem Bücher- und Zeitschriftenmarkt werden eine Fülle von Diäten gehandelt, die hier als Außenseiterdiäten zusammengefaßt werden. Aus ernährungsphysiologischer Sicht sind diese Diäten sehr unterschiedlich zu bewerten und müssen gewissenhaft differenziert werden. Eine Einteilung in Gruppen ist sinnvoll (Tab. 232).

In **Gruppe 1** befinden sich bestimmte lactovegetabile Kostformen, die als Dauerkost konzipiert und empfehlenswert sind. Nicht nur bei Übergewicht und seinen Folgeerscheinungen bietet diese Ernährungsweise langfristig erhebliche Vorteile.

Gruppe 2 umfaßt Kostformen, die vorwiegend vegetarisch sind und aus medizinischen oder philosophischen Gründen entwickelt wurden. Es handelt sich hier um Naturkostformen, die »Lebens«mittel in den Vordergrund stellen; aus ernährungsphysiologischer Sicht sind sie fast alle sehr sinnvoll.

In **Gruppe 3** sind Beispiele energiereduzierter Mischkostdiäten vertreten, die keine typischen Außenseiterdiäten darstellen und zur Gewichtsreduktion auch langfristig anwendbar sind; sie stützen sich auf derzeitige, ernährungsphysiologisch allgemein akzeptierte Erkenntnisse.

Gruppe 4 enthält eine Auswahl der ständig neu erscheinenden, energiereduzierten, einseitigen Diäten, die meist nach dem Autor oder nach den im Mittelpunkt stehenden Lebensmitteln bezeichnet werden. Diese Diäten werden und sollten auch nur kurzfristig eingehalten werden, da sie durch ihre Einseitigkeit schnell zu Mangelerscheinungen führen können.

Gruppe 5 faßt die kohlenhydratreduzierten Reduktionsdiäten zusammen, die wegen ihrer extremen Nährstoffrelation durch Eintönigkeit und Geschmacksermüdung zur reduzierten Nahrungsaufnahme führen. Diese Diäten sind ernährungsphysiologisch unhaltbar und, da sie von ihren Vertretern als Dauerkost empfohlen werden, teilweise auch gefährlich; ihre Anwendung sollte vermieden werden.

Der größte Teil der häufig eintönigen Außenseiterdiäten hat die **Körpergewichtsreduktion** zum Ziel. Bei strikter Einhaltung dieser energiereduzierten Diäten bleibt in den meisten Fällen der Erfolg nicht aus.

Wie die ernährungsphysiologische Bewertung ist auch die **klinische** Beurteilung der Außenseiterdiäten differenziert vorzunehmen. Einige der klassischen Außenseiterdiäten wurden speziell als therapeutische Kostformen für bestimmte Krankheitsbilder entwickelt und werden mit Erfolg eingesetzt. Dieses trifft besonders für einige der energiereduzierten einseitigen Diäten zu. Der erfolgreiche Einsatz hängt von Art und

Schweregrad der Krankheit sowie von Dauer und Konsequenz der Diätanwendung ab. In jedem Fall sollte eine mit der jeweiligen Kostform geschulte Diätassistentin oder Oecotrophologin gemeinsam mit dem Arzt die Therapie überwachen. Die Wichtigkeit dieser Erfahrung zeigt sich in bestimmten Kliniken, die sich seit Jahren mit Erfolg auf nur eine Kostform spezialisiert haben.

Jede noch so ausgewogene oder extreme Diätmaßnahme ist zum Scheitern verurteilt, wenn es nicht gelingt, den Betroffenen von der Notwendigkeit der Gewichtsreduktion zu überzeugen und ihn zur Durchführung einer Diät zu motivieren. Unterstützung durch Familie und Freundeskreis wirkt sich positiv aus. Geduld und Ausdauer sind besonders bei einer hochgradigen Adipositas unerläßlich. Da an die Persönlichkeit des Adipösen sehr hohe Anforderungen gestellt werden, kommt es bei mangelnder Unterstützung häufig zu Rückschlägen. Den größten Erfolg verspricht eine interdisziplinäre Behandlung der Adipositas. Ernährungsaufklärung und -beratung, medizinische und psychologische Betreuung sowie Unterstützung aus Familie und Freundeskreis gehören zu einer erfolgversprechenden Therapie.

5.3 Anorexia nervosa

Anorexia nervosa, synonym auch *Anorexia mentalis,* Pubertätsmagersucht oder einfach Magersucht, ist die Bezeichnung für eine psychogene Eßstörung. Betroffen sind fast ausschließlich Mädchen und junge Frauen bis zum 20. Lebensjahr, selten Jungen vor der Pubertät. Die Häufigkeit des Auftretens der *Anorexia nervosa* nimmt in den letzten Jahren stark zu.

Diese Krankheit kann als eine »Gewichtsphobie« verstanden werden, d.h. die Jugendlichen leiden nicht an Appetitmangel, sondern hungern freiwillig, um ihre meist im Bereich des extremen Untergewichtes liegende Idealfigur zu erreichen (Tab. 233). Dieses gestörte Verhältnis gegenüber Essen, Nahrungsaufnahme und Körpergewicht liegt in einer Identitätskrise begründet, in der Jugendliche alles ablehnen, was ihnen Eltern und Umwelt bieten. Nicht selten geht einer Anorexia nervosa der Zustand des Übergewichts voraus.

Die Angst der Patientinnen vor Übergewicht führt häufig zur Anwendung von Laxantien, um die verzehrte Nahrung schnell wieder auszuscheiden. In chronischen Fällen kann das Syndrom der Anorexia nervosa in eine *Bulimia nervosa* übergehen. Dieses Stadium ist gekennzeichnet durch exzessive, meist hochkalorische Nahrungszufuhr mit anschließend provoziertem Erbrechen, um keine Gewichtszunahme zu riskieren.

Oft ist die Nahrungsverweigerung bei Anorektikerinnen nicht sofort erkennbar, weil sie ihr Verhalten verheimlichen möchten. Überraschend ist die im Zuge dieser Störung auftretende körperliche Aktivität der Patientinnen. Infolge dieses gestörten Ernährungsverhaltens, das weder auf einer Psychose noch auf organischen

Tab. 233. Nahrungsenergieaufnahme und Nährstoffzufuhr bei Patientinnen mit Anorexia nervosa (nach Mevenkamp, Leitzmann 1984)

Nahrungsenergie		Protein		Fett		Kohlenhydrate				Literatur
						Zucker		Gesamt		Anmerkungen
kJ	kcal	g	%	g	%	g	%	g	%	
2930	701	38	23	27	36	39	22	80	43	Diätphase 1
1237	296	17	21	10	27	21	36	36	55	Diätphase 2
1254	300	25	35	12	37	–	–	20	28	2 Monate vor Neueinweisung
3964	944	–	22	–	32	–	–	–	47	vor Behandlung
6734	1623	–	18	–	46	–	–	–	35	nach Behandlung
4317	1031	46	18	–	48	–	–	–	33	
(3352–5831)	(802–1395)	46	18	–	48	–	–	–	33	
10500–13000	2500–3100	1,0–1,2/ kg KG		–	30–40	keine Empfehlung				Empfehlenswerte Zufuhr für Jugendliche 15–18 Jahre

Tab. 234. Anteil der Körperkompartimente am Körpergewicht (LEITZMANN, MEVENKAMP 1984)

Kompartiment	Veränderung
Blutvolumen	Proportional zum Körpergewicht verringert
Plasmavolumen	Relativ erhöht
Fettgewebe	Reduziert auf:
Männer	6,4%
Frauen	8,5%
Skelettmasse	Unverändert

Abnormalitäten beruht, kommt es zwangsläufig zu erheblichem Gewichtsverlust bis hin zur Kachexie. Selten entstehen Hungerödeme, die einen guten Ernährungszustand vortäuschen können. Infolge einer bindegewebigen Umstrukturierung von Ovarien bzw. Hoden verlieren diese ihre Funktion. Bei Frauen äußert sich dies in auftretender Amenorrhoe, die nach ca. einjähriger Normalisierung der Ernährung wieder verschwindet. Äußerlich erkennbar ist der Schwund an Unterhautfettgewebe, der die Knochen hervortreten läßt (Tab. 234).

Metabolische und endokrine Folgen sind umfangreich. Der Organismus baut seine Proteinbestände ab, um Glucose zu synthetisieren. Der Grundumsatz ist erniedrigt. Immunoglobuline im Blut sind leicht verringert, auch ein geringer Hämoglobinabfall und Leukopenie werden festgestellt. Serumproteine mit einer kurzen Halbwertszeit wie Serumalbumin, Präalbumin, Retinol-Binding-Protein und Transferrin liegen ebenfalls in niedrigen Konzentrationen vor.

Der Kohlenhydratstoffwechsel zeigt ähnliche Abweichungen wie bei Übergewicht. Bei intravenöser Injektion von 25 g Glucose erfolgt eine normale, teils erniedrigte Insulinantwort (Tab. 235), aber begleitend tritt eine beeinträchtigte Glucosetoleranz auf. Diese Störung hält auch nach einer Normalisierung des Körpergewichtes an. Der Blutzuckerspiegel ist bei vielen Anorektikerinnen sehr niedrig. Ferner sind die Blutgehalte an Fettsäuren, Harnsäure und Ketonkörpern als Folge der katabolen Stoffwechsellage erhöht.

Tab. 235. Insulinstatus bei Patienten mit Anorexia nervosa (MEVENKAMP, LEITZMANN 1984)

- Durchschnittswerte signifikant unter den Kontrollwerten
- normale Insulinantwort nach 25 g Glucose (intravenös)
- hohe Werte in den Nachtstunden
- Anstieg mit Gewichtszunahme ohne völlige Normalisierung der Glucosetoleranz

Auch der erhöhte Cholesteringehalt hat hier wahrscheinlich eine seiner Ursachen (Tab. 236). Triglyceride finden sich im Blut in erniedrigten Konzentrationen. Plasmaelektrolyte sind häufig ausgeglichen. Nur in wenigen Fällen kommt es infolge eines Hyperaldosteronismus zu Hypokaliämie.

Auch das Herz ist durch den Nahrungsmangel in Mitleidenschaft gezogen. Das Organ ist meist klein, EKG-Kurven oft verändert und der Blutdruck erniedrigt. Kammerflimmern ist häufig die Todesursache bei starker Kachexie. Die Mortalität liegt bei 10–15% der Fälle.

Tab. 236. Einfluß von verschiedenen Faktoren auf Hypercholesterinämie bei Anorexia nervosa

Faktor	Einfluß
Zusammensetzung der Nahrung	gering
Bulimie	positiv
Eßverhalten (Bulimie/Erbrechen-Diät)	kein
Ausmaß des Gewichtsverlustes	kein
Gewichts-Restauration	Normalisierung

Therapie

Zur Behandlung der *Anorexia nervosa* bietet sich eine Mischkost an, die alle lebensnotwendigen Nährstoffe bereitstellt. Erst nach Überwindung des extremen Hungerzustandes ist eine Psychotherapie sinnvoll und erfolgversprechend.

Die Nahrung, die möglichst in kleinen Mengen in 5–6 Mahlzeiten über den Tag verteilt verabreicht werden sollte, muß von der Energiedichte den täglichen Bedarf an Nahrungsenergie überschreiten. Günstig ist zu Beginn der Therapie auf der Basis des Normalgewichtes etwa 104 kJ (= 25 kcal)/kg Körpergewicht zuzuführen, was nach einigen Tagen gesteigert werden kann. Unter Berücksichtigung der angegriffenen Verdauungsorgane sollte eine Schonkost angeboten werden. Die Kost sollte keine Nahrungsmittel enthalten, gegen die die Patientin Aversionen hegt.

Werden Nahrungsfette schlecht vertragen, sollten MCT-Fette alternativ eingesetzt werden. Bei Kohlenhydraten muß die eingeschränkte Glucosetoleranz berücksichtigt werden. Ein eventuell auftretender Lactasemangel erfordert die Eliminierung von Milch und lactosehaltigen Milchprodukten vom Speiseplan. Quark und Käse dagegen enthalten wenig Lactose. Da keine Maldigestion bei Protein zu erwarten ist, kann die Zufuhr entsprechend der Menge in üblicher Mischkost gestaltet werden.

Nur in schweren Fällen ist eine Sondenernährung angezeigt. Wichtig für Anorexia nervosa Patientinnen ist neben der Normalisierung des Ernährungsverhaltens eine stabilisierende psychologische Betreuung. Besonders dem sozialen Umfeld, der Familie, fallen hier wichtige Aufgaben zu.

5.4 Hyperlipoproteinämien

Allgemeines

Neben Hyperglykämie und Hyperurikämie sind die Hyperlipoproteinämien die häufigsten Stoffwechselstörungen in Industrienationen. In der BR Deutschland leiden schätzungsweise 10–20% der Bevölkerung an einer Erhöhung der Lipoproteine. Diese Stoffwechselstörung tritt häufig zusammen mit Übergewicht und anderen Zivilisationskrankheiten auf.

Lipide haben ein relativ niedriges, spezifisches Gewicht und können deshalb im Serum nicht in freier Form transportiert werden. Verschiedene Proteine (Apo-Lipoproteine) ermöglichen den Transport der Lipide. Die bisher identifizierten Apo-Lipoproteine unterscheiden sich in Funktion und Molekulargewicht (Tab. 49). Zusammen mit den Lipiden bilden sie die Lipoproteine des Serums, die nach Dichte, Molekulargewicht, Partikelgröße, Lipidzusammensetzung und elektrophoretischer Mobilität klassifiziert werden.

Bei Hyperlipoproteinämien werden zunächst grob primäre und sekundäre Formen unterschieden. Primäre Hyperlipoproteinämien liegen entweder in autosomal dominanten oder rezessiven genetischen Defekten begründet oder, wie in den meisten Fällen, in einer Interaktion zwischen genetischen Defekten und äußeren Faktoren wie z.B. der Ernährung.

Sekundäre Hyperlipoproteinämien können begleitend zu anderen Krankheiten (diabetische Ketoacidose, Hypothyreose, Lebererkrankungen, Pankreatitis) auftreten. Auch bei der Einnahme hormonaler Kontrazeptiva und anderer Medikamente sowie bei Alkoholabusus kann sekundär eine Fettstoffwechselstörung entstehen.

Fredrickson et al (1967) teilten die bekannten primären Formen der Hyperlipoproteinämien in 5 Phänotypen ein, die von einem WHO-Komitee überarbeitet vorliegen (Tab. 237).

Hyperlipoproteinämie Typ I (Hyperchylomikronämie)

Phänotyp I ist ein selten vorkommender, autosomal rezessiv vererbter Stoffwechseldefekt, der durch eine Hypertriglyceridämie und eine hohe Zahl an Chylomikronen im Nüchternplasma charakterisiert ist. Diese Krankheit tritt meist schon im Kindesalter auf und beruht auf einer fehlenden oder stark eingeschränkten Aktivität der extrahepatischen Lipoproteinlipase (LPL). Die hepatische Lipase ist in den meisten Fällen normal aktiv. Infolge dieses Enzymdefektes ist der Abbau der Chylomikronen gestört und damit der Gehalt an Triglyceriden im Blut erhöht. Hauptkomplikation dieser Hyperlipoproteinämie Typ I ist die Entwicklung einer Pankreatitis; frühzeitige arteriosklerosische Veränderungen erfolgen nicht.

Die Therapie besteht in einer fettarmen Diät, die nicht mehr als 25–30 g Fett/d enthalten soll. Bei konsequenter Durchführung verschwinden die Symptome, der Patient ist beschwerdefrei. Der Einsatz spezieller Speisefette, die nur mittelkettige Fettsäuren (MCT) enthalten, erleichtert die Therapie, da diese Fettsäuren über die Pfortader absorbiert werden können und keine Chylomikronenbildung erfordern. Es ist jedoch nicht bekannt, ob MCT-Fette bei längerer Anwendung Nebenwirkungen verursachen; physiologischerweise gibt es keine Lebensmittel, die ausschließlich Triglyceride mit kurzkettigen Fettsäuren enthalten.

Hyperlipoproteinämie Typ II (Familiäre Hypercholesterinämie)

Hyperlipoproteinämie Typ IIa

Typ IIa Hyperlipoproteinämie wird autosomal vererbt und zeichnet sich durch einen erhöhten Cholesteringehalt in LDL aus. Homozygote wie auch heterozygote Patienten sind von der

Tab. 237. WHO-Klassifikation der Hyperlipoproteinämien (Beaumont et al. 1970)

Typ	Plasma-Cholesterin	LDL-Cholesterin	Plasma-triglyceride	Lipoprotein-abnormalität
I	erhöht	erhöht	erhöht	Überschuß an Chylomikronen
IIa	erhöht oder normal	erhöht	normal	Überschuß an LDL
IIb	erhöht	erhöht	erhöht	Überschuß an LDL und VLDL
III	erhöht	erhöht oder normal	erhöht oder normal	Überschuß an Chylomikronen-Remnants und IDL
IV	erhöht	normal	erhöht	Überschuß an VLDL
V	erhöht	normal	erhöht	Überschuß an Chylomikronen und VLDL

Störung im LDL-Metabolismus betroffen. Bei Heterozygoten steigen die LDL-Konzentrationen im Blut bis auf das Doppelte der Normalwerte. Diese Gruppe von Erkrankten entwikkelt in kürzeren Zeiträumen, als es bei Patienten mit normalen Blutcholesteringehalten bekannt ist, Läsionen an Arterien. Dies bedeutet besonders für Erwachsene ein hohes Risiko einer koronaren Herzerkrankung.

Bei homozygoten Patienten steigen die LDL- und Cholesteringehalte im Blut auf das Doppelte der Werte der heterozygoten an. Fettablagerungen der Haut (Xanthome) treten schon vor dem 10. Lebensjahr in Erscheinung und kardiovaskuläre Beschwerden setzen bis zum 20. Lebensjahr ein. Meist sterben diese Menschen in jungen Jahren (< 30 Jahre).

Hyperlipoproteinämie Typ IIb

An Hyperlipoproteinämie Typ IIb erkrankt eine größere Zahl von Menschen als an Hyperlipoproteinämie Typ IIa. Charakteristisch sind erhöhte Blutgehalte an LDL und VLDL.

Die Pathogenese der familiären Hyperlipoproteinämie konnte durch Studien an Fibroblasten aufgeklärt werden. Dabei zeigte sich, daß bei homozygoten Patienten die normalerweise auf der Zelloberfläche befindlichen Rezeptoren mit hoher Affinität zu LDL vollkommen fehlen und bei heterozygoten nur in reduzierter Menge vorhanden sind. Der Kontakt von LDL mit diesen Rezeptoren löst deren Aufnahme in die Zelle durch Endozytose aus. Im Zellinneren erfolgt ein nahezu vollständiger Abbau der Proteinkomponente der LDL und die enthaltenen Cholesterinester werden hydrolisiert.

Das in der Zelle befindliche und nicht zum Eigenbedarf verbrauchte Cholesterin beeinflußt die Hydroxymethyl-Glutaryl-CoA-Reduktase (HMG-CoA-Reduktase) derart, daß die Cholesterinbiosynthese gehemmt wird. Weiterhin aktiviert es die Acyl-CoA-Cholesterin-Acyltransferase (ACAT), welche die Veresterung von Cholesterin mit freien Fettsäuren (FFS) katalysiert. Sind adäquate Cholesterinspeicher erreicht, erfolgt eine Suppression der LDL-Rezeptoraktivität. Diese Vorgänge sind beim Fehlen der Rezeptoren unterbrochen und LDL werden nicht mehr abgebaut.

Neben dem Einsatz von Medikamenten sind zur Behandlung dieser Hyperlipoproteinämie Diätpläne wichtig. Sie sollten eine Kombination von verminderter Zufuhr gesättigter Nahrungsfette, verminderter alimentärer Cholesterinaufnahme, ggf. mit teilweisem Ersatz der eingesparten gesättigten Fettsäuren durch mehrfach ungesättigte Fettsäuren und einer erhöhten Ballaststoffzufuhr beeinhalten. Diese Maßnahmen führen unter kontrollierten Bedingungen zur Senkung der Cholesterinkonzentration und damit dem LDL-Gehalt im Blut von etwa 25%.

Hyperlipoproteinämie III (Dys-β-Lipoproteinämie)

Auch dieser relativ selten vorkommende Phänotyp der Hyperlipoproteinämie wird vererbt. Das Krankheitsbild ist charakterisiert durch das Auftreten eines IDL-ähnlichen Lipoproteins im Plasma, das die Dichte der VLDL, aber die elektrophoretische Beweglichkeit der LDL aufweist. Es wird als β-VLDL bezeichnet. Der zugrundeliegende Defekt betrifft den Abbau der VLDL, die normalerweise über die Zwischenstufe der IDL zu LDL verläuft. Bei dieser Krankheitsform ist die Umwandlung der IDL zu LDL durch einen rezessiv vererbten Defekt bei der Synthese des Apolipoproteins E III gestört. Die Anhäufung der IDL bedingt einen Anstieg des Cholesterin- und Triglyceridgehaltes im Serum.

Typische Krankheitssymptome sind Xanthome an den Handflächen und Fußsohlen. Betroffen sind junge Erwachsene ab dem 20. Lebensjahr. Wie bei der Hyperlipoproteinämie Typ II ist auch hier das Arterioskleroserisiko stark erhöht. Neben einer medikamentösen Therapie sollten diätetische Maßnahmen ergriffen werden. Eine energiereduzierte Kost, die gleichzeitig arm an niedermolekularen Kohlenhydraten und Cholesterin ist, mit einem weitgehenden Ersatz der gesättigten durch mehrfach ungesättigte Fettsäuren wird empfohlen.

Hyperlipoproteinämie Typ IV (Familiäre Hypertriglyceridämie)

Hyperlipoproteinämie IV ist die häufigste Form der Hyperlipoproteinämien bei Erwachsenen, wobei Männer häufiger erkranken als Frauen. Kennzeichnend ist eine Erhöhung des VLDL-Gehaltes und der Plasmatriglyceridkonzentration. Über die Art des Stoffwechseldefektes und seine Vererbung gibt es nur Vermutungen, diskutiert werden eine vermehrte Synthese oder ein gestörter Abbau der VLDL. Die Aktivität der Lipoproteinlipase ist etwas vermindert, diese Aktivitätsabnahme allein reicht aber nicht zur Erklärung der stark erhöhten VLDL-Konzentration aus. Symptome treten erst im Erwachsenenalter auf. Auffällig ist, daß ein großer Teil der Patienten gleichzeitig noch an anderen Stoffwechselstörungen wie Übergewicht, Hyperurikämie und Diabetes mellitus leidet. Die typischen Symptome der anderen Hyperlipoproteinämien wie Lebervergrößerung, Xanthome und Pankreatitis treten kaum auf. Patienten mit Hyperlipoproteinämie Typ IV haben ein erhöhtes Arterioskleroserisiko, bei ihnen ist die Herzinfarktmorbidität besonders hoch. Auch periphere Durchblutungsstörungen treten auf.

Die Behandlung hat eine Normalisierung des Blutlipidspiegels und eine Gewichtsreduktion zum Ziel. Die Kohlenhydratzufuhr, insbesondere schnell absorbierbare Kohlenhydrate, soll gedrosselt werden (Kap. 3.2.1.2). Mehrfach ungesättigte Fettsäuren sind den gesättigten Fettsäuren vorzuziehen, die Cholesterinzufuhr soll 300 mg/d nicht überschreiten. Da Personen, die sich in Beruf und Freizeit körperlich betätigen, seltener an Hyperlipoproteinämie IV leiden, soll eine regelmäßige, sportliche Betätigung Bestandteil der Therapie sein.

Hyperlipoproteinämie Typ V

Die Hyperlipoproteinämie Typ V, die auch kalorieninduzierte Hyperlipoproteinämie genannt wird, stellt in ihren Symptomen eine Zwischenform der Typen I und IV dar. Im Nüchternserum werden Chylomikronen ebenso wie ein erhöhter VLDL-Spiegel nachgewiesen. Dies erklärt den starken Anstieg der Triglyceride im Serum. Der Cholesterinspiegel ist ebenfalls erhöht, jedoch nicht in dem Ausmaß wie die Triglyceride. Die Ursache dieser Stoffwechselstörungen ist nicht geklärt. Bei manchen Patienten steigt die Aktivität der Lipoproteinlipase nach Heparinzusatz nur unzureichend an. Vermutet wird auch eine Steigerung der endogenen Lipoproteinsynthese. Der Erbgang dieser Hyperlipoproteinämie ist ebenfalls noch nicht geklärt.

Die Patienten klagen über kolikartige Schmerzen im Oberbauch. Hepatosplenomegalie und Pankreatitis kommen häufig vor. An der Haut treten eruptive Xanthome auf. Im Unterschied zum Typ I werden klinische Symptome erst im mittleren Lebensalter manifest. Auffällig ist, daß fast alle Patienten übergewichtig sind und zusätzlich noch an Diabetes mellitus leiden. Hyperurikämie tritt bei diesen Patienten wesentlich häufiger auf als in der Gesamtbevölkerung, während das Arterioskleroserisiko nicht wesentlich erhöht ist.

Hyperlipoproteinämie Typ V spricht gut auf diätetische Maßnahmen an. Bei übergewichtigen Patienten entspricht die Kost im wesentlichen einer Reduktionsdiät mit einem erhöhten Proteinanteil. Mehrfach ungesättigte Fettsäuren sollen bevorzugt verwendet werden. Bei konsequenter Durchführung ist eine Normalisierung des Blutlipidspiegels möglich. Eine Verbesserung der Glucosetoleranz tritt ebenfalls ein.

Zusammenhänge zwischen Ernährung und Serumcholesteringehalt

Cholesterin ist als Bestandteil von Membranen und als Ausgangssubstanz der Steroidhormone ein essentieller Faktor im Stoffwechsel. Da ein erhöhter Cholesterinspiegel als Risikofaktor einer frühzeitigen Arteriosklerose gilt, an der immer mehr Menschen leiden, ist die Cholesterinzufuhr zu einem wichtigen Bestandteil der medizinischen Forschung geworden. Mehrere epidemiologische Studien zeigten einen deutlichen Zusammenhang zwischen der Höhe der Cholesterinzufuhr und der Herzinfarktmorbidität; beide Parameter korrelieren hoch signifikant miteinander. Diese rein statistische Aussage reichte aus, um zu folgendem Schluß zu gelangen: Je höher die Cholesterinzufuhr, desto höher das Herzinfarktrisiko. Vom Körper synthetisiertes und mit der Nahrung aufgenommenes Cholesterin sind die Quellen des Cholesterinpools (Kap. 3.2.1.1).

Widersprüchliche Ergebnisse von Ernährungsversuchen verdeutlichen, daß der Zusammenhang zwischen Cholesterinaufnahme und Cholesterinspiegel keineswegs eindeutig geklärt ist, dies gilt insbesondere für Stoffwechselgesunde. Die Tatsache, daß Cholesterin, wie die Gallensäuren, einem enterohepatischen Kreislauf unterliegt, kompliziert den Zusammenhang zusätzlich. Als gesichert gilt jedoch, daß bei Patienten mit Hyperlipoproteinämie II der LDL-Spiegel durch eine Reduktion der Cholesterinzufuhr gesenkt werden kann.

Seit angenommen wird, daß insbesondere das LDL-Cholesterin an der Entstehung von Arteriosklerose beteiligt ist und dem HDL-Cholesterin dagegen eine Schutzfunktion zukommt, da es Cholesterin aus der Arterienwand aufnehmen kann, gilt das Interesse dem HDL-Cholesterin und seiner Regulation.

Pflanzliche Sterine, die sich in ihrer chemischen Struktur nur geringfügig vom Cholesterin unterscheiden, können dessen Absorption kompetitiv hemmen. In physiologischer Dosierung ist dieser Einfluß jedoch zu vernachlässigen. β-Sitosterin wird in pharmakologischen Dosen in der Therapie der Hyperlipoproteinämie angewendet (Kap. 3.2.1.1).

Nahrungsfette können den Cholesterinspiegel durch ihre Zusammensetzung und durch die Höhe ihrer Aufnahme beeinflussen, wie aus epidemiologischen Untersuchungen hervorgeht (Kap. 3.2.1.1). Durch eine Kost, die viel Polyenfettsäuren enthält, ist es möglich, einen erhöhten Cholesterinspiegel zu senken. Genaue Zusammenhänge sind jedoch nicht bekannt. Da ungesättigte Fettsäuren hauptsächlich aus pflanzlichen Lebensmitteln stammen, ist bei einer Bevorzugung dieser Lebensmittel auch die Cholesterinaufnahme geringer. Ein Vergleich überwiegend pflanzlicher mit überwiegend tierischer Kost ist deshalb schwierig, da sie sich in mehreren Parametern unterscheiden und der erzielte Effekt nicht ohne weiteres einem einzigen Kriterium zugeschrieben werden kann.

Besonders mehrfach ungesättigte Fettsäuren sollen den Cholesterinspiegel senken, Therapieerfolge bestätigen dies. Daraus wurde geschlossen, daß ein erhöhter Cholesterinspiegel Symptom eines Mangels an essentiellen Fettsäuren sein könnte, was sich aber nicht bestätigen ließ. Da die Steroidausscheidung nicht erhöht ist, wird vermutet, daß lediglich eine Umverteilung des Cholesterins von Serum in andere Gewebe, vor allem in die Leber, stattfindet.

Neben der Anzahl der Doppelbindungen scheint auch die Kettenlänge der Fettsäuren einen Einfluß auf den Cholesterinspiegel zu haben. Mittelkettige und Monoen-Fettsäuren beeinflussen den Serumspiegel nicht. Myristin- und Palmitinsäure erhöhen ihn. Danach hat die Hälfte der Fettsäuren im Butterfett keinen Einfluß auf den Cholesterinspiegel, da Butter relativ viele mittelkettige Fettsäuren enthält. Die gestiegene Gesamtfettzufuhr ist bei der Entstehung von Hyperlipoproteinämien sicher auch von Bedeutung.

Gegenwärtig ist der Einfluß der verschiedenen Nahrungslipide auf den Cholesterinspiegel nicht eindeutig geklärt. Längere Ernährungsversuche könnten Aufschluß darüber geben, wobei es schwierig ist, einzelne Parameter isoliert zu betrachten. Möglicherweise wird der Einfluß einzelner Faktoren durch ihr gemeinsames Auftreten potenziert. Da Cholesterin Ausgangssubstanz für die Synthese vieler essentieller Substanzen ist und Steroide einem enterohepatischen Kreislauf unterliegen, sind Bilanzuntersuchungen sehr schwierig.

Bestimmte **Ballaststoffe** können den Serumcholesterinspiegel teilweise senken. Ausgehend von epidemiologischen Studien, die zeigten, daß der Serumcholesterinspiegel bei einer Ballaststoff-reichen Kost niedriger ist als bei herkömmlicher Kost, wurde die Wirkung verschiedener Ballaststoffe untersucht. Cellulose kann bei einigen Patienten eine Senkung des erhöhten Cholesterinspiegels bewirken; bei gleichzeitiger Durchführung einer Reduktionsdiät wird der Effekt noch verstärkt. Lignin scheint den größten Einfluß auf den Cholesterinspiegel zu haben. Ligninzulagen senken nicht nur bei Patienten mit Hyperlipoproteinämie den Cholesterinspiegel, sondern auch bei Stoffwechselgesunden.

Die Quellstoffe Pektin und Guaran zeigten bei Tier und Mensch ebenfalls cholesterinsenkende Wirkungen. Im Colon werden diese beiden Ballaststoffkomponenten von Mikroorganismen nahezu vollständig zu kurzkettigen Fettsäuren verstoffwechselt; diese gelangen zur Leber und können hier die Triglycerid- und Cholesterinsynthese hemmen. Kurzkettige Fettsäuren werden unmittelbar von der Leber verstoffwechselt und nehmen Einfluß auf die Aktivität wichtiger Schlüsselenzyme (Glucose-6-P-Dehydrogenase, 6-Phosphogluconaldehydrogenase, Malatdehydrogenase, ATP-Citrat-Lyase).

Ihren Einfluß auf den Cholesterinspiegel können Ballaststoffe über eine Bindung des Nahrungscholesterins u. a. Komponenten gemischter Mizellen (Phospholipide, Fettsäuren, Monoglyceride) und somit über eine Reduzierung der Absorptionsrate entfalten. Eine Bindung von Gallensäuren und ihrer damit erhöhten Ausscheidung, die eine Unterbrechung des enterohepatischen Kreislaufs bedeutet, stellt einen weiteren Mechanismus dar. Darüber hinaus entfaltet eine Ballaststoff-reiche Nahrung auch indirekte Wirkungen auf Plasmalipide, da v. a. Fett- und Cholesterin-reiche Lebensmittel mit hoher Energiedichte von mehr ungesättigten Fettsäuren, pflanzlichem Protein und Kohlenhydraten verdrängt werden.

Kontrollierte Langzeituntersuchungen über die Wirkung isolierter Ballaststoffe fehlen ebenso wie Untersuchungen über den Einfluß von Ballaststoffen, die natürlicherweise in Lebensmitteln enthalten sind. Auch hier gilt, daß bei einer Ernährung, die reich an natürlichen Ballaststoffen ist, zwangsläufig auch der Anteil anderer Nährstoffe an der Kost verändert ist. Daher ist es schwierig, einen Effekt einer einzigen Nährstoffgruppe zuzuordnen.

Mineralstoffe und Spurenelemente zeigen ebenfalls einen Einfluß auf den Cholesterinspiegel. Bei erhöhter Kaliumzufuhr wie auch bei Eisenmangel sinkt der Serumcholesterinspiegel. Auch bei anderen durch Eisenmangel verursachten Anämienformen wird oft ein niedriger Cholesterinspiegel festgestellt.

Von den **Vitaminen** gilt der Einfluß des Niacins auf den Cholesterinspiegel als gesichert. In Form der Nicotinsäure senkt es über einen bislang unbekannten Mechanismus den Serumcholesterinspiegel. Die Wirkung tritt jedoch erst bei pharmakologischer Dosierung auf. Die in der Kost enthaltene Nicotinsäure hat keinen Einfluß auf den Cholesterinspiegel.

Die **Proteinzufuhr** hat erst dann einen Einfluß auf den Cholesterinspiegel, wenn sie unter den Mindestbedarf absinkt. Bei Kwashiorkor ist auch der Serumlipidspiegel erniedrigt.

Zusammenhänge zwischen Ernährung und Serumtriglyceridgehalt

Eine Abhängigkeit des Serumtriglyceridspiegels von Ernährungsfaktoren ist wesentlich besser nachgewiesen als die des Serumcholesterins. Die Höhe der **Nahrungsfettzufuhr** beeinflußt den postprandialen Triglyceridspiegel. Deshalb werden Triglyceride, Chylomikronen und VLDL zweckmäßigerweise im Nüchternserum bestimmt. Bei Übergewichtigen liegt der Triglyceridspiegel häufig über der Norm. Hyperlipoproteinämie IV kommt primär bei Übergewichtigen vor, eine Reduktionsdiät führt zu einem Sinken des Triglyceridspiegels.

Das Fettsäuremuster der Nahrung kann den Triglyceridspiegel beeinflussen. Mittelkettige Fettsäuren und Stearinsäure tragen zu einer Erhöhung des Triglyceridspiegels bei. Den umgekehrten Effekt kann eine Kost erzielen, die einen hohen P/S-Quotienten hat, d. h. daß im Nahrungsfett ungesättigte Fettsäuren überwiegen (Kap. 3.2.1.1). Hierbei sind die ω3-Fettsäuren (wie 20:5ω3 und 22:6ω3) wirksamer als die ω6-Fettsäuren. Dieser Mechanismus wirkt sowohl bei Gesunden als auch bei Patienten mit Hyperlipoproteinämie. Wahrscheinlich werden bei einer Diät, die reich an ungesättigten Fettsäuren ist, weniger VLDL synthetisiert.

Leicht absorbierbare Kohlenhydrate können mit zur Entstehung der Hyperlipoproteinämie IV beitragen, dies wurde in Tierversuchen und beim Menschen nachgewiesen. Werden Kohlenhydratzulagen gegeben oder das gesamte Nahrungsfett durch Kohlenhydrate ersetzt, steigt der Serumtriglyceridspiegel an. Die VLDL transportieren die vermehrt gebildeten Triglyceride. Ihre Zusammensetzung weicht von der Norm ab, sie enthalten mehr Triglyceride, das Triglycerid-Protein-Verhältnis ist zu Gunsten der Triglyceride verschoben. Da VLDL in der Leber synthetisiert werden, wird angenommen, daß ein übermäßiger Kohlenhydratverzehr die Synthese eines veränderten VLDL in der Leber induziert.

Untersuchungen zeigen, daß sich der gesunde Organismus nach einigen Monaten an die veränderte Nahrungszufuhr anpassen kann. Ein Vergleich der Kohlenhydrate Stärke und Saccharose bezüglich ihrer Wirkung auf den Triglyceridspiegel zeigte, daß Saccharose einen größeren Anstieg der Serumtriglyceride bewirkt als Stärke. Deshalb wird bei allen Hyperlipoproteinämien, die mit einer Hypertriglyceridämie einhergehen, vom Verzehr zuckerhaltiger Speisen abgeraten. Fructose, die in kleinen Mengen insulinunabhängig metabolisiert und deshalb in der Diabetes-Kost eingesetzt wird, kann den Serumtriglyceridspiegel stärker erhöhen als Glucose.

Alkohol ist ein gutes lipogenetisches Substrat und induziert eine Hypertriglyceridämie. Chylomikronen, VLDL sowie der Triglyceridgehalt der restlichen Lipoproteine ist erhöht. Wird zusammen mit Alkohol Nahrungsfett aufgenommen, steigt der Triglyceridspiegel beim Gesunden zusätzlich an. Regelmäßiger Alkoholkonsum begünstigt die Entstehung der Hyperlipoproteinämien IV, IIb und V. Die Diätempfehlung für Patienten mit diesen Hyperliproteinämien beinhaltet eine Einschränkung des Alkoholkonsums.

Weitere Faktoren, die den Serumlipidspiegel beeinflussen können, sind die Jahreszeiten. Der Cholesterinspiegel liegt im Frühsommer am niedrigsten und im Winter am höchsten; die Schwankungen liegen im Bereich von etwa 40 mg/dl. Körperliche Aktivität kann den Triglyceridspiegel senken, der Cholesterinspiegel bleibt dagegen unverändert. Jedoch steigt durch körperliche Betätigung das HDL-Cholesterin zu Lasten des LDL-Cholesterins an.

Bei Frauen schwankt der Cholesterinspiegel während des Monatszyklus. Während der Schwangerschaft steigen Cholesterin und Triglyceride an. Die Einnahme von Kontrazeptiva führt zu einem Ansteigen des Triglyceridspiegels; sofern schon vorher eine Hyperlipoproteinämie vorlag, besteht durch die Kontrazeptiva Einnahme die Gefahr einer Stoffwechselentgleisung. Diuretika und Corticosteroide beeinflussen den Serumlipidspiegel ebenfalls, sie erhöhen sowohl den Triglycerid- als auch den Cholesterinspiegel.

5.5 Koronarerkrankungen

Allgemeines

Koronare Herzerkrankungen, in deren Verlauf der Herzmuskel mit Blut unterversorgt wird (Ischämie), treten als akuter *Herzinfarkt, Angina pectoris* und *Sekundenherztod* auf. Lumeneinengung der Gefäße *(Arteriosklerose)* verschlechtert die Durchblutung des Herzmuskels und vermindert damit auch die Zufuhr von energieliefernden Substraten und Sauerstoff.

Die Mortalität der Koronarerkrankungen hat in den letzten Jahren nicht mehr zugenommen, die Morbidität ist gleich hoch geblieben. Verbesserte medizinische Diagnostik, Notfallversorgung und Erfolge der Herzchirurgie werden dafür verantwortlich gemacht. Da viele arteriosklerotische Risikofaktoren ernährungsabhängig sind, gilt das Interesse der Ernährungswissenschaft auch der Vorbeugung einer frühzeitigen Herzerkrankung. Die Mortalität an Herzkranzgefäßerkrankungen in der BR Deutschland läßt eine prozentuale Zunahme in der Altersgruppe der 40- bis 50jährigen erkennen.

Erscheinungsformen der koronaren Herzerkrankungen

Angina pectoris tritt anfallsartig häufig nach körperlicher oder seelischer Anstrengung auf. Heftige Schmerzen in der Brust mit Ausstrahlung in den linken Arm, die nach Ruhe sofort wieder nachlassen, kennzeichnen einen akuten Anfall. Die Anfälle können mehrmals täglich auftreten. Schreitet die Einengung der Herzkranzgefäße bis zum völligen Verschluß eines oder mehrerer Gefäße weiter fort, kommt es zum **Herzinfarkt;** dieser kann auch bei körperlicher Ruhe auftreten. Heftige Schmerzen, Kollaps und Kreislaufschock sind die typischen Symptome. Ein leichter Infarkt kann jedoch auch schmerzfrei und unbemerkt verlaufen.

Da die Energiespeicherkapazität der Herzmuskulatur gering ist (sie kann kein Glykogen speichern), führt jedes Aussetzen der Blutzufuhr (Ischämie) zu einem akuten Energiemangel und schließlich zum Zelltod (Nekrose) einzelner Muskelfasern. Überlebt der Patient den Infarkt, bleiben Narben zurück. Das Risiko, erneut einem Infarkt zu erliegen, ist überdurchschnittlich hoch.

Der **Sekundenherztod** tritt bei erblicher Koronarsklerose auf. Der Tod tritt so schnell ein, daß keine Nekrose entstehen kann. Personen mit Angina pectoris oder einem überstandenen Herzinfarkt sind besonders gefährdet.

Pathologie der Arteriosklerose

Arteriosklerose umfaßt alle Veränderungen der Gefäße, die zu Verhärtungen führen. Ablagerungen und Zellveränderungen der Gefäßwand bewirken Lumeneinengung und Elastizitätsverlust. Symptome treten häufig erst in einem späteren Stadium auf. Deshalb sind Untersuchungen über den Ablauf der Arterioskleroseentwicklung schwierig. Nicht nur das Ausmaß und die Dauer der Arteriosklerose entscheiden über den Zeitpunkt von Komplikationen, sondern auch die Lage der sklerotischen Veränderungen kann den Verlauf der Krankheit entscheidend beeinflussen.

Frühläsionen lassen sich nicht immer eindeutig von den Spätläsionen der Arteriosklerose abgrenzen, da sich diese kontinuierlich entwickeln. Drei mögliche Entwicklungsformen sind bekannt: Mikrothrombus, Intimaödem und gelbe Fettstreifen. Aus allen 3 Formen können Spätläsionen entstehen.

Ein **Mikrothrombus** kann aus Thrombozyten oder aus Fibrin oder auch als gemischter Thrombus aus Fibrin und Thrombozyten bestehen. Häufig sitzt er als flache Erhöhung auf der Intima und ragt vom Endothel bedeckt in das Lumen. Durch ihre Umwandlung in Bindegewebe werden Mikrothromben zu einem Bestandteil der Intima.

Ein **Intimaödem** ist eine Flüssigkeitsansammlung in der Gefäßintima, die vor allem aus Plasmabestandteilen (Mucopolysacchariden) besteht. Da die elastischen Fasern des Bindegewebes strukturell verändert sind, verliert die Intima an Elastizität. Das Intimaödem stellt die erste Phase in der Entwicklung der Arteriosklerose dar.

Gelbe Fettstreifen sind mit dem Mikroskop gut zu erkennen, da sie sich wegen ihrer Farbe und ihrer Kontur deutlich abheben. Sie sind länglich bis rundlich und meist flach. Mehrere kleine Läsionen können zu größeren verschmelzen. Die elektronenmikroskopische Untersuchung zeigt, daß diese Läsionen durch intrazelluläre Fetteinlagerungen glatter Muskelzellen entstehen. Die Fetttröpfchen können im fortgeschrittenen Stadium das ganze Cytoplasma ausfüllen. Diese Zellen werden dann als Schaumzellen (Xanthomzellen) bezeichnet. Die Xanthomzellen können platzen und ihr gespeichertes Fett in den interstitiellen Raum abgeben. Eine Rückbildung der gelben Fettstreifen ist im Stadium der Lipidspeicherung noch möglich.

Plaques sind die typischen **Spätläsionen** der Arteriosklerose. Sie sind von harter Konsistenz und ragen in das Gefäßlumen. Aus mehreren kleinen Herden können größere entstehen. Die mikroskopische Untersuchung zeigt die beiden Bestandteile dieser Spätläsionen, zum einen das Atherom, ein mit breiartiger Masse gefüllter Raum in der Intima, zum anderen die Verhärtung am Endothel durch sklerotisches Bindegewebe. Cholesterin, Cholesterinester, Neutrallipide, Proteine und Gewebszerfallmaterial füllen den Raum des Atheroms. Als ursprüngliche Quelle für diese Substanzen gelten Plasmalipoproteine.

Die arteriosklerotischen Gefäßveränderungen, die in der Verkalkung der Plaques ihren Höhepunkt erreichen, beeinträchtigen nicht nur die Elastizität der Gefäße, sondern engen auch das Lumen ein und vermindern so die Versorgung der Gewebe. Da die frühen Stadien häufig symptomfrei verlaufen, ist eine frühzeitige Diagnose und die Behandlung im reversiblen Stadium schwierig. Unter diesem Gesichtspunkt fällt der Ausschaltung von Risikofaktoren eine große Bedeutung zu.

Risikofaktoren der Arteriosklerose

Retrospektive und prospektive Untersuchungen (z.B. FRAMINGHAM-Studie) zeigen einen deutlichen Zusammenhang zwischen Herzinfarktmorbidität und dem Auftreten verschiedener genetischer und umweltbedingter Risikofaktoren. Im Rahmen präventiv-medizinischer Maßnahmen sind vor allem die leicht beeinflußbaren Risikofaktoren wie Rauchen, Übergewicht und ernährungsbedingte Hyperlipoproteinämie von Bedeutung, da genetische Faktoren bisher nicht beeinflußbar sind.

Hypertonie ist ein anerkannter Risikofaktor für eine frühzeitige Arteriosklerose. In der BR Deutschland leiden etwa 10–20% aller Bürger an Bluthochdruck. Genaue Aussagen über die Verbreitung der Hypertonie sind schwierig, da bislang kein allgemein akzeptierter unterer Grenzwert für die Diagnose von Hypertonie existiert. Individuelle und altersabhängige Faktoren beeinflussen den Bluthochdruck. Frauen können höhere Werte tolerieren als Männer. In Ruhe gemessen beträgt der systolische Blutdruck 120 mm Hg und der diastolische 80 mm Hg. Die obere Normgrenze liegt etwa bei 150 mm Hg für den systolischen und bei 90 mm Hg für den diastolischen Wert.

Schwierigkeiten bereitet der kausale Zusammenhang zwischen Hypertonie und Arteriosklerose, denn Sklerose kann zu Bluthochdruck führen und umgekehrt. Hypertonie führt bevorzugt zu einer Schädigung der Koronararterien. Inwieweit psychische Faktoren an einer chronischen Blutdruckerhöhung beteiligt sind, ist weiterhin nicht eindeutig geklärt. Unbestritten ist der Einfluß psychischer Faktoren auf eine kurzzeitige Blutdruckerhöhung.

Eine Verringerung der Kochsalzzufuhr bewirkt ein deutliches Absinken des Hochdrukkes. Es ist zwar nicht eindeutig geklärt, ob eine geringe Salzzufuhr vor Hypertension schützt, da der Kochsalzverzehr in der BR Deutschland aber entschieden zu hoch liegt, ist allein unter diesem Gesichtspunkt die Empfehlung, wenig Salz zu verwenden, gerechtfertigt. Eine medikamentöse Therapie der Hypertonie kann zwar den Blutdruck senken, nicht aber das Herzinfarktrisiko verringern. Dies verdeutlicht die multikausale Genese der koronaren Herzerkrankung, denn die Ausschaltung eines einzigen Risikofaktors ist beim Vorhandensein weiterer Faktoren oft wenig wirksam.

Dies gilt jedoch nur mit Einschränkung für den Risikofaktor **Rauchen,** denn Ex-Raucher haben nachgewiesenermaßen nach einigen Jahren wieder ein gleichhohes Risiko wie Nichtraucher. Obwohl der Wirkungsmechanismus des Nicotins bei der Arterioskleroseentstehung nicht geklärt ist, wird Rauchen allgemein als Risiko anerkannt. Diskutiert wird eine direkte Beeinflussung des Mesenchymstoffwechsels der Arterien durch Nicotin sowie eine durch Nicotin beeinflußbare Regulation des Lipidspiegels. Ein erhöhter CO_2-Gehalt im Blut von Rauchern kann die Pathogenese von Arteriosklerose eventuell auch fördern.

Diabetes mellitus erhöht das Risiko, frühzeitig an Arteriosklerose zu erkranken. Zuweilen tritt bei Diabetikern eine Häufung von Risikofaktoren auf, zum anderen wird eine genetisch bedingte Neigung zu Gefäßveränderungen angenommen (Kap. 5.6). Auffällig ist, daß bei Diabetikern Männer und Frauen gleich häufig an Herzinfarkt erkranken, während bei Nichtdiabetikern Männer ein deutlich höheres Krankheitsrisiko haben. Die Risikowirkung des Diabetes mellitus ist abhängig von der Krankheitsdauer und der Stoffwechseleinstellung. Diabetiker mit guter Stoffwechsellage haben eine längere Lebenserwartung als nicht gut eingestellte Patienten.

Übergewicht und Herzinfarktmorbidität stehen, wie in vielen Untersuchungen gezeigt wurde, in engem Zusammenhang. Da Übergewicht selten ohne andere Risikofaktoren wie Hypertonie und Hyperlipidämie auftritt, ist der Nachweis einer Gefährdung allein durch Übergewicht schwierig. Die Risikowirkung beruht zum einen auf der Begünstigung anderer Risikofaktoren und zum anderen auf einer größeren Belastung des Herzens durch Adipositas. Eine Potenzierung der Wirkung einzelner Faktoren durch ihr gehäuftes Auftreten ist durchaus möglich. Eine Gewichtsreduktion ist anzustreben, da sie auch zu einer Normalisierung erhöhter Blutfettwerte und zum Absinken des Blutdruckes führen kann.

Gicht findet sich in der BR Deutschland schätzungswseise bei 3% der männlichen Bevölkerung (Kap. 5.7). Es besteht eine Korrelation zwischen Arteriosklerose und Gicht. Ungeklärt ist jedoch, ob Harnsäure selbst die Pathogenese der Arteriosklerose fördert oder ob Begleitsymptome der Gicht für das erhöhte Morbiditätsrisiko verantwortlich sind. Da nicht jeder Gichtkranke einen Infarkt entwickelt, ist isolierte Hyperurikämie sicher nur ein geringer Risikofaktor, dessen Wirkung aber durch das Auftreten weiterer Risikofaktoren verstärkt werden kann.

Hyperlipämien gilt das Hauptinteresse bei der Pathogenese der Arteriosklerose, obwohl sie als isolierter Faktor kaum Arteriosklerose hervorrufen. Wichtig ist in diesem Zusammenhang die Cholesterinkonzentration im Serum, die eine direkte positive Korrelation zur Arterioskleroseinzidenz zeigt. Einigkeit besteht heute darüber, daß die Bestimmung des Gesamtcholesterins im Serum wenig über das Arterioskleroserisiko aussagt.

Von den Lipoproteinen transportiert das cholesterinreiche LDL Cholesterin zu den Geweben, während die HDL-Fraktion das Cholesterin aufnimmt und zur Leber transportiert, wo es zu Gallensäuren abgebaut und z. T. ausgeschieden wird. Dem HDL (wahrscheinlich HDL_2) fällt somit eine Schutzfunktion zu, da es durch Ausscheidung einer Cholesterinablagerung vorbeugen kann, denn je höher der HDL-Gehalt, desto niedriger die Konzentration des Gesamtcholesterins. Darüber hinaus bestehen Hypothesen, wonach HDL die LDL-Aufnahme an den Rezeptoren kompetitiv hemmt und den Abbau trigylceridreicher Lipoproteine steuert.

Über die Beeinflussung der HDL-Fraktion sind einige bemerkenswerte Aspekte bekannt, die einen Teil der ungelösten Fragen beantworten können. So weisen Frauen deutlich höhere HDL-Werte auf als Männer. Dies kann teilweise die höhere Herzinfarktmorbidität bei Männern erklären. Übergewichtige haben einen relativ niedrigen HDL-Spiegel, der bei einer Gewichtsreduktion ansteigt.

Bei jungen Erwachsenen und Sportlern sind die HDL-Werte häufig erhöht, während sie bei Rauchern erniedrigt sind. Mäßiger Alkoholgenuß läßt den HDL-Spiegel ansteigen. Es besteht eine Korrelation zwischen Höhe der Alkoholzufuhr und HDL-Spiegel. In Anbetracht der vielen Gefahren, die durch Alkoholmißbrauch entstehen, erscheint es kurzsichtig, aus diesem Grunde eine Alkoholzufuhr zu empfehlen. Außerdem kann ein durch körperliche Aktivität bereits erhöhter HDL-Wert nicht zusätzlich durch Alkoholzufuhr gesteigert werden. Deshalb sollte eine erhöhte körperliche Betätigung und nicht der zusätzliche Alkoholkonsum empfohlen werden.

Da von Übergewicht, Bewegungsarmut und Rauchen auch noch andere Risiken ausgehen, sollte hier angesetzt werden, um eine Erhöhung der HDL-Konzentration zu erreichen. Durch eine Veränderung der Nahrungsfettzufuhr (verringerte Fettaufnahme; P/S-Quotient $\geq$ 1) sinkt der LDL-Spiegel bei hohen Lipidausgangswerten, wodurch das HDL/LDL-Verhältnis günstiger wird. Neben einem verminderten HDL-Gehalt im Blut werden auch Chylomikronen-Remnants und erhöhte LDL-Konzentrationen als atherogen diskutiert.

Außer der Hyperlipoproteinämie vom Typ I stellen alle anderen Hyperlipoproteinämien ein kardiovaskuläres Risiko dar (Kap. 5.4).

Ob bestimmte **Ernährungsgewohnheiten** eine Arteriosklerose fördern, ist umstritten. Da Übergewicht, Diabetes mellitus und Hyperlipoproteinämie häufig auf Ernährungsfehler zurückzuführen sind, kommen falsche Ernährungsgewohnheiten sicher als Riskofaktoren in Frage. Ein zu niedriger PS-Quotient der Nahrungsfette wird in diesem Zusammenhang diskutiert. Der Härtegrad des Trinkwassers scheint bei der Verbreitung von Herzinfarkt eine Rolle zu spielen; hartes Wasser soll vor Herzinfarkt schützen. Einige Untersuchungen weisen einen Zusammenhang zwischen hohem Kaffeekonsum und Herzinfarktmorbidität nach, der Einfluß ist aber nur schwer quantifizierbar.

Psychische Risikofaktoren sind nur schwer zu erfassen. Ihr Einfluß auf die Herzinfarktmorbidität läßt sich kaum beweisen.

Weitere Risikofaktoren sind genetische Veranlagungen; ein Gendefekt, der für die Entstehung der Arteriosklerose verantwortlich ist, existiert aber nicht. Eine familiäre Häufung der Arteriosklerose kann jedoch beobachtet werden. Neben dem Geschlecht ist das Lebensalter ein weiterer Einflußfaktor, denn mit steigendem Alter nimmt das Risiko, an Arteriosklerose zu erkranken, zu.

Pathogenese

Der genaue Mechanismus der Arterioskleroseentwicklung ist nicht im Detail bekannt. Es existieren aber verschiedene Modelle über eine Pathogenese. Die **Infiltrationstheorie** geht davon aus, daß nach einer Verletzung des Endothels vermehrt Lipide der LDL-Fraktion aus dem Blut in die Arterienwand strömen und dort abgelagert werden. In arteriosklerotischen Gefäßwandungen ist der LDL-Gehalt höher als in gesunden Gefäßen.

Eine weitere Modellvorstellung macht **Gefäßthrombosen** für die Pathogenese der Arteriosklerose verantwortlich. Nach einer Verletzung des Endothels entsteht ein Thrombus, der dann in die Gefäßwand eingebaut wird. Das gesunde Endothel bietet kaum Haftstellen für Blutplättchen; eine erhöhte Strömungsgeschwindigkeit, bedingt durch die Verengung des Gefäßes, erhöht jedoch die Kontaktfrequenz der Blutplättchen mit der Gefäßwand.

Elektronenmikroskopische Untersuchungen zeigen, daß hauptsächlich Zellen der glatten Muskulatur die arteriosklerotischen Veränderungen der Intima ausbilden. Es wird vermutet, daß sie aus der Media stammen. Sie können in die Intima wandern und sich dort weiter teilen. Die Zellen der glatten Muskulatur können Elastin, Kollagen, Glykosaminoglykane und Glykoproteine bilden und Lipoproteine aufnehmen und somit arteriosklerotische Veränderungen ausbilden. Welche Faktoren dafür verantwortlich sind, daß Zellen der glatten Muskulatur aus der Media in die Intima wandern und dort proliferieren, ist noch nicht geklärt. Eine Verletzung der Gefäßwand, Muskelzellnekrose oder eine unspezifische Reizung können als Faktoren in Frage kommen. Weiterhin ist es möglich, daß an der Gefäßwand haftende Blutplättchen eine Überträgersubstanz freisetzen, die dann die Zellen der glatten Muskulatur zur Wanderung und Proliferation (Wucherung) veranlaßt. Tierexperimentell konnte gezeigt werden, daß die Blutplättchen nicht in die Gefäßwand eingebaut werden müssen. Ein Polypeptid wurde als Überträgersubstanz aus dem Serum isoliert.

Toxische Umweltfaktoren sollen eine Transformation einzelner Zellen der glatten Muskulatur bewirken, die dann zur Proliferation führt.

Neben Umweltfaktoren sollen bei diesem Modell auch Viren oder genetische Veranlagungen die Transformation und Proliferation auslösen.

Die genannten Modellvorstellungen setzen eine Verletzung des Endothels voraus. Das intakte Endothel bildet eine Barriere und schützt so die tieferen Gefäßwandschichten gegenüber den Blutbestandteilen. Die Endothelzellen werden im Gegensatz zur Darmmukosa nur sehr langsam erneuert. Gesundes Endothel sitzt dicht auf der Basalmembran auf. Bei einer Hypercholesterinämie lösen sich Endothelzellen von der Basalmembran; hierbei kommen Bereiche der Media mit Blutbestandteilen in Kontakt.

Der erste Schritt der Arterioskleroseentwicklung müßte demnach eine Verletzung der Endothelzellen oder eine Lockerung der Bindung zwischen Endothel und Basalmembran sein. Störungen im Stoffwechsel des Endothels, etwa eine gesteigerte Synthese von Metaboliten, die eine Adhäsion der Blutplättchen am Endothel fördern, sind ebenfalls möglich. Entgegengesetzte Wirkungen zeigen Prostacyklin, Prostaglandin I_2, und der Faktor VIII WF. Genauere Kenntnis des Endothelstoffwechsels und der Arterioskleroseentwicklung werden von Versuchen an isolierten Endothelzellen erwartet, die erst seit einigen Jahren durchgeführt werden.

Ungeklärt ist darüber hinaus, wodurch die weitere Entwicklung der Arteriosklerose an den Koronargefäßen beeinflußt wird. Eine Einengung des Lumens geht Herzinfarkt, Angina pectoris und Sekundenherztod voraus. Wann eine Differenzierung in der Genese dieser Symptome stattfindet und welche Faktoren sie beeinflussen, ist unbekannt.

Behandlung

Die Beseitigung lebensbedrohender Symptome steht im Mittelpunkt der Behandlung eines akuten Herzinfarktes, wobei das Verhältnis zwischen Sauerstoffgehalt und -verbrauch ausgeglichen werden soll. Neben Medikamenten kann der Sauerstoffverbrauch durch eine Verringerung der körperlichen Belastung und bei Übergewicht längerfristig durch Gewichtsreduktion eingeschränkt werden. Die Versorgung eines frischen Herzinfarktes erfordert intensivmedizinische Behandlung. Bei Koronarsklerose besteht teilweise die Möglichkeit, mit einem chirurgischen Eingriff die Verengung zu umgehen (Bypass-Operation). Hierzu werden bevorzugt Beinvenen operativ verlegt.

Entscheidend für das Schicksal des Infarkt-Patienten ist die Behandlung nach dem Verlassen der Klinik. Neben der medikamentösen Behandlung ist auf eine konsequente Meidung von Risikofaktoren beziehungsweise auf deren Ausschaltung zu achten. Eine intensive Betreuung ist erforderlich, um Patienten zur Umstellung ihrer gesundheitsschädlichen Lebensweise zu bewegen. Dabei ist eine langsame Umstellung einer abrupten vorzuziehen.

Neben der Behandlung und Nachsorge akuter Fälle hat die Prophylaxe besonders aus gesundheitspolitischer Sicht eine große Bedeutung. Ein eindrucksvolles Beispiel einer gelungenen Prophylaxe durch Minimierung der Risikofaktoren und gezielte Behandlung ist ein in Nord-Karelien (Finnland) durchgeführtes Gesundheitsprojekt. Bereits nach 5 Jahren war die Morbidität und Mortalität koronarer Herzkrankheiten rückläufig. Diätetische Maßnahmen sollten auf die Verminderung einer bestehenden Adipositats einwirken. Vielfach folgt der Normalisierung des Körpergewichts auch eine Senkung des Blutlipidspiegels.

Empfehlungen zur günstigen Beeinflussung der Blutfettwerte umfassen neben einer Senkung der Fettzufuhr auf 30% der Gesamtenergiezufuhr, die Erhöhung des PS-Quotienten der Nahrungslipide auf 1. Auch die tägliche Cholesterinaufnahme sollte 300 mg nicht übersteigen. Der Anteil der Kohlenhydrate wird mit 50–60% der Gesamtenergiezufuhr als günstig betrachtet, wobei einem erhöhten Anteil an Polysacchariden und Ballaststoffen besonderer Wert beigemessen wird. Eine nach diesen Empfehlungen gestaltete Ernährung ist nicht nur bei schon bestehenden Fettstoffwechselstörungen, sondern auch als Prophylaxe sinnvoll.

5.6 Diabetes mellitus

Allgemeines

Diabetes mellitus (Zuckerkrankheit) ist eine erbliche Stoffwechselkrankheit, die auf einem absoluten oder relativen Insulinmangel beruht. Die Unfähigkeit der β-Zellen des Pankreasinselapparates, unter bestimmten Bedingungen ausreichend Insulin zu bilden, wird vererbt. Erhöhte Blutglucosegehalte (Hyperglykämie) und Glucoseausscheidung im Urin (Glykosurie) sowie Durst (Polydipsie) sind die Hauptkennzeichen des Diabetes mellitus.

Der Erwachsenendiabetes ist eine typische Zivilisationskrankheit, denn in Notzeiten und in Ländern mit marginaler Ernährung ist die Morbidität dieser Krankheit gering. Falsche Ernährung und bewegungsarme Lebensweise, die zu Übergewicht führen, tragen entscheidend zum Auftreten klinischer Symptome bei. Da Diabetiker häufig an Arteriosklerose erkranken, gilt Diabetes mellitus ebenso wie Übergewicht, Hyperlipidämie und Hyperurikämie als Risikofaktor für eine frühzeitige Erkrankung an Arteriosklerose.

Biochemische Grundlagen

Genaue Kenntnisse der biochemischen **Wirkung des Insulins** erleichtern das Verständnis der pathologischen Veränderungen bei Diabetikern. Insulin besteht aus 2 Peptidketten (A- und B-Kette mit insgesamt 51 Aminosäuren), die über 2 Disulfidbrücken miteinander verbunden sind. Biosynthese und Speicherung erfolgt in den β-Zellen des Pankreasinselapparates. Die Hormonausschüttung wird primär durch die extrazelluläre Glucosekonzentration reguliert, jedoch stimulieren Hormone, Aminosäuren, Ketone und andere Hexosen ebenfalls die Insulinausschüttung (Tab. 238). Die Halbwertszeit des Insulins beträgt 4–6 Min. In der Leber erfolgt die Spaltung seiner Disulfidbrücken mittels der Glutathion-Insulin-Transhydrogenase. Die beiden Peptidketten werden anschließend durch Proteasen abgebaut.

Die Wirkung des Insulins auf den Kohlenhydratstoffwechsel der Leber unterscheidet sich von der auf andere Gewebe (Tab. 239). Die Leber kann Glucose durch Diffusion aufnehmen und verfügt über das Enzym Glucokinase, das aufgrund seines hohen K_m-Wertes große Konzentrationsschwankungen ausgleichen kann und ebenso wie die Glykogensynthetase und die glykolytischen Schlüsselenzyme durch Insulin induziert wird. Insulin fördert außerdem die Synthese von Fettsäuren aus Kohlenhydraten und hemmt den Glykogenabbau, die Gluconeogenese und Synthese von Ketonen aus Triglyceriden.

In den übrigen Geweben erfolgt die Glucoseaufnahme mittels eines aktiven, carriervermittelten Transportsystems, das durch Insulin aktiviert wird. Im Muskelgewebe fördert Insulin die Glykogensynthese. Im Fettgewebe stimuliert es den Pentose-Phosphat-Zyklus und die Pyruvatdehydrogenase wird aktiviert, so daß vermehrt Acetyl-CoA entsteht, das als Substrat für die Fettsäuresynthese dient. Durch eine Hemmung des Triglyceridabbaus wird die lipogenetische Wirkung des Insulins noch verstärkt. Die Synthese der membrangebundenen Lipoproteinlipase, die Chylomikronen und VLDL hydrolysiert, wird durch Insulin induziert.

Tab. 238. Einfluß verschiedener Substanzen auf die Insulinausschüttung (nach Petrides u.a. 1981)

Stimulierung	Hemmung
Substrate:	
Glucose	2-Desoxylglucose
Mannose	Mannoheptulose
Ribose	
Leucin	
Arginin	
Ketonkörper	
Kurzkettige Fettsäuren	
Hormone:	
STH	Insulin (?)
ACTH	Katecholamine
Glucagon	Somatostatin
Sekretin	
Pankreozymin	
GIP (gastric inhibitory peptide)	
VIP (vasoactive intestinal peptide)	
Pharmaka:	
Sulfonylharnstoffe	a-Sympathicomimetica
Methylxanthine	β-Rezeptorenblocker
cyclo-AMP	Diazoxid
β-Sympathicomimetica	Phenytoin

Auf die Proteinbiosynthese hat Insulin eine fördernde Wirkung. Es erhöht den Einbau von Aminosäuren und hemmt Proteolyse und Harnstoffbiosynthese. Insulin ist ein anaboles Hormon, da es die Speicherung der aufgenommenen Nährstoffe fördert und deren Abbau hemmt.

Akuter Insulinmangel betrifft vor allem Leber, Muskulatur und Fettgewebe. In Muskulatur und Fettgewebe sind Aufnahme und Oxidation von Glucose vermindert. Das Fettgewebe bildet kaum Fettsäuren aus Kohlenhydraten und wenig Triglyceride. Dagegen ist die Lipolyse gesteigert und Glycerin sowie freie Fettsäuren werden vermehrt ins Blut abgegeben.

Das Muskelgewebe drosselt die Glykogensynthese bei Insulinmangel und erhöht die Pro-

Tab. 239. Biochemische Wirkungen des Insulins (nach LÖFFLER u.a. 1979)

Zielorgan	Kohlenhydrat- und Fettstoffwechsel	Aminosäuren- u. Proteinstoffwechsel
Leberzelle	Derepression von Schlüsselenzymen der Glykolyse, Repression von Schlüsselenzymen der Gluconeogenese, Aktivierung der Glykogensynthetase, Inaktivierung der Glykogenphosphorylase, Förderung der Lipogenese aus Kohlenhydraten, Hemmung der Ketogenese	Förderung des Einbaus von Aminosäuren in Proteine, Hemmung der Freisetzung von Aminosäuren, Hemmung der Harnstoffbiosynthese
Muskelzelle	Steigerung des transmembranären Glucosetransports, Steigerung des Glucoseabbaus, Aktivierung der Glykogenbildung	Förderung des Einbaus von Aminosäuren in Proteine, Hemmung der Freisetzung von Aminosäuren
Fettzelle	Steigerung des transmembranären Glucosetransports, Aktivierung des Pentosephosphatweges, Aktivierung der Lipoproteinlipase, Hemmung der Lipase	Förderung des Einbaus von Aminosäuren in Proteine

teolyse, so daß der Aminosäurespiegel im Blut ansteigt. Die Leber kann die freigesetzten Aminosäuren als gluconeogenetische Substrate nutzen, da der Insulinmangel die Repression der gluconeogenetischen Schlüsselenzyme aufhebt. Gleiches gilt auch für die Harnstoffsynthese, die vermehrt abläuft und zur negativen N-Bilanz führt. Die erhöhte Konzentration freier Fettsäuren im Blut zieht ihre vermehrte Aufnahme in die Leber nach sich. Dadurch läuft die β-Oxidation verstärkt ab und führt zu einer Anhäufung von Acetyl-CoA. Acetyl-CoA ist Ausgangssubstrat der Ketonkörpersynthese, die nun gesteigert wird; Ketonämie und Ketosurie sind die Folge.

Die verminderte Glucoseaufnahme der peripheren Gewebe und die gesteigerte Gluconeogenese in der Leber erhöhen den Glucosespiegel im Blut (Hyperglykämie). Steigt die Glucosekonzentration auf 180 mg/100 ml (Nierenschwelle) an (Normalwert 80–120), wird Glucose im Urin ausgeschieden (Glucosurie).

Glucoseausscheidung stellt für den Organismus einen Energieverlust dar (vollständige Oxidation von einem Mol Glucose liefert 38 Mol ATP). Der Glucoseanstieg im Blut verändert die Osmolarität, wodurch eine Flüssigkeitsverschiebung vom intrazellulären zum extrazellulären Raum erfolgt. Die anschließende intrazelluläre Dehydratation ruft verstärktes Durstgefühl hervor, um die Abnahme intrazellulärer Flüssigkeit auszugleichen. Dem extrazellulären Flüssigkeitsanstieg wirkt Polyurie entgegen. Dabei werden auch Mineralstoffe verstärkt ausgeschieden. Im schweren diabetischen Koma kann der Körper bis zu 8 Liter Flüssigkeit und je 400 mmol Natrium und Kalium verlieren (Abb. 128). Dieser Verlust macht sich durch unmäßigen Durst (Polydipsie) bemerkbar.

Chronischer Insulinmangel ist wahrscheinlich an der Entstehung der diabetischen Spätkomplikationen beteiligt. Gegenwärtige Therapiemöglichkeiten können vorübergehende Hyperglykämie nicht vermeiden, da weder durch Insulininjektion noch durch Antidiabetika ein Insulinspiegel, der der physiologischen, kontinuierlichen Insulinausschüttung entspricht, zu erreichen ist. Bei Insulinmangel und Hyperglykämie gewinnen Insulin-unabhängige Stoffwechselwege der Glucose an Bedeutung. Eine Umwandlung von Glucose in Sorbit durch die Aldolasereduktase ist möglich. Die Reaktion ist nahezu irreversibel und das Reaktionsprodukt ist nicht weiter abbaubar. Wenn diese Reaktion verstärkt abläuft, wird Sorbit in den Zellen angehäuft. Da es nicht abgegeben werden kann, strömt Flüssigkeit in die Zelle und eine osmotische Zellschädigung ist die Folge. Dieser Me-

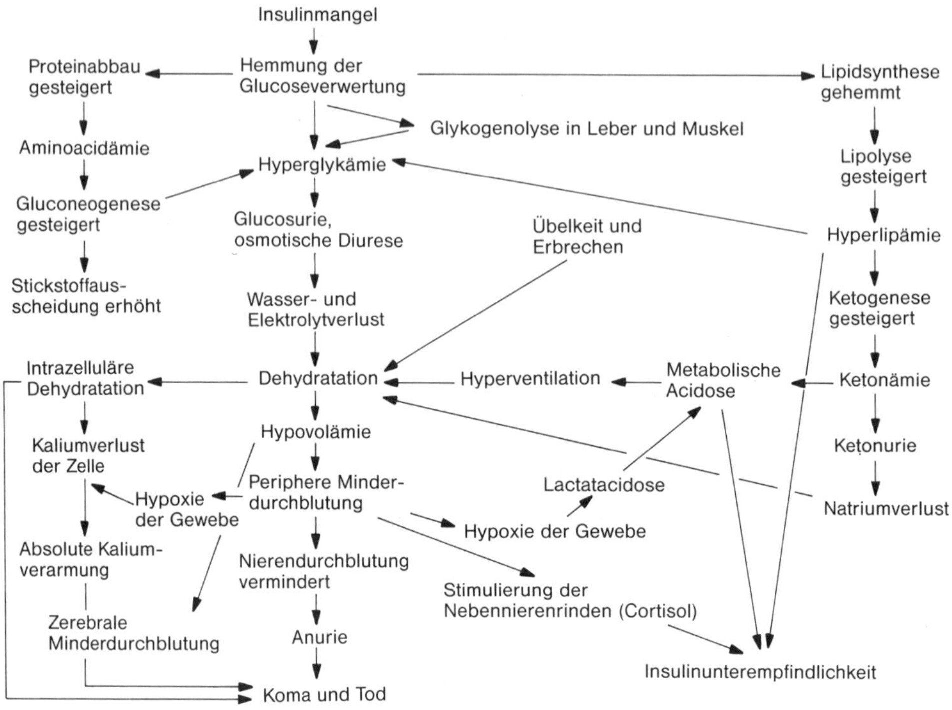

Abb. 128. Metabolische Konsequenzen des Insulinmangels (nach LÖFFLER u. a. 1979).

chanismus ist sehr wahrscheinlich für Spätkomplikationen der Augen (diabetische Retinopathie) verantwortlich.

Morbidität und Klassifizierung

Diabetes mellitus ist die häufigste Stoffwechselkrankheit in den Industrieländern. Um die Jahrhundertwende erkrankten in Deutschland 0,2% der Bevölkerung an Erwachsenendiabetes (Typ 2), heute ist die Morbidität um das 20- bis 30fache angestiegen. Die Morbiditätsrate des juvenilen Diabetes (Typ 1) ist relativ konstant geblieben. Übergewichtige erkranken wesentlich häufiger an Diabetes mellitus als Normalgewichtige; mindestens 90% der Diabetiker vom Typ 2 sind übergewichtig (Abb. 129).

Im Gegensatz zur Gicht ist Diabetes mellitus keine geschlechtsspezifische Krankheit. Nur beim juvenilen Diabetes haben Männer eine etwas höhere Morbidität als Frauen. Es wird vermutet, daß etwa 25% der Bürger der BR Deutschland auf Grund ihrer genetischen Konstellation Diabetes mellitus entwickeln können.

Sekundärer Diabetes mellitus kommt selten vor; er tritt als Folge von Krankheiten auf, die die Pankreasfunktion beeinträchtigen, z.B. Pankreatitis und Pankreaskarzinom, welche die Insulinausschüttung vermindern können. Endo-

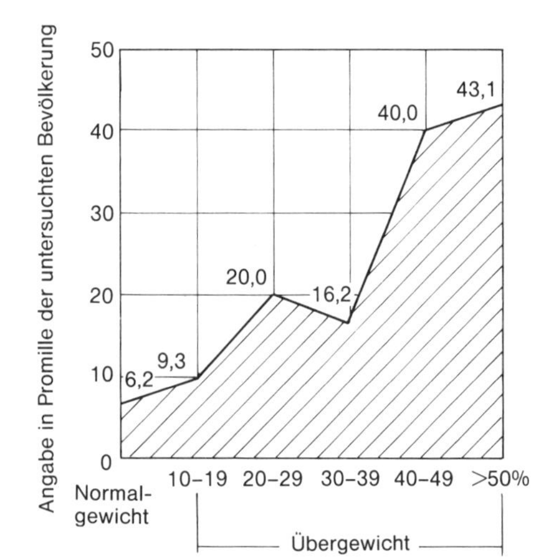

Abb. 129. Diabeteshäufigkeit in Abhängigkeit von Körpergewicht (nach MEHNERT, FÖRSTER 1975).

krine Störungen bei Synthese und Ausschüttung von Insulinantagonisten sowie vermehrte Freisetzung von Wachstumshormonen können ebenfalls einen Diabetes mellitus auslösen. Glucocorticoide hemmen die Glucoseverwertung peripherer Gewebe und erhöhen den Blutglucosespiegel; deshalb erhöht eine Überfunktion der Nebennierenrinde sowie eine Dauertherapie mit corticoidhaltigen Medikamenten das Diabetesrisiko. Adrenalin hemmt die Insulinausschüttung und fördert in der Leber den Glykogenabbau. Ein Phäochromozytom erhöht die Adrenalinausschüttung. Thyroxin ist ebenfalls ein Insulinantagonist. Schilddrüsenüberfunktion und zu hohe Thyroxingaben können die Glucosetoleranz verändern.

Neben endokrinen Störungen kann ein Diabetes mellitus auch als Nebenwirkung von Medikamenten entstehen (Steroide, Saluretika des Thiazidtyps, Nicotinsäurepräparate u. a.).

Primärer Diabetes mellitus beruht auf einer teilweisen oder vollständigen genetisch bedingten Insuffizienz der β-Zellen des Pankreas. Die Klassifizierung des primären Diabetes erfolgt nach dem Alter der Erstmanifestation (Tab. 240). Bei juvenilem Diabetes treten häufiger schwere Fälle auf als beim Diabetes vom Erwachsenentyp. Juvenile Diabetiker sprechen auf eine Diät wesentlich schlechter an als erwachsene Diabetiker, bei denen eine diätetische Behandlung zur Senkung des Blutglucosespiegels führt und oft als alleiniges Behandlungsmittel ausreicht.

Diabetes mellitus ist eine multikausale Krankheit. Neben **genetischen Faktoren** wirken auch Umwelteinflüsse, Lebensgewohnheiten und das Alter bei der Krankheitsentstehung mit. Hyperglykämie und Glucosurie werden nicht direkt vererbt, sondern lediglich die Bereitschaft, unter bestimmten Bedingungen Krankheitssymptome zu entwickeln. Als Bestätigung der genetischen Veranlagung erkranken eineiige Zwillinge häufiger gleichzeitig an Diabetes als zweieiige Zwillinge.

Übergewicht ist einer der wichtigsten Faktoren bei der Entstehung von Diabetes, jedoch bis heute sind die kausalen Zusammenhänge zwischen Diabetes mellitus und Adipositas noch nicht eindeutig geklärt. Bei der Entstehung von juvenilem Diabetes spielt es wahrscheinlich eine geringere Rolle, obwohl bekannt ist, daß bei übergewichtigen Kindern das Diabetesrisiko größer ist als bei normalgewichtigen.

Um die pathophysiologischen Mechanismen der Diabetesentwicklung zu ermitteln, wurden zahlreiche Studien an Adipösen durchgeführt. Sowohl bei adipösen, subklinischen Diabetikern als auch bei nicht-diabetischen Adipösen ist die Glucosetoleranz erniedrigt und der Insulinspiegel erhöht. Bei Adipösen mit manifestem Diabetes ist der Insulinspiegel jedoch erniedrigt. Die Insulinausschüttung nach Glucosebelastung ist ebenfalls zu niedrig, aber immer noch höher als bei Normalgewichtigen. Der verantwortliche Mechanismus für Hyperglykämie trotz erhöhtem Insulinspiegel ist nicht vollständig bekannt. Vermutlich bewirkt eine Insulinresistenz eine verlangsamte Glucoseaufnahme in die Gewebe und somit einen erhöhten Glucosespiegel im Blut.

Die Insulinresistenz kann auf einer vermehrten Synthese von inaktiven Insulinanaloga oder Insulinantagonisten beruhen. Wahrscheinlich ist aber eine Reduktion der membrangebundenen Insulinrezeptoren für die Insulinresistenz

Tab. 240. Klassifizierung des Diabetes mellitus (nach KÜHN u. a. 1982)

Diabetestyp	Typ I (Juveniler Diabetes)	Typ II (Erwachsenendiabetes)
Manifestationsalter	vor dem 40. Lebensjahr	nach dem 40. Lebensjahr
Manifestationsdauer	kurz	häufig lang
Körperbau	asthenisch	sthenisch
Insulingehalt des Pankreas	gering bis fehlend	oft normal
Ketoseneigung	ausgeprägt	gering
Insulinempfindlichkeit	empfindlich	resistent
Ansprechbarkeit auf Sulfonylharnstoffe	fehlt	häufig gut
Stoffwechselverhalten	labil	meist stabil

verantwortlich. Veränderte Blutkonzentrationen an Glucose, freien Fettsäuren und verzweigtkettigen Aminosäuren können dem Pankreas die Insulinresistenz der Gewebe vermitteln. Aus verschiedenen Untersuchungen geht hervor, daß zuerst Übergewicht vorliegt und dadurch die Diabetesentstehung begünstigt wird.

Die kausalen Zusammenhänge zwischen Hyperinsulinämie und Insulinresistenz sind nicht eindeutig geklärt. Es ist jedoch wahrscheinlicher, daß zuerst Hyperinsulinämie entsteht, die dann zur Insulinresistenz führt. Die Hyperinsulinämie muß durch eine vermehrte Insulinausschüttung zustande kommen, da die Abbaurate nicht reduziert ist. Eine erhöhte Verfügbarkeit von Substraten und ein Absinken der Konzentration antagonistischer Hormone können bei Adipositas die Insulinausschüttung erhöhen. Die Gewebe reagieren mit einer Abnahme der membrangebundenen Insulinrezeptoren und einer Verschlechterung der Insulinbindung auf das erhöhte Insulinangebot.

Eine Untersuchung mit Freiwilligen, bei denen sich nach Erzeugung von Übergewicht die Werte der oralen Glucosebelastung verschlechterten und bei Gewichtsreduktion wieder normalisierten, spricht für die genannten Überlegungen. Dies bestätigt die These, daß eine längere Überernährung zu verstärkter Insulinproduktion und Insulinresistenz führt. Die Abnahme der Insulinrezeptoren und die verschlechterte Rezeptorbindung induziert dann eine weitere Insulinausschüttung. Dauert diese Stoffwechselentgleisung lange genug an, wird die Funktion der β-Zellen des Pankreas überfordert und beeinträchtigt, es kann zur Insuffiziens kommen.

Falsche Ernährungsgewohnheiten spielen bei der Diabetesentstehung über die Begünstigung von Übergewicht eine sehr wichtige Rolle. Fettreiche und Ballaststoff-arme Nahrung verschlechtert darüber hinaus die Glucosetoleranz.

Geringe körperliche Betätigung trägt entscheidend zur Entstehung von Übergewicht und Diabetes bei. Neben der Aldolasereduktase-Reaktion stellt auch Muskelarbeit einen Insulin-unabhängigen Glucosestoffwechsel dar. Bei körperlicher Arbeit kann die Muskelzelle insulinunabhängig Glucose aufnehmen und so Insulin einsparen. Körperliche Bewegung sollte deshalb Teil jeder Diabetestherapie sein. Übermäßige sportliche Betätigung birgt jedoch die Gefahr von Hypoglykämie in sich.

Weitere Faktoren, die Diabetes begünstigen, sind Alter und Rasse. Körperlicher und psychischer Streß führt zu einer Erhöhung der ACTH- und Corticoidausschüttung. Beide Hormone sind Insulinantagonisten. Damit wird die diabetesfördernde Wirkung von Streßsituation erklärt. Da Diabetes mellitus häufiger nach Infektionen und Schwangerschaften auftritt, wurde vermutet, daß sie Diabetes mellitus-fördernd wirken. Solche Ausnahmesituationen tragen aber nur dazu bei, daß ein latenter Diabetes mellitus manifest wird. Erbliche Veranlagung und Übergewicht stellen nach dem heutigen Wissensstand das größte Diabetesrisiko dar.

Krankheitsbild und Diagnose

Juveniler Diabetes (Typ I) wird im Durchschnitt vor dem 40. Lebensjahr manifest. Durst, Polyurie, allgemeine körperliche Schwäche und Gewichtsverlust sind typische Symptome. Diabetiker vom Typ I sind unbedingt auf von außen zugeführtes Insulin angewiesen. Ohne Insulinbehandlung kommt es zur schweren Ketoacidose, die in ein schweres Koma mit Bewußtseinsverlust übergeht und schließlich tödlich endet.

Diabetes vom Erwachsenentyp (Typ II) wird in der Regel nach dem 40. Lebensjahr manifest. Die Hyperglykämie kann hier teilweise allein durch eine Diät, die häufig einer Reduktionsdiät entspricht und mit Hilfe von Sulfonylharnstoff in Tablettenform ohne Insulin zu spritzen, behandelt werden. Es liegt häufig nur ein relativer Insulinmangel vor. Deshalb kommt es bei Diabetikern vom Typ II seltener zur Ketoacidose, die dann auch nicht so schwer verläuft wie bei juvenilen Diabetikern.

Häufig suchen unerkannte Diabetiker aufgrund typischer Begleiterscheinungen einen Arzt auf. Erkrankungen, die auf Diabetes mellitus hindeuten können, sind vielfältig. Hautkrankheiten, besonders bakterielle und mykotische Infektionen, auch an Schleimhäuten, werden häufig beobachtet. Auf einer Störung im Fettstoffwechsel beruhen Xanthome. Die kleinen, rötlich bis gelben Pusteln befallen Ellenbogen- und Kniegelenke, sowie die Gesäßgegend. Lebervergrößerungen und Gallenerkrankungen beruhen auf Störungen im Fettstoffwechsel. Eine erhöhte Infektanfälligkeit kann ebenfalls mit Diabetes zusammenhängen. Eine plötzliche Beeinträchtigung der Sehkraft kann ihre Ursache in einer gestörten Insulinausschüttung, d.h. einen über längere Zeit andauernden, hohen Blutzuckerspiegel, haben. Die genannten Symptome rechtfertigen alleine nicht die Diagnose Diabetes mellitus, sie kann erst nach einer laborchemischen Blut- und Urinuntersuchung erfolgen.

Bei der Blutglucosebestimmung muß der unterschiedliche Glucosegehalt in arteriellem und venösem Blut berücksichtigt werden. Zur Insulinbestimmung stehen radioimmunologische Methoden zur Verfügung. Bei Diabetesverdacht können Provokations- und Toleranztests angewendet werden. Sie erlauben eine Diagnose im asymptomatischen Stadium, sind aber aufwendig und kostspielig.

Am wichtigsten ist der **orale Glucosebelastungstest.** Glucose wird im Gegensatz zum intravenösen Belastungstest unter physiologischen Bedingungen aufgenommen, individuelle Schwankungen der Absorption werden berücksichtigt. Nach 3tägiger, stärkereicher Ernährung wird am 4. Tag der Nüchternblutzuckerwert bestimmt. Anschließend werden 100 g Glucose, die in 400 ml Tee oder Wasser gelöst sind, getrunken. Der Patient soll während des Tests nicht liegen, sich aber auch nicht anstrengen. Nach jeweils 30, 60, 90 und 120 min. wird die Glucosekonzentration im Blut erneut bestimmt. Liegt der 30-Min.-Wert über 180 mg% oder der 120-Min.-Wert über 140 mg%, besteht Diabetesverdacht. Das Verhalten des Blutglucosespiegels nach Glucosebelastung bei Stoffwechselgesunden und bei Diabetikern ist sehr unterschiedlich (Abb. 130).

Tolbutamid stimuliert die Insulinsekretion. Es wird für Provokationstests verwendet. Bei Gesunden sinkt nach Tolbutamidinjektion die Glucosekonzentration im Blut stärker ab als bei Diabetikern. Da bei Diabetikern auch der Fettstoffwechsel gestört ist, sollten Triglycerid- und Cholesterinwerte ebenfalls ermittelt werden.

Spätkomplikationen

Die Lebenserwartung des Diabetikers wird entscheidend vom Auftreten typischer Spätkomplikationen beeinflußt. Hierzu zählen alle Organveränderungen, die im Verlauf der Erkrankung entstehen können. Gefäßerkrankungen sind die häufigsten Todesursachen bei Diabetikern (77%), gefolgt von Karzinom (11%), Infektionen (6%) und Koma (1%). Diabetische Gefäßerkrankungen werden in Makro- und Mikroangiopathien unterteilt. Mikroangiopathien betreffen feinste Blutkapillaren und treten nur bei Diabetikern auf.

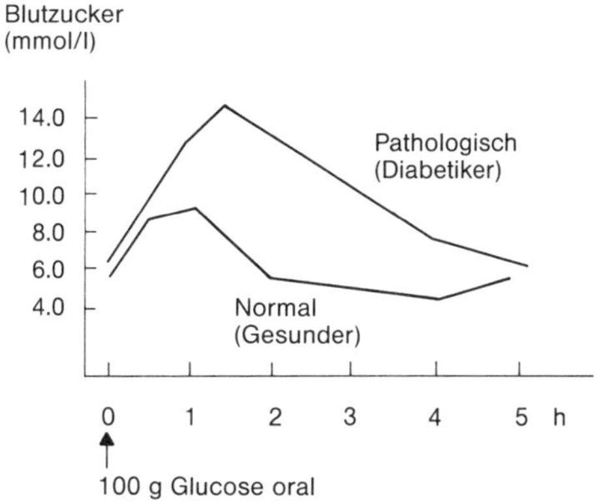

Abb. 130. Oraler Glucosetoleranztest (nach LÖFFLER u. a. 1979).

Makroangiopathien umfassen alle Formen der Arteriosklerose. Sie treten bei Diabetikern früher und schwerer in Erscheinung und betreffen die großen Blutgefäße, hauptsächlich die Arterien der Beine.

Mikroangiopathien sind durch eine Verdikkung der kapillären Basalmembran gekennzeichnet. Augen (diabetische Retinopathie), Nieren (Glomerulosklerose) und Nerven (diabetische Neuropathien) sind bevorzugt betroffen.

Makroangiopathien umfassen Koronarsklerose, die zum Herzinfarkt führt, Cerebralsklerose, die eine Blutleere im Gehirn verursacht und die Sklerose von Beinarterien und Nierenarterien. Die Sklerose der Beinarterien verursacht Durchblutungsstörungen, der Puls ist kaum tastbar. Die geringe Durchblutung führt zu einer mangelnden Ernährung der Gewebe, die schließlich absterben können. Das Gewebe ist zunächst trocken und verhornt, wird aber schnell von Bakterien befallen und abgebaut (Gangrän). Ist die Sklerose so weit fortgeschritten, kann der Organismus nur durch Amputation der entsprechenden Gliedmaßen vor der Infiltration durch toxische Gewebsabbauprodukte geschützt werden.

Arteriosklerose ist die häufigste Todesursache bei Diabetikern. Mehrere Arteriosklerose-Risikofaktoren treten als Begleitsymptome des Diabetes mellitus auf. Nicht-Diabetiker mit Gefäßkrankheiten haben öfter **Hyperglykämie** als Gesunde. Mehrere Studien weisen auf einen Zusammenhang zwischen Hyperglykämie und Arteriosklerose hin. Das Ausmaß der Hyperglykämie scheint aber keinen Einfluß auf die Arterioskleroseháufigkeit zu haben. Auch bei Nicht-Diabetikern erhöht sich das Risiko, an Arteriosklerose zu erkranken, wenn die Serum-Triglycerid- und Cholesterinspiegel chronisch erhöht sind.

Hyperlipidämien finden sich häufig bei Diabetikern, des weiteren Bluthochdruck, der bei Diabetikern wesentlich häufiger auftritt als bei der Durchschnittsbevölkerung. Da es Diabetiker mit Arteriosklerose und normalem Blutdruck gibt, wird angenommen, daß **Bluthochdruck** allein keine Arteriosklerose auslösen kann. Der Zusammenhang zwischen Übergewicht und Arteriosklerose ist multifaktoriell, da Adipositas häufig mit Hyperglykämien und Bluthochdruck auftritt. Diese Symptome fördern wiederum die Entstehung von Arteriosklerose. Da normalgewichtige Diabetiker seltener an Gefäßerkrankungen leiden als übergewichtige, wird die Bedeutung des Übergewichts als Risikofaktor deutlich.

Ob Insulin eine direkte Wirkung auf Blutgefäße entfaltet, ist nicht eindeutig nachgewiesen. Hyperinsulinämie wird aber als Risikofaktor diskutiert. Die Insulinresistenz peripherer Gewebe bei Übergewicht führt zu einer Hyperinsulinämie. Auch bei insulinpflichtigen Diabetikern ist der Insulinspiegel zeitweise erhöht. Bei einer Insulininjektion kommen die peripheren Gefäße mit wesentlich höheren Insulindosen in Kontakt, da der physiologische Weg von der Leber zur Peripherie genau umgekehrt wird.

Diabetestherapie

Die Therapie bei Diabetes mellitus hat zur Aufgabe, die vorhandenen Stoffwechselstörungen auszugleichen und dadurch die Patienten vor späteren vaskulären Komplikationen zu schützen. Ihr Prinzip besteht in dem Erreichen eines Gleichgewichtes zwischen den Faktoren, die den Blutzucker erhöhen (Nahrungszufuhr) und denjenigen, die ihn zu senken vermögen (Medikamente, Muskelarbeit). Nur eine auf Dauer gute Einstellung des Blutglucosespiegels der Diabetiker bietet einen Schutz vor Spätschäden.

Naheliegend in der Behandlung des Diabetes mellitus ist die Substitution des fehlenden Insulins. Diese Therapie ist jedoch nicht in jedem Fall notwendig und nie allein ausreichend. Als wichtigste Forderung bei Typ-II-Diabetikern, die bei Erkrankungsbeginn einen relativen Insulinmangel mit einer verringerten oder verzögerten Hormonfreisetzung zeigen, gilt die Gewichtsreduktion. Dies betrifft ca. 90% der Patienten.

Anders ist im Fall der Typ-I-Diabetiker der Schwerpunkt auf eine Insulinsubstitution zu legen. Üblich ist eine sehr starre Insulininjektion (2× täglich), die erst in jüngster Zeit durch Methoden einer häufigeren (4× täglich) Gabe von Normalinsulin modifiziert wird. Eine »physiologische«, besser angepaßte Insulintherapie wird erforscht. Wichtig im Zusammenspiel mit Insulininjektionen ist die Verteilung der kohlenhydrathaltigen Nahrungsmittel am Tag auf mehrere Mahlzeiten. Die Wirkungscharakteristik des verabreichten Hormons, die Injektionszeit sowie die Blutzuckerverlaufstendenz und die Wirkung anfallender Muskelarbeit müssen berücksichtigt werden, wenn durch häufige Kohlenhydratzufuhr die Blutzuckersenkung durch das Insulin ausgeglichen werden soll.

Allgemein gelten für die Diabetikerdiät folgende Grundsätze:
- keine exzessive Kohlenhydratzufuhr
- nur geringe Mengen an Zucker
- Verteilung des Verzehrs Kohlenhydrat-haltiger Nahrungsmittel auf viele Mahlzeiten
- adäquate Energiezufuhr

Möglichkeiten:
- Modifikation der Fettaufnahme
- vermehrte Zufuhr von Ballaststoffen.

Die Ansichten über die Zusammensetzung der Diät für Diabetiker wechselten im Lauf der geschichtlichen Entwicklung der klinischen Therapie und der Ernährung, aber immer standen die Energie- und Kohlenhydratzufuhr im Vordergrund des Interesses. Im folgenden wird auf die wichtigsten Komponenten der Diabetikerernährung kurz eingegangen.

Kohlenhydrate

Wird der Anteil an komplexen Kohlenhydraten in der Kost erhöht, kommt es zu einer Besserung der Glucosetoleranz und zum Teil zur Verringerung des Insulinbedarfs. Diese Effekte können auf einer gesteigerten peripheren Insulinempfindlichkeit beruhen. Neben dem Energiebedarf beeinflußt besonders der Kohlenhydratanteil in der Diät die Insulinausschüttung bei Typ-II-Diabetikern. Bei diesen Patienten kann eine relativ hohe Zufuhr an Kohlenhydraten über die physiologische Stimulanz zur Hormonfreisetzung und die Senkung der Blutglucosekonzentration, ein bei dieser Diabetesform häufig auftretender Hyperinsulinismus günstig beeinflußt werden.

Tab. 241. Stoffwechselwirkung einer kohlenhydratreichen Diabeteskost (nach Sauer 1982)

	kohlenhydrat-reiche (fettarme) Diät	faser-reiche Kost
Blutzucker postabsorptiv	↓	↓
Blutzucker postprandial		↓
Insulinbedarf	↓	↓
Triglyceride	↓	↓
Cholesterin	↓	↓
HDL-Cholesterin	↑	↑

Darüber hinaus führt eine Kohlenhydrat- und Ballaststoff-reiche Kost oft zu günstigen Stoffwechselwirkungen (Tab. 241). Die Tatsache, daß eine so gestaltete Diät mehr Nahrungsfasern enthält, schränkt unter Umständen die alleinige Bedeutung des Kohlenhydratanteils ein.

Wichtig für die Wirkung aufgenommener Kohlenhydrate auf den Blutzuckerspiegel ist nicht nur ihre Menge (Broteinheiten), sondern vor allem ihre Verwertbarkeit. Diese wird durch Verarbeitung und Zubereitung verzehrter Lebensmittel, z.B. durch Mahlen, Backen und Kochen beeinflußt. Ernährungsstudien mit unerhitzter (Frischkornmüsli) und erhitzter Weizenstärke (Vollkornbrot) zeigen deutliche Unterschiede im Verlauf der postprandialen Blutzuckerkonzentration. Die Kurven bei rohem Weizenschrot verlaufen wesentlich flacher und beruhen primär auf einer verzögerten Absorption roher Weizenstärke.

Die Glucoseabsorption ist auch bei Kombinationen von Kohlenhydraten mit Fetten (verlängerte Magenentleerung) oder Ballaststoffen (verzögerte Absorption) in einem Nahrungsmittel oder einer Mahlzeit in ihrer Geschwindigkeit beeinträchtigt. Dies ist für Diabetiker günstig, da ein langsamer Anstieg der Blutglucose einen geringeren Insulinverbrauch bedeutet.

Die Wirkung der Nahrungskohlenhydrate ist besonders auch durch individuelle Gegebenheiten im Stoffwechsel beeinflußt. So spielt die aktuelle Glucosetoleranz, die je nach Tageszeit schwankt, eine Rolle, ebenso wie der Trainingszustand des Diabetikers, der die Glucosetoleranz ganz allgemein verbessert. Jeder Patient muß demzufolge die Reaktionen seines Körpers gut kennenlernen und eine Diät muß ihm »auf den Leib geschneidert« sein.

Um die Reaktion des Nahrungs-abhängigen Blutzuckergehaltes beurteilen zu können, ist es wichtig, die Blutzucker-steigernde Wirkung gleicher Kohlenhydratmengen in verschiedenen Nahrungsmitteln zu kennen. Die »biologische Wertigkeit der Kohlenhydrate« wird im »glykämischen Index« ausgedrückt. Da viele Faktoren das Blutzuckerverhalten beeinflussen, kann der »glykämische Index« keine endgültige Beschreibung der Wirkung darstellen, ist aber eine wichtige Größe im Vergleich der Blutglucosewirksamkeit unterschiedlicher Lebensmittel.

Fett

Die Steigerung des Anteils an Kohlenhydraten in der Diät sollte primär auf Kosten der Fettzufuhr erfolgen. Aufgrund der bei Diabetikern häufig anzutreffenden Fettstoffwechselstörungen wird vielfach empfohlen, auch die Zusammensetzung der Nahrungsfette zu modifizieren. So soll die Cholesterinaufnahme 300 mg/d nicht überschreiten und die Zufuhr mehrfach ungesättigter Fettsäuren gesteigert werden.

Protein

Die empfohlene Proteinzufuhr ist gegenüber Stoffwechselgesunden für den Diabetiker nicht verändert, muß jedoch bei einer bestehenden Niereninsuffizienz, wie sie im Rahmen einer diabetischen Nephropathie auftreten kann, reduziert werden.

Es ergibt sich für die Diabetesdiät eine anzustrebende Nährstoffrelation von 50–60% Kohlenhydraten : 10–15% Eiweiß : 25–30% Fett. Wird der Kohlenhydratanteil auf 60% der Gesamtenergiezufuhr angehoben, geht dies zu Lasten des Fettanteils, der auf 25% sinkt.

Weitere wichtige Diätkomponenten

Die Vermeidung leicht absorbierbarer Zucker und somit der Verzicht auf die die Geschmacksnote »süß« gebenden Nahrungsbestandteile kann für Diabetiker durch den Einsatz von Zuckeraustauschstoffen wie Fructose, Sorbit, Xylit und Mannit sowie durch Süßstoffe wie Saccharin und Cyclamat kompensiert werden.

Die Zuckeraustauschstoffe besitzen gegenüber den leichtabsorbierbaren Kohlenhydraten den Vorteil, daß sie einen begrenzten blutzuckersteigernden Effekt besitzen. Aber ihr Kohlenhydratgehalt (Glucoseäquivalenz) sowie ihr Brennwert müssen in der Diät berücksichtigt werden. Ein Nachteil ist die laxierende Wirkung von Sorbit und Xylit, wenn sie in größeren

Mengen verzehrt werden. Die Grenzen sind jedoch individuell sehr unterschiedlich.

Cyclamat und Saccharin liefern keine Energie und können von Diabetikern verwendet werden. Bisher sind keine gesundheitlichen Nachteile bekannt, trotzdem spricht die WHO als Vorsichtsmaßnahme die Empfehlungen aus, nicht mehr als 2,5 mg Saccharin und 11 mg Cyclamat/kg Körpergewicht/d zu sich zu nehmen. Da die Intensität des süßen Geschmackes eine Gewohnheit ist, wird allgemein empfohlen, sich an eine geringere Süße zu gewöhnen.

Bei der Verwendung von Salz ist für Diabetiker ebenfalls Vorsicht geboten, da Bluthochdruck häufig als Begleiterscheinung auftritt. Einen guten Ersatz stellen Gewürze und Kräuter dar.

Auch bezüglich der Getränkeauswahl sollte im Rahmen der Diabetikerdiät eine Auslese staffinden. Während Kaffee, Tee und Mineralwasser in der Berechnung unberücksichtigt bleiben können, gilt dies nicht für alle übrigen Getränke. Alkohol sollte nach Möglichkeit gemieden werden.

Der Einsatz diätetischer Lebensmittel, die häufig teurer sind als vergleichbare »normale« Waren, empfiehlt sich bei Diabetikern nur im Fall von künstlichen Süßstoffen, Marmeladen, einigen Obstkonserven und Diätgetränken. Alle übrigen Lebensmittel können dem »normalen« Angebot entnommen werden.

Gut eingestellte und mit einer günstigen Nahrungsmittelauswahl vertraute Diabetiker brauchen auch auf das Essen außer Haus, z.B. in Restaurants, Kantinen nicht zu verzichten.

Eine gut konzipierte Diät allein reicht nicht aus, Diabetiker vor Spätschäden zu schützen und den Medikamentenbedarf zu reduzieren. Wichtig ist die Motivation der Betroffenen und eine fachkompetente und einfühlsame Beratung, da eine Verhaltensänderung erreicht werden soll, die langjährige Gewohnheiten in der Ernährung verändert. Eine Zusammenarbeit aller beteiligten Berufsgruppen ist unerläßlich, ebenso wie ein auch praxisbezogenes Beratungskonzept.

5.7 Gicht

Gicht ist eine erbliche Anomalie des Purinstoffwechsels, bei der infolge eines erhöhten Harnsäuregehaltes im Blut Natriumuratablagerungen in Gelenken und Geweben entstehen. Werden die Normalwerte der Harnsäurekonzentration im Blut überschritten, wird von einer Hyperurikämie gesprochen (Tab. 242). Allein die Erhöhung des Harnsäurespiegels bedeutet jedoch nicht unbedingt, daß eine Manifestation von Gicht stattfindet. Diese ist vom Ausmaß der Hyperurikämie abhängig. Die Hyperurikämie stellt lediglich die biochemische Basis der Gicht dar. Während sich bei Harnsäurekonzentrationen zwischen 8–8,9 mg/dl Plasma nur bei 25% der Betroffenen Gichtmanifestationen im Laufe ihres Lebens einstellen, steigt dieser Anteil auf 90%, wenn die Gehalte 9 mg/dl übersteigen.

Tab. 242. Normalwerte der Harnsäure im Serum Erwachsener (Sitzmann 1976)

	µmol/l	mg/dl
Männer	202–416	3,4–7,0
Frauen	142–339	2,4–5,7

Das Ausmaß von Gichtmanifestationen hat seit dem Zweiten Weltkrieg in unserer Gesellschaft stark zugenommen; es kann heute bei etwa 5% der erwachsenen Männer eine Harnsäurespiegelerhöhung angenommen werden. Frauen sind gegenüber Männern nur in einem Verhältnis 1:20 von Gicht betroffen, nach der Menopause steigt jedoch ihr Anteil an. Nicht nur die Häufigkeit der Gichterkrankungen hat sich verändert, sondern auch das Manifestationsalter hat sich um 20 Jahre vorverlegt, so daß heute bei 20–30jährigen die ersten Symptome sichtbar werden.

Da exogene Faktoren wie purin- und aminosäurereiche Nahrung und Alkoholgenuß u.a. manifestationsfördernd und anfallsauslösend wirken, ist die Veränderung von Ernährungsgewohnheiten ein Grundpfeiler der Gichttherapie.

Biochemie und Pathogenese der Gicht

In der Mehrzahl der Erkrankungen liegt der Anstieg der Konzentration von Harnsäure im Blut in einem erblichen Defekt begründet. **Primäre Gicht** gelangt durch exogene Einflüsse zur Manifestation. **Sekundäre Gicht** kann begleitend zu Krankheiten des hämopoetischen Systems (vermehrtes Anfallen von Purinbasen durch vermehrten Zelluntergang) oder Nierenfunktionsstörungen auftreten (Harnsäureausscheidung behindert), was aber selten vorkommt (ca. 5%).

Bei primärer Hyperurikämie beruht der Anstieg der Harnsäuregehalte im Blut wahrscheinlich auf einer verminderten tubulären Sekretion dieses Stoffwechselproduktes in der Niere. Eine zweite mögliche Ursache kann die vermehrte Harnsäurebildung als Ausdruck hereditärer Enzymdefekte sein, die bisher jedoch nur für sehr wenige Patienten bestätigt werden konnte.

Harnsäure ist bei Primaten und Vögeln das Endprodukt des Purinstoffwechsels (Abb. 131). Im Laufe der Evolution ist die Fähigkeit des Menschen, Harnsäure durch das Enzym Uricase zu dem wesentlich besser löslichen Allantoin abzubauen, verlorengegangen. Etwa 20% der gebildeten Harnsäure wird über die Fäzes ausgeschieden. Diese ist nur schwer zu ermitteln, da sie größtenteils durch bakterielle Uricase abgebaut wird. Der gesamte Harnsäurepool im menschlichen Organismus wird aus endogenen und exogenen Quellen gespeist (Abb. 132).

In der Niere wird Harnsäure vollständig glomerulär filtriert und im proximalen Tubulus zu 98–100% reabsorbiert. Bei der anschließenden Sekretion werden 50% in den Tubulus abgegeben. Bei einer 2. Reabsorption gelangen nochmals 42–45% aus dem Tubulus, so daß sich die renale Ausscheidung auf 5–10% der filtrierten Harnsäure beläuft. Die verringerte Harnsäureausscheidung bei Hyperurikämie beruht wahrscheinlich auf einer Störung im Bereich der tubulären Sekretion, der genaue Mechanismus ist jedoch nicht bekannt.

Überhöhte Aufnahme oder Überproduktion von Purinen und somit von Harnsäure führt in 20–25% der Hyperurikämiefälle zum Anstieg des Harnsäurespiegels. Die Purinsynthese und

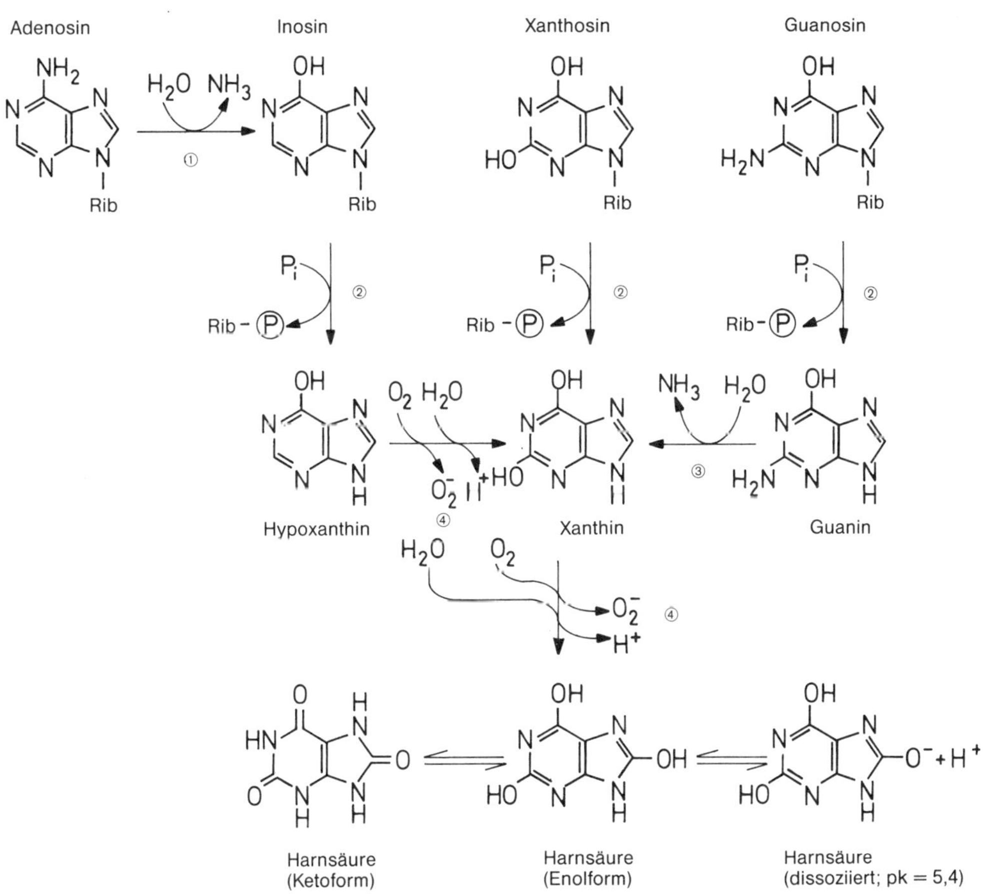

Abb. 131. Reaktionen des Purinabbaues. ① **Adenosindesaminase,** ② **Nucleosidphosphorylase,** ③ **Guanase,** ④ **Xanthinoxidase** (LÖFFLER et al. 1979).

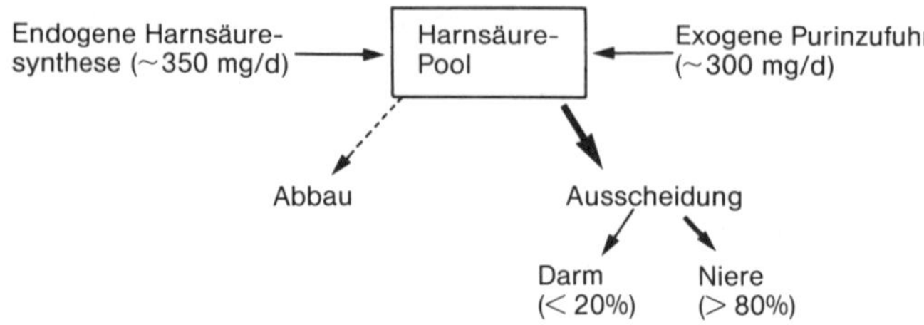

Abb. 132. Schema von Purinkörperzufuhr und Harnsäureausscheidung beim Menschen (WOLFRAM 1986).

der Abbau der Purine zu Harnsäure sind normalerweise streng reguliert. Zu einer Überproduktion kann es kommen, wenn die Aktivität der α-5-Phosphoribosyl-1-Pyrophosphat (PRPP)-Synthetase erhöht ist, die den ersten Reaktionsschritt der Purinsynthese katalysiert.

Die Glutamin-PRPP-Amidotransferase ist das geschwindigkeitsbestimmende Enzym der Purinsynthese, deren Regulation über Konzentrationsänderungen der Nucleotide AMP, GMP und IMP erfolgt. Bei hoher Nucleotidkonzentration ist die Enzymaktivität gering. Im Bereich der Rückkopplungshemmung dieses Enzyms kommt es am häufigsten zu Störungen der Purinsynthese, die zur Hyperurikämie führen. Eine Aktivitätserhöhung der Xanthinoxidase, welche die zwei Abbauschritte zur Harnsäure katalysiert, bewirkt ebenfalls einen Anstieg des Harnsäurepools.

Harnsäure ist im Blut nur schwer löslich und fällt bei höheren Konzentrationen und niedrigen pH-Werten leicht aus. Es entstehen »Kristallnester« von Natriumurat, die sich in Gelenken und Geweben ablagern und Entzündungen sowie Fremdkörperreaktionen hervorrufen.

Die Manifestation der Gicht beginnt in vielen Fällen sehr überraschend für den Patienten, der ohne charakteristische Vorboten von heftigen Schmerzen in ⅔ der Fälle im Großzehengelenk (Podagra) befallen wird. Diese erste Attacke tritt besonders häufig in den Nachtstunden auf. Das Gelenk schwillt an, die Haut darüber wird rot und heiß. Dieses möglicherweise auch auf benachbarte Gewebe übergreifende Schmerzgeschehen kann einige Tage andauern und von mäßigem Fieber begleitet sein. Neben solch plötzlichen Gichtattacken kann die Erkrankung auch mit uncharakteristischen Allgemeinerscheinungen wie Verdauungsstörungen, Übelkeit, Reizbarkeit, unklaren rheumatoiden Beschwerden und langsam sich steigernden Schmerzanfällen beginnen.

Bleibt die Gicht unbehandelt, so entwickelt sich ein chronisches Stadium mit in immer kürzeren Zeitabständen einsetzenden Schmerzattacken und Gelenkdeformationen. Im fortgeschrittenen Stadium treten charakteristische Gichtknoten (Tophi) auf, die als Knochen- und Weichteiltophi existieren; letztere entstehen bevorzugt an der Ohrmuschel. Als Knochentophi werden alle durch Harnsäureablagerungen hervorgerufene Veränderungen der Knochensubstanz bezeichnet.

In der Medizin gilt vor allem den sekundären Krankheitsbildern der Gicht das Interesse, die sich nicht nur auf Gelenkerkrankungen beschränken (Tab. 243). Eine häufige Komplikation ist eine Nierenfunktionsstörung (Gichtniere) und die Bildung von Nierensteinen, die sowohl bei Überproduktion von Harnsäure als auch bei Sekretionsstörungen auftreten können. Bei primärer Gicht treten besonders Begleiterscheinungen auf, die als Risikofaktoren erster und zweiter Ordnung für Arteriosklerose und Herzinfarkt gelten und auch wesentlich häufiger bei Gichtkranken als in der Gesamtbevölkerung zu finden sind.

Der Schluß liegt nahe, daß primäre Gicht selbst ein Faktor ist, der eine vorzeitige Erkrankung an Arteriosklerose herbeiführt. Die genaue Reihenfolge und Rangordnung der Risikofaktoren für Arteriosklerose ist noch ungeklärt, so daß keine definitive Aussage darüber getroffen werden kann, ob die Entstehung von Arteriosklerose von Purinstoffwechselstörungen begünstigt wird.

Hyperurikämie und Gicht begünstigende Faktoren

Nicht die Hyperurikämie selbst, sondern die Bereitschaft, Harnsäure anzuhäufen, wird vererbt, so daß keine Chromosomenveränderungen zu beobachten sind. Hyperurikämie und Gicht entwickeln sich aus dem Zusammenwirken der erwähnten endogenen Faktoren und weiteren äußeren Einflüssen.

Übergewicht wird bei fast der Hälfte aller Gichtpatienten beobachtet, eine direkte Korrelation zwischen Körpergewicht und Harnsäurespiegel existiert jedoch nicht. Eine Reduktionsdiät bei übergewichtigen Gichtkranken bewirkt ein Absinken des Serumharnsäurespiegels. Es ist nicht bekannt, über welchen Mechanismus Gewichtsveränderungen den Purinstoffwechsel beeinflussen. Möglicherweise spielt die Fehlernährung bei übergewichtigen Personen mit einer zu hohen Purinzufuhr eine wichtige Rolle für die Entstehung der Hyperurikämie. Wahrscheinlich begünstigt Bewegungsträgheit bei hyperurikämischer Konstitution nicht nur Übergewicht, sondern auch ein vermehrtes Anhäufen von Harnsäure.

Eine langsame Gewichtsreduktion ist bei Gichtpatienten einer Nulldiät vorzuziehen, da bei völliger Nahrungskarenz vermehrt Triglyceride mobilisiert und in der Leber zu Ketonkörpern wie Acetacetat abgebaut werden. Die Leber kann Acetacetat nicht verwerten und gibt es ins Blut ab; die Folge ist ein Anstieg des Acetacetatspiegels. Von peripheren Geweben wird es teilweise aufgenommen als Acetacetyl-CoA in der β-Oxidation abgebaut. Da Ketone die tubuläre Harnsäuresekretion hemmen, steigt die Harnsäurekonzentration an. Ketone verschieben außerdem die Protonenbilanz, so daß es zur Ketoacidose kommt; Harnsäure kann dadurch leichter auskristallisieren. Die Löslichkeitsgrenze von 7 mg/100 ml bei 37 °C sinkt bei einer Acidose ab. Eine verstärkte Flüssigkeitszufuhr kann die Harnsäureausscheidung begünstigen.

Die **Zufuhr von Purinstickstoff** in der BR Deutschland betrug 1980/81 durchschnittlich 292 mg/d bei Männern und 179 mg/d bei Frauen. Gesunde scheiden im Urin täglich 350–600 mg Harnsäure aus, die aus dem endogenen Purinstoffwechsel und aus Nahrungspurinen stammen. Purinzulagen zu einer bilanzierten Diät führen bei Gesunden zum proportionalen Anstieg des Serumharnsäurespiegels, wobei RNS und DNS unterschiedlich wirken. RNS bewirkt einen Anstieg von 54 µmol/g, während DNS den Harnsäurespiegel nur um 24 µmol/g erhöht. Bei Diätempfehlungen ist das Verhältnis von RNS zu DNS in den Lebensmitteln zu berücksichtigen, da der Gesamtpuringehalt wenig aussagekräftig ist. Bei Patienten mit Hyperurikämie liegt der Anstieg von Harnsäure gegenüber Gesunden um 50% höher; diesem Unterschied muß Rechnung getragen werden.

Alkoholkonsum kann Gichtanfälle auslösen. Akute Gelenkgicht tritt sehr häufig nachts auf, besonders wenn am Abend vorher größere Mengen Alkohol getrunken wurden. Die Gründe dafür sind folgende: Ethanol wird in der Leber durch die Alkoholdehydrogenase zu Acetaldehyd abgebaut. Das Redoxpotential steigt an, da mehr $NADH+H^+$ als NAD^+ vorliegt. Ein hoher $NADH+H^+/NAD^+$ Quotient hemmt aber die Glykolyse auf der Stufe der Phosphoglycerinaldehyd-Dehydrogenase-Reaktion und den Citratzyklus, da vermehrt

Tab. 243. Krankheiten und die Häufigkeit ihres Auftretens mit Gicht (nach MERTZ 1987)

Krankheiten	Häufigkeit (%)
Uratneophropathie	70–100
Arterielle Hypertension	40– 80
Übergewicht	50
Störungen im Kohlenhydratstoffwechsel	40– 60
davon:	
Manifester Diabetes mellitus	10– 25
Klinisch asymptomatischer Diabetes mellitus	25– 35
Hyperlipoproteinämie	40–100
Fettleber mit oder ohne Mesenchymaktivierung	60– 90
Frühzeitige, schwere Arteriosklerose	keine
Manisch-depressive Stimmungslagen	Angabe

Malat aus Oxalacetat synthetisiert wird und dieses als Substrat der Citratsynthese fehlt. Da NADH als Coenzym der Lactatdehydrogenase wirkt, wird Pyruvat zu Lactat umgesetzt. Dieses hemmt die renale Harnsäureausscheidung und verstärkt die Acidose. Als Folge eines übermäßigen Alkoholkonsums fällt die Löslichkeitsgrenze der Harnsäure und das Risiko eines Gichtanfalls steigt. Möglicherweise führt ein erhöhter Adeninnucleotidverbrauch durch Alkohol zusätzlich zu einer gesteigerten endogenen Bildung von Harnsäure.

Hohe **Fettzufuhr** führt ähnlich wie beim Fasten zu einer verstärkten Synthese von Ketonen in der Leber. Da Ketone die renale Harnsäureausscheidung hemmen und acidotisch wirken, steigt der Serumharnspiegel an und die Löslichkeit nimmt ab. Dies ist schon von Bedeutung, wenn die Fettzufuhr 30% der Energie ausmacht (der durchschnittliche Fettanteil beträgt 40% der Energiezufuhr).

Eine erhöhte Zufuhr an **Nahrungsprotein** führte in Untersuchungen zu einem Absinken des Harnsäuregehaltes im Blut und die renale Harnsäureausscheidung stieg an. Da eine hohe Proteinzufuhr meist auch eine erhöhte Aufnahme an Purinen bedeutet, die in den meisten proteinreichen Nahrungsmitteln begleitend vorkommen, wird empfohlen, die Höhe der Proteinzufuhr nur so hoch zu wählen, daß der Bedarf gedeckt ist.

Eine hohe intravenöse Zufuhr an **Fructose**, z.B. im Rahmen der parenteralen Ernährung, oder eine orale Zufuhr von 0,5 g/kg führen zu einem Anstieg der Plasmaharnsäurekonzentration. Dieser Effekt beruht auf einer raschen Phosphorylierung der Fructose, bei der AMP in der Leber entsteht. Dieses ist recht instabil und wird zu Adenosin und schließlich zu Harnsäure abgebaut.

Diätempfehlungen bei Hyperurikämie und Gicht

Die Ernährung ist für die Manifestation von Gicht sowie für ihre Therapie ein bedeutender Faktor, obwohl in zahlreichen älteren Publikationen den diätetischen Maßnahmen keine Bedeutung beigemessen wurde. Eine auf Dauer eingehaltene purinreduzierte Nahrung mit keinem oder nur geringem Alkoholgenuß ist eine wichtige Grundbedingung, um Medikamente einzusparen und das Risiko des Eintretens von Gichtattacken sowie die Bildung von Nierensteinen zu verringern.

Wie bei anderen Stoffwechselkrankheiten ist es bei Gicht notwendig, bestehendes Übergewicht zu reduzieren. Die Gewichtsabnahme sollte jedoch nicht durch strenges Fasten erreicht werden, da dies negative Effekte auf den Harnsäuregehalt des Blutes haben kann.

Grundsätzlich werden Diäten für Gichtkranke in *streng purinarme* und *purinarme* Kost unterschieden. Streng purinarm bedeutet, daß täglich nur soviel Purinstickstoff augenommen werden darf, daß max. 120 mg Harnsäure entstehen.

Tab. 244. Puringehalte (berechnet als mg Harnsäure) von verschiedenen Lebensmitteln pro 100 g Frischgewicht und 100 kcal (418 kJ) (modif. nach GRÖBNER 1985)

	Harnsäure in mg pro 100 g	Harnsäure in mg pro 100 kcal (418 kJ)
Innereien		
Bries	900–1200	900
Leber	200– 300	190
Niere	240	200
Fleisch		
Rindfleisch		
fett	110	55
mager	130	65
Schweinefleisch		
fett	118	39
mager	130	43
Kalbfleisch		
fett	125	78
mager	190	118
Fisch		
Karpfen	150	125
Anchovis	450	280
Seezunge	127	62
Gemüse		
Spinat	70	350
Erbsen, grün	145	181
Spargel	30	150
Blumenkohl	25	80
Salat	20	100
Milch		
Milchprodukte	0	0
Brot		
Schwarzbrot	40	15
Weißbrot	5–25	5
Verschiedenes		
Reis, Nudeln, Butter, Öl, Kaffee, Tee, Wein	0	0
Eier (pro Stück)	1	1
Bier	16	16

Dieser Wert erhöht sich auf max. 300 mg Harnsäure bei purinarmer Kost. Da die Ernährung für Hyperurikämie- und Gichtpatienten eine ohnehin lebenslang einzuhaltende Diätform darstellt, ist es für die praktische Einhaltung wichtig, von zu strengen Restriktionen abzusehen. Jedoch sollten auf dem Speisezettel sehr purinreiche Nahrungsmittel wie Innereien (Tab. 244) und bestimmte Fischarten wie Ölsardinen, Sardellen und Hering gestrichen werden. Der Verzehr von Fleisch sollte auf eine Mahlzeit/d (ca. 150 g/d) beschränkt werden. Für die weitere Deckung des Proteinbedarfs bieten sich Milch und magere Milchprodukte sowie Eier an. Purinarme Lebensmittel wie z. B. Gemüsearten (Ausnahme sind die Hülsenfrüchte), Kartoffeln, aber auch Speisefette und Kohlenhydrate sollten verstärkt im Lebensmittelkorb berücksichtigt werden. Eine ovo-lacto-vegetabile Kostform ist ideal als Basisernährung für eine purinarme Kost.

Entgegen früheren Empfehlungen brauchen Gichtkranke nicht auf den Genuß von Kaffee, Tee und Kakao zu verzichten. Die Zufuhrmenge an Flüssigkeit ist nur dann auf etwa 3 l zu erhöhen, wenn Nierensteine vorhanden sind. Solche Komplikationen erfordern eine Steigerung des Harnvolumens. Die Aufnahme von Alkohol sollte möglichst ganz unterbleiben.

Generell gilt für die Ernährung bei Gicht, daß Exzesse in der Nahrungs- und Alkoholzufuhr vermieden werden müssen, da häufig Gichtanfälle oder Nierensteinkoliken die Folge sind; diese können auch durch beste medikamentöse Behandlung nicht aufgefangen werden.

5.8 Protein-Energie-Malnutrition (PEM)

Allgemeines

Während die Mediziner in den Industrieländern immer häufiger mit den Folgen zu hoher Nahrungsaufnahme konfrontiert werden, leiden viele Menschen in den Entwicklungsländern an den Folgen einer zu geringen Nahrungszufuhr. Fehlernährung, der relative oder absolute Mangel oder Überschuß von Nährstoffen oder Nahrungsenergie, ist weltweit die häufigste Krankheitsursache. PEM ist die Hauptform der Fehlernährung in Entwicklungsländern. Da Kinder für ihr Wachstum pro kg Körpergewicht wesentlich mehr Nährstoffe benötigen als Erwachsene, leiden sie sehr viel häufiger an Nährstoffmangel. Nur etwa jedes zweite Kind in Entwicklungsländern hat gegenwärtig bei der Geburt die Chance, das fünfte Lebensjahr zu erreichen. Weltweit leiden schätzungsweise mehrere Millionen Kinder an schweren Formen der PEM.

Leicht zu ermittelnde anthropometrische Daten erleichtern die Diagnose und Klassifikation der PEM (Tab. 245).

Klassifikation und klinisches Bild

(Tab. 246 und 247)

Marasmus ist ein quantitativer Nährstoffmangel, an dem besonders häufig Säuglinge, die bis zu ein Jahr alt sind, erkranken. Eine länger andauernde, unzulängliche Nahrungsversorgung führt zum Abbau aller Energie- und Proteinreserven. Die Kinder sind ausgezehrt, Ge-

Tab. 245. Wichtige anthropometrische Indizes bei Kindern (LEITZMANN, OLTERSDORF 1982)

Meßgröße	Index	Anmerkungen
Körpergewicht	Gewicht/Alter	akuter Ernährungszustand
Körpergröße	Gewicht/Größe Größe/Alter	chronischer Ernährungszustand
Oberarmumfang	Umfang/Alter Umfang/Größe	akuter Zustand, für Kinder zwischen 2–5 Jahren altersunabhängig, 13 cm = PEM; Protein-Mangel-Zustand
Kopfumfang Brustumfang	Kopfumfang Kopfumfang/Brustumfang	nur bei Kindern bis zu 3 Jahren, bei Kindern älter als 6 Jahre, wenn Wert über 1,0 = PEM
Hautfalten (Arm, Rücken)	Hautfalten/Alter	akuter Zustand, Nahrungsenergie-Mangel-Zustand

Tab. 246. Vereinfachte Klassifikation der PEM (FAO/WHO 1971)

Syndrom	Körpergewicht (% Standard)	Ödem	Verlust Gewicht/Größe
Leichte PEM	80–60	Nein	etwas
Kwashiorkor	80–60	Ja	stark
Marasmus	unter 60	Nein	sehr stark
Marasmischer Kwashiorkor	unter 60	Ja	stark

wichtsverluste über 50% sind keine Seltenheit. Da Depotfett völlig und Muskeln stark abgebaut werden, bestehen die Extremitäten aus Haut und Knochen. Der Bauch ist häufig aufgetrieben, durch die dünne Bauchdecke ist die Darmperistaltik erkennbar.

Der Gesichtsausdruck ist greisenhaft, die Wangen sind eingefallen, die Augen stehen hervor. Haut- und Schleimhautatrophie sowie erniedrigte Körpertemperatur sind weitere Kennzeichen. Ödeme, Dermatosen, Hautveränderungen und Leberverfettung werden nur in Ausnahmefällen beobachtet, häufig sind dagegen infektiöse Durchfälle, da Unterernährung die Infektabwehr schwächt. Schwere und lang andauernde Durchfälle können zu Marasmus führen. Trotz ihrer körperlichen Schwäche sind marasmische Kinder relativ lebhaft; Anorexie ist selten.

Rückläufige Stillquoten und kurze Stilldauer sowie kurze Abstände zwischen den Geburten begünstigen die Entstehung von Marasmus. In den Elendsquartieren großer Städte ist Marasmus häufig anzutreffen. Die finanzielle Lage der Familie veranlaßt viele Frauen, kurz nach der Entbindung wieder einer Erwerbstätigkeit nachzugehen. Da sie während der Arbeitszeit nicht die Möglichkeit haben, zu stillen, müssen sie vorgefertigte Säuglingsnahrung verwenden.

Die bescheidene Ausstattung der Haushalte und die schlechte hygienische Qualität des Trinkwassers erlauben es nicht, diese Säuglingsnahrung hygienisch einwandfrei anzurichten, aufzubewahren und zu verfüttern. Infektiöse Durchfälle sind die Folge. Finanzielle Not zwingt dazu, die Säuglingsnahrung stark zu verdünnen oder durch Tee zu ersetzen. Die ausreichende Ernährung eines Säuglings mit Fertigprodukten kann bis zu 60% vom Familieneinkommen beanspruchen. Werbung für künstliche Säuglingsernährung in den Massenmedien trägt dazu bei, daß die Stillhäufigkeit rückläufig ist.

Kwashiorkor ist eine Mangelkrankheit bei Kleinkindern, die typischerweise eintritt, wenn die noch stillende Mutter das nächste Kind zur Welt bringt. Der Begriff stammt aus dem Gha-Dialekt in Ghana und bedeutet »roter Junge«, weil sich das normalerweise schwarze Haar rötlich bis blond färbt. Kwashiorkor tritt auf, wenn Kinder nach dem Abstillen meist abrupt auf die Kost der Erwachsenen umgestellt werden; diese enthält zwar meist ausreichend Nahrungsenergie, aber zu wenig Protein. Kleinkinder in ländlichen Gebieten erkranken häufig an Kwashiorkor, besonders dann, wenn einseitige Kost oder fast ausschließlich stärkehaltige Grundnahrungsmittel wie Maniok und Kochbananen, aber wenig proteinreiche Nahrungsmittel zur Verfügung stehen.

Vor der Ernte, wenn alle Vorräte verbraucht sind, wird sehr häufig das Auftreten von PEM beobachtet. Auch unzureichendes Wissen über Kinderernährung trägt dazu bei, daß selbst bei ausreichendem Nahrungsangebot PEM auftritt. Zusätzlich verbieten Nahrungstabus, die vor allem sozial Schwächere wie Frauen und Kinder betreffen, den Verzehr von proteinreichen Nahrungsmitteln wie Fleisch, Milch und Eier. Nur für eine gewisse Zeit kann sich der kindliche Organismus an die geringe Proteinzufuhr anpassen, sobald der Proteinbedarf durch Infektionskrankheiten zusätzlich erhöht ist, treten klinische Mangelsymptome auf.

Ödeme, die zuerst an den Füßen auftreten, sind das Hauptkennzeichen des Kwashiorkors. Durch die Wassereinlagerungen in Geweben fällt der Gewichtsverlust mit 60–80% vom Standard nicht so drastisch aus. Da die Kinder aufgedunsen sind, bemerken die Mütter die Fehlernährung erst relativ spät. Apathie, Unmut, Appetitlosigkeit und Wachstumsretardierung sind weitere Kennzeichen.

Hautveränderungen, besonders an den unteren Extremitäten sowie an Gesäß und Perineum sind häufig. Sie beginnen mit schuppenden Dermatosen und Pigmentierungen. Die entstandenen Risse und Schwellungen sind leicht anfällig für Infektionen. In Gegenden, wo hauptsächlich Mais verzehrt wird, kann zusätzlich Pellagra auftreten. Augenfällig sind die Veränderungen in Struktur und Pigmentierung der Haare. Die typischen, dichten Locken entkräuseln sich, das gesamte Kopfhaar ist dünn und läßt sich leicht ausreißen.

Muskelschwund tritt seltener und in geringerem Maße auf. Da die Extremitäten durch die eingelagerte Gewebsflüssigkeit angeschwollen sind, ist eine Muskeldystrophie mit dem bloßen Auge kaum zu erkennen. Die Leber ist vergrößert und deutlich tastbar. Vitaminmangel und Malabsorption sowie Anämien sind weitere Begleiterkrankungen.

Marasmischer Kwashiorkor (auch marastischer K.) ist eine weitere Form der PEM, die Symptome beider Krankheitsbilder zeigt. Ödeme und starke Gewichtsverluste treten gemeinsam auf.

Im Vergleich zur Anzahl der Kinder, die an schwerer PEM leiden, ist die Zahl der Kinder, die eine leichte PEM aufweisen, groß. Der Vergleich schwerer Formen der Fehlernährung mit der Spitze eines Eisbergs zeigt dieses Verhältnis. Kinder mit leichter PEM sind untergewichtig und für ihr Alter zu klein. Ihr Abwehrsystem ist erheblich geschwächt, was sie sehr anfällig für Infektionskrankheiten aller Art macht. Regelmäßiges Wiegen und Messen kann dazu beitragen, PEM schon im frühen Stadium zu erkennen und die Heilungschancen zu verbessern.

Stoffwechselveränderungen

Der **Proteinstoffwechsel** bei PEM ist durch einen Mangel an Aminosäuren (AS) gekennzeich-

Tab. 247. Wichtige Kennzeichen der Protein-Energie-Malnutrition (nach Jelliffe 1968)

Allgemeine Zeichen	*Marasmus*	*Kwashiorkor*
Übliches Alter, Jahre	0–2	1–3
Gesicht	eingefallen	rundlich
Adaption an Zustand	gut	schlecht
Behandlungserfolge	gut	gut
Appetit	gut	schlecht
Verfassung	lebhaft	apathisch
Körperliche Aktivität	gering	gering
Klinische Anzeichen:		
Wachstumsrate	nein	gering
Unterhautfettgewebe	nein	ja
Gewebewassersucht (Ödem)	selten	stark
Muskelschwund	stark	etwas
Lebervergrößerung	selten	stark
Haarveränderungen	selten	üblich
Hautveränderungen	selten	üblich
Vitaminmangel	selten	häufig
Malabsorption	etwas	üblich
Durchfall	häufig	häufig
Laboruntersuchungen		
Extrazelluläres Wasser	erhöht	stark erhöht
Serum Albumin	erniedrigt	sehr niedrig
Verzweigtkettige Aminosäuren	normal	erniedrigt
Wachstumshormon	normal	erhöht
Schilddrüsenhormone	verringert	normal
Anämie, niedriger Hb-Wert	selten	üblich
Kalium	niedrig	niedrig

net; der Serumspiegel freier AS ist reduziert. Begleitsymptome des Kwashiorkors lassen sich mit einem Mangel an essentiellen AS erklären. Da der Gehalt an essentiellen Aminosäuren, u. a. der verzweigtkettigen AS und Phenylalanin stärker sinkt als der nicht essentieller AS, dient das Verhältnis nicht essentieller zu essentiellen Aminosäuren zu Diagnosezwecken. Bei schwerer PEM findet man Quotienten um 3,5 gegenüber einem Normalwert von 2 (WHITEHEAD-Index). Dauern Mangelzustände länger als 5–6 Wochen an, verringert sich der Gesamtproteinumsatz um 30%. In der Skelettmuskulatur ist der Proteinabbau jedoch wesentlich höher als in Herz und Gehirn. Der prozentuale Anteil des Kollagens am Muskelprotein nimmt zu. Bei gesunden Kindern bestehen 27% des Körperproteins aus Kollagen, bei PEM können es bis zu 40% sein.

Das Profil der Plasmaproteine unterliegt starken Schwankungen. Der Serumalbumingehalt ist deutlich erniedrigt, er fällt bei Kwashiorkor jedoch stärker ab als bei Marasmus. Kontrollierte Studien zeigten, daß die Albuminsynthese stark von der Nahrungszufuhr abhängig ist. Eine verminderte Albuminsynthese ist eine Ursache für die Entstehung von Ödemen, da sich die osmotischen Verhältnisse so verändern, daß Flüssigkeit im Gewebe eingelagert wird.

Bei Infektionen, die häufig gemeinsam mit PEM auftreten, steigt die Konzentration der γ-Globuline an; diese dienen der Immunabwehr. Die Synthese dieser Immunglobuline erfolgt relativ unabhängig von der Proteinzufuhr, während bei den β-Globulinen ein PEM-abhängiger Abfall beobachtet wird. Weiterhin liegen Transferrin und Retinol-Binding-Protein deutlich unter der Norm, was sowohl die Häufigkeit von Anämien und Keratomalazie als auch Begleitsymptome der PEM erklärt. Bei einigen Enzymen, wie z. B. Cholinesterase, alkalischer Phosphatase, Amylase und Lipase werden ebenfalls niedrige Aktivitäten festgestellt.

Niedrige Serumharnstoff- und Serum-Kreatininwerte sind die Folge des verringerten Proteinumsatzes. Die niedrige Harnstoffausscheidung im Urin verdeutlicht, daß der Körper Stickstoff einspart. Kreatinin wird aufgrund des geringeren Muskelbestandes und der verringerten Umsatzrate in geringerer Konzentration ausgeschieden. Der Abfall der NH_4^+-Ausscheidung ist wesentlich geringer, da der Organismus Protonen ausscheiden muß, um eine Acidose zu vermeiden.

Der **Kohlenhydratstoffwechsel** bei PEM ist stark verändert; der Blutglucosespiegel liegt häufig zu niedrig (Hypoglykämie), bleibt aber auf niedrigem Niveau konstant, die Glucosetoleranz ist vermindert. Nach intravenöser Glucoseinfusion wird zu wenig Insulin ausgeschüttet, der Blutglucosespiegel fällt langsam ab.

Die Kohlenhydratspeicher in Leber und Muskulatur sind abgebaut, deshalb muß der Körper Glucose aus endogenen Quellen synthetisieren, da Gehirn und Erythrozyten auf Glucose als Energielieferant angewiesen sind.

Auch der **Fettstoffwechsel** ist bei PEM verändert. Die Entstehung einer Fettleber ist eines der Hauptkennzeichen des Kwashiorkor. Wie Versuche an Ratten zeigten, kann der Triglyceridgehalt der Leber bis zu 36% ihrer Trockensubstanz ausmachen.

Bei Menschen, die an Kwashiorkor oder Marasmus leiden, konnte ein Anstieg des Gehalts an freien Fettsäuren (FFS) im Serum beobachtet werden, die infolge einer gesteigerten Lipolyse aus dem Fettgewebe freigesetzt wurden. Sie führen in der Leber zu einer Lipidakkumulation. Bei einer imbalanzierten Aminosäurediät sind mehrere Mechanismen bekannt, die zu einer Verfettung der Leber führen:

- verminderte Lipoproteinsekretion der Leber
- erhöhte Fettsynthese in der Leber
- verminderte Fettsäureoxidation in der Leber
- erhöhte Mobilisierung von FFS im peripheren Fettgewebe.

Aufgrund des gestörten Aminosäurestoffwechsels kann die Synthese der Apoproteine der Prä-β-Lipoproteine (VLDL) in der Leber so gestört sein, daß eine physiologische und damit ausreichende Bildung der VLDL-Fraktion nicht mehr gewährleistet ist. Folglich akkumulieren Triglyceride in der Leber. Die Vorstufen für die Apoproteinsynthese (vor allem Serum-β-Globuline) liegen bei Kwashiorkor-Patienten in signifikant geringer Konzentration vor als im Marasmus. Dies erklärt das deutlich seltenere Auftreten bzw. völlige Fehlen der Leberverfettung in der marasmischen Stoffwechsellage.

Bei PEM konnten darüber hinaus erniedrigte Serumgehalte von freiem und gebundenem Cholesterin sowie von Phospholipiden ermittelt werden. In bezug auf eine Änderung der HDL-Konzentrationen sind keine sicheren Aussagen möglich. Dagegen liegen gesicherte Ergebnisse über eine reduzierte LDL-Fraktion vor. Nach neueren Erkenntnissen liegt die Ursache für die Triglyceridakkumulation in der Leber in einem gestörten Purin-Pyrimidinbasen-Verhältnis im Lebergewebe und der endogenen Produktionssteigerung von Orotsäure. Vermutlich induziert Orotsäure eine Verminderung der LDL-Synthese, so daß infolge einer Abflußstörung die Neutralfette in der Leber akkumulieren.

Wasser- und Elektrolythaushalt sind bei PEM durch verstärkten Abbau von Körperproteinen und Depotfett beeinflußt; eine veränderte Körperzusammensetzung ist die Folge (Tab. 248). Der Anteil des Gesamtkörperwassers am Gesamtgewicht kann auch bei marasmischen Kindern 80% betragen. Eine genaue Bestimmung des Körperwassers zeigt, daß der Wassergehalt der Gewebe erhöht ist, daß aber vor allem die Extrazellulärflüssigkeit zunimmt.

Tab. 248. Körperzusammensetzung eines 1jährigen Kindes ohne und mit PEM (nach PASSMORE, EASTWOOD 1986)

	Normal		PEM	
	kg	%	kg	%
Körpergewicht	10,0	100	5,0	100
Wasser	6,2	62	4,0	80
Protein	1,7	17	0,6	12
Fett	1,5	15	0,1	1
Mineralstoffe	0,6	6	0,3	6

Chronische Durchfälle entziehen dem Körper neben Kalium auch Magnesium und können zur Dehydratation führen. Der Natriumgehalt kann normal oder vermindert sein. Treten neben PEM noch fiebrige Infektionen auf, verliert der Körper Natrium mit dem Schweiß. Wird der Flüssigkeitsverlust durch mineralarme Flüssigkeiten ausgeglichen, erhöht sich der Natriumverlust weiter. Die Protonenkonzentration im Serum schwankt und eine Acidose ist möglich. Kaliummangel und verminderte Bicarbonatausscheidung führen jedoch zu einer Alkalose.

Die Mechanismen, die zur Entstehung von Ödemen führen, sind noch nicht vollständig geklärt (Abb. 133). Die Veränderung des kolloidosmotischen Drucks durch den Abfall der Serumalbuminkonzentration kann nicht die alleinige Ursache der Ödeme sein. Die Aktivität und Ausschüttung vom antidiuretischen Hormon (ADH) ist bei Kwashiorkor erhöht. Aldosteron könnte an der Entstehung von Ödemen ebenso wie Renin beteiligt sein. Für die Wirkungsweise dieser Hormone existieren bisher nur Hypothesen.

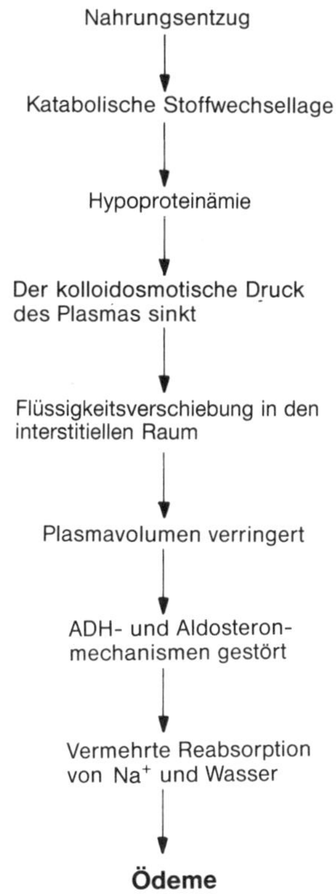

Abb. 133. Wie entstehen Ödeme bei Protein-Energie-Malnutrition.

Der **Hormonhaushalt** bei PEM zeigt starke Veränderungen. Von den **Nebennierenrindenhormonen** werden bei Kwashiorkor weniger 17-Ketosteroide ausgeschieden. Bei Marasmus ist diesbezüglich keine eindeutige Aussage möglich. Der Plasmacortisolspiegel ist bei Marasmus und Kwashiorkor erhöht. Da die Halbwertszeit des Hormons erhöht ist, wird der erhöhte Plasmacortisolspiegel durch eine verzögerte Abbaurate und nicht durch eine erhöhte Hormonausschüttung bewirkt. Der Cortisolanstieg im Serum muß nicht unbedingt eine Folge klinischer Symptome sein, Infektionen und andere Streßfaktoren können ebenfalls zu einem Cortisolanstieg führen.

Bei Kwashiorkor sind die Konzentrationen der **Schilddrüsenhormone** T_3 und T_4 im Plasma erniedrigt; bei Marasmus sind sie leicht erniedrigt bis normal.

Untersuchungen des Seruminsulingehalts bei Kwashiorkor lieferten normale bis leicht erhöhte Werte. Kalium ist für die Insulinausschüttung unbedingt notwendig. Da bei PEM häufig Kaliummangel auftritt, kann so ein niedriger Insulinspiegel erklärt werden. Kaliumgaben können die Glucosetoleranz verbessern. Hypoglykämie, oder eine Verringerung der Aminosäuren im Blut, stimulieren die Ausschüttung des **Wachstumshormons.** Die Serumwerte sind bei Kwashiorkor deutlich von 7 µg/ml bis zu 25 µg/ml erhöht. Bei Marasmus wurden unterschiedliche Werte gefunden, es gilt aber als wahrscheinlich, daß die Ausschüttungsrate erniedrigt ist.

Unterschiedliche hormonelle Adaptation wird für die Entstehung von Marasmus oder Kwashiorkor aus milder PEM verantwortlich gemacht (Tab. 249). Die Nebennierenrinde übernimmt hierbei eine zentrale Rolle. Eine Aktivitätssteigerung der Glucocorticoide verstärkt deren katabole Wirkung. Muskelprotein wird zu Aminosäuren gespalten, diese werden in der Leber verstoffwechselt. Bei ausreichender Proteinversorgung liefert das Muskelgewebe genügend Aminosäuren zur Proteinsynthese in der Leber.

Solange die Aminosäurekonzentration im Plasma hoch genug ist, wird die Hypophyse nicht veranlaßt, vermehrt Wachstumshormone auszuschütten. Ist die Ausschüttung der Glucocorticoide durch den Streß des Nahrungsentzugs ausreichend, so paßt sich die Ausschüttung des Wachstumshormons der Situation an. So kann die Homöostase aufrecht erhalten werden und es entsteht das Krankheitsbild des Marasmus. Ist die Hormonausschüttung weniger angepaßt, entwickelt sich Kwashiorkor.

Die Ausschüttung der Glucocorticoide reicht nicht aus, um den Aminosäurespiegel im Blut aufrechtzuerhalten, so daß der Leber Aminosäuren zur Synthese von Transportproteinen, insbesondere von Lipoproteinen, fehlen. Triglyceride können nicht abgegeben werden, so daß es zur Fettleber kommt, d.h. die Leber ist in ihren physiologischen Funktionen gestört. Bei Kwashiorkor führt eine unangepaßte Aktivität der Nebennierenrindenhormone zum Zusammenbrechen der Homöostase. Ob Infektionskrankheiten die Entgleisung der hormonellen Regulation fördern oder bewirken, ist nicht eindeutig geklärt.

Organveränderungen

Eine allgemeine Atrophie der Schleimhäute führt zu einer Verringerung der Absorptionsfläche. Zungen- und Mundschleimhaut sind ebenfalls betroffen. Bei Gesunden wird die Dünndarmmukosa alle 1–2 Tage erneuert, aufgrund dieser hohen Umsatzrate sind die **Verdauungsorgane** bei Proteinmangel sehr schnell betroffen. Die Synthese der Verdauungsenzyme, besonders die Aktivität der Disaccharidasen, ist beeinträchtigt. Lactase, Saccharase und Maltase erreichen beim Einsetzen einer Behandlung nur langsam wieder ihre volle Aktivität. Aus diesem Grund sollte Milchpulver nur sparsam verwendet werden. Der Rückgang der absorbierenden Fläche des Darms sowie der Synthese der Verdauungsenzyme bewirken, daß das geringe Nahrungsangebot nicht optimal genutzt wird. Nahrungsbestandteile gelangen in untere Darmabschnitte und werden von den Darmbakterien abgebaut. Einige Abbauprodukte wirken osmotisch und verursachen Durchfälle.

Bei der Entstehung einer **Fettleber,** wie sie im Verlauf des Kwashiorkor zu beobachten ist, beginnt die Verfettung an der Peripherie der Leberläppchen. Im weiteren Verlauf kann die Fetteinlagerung bis in zentrale Bereiche vordringen. Lipide werden vor allem im Cytoplas-

Tab. 249. Mögliche Entwicklungen verschiedener Formen der PEM

Stoffwechselvorgänge	Marasmus	Kwashiorkor
Infektionshäufigkeit	normal	erhöht
Adaptationsmechanismen	ausreichend	unzureichend
Blut-Cortisol-Konzentration	ausreichend	unzureichend
Blut-Aminosäuren-Konzentration	normal	niedrig
Leber-Proteinsynthese	ausreichend	niedrig
Wachstumshormonausschüttung	normal	erhöht
Lipoproteinsynthese	ausreichend	niedrig
Leberfettgehalt	normal	erhöht

ma, seltener im endoplasmatischen Retikulum (ER) gespeichert. Bei Kwashiorkor erfolgt dies in einer besonderen Form, d.h. hier wird Fett in feinsten Tröpfchen, membranumhüllt als Liposomen, in das ER eingelagert. Große Fetttropfen benachbarter Zellen können nach Läsionen der Membran zusammenfließen und sog. Fettzysten bilden.

Im Laufe der Erkrankung kann es zu Bindegewebsvermehrung kommen, die jedoch nach der Heilung keine Beeinträchtigung der Leberfunktion mit sich bringt. Eine Zirrhose entsteht bei Kwashiorkor nicht.

Die Verfettung der Leber ist voll reversibel. Die Auslagerung der Fette vollzieht sich dabei in umgekehrter Richtung wie die Einlagerung; beginnend vom Leberläppchenzentrum setzt sie sich bis zur Peripherie fort.

Das **Immunsystem** wird bei PEM stark in Mitleidenschaft gezogen. Eine Vermehrung der Leukozyten bleibt bei Infektionen aus und die Aktivität der leukozytären Enzyme ist reduziert. Die Konzentration der Immunglobuline A, G und M ist normal, jedoch sind Thymus, Mandeln und Milz atrophisch. Die Resistenz gegenüber Infektionen ist geschwächt, da zwischen Infektionen und Fehlernährung eine synergistische Wechselwirkung besteht.

Dauerschäden durch PEM

Dauer und Zeitpunkt der Erkrankung bestimmen Heilungschancen und Spätfolgen. Eine kurze, einmalige PEM kann der Körper ohne bleibende Schäden verkraften, das Kind erreicht sein normales Körpergewicht und seine normale Größe. Längere und häufigere Perioden der Fehlernährung bleiben nicht ohne Einfluß auf die Körpergröße, die betroffenen Kinder sind auch als Erwachsene kleiner als der für sie gültige Durchschnitt.

Gravierender ist eine Beeinträchtigung der geistigen Entwicklung, die wahrscheinlich durch PEM entsteht. Mehrere Untersuchungen weisen einen direkten Zusammenhang zwischen Mangelernährung und geistiger Entwicklung nach. Da Fehlernährung häufiger in einem sozialen Milieu auftritt, das Kindern wenig Anregung und Förderung bietet, sollte der Einfluß der Ernährung auf den Intelligenzgrad jedoch nicht überbewertet werden. Ergebnisse aus Tierversuchen zeigen, daß bei starkem Nahrungsdefizit der Nucleinsäuregehalt der Zellen sowie die Gehirnzellzahl und deren Größe vermindert sind. In der zweiten Hälfte der Schwangerschaft und bis zum zweiten Lebensjahr liegen die Phasen der Vermehrung und Entwicklung der Gehirnzellen. Nahrungsmangel in dieser Zeit beeinträchtigt Gehirngewicht und Gehirnzellzahl bleibend, da ein Wachstumsdefizit durch eine spätere, ausreichende Zufuhr nicht mehr ausgeglichen werden kann.

Chronische Fehlernährung wirkt sich nachteiliger auf die geistige Entwicklung aus als ein akuter Nahrungsmangel. Die Tatsache, daß Nahrungsdefizite während der Schwangerschaft und in den ersten beiden Lebensjahren eventuell bleibende Folgen für das geistige Potential haben, sollte dazu führen, daß verbesserte Nahrungsmittelangebote nicht erst im Schulalter, sondern schon wesentlich früher erfolgen.

Behandlung

Bei einem entsprechenden Ausgleich des Nahrungsdefizits verschwinden die klinischen Symptome der milden PEM rasch und die Kinder erreichen ihr normales Körpergewicht. Schwieriger als die Versorgung akuter Fälle ist es, einen erneuten Nahrungsmangel zu verhüten, da die Ursachen der Fehlernährung vielschichtig sind. Regelmäßiges Messen und Wiegen erleichtert die Frühdiagnose, da ein Gewichtsdefizit sofort auffällt. Die Möglichkeiten zur Verbesserung der Ernährungssituation in Entwicklungsländern sind vielschichtig (Ansatzpunkte: Landwirtschaft, Medizin, Infrastruktur).

5.9 Anämien

Allgemeines

Anämie (Blutarmut) ist primär durch einen niedrigen Hämoglobingehalt des Blutes und eine Abnahme der Erythrozytenzahl gekennzeichnet. Säuglinge, Kinder, Frauen im gebärfähigen Alter sowie Schwangere und Stillende sind besonders betroffen. Anämische Symptome sind vom Grad der Krankheit und von der Lebensweise abhängig. Bei leichter körperlicher Tätigkeit treten Mangelsymptome wie Erschöpfung und Abgeschlagenheit nicht so deutlich zutage, während bei großer körperlicher Anstrengung eine leichte Anämie die Leistungsfähigkeit bereits vermindert.

Einteilung der Anämien

Anämien können als Folge von Fehlernährung, erblichen Veränderungen oder als Sekundär-

Tab. 250. Mögliche Ursachen von Anämien

1. Mangelhafte Zufuhr essentieller Bausteine und Co-Faktoren der Hämoglobinsynthese:
   Eisen
   Folsäure
   Vitamin B_{12}
   Vitamin B_6
   Vitamin C
   essentielle Aminosäuren
   Cobalt, Nickel, Zink
2. Bedarf an o. g. Nährstoffen erhöht:
   Wachstum
   Schwangerschaft
   Stillen
   Blutverlust
   Medikamenteneinnahme (z. B. Kontrazeptiva)
3. Ausnutzung der Nährstoffe zu gering:
   Magenresektion
   Malabsorption
   Intrinsic-Faktor-Mangel
   Parasitenbefall (Hakenwurm, Fischbandwurm)
4. Genetische Defekte:
   Hämoglobinsynthese gestört
   Hämoglobinabbau

erkrankung auftreten (Tab. 250). Die Synthese der Erythrozyten (Erythropoese) erfolgt im Knochenmark aus kernhaltigen Vorstufen. Der Zellkern wird im Verlauf der Reifung aktiv ausgestoßen. Der Stoffwechsel des Erythrozyten beschränkt sich auf die im Cytosol ablaufenden Reaktionen Glykolyse, Pentosephosphatweg und Peptidsynthese, denn neben dem Zellkern fehlen den Erythrozyten auch die Mitochondrien. In der Milz werden Erythrozyten nach etwa 120 Tagen (= Lebensdauer) ausgesondert und zum Abbau in das Retikulo-Endotheliale System geleitet.

Je nach Art der Störung im Erythrozytenstoffwechsel kann Farbe, Form und Anzahl der Erythrozyten beeinträchtigt sein. Verschiedene laborchemische Daten geben Aufschluß über die Art der Stoffwechselstörung (Tab. 251). Hämoglobingehalt und Erythrozytenzahl sind die Basisdaten für den Anteil der Erythrozyten am Blutvolumen. Das mittlere korpuskuläre Volumen wird aus Hämatokrit und Erythrozytenzahl berechnet, (Hk/Ery) × 10. Der mittlere Hämoglobinwert der einzelnen Erythrozyten ist zur Beurteilung der Erythrozytenfärbung ebenso wichtig wie der Hämoglobingehalt bezogen auf den Hämatokrit. Je nach Abweichung dieser Werte von der Norm lassen sich einzelne Anämien unterscheiden. Ein niedriger Hämoglobingehalt der Erythrozyten charakterisiert die **hypochrome** Anämie. **Normochrome** Anämien treten als Folge von Blutverlusten auf, das Verhältnis von Erythrozytenzahl und Hämoglobingehalt ist nicht beeinträchtigt. Bei **hyperchromer** Anämie ist der Hämoglobingehalt der Erythrozyten erhöht (Tab. 252).

Eine Einteilung nach morphologischen Gesichtspunkten ist ebenfalls möglich. Sichelzellanämie ist in Afrika, Mittel- und Südamerika weit verbreitet, die Erythrozyten sind durch einen genetischen Defekt sichelförmig. In der β-Kette des Hämoglobins ist an einer Stelle Glutaminsäure durch Valin ersetzt. Der O_2-Austausch ist erschwert und der Erythrozytenabbau gesteigert; deshalb wird die Sichelzellanämie auch zu den **hämolytischen** Anämien gerechnet.

Bei **aplastischen** Anämien ist die Abbaurate der Erythrozyten normal, während die Syntheserate vermindert ist. Bei **Thalassämien** ist durch einen genetischen Defekt entweder die Synthese der α- oder der β-Kette des Hämoglo-

Tab. 251. Blutbild, Normalwerte

Parameter	Normalwerte Männer	Frauen
Leukozytenzahl (Leuko), WBC	5,0–10,0	5,0–10,0 × 10^9/l
Erythrozytenzahl (Ery), RBC	5 ± 0,5	4,5 ± 0,5 × 10^{12}/l
Hämoglobin, Hb	16 ± 2	14 ± 2 g/100 ml
Hämatokrit, Hk (Packed cell volume = PCV)	48 ± 4	42 ± 4%
Mittleres korpuskuläres Volumen (MCV)	89 ± 5	89 ± 5 μm^3
Mittlerer Hb-Gehalt der Ery (MCH)	29 ± 2	29 ± 2 pg
Mittlere korpuskuläre Hb-Konzentration (MCHC)	330 ± 20	330 ± 20 g/l

Tab. 252. Einteilung der Anämieformen aufgrund der Zellindizes (BÜHLMANN, FROESCH 1972)

	Hämoglobin g/100 ml	Erythrozyten $10^6/mm^3$	Hämatokrit %	HbE pg	HbK_E %	DV_E fl
Normwerte						
Mann	16±2	5±0,5	48±4	29±2	33±2	89±5
Frau	14±2	4,5±0,5	42±4			
Hypochrome Anämien (z. B. Eisenmangel-Anämie)	↓	↓	↓	↓	↓	↓
Hyperchrome Anämien (z. B. *Anaemia perniciosa*)	↓	↓	↓	↑	n	↑
Normochrome Anämien (z. B. aplastische Anämie)	↓	↓	↓	n	n	n

bins gestört. Fehlt beiden Eltern die α-Kette (α-Thalassämie), sterben die Kinder bereits intrauterin oder kurz nach der Geburt. Die β-Thalassämie ist als homozygote Form nicht letal. Ernährungsbedingte Anämien treten in den unterschiedlichen Anämiegruppen auf. Sie werden zweckmäßig nach dem Nährstoff klassifiziert, dessen Mangel oder Fehlen Symptome auslöst.

Eisenmangelanämie

Weltweit gesehen ist Eisenmangel die häufigste Anämieursache, schätzungsweise sind 1,5 Mrd. Menschen betroffen. Die Anämie ist nur eine Form des Eisenmangels, denn Eisen hat neben dem Sauerstofftransport als Hämoglobinbestandteil noch weitere Funktionen im Organismus. Die Cytochrome der Atmungskette und das Enzym Xanthinoxidase enthalten Eisen, für die Wirksamkeit weiterer Enzyme ist Eisen essentieller Cofaktor. Der Gesamteisenbestand von 4 bis 5 g findet sich aber hauptsächlich im Hämoglobin. Deshalb ist die Anämie auch die Haupterscheinungsform des Eisenmangels.

Die klinischen **Symptome** hängen vom Ausmaß des Eisenmangels ab, der in verschiedenen Stadien unterteilt wird (Tab. 253). Bei schwerer körperlicher Arbeit äußert sich Eisenmangel schon früher mit Müdigkeit und Abgeschlagenheit als bei überwiegend sitzender Tätigkeit. Zu geringe Eisenaufnahme führt zunächst zu einer Erschöpfung der Eisenspeicher Ferritin und Hämosiderin. Das Sinken des Eisenkörperbestandes bewirkt eine Erhöhung der Absorptionsrate, das Eisen der Nahrung wird besser ausgenutzt. Der menschliche Organismus besitzt keine Möglichkeit, die Eisenbilanz über gesteigerte oder gedrosselte Ausscheidung zu regulieren.

Tab. 253. Stadien des Eisenmangels

Prälatenter Eisenmangel:	Eisen-Speicher ↓ Absorptionsrate ↑
Latenter Eisenmangel:	Serum-Eisen ↓ Plasma-Transferrin ↑
Manifester Eisenmangel:	MCH ↓

Eine Diagnose des Eisenmangels im prälatenten Stadium erfordert aufwendige Untersuchungsmethoden. Im latenten Eisenmangel ist der Serumspiegel erniedrigt. Die typischen Symptome der Eisenmangelanämie treten erst im manifesten Eisenmangel auf. Die Patienten klagen über Abgeschlagenheit, Müdigkeit und sind teilweise depressiv. Die Haut und Schleimhäute sind blaß und spröde, Nägel und Haare sind brüchig. Zungenbrennen, Schluckbeschwerden, Mundwinkelrhagaden und Atrophie der Mundschleimhaut sowie Tachykardie sind weitere Symptome (Tab. 254).

Eisenmangel kann verschiedene **Ursachen** haben. Zu **geringe Zufuhr** ist neben Blutverlust ein häufiger Grund. Da Muttermilch und Kuhmilch keine guten Eisenquellen sind, entwickeln Säuglinge, die zu spät Breikost mit hoher Eisendichte erhalten, häufig eine Anämie. Milch einer Frau, die an Eisenmangel leidet, enthält zwar weniger Eisen, aber der Organismus ist in erster Linie bestrebt, den Nährstoffgehalt der Muttermilch und somit eine optimale Versorgung des Säuglings zu gewährleisten. Leichter

Tab. 254. Symptome der Anämie (BÜHLMANN, FROESCH 1972)

Hb (g/100 ml)	
8,5	Blässe
8,0	Tachykardie (↑ Puls)
6,5	Kopfschmerzen
5,0	Müdigkeit
3,5	Fieber
2,5	Herzversagen
2,0	Koma

Eisenmangel beeinflußt den Eisengehalt der Muttermilch kaum.

In der BR Deutschland nehmen Frauen im gebärfähigen Alter mit der Nahrung etwa 13 mg Eisen/d auf, die DGE empfiehlt eine Zufuhr von 18 mg/d. Männer haben einen niedrigeren Bedarf, den sie in der Regel über die Nahrung decken. Anders verhält es sich in Entwicklungsländern, wo Eisenmangel auch bei Männern häufig zu beobachten ist.

Der Mehrbedarf bei Frauen ergibt sich aus dem regelmäßigen Eisenverlust bei der Menstruation. Dieser Eisenverlust kann individuell stark schwanken und beträgt durchschnittlich 15–20 mg/Monat, er muß durch die Nahrungszufuhr wieder ausgeglichen werden. Die Verfügbarkeit des Nahrungseisens hängt stark von der Bindung im jeweiligen Nahrungsmittel ab (Kap. 3.3.1.2.8).

Neben ungünstiger Beeinflussung der Eisenabsorption ist in weiten Teilen der Welt ein absoluter Nahrungsmangel an der Entstehung von Eisenmangelanämien häufig beteiligt. Ungünstige Nahrungsmittelauswahl, trotz des vielfältigen Angebots, ist in der BR Deutschland Hauptursache der unzureichenden Eisenversorgung. Frauen bevorzugen trotz erhöhten Bedarfs Lebensmittel mit relativ niedriger Eisendichte, während Männer, deren Eisenbedarf niedriger ist, mehr Lebensmittel mit höherer Eisendichte verzehren.

Ein **erhöhter Eisenbedarf** kann ebenfalls Ursache eines Eisenmangels sein, wenn die Zufuhr nicht bedarfsgerecht ansteigt. Mit 25 mg Eisen/d haben Schwangere ab dem sechsten Monat einen deutlich erhöhten Eisenbedarf. Fetus, Uterus, Placenta und der Blutverlust bei der Geburt fordern eine Mehraufnahme von 900 mg Eisen bezogen auf die Gesamtdauer der Schwangerschaft. Bei schwerem Eisenmangel während der Schwangerschaft besteht erhöhtes Risiko für Früh- und Totgeburten. Die Eisenversorgung Schwangerer ist in der BR Deutschland kritisch, da bei vielen Frauen schon vor der Schwangerschaft prälatenter oder latenter Eisenmangel besteht. Während der gesamten Stillzeit ist der Eisenbedarf ebenfalls erhöht; die DGE empfiehlt Stillenden eine Eisenzufuhr von 22 mg/d.

Sekundäre Eisenmangelanämie liegt vor, wenn der Eisenmangel als Folgeerscheinung einer Krankheit auftritt. Bei Patienten mit chronischer, atrophischer Gastritis treten häufiger Eisenmangelanämien auf. Da bei ihnen die HCl-Produktion vermindert ist, wird Eisen nur unzureichend reduziert und absorbiert. Wird der Magen teilweise oder vollständig entfernt (Gastrektomie), ist die Eisenabsorption ebenfalls beeinträchtigt, und das Risiko, an einer Anämie zu erkranken, nimmt zu.

Bei Zöliakie und tropischer Sprue ist die Absorption vermindert, durch die Abschilferung und Atrophie der Dünndarmzotten geht dem Körper zusätzlich Eisen verloren. Länger andauernde, chronische Durchfälle vermindern durch die Beschleunigung der Darmpassage die Absorptionsrate, je nach Dauer und Schweregrad der Erkrankung entwickeln sich Eisenmangel und Anämie als Folgesymptome.

Protein-Energie-Malnutrition (PEM) ist oft mit einer Anämie verbunden, da zu wenig Transportproteine gebildet werden. Chronischer Blutverlust, der durch die Neusynthese von Hämoglobin nicht mehr ausgeglichen werden kann, ist eine häufige Anämieursache. Dies kann bei zu häufigen Blutspenden der Fall sein (1 l Blut enthält 500 mg Eisen). Erkrankungen des Magen-Darm-Traktes, die mit chronischem Blutverlust verbunden sind (Ulcus, Karzinom, Divertikulose), verursachen bei ausbleibender Behandlung häufig eine Anämie.

Infektionen mit Hakenwürmern sind in Entwicklungsländern weit verbreitet; schätzungsweise sind 600 Mio. Menschen davon betroffen. Hakenwürmer sind etwa 1 cm lang und besiedeln den Dünndarm. Bei schweren Infektionen sind über 500 Würmer im Darmlumen und saugen Blut aus der Mukosa. Ein Wurm kann aus der Mukosa täglich etwa 0,15 ml Blut aufnehmen. Schwere Anämien treten auf, wenn die Betroffenen zusätzlich noch mangelhaft mit Eisen versorgt sind. Diese Menschen sind in ihrer Leistungsfähigkeit stark eingeschränkt.

Bei genetisch bedingtem Transferrinmangel ist trotz intakter Absorption die Hämoglobinsynthese vermindert. Neben einer Anämie entsteht eine Siderose, in der das absorbierte Eisen in der Leber abgelagert wird. Genetische Enzymdefekte können dafür verantwortlich sein, daß vorhandenes Eisen nicht in den Porphyrinring eingebaut werden kann.

Die **Diagnose** kann nur aufgrund eines detaillierten Blutbildes gestellt werden. Der Hämoglobingehalt ist erniedrigt, die Erythrozyten sind in ihrer Größe verändert oder normal und enthalten weniger Hämoglobin. Zur Ermittlung der Anämieursache wird der Serumeisenspiegel bestimmt. Er liegt im Mangel unter 9 µmol/l. Die Bestimmung der Eisenbindungskapazität gibt Auskunft darüber, wie stark das Plasma-Transferrin mit Eisen abgesättigt ist. Normalerweise ist ⅓ des Transferrins mit Eisen abgesättigt, der Rest dient als Transportreserve. Eine Knochenmarkbiopsie gibt Aufschluß über die Eisenspeicherung des Körpers. Bei schwerem Mangel ist der Nachweis negativ.

Behandlung

Ziel der Behandlung einer hypochromen Eisenmangelanämie ist ein Anheben des Hämoglobingehaltes. Orale Eisengaben werden meist gut vertragen, es stehen organische und anorganische Eisenpräparate zur Verfügung. Bei latenter, bakterieller Infektion ist zu beobachten, daß anorganisches Eisen das Wachstum der pathogenen Keime fördert. Eine parenterale Eisentherapie wird selten angewendet. Bei Überdosierung von Eisen besteht die Gefahr einer Siderose.

Bei oraler Therapie bietet die Darmmukosa und ihre Regulation der Eisenabsorption einen ausreichenden Schutz vor einer Eisenüberlastung. Bei schwerem Eisenmangel kann die Therapie mehrere Monate dauern. Die Behandlung eines sekundären Eisenmangels ist nur dann erfolgreich, wenn gleichzeitig das Grundleiden mit behandelt wird. Die Therapie wird bis zur Beschwerdefreiheit fortgeführt. Die Auswahl von Lebensmitteln mit hoher Eisendichte und das Ausschalten negativer Einflußfaktoren der Absorption gewährleisten zuverlässigen Schutz vor erneutem Eisenmangel.

Vitamin-B_{12}-Mangelanämie

Vitamin B_{12} ist ein Cofaktor bei dem Methylgruppentransfer von Homocystein auf Methionin und bei der Umlagerung von Methylmalonyl-CoA zu Succinyl-CoA im Fettsäurestoffwechsel. Der C_1-Transfer ist Vorbedingung der Purin- und Pyrimidinsynthese, deshalb ist im Vitamin B_{12}-Mangel die DNS-Synthese vermindert. Da Erythrozyten eine relativ kurze Lebensdauer haben, ist bei Cobalaminmangel ihre Entwicklung beeinträchtigt. Es entsteht eine makrozytäre Anämie, deren Kennzeichen große Erythrozyten mit relativ viel Hämoglobin sind (hyperchrome Anämie).

Symptome der makrozytären Anämie sind gelblich fahle Haut, Veränderungen an den Schleimhäuten, Parästhesien an Händen und Füßen sowie psychische Veränderungen. Die Ursachen für einen Vitamin-B_{12}-Mangel sind vielfältig (Kap. 3.3.2.3.4).

Grundlagen der **Diagnose** ist die Erstellung eines Blutbildes. Die Anämie bei Cobalaminmangel ist makrozytär und hyperchrom. Da die DNS-Synthese vermindert und die RNS-Synthese nicht beeinträchtigt ist, ist die Anzahl der Erythrozyten verringert; Granulozytenkerne mit mehr als 4 Kernsegmenten werden ebenfalls beobachtet.

Der Serumcobalamingehalt (Normalwerte 15–70 µmol/l) gibt Auskunft über die Versorgung mit Cobalamin. Eine erhöhte Ausscheidung von Methylmalonsäure im Urin gilt als sicherer Nachweis eines Cobalaminmangels, da die Umlagerung von Methylmalonyl-CoA zu Succinyl-CoA auf Cobalamin als Cofaktor angewiesen ist, im Mangel entsteht Methylmalonsäure, die im Urin ausgeschieden wird.

Folsäuremangelanämie

Folsäuremangel ist weit verbreitet; in der BR Deutschland zählt die Folsäure zu den kritischen Nährstoffen. Die makrozytäre Anämie ist ein Symptom des Folsäuremangels. Folsäure ist essentieller Cofaktor bei der Purin- und Pyrimidinsynthese und deshalb wichtig für Zellteilung und -wachstum. Wegen der hohen Teilungsrate der blutbildenden Zellen im Knochenmark sind diese bei Folsäuremangel besonders früh betroffen. Veränderungen im Blutbild treten auf, wenn 6 Monate lang weniger als 5 µg Folsäure/d aufgenommen werden, die DNS-Synthese ist vermindert, die Zellen im Knochenmark teilen sich langsamer, die Reifung ist verzögert. Oft ist die Anzahl der Retikulozyten, Leukozyten und Thrombozyten verringert. Die Erythrozyten sind vergrößert und hämoglobinreich. Granulozyten enthalten häufig mehr als 4 Kernsegmente.

Die klinischen **Mangelsymptome** gleichen denen des Cobalaminmangels, nur die neurologischen Symptome fehlen.

Die **Diagnose** des Folsäuremangels geht von der Analyse des Blutbildes aus. Da eine makrozytäre Anämie auch als Folge eines Cobalaminmangels auftritt, müssen zur genauen Diagnose folsäureabhängige Parameter untersucht werden. Der Serumfolatgehalt liegt normalerweise bei 13–45 µmol//l. Im Stoffwechsel der Aminosäure Histidin spielt Folsäure ein wichtige Rolle. Beim Histidinabbau wird die Formiminogruppe des Formiminoglutamats (FIGLU) auf Tetrahydrofolsäure übertragen. Bei Folsäuremangel wird Histidin nur bis zu FIGLU abgebaut. Der orale Histidinbelastungstest dient zur Diagnose eines Folsäuremangels; ist der Organismus unzureichend mit Folsäure versorgt, wird vermehrt FIGLU im Urin ausgeschieden.

Die **Behandlung** des Folsäuremangels umfaßt orale oder parenterale Folsäuregaben, wobei auch hier gilt, daß die Behandlung eines sekundären Mangels nur dann erfolgreich ist, wenn das Grundleiden behandelt wird. Nach Normalisierung des Serumfolats ist auf ausreichende Nahrungszufuhr zu achten, um erneute Mangelzustände zu vermeiden. Bei regelmäßiger Anwendung von Medikamenten, die einen Konjugase-Hemmstoff enthalten, sollte der Serumfolatgehalt von Zeit zu Zeit kontrolliert werden.

Pyridoxinmangelanämie

Pyridoxin ist als Cofaktor der Porphyrinsynthese am Hämoglobinumsatz beteiligt. Bei Pyridoxinmangel ist die Porphyrinsynthese und ebenfalls, trotz ausreichenden Eisenangebots, die Hämoglobinsynthese vermindert. Der Serumeisenspiegel ist normal bis erhöht.

Mögliche **Ursachen** dieser seltenen Anämieform können durch primären und sekundären Pyridoxinmangel bedingt sein. Während der Schwangerschaft und der Stillzeit ist der Bedarf erhöht, ebenso bei regelmäßiger Einnahme oraler Kontrazeptiva. Dünndarmerkrankungen, die die Absorption der Nährstoffe beeinträchtigen, können auch für einen Pyridoxinmangel verantwortlich sein. Die Kostzusammensetzung beeinflußt den Bedarf. Eine hohe Proteinaufnahme erhöht den Pyridoxinbedarf, da Pyridoxin Coenzym im Aminosäurestoffwechsel ist.

Grundlage der **Diagnose** ist ein Blutbild mit Anzeichen einer hypochromen Anämie mit erniedrigter Retikulozytenzahl. Der Eisenspiegel ist normal bis erhöht. Empfindlicher Test für einen Pyridoxinmangel ist die Bestimmung der Aktivität der Transaminasen in den Erythrozyten (Kap. 2.4.3). Im Tryptophanstoffwechsel spielt Pyridoxin eine entscheidende Rolle, bei Pyridoxinmangel wird Tryptophan zu Xanthurensäure abgebaut, die im Urin ausgeschieden wird (Tryptophanbelastungstest). Die Ausscheidung von 4-Pyridoxinsäure, dem Endprodukt des Pyridoxinstoffwechsels, ist im Mangelzustand vermindert.

Die **Behandlung** umfaßt Pyridoxingaben und die Auswahl von Lebensmitteln mit hoher Pyridoxindichte, sowie die Behandlung des Grundleidens bei sekundärem Pyridoxinmangel.

Weitere ernährungsbedingte Anämieformen

Bei Bleivergiftung werden für die Porphyrinsynthese wichtige Enzyme wie z. B. die δ-Aminolävulinsäure-Dehydratase in ihrer Aktivität stark gehemmt. Darüber hinaus ist die Eiseneinlagerung in den Porphyrinring blockiert, wodurch eine hypochrome Anämie entsteht. Schwerer Proteinmangel beeinträchtigt die Hämoglobinsynthese sowie die aktive Absorption der essentiellen Cofaktoren. Mangel an essentiellen Aminosäuren kann die Hämoglobinsynthese ebenfalls beeinträchtigen.

Mangel an verschiedenen Vitaminen wie Vitamin C, Riboflavin und Vitamin E kann die Erythropoese vermindern und zu Anämien führen. Eine Unterversorgung mit Spurenelementen wirkt sich negativ auf die Blutbildung aus. Kupfer-, Zink- und Nickelmangel begünstigen die Entstehung von Anämien. Genaue Wirkungsmechanismen sind jedoch nicht bekannt. Der kausale Zusammenhang zwischen Nährstoffmangel und Anämie läßt sich nicht immer eindeutig nachweisen.

In den seltensten Fällen existiert ein Mangel an einem einzigen Nährstoff. Eine Malabsorption betrifft die Absorption fast aller Nährstoffe, eine fettarme Kost enthält auch wenig fettlösliche Vitamine. Die frühe Diagnose eines Nährstoffmangels ist bis heute schwierig, da wenig ausreichend empfindliche Nachweisverfahren zur Verfügung stehen.

5.10 Nahrungsintoleranzen

Nahrungsmittelintoleranzen (Nahrungsmittelunverträglichkeiten) sind durch nicht-toxische Nahrungsmittel oder Nahrungsmittelinhaltsstoffe ausgelöste Unverträglichkeitsreaktionen, an denen das Immunsystem nicht beteiligt ist. Sie werden in primäre und sekundäre Formen eingeteilt (Tab. 255).

Primäre Nahrungsmittelintoleranzen beruhen auf angeborenen oder erworbenen Fehlleistungen in Verdauung, Absorption oder Stoffwechsel von Nährstoffen. Der Verzehr bestimmter Nahrungsmittel ruft bei vorher beschwerdefreien Personen Krankheitssymptome hervor, ohne daß eine Allergie gegen die betreffenden Nahrungsmittel besteht.

Sekundäre Nahrungsmittelintoleranzen treten als Folgeerscheinungen oder Begleitsymptome verschiedener Krankheiten auf (Tab. 255). Bei Protein-Energie-Malnutrition ist die Synthese der Verdauungsenzyme verringert, infektiöse Diarrhöen erhöhen den bakteriellen Abbau der Nahrungsbestandteile und fördern die Darmmotilität, Pankreaserkrankungen verringern die Synthese der Pankreasenzyme. Bei den genannten Krankheiten wird die aufgenommene Nahrung nur unvollständig verdaut und absorbiert. Unverträglichkeitssymptome wie abdominale Schmerzen, Flatulenz und Durchfall treten auf.

Primäre Intoleranzen gegen Nahrungskohlenhydrate

Verringerte Absorption von Kohlenhydraten führt dazu, daß diese in tiefere Darmabschnitte gelangen und das Substratangebot der Darmflora vergrößert wird. Die bakterielle Spaltung im Colon zu organischen Säuren fördert die Darmperistaltik und erhöht den osmotischen Druck im Lumen, es strömt Wasser ein.

Fructoseintoleranz beruht auf einer hereditären Störung des Fructosestoffwechsels. In Leber und Niere fehlt das Enzym Aldolase B, das Fructose-1-Phosphat spaltet; es kommt zur Anhäufung von Fructose-1-Phosphat. Glukoseabbau, Glykolyse und Gluconeogenese werden gehemmt, so daß nach fructosereichen Mahlzeiten Hypoglykämie auftritt.

Galactoseintoleranz ist eine erbliche Störung, vermutlich des Galactoseabbaus. Nach Galactoseverzehr steigt der Galactoseblutspiegel an und Galactose wird im Urin ausgeschieden. Der Glucosestoffwechsel ist ebenfalls betroffen, da Galactose-1-Phosphat angehäuft wird und dieser Metabolit den Hexosemonophosphatweg, die Gluconeogenese und die Utilisierung von Glucose aus Glykogen hemmt; schwere Hypoglykämie ist die Folge.

Glucoseintoleranz kann bei Säuglingen beobachtet werden. Schwere Durchfälle sind die Folge einer nicht intakten Glucoseabsorption. Möglicherweise beruhen die Symptome auf einer Störung des Na-abhängigen Glucosetransports durch die Mukosa oder auf einer zu gerin-

Tab. 255. Nahrungsmittel-Intoleranzen

A. *Primäre Intoleranzen:* Angeborene oder erworbene Fehler in Verdauung, Absorption oder Stoffwechsel von Nährstoffen

1. *Kohlenhydrat-Intoleranzen*
   Monosaccharide: Glucose, Galactose, Fructose
   Disaccharide: Lactose, Saccharose, Trehalose
   Polysaccharide: Stärke
2. *Protein-Intoleranzen:*
   Aminosäuren: Tryptophan, Methionin
   Proteine: Gluten
   Sonstige: Enterokinasemangel

B. *Sekundäre Intoleranzen:* Maldigestion und Malabsorption als Folgesymptome anderer Krankheiten
Beispiele: Infektiöse Diarrhöen, Pankreatitis, Lebererkrankungen, Protein-Energie-Malnutrition (PEM)

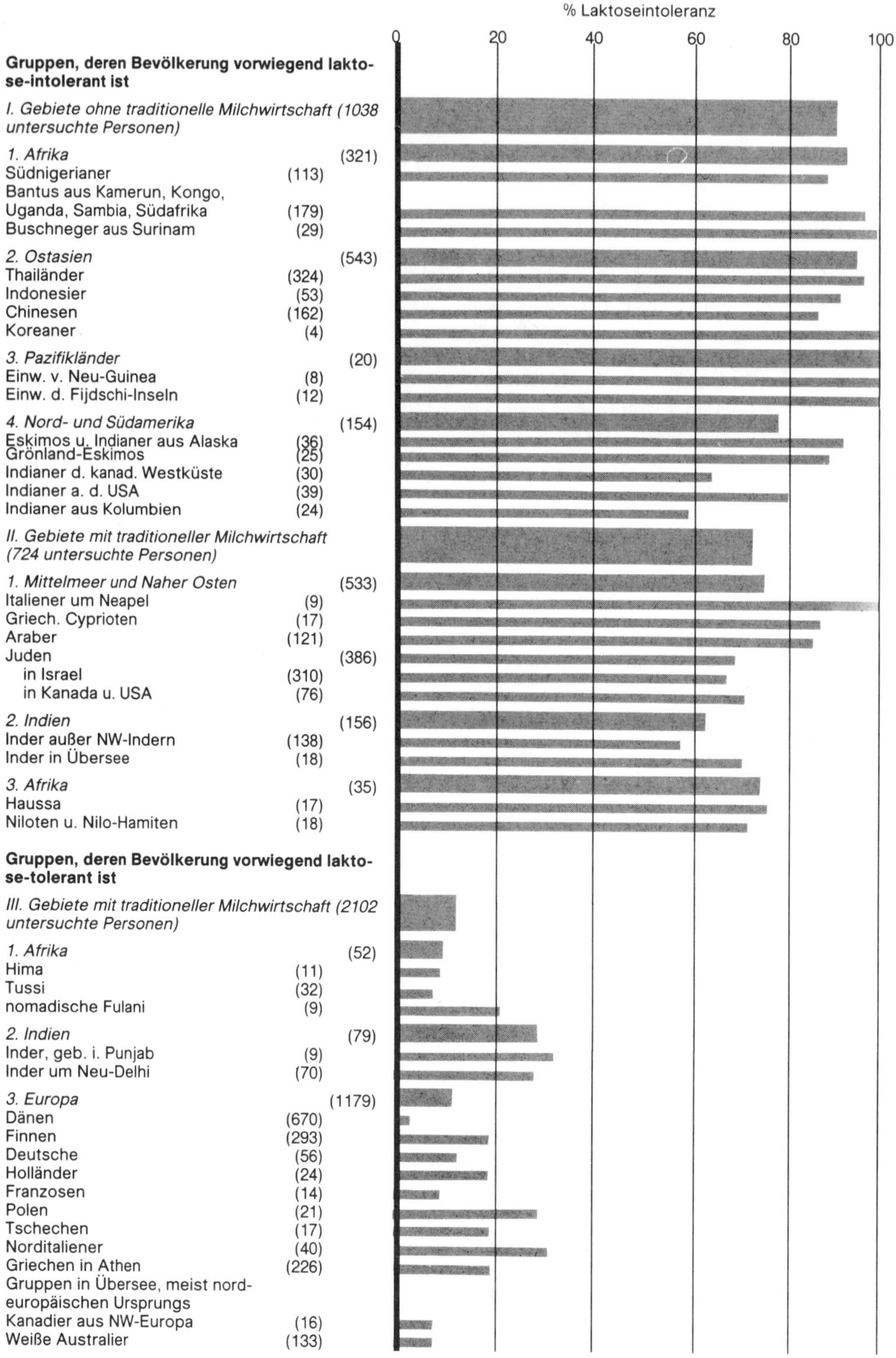
% Laktoseintoleranz
0
20
40
60
80
100
Gruppen, deren Bevölkerung vorwiegend laktose-intolerant ist
I. Gebiete ohne traditionelle Milchwirtschaft (1038 untersuchte Personen)
1. Afrika (321)
Südnigerianer (113)
Bantus aus Kamerun, Kongo, Uganda, Sambia, Südafrika (179)
Buschneger aus Surinam (29)
2. Ostasien (543)
Thailänder (324)
Indonesier (53)
Chinesen (162)
Koreaner (4)
3. Pazifikländer (20)
Einw. v. Neu-Guinea (8)
Einw. d. Fidschi-Inseln (12)
4. Nord- und Südamerika (154)
Eskimos u. Indianer aus Alaska (36)
Grönland-Eskimos (25)
Indianer d. kanad. Westküste (30)
Indianer a. d. USA (39)
Indianer aus Kolumbien (24)
II. Gebiete mit traditioneller Milchwirtschaft (724 untersuchte Personen)
1. Mittelmeer und Naher Osten (533)
Italiener um Neapel (9)
Griech. Cyprioten (17)
Araber (121)
Juden (386)
in Israel (310)
in Kanada u. USA (76)
2. Indien (156)
Inder außer NW-Indern (138)
Inder in Übersee (18)
3. Afrika (35)
Haussa (17)
Niloten u. Nilo-Hamiten (18)
Gruppen, deren Bevölkerung vorwiegend laktose-tolerant ist
III. Gebiete mit traditioneller Milchwirtschaft (2102 untersuchte Personen)
1. Afrika (52)
Hima (11)
Tussi (32)
nomadische Fulani (9)
2. Indien (79)
Inder, geb. i. Punjab (9)
Inder um Neu-Delhi (70)
3. Europa (1179)
Dänen (670)
Finnen (293)
Deutsche (56)
Holländer (24)
Franzosen (14)
Polen (21)
Tschechen (17)
Norditaliener (40)
Griechen in Athen (226)
Gruppen in Übersee, meist nordeuropäischen Ursprungs
Kanadier aus NW-Europa (16)
Weiße Australier (133)

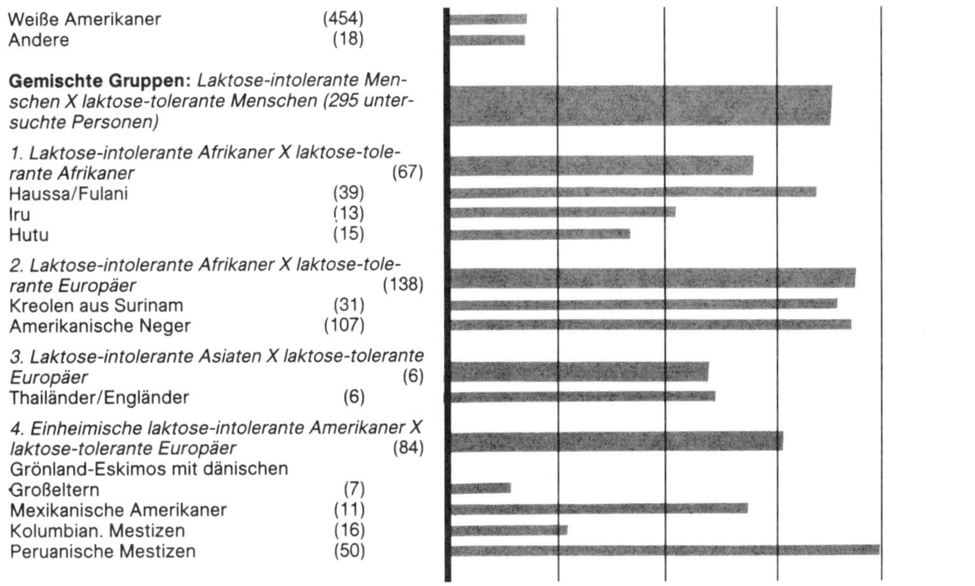

Abb. 134. Verbreitung der Lactasephänotypen in der Weltbevölkerung. Die Anzahl der Untersuchten ist in Klammern angegeben (nach FICKLER, LEITZMANN 1980).

gen Anzahl von Bindungsstellen. Die Behandlung erfolgt mit Hilfe einer zuckerfreien Diät.

Lactoseintoleranz ist die häufigste Nahrungsmittelunverträglichkeit. Lactose ist das Hauptkohlenhydrat der Milch, das in der pharmazeutischen Industrie als Trägersubstanz verwendet wird. Die hydrolytische Spaltung in Glucose und Galactose erfolgt im Dünndarm durch Lactase, einer Disaccharidase, die im Bürstensaum der Mukosazelle lokalisiert ist. Lactase hat von allen Disaccharidasen die niedrigste Aktivität, deshalb ist die Lactoseintoleranz auch die häufigste sekundäre Disaccharidintoleranz.

Die **kongentiale** Form der Lactoseintoleranz ist eine seltene Krankheit, die schon bei der Geburt besteht. Diesen Säuglingen fehlt Lactase vollständig. Schwere osmotische Durchfälle und Erbrechen treten nach dem Verzehr von lactosehaltigen Speisen auf.

Die **primäre** Lactoseintoleranz bei Erwachsenen beruht auf einer Abnahme der Lactaseaktivität, die im Kindesalter einsetzt. Je nach Abnahme der Aktivität kann Lactose nur in kleinen Mengen oder gar nicht vertragen werden. Der Rückgang der Lactaseaktivität nach dem Säuglingsalter stellt einen normalen physiologischen Vorgang dar, der beim überwiegenden Teil der Weltbevölkerung zu beobachten ist (Abb. 134). Bei einigen Rassen ist die Lactoseintoleranz im Erwachsenenalter besonders ausgeprägt. Australische Ureinwohner, Neger und Inder sind fast völlig lactoseintolerant, während Weiße europäischer Abstammung (Kaukasier) auch im Erwachsenenalter Lactose gut vertragen. Vermutlich entstand im Laufe der Evolution durch Mutation eine Menschengruppe, deren Lactaseaktivität im Erwachsenenalter nicht abnahm. Wie weit kontinuierlicher Milchverzehr auch nach der Abstillphase einer Lactoseintoleranz vorbeugen kann, ist bisher wenig untersucht.

Werden osmotische Gärungsdurchfälle, abdominale Schmerzen, Flatulenz und Erbrechen einer Lactoseunverträglichkeit zugeordnet, können verschiedene Testverfahren zur genauen Diagnose herangezogen werden.

Beim oralen Lactosebelastungstest werden 50 g Lactose oder 2 g/kg Körpergewicht in einer 10%igen, wäßrigen Lösung verabreicht und anschließend der Anstieg des Blutglucosegehalts beobachtet (Abb. 135). Steigt der Blutglucosegehalt um weniger als 20 mg/100 ml an, liegt definitionsgemäß eine Lactoseintoleranz vor. Genauer, aber aufwendiger, ist die Messung der Lactoseverwertung durch Applikation radioaktiv markierter Lactose. Die Bestimmung von $^{14}CO_2$ in der ausgeatmeten Luft gibt Auskunft über die Höhe der Lactosespaltung und

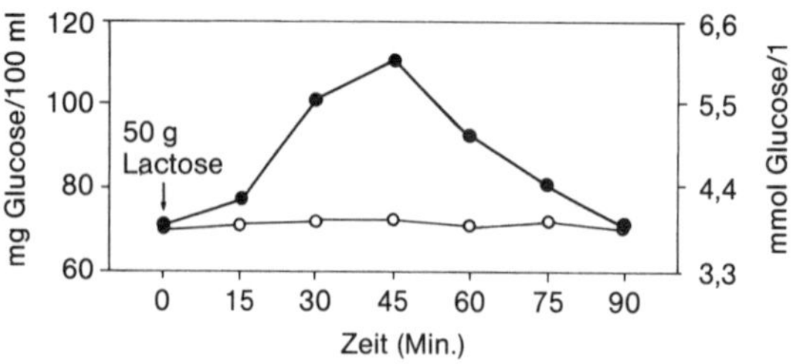

Abb. 135. Blutglucosegehalt nach oraler Belastung bei Stoffwechselgesunden (●) und bei Lactasemangel (○) (nach BUDDECKE 1978).

-aufnahme. Wird bei einem Lactosebelastungstest gleichzeitig Bariumhydroxid als Kontrastmittel gegeben, kann bei einer Röntgenuntersuchung die Vergrößerung des Darmvolumens beobachtet werden.

Die Behandlung der Lactoseintoleranz besteht in einer Substitution lactosehaltiger Lebensmittel (Tab. 256). Problematisch ist die Situation in Entwicklungsländern, da dort Lactoseintoleranz besonders häufig auftritt. Der Mangel an hochwertigem Nahrungsprotein führte zum Export von Milchprodukten als Nahrungsmittelhilfe von den Industrieländern in die Entwicklungsländer (1980 lieferte die EG 150000 t Magermilchpulver; 1986 nur 87000 t). Durchfälle und bei Kleinkindern auch die Gefahr einer Exsikkose stellen diese Maßnahme in Frage. Der Verzehr von fermentierten Milchprodukten (Joghurt, Dickmilch u. a.) wäre vorzuziehen. Diese Lebensmittel enthalten weniger Lactose, tragen aber dazu bei, Lücken in der Proteinversorgung zu schließen.

Tab. 256. Lactosegehalt von Milch und ausgewählten Milchprodukten (RENNER, RENZ-SCHAUEN 1986)

Milch, Milchprodukte		Lactose g/100 g
Frauenmilch		6,9
Kuhmilch, pasteur.; 3,5% Fett i.Tr.		4,8
Vollmilchpulver		38
Magermilchpulver		51,5
Joghurt aus Trinkmilch		
3,5% Fett i.Tr.		4
1,5% Fett i.Tr.		4,1
Buttermilch		3,5
Käse		
Butterkäse	50% Fett i.Tr.	0,6
Edamer	45% Fett i.Tr.	2
Gouda	45% Fett i.Tr.	2
Tilsiter	45% Fett i.Tr.	2
Speisequark	40% Fett i.Tr.	3,1
	mager	3,2

Trehaloseintoleranz ist eine seltene Form der Disaccharid-Intoleranzen. Trehalose ist ein nicht reduzierendes Disaccharid aus Glucosemolekülen. Es kommt hauptsächlich in Pilzen, Bakterien, Hefen und Algen vor. Bei verringerter Aktivität der im Bürstensaum lokalisierten Trehalase gelangt ungespaltene Trehalose in tiefere Darmabschnitte und wird bakteriell abgebaut. Da Pilze die Hauptquelle der Trehaloseaufnahme sind und Symptome vor allem nach Pilzmahlzeiten auftreten, kann Trehaloseintoleranz leicht mit einer Pilzallergie oder -vergiftung verwechselt werden. Ein Trehalosebelastungstest mit Überwachung des Blutglucoseanstiegs ist zur genauen Diagnose notwendig.

Saccharoseintoleranz ist durch eine zu geringe Saccharaseaktivität gekennzeichnet. Da Saccharase auch Isomaltaseaktivität besitzt, werden Saccharose und Isomaltose nur unzureichend abgebaut. Abdominale Schmerzen und Durchfälle sind die typischen Symptome. Saccharoseintoleranz ist eine seltene Krankheit; im Vergleich zur Lactoseintoleranz ist sie fast bedeutungslos. Der Abbau der Nahrungsstärke ist bei Saccharasemangel ebenfalls unvollständig. Die anfallenden Disaccharide werden nicht völlig gespalten.

Von **Stärkeintoleranz** wird auch gesprochen, wenn die Produktion der Pankreasamylase durch genetische Einflußfaktoren verringert ist. Wesentlich häufiger werden aber Störungen der Stärkeverdauung beobachtet, die auf Erkrankungen des Pankreas beruhen.

Intoleranzen gegen Nahrungsproteine

Tryptophanintoleranz unterscheidet sich in ihren Symptomen deutlich von Kohlenhydratintoleranzen. Bei der HARTNUP-Krankheit ist die Tryptophanabsorption aus dem Dünndarm gestört, die renale Reabsorption ist ebenfalls vermindert. Da aus Tryptophan Niacin gebildet werden kann, treten bei schwerem Tryptophanmangel Pellagrasymptome auf. Das nicht absorbierte Tryptophan wird im Darm bakteriell zu Indolderivaten abgebaut, die die Tryptophanabsorption und die Niacinsynthese zusätzlich hemmen. Die Absorption toxischer Indolderivate führt möglicherweise zu einer geistigen Retardierung, analog der Phenylketonurie.

Methioninintoleranzen werden in der Literatur beschrieben. Absorptionsstörungen werden für das Fehlen von Methionin im Urin verantwortlich gemacht, in den Fäzes ist der Methioningehalt hoch. Weißes Haar, Ödeme, Krämpfe und geistige Retardierung sind die typischen Symptome. Eine Methioninsupplementation führt zu einer teilweisen Besserung.

Gluteninduzierte Enteropathie (Zöliakie, nicht-tropische Sprue) ist die häufigste Proteinintoleranz. Gliadin, die alkohollösliche Fraktion des Glutens, löst die typischen Symptome aus. Weizen-, Roggen-, Gersten- und in geringem Umfang Haferprotein enthalten Gliadin; Reis und Mais sind gliadinfrei. In reinen Stärkemehlen ist kein Gliadin enthalten.

Die Ursachen der Krankheit sind nicht eindeutig geklärt. Möglich ist eine genetisch bedingte Störung der Peptidspaltung in der Mukosazelle. Inwieweit Gliadin selbst toxisch auf die Darmmukosa wirkt, ist ungeklärt. Gliadine können teilweise ungespalten absorbiert werden und induzieren im Blut die Synthese spezifischer Antikörper. Bei Zöliakie-Patienten lassen sich diese Antikörper im Blut nachweisen, ob sie aber für die Schädigung am Dünndarmepithel verantwortlich sind ist ungeklärt.

Der Verzehr gliadinhaltiger Nahrung führt zu einer Schädigung der Dünndarmmukosa. Entzündungen und Atrophie der Zotten sowie der Verlust des Bürstensaums verringern die Absorptionsfläche ganz erheblich. Eine allgemeine Malabsorption der Nährstoffe bedingt Gewichtsverlust und bei Kindern Wachstumsverzögerungen. Chronische Durchfälle und ein aufgeblähter Bauch bei dünnen Gliedmaßen sind weitere Kennzeichen. Mangelnde Absorption der Nahrungsfette führt zur Steatorrhoe. Die Absorption mittelkettiger Fettsäuren ist dagegen weniger beeinträchtigt. Nicht absorbierte Fettsäuren können mit Calcium unlösliche Kalkseifen bilden.

Vitaminmangelsymptome als Folge unzureichender Absorption werden besonders bei fettlöslichen Vitaminen beobachtet. Vitamin-D-Mangel beeinträchtigt zusätzlich die Calciumabsorption. Stark beeinträchtigt ist auch die Verdauung und Absorption der Kohlenhydrate. Die Schädigung des Bürstensaums verringert die Aktivität der dort lokalisierten Disaccharidasen und führt zu sekundären Disaccharidintoleranzen. Die Absorptionsgeschwindigkeit von Glucose und anderen Monosacchariden ist deutlich herabgesetzt, während die Verdauung und Absorption von Proteinen nicht in dem Maße beeinträchtigt ist.

Die Behandlung besteht aus einer vollständigen Elimination des Gliadins aus der Nahrung. Mais und Reis sowie verschiedene gliadinfreie diätetische Lebensmittel sind erlaubt. Eine Regeneration der Dünndarmzotten und -mukosa setzt bald nach Behandlungsbeginn ein, die vollständige Heilung ist aber ein langwieriger Prozeß und die Diät muß lebenslang eingehalten werden.

Unspezifische Proteinintoleranz liegt vor, wenn die Dünndarmmukosa zu wenig Enterokinase bildet. Enterokinase katalysiert die Aktivierung von Trypsin aus seiner inaktiven Vorstufe Trypsinogen. Trypsin ist an der Aktivierung von Chymotrypsin und der Carboxypeptidasen beteiligt, die ebenfalls als inaktive Vorstufen synthetisiert werden. Mangelnde Enterokinaseaktivität bedingt deshalb auch eine Störung der gesamten Proteinverdauung und -absorption.

Primäre Intoleranzen gegen Nahrungsfette

Intoleranzen, die auf einer Störung der Fettverdauung und -absorption oder einem Stoffwechseldefekt beruhen, sind bisher nicht bekannt. Eine isolierte Pankreasinsuffizienz, die nur Lipasen betrifft, existiert nicht. Sekundäre Störungen der Fettverdauung als Folge von Leber-, Galle- und Pankreaserkrankungen kommen dagegen häufiger vor, sie werden wie alle übrigen sekundären Intoleranzen durch eine Behandlung des Grundleidens abgebaut, während primäre Intoleranzen eine diätetische Behandlung mit Vermeidung des Verzehrs des jeweiligen Intoleranzreaktionen auslösenden Nahrungsmittels verlangen. Diätetische Maßnahmen können bei sekundären Intoleranzen aber die Therapie der Grundkrankheit positiv beeinflussen.

5.11 Nahrungsmittelallergien

Allgemeines

Nahrungsmittelallergien sind immunologische Abwehrreaktionen des Körpers gegen bestimmte Nahrungsmittel oder Nahrungsmittelbestandteile. Im Gegensatz zu einigen Nahrungsmitteln, die natürlich vorkommende Giftstoffe enthalten, müssen allergene Nahrungsmittel nicht toxisch sein; ihre allergene Wirkung entfalten sie auch nur bei sensibilisierten Personen. Nahrungsmittelallergene können nach

Aufnahme und Absorption sowie nach Inhalation, lokal oder hämatogen, verschiedene Krankheitsbilder auslösen.

Eine Allergie stellt eine Antwort des Immunsystems auf die Invasion körperfremder Substanzen, meist Proteine, dar. Der erste Kontakt mit dem Allergen (= Antigen) verläuft ohne äußere Symptome, es wird aber die Produktion eines spezifischen Antikörperproteins induziert; es handelt sich um Proteine der γ-Globulinfraktion, insbesondere um Ig E. Diese Antikörper werden an spezifische Rezeptoren der Mastzellen gebunden, die dadurch gegen das Allergen sensibilisiert sind.

Bei einem erneuten Kontakt kann die sensibilisierte Mastzelle das Allergen binden und es kommt zur Ausschüttung von Histamin, Serotonin und »slow reacting substance« aus den basophilen Granula der Mastzellen. Art und Dosis sowie das Zielorgan der Überträgersubstanz bestimmen die Symptome der allergischen Reaktion. Das Allergen selbst hat hierauf keinen Einfluß.

Eine Allergie, z.B. gegen Kuhmilch, kann bei einem Allergiker Hautekzeme und bei einem anderen Asthma bewirken. Es können aber auch mehrere Symptome gleichzeitig auftreten. Allergische Reaktionen, die über sensibilisierte Mastzellen vermittelt werden, treten unmittelbar nach dem Kontakt mit dem Allergen auf. Daneben besteht auch die Möglichkeit einer um mehrere Stunden bis Tage verzögerten allergischen Reaktion. Hierfür sind sensibilisierte T-Lymphozyten (Thymus-abhängig) verantwortlich. Je nach der Häufigkeit des Kontakts mit dem Allergen treten allergische Symptome akut oder chronisch auf.

Nahrungsmittelallergien sind von Nahrungsmittelintoleranzen (Kap. 5.10) abzugrenzen, bei welchen keine Antigen-Antikörper-Reaktion stattfindet. Es ist noch unklar, ob es sich bei der Zöliakie um eine Allergie oder um eine Intoleranz gegenüber dem Gliadin im Getreide handelt.

Absorption und Allergene

Bei allergenen Nahrungsbestandteilen handelt es sich fast ausschließlich um Proteine; sie unterliegen der normalen Proteinverdauung (Kap. 3.2.1.3). Der vollständige Abbau des Nahrungsproteins zu Aminosäuren würde den Körper vor dem Eindringen artfremden Proteins schützen. Bei intakter Proteinverdauung werden maximal 91% des nativen Proteins in Form von Aminosäuren absorbiert. Beim Gesunden ist der verbleibende Proteinanteil völlig unbedeutend, während er bei Sensibilisierten ausreicht, um allergische Manifestationen hervorzurufen.

Vom Säugling wird natives Protein absorbiert, da die Aktivität der Verdauungsenzyme noch nicht voll entwickelt ist. Es gelangt mehr ungespaltenes Protein in den distalen Dünndarm, die Proteinkonzentration im Lumen steigt, und es kann dadurch vermehrt Protein absorbiert werden. Hinzu kommt, daß die Permeabilität der Dünndarmschleimhaut des jungen Säuglings für Makromoleküle, z.B. Proteine, größer ist als die des Erwachsenen. Neugeborene absorbieren deshalb geringe Mengen des im Kolostrum reichlich enthaltenen sIgA. Der nicht absorbierte größere Teil an sIgA trägt zum Schutz des Neugeborenen vor enteralen Infektionen bei. Die höhere Permeabilität der Darmschleimhaut des Säuglings kann sich bei Säuglingsernährung auf Kuhmilchbasis nachteilig auswirken, denn auch unverdautes Protein der Kuhmilch wird absorbiert und kann zu einer Sensibilisierung führen. Die häufigste Allergie im Säuglingsalter ist deshalb die Kuhmilchallergie.

Beim Erwachsenen kann es ebenfalls durch zahlreiche Umstände zu einer erhöhten Absorption von Fremdprotein kommen. So verringert eine verminderte Produktion von Salzsäure im Magen, wie sie bei Allergikern beobachtet wird, die Aktivität von Pepsin. Bei Pankreaserkrankungen kann die Synthese und Aktivität der Enzyme Trypsin, Chymotrypsin und der Carboxypeptidasen verringert sein. Als Folge ist die Konzentration von Nahrungsprotein an den Absorptionsorten erhöht; die Wahrscheinlichkeit, daß diese absorbiert werden, ist größer.

Bei Verletzungen und Entzündungen kann die Permeabilität der Mukosa gesteigert sein. Auch Alkohol, Coffein und einige Gewürze steigern die Permeabilität für Proteine. Die Zubereitungsart des Nahrungsmittels beeinflußt ebenfalls die Verfügbarkeit der Inhaltsstoffe, so liefern Eier in Mayonnaise mehr absorbierbares Protein als hartgekochte Eier.

Überstürzt eingenommene Mahlzeiten können die Verdauung kurzzeitig überfordern, so daß mehr ungespaltenes Protein in den Dünndarm gelangt als unter normalen Umständen. Auslösender Faktor kann auch ein einseitiger, übertriebener Verzehr von proteinreichen, allergenpotenten Nahrungsmitteln sein; Protein wird vermehrt absorbiert und könnte eine Antikörperproduktion einleiten. So hat ein junger Mann bei einer Wette 24 rohe Eier verzehrt; seit dieser Zeit ist er hochgradig allergisch gegen Hühnereier.

Symptome der Nahrungsmittelallergien

Nahrungsmittelallergien treten besonders im Bereich der Haut, Atemwege und des Magen-Darm-Traktes auf. An den Lippen kommt es beim Kontakt mit Allergenen zu akuten Entzündungen (Cheilitis), Mundwinkelrhagaden und Ödemen. Zunge und Mundschleimhaut können urtikarielle Exantheme (Nesselsucht) aufweisen. Lebensbedrohlich sind Ödeme im hinteren Rachenraum und am Kehlkopf (Glottisödem).

Im Magen-Darm-Trakt kann sich eine Nahrungsmittelallergie mit Übelkeit, Erbrechen, Druck im Oberbauch, Durchfall, aber auch mit einer verzögerten Darmpassage durch Ödeme an der Dünndarmmukosa äußern. Diese Symptome können entweder akut oder chronisch auftreten; Gastritis und Colitis zählen zu den chronischen Symptomen.

Nach der Absorption der Allergene reagiert die Immunabwehr mit typischen, allergischen Symptomen, welche häufig Haut und Schleimhäute betreffen. Akute Symptome der Haut sind Juckreiz, Nesselsucht (Urtikaria) und Quincke Ödeme, die keinen Juckreiz auslösen; diese können am ganzen Körper oder nur begrenzt auftreten. Schon vorhandene Hauterkrankungen verschlechtern sich und bei regelmäßigem Verzehr von allergenen Nahrungsmitteln treten auch chronische Hautleiden auf.

Asthmabronchiale und allergische Rhinitis sind die häufigsten Erkrankungen der Atemwege, die beide auch chronisch auftreten. Allgemeines Unwohlsein, Migräne und Müdigkeit können auch auf eine Allergie hindeuten. Die gefährlichste allergische Manifestation ist der anaphylaktische Schock. Unmittelbar nach Kontakt mit großen Mengen des Allergens kommt es zu einem rapiden Blutdruckabfall, da die Permeabilität der peripheren Gewebe verändert ist, die Herzfrequenz ist stark erhöht, der Patient ist blaß und kann sein Bewußtsein verlieren. Ohne sofortige Behandlung führt der anaphylaktische Schock zum Tode; Nahrungsmittelallergien verlaufen allerdings sehr selten tödlich.

Nahrungsmittel als Allergene

Die allergene Potenz der einzelnen Nahrungsmittel ist recht unterschiedlich. Besonders potente Allergene sind enthalten in Fisch, insbesondere Seefisch, Schalentieren, Nüssen, Hülsenfrüchten und Sellerie. Die Häufigkeit, mit der Allergien gegen Nahrungsmittel auftreten, ist außerdem von Verzehrsgewohnheiten abhängig. Häufigste Nahrungsmittelallergie Japans ist die Fischallergie, während bei uns die Milch- und Eiallergie an der Spitze liegen (Tab. 257). Nahrungsmittelgruppen lassen sich biologisch nach gemeinsamen Antigenkernen klassifizieren.

Tab. 257. Die Häufigkeit verschiedener Nahrungsmittel als Allergene (HANSEN und WERNER 1967)

Nahrungsmittel	% der Fälle
Kuhmilch	41
Hühnerei	34
Fisch	11
Obst	4,2
Hülsenfrüchte	2,5
Pferdefleisch	1,7
Fleisch	1,3
Gemüse	1,2
Zwiebeln	1,0
Sonstiges	2,2

Allergien gegen Antigenkomplexe, z.B. wie in der Kuhmilch, in der ein Komplex aus 5 Einzelantigenen vorliegt (die Milchproteine α-Lactalbumin, β-Lactoglobulin, Casein, Lipoproteine und Albumosen-Peptongemische), sind häufiger als solche gegen einzelne Fraktionen. Casein ist nicht tierartspezifisch. Von daher müssen bei einer nachgewiesenen Allergie gegen Casein alle Milcharten gemieden werden. Das α-Lactalbumin ist bei den meisten Milchallergien als Antigen beteiligt. Da es hitzelabil ist, muß der Genuß von abgekochter Milch aus diesem Grund bei einer isolierten α-Lactalbumin-Sensibilisierung keine Symptome hervorrufen, während bei einer Casein-Allergie rohe und gekochte Milch Beschwerden verursacht. Gelegentlich wird Rohmilch vertragen, während erhitzte Milch allergische Symptome verursacht. Als Allergene wirken hier Melanoidine, die durch Erhitzen aus Zuckern und

Aminosäuren entstehen (siehe MAILLARD-Reaktion). Sterilmilch und ultrahocherhitzte Milch enthalten mehr Melanoidine als pasteurisierte Milch. Bei Milchallergie sollten nicht nur Milch und Milchprodukte gemieden werden, sondern alle Nahrungsmittel, in denen sie enthalten sind.

Eier enthalten im Eiklar und Eigelb ein Antigen, das durch Kochen zerstört wird. Wegen des vielfältigen Einsatzes von Eiern in der Nahrungsmitteltechnologie wird beim Auftreten von Symptomen erst spät an eine Allergie gegen Eier gedacht.

Allergien gegen **Fische und Schalentiere** treten oft als heftige Reaktionen auf. Da Fisch in der Nahrungsmittelindustrie kaum verarbeitet wird, kann der Bezug zwischen Allergen und Symptom relativ rasch hergestellt werden. Zu berücksichtigen sind aber auch tierische Nahrungsmittel wie Geflügelfleisch und Eier von Tieren, die mit Fischmehl gefüttert werden, da hochgradige sensibilisierte Allergiker bei ihrem Verzehr Symptome aufweisen.

Obwohl **Fleisch** ein proteinreiches Nahrungsmittel ist, treten allergische Symptome nach Fleischverzehr selten auf. Milchallergiker vertragen Rindfleisch in der Regel ebenso beschwerdefrei wie Eiallergiker Geflügelfleisch.

Leguminosen sind potente Allergene, eine Sensibilisierung ist jedoch selten. Erbsen, Bohnen und Linsen haben einen gemeinsamen Antigenkern. Allergien gegen Sojabohnen sind schwer zu diagnostizieren und zu behandeln. Es gibt bisher nur wenige Nahrungsmittel aus Soja, doch werden viele Nahrungsmittel mit Sojaprotein angereichert, wie Kondensmilchersatz, Brot, Backwaren, Pralinen, Suppen, Soßen, Margarine, Brühwürfel und Salate. Allergien gegen Getreide, Obst, Gemüse und Nüsse sind selten anzutreffen, Zitrusfrüchte, Sellerie und fast alle Nußarten können aber gefährliche Allergene sein.

Nahrungsmittelzusatzstoffe sind organische Nicht-Proteine, die allergene Wirkungen hervorrufen können. Konservierungsstoffe wie Sorbinsäure, Benzoesäure, PHB-Ester und Propionsäure schützen Nahrungsmittel vor mikrobiellem Verderb; Antioxidantien verhindern den oxidativen Abbau von Fetten und Ölen, verschiedene Farbstoffe und Emulgatoren sollen Aussehen und Konsistenz der Nahrungsmittel positiv beeinflussen. Die Anwendung dieser Stoffe ist gesetzlich geregelt. Nach Absorption werden sie von körpereigenen Proteinen gebunden und anschließend als Antigene erkannt. Da sie nur mit der Proteinkomponente wirksam sind, werden sie als Haptene (Halbantigene) bezeichnet. Die Kennzeichnungspflicht für Nahrungsmittelzusatzstoffe erleichtert dem Allergiker die Nahrungsmittelauswahl.

Allergien gegen unerwünschte **Rückstände** in Nahrungsmitteln stellen eine schwierige Situation für Personen dar, die gegen Arzneimittel, z. B. Antibiotika, zum Teil heftig allergisch reagieren. Die mechanische Massentierhaltung kommt ohne diese Stoffe nicht mehr aus. Inwieweit der regelmäßige Verzehr von Antibiotika mit der Nahrung zu einer Sensibilisierung führen kann, ist umstritten. Bei hochgradig sensibilisierten Menschen reichen jedoch noch unter der zulässigen Höchstgrenze liegende Mengen aus, um allergische Symptome auszulösen. Neben Tierarzneimittelrückständen sind auch Pestizide, Metallverunreinigungen, Reinigungs- und Desinfektionsmittelreste als Haptene wirksam. Die Festsetzung von Höchstmengen bietet den Betroffenen keinen ausreichenden Schutz, da der Sensibilisierungsgrad individuell verschieden ist; selbst wenn ADI-Werte nicht überschritten werden, können Symptome auftreten.

Die **Diagnose** für Nahrungsmittelallergie wird mit einer sorgfältigen Anamnese, verschiedenen Methoden der Hauttestung und immunologischen Nachweisen gestellt, um bei einem Allergieverdacht die allergene Substanz zu identifizieren. Bei Nahrungsmittelallergien besteht zusätzlich noch die Möglichkeit, im Rahmen einer länger andauernden, stationären Behandlung einzelne Nahrungsmittel oder Kostformen zu testen. Keine der Testmethoden ist zuverlässig und aufgrund der verwirrenden Vielfalt der Symptome wird die richtige Diagnose häufig spät oder überhaupt nicht gestellt.

Die einfachste und einzig sichere **Behandlung** besteht im Meiden der betreffenden Nahrungsmittel, wenn die Allergene identifiziert sind. Dies ist theoretisch zwar einfach, doch in der Praxis kaum durchführbar, da eine genaue Kenntnis der Zusammensetzung der angebotenen Lebensmittel erforderlich ist. Die Durchführung von Desensibilisierungsdiäten erfolgt unter ärztlicher Aufsicht, dabei wird das Allergen in einer steigenden Dosierung verabreicht, um den Körper langsam an das Antigen zu gewöhnen. Diese Maßnahme ist sehr aufwendig und zeigt bisher wenig Erfolg.

5.12 Krebs

Krebs ist nach den Krankheiten des Herz- und Kreislaufsystems die zweithäufigste Krankheits- und Todesursache in westlichen Industrieländern. Eine endgültige Erklärung der Krebsursachen ist nach heutigem Wissensstand noch nicht möglich (Tab. 258).

Die Bedeutung von »Lebensmitteln«, definiert als Nahrung plus Luft und Wasser, ist offenkundig; sie nehmen neben Rauchen eine zentrale Stelle als Krebsursache ein. Verschiedene Wissenschaftler ordnen 40–60% aller Karzinome ernährungsbedingten Ursachen zu. Nicht nur die Aufnahme von karzinogenen Stoffen und die Bildung solcher Faktoren durch Bestandteile der Nahrung können eine Rolle spielen, sondern auch pharmakokinetische, metabolische und biologische Prozesse können durch Nahrung modifiziert, beschleunigt oder gehemmt werden (Tab. 259).

Überraschend ist die Kenntnis, daß in jeder menschlichen Zelle die Gene für die Entstehung einer Krebszelle vorliegen. Krebsauslösende Substanzen beeinflussen die genetische Struktur im Zellkern, so daß Veränderungen in der genetischen Steuerung des Zellstoffwechsels erfolgen, was als **Initiation** bezeichnet wird. Je nach Ausmaß der genetischen Schädigung richtet sich die Dauer der anschließenden, als **Promotion** bezeichneten Phase. Bestimmte Substanzen, z.B. Mutagene (genverändernde Stoffe), sowohl aus der Umwelt als auch aus der Nahrung stammend, und nicht unbedingt Kanzerogene, wirken mit unterschiedlich langer Dauer auf die vorgeschädigte Zelle ein und fördern die genetischen Veränderungen in Richtung Tumorwachstum.

Der Ernährungsstatus bestimmt dabei die Membranpermeabilität der Zellen und somit die Möglichkeit der krebserregenden Substanzen, in die Zellen einzudringen. Der beeinträchtigte Austausch bei Unterernährung könnte ein Schutz gegen Eintritt fremder Substanzen darstellen. Die Wirkung der Promotoren begünstigt auch den Vorgang der Initiation, d.h. die Promotion erfolgt nicht ausschließlich nachgeschaltet. Zur Ausbildung einer Krebszelle ist jedoch der Vorgang der Initiation sowie der der Promotion Bedingung.

Als **Progression** wird die letzte Entwicklungsphase bezeichnet, die bei ausreichender Veränderung der genetischen Steuerung eintritt. Es kommt zu Fehlsteuerungen der Enzymsynthese und damit zu ungehemmtem Zellwachstum und schließlich zur Ausdehnung auf umliegende Zellen und Gewebe. Das Wachstum des Krebses ist vom Wirtsorganismus abhängig und kann deshalb durch die Zusammensetzung der Kost stark beeinflußt werden. Bisherige Untersuchungen zeigen, daß langjährige Ernährungsgewohnheiten sowie Nährstoffmängel oder -überschüsse die Karzinomentstehung begünstigen.

Tab. 258. Krebsursachen (nach WEISSBURGER 1978)

Typ	Ursache	Befallene Organe	%
I.	*Beruf*	verschiedene	1 5
II.	Kryptogenetisch	verschiedene	10–15
III.	*Lebensmittel*		
	A. Tabak	Lunge, Pankreas, Blase, Niere	21
	B.		
	1. Nitrate Vitamin-C-Mangel Mykotoxine	Magen, Leber	5
	2. Fettreiche, ballaststoffarme, erhitzte Kost	Dickdarm, Bauchspeicheldrüse Brust, Prostata	45
	C. Multifaktoriell		
	1. Tabak, Alkohol	Mundhöhle, Speiseröhre	5
	2. Tabak, Asbest, Staub, Strahlung	Lunge, Luftröhre	5
IV.	*Iatrogenetisch*		
	Bestrahlung, Medikamente		1

Tab. 259. Hypothesen oder Fakten, nach denen die Ernährung die Krebshäufigkeit beeinflussen kann (modif. nach Doll, Peto 1981)

Möglichkeiten	Beispiele
1. Aufnahme von Karzinogenen in der Nahrung	1. Mit Karzinogenen verunreinigte Nahrung 2. In Pflanzenprodukten vorkommende »natürliche Karzinogene« 3. Bei der Nahrungszubereitung erzeugte Karzinogene 4. Durch Mikroorganismen in den gelagerten Nahrungsmitteln produzierte Karzinogene
2. Beeinflussung der Bildung von Karzinogenen im Körper	1. Aufahme von Substraten für die endogene Karzinogenbildung (z.B. Nitrit/Nitrat und sekundäre Amine zur Nitrosaminbildung) 2. Änderung der bakteriellen Darmflora (und damit der Kapazität zur Bildung karzinogener Metaboliten) 3. Veränderung der Aufnahme oder Ausscheidung von Cholesterin oder Gallensäuren (und damit die Bildung karzinogener Metaboliten im Darm)
3. Beeinflussung des Transportes sowie der Aktivierung und Entgiftung von Karzinogenen	1. Änderung der Konzentration oder der Dauer des Kontaktes im Darm (Ballaststoffe) 2. Induktion oder Hemmung von Enzymen, die den Karzinogen-Metabolismus bestimmen 3. Desaktivierung oder Verhinderung der Bildung reaktiver Karzinogen-Metaboliten (SH-Verbindungen, Selen, β-Carotin und Antioxidantien)
4. Promotion von transformierten Zellen	1. Beeinflussung der Stammzell-Differenzierung 2. Proliferations-Stimulation
5. Übergewicht	1. Östrogene, nach Menopause in Fettgewebe produziert

Dabei können die Ernährungseinflüsse auf folgenden Stufen zum Tragen kommen:

- als Träger von Karzinogenen bzw. Co- oder Präkarzinogenen (Initiation)
- als Träger von krebsbegünstigenden Faktoren (Promotion)
- als Träger von krebshemmenden Faktoren (Promotion)
- in der Verantwortung für den Zustand des Gesamtorganismus (bes. des Immunsystems).

Wichtig ist dabei, daß die Karzinombildung nicht innerhalb kurzer Zeit verläuft, sondern daß eine Phase mit meist langer Latenzzeit vorausgeht, die der ständigen Einflußnahme möglicher Promotoren durch die tägliche Nahrungsaufnahme entspricht.

Eine große Rolle spielen die durch Umweltverunreinigungen auf und in die Lebensmittel gelangten toxischen Verbindungen. Als erstes sind die **polyzyklischen aromatischen Kohlenwasserstoffe** (PAK) zu nennen, die sich vom Typ des 3,4-Benzpyrens ableiten lassen. Sie entstehen bei unvollständiger Verbrennung organischer Materie, d.h. bei Benzinmotoren sowie industriellen und im Haushalt üblichen Verbrennungsanlagen.

Es zeigt sich, daß die Hauptbelastung durch pflanzliche Nahrungsmittel erfolgt, die durch Sedimentation aus der Luftverunreinigung mit PAKs belastet werden. Des weiteren zählen geräucherte und stark geröstete Produkte zu der Gruppe belasteter Lebensmittel (Abb. 136). Jedoch nehmen sie nur eine zweitrangige Stellung ein, da in der BR Deutschland eine Höchstmengen-Verordnung für 3,4-Benzpyren von 1ppb (μg/kg) in geräucherten Fleischprodukten existiert. Eine ähnliche Verordnung für pflanzliche Lebensmittel wäre sehr zu wünschen, da gerade pflanzliche Produkte in einer vollwertigen Ernährung eine überragende Rolle spielen.

Bei der Pyrolyse (= starke, trockene Erhitzung) von Aminosäuren und Proteinen entstehen in Anwesenheit von Fettoxidationsprodukten stark mutagene Reaktionsprodukte, die vereinzelt karzinogen sind. Sie können beim Braten, Grillen, Rösten von proteinhaltigen Lebensmitteln entstehen, obwohl die Temperaturen unter küchenüblichen Bedingungen meist

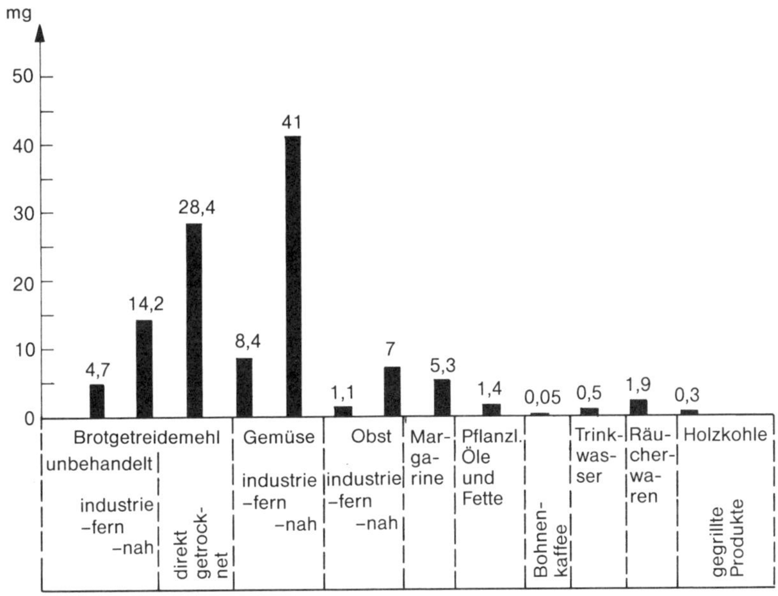

Abb. 136. Geschätzte Menge des mit der Nahrung aufgenommenen 3,4 Benzpyrens pro Kopf im Laufe von 70 Jahren (WYNDER et al. 1966).

niedriger liegen als bei Versuchen. Noch ist ungeklärt, ob und wie hoch das Risiko für die menschliche Gesundheit durch diese Verbindungen ist.

Mykotoxine sind natürliche, sekundäre Stoffwechselprodukte von Schimmelpilzen, die bei reichlichem Nährstoffangebot für Pilze und günstigen Umweltbedingungen (Feuchtigkeit, Temperatur, pH-Wert, osmotischer Druck) gebildet werden (Tab. 260). Aflatoxine, hauptsächlich des Schimmelpilzes *Aspergillus flavus*, sind am bekanntesten und stehen im Verdacht, die am stärksten oral wirksamen Leberkarzinogene zu sein, wobei Aflatoxin B_1 derzeit zu den potentesten Toxinen zählt. Nüsse (v. a. Erdnüsse) und Getreide stellen bei uns die größte Aflatoxin-Kontaminationsquelle dar.

Zu den Präventivmaßnahmen zählen, verschimmelte Roh- und Grundstoffe nicht zu verarbeiten (z. B. braunfaule Äpfel → Apfelsaft), angeschimmelte Lebensmittel zu verwerfen, angeschimmeltes Brot großzügig abzuschneiden, schimmelige Marmelade großzügig vom Schimmel zu befreien und mit Süßstoff herge-

Tab. 260. Natürliches Vorkommen karzinogener Mykotoxine in Lebensmitteln

Aflatoxin	Getreide (außer Roggen), Mais, Reis, Nüsse, Mandeln, Pistazien, Kürbiskerne, Brot, Fleischwaren; Futtermittel → Milch, Leber, Eier
Sterigmatocystin	Weizen, Reis, Pekannüsse, Brot, Käse; Futtermittel → Milch
Luteoskyrin, Regulosin	Reis, Gerste
Citrinin	Weizen, Roggen, Gerste, Hafer
Penicillinsäure	Weizen, Gerste, Mais, getrocknete Bohnenkerne; Futtermittel

stellte Marmelade bei Schimmelbefall auf jeden Fall zu verwerfen.

Die kanzerogene Wirkung von **Chloroform** in Trinkwasser, das zur Verhütung bakterieller Verunreinigungen durch Chlorierung entsteht, wird als relativ schwach bezeichnet.

Dagegen gehören die **Nitrosamine** zu den N-Nitrosoverbindungen, die eine Gruppe sehr potenter, chemischer Karzinogene bilden. Es gilt als sehr wahrscheinlich, daß diese Gruppe in praktisch allen wesentlichen Organen des menschlichen Organismus bösartige Tumore erzeugen kann, was jedoch von der chemischen Struktur, der Anwendungsweise sowie der Dosis abhängig ist. Bisher liegen hierfür nur gesicherte Ergebnisse aus Tierversuchen vor.

In den am häufigsten verzehrten Lebensmitteln wurden mehr oder weniger regelmäßig die beiden zyklischen Nitrosamine Nitrosopyrrolidin (NPYR) und Nitrosopiperidin (NPIP) sowie Dimethylnitrosamin (NDMA) gefunden. Die NDMA-Konzentration erhöht sich durch Erhitzen von gepökelten Fleischprodukten nicht, wogegen der Gehalt an NPYR stark zunehmen kann, z.B. stieg der Mittelwert bei Speck an NPYR von 1,2 µg/kg bei unerhitzten Proben auf 14,2 µg/kg nach dem Braten an (Tab. 261). Auch in Bier wurden regelmäßige Verunreinigungen mit NDMA gefunden, wobei sich Malz durch die direkte Beheizung bei der Malzdarre als die Quelle der Nitrosaminverunreinigung herausstellte. Durch geeignete Maßnahmen konnten die NDMA-Werte jedoch wieder gesenkt werden.

Nitrosamine in Brot, Getreideprodukten, Fisch, Milch und Milchprodukten, Kartoffel, Gemüse, Obst und Getränken treten dagegen nur äußerst selten auf. Das Vorkommen dieser potenten Karzinogene in der täglichen Nahrung darf jedoch nicht ignoriert werden, auch wenn eine Dramatisierung falsch wäre.

Im menschlichen Magen-Darm-Trakt erfolgt eine endogene Bildung von N-Nitrosoverbindungen aus an sich unbedenklichen Vorstufen. Diese nitrosierbaren Amine sind in der menschlichen Nahrung einmal als natürliche Bestandteile und zum anderen als Verunreinigungen weit verbreitet. Das mit der Nahrung aufgenommene Nitrat wird nach Absorption und Verteilung im Blut teilweise über die Speicheldrüsen wieder in die Mundhöhle ausgeschieden und kann dort von der Mundflora zu Nitrit reduziert werden. Dieses wird mit dem Speichel verschluckt und dient im Magen als Nitrosierungsagens. Die Nitritkonzentration im Speichel korreliert dabei mit der Höhe der Nitrataufnahme über die Nahrung. Alle pflanzlichen Nahrungsmittel sind relativ nitratreich. Besonders hohe Nitratgehalte finden sich in Wurzelgemüsen, wie z.B. rote Bete, Rettich und Radieschen sowie Blattgemüse.

Die Werte der Verunreinigungen mit krebserzeugenden Stoffen liegen zwar in bestimmten Nahrungsmitteln in der Regel niedrig bis sehr niedrig, jedoch dürfen sie nicht unberücksichtigt bleiben, da synergistische bzw. additive Wirkungen nicht ausgeschlossen sind.

In den letzten Jahren sind eine Reihe von Tatsachen bekannt geworden, die eine enge Beziehung zwischen der Vitaminversorgung und dem Krebsrisiko wahrscheinlich machen. Dabei stehen die Vitamine A, C und E im Vordergrund.

Vermutet werden starke Beziehungen zwischen der **Vitamin-A-** bzw. β-Carotinversorgung und dem Risiko, an einer epithelialen Krebsform zu erkranken. Dabei sind die Ursachen nicht genau zu definieren. Alle Argumente zusammengenommen sprechen jedoch dafür, daß eine gute Vitamin-A- bzw. β-Carotinversorgung mit einem geringeren Risiko einhergeht, an bestimmten Krebsarten zu erkranken. Von daher sollte für eine genügende Zufuhr mit Vitamin-A- bzw. β-Carotin-haltigen Nahrungsmitteln gesorgt werden.

Allgemein scheint eine ungenügende **Vitamin-C**-Versorgung die Mortalität zu fördern, was sich auch in einem erhöhten Krebsrisiko

Tab. 261. Nitrosamingehalte von Fleisch- und Wurstwaren sowie Käse (in µg/kg) (EISENBRAND 1981)

Lebensmittel	N	Nitrosamin	<0,5	0,5–4,9	>5	x_{max}
Fleisch	395	NDMA	268	118	9	12
Wurstwaren		NPYR	345	27	24	45
Käse	209	NDMA	159	48	1	5

äußert. Bei verminderter Salzsäureabsonderung des Magens können sich Nitrat-reduzierende Bakterien im Magen ansiedeln und vermehren. Mit dem Speichel gelangt Nitrat, als normaler Inhaltsstoff des Speichels, in den Magen und wird dort durch Bakterientätigkeit zu Nitrit reduziert. Die Nahrung enthält zudem eine Vielzahl von Verbindungen (Amine, Ureate, Guanidine, Carbamate, Aminosäuren, Peptide), die im Magen mit Nitrit reagieren und zu N-Nitrosoverbindungen umgesetzt werden können. Diese gehören zu den stärksten Karzinogenen und können somit ein Magenkarzinom provozieren. Ergebnisse zahlreicher Versuche konnten zeigen, daß Vitamin C eine wirksame Substanz ist, um die endogene N-Nitrosaminbildung zu blockieren. Somit kann Vitamin C von hervorragender Bedeutung vom Gesichtspunkt einer Krebsprophylaxe sein.

Durch einfachen Zusatz von Antioxidantien wie Vitamin C und **Vitamin E** zur Nahrung, wird eine eindeutige Reduktion toxischer Komponenten im Darm erreicht. Eventuell kann der Vitamin-E-Status durch Zurückdrängen der Konzentration an fäkalen Mutagenen das Risiko, an Colon-Krebs zu erkranken, vermindern. Diese Vermutung bedarf jedoch noch weiterer Untersuchungen.

Aufgrund von Untersuchungen ergeben sich Hinweise auf eine mögliche Beziehung zwischen **Cholesterin** und Krebs, wobei in erster Linie Colon- und Mammakarzinome betroffen waren. Als alleinige Ursache kommt Nahrungscholesterin kaum in Frage, da es mit den gesättigten Fettsäuren aufgenommen wird. Es liegen keine Untersuchungen vor, die beim Menschen einen Rückgang von Tumorerkrankungen nach Manipulation der Cholesterinzufuhr beschreiben. Damit sind die Hinweise für einen Zusammenhang zwischen Cholesterin und Krebs bisher spärlich und jedenfalls weit geringer als für einen Zusammenhang zwischen Cholesterin und koronaren Herzerkrankungen.

In bezug auf Fett und Kohlenhydrate läßt sich zusammenfassend sagen, daß Überernährung Tumorwachstum begünstigt und Unterernährung Tumorwachstum hemmt. Während zwischen Kohlenhydratzufuhr und Tumorgenese nach bisher vorliegenden Daten kein Zusammenhang anzunehmen sein dürfte, ist auf eine besondere Bedeutung des Fettes in der Krebspathogenese hinzuweisen. Eine Reihe von Krebserkrankungen sind mit hoher Fettzufuhr (mit 100–160 g Fett/d etwa doppelt so hoch wie die Aufnahme in Entwicklungsländern) in Verbindung zu bringen, und zwar auf Grund der verhältnismäßig hohen Inzidenz von Colon-, Mamma-, Pankreas- und Prostatakarzinom sowie Krebs der Gebärmutterschleimhaut und Nierenkrebs. Diese wiederum finden sich vermehrt in Ländern mit hohem Lebensstandard und westlicher Lebensweise.

Das Colonkarzinom liegt in der BR Deutschland neben den USA und anderen westlichen Ländern mit etwa 15 Todesfällen/10^5 Einwohnern/Jahr im obersten Bereich (Abb. 137). Und zwar spielt bei der Krebsentstehung offenbar nicht die Fettart (pflanzlich oder tierisch), sondern die Fettmenge eine wesentliche Rolle. Es konnte festgestellt werden, daß bei Bevölkerungsgruppen mit hoher Fettzufuhr die Menge der Steroide im Stuhl höher ist als bei niedriger Fettaufnahme. Es wird vermutet, daß Steroide eine unterstützende Wirkung auf den Effekt anderer Faktoren haben, die ihrerseits auf diese Weise leichter in der Lage sind, eine Krebsentwicklung auszulösen.

Neuere Untersuchungen deuten an, daß dem Verhältnis von Pflanzensterinen wie β-Sitosterol und Stigmasterol zu Cholesterin in der Kost bei der Entstehung von Karzinomen möglicherweise eine besondere Rolle zukommt. So scheint ein hoher Index (bei Vegetariern = 16; bei Normalpopulation = 0,49) das Risiko einer Krebsentstehung zu senken.

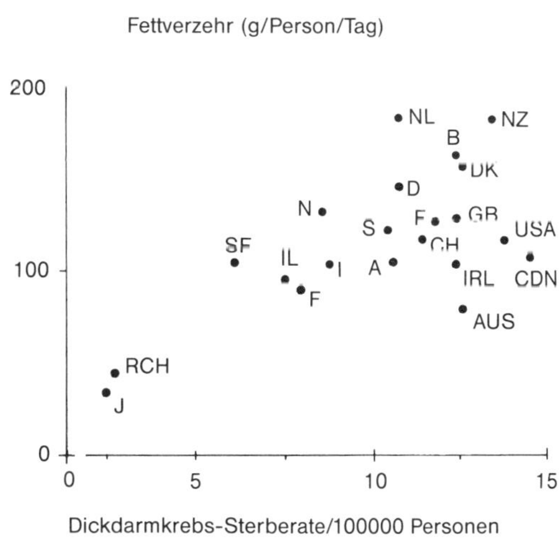

Abb. 137. Korrelation zwischen Fettverzehr und alters-standardisierter Sterberate an Dickdarmkrebs in verschiedenen Ländern (WYNDER et al. 1966).

Tab. 262. Ballaststoffe und Krebs

Hypothese: Ballaststoffe verhindern Krebs
Mechanismus:
Geringerer Darmkontakt möglicher Kanzerogene
- Größerer Darminhalt (Verdünnung)
- Adsorption (Bindung) von Kanzerogenen
- Erhöhte Durchgangsgeschwindigkeit (Transittime)

Veränderte Darmflora (anaerob → aerob)
- Weniger Kanzerogene aus Cholesterol und Gallensäuren
- Dickdarmpartien enthalten mehr anaerobe Bakterien

Empfehlung: Ballaststoffverzehr erhöhen (unbearbeitete Lebensmittel, Vollgetreideprodukte, Gemüse)

Bei hoher Fettzufuhr erfolgt eine vermehrte Ausscheidung von Gallensäuren mit dem Stuhl. Experimentell konnte ein fördernder Effekt der Gallensäuren auf Colonkarzinome gefunden werden. Durch eine höhere Aufnahme an Nahrungsfasern wird die Stuhlmenge im Gegensatz zum Stuhl bei Ballaststoff-armer Ernährung (Kontrolle) etwa verdreifacht. Dadurch liegt die Gallensäurekonzentration bei gleicher absoluter Ausscheidung im Vergleich zu Kontrollversuchen niedriger (Tab. 262).

Zudem konnte bei bestimmten Indolverbindungen speziell aus Kohlgemüse festgestellt werden, daß sie die Aktivität des Enzyms Arylhydrocarbon-Hydroxylase induzieren, das verschiedene kanzerogene Kohlenwasserstoffe inaktiviert (Tab. 263).

Insgesamt ist dabei die Korrelation zum Gesamtfettkonsum pro Kopf der Bevölkerung im Vergleich zu anderen Risikofaktoren als besonders bedeutsam hervorzuheben. Daher wird eine grundlegende Änderung der westlichen Ernährungsgewohnheiten, insbesondere eine Reduzierung der Fettzufuhr – und zwar gesättigter und ungesättigter Fette – auf max. 30% der Gesamtenergiezufuhr vorgeschlagen.

Neben Nährstoffüberschuß werden bestimmte Nährstoffmängel mit der Karzinomentstehung in Verbindung gebracht (Tab. 264).

Von einigen Autoren werden bestimmte Kostformen (»Tumordiät«, »Krebsdiät«) zur Heilung bösartiger Tumoren bzw. Wachstumsverzögerungen veröffentlicht. Sämtliche Mitteilungen über Heilerfolge mit sogenannten »Krebsdiäten« beruhen derzeit jedoch auf Spekulationen, unzureichend dokumentierten Fallberichten und falsch interpretierten, biochemischen bzw. tierexperimentellen Befunden. Allgemein wird von Ernährungswissenschaftlern eine vollwertige Ernährung als Empfehlung für Präventivmaßnahmen gegeben, die die einzelnen Nährstoffe im richtigen Verhältnis enthält.

Ist ein Mensch an Krebs erkrankt, so treten häufig nutritive Mangelerscheinungen und Ge-

Tab. 263. Krebshemmende Substanzen in der Nahrung

Lebensmittelgruppe	Substanz	vermuteter Wirkungsmechanismus	vermutete Wirkung
Gemüse, Kartoffeln, Obst	Vit. C	Antioxidans	verhindert Nitrosaminbildung
Vollgetreide, Nüsse, Pflanzenöle	Vit. E	Antioxidans, Membranschutz	verhindert Nitrosaminbildung
Grüne, gelbe Gemüsesorten, Leber	Vit. A Carotin	Antioxidans, Membranschutz, noch nicht erkannt	Schutzfunktion vor Tumorbildung
Kohlsorten	Indole, Phenole, Flavone, u. a.	Enzyminduktion	Schutzfunktion vor Tumorbildung
Nahrungspflanzen, abhängig vom Selengehalt der Böden	Selen	Antioxidans (Gluthationsperoxidase)	Schutzfunktion vor Tumorbildung
Vollkornprodukte, Gemüse, Salate	Ballaststoffe	Stabilisierung der physiologischen Darmflora, Adsorption von Schadstoffen, Transitzeitverkürzung	Schutzfunktion vor Dickdarmkrebs

Tab. 264. Nahrungsinhaltsstoffe, die mit der Karzinomentstehung in Verbindung gebracht werden

Inhaltsstoffe	möglicher Zusammenhang
Bei Überversorgung	
Nahrungsenergie	Hyperlipidämie
Fett	vermehrt Gallensäuren im Colon
Protein	Aminosäuren-Imbalanz
Alkohol	Leberschäden
Bei Unterversorgung	
Nahrungsenergie	verminderte Abwehrkraft
Vitamin A	verminderte Membranfunktion
Vitamin C	vermehrte Nitrosaminbildung
Vitamin E	verminderte Antioxidation
Selen	verminderte Antioxidation
Ballaststoffe	Obstipation

wichtsverluste aufgrund von Appetitlosigkeit auf. Hinzu kommen Aversionen gegenüber einigen Nahrungsmitteln sowie veränderte Geschmacks- und Geruchsempfindung. Eine Heilung von Tumoren ist durch Ernährung sicher nicht möglich, aber durch eine vollwertige Kost wird der kranke Organismus gestärkt und die Prognosen für notwendige Operationen verbessern sich. Fünf wichtige Grundsätze sollten in der Ernährung Krebskranker berücksichtigt werden um seine Lebensqualität zu verbessern (Tab. 265).

Tab. 265. Grundsätze zur Ernährung Krebskranker (Canzler 1983)

1. *Adäquate Ernährung* so früh wie möglich »Gesteuerte Wunschkost, d. h. Vermeidung von Aversionen, Überwindung der Anorexie
2. *Regelmäßige Gewichtskontrollen*
   Bei progredientem Gewichtsverlust Kostanzerreicherung
   Proteinkonzentrate, Dextrine, Vitamine in therapeutischen Dosen
   Substitution spezifischer Mangelkomponenten
3. *Bei fortgeschrittener Kachexie* ist Sonden-Ernährung oder totale parenterale Ernährung nicht zu umgehen
   Sie sollte rechtzeitig eingesetzt werden
4. *Gastrointestinale Funktionsausfälle* durch Tumor
   Operationen- oder Strahlen-Therapie müssen sorgfältig nach den üblichen Regeln behandelt werden
5. *Die adäquate Ernährung krebskranker Patienten erfordert eine sorgfältige Planung und Abstimmung auf die übrige Therapie*

5.13 Rheumatoide Arthritis

Die rheumatoide Arthritis (RA) oder primär chronische Polyarthritis (PCP) wird zusammen mit einigen anderen Krankheitsbildern unter der Bezeichnung »Entzündlicher Rheumatismus« zusammengefaßt. Er hebt sich ab von zwei weiteren Hauptgruppen rheumatischer Erkrankungen, dem degenerativen und extraartikulären Rheumatismus (Sammelbegriff des Weichteilrheumatismus).

Ganz allgemein versteht man unter Rheumatismus (gr. rheuma = Fluß, d. h. der Krankheitsstoffe bzw. Schmerzen) eine Erkrankung des mesenchymalen Systems, die durch eine vielgestaltige klinische Symptomatik charakterisiert ist. Mit 16%igem Anteil an der Gesamtmorbidität in mehreren europäischen Ländern zählt der Rheumatismus zu den am weitesten verbreiteten Krankheiten. Die RA steht in der Erkrankungshäufigkeit zwar nicht an der Spitze der rheumatischen Leiden, aber ihre volkswirtschaftlichen und sozialcn Auswirkungen sind groß. Die Patienten sind durch vielfältige Beschwerden stark betroffen, ohne Beeinflussung ihrer Lebenserwartung.

Die Bedeutung falscher Ernährungsgewohnheiten sowie einer Therapie durch bestimmte Ernährungsformen wird heute sehr kontrovers diskutiert. Ein Schwerpunkt liegt auch auf der Beeinflussung der entzündlichen Prozesse bei RA, weshalb diese rheumatische Erkrankung dargestellt wird.

Ätiologie und Pathogenese der RA

Die RA ist eine Allgemeinerkrankung, die schleichend oder in Schüben verläuft. Die Erkrankung beginnt mit einer allgemeinen Symptomatik wie Müdigkeit, Appetitlosigkeit, Gewichtsabnahme und Sensibilitätsstörungen. Auch kann ein Schwellungsgefühl in den Händen und leichte Muskelatrophie auftreten. Diesen Symptomen schließen sich Gelenkschwellungen an, mit einem Gefühl der Steifheit, das besonders in den Morgenstunden auftritt. Die

Haut über den befallenen Gelenken verfärbt sich bläulich. Bei der RA werden drei Verlaufsformen unterschieden:

- die **exsudative Arthritis**, bei deren Verlauf Schwellungen entstehen, die die Beweglichkeit einschränken
- die **fibröse Arthritis**, die durch Kapselschrumpfung zu Behinderungen führt
- die **knöcherne Ankylose**, bei der eine Totalversteifung der Gelenke vorliegt.

Die Ursache, die die Erkrankung an RA auslöst, ist bisher nicht bekannt. Sie setzt im 3.–5. Lebensjahrzehnt ein und betrifft Frauen dreimal häufiger als Männer. Vermutungen legen nahe, daß durch erbliche Faktoren sowie Alter und Geschlecht eine spezifische Disposition besteht und verschiedene exogene und endogene Faktoren zu einem Krankheitsausbruch beitragen.

Bezeichnend für die Erkrankung an RA ist das Auftreten des Rheumafaktors im Blut. Hierbei handelt es sich um einen Autoantikörper, meist der Immunglobulin M (IgM)-Klasse angehörend, der mit IgG-Molekülen Komplexe bilden kann. Der Nachweis des Rheumafaktors bedeutet aber nicht in allen Fällen eine Erkrankungsgefahr. Darüber hinaus ist die γ-Globulinfraktion im Serum bei RA-Patienten erhöht. Dies weist auf eine vermehrte Antikörperreaktion hin und ist ein Baustein für die heute als relativ gesichert geltende Annahme, daß die Entzündungsprozesse der RA auf Autoimmunreaktionen beruhen. Es wird angenommen, daß durch exogene Antikörper eine Sensibilisierung erfolgt, die zur zellulären Immunität gegen körpereigene Gewebebestandteile und zur Antikörperproduktion führt. Die Schädigung von Geweben im Zuge rheumatischer Entzündungen setzt diesen Prozeß fort und führt dazu, daß sich die Entzündung selbst erhält und nicht ausheilt.

Eine wichtige Rolle im Entzündungsgeschehen scheinen die Prostaglandine zu spielen. Sie werden in entzündeten Geweben vermehrt aus ihrer Ausgangssubstanz Arachidonsäure synthetisiert. Unter den verschiedenen Hauptgruppen der Prostaglandine sind die der E-Reihe im Entzündungszusammenhang relevant, u. a. können diese Substanzen Schmerzrezeptoren sensibilisieren. In diesem Zusammenhang erklärt sich die schmerzhemmende Wirkung von Acetylsalicylsäure, welche die Prostaglandinsynthese hemmt.

Medikamentöse Therapie und die Rolle der Ernährung

Der Einsatz von Medikamenten bei der Behandlung der RA zielt neben einer symptomatischen Therapie der Schmerzlinderung vor allem auf die Beeinflussung der Entzündungsprozesse ab. Eine vollständige Heilung ist nicht möglich. Schwierig ist in vielen Fällen die Anwendung von Medikamenten bei älteren Menschen, die zusätzlich an weiteren Behandlungs-bedürftigen Krankheiten leiden. Pharmakologische Wechselwirkungen müssen beachtet werden, sowie auch eine Veränderung des Bedarfes an verschiedenen Nährstoffen durch einzelne Medikamente.

Vorübergehende Linderung der rheumatischen Erkrankungen können operative Eingriffe bringen. Wichtig als Langzeittherapie ist gezielte Bewegung der Gelenke, die durch Massagen, Wärme- und lokale Kälteanwendungen unterstützt werden kann.

Der Ernährung wird bei rheumatischen Krankheiten eine immer wichtigere Bedeutung beigemessen. Zahlreiche »Rheumadiäten«, deren Konzeption meist auf vielfältigen Erfahrungen in der Praxis beruht, lassen nach wissenschaftlicher Überprüfung keine allgemeingültigen Aussagen über positive Wirkungen ausgewählter Nahrungsmittel zu. Da eine kausale Therapie der RA bis heute nicht möglich ist, erscheint es sinnvoll, Zusammenhänge zwischen dem Entzündungsgeschehen und der Ernährung zu erforschen, um eine mögliche Linderung für Erkrankte zu erreichen.

Ein wichtiger Hinweis auf eine Verbindung zwischen Ernährung und dem Auftreten rheumatischer Erkrankungen ist die häufig beobachtete Korrelation zwischen Stoffwechselstörungen wie Hyperurikämie, Hyperlipoproteinämie und Hyperlipidämie, Dyslipämie und Diabetes mellitus mit Arthrosen. Die Ablagerung von Stoffwechselprodukten im Gelenkknorpel ist vielfältig nachgewiesen.

Im Vordergrund vieler Empfehlungen steht die Hypothese, daß eine Hypersensibilität des Körpers gegenüber exogenen Faktoren, z.B. Nahrungsbestandteilen, den Entzündungsprozeß auslösen. Ziel der Ernährung soll es sein, neben einer optimalen Versorgung mit Nährstoffen die Verhältnisse im Darm so günstig zu gestalten, daß eine Intoxikation über diesen Weg vermieden wird.

Untersuchungen über den Nährstoffstatus von RA-Patienten weisen für eine Reihe von Nährstoffen wie Mg, Zink, Selen, Folsäure, Pantothensäure, Vitamin B_6 und Vitamin E, aber auch Calcium und Phosphor eine unzureichende Versorgung aus. Hier spielt die Immobilität und psychische Belastung durch das Krankheitsgeschehen sowie die mögliche Beeinflussung des Nährstoffbedarfs der Patienten eine große Rolle.

Zusammenhänge zwischen einzelnen Nährstoffen und ihrer Wirkung auf das Immungeschehen des Organismus zeigen die Bedeutung einer ausreichenden Versorgung. Im Tierversuch konnte bei einer fettreichen, proteinarmen Diät Übergewicht und eine erhöhte Infektanfälligkeit festgestellt werden. Immunglobuline (humorale Abwehr) traten vermehrt auf, während die zelluläre Abwehr geschwächt war. Umfangreichere Studien ließen die Schlußfolgerung zu, daß die Ernährung der Tiere einen Einfluß auf die Manifestation der Krankheit haben kann, genetische Faktoren dagegen unterschiedliche Reaktionen auf diätetische Maßnahmen bedingen.

Energieüberversorgung mit qualitativen Nährstoffmängeln bewirkt bei Menschen eine veränderte Lymphozytenreaktion mit geschwächter zellulärer Abwehr (T-Zellen). Durch langsame isolierte Proteinrestriktion kann die T-Zellenabwehr verstärkt werden. Auch einzelne **Aminosäuren** könnten von Bedeutung im Entzündungsgeschehen der RA sein. **Histidin** kommt im Plasma und der Synovialflüssigkeit von RA-Kranken in verminderter Konzentration vor. Neben einem möglichen Einfluß auf immunologische Vorgänge in der Synovia wirkt Histidin hemmend auf die Synthese von Prostaglandin E_2 (PG E_2). **Tryptophan** ist für die Aufrechterhaltung einer normalen Antikörperbildung wichtig. Bei RA-Patienten wurde eine erhöhte Ausscheidung von Abbauprodukten des Tryptophan-Stoffwechsels ohne entsprechenden Enzymdefekt festgestellt. Möglicherweise sind auch SH-Gruppen, d.h. schwefelhaltige Aminosäuren für den RA-Kranken in bezug auf ein funktionierendes Immunsystem von Bedeutung. Mehrere Hypothesen deuten eine wichtige Rolle an. Da SH-Gruppen im Proteinverband hitzelabil und oxidationsanfällig sind, stellt Frischkost eine wichtige Quelle dar. Obwohl einzelne Aminosäuren von besonderer Wichtigkeit für bestimmte Immunreaktionen zu sein scheinen, ist eine ausgewogene Zufuhr aller Aminosäuren notwendig.

Den **Fettsäuren** kommt in der Ernährung von RA-Patienten eine besondere Bedeutung zu, da die Prostaglandinsynthese von Arachidonsäure ausgeht (Kap. 3.2.1.1). Diese kann aus Linolsäure gebildet werden. In verschiedenen Diätmodellen soll die Synthese von den am Entzündungsgeschehen beteiligten Prostaglandinen beeinflußt werden (Tab. 266).

Ernährungsversuche konnten zeigen, daß eine Kost mit hohem Anteil an mehrfach ungesättigten und wenig gesättigten Fettsäuren und einer täglichen Zulage von 1,8 g Eicosapentaensäure bei RA-Patienten zu einer Verbesserung

Tab. 266. Einfluß der Fettsäurenzufuhr auf Autoimmunerkrankungen bzw. RA (ZIFF 1983)

Diätetische Maßnahme	Reaktion des Organismus	Auswirkung auf die Erkrankung
Keine ungesättigten Fettsäuren	Prostaglandinsynthese sinkt Gewebezusammensetzung verändert Makrophagen und Lymphozytenaktivität sinkt	verminderte Aktivität der Autoimmunerkrankungen bei Ratten
Nachtkerzenöl (reich an ungesättigten Fettsäuren)	Bildung von Dihomo-gamma-Linolensäure, die mit Arachidonsäure um Cyclooxygenase konkurriert und zu einer vermehrten Bildung von PGE_1 statt PGE_2 führt	Abnahme der Entzündungsaktivität der RA beim Menschen
Eicosapentaensäurereiche Diät (hochungesättigt)	Verschiebung der Prostaglandinsynthese vermehrte Bildung von PGE_3	Abnahme der Entzündungsaktivität RA beim Menschen

ihres Zustandes führte. Ursache hierfür könnte eine Verschiebung der Prostaglandinsynthese sein. Hohe Zufuhrmengen an Eicosapentaensäure liefern das Substrat zur Synthese der Prostaglandine der 3er Serie (z.B. E_3), die nicht so aktiv sind wie die entzündungsfördernden Prostaglandine der 2er Serie (z.B. E_2), die aus Arachidonsäure gebildet werden. Eine Änderung der Prostaglandinkonzentrationen kann die Immunantwort über verschiedene Mechanismen der Lymphozyten- und Makrophagenaktivität beeinflussen.

Verschiedene Hypothesen deuten für Vitamin E eine besondere Bedeutung in der Ernährung von RA-Patienten an. Es scheint für die Funktion des Immunsystems wichtig zu sein. Darüber hinaus schützt Vitamin E Membranen von Zellen und Zellorganellen, besonders die der Erythrozyten, vor Peroxidation. Da Lymphozyten aus den gleichen Stammzellen gebildet werden, wird auch hier eine Schutzfunktion des Vitamins vermutet. Seine antioxidative Wirkung scheint auch die Prostaglandinsynthese zu beeinträchtigen, da hierzu die Peroxidation der Arachidonsäure notwendig ist. Während des autoimmunen Entzündungsprozesses werden Hydrogenperoxid und Superoxid freigesetzt, aus denen das Hydroxylradikal entstehen kann. Diese Verbindung ist über die Peroxidation an der Zerstörung von Geweben (direkt durch Reaktion mit dem Protein und indirekt durch die lysosomalen Enzyme) beteiligt. Da die Vitamine A, E und C, aber auch Kupfer, Mangan, Selen und schwefelhaltige Aminosäuren vor Radikalen schützen, muß ihnen möglicherweise eine größere Bedeutung bei RA eingeräumt werden.

Im Zusammenhang mit der infolge von Steroidtherapie und Bewegungsmangel häufig bei RA-Patienten auftretenden Osteoporose und der Tatsache, daß ältere Patienten oft das Haus nicht mehr verlassen können, muß der Vitamin-D- und Calciumversorgung besondere Aufmerksamkeit geschenkt werden.

Zahlreiche Beobachtungen, vor allem auch aus Tierexperimenten, über eine möglicherweise günstige Beeinflussung des Krankheitsgeschehens der RA durch erniedrigte Zink-, Kupfer- und Magnesiumaufnahme liegen vor, jedoch können daraus bisher keine Empfehlungen für die Ernährung abgeleitet werden.

Zusammenfassend erscheint es sinnvoll, die Ernährung des RA-Patienten so zu gestalten, daß er ausreichend mit allen Nährstoffen versorgt ist, ohne die Supplementation einer Komponente herauszustellen. Eventuell bestehendes Übergewicht sollte reduziert werden, um die Gelenke zu entlasten. Es empfiehlt sich, einen möglichst hohen PS-Quotienten (≥ 1) in der Nahrung anzustreben. Der eventuell erhöhte Bedarf an mehreren Nährstoffen, v.a. Vitaminen, kann durch einen erhöhten Anteil an Frischkost in der Nahrung sowie Vollkornprodukten leicht gedeckt werden. Frischkost kann zusätzlich für die Infektabwehr von Bedeutung sein (Tab. 267). Zahlreiche Untersuchungen ergaben, daß die Krankheitsintensität durch Fasten vermindert wird. Die Maßnahmen sollten

Tab. 267. Bestandteile der Frischkost und ihre Auswirkungen auf die Infektabwehr (nach Langosch 1984)

Frischkostbestandanteil	Funktion bei Infektabwehr
hitzelabile Sulfhydrylgruppen	Steigerung der Proteinbiosynthese Ausscheidung von Giftstoffen Schutz der Membran vor Peroxidation
physiologische Inhaltsstoffe mit enzymatischer Entstehungsweise (hitzelabil), z.B. Indole, Sterole, Senföle	antimikrobielle Wirkung lipid- und blutdrucksenkend Schleimhautregeneration
biologische aktive Enzyme (hitzelabil)	verbesserte Immuntoleranz durch Persorption aus dem Intestinaltrakt
Ballaststoffe	Erhaltung einer gesunden Darmflora, die pathogene Keime inaktiviert
hoher P/S-Quotient	Verschiebung der PG-Synthese

allerdings nur unter ärztlicher Aufsicht angewendet werden.

Für den RA-Patienten ist besonders wichtig, selbst gegen seine Krankheit aktiv zu werden, seinem Körper durch gezielte Bewegungstherapie und eine gesunde Ernährung zu helfen. Besonders ältere Menschen bedürfen hier einer stärkeren Motivation und der Unterstützung durch gesunde Mitmenschen.

5.14 Infektionskrankheiten

Infektionskrankheiten haben die Geschichte der Menschheit begleitet. Vor allem in Krisenzeiten führten epidemische Ausbreitungen von Infektionskrankheiten zum Tod vieler Menschen. Fortschritte der Medizin bewirkten, daß Seuchen in Industrieländern aus dem Alltag der Bevölkerung verschwanden, ohne jedoch endgültig den Menschen vor neuen Infektionskrankheiten schützen zu können (z. B. AIDS). Erst in den letzten Jahrzehnten hat sich die Ernährungswissenschaft intensiver mit der Frage beschäftigt, welche Zusammenhänge zwischen Fehlernährung und dem Auftreten von Infektionskrankheiten bestehen.

Unter **Infektionsresistenz** wird der physiologische Schutz vor Infektionen verstanden. Dieser Schutz wird durch die **Infektabwehr** ermöglicht, welche sich aus nicht-immunologischen und immunologischen Abwehrmaßnahmen zusammensetzt (Tab. 268).

Bevor ein pathogener Mikroorganismus in den Körper eindringen kann, müssen zunächst die Barrieren der nicht-immunologischen Abwehr überwunden werden. Dabei stellt die Haut in erster Linie einen mechanischen Schutz dar. Gleichzeitig wird durch den niedrigen pH-Wert der Haut eine Ansiedlung von Mikroorganismen erschwert. Die inneren Oberflächen des Körpers sind durch Schleimhäute geschützt, wobei sezernierte Sekrete das Eindringen von Viren und anderen Mikroorganismen in die Zellen verhindern. Zusätzlich enthalten viele der sezernierten Körperflüssigkeiten bakterizide Substanzen, wie z. B. Lysozym im Speichel und Salzsäure im Magensaft. Eine weitere nicht-immunologische Abwehrmaßnahme findet sich im Intestinaltrakt. Eine Ansiedlung und Vermehrung von passageren Mikroorganismen wird hier durch die Darmflora, welche um die Nährstoffe konkurriert, aber auch Hemmstoffe produziert, erschwert.

Tab. 268. Maßnahmen der Infektabwehr

Nicht-immunologische Abwehrmaßnahmen
Haut und Schleimhäute
Schleim
Körperflüssigkeiten
Mikrobieller Antagonismus im Darm
Immunologische Abwehrmaßnahmen
Phagozytose
Komplement
Lysozym
Interferone
Natürliche Killerzellen
Immunglobuline
T-Lymphozyten

Tab. 269. Einflußfaktoren auf die Infektabwehr

Ernährungsabhängig:
Versorgung mit essentiellen Nährstoffen
Nahrungsrestriktionen und -überangebot
Versorgung mit pflanzlichen Wirkstoffen
Intakte Darmflora
Ernährungsunabhängig:
Alter
Streß
Körperliche Belastung

Immunologische Abwehrmechanismen kommen erst zur Wirkung, wenn die Mikroorganismen und deren Stoffwechselprodukte einen Eintritt in die Zellen gefunden haben. Die wichtigsten Bestandteile der immunologischen Abwehr sind Phagozytose durch Makrophagen und Granulozyten, Immunglobuline, zelluläre Immunität, Komplementsystem, Interferone, Lysozym sowie die natürlichen Killerzellen. Ausmaß und Intensität der Infektabwehr sind von zahlreichen Einflußfaktoren abhängig (Tab. 269).

Neben der genetischen Disposition kommt dabei vor allem der Ernährung eine grundlegende Bedeutung zu. Bei ausreichender Zufuhr sämtlicher essentieller Nährstoffe durch die Nahrung können alle Stoffwechselvorgänge ablaufen, die die biochemischen Grundlagen der Abwehrmechanismen darstellen. Noch bevor klinische oder subklinische Symptome einer unzureichenden Nährstoffversorgung zu erkennen sind, können bereits Immundefizite beobachtet werden. Aus diesem Grund ist die Funktionstüchtigkeit des Immunsystems die empfindlichste Meßgröße des Ernährungsstatus, obwohl Daten über die empfehlenswerte Zufuhr essentieller Nährstoffe in der Regel nicht in bezug auf immunologische Parameter festgelegt wurden.

Proteine sind Bestandteile aller Zellen, von Enzymen und Immunglobulinen. Eine unzureichende Zufuhr hat aus diesem Grund vor allem für die Antikörperbildung und Schleimhautintegrität weitreichende Folgen. Extremer Proteinmangel führt zu Marasmus und Kwashiorkor, den typischen Krankheitsbildern stark unterernährter Kinder in Entwicklungsländern. In Industrieländern dagegen liegt die Proteinversorgung teilweise weit über der empfohlenen Zufuhr. Eine nachteilige Wirkung einer überhöhten Proteinzufuhr auf die Infektabwehr ist bisher nicht bekannt.

Fette sind nur in Form essentieller Fettsäuren für die Infektabwehr von Bedeutung. Als Bestandteil von Membranen sind sie sowohl für die immunologischen als auch für die nicht-immunologischen Abwehrmaßnahmen wichtig. Essentielle Fettsäuren sind weiterhin Ausgangssubstanz für die Synthese von Prostaglandinen und Lymphokinen, welche als Botenstoffe zwischen Makrophagen und T-Lymphozyten fungieren.

Kohlenhydraten konnten bisher keine spezifischen Funktionen in der Infektabwehr zugeordnet werden (siehe Hyperglykämie).

Zur Bedeutung der **Vitamine, Mineralstoffe** und **Spurenelemente** für die Infektabwehr liegt eine Fülle von Daten vor, die hauptsächlich aus Tierversuchen stammen. Beim Menschen ist weniger über spezielle Auswirkungen einzelner Nährstoffmangelzustände auf das Immunsystem bekannt. Bei einer allgemeinen Unterernährung fehlen mehrere Nährstoffe gleichzeitig; Versuche mit isoliertem Nährstoffmangel beim Menschen sind nicht durchführbar oder nicht erlaubt.

Vitamin A ist für die Integrität der Haut und Schleimhäute wichtig. Im Tierversuch steigert eine leicht erhöhte Vitamin-A-Zufuhr die Infektionsresistenz und die Immunantwort nach antigener Stimulation. Beim Menschen führt Vitamin-A-Mangel zum vermehrten Auftreten spontaner Infektionen und zu verminderter Produktion von sekretorischem Immunglobulin A. **Vitamin-E**-Mangel beeinträchtigt bei Tieren die humorale Immunantwort, die Lymphozytenproliferation und die Infektionsresistenz. Die Aufnahme von Megadosen Vitamin E per se bewirkt bei verschiedenen Tierarten eine Steigerung der Immunantwort. Bei Senioren konnte nach Gaben von hohen Vitamin-E-Dosen in Kombination mit Vitamin C eine leichte Steigerung der Proteinsynthese einschließlich der Synthese der Immunglobuline festgestellt werden. Für Vitamin A und E gilt gemeinsam, daß noch nicht alle Einflüsse auf das Immunsystem bekannt sind.

Bei den **wasserlöslichen Vitaminen** Thiamin, Riboflavin, Niacin und Biotin zeigt eine unzureichende Versorgung nur geringe Auswirkungen auf die immunologischen Abwehrmaßnahmen. Die nicht-immunologischen Abwehrmaßnahmen (z. B. Haut und Schleimhäute) dagegen werden durch starken **Riboflavin-** und **Niacin**mangel erheblich geschädigt. **Pyridoxin** besitzt aufgrund seiner Rolle als Coenzym im Proteinstoffwechsel eine zentrale Bedeutung für das Immunsystem. Im Pyridoxinmangel sind u. a. die humorale und zelluläre Immunantwort unterdrückt, das Lymphgewebe verkümmert und die Aktivität des Thymushormons FTS ist vermindert.

Pantothensäure ist an der Synthese von Antikörpern beteiligt. Nach vorhergehender Immunisierung führt Pantothensäuremangel beim Menschen zu einer geringen Antikörperproduktion. Bei Patienten mit perniziöser Anämie (**Vitamin-B_{12}**-Mangel) kann eine leichte Einschränkung der Phagozytoseleistung sowie der bakteriziden Wirkung von Granulozyten beobachtet werden. Patienten mit **Folsäure**mangel zeigen eine verminderte zelluläre Immunität, die Lymphozyten lassen sich in vitro nicht stimulieren.

Über den Einfluß von **Vitamin C** auf die Infektabwehr liegt eine Fülle von Informationen vor, die sich in ihren Aussagen teilweise sehr unterscheiden. Allgemein anerkannt ist, daß Vitamin C Mechanismen der humoralen sowie der zellulären Immunität beeinflußt. Im Vitamin-C-Mangel sind u. a. die Zellmembranen geschwächt, die Produktion von Immunglobulinen sowie die Phagozytosekapazität von Granulozyten ist eingeschränkt.

Von den **Mineralstoffen** ist bekannt, daß zweiwertige Kationen wie **Calcium** und **Magnesium** einen regulatorischen Einfluß auf die Zellmembranen ausüben. Beide Kationen sind auch an der Aktivierung des Komplementsystems beteiligt. Auf **Eisen**mangel reagiert das Immunsystem sehr sensibel; bevor ein erniedrigter Hämoglobingehalt im Blut festgestellt werden kann, können bereits Beeinträchtigungen im Immunsystem beobachtet werden. Dabei reagieren vor allem Makrophagen und Granulozyten auf einen Eisenmangel. In Granulozyten ist Eisen als Enzymbestandteil essentiell für die bakterizide Wirkung dieser Zellen. Bei Eisenmangel ist die Infektionsresistenz erniedrigt.

Das Spurenelement **Zink** besitzt eine zentrale Bedeutung für das Immunsystem. Mehr als 100 Enzyme benötigen Zink als positiven Effektor, u. a. Enzyme zur Synthese von DNS und RNS. Bei Zinkmangel treten vor allem Störungen der zellulären und humoralen Immunität auf, die Aktivität der natürlichen Killerzellen, der T-Lymphozyten sowie des Thymushormons FTS nimmt ab.

Nahrungsrestriktion und -überangebot

Bei der Darstellung von Interaktionen zwischen Nährstoffzufuhr und Infektionsresistenz müssen zwei weitere Besonderheiten beachtet werden: Nahrungsrestriktion und -überangebot.

Zahlreiche Tierversuche zeigten, daß eine gerade bedarfsdeckende Aufnahme von Nahrungsenergie die Infektanfälligkeit und das Auftreten von altersspezifischen Krankheiten günstiger beeinflußt als eine Überversorgung. Die Thymusdrüse reagiert mehr als alle anderen Organe auf eine Beeinflussung durch die Hauptnährstoffe. Auch hier bewirkt eine gerade bedarfsdeckende Nahrungsenergieversorgung eine Hemmung der normalerweise mit dem Alter verbundenen Thymusrückbildung, so daß die Thymusdrüse als wichtiges Organ der Infektabwehr über lange Zeit wirksam bleibt. Auswirkungen einer Nahrungsrestriktion auf den Menschen wurden bisher noch nicht untersucht.

Im Gegensatz dazu sind einige Untersuchungen über Auswirkungen einer exzessiven Nahrungszufuhr bekannt. Übergewichtige Menschen zeigen ein erhöhtes Auftreten von Atemwegsinfektionen und eine allgemein verringerte Infektionsresistenz. Der Mechanismus dafür ist noch unbekannt. Vermutlich vermindern eine hohe Fettzufuhr sowie Hypercholesterinämie die antibakterielle Wirkung der Granulozyten.

In Zusammenhang mit einem Nährstoffüberangebot muß auch die bei Diabetikern vorhandene Hyperglykämie und eine damit verbundene höhere Infektanfälligkeit berücksichtigt werden. In Tierversuchen konnte nachgewiesen werden, daß Hyperglykämie die zelluläre Immunität, die Transplantatabstoßung sowie die Phagozytose beeinträchtigt. Bei Diabetikern zeigen Phagozyten eine gestörte Chemotaxis. Nach Aufnahme von Glucose, Fructose und Saccharose verringert sich auch bei Gesunden die Phagozytosekapazität erheblich, Stärke dagegen führt nur zu einer geringen Beeinträchtigung der Phagozytosekapazität. Diese Beispiele lassen erkennen, daß Quantität und Qualität der Nahrung einen entscheidenden Einfluß auf die Effektivität der Infektabwehr besitzen.

Mit der Nahrung werden neben den essentiellen Nährstoffen eine Fülle weiterer Substanzen aufgenommen, die im menschlichen Organismus biologische und pharmakologische Wirkungen entfalten. Aufgrund ihres ausschließlichen Vorkommens in Pflanzen werden sie als **pflanzliche Wirkstoffe** bezeichnet. Diese Inhaltsstoffe sind nicht essentiell im Sinne der Vitamine oder Mineralstoffe, sie können aber in bestimmten Situationen gesundheitsfördernd wirken und die Leistungsfähigkeit des Organismus günstig beeinflussen, indem sie beispielsweise seine Bereitschaft zur Infektabwehr erhöhen. Beispiele für pflanzliche Wirkstoffe mit antimikrobieller Wirkung sind Senföle, etherische Öle, Phenolcarbonsäuren (z. B. Ferulasäure, Kaffeesäure) und Flavonoide. Bereits die Aufnahme von 10 g Meerrettich (enthalten 20 mg Senföle) oder 10 g Kapuzinerkresse (enthalten 40 mg Senföle) führen zu meßbaren Thiocyanatkonzentrationen im Blut, die besonders bei Infektionen der Atem- und Harnwege eine deutliche Wirksamkeit zeigen.

In vielen Heilpflanzen können nieder- und hochmolekulare Substanzen nachgewiesen werden, die eine stimulierende Wirkung auf das Immunsystem ausüben. Die Identifikation dieser Substanzen in Nahrungspflanzen und vor allem die Erforschung ihrer Wirkungen sind noch im Anfangsstadium. Es dürfte jedoch kaum eine Pflanze geben, die keine Stoffe enthält, die beim Menschen immunogen bzw. allergen wirken können. Die regelmäßige Aufnahme genießbarer pflanzlicher Lebensmittel im rohen Zustand kann deshalb einen positiven Beitrag zur Infektabwehr leisten.

Der mikrobielle Antagonismus im Intestinaltrakt wurde bereits als Bestandteil der nichtimmunologischen Abwehrmaßnahmen erwähnt. Zur Aufrechterhaltung dieser wichtigen Funktion bedarf es einer intakten, d. h. physiologischen **Darmflora,** die vor allem durch die Ernährung ermöglicht wird. Eine ballaststoffreiche Ernährung bietet ausreichend Nahrung für die Mikroflora.

Die Darmflora stellt ein sich selbst regulierendes System dar, welches die Ansiedlung pathogener Mikroorganismen erschwert. So produzieren Bakterien u. a. antibiotische Proteine (z. B. Colizine), organische Säuren (z. B. Milch-, Essig-, Butter- und Propionsäure). Die intestinale Mikroflora erzeugt darüber hinaus eine Vielfalt an Antigenen, die die Produktion von sekretorischem Immunglobulin A induzieren. Rohkost als Träger physiologischer Bakterien bringt das intestinale Immunsystem ständig in Kontakt mit Antigenen aus der Umwelt und führt so ebenfalls zur Produktion von sekretorischem Immunglobulin A.

Die dargestellten Mechanismen können als ständiges immunologisches Training bezeichnet werden und fördern eine gut funktionierende Infektabwehr. Hochgereinigte Kostformen (z. B. Astronautenkost) bewirken aufgrund des Substratmangels eine Reduzierung der intestinalen Mikroflora, sie verändern Keimrelationen und führen insgesamt zu einer erhöhten Infektanfälligkeit.

Die genetische **Veranlagung** eines Menschen trägt zur Empfänglichkeit gegenüber Infektionen bei. Dabei wirkt sich vor allem die genetisch festgelegte Wirksamkeit der einzelnen Immunmechanismen auf die individuelle Krankheitsanfälligkeit aus. Im Alter nimmt die Infektionshäufigkeit zu. Der Grund dafür liegt in der mit dem Alter abnehmenden Effizienz des Immunsystems, bedingt durch die Thymusrückbildung. Streß und körperliche Belastung erhöhen bis zu einer gewissen Grenze allgemein die Leistungsfähigkeit aller Zellen und tragen damit auch zu einer erhöhten Infektresistenz bei.

Infektionskrankheiten können allgemein zu verminderter Nährstoffaufnahme aufgrund von Appetitlosigkeit bzw. bei gastrointestinalen Infektionen aufgrund von Malabsorptionen führen. Dies stellt jedoch bei gut ernährten Menschen in Industrieländern kein Problem dar. Die Nährstoffreserven sind in der Regel auch für einen kurzzeitig erhöhten Nährstoffbedarf ausreichend, so daß einzelne Immunmechanismen nicht eingeschränkt sind. Eine ganz andere Ausgangssituation herrscht dagegen bei Infektionskrankheiten in Entwicklungsländern, wo die unzureichende Nährstoffversorgung der Menschen sowie dort meistens vorhandene Krankheitserreger zu drastischen Stoffwechseländerungen führen.

Literaturverzeichnis

Kap. 1: Allgemeine Aspekte

BENDER, A. E.: The facts of food. Oxford University Press, London 1975.

CREMER, H.-D.: Die Entwicklung der Wissenschaft von Ernährung und Diätetik, S. 10–22. In: CREMER, H.-D., HEILMEYER, L., HOLTMEIER, H.-J., HÖTZEL, D., KÜHN, H. A., KÜHNAU, J., ZÖLLNER, N. (Hrsg.) Ernährungslehre und Diätetik Bd. I/1. Thieme, Stuttgart 1980.

FELDHEIM, W.: Justus von Liebig und die Entwicklung der Ernährungswissenschaften in Deutschland. Gießener Universitätsblätter 1, 19–29, 1970.

KETZ, H. A.: Grundriß der Ernährungslehre. Fischer Verlag, Jena 1984, 2. Aufl.

KÜHNAU, J.: Unterschiede in der ernährungsphysiologischen Bedeutung pflanzlicher und tierischer Lebensmittel für den Menschen. Ern. Umschau 23, 43–48, 1976.

MC COLLUM, E. V.: A history of nutrition. Mifflin Company, Boston 1957.

SARTON, G.: Introduction to the history of science (Repr. d. Ausg. 1927–48) Vol. 1–3. Williams & Wilkins, Baltimore 1962.

SCHADEWALDT, H.: Die menschliche Ernährung im Wandel der Geschichte. Akt. Ernähr. 11, 169–172, 1986.

SINCLAIR, H. M., HOLLINGSWORTH, D. F. (eds.): Hutchinson's food and the principles of nutrition. E. ARNOLD, London 1967, 12th ed.

Kap. 2.1: Körperzusammensetzung

FRIIS-HANSEN, B.: Body water compartments in children: changes during growth and related changes in body composition. Ped. 28, 169–181, 1961.

GRANDE, F., KEYS, A.: Body weight, body composition and caloiy status, p. 3–34. In: GOODHART, R. S., SHILS, M. E. (eds.) Modern nutrition in health and disease. Lea & Febiger, Philadelphia 1980, 6th ed.

MÖHR, M.: Beziehungen zwischen Körperbautyp und Körperzusammensetzung. Z. Ärztl. Fortbild. 64, 733–738, 1970.

MOORE, F. D., OLESEN, K. H., MC MURREY, J. D., PARKER, H. V., BALL, M. R., BOYDEN, C. M.: The body cell mass and its supporting environment. Saunders, Philadelphia 1963.

PASSMORE, R., EASTWOOD, M. A.: Human nutrition and dietetics. Churchill Livingstone, London 1986, 8th ed.

PIKE, R. L., BROWN, M. L.: Nutrition, an integrated approach. Wiley & Sons, New York 1975, 2nd ed.

RATHBUN, E. N., PACE, N.: Studies on body composition. I. The determination of total body fat by means of the body specific gravity. J. Biol. Chem. 158, 667–676, 1945.

REBA, R. C., LEITNAKER, F. C., WOODWARD, K. T. In: CHEEK, D. B. (ed) Human growth. Lea & Febiger, Philadelphia 1968, pp. 674–681.

RECKEWEG, H.-H.: Schweinefleisch und Gesundheit. Biol. Med. 6, 437–455; 502–506, 1977.

SCHEMMEL, R.: Nutrition, physiology and obesity. CRC Press, Boca Raton/Florida 1980.

WIDDOWSON, E. M., MC CANE, R. A., SPRAY, C. M.: The chemical composition of the human body. Clin. Sci. 10, 113–125, 1951.

Kap. 2.2: Verdauung und Absorption

GROSSMANN, M. I.: 16th Nobel Symposium, Frontiers of gastro-intestinal hormone research. In: ANDERSSON, S. (ed.) Almquist/Wiskell, Stockholm 1970.

PICHOTKA, J.: Stoffwechsel der Organismen, S. 7.1–7.56. In: KEIDEL, W.-D. (Hrsg.) Kurzgefaßtes Lehrbuch der Physiologie, Thieme, Stuttgart 1985, 6. Auflage.

PIKE, R. L., BROWN, M. L.: Nutrition, an integrated approach. Wiley & Sons, New York 1975, 2nd ed.

WILLIAMS, S. R.: Essentials of nutrition and diet therapy. Mosby, Saint Louis 1986, 4th ed.

Kap. 2.3.1: Feste Nahrung

ARBEITSGEMEINSCHAFT ERNÄHRUNGSVERHALTEN: Möglichkeiten und Grenzen der Veränderung des Ernährungsverhaltens. Schriftenreihe der AGEV, Bd. 1, Göttingen 1981.

CLOFFI, L. A., JAMES, W. P. T., ITALLIE, B. v.: The body weight regulatory system: Hormal and disturbed mechanisms. Raven Press, New York 1981.

FERSTL, R.: Determinanten und Therapie des Eßverhaltens. Springer Verlag, Berlin 1980.

LEITZMANN, C.: Die physiologische Regulation der Nahrungsaufnahme. Ern. Umschau 25, 115–120, 1978.

LEITZMANN, C., HESEKER, H.: Some aspects of the peripheral regulation of food intake in man. World Rev. Nutr. Diet. 38, 89–115, 1981.

LYTLE, L. D.: Control of eating behavior, p. 1–145. In: WURTMAN, R. J., WURTMAN, J. J. (eds.) Nutrition and the brain, Vol. 2. Raven Press, New York 1977.

NOVIN, D., WYRWICKA, W., BRAY, G.: Hunger, basic mechanismus and clinical implications. Raven Press, New York 1976.

SILVERSTONE, T.: Appetite and food intake. Life Science Research Report 2. Dahlen Konferenzen, Berlin 1976.

THOMPSON, C. I.: Controls of eating. MTP, Lancaster, England 1980.

Kap. 2.3.2: Flüssigkeit

ANDERSSON, B., LEKSELL, L. G., RUNDGREN, M.: Regulation of water intake. Ann. Rev. Nutr. 2, 73–89, 1982.

BARAJAS, L., MÜLLER, J.: Structure of the juxtaglomerular apparatus, p. 85–134. In: JOHNSON, J. A., ANDERSON, R. R. (eds.) The renin-angiotensin system. Advances in experimental medicine and biology, Vol. 130. Plenum Press, New York 1980.

BOYLAN, J. W., DEETJEN, P., KRAMER, K.: Salz- und Wasserhaushalt, S. 103–143. In: GAUER, O. H., KRAMER, K., JUNG, R. (Hrsg.) Physiologie des Menschen, Bd. 7 (3. Aufl.) Niere und Wasserhaushalt. Urban & Schwarzenberg, München 1976.

DGE: Empfehlungen für die Nährstoffzufuhr. Umschau Verlag, Frankfurt 1985, 4. Aufl.

FITZSIMONS, J. T.: The physiology of thirst and sodium appetite. Cambridge University Press; Cambridge 1979.

GAMBLE, J. L.: Chemical anatomy, physiology and pathology of extracellular fluid. Harvard University Press, Cambridge, Massachusetts 1954, 6th ed.

GAUER, O. H., HENRY, J. P.: Neurohormonal control of plasma volume. In: GUYTON, A. C., COWLEY, A. W. (eds.) Internat. review of physiology II, Vol. 9. Baltimore University Park Press, Baltimore 1976.

HABERICH, F. J.: Die Bedeutung des Portalkreislaufs und der Leber für die homöostatische Regulation des Wasser- und Kohlenhydrathaushalts. Schweizerische Rundschau für Med., Praxis 57, 1684–1692, 1968.

HIRANO, T., TAKEI, Y., KOBAYASHI, H.: Angiotensin and drinking in the eel and frog. In: BARKER, C., BARKER JORGENSON, C., SKADHAUGE, E. (eds.) Osmotic and volume regulation. Munskgaard, Copenhagen 1978.

JOHNSON, J. A., DAVIS, J. O., GOTSHALL, R. W., LOHMEYER, T. E., DAVIS, J. L., BRAVERMAN, B., TEMPEL, G. E.: Evidence for an intrarenal beta receptor in control of renin release. Am. J. Physiol. 230, 410–418, 1976.

KIRSCH, R., MAYER-GOSTAN, N.: Kinetics of water and chloride exchanges during adaptation of the european eel to sea water. J. Exp. Biol. 58, 105–121, 1973.

KLEEMAN, C. R., FICHMAN, M. P.: The clinical physiology of water metabolism. New Engl. J. Med. 27, 1300–1307, 1967.

KLÜTSCH, K., GROSSWENDT, J.: Körperwasser, S. 23–26. In: ZUMKLEY, H. (Hrsg.) Klinik des Wasser-, Elektrolyt- und Säure-Basen-Haushalts. Thieme, Stuttgart 1977.

NEWBURGH, L. H., JOHNSTON, M. W., FALCON-LESSES, M.: Measurement of total water exchange. J. Clin. Invest. 8, 340–346, 1930.

PETERS, J. P., KYDD, D. M., LAVIETES, P. H.: A note of the calculation of water exchange. J. Clin. Invest. 12, 113–119, 1933.

SCHLEY, G.: Störungen des Wasser-, Elektrolyt- und Säure-Basen-Haushalts. Springer; Berlin, Heidelberg, New York 1981.

STEPHENS, G. A., DAVIS, J. O., FREEMAN, R. H., WATKINS, B. E.: Effects of sodium and potassium salts with anions other than chloride on renin secretion in the dog. Am. J. Physiol. 234, F10–F15, 1978.

WERNING, C.: Endokrine Regulation des Natriumhaushalts, S. 41–48. In: ZUMKLEY, H. (Hrsg.) Klinik des Wasser-, Elektrolyt- und Säure-Basen-Haushalts. Thieme, Stuttgart 1977.

WILLIAMS, S. R.: Essentials of nutrition and diet therapy. Mosby Company, Saint Louis 1986, 4th ed.

WITTY, R. T., DAVIS, J. O., JOHNSON, J. A., PREWITT, R. L.: Effects of papaverine and hemorrhage on renin secretion in the nonfiltering kidney. Am. J. Physiol. 221, 1666–1671, 1971.

Kap. 2.4.1: Nährstoffbedarf/Empfehlungen für die Nährstoffzufuhr

ALTMAN, P. L., DITTMER, D. S. (eds.): Biology Data Book. Fed. Amer. Soc. Exp. Biol., Washington D.C. 1964.

BEATON, L. H., PATWARDHAN, U. N.: Physiological and practical considerations of nutrient function and requirement. In: Nutrition and preventive medicine. WHO Genf 1976.

DGE: Empfehlungen für die Nährstoffzufuhr. Umschau Verlag, Frankfurt a. M. 1985, 4. Aufl.

ELMADFA, I., FRITZSCHE, D., CREMER, H.-D.: Die große Vitamin- und Mineralstofftabelle. Gräfe und Unzer, München 1987, 3. Aufl.

HANSEN, R. H., WYSEN, B. W., BROWN, G.: Nutrient needs and their expression. Food Techn., 44–53, 1978.

KETZ, H. A.: Grundriß der Ernährungslehre. Fischer Verlag, Jena 1984, 2. Aufl.

KÜBLER, W.: Der Nahrungsbedarf; Ermittlung des Nahrungsbedarfs, a) Nährstoffe, S. 585–596. In: CREMER, H.-D., HEILMEYER, L., HOLTMEIER, H.-J., HÖTZEL, D., KÜHN, H. A., KÜHNAU, J., ZÖLLNER, N. (Hrsg.) Ernährungslehre und Diätetik Bd. I/2. Thieme, Stuttgart 1980.

KÜHNAU, J.: Bibl. Nutr. Diet. 15, 1–11, 1970.

Mc Bean, L. D., Speckmann, E. W.: A recognition of interrelationship of calcium with various dietary components. Am. J. Clin. Nutr. 27, 603–609, 1974.

Marks, J.: A guide to the vitamins. Their role in health and disease. MTP, Lancaster/GB 1975.

Natl. Academy of Sciences: Recommended dietary allowances. Food and nutrition board. Natl. Res. Council, Washington 1980, 9th ed.

Passmore, R.: Stores in the human body. In: Brožek, J. (ed.) Human body composition. Pergamon Press, Oxford 1965.

Petrasek, R.: Influence of climatic conditions on energy and nutrient requirements. Prog. Fd. Nutr. Sci. 2, 505–514, 1978.

Pike, R. L., Brown, M. L.: Nutrition, an integrated approach. Wiley & Sons, New York 1975, 2nd ed.

Rosenzweig, N. S.: Lactose-Intoleranz im Kindesalter. Annales Nestlé 1974.

Thriault, D. G., Mehlman, M. A.: Influence of cold on liver lipid of rats at different levels of dietary proteins. J. Nutr. 102, 401–407, 1972.

Todhunter, E. N.: Historical landmarks in nutrition. In: Nutrition Reviews: Present Knowledge in Nutrition, Washington 1976, 4th ed.

Weiser, H., Weihe, W. H.: Effect of cold on the vitamin E requirement of rats. Nature 215, 1512–1513, 1967.

Woodruff, C. W.: Milk intolerances. Nutrition Reviews: Present Knowledge in Nutrition. Nutr. Foundation, Washington 1984, 5th ed.

World Health Organization (WHO): Basic Document. Genf 1976.

World Health Organization (WHO): WHO Technical Report Series 522. Genf 1973.

Kap. 2.4.2: Erfassung des Lebensmittelverzehrs

Hartog, A. P. den, Staveren, W. van: Field guide on food habits and food consumption. ICFSN Nutrition Papers, Wageningen 1979.

Oltersdorf, U.: Methoden zur Erfassung des Ernährungszustandes. Aktuelle Ernährungsmedizin 5, 35–42, 1980.

Sichert, W., Oltersdorf, U., Winzen, U., Leitzmann, C.: Ernährungs-Erhebungs-Methoden. Ardos, Gießen 1982.

Wijn, M. D. de: Field guide for the assessment of nutritional health. ICFSN Nutrition Papers, Wageningen 1978.

Wirths, W.: Ernährungssituation 1 (UTB). Schöningh, Paderborn 1978.

Kap. 2.4.3: Ermittlung des Ernährungszustandes

Burgess, H. J. L., Burgess, A.: A field workers guide to a nutritional status survey. Am. J. Clin. Nutr. 28, 1299–1321, 1975.

Briggs, M. H.: Vitamins in Human Biology and Medicine. CRC Press, Florida 1981.

Elmadfa, I.: Erkrankungen durch Vitaminmangel. In: Pädiatrie in Praxis und Klinik, Bd. I Bachmann, Ewerbeck, Joppich, Kleihauer, Rossi, Stalder (Hrsg.). Thieme und Fischer, Stuttgart 1988.

FAO/UNICEF/WHO: Expert Committee. Methodology of nutritive surveillance. WHO Techn. Rep. Ser. No. 593. WHO, Genf 1976.

Jelliffe, D. B.: The assessment of the nutritional status of the community. WHO, Genf 1966.

Kasper, H., Kübler, W., Kluthe, R.: Erkankungen durch Mangel- und Fehlernährung. In: Innere Medizin (Hrsg. Kühn, H. A., Schirmeister, J.), Springer, Berlin 1982, 4. Aufl.

Keller, W., Donoso, G., DeMayer, E. M.: Anthropometry in nutritional surveillance. Nutr. Abstr. Rev. 46, 591–609, 1976.

Oltersdorf, U.: Methoden und Daten zur Erfassung des Ernährungszustandes. Akt. Ern. Med. 5, 35–42, 1980.

Roche, A. F., Falkner, F.: Nutrition and malnutrition-identification and measurement. Plenum, New York 1974.

Sauberlich, H. E., Dowdy, R. P., Skala, J. H.: Laboratory tests for the assessment of nutritional status. CRC Press, Cleveland 1976, 3rd ed.

Wijn, J. F. De.: Field guide for the assessment of nutritional health. ICFSN Nutrition papers, No. 2. Wageningen 1978.

Kap. 3.1: Nahrungsenergie

Bässler, K.-H., Fekl, W., Lang, K.: Grundbegriffe der Ernährungslehre. Springer, Berlin 1987, 3. Aufl.

Christensen, E. H.: Physiological evaluation of work in the hykroppa iron works, p. 93–108. In: Floyd, W. F., Welford, A. T. (eds.) Ergonomics society symposium on fatigue. Lewis, London 1953.

DGE: Empfehlungen für die Nährstoffzufuhr. Umschau Verlag, Frankfurt a. M. 1985, 4. Aufl.

Fleisch, A.: Helv. Med. Acta 18, 23, 1951.

Kraut, H., Wirths, W.: Energiebedarf. In: Der Nahrungsbedarf des Menschen, Bd. I Kraut, H., Wirths, W. (Hrsg.). Steinkopff, Darmstadt 1981.

Krebs, H. A.: The metabolic fate of amino acids, p. 125–176. In: Munro, H. N., Allison, J. B. (eds.) Mammalian protein metabolism, Vol. 1. Academic Press, New York 1964.

Passmore, R., Eastwood, M. A.: Human Nutrition and Dietetics. Churchill Livingstone, London 1986, 8th ed.

Pike, R. L., Brown, M. L.: Nutrition, an integrated approach. Wiley & Sons, New York 1975, 2nd ed.

Rubner, M.: Die Gesetze des Energieverbrauchs bei der Ernährung. Deuticke, Leipzig und Wien 1902.

Williams, R.: Essentials of Nutrition and Diet Therapy. Mosby, Saint Louis 1984, 5th ed.

WIRTHS, W.: Akt. Ern. med. 2, 46, 1977.
WIRTHS, W.: Ern. Umschau 22, 259–265, 1975.

Kap. 3.2.1.1: Fette

ASSMANN, G.: Lipid metabolism and atherosclerosis. Schattauer Verlag, Stuttgart, 1982
BORGSTRÖM, B., DAHLQUIST, A., LUNDH, G., SJÖVALL, J.: Studies of intestinal digestion and absorption in the human. J. Clin. Invest. 36, 1521–1536, 1957.
BORGSTRÖM, B.: Fat, digestion and absorption, p. 555–620. In: SMITH, D. H. (ed.) Intestinal absorption, biomembranes, Vol. 4B. Plenum Press, London 1974.
BREWER, H. B., SCHÄFER, E. J., ZECH, L. A., OSBORNE, J. C.: Lipoproteine: Struktur, Funktion und Stoffwechsel, S. 7–16. In: GRETEN, H., LANG, P. D., SCHETTLER, G. (Hrsg.) Lipoproteine und Herzinfarkt. Witzstock, Baden-Baden 1979.
CARPENTER, M. P.: Antioxidants and prostaglandin synthesis: In vivo and in vitro effects, p. 143–149. In: HOLMAN, R. T. (ed.) Essential fatty acids and prostaglandins. Progress in lipid research Vol. 20. Pergamon Press, Oxford 1981.
DEUEL, H. J.: Nutritional significance of the fats. In: Progress in the chemistry of fats and other lipids. Vol. 2, 99–192, Pergamon Press, London 1954.
DGE: Empfehlungen für die Nährstoffzufuhr. Umschau Verlag, Frankfurt a. M. 1985, 4. Aufl.
ELMADFA, I., KOOP, R., SCHÄFER, H., SCHMITT, B.: Die physiologischen Wirkungen unverseifbarer Komponenten von Nahrungsfetten. Ern. Umschau 30, 67–71, 1983.
FAO: Food and nutrition series: Dietary fat and oils in human nutrition. Report of an expert consultation, FAO Series No. 20, Rome 1980.
GUNSTONE, F. D., HARWOOD, J. L., PADLEY, F. B.: The lipid handbook. Chapman & Hall, London 1986.
ISSELBACHER, K. J.: Metabolism and transport of lipid by intestinal mucosa. Fed. Proc. 24, 16–22, 1965.
KEYS, A., ANDERSON, J. T., GRANDE, F.: Prediction of serum cholesterol response of man to changes in fats in the diet. Lancet 11, 959–966, 1957.
KLENK, E.: The metabolism of polyenoic fatty acids, p. 1–23. In: PAOLETTI, R., KRITCHEVSKY, D. (eds.) Advances in lipid research Vol. 3. Academic Press, New York 1965.
KRAUSE, M. V., MAHAN, L. K.: Food, nutrition and diet therapy. Saunders, Philadelphia 1979, 6th ed.
KRZYZANOWSKI, W.: Gallensäurenmuster im Serum, Urin und Stuhl von Patienten mit gastrointestinalen Erkrankungen. Diss. Gießen 1982.
KUNAU, W.-H., HOLMAN, R. T.: Polyunsaturated fatty acids. AOC Soc., Champaign, Illinois 1977.
MORDASINI, R.: HDL – das besondere Lipoprotein. Risikofaktor Hyperlipidämie Bd. 3. Boehringer, Mannheim 1981.
NASNER, A., KRUS, L.: Neues aus der Lecithinforschung. DAZ 122, 2407–2415, 1982
PADLEY, F. B., PODMORE, J., BRUN, J. P., BURT, R., NICOLS, B. W.: The role of fat in human nutrition. Verlag Chemie, Weinheim 1985.
RAPOPORT, S. M.: Medizinische Biochemie. VEB-Verlag, Berlin 1984, 8. Aufl.
REICHEL, R.: Lipide, Lipoproteine und koronare Herzkrankheiten. Facultas, Wien 1981.
SCHMITT, B.: Welche Wirkungen üben Tocopherole, Ubichinon und β-Sitosterin auf Parameter des Lipidstoffwechsels aus? Diss. Gießen 1985.
SCHRÖR, K.: Prostaglandine und verwandte Verbindungen. Thieme, Stuttgart 1984.
SCHUSTER, G.: Emulgatoren für Lebensmittel. Springer, Berlin 1984
SEHER, A.: Biologische Wirkung hydrierter und umgeesterter Fette. Bibl. Nutr. Dieta 34, 94–109, Karger, Basel 1985.
STOFFEL, W.: Stoffwechsel der Polyenfettsäuren, S. 23. In: ZÖLLNER, N. (Hrsg.), Polyenfettsäuren. Wiss. Veröffentlichungen der DGE, Steinkopff, Darmstadt 1971.
TRUSWELL, A. S.: Dietary fat and cholesterol metabolism. Bibl. Nutr. Dieta 25, 53–63, 1977.
WACHS, W.: Fette und Lipoide, Wachse, Harze, S. 308–361. In: ACKER, L., BERGNER, K. G. (Hrsg.) Handbuch der Lebensmittelchemie Bd. I: Die Bestandteile der Lebensmittel. Springer, Berlin 1965.
WILLIAMS, S. R.: Essentials of nutrition and diet therapy. Mosby, Saint Louis 1984, 4th ed.
WOLLBECK, D.: Untersuchungen über den Einfluß der oralen Linolsäurezufuhr auf Struktur und Funktion von Lebermitochondrien sowie Leberlipide von Ratten. Diss. Gießen 1982.

Kap. 3.2.1.2: Kohlenhydrate

BERDANIER, C. D. (ed.): Carbohydrate metabolism, regulation and physiological role. Advances in modern nutrition Vol. 1. Wiley & Sons, New York 1976.
PASSMORE, R., EASTWOOD, M. A.: Human nutrition and dietetics. Churchill Livingstone, London 1986, 8th ed.
ELCHAZYL, M., THOMAS, B.: Über eine biochemische Methode zum Bestimmen der Ballaststoffe und ihrer Komponenten in pflanzlichen Lebensmitteln. Z. Lbm. Unters.-Forsch. 162, 329–340, 1976.
FREED, M.: Food product development, p. 38. In: KRAUSE, M. V., MAHAN, L. K. (eds.) Food, nutrition and diet therapy. Saunders, Philadelphia 1979, 6th ed.
KRAUSE, M. V., MAHAN, L. K.: Food, nutrition and diet therapy. Saunders, Philadelphia 1979, 6th ed.
MEUSER, F., SUCKOW, P.: Standortbestimmung im Bereich Rohfaser/Ballaststoffe/Dietary Fibre. Schriftenreihe aus dem Fachbereich Getreidetechnologie, Berlin 1982.

NUTRITION REVIEWS: Present knowledge in nutrition. Nutr. Foundation. Washington 1984. 5th ed.

REISER, S.: Digestion and absorption of dietary carbohydrates, p. 45–78. In: BERDANIER, C. D. (ed.) Carbohydrate metabolism, regulation and physiological role. Advances in modern nutrition Vol. 1. Wiley & Sons, New York 1976.

SHALLENBERGER, R. S. Taste and bioavailability of sugars, p. 13–44. In: BERDANIER, C. D. (ed.) Carbohydrate metabolism, regulation and physiological role. Advances in modern nutrition Vol. 1. Wiley & Sons, New York 1976.

SIPPLE, H. L., MC NUTT, K. W. (eds.): Sugars in nutrition. Academic Press, New York 1974.

SOSKIN, S., LEVINE, R.: Carbohydrate metabolism. Chicago University Press, Chicago 1952, 2nd ed.

SOUCI, S. W., FACHMANN, W., KRAUT, H.: Die Zusammensetzung der Lebensmittel – Nährwerttabellen. Wiss. Verlagsgesellschaft, Stuttgart 1986, 3. Aufl.

THOMAS, B.: Über physiologische Wirkungen der Ballaststoffe des Getreides, S. 53–66. In: Sonderheft der Informationen Getreideerzeugnisse, Bericht 9, Symposium Ernährungsphysiologische Bedeutung von Brot und anderen Getreideprodukten, Mühlenstelle Bonn (Hrsg.) 1975.

WEST, E.: Textbook of biochemistry. Mc Millan Company, 1966, 4th ed.

WILLIAMS, S. R.: Essentials of nutrition and diet therapy. Mosby, Saint Louis 1984, 4th ed.

WISKER, E., FELDHEIM, W.: Ballaststoffe in der Ernährung. AID-Verbraucherdienst, Koblenz 1984.

Kap. 3.2.1.3: Proteine

ALLISON, J. B. BIRD, J. W. C.: Elimination of nitrogen from the body, p. 483–512. In: MUNRO, H. N., ALLISON, J. B. (eds.) Mammalian protein metabolism Vol. 1. Academic Press, New York 1964.

BÄSSLER, K.-H., FEKL, W., LANG, K.: Grundbegriffe der Ernährungslehre. Springer, Berlin 1979, 3. Aufl.

CALLOWAY, D. H., MARGEN, S.: J. Nutr. 101, 205, 1971.

CALLOWAY, D. H., ODELL, A. C. F., MARGEN, S.: J. Nutr. 101, 775–786, 1971.

DGE: Empfehlungen für die Nährstoffzufuhr. Umschau Verlag, Frankfurt a. M. 1985, 4. Aufl.

DREPPER, K., ELMADFA, I.: Aminosäuren und Proteine; Ermittlung der Proteinqualität. In: CREMER, H.-D., HEILMEYER, L., HOLTMEIER, H. J., HÖTZEL, D., KÜHN, H. A., KÜHNAU, J., ZÖLLNER, N. (Hrsg.) Ernährungslehre und Diätetik. Bd. I/2. Thieme, Stuttgart 1980.

EVANS, E., Witty, R.: An assessment of methods used to determine protein quality, p. 1–26. In: BOURNE, G. H. (ed.) World Rev. Nutr. Diet. Vol 32. Karger, Basel 1978.

FAO/WHO: A report of an ad hoc expert committee on energy and protein requirements. WHO Tech. Report No. 522, Genf 1973.

FORD, J.-E.: Some effects of processing on nutritive value. In: PORTER, J. W. H., ROLLS, B. A. (eds.) Proteins in Human Nutrition, Academic Press, London 1973.

GARZA, C., SCRIMSHAW, N. S., YOUNG, V. R.: Human protein requirements: A long term metabolic nitrogen balance study in young men to evaluate the 1973 FAO/WHO safe level of egg protein intake. J. Nutr. 107, 335 und 403, 1977.

GOODHART, R. S., SHILS, M. E. (eds.): Modern nutrition in health and disease. Lea & Febiger, Philadelphia 1980, 6th ed.

IRWIN, M. I., HEGSTED, D. M.: A conspectus of research on amino acid requirements of man. J. Nutr. 101, 539–566, 1971.

KRAUSE, M. V., MAHAN, L. K.: Food, nutrition and diet therapy. Saunders, Philadelphia 1979, 6th ed.

MENDEN, E.: Ergebnisse Landwirtschaftl. Forsch. Justus-Liebig-Univ. Gießen 11, 303–308, 1970.

MUNRO, H. N.: Evolution of protein metabolism in mammals, p. 133–182. In: MUNRO, H. N., ALLISON, J. B. (eds.) Mammalian protein metabolism Vol. 1. Academic Press, New York 1964.

MUNRO, H. N.: Parenteral nutrition. In: WILKINSON (ed.) Churchill Livingstone, London 1972.

MUNRO, H. N., CRIM, M. C.: The proteins and amino acids. In: GOODHART, R. S., SHILS, M. E. (eds.) Modern nutrition in health and disease. Lea & Febiger, Philadelphia 1980, 6th ed.

PASSMORE, R., EASTWOOD, M. A.: Human nutrition and dietetics. Churchill Livingstone, London 1986, 8th ed.

PEITSCH, W.: Die postoperative parenterale Ernährung, S. 1198–1204. Med. Welt 33, 1982.

PELLETT, P. L., YOUNG, V. R.: Nutritional evaluation of protein foods. World Hunger Program Food and Nutrition Bulletin. Suppl. 4. United Nations University, Tokyo 1980.

PROTEIN ADVISORY GROUP PAG Bulletin 5, No. 3. United Nations University, New York 1975.

SCRIMSHAW, N. S., HUSSEIN, M. A., MURRAY, E., BRAND, W. M.: Protein requirement in man: Variations in obligatory urinary and fecal nitrogen losses in young men. J. Nutr. 102, 1595–1604, 1972.

Kap. 3.2.2: Alkohol

AIROLDI, R.: Einfluß parenteraler Ernährung und Formula-Diät auf die Stickstoff-Bilanz und den Verlauf des Alkoholdelirs während der Intensivbehandlung. Diss. Gießen 1980.

BÖHLE, E.: Biochemische Grundlagen und Aspekte der alkoholischen Leberschäden. Z. Gastroenterl. 7, 1–22 (1969).

HEATON, F. W., PYRAT, L. N., BERESFORD, C. C., BRYSON, R. W., MARTIN, D. F.: Hypomagnesaemia in chronic alcoholism. Lancet II, 802, 1962.

MALING, H. M.: Toxicology of single doses of ethyl alcohol, p. 277–299. In: TRÉMOLIERES, J. (ed.) Al-

cohols and derivatives Vol. II. International Encyclopedia of Pharmacology and Therapeutics. Pergamon Press, Oxford 1970.
MAZHARI, S. H.: Einfluß des Alkohols und der Vitaminmangelernährung auf strukturelle, funktionelle und biochemische Parameter der Erythrocyten bei Versuchstieren und menschlichen Alkoholikern. Diss. Gießen 1975.
SENIOR, J. R.: Ethanol and liver disease. Postgrad. Med. 41, 65, 1967.
SHAW, S., LIEBER, C. S.: Nutrition and alcoholism, p. 1220–1243. In: GOODHART, R. S., SHILS, M. E. (eds.): Modern nutrition in health and disease. Lea & Febiger, Philadelphia 1980, 6th ed.
VIKTOR, M., ADAMS, R. D.: The effect of alcohol on the nervous system. Res. Publ. Ass. Res. Nerv. Ment. Dis. 32, 526–573, 1953.

Kap. 3.3.1: Mineralstoffe: Mengen- und Spurenelemente

ALTCHULER, S. I.: Dietary protein and calcium loss; a review. Nutr. Research 2, 193–200, 1982.
ANONYMOUS: Copper bioavailibility: assessment and extrinsic factors. Nutr. Rev. 44, 183–186, 1986.
ANONYMOUS: Zinc bioavailibility of human and cow's milk. Nutr. Rev. 44, 181–183, 1986.
AUGE, M.: In-vitro-Untersuchungen zur intestinalen Resorption von Zink in Abhängigkeit von Liganden und dem pH-Wert. Diss. Gießen 1985.
BALTES, W.: Lebensmittelchemie. Springer, Berlin 1984.
BARTH, D., STELTE, W., FELDHEIM, W.: Toxische Spurenelemente: Cadmium. Wiss. Veröffentl. aus dem Gebiet der Spurenelemente und Ernährung, Heft 2, Gießen 1971.
BOYD, L., O'DELL, P. D.: Bioavailibility of trace elements. Nutr. Rev. 42, 301–308, 1984.
BREMNER, I.: Cadmium toxicity. In: World Rev. Nutr. Diet. 32, 165–197, Karger, Basel 1978.
BURMEISTER, W.: Lebensnotwendige Elemente und Wasser. Kap. 4.7–4.15. In: Pädiatrie in Praxis und Klinik. Bd. I Fischer und Thieme, Stuttgart 1978.
CHESTERS, J. K.: Biochemical functions of zinc in animals. World Rev. Nutr. Diet. 32, 135–156, Karger, Basel 1978.
CRVISHANK, E. W. H., DUCKWORTH, J., KOSTERLITZ, H. W., WARNOCK, G. M.: Digestibility of phytate-P of oatmeal in adult men. J. Physiol. 104, 41–46, 1945.
DAVENPORT, H. W.: Säure-Basen-Regulation. Thieme, Stuttgart 1979, 2. Aufl.
DGE: Ernährungsbericht 1984. Deutsche Gesellschaft für Ernährung. Frankfurt a. M. 1984.
DGE: Empfehlungen für die Nährstoffzufuhr. Umschau Verlag, Frankfurt a. M. 1985, 4. Aufl.
DINTZIS, F., WATSON, P. R., SANDSTEAD, H. H.: Mineral content of brans passed through the human gastro-intestinal tract. Am. J. Clin. Nutr. 41, 901–908, 1985.
DÖRNER, K.: Die Bestimmung von Spurenelementen und ihre klinische Bedeutung. Enke, Stuttgart 1985.
DÖRNER, K., SIEVERS, E., RUF, D., SCHAUB, J.: Methoden der Spurenelementbilanzierung. Ern. Umschau 33, 207–211, 1986.
DRAPER, H. H., SCYTHES, C. A.: Calcium, phosphorus and osteoporosis. Feder. Proc. 40, 2434–2438, 1981.
DROESE, W., REINKEN, L., STOLLEY, H.: Phosphatzusätze zur Nahrung – Hyperkinetisches Syndrom: Eine unbewiesene Behauptung. Ern. Umschau 25, 393–394, 1978.
EINBROD, H. J., MICHELS, S.: Selen, S. 541–554. In: MERIAN, E. (Hrsg.) Metalle in der Umwelt. Verlag Chemie, Weinheim 1984.
ELMADFA, I.: Spurenelemente – Funktion und Bedarf. Ern.-Umschau 34, 560-564, 1987.
ELMADFA, I.: Selen, AID-Verbraucherdienst 31, 183–189, 1986.
ELMADFA, I., STOLTE, U.: Magnesium, AID-Verbraucherdienst 32, 135–147, 1987.
ELMADFA, I., AIGN, W., MUSKAT, E., FRITZSCHE, D., CREMER, H.-D.: Die große Nährwerttabelle. Gräfe und Unzer, München 1988/89, 2. Aufl. 1987.
ELWOOD, P. C.: Der Eisenstoffwechsel, S. 304–309. In: CREMER, H.-D., HEILMEYER, L., HOLTMEIER, H.-J., HÖTZEL, D., KÜHN, H. A., KÜHNAU, J., ZÖLLNER, N. (Hrsg.) Ernährungslehre und Diätetik Bd. I/2, Thieme, Stuttgart 1980.
GOODHART, R. S., SHILS, M. E.: Modern nutrition in health and disease. Lea & Febiger, Philadelphia 1980, 6th ed.
GÜNSTER, K.-H., FRÖLEKE, H.: Die physiologisch-toxikologische Bedeutung des Selens. Ern. Umschau 33, 116–119, 1986.
HAMM, R.: Phosphate in Fleischerzeugnissen. Dt. Lbm. Rdschau 76, 263–269, 1980.
HARRISON, H. E.: Phosphorus, p. 413–421. In: Nutrition Reviews: Present knowledge in nutrition. Nutrition Foundation, Washington 1984, 5th ed.
HAZELL, T.: Minerals in food: dietary sources, chemical forms, interactions, bioavailibility, p. 1–123. In: BOURNE, G. H. (ed.) Minerals in food and nutritional topics. World. Rev. Nutr. Diet. Vol. 46, Karger, Basel 1985.
HEGSTEDT, D. M., MOSCOSO, I., COLLAZOS, C.: A study of the minimum calcium requirement of adult men. J. Nutr. 46, 181–201, 1952.
ILGE, D.: Untersuchungen über den Einfluß chronischer oraler Cadmiumzufuhr auf den Organismus der Ratte bei unterschiedlicher Protein- und Energieversorgung. Diss. Gießen 1983.
KAMPE, W.: Arsenzufuhr mit den fünf Nahrungsmittelgruppen des Gesamtverzehrs: Befunde von Total Diet Studies. Ern. Umschau 33, 111–115, 1986.
KEIDEL, W. D. (Hrsg.): Kurzgefaßtes Buch der Physiologie. Thieme, Stuttgart 1975, 4. Aufl.
KETZ, H.-A.: Grundriß der Ernährungslehre. G. Fischer, Jena 1984, 2. Aufl.

KUTSKY, R.: Handbook of vitamins, minerals and hormones. Van Nostrand Reinhold, New York 1981, 2nd ed.

LANG, K.: Biochemie der Ernährung. Steinkopff, Darmstadt 1979, 4. Aufl.

LEACH, R. M., LILBURN, M. S.: Manganese metabolism and its function. In: World Rev. Nutr. Diet. 32, 123–132. Human and animal nutrition. BOURNE, G. H. (ed.). Karger, Basel 1978.

LEVANDER, O. A., CHENG, L. (eds.): Micronutrient interactions: Vitamins, minerals and hazardous elements. Ann. of New York Acad. Sci. 355, New York 1980.

MAIERHOFER, W. J., GRAY, R. W., LEMANN, J.: Phosphate deprivation increases serum 1,25-$(OH)_2$-Vitamin D concentrations in healthy men. Kidney International 25, 571–575, 1984.

MARKOWITZ, M. E., ROSEN, J. F., LAXININARAYAN, S., MIZRUCHI, M.: Circadian rhythms of blood minerals in adolescence. Pediatr. Res. 18, 456–462, 1984.

MARSHALL, D. H., HORMAN, A.: The prevention and management of post-menopausal osteoporosis. Acta Obstet. Gynecol. Scand. Suppl. 65, 49–56, 1977.

MC CLELLAN, W. S., RUPP, V. R., TOSCANI, V.: Prolonged meat diets with the study of the metabolism of nitrogen, calcium and phosphorus. J. Biol. Chem. 87, 669–680, 1930.

MERIAN, E. (Hrsg.): Metalle in der Umwelt. Verlag Chemie, Weinheim 1984.

MERTZ, W.: The essential trace elements. Science 213, 1332–1338, 1981.

NATIONAL ACADEMY OF SCIENCE. Food and Nutrition Board. Recommended dietary allowances. Natl. Res Council, Washington 1980, 9th ed.

NUTRITION REVIEWS: "Present Knowledge in Nutrition". Nutr. Foundation, Washington 1984, 5th ed.

OEHLSCHLÄGER, W., MENKES, K.-H.: Z. Ern.wiss. 9, 216–222, 1969.

PRASAD, A. S.: Trace elements in human health and disease. Acad. Press, New York 1976.

RECHCIGL, M.: Comparative animal nutrition, electrolytes, water and energy metabolism. Karger, Basel 1979.

REILLY, C.: Metall contamination of food. ASP, London 1980.

RENNERT, O. M., CHAN, W.-Y.: Metabolism of trace metals in man. Bd. I CRC Press, Boca Raton/Florida 1984.

SCHOLZ, H.: Mineralstoffe und Spurenelemente. Hippokrates, Stuttgart 1985, 2. Aufl.

SCHUETTE, S. A., LINKSWILER, H. M.: Calcium. p. 400–412. In: Nutrition Reviews: Present Knowledge in Nutrition. Nutrition Foundation, New York, Washington 1984, 5th ed.

SCRIBA, P. C.: Strumaprophylaxe durch jodiertes Speisesalz. Dt. Ärztebl., 1955, 1977.

SCRIBA, P. C.: Strumaprophylaxe durch jodiertes Speisesalz. Dt. Ärztebl., 1955, 1977.

SMITH, K. T. (ed.): Trace minerals in foods. M. Dekker, New York, Basel 1988.

SOMOGYI, J. C., TARJÁN, R. (eds.): Foreign substances and nutrition. Bibl. Nutr. Dieta 29, Karger, Basel 1980.

SPENCER, H., KRAMER, L., OSIS, D.: Effect of calcium on phosphorus metabolism in man. Am. J. Clin. Nutr. 40, 219–225, 1984.

THOMAS, B.: Die Nähr- und Ballaststoffe der Getreidemehle in ihrer Bedeutung für die Brotnahrung. Wiss. Verlagsgesellschaft, Stuttgart 1964.

TRUNIGER, B.: Wasser- und Elektrolythaushalt. Thieme, Stuttgart 1984, 4. Aufl.

WAYNE, E. J., KOUTRAS, D. A., ALEXANDER, W. D.: Clinical aspects of iodine metabolism. Blackwell Scientific Publications, Oxford 1964.

WEIGAND-ESCHRAGHI, B., STELTE, W., FELDHEIM, W.: Toxische Spurenelemente: Quecksilber. Wiss. Veröffentl. Heft 1, Gießen 1971.

WEIGEL, H. J., ILGE, D., ELMADFA, I., JÄGER, H.-J.: Availibility and toxicological effects of low levels of biologically bound cadmium. Arch. Environ. Contamin. Toxicol. 16, 85–93, 1987.

WEIPPL, G.: Eisenmangelanämien im Kindesalter. Enke, Stuttgart 1974.

WIEGAND, H.-J.: Metabolismus und Disposition von Chromverbindungen. Diss. Gießen 1984.

WHO: Chronicle 24: Fluoride und menschliche Gesundheit. Übersetzung in: Öff. Gesundh.-wesen 33, 173, 1971.

WHO: Trace elements in human nutrition. WHO Tech. Rep. Series No. 532, Genf 1973.

ZAND-WAKILI, G.-R.: Über die Eignung der Emissionsspektrographie als Screening-Methode zur Überwachung des Spurenelementgehalts von Lebensmitteln. Diss. Gießen 1978.

ZIEGLER, R.: Osteoporose – ein Ernährungsproblem? Ern. Umschau 32, 169–172, 1985.

Kap. 3.3.2: Vitamine

AIN: Nomenclature policy. Generic description and trivial names for vitamins and related compounds. J. Nutr. 115, 8–17, 1985.

AMMON, R., DIRSCHERL, W.: Fermente, Hormone, Vitamine. III_{1-3}, Thieme, Stuttgart 1974/75.

ARNIM, P.: Vergleichende Untersuchungen über das Ausmaß der Biosynthese extracellulär nachweisbarer B-Vitamine durch Bakterien der Coli-Aerogenes-Gruppe. Zbl. Bakt. I Abt. Orig. 177, 26–40, 1960.

BÄSSLER, K. H.: Vitamine. Steinkopff, Darmstadt, 3. Auflage 1989.

BAMJI, M. S.: Laboratory tests for the assessment of vitamin nutritional status, p. 1–27. In: BRIGGS, M. H. (ed.) Vitamins in human biology and medicine. CRC Press, Boca Raton/Florida 1981.

BARKER, B. M., BENDER, D. A.: Vitamins in medicine Vol. 1. Heinemann, London 1980, 4th ed.

BERNHARDT, H., KNOKE, M.: Zur intestinalen Besiedlung des Colon. Dtsch. Gesundh. Wesen 31, 577–582, 1976.

BERSIN, T.: Biochemie der Vitamine. Akademische Verlagsges., Frankfurt 1966.

BIERI, J. G., CORASH, L., HUBBARD, V. S.: New Engl. J. Med. 308, 1063–1071, 1983.

BIERI, J. G., EVERTS, P. R.: Tocopherol and fatty acids in american diets. Am. J. Diet. Assoc. 62, 147–151, 1973.

BISHOP, D. H. L., PANDYA, K. P., KING, H. K.: Ubichinone and Vitamin K in bacteria. Biochem. J. 83, 606–614, 1962; 85, 550–554, 1964.

BOGNÁR, A.: Nährstoffverluste bei der haushaltsmäßigen Zubereitung von Lebensmitteln. AID-Verbraucherdienst, Sonderdruck 1984.

BRIGGS, M. H.: Vitamin E supplements and fatigue. New Engl. J. Med. 290, 579–580, 1974.

BRIGGS, M. H.: Vitamin in human biology and medicine. CRC Press, Boca Raton/Florida 1981.

BRIGGS, M. H. (ed.): Recent vitamin research. CRC Press, Boca Raton/Florida 1984.

BRUBACHER, G., MÜLLER-MULOT, W., SOUTHGATE, D. A. T. (eds.): Methods for the determination of vitamins in food. Elsevier, London 1985.

BUDDECKE: Grundriß der Biochemie. de Gruyter, Berlin 1980, 6. Aufl.

BURK, R. F., SEELY, R. J.: Distribution of α-tocopherol in human plasma lipoproteins. U.S. Army Med. Res. Nutr. Lab. Rep. 335, 1–9, 1973.

CAMPBELL, J. A., MORRISON, A. B.: Some factors affecting the absorption of vitamins. Am. J. Clin. Nutr. 12, 162–169, 1963.

CHANDHURI, D. K.: Anti-vitamins in food. Science and culture 43, 516–519, 1977.

CICAMANEC, J. F., LICHSTEIN, H. L.: Biotin uptake of E. coli. J. Bact. 133, 270–276, 1977.

COOPER, B. A.: Studies of folic acid uptake by Lactobac. casei. Biochem. Biophys. Acta 208, 99–109, 1970.

COWAN, M. J.: Biotin-responsive metabolic disorders in early childhood, p. 1–23. In: BRIGGS, M. H. (ed.) Recent vitamin research. CRC Press, Boca Raton/Florida 1984.

DAVID, E., ONG, P. D.: Vitamin A-binding proteins. Nutr. Rev. 43, 225–232, 1985.

DE LUCA, H. F.: Vitamin D, metabolism and function. Springer, Berlin 1979.

DE LUCA, H. F.: Vitamin D, p. 205–244. In: ALFIN-SLATER, R. B., KRITSCHEVSKY, D. (eds.) Human nutrition Vol. III/B. Plenum Press, New York 1980.

DENKO, C. W., GRUNDY, W. E., PORTER, J. W.: The excretion of B-complex vitamins in urin and feces of seven normal adults. Arch. Biochem. 10, 33–40, 1946.

DGE: Ernährungsbericht 1984. Deutsche Gesellschaft für Ernährung, Frankfurt a.M. 1984.

DGE: Empfehlungen für die Nährstoffzufuhr. Umschau Verlag, Frankfurt a.M. 1985, 4. Aufl.

DONALDSON, R. M.: Role of indigenous enteric bacteria in intestinal function and disease. Handbook of Physiology, section 6, Alimentary canal, Vol. 5, p. 2807–2837. Am. Phys. Soc., Washington, D. C. 1968.

DONATI, M. B. (ed.): Vitamin K-dependent biological processes. Karger Verlag, Basel 1986. Mehrere Beiträge in Sonderheft Haemostasis 16, 193–300, 1986.

DRAPER, H. H., CSALLANY, A. S.: Metabolism and function of vitamin E. Fed. Proc. 28, 1690–1695, 1969.

ELLINGER, G., BENESCH, R.: Production and release of nicotinamids by the intestinal flora in man. Nature 154, 270–271, 1944.

ELMADFA, I.: Vitamin E (Tocopherol). Ern. Umschau 24, 67–71, 1977.

ELMADFA, I.: Erkrankungen durch Vitaminmangel. In: BACHMANN, K. D., EWERBECK, H., KLEINHAUER, E., ROSSI, E., STADLER, G. R. (Hrsg.) Pädiatrie in Praxis und Klinik. Thieme und Fischer, 2. Auflage, Stuttgart 1989.

ELMADFA, I., BOSSE, W.: Vitamin E: Chemie, Funktionen, Bedarf und mögliche therapeutische Anwendung. Wiss. Verlagsgesell. Stuttgart 1985.

ELMADFA, I., AIGN, W., MUSKAT, E., FRITZSCHE, D., CREMER, H.-D.: Die große Nährwerttabelle. Gräfe und Unzer, München 1987.

ELMADFA, I., FRITZSCHE, D., CREMER, H.-D.: Die große Vitamin- und Mineralstofftabelle. Gräfe und Unzer, München 1987, 3. Aufl.

ELMADFA, I., SCHLOTZER, E.: Dt. Apotheker-Ztg. 125, 661–662, 1985.

ERNSTER, L.: Facts and ideas of the function of coenzyme Q in mitochondria. In: FOLKERS, K., YAMAMURA, Y. (eds.) Biochemical and clinical aspects of coenzyme Q., 15–21. Elsevier, Amsterdam 1977.

FOLKERS, K.: Relationship between coenzyme Q and vitamin E. Am. J. Clin. Nutr. 27, 1026–1034, 1974.

FREINCKEL, N., DAWSON, R. M. C.: The synthesis of meso inositol in germ-free rats and mice. Biochem. J. 81, 250–254, 1951.

FRIEDRICH, W.: Handbuch der Vitamine. Urban & Schwarzenberg, München 1987.

GASSMANN, B., HAENEL, H., KETZ, H. A., ZOBEL, M.: Zur Frage der Vitaminversorgung durch die Darmflora. Z. Ern.wiss. 5, 7–15, 1964.

GOODMAN, D. W. S. (ed.) Vitamin A and retinoids: recent advances. Fed. Proc. 38, 2501–2543, 1979.

GOODMAN, D. W. S.: Vitamin A metabolism. Fed. Proc. 39, 2716–2722, 1980.

GOODMAN, D. W. S., BLOMSTRAND, R., WERNER, B., HUANG, H. S., SHIRATORI, T.: The intestinal absorption and metabolism of vitamin A and β-carotene in man. J. Clin. Invest. 45, 1615, 1966.

HAENEL, H.: Beiträge in Ern. forschg. 3, 283–288, 1958; 4, 337–340, 1959; 6, 257–264, 1961.

HAUSMANN, K.: Bedeutung der Darmbakterien für die Vitamin-B_{12}- und Folsäureversorgung des Menschen und der Tiere. Klin. Wschr. 33, 354–359, 1955.

HEMKER, H. C., VAN DER MEER, J., HODGE, R., LOELINGER, E. A.: Disturbances of blood clotting mechanism induced by antimetabolites of vitamin K, S. 199–217. In: KRESS, H. Frhr. v., BLUM, K.-U. (eds.) Vitamin A, E and K. Schattauer, Stuttgart 1969.

HERBERT, V.: The five possible causes of all nutrient deficiency illustrated by deficiency of vitamin B_{12} and folic acid. Am. J. Clin. Nutr. 26, 77–85, 1973.

HILL, R. E., ROWELL, F. J., KUPTA, R. N., SPENSER, I. D.: Biosynthesis of vitamin B_6. J. Biol. Chem. 247, 1869–1882, 1972.

HÖTZEL, D., BARNES, R. H.: Enteral synthesis of vitamins. Vit. Horm. 24, 141–166, 1966.

HOFFMANN, K.: Über die Bakterienflora des menschlichen Darmes. Hippokrates 36, 453–458, 1965.

Hoffmann-La Roche Vitamin Compendium. Editiones Roche, Basel 1982, 2. Aufl.

HOLLANDER, D.: Intestinal absorption of vitamin A, E, D and K. J. Lab. Clin. Med. 97, 449–462, 1981.

HOLLANDER, D., MURALDIHARA, K. S., RIM, E.: Vitamin K_2 colonic and ileal in vivo absorption. Bile, fatty acids and pH-effects on transport. Am. J. Physiol. 233, 124–129, 1977.

HORWITT, M. K.: Status of human requirements for vitamin E. Am. J. Clin. Nutr. 27, 1182–1193, 1974.

HORWITT, M. K., HARVEY, C. C., DAHM, C. H., SEARCY, M. T.: Relationship between tocopherol and serum lipid levels for determination of nutritional adequacy. Ann. N. Y. Acad. Sci. 203, 223–236, 1972.

ISLER, O.: Über die Vitamine K_1 und K_2, S. 7–15. In: Gesellschaft deutscher Chemiker (Hrsg.) Angewandte Chemie 71, 1959.

INTERNATIONAL VITAMIN A CONSULTATIVE GROUP: Guidelines for the eradication of vitamin A-deficiency and xerophthalmia. Nutr. Found., New York 1976.

IUPAC COMMISSION ON NOMENCLATURE OF ORGANIC CHEMISTRY: Rules for the nomenclature of organic chemistry. Sec. E: Stereochemistry (Recommendations 1974) Pure Appl. Chem. 45, 11–30, 1976.

IUPAC – IUB COMMISSION ON BIOCHEM. NOMENCLATURE: Nomenclature of tocopherols unrelated compounds recommendations, 1978. Eur. J. Biochem. 46, 217–219, 1974.

KAKADE, M. L.: Effects of processing on nutrient content and value of feeds: Natural toxins and inhibitors, p. 361–366. In: RECHCIGL, M. (ed.) Handbook of nutritive value of processed food. Vol. II CRC Press, Boca Raton/Florida 1982.

KAKADE, M. L., LIENER, I. E.: The increased availability of nutrients from plant foodstuffs through processing, p. 231–241. In: RECHCIGL, M. (ed.) Man, food and nutrition. CRC Press, Boca Raton/Florida 1976.

KLEMM, J. R., ANCILL, R. J. (eds.): Vitamin deficiency in the elderly; prevalence, clinical significance and effect on brain function. Blackwell, London 1985.

KLIPSTEIN, F. A., SAMLOFF, I. M.: Folate synthesis by intestinal bacteria. Am. J. Clin. Nutr. 19, 237–246, 1969.

KÖRNER, W. F.: Ubichinone, S. 502–571. In: AMMON, R., DIRSCHERL, W. (Hrsg.) Fermente, Hormone, Vitamine Bd. III/1. Thieme, Stuttgart 1974.

KÖRNER, W. F., VÖLM, J.: New aspects of the tolerance of retinol in humans. Int. J. Vitam. Nutr. Res. 45, 363, 1975.

KÜBLER, W.: Vitamine. In: BACHMANN, K. D., EVERBECK, H., JOPPICH, G., KLEINHAUER, E., ROSSI, E., STADLER, G. R. (Hrsg.) Pädiatrie in Praxis und Klinik. Thieme und Fischer, Stuttgart 1988.

KÜNDIG, H., SOMOGYI, J. C.: Antithiaminwirkstoffe in pflanzlichen Nahrungsmitteln. Intern. Z. Vit. Forsch. 34, 135–141, 1964.

KUTSKY, R.: Handbook of vitamin, minerals and hormones. Van Nostrand Reinhold, New York 1981, 2nd ed.

KWONG, E., FIALA, G., BARNES, R. H.: Recovery of thiamin injected into the rat cecum. Proc. Soc. Exp. Biol. Med. 109, 770–781, 1962.

LANG, K.: Biochemie der Ernährung. Steinkopff, Darmstadt 1979, 4. Aufl.

LAWSON, D. E., THRELFALL, D. R., GLOVER, J., MORTON, R. A.: Biosynthesis of ubichinone in the rat. Biochem. J. 79, 201–207, 1961.

LÖFFLER, G., PETRIDES, P. E., WEISS, L., HARPER, H. A.: Physiologische Chemie. Springer, Berlin 1986.

MACHLIN, L. J. (ed.): Handbook of vitamins; nutritional, biochemical and clinical aspects. Dekker, New York 1984.

MARKS, J.: A guide to the vitamins; their role in health and disease. MTP, Lancaster/England 1975.

MC LAREN, D. S.: Effects of vitamin A deficiency in man. p. 267–280. In: SEBRELL, W. H., HARRIS, R. S. (eds.) The vitamins. Vol. I. Acad. Press, New York 1967.

MISTRY, S. P.: Biotin. In: BARKER, B. M., BENDER, D. A. (eds.) Vitamins in human medicine, Vol. 1. Heinemann, London 1980, 4th ed.

MOLENAAR, I., HULSTAERT, C. E., HARDONK, M. J.: Vitamin E. Role in function and ultrastructure of cellular membranes, p. 372–389. Bas. Clin. Nutr. 1, 1980.

NAJJAR, V. A., BARRETT, R.: The synthesis of B-vitamins by intestinal bacteria. Vit. Horm. 3, 23–45, 1945.

NATL. ACADEMY OF SCIENCES: Recommended dietary allowances. Food and nutrition board. Natl. Res. Council, Washington 1980, 9th ed.

NUTRITION REVIEWS: Present knowledge in nutrition. Nutr. Foundation, Washington 1984, 5th ed.

OLSON, J. A.: The alpha and omega of vitamin A-metabolism. Am. J. Clin. Nutr. 22, 953, 1969.

OLSON, R. E.: The mode of action of vitamin K. Nutr. Rev. 28, 171–176, 1970.

OLSON, J. A.: The biological role of vitamin A in maintaining tissues. Isr. J. Med. Sci. 8, 1170, 1972.

PAUL, A. A., SOUTHGATE, D. A. T.: The composition

of foods. Elsevier/North Holland, Biomedical Press, Amsterdam 1977, 4th ed.

PEARSON, C. K., BARNES, M. MCC: Absorption of tocopherol by small intestine loops of the rat in vivo. Int. J. Vit. Nutr. Res. 40, 19–22, 1970.

PERLOFF, B. P., BURTRUM, R. R.: Folacin in selected foods. J. Am. Diet. Assoc. 70, 161, 1977.

PETERSON, P., NILSSON, S. F., ÖSTBERG, L., RASK, L., VAHLQUIST, A.: Aspects of the metabolism of retinol-binding protein and retinol. Vitam. Horm. 32, 181, 1974.

RAPOPORT, S. M.: Medizinische Biochemie. VEB-Verlag, Berlin 1984, 8. Aufl.

RECHCIGL, M.: Handbook series in nutrition and food. Section E: Nutritional disorders. Vol. III. CRC Press, Boca Raton/Florida 1978.

REUTER, H.: Vitamine, Chemie und Klinik. Hippokrates, Stuttgart 1970.

RODRIGUEZ, M. S., IRWIN, M. I.: A conspectus of research on vitamin A-requirements in man. J. Nutr. 102, 910, 1972.

RUDNEY, H.: The biosynthesis of coenzyme Q. Its relation to cellular metabolism and function. 29–45. In: FOLKERS, K., YAMAMURA, Y. (eds.) Biomedical and Clinical Aspects of Coenzym Q. Elsevier, Amsterdam 1977.

SARETT, H. P.: Effect of streptomycin on B-vitamins. J. Nutr. 47, 275–285, 1952.

SAUBERLICH, H. E., DOWDY, R. P., SKALA, J. H.: Laboratory tests for the assessment of nutritional status. CRC Press, Cleveland 1974.

SCHMANDKE, H., PROLL, J.: Untersuchungen zum Tocopherolgrundbedarf des Menschen. Ernährungsforsch. 14, 233, 1969.

SCHMANDKE, H., SIMA, C., MAUNE, R.: Die Resorption von α-Tocopherol beim Menschen. Int. Z. Vit. Forsch. 39, 269–298, 1969.

SCHORMÜLLER, J.: Lehrbuch der Lebensmittelchemie. Springer, 1976, 3. Aufl.

SCHWIETER, U., ISLER, O.: Vitamin A and carotene: chemistry, p. 56–101. In: SEBRELL, W. H., HARRIS, R. S. (eds.) The vitamins. Acad. Press, New York 1967.

SEBRELL, W. H., HARRIS, R. S. (eds.): The vitamins. Vol. I–VII, 1967–72, 2nd ed.

SEEGERS, W. A., WATZ, D. A.: Prothrombin and other vitamin K proteins Vol. I + II, CRC Press, Boca Raton/Florida 1986.

SIMON, G. L., GORBACH, S. L.: p. 1361–1380. In: JOHNSON, L. R. (ed.) Physiology of the gastrointestinal tract. Raven Press, New York 1981.

SMITH, F. R., SUSKIND, R., THANANGKUL, O., LEITZMANN, C., GOODMAN, DeW., OLSON, R. E.: Plasma vitamin A, retinol-binding protein and prealbumin concentration in protein-calorie malnutrition. Am. J. Clin. Nutr. 28, 732–738, 1975.

SNATZKE, G., TSCHESCHE, R.: Vitamin B_1, p. 572–623. In: AMMON, R., DIRSCHERL, W. (Hrsg.) Fermente, Hormone, Vitamine Bd. III/1. Thieme, Stuttgart 1974.

SORELL, M. F., FRAN, O., THOMPSON, A. D., ARUINO, H., BAKER, H.: Absorption of vitamins from the large intestine in vivo. Nutr. Rep. Internat. 3, 143–148, 1971.

SOUCI, S. W., FACHMANN, W., KRAUT, H.: Die Zusammensetzung der Lebensmittel – Nährwerttabellen 1986/87. Wiss. Verlagsges. Stuttgart 1986/87, 3. Aufl.

SUTTIE, J. W.: Vitamin K and prothrombin synthesis. Nutr. Rev. 31, 105–109, 1973.

UPHILL, P. F., JACOB, F., LALL, P.: Vitamin B_{12} production by gastro-intestinal microflora of baboons fed either a vitamin B_{12} deficient diet or a diet supplemented with vitamin B_{12}. J. Appl. Bact. 43, 333–344, 1977.

VIMOKESANT, S. L., NAKORNCHAI, S., DHANAMITTA, S., HILKER, D. M.: Effect of tea consumption on thiamin status in man. Nutr. Rep. Internat. 9, 371–376, 1974.

WEBER, F.: Absorption mechanisms for fat-soluble vitamins and the effect on other constitutions; Nutrition in health and disease and international development. Symposium from XII. Intern. Congress of Nutr. New York, 119–135, 1981.

WOLF, G.: Vitamin A. p. 97–203. In: ALFIN-SLATER, R. B., KRITCHEVSKY, D. (eds.) Human Nutrition 3 B. Nutrition and the adult, Micronutrients. Plenum Press, New York 1980.

WORLD HEALTH ORGANISATION (WHO): Vitamin A deficiency and Xerophthalmia. WHO Tech. Rep. Series No. 590, Genf 1976.

WOLRD HEALTH ORGANISATION (WHO): Guidelines for programs for the prevention of blindness. WHO, Genf 1979.

WOSTMANN, B. S., KNIGHT, P. L., KAN, D. F.: Thiamin in germ-free and conventional animals: Effect of intestinal microflora on thiamin metabolism of the rat. Ann. New York Acad. Sci. 516–521, 1962.

ZOCH, E.: K-Vitamine, S. 383–450. In: AMMON, R., DIRSCHERL, W. (Hrsg.) Fermente, Hormone, Vitamine Bd. III/1. Thieme, Stuttgart 1974.

Kap. 3.4.1: Gewürze

CANZLER, H., GLATZEL, H.: Aktivierung der Nebennierenrindenfunktion durch Capsaicum-Gewürze? Nutr. Dieta, 7, 303–314, 1965.

GLATZEL, H.: Die Gewürze. Nicolaische Verlagsbuchhandlung, Herford 1968.

KALK, H., NISSEN, K.: Untersuchungen über die wirksamen Stoffe der Curcuma und ihren Einfluß auf die Funktion der Leber und Gallenwege. Dt. med. Wochenschr., 1718–1721, 1932.

KIENHOLZ, M., KEMKES, B.: Die antibakterielle Wirkung ätherischer Öle aus Meerrettichwurzeln. Arzneimittelforschung 10, 917–918, 1960.

KOKAS, E. VON, LUDANY, G. VON: Die Wirkung der Gewürzmittel auf die Bewegung der Darmzotten und die Glucoseresorption. Arch. exp. Path. u. Pharm., 169, 140–145, 1933.

Makara, G. B., Stark, E., Mihaly, K.: Sites at which formalin and capsaicin act to stimulate corticotropine secretion. Canad. J. Physiol. Pharmacol. 45, 669–674, 1967.

Melchior, H., Kastner, H.: Gewürze. Parey, Berlin 1974.

Roth, L. W., Blair, J.: Experimental hypertension in rats produced by dietary condiments. Proc. Soc. Exp. Biol. Med. 94, 619–621, 1957.

Schormüller, J.: Lehrbuch der Lebensmittelchemie. Springer, Berlin, 1974, 2. Aufl.

Staesche, K.: Gewürze, In: Acker, L., Bergner, K.-G, Diemair, G., Heimann, W., Kiermeier, F., Schormüller, J., Souci, S. W. (Hrsg.) Handbuch der Lebensmittelchemie, Bd. VI, Alkaloidhaltige Genußmittel, Gewürze, Kochsalz. Springer, Berlin 1970.

Kap. 3.4.2: Nitrat- und Nitritaufnahme aus der Nahrung

Hüppe, R.: Untersuchungen über die Biokinetik des Nitrations. Diss. Gießen 1984.

Kübler, W., Hüppe, R.: Welche Nitrataufnahme ist für den Menschen vertretbar? Ern. Umschau 32, 328–332, 1985.

Kübler, W., Hüppe, R., Jahnel, H.: Bewertung des Nitratproblems für die menschliche Ernährung. Landw. Forsch. 37, Kongreß-Sonderband 1984.

Matzkies, F.: Stoffwechsel '84 – Ein Jahresüberblick. Innovationsverlagsgesellschaft mbH, Bad Neustadt, 1985.

Ohshima, H., Bartsch, H.: Quantitative estimation of endogenous nitrosation in humans by monitoring N-nitrosoprolin excreted in the urine. Cancer Res. 41, 3658 3662, 1981.

Rabe, M.-J., Horst, M. (Hrsg.) Texte zum Lebensmittelrecht für Studium und Praxis, Behr's Verlag, Hamburg 1984.

Rauter, W., Wolkersdorf, W.: Nitrat in Gemüse. Z. Lbm. Unters. Forsch. 175, 122–124, 1982.

Spiegelhalder, B., Eisenbrand, G., Preussmann, R.: Influence of dietary nitrate on nitrite content of human saliva: possible relevance to in vivo foundation of N-nitroso-compounds. Fd. Cosm. Toxicol. 14, 545 548, 1976.

Kap. 4.1: Schwangere/Stillende

AgV: Verbraucher Rundschau. Säuglingsernährung und Muttermilch. Nr. 10, Oktober 1983.

DGE: Empfehlungen für die Nährstoffzufuhr. Umschau Verlag. Frankfurt a. M. 1985, 4. Aufl.

DGE: Ernährungsbericht 1980. Deutsche Gesellschaft für Ernährung. Frankfurt a. M. 1980.

Hapke, H.-J.: Gesundheitsschädliche Stoffe in der Frauenmilch? AID Verbraucherdienst, Heft 6, Juni 1984.

Hytten, F. E.: Nutritional aspects of human pregnancy, p. 27–38. In: Aebi, H., Whitehead, R. (eds.) Maternal nutrition during pregnancy and lactation. Huber Publisher, Bern 1979.

Koerber, K. v., Männle, T., Leitzmann, C.: Vollwert-Ernährung. Haug Verlag, Heidelberg 1987.

Maussner, E., Aign, W., Leitzmann, C.: Ernährung in der Schwangerschaft. Arbeitskreis Diät und Ernährung, Freiburg, 1984.

Kap. 4.2: Säugling/Kleinkinder

Alfin-Slater, R. B., Kritchevsky, D. (ed.) Human nutrition Vol. 2. Nutrition and growth. Plenum, New York 1979.

DGE: Von Anfang an. Deutsche Gesellschaft für Ernährung, Frankfurt a. M. 1982.

Foman, S. J.: Infant nutrition, Saunders, Philadelphia 1974, 2nd ed.

Jelliffe, D. B., Jelliffe, E. F. P.: Human milk in the modern world. University Press, Oxford 1978.

Kübler, W.: Ernährung des Säuglings mit Kuhmilchzubereitungen und Beikost. In: Catel, W., Dost, F. H., Kübler, W., Oehme, J. (Hrsg.) Das gesunde und das kranke Kind. Thieme, Stuttgart 1977, 11. Aufl.

Mc Laren, D. S., Burman, D. (ed.): Textbook of paediatric nutrition. Churchill Livingstone, Edinburgh 1982, 2nd ed.

Marabou Symposium: Nutrition in adolescence. Nutrition Reviews 39, 33–116, 1981.

Weber, H.: Die Ernährung des gesunden Säuglings, S. 312–343. In: Cremer, H.-D., Heilmeyer, L., Holtmeier, H.-J., Hötzel, D., Kühn, H. A., Kühnau, J., Zöllner, N. (Hrsg.) Ernährungslehre und Diätetik Bd. II/1. Thieme, Stuttgart 1978.

Kap. 4.3: Ernährung im Alter

Albanese, A. A.: Nutrition for the elderly. In: Current topics in nutrition and disease Vol. 3 Liss, New York 1980.

Berges, W., Erckenbrecht, J., Wienbeck, M.: Motilitätsstörungen des Verdauungstraktes im Alter. Z. Gerontol. 15, 102–106, 1982

Bowman, B. B., Rosenberg, I. H.: Digestive function and aging. Hum. Nutr.: Clin. Nutr. 37, 75–89, 1983.

Bunker, V. W., Lawson, M. S., Delves, H. T., Clayton, B. E.: Metabolic balance studies for zinc and nitrogen in healthy elderly subjects. Hum. Nutr.: Clin. Nutr. 36C, 213–221, 1982.

DGE: Die Ernährung älterer Menschen. Deutsche Gesellschaft für Ernährung, Frankfurt a. M. 1977.

DGE: Ernährung und Alter. Symposium am 9. 11. 1984 in Heidelberg. WVG, Stuttgart 1984.

Durnin, J. V.: Body composition and energy expenditure in elderly people. Bibl. Nutr. Dieta 33, 16–30, 1983.

FÖRSTER, H.: Grundlagen der Ernährung und Diätetik. Govi-Verlag, Frankfurt 1978.

FÜLOP, T., WÓRUM, I., CSONGOR, J., FÓRIS, G., LEOVEY, A.: Body composition in elderly people. I. Determination of body composition by multiisotope method and the elimination kinetics of these isotopes in these elderly subjects. Geron. 31, 6–14, 1985.

HUTH, K.: Ernährung und Diätetik. UTB, Stuttgart 1979.

KEMM, J. R., ANCILL, R. J. (eds.): Vitamin deficiency in the elderly; prevalence, clinical significance and effect on brain function. Blackwell, London 1985.

KRITCHEVSKY, D.: Diet, lipid metabolism and aging. Fed. Proc. 38, 2001–2006, 1979.

MARX, J. J. M.: Normal iron absorption and decreased red cell iron uptake in the aged. Blood 53, 204–211, 1979.

MUNRO, H. N.: Proteinnutriture and requirement in elderly people. Bibl. Nutr. Dieta 33, 61–74, 1983.

PLATT, D.: Multimorbidität und Ernährung im Alter. In: Interdisziplinäre Gerontologie Bd. I. Werk-Verlag, München 1981.

SCHLETTWEIN-GSELL, D.: Erhebung über Ernährung von alten Menschen, S. 83–98. In: Zur Ernährungssituation der schweizerischen Bevölkerung. Huber, Bern 1975.

SHOCK, N. W.: Energy metabolism, caloric intake and physical activity of the aging. In: CARLSON, L. A. (ed.) Nutrition in old age, p. 12–23. X. Symposium of the Swedish Nutrition Foundation, Almquist/Wiksell, Uppsala 1972.

SEYBOLD, D., GESSLER, U.: Wasser-, Elektrolyt- und Säure-Basen-Haushalt im Alter. Z. Gerontol. 14, 370–381, 1981.

STEINMETZ, R.: Erhebungen über Verzehrsgewohnheiten und Nährstoffzufuhr älterer Menschen. Eine Studie in der Stadt und dem Landkreis Gießen. Diss. Gießen 1976.

UAUY, R., SCRIMSHAW, N. S., YOUNG, V. R.: Human protein requirements: nitrogen balance response to graded levels of egg protein in elderly men and women. Am. J. Clin. Nutr. 31, 779–785, 1978.

WARTANOWICZ, M., PANCZENKO-KRESOWKA, B., ZIEMLANSKI, S., KOWALSKA, M., OKOLSKA, G.: The effect of α-tocopherol and ascorbic acid on the serum lipid peroxid level in elderly people. Ann. Nutr. Metab. 28, 189–191, 1984.

WATKIN, D. M.: Nutrition for the aging and the aged, p. 781–813. In: GOODHARDT, R. S., SHILS, M. E. (eds.) Modern nutrition in health and disease. Lea & Febiger, Philadelphia 1980.

Kap. 4.4: Sportler

BREUER, R.: Optimale Ernährung im Sport. Gronenberg, Gummersbach 1981.

KONOPKA, P.: Sport, Ernährung, Leistung. Wander GmbH, Osthofen 1980.

NÖCKER, J., BARON, D., INZINGER, M.: So essen Sportler richtig. Ceres, Bielefeld 1979.

STEGMANN, J.: Leistungsphysiologie. Thieme, Stuttgart 1977, 2. Aufl.

Kap. 4.5: Vegetarier

BROCKHAUS, S.: Das Recht der Tiere in der Zivilisation. Hirthammer Verlag, München 1975.

DGE: Ernährungsbericht 1984. Deutsche Gesellschaft für Ernährung, Frankfurt a.M. 1984.

LEITZMANN, C., HUCKELE, M., SCHÖNHÖFER, R., SCHNEIDER, O.: Die deutsche Vegetarierstudie 1983–1985. Der Vegetarier 35, 239–242, 1984.

LEITZMANN, C., SCHÖNHOFER, R.: Vegetarische Ernährung und Außenseiterdiäten. Ern. Umschau 30 (Sonderheft), 477–480, 1983.

LEITZMANN, C., WINZEN, A.: Vegetarische Kostformen, alternative Ernährung. Akt. Ernährungsmed. 8, 228–234, 1983.

ROTTKA, H., THEFELD, W.: Gesundheit und vegetarische Ernährungsweise. Akt. Ernährungsmed. 9, 209–216, 1984.

SCHÖNHÖFER, R., HUCKELE, M., LEITZMANN, C.: Vegetarierernährung. Ernährung/Nutrition 8, 468–472, 1984.

SUSSMANN, V. S.: Die vegetarische Alternative. Hörnemann Verlag, Bonn 1980.

THEFELD, W., ROTTKA, H., MELCHERT, H.-U.: Verhaltensweisen und Gesundheitszustand von Vegetariern. Akt. Ernährungsmed. 11, 127–135, 1986.

Kap. 4.6: Fastende

BORN, M.: Einfluß des Ramadan-Fastens auf metabolische Parameter. Diss. Gießen 1981.

BUCHINGER, O.: Die traditionelle Heilfastenkur, ein Säfte-, Tee- und Mineralwasserfasten. Erfahrungsheilkunde 6, 295–299, 1977.

HAHN, B., LEITZMANN, C.: Fasten-Stoffwechsel und therapeutische Möglichkeiten mit Ergebnissen des Saftfastens. Ern. Umschau 29, 111–118, 1982.

LÜTZNER, H.: Wie neugeboren durch Fasten. Gräfe und Unzer, München 1978, 2. Aufl.

PSCHYREMBEL, W. (Hrsg.): Klinisches Wörterbuch. de Gruyter, Berlin 1986, 255. Aufl.

SEITZ, H. J., TARNOWSKI, W.: Nahrungsabhängige Regulation des Intermediärstoffwechsels, S. 399–452. In: CREMER, H.-D., HEILMEYER, L., HOLTMEIER, H.-J., HÖTZEL, D., KÜHN, H. A., KÜHNAU, J., ZÖLLNER, N. (Hrsg.) Ernährungslehre und Diätetik Bd. I/2. Thieme, Stuttgart 1980.

Kap. 4.7: Parenterale Ernährung

CANZLER, H.: Indikationen zur künstlichen Ernährung. Akt. Ern.med. 5, 228–231, 1980.

EGBERTS, E.-H., MALCHOW, H.: Aminosäuren in der parenteralen Ernährung. Internist 19, 20–27, 1978.

GREIG, P. D., BAKER, J. P., JEEJEEBOY, K. N.: Metabolic effects of total parenteral nutrition. Ann. Rev. Nutr. 2, 179–199, 1982.
HUTH, K.: Parenterale Ernährung und Sondenkost, S. 238–256. In: HUTH, K., KLUTHE, R. (Hrsg.) Lehrbuch der Ernährungstherapie. Thieme, Stuttgart 1986.
KOFRANYI, E.: Aspekte zur Aminosäurenzufuhr, S. 243–246. Schriftenreihe Intensivmedizin Bd. 13, Thieme, Stuttgart 1978.
LÖFFLER, G., PETRIDES, P. E., WEISS, L., HARPER, H. A.: Physiologische Chemie. Springer Verlag, Berlin 1986, 2. Aufl.
MC FIE, J., YULE, A. G., HILL, G. L.: Effect of added insulin on body composition of gastroenterologic patients receiving intravenous nutrition – a controlled clinical trial. Gastroenterology 81, 285–289, 1981.
RUDMAN, D., MILLIKAN, W. J., RICHARDSON, T. J., BIXLER, T. J., STACKHOUSE, W. J., MC GARRITY, W. C.: Elemental balances during intravenous hyperalimentation. J. Clin. Invest. 55, 94–104, 1975.
SHENKIN, A., WRETLIND, A.: Parenteral nutrition. Rev. Nutr. Diet. 28, 1, 1978.
WOLFRAM, G.: Perioperative Ernährung. Akt. Ern. med. 4, 101, 1979.

Kap. 5.1: Zahnkaries

AHRENDS, J., GELHARD, T.: Die Schmelzmineralisierung in vivo. Dt. Zahnärztliche Z. 27, 295–304, 1983.
BRAMDSTEDT, F.: Ernährung und Zähne, S. 574–584. In: CREMER, H.-D. HEILMEYER, L., HOLTMEIER, H.-J., HÖTZEL, D., KÜHN, H. A., KÜHNAU, J., ZÖLLNER, N. (Hrsg.) Ernährungslehre und Diätetik Bd. I/1. Thieme, Stuttgart 1980.
KÖNIG, K. G.: Karies und Kariesprophylaxe. Goldmann, München 1971.
PASSMORE, R., EASTWOOD, M. A.: Human nutrition and dietetics. Churchill Livingstone, London 1986, 8th ed.
RHEINWALD, U.: Zahnkaries und Fluoride – ein Diskussionsgespräch. Gentner, Stuttgart 1974.
SIEBERT, G.: Ernährung und Zahnheilkunde. Dt. Zahnärztekalender. Carl Hauser, München 1982.
TÄUFEL, A.: Zahnkaries und Ernährung. Ernährungsforschung 19, 69–72, 1974.

Kap. 5.2: Übergewicht

BRAY, A. G.: The obese patient. Saunders, Philadelphia 1976.
CRADDOCK, D.: Obesity and its management. Churchill Livingstone, London 1978, 3nd ed.
FAULHABER, J.-D., DITSCHUNEIT, H.: Überernährung, S. 8–20. In: CREMER, H.-D., HEILMEYER, L., HOLTMEIER, H.-J., HÖTZEL, D., KÜHN, H. A., KÜHNAU, J., ZÖLLNER, N. (Hrsg.) Ernährungslehre und Diätetik Bd. II/1. Thieme, Stuttgart 1978.
FERSTL, R.: Determinanten und Therapie des Eßverhaltens. Springer, Berlin 1980.
HAHN, B., LEITZMANN, C.: Fasten, Stoffwechsel und therapeutische Möglichkeiten mit Ergebnissen des Saftfastens. Ernährungs-Umschau 29, 111–118, 1982.
KASPER, H., ZANG, A.: Übergewicht - Grundlagen und Diätprogramme. Urban & Schwarzenberg, München 1978, 2. Aufl.
KATZEN, H. M., MAHLER, R. J. (ed.): Diabetes, obesity and vascular disease. Halsted, New York 1978.
LEITZMANN, C.: Außenseiterdiäten. In: GÖTZ, G. L., RABAST, U. (Hrsg.) Klinische Ernährungslehre. Thieme, Stuttgart 1987.
PUDEL, V.: Zur Psychogenese und Therapie der Adipositas. Springer, Berlin 1982, 2. Aufl.
SOMOGYI, J. C. (ed.): Nutritional, psychological and social aspects of obesity. Bibl. Nutr. Diet 26, 1–158. Karger, Basel 1978.
STERN, J. S., KANE-NUSSEN, B.: Obesity – its assessment, risks, and treatments, p. 347–407. In: ALFIN-SLATER, R. B., KRITCHEVSKY, D. (eds.): Human nutrition Vol. 4. Plenum, New York 1979.
SWEDISH NUTRITION SOCIETY: Why obesity? Marabou Symposium. Näringsforskning 22 (Suppl. 15) 1978.

Kap. 5.3: Anorexia nervosa

DITSCHUNEIT, H., DITSCHUNEIT, H. H., WECHSLER, J. G.: Fettsucht und Magersucht, S. 113–141. In: HUTH, K., KLUTHE, R. (Hrsg.) Lehrbuch der Ernährungstherapie. Thieme, Stuttgart 1986.
LEITZMANN, C., MEVENKAMP, C.: Anorexia nervosa: Körperfunktionen und Endokrinum. Akt. Ernährungsmed. 9, 177–183, 1984.
MEVENKAMP, C., LEITZMANN, C.: Anorexia nervosa: Ernährungsverhalten, Nahrungsaufnahme und Stoffwechselstörungen. Akt. Ernährungsmed. 9, 171–176, 1984.
PSCHYREMBEL, W. (Hrsg.): Klinisches Wörterbuch. de Gruyter, Berlin 1986, 255. Aufl.

Kap. 5.4: Hyperlipoproteinämien

BEAUMONT, J. L., CARLSON, L. A., COOPER, G. R., FEJFAR, Z., FREDRICKSON, D. S., STRASSER, J.: Classification of hyperlipidaemia and hyperlipoproteinaemias. Bull. of the WHO 43, 891–908, 1970.
BRISSON, G. J.: Lipids in human nutrition. Burgess, Englewood 1981.
FREDRICKSON, D. S., LEVY, R. I., LEES, R. S.: Fat transport in lipoproteins – an integrated approach to mechanisms and disorders. New Engl. J. Med. 276, 34–44; 94–103; 148–156; 215–224; 273–281, 1967.
GOTTO, A. M., MILLER, N. E., OLIVER, M. F. (eds.): High density lipoproteins and arteriosclerosis. Elsevier, Amsterdam 1978.

GRETEN, H., LANG, P. D., SCHETTLER, G.: Lipoproteine und Herzinfarkt. Witzstock, Baden-Baden 1979.

GUNSTONE, F. D., HARWOOD, J. L., PADLEY, F. B.: The lipid handbook. Chapman & Hall, London 1986.

HUTH, K., KLUTHE, R.: Lehrbuch der Ernährungstherapie. Thieme, Stuttgart 1986.

PEETERS, H. (ed.): The lipoprotein molecule. Plenum, New York 1978.

PSCHYREMBEL, W. (Hrsg.): Klinisches Wörterbuch. de Gruyter, Berlin 1986, 255. Aufl.

SCHLIERFF, G.: Hyperlipoproteinämien, S. 168–184. In: HUTH, K., KLUTHE, R. (Hrsg.) Lehrbuch der Ernährungstherapie. Thieme, Stuttgart 1986.

SCHWANDT, P. (Hrsg.): Fettstoffwechselstörungen. MMW Medizin, München 1980.

Kap. 5.5: Koronarerkrankungen

ASSMANN, G.: Lipid metabolism and atherosclerosis. Schattauer Verlag, Stuttgart 1982.

BAUMGARTNER, H. R.: Arteriosklerose und Thrombose, neue pathologische Gesichtspunkte. Internist 19, 627–631, 1978.

BINE, R. jr.: Cardiac failure, p. 169–181. In: ALFIN-SLATER, R. B., KRITCHEVSKY, D. (eds.) Human Nutrition Vol. 4. Plenum, New York 1979.

GOTTO, A. M. jr., SMITH, L. C., ALLEN, B. (eds.): Arteriosclerosis V. Proceedings of the Fifth International Symposium. Springer, New York 1980.

HAUSS, W. H.: Koronarsklerose und Herzinfarkt. Thieme, Stuttgart 1976.

HAUST, M. D.: Zur Morphologie der Arteriosklerose. Internist 19, 621–626, 1978.

KLEPZIG, H.: Herz- und Gefäßkrankheiten. Thieme, Stuttgart 1978, 4. Aufl.

PUSKA, P., TUOMILETHO, J., SALONEN, J., NEITTAAMAEKI, J., VIRTAMO, J., NISSINEN, K., TAKALO, T. et al.: Changes in coronary risk factors during comprehensive five-year community programme to control cardiovascular diseases (North Karelia project). Brit. Med. J. 2, 1173–1178, 1979.

SALONEN, J. T., PUSKA, P., MUSTANIEMI, H.: Changes in morbidity and mortality during comprehensive community programme to control cardiovascular diseases during 1972-1975 in North Karelia. Brit. Med. J. 2, 1178–1183, 1979.

Kap. 5.6: Diabetes mellitus

HUTH, K.: Ernährung und Diätetik. UTB, Stuttgart 1979.

KATZEN, H. M., MAHLER, R. J. (eds.): Diabetes, obesity and vascular disease Vol. 2. Halsted, New York 1978.

KÜHN, H. A., SCHIRMEISTER, J. (Hrsg.): Innere Medizin. Springer, Berlin 1982, 4. Aufl.

KOERBER, K. v., KNEHR, D., HIXT, U., LAUBE, H., LEITZMANN, C.: Müsli aus unerhitztem Weizenvollkornschrot senkt Blutglukose- und Insulinverläufe bei Diabetikern und Gesunden. Ernährungs-Umschau 34 (3), S. 93, 1987.

LÖFFLER, G., Petrides, P. E., WEISS, L., HARPER, H. A.: Physiologische Chemie. Springer, Berlin 1986, 2. Aufl.

MEHNERT, H., DEHMEL, K.-H.: Diät bei Diabetes mellitus, S. 48–75. In: CREMER, H.-D., HEILMEYER, L., HOLTMEIER, H.-J., HÖTZEL, D., KÜHN, H. A., KÜHNAU, J., ZÖLLNER, N. (Hrsg.) Ernährungslehre und Diätetik Bd. II/1. Thieme, Stuttgart 1978.

MEHNERT, H., FÖRSTER, H.: Stoffwechselkrankheiten. Thieme, Stuttgart 1975.

PETRIDES, P. E., WEISS, L., LÖFFLER, G., WIELAND, O. H.: Diabetes mellitus. Urban & Schwarzenberg, München 1981, 4. Aufl.

PETZOLDT, R.: Diättherapie des Diabetes mellitus, S. 149–167. In: HUTH, K., KLUTHE, R. (Hrsg.). Lehrbuch der Ernährungstherapie. Thieme, Stuttgart 1986.

PETZOLDT, R., HAUPT, E.: Diabetes mellitus, S. 1067–1080. In: KÜHN, H. A., SCHIRMEISTER, J. (Hrsg.) Innere Medizin. Springer-Verlag, Berlin/Heidelberg 1982.

SAUER, H.: Gezielte Stoffwechselbeeinflussung: Erhöhung des Anteils der Kohlenhydrate. Akt. Ern. 7, 184–191, 1982.

SCHÖFFLING, K., NEUBAUER, M.: Erkrankungen des endokrinen Systems und des Stoffwechsels. In: KÜHN, H. A., SCHIRMMEISTER, J. (Hrsg.) Innere Medizin, Springer-Verlag, Berlin/Heidelberg 1982.

WHO: Evaluation of certain food additives and contaminants. WHO Techn. Rep. Ser. No. 683, Genf 1982.

Kap. 5.7: Gicht

BÜHLMANN, A. A., FROESCH, E. R.: Pathophysiologie. Springer, Berlin 1972.

GRÖBNER, W.: Ernährungstherapie der Hyperurikämie. Ern. Umsch. 32, 391–393, 1985.

GRÖBNER, W., ZÖLLNER, N.: Stoffwechsel der Purine und Pyrimidine, S. 341–357. In: CREMER, H.-D., HEILMEYER, L., HOLTMEIER, H.-J., HÖTZEL, D., KÜHN, H. A., KÜHNAU, J., ZÖLLNER, N. (Hrsg.) Ernährungslehre und Diätetik Bd. I/2. Thieme, Stuttgart 1980.

LÖFFLER, G., PETRIDES, P. E., WEISS, L., HARPER, H. A.: Physiologische Chemie. Springer, Berlin 1979, 2. Aufl.

MERTZ, D. P.: Gicht. Grundlagen, Klinik und Therapie. Thieme, Stuttgart 1987, 5. Aufl.

MERTZ, D. P.: Hyperurikämie, Gicht – ein kardiovaskuläres Risiko? Edition m+p, Hamburg 1980.

SITZMANN, F. C.: Normalwerte. H. Marseille, München 1976.

WOLFRAM, G.: Hyperurikämie und Gicht, S. 185–191. In: HUTH, K., KLUTHE, R. (Hrsg.) Lehrbuch der Ernährungstherapie. Thieme, Stuttgart 1986.

Kap. 5.8: Protein-Energie-Malnutrition (PEM)

Alleyne, G. A., Hay, R. W., Picou, D. I., Stanfield, J. P., Whitehead, R. G.: Protein-Energy-Malnutrition. Arnold, London 1977.

Engle, P. L., Irwin, M., Klein, R. E., Yarbrough, C., Townsend, J. W.: Nutrition and mental development in children, p. 291–304. In: Winick, M. (ed.) Nutrition. Pre- and postnatal development. Human Nutrition Vol. 1. Plenum Press, New York 1979.

FAO/WHO Exp. Comm. Nutr., 8th report. WHO Tech. Rep. Ser. No. 477, 1971.

Grühn, E.: Untersuchungen über den Einfluß der Verfütterung einer Weißbrot-Kruste ähnlichen Bräunungsproduktes auf die Entstehung pathomorphologischer Genitalveränderungen (Priapismus) bei der männlichen Ratte. Diss. Gießen 1980.

Grühn, E., Elmadfa, I.: Persistent erection (priapism) for months with concomitant infertility in rats due to protein-energy-malnutrition. Andrologia 12, 55–60, 1980.

Gurney, J. M.: The young child. Protein-energy-malnutrition (PEM), p. 185–212. In: Jelliffe, D. B., Jelliffe, E. F. P. (eds.) Nutrition and growth. Human Nutrition Vol. 2. Plenum Press, New York 1979.

Jaya Rao, K. S.: Endocrines in Protein-Energy-Malnutrition. World Rev. Nutr. Diet. 39, 53–84, 1982.

Leitzmann, C., Oltersdorf, U.: Möglichkeiten zur Verbesserung der Ernährungssituation in Entwicklungsländern. Weltforum, Köln 1982.

Rechcigl, M., jr. (ed.): Nutrition and the world food problem. Karger, Basel 1979.

Kap. 5.9: Anämien

Buddecke, E.: Pathobiochemie. de Gruyter, Berlin 1978.

Bühlmann, A. A., Froesch, E. R.: Pathophysiologie. Springer, Berlin 1972.

International Nutritional Anemia Consultative Group (INACG): Guidelines for the eradication of iron deficiency anemia. Nutrition Foundation, New York 1977.

Lindenbaum, J.: The hematopoetic system, p. 1–37. In: Hodges, R. E. (ed.) Nutrition. Metabolic and clinical applications. Human Nutrition Vol. 4. Plenum Press, New York 1979.

Weippl, G.: Eisenmangelanämien im Kindesalter. Enke, Stuttgart 1974.

World Health Organization (WHO): Control of nutritional anemia with special reference to iron deficiency. WHO Technical report series No. 580, Geneva 1975.

Kap. 5.10: Nahrungsintoleranzen

Buddecke, E.: Pathobiochemie. de Gruyter, Berlin 1978.

Fickler, G., Leitzmann, C.: Laktose-Intoleranz und ihre Bedeutung für Entwicklungsländer. Ern. Umschau 27, 394–398, 1980.

Herman, R. H.: The interaction between the gastrointestinal tract and nutrient intake, p. 105–131. In: Hodges, R. E. (ed.) Nutrition. Metabolic and clinical applications. Human Nutrition Vol. 4. Plenum Press, New York 1979.

Kasper, H.: Ernährung und Darmkrankheiten, S. 235–255. In: Cremer, H.-D., Heilmeyer, L., Holtmeier, H.-J., Hötzel, D., Köhn, H. A., Kühnau, J., Zöllner, N. (Hrsg.) Ernährungslehre und Diätetik, II/1. Thieme, Stuttgart 1978.

Linneweh, F., Willenbockel, U.: Erbliche Krankheiten im Stoffwechsel der Kohlenhydrate und Aminosäuren, S. 76–137. In: Cremer, H.-D., Heilmeyer, L., Holtmeier, H.-J., Hötzel, D., Köhn, H. A., Kühnau, J., Zöllner, N. (Hrsg.) Ernährungslehre und Diätetik Bd. II/1. Thieme, Stuttgart 1978.

Renner, E., Renz-Schauen, A.: Nährwerttabellen für Milch und Milchprodukte. B. Renner, Gießen 1986.

Kap. 5.11: Nahrungsmittelallergien

Gebbers, J.-O., Laissue, J. A.: Das intestinale Immunsystem, Teil I: Funktionelle Aspekte. Med. Prax. 79, 32–40, 1984.

Hansen, K., Werner, W.: Lehrbuch der klinischen Allergie. Thieme, Stuttgart 1967.

Liener, I. E.: Toxic constituents of plant foodstuffs. Academic Press, New York 1980.

Polster, E.: Die praktische Durchführung der Diät bei Allergieerkrankungen. Ern. Umschau 28, 69–71, 1981.

Kap. 5.12: Ernährung und Krebs

Canzler, H.: Die Ernährung des Krebskranken, S. 141–156. In: Schlierf, G. (Hrsg.) Ernährung und Krebs. Wiss. Verlagsgesell., Stuttgart 1983.

DGE: Ernährung und Krebs. Deutsche Gesellschaft für Ernährung. Stuttgart, WVG 1983.

DGE: Ernährungbericht 1984. Deutsche Gesellschaft für Ernährung, Frankfurt a. M. 1984.

Doll, R., Peto, R. J.: Natl. Cancer Inst. 66, 1191–1308, 1981.

Eisenbrand, G.: N-Nitrosoverbindungen in Nahrung und Umwelt: Eigenschaften, Bildungswege, Nachweisverfahren und Vorkommen. Wiss. Verlagsgesell., Stuttgart 1981.

Kasper, H.: Ernährungsmedizin und Diätetik. Urban & Schwarzenberg, München 1985.

Kluthe, R., Leitzmann, C.: Krebs und Ernährung, S. 257–260. In: Huth, K., Kluthe, R. (Hrsg.) Lehrbuch der Ernährungstherapie. Thieme, Stuttgart 1986.

LEITZMANN, C.: Ernährung des Patienten mit gastrointestinalem Carzinom, S. 207–219. In: RABAST, U., GÖTZ, M.-L. (Hrsg.) Diätetik in der Gastroenterologie. Hygieneplan, Berlin 4, 207–219, 1982.

NAIR, P. P. et al.: Diet, nutrition intake and metabolism in populations at high and low risk of colon cancer. Am. J. Clin. Nutr. 40, 927, 1984.

WEISSBURGER, J. H.: Chemical carcinogenesis. Naeringsforsking 22, Suppl. 16, 70, 1978.

WYNDER, E., GRAHAM, S., EIGENBERG, H.: Conference on the etiology of cancer in the gastro-intestinal tract. Cancer *19*: 1561–1566, 1966.

Kap. 5.13: Rheumatische Arthritis

KREMER, J. M., MICHALEK, A. V., LININGER, L., HUYCK, C., BIGAUOETTE, L. E.: Effects of manipulation of dietary fatty acids on clinical manifestation of rheumatoid arthritis. Lancet 1, 184–187, 1985.

KUNKEL, S. L., OGAWA, H., WARD, P. A. ZURIER, R. B.: Suppression of chronic inflammation by evening primerose oil. Prog. Lip. Res. 20, 885–888, 1981.

LANGOSCH, A.: Einfluß der Ernährung insbesondere der Rohkost auf Darmflora und Infektabwehr. Diss. Med. Fak., München 1984.

ZIFF, M.: Diet in the treatment of rheumatoid arthritis. Arthr. Rheum. 26, 457–461, 1983.

Kap. 5.14: Infektionskrankheiten

CHANDRA, R. K., NEWBERNE, P. M.: Nutrition, Immunity and Infection. Plenum, New York, 1977.

GONTZEA, I.: Nutrition and Anti-Infectious Defense. Karger, Basel 1974.

SCRIMSHAW, N. S., TAYLOR, C. E., GORDON, J. E.: Interactions of Nutrition and Infection. WHO, Geneva, 1968.

STINNETT, J. D.: Nutrition and the immune response. CRC Press, Boca Raton/Florida 1983.

TAYLOR, C. E., DESWEENER, C.: Nutrition and Infection. World Rev. Nutr. Diet. 16, 203–252, 1973.

Sachregister